COLECCIÓN ETEA

Francisco José Martínez Estudillo

INTRODUCCIÓN A LAS MATEMÁTICAS PARA LA ECONOMÍA

DDB

© Editorial Desclée De Brouwer, S.A., 2005
Henao,6 - 48009 Bilbao
info@edesclee.com
www.edesclee.com

Directores de colección:
Pilar Tirado e Ildefonso Camacho

Diseño de colección: Luis Alonso

Impreso en España - Printed in Spain
ISBN: 84-330-1982-1
Depósito Legal: BI-1768/05
Impresión: RGM, S.A. - Bilbao

A mi hija Marta

ÍNDICE

IV. DIAGONALIZACIÓN DE MATRICES

V. FORMAS CUADRÁTICAS

VI. FUNCIONES, GRÁFICAS, LÍMITES Y CONTINUIDAD

VII. DERIVADAS

VIII. FUNCIONES DE VARIAS VARIABLES

X. OPTIMIZACIÓN SIN RESTRICCIONES

XI. OPTIMIZACIÓN RESTRINGIDA

XIV. ECUACIONES DIFERENCIALES

PRESENTACIÓN

El texto que presentamos realiza un recorrido por los conocimientos matemáticos básicos necesarios para estudiantes de Ciencias Económicas y Empresariales, de Administración y Dirección de Empresas y de Economía. En el libro se exponen las herramientas matemáticas más utilizadas en estas ciencias, como el álgebra lineal, el cálculo diferencial e integral, la teoría de la optimización y las ecuaciones diferenciales y en diferencias finitas.

El libro es fruto de mi experiencia docente en la enseñanza de la asignatura troncal de Matemáticas en la Licenciatura en Administración y Dirección de Empresas y en la Diplomatura en Ciencias Empresariales. Desde el comienzo, el objetivo ha sido elaborar un libro que pudiera servir de manual para los alumnos que cursan estas titulaciones, teniendo además como referencia la materia que puede ser incluida en un curso académico.

En el desarrollo de cada uno de sus capítulos he procurado buscar un equilibrio, no siempre fácil de conseguir, entre el rigor matemático y la claridad expositiva de los conceptos y teorías fundamentales. Siempre, ha primado la preocupación didáctica, aun si ello implicaba un menor grado de formalismo. Para facilitar la lectura y hacerla más comprensible, he incorporado numerosos ejemplos y representaciones gráficas; de esta forma, cada concepto viene acompañado de uno o varios ejemplos que espero ayuden al alumno a comprender mejor su significado. También, siempre que ha sido posible, he incluido la interpretación gráfica de los conceptos y resultados fundamentales. Con respecto a los teoremas, siempre necesarios para dar solidez a cualquier construcción matemática, he optado por realizar la demostración en los casos sencillos y en aquéllos en los que ésta pudiera tener una función didáctica, ayudando a manejar los conceptos fundamentales y a desarrollar la capacidad de razonamiento lógico.

Otro objetivo que he considerado esencial en la elaboración de un manual de este tipo para alumnos de Ciencias Empresariales y Economía, ha sido la incorporación, en lo posible, de aplicaciones económicas de los conceptos y resultados matemáticos expuestos. Esta tarea no siempre ha resultado fácil, ya que, normalmente, las aplicaciones económicas más elaboradas contienen conceptos económicos que todavía no ha adquirido un alumno de los primeros cursos de la carrera.

El texto contiene quince capítulos que pueden estructurarse en seis bloques. El primer bloque, con cinco capítulos, está dedicado a presentar los fundamentos y las herramientas de álgebra lineal más utilizadas en economía que, en algunos casos sirven de apoyo, además, a otros bloques del texto, como la diagonalización de matrices y las formas cuadráticas con respecto a la teoría de optimización. El segundo bloque está dedicado a las funciones de una variable y tiene como objetivo el repaso de conceptos básicos, necesarios para comprender los temas centrales del curso. Aunque gran parte del contenido se estos capítulos habría debido ser estudiada en el bachillerato, la experiencia recogida de cursos anteriores muestra que esta afirmación no puede ser hecha en la mayoría de alumnos que acceden a las titulaciones. El tercer bloque, formado por el capítulo 8, realiza una introducción al cálculo diferencial para funciones de varias variables. El cuarto bloque aborda la teoría de la optimización, desde la perspectiva diferenciable; el bloque se desarrolla en tres capítulos: el capítulo 9 presenta la teoría básica sobre concavidad y convexidad de funciones, imprescindible para el desarrollo posterior de la optimización; el capítulo 10, la optimización sin restricciones; y el capítulo 11, la optimización con restricciones. Para evitar una ampliación excesiva del texto, no se ha incluido un bloque específico de programación lineal. El quinto bloque, capítulos 12 y 13, está dedicado a la teoría de la integración. En la integral indefinida, sólo se han presentado a nivel introductorio las técnicas de integración básicas. Respecto a la integral definida, he optado por un enfoque desde la integración de Riemann, el más adecuado, a mi juicio, para estudiantes de primer curso de Ciencias Empresariales. El último bloque, capítulos 14 y 15, realiza una presentación introductoria y eminentemente práctica de las ecuaciones diferenciales y de las ecuaciones en diferencias finitas, haciendo especial hincapié en las aplicaciones económicas.

Por otra parte, el libro contiene después de cada tema ejercicios resueltos y ejercicios propuestos, cuya solución y/o resolución aparece al final del texto. En los ejercicios se pueden encontrar numerosos problemas de contenido económico, ejercicios de carácter básico para afianzar los conceptos y las técnicas de cálculo desarrolladas y otros de carácter teórico. Los ejercicios propuestos son similares a los resueltos y tienen como objetivo ayudar al alumno en su aprendizaje, afianzar los conocimientos adquiridos y comprobar el grado de asimilación de los objetivos formativos. Para facilitar el estudio, el orden en el que aparecen los ejercicios propuestos y resueltos es el mismo que el realizado en la exposición teórica.

Evidentemente, el texto que el lector tiene en sus manos no incluye todas las Matemáticas que son usadas en Economía. La variedad de teorías, desde el álgebra lineal hasta la teoría de la optimización y la amplitud de cada una de ellas, y el objetivo, trazado desde el principio, de realizar un manual que incluyera la materia a impartir en un año académico, ha hecho necesario acotar el contenido y la profundidad en el tratamiento de cada uno de los temas. De esta forma, el texto sólo pretende ser una introducción a las Matemáticas para la Economía, como indica el título, renunciando a realizar un recorrido completo y exhaustivo en cada una de los temas. De ahí que cuestiones como las aplicaciones lineales y bilineales, las sucesiones y series de números reales o la integración múltiple, que, sin duda, hubieran completado el contenido, no aparezcan en el libro.

Finalmente, deseo expresar mi agradecimiento.

En primer lugar, a la Facultad de Ciencias Económicas y Empresariales (ETEA, Institución Universitaria de la Compañía de Jesús) de Córdoba donde he desarrollado hasta el momento mi actividad docente e investigadora y sin cuyo apoyo institucional no hubiera sido posible este trabajo.

A los profesores de la asignatura de Matemáticas con los que compartí en el pasado la actividad docente: D. Eduardo Alonso, D. José Luis Galván y D. Alfredo García Hernández, con un recuerdo especialmente emocionado para D. Alfonso Pascual, fallecido hace unos años.

A los profesores con los que trabajo en la actualidad: D. Mariano Carbonero, D. José Martos, D. Alfonso Porras y D.ª Marina Toledano. Sus sugerencias y comentarios al leer el texto han sido de gran ayuda para la revisión de este libro.

Al profesor D. Gabriel María Pérez Alcalá que tuvo la amabilidad de revisar algunas cuestiones de tipo económico contenidas en el libro.

A D.ª María Victoria Pérez y a D.ª Leonor Pérez quienes, en diferentes momentos ayudaron en la composición manual de parte del texto.

A mi hermano Alfonso Carlos, que siempre resolvió los problemas informáticos asociados a la elaboración de un texto de este tipo y a D.ª Pilar Tirado, directora de la colección de publicaciones, por su ayuda en la revisión y composición final del texto.

A los estudiantes que han pasado por las aulas de ETEA en mis clases de Matemáticas, por ayudarme, probablemente sin saberlo, a mantener mi vocación docente.

Por último, agradezco a mi padre, maestro, que enseñó Matemáticas durante más de 40 años, por haber sembrado en mí dos inquietudes que han señalado mi vida profesional: una por las Matemáticas y otra por la docencia, la difícil y emocionante tarea de enseñar y ayudar a que los demás aprendan. En el fondo, éste es el motivo por el que escribí este libro, a la espera de que pueda servir de alguna utilidad a los que trabajen con él.

El autor

I

MATRICES Y DETERMINANTES

1. Concepto de Matriz

Una matriz A de orden $m \times n$ $(m,n \in \mathbb{N})$ es un conjunto ordenado de $m \times n$ números reales dispuestos en m filas y n columnas:

$$A = \begin{pmatrix} a_{11} & a_{12} & \cdots & a_{1n} \\ a_{21} & a_{22} & \cdots & a_{2n} \\ \vdots & \vdots & \ddots & \vdots \\ a_{m1} & a_{m2} & \cdots & a_{mn} \end{pmatrix} = \left(a_{ij}\right)$$

Dado el elemento a_{ij}, el subíndice i representa la fila y el subíndice j la columna en la que se encuentra a_{ij}. Se llama ***matriz columna o matriz fila*** a una matriz formada por una única columna o una única fila.

Dada una matriz A, llamaremos ***submatriz*** de A a la obtenida a partir de A al suprimir alguna de sus filas y columnas. Representamos por $M_{mxn}(\mathbb{R})$ [1] el conjunto de matrices de m filas y n columnas.

Ejemplo 1.1

La matriz:

$$A = \begin{pmatrix} 1 & 2 & 7 & 1 \\ -1 & 0 & 0 & 3 \end{pmatrix} \in M_{2x4}$$

es una matriz con dos filas y cuatro columnas. El elemento a_{13} es igual a 7 y el elemento a_{21} es igual a -1.

■

2. Tipos de Matrices

Una matriz A es ***cuadrada*** si tiene el mismo número de filas que de columnas.

Representamos por $M_n(\mathbb{R})$ el conjunto de matrices cuadradas de orden n.

[1] El conjunto de matrices reales de orden $m \times n$ será representado abreviadamente a partir de este momento por $M_{m \times n}$.

Ejemplo 2.1

La matriz $A = \begin{pmatrix} 2 & 1 \\ 0 & 0 \end{pmatrix} \in M_2$ es una matriz cuadrada de orden 2.

■

Dada una matriz cuadrada A, los elementos $a_{11}, a_{22}, ..., a_{nn}$ forman la ***diagonal principal*** de la matriz.

Veamos diferentes tipos de matrices cuadradas.

• Matriz diagonal

Una matriz cuadrada A es ***diagonal*** si todos los elementos que no pertenecen a la diagonal principal son cero ($a_{ij} = 0, \forall i \neq j$).

Ejemplo 2.2

La matriz:

$$A = \begin{pmatrix} 1 & 0 & 0 \\ 0 & 1 & 0 \\ 0 & 0 & 7 \end{pmatrix}$$

es una matriz diagonal, ya que los elementos que no pertenecen a la diagonal principal son iguales a cero.

■

• Matriz identidad o ***unidad*** de orden n

Llamamos ***matriz*** identidad de orden n, denotada por I_n, a una matriz con los elementos de la diagonal principal iguales a 1 y el resto de elementos de la matriz iguales a 0:

$$I_n = \begin{pmatrix} 1 & 0 & \cdots & 0 \\ 0 & 1 & \cdots & 0 \\ \vdots & \vdots & \ddots & \vdots \\ 0 & 0 & \cdots & 1 \end{pmatrix}$$

• Matriz triangular superior (inferior)

A es ***triangular superior*** si los elementos por debajo de la diagonal principal son cero ($a_{ij} = 0, \forall i > j$).

A es ***triangular inferior*** si los elementos por encima de la diagonal principal son cero ($a_{ij} = 0, \forall i < j$).

Ejemplo 2.3

Las matrices A y B son matrices triangular superior y triangular inferior respectivamente:

$$A=\begin{pmatrix}1 & 2 & 1\\ 0 & 3 & -7\\ 0 & 0 & 2\end{pmatrix} \qquad B=\begin{pmatrix}2 & 0 & 0\\ 5 & 1 & 0\\ 2 & 3 & -1\end{pmatrix}$$

■

3. OPERACIONES CON MATRICES

A continuación estudiaremos cómo se definen las operaciones más importantes dentro del conjunto de las matrices y las propiedades que verifican estas operaciones.

3.1. SUMA DE MATRICES

Dadas dos matrices del mismo tipo:

$$A=\left(a_{ij}\right)\in M_{mxn}, \quad B=\left(b_{ij}\right)\in M_{mxn}$$

se define la suma de las matrices como la matriz de orden $m\times n$ dada por:

$$A+B=\left(a_{ij}+b_{ij}\right)\in M_{mxn}$$

El elemento de la posición i, j de la matriz $A+B$ se obtiene sumando los elementos situados en la misma posición en las matrices A y B.

Ejemplo 3.1

La suma de las matrices $A=\begin{pmatrix}1 & 2 & 1\\ 0 & 3 & -7\\ 0 & 0 & 2\end{pmatrix}$ y $B=\begin{pmatrix}2 & 0 & 0\\ 5 & 1 & 0\\ 2 & 3 & -1\end{pmatrix}$ se obtiene sumando los elementos que se encuentran en la misma posición:

$$A+B=\begin{pmatrix}3 & 2 & 1\\ 5 & 4 & -7\\ 2 & 3 & 1\end{pmatrix}$$

■

PROPIEDADES DE LA SUMA

i) Asociativa: $\left(A+B\right)+C=A+\left(B+C\right)$, $\forall\ A, B, C\in M_{m\times n}$

ii) Conmutativa: $A+B=B+A$, $\forall\ A, B\in M_{m\times n}$

iii) Elemento neutro: Es la matriz de orden $m \times n$, representada por $\mathbf{0}$, cuyos elementos son nulos. La matriz nula cumple que: $A+\mathbf{0}=\mathbf{0}+A=A$, $\forall A \in M_{m\times n}$

iv) Elemento simétrico: Está dada por la matriz $-A=(-a_{ij})$ que cumple: $\forall A \in M_{m\times n}$, $\exists\ (-A) \in M_{m\times n} : A+(-A)=(-A)+A=\mathbf{0}$

3.2. *Producto por Escalares*

Dada una matriz $A=\left(a_{ij}\right) \in M_{mxn}$ y un número real α, se define la matriz producto αA como la matriz de orden $m \times n$ dada por:

$$\alpha A=\left(\alpha \cdot a_{ij}\right) \in M_{mxn}$$

Observemos que, para multiplicar una matriz por un número real cualquiera, basta multiplicar cada elemento de la matriz por dicho número real.

Ejemplo 3.2

Dada la matriz $A=\begin{pmatrix} 1 & 2 & 3 & 1 \\ -1 & 0 & 0 & 3 \end{pmatrix} \in M_{2x4}$, la matriz $3A$ se obtiene multiplicando todos los elementos de la matriz A por 3:

$$3A=\begin{pmatrix} 3 & 6 & 9 & 3 \\ -3 & 0 & 0 & 9 \end{pmatrix}$$

■

Propiedades del Producto por Escalares

i) $\alpha\left(A+B\right)=\alpha A+\alpha B$, $\forall\ A, B \in M_{m\times n}$, $\forall \alpha \in \mathbb{R}$

ii) $\left(\alpha+\beta\right)A=\alpha A+\beta A$, $\forall\ A \in M_{m\times n}$, $\forall \alpha, \beta \in \mathbb{R}$

iii) $\left(\alpha \beta\right)A=\alpha\left(\beta A\right)$, $\forall\ A \in M_{m\times n}$, $\forall \alpha, \beta \in \mathbb{R}$

iv) $1A=A$, $\forall\ A \in M_{m\times n}$

3.3. *Producto de Matrices*

Sean las matrices $A=\left(a_{ij}\right) \in M_{mxn}$, $B=\left(b_{jk}\right) \in M_{nxp}$, se define el producto de la matrices A y B como la matriz $C=A \cdot B=\left(c_{ik}\right) \in M_{mxp}$, donde:

$$c_{ik}=a_{i1}b_{1k}+a_{i2}b_{2k}+\ldots+a_{in}b_{nk}$$

Gráficamente, la matriz producto se obtiene de la siguiente forma:

$$\begin{pmatrix} \cdots & \cdots & \cdots & \cdots \\ \vdots & \vdots & \vdots & \vdots \\ a_{i1} & a_{i2} & \cdots & a_{in} \\ \vdots & \vdots & \ddots & \vdots \\ \cdots & \cdots & \cdots & \cdots \end{pmatrix} \begin{pmatrix} \cdots & \cdots & b_{1k} & \cdots & \cdots \\ \cdots & \cdots & b_{2k} & \cdots & \cdots \\ \vdots & \vdots & \vdots & \ddots & \vdots \\ \cdots & \cdots & b_{nk} & \cdots & \cdots \end{pmatrix} = \begin{pmatrix} & \vdots & \\ \cdots & c_{ik} & \cdots \\ & \vdots & \end{pmatrix}$$

es decir, el elemento i, k de la matriz producto se obtiene como la suma de los productos de los elementos de la fila i de la matriz A y los elementos de la columna k de la matriz B.

Es importante tener en cuenta que, para multiplicar dos matrices A y B, el número de columnas de A tiene que coincidir con el número de filas de B, obteniéndose una matriz con el mismo número de filas que la primera y el mismo número de columnas de la segunda.

$$\underset{m\times n}{A} \cdot \underset{n\times p}{B} = \underset{m\times p}{C}$$

Ejemplo 3.3

Consideremos el producto de las matrices $A = \begin{pmatrix} 1 & 2 & 3 \\ 0 & 0 & 1 \end{pmatrix}$ y $B = \begin{pmatrix} 0 & 3 \\ 0 & 0 \\ 1 & 1 \end{pmatrix}$

Como $A \in M_{2\times 3}$ y $B \in M_{3\times 2}$, las matrices pueden multiplicarse obteniéndose una matriz $C \in M_{2\times 2}$

$$\underset{2\times 3}{A} \cdot \underset{3\times 2}{B} = \underset{2\times 2}{C}$$

Por ejemplo, el elemento c_{11} de la matriz C se obtiene sumando los productos de los elementos de la primera fila de la matriz A por los elementos de la primera columna de la matriz B:

$$c_{11} = 1\cdot 0 + 2\cdot 0 + 3\cdot 1 = 3$$

De la misma forma, el elemento c_{12} se obtiene sumando los productos de los elementos de la primera fila de la matriz A por los elementos de la segunda columna de la matriz B:

$$c_{12} = 1\cdot 3 + 2\cdot 0 + 3\cdot 1 = 6$$

Así, el producto de las matrices A y B es igual a la matriz:

$$\begin{pmatrix} 1 & 2 & 3 \\ 0 & 0 & 1 \end{pmatrix}\begin{pmatrix} 0 & 3 \\ 0 & 0 \\ 1 & 1 \end{pmatrix} = \begin{pmatrix} 3 & 6 \\ 1 & 1 \end{pmatrix}$$

■

Ejemplo 3.4

Consideremos m consumidores de n productos cuyos precios van cambiando semanalmente. Sea $Q = (q_{ij}) \in M_{m\times n}$ la matriz que representa las cantidades consumidas por el consumidor $i, (i = 1,2,...,m)$, del producto $j, (j = 1,2,...,n)$. Por otra parte, sea $P = (p_{jk}) \in M_{n\times p}$ la matriz que contiene los precios unitarios de cada producto en cada semana, donde el elemento p_{jk} representa el precio del producto j en la semana k, $(k = 1,2,...,p)$. Si multiplicamos la matriz de cantidades consumidas Q por la matriz de precios P, se obtiene una matriz $C = QP = (c_{ik}) \in M_{m\times p}$ que representa el gasto de cada consumidor en cada semana. Concretamente, si consideramos el elemento $c_{ik} = q_{i1}p_{1k} + q_{i2}p_{2k} + ... + q_{in}p_{nk}$, obtenido como la suma de los productos de las cantidades consumidas por el consumidor i por los respectivos precios de los productos en la semana k, expresaría el gasto del consumidor i en la semana k.

■

PROPIEDADES DEL PRODUCTO DE MATRICES

i) Distributiva respecto de la suma de matrices:

$$(A+B)C = AC + BC$$

$$C(A+B) = CA + CB$$

ii) Asociativa: $(AB)C = A(BC)$

iii) Pseudo asociativa: $(\alpha A)B = \alpha(AB)$

iv) Elemento neutro: $AI_n = A, \quad I_m A = A, \quad \forall A \in M_{m\times n}$

donde las matrices A, B, C han de ser del tipo adecuado para que los productos tengan sentido.

OBSERVACIONES

a) El siguiente ejemplo basta para probar que el producto de matrices no es conmutativo. En general $AB \neq BA$, y puede ocurrir incluso que se pueda calcular AB y no BA.

Ejemplo 3.5

Consideremos las matrices $A=\begin{pmatrix} 1 & 3 \\ 2 & 4 \end{pmatrix}$, $B=\begin{pmatrix} -1 & 0 \\ 2 & 0 \end{pmatrix}$, es fácil comprobar que $AB \neq BA$:

$$AB=\begin{pmatrix} 5 & 0 \\ 6 & 0 \end{pmatrix}, \quad BA=\begin{pmatrix} -1 & -3 \\ 2 & 6 \end{pmatrix}$$

■

b) Otro hecho interesante relacionado con el producto de matrices es el siguiente: el producto de dos matrices distintas de la matriz cero puede ser igual a la matriz cero.

Ejemplo 3.6

Las matrices definidas a continuación son distintas de la matriz cero y, sin embargo, su producto es igual a la matriz cero:

$$\begin{pmatrix} 1 & 0 \\ 0 & 0 \end{pmatrix}\begin{pmatrix} 0 & 0 \\ 0 & 1 \end{pmatrix}=\begin{pmatrix} 0 & 0 \\ 0 & 0 \end{pmatrix}$$

■

3.4. Trasposición de Matrices

Dada una matriz $A=\left(a_{ij}\right)\in M_{mxn}$, se define la matriz ***traspuesta*** de A como la matriz que se obtiene a partir de A al cambiar las filas por columnas, es decir, $A^t=\left(a_{ji}\right)\in M_{nxm}$.

Otra forma de representar la matriz traspuesta de una matriz es la siguiente: $A^t = A'$.

Ejemplo 3.7

Dada la matriz $A=\begin{pmatrix} 1 & 2 \\ 3 & 4 \\ 0 & 0 \end{pmatrix}$, su matriz traspuesta está dada por $A^t=\begin{pmatrix} 1 & 3 & 0 \\ 2 & 4 & 0 \end{pmatrix}$.

■

La trasposición de matrices cumple las siguientes propiedades:

i) $\left(A^t\right)^t = A, \quad \forall A \in M_{m\times n}$

ii) $\left(A+B\right)^t = A^t + B^t, \ \forall A, B \in M_{m\times n}$

iii) $\left(\alpha A\right)^t = \alpha A^t, \quad \forall A \in M_{m\times n}, \forall \alpha \in \mathbb{R}$

iv) $\left(AB\right)^t = B^t A^t, \quad \forall A \in M_{m\times n}, B \in M_{n\times p}$

Una matriz cuadrada A es ***simétrica*** si coincide con su traspuesta ($A = (a_{ij}) = A^t = (a_{ji})$).

Ejemplo 3.8

La matriz $A = \begin{pmatrix} 1 & 7 & -8 \\ 7 & 3 & 2 \\ -8 & 2 & 4 \end{pmatrix}$ es una matriz simétrica, ya que coincide con su traspuesta: $A = A^t$.

■

Observemos que en una matriz simétrica se cumple que $a_{ij} = a_{ji}$, es decir, existe simetría en los elementos de la matriz respecto de la diagonal principal.

Una matriz cuadrada A es ***antisimétrica*** si coincide con su traspuesta cambiada de signo:

$$A = \left(a_{ij}\right) = -A^t = \left(-a_{ji}\right)$$

Observemos que en una matriz antisimétrica se cumple que $a_{ij} = -a_{ji}$, $\forall i \neq j$, y que $a_{ii} = 0$. Es decir, los elementos de la diagonal principal son iguales a cero y los elementos a un lado y otro de la diagonal principal son iguales salvo en el signo.

Ejemplo 3.9

La siguiente matriz:

$$A = \begin{pmatrix} 0 & 3 & 4 \\ -3 & 0 & -7 \\ -4 & 7 & 0 \end{pmatrix}$$

es una matriz antisimétrica , ya que $A = -A^t$.

■

3.5. *Traza de una Matriz*

Se define la *traza* de una matriz cuadrada $A \in M_n$ como la suma de los elementos de la diagonal principal de la matriz:

$$Traza(A) = \sum_{i=1}^{n} a_{ii}$$

Propiedades de la Traza de una Matriz

i) $Traza(A) = Traza(A^t)$, $\forall A \in M_{n \times n}$

ii) $Traza(A+B) = Traza(A) + Traza(B)$, $\forall A, B \in M_{n \times n}$

iii) $Traza(AB) = Traza(BA)$, $\forall A, B \in M_{n \times n}$

iv) $Traza(\alpha A) = \alpha Traza(A)$, $\forall A \in M_{n \times n}$, $\forall \alpha \in \mathbb{R}$

Ejemplo 3.10

1) La traza de la matriz $A = \begin{pmatrix} 10 & 3 & 4 \\ -3 & 0 & -7 \\ -4 & 7 & 3 \end{pmatrix}$ es igual a 13.

2) La traza de la matriz identidad de orden n, $I_n = \begin{pmatrix} 1 & 0 & \cdots & 0 \\ 0 & 1 & \cdots & 0 \\ \vdots & \vdots & \ddots & \vdots \\ 0 & 0 & \cdots & 1 \end{pmatrix}$ es igual a n.

■

3.6. *Producto de Kronecker*

Dadas las matrices $A \in M_{m \times n}$ y $B \in M_{p \times q}$, se define el ***producto de Kronecker*** de las matrices A y B como la matriz:

$$C = A \otimes B = \begin{pmatrix} a_{11}B & \dots & a_{1n}B \\ \vdots & \ddots & \vdots \\ a_{m1}B & \cdots & a_{mn}B \end{pmatrix} \in M_{mp \times nq}$$

Ejemplo 3.11

El producto de Kronecker de las matrices $A = \begin{pmatrix} -1 & 2 \\ 3 & 4 \end{pmatrix}$ y $B = \begin{pmatrix} 1 \\ 4 \end{pmatrix}$ es la matriz obtenida al multiplicar cada elemento de la matriz A por la matriz B:

$$C = A \otimes B = \begin{pmatrix} -1\begin{pmatrix}1\\4\end{pmatrix} & 2\begin{pmatrix}1\\4\end{pmatrix} \\ 3\begin{pmatrix}1\\4\end{pmatrix} & 4\begin{pmatrix}1\\4\end{pmatrix} \end{pmatrix} = \begin{pmatrix} -1 & 2 \\ -4 & 8 \\ 3 & 4 \\ 12 & 16 \end{pmatrix} \in M_{4\times 2}$$

■

4. Concepto de Determinante y Propiedades de los Determinantes

Dada una matriz cuadrada A, se le asocia un número real llamado ***determinante*** de la matriz, denotado por $|A|$ o $\det A$, que se calcula de la siguiente forma:

a) Matrices de orden 2.

Si $A = \begin{pmatrix} a_{11} & a_{12} \\ a_{21} & a_{22} \end{pmatrix}$ es una matriz cuadrada de orden 2, entonces:

$$|A| = a_{11}a_{22} - a_{21}a_{12}$$

b) Matrices de orden 3.

Si $A = \begin{pmatrix} a_{11} & a_{12} & a_{13} \\ a_{21} & a_{22} & a_{23} \\ a_{31} & a_{32} & a_{33} \end{pmatrix}$ es una matriz cuadrada de orden 3, su determinante se define como:

$$\begin{vmatrix} a_{11} & a_{12} & a_{13} \\ a_{21} & a_{22} & a_{23} \\ a_{31} & a_{32} & a_{33} \end{vmatrix} = \left(a_{11}a_{22}a_{33} + a_{21}a_{32}a_{13} + a_{23}a_{12}a_{31}\right)$$

$$-\left(a_{13}a_{22}a_{31} + a_{23}a_{32}a_{11} + a_{21}a_{12}a_{33}\right)$$

La regla anterior que calcula el determinante de orden 3 se denomina ***regla de Sarrus*** y puede representarse gráficamente siguiendo el esquema de la Figura 1.1.

Figura 1.1. Regla de Sarrus.

Ejemplo 4.1

Dadas las matrices $A=\begin{pmatrix}1 & 0 & 0\\ 3 & 1 & 4\\ 2 & 1 & 3\end{pmatrix}$ y $B=\begin{pmatrix}2 & 4\\ 1 & 3\end{pmatrix}$, sus determinantes están dados por:

$$|A|=\begin{vmatrix}1 & 0 & 0\\ 3 & 1 & 4\\ 2 & 1 & 3\end{vmatrix}=3+0+0-(0+4+0)=-1$$

$$|B|=\begin{vmatrix}2 & 4\\ 1 & 3\end{vmatrix}=2\cdot 3-4\cdot 1=2$$

■

c) Matrices de orden superior a tres.

Antes de explicar como se define un determinante de orden mayor que 3, introducimos los conceptos de menor complementario y adjunto de un elemento.

Si suprimimos en una matriz A la fila i y la columna j, obtenemos una matriz M_{ij}, cuyo determinante $|M_{ij}|$ recibe el nombre de ***menor complementario*** del elemento a_{ij}.

Se llama ***adjunto*** del elemento a_{ij} de la matriz A, representado por A_{ij}, al número obtenido al multiplicar el menor complementario de a_{ij} por el signo $(-1)^{i+j}$:

$$A_{ij}=(-1)^{i+j}|M_{ij}|$$

Ejemplo 4.2

Dada la matriz $A=\begin{pmatrix}1 & -1 & 1\\ 3 & 0 & 1\\ 4 & 1 & 2\end{pmatrix}$, el menor complementario del elemento a_{12} es $|M_{12}|=\begin{vmatrix}3 & 1\\ 4 & 2\end{vmatrix}=2$. El adjunto del elemento a_{12} es $A_{12}=(-1)^{1+2}\begin{vmatrix}3 & 1\\ 4 & 2\end{vmatrix}=-2$.

■

Definidos el menor complementario y el adjunto de un elemento cualquiera de una matriz cuadrada A, podemos pasar a calcular el determinante de una matriz de orden mayor que 3. La fórmula que veremos a continuación calcula un determinante de orden n a partir de determinantes de orden $n-1$ y se denomina desarrollo de un determinante por los elementos de una fila o columna o ***desarrollo de Laplace***.

DESARROLLO DE LAPLACE

Dada una matriz cuadrada $A=\left(a_{ij}\right)\in M_n$, consideremos una fila o columna cualquiera de A, por ejemplo, la fila i, entonces el determinante de A es la suma de los productos de cada elemento de la fila i por su adjunto correspondiente:

$$|A|=a_{i1}A_{i1}+a_{i2}A_{i2}+\ldots+a_{in}A_{in}$$

Ejemplo 4.3

Calculemos el determinante de la matriz $A=\begin{pmatrix}3&6&1&-1\\0&1&-1&1\\-1&4&0&0\\0&0&-2&-1\end{pmatrix}$ aplicando el desarrollo de Laplace. Eligiendo la 3ª fila se tiene que:

$$|A|=-1(-1)^{3+1}\begin{vmatrix}6&1&-1\\1&-1&1\\0&-2&-1\end{vmatrix}+4(-1)^{3+2}\begin{vmatrix}3&1&-1\\0&-1&1\\0&-2&-1\end{vmatrix}=-57$$

Observemos que, al poder elegir la fila o columna que queramos, siempre elegiremos para simplificar los cálculos aquella fila o columna con un mayor número de ceros.

■

Una fila F de una matriz[2] es ***combinación lineal*** de las filas $F_1,F_2,\ldots,F_k$ si existen números reales $\alpha_1,\alpha_2,\ldots,\alpha_k$, tal que:

$$F=\alpha_1F_1+\alpha_2F_2+\ldots+\alpha_kF_k$$

La definición para columnas es idéntica.

PROPIEDADES DE LOS DETERMINANTES

1. Sean A y B dos matrices cuadradas del mismo orden:

$$|AB|=|A||B|$$

2. El determinante de una matriz coincide con el de su traspuesta:

[2] F_i representa la fila i de la matriz y C_j la columna j.

$$|A| = |A^t|$$

3. El determinante de una matriz con dos filas (o columnas) idénticas o proporcionales es cero:

$$\begin{vmatrix} a_{11} & a_{12} & \cdots & a_{1n} \\ \vdots & \vdots & \ddots & \vdots \\ x_1 & x_2 & \cdots & x_n \\ \vdots & \vdots & \ddots & \vdots \\ x_1 & x_2 & \cdots & x_n \\ \vdots & \vdots & \ddots & \vdots \\ a_{n1} & a_{n2} & \cdots & a_{nn} \end{vmatrix} = 0$$

4. Si los elementos de una fila (o columna) son nulos, el determinante vale cero:

$$\begin{vmatrix} a_{11} & a_{12} & \cdots & a_{1n} \\ \vdots & \vdots & \ddots & \vdots \\ 0 & 0 & \cdots & 0 \\ \vdots & \vdots & \ddots & \vdots \\ a_{n1} & a_{n2} & \cdots & a_{nn} \end{vmatrix} = 0$$

5. Si cambiamos entre sí dos filas (columnas) cualesquiera de la matriz, cambia el signo del valor del determinante:

$$\begin{vmatrix} a_{11} & a_{12} & \cdots & a_{1n} \\ \vdots & \vdots & \ddots & \vdots \\ x_1 & x_2 & \cdots & x_n \\ \vdots & \vdots & \ddots & \vdots \\ y_1 & y_2 & \cdots & y_n \\ \vdots & \vdots & \ddots & \vdots \\ a_{n1} & a_{n2} & \cdots & a_{nn} \end{vmatrix} = -\begin{vmatrix} a_{11} & a_{12} & \cdots & a_{1n} \\ \vdots & \vdots & \ddots & \vdots \\ y_1 & y_2 & \cdots & y_n \\ \vdots & \vdots & \ddots & \vdots \\ x_1 & x_2 & \cdots & x_n \\ \vdots & \vdots & \ddots & \vdots \\ a_{n1} & a_{n2} & \cdots & a_{nn} \end{vmatrix}$$

6. Si multiplicamos todos los elementos de una fila (o columna) cualquiera por un número λ no nulo, el determinante de la nueva matriz es el determinante de la primera multiplicando por λ :

$$\begin{vmatrix} a_{11} & a_{12} & \cdots & a_{1n} \\ \vdots & \vdots & \ddots & \vdots \\ \lambda a_{i1} & \lambda a_{i2} & \cdots & \lambda a_{in} \\ \vdots & \vdots & \ddots & \vdots \\ a_{n1} & a_{n2} & \cdots & a_{nn} \end{vmatrix} = \lambda \begin{vmatrix} a_{11} & a_{12} & \cdots & a_{1n} \\ \vdots & \vdots & \ddots & \vdots \\ a_{i1} & a_{i2} & \cdots & a_{in} \\ \vdots & \vdots & \ddots & \vdots \\ a_{n1} & a_{n2} & \cdots & a_{nn} \end{vmatrix}$$

Así, si multiplicamos todas las filas (o columnas) de una matriz A de orden n por λ, el determinante queda multiplicado por λ^n, es decir:

$$|\lambda A| = \lambda^n |A|$$

7. El determinante de una matriz A es igual a cero si y sólo si existe una fila (columna) que es una combinación lineal de otras filas (columnas) de la matriz A.

8. Si tres matrices A, B, C son idénticas salvo en la fila i de la matriz A que es la suma de las filas i de las matrices B, C, entonces se cumple que $|A| = |B| + |C|$:

$$\begin{vmatrix} a_{11} & a_{12} & \cdots & a_{1n} \\ \vdots & \vdots & \ddots & \vdots \\ a_{i1}+b_{i1} & a_{i2}+b_{i2} & \cdots & a_{in}+b_{in} \\ \vdots & \vdots & \ddots & \vdots \\ a_{n1} & a_{n2} & \cdots & a_{nn} \end{vmatrix} = \begin{vmatrix} a_{11} & a_{12} & \cdots & a_{1n} \\ \vdots & \vdots & \ddots & \vdots \\ a_{i1} & a_{i2} & \cdots & a_{in} \\ \vdots & \vdots & \ddots & \vdots \\ a_{n1} & a_{n2} & \cdots & a_{nn} \end{vmatrix} + \begin{vmatrix} a_{11} & a_{12} & \cdots & a_{1n} \\ \vdots & \vdots & \ddots & \vdots \\ b_{i1} & b_{i2} & \cdots & b_{in} \\ \vdots & \vdots & \ddots & \vdots \\ a_{n1} & a_{n2} & \cdots & a_{nn} \end{vmatrix}$$

9. Si a una fila o columna de una matriz se le suma otra fila multiplicada por un número α, entonces el determinante no varía:

$$\begin{vmatrix} a_{11} & a_{12} & \cdots & a_{1n} \\ \vdots & \vdots & \ddots & \vdots \\ x_1 & x_2 & \cdots & x_n \\ \vdots & \vdots & \ddots & \vdots \\ y_1 & y_2 & \cdots & y_n \\ \vdots & \vdots & \ddots & \vdots \\ a_{n1} & a_{n2} & \cdots & a_{nn} \end{vmatrix} = \begin{vmatrix} a_{11} & a_{12} & \cdots & a_{1n} \\ \vdots & \vdots & \ddots & \vdots \\ x_1+\alpha y_1 & x_2+\alpha y_2 & \cdots & x_n+\alpha y_n \\ \vdots & \vdots & \ddots & \vdots \\ y_1 & y_2 & \cdots & y_n \\ \vdots & \vdots & \ddots & \vdots \\ a_{n1} & a_{n2} & \cdots & a_{nn} \end{vmatrix}$$

De esta forma, el valor del determinante no se altera cuando a cualquier fila (o columna) le sumamos una combinación lineal del resto de filas (o columnas). Esta propiedad es muy útil para el cálculo de determinantes, ya que, eligiendo convenientente las operaciones, nos permite transformar la matriz en otra con el mismo determinante y con muchos de sus elementos nulos.

Ejemplo 4.4

Veamos algunos ejemplos de cálculo de determinantes aplicando las propiedades que acabamos de enunciar.

a) Consideremos el determinante $\begin{vmatrix} a & b & c \\ a^2 & ab & ac \\ b & a & c \end{vmatrix}$. Si observamos la segunda fila, aplicando las propiedades 6 y 3, se tiene que:

$$\begin{vmatrix} a & b & c \\ a^2 & ab & ac \\ b & a & c \end{vmatrix} = a\begin{vmatrix} a & b & c \\ a & b & c \\ b & a & c \end{vmatrix} = 0$$

b) Sea el determinante $\begin{vmatrix} a+b & a & b^2 \\ a+c & a & bc \\ b+c & b & bc \end{vmatrix}$. Si aplicamos las propiedades 7 ,3 y 6, se tiene que:

$$\begin{vmatrix} a+b & a & b^2 \\ a+c & a & bc \\ b+c & b & bc \end{vmatrix} = \begin{vmatrix} a & a & b^2 \\ a & a & bc \\ b & b & bc \end{vmatrix} + \begin{vmatrix} b & a & b^2 \\ c & a & bc \\ c & b & bc \end{vmatrix} = b\begin{vmatrix} b & a & b \\ c & a & c \\ c & b & c \end{vmatrix} = 0$$

c) Para calcular el determinante de orden 4 dado por $\begin{vmatrix} 1 & 2 & 1 & 1 \\ 2 & 3 & 0 & 1 \\ -1 & 1 & 2 & 3 \\ 2 & 1 & 1 & 1 \end{vmatrix}$, comenzamos aplicando la propiedad 9, que permite realizar operar entre sí las filas o columnas de la matriz de forma que el valor del determinante no varía. El objetivo es conseguir que la línea elegida tenga el mayor número de ceros posible para posteriormente aplicar el desarrollo de Laplace. Elegimos la tercera columna para hacer cero sus elementos y realizamos las siguientes transformaciones en las filas de la matriz: para hacer cero en el elemento a_{33} de la matriz, se sustituye la tercera fila por la tercera fila menos la primera fila multiplicada por 2 ($F_3 \to F_3 - 2F_1$). Para hacer cero en el elemento a_{43}, se sustituye la cuarta fila por la cuarta fila menos la primera fila, ($F_4 \to F_4 - F_1$). De esta forma se obtiene que:

$$\begin{vmatrix} 1 & 2 & 1 & 1 \\ 2 & 3 & 0 & 1 \\ -1 & 1 & 2 & 3 \\ 2 & 1 & 1 & 1 \end{vmatrix} = \begin{vmatrix} 1 & 2 & 1 & 1 \\ 2 & 3 & 0 & 1 \\ -3 & -3 & 0 & 1 \\ 1 & -1 & 0 & 0 \end{vmatrix}$$

Si aplicamos el desarrollo de Laplace a los elementos de la tercera columna, se tiene que:

$$\begin{vmatrix} 1 & 2 & 1 & 1 \\ 2 & 3 & 0 & 1 \\ -3 & -3 & 0 & 1 \\ 1 & -1 & 0 & 0 \end{vmatrix} = 1 \cdot (-1)^{1+3} \begin{vmatrix} 2 & 3 & 1 \\ -3 & -3 & 1 \\ 1 & -1 & 0 \end{vmatrix} = \begin{vmatrix} 2 & 3 & 1 \\ -3 & -3 & 1 \\ 1 & -1 & 0 \end{vmatrix} = 11$$

d) Calculemos el determinante de una matriz triangular. Supongamos que $A \in M_n$ es una matriz triangular superior. Para calcular su determinante, aplicamos el desarrollo de Laplace a partir de los elementos de la primera columna:

$$|A| = \begin{vmatrix} a_{11} & a_{12} & \cdots & a_{1n} \\ 0 & a_{22} & \cdots & a_{2n} \\ \vdots & \vdots & \ddots & \vdots \\ 0 & 0 & \cdots & a_{nn} \end{vmatrix} = a_{11} \begin{vmatrix} a_{22} & a_{23} & \cdots & a_{2n} \\ 0 & a_{33} & \cdots & a_{3n} \\ \vdots & \vdots & \ddots & \vdots \\ 0 & 0 & \cdots & a_{nn} \end{vmatrix}$$

Aplicando el mismo proceso de forma sucesiva, es fácil comprobar que el determinante de la matriz triangular es igual al producto de los elementos de la diagonal principal:

$$|A| = a_{11}\, a_{22} \cdots a_{nn}$$

Como caso particular, el determinante de una matriz diagonal es el producto de los elementos de la diagonal principal:

$$|A| = \begin{vmatrix} a_{11} & 0 & \cdots & 0 \\ 0 & a_{22} & \cdots & 0 \\ \vdots & \vdots & \ddots & \vdots \\ 0 & 0 & \cdots & a_{nn} \end{vmatrix} = a_{11}\, a_{22} \cdots a_{nn}$$

■

5. Matrices Inversas. Ecuaciones Matriciales

Comenzamos definiendo qué es una matriz regular y una matriz singular:

Una matriz cuadrada A es ***regular*** si $|A| \neq 0$.

Una matriz cuadrada A es ***singular*** si $|A| = 0$.

Se define la matriz ***inversa*** de una matriz cuadrada A como aquella matriz representada por A^{-1} que cumple:

$$A^{-1} \cdot A = A \cdot A^{-1} = I_n$$

Una matriz A que tiene inversa se dice ***invertible***.

PROPIEDADES DE LAS MATRICES INVERSAS

i) Si existe la matriz inversa, entonces es única.

ii) Si A es invertible, entonces $\left(A^{-1}\right)^{-1} = A$

iii) Si A, B son matrices invertibles, entonces AB es invertible y se cumple que $\left(A \cdot B\right)^{-1} = B^{-1} \cdot A^{-1}$

iv) Si A es invertible, entonces $\left(A^{-1}\right)^{t} = \left(A^{t}\right)^{-1}$

v) Si A es invertible, entonces $\left|A^{-1}\right| = |A|^{-1} = \dfrac{1}{|A|}$

Si una matriz A tiene inversa, entonces $\left|AA^{-1}\right| = \left|I_n\right|$, es decir, $|A|\left|A^{-1}\right| = 1$, luego $|A| \neq 0$ y la matriz A es regular. Veamos que la condición de regularidad de la matriz es también suficiente para que exista la inversa.

CÁLCULO DE LA INVERSA

Sea A una matriz regular. La inversa de la matriz A está dada por:

$$A^{-1} = \frac{1}{|A|} \cdot \left(AdjA\right)^{t}$$

donde $Adj\,A = \left(A_{ij}\right)$ es la matriz formada por los adjuntos de los elementos de la matriz A.

Ejemplo 5.1

Calculemos la inversa de la matriz $A = \begin{pmatrix} 1 & 1 & 2 \\ 3 & 1 & 6 \\ 2 & 1 & 3 \end{pmatrix}$

Como $|A| = 2$, la matriz es regular y, por tanto, tiene inversa. Comenzamos calculando los adjuntos de cada elemento de la matriz para formar la matriz adjunta:

$$A_{11} = (-1)^{1+1}\begin{vmatrix} 1 & 6 \\ 1 & 3 \end{vmatrix} = -3\,,\ A_{12} = (-1)^{1+2}\begin{vmatrix} 3 & 6 \\ 2 & 3 \end{vmatrix} = 3\,,\ A_{13} = \begin{vmatrix} 3 & 1 \\ 2 & 1 \end{vmatrix} = 1$$

$$A_{21} = -\begin{vmatrix} 1 & 2 \\ 1 & 3 \end{vmatrix} = -1, \qquad A_{22} = \begin{vmatrix} 1 & 2 \\ 2 & 3 \end{vmatrix} = -1, \qquad A_{23} = -\begin{vmatrix} 1 & 1 \\ 2 & 1 \end{vmatrix} = 1$$

$$A_{31} = \begin{vmatrix} 1 & 2 \\ 1 & 6 \end{vmatrix} = 4, \qquad A_{32} = -\begin{vmatrix} 1 & 2 \\ 3 & 6 \end{vmatrix} = 0, \qquad A_{33} = \begin{vmatrix} 1 & 1 \\ 3 & 1 \end{vmatrix} = -2$$

Así, la matriz adjunta de A es:

$$(Adj\,A) = \begin{pmatrix} -3 & 3 & 1 \\ -1 & -1 & 1 \\ 4 & 0 & -2 \end{pmatrix}$$

y por tanto:

$$(Adj\,A)^t = \begin{pmatrix} -3 & 3 & 1 \\ -1 & -1 & 1 \\ 4 & 0 & -2 \end{pmatrix}^t = \begin{pmatrix} -3 & -1 & 4 \\ 3 & -1 & 0 \\ 1 & 1 & -2 \end{pmatrix}$$

Aplicando la fórmula que calcula la inversa de la matriz A, resulta que:

$$A^{-1} = \frac{1}{|A|}(Adj\,A)^t = \begin{pmatrix} -3/2 & -1/2 & 2 \\ 3/2 & -1/2 & 0 \\ 1/2 & 1/2 & -1 \end{pmatrix}$$

Por último, si se desea comprobar que el resultado obtenido al hallar la inversa es correcto, basta verificar que se cumple la condición que define a la matriz inversa y realizar el siguiente cálculo:

$$AA^{-1} = \begin{pmatrix} 1 & 1 & 2 \\ 3 & 1 & 6 \\ 2 & 1 & 3 \end{pmatrix}\begin{pmatrix} -3/2 & -1/2 & 2 \\ 3/2 & -1/2 & 0 \\ 1/2 & 1/2 & -1 \end{pmatrix} = \begin{pmatrix} 1 & 0 & 0 \\ 0 & 1 & 0 \\ 0 & 0 & 1 \end{pmatrix}$$

■

5.1. Resolución de Ecuaciones Matriciales

Una de las aplicaciones de la inversa de una matriz se encuentra en la resolución de ecuaciones matriciales. Este tipo de ecuaciones aparecen con frecuencia en el estudio de sistemas de ecuaciones lineales y en diferentes aplicaciones económicas del álgebra matricial. Los elementos que forman una ecuación matricial son matrices y la incógnita de la ecuación es, por tanto, una matriz. Las técnicas empleadas en la resolución de este tipo de ecuaciones son similares a las usadas para la resolución de ecuaciones algebraicas elementales, teniendo siempre en cuenta que, al trabajar con matrices, hay determinadas propiedades y operaciones que no pueden ser aplicadas. Concretamente, recordemos que el producto de matrices no es conmutativo, que el elemento neutro del producto de matrices es la matriz identidad y que no existe división entre matrices, sino producto por la inversa. Para ilustrar la técnica usada para resolver este tipo de ecuaciones, veamos cuatro ejemplos sencillos de ecuaciones matriciales.

Consideremos las ecuaciones matriciales siguientes, donde A, B, X son matrices de órdenes convenientes para que las operaciones que aparecen puedan realizarse.

a) $AX = B$

Si la matriz A tiene inversa, entonces es posible multiplicar a la izquierda de los dos miembros de la igualdad por la inversa de A, resultando que:

$$A^{-1}AX = A^{-1}B, \quad IX = A^{-1}B, \quad X = A^{-1}B$$

b) $XA = B$

Si la matriz A tiene inversa, entonces es posible multiplicar a la derecha de los dos miembros de la igualdad por la inversa de A, resultando que:

$$XAA^{-1} = BA^{-1}, \quad XI = BA^{-1}, \quad X = BA^{-1}$$

c) $XA + B = C$

En este caso, la ecuación es equivalente a $XA = C - B$, de donde, si la matriz A tiene inversa, entonces se cumple que:

$$X = \left(C - B\right)A^{-1}$$

d) $XA - B = X$

La ecuación anterior es equivalente a $XA - X = B$, de donde $X\left(A - I\right) = B$ y por tanto:

$$X = B\left(A - I\right)^{-1}$$

siempre y cuando exista la inversa de la matriz $A - I$.

■

6. RANGO DE UNA MATRIZ

Dada la matriz $A=\left(a_{ij}\right)$, llamamos ***menor de orden*** k de la matriz A al determinante de la matriz obtenida a partir de A al tomar los elementos pertenecientes a k filas y k columnas de la matriz A.

Ejemplo 6.1

Dada la matriz $A=\begin{pmatrix} 2 & -1 & 4 & 1 \\ 1 & 1 & 1 & 2 \\ 0 & 0 & 5 & 3 \\ 1 & 3 & 2 & 4 \end{pmatrix}$, el determinante de la matriz formada por los elementos que pertenecen a la primera y segunda fila y a la segunda y tercera columna de A forma un menor de orden 2 dado por $\begin{vmatrix} -1 & 4 \\ 1 & 1 \end{vmatrix}$.

■

Llamamos ***rango*** de la matriz A al orden del mayor menor no nulo que se puede formar en la matriz A.

Ejemplo 6.2

a) Dada la matriz $A=\begin{pmatrix} 1 & 0 & 1 & 3 \\ 0 & 1 & -1 & 3 \end{pmatrix}$, es fácil comprobar que $Rg\,A=2$, ya que existe al menos un menor de orden dos distinto de cero: $\begin{vmatrix} 1 & 0 \\ 0 & 1 \end{vmatrix}=1\neq 0$.

b) De la misma forma, dada la matriz $B=\begin{pmatrix} 4 & 0 & 0 & 3 \\ 1 & 0 & 1 & 1 \\ -1 & 2 & 1 & 1 \end{pmatrix}$, como existe un menor de orden 3, definido en este caso por las tres primeras columnas de la matriz, $\begin{vmatrix} 4 & 0 & 0 \\ 1 & 0 & 1 \\ -1 & 2 & 1 \end{vmatrix}=-8$, su rango es igual a tres, $Rg\,B=3$. Cualquier otro determinante de orden tres distinto de cero hubiera sido suficiente para afirmar que $Rg\,B=3$.

c) Dada la matriz $A=\begin{pmatrix} 1 & 1 & 0 & 0 \\ 0 & 1 & 1 & 0 \\ 2 & 1 & -1 & 0 \end{pmatrix}$, es fácil ver que su rango es 2, ya que todos los menores de orden 3 son cero y existe al menos un menor de orden 2 no nulo $\begin{vmatrix} 1 & 1 \\ 0 & 1 \end{vmatrix} \neq 0$.

■

Propiedades del Rango

El rango de una matriz A cumple las siguientes propiedades:

i) El rango de la matriz $A=\left(a_{ij}\right) \in M_{mxn}$ es menor o igual que el mínimo del número de filas y columnas de la matriz ($RgA \leq \text{mín}\{m,n\}$).

ii) Las siguientes transformaciones, las tres primeras denominadas ***transformaciones elementales***, dejan invariante el rango de la matriz:

- Intercambiar entre sí dos filas.
- Multiplicar una fila por un número real distinto de cero.
- Sumar a una fila otra fila multiplicada por un número.
- Suprimir una fila que sea combinación lineal del resto de filas.
- Suprimir una fila en la que todos los elementos sean iguales a cero.

iii) $RgA = RgA^t, \forall\ A \in M_{m\times n}$

Como consecuencia de la propiedad iii), lo enunciado para filas es válido para columnas.

6.1. Métodos para Calcular el Rango de una Matriz

6.1.1. Método de Gauss

El proceso consiste en transformar la matriz dada, mediante las transformaciones elementales que dejan invariante el rango, en una matriz en la que los elementos que hay por debajo de la diagonal principal ($a_{11}, a_{22}, \ldots, a_{nn}$) son iguales a cero. Para una matriz de este tipo, el rango se calcula de forma inmediata como el número de filas no idénticamente nulas.

Ejemplo 6.3

Calculemos el rango de la matriz A dada por:

$$A=\begin{pmatrix} 1 & 2 & 3 & 2 \\ 2 & 3 & 5 & 1 \\ 1 & 3 & 4 & 5 \end{pmatrix}$$

Comenzamos haciendo cero los elementos de la primera columna situados debajo del elemento a_{11}, para ello aplicamos las operaciones elementales a la primera fila. A continuación haremos cero los elementos de la segunda columna por debajo del elemento a_{22}, para lo cual operaremos en este caso con los elementos de la segunda fila, y así no deshacer los ceros realizados en el primer paso. El proceso se repite sucesivamente hasta conseguir una matriz en la que los elementos que hay debajo de la diagonal principal son iguales a cero:

$$Rg\begin{pmatrix} 1 & 2 & 3 & 2 \\ 2 & 3 & 5 & 1 \\ 1 & 3 & 4 & 5 \end{pmatrix} \overset{(1)}{=} Rg\begin{pmatrix} 1 & 2 & 3 & 2 \\ 0 & -1 & -1 & -3 \\ 0 & 1 & 1 & 3 \end{pmatrix} \overset{(2)}{=}$$

$$= Rg\begin{pmatrix} 1 & 2 & 3 & 2 \\ 0 & -1 & -1 & -3 \\ 0 & 0 & 0 & 0 \end{pmatrix} = Rg\begin{pmatrix} 1 & 2 & 3 & 2 \\ 0 & -1 & -1 & -3 \end{pmatrix} = 2$$

donde las transformaciones en la matriz en cada paso han sido:

(1) $F_2 \to F_2 - 2F_1$, $F_3 \to F_3 - F_1$ y (2) $F_3 \to F_3 + F_2$.

■

6.1.2. Método del menor orlado

Para calcular el rango, comenzamos encontrando un menor de orden r distinto de cero. A partir de este menor, formamos menores de orden $r+1$ añadiendo una fila y una a una las columnas que no formen parte del menor de partida, hasta que todos los menores sean cero o bien encontremos uno que sea distinto de cero (este proceso se llama "***orlar menores***"). En el primer caso, si todos los menores son cero, la fila considerada es combinación lineal de las filas cuyos elementos forman el menor de partida, por lo que podremos sustituirla por otra y repetir el proceso. En el segundo caso, el menor encontrado distinto de cero servirá como punto de partida para iniciar de nuevo el proceso.

Se continúa hasta que se encuentre un menor de orden s, tal que, al orlarlo con filas y columnas, no encontremos ningún menor de orden superior que sea distinto de cero. En este caso, el rango de la matriz será s.

Ejemplo 6.4

Consideremos la matriz $\begin{pmatrix} 1 & 2 & 3 & 2 \\ 2 & 3 & 5 & 1 \\ 1 & 3 & 4 & 5 \end{pmatrix}$. Partimos del menor de orden 2 dado por $\begin{vmatrix} 1 & 2 \\ 2 & 3 \end{vmatrix} \neq 0$. Para orlar el menor, formamos menores de orden 3 añadiendo la tercera fila y las columnas tercera y cuarta que no forman parte del menor considerado. Los menores obtenidos son:

$$\begin{vmatrix} 1 & 2 & 3 \\ 2 & 3 & 5 \\ 1 & 3 & 4 \end{vmatrix} = 0, \quad \begin{vmatrix} 1 & 2 & 2 \\ 2 & 3 & 1 \\ 1 & 3 & 5 \end{vmatrix} = 0$$

por lo que el rango de la matriz es igual a 2.

■

7. ALGUNAS APLICACIONES A LA ECONOMÍA: REDES, MATRICES ESTOCÁSTICAS Y MATRICES DE TRANSICIÓN

7.1. EJEMPLO DE APLICACIÓN SENCILLA DE LAS MATRICES A LA ECONOMÍA

Comencemos dando un ejemplo sencillo de aplicación de las matrices y del cálculo matricial a la economía. Veamos como el lenguaje matricial puede simplificar considerablemente determinadas situaciones como la que presentamos a continuación.

Consideremos una cadena de tiendas de ropa de caballero que tiene establecimientos abiertos en 4 ciudades. Las existencias en cada una de las tiendas de cada ciudad son las siguientes:

Ciudad 1: 100 pantalones, 400 camisas, 60 chaquetas y 20 trajes.

Ciudad 2: 120 pantalones, 450 camisas, 60 chaquetas y 40 trajes.

Ciudad 3: 140 pantalones, 500 camisas, 65 chaquetas y 30 trajes.

A partir de los datos anteriores, podemos representar las existencias de la tienda a partir de una matriz, que denotaremos por E, cuyas filas corresponden a las diferentes ciudades y cada columna el tipo de prenda considerada:

$$E = \begin{pmatrix} 100 & 400 & 60 & 20 \\ 120 & 450 & 60 & 40 \\ 140 & 500 & 65 & 30 \end{pmatrix}$$

Supongamos que la cadena abastece a cada tienda mensualmente con un número de prendas dado por:

Ciudad 1: 10 pantalones, 40 camisas, 12 chaquetas y 5 trajes.

Ciudad 2: 12 pantalones, 45 camisas, 20 chaquetas y 10 trajes.

Ciudad 3: 14 pantalones, 50 camisas, 25 chaquetas y 15 trajes.

Supongamos además que las ventas mensuales de cada tienda están dadas por:

Ciudad 1: 10 pantalones, 30 camisas, 15 chaquetas y 6 trajes.

Ciudad 2: 15 pantalones, 40 camisas, 20 chaquetas y 10 trajes.

Ciudad 3: 14 pantalones, 40 camisas, 25 chaquetas y 15 trajes.

Si representamos por A y V las matrices de abastecimiento y ventas mensuales de cada tienda durante un año:

$$A = \begin{pmatrix} 10 & 40 & 12 & 5 \\ 12 & 45 & 20 & 10 \\ 14 & 50 & 25 & 15 \end{pmatrix}, \quad V = \begin{pmatrix} 10 & 30 & 15 & 6 \\ 15 & 40 & 20 & 10 \\ 14 & 40 & 25 & 15 \end{pmatrix}$$

y suponemos que los precios de venta de cada prenda son los siguientes: pantalón (50 euros), camisa (30 euros), chaqueta (75 euros) y traje (120 euros), podemos expresar y calcular matricialmente los siguientes datos:

a) Las existencias de la cadena de tiendas pasados t meses están dadas por la matriz:

$$E + tA - tV = \begin{pmatrix} 100 & 400+10t & 60-3t & 20-t \\ 120-3t & 450+5t & 60 & 40 \\ 140 & 500+10t & 65 & 30 \end{pmatrix}$$

b) Los ingresos durante el primer mes de cada una de las tiendas se obtendría multiplicando la matriz de ventas V por la matriz de precios $P = (50\ 30\ 75\ 120)$:

$$VP^t = \begin{pmatrix} 10 & 30 & 15 & 6 \\ 15 & 40 & 20 & 10 \\ 14 & 40 & 25 & 15 \end{pmatrix} \begin{pmatrix} 50 \\ 30 \\ 75 \\ 120 \end{pmatrix} = \begin{pmatrix} 3245 \\ 4650 \\ 5575 \end{pmatrix}$$

c) Mientras que el valor de las existencias de cada tienda pasados t meses está dado por la matriz:

$$(E+tA-tV)P^{t}=\begin{pmatrix}100 & 400+10t & 60-3t & 20-t\\ 120-3t & 450+5t & 60 & 40\\ 140 & 500+10t & 65 & 30\end{pmatrix}\begin{pmatrix}50\\30\\75\\120\end{pmatrix}$$

7.2. *Aplicación a las Redes*

Una red consta de un grupo de nodos y un conjunto de conexiones que los unen. Los nodos son los puntos en donde se origina o termina algún tipo de flujo y pueden representar ciudades, intersecciones de carreteras, establecimientos de una cadena de supermercados, etc. Las conexiones de una red pueden representar carreteras, líneas aéreas, etc. En la Figura 1.2 se pueden ver tres tipos de conexiones:

Figura 1.2. Conexión no dirigida, dirigida y bidirigida.

según las conexiones vayan dirigidas en una o varias direcciones (en la conexión no dirigida no se establece orientación específica).

En la Figura 1.3 se representa una red que muestra la estructura de rutas que sigue un representante comercial de productos farmacéuticos entre cuatro ciudades. Los nodos A, B, C y D representan las ciudades y las conexiones, las rutas que sigue el representante comercial.

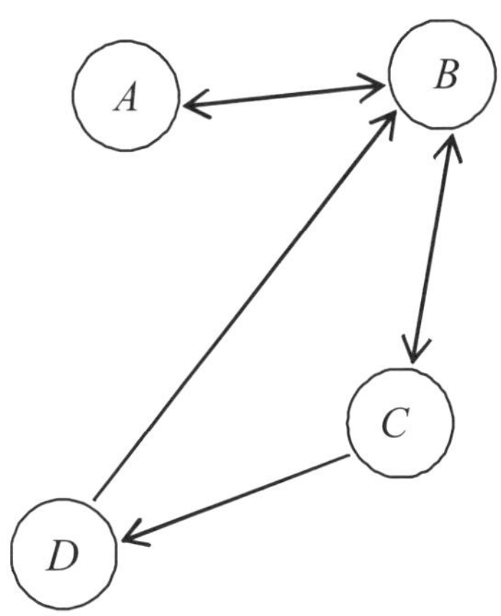

Figura 1.3.

Esta situación puede resumirse en la siguiente matriz, que se denomina ***matriz adyacente M***. Sus elementos son ceros y unos, dependiendo de si no hay o hay una conexión dirigida de un nodo a otro. El elemento de la posición (i,j) es igual a uno si hay ruta desde la ciudad i hasta la ciudad j y cero en caso contrario. La siguiente matriz M corresponde a la matriz adyacente a la red representada anteriormente:

$$\begin{array}{cc} & \quad\quad\quad\quad\quad HACIA \\ & \begin{array}{cccc} A & B & C & D \end{array} \\ DESDE \begin{array}{c} A \\ B \\ C \\ D \end{array} & \begin{pmatrix} 0 & 1 & 0 & 0 \\ 1 & 0 & 1 & 0 \\ 0 & 1 & 0 & 1 \\ 0 & 1 & 0 & 0 \end{pmatrix} \end{array}$$

Observemos que la matriz adyacente muestra las rutas directas sin realizar ninguna escala entre las diferentes ciudades. Los elementos de la fila i nos indican las rutas que hay partiendo de la ciudad i al resto de ciudades. Mientras que los elementos de la columna j indican la existencia o no de rutas desde cada ciudad con destino a la ciudad j. Así, la segunda fila de la matriz adyacente anterior nos indicaría que desde la ciudad B hay rutas hacia las ciudades A y C. Mientras que la tercera columna de la matriz adyacente indica que sólo hay una ruta que llegue a la ciudad C, y es la que tiene origen en la ciudad B.

Por otra parte, en determinadas situaciones puede ser interesante saber las rutas que hay entre las diferentes ciudades haciendo una escala intermedia. Esta información va a aparecer recogida en la matriz adyacente al cuadrado. En efecto, veamos qué ocurre si multiplicamos la matriz adyacente por sí misma. Al realizar el producto, se obtiene el siguiente resultado:

$$M^2 = \begin{pmatrix} 0 & 1 & 0 & 0 \\ 1 & 0 & 1 & 0 \\ 0 & 1 & 0 & 1 \\ 0 & 1 & 0 & 0 \end{pmatrix} \begin{pmatrix} 0 & 1 & 0 & 0 \\ 1 & 0 & 1 & 0 \\ 0 & 1 & 0 & 1 \\ 0 & 1 & 0 & 0 \end{pmatrix} = \begin{pmatrix} 1 & 0 & 1 & 0 \\ 0 & 2 & 0 & 1 \\ 1 & 1 & 1 & 0 \\ 1 & 0 & 1 & 0 \end{pmatrix}$$

Por ejemplo, el elemento $(1,3)$ de la matriz M^2 se calcula multiplicando los elementos de la primera fila, que representa las rutas que parten de la ciudad A, por los elementos de la tercera columna, que indican las rutas que llegan a la ciudad C desde alguna de las ciudades:

$$\begin{pmatrix} 0 & 1 & 0 & 0 \end{pmatrix} \begin{pmatrix} 0 \\ 1 \\ 0 \\ 0 \end{pmatrix} = 0 \cdot 0 + 1 \cdot 1 + 0 \cdot 0 + 0 \cdot 0 = 1$$

Observemos que cada sumando distinto de cero en el cálculo anterior indica que existe una ruta entre dos ciudades realizando una escala intermedia, así, el número de sumandos totales diferentes de cero indica el número de rutas haciendo una escala. De esta forma, el cálculo del elemento situado en la posición (1,3) nos dice que existe una única ruta desde A hacia C haciendo una escala. De la misma forma, el elemento $(2,3)$ indica que no hay ninguna ruta de B a C con una escala intermedia.

Se puede afirmar que la matriz M^2 describe las rutas que hay entre las ciudades haciendo una escala intermedia.

Realizando un razonamiento similar, si elevamos al cubo la matriz adyacente, podemos comprobar que se obtiene el número de rutas que existen entre las ciudades haciendo dos escalas intermedias. En general, un sencillo razonamiento por inducción nos lleva a que:

la n-ésima potencia de la matriz adyacente M^n indica el número de rutas entre las ciudades realizando $(n-1)$ escalas intermedias.

7.3. Matrices Estocásticas

Una matriz $A=\left(a_{ij}\right)\in M_{nxn}$ es una matriz ***estocástica*** si se cumplen:

i) Todos los elementos se encuentran en el intervalo $[0,1]$, ($0\le a_{ij}\le 1, \forall i,j$).

ii) La suma de los elementos de cada columna es igual a 1. $a_{1j}+a_{2j}+...+a_{nj}=1$, $j=1,2,...,n$

Los elementos de una matriz estocástica están asociados normalmente con las probabilidades de que suceda un determinado hecho. Por este motivo, a menudo se le llama matriz de ***transición de probabilidades***, y su uso es frecuente en Economía y Ciencias Sociales.

Veamos un ejemplo concreto del uso de las matrices de transición en Economía. Supongamos que un determinado producto es comercializado bajo tres marcas A, B y C distintas. Se conoce el porcentaje de consumidores de cada marca que cambia a otra marca finalizado un periodo de tiempo determinado. Estos datos quedan resumidos en la matriz:

$$\begin{array}{cc} & \begin{array}{ccc} \text{A} & \text{B} & \text{C} \end{array} \\ E= & \begin{pmatrix} 0{,}6 & 0{,}2 & 0{,}2 \\ 0{,}2 & 0{,}7 & 0{,}3 \\ 0{,}2 & 0{,}1 & 0{,}5 \end{pmatrix} \begin{array}{c} \text{A} \\ \text{B} \\ \text{C} \end{array} \end{array}$$

Por ejemplo, el elemento $a_{11}=0{,}6$ indica que el 60% de los consumidores de la marca A siguen consumiendo la misma marca. El elemento $a_{13}=0{,}2$ indica que el 20% de los consumidores de la marca C cambian a la marca A. Observemos que cada columna expresa el comportamiento de los consumidores en cada marca y sus elementos suman 1.

Si conocemos la matriz $X_0 = (n_A, n_B, n_C)$ que representa el número de personas que consumen cada marca, usando la matriz E, es posible saber cuál será la distribución de personas X_1 que consumirán cada marca después de que realicen la nueva elección.

Concretamente,

$$X_1^t = E\, X_0^t$$

Si $X_0 = (900,\ 400,\ 200)$, entonces la distribución de consumidores para cada marca después de la nueva compra será:

$$E\, X_0^t = \begin{pmatrix} 0,6 & 0,2 & 0,2 \\ 0,2 & 0,7 & 0,3 \\ 0,2 & 0,1 & 0,5 \end{pmatrix} \begin{pmatrix} 900 \\ 400 \\ 200 \end{pmatrix} = \begin{pmatrix} 660 \\ 520 \\ 320 \end{pmatrix} = X_1^t$$

El proceso se puede continuar [3], de manera que para calcular el valor de X_2 tras la segunda compra, bastará escribir:

$$X_2^t = E\, X_1^t = E \cdot E\, X_1^t = E^2\, X_0^t$$

En general, tras n compras resulta que:

$$X_n^t = E^n\, X_0^t$$

7.3.1. Migración de la población

Una aplicación interesante del álgebra matricial la constituye la migración de la población. Los modelos migratorios pueden representarse mediante una matriz de transición. Consideremos, por ejemplo, un modelo sencillo en el que la migración entre las zonas norte y sur de una región se describe según la matriz de transición siguiente:

$$\begin{array}{cccc} & \text{Del norte} & \text{Del sur} & \\ S = & \begin{pmatrix} 0,95 & 0,02 \\ 0,05 & 0,98 \end{pmatrix} & & \begin{array}{c} \text{Al norte} \\ \text{Al sur} \end{array} \end{array}$$

El valor 0,95 de la matriz S indica que el 95% de los habitantes del norte se quedan cada año en el norte. El valor 0,02 indica que el 2% de habitantes del sur migran cada año al norte.

Si además conocemos los totales de las poblaciones iniciales en el norte P_0^N y sur P_0^S de la región, es posible hacer una proyección de la dinámica de los

---

[3] Una propiedad interesante de las matrices estocásticas es que sus potencias sucesivas $A, A^2, \ldots, A^n$ siguen siendo matrices estocásticas.

cambios demográficos con el tiempo, bajo la hipótesis de que la matriz de transición se mantenga constante en el tiempo. Concretamente, los nuevos valores de la población en el norte y sur, P_1^N y P_1^S, se obtienen:

$$\begin{pmatrix} 0,95 & 0,02 \\ 0,05 & 0,98 \end{pmatrix} \begin{pmatrix} P_0^N \\ P_0^S \end{pmatrix} = \begin{pmatrix} P_1^N \\ P_1^S \end{pmatrix}$$

Es decir, si $P_0 = \begin{pmatrix} P_0^N \\ P_0^S \end{pmatrix}$ y $P_1 = \begin{pmatrix} P_1^N \\ P_1^S \end{pmatrix}$, entonces $P_1 = SP_0$. Observemos que, si queremos obtener la proyección de la población en cada región al siguiente año, bastará con multiplicar de nuevo por la matriz S. En general, la población P_n, pasados n años, está dada por:

$$P_n = S^n P_0$$

Por ejemplo, si los valores de la población en el norte y en el sur están dados por $P_0^N = 12000$ y $P_0^S = 20000$, los valores de la población transcurrido un año se obtienen multiplicando la matriz de transición por la matriz de población:

$$S \cdot P_0 = \begin{pmatrix} 0,95 & 0,02 \\ 0,05 & 0,98 \end{pmatrix} \begin{pmatrix} 12000 \\ 20000 \end{pmatrix} = \begin{pmatrix} 11800 \\ 20200 \end{pmatrix}$$

Por último, podemos preguntarnos: ¿cuál será la distribución de la población en el norte y sur de la región pasados 5 años?

La respuesta se obtiene multiplicando S^5 y la matriz P_0 de población inicial:

$$S^5 \cdot P_0 = \begin{pmatrix} 0,95 & 0,02 \\ 0,05 & 0,98 \end{pmatrix}^5 \begin{pmatrix} 12000 \\ 20000 \end{pmatrix} \approx \begin{pmatrix} 11130 \\ 20869 \end{pmatrix}$$

■

EJERCICIOS RESUELTOS

1. Dada la matriz $A=\begin{pmatrix}1&2&3\\0&1&1\\0&2&3\end{pmatrix}$, calcule el valor de A^2-5A+I_3.

Solución

Comenzamos calculando el valor de la matriz A^2:

$$A^2=A\cdot A=\begin{pmatrix}1&2&3\\0&1&1\\0&2&3\end{pmatrix}\cdot\begin{pmatrix}1&2&3\\0&1&1\\0&2&3\end{pmatrix}=\begin{pmatrix}1&10&14\\0&3&4\\0&8&11\end{pmatrix}$$

Después del cálculo de la matriz A^2, resulta sencillo hallar el valor de la expresión pedida:

$$A^2-5A+I_3=\begin{pmatrix}1&10&14\\0&3&4\\0&8&11\end{pmatrix}-5\begin{pmatrix}1&2&3\\0&1&1\\0&2&3\end{pmatrix}+\begin{pmatrix}1&0&0\\0&1&0\\0&0&1\end{pmatrix}=\begin{pmatrix}-3&0&-1\\0&-1&-1\\0&-2&-3\end{pmatrix}$$

2. Dada la matriz diagonal $D=\begin{pmatrix}a_1&0&\cdots&0\\0&a_2&\cdots&0\\\vdots&\vdots&\ddots&\vdots\\0&0&\cdots&a_m\end{pmatrix}\in M_m$, calcule el valor de la matriz D^n.

Solución

Comenzamos determinando las matrices D^2 y D^3:

$$D^2=D\cdot D=\begin{pmatrix}a_1&0&\cdots&0\\0&a_2&\cdots&0\\\vdots&\vdots&\ddots&\vdots\\0&0&\cdots&a_m\end{pmatrix}\cdot\begin{pmatrix}a_1&0&\cdots&0\\0&a_2&\cdots&0\\\vdots&\vdots&\ddots&\vdots\\0&0&\cdots&a_m\end{pmatrix}=\begin{pmatrix}a_1^2&0&\cdots&0\\0&a_2^2&\cdots&0\\\vdots&\vdots&\ddots&\vdots\\0&0&\cdots&a_m^2\end{pmatrix}$$

$$D^3=D^2\cdot D=\begin{pmatrix}a_1^2&0&\cdots&0\\0&a_2^2&\cdots&0\\\vdots&\vdots&\ddots&\vdots\\0&0&\cdots&a_m^2\end{pmatrix}\cdot\begin{pmatrix}a_1&0&\cdots&0\\0&a_2&\cdots&0\\\vdots&\vdots&\ddots&\vdots\\0&0&\cdots&a_m\end{pmatrix}=\begin{pmatrix}a_1^3&0&\cdots&0\\0&a_2^3&\cdots&0\\\vdots&\vdots&\ddots&\vdots\\0&0&\cdots&a_m^3\end{pmatrix}$$

Razonando por inducción, si suponemos que:

$$D^{n-1} = \begin{pmatrix} a_1^{n-1} & 0 & \cdots & 0 \\ 0 & a_2^{n-1} & \cdots & 0 \\ \vdots & \vdots & \ddots & \vdots \\ 0 & 0 & \cdots & a_m^{n-1} \end{pmatrix}$$

entonces es fácil comprobar que la potencia n-ésima de la matriz diagonal D está dada por:

$$D = D^{n-1} \cdot D = \begin{pmatrix} a_1^{n-1} & 0 & \cdots & 0 \\ 0 & a_2^{n-1} & \cdots & 0 \\ \vdots & \vdots & \ddots & \vdots \\ 0 & 0 & \cdots & a_m^{n-1} \end{pmatrix} \begin{pmatrix} a_1 & 0 & \cdots & 0 \\ 0 & a_2 & \cdots & 0 \\ \vdots & \vdots & \ddots & \vdots \\ 0 & 0 & \cdots & a_m \end{pmatrix} = \begin{pmatrix} a_1^{n} & 0 & \cdots & 0 \\ 0 & a_2^{n} & \cdots & 0 \\ \vdots & \vdots & \ddots & \vdots \\ 0 & 0 & \cdots & a_m^{n} \end{pmatrix}$$

3. Una matriz A es idempotente si se cumple que $A^2 = A$. Demuestre que si A es idempotente, entonces la matriz $B = I - A$ es idempotente y se cumple que $AB = BA = \mathbf{0}$.

Solución

Para demostrar que la matriz $B = I - A$ es idempotente, hemos de calcular la matriz B^2:

$$B^2 = B \cdot B = (I - A) \cdot (I - A) = I - A - A + A^2 = I - 2A + A^2$$

Como la matriz A es idempotente, entonces se cumple que $A^2 = A$, por lo que, sustituyendo en la expresión anterior, se obtiene que:

$$B^2 = I - 2A + A^2 = I - 2A + A = I - A = B$$

y la matriz B es idempotente. Además, se cumple que:

$$A \cdot B = A \cdot (I - A) = A - A^2 = A - A = \mathbf{0}$$

$$B \cdot A = (I - A) \cdot A = A - A^2 = A - A = \mathbf{0}$$

4. Dadas A y B matrices cuadradas, ¿es cierta la igualdad $(A-B)^2 = A^2 + B^2 - 2AB$?

Solución

Calculamos el valor de la matriz $(A-B)^2$:

$$(A-B)^2 = (A-B) \cdot (A-B) = A^2 - A \cdot B - B \cdot A + B^2$$

Como el producto de matrices no es conmutativo ($A \cdot B \neq B \cdot A$), no es posible simplificar la expresión anterior y, por tanto, la igualdad planteada en el enunciado es falsa.

5. Sea $A = (a_{ij}) \in M_{n \times n}$ una matriz simétrica de orden n y $X = (x_1\ x_2 \dots x_n)$ una matriz de orden $1 \times n$. Compruebe que:

$$XAX^t = \sum_{i=1}^{n} a_{ii} x_i^2 + 2\sum_{i<j}^{n} a_{ij} x_i x_j$$

Solución

En primer lugar, comprobamos que, si $A = (a_{ij}) \in M_{n \times n}$ y $X \in M_{1 \times n}$, la matriz $X^t \in M_{n \times 1}$ y, por tanto $XAX^t \in M_{1 \times 1}$, es decir, XAX^t es un número real. Calculemos su valor efectuando el producto correspondiente:

$$XAX^t = (x_1\ x_2 \dots x_n) \begin{pmatrix} a_{11} & a_{12} & \cdots & a_{1n} \\ a_{21} & a_{22} & \cdots & a_{2n} \\ \vdots & \vdots & \ddots & \vdots \\ a_{n1} & a_{n2} & \cdots & a_{nn} \end{pmatrix} \begin{pmatrix} x_1 \\ x_2 \\ \vdots \\ x_n \end{pmatrix} =$$

$$= (x_1\ x_2 \dots x_n) \begin{pmatrix} a_{11}x_1 + a_{12}x_2 + \ldots + a_{1n}x_n \\ a_{21}x_1 + a_{22}x_2 + \ldots + a_{2n}x_n \\ \vdots \\ a_{n1}x_1 + a_{n2}x_2 + \ldots + a_{nn}x_n \end{pmatrix} =$$

$$= a_{11}x_1^2 + a_{12}x_1x_2 + \ldots + a_{1n}x_1x_n + a_{21}x_2x_1 + a_{22}x_2^2 + \ldots +$$
$$+ a_{2n}x_2x_n + \ldots + a_{n1}x_1x_n + a_{n2}x_2x_n + \ldots + a_{nn}x_n^2 =$$
$$= \sum_{i=1}^{n} a_{ii}x_i^2 + \sum_{i \neq j}^{n} a_{ij}x_ix_j$$

Como la matriz A es simétrica, $a_{ij} = a_{ji}$, y se cumple que $\sum_{i \neq j}^{n} a_{ij}x_ix_j = 2\sum_{i<j}^{n} a_{ij}x_ix_j$, se deduce la igualdad pedida.

6. Resuelva la ecuación dada por $\begin{vmatrix} x & x & x & x \\ x & b & b & b \\ x & b & c & c \\ x & b & c & d \end{vmatrix} = 0$

Solución

Para calcular el determinante, a cada fila le restamos la fila anterior en el orden señalado:

$$\begin{vmatrix} x & x & x & x \\ x & b & b & b \\ x & b & c & c \\ x & b & c & d \end{vmatrix} \underset{\substack{F_4 \to F_4 - F_3 \\ F_3 \to F_3 - F_2 \\ F_2 \to F_2 - F_1}}{=} \begin{vmatrix} x & x & x & x \\ 0 & b-x & b-x & b-x \\ 0 & 0 & c-b & c-b \\ 0 & 0 & 0 & d-c \end{vmatrix} = x(b-x)(c-b)(d-c)$$

Por tanto, las soluciones de la ecuación $x(b-x)(c-b)(d-c)=0$ son $x=0$ y $x=b$.

7. Calcule el determinante $D_n = \begin{vmatrix} a & b & \cdots & b \\ b & a & \cdots & b \\ \vdots & \vdots & \ddots & \vdots \\ b & b & \cdots & a \end{vmatrix}$

Solución

Para calcular el determinante, sustituimos en primer lugar la primera columna por la suma de todas las columnas:

$$D_n = \begin{vmatrix} a & b & \cdots & b \\ b & a & \cdots & b \\ \vdots & \vdots & \ddots & \vdots \\ b & b & \cdots & a \end{vmatrix} \underset{C_1 \to C_1 + C_2 + \ldots + C_n}{=} \begin{vmatrix} a+(n-1)b & b & \cdots & b \\ a+(n-1)b & a & \cdots & b \\ \vdots & \vdots & \ddots & \vdots \\ a+(n-1)b & b & \cdots & a \end{vmatrix}$$

Si hacemos ceros ahora en los elementos de la primera columna, resulta que:

$$= \begin{vmatrix} a+(n-1)b & b & \cdots & b \\ a+(n-1)b & a & \cdots & b \\ \vdots & \vdots & \ddots & \vdots \\ a+(n-1)b & b & \cdots & a \end{vmatrix} \underset{F_i \to F_i - F_1}{=} \begin{vmatrix} a+(n-1)b & b & \cdots & b \\ 0 & a-b & \cdots & 0 \\ \vdots & \vdots & \ddots & \vdots \\ 0 & 0 & \cdots & a-b \end{vmatrix} =$$

$$= \left[a+(n-1)b\right](a-b)^{n-1}$$

8. Calcule la inversa de la matriz $A = \begin{pmatrix} 1 & 1 & 2 \\ 0 & 1 & 0 \\ -2 & -1 & 3 \end{pmatrix}$

Solución

Como $|A| = 7$, la matriz es regular y, por tanto, tiene inversa. Comenzamos calculando los adjuntos de cada elemento de la matriz para formar la matriz adjunta:

$$A_{11} = (-1)^{1+1}\begin{vmatrix} 1 & 0 \\ -1 & 3 \end{vmatrix} = 3\,,\ A_{12} = (-1)^{1+2}\begin{vmatrix} 0 & 0 \\ -2 & 3 \end{vmatrix} = 0\,,\ A_{13} = (-1)^{4}\begin{vmatrix} 0 & 1 \\ -2 & -1 \end{vmatrix} = 2$$

$$A_{21} = -\begin{vmatrix} 1 & 2 \\ -1 & 3 \end{vmatrix} = -5\,,\quad A_{22} = \begin{vmatrix} 1 & 2 \\ -2 & 3 \end{vmatrix} = 7\,,\quad A_{23} = -\begin{vmatrix} 1 & 1 \\ -2 & -1 \end{vmatrix} = -1$$

$$A_{31} = \begin{vmatrix} 1 & 2 \\ 1 & 0 \end{vmatrix} = -2\,,\quad A_{32} = -\begin{vmatrix} 1 & 2 \\ 0 & 0 \end{vmatrix} = 0\,,\quad A_{33} = \begin{vmatrix} 1 & 1 \\ 0 & 1 \end{vmatrix} = 1$$

Así, la matriz adjunta de A es:

$$(AdjA) = \begin{pmatrix} 3 & 0 & 2 \\ -5 & 7 & -1 \\ -2 & 0 & 1 \end{pmatrix}$$

y por tanto:

$$(AdjA)^t = \begin{pmatrix} 3 & 0 & 2 \\ -5 & 7 & -1 \\ -2 & 0 & 1 \end{pmatrix}^t = \begin{pmatrix} 3 & -5 & -2 \\ 0 & 7 & 0 \\ 2 & -1 & 1 \end{pmatrix}$$

Aplicando la fórmula que calcula la inversa de la matriz A, resulta que:

$$A^{-1} = \frac{1}{|A|}(Adj\,A)^t = \begin{pmatrix} \frac{3}{7} & -\frac{5}{7} & -\frac{2}{7} \\ 0 & 1 & 0 \\ \frac{2}{7} & -\frac{1}{7} & \frac{1}{7} \end{pmatrix}$$

9. Dadas las matrices $A = \begin{pmatrix} 1 & 2 \\ 1 & 3 \end{pmatrix}$ y $B = \begin{pmatrix} 0 & 1 \\ 6 & -2 \end{pmatrix}$, resuelva la ecuación matricial $AX - I_2 = (B + I_2)X$.

Solución

Para despejar la matriz X, desarrollamos el segundo miembro de la igualdad y pasamos al primer miembro los términos en los que aparece la matriz X:

$$AX - I_2 = BX + I_2X \Leftrightarrow AX - BX - I_2X = I_2$$

Aplicando la propiedad distributiva, se tiene que:

$$(A - B - I_2)X = I_2$$

La matriz $A - B - I_2 = \begin{pmatrix} 0 & 1 \\ -5 & 4 \end{pmatrix}$ es regular, por tanto, existe la inversa y es posible calcular el valor de X como:

$$X = (A - B - I_2)^{-1}$$

Realizando el cálculo correspondiente, se tiene que:

$$X = \begin{pmatrix} \frac{4}{5} & -\frac{1}{5} \\ 1 & 0 \end{pmatrix}$$

10. Calcule la inversa de la matriz diagonal $D = \begin{pmatrix} a_1 & 0 & \cdots & 0 \\ 0 & a_2 & \cdots & 0 \\ \vdots & \vdots & \ddots & \vdots \\ 0 & 0 & \cdots & a_n \end{pmatrix}$, donde $a_i \neq 0,\ \forall i = 1,2,\ldots,n$.

Solución

En primer lugar se calcula el determinante de la matriz A. Al ser la matriz diagonal, su determinante es el producto de los elementos de la diagonal principal $|A| = a_1 a_2 \cdots a_n = \prod_{i=1}^{n} a_i$. Como los elementos a_i son distintos de cero $\forall i = 1,2,\ldots,n$, el determinante de la matriz $|A|$ es distinto de cero y la matriz tiene inversa. Para calcular la inversa de la matriz, hallamos los adjuntos de cada elemento. Comenzamos con los adjuntos de los elementos de la diagonal principal:

$$A_{11} = (-1)^{1+1} \begin{vmatrix} a_2 & \cdots & 0 \\ \vdots & \ddots & \vdots \\ 0 & \cdots & a_n \end{vmatrix} = a_2 a_3 \cdots a_n = \prod_{i \neq 1}^{n} a_i$$

$$A_{22} = (-1)^{2+2} \begin{vmatrix} a_1 & \cdots & 0 \\ \vdots & \ddots & \vdots \\ 0 & \cdots & a_n \end{vmatrix} = a_1 a_3 \cdots a_n = \prod_{i \neq 2}^{n} a_i.$$

$$\vdots$$

$$A_{nn} = (-1)^{n+n} \begin{vmatrix} a_1 & \cdots & 0 \\ \vdots & \ddots & \vdots \\ 0 & \cdots & a_{n-1} \end{vmatrix} = a_1 a_2 \cdots a_{n-1} = \prod_{i \neq n}^{n} a_i$$

Mientras que los adjuntos correspondientes al resto de elementos que no pertenecen a la diagonal principal son iguales a cero:

$$A_{ij} = (-1)^{i+j} \left| M_{ij} \right| = 0, i \neq j$$

ya que la matriz M_{ij} obtenida al suprimir la fila i y la columna j de la matriz diagonal tiene una fila y una columna iguales a cero. De esta forma, la matriz adjunta de la matriz diagonal A está dada por:

$$Adj\ A = \begin{pmatrix} \prod_{i \neq 1}^{n} a_i & 0 & \cdots & 0 \\ 0 & \prod_{i \neq 2}^{n} a_i & \cdots & 0 \\ \vdots & \vdots & \ddots & \vdots \\ 0 & 0 & \cdots & \prod_{i \neq n}^{n} a_i \end{pmatrix}$$

Aplicando la fórmula que calcula la matriz inversa a partir de la matriz adjunta, se tiene que:

$$A^{-1} = \frac{1}{|A|} \left(Adj\ A \right)^t = \frac{1}{a_1 a_2 \cdots a_n} \begin{pmatrix} \prod_{i \neq 1}^{n} a_i & 0 & \cdots & 0 \\ 0 & \prod_{i \neq 2}^{n} a_i & \cdots & 0 \\ \vdots & \vdots & \ddots & \vdots \\ 0 & 0 & \cdots & \prod_{i \neq n}^{n} a_i \end{pmatrix} =$$

$$= \frac{1}{a_1 a_2 \cdots a_n} \begin{pmatrix} a_2 a_3 \cdots a_n & 0 & \cdots & 0 \\ 0 & a_1 a_3 \cdots a_n & \cdots & 0 \\ \vdots & \vdots & \ddots & \vdots \\ 0 & 0 & \cdots & a_1 a_2 \cdots a_{n-1} \end{pmatrix} = \begin{pmatrix} 1/a_1 & 0 & \cdots & 0 \\ 0 & 1/a_2 & \cdots & 0 \\ \vdots & \vdots & \ddots & \vdots \\ 0 & 0 & \cdots & 1/a_n \end{pmatrix}$$

11. Dada una matriz $X \in M_{n \times k}$, demuestre que la matriz $M = I_n - X(X^t X)^{-1} X^t$ es una matriz idempotente $(M^2 = M)$.

Solución

Para demostrar que la matriz M es idempotente, hemos de calcular la matriz M^2:

$$M^2 = M \cdot M = \left(I_n - X(X^tX)^{-1}X^t\right)\left(I_n - X(X^tX)^{-1}X^t\right) =$$
$$= I_n - X(X^tX)^{-1}X^t - X(X^tX)^{-1}X^t + X(X^tX)^{-1}X^tX(X^tX)^{-1}X^t =$$
$$= I_n - X(X^tX)^{-1}X^t - X(X^tX)^{-1}X^t + X\underbrace{(X^tX)^{-1}(X^tX)}_{I_n}(X^tX)^{-1}X^t =$$
$$= I_n - X(X^tX)^{-1}X^t = M$$

12. ¿Qué condiciones deben cumplir las matrices A y B cuadradas de orden n para que la ecuación matricial $A(X+B)-X = I - BX$ tenga solución? ¿Cuál es la solución de la ecuación matricial?

Solución

Para resolver la ecuación matricial, aplicamos la propiedad distributiva y desarrollamos el primer miembro de la ecuación:

$$AX + AB - X = I - BX$$

Pasando al primer miembro los términos que contienen a la matriz incógnita y el resto de términos al segundo miembro, resulta que:

$$AX - X + BX = I - AB$$

y sacando ahora factor común de la matriz X (situándola a la derecha, respetando el orden):

$$(A - I + B)X = I - AB$$

Si suponemos ahora que la matriz $(A - I + B)$ tiene inversa, es decir, $|A - I + B| \neq 0$, multiplicando a la izquierda los dos miembros de la ecuación por $(A - I + B)^{-1}$, se tiene que:

$$X = (A - I + B)^{-1}(I - AB)$$

13. Una matriz A es ortogonal si $AA^t = A^tA = I$. Pruebe que la matriz $A = \begin{pmatrix} \cos x & -\operatorname{sen} x \\ \operatorname{sen} x & \cos x \end{pmatrix}$ es una matriz ortogonal.

Solución

Una matriz es ortogonal si al multiplicarla por su traspuesta da como resultado la matriz identidad. Teniendo en cuenta que:

$$AA^t = \begin{pmatrix} \cos x & -\operatorname{sen} x \\ \operatorname{sen} x & \cos x \end{pmatrix}\begin{pmatrix} \cos x & \operatorname{sen} x \\ -\operatorname{sen} x & \cos x \end{pmatrix} = \begin{pmatrix} 1 & 0 \\ 0 & 1 \end{pmatrix}$$

se obtiene que la matriz A es ortogonal.

14. Calcule aplicando el método de reducción de Gauss el rango de la matriz:

$$C = \begin{pmatrix} 1 & 0 & 2 & 3 \\ -2 & 1 & -6 & -7 \\ 1 & 1 & 0 & 2 \\ -1 & 2 & -6 & -5 \end{pmatrix}$$

Solución

Para calcular el rango de la matriz C vamos a transformarla, mediante operaciones elementales entre filas, en una matriz con ceros por debajo de la diagonal principal con el mismo rango. Se comienza haciendo ceros los elementos de la primera columna situados debajo del primer elemento de la matriz operando cada fila con la primera fila:

$$Rg\begin{pmatrix} 1 & 0 & 2 & 3 \\ -2 & 1 & -6 & -7 \\ 1 & 1 & 0 & 2 \\ -1 & 2 & -6 & -5 \end{pmatrix} \underset{\substack{F_2 \to F_2 + 2F_1 \\ F_3 \to F_3 - F_1 \\ F_4 \to F_4 + F_1}}{=} Rg\begin{pmatrix} 1 & 0 & 2 & 3 \\ 0 & 1 & -2 & -1 \\ 0 & 1 & -2 & -1 \\ 0 & 2 & -4 & -2 \end{pmatrix}$$

Se continúa haciendo cero los elementos de la segunda columna situados por debajo del elemento c_{22} operando cada fila con la segunda fila:

$$Rg\begin{pmatrix} 1 & 0 & 2 & 3 \\ 0 & 1 & -2 & -1 \\ 0 & 1 & -2 & -1 \\ 0 & 2 & -4 & -2 \end{pmatrix} \underset{\substack{F_3 \to F_3 - F_2 \\ F_4 \to F_4 - 2F_2}}{=} Rg\begin{pmatrix} 1 & 0 & 2 & 3 \\ 0 & 1 & -2 & -1 \\ 0 & 0 & 0 & 0 \\ 0 & 0 & 0 & 0 \end{pmatrix} = Rg\begin{pmatrix} 1 & 0 & 2 & 3 \\ 0 & 1 & -2 & -1 \end{pmatrix} = 2$$

15. Determine el rango de la matriz $A - \lambda I_3$ según los valores del parámetro λ,

donde $A = \begin{pmatrix} 0 & 1 & 1 \\ 1 & 0 & 1 \\ 1 & 1 & 0 \end{pmatrix}$ e $I_3 = \begin{pmatrix} 1 & 0 & 0 \\ 0 & 1 & 0 \\ 0 & 0 & 1 \end{pmatrix}$

Solución

Comenzamos calculando el determinante de la matriz $A - \lambda I_3$:

$$|A-\lambda I_3| = \begin{vmatrix} -\lambda & 1 & 1 \\ 1 & -\lambda & 1 \\ 1 & 1 & -\lambda \end{vmatrix} \underbrace{=}_{C_1 \to C_1+C_2+C_3} \begin{vmatrix} -\lambda+2 & 1 & 1 \\ -\lambda+2 & -\lambda & 1 \\ -\lambda+2 & 1 & -\lambda \end{vmatrix} =$$

$$\underbrace{=}_{\substack{F_2 \to F_2 - F_1 \\ F_3 \to F_3 - F_2}} \begin{vmatrix} -\lambda+2 & 1 & 1 \\ 0 & -\lambda-1 & 0 \\ 0 & 0 & -\lambda-1 \end{vmatrix} = (-\lambda+2)(\lambda+1)^2$$

Por tanto, $|A-\lambda I_3| = 0$ si y sólo si $\lambda = 2$ y $\lambda = -1$. A partir de los valores del parámetro λ calculados, estudiamos el rango de la matriz $A-\lambda I_3$:

a) Si $\lambda \neq 2, -1$, entonces $|A-\lambda I_3| \neq 0$ y $Rg(A-\lambda I_3) = 3$

b) Si $\lambda = 2$, entonces $A-\lambda I_3 = \begin{pmatrix} -2 & 1 & 1 \\ 1 & -2 & 1 \\ 1 & 1 & -2 \end{pmatrix}$ y $Rg(A-\lambda I_3) = 2$

c) Si $\lambda = -1$, entonces $A-\lambda I_3 = \begin{pmatrix} 1 & 1 & 1 \\ 1 & 1 & 1 \\ 1 & 1 & 1 \end{pmatrix}$ y $Rg(A-\lambda I_3) = 1$

16. Una marca de coches tiene abiertos concesionarios en tres ciudades de Andalucía. La marca comercializa cuatro modelos diferentes que denominaremos A, B, C y D. Las existencias de cada modelo en cada uno de los concesionarios son las siguientes:

Ciudad 1: 20 unidades del modelo A, 30 del B, 10 del C y 2 del D.

Ciudad 2:. 10 unidades del modelo A, 12 del B, 5 del C y 1 del D.

Ciudad 3: 25 unidades del modelo A, 8 del B, 11 del C y 3 del D.

Supongamos además que las ventas anuales de cada concesionario están dadas por:

Ciudad 1: 15 unidades del modelo A, 20 del B, 10 del C y 1 del D.

Ciudad 2: 8 unidades del modelo A, 10 del B, 4 del C y 0 del D.

Ciudad 3: 21 unidades del modelo A, 6 del B, 11 del C y 2 del D.

y que los precios de venta de cada modelo son los siguientes: modelo A (12000 euros), modelo B (15000 euros), modelo C (25000 euros) y modelo D (50000 euros). Se pide determinar mediante expresiones matriciales:

a) Existencias de cada modelo en cada concesionario pasado el primer año.

b) Los ingresos obtenidos en cada concesionario al final del primer año.

Solución

a) A partir de los datos anteriores podemos representar las existencias de cada concesionario en una matriz, que denotaremos por E, cuyas filas corresponden a las diferentes ciudades y cada columna al modelo considerado:

$$E = \begin{pmatrix} 20 & 30 & 10 & 2 \\ 10 & 12 & 5 & 1 \\ 25 & 8 & 11 & 3 \end{pmatrix}$$

Si representamos por V la matriz de ventas anuales de cada marca en cada concesionario:

$$V = \begin{pmatrix} 15 & 20 & 10 & 1 \\ 8 & 10 & 4 & 0 \\ 21 & 6 & 11 & 2 \end{pmatrix}$$

Las existencias de los concesionarios pasado el primer año están dadas por la matriz:

$$E - V = \begin{pmatrix} 20 & 30 & 10 & 2 \\ 10 & 12 & 5 & 1 \\ 25 & 8 & 11 & 3 \end{pmatrix} - \begin{pmatrix} 15 & 20 & 10 & 1 \\ 8 & 10 & 4 & 0 \\ 21 & 6 & 11 & 2 \end{pmatrix} = \begin{pmatrix} 5 & 10 & 0 & 1 \\ 2 & 2 & 1 & 1 \\ 4 & 2 & 0 & 1 \end{pmatrix}$$

b) Si representamos por $P = (12000, 15000, 25000, 50000)$ la matriz de precios de cada marca en cada concesionario, los ingresos durante el primer año en cada concesionario se obtendrían multiplicando la matriz de ventas V por la matriz de precios:

$$VP^t = \begin{pmatrix} 15 & 20 & 10 & 1 \\ 8 & 10 & 4 & 0 \\ 21 & 6 & 11 & 2 \end{pmatrix} \begin{pmatrix} 12000 \\ 15000 \\ 25000 \\ 50000 \end{pmatrix} = \begin{pmatrix} 78000 \\ 346000 \\ 717000 \end{pmatrix}$$

17. La Figura 1.4 muestra la estructura de rutas entre los 4 pueblos (A, B, C, D) de una provincia entre los que presta sus servicios una pequeña empresa de autobuses:

a) Construya la correspondiente matriz adyacente.

b) Determine el número de rutas que hay entre A y B haciendo 1 escala intermedia.

c) Indique el cálculo que realizaría para determinar el número de rutas entre las ciudades A y B haciendo 3 escalas.

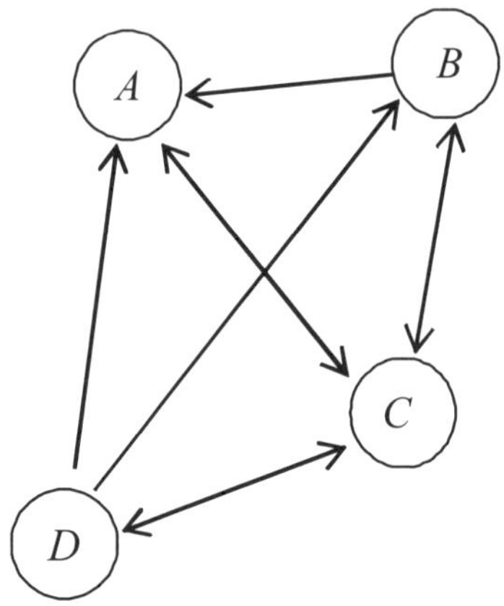

Figura 1.4.

Solución

a) La matriz adyacente asociada a la red se construye situando un 1 en el lugar i, j si hay conexión desde el nodo i al nodo j de la red y situando un 0 en caso contrario. De esta forma, la matriz adyacente está dada por:

$$M = \begin{pmatrix} 0 & 0 & 1 & 0 \\ 1 & 0 & 1 & 0 \\ 1 & 0 & 0 & 1 \\ 1 & 1 & 1 & 0 \end{pmatrix}$$

b) Para determinar el número de servicios entre dos puntos de la red haciendo una escala, hemos de hallar la matriz M^2:

$$M^2 = \begin{pmatrix} 1 & 0 & 0 & 1 \\ 1 & 0 & 1 & 1 \\ 1 & 1 & 2 & 0 \\ 2 & 0 & 2 & 1 \end{pmatrix}$$

Concretamente, el número de rutas entre los puntos A y B haciendo 1 escala viene dado por el elemento $a_{12} = 0$ de la matriz M^2.

c) El número de rutas entre las ciudades A y B haciendo 3 escalas está dado por el elemento a_{12} de la matriz M^4.

18. Tres empresas A, B y C comparten el mercado de un cierto bien. Las ventas de cada empresa son las siguientes: la empresa A vende 2000 unidades, la empresa B vende 1500 unidades y la empresa C vende 3000 unidades. Sabiendo que a lo largo del año ocurren los siguientes cambios:

A conserva el 85% de sus clientes, cediendo a B el 10% y a C el 5%.

B conserva el 65% de sus clientes, cediendo a A el 15% y a C el 20%.

C conserva el 75% de sus clientes, cediendo a A el 20% y a B el 5%.

a) Determine la correspondiente matriz de transición de ventas.

b) ¿Cuál es la cuota de mercado de cada empresa pasado un año?

c) Calcule la cuota de mercado pasados 4 años, suponiendo que la matriz de transición de ventas se mantiene constante.

Solución

La matriz de transición de ventas viene dada en este ejemplo por:

$$A = \begin{pmatrix} 0,85 & 0,15 & 0,2 \\ 0,1 & 0,65 & 0,05 \\ 0,05 & 0,2 & 0,75 \end{pmatrix}$$

(es importante comprobar que la matriz es estocástica, es decir, los elementos de cada columna han de sumar 1).

Si llamamos $X_0 = (2000\ 1500\ 3000)$ a la matriz fila que indica las cuotas iniciales de mercado, las cuotas de mercado pasado un año están dadas por:

$$AX_0^t = \begin{pmatrix} 0,85 & 0,15 & 0,2 \\ 0,1 & 0,65 & 0,05 \\ 0,05 & 0,2 & 0,75 \end{pmatrix} \begin{pmatrix} 2000 \\ 1500 \\ 3000 \end{pmatrix} = \begin{pmatrix} 2525 \\ 1325 \\ 2650 \end{pmatrix}.$$

Mientras que la cuota de mercado pasados cuatro años (suponiendo que la matriz de transición permanezca constante) está dada por:

$$A^4 X_0^t = \begin{pmatrix} 0,85 & 0,15 & 0,2 \\ 0,1 & 0,65 & 0,05 \\ 0,05 & 0,2 & 0,75 \end{pmatrix}^4 \begin{pmatrix} 2000 \\ 1500 \\ 3000 \end{pmatrix} = \begin{pmatrix} 3258,3 \\ 1210,2 \\ 2031,4 \end{pmatrix}.$$

EJERCICIOS PROPUESTOS

1. Dadas las matrices $A=\begin{pmatrix}2&0&1\\3&0&0\\5&1&1\end{pmatrix}$ y $B=\begin{pmatrix}1&0&1\\1&2&1\\1&1&0\end{pmatrix}$, calcule: $A+B$, $A-B$, B^2, AB y BA.

2. Dadas las matrices $A=\begin{pmatrix}2&3\\1&1\end{pmatrix}$ e $I=\begin{pmatrix}1&0\\0&1\end{pmatrix}$, calcule A^2-3A-I.

3. Calcule las potencias n-ésimas de $A=\begin{pmatrix}a&1\\0&a\end{pmatrix}$ y $B=\begin{pmatrix}1&1&1\\1&1&1\\1&1&1\end{pmatrix}$

4. Dadas las matrices cuadrada A y B, estudie si son correctas las igualdades siguientes:

$$(A+B)^2=A^2+B^2+2AB$$

$$(A+B)(A-B)=A^2-B^2$$

5. Efectúe el cálculo matricial siguiente:

$$A=I_n-\frac{1}{n}\underset{(n\times 1)}{\begin{pmatrix}1\\1\\\vdots\\1\end{pmatrix}}\underset{(1\times n)}{\begin{pmatrix}1&1&\dots&1\end{pmatrix}}$$

y compruebe que A es simétrica de orden n.

6. Una matriz cuadrada A se llama ***idempotente*** si $A^2=A$.

a) Pruebe que la matriz siguiente es idempotente:

$$\begin{pmatrix}2&-2&-4\\-1&3&4\\1&-2&-3\end{pmatrix}$$

b) Pruebe que si A es idempotente, entonces $A^n=A$ para cada número natural n.

7. Una matriz P de orden $n\times n$ se llama ***ortogonal*** si $PP^t=I_n$.

a) Pruebe que $P=\begin{pmatrix} \lambda & 0 & \lambda \\ \lambda & 0 & -\lambda \\ 0 & 1 & 0 \end{pmatrix}$ es ortogonal para $\lambda = \pm\frac{1}{\sqrt{2}}$.

b) Pruebe que la matriz $\begin{pmatrix} p & -q \\ q & p \end{pmatrix}$ es ortogonal si y sólo si $p^2+q^2=1$.

c) Pruebe que el producto de dos matrices ortogonales es ortogonal.

8. Calcule los siguientes determinantes:

a) $\begin{vmatrix} x^2 & xy & y^2 \\ 2x & x+y & 2y \\ 1 & 1 & 1 \end{vmatrix}$, b) $\begin{vmatrix} a & b & 0 & 0 \\ 0 & a & b & 0 \\ 0 & 0 & a & b \\ b & 0 & 0 & a \end{vmatrix}$, c) $\begin{vmatrix} 1 & 2 & 3 & 4 \\ 2 & 1 & 2 & 1 \\ 0 & 0 & 1 & 1 \\ 3 & 4 & 1 & 2 \end{vmatrix}$, d) $\begin{vmatrix} a & a & a & a \\ a & b & b & b \\ a & b & c & c \\ a & b & c & d \end{vmatrix}$

9. Resuelva la siguiente ecuación:

$$\begin{vmatrix} x-a-b & a & b \\ c & x-b-c & b \\ c & a & x-a-c \end{vmatrix} = 0$$

10. Demuestre que: $\begin{vmatrix} a-b-c & 2a & 2a \\ 2b & b-c-a & 2b \\ 2c & 2c & c-a-b \end{vmatrix} = (a+b+c)^3$

11. Calcule los siguientes determinantes:

a) $\begin{vmatrix} x+a & b & c \\ a & x+b & c \\ a & b & x+c \end{vmatrix}$ b) $\begin{vmatrix} a^2 & ab & ab & b^2 \\ ab & a^2 & b^2 & ab \\ ab & b^2 & a^2 & ab \\ b^2 & ab & ab & a^2 \end{vmatrix}$

c) $\begin{vmatrix} 1 & 1 & 1 & 1 \\ 1 & 1+a & 1 & 1 \\ 1 & 1 & 1+b & 1 \\ 1 & 1 & 1 & 1+c \end{vmatrix}$ d) $\begin{vmatrix} x & a_1 & a_2 & a_3 \\ a_1 & x & a_2 & a_3 \\ a_1 & a_2 & x & a_3 \\ a_1 & a_2 & a_3 & x \end{vmatrix}$

12. Determine entre las siguientes matrices cuáles son regulares y calcule sus inversas:

$$A=\begin{pmatrix} 2 & 3 \\ 1 & -1 \end{pmatrix}, \quad B=\begin{pmatrix} 1 & 4 & 4 \\ 0 & 2 & 4 \\ 0 & 0 & 1 \end{pmatrix}, \quad C=\begin{pmatrix} 1 & 1 & 0 \\ 1 & 0 & 1 \\ 0 & 1 & 0 \end{pmatrix}$$

13. Averigüe para qué valores del parámetro t la matriz A no tiene inversa:

$$A=\begin{pmatrix} 1 & 0 & -1 \\ 0 & t & 3 \\ 4 & 1 & -t \end{pmatrix}$$

14. Sea la matriz $A=\begin{pmatrix} t & t \\ 0 & t \end{pmatrix}$. ¿Para qué valores de t tiene inversa la matriz A^2-I? Calcule la inversa de A^2-I cuando $t=2$.

15. Resuelva las siguientes ecuaciones matriciales:

a) $AX+B=C(X+I)$

b) $A(X+I)=BX$

c) $(2X+I)A^2=B$

16. Calcule el rango de las siguientes matrices:

$$A=\begin{pmatrix} 1 & 2 & 3 & -1 \\ 0 & 0 & 1 & -4 \end{pmatrix}, \quad B=\begin{pmatrix} 2 & 3 & 1 \\ 0 & -1 & 0 \\ 6 & 11 & 3 \\ 4 & 8 & 2 \end{pmatrix}, \quad C=\begin{pmatrix} 1 & 0 & 2 & 3 \\ -2 & 1 & -6 & -7 \\ 0 & 0 & 0 & 0 \\ -1 & -1 & 0 & -2 \end{pmatrix}$$

17. Estudie según los valores del parámetro λ el rango de la matriz:

$$A=\begin{pmatrix} \lambda & 2 & 6 \\ 0 & \lambda-1 & 0 \\ 0 & 3 & \lambda-2 \end{pmatrix}$$

18. Una matriz B es ***involutiva*** sí $B^2=I$. Pruebe que si A es ***idempotente*** ($A^2=A$), entonces $B=2A-I$ es involutiva.

19. Dada la matriz $A=\begin{pmatrix} 2 & 1 \\ 3 & -3 \end{pmatrix}$, se pide:

a) Calcule el polinomio $P(t)$ definido por $P(t)=\det(A-tI)$. ***(Polinomio característico)***.

b) Compruebe que $P(t)=t^2-(Traza\,A)t+\det(A)$

c) Compruebe que la matriz A cumple la ecuación siguiente: $P(A)=A^2-(Traza\,A)\,A+\det(A)I=\mathbf{0}$ (Teorema de Hamilton-Cayley).

20. Sea B una matriz cuadrada cualquiera, pruebe que: $A=B+B^t$ es simétrica y $C=B-B^t$ es antisimétrica. Demuestre que cualquier matriz cuadrada A puede expresarse como suma de una matriz simétrica y otra antisimétrica.

21. Dadas A y B, dos matrices cuadradas de orden n, razone si las siguientes afirmaciones son verdaderas o falsas:

a) $Traza(\alpha A)=\alpha Traza(A), \quad \alpha\in\mathbb{R}$

b) $Traza(A)-Traza(A^t)=0$

c) $(A+B)^t=A^t+B^t$

d) $AB=BA$

e) Si $|A|\neq 0$ entonces $Rg(AA^{-1})=n, \quad A\in M_n$

f) $\det(\lambda A)=\lambda\det(A), \quad A\in M_n$

g) Si la matriz AB tiene inversa, entonces las matrices A y B tienen inversa.

h) Si las matrices A y B tienen inversa, entonces la matriz AB tiene inversa.

i) Si A es una matriz ortogonal, entonces A^{-1} es una matriz ortogonal.

22. Calcule el determinante de la matriz $A\in M_n$ en los casos siguientes:

a) $A^2=A$

b) $AA^t=I$

c) $A^n=\mathbf{0}$, para algún valor de n

d) $A=I$

23. Sea $X\in M_{m\times n}$ tal que la matriz $X^tX\in M_{n\times n}$ es regular. Consideremos la matriz $D=I_m-X(X^tX)^{-1}X^t$. Demuestre que:

a) La matriz D es una matriz cuadrada de orden m.

b) La matriz D es simétrica.

24. Demuestre que, si X es una matriz cualquiera, las matrices XX^t y X^tX son matrices simétricas.

25. Se está estudiando el consumo en seis ciudades de un producto comercializado por tres marcas diferentes. La matriz P contiene el porcentaje de personas que consumen cada una de las marcas en cada ciudad:

$$P = \overset{\text{Ciudades}}{\overset{\begin{matrix}1 & \quad 2 & \quad 3 & \quad 4 & \quad 5 & \quad 6\end{matrix}}{\begin{pmatrix} 0,30 & 0,15 & 0,20 & 0,30 & 0,30 & 0,30 \\ 0,42 & 0,60 & 0,35 & 0,30 & 0,25 & 0,40 \\ 0,28 & 0,25 & 0,45 & 0,40 & 0,45 & 0,30 \end{pmatrix}}} \begin{matrix}\text{Marca 1}\\ \text{Marca 2}\\ \text{Marca 3}\end{matrix}$$

Sabiendo el número de personas de cada ciudad que consumen el producto, dado por la matriz:

$$C = \begin{pmatrix} 25000 & 30000 & 15000 & 10000 & 40000 & 35000 \end{pmatrix},$$

determine, usando el cálculo matricial el número de personas que consumen cada una de las marcas en el total de las seis ciudades.

26. La Figura 1.5 muestra la estructura de rutas de una compañía de autobuses que da servicio a cuatro ciudades. Se pide construir la matriz adyacente y determinar el servicio existente entre todas las ciudades haciendo una escala intermedia.

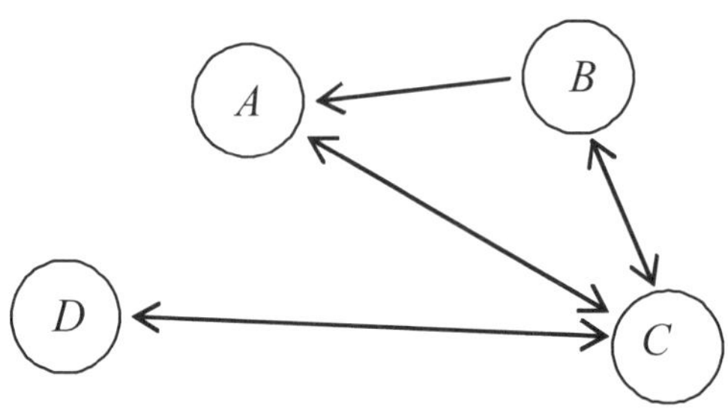

Figura 1.5.

27. La Figura 1.6 muestra las rutas semanales que realiza un representante comercial entre los pueblos de una provincia, representados con la letras A, B, C y D.

a) Construya la correspondiente a una matriz adyacente.

b) Determine el número de rutas que hay entre A y B haciendo 1 escala intermedia.

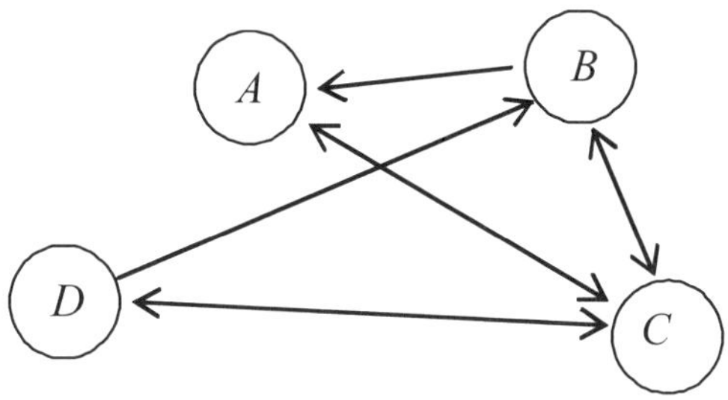

Figura 1.6.

28. Las matrices S_1 y S_2 representan las ventas anuales de tres productos de una empresa por región, expresadas en millones de euros. S_1 representa las ventas durante el primer año de operaciones y S_2 las conseguidas en el segundo año.

$$S_1 = \begin{array}{c} \text{Región} \\ \begin{array}{cccc} 1 & 2 & 3 & 4 \end{array} \\ \begin{pmatrix} 2{,}6 & 4{,}8 & 1{,}8 & 0{,}9 \\ 3{,}2 & 4{,}4 & 2{,}5 & 2{,}8 \\ 2{,}4 & 3{,}6 & 3{,}8 & 2{,}5 \end{pmatrix} \end{array} \qquad S_2 = \begin{array}{c} \text{Región} \\ \begin{array}{cccc} 1 & 2 & 3 & 4 \end{array} \\ \begin{pmatrix} 3{,}6 & 2{,}5 & 3{,}0 & 2{,}5 \\ 4{,}5 & 5{,}0 & 3{,}5 & 3{,}8 \\ 2{,}9 & 3{,}0 & 4{,}6 & 4{,}0 \end{pmatrix} \end{array}$$

a) Calcule $S_2 - S_1$ e interprete el significado de la matriz resultante.

b) Calcule $S_1 + S_2$ e interprete el significado de la matriz resultante.

c) La dirección ha proyectado un 25% de incremento en las ventas de todos los productos en todas las regiones durante el segundo año de operaciones. Por medio de las operaciones matriciales calcule la diferencia entre los niveles reales de ventas en el segundo año y los niveles de ventas proyectados.

29. La oficina de inscripciones de una universidad planea admitir a 7500 alumnos en el próximo año. El vector columna M indica la distribución esperada de los nuevos estudiantes en las categorías de hombres residentes en la comunidad autónoma (HRA), mujeres residentes en la comunidad autónoma (MRA), hombres residentes fuera de la comunidad autónoma (HRF) y mujeres residentes fuera de la comunidad autónoma (MRF):

$$M = \begin{pmatrix} 2000 \\ 3500 \\ 1500 \\ 800 \end{pmatrix} \begin{array}{l} \text{HRA} \\ \text{MRA} \\ \text{HRF} \\ \text{MRF} \end{array}$$

El personal de admisión espera que los estudiantes seleccionen su carrera en las Facultades de Empresariales (E), Ingeniería (I) y Ciencias (C) de acuerdo con los porcentajes dados en la matriz P:

$$\begin{array}{cccccc} & \text{HRA} & \text{MRA} & \text{HRF} & \text{MRF} & \\ P = & \left(\begin{array}{cccc} 0,20 & 0,10 & 0,30 & 0,30 \\ 0,30 & 0,30 & 0,30 & 0,60 \\ 0,50 & 0,60 & 0,40 & 0,10 \end{array}\right. & & & \left.\right) & \begin{array}{c} \text{E} \\ \text{I} \\ \text{C} \end{array} \end{array}$$

Usando operaciones matriciales calcule el número de estudiantes que, según las previsiones, ingresarán a cada facultad.

30. Tres empresas A, B y C comparten el mercado de un cierto bien. Las ventas de cada empresa son las siguientes: la empresa A vende 200 unidades, la empresa B vende 150 unidades y la empresa C vende 300 unidades. Sabiendo que a lo largo del año ocurren los siguientes cambios:

A conserva el 75% de sus clientes, cediendo a B el 15% y a C el 10%.

B conserva el 60% de sus clientes, cediendo a A el 5% y a C el 35%.

C conserva el 85% de sus clientes, cediendo a A el 10% y a B el 5%.

a) Determine la correspondiente matriz de transición de ventas.

b) ¿Cuál es la cuota de mercado de cada empresa pasado un año?

c) ¿Cómo calcularía la cuota de mercado pasados n años, suponiendo que la matriz de transición de ventas se mantiene constante? Indique el cálculo que realizaría.

31. Dos empresas A y B comparten el mercado de un cierto bien. Las ventas de cada empresa son las siguientes: la empresa A vende 200 unidades y la empresa B vende 150 unidades. Sabiendo que a lo largo del año ocurren los siguientes cambios:

A conserva el 75% de sus clientes, cediendo a B el 25%.

B conserva el 60% de sus clientes, cediendo a A el 40%.

a) Determine la correspondiente matriz de transición de ventas.

b) ¿Cuál es la cuota de mercado de cada empresa pasados un año?

c) ¿Qué expresión determina la cuota de cada empresa pasados n años?

II

SISTEMAS DE ECUACIONES LINEALES

1. Concepto de Sistema de Ecuaciones Lineales

Un *sistema* S *de ecuaciones lineales* es un conjunto de ecuaciones lineales de la forma:

$$S \equiv \begin{cases} a_{11}x_1 + a_{12}x_2 + \ldots + a_{1n}x_n = b_1 \\ a_{21}x_1 + a_{22}x_2 + \ldots + a_{2n}x_n = b_2 \\ \ldots\ldots\ldots\ldots\ldots\ldots\ldots\ldots\ldots\ldots \\ a_{m1}x_1 + a_{m2}x_2 + \ldots + a_{mn}x_n = b_m, \end{cases}$$

donde a_{ij} se denominan ***coeficientes*** del sistema, $x_1, x_2, \ldots, x_n$ son las ***incógnitas*** del sistema y $b_1, b_2, \ldots, b_m$, los ***términos independientes.***

Se dice que $x_1 = \alpha_1,\ x_2 = \alpha_2, \ldots, x_n = \alpha_n$ es una ***solución*** del sistema si, al sustituir cada incógnita x_i por el correspondiente valor α_i, $i = 1, 2, \ldots, n$, en las m ecuaciones lineales se obtienen identidades numéricas.

Los sistemas de ecuaciones lineales pueden ser clasificados según diferentes criterios.

Atendiendo al criterio de las soluciones, podemos clasificarlos de la siguiente forma:

$$SISTEMAS \begin{cases} \begin{matrix} COMPATIBLES \\ (Hay\ solución) \end{matrix} \begin{cases} \begin{matrix} DETERMINADOS \\ (Solución\ única) \end{matrix} \\ \\ \begin{matrix} INDETERMINADOS \\ (Infinitas\ soluciones) \end{matrix} \end{cases} \\ \\ \begin{matrix} INCOMPATIBLES \\ (No\ hay\ solución) \end{matrix} \end{cases}$$

El proceso consistente en determinar a cuál de estos tipos pertenece el sistema se denomina ***discutir*** el sistema.

Mientras que con respecto a los términos independientes, los sistemas pueden ser homogéneos y no homogéneos:

Un sistema S es ***homogéneo*** si los términos independientes $b_1, b_2, \ldots, b_m$ son iguales a cero:

$$\begin{cases} a_{11}x_1 + a_{12}x_2 + \ldots + a_{1n}x_n = 0 \\ a_{21}x_1 + a_{22}x_2 + \ldots + a_{2n}x_n = 0 \\ \ldots\ldots\ldots\ldots\ldots\ldots\ldots\ldots\ldots\ldots \\ a_{m1}x_1 + a_{m2}x_2 + \ldots + a_{mn}x_n = 0 \end{cases}$$

Un sistema homogéneo siempre admite la solución $x_1 = 0,\ x_2 = 0, \ldots, x_n = 0$, denominada solución trivial.

Un sistema S es ***no homogéneo*** si algún término independiente b_i es distinto de cero.

2. Ecuación Matricial

A continuación mostramos cómo un sistema de ecuaciones puede representarse como una ecuación entre matrices, denominada ecuación matricial del sistema. La expresión matricial es una característica propia de los sistemas de ecuaciones lineales que no tienen los sistemas de ecuaciones no lineales y que permite utilizar las técnicas del álgebra matricial para su estudio.

Dado un sistema de ecuaciones lineales:

$$S \equiv \begin{cases} a_{11}x_1 + a_{12}x_2 + \ldots + a_{1n}x_n = b_1 \\ a_{21}x_1 + a_{22}x_2 + \ldots + a_{2n}x_n = b_2 \\ \ldots\ldots\ldots\ldots\ldots\ldots\ldots\ldots\ldots\ldots \\ a_{m1}x_1 + a_{m2}x_2 + \ldots + a_{mn}x_n = b_m \end{cases}$$

la expresión matricial del sistema está dada por:

$$\begin{pmatrix} a_{11} & a_{12} & \cdots & a_{1n} \\ a_{21} & a_{22} & \cdots & a_{2n} \\ \vdots & \vdots & \ddots & \vdots \\ a_{m1} & a_{m2} & \cdots & a_{mn} \end{pmatrix} \begin{pmatrix} x_1 \\ x_2 \\ \vdots \\ x_n \end{pmatrix} = \begin{pmatrix} b_1 \\ b_2 \\ \vdots \\ b_m \end{pmatrix} \Leftrightarrow AX = B$$

donde A se denomina ***matriz de coeficientes***; X, ***matriz de incógnitas;*** y B, ***matriz de términos independientes***.

Observemos que resolver el sistema de ecuaciones es equivalente a encontrar una matriz X que cumpla la ecuación matricial $AX = B$.

Por otra parte, se denomina matriz ***ampliada*** $\overline{A}$ del sistema S a la obtenida a partir de la matriz de coeficientes A al añadirle la columna de términos independientes.

$$\overline{A}=\begin{pmatrix} a_{11} & a_{12} & \cdots & a_{1n} & b_1 \\ a_{21} & a_{22} & \cdots & a_{2n} & b_2 \\ \vdots & \vdots & \ddots & \vdots & \vdots \\ a_{m1} & a_{m2} & \cdots & a_{mn} & b_m \end{pmatrix}$$

Ejemplo 2.1

La ecuación matricial del sistema de ecuaciones:

$$3x+2y=4$$
$$5x+3y=7$$

está dada por $AX=B$, donde $A=\begin{pmatrix} 3 & 2 \\ 5 & 3 \end{pmatrix}$, $X=\begin{pmatrix} x \\ y \end{pmatrix}$, $B=\begin{pmatrix} 4 \\ 7 \end{pmatrix}$.

■

3. Sistemas de Cramer: Regla de Cramer

Un sistema S es de ***Cramer*** si tiene el mismo número de ecuaciones que de incógnitas y la matriz de coeficientes A es regular.

Es decir, S es de Cramer si $m=n$ y $|A| \neq 0$.

El interés de los sistemas de Cramer radica en el siguiente resultado:

Teorema 1

Un sistema de Cramer tiene solución única.

Demostración

Comenzamos escribiendo la ecuación matricial del sistema:

$$AX=B$$

Como el sistema es de Cramer, se cumple que $|A| \neq 0,$ por lo que la matriz A tiene inversa y es posible despejar la matriz de incógnitas en la ecuación matricial:

$$X=A^{-1}B$$

De esta forma, el sistema tiene solución única.

■

3.1. Regla de Cramer

En el Teorema anterior hemos obtenido que un sistema de Cramer tiene solución única. Veamos una manera de encontrar la solución del sistema, conocida como regla de Cramer, sin necesidad de calcular la inversa de la matriz de coeficientes.

Consideremos un sistema de ecuaciones de Cramer y definamos en primer lugar la matriz A_i como la matriz obtenida a partir de la matriz de coeficientes A al sustituir la columna i por la columna de términos independientes:

$$A_i = \begin{pmatrix} a_{11} & \cdots & a_{1i-1} & b_1 & a_{1i+1} & \cdots & a_{1n} \\ a_{21} & \cdots & a_{2i-1} & b_2 & a_{2i+1} & \cdots & a_{2n} \\ \cdots & \cdots & \cdots & \cdots & \cdots & \cdots & \cdots \\ a_{n1} & \cdots & a_{ni-1} & b_n & a_{ni+1} & \cdots & a_{nn} \end{pmatrix}$$

La regla de Cramer afirma que la solución del sistema S es:

$$x_1 = \frac{|A_1|}{|A|}, \quad x_2 = \frac{|A_2|}{|A|}, \quad \cdots, \quad x_n = \frac{|A_n|}{|A|}$$

Demostración

Según el Teorema anterior, la solución del sistema de Cramer en forma matricial está dada por $X = A^{-1}B$. Teniendo en cuenta que la matriz inversa de A es igual a $A^{-1} = \frac{1}{|A|}(AdjA)^t$, resulta que:

$$X = \begin{pmatrix} x_1 \\ x_2 \\ \vdots \\ x_n \end{pmatrix} = \frac{1}{|A|} \begin{pmatrix} A_{11} & A_{21} & \cdots & A_{n1} \\ A_{12} & A_{22} & \cdots & A_{n2} \\ \cdots & \cdots & \cdots & \cdots \\ A_{1n} & A_{2n} & \cdots & A_{nn} \end{pmatrix} \begin{pmatrix} b_1 \\ b_2 \\ \vdots \\ b_n \end{pmatrix}$$

Desarrollando la expresión anterior, se obtiene que:

$$x_i = \frac{A_{1i}b_1 + A_{2i}b_2 + \ldots + A_{ni}b_n}{|A|}, \quad i = 1, 2, \ldots, n$$

donde el numerador de la expresión anterior coincide con el desarrollo de Laplace por la columna i del determinante de la matriz A_i. Así, la solución del sistema puede escribirse en la forma indicada por la regla de Cramer:

$$x_i = \frac{|A_i|}{|A|}, \quad i = 1, 2, \ldots, n.$$

■

Ejemplo 3.1

El sistema de ecuaciones siguiente:

$$\begin{cases} 2x + y + z = 7 \\ x + \quad + z = 4 \\ 3x - 2y + z = 2 \end{cases}$$

es un sistema de Cramer, ya que tiene el mismo número de ecuaciones que de incógnitas y el determinante de la matriz de coeficientes $|A| = 4 \neq 0$. El sistema tiene, por tanto, solución única. Aplicando la regla de Cramer, la solución está dada por:

$$x = \frac{\begin{vmatrix} 7 & 1 & 1 \\ 4 & 0 & 1 \\ 2 & -2 & 1 \end{vmatrix}}{\begin{vmatrix} 2 & 1 & 1 \\ 1 & 0 & 1 \\ 3 & -2 & 1 \end{vmatrix}} = 1, \quad y = \frac{\begin{vmatrix} 2 & 7 & 1 \\ 1 & 4 & 1 \\ 3 & 2 & 1 \end{vmatrix}}{\begin{vmatrix} 2 & 1 & 1 \\ 1 & 0 & 1 \\ 3 & -2 & 1 \end{vmatrix}} = 2, \quad z = \frac{\begin{vmatrix} 2 & 1 & 7 \\ 1 & 0 & 4 \\ 3 & -2 & 2 \end{vmatrix}}{\begin{vmatrix} 2 & 1 & 1 \\ 1 & 0 & 1 \\ 3 & -2 & 1 \end{vmatrix}} = 3$$

■

4. Sistemas Equivalentes

Dos sistemas de ecuaciones lineales con el mismo número de incógnitas son ***equivalentes*** si tienen las mismas soluciones.

El concepto de sistemas equivalentes es usado en la resolución de un sistema de ecuaciones. Con frecuencia, un sistema se transforma en otro equivalente más fácil de resolver. Las transformaciones que pueden realizarse entre las ecuaciones de un sistema que proporcionan un nuevo sistema de ecuaciones lineales equivalente al de partida son las siguientes:

i) Multiplicar una ecuación por un número real diferente de cero.

ii) Intercambiar dos ecuaciones.

iii) Sustituir una ecuación por una combinación lineal de la ecuación y del resto de ecuaciones.

iv) Eliminar una ecuación que sea una combinación lineal del resto de ecuaciones.

5. Teorema de Rouché-Frobenius

Sean S un sistema de m ecuaciones con n incógnitas, A la matriz de coeficientes y $\overline{A}$ la matriz ampliada. El resultado siguiente establece condiciones necesarias y suficientes para clasificar el sistema.

TEOREMA ROUCHÉ-FROBENIUS

1) El sistema es incompatible si y sólo si $RgA \neq Rg\overline{A}$.

2) El sistema es compatible si y sólo si $RgA = Rg\overline{A}$.

a) El sistema es compatible determinado si y sólo si $RgA = Rg\overline{A} = n$.

b) El sistema es compatible indeterminado si y sólo si $RgA = Rg\overline{A} < n$.

Demostración

1) Representemos por C_i la columna i de la matriz de coeficientes y por B la columna de términos independientes. Siguiendo esta notación, las matrices de coeficientes y ampliada pueden representarse de forma breve escribiendo $A = (C_1, C_2, \cdots, C_n)$, $\overline{A} = (C_1, C_2, \cdots, C_n, B)$. Supongamos que los rangos de las matrices ampliada y de coeficientes son distintos:

$$RgA = Rg\ (C_1, C_2, \cdots, C_n) \neq Rg\overline{A} = Rg\ (C_1, C_2, \cdots, C_n, B)$$

entonces la columna B no es combinación lineal de $C_1, C_2, \cdots, C_n$ y, por tanto, no hay solución del sistema. Recíprocamente, si no hay solución del sistema, la columna B no puede expresarse como combinación lineal de las columnas $C_1, C_2, \cdots, C_n$ y los rangos de la matriz ampliada y de coeficientes han de ser distintos.

2) Usando un razonamiento similar, es fácil ver que el sistema tiene solución si y sólo si la columna de términos independientes B es combinación lineal de las columnas de la matriz de coeficientes $C_1, C_2, \cdots, C_n$, lo que equivale a afirmar que los rangos de las matrices de coeficientes y ampliada deben de ser iguales.

La demostración de los apartados 2a) y 2b) del Teorema de Rouché-Frobenius se encuentra en el siguiente apartado, en el que se estudia de forma detallada el procedimiento a seguir para encontrar las soluciones de un sistema compatible.

■

5.1. RESOLUCIÓN DE UN SISTEMA DE ECUACIONES LINEALES

A continuación describimos el método de resolución de un sistema de ecuaciones lineales en el caso compatible. Supongamos que el sistema de ecuaciones es compatible, entonces se cumple que $RgA = Rg\overline{A} = r$. Luego existe un menor de orden r de la matriz de coeficientes distinto de cero. Intercambiando la posición de las ecuaciones si es necesario, podemos suponer sin pérdida de generalidad que dicho menor corresponde al formado por los elementos de las r primeras filas y r primeras columnas de la matriz de coeficientes A dado por:

$$\begin{vmatrix} a_{11} & \cdots & a_{1r} \\ \vdots & \ddots & \vdots \\ a_{r1} & \cdots & a_{rr} \end{vmatrix} \neq 0$$

Consideremos el sistema de ecuaciones:

$$\begin{matrix} a_{11}x_1 + \ldots & + a_{1r}x_r & + a_{1r+1}x_{r+1} & + \ldots + a_{1n}x_n & = b_1 \\ \vdots & & \vdots & \vdots & \vdots \\ a_{r1}x_1 + \ldots & + a_{rr}x_r & + a_{rr+1}x_{r+1} & + \ldots + a_{rn}x_n & = b_r \\ a_{r+11}x_1 + \ldots & + a_{r+1r}x_r & + a_{r+1r+1}x_{r+1} & + \ldots + a_{r+1n}x_n & = b_{r+1} \\ \vdots & & \vdots & \vdots & \vdots \\ a_{m1}x_1 + \ldots & + a_{mr}x_r & + a_{mr+1}x_{r+1} & + \ldots + a_{mn}x_n & = b_m \end{matrix}$$

• Supongamos en primer lugar que $RgA = Rg\overline{A} = r = n$. En este caso, podemos eliminar las $m - r$ ecuaciones del sistema que no intervienen en la formación del menor que determina el rango en el sistema, ya que estas ecuaciones serán combinación lineal de las r ecuaciones que intervienen en la formación del menor. Se obtiene así un sistema de Cramer (ya que coinciden el número de ecuaciones con el de incógnitas y el determinante de la matriz de coeficientes es distinto de cero) equivalente a S dado por:

$$\begin{matrix} a_{11}x_1 + \ldots + a_{1r}x_r = b_1 \\ \vdots \qquad\qquad \vdots \quad \vdots \\ a_{r1}x_1 + \ldots + a_{rr}x_r = b_r \end{matrix}$$

Este sistema es compatible determinado y puede ser resuelto aplicando la regla de Cramer.

• Cuando $RgA = Rg\overline{A} = r < n,$ al igual que en el caso anterior, eliminamos las $m - r$ ecuaciones que no intervienen en la formación del menor que determina el rango, obteniéndose un sistema equivalente. A continuación, pasamos al segundo miembro de cada ecuación los términos que contienen a las $n - r$ incógnitas que no forman parte del menor que determina el rango:

$$\begin{matrix} a_{11}x_1 + \ldots + a_{1r}x_r = -a_{1r+1}x_{r+1} - \ldots - a_{1n}x_n + b_1 \\ \vdots \qquad\qquad\qquad \vdots \qquad\qquad \vdots \quad \vdots \\ a_{r1}x_1 + \ldots + a_{rr}x_r = -a_{rr+1}x_{r+1} - \ldots - a_{rn}x_n + b_r \end{matrix}$$

Se obtiene así para cada valor asignado a las incógnitas $x_{r+1},\ldots,x_n$ un sistema de Cramer en las incógnitas $x_1,\ldots,x_r$ que puede resolverse aplicando la regla de Cramer:

$$\begin{aligned} x_1 &= \beta_{11}x_{r+1} + \beta_{12}x_{r+2} + \ldots + \beta_{1p}x_n + \beta_1 \\ x_2 &= \beta_{21}x_{r+1} + \beta_{22}x_{r+2} + \ldots + \beta_{2p}x_n + \beta_2 \\ \vdots & \quad \vdots \qquad\qquad\qquad\qquad \vdots \\ x_r &= \beta_{r1}x_{r+1} + \beta_{r2}x_{r+2} + \ldots + \beta_{rp}x_n + \beta_r \end{aligned}$$

donde los coeficientes β_{ij} y β_i se obtienen al despejar las incógnitas $x_1,\ldots,x_r$ en términos de $x_{r+1},\ldots,x_n$.

Llamando $x_{r+1} = \alpha_1, x_{r+2} = \alpha_2,\ldots,x_n = \alpha_p$, las soluciones del sistema se expresan de la siguiente forma:

$$\begin{aligned} x_1 &= \beta_{11}\alpha_1 + \beta_{12}\alpha_2 + \ldots + \beta_{1p}\alpha_p + \beta_1 \\ x_2 &= \beta_{21}\alpha_1 + \beta_{22}\alpha_2 + \ldots + \beta_{2p}\alpha_p + \beta_2 \\ \vdots & \quad \vdots \qquad\qquad\qquad\qquad \vdots \\ x_r &= \beta_{r1}\alpha_1 + \beta_{r2}\alpha_2 + \ldots + \beta_{rp}\alpha_p + \beta_r \\ x_{r+1} &= \alpha_1 \\ \vdots & \quad \vdots \\ x_n &= \alpha_p \end{aligned}$$

Al número de parámetros $p = n - r$ se le llama grado de indeterminación grados de libertad del sistema.

Ejemplo 5.1

1) Para discutir y resolver el sistema de ecuaciones lineales siguiente:

$$\left.\begin{aligned} 2x + 2y &= 1 \\ 3x - y &= 2 \\ x - 3y &= 1 \end{aligned}\right\}$$

comenzamos calculando el rango de las matrices de coeficientes y ampliada del sistema. Es fácil comprobar en este caso que $Rg\,A = Rg\,\overline{A} = 2 = n$ y el sistema es compatible determinado. Fijamos, por ejemplo, como menor de orden dos que determina el rango de la matriz de coeficientes el formado por los elementos de las dos primeras filas y columnas. Podemos, por tanto, eliminar la 3ª ecuación del sistema obteniendo un sistema de Cramer equivalente:

$$2x + 2y = 1$$
$$3x - y = 2$$

cuyas soluciones $x = \frac{5}{8}$, $y = -\frac{1}{8}$ se obtienen a partir de la regla de Cramer.

2) Para discutir y resolver el sistema de ecuaciones lineales siguiente:

$$\left.\begin{array}{r} 2x_1 - x_2 + x_3 = 2 \\ x_1 + 2x_2 + 2x_3 = 3 \\ 3x_1 + x_2 + 3x_3 = 5 \end{array}\right\}$$

comenzamos calculando el rango de las matrices de coeficientes y ampliada del sistema. Es fácil comprobar en este caso que $Rg\,A = Rg\,\overline{A} = 2 < n = 3$ y el sistema es compatible indeterminado, con grado de indeterminación $p = 3 - 2 = 1$. Tomamos como menor de orden dos que determina el rango de la matriz de coeficientes el formado por los elementos de las dos primeras filas y columnas. Podemos, por tanto, eliminar la 3ª ecuación del sistema obteniendo un sistema equivalente. Si pasamos al segundo miembro la incógnita x_3 que no pertenece al menor fijado, se tiene que:

$$\left.\begin{array}{r} 2x_1 - x_2 = 2 - x_3 \\ x_1 + 2x_2 = 3 - 2x_3 \end{array}\right\}$$

Calculamos ahora x_1, x_2 en función de x_3, obteniendo que:

$$x_1 = \frac{7 - 4x_3}{5}, \quad x_2 = \frac{4 - 3x_3}{5}$$

Si llamamos $x_3 = \alpha$, el conjunto de soluciones del sistema se expresa de la siguiente forma:

$$x_1 = \frac{7 - 4\alpha}{5}$$
$$x_2 = \frac{4 - 3\alpha}{5}$$
$$x_3 = \alpha$$

siendo $p = 1$ el grado de libertad o grado de indeterminación del sistema.

■

5.2. SISTEMAS HOMOGÉNEOS

Recordemos que un sistema de ecuaciones lineales es homogéneo si los términos independientes $b_1, b_2, \ldots, b_m$ son iguales a cero. La ecuación matricial de un sistema homogéneo está dada por:

$$AX = \mathbf{0}$$

Sabemos que un sistema homogéneo siempre tiene la solución $x_1 = x_2 = \ldots = x_n = 0$, denominada solución trivial, por lo que el interés en el estudio de los sistemas homogéneos radica en conocer si existen o no soluciones no triviales. Aplicando el Teorema de Rouché-Frobenius y teniendo en cuenta que el rango de la matriz de coeficientes A y de la matriz ampliada $\overline{A}$ son iguales en un sistema homogéneo, se tiene el siguiente resultado:

TEOREMA 3

Sea S un sistema de m ecuaciones lineales con n incógnitas homogéneo:

- La única solución del sistema S es la solución trivial si y sólo si $Rg\,A = n$.
- El sistema es compatible indeterminado si y sólo si $Rg\,A < n$.

Ejemplo 5.2

Consideremos el sistema de ecuaciones homogéneo dado por:

$$\begin{aligned} ax + y + z &= 0 \\ x + ay + z &= 0 \\ x + y + az &= 0 \end{aligned}$$

Para discutir el sistema según los valores del parámetro a, comenzamos calculando el determinante de la matriz de coeficientes del sistema:

$$|A| = \begin{vmatrix} a & 1 & 1 \\ 1 & a & 1 \\ 1 & 1 & a \end{vmatrix} \underset{C_1 \to C_1 + C_2 + C_3}{=} \begin{vmatrix} a+2 & 1 & 1 \\ a+2 & a & 1 \\ a+2 & 1 & a \end{vmatrix} \underset{\substack{F_2 \to F_2 - F_1 \\ F_3 \to F_3 - F_1}}{=} \begin{vmatrix} a+2 & 1 & 1 \\ 0 & a-1 & 0 \\ 0 & 0 & a-1 \end{vmatrix} = (a+2)(a-1)^2$$

Los valores del parámetro a que anulan el determinante están dados por:

$$|A| = (a+2)(a-1)^2 = 0 \Leftrightarrow a = -2,\ a = 1$$

Según los valores obtenidos para el parámetro a, tenemos los siguientes casos:

a) Caso $a \neq 1, -2$

Para $a \neq 1, -2$, el rango de la matriz de coeficientes es igual a 3, ya que el determinante es distinto de cero para estos valores del parámetro y, por tanto, $Rg\,A = 3 = n$ y el sistema homogéneo tiene como única solución la trivial.

b) Caso $a = 1, -2$

Para $a = 1, -2$, el rango de la matriz de coeficientes es menor que 3 y, por tanto, el sistema homogéneo es compatible indeterminado y tiene soluciones no triviales.

■

6. MÉTODO DE GAUSS-JORDAN

Un sistema de ecuaciones es *escalonado* si los elementos por debajo de la diagonal principal en la matriz de coeficientes del sistema son iguales a cero.

Es decir, la primera incógnita de cada ecuación no aparece en las siguientes ecuaciones.

Ejemplo 6.1

El siguiente sistema de ecuaciones es escalonado:

$$\begin{aligned} x + 2y + 3z + t &= 1 \\ y + 2z + 3t &= 5 \\ z - t &= 1 \end{aligned}$$

ya que la primera incógnita de cada ecuación no aparece en la ecuación siguiente.

■

Los sistemas escalonados son fáciles de estudiar, ya que su discusión y resolución son inmediatos. La discusión del sistema se realiza con facilidad, ya que los rangos de las matrices de coeficientes y ampliada coinciden con el número de ecuaciones del sistema escalonado, mientras que la resolución se realiza de forma regresiva desde la última ecuación hasta la primera, sustituyendo el valor obtenido por una incógnita en las ecuaciones anteriores.

El método de Gauss-Jordan consiste en transformar un sistema de ecuaciones en un sistema equivalente que sea escalonado y, por tanto, más sencillo de estudiar. El proceso consiste en realizar transformaciones elementales en las ecuaciones del sistema de forma que mantengan invariante el conjunto de soluciones.

Los pasos que sigue el método de Gauss-Jordan son los siguientes:

Paso 1

Se lleva al primer lugar una ecuación en la que el coeficiente de la incógnita x_1 sea distinto de cero.

Paso 2

Se divide la primera ecuación por el coeficiente de la incógnita x_1 para conseguir que éste sea igual a 1. De esta forma se facilitan los cálculos que se realizarán a continuación.

Paso 3

Se hacen cero los coeficientes de x_1 en el resto de ecuaciones. Para ello se le resta a cada ecuación la primera multiplicada por el número adecuado en cada caso.

Paso 4

Se fija la primera ecuación y se repite el proceso con la segunda ecuación del sistema y la incógnita x_2, hasta eliminar esta incógnita del resto de ecuaciones del sistema. Por último, el proceso se sigue realizando con el resto de ecuaciones hasta conseguir un sistema escalonado.

Veamos un ejemplo de aplicación del método de Gauss-Jordan.

Ejemplo 6.2

Consideremos el siguiente sistema de ecuaciones lineales:

$$\begin{aligned} x+2y-z+t&=1 \\ 2x+y+z-2t&=2 \\ -2x+2y-4z+6t&=-2 \\ x+y+z+2t&=3 \end{aligned}$$

Para desarrollar las transformaciones del método de Gauss-Jordan, representaremos los coeficientes del sistema de ecuaciones lineales en la siguiente matriz:

$$\begin{pmatrix} 1 & 2 & -1 & 1 & 1 \\ 2 & 1 & 1 & -2 & 2 \\ -2 & 2 & -4 & 6 & -2 \\ 1 & 1 & 1 & 2 & 3 \end{pmatrix}$$

y las operaciones entre las ecuaciones del sistema corresponderán a operaciones entre las filas de la matriz y así se agilizará el proceso.

Como el primer elemento de la matriz es igual a 1, no es necesario cambiar de lugar ninguna ecuación. Comenzamos haciendo cero los elementos situados en la primera columna debajo del elemento a_{11}. Para conseguir este objetivo, restamos a cada ecuación la primera multiplicada por un número conveniente:

$$\begin{pmatrix} 1 & 2 & -1 & 1 & 1 \\ 2 & 1 & 1 & -2 & 2 \\ -2 & 2 & -4 & 6 & -2 \\ 1 & 1 & 1 & 2 & 3 \end{pmatrix} \underset{\substack{F_2 \to F_2 - 2F_1 \\ F_3 \to F_3 + 2F_1 \\ F_4 \to F_4 - F_1}}{\sim} \begin{pmatrix} 1 & 2 & -1 & 1 & 1 \\ 0 & -3 & 3 & -4 & 0 \\ 0 & 6 & -6 & 8 & 0 \\ 0 & -1 & 2 & 1 & 2 \end{pmatrix}$$

Ahora repetimos el proceso con los elementos de la segunda columna situados debajo del elemento a_{22}. Antes de realizar las operaciones con las filas de la matriz, intercambiamos la segunda y cuarta fila para que el elemento a_{22} sea igual a 1 y posteriormente realizamos las transformaciones elementales necesarias para anular los elementos de la segunda columna:

$$\begin{pmatrix} 1 & 2 & -1 & 1 & 1 \\ 0 & -1 & 2 & 1 & 2 \\ 0 & 6 & -6 & 8 & 0 \\ 0 & -3 & 3 & -4 & 0 \end{pmatrix} \underset{\substack{F_3 \to F_3 + 6F_2 \\ F_4 \to F_4 - 3F_2}}{\sim} \begin{pmatrix} 1 & 2 & -1 & 1 & 1 \\ 0 & -1 & 2 & 1 & 2 \\ 0 & 0 & 6 & 14 & 12 \\ 0 & 0 & -3 & -7 & -6 \end{pmatrix}$$

Continuamos con el proceso haciendo cero los elementos de la tercera columna:

$$\begin{pmatrix} 1 & 2 & -1 & 1 & 1 \\ 0 & -1 & 2 & 1 & 2 \\ 0 & 0 & 6 & 14 & 12 \\ 0 & 0 & -3 & -7 & -6 \end{pmatrix} \underset{F_4 \to F_4 - \frac{1}{2}F_3}{\sim} \begin{pmatrix} 1 & 2 & -1 & 1 & 1 \\ 0 & -1 & 2 & 1 & 2 \\ 0 & 0 & 6 & 14 & 12 \\ 0 & 0 & 0 & 0 & 0 \end{pmatrix} \sim \begin{pmatrix} 1 & 2 & -1 & 1 & 1 \\ 0 & -1 & 2 & 1 & 2 \\ 0 & 0 & 6 & 14 & 12 \end{pmatrix}$$

El sistema que hemos obtenido es escalonado y equivalente al sistema de partida:

$$\begin{aligned} x + 2y - z + t &= 1 \\ -y + 2z + t &= 2 \\ 6z + 14t &= 12 \end{aligned}$$

Para discutir y resolver el sistema, comenzamos analizando los rangos de las matrices de coeficientes y ampliada del sistema:

$$A = \begin{pmatrix} 1 & 2 & -1 & 1 \\ 0 & -1 & 2 & 1 \\ 0 & 0 & 6 & 14 \end{pmatrix}, \qquad \overline{A} = \begin{pmatrix} 1 & 2 & -1 & 1 & 1 \\ 0 & -1 & 2 & 1 & 2 \\ 0 & 0 & 6 & 14 & 12 \end{pmatrix}$$

Al ser matrices escalonadas, es fácil ver que su rango coincide con el número de filas distintas de cero, por tanto, $Rg\,A = Rg\,\overline{A} = 3$. Como $RgA = Rg\overline{A} = 3 < n = 4$, el sistema es compatible indeterminado con grado de indeterminación $p = n - r = 1$. La resolución del sistema se realiza también de manera más sencilla al ser un sistema escalonado. Elegimos las incógnitas x, y, z correspondientes al menor distinto de cero formado por los elementos de las tres primeras filas y columnas de la matriz de coeficientes y las despejamos en función de la incógnita t. Concretamente, el sistema de ecuaciones al que llegamos después de aplicar el método de Gauss-Jordan es equivalente al inicial y está dado por:

$$\begin{aligned} x+2y-z+t&=1 \\ -y+2z+t&=2 \\ 6z+14t&=12 \end{aligned}$$

Pasando ahora la incógnita t al segundo miembro y llamando $t=\alpha$, el sistema se escribe como:

$$\begin{aligned} x+2y-z&=1-\alpha \\ -y+2z&=2-\alpha \\ 6z&=12-14\alpha \end{aligned}$$

Despejando la incógnita z en la tercera ecuación se tiene que $z=2-\frac{7}{3}\alpha$. Sustituyendo z en la segunda ecuación, se calcula el valor de la incógnita $y=2-\frac{11}{3}\alpha$. Por ultimo, sustituyendo los valores hallados de z e y en la primera ecuación, se calcula el valor de la incógnita $x=-1+4\alpha$. Las soluciones del sistema vienen expresadas en forma paramétrica como:

$$\begin{aligned} x&=-1+4\alpha \\ y&=2-\frac{11}{3}\alpha \\ z&=2-\frac{7}{3}\alpha \\ t&=\alpha \end{aligned}$$

■

7. APLICACIONES A LA ECONOMÍA

7.1. MODELO INPUT-OUTPUT DE LEONTIEF: MATRIZ TECNOLÓGICA Y MATRIZ DE LEONTIEF

Consideremos un sistema económico con n industrias o sectores de producción. La demanda de los productos de cada industria puede provenir de dos fuentes: la demanda que una industria tiene por parte de otra del mismo sistema (***demanda interindustrial***) y la proveniente de otras fuentes que no sean las industrias del sistema (***demanda externa***) [4].

Supongamos que d_i representa la demanda externa ejercida sobre la i-ésima industria. Representemos por a_{ij} el número de salidas de la industria i para producir una unidad de la industria j. Dicho de otra forma: a_{ij} es cantidad de producción (medida en u.m.) necesaria de la industria i para generar 1 u.m. en la producción de la industria j.

La demanda industrial viene expresada por la matriz $A=\left(a_{ij}\right)\in M_n$, llamada ***matriz tecnológica, matriz coeficientes técnicos o matriz input-output.***

El modelo de Leontief supone que todo cuanto se produce se usará, es decir, que la producción es igual a la demanda. En estas condiciones el modelo pretende determinar cuánto debe producir cada industria para que haya un equilibrio entre la oferta y la demanda.

Si llamamos x_j a la producción de la industria j (medida en u.m.), se cumple el siguiente sistema de ecuaciones:

$$\begin{array}{lll} x_1 = & a_{11}x_1 + a_{12}x_2 + \ldots + a_{1n}x_n + & d_1 \\ x_2 = & a_{21}x_1 + a_{22}x_2 + \ldots + a_{2n}x_n + & d_2 \\ \vdots & \vdots & \vdots \\ \underbrace{x_n =}_{PRODUCCIÓN} & \underbrace{a_{n1}x_1 + a_{n2}x_2 + \ldots + a_{nn}x_n}_{D.\ INTERINDUSTRIAL} + & \underbrace{d_n}_{D.\ EXTERNA} \end{array}$$

Escribiendo el anterior sistema en forma matricial,

$$X = AX + D$$

y resolviendo el sistema (suponiendo que la matriz $I-A$ tiene inversa):

$$X - AX = D \Leftrightarrow \left(I - A\right)X = D$$

resulta que:

$$X = \left(I - A\right)^{-1} D$$

A la matriz $I-A$ se le llama ***matriz de Leontief***.

Según esto, la matriz que proporciona los niveles de producción en equilibrio se calcula como el producto de la inversa de la matriz de Leontief por la matriz de la demanda externa.

[4] Por ejemplo, podemos considerar un país determinado en cuya economía hay n sectores. La industria de la energía tiene demanda de la industria automotriz y también tiene una demanda externa que es el consumo privado y las exportaciones.

Ejemplo 7.1

Consideremos la matriz tecnológica de un sistema económico con 3 industrias:

$$A = \begin{pmatrix} 0,3 & 0,3 & 0,2 \\ 0,1 & 0,2 & 0,3 \\ 0,2 & 0,1 & 0,4 \end{pmatrix}$$

Sean x_1, x_2 y x_3 las cantidades producidas por cada industria y supongamos que las demandas no industriales son:

$$d_1 = 50.000.000$$

$$d_2 = 30.000.000$$

$$d_3 = 60.000.000$$

Determinemos los niveles de producción x_1, x_2, x_3 necesarios para que la oferta y la demanda total estén en equilibrio. El sistema de ecuaciones que expresa la situación de equilibrio es el siguiente:

$$\begin{aligned} x_1 &= 0,3x_1 + 0,3x_2 + 0,2x_3 + 50.000.000 \\ x_2 &= 0,1x_1 + 0,2x_2 + 0,3x_3 + 30.000.000 \\ x_3 &= 0,2x_1 + 0,1x_2 + 0,4x_3 + 60.000.000 \end{aligned}$$

El sistema escrito en forma matricial está dado por:

$$X = AX + D$$

y despejando la matriz X en la ecuación matricial, resulta que:

$$X = (I - A)^{-1} D$$

Realizando los cálculos correspondientes, la matriz X con los niveles de equilibrio es:

$$X = \begin{pmatrix} 177.551.020 \\ 127.346.938 \\ 180.408.163 \end{pmatrix}$$

■

7.2. *Economías Productivas*

Tras plantear el modelo *input-output* de Leontief en el epígrafe anterior, parece lógico hacerse la siguiente pregunta:

¿Dado un modelo *input-output* definido por la matriz *input-output* A y la matriz de demanda externa D, existe una solución $X = (x_1\ x_2\ ...\ x_n)^t$ del modelo tal que cada coeficiente x_i, $i = 1,2,...,n$ sea no negativo? Observemos que, en realidad, sólo estamos interesados en obtener soluciones no negativas de la ecuación $X = AX + D$ que determinen los niveles de producción X necesarios para que exista equilibrio entre la demanda total y la oferta.

La pregunta anterior motiva la siguiente definición:

Se dice que una matriz *input-output* $A \in M_n$ genera una ***economía productiva*** si para cualquier matriz de demanda externa D no negativa ($d_i \geq 0, \forall i$) existe una matriz de componentes no negativas $X = (x_1\ x_2\ ...\ x_n)^t$ de *outputs* totales tal que se cumple la igualdad $X = AX + D$.

Por tanto, nuestro objetivo es determinar qué condición ha de cumplir la matriz *input-output* para generar una economía productiva. Para responder a la pregunta formulada, necesitamos la siguiente definición:

Dada una matriz cuadrada A de orden n, se denomina ***menor principal de orden*** r de la matriz A al determinante Δ_r de la matriz obtenida al tomar las r primeras filas y columnas de A:

$$\Delta_1 = a_{11}, \Delta_2 = \begin{vmatrix} a_{11} & a_{12} \\ a_{21} & a_{22} \end{vmatrix}, \Delta_3 = \begin{vmatrix} a_{11} & a_{12} & a_{13} \\ a_{21} & a_{22} & a_{23} \\ a_{31} & a_{32} & a_{33} \end{vmatrix}, \ldots, \Delta_n = |A|.$$

Se dice que una matriz A verifica la ***condición de Hawkins-Simon*** si todos sus menores principales son mayores que cero.

La resolución del problema que acabamos de plantear está relacionada con el estudio de las soluciones no negativas de un sistema de ecuaciones lineales. El siguiente Teorema proporciona una condición necesaria y suficiente para que un sistema de ecuaciones lineales tenga soluciones no negativas.

TEOREMA 4

Sea el sistema de ecuaciones lineales dado por $AX = B$, donde $A \in M_n$, $B \in M_{n\times 1}$ y $X \in M_{n\times 1}$, supongamos que los coeficientes de la matriz $B \in M_{n\times 1}$ son no negativos y que los coeficientes a_{ij}, $i \neq j$ de la matriz A son no positivos ($a_{ij} \leq 0, i \neq j$). Entonces, el sistema de ecuaciones lineales $AX = B$ tiene solución no negativa si y sólo si la matriz A cumple la condición de Hawkins-Simon.

El anterior resultado tiene una consecuencia directa a la hora de determinar las condiciones, que debe de cumplir una matriz *input-output* para generar una economía productiva. Recordemos que una economía es productiva si el sistema de ecuaciones $X = AX + D$ tiene solución no negativa para cada matriz D con elementos no negativos. Ahora bien, el sistema de ecuaciones $X = AX + D$ es equivalente al sistema $(I - A)X = D$, que cumple las hipótesis del Teorema, ya que la matriz D de términos independientes es no negativa y la matriz de coeficientes del sistema dada por la matriz de Leontief $(I - A)$ tiene los coeficientes que no pertenecen a la diagonal principal de signo ≤ 0. Por tanto, como consecuencia del Teorema 4 tenemos que:

> Una matriz *input-output* A genera una economía productiva si y sólo si la matriz de Leontief $(I - A)$ cumple la condición de Hawkins-Simon.

Ejemplo 7.2

Consideremos la matriz *input-output* $A = \begin{pmatrix} 0,3 & 0,4 \\ 0,5 & 0,3 \end{pmatrix}$ de un sistema económico. Según el resultado anterior, la matriz $A = \begin{pmatrix} 0,3 & 0,4 \\ 0,5 & 0,3 \end{pmatrix}$ genera una economía productiva si y sólo si los menores principales de la matriz de Leontief $I - A = \begin{pmatrix} 0,7 & -0,4 \\ -0,5 & 0,7 \end{pmatrix}$ son positivos. Como los menores principales son $\Delta_1 = 0,7$ y $\Delta_2 = |I - A| = \begin{vmatrix} 0,7 & -0,4 \\ -0,5 & 0,7 \end{vmatrix} = 0,29 > 0$, podemos afirmar que la economía es productiva.

■

7.3. Modelo de Oferta y Demanda

El modelo lineal de Oferta-Demanda de dos bienes competitivos en el mercado viene dado por las siguientes ecuaciones:

$$\begin{aligned} D_1 &= a_0 + a_1 p_1 + a_2 p_2 \\ D_2 &= b_0 + b_1 p_1 + b_2 p_2 \\ S_1 &= \alpha_0 + \alpha_1 p_1 + \alpha_2 p_2 \\ S_2 &= \beta_0 + \beta_1 p_1 + \beta_2 p_2 \end{aligned}$$

donde D_1, D_2 son las funciones de demanda de cada uno de los bienes; S_1, S_2, las funciones oferta de cada bien; y p_1, p_2 son los precios de los bienes. Los precios de los productos correspondientes a la situación de equilibrio en la que la oferta es igual a la demanda se calculan resolviendo el sistema de 2 ecuaciones con 2 incógnitas obtenido al igualar la funciones de oferta y de demanda de cada bien: $D_1 = S_1, D_2 = S_2$. El sistema a resolver es el siguiente:

$$(a_1 - \alpha_1)p_1 + (a_2 - \alpha_2)p_2 = \alpha_0 - a_0$$
$$(b_1 - \beta_1)p_1 + (b_2 - \beta_2)p_2 = \beta_0 - b_0$$

Si escribimos en forma matricial el sistema anterior, obtenemos que:

$$AP = B$$

donde $A = \begin{pmatrix} a_1 - \alpha_1 & a_2 - \alpha_2 \\ b_1 - \beta_1 & b_2 - \beta_2 \end{pmatrix}$, $P = \begin{pmatrix} p_1 \\ p_2 \end{pmatrix}$, $B = \begin{pmatrix} \alpha_0 - a_0 \\ \beta_0 - b_0 \end{pmatrix}$. El sistema tiene solución única si $|A| \neq 0$, y, en este caso, la solución está dada por $P = A^{-1}B$.

EJERCICIOS RESUELTOS

1. Resuelva el siguiente sistema de ecuaciones lineales:

$$\begin{aligned} x+2y-\ z+\ \ t&=1\\ 2x+\ y+\ z-\ 2t&=2\\ 6y-6z+\ 8t&=0\\ x+7y-8z+11t&=-1 \end{aligned}$$

Solución

Apliquemos el método de Gauss-Jordan a la matriz ampliada del sistema:

$$\begin{pmatrix} 1 & 2 & -1 & 1 & 1\\ 2 & 1 & 1 & -2 & 2\\ 0 & 6 & -6 & 8 & 0\\ 1 & 7 & -8 & 11 & -1 \end{pmatrix}$$

Como el primer elemento de la matriz es igual a 1, no es necesario cambiar de lugar ninguna ecuación. Comenzamos haciendo cero los elementos situados en la primera columna debajo del elemento a_{11}:

$$\begin{pmatrix} 1 & 2 & -1 & 1 & 1\\ 2 & 1 & 1 & -2 & 2\\ 0 & 6 & -6 & 8 & 0\\ 1 & 7 & -8 & 11 & -1 \end{pmatrix} \underset{\substack{F_2\to F_2-2F_1\\ F_4\to F_4-F_1}}{\approx} \begin{pmatrix} 1 & 2 & -1 & 1 & 1\\ 0 & -3 & 3 & -4 & 0\\ 0 & 6 & -6 & 8 & 0\\ 0 & 5 & -7 & 10 & -2 \end{pmatrix}$$

Ahora repetimos el proceso con los elementos de la segunda columna situados debajo del elemento a_{22}. Antes de realizar las operaciones con las filas de la matriz, dividimos los elementos de la segunda fila por -3 para conseguir que el elemento a_{22} sea igual a 1:

$$\begin{pmatrix} 1 & 2 & -1 & 1 & 1\\ 0 & -3 & 3 & -4 & 0\\ 0 & 6 & -6 & 8 & 0\\ 0 & 5 & -7 & 10 & -2 \end{pmatrix} \underset{F_2\to -\frac{1}{3}F_2}{\approx} \begin{pmatrix} 1 & 2 & -1 & 1 & 1\\ 0 & 1 & -1 & 4/3 & 0\\ 0 & 6 & -6 & 8 & 0\\ 0 & 5 & -7 & 10 & -2 \end{pmatrix} \underset{\substack{F_3\to F_3-6F_2\\ F_4\to F_4-5F_2}}{\approx} \begin{pmatrix} 1 & 2 & -1 & 1 & 1\\ 0 & 1 & -1 & 4/3 & 0\\ 0 & 0 & 0 & 0 & 0\\ 0 & 0 & -2 & 10/3 & -2 \end{pmatrix}$$

Podemos eliminar la tercera fila:

$$\begin{pmatrix} 1 & 2 & -1 & 1 & 1 \\ 0 & 1 & -1 & 4/3 & 0 \\ 0 & 0 & 0 & 0 & 0 \\ 0 & 0 & -2 & 10/3 & -2 \end{pmatrix} \sim \begin{pmatrix} 1 & 2 & -1 & 1 & 1 \\ 0 & 1 & -1 & 4/3 & 0 \\ 0 & 0 & -2 & 10/3 & -2 \end{pmatrix} \underset{\substack{F_3 \to 3F_3 \\ F_2 \to 3F_2}}{\sim} \begin{pmatrix} 1 & 2 & -1 & 1 & 1 \\ 0 & 3 & -3 & 4 & 0 \\ 0 & 0 & -6 & 10 & -6 \end{pmatrix}$$

El sistema que hemos obtenido es escalonado y equivalente al sistema de partida:

$$\begin{aligned} x+2y-z+t&=1 \\ 3y-3z+4t&=0 \\ -6z+10t&=-6 \end{aligned}$$

Analicemos ahora los rangos de las matrices de coeficientes y ampliada del sistema:

$$A=\begin{pmatrix} 1 & 2 & -1 & 1 \\ 0 & 3 & -3 & 4 \\ 0 & 0 & -6 & 10 \end{pmatrix}, \qquad \overline{A}=\begin{pmatrix} 1 & 2 & -1 & 1 & 1 \\ 0 & 3 & -3 & 4 & 0 \\ 0 & 0 & -6 & 10 & -6 \end{pmatrix}$$

Al ser matrices escalonadas, es fácil ver que su rango coincide con el número de filas distintas de cero, en este caso, $Rg\, A = Rg\, \overline{A} = 3$. Como $Rg\, A = Rg\, \overline{A} = 3 < n = 4$, el sistema es compatible indeterminado con grado de indeterminación $p = n - r = 1$. El sistema de ecuaciones al que llegamos después de aplicar el método de Gauss-Jordan es equivalente al inicial y está dado por:

$$\begin{aligned} x+2y-z+t&=1 \\ 3y-3z+4t&=0 \\ -6z+10t&=-6 \end{aligned}$$

pasando ahora la incógnita t al segundo miembro y llamando $t=\alpha$, el sistema se escribe como:

$$\begin{aligned} x+2y-z&=1-\alpha \\ 3y-3z&=-4\alpha \\ -6z&=-6-10\alpha \end{aligned}$$

Despejando la incógnita z en la tercera ecuación, se tiene que $z=1+\frac{5}{3}\alpha$. Sustituyendo z en la segunda ecuación, se calcula el valor de la incógnita $y=1+\frac{\alpha}{3}$. Por último, sustituyendo los valores hallados de z e y en la primera ecuación, se calcula el valor de la incógnita $x=0$.

2. Discuta y resuelva el siguiente sistema según los valores del parámetro λ :

$$\begin{aligned} \lambda x + y + \ z &= 1 \\ x + \lambda y + \ z &= \lambda \\ x + \ y + \lambda z &= \lambda^2 \end{aligned}$$

Solución

Consideremos las matrices de coeficientes y ampliada del sistema:

$$A = \begin{pmatrix} \lambda & 1 & 1 \\ 1 & \lambda & 1 \\ 1 & 1 & \lambda \end{pmatrix}, \qquad \overline{A} = \begin{pmatrix} \lambda & 1 & 1 & 1 \\ 1 & \lambda & 1 & \lambda \\ 1 & 1 & \lambda & \lambda^2 \end{pmatrix}$$

y estudiemos sus rangos en función del parámetro λ . Comenzamos hallando el determinante de la matriz de coeficientes:

$$|A| = \begin{vmatrix} \lambda & 1 & 1 \\ 1 & \lambda & 1 \\ 1 & 1 & \lambda \end{vmatrix} \underbrace{=}_{C_1 = C_1 + C_2 + C_3} \begin{vmatrix} \lambda+2 & 1 & 1 \\ \lambda+2 & \lambda & 1 \\ \lambda+2 & 1 & \lambda \end{vmatrix} \underbrace{=}_{\substack{F_2 = F_2 - F_1 \\ F_3 = F_3 - F_1}} \begin{vmatrix} \lambda+2 & 1 & 1 \\ 0 & \lambda-1 & 0 \\ 0 & 0 & \lambda-1 \end{vmatrix} = (\lambda+2)(\lambda-1)^2$$

y determinando los valores del parámetro λ que lo anulan:

$$|A| = (\lambda+2)(\lambda-1)^2 = 0 \Leftrightarrow \lambda = -2, \lambda = 1$$

Según los valores obtenidos para el parámetro λ, tenemos los siguientes casos:

a) Caso $\lambda \neq 1, -2$

Para $\lambda \neq 1, -2$, el rango de la matriz de coeficientes es igual a 3, ya que el determinante es distinto de cero para estos valores del parámetro. El rango de la matriz ampliada es también igual a 3 . Puesto que:

$$Rg\, A = Rg\, \overline{A} = 3 = n$$

el sistema es compatible determinado. La única solución del sistema puede obtenerse aplicando la regla de Cramer:

$$x = \frac{\begin{vmatrix} 1 & 1 & 1 \\ \lambda & \lambda & 1 \\ \lambda^2 & 1 & \lambda \end{vmatrix}}{(\lambda+2)(\lambda-1)^2} = \frac{-(\lambda-1)^2(\lambda+1)}{(\lambda+2)(\lambda-1)^2} = -\frac{\lambda+1}{\lambda+2}$$

$$y = \frac{\begin{vmatrix} \lambda & 1 & 1 \\ 1 & \lambda & 1 \\ 1 & \lambda^2 & \lambda \end{vmatrix}}{(\lambda+2)(\lambda-1)^2} = \frac{(\lambda-1)^2}{(\lambda+2)(\lambda-1)^2} = \frac{1}{\lambda+2}$$

$$z = \frac{\begin{vmatrix} \lambda & 1 & 1 \\ 1 & \lambda & \lambda \\ 1 & 1 & \lambda^2 \end{vmatrix}}{(\lambda+2)(\lambda-1)^2} = \frac{(\lambda-1)^2(\lambda+1)^2}{(\lambda+2)(\lambda-1)^2} = \frac{(\lambda+1)^2}{\lambda+2}$$

b) Caso $\lambda = -2$

La matriz de coeficientes en este caso es $A = \begin{pmatrix} -2 & 1 & 1 \\ 1 & -2 & 1 \\ 1 & 1 & -2 \end{pmatrix}$ y tiene rango 2, mientras la matriz ampliada $\overline{A} = \begin{pmatrix} -2 & 1 & 1 & 1 \\ 1 & -2 & 1 & -2 \\ 1 & 1 & -2 & 4 \end{pmatrix}$ tiene rango 3 ya que $\begin{vmatrix} 1 & 1 & 1 \\ -2 & 1 & -2 \\ 1 & -2 & 4 \end{vmatrix} \neq 0$. De esta forma:

$$Rg\, A = 2 < Rg\, \overline{A} = 3$$

y el sistema no tiene solución.

c) Caso $\lambda = 1$

La matriz de coeficientes en este caso es $A = \begin{pmatrix} 1 & 1 & 1 \\ 1 & 1 & 1 \\ 1 & 1 & 1 \end{pmatrix}$ y tiene rango 1, mientras la matriz ampliada $\overline{A} = \begin{pmatrix} 1 & 1 & 1 & 1 \\ 1 & 1 & 1 & 1 \\ 1 & 1 & 1 & 1 \end{pmatrix}$ tiene rango 1. De esta forma:

$$Rg\, A = Rg\, \overline{A} = 1 < n = 3$$

y el sistema es compatible indeterminado con grado de indeterminación $p = n - r = 3 - 1 = 2$. Para obtener las soluciones del sistema en el caso $\lambda = 1$, despejamos en la ecuación $x+y+z=1$ la incógnita x en función de las incógnitas y, z:

$$x=1-y-z$$

llamando ahora $y=\alpha,\ z=\beta$, resulta que el conjunto de soluciones en forma paramétrica del sistema está dado por:

$$\begin{aligned} x &= 1-\alpha-\beta \\ y &= \alpha \\ z &= \beta \end{aligned}$$

3. Dada la matriz $A=\begin{pmatrix} 0 & 1 & 1 \\ 1 & 0 & 1 \\ 1 & 1 & 0 \end{pmatrix}$, discuta el sistema homogéneo $(A-\lambda I)X=\mathbf{0}$ según los valores del parámetro λ.

Solución

Comenzamos hallando el determinante de la matriz de coeficientes:

$$|A-\lambda I|=\begin{vmatrix} -\lambda & 1 & 1 \\ 1 & -\lambda & 1 \\ 1 & 1 & -\lambda \end{vmatrix} \underset{C_1=C_1+C_2+C_3}{=} \begin{vmatrix} -\lambda+2 & 1 & 1 \\ -\lambda+2 & \lambda & 1 \\ -\lambda+2 & 1 & \lambda \end{vmatrix} \underset{\substack{F_2=F_2-F_1 \\ F_3=F_3-F_1}}{=} \begin{vmatrix} -\lambda+2 & 1 & 1 \\ 0 & \lambda-1 & 0 \\ 0 & 0 & \lambda-1 \end{vmatrix} = (2-\lambda)(\lambda-1)^2$$

y determinando los valores del parámetro λ que lo anulan:

$$|A-\lambda I|=(2-\lambda)(\lambda-1)^2=0 \Leftrightarrow \lambda=2, \lambda=1$$

Según los valores obtenidos para el parámetro λ, tenemos los siguientes casos:

a) Caso $\lambda \neq 1,2$

Para $\lambda \neq 1,2$, el rango de la matriz de coeficientes es igual a 3, ya que el determinante es distinto de cero para estos valores del parámetro. Al ser un sistema homogéneo, el rango de la matriz ampliada coincide siempre con el rango de la matriz de coeficientes. Así, en este caso se tiene que:

$$Rg\, A = Rg\, \overline{A} = 3 = n$$

y el sistema es compatible determinado. Al ser un sistema homogéneo, la única solución del sistema es la solución trivial $x=y=z=0$.

b) Caso $\lambda = 2$

La matriz de coeficientes en este caso es $A = \begin{pmatrix} -2 & 1 & 1 \\ 1 & -2 & 1 \\ 1 & 1 & -2 \end{pmatrix}$ y tiene rango 2.

Así se tiene que:

$$Rg\, A = Rg\, \overline{A} = 2 < n = 3$$

y el sistema es compatible indeterminado con grado de indeterminación $p = n - r = 3 - 2 = 1$.

c) Caso $\lambda = 1$

La matriz de coeficientes en este caso es $A = \begin{pmatrix} -1 & 1 & 1 \\ 1 & -1 & 1 \\ 1 & 1 & -1 \end{pmatrix}$ y tiene rango 2.

Así se tiene que:

$$Rg\, A = Rg\, \overline{A} = 2 < n = 3$$

y el sistema es compatible indeterminado con grado de indeterminación $p = n - r = 3 - 2 = 1$.

4. Dadas las matrices $A \in M_{n\times n}$ y $X \in M_{n\times 1}$, demuestre que, si el sistema homogéneo $AX = \mathbf{0}$ tiene como única solución la solución trivial $X = \mathbf{0}$, entonces, el sistema $AX = B$ tiene solución única para cada matriz $B \in M_{n\times 1}$.

Solución

Si el sistema homogéneo $AX = \mathbf{0}$ tiene única solución la trivial, entonces, $|A| \neq 0$ y $Rg(A) = n$. Así, dado el sistema $AX = B$, como $Rg\, A = n$, entonces el rango de la matriz ampliada de dimensión $n \times (n+1)$ ha de ser necesariamente igual a n para cualquier matriz columna de términos independientes B, y por tanto, $Rg\, A = Rg\, \overline{A} = n$ y el sistema es compatible determinado.

5. Demuestre que, si $X_1 \in M_{n\times 1}$ y $X_2 \in M_{n\times 1}$ son soluciones de un sistema homogéneo $AX = \mathbf{0}$, entonces, $\alpha X_1 + \beta X_2$ es una solución del sistema $AX = \mathbf{0}$ para cada $\alpha, \beta \in \mathbb{R}$.

Solución

Al ser $X_1 \in M_{n\times 1}$ y $X_2 \in M_{n\times 1}$ soluciones del sistema homogéneo $AX = \mathbf{0}$, se cumple que $AX_1 = \mathbf{0}$ y $AX_2 = \mathbf{0}$, de donde:

$$A(\alpha X_1 + \beta X_2) = \alpha AX_1 + \beta AX_2 = \alpha \cdot \mathbf{0} + \beta \cdot \mathbf{0} = \mathbf{0}$$

y entonces, $\alpha X_1 + \beta X_2$ es solución del sistema homogéneo.

6. Una compañía fabrica tres productos. Cada uno ha de ser procesado en tres departamentos diferentes A, B y C. La tabla siguiente indica el número de horas que se necesitan en cada departamento para fabricar una unidad de cada producto. También se indica el número de horas de producción disponibles a la semana en cada departamento:

Departamento	**Producto**			**Horas semanales disponibles**
	1	**2**	**3**	
A	2	2	3	890
B	5	2	6	1640
C	5	8	4	2060

La compañía quiere determinar si hay cantidades de los tres productos que puedan fabricarse cada semana y que den por resultado la utilización total de las horas disponibles en todos los departamentos.

a) Formule el sistema adecuado de ecuaciones lineales.

b) Determine las combinaciones de los productos que utilicen los tres departamentos a su entera capacidad.

Solución

a) Sean x, y, z el número de unidades fabricadas de los productos 1, 2, 3 respectivamente. El número de horas semanales necesarias para fabricar x unidades del primer producto, y unidades del segundo producto y z unidades del tercer producto en el departamento A es igual a $2x + 2y + 3z$. Como las horas disponibles en el departamento A son 890, y se exige que sean utilizadas todas las horas disponibles, se ha de cumplir que $2x + 2y + 3z = 890$. Realizando el mismo análisis para los departamentos B y C, se llega a las ecuaciones $5x + 2y + 6z = 1640$ y $5x + 8y + 4z = 2060$. De esta forma, el sistema de ecuaciones obtenido es:

$$2x+2y+3z=890$$
$$5x+2y+6z=1640$$
$$5x+8y+4z=2060$$

b) Para estudiar el sistema de ecuaciones definido anteriormente, comenzamos calculando el rango de las matrices de coeficientes y ampliada para determinar la compatibilidad del sistema. Como el determinante de la matriz de coeficientes es distinto de cero:

$$|A|=\begin{vmatrix} 2 & 2 & 3 \\ 5 & 2 & 6 \\ 5 & 8 & 4 \end{vmatrix}=30\neq 0$$

se cumple que $Rg\,A=Rg\,\overline{A}=3=n$ y el sistema es compatible determinado y, por tanto, tiene una única solución. Por último, la solución del sistema puede ser calculada aplicando la regla de Cramer:

$$x=\frac{\begin{vmatrix} 890 & 2 & 3 \\ 1640 & 2 & 6 \\ 2060 & 8 & 4 \end{vmatrix}}{30}=100,\quad y=\frac{\begin{vmatrix} 2 & 890 & 3 \\ 5 & 1640 & 6 \\ 5 & 2060 & 4 \end{vmatrix}}{30}=120,\quad z=\frac{\begin{vmatrix} 2 & 2 & 890 \\ 5 & 2 & 1640 \\ 5 & 8 & 2060 \end{vmatrix}}{30}=150$$

7. Consideremos la matriz *input-output* de un sistema económico formado por 3 sectores:

$$A=\begin{pmatrix} 0,5 & 0,3 & 0,2 \\ 0,1 & 0 & 0,3 \\ 0,2 & 0,2 & 0,3 \end{pmatrix}$$

Sean x_1, x_2, x_3 las cantidades producidas por cada sector y supongamos que las demandas externas del sistema están dadas por: $d_1=10000$, $d_2=20000$ y $d_3=15000$.

a) Indique el significado de los coeficientes a_{12}, a_{32} de la matriz *input-output* del sistema.

b) Determine los niveles de producción x_1, x_2, x_3 necesarios para que la oferta y la demanda total estén en equilibrio.

c) ¿Genera la matriz *input-output* una economía productiva?

Solución

a) El coeficiente $a_{12}=0,3$ indica que son necesarias 0,3 unidades del primer sector para producir una unidad del segundo sector. Mientras que el coeficiente

$a_{32} = 0,2$ indica que son necesarias 0,2 unidades del tercer sector para producir una unidad del segundo sector.

b) El sistema de ecuaciones que expresa la situación de equilibrio es el siguiente:

$$\begin{aligned} x_1 &= 0,5x_1 + 0,3x_2 + 0,2x_3 + 10000 \\ x_2 &= 0,1x_1 + \qquad\quad + 0,3x_3 + 20000 \\ x_3 &= 0,2x_1 + 0,2x_2 + 0,3x_3 + 15000 \end{aligned}$$

El sistema escrito en forma matricial está dado por:

$$X = AX + D$$

Despejando la matriz X en la ecuación matricial, resulta que:

$$X = (I - A)^{-1} D = \begin{pmatrix} 0,5 & -0,3 & -0,2 \\ -0,1 & 1 & -0,3 \\ -0,2 & -0,2 & 0,7 \end{pmatrix}^{-1} \begin{pmatrix} 10000 \\ 20000 \\ 15000 \end{pmatrix}$$

Realizando los cálculos correspondientes, la matriz X con los niveles de equilibrio es:

$$X = \begin{pmatrix} 66455,70 \\ 42405,06 \\ 52531,65 \end{pmatrix}$$

c) Para comprobar si la matriz *input-output* genera una economía productiva, verificamos si se cumple la condición de Hawkins-Simons en la matriz de Leontief $I - A$. Como los menores principales de la matriz $I - A$ son positivos:

$$\Delta_1 = 0,5 > 0,\ \Delta_2 = 0,47 > 0,\ \Delta_3 = 0,237 > 0$$

se cumple la condición de Hawkins-Simons y podemos afirmar que la matriz A genera una economía productiva.

8. Determine para qué valores del parámetro $\alpha > 0$, la matriz *input-output* $A = \begin{pmatrix} 0,2 & 0,4 \\ 0,5 & \alpha \end{pmatrix}$ genera una economía productiva.

Solución

Para determinar qué valores del parámetro $\alpha > 0$ hacen que la matriz $A = \begin{pmatrix} 0,2 & 0,4 \\ 0,5 & \alpha \end{pmatrix}$ genere una economía productiva, estudiamos la condición de

Hawkins-Simons en la matriz de Leontief $I - A = \begin{pmatrix} 0,8 & -0,4 \\ -0,5 & 1-\alpha \end{pmatrix}$. Calculamos los menores principales de la matriz de Leontief $I - A$:

$$\Delta_1 = 0,8 \text{ y } \Delta_2 = 0,6 - 0,8\alpha$$

Es sencillo comprobar que los menores son positivos si y sólo si $\alpha < 0,75$. Aplicando ahora la condición de Hawkins-Simons, podemos concluir que la matriz A genera una economía productiva si y sólo si $0 < \alpha < 0,75$.

9. Una fábrica produce tres productos A, B y C. Para producir una unidad del bien A, se necesitan 0,5 unidades de A, 0,2 unidades de B y 0,3 unidades de C. Para producir una unidad de B, se necesitan 0,5 unidades de B y 0,35 unidades de C. Por último, para producir una unidad de C, se requieren 0,1 unidades de A, 0,2 unidades de B y 0,4 unidades de C. La demanda externa del producto A es de 500 unidades; la del producto B, de 1000 unidades; y la del producto C, de 3500 unidades.

a) Determine las cantidades totales de cada producto para que exista una situación de equilibrio entre la oferta y la demanda.

b) ¿Genera la matriz *input-output* del sistema una economía productiva?

Solución

a) La matriz *input-output* del sistema está dada por:

$$A = \begin{pmatrix} 0,5 & 0 & 0,1 \\ 0,2 & 0,5 & 0,2 \\ 0,3 & 0,35 & 0,4 \end{pmatrix}$$

y el sistema de ecuaciones que expresa la situación de equilibrio del sistema está dado por:

$$\begin{aligned} x_1 &= 0,5x_1 + + 0,1x_3 + 500 \\ x_2 &= 0,2x_1 + 0,5x_2 + 0,2x_3 + 1000 \\ x_3 &= 0,3x_1 + 0,35x_2 + 0,4x_3 + 3500 \end{aligned}$$

El sistema escrito en forma matricial está dado por:

$$X = AX + D$$

de donde despejando la matriz X en la ecuación matricial, resulta que:

$$X = (I - A)^{-1} D = \begin{pmatrix} 0,5 & 0 & -0,1 \\ -0,2 & 0,5 & -0,2 \\ -0,3 & -0,35 & 0,6 \end{pmatrix}^{-1} \begin{pmatrix} 500 \\ 1000 \\ 3500 \end{pmatrix}$$

Realizando los cálculos correspondientes, la matriz X con los niveles de equilibrio es:

$$X = \begin{pmatrix} 3494,6 \\ 8387,1 \\ 12473,1 \end{pmatrix}$$

b) Para comprobar si la matriz *input-output* genera una economía productiva, verificamos si se cumple la condición de Hawkins-Simons en la matriz de Leontief $I - A$. Los menores principales de la matriz $I - A$ son iguales a:

$$\Delta_1 = 0,5 > 0, \ \Delta_2 = 0,25 > 0, \ \Delta_3 = 0,093 > 0$$

por lo tanto, se cumple la condición de Hawkins-Simons y podemos afirmar que la matriz A genera una economía productiva.

10. Se considera el modelo Keynesiano de la renta nacional dado por las ecuaciones siguientes:

$$\begin{aligned} Y - C &= I_0 + G_0 \\ C &= c_0 + c_1 Y \end{aligned}$$

donde las variables endógenas del sistema están dadas por la renta nacional Y y el consumo C, y las variables exógenas del sistema son la inversión I_0 y el gasto público G_0. Los parámetros del sistema son el consumo privado $c_0 > 0$ y la propensión marginal al consumo c_1, donde $0 < c_1 < 1$. Determine los valores de las variables endógenas Y y C que cumplen las ecuaciones del modelo en función de las variables exógenas y de los parámetros del modelo.

Solución

Comenzamos escribiendo el sistema de ecuaciones en forma canónica, con las incógnitas Y y C en el primer miembro de la igualdad y los términos independientes en el segundo miembro:

$$\begin{aligned} Y - C &= I_0 + G_0 \\ -c_1 Y + C &= c_0 \end{aligned}$$

La matriz de coeficientes del sistema tiene rango igual a dos, ya que:

$$\begin{vmatrix} 1 & -1 \\ -c_1 & 1 \end{vmatrix} = 1 - c_1 \neq 0$$

Como $Rg\, A = Rg\, \overline{A} = 2 = n$, se trata de un sistema compatible determinado cuya solución única viene dada por:

$$Y = \frac{\begin{vmatrix} I_0 + G_0 & -1 \\ c_0 & 1 \end{vmatrix}}{1 - c_1} = \frac{I_0 + G_0 + c_0}{1 - c_1}$$

$$C = \frac{\begin{vmatrix} 1 & I_0 + G_0 \\ -c_1 & c_0 \end{vmatrix}}{1 - c_1} = \frac{c_0 + c_1(I_0 + G_0)}{1 - c_1}$$

11. Considere el modelo macroeconómico dado por las ecuaciones lineales siguientes:

$$\begin{aligned} C &= a_0 + a_1 Y + a_2 T \\ I &= b_0 + b_1 Y + b_2 K \\ Y &= C + I \end{aligned}$$

denominadas: ecuación del consumo C, ecuación de la inversión I y ecuación de la renta Y respectivamente, y donde la tasa de impuestos T y el *stock* de capital K se suponen constantes y $b_1 + a_1 \neq 1$. En estas condiciones se pide estudiar y resolver el sistema de ecuaciones.

Solución

Comenzamos escribiendo el sistema de ecuaciones en forma canónica, con las incógnitas I, Y y C en el primer miembro de la igualdad y los términos independientes en el segundo miembro:

$$\begin{aligned} C - a_1 Y \quad &= a_0 + a_2 T \\ -b_1 Y + I &= b_0 + b_2 K \\ -C + Y - I &= 0 \end{aligned}$$

El determinante de la matriz de coeficientes está dado por:

$$\begin{vmatrix} 1 & -a_1 & 0 \\ 0 & -b_1 & 1 \\ -1 & 1 & -1 \end{vmatrix} = b_1 + a_1 - 1$$

Como por hipótesis $b_1 + a_1 - 1 \neq 0$, el determinante de la matriz de coeficientes es distinto de cero y el sistema es de Cramer . La solución única del sistema puede calcularse aplicando la regla de Cramer:

$$C = \frac{\begin{vmatrix} a_0 + a_2 T & -a_1 & 0 \\ b_0 + b_2 K & -b_1 & 1 \\ 0 & 1 & -1 \end{vmatrix}}{b_1 + a_1 - 1} = \frac{(a_0 + a_2 T)(b_1 - 1) - a_1(b_0 + b_2 K)}{b_1 + a_1 - 1}$$

$$Y = \frac{\begin{vmatrix} 1 & a_0 + a_2T & 0 \\ 0 & b_0 + b_2K & 1 \\ -1 & 0 & -1 \end{vmatrix}}{b_1 + a_1 - 1} = \frac{-(a_0 + b_0 + b_2K + a_2T)}{b_1 + a_1 - 1}$$

$$I = \frac{\begin{vmatrix} 1 & -a_1 & a_0 + a_2T \\ 0 & -b_1 & b_0 + b_2K \\ -1 & 1 & 0 \end{vmatrix}}{b_1 + a_1 - 1} = \frac{-(b_0 + b_2K)(1 - a_1) - b_1(a_0 + a_2T)}{b_1 + a_1 - 1}.$$

EJERCICIOS PROPUESTOS

1. Resuelva el sistema de ecuaciones lineales:

$$\left.\begin{aligned} 3x_1 + 2x_2 - x_3 &= 1 \\ 2x_1 - x_2 + x_3 &= -1 \\ x_1 - 2x_2 + x_3 &= 2 \end{aligned}\right\}$$

2. Discuta según los valores de m el sistema:

$$\left.\begin{aligned} mx + y - z &= 1 \\ x + 2y + z &= 2 \\ x + 3y - z &= 0 \end{aligned}\right\}$$

3. Aplique el método de reducción de Gauss para discutir y resolver:

$$\left.\begin{aligned} x_1 - x_2 + x_3 + 4x_4 &= 6 \\ 2x_1 + 3x_2 - x_3 - 11x_4 &= -7 \\ x_2 + x_3 + x_4 &= 1 \end{aligned}\right\}$$

$$\left.\begin{aligned} x + y + z - 2t - 4u &= 6 \\ 2x + y - z + t - 3u &= 1 \\ x - 2y + z - 5t + 2u &= 0 \\ 4x + 3y + z - 3t - 11u &= 13 \end{aligned}\right\}$$

4. Clasifique el sistema siguiente según los valores de λ:

$$\left.\begin{aligned} \lambda x + y + z &= \lambda \\ x + \lambda y + z &= \lambda^2 \\ x + y + \lambda z &= \lambda^3 \end{aligned}\right\}$$

5. Discuta el sistema según los valores del parámetro a:

$$\left.\begin{aligned} ax + (3a+4)y + 2(a+1)z &= 0 \\ ax + (4a+2)y + (a+4)z &= 0 \\ 2x + (3a+4)y + 3az &= 0 \end{aligned}\right\}$$

6. Discuta y resuelva según los valores de λ el sistema:

$$\left.\begin{aligned} \lambda x + y + z &= 1 \\ x + \lambda y + z &= \lambda \\ x + y + \lambda z &= 2 - \lambda \end{aligned}\right\}$$

7. Dado el sistema de ecuaciones: $\left.\begin{array}{r} mx - y = 1 \\ x - my = 2m-1 \end{array}\right\}$, halle m para que:

a) El sistema no tenga solución.

b) Tenga infinitas soluciones.

c) Tenga solución única.

8. Si el rango de la matriz de coeficientes de un sistema de tres ecuaciones con tres incógnitas es 2,

a) ¿puede ser compatible el sistema?,

b) ¿puede ser compatible determinado?,

c) ¿puede ser incompatible?

9. Un sistema de tres ecuaciones lineales con dos incógnitas ¿puede ser compatible determinado? En caso afirmativo, dé un ejemplo. ¿Y si el sistema es de dos ecuaciones lineales con tres incógnitas?

10. Dada la matriz $A = \begin{pmatrix} 3 & -2 & 0 \\ 0 & 1 & 0 \\ 2 & -2 & 1 \end{pmatrix}$, estudie para cada valor de λ el sistema de ecuaciones homogéneo $(A - \lambda I)X = \mathbf{0}$, donde $X = \begin{pmatrix} x_1 \\ x_2 \\ x_3 \end{pmatrix}$. Resuélvalo en el caso compatible indeterminado.

11. Considere el siguiente sistema de ecuaciones que aparece en estadística y econometría en el estudio de la regresión lineal con varias variables:

$$\begin{array}{l} y_1 = \beta_0 + \beta_1 x_{11} + \beta_2 x_{21} + \ldots + \beta_m x_{m1} + u_1 \\ y_2 = \beta_0 + \beta_1 x_{12} + \beta_2 x_{22} + \ldots + \beta_m x_{m2} + u_2 \\ \vdots \\ y_n = \beta_0 + \beta_1 x_{1n} + \beta_2 x_{2n} + \ldots + \beta_m x_{mn} + u_n \end{array}$$

a) Exprese el sistema en forma matricial.

b) En la expresión matricial del apartado a) despeje la matriz $U = \begin{pmatrix} u_1 \\ u_2 \\ \vdots \\ u_n \end{pmatrix}$ y calcule el valor de la expresión $U^t U$.

12. Una compañía elabora tres productos que han de procesarse en un departamento. En la tabla adjunta se resumen las necesidades de horas de trabajo y materias primas por unidad de cada producto. Cada mes se cuenta con 2.300 horas de trabajo y 9.500 kilos de materias primas. Si la producción mensual combinada de los tres productos ha de ser 575 unidades, averigüe si hay combinaciones de los tres productos que aprovechen al máximo las disponibilidades mensuales de trabajo y de materias primas, alcanzando, además, la meta de 575 unidades.

	Producto		
	1	**2**	**3**
Horas de trabajo/unidad	5	3	6
Kilos de materias primas/unidad	20	15	18

13. Una empresa produce tres productos A, B y C, que procesa en tres máquinas. El tiempo en horas requerido para procesar una unidad de cada producto por las tres máquinas está dado por:

$$\begin{array}{r} \\ \textit{Máquina I} \\ \textit{Máquina II} \\ \textit{Máquina III} \end{array} \begin{array}{c} \begin{array}{ccc} A & B & C \end{array} \\ \begin{pmatrix} 2 & 3 & 4 \\ 1 & 2 & 5 \\ 5 & 2 & 8 \end{pmatrix} \end{array}$$

Se dispone de la máquina I por 1.348 horas, de la máquina II por 1.110 horas y de la máquina III por 2.046 horas. ¿Cuántas unidades de cada producto deberían producirse con objeto de emplear todo el tiempo disponible las máquinas?

14. La condición de equilibrio para tres mercados relacionados viene dada por:

$$p_x + p_y + p_z = 11$$

$$2p_x + p_y - 3p_z = -7$$

$$p_x + 3p_y - p_z = 11$$

Determine el precio de equilibrio para cada mercado.

15. Una compañía fabrica cinco productos. Cada uno de ellos tiene que procesarse en cinco departamentos A, B, C, D y E. La tabla adjunta indica el número de horas necesarias para elaborar una unidad de cada producto en cada departamento. También se indica el número de horas de producción disponibles al mes en los cinco departamentos.

Departamento	Producto					Horas disponibles
	1	2	3	4	5	por semana
A	3	4	1	1	4	1.640
B	5	4	4	2	1	1.940
C	3	5	2	5	4	2.030
D	4	4	4	4	3	1.900
E	2	1	4	2	4	800

La compañía quiere determinar la combinación de los cinco productos que pueden fabricarse cada semana, de modo que se utilicen todas las horas disponibles en los departamentos.

a) Formule el sistema de ecuaciones lineales que relaciona las cantidades de cada producto y las horas disponibles en cada departamento.

b) Determine las combinaciones de cinco productos que satisfagan el sistema de ecuaciones.

16. La matriz tecnológica para un modelo *input-output* de tres industrias es:

$$A = \begin{pmatrix} 0,35 & 0,1 & 0,1 \\ 0,25 & 0,1 & 0,15 \\ 0,3 & 0,4 & 0,2 \end{pmatrix}$$

Si la demanda no industrial de la producción de las industrias mencionadas es $d_1 = 3$ millones de euros, $d_2 = 4$ millones de euros y $d_3 = 2$ millones de euros,

a) determine los niveles de producción de las tres industrias,

b) ¿se puede asegurar que existen niveles de producción que sean soluciones del modelo para cualquier valor no negativo de la demanda no industrial d_1, d_2, d_3?

17. Dada la matriz *input-output* para dos sectores de producción:

$$A = \begin{pmatrix} 0,4 & 0,8 \\ 0,5 & 0,1 \end{pmatrix}$$

a) Encuentre el nivel de producción necesario sabiendo que la demanda no industrial está dada por $D = \begin{pmatrix} 200 \\ 350 \end{pmatrix}$.

b) Estudie si la economía generada por A es una economía productiva.

18. Sea la matriz *input-output* para dos sectores de producción:

$$A = \begin{pmatrix} 0,4 & 0,8 \\ \alpha & 0,1 \end{pmatrix}$$

donde $0 < \alpha < 1$. Determine los valores del parámetro α para que la matriz A genere una economía productiva.

19. Una fábrica produce dos bienes A y B. Para fabricar una u.m. del bien A, se requieren 0,4 unidades de A y 0,1 unidades de B y para fabricar una u. m. de B, se requieren 0,2 unidades de A y 0,3 unidades de B. Sabiendo que existe una demanda externa por valor de 300 u. m. del bien A y 450 u. m. del bien B, determine la producción total de cada bien para que exista una situación de equilibrio.

20. Consideremos una economía con tres industrias A, B y C. La producción de 1 u.m. de A requiere 0,2 u. m. de A, 0,1 u. m. de B y 0,1 u.m. de C. Para producir 1 u.m. de B, se requiere 0,2 u. m. de B y 0,2 u. m. de C. Por último, para producir una unidad de C, se necesitan 0,6 unidades de A, 0,6 unidades de B y 0,3 unidades de C. Cada semana, la demanda externa de la industria A es de 10.000 unidades; 15.000, la demanda externa de B; y 5.000, la demanda externa de C. ¿Cuál deberá ser el plan de producción semanal de cada industria para que exista equilibrio entre la producción y la demanda?

21. Consideremos el modelo de Oferta-Demanda de dos bienes en el mercado con competencia perfecta representado por las funciones de demanda y oferta siguientes:

$$D_1 = 5 - p_1 + 2p_2$$
$$D_2 = 10 + 4p_1 - 2p_2$$
$$S_1 = 15 + 2p_1 - p_2$$
$$S_2 = 25 - 6p_1 + 3p_2$$

donde p_1, p_2 representan los precios de cada uno de los bienes. En estas condiciones, determine los niveles de precios en la situación de equilibrio.

III

ESPACIOS VECTORIALES

1. ESPACIO VECTORIAL. DEFINICIÓN Y PROPIEDADES

La estructura de espacio vectorial constituye uno de los pilares básicos del álgebra lineal, sobre el que se van construyendo los diferentes conceptos que aparecen en el desarrollo de la teoría. Antes de definir qué se entiende por un espacio vectorial es necesario introducir los conceptos de ley de composición interna y externa y las estructuras algebraicas básicas de grupo y cuerpo.

1.1. LEYES DE COMPOSICIÓN

Se llama ***ley de composición interna*** u ***operación interna*** $*$ definida sobre un conjunto A a una aplicación del producto cartesiano $A \times A$ en A dada por:

$$* : A \times A \to A$$
$$(a,b) \to c = a * b$$

Una ley de composición interna sobre un conjunto no es más que una operación entre los elementos del conjunto, de forma que el resultado de operar dos elementos del conjunto es siempre un nuevo elemento del conjunto.

Ejemplo 1.1

La suma $+$ es una ley de composición interna sobre el conjunto de los números naturales $\mathbb{N}$. Sin embargo, la diferencia de números no es una operación interna sobre el conjunto de los números naturales, ya que la diferencia de dos números naturales no es siempre un número natural.

■

Una ley de composición interna $*$ sobre un conjunto A puede verificar las siguientes propiedades:

1. ***Asociativa***: $(a*b)*c = a*(b*c)$

2. ***Conmutativa***: $a*b = b*a$

3. ***Elemento neutro***: Si existe un elemento e perteneciente al conjunto A tal que $a*e = e*a = a$, para cada $a \in A$. Al elemento e se le denomina ***elemento neutro*** de la operación interna $*$.

4. ***Elemento simétrico***: Si para cada elemento $a \in A$ existe un elemento $a' \in A$ tal que $a*a' = a'*a = e$. Al elemento a' se le denomina ***elemento simétrico*** de a respecto de la operación interna $*$.

Dadas dos operaciones internas $*$ y $+$ definidas sobre un conjunto A, se dice que $*$ es ***distributiva*** respecto de la operación $+$ si se cumple que:

$$a*(b+c)=a*b+a*c$$
$$(b+c)*a=b*a+c*a, \quad \forall a,b,c \in A$$

Ejemplo 1.2

1) El producto de números reales es asociativo, conmutativo y tiene elemento neutro $e=1$. Sin embargo, no cumple la propiedad del elemento simétrico, ya que no todos los elementos de $\mathbb{R}$ tienen elemento simétrico. Concretamente, el 0 no tiene elemento simétrico, pues no existe ningún número real que multiplicado por 0 dé como resultado el elemento neutro $e=1$.

2) La suma definida sobre el conjunto de los números enteros $\mathbb{Z}$ es asociativa, conmutativa, tiene elemento neutro $e=0$ y tiene elemento simétrico que coincidiría con el opuesto de cada número: $a+(-a)=0$.

■

Una ley de ***composición externa*** u ***operación externa*** • definida sobre un conjunto A con conjunto de operadores K es una aplicación:

$$\bullet : K \times A \to A$$
$$(\lambda, b) \to c = \lambda \bullet b$$

Ejemplo 1.3

Dado el conjunto $\mathbb{R}^2 = \{(x_1,x_2) : x_1,x_2 \in \mathbb{R}\}$, se puede definir sobre este conjunto la ley de composición externa con operadores en el conjunto $\mathbb{R}$ dada por:

$$\bullet : \mathbb{R} \times \mathbb{R}^2 \to \mathbb{R}^2$$
$$(\lambda,(x_1,x_2)) \to \lambda \bullet (x_1,x_2) = (\lambda x_1, \lambda x_2)$$

■

1.2. ESTRUCTURAS ALGEBRAICAS BÁSICAS: GRUPO Y CUERPO

Una estructura algebraica está formada por un conjunto sobre el que hay definidas operaciones internas y, en su caso, operaciones externas que verifican unas determinadas propiedades. A continuación estudiaremos las estructuras algebraicas necesarias para definir la estructura de espacio vectorial.

1.2.1. Grupo

Dado un conjunto A sobre el que hay definida una operación interna $*$, se dice que $(A,*)$ es un ***grupo*** si la ley de composición interna cumple las propiedades:

1. Asociativa.

2. Existe elemento neutro.

3. Existe elemento simétrico.

Si la operación interna es conmutativa, el grupo se llama ***abeliano*** o ***conmutativo***.

Ejemplo 1.4

1) Si definimos sobre el conjunto de los números reales $\mathbb{R}$ la operación interna dada por la suma de números, es fácil comprobar que esta operación es asociativa, conmutativa, existe elemento neutro $e = 0$ y existe elemento simétrico dado por el opuesto de cada número, por lo que $(\mathbb{R},+)$ es un grupo conmutativo.

2) El par $(\mathbb{R}-\{0\},\cdot)$ es un grupo conmutativo, ya que el producto de números reales es asociativo, conmutativo, existe el elemento neutro dado por el 1 y cada elemento a del conjunto $\mathbb{R}-\{0\}$ tiene su simétrico dado por el inverso $\dfrac{1}{a}$. Observemos que es esencial que el número 0 no pertenezca al conjunto para que pueda cumplirse la propiedad del elemento simétrico, pues para el 0 no existe inverso.

3) El conjunto de las matrices $M_{m\times n}$ de orden $m\times n$ con la suma de matrices es un grupo conmutativo, ya que la suma de matrices cumple las propiedades asociativa y conmutativa, existe el elemento neutro dado por la matriz nula y el elemento simétrico dado por la matriz opuesta.

■

1.2.2. Cuerpo

Dado un conjunto K sobre el que hay definida dos operaciones internas $*$ y $\circ$, se dice que $(K,*,\circ)$ es un ***cuerpo*** si se verifica:

1. $(K,*)$ es un grupo conmutativo.

2. $(K-\{0\},\circ)$ es un grupo, siendo 0 el elemento neutro de la operación interna $*$.

3. La operación $\circ$ es distributiva respecto de la operación $*$.

Se dice que el cuerpo es conmutativo si la operación interna $\circ$ es conmutativa.

Ejemplo 1.5

Si definimos sobre el conjunto de números reales las operaciones internas dadas por la suma y el producto, se puede comprobar que $(\mathbb{R},+,\cdot)$ es un cuerpo conmutativo. En primer lugar, $(\mathbb{R},+)$ es un grupo conmutativo con elemento neutro dado por el 0. Además, según el Ejemplo 1.3, $(\mathbb{R}-\{0\},\cdot)$ es un grupo conmutativo. Por último, el producto es distributivo respecto de la suma +. A $(\mathbb{R},+,\cdot)$ se le llama el ***cuerpo de los números reales***, y será el ejemplo de estructura algebraica de cuerpo que usaremos durante el resto del curso.

■

1.3. Estructura de Espacio Vectorial

Sea $(K,+,\cdot)$ un cuerpo y E un conjunto sobre el que hay definida una ley de composición interna que representaremos por $+$ y una ley de composición externa representada por $\bullet$. Se dice que $(E,+,\bullet)$ es un ***espacio vectorial*** sobre el cuerpo K si se cumple:

1. $(E,+)$ es un grupo conmutativo.

2. La ley de composición externa $\bullet$ definida sobre E con conjunto de operadores K verifica:

i) $\alpha\bullet(\vec{x}+\vec{y})=\alpha\bullet\vec{x}+\alpha\bullet\vec{y}, \quad \forall\alpha,\beta\in K, \forall\vec{x},\vec{y}\in E$

ii) $(\alpha+\beta)\bullet\vec{x}=\alpha\bullet\vec{x}+\beta\bullet\vec{x}, \quad \forall\alpha,\beta\in K, \forall\vec{x}\in E$

iii) $(\alpha\cdot\beta)\bullet\vec{x}=\alpha\bullet(\beta\bullet\vec{x}), \quad \forall\alpha,\beta\in K, \forall\vec{x}\in E$

iv) $1\bullet\vec{x}=\vec{x}, \quad \forall\vec{x}\in E$, siendo 1 el elemento neutro del cuerpo K respecto de la segunda operación interna definida sobre K.

A los elementos del espacio vectorial E se les llama ***vectores*** y serán representados por $\vec{x},\vec{y},\vec{z},\ldots$, mientras que los elementos del cuerpo K se denominan ***escalares*** y serán representados por las letras $\alpha,\beta,\gamma,..$ Con el fin de abreviar la notación, a partir de este momento, simplificaremos la expresión de la ley de composición externa escribiendo $\alpha\vec{x}$ en vez de $\alpha\bullet\vec{x}$.

Propiedades

A partir de la definición de espacio vectorial que acabamos de realizar, es posible demostrar las siguientes propiedades:

1) Si $\vec{0}$ es el elemento neutro del espacio vectorial E, entonces se cumple que $\alpha\vec{0}=\vec{0}$, para cada $\alpha\in K$.

2) $0\vec{x}=\vec{0}$, para cada $\vec{x}\in E$.

3) Si el producto de un escalar por un vector es el vector nulo, entonces, uno de los dos factores es nulo. Es decir, $\alpha\vec{x}=\vec{0}$ implica que $\alpha=0$ o bien $\vec{x}=\vec{0}$.

4) $-(\alpha\vec{x})=(-\alpha)\vec{x}=\alpha(-\vec{x})$, para cada $\alpha\in K$ y para cada $\vec{x}\in E$.

Se denomina ***combinación lineal*** de los vectores $\vec{x}_1,\vec{x}_2,...,\vec{x}_r$ y los escalares $\alpha_1,\alpha_2,\ ...,\ \alpha_r$ a la expresión:

$$\alpha_1\vec{x}_1+\alpha_2\vec{x}_2+...+\alpha_r\vec{x}_r=\sum_{i=1}^{r}\alpha_i\vec{x}_i$$

En todos los espacios vectoriales que consideraremos a partir de este momento, el cuerpo K será el cuerpo de los números reales $\mathbb{R}$ con las operaciones suma y producto usuales.

Ejemplo 1.6

1) El ejemplo más usado de espacio vectorial es el constituido por los elementos del conjunto $\mathbb{R}^n=\{(x_1,x_2,...,x_n):x_i\in\mathbb{R}\}$, donde $\vec{x}=(x_1,x_2,...,x_n)$, sobre el que se define en primer lugar la ley de composición interna dada por:

$$\mathbb{R}^n\times\mathbb{R}^n\to\mathbb{R}^n$$

$$(\vec{x},\vec{y})\to\vec{x}+\vec{y}$$

$$(x_1,x_2,...,x_n)+(y_1,y_2,...y_n)=(x_1+y_1,x_2+y_2,...,x_n+y_n)$$

que cumple las siguientes propiedades:

1. $(\vec{x}+\vec{y})+\vec{z}=\vec{x}+(\vec{y}+\vec{z}),\ \forall\vec{x},\vec{y},\vec{z}\in E$ (Asociativa)

2. $\vec{x}+\vec{y}=\vec{y}+\vec{x},\ \forall\vec{x},\vec{y}\in E$ (Conmutativa)

3. $\vec{x}+\vec{0}=\vec{x},\ \ \forall\vec{x}\in E$, donde $\vec{0}=(0,0,\ ...,0)$ (Elemento Neutro)

4. $\vec{x}+(-\vec{x})=\vec{0},\ \forall\vec{x}\in E$, donde $-\vec{x}=(-x_1,-x_2,...,-x_n)$ (Elemento Simétrico)

por lo que $(\mathbb{R}^n,+)$ es un grupo conmutativo.

Y por otra parte, la ley de composición externa definida sobre el cuerpo de los números reales $(\mathbb{R},+,\cdot)$ dada por:

$$\mathbb{R}\times\mathbb{R}^n\to\mathbb{R}^n$$

$$(\alpha,\vec{x})\to\alpha\vec{x}$$

$$\alpha\vec{x}=\alpha(x_1,x_2,...,x_n)=(\alpha x_1,\alpha x_2,...,\alpha x_n)$$

que cumple las propiedades siguientes:

i) $\alpha(\vec{x}+\vec{y})=\alpha\vec{x}+\alpha\vec{y}$, $\forall\,\vec{x},\vec{y}\in E$, $\forall\alpha\in\mathbb{R}$

ii) $(\alpha+\beta)\vec{x}=\alpha\vec{x}+\beta\vec{x}$, $\forall\,\vec{x}\in E, \forall\,\alpha,\beta\in\mathbb{R}$

iii) $\alpha(\beta\vec{x})=(\alpha\beta)\vec{x}$, $\forall\,\vec{x}\in E$, $\forall\,\alpha,\beta\in\mathbb{R}$

iv) $1\,\vec{x}=\vec{x}$, $\forall\vec{x}\in\mathbb{R}^n$.

Tenemos, por tanto, que $(\mathbb{R}^n, +, \cdot)$ es un espacio vectorial sobre el cuerpo $\mathbb{R}$.

En el caso particular del espacio vectorial de los vectores del plano $\mathbb{R}^2=\{(x_1,x_2):x_1,x_2\in\mathbb{R}\}$, las leyes de composición interna (suma de vectores) y externa (producto por escalares) se pueden representar gráficamente como se muestra en la Figura 3.1.

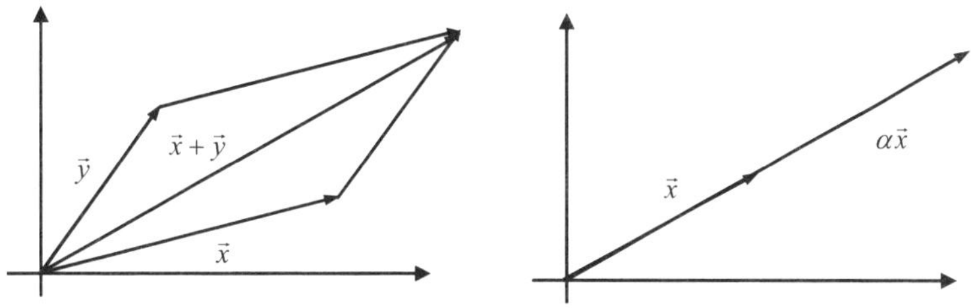

Figura 3.1. Suma y producto por escalares en el espacio vectorial $\mathbb{R}^2$.

2) Otro ejemplo de espacio vectorial es el espacio vectorial de las matrices de orden $m\times n$, sobre el que se definen la suma de matrices como ley de composición interna y el producto de un número real por una matriz como ley de composición externa.

Sea el conjunto $M_{m\times n}$ sobre el que definimos la operación interna:

$$M_{m\times n}\times M_{m\times n}\to M_{m\times n}$$
$$(A,B)\quad\to A+B$$

donde $A+B=(a_{ij}+b_{ij})\in M_{mxn}$. La operación interna verifica las propiedades siguientes:

-Asociativa: $(A+B)+C=A+(B+C)$, $\forall\ A,B,C\in M_{m\times n}$

-Conmutativa: $A+B=B+A$, $\forall\ A,B\in M_{m\times n}$

-Elemento neutro: $A+\mathbf{0}=\mathbf{0}+A=A$, $\forall\ A\in M_{m\times n}$, donde $\mathbf{0}\in M_{m\times n}$

-Elemento simétrico: $\forall\ A \in M_{m\times n}$; $\exists - A \in M_{m\times n}$ tal que se verifica $A+(-A)=(-A)+A=\mathbf{0}$

Así, $(M_{m\times n},+)$ es un grupo conmutativo.

Por otra parte, definamos la ley de composición externa dada por:

$$\begin{aligned} \mathbb{R}\times M_{m\times n} &\to M_{m\times n} \\ (\alpha, A) &\to \alpha A \end{aligned}$$

donde $\alpha A=\left(\alpha a_{ij}\right)$, que cumple las propiedades siguientes:

i) $\alpha\left(A+B\right)=\alpha A+\alpha B$, $\forall\ A, B\in M_{m\times n}$, $\forall \alpha\in\mathbb{R}$

ii) $\left(\alpha+\beta\right)A=\alpha A+\beta A$, $\forall\ A\in M_{m\times n}$, $\forall \alpha,\beta\in\mathbb{R}$

iii) $\left(\alpha\beta\right)A=\alpha\left(\beta A\right)$, $\forall\ A\in M_{m\times n}$, $\forall \alpha,\beta\in\mathbb{R}$

iv) $1A=A$, $\forall\ A\in M_{m\times n}$

Considerando las propiedades anteriores, se puede afirmar que $\left(M_{mxn},\ +,\ \cdot,\ \mathbb{R}\right)$ es un espacio vectorial sobre el cuerpo de los números reales $\mathbb{R}$.

3) Sea $P_n\left[x\right]=\left\{a_0+a_1x+\ldots+a_nx^n : a_i\in\mathbb{R}, n\in\mathbb{N}\right\}$ el conjunto de los polinomios de grado menor o igual a n con coeficientes reales. Definimos sobre $P_n\left[x\right]$ la operación interna dada por la suma de polinomios. Es fácil comprobar que la suma de polinomios es asociativa y conmutativa. Además existe elemento neutro dado por el polinomio idénticamente cero y cumple la propiedad del elemento simétrico, ya que, dado un polinomio cualquiera $P(x)=a_0+a_1x+\ldots+a_nx^n$, el elemento simétrico es el polinomio opuesto $-P(x)=-a_0-a_1x-\ldots-a_nx^n$. Así, $(P_n\left[x\right],+)$ es un grupo conmutativo.

Por otra parte, se considera la ley de composición externa definida por el producto usual de un número real α por un polinomio $P(x)$:

$$\alpha P(x)=\alpha a_0+\alpha a_1x+\ldots+\alpha a_nx^n.$$

Es fácil comprobar que esta ley de composición externa cumple las propiedades siguientes:

i) $\alpha\left(P(x)+Q(x)\right)=\alpha P(x)+\alpha Q(x)$, $\forall\ P(x), Q(x)\in P_n\left[x\right]$, $\forall \alpha\in\mathbb{R}$

ii) $\left(\alpha+\beta\right)P(x)=\alpha P(x)+\beta P(x)$, $\forall\ P(x)\in P_n\left[x\right]$, $\forall \alpha,\ \beta\in\mathbb{R}$

iii) $\left(\alpha\beta\right)P(x)=\alpha\left(\beta P(x)\right)$, $\forall\ P(x)\in P_n\left[x\right]$, $\forall \alpha,\ \beta\in\mathbb{R}$

iv) $1 \cdot P(x) = P(x)$, $\forall\ P(x) \in P_n[x]$

Se puede, por tanto, afirmar que el conjunto $P_n[x] = \{a_0 + a_1x + \ldots + a_nx^n : a_i \in \mathbb{R}, n \in \mathbb{N}\}$ de los polinomios de grado menor o igual a n con coeficientes reales, con la suma de polinomios y el producto por números reales usual, es un espacio vectorial sobre el cuerpo de los números reales.

■

Acabamos de ver tres ejemplos de espacios vectoriales sobre el cuerpo de los números reales. En el primero, los vectores del espacio vectorial son elementos de $\mathbb{R}^n$; en el segundo, los vectores del espacio corresponderían a matrices de orden $m \times n$; y en el último ejemplo, los elementos del espacio vectorial son polinomios de grado menor o igual que n. Estos son sólo algunos ejemplos de espacios vectoriales, y muestran la importancia de la estructura matemática de espacio vectorial a la hora de abstraer y sistematizar las características esenciales que definen a objetos matemáticos diversos. En nuestro caso, el ejemplo de espacio vectorial que usaremos con más frecuencia, con el que ilustraremos la mayoría de los conceptos que presentaremos en los epígrafes siguientes, es el del espacio vectorial $\mathbb{R}^n$. Sin embargo, no debemos olvidar que éste es sólo un ejemplo de espacio vectorial y que los conceptos que desarrollaremos son aplicables a cualquiera de los ejemplos descritos.

2. SUBESPACIOS VECTORIALES

Es frecuente trabajar con subconjuntos de un espacio vectorial, por lo que resulta interesante saber cuando un determinado subconjunto de un espacio vectorial sigue siendo un espacio vectorial, manteniendo las propiedades que lo caracterizan. A continuación definimos el concepto de subespacio vectorial como un subconjunto de un espacio vectorial tal que la suma de vectores del subconjunto y el producto de vectores del subconjunto por un escalar siguen siendo vectores del subconjunto. Concretamente:

Sea S un subconjunto no vacío de un espacio vectorial E, $S \subseteq E$. Decimos que S es un ***subespacio vectorial*** de E si se verifican las siguientes condiciones:

1. S es cerrado para la suma: $\forall \vec{x}, \vec{y} \in S$, se cumple que $\vec{x} + \vec{y} \in S$.

2. S es cerrado para el producto por escalares: $\forall \vec{x} \in S, \forall \alpha \in \mathbb{R}$, se cumple que $\alpha\vec{x} \in S$.

Es fácil probar que, si un subconjunto es cerrado para la suma de vectores y para el producto por escalares, cualquier combinación lineal de vectores del subconjunto ha de pertenecer también al subconjunto (Figura 3.2). Así, la definición anterior es equivalente a la siguiente:

Sea S un subconjunto no vacío de un espacio vectorial E, $S \subseteq E$. Decimos que S es un ***subespacio vectorial*** de E si:

$$\forall \vec{x}, \vec{y} \in S, \ \forall \alpha, \beta \in \mathbb{R} \text{ se cumple que } \alpha\vec{x} + \beta\vec{y} \in S$$

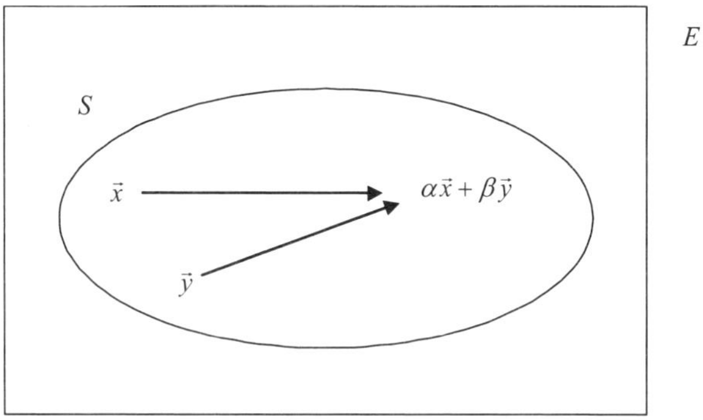

Figura 3.2. Concepto de subespacio vectorial.

Si S es un subespacio vectorial de E, es fácil demostrar que S es un espacio vectorial y, por tanto, cumple todas las propiedades que lo caracterizan.

Ejemplo 2.1

1) El subconjunto $S_1 = \{(x, y, 0) : x, y \in \mathbb{R}\} \subset \mathbb{R}^3$ es un subespacio vectorial de $\mathbb{R}^3$. Para demostrar que S_1 es un subespacio vectorial, utilizaremos la segunda de las caracterizaciones que acabamos de dar. Consideremos dos elementos de S_1 dados por $(x_1, y_1, 0)$ y $(x_2, y_2, 0)$, y comprobemos que cualquier combinación lineal de estos elementos sigue perteneciendo a S_1:

$$\alpha(x_1, y_1, 0) + \beta(x_2, y_2, 0) = (\alpha x_1 + \beta x_2, \alpha y_1 + \beta y_2, 0) \in S_1$$

Por tanto, S_1 es un subespacio vectorial.

2) El subconjunto de $\mathbb{R}^2$ dado por $S_2 = \{(x, -x) : x \in \mathbb{R}\} \subset \mathbb{R}^2$ es un subespacio vectorial. Para demostrarlo, consideremos dos elementos cualesquiera de S_2 y comprobemos que una combinación lineal de ellos sigue perteneciendo a S_2:

$$\alpha(x, -x) + \beta(y, -y) = (\alpha x + \beta y, -\alpha x - \beta y) \in S_2$$

Por tanto, S_2 es un subespacio vectorial.

3) Comprobemos que el subconjunto de $\mathbb{R}^2$ dado por $S_2 = \{(x,2) : x \in \mathbb{R}\}$ no es un subespacio vectorial de $\mathbb{R}^2$.

Si consideramos $(x,2)$ y $(y,2)$ dos vectores de S_2, una combinación lineal de ellos,

$$\alpha(x, 2) + \beta(y, 2) = (\alpha x + \beta y, 2\alpha + 2\beta)$$

no pertenece siempre a S_2, ya que $2\alpha + 2\beta$ no es igual a 2 para cualquier valor de α y β. Por tanto, S_2 no es un subespacio vectorial.

■

Ejemplo 2.2

Consideremos el espacio vectorial $M_{n\times n}$ sobre $\mathbb{R}$ de las matrices cuadradas de orden n. El subconjunto de $M_{n\times n}$ formado por las matrices simétricas es un subespacio vectorial. Para demostrarlo, usamos la primera de las definiciones dada de subespacio vectorial, es decir, comprobamos que el subconjunto de las matrices simétricas es cerrado respecto de la suma y respecto del producto por un número real. En efecto, si A y B son dos matrices simétricas, la matriz suma $A+B$ es también simétrica, ya que $(A+B)^t = A^t + B^t = A+B$. Por otra parte, si A es una matriz simétrica, la matriz αA es simétrica, ya que $(\alpha A)^t = \alpha A^t = \alpha A$.

■

Con un razonamiento similar al anterior es posible demostrar que el subconjunto de $M_{n\times n}$ formado por las matrices antisimétricas es también un subespacio vectorial de $M_{n\times n}$.

El siguiente resultado muestra un ejemplo de subespacio vectorial que aparece con frecuencia, y es el formado por las soluciones de un sistema de ecuaciones homogéneo.

PROPOSICIÓN 1

Sea $A \in M_{m\times n}$ una matriz de orden $m \times n$ y $\vec{x}$ un vector de $\mathbb{R}^n$. El subconjunto de $\mathbb{R}^n$ formado por las soluciones del sistema homogéneo $A\vec{x} = \vec{0}$ es un subespacio vectorial de $\mathbb{R}^n$.

Demostración

Sea $S = \{\vec{x} \in \mathbb{R}^n : A\vec{x} = \vec{0}\}$ el subconjunto de $\mathbb{R}^n$ formado por las soluciones del sistema homogéneo $A\vec{x} = \vec{0}$. Para probar que S es un subespacio vectorial, consideremos dos vectores $\vec{x}, \vec{y}$ pertenecientes a S y comprobemos que una combinación lineal cualquiera de ellos $\alpha\vec{x}+\beta\vec{y}$ sigue perteneciendo a S. Al ser $\vec{x}, \vec{y}$ vectores de S, se cumple que $A\vec{x}=\vec{0}$ y $A\vec{y}=\vec{0}$, de donde:

$$A(\alpha\vec{x}+\beta\vec{y})=A(\alpha\vec{x})+A(\beta\vec{y})=\alpha A\vec{x}+\beta A\vec{y}=\alpha\vec{0}+\beta\vec{0}=\vec{0}, \quad \forall\alpha,\beta\in\mathbb{R}$$

y S es un subespacio vectorial de $\mathbb{R}^n$.

■

Ejemplo 2.3

Como consecuencia del resultado anterior, los siguientes subconjuntos de $\mathbb{R}^3$ y $\mathbb{R}^4$ son subespacios vectoriales al estar formados por las soluciones de un sistema homogéneo:

1) $S=\left\{(x,y,z,t)\in\mathbb{R}^4 : x+2y-z+t=0,\ x-2z+3t=0\right\}$

2) $S=\left\{(x,y,z,t)\in\mathbb{R}^4 : 3x+2y-z+2t=0,\ x+4y+2z+3t=0\right\}$

3) $S=\left\{(x,y,z)\in\mathbb{R}^3 : x-2y+3z=0\right\}$

■

Acabamos de ver en la proposición anterior que el conjunto de soluciones de un sistema de ecuaciones lineales homogéneo es un subespacio vectorial de $\mathbb{R}^n$. Sin embargo, si el sistema de ecuaciones no es homogéneo, entonces, el conjunto de soluciones no es un subespacio vectorial. En efecto, sea el sistema de ecuaciones lineales no homogéneo dado por $A\vec{x}=\vec{b}$, donde $A\in M_{m\times n}$, $\vec{b}\in\mathbb{R}^m$, $\vec{b}\neq\vec{0}$. Sean $\vec{x}, \vec{y}$ dos soluciones del sistema, por tanto, se cumple que $A\vec{x}=\vec{b}, A\vec{y}=\vec{b}$. Una combinación lineal cualquiera de los vectores $\vec{x}, \vec{y}$ dada por $\alpha\vec{x}+\beta\vec{y}$ no es, en general, una solución del sistema, ya que:

$$A(\alpha\vec{x}+\beta\vec{y})=A(\alpha\vec{x})+A(\beta\vec{y})=\alpha A\vec{x}+\beta A\vec{y}=\alpha\vec{b}+\beta\vec{b}\neq\vec{b}, \quad \forall\alpha,\beta\in\mathbb{R}$$

Ejemplo 2.4

Como consecuencia, los siguientes subconjuntos formados por las soluciones de un sistema no homogéneo no son subespacios vectoriales:

1) $S=\left\{(x,y,z,t) : x+2y-z+t=1,\ \ x-2z+3t=0\right\}$

2) $S=\left\{(x,y,z,t) : 3x+2y-z+2t=3,\ \ x+4y+2z+3t=1\right\}$

3) $S=\left\{(x,y,z) : x-2y+3z=2\right\}$

■

2.1. SUMA E INTERSECCIÓN DE SUBESPACIOS VECTORIALES

Sean S y T dos subespacios vectoriales de un espacio vectorial E. Se define la ***suma de los subespacios vectoriales*** S y T como el subconjunto de vectores de E definido por:

$$S+T=\{\vec{x}+\vec{y}:\vec{x}\in S,\vec{y}\in T\}$$

Se define la ***intersección de los subespacios vectoriales*** S y T como el subconjunto de vectores de E definido por:

$$S\bigcap T=\{\vec{x}:\vec{x}\in S,\vec{x}\in T\}$$

A continuación demostramos que la suma de subespacios vectoriales y la intersección de subespacios vectoriales son subespacios vectoriales.

PROPOSICIÓN 2

Sean S y T dos subespacios vectoriales de un espacio vectorial E, entonces:

1. $S+T=\{\vec{x}+\vec{y}:\vec{x}\in S,\vec{y}\in T\}$ es un subespacio vectorial.
2. $S\bigcap T=\{\vec{x}:\vec{x}\in S,\vec{x}\in T\}$ es un subespacio vectorial.

Demostración

1. Sean dos vectores cualesquiera $\vec{x}_1+\vec{y}_1$, $\vec{x}_2+\vec{y}_2$ de $S+T$, veamos que cualquier combinación lineal de ambos es un vector de $S+T$:

$$\alpha(\vec{x}_1+\vec{y}_1)+\beta(\vec{x}_2+\vec{y}_2)=\alpha\vec{x}_1+\alpha\vec{y}_1+\beta\vec{x}_2+\beta\vec{y}_2=$$
$$=(\alpha\vec{x}_1+\beta\vec{x}_2)+(\alpha\vec{y}_1+\beta\vec{y}_2)\in S+T$$

ya que $\alpha\vec{x}_1+\beta\vec{x}_2\in S$ y $\alpha\vec{y}_1+\beta\vec{y}_2\in T$, al ser S y T subespacios vectoriales de E. Por tanto, el subconjunto suma es un subespacio vectorial de E.

2. Sean $\vec{x},\vec{y}$ dos vectores de $S\bigcap T$, como S y T son subespacios vectoriales, entonces $\alpha\vec{x}+\beta\vec{y}\in S$ y $\alpha\vec{x}+\beta\vec{y}\in T$, por tanto, $\alpha\vec{x}+\beta\vec{y}\in S\bigcap T$, $\forall\alpha,\beta\in\mathbb{R}$.

■

3. SISTEMA DE GENERADORES

Sean $\vec{u}_1,\vec{u}_2,\ldots,\vec{u}_p$ vectores de un espacio vectorial E y consideremos todos los vectores del espacio vectorial obtenidos realizando combinaciones lineales de los vectores $\vec{u}_1,\vec{u}_2,\ldots,\vec{u}_p$. El siguiente resultado demuestra que el subconjunto de vectores obtenido de esta forma es un subespacio vectorial.

PROPOSICIÓN 3

Sean $\vec{u}_1, \vec{u}_2, ..., \vec{u}_p$ vectores de un espacio vectorial E y sea S el subconjunto de E formado por todos los vectores obtenidos realizando combinaciones lineales de los vectores $\vec{u}_1, \vec{u}_2, ..., \vec{u}_p$. Entonces S es un subespacio vectorial, siendo, además, el subespacio vectorial más pequeño que contiene a los vectores $\vec{u}_1, \vec{u}_2, ..., \vec{u}_p$.

Demostración

Sean $\vec{x}, \vec{y}$ dos vectores cualesquiera de S. Por la forma en la que se ha definido S, los vectores $\vec{x}, \vec{y}$ han de ser combinaciones lineales de los vectores $\vec{u}_1, \vec{u}_2, ..., \vec{u}_p$:

$$\vec{x} = \alpha_1\vec{u}_1 + \alpha_2\vec{u}_2 + ... + \alpha_p\vec{u}_p \ , \ \vec{y} = \beta_1\vec{u}_1 + \beta_2\vec{u}_2 + ... + \beta_p\vec{u}_p .$$

Ahora bien, cualquier combinación lineal de los vectores $\vec{x}, \vec{y}$ es de nuevo una combinación lineal de los vectores $\vec{u}_1, \vec{u}_2, ..., \vec{u}_p$ y, por tanto, ha de pertenecer a S:

$$\begin{aligned} \alpha\vec{x} + \beta\vec{y} &= \alpha(\alpha_1\vec{u}_1 + \alpha_2\vec{u}_2 + ... + \alpha_p\vec{u}_p) + \beta(\beta_1\vec{u}_1 + \beta_2\vec{u}_2 + ... + \beta_p\vec{u}_p) = \\ &= (\alpha\alpha_1 + \beta\beta_1)\vec{u}_1 + (\alpha\alpha_2 + \beta\beta_2)\vec{u}_2 + ... + (\alpha\alpha_p + \beta\beta_p)\vec{u}_p \in S, \quad \forall \alpha, \beta \in \mathbb{R} \end{aligned}$$

Queda probado que S es un subespacio vectorial.

Además, S es el subespacio vectorial más pequeño que contiene a los vectores $\vec{u}_1, \vec{u}_2, ..., \vec{u}_p$, ya que si T es un subespacio vectorial que contiene a $\vec{u}_1, \vec{u}_2, ..., \vec{u}_p$, por ser un subespacio vectorial, ha de contener a todas las combinaciones lineales de los vectores $\vec{u}_1, \vec{u}_2, ..., \vec{u}_p$ y, por tanto, ha de contener a todos los vectores del subespacio S, de donde $S \subset T$.

■

Al subconjunto S del espacio vectorial E obtenido a partir de las combinaciones lineales de los vectores $\vec{u}_1, \vec{u}_2, ..., \vec{u}_p$ se le denomina ***subespacio vectorial generado*** por los vectores $\vec{u}_1, \vec{u}_2, ..., \vec{u}_p$, y se representa escribiendo $S = \langle \vec{u}_1, \vec{u}_2, ..., \vec{u}_p \rangle$. A los vectores $\vec{u}_1, \vec{u}_2, ..., \vec{u}_p$ se les llama ***sistema de generadores del subespacio*** S.

Si cada vector de un espacio vectorial E es combinación lineal de los vectores $\vec{u}_1, \vec{u}_2, ..., \vec{u}_p$, entonces decimos que E ***está generado por*** $\vec{u}_1, \vec{u}_2, ..., \vec{u}_p$ y se representa escribiendo:

$$E = \langle \vec{u}_1, \vec{u}_2, ..., \vec{u}_p \rangle$$

Un espacio vectorial E se dice de ***tipo finito*** si existe un sistema de generadores de E formado por un número finito de vectores.

A partir de este momento, supondremos que los espacios vectoriales considerados son de tipo finito.

Ejemplo 3.1

1) Los vectores $\{(0,1),(1,0)\}$ forman un sistema de generadores del espacio vectorial $\mathbb{R}^2$, es decir, $\mathbb{R}^2 = \langle (0,1),(1,0) \rangle$, ya que cualquier vector (x,y) de $\mathbb{R}^2$ puede expresarse como combinación lineal de los vectores $(1,0)$ y $(0,1)$:

$$(x,y) = x(1,0) + y(0,1)$$

2) De la misma forma es fácil ver que $\mathbb{R}^2 = \langle (1,0),(0,1),(1,1) \rangle$, ya que cualquier vector (x,y) de $\mathbb{R}^2$ puede expresarse como combinación lineal de los vectores $(1,0)$, $(0,1)$ y $(1,1)$, escribiendo, por ejemplo:

$$(x,y) = x(1,0) + y(0,1) + 0(1,1)$$

3) El espacio vectorial $\mathbb{R}^3$ no está generado por los vectores $\{(1,1,0),(1,0,0)\}$. Es decir, $\mathbb{R}^3 \neq \langle (1,1,0),(1,0,0) \rangle$. Basta comprobar que no todo vector de $\mathbb{R}^3$ puede expresarse como combinación lineal de los vectores $(1,1,0),(1,0,0)$. En efecto,

$$(x,y,z) = \alpha(1,1,0) + \beta(1,0,0) \Leftrightarrow \left.\begin{array}{r} x = \alpha + \beta \\ y = \alpha \\ z = 0 \end{array}\right\}$$

Es decir, un vector (x,y,z) es combinación lineal de los vectores $(1,1,0)$ y $(1,0,0)$ si y sólo si la coordenada $z = 0$. Así, por ejemplo, $(1,1,1) \notin \langle (1,1,0),(1,0,0) \rangle$, por lo que $\mathbb{R}^3$ no puede estar generado por los vectores $\{(1,1,0),(1,0,0)\}$.

4) Comprobemos que los vectores $\{(1,1,-2),(2,1,3),(1,1,0)\}$ forman un sistema de generadores del espacio vectorial $\mathbb{R}^3$. Para que esto sea así, dado un vector cualquiera (x,y,z) de $\mathbb{R}^3$, han de existir escalares α, β y γ tal que:

$$(x,y,z) = \alpha(1,1,-2) + \beta(2,1,3) + \gamma(1,1,0)$$

Lo cual es equivalente a comprobar que el sistema de ecuaciones obtenido a partir de la combinación lineal anterior:

$$\begin{aligned} \alpha + 2\beta + \gamma &= x \\ \alpha + \ \beta + \gamma &= y \\ -2\alpha + 3\beta \quad &= z \end{aligned}$$

tiene solución. Como el rango de la matriz de coeficientes es igual a tres, ya que $\begin{vmatrix} 1 & 2 & 1 \\ 1 & 1 & 1 \\ -2 & 3 & 0 \end{vmatrix} \neq 0$, el sistema es compatible determinado y, por tanto, existen escalares α, β y γ tal que $(x,y,z) = \alpha(1,1,-2) + \beta(2,1,3) + \gamma(1,1,0)$.

■

4. DEPENDENCIA E INDEPENDENCIA LINEAL

Estudiamos ahora los conceptos de dependencia e independencia lineal, así como las propiedades más importantes que se derivan de estos conceptos.

• Los vectores $\vec{u}_1, \vec{u}_2, ..., \vec{u}_n$ son ***linealmente dependientes*** si existen escalares α_1, α_2, ..., α_n no todos nulos tales que:

$$\alpha_1\vec{u}_1 + \alpha_2\vec{u}_2 + ... + \alpha_n\vec{u}_n = \vec{0}$$

• Los vectores $\vec{u}_1, \vec{u}_2, ..., \vec{u}_n$ son ***linealmente independientes*** si

$$\alpha_1\vec{u}_1 + \alpha_2\vec{u}_2 + ... + \alpha_n\vec{u}_n = \vec{0} \Rightarrow \alpha_1 = \alpha_2 = ... = \alpha_n = 0$$

Ejemplos 4.1

1) Los vectores $\{(1,0,0),(1,1,0),(1,1,1)\}$ son linealmente independientes.

Para demostrarlo, consideremos una combinación lineal cualquiera de los vectores y la igualamos al vector $(0,0,0)$

$$\alpha_1(1,0,0) + \alpha_2(1,1,0) + \alpha_3(1,1,1) = (0,0,0)$$

Operando e igualando coordenadas, obtenemos el sistema homogéneo:

$$\begin{aligned} \alpha_1 + \alpha_2 + \alpha_3 &= 0 \\ \alpha_2 + \alpha_3 &= 0 \\ \alpha_3 &= 0 \end{aligned}$$

Como el rango de la matriz de coeficientes es igual a tres, ya que $\begin{vmatrix} 1 & 1 & 1 \\ 0 & 1 & 1 \\ 0 & 0 & 1 \end{vmatrix} \neq 0$, entonces, $Rg\, A = 3 = n$ y el sistema homogéneo tiene como única solución la solución trivial $\alpha_1 = \alpha_2 = \alpha_3 = 0$, y los vectores son linealmente independientes.

2) Los vectores $\{(1,1),(1,-1),(2,0)\}$ son linealmente dependientes.

Consideremos una combinación lineal cualquiera de los vectores igualada al vector $(0,0)$:

$$\alpha_1(1,1) + \alpha_2(1,-1) + \alpha_3(2,0) = (0,0)$$

y comprobemos que los escalares no han de ser necesariamente iguales a cero. Desarrollando, se obtiene el sistema homogéneo de tres ecuaciones con dos incógnitas:

$$\left.\begin{aligned} \alpha_1 + \alpha_2 + 2\alpha_3 = 0 \\ \alpha_1 - \alpha_2 = 0 \end{aligned}\right\}$$

Como el rango de la matriz de coeficientes es 2, se tiene que $Rg\, A = 2 < n = 3$ y el sistema tiene infinitas soluciones. Es decir, existen escalares no todos nulos y los vectores son linealmente dependientes.

■

PROPIEDADES DE LA DEPENDENCIA E INDEPENDENCIA LINEAL

1. Los vectores $\{\vec{u}_1, \vec{u}_2, ..., \vec{u}_r\}$ son linealmente dependientes si y sólo si existe un vector que es combinación lineal del resto.

2. Si los vectores $\{\vec{u}_1, \vec{u}_2, ..., \vec{u}_r\}$ son linealmente dependientes, entonces, $\{\vec{u}_1, \vec{u}_2, ..., \vec{u}_r, \vec{u}_{r+1}\}$ son linealmente dependientes.

3. Si los vectores $\{\vec{u}_1, \vec{u}_2, ..., \vec{u}_r, \vec{u}_{r+1}, ..., \vec{u}_{r+p}\}$ son linealmente independientes, los vectores $\{\vec{u}_1, \vec{u}_2, ..., \vec{u}_r\}$ son linealmente independientes.

Demostración

1. Supongamos en primer lugar que los vectores son linealmente dependientes, entonces existe una combinación lineal $\alpha_1\vec{u}_1 + \cdots + \alpha_i\vec{u}_i + \cdots + \alpha_n\vec{u}_n = \vec{0}$, con algún $\alpha_i \neq 0$. Despejando el vector $\vec{u}_i$, se tiene que $\alpha_i\vec{u}_i = -\alpha_1\vec{u}_1 - \underset{\hat{i}}{...} - \alpha_n\vec{u}_n$ y,

por tanto, $\vec{u}_i = -\frac{\alpha_1}{\alpha_i}\vec{u}_1 - \overset{\hat{i}}{\dots} - \frac{\alpha_n}{\alpha_i}\vec{u}_n$. Es decir, el vector $\vec{u}_i$ es combinación lineal del resto de vectores.

Recíprocamente, si existe un vector $\vec{u}_i$ que es combinación lineal del resto:

$$\vec{u}_i = \beta_1\vec{u}_1 + \overset{\hat{i}}{\dots} + \beta_n\vec{u}_n,$$

resulta que:

$$\beta_1\vec{u}_1 + \dots + (-1)\vec{u}_i + \dots + \beta_n\vec{u}_n = \vec{0}$$

y los vectores son dependientes.

2. Las demostraciones de las propiedades 2 y 3 se realizan con facilidad escribiendo la definición de dependencia e independencia lineal.

■

La primera propiedad que acabamos de demostrar tiene una consecuencia importante que va a permitir estudiar con facilidad la dependencia o independencia lineal de vectores de $\mathbb{R}^n$, usando como herramientas los conceptos de determinante y de rango de una matriz. Supongamos que tenemos un conjunto de n vectores $\{\vec{x}_1, \vec{x}_2, \dots, \vec{x}_n\}$ del espacio vectorial $\mathbb{R}^n$ y que formamos con ellos una matriz cuadrada A de orden n cuyas columnas coinciden con los vectores considerados. Una de las propiedades de los determinantes afirma que el determinante de la matriz A es igual a cero si y sólo si existe una columna que es combinación lineal del resto de columnas. Este hecho, unido a la primera de las propiedades de la dependencia lineal, nos permite afirmar que:

> Los vectores $\{\vec{x}_1, \vec{x}_2, \dots, \vec{x}_n\}$ de $\mathbb{R}^n$ son linealmente dependientes si y sólo si el determinante de la matriz A cuyas columnas son los vectores $\{\vec{x}_1, \vec{x}_2, \dots, \vec{x}_n\}$ es igual a cero.

Como consecuencia,

> Los vectores $\{\vec{x}_1, \vec{x}_2, \dots, \vec{x}_n\}$ de $\mathbb{R}^n$ son linealmente independientes si y sólo si el determinante de la matriz A cuyas columnas son los vectores $\{\vec{x}_1, \vec{x}_2, \dots, \vec{x}_n\}$ es distinto de cero.

Los resultados anteriores son también válidos enunciados en términos de filas.

Ejemplo 4.2

1) Para estudiar la dependencia lineal de los vectores $\{(1,0,0),(1,1,0),(1,1,1)\}$, consideramos la matriz $A=\begin{pmatrix}1 & 1 & 1\\ 0 & 1 & 1\\ 0 & 0 & 1\end{pmatrix}$ cuyas columnas están formadas por los vectores dados. Como $|A|=1\neq 0$, los vectores son linealmente independientes.

2) Consideremos los vectores $\{(1,\alpha,0),(1,1,0),(1,1,\alpha)\}$ y encontremos los valores del parámetro α para que los vectores sean linealmente dependientes. Consideramos la matriz $A=\begin{pmatrix}1 & 1 & 1\\ \alpha & 1 & 1\\ 0 & 0 & \alpha\end{pmatrix}$ cuyas columnas están formadas por los vectores dados. Como $|A|=\alpha-\alpha^2=0$ si y sólo si $\alpha=0, \alpha=1$, los vectores son linealmente dependientes si y sólo si $\alpha=0, \alpha=1$.

■

En los ejemplos que acabamos de estudiar, ha sido esencial, para poder usar el concepto de determinante, que el número de vectores fuera igual a la dimensión del espacio vectorial, y así, la matriz formada con los vectores fuera una matriz cuadrada. Nos planteamos ahora el caso en el que el número de vectores es distinto de la dimensión del espacio vectorial considerado y, por tanto, la matriz que se obtiene con los vectores no es cuadrada. Supongamos que tenemos un conjunto de m vectores $\{\vec{x}_1,\vec{x}_2,\ldots,\vec{x}_m\}$ del espacio vectorial $\mathbb{R}^n$ y que formamos con ellos una matriz A de orden $n\times m$ cuyas columnas coinciden con los vectores considerados. Si el rango de la matriz A es igual a r, entonces existe un menor de orden r distinto de cero, que podemos suponer sin falta de generalidad que es el formado por las r primeras filas y columnas de la matriz A. Las r primeras columnas de la matriz han de ser entonces vectores linealmente independientes, ya que si fueran dependientes, cualquier menor de orden r formado a partir de los vectores de las r primeras columnas sería igual a cero. Además, es fácil comprobar que el número máximo de vectores independientes del conjunto $\{\vec{x}_1,\vec{x}_2,\ldots,\vec{x}_m\}$ ha de ser igual a r, ya que el rango es el orden del mayor menor que es posible formar en la matriz distinto de cero. De esta forma, el rango de una matriz constituye una herramienta muy útil para determinar la dependencia o independencia lineal de vectores de $\mathbb{R}^n$, independientemente del número de vectores considerado. Veamos un ejemplo que nos ayude a entender mejor este hecho.

Ejemplo 4.3

Para estudiar la dependencia lineal del conjunto de vectores de $\mathbb{R}^3$ dado por $\{(1,0,0),(1,1,0),(2,1,-1),(3,-2,1)\}$, consideramos la matriz $A=\begin{pmatrix} 1 & 1 & 2 & 3 \\ 0 & 1 & 1 & -2 \\ 0 & 0 & -1 & 1 \end{pmatrix}$ y estudiamos su rango. El menor de orden 3 formado por los elementos de las tres primeras filas y columnas es distinto de cero y el rango de A es igual a 3. De esta forma, los vectores $\{(1,0,0),(1,1,0),(2,1,-1)\}$ que intervienen en el menor considerado son linealmente independientes, siendo además 3 el número máximo de vectores linealmente independientes que es posible formar del conjunto de vectores dado. Así, podemos afirmar también que los vectores $\{(1,0,0),(1,1,0),(2,1,-1),(3,-2,1)\}$ son linealmente dependientes. Observemos que si hubiéramos considerado el menor formado por las últimas tres columnas, también es distinto de cero, por lo que los tres vectores $\{(1,1,0),(2,1,-1),(3,-2,1)\}$ son linealmente independientes. El rango de la matriz proporciona el número máximo de vectores independientes de un conjunto de vectores dado, asegurando además que los vectores que formen parte del menor que determine el rango son linealmente independientes.

■

El siguiente resultado nos proporciona información sobre el número de vectores que pueden formar un sistema de generadores en un espacio vectorial.

TEOREMA 4 (FUNDAMENTAL DE LA INDEPENDENCIA LINEAL)

El número de vectores de un sistema de generadores de un espacio vectorial E es siempre mayor o igual que el de cualquier conjunto de vectores linealmente independientes.

Demostración

Sea $S=\{\vec{u}_1,\vec{u}_2,\ldots,\vec{u}_n\}$ un sistema de generadores con n vectores y $B=\{\vec{e}_1,e_2,\ldots,\vec{e}_m\}$ un conjunto de m vectores linealmente independientes del espacio vectorial. Hemos de probar que $m \leq n$. El procedimiento que seguiremos es formar nuevos sistemas de generadores que sustituyan al sistema S a partir de elementos de B.

Como S es un sistema de generadores, el vector $\vec{e}_1$ puede expresarse como combinación lineal de los vectores de S:

$$\vec{e}_1=\alpha_1\vec{u}_1+\alpha_2\vec{u}_2+\ldots+\alpha_n\vec{u}_n$$

donde podemos suponer que $\alpha_1 \neq 0$. Despejando el vector $\vec{u}_1$ en la expresión anterior, resulta que:

$$\vec{u}_1 = -\frac{1}{\alpha_1}\vec{e}_1 + \frac{\alpha_2}{\alpha_1}\vec{u}_2 + \ldots + \frac{\alpha_n}{\alpha_1}\vec{u}_n$$

es decir, $\vec{u}_1$ es combinación lineal de $\{\vec{e}_1, \vec{u}_2, \ldots, \vec{u}_n\}$ y, por tanto, sustituyendo $\vec{u}_1$ por $\vec{e}_1$, se tiene que $\{\vec{e}_1, \vec{u}_2, \ldots, \vec{u}_n\}$ es también un sistema de generadores. Repetimos el proceso con el vector $\vec{e}_2$ y obtenemos que $\{\vec{e}_1, \vec{e}_2, \vec{u}_3, \ldots, \vec{u}_n\}$ es un sistema de generadores de E. Así sucesivamente hasta obtener que $\{\vec{e}_1, \vec{e}_2, \ldots, \vec{e}_m, \vec{u}_{m+1}, \ldots, \vec{u}_n\}$ es un sistema de generadores de E. Si $n < m$, el conjunto $\{\vec{e}_1, \vec{e}_2, \ldots, \vec{e}_n\}$ sería un sistema generador y los vectores $\vec{e}_{n+1}, \ldots, \vec{e}_m$ se podrían expresar como combinación lineal de $\{\vec{e}_1, \vec{e}_2, \ldots, \vec{e}_n\}$, lo que contradice la independencia lineal de los vectores $\{\vec{e}_1, \vec{e}_2, \ldots, \vec{e}_m\}$. Luego, necesariamente se cumple que $m \leq n$.

■

5. Base y Dimensión de un Espacio Vectorial

Sea E un espacio vectorial. Se dice que el conjunto ordenado de vectores $\vec{u}_1, \vec{u}_2, \ldots, \vec{u}_n$ es una ***base*** de E si se verifica:

i) Los vectores $\vec{u}_1, \vec{u}_2, \ldots, \vec{u}_n$ son un sistema de generadores de E.

ii) Los vectores $\vec{u}_1, \vec{u}_2, \ldots, \vec{u}_n$ son linealmente independientes.

Después de presentar el concepto de base de un espacio vectorial, pasamos a estudiar diferentes propiedades que tienen las bases y algunas aplicaciones importantes.

Teorema 5 (Teorema de la Base)

Todas las bases de un espacio vectorial E tienen el mismo número de vectores.

Demostración

Sea $B = \{\vec{u}_1, \vec{u}_2, \ldots, \vec{u}_n\}$ una base de un espacio vectorial E y sea $B' = \{\vec{e}_1, \vec{e}_2, \ldots, \vec{e}_m\}$ otra base de E. Al ser B y B' bases del espacio vectorial E, los vectores que las forman son a la vez linealmente independientes y sistemas de generadores. El Teorema fundamental de la dependencia lineal asegura que el número de vectores de cualquier sistema de generadores ha de ser mayor o igual que el número de vectores linealmente independientes del espacio vectorial. A partir de este hecho, como los vectores de la base $B=\{\vec{u}_1,\vec{u}_2,...,\vec{u}_n\}$ son linealmente independientes y los vectores $B'=\{\vec{e}_1,\vec{e}_2,...,\vec{e}_m\}$ son un sistema de generadores, resulta que $n \le m$. De la misma forma, como los vectores de $B'=\{\vec{e}_1,\vec{e}_2,...,\vec{e}_m\}$ son linealmente independientes y los vectores $B=\{\vec{u}_1,\vec{u}_2,...,\vec{u}_n\}$ son un sistema de generadores, se tiene que $m \le n$ y, por tanto, $n=m$.

■

El resultado anterior afirma que todas las bases de un espacio vectorial tienen el mismo número de vectores y, por tanto, permite realizar la siguiente definición:

Se llama ***dimensión*** del espacio vectorial E, representada por $\dim(E)$, al número de vectores de una base cualquiera del espacio vectorial.

Observemos que la dimensión de un espacio vectorial indica el número máximo de vectores linealmente independientes del espacio vectorial y también el número mínimo de vectores que forman un sistema de generadores del espacio vectorial.

Estudiemos a continuación algunos ejemplos de bases en diferentes espacios vectoriales.

Ejemplo 5.1

1) Sean los vectores $B=\{(1,0,...,0),(0,1,...,0),\ldots,(0,...,0,1)\}$ del espacio vectorial $\mathbb{R}^n$. Veamos que forman una base del espacio vectorial. Comenzamos probando que forman un sistema de generadores. Un vector cualquiera $\vec{x}=(x_1,x_2,...,x_n)$ de $\mathbb{R}^n$ puede expresarse como combinación lineal de los vectores del conjunto B, ya que:

$$(x_1,x_2,...,x_n)=x_1(1,0,...,0)+x_2(0,1,...,0)+\ldots+x_n(0,...,0,1)$$

Además, los vectores son linealmente independientes, ya que la matriz formada por los vectores de B dispuestos en columnas tiene rango n:

$$Rg\begin{pmatrix} 1 & 0 & \cdots & 0 \\ 0 & 1 & \cdots & 0 \\ \vdots & \vdots & \ddots & \vdots \\ 0 & 0 & \cdots & 1 \end{pmatrix}=n$$

Así los vectores $B=\{(1,0,...,0),(0,1,...,0),\ldots,(0,...,0,1)\}$ forman una base denominada base canónica de $\mathbb{R}^n$ y, por tanto, $\dim\mathbb{R}^n=n$.

2) Sea el espacio vectorial $M_2 = \left\{ \begin{pmatrix} a & b \\ c & d \end{pmatrix} : a,b,c,d \in \mathbb{R} \right\}$ de las matrices cuadradas de orden dos. Comprobemos que el conjunto de matrices $B = \left\{ \begin{pmatrix} 1 & 0 \\ 0 & 0 \end{pmatrix}, \begin{pmatrix} 0 & 1 \\ 0 & 0 \end{pmatrix}, \begin{pmatrix} 0 & 0 \\ 1 & 0 \end{pmatrix}, \begin{pmatrix} 0 & 0 \\ 0 & 1 \end{pmatrix} \right\}$ es una base del espacio vectorial M_2. Es fácil ver que las matrices de B forman un sistema de generadores, ya que cualquier matriz cuadrada de orden 2 puede expresarse como combinación lineal de las matrices de B:

$$\begin{pmatrix} a & b \\ c & d \end{pmatrix} = a\begin{pmatrix} 1 & 0 \\ 0 & 0 \end{pmatrix} + b\begin{pmatrix} 0 & 1 \\ 0 & 0 \end{pmatrix} + c\begin{pmatrix} 0 & 0 \\ 1 & 0 \end{pmatrix} + d\begin{pmatrix} 0 & 0 \\ 0 & 1 \end{pmatrix}$$

Veamos además que las matrices de B son linealmente independientes. Para ello consideremos una combinación lineal cualquiera igualada a la matriz nula:

$$\alpha_1\begin{pmatrix} 1 & 0 \\ 0 & 0 \end{pmatrix} + \alpha_2\begin{pmatrix} 0 & 1 \\ 0 & 0 \end{pmatrix} + \alpha_3\begin{pmatrix} 0 & 0 \\ 1 & 0 \end{pmatrix} + \alpha_4\begin{pmatrix} 0 & 0 \\ 0 & 1 \end{pmatrix} = \begin{pmatrix} 0 & 0 \\ 0 & 0 \end{pmatrix}$$

operando, resulta que:

$$\begin{pmatrix} \alpha_1 & \alpha_2 \\ \alpha_3 & \alpha_4 \end{pmatrix} = \begin{pmatrix} 0 & 0 \\ 0 & 0 \end{pmatrix}$$

de donde $\alpha_1 = \alpha_2 = \alpha_3 = \alpha_4 = 0$ y las matrices son linealmente independientes. Tenemos, por tanto, que el conjunto B es una base del espacio vectorial de las matrices cuadradas de orden 2 y que la dimensión de este espacio vectorial es igual a 4.

Con un razonamiento similar es fácil demostrar que una base del espacio vectorial de las matrices de orden $m \times n$ está formada por el conjunto de matrices $B = \{A_{ij} : i = 1,2,...,m,\ j = 1,2,...,n\}$, donde A_{ij} es una matriz de orden $m \times n$ con un 1 en la posición (i, j) y el resto de elementos iguales a cero. Como el número de elementos de la base es $m \times n$, resulta que $\dim M_{m\times n} = m \times n$.

3) Consideremos el conjunto de vectores de $\mathbb{R}^3$ dado por $B = \{(1,1,2),(1,2,0),(1,0,0)\}$. Para demostrar que se trata de una base del espacio vectorial, comenzamos demostrando que forman un sistema de generadores de $\mathbb{R}^3$. Dado un vector cualquiera $\vec{x} = (x_1, x_2, x_3)$ es posible expresarlo como combinación lineal de los vectores de B, ya que si:

$$(x_1, x_2, x_3) = \alpha(1,1,2) + \beta(1,2,0) + \lambda(1,0,0)$$

obtenemos el siguiente sistema de ecuaciones lineales:

$$\begin{aligned} \alpha+\beta+\lambda &= x_1 \\ \alpha+2\beta \quad &= x_2 \\ 2\alpha \quad &= x_3 \end{aligned}$$

en el que la matriz de coeficientes tiene determinante distinto de cero:

$$\begin{vmatrix} 1 & 1 & 1 \\ 1 & 2 & 0 \\ 2 & 0 & 0 \end{vmatrix} = -4$$

Al ser el sistema compatible determinado, tiene solución única, por lo que es posible expresar el vector $\vec{x}=(x_1,x_2,x_3)$ como combinación lineal de los vectores de B. Por otra parte, como $\begin{vmatrix} 1 & 1 & 1 \\ 1 & 2 & 0 \\ 2 & 0 & 0 \end{vmatrix} \neq 0$, los vectores columna de la matriz $\{(1,1,2),(1,2,0),(1,0,0)\}$ son linealmente independientes y $B=\{(1,1,2),(1,2,0),(1,0,0)\}$ es una base de $\mathbb{R}^3$.

■

El resultado que estudiamos a continuación permite asignar a cada vector de un espacio vectorial cualquiera un vector de $\mathbb{R}^n$, fijada una base del espacio vectorial correspondiente. De esta forma, podremos trabajar en cualquier espacio vectorial de dimensión n como lo hacemos en el espacio $\mathbb{R}^n$.

TEOREMA 6

Sea E un espacio vectorial y $B=\{\vec{u}_1,\vec{u}_2,...,\vec{u}_n\}$ una base de E, entonces, cada vector $\vec{x}$ de E se expresa de manera única como combinación lineal de los vectores de la base:

$$\vec{x}=\alpha_1\vec{u}_1+...+\alpha_n\vec{u}_n$$

Demostración

Como B es una base del espacio vectorial, los vectores $B=\{\vec{u}_1,\vec{u}_2,...,\vec{u}_n\}$ son sistemas de generadores y cada vector $\vec{x}$ de E se puede expresar como combinación lineal de los vectores de la base B. Supongamos que $\vec{x}$ se expresa de dos maneras diferentes en la base B:

$$\vec{x}=\sum_{i=1}^{n}\alpha_i\vec{u}_i, \qquad \vec{x}=\sum_{i=1}^{n}\beta_i\vec{u}_i$$

Restando ambas expresiones, se obtiene que:

$$\vec{0} = \sum_{i=1}^{n} (\alpha_i - \beta_i) \vec{u}_i$$

Como B es una base, los vectores $\vec{u}_1, \vec{u}_2, ..., \vec{u}_n$ son linealmente independientes, luego, $\alpha_i - \beta_i = 0$ y por tanto $\alpha_i = \beta_i$, $i = 1, 2, ..., n$. Es decir, la expresión del vector en la base es única.

■

A $(\alpha_1, \alpha_2, ..., \alpha_n)$ se les llama ***coordenadas*** o ***componentes*** del vector $\vec{x}$ respecto a la base B. El vector $\vec{x}$ se representa también escribiendo $\vec{x} = (\alpha_1, \alpha_2, ..., \alpha_n)_B$.

Ejemplo 5.2

Consideremos la base de $\mathbb{R}^3$ dada por $B = \{(1,1,2), (1,2,0), (1,0,0)\}$. Para hallar las coordenadas del vector $\vec{x} = (1,0,2)$ en la base B, expresamos el vector como combinación lineal de los vectores de la base y encontramos los coeficientes de la combinación lineal:

$$(1,0,2) = \alpha(1,1,2) + \beta(1,2,0) + \lambda(1,0,0)$$

Desarrollando la expresión anterior, obtenemos el siguiente sistema de ecuaciones lineales:

$$\begin{aligned} \alpha + \beta + \lambda &= 1 \\ \alpha + 2\beta \quad &= 0 \\ 2\alpha \quad &= 2 \end{aligned}$$

en el que la matriz de coeficientes tiene determinante distinto de cero:

$$\begin{vmatrix} 1 & 1 & 1 \\ 1 & 2 & 0 \\ 2 & 0 & 0 \end{vmatrix} = -4$$

Se trata, por tanto, de un sistema compatible determinado cuya única solución es $\alpha = 1, \beta = -\frac{1}{2}$, y $\lambda = \frac{1}{2}$, que constituyen las coordenadas del vector $\vec{x} = (1,0,2)$ en la base B. Así, el vector $\vec{x} = (1,0,2)$ puede representarse de la forma $\vec{x} = \left(1, -\frac{1}{2}, \frac{1}{2}\right)_B$.

■

Por último, el siguiente Teorema nos da un método sencillo para encontrar una base en un espacio vectorial del que se conoce previamente su dimensión (véase por ejemplo, el espacio $\mathbb{R}^n$).

TEOREMA 7

En un espacio vectorial de dimensión n, cualquier conjunto de n vectores linealmente independientes es una base.

Demostración

Sea E un espacio vectorial de dimensión n y sea $B=\{\vec{u}_1,\vec{u}_2,...,\vec{u}_n\}$ un conjunto de n vectores linealmente independientes. Para que B sea una base, es suficiente demostrar que forman un sistema de generadores. Razonando por reducción al absurdo, supongamos que no son un sistema de generadores, entonces existe al menos un vector $\vec{y}$ del espacio vectorial que no puede expresarse como combinación lineal de los vectores de $B=\{\vec{u}_1,\vec{u}_2,...,\vec{u}_n\}$. Luego, $\vec{y}$ no depende linealmente de los vectores $\{\vec{u}_1,\vec{u}_2,...,\vec{u}_n\}$, por tanto, el conjunto de vectores $\{\vec{u}_1,\vec{u}_2,...,\vec{u}_n,\vec{y}\}$ es linealmente independiente, lo cual contradice que la dimensión del espacio vectorial sea n, ya que la dimensión es el número máximo de vectores linealmente independientes de un espacio vectorial.

Como consecuencia, como la dimensión del espacio $\mathbb{R}^n$ es igual a n, para tener una base de $\mathbb{R}^n$, basta encontrar n vectores que sean linealmente independientes.

■

Ejemplo 5.3

Como la dimensión del espacio vectorial $\mathbb{R}^4$ es igual a 4, para obtener una base, según el resultado anterior, es suficiente con encontrar 4 vectores del espacio que sean linealmente independientes. Por ejemplo, los vectores de $\mathbb{R}^4$ dados por $\{(1,1,1,2),(0,1,3,4),(0,0,2,5),(0,0,-1,1)\}$ son linealmente independientes, ya que $\begin{vmatrix} 1 & 0 & 0 & 0 \\ 1 & 1 & 0 & 0 \\ 1 & 3 & 2 & -1 \\ 2 & 4 & 5 & 1 \end{vmatrix} \neq 0$ y, por tanto, forman una base de $\mathbb{R}^4$.

■

6. CAMBIO DE BASE EN UN ESPACIO VECTORIAL

En este epígrafe estudiaremos la relación que existe entre las coordenadas de un vector en dos bases de un espacio vectorial.

Sean $B=\{\vec{u}_1,\vec{u}_2,...,\vec{u}_n\}$ y $B'=\{\vec{v}_1,\vec{v}_2,...,\vec{v}_n\}$ dos bases de un espacio vectorial de dimensión n. Sabemos por el Teorema 6 que, dado un vector $\vec{x}\in E$, puede expresarse de forma única en cada base:

$$\vec{x}=x_1\vec{u}_1+x_2\vec{u}_2+...+x_n\vec{u}_n$$

$$\vec{x}=y_1\vec{v}_1+y_2\vec{v}_2+...+y_n\vec{v}_n$$

donde $(x_1,x_2,...,x_n)$ e $(y_1,y_2,...,y_n)$ son las coordenadas del vector $\vec{x}$ en las bases B y B' respectivamente. Nuestro objetivo es determinar la relación que existe entre las coordenadas del vector en las respectivas bases.

Al ser B una base, cada vector de B' puede expresarse de forma única en función de los vectores de la base B:

$$\begin{aligned}
\vec{v}_1 &= a_{11}\vec{u}_1+a_{21}\vec{u}_2+...+a_{n1}\vec{u}_n\\
\vec{v}_2 &= a_{12}\vec{u}_1+a_{22}\vec{u}_2+...+a_{n2}\vec{u}_n\\
&\vdots\\
\vec{v}_n &= a_{1n}\vec{u}_1+a_{2n}\vec{u}_2+...+a_{nn}\vec{u}_n
\end{aligned}$$

Igualando las expresiones del vector $\vec{x}$ en las dos bases y sustituyendo las expresiones de los vectores de la base B' en función de los vectores de la base B, resulta que:

$$\begin{aligned}
\vec{x} &= x_1\vec{u}_1+x_2\vec{u}_2+...+x_n\vec{u}_n=y_1\vec{v}_1+y_2\vec{v}_2+...+y_n\vec{v}_n=\\
&= y_1(a_{11}\vec{u}_1+a_{21}\vec{u}_2+...+a_{n1}\vec{u}_n)+y_2(a_{12}\vec{u}_1+a_{22}\vec{u}_2+...+a_{n2}\vec{u}_n)+\\
&\quad +...+y_n(a_{1n}\vec{u}_1+a_{2n}\vec{u}_2+...+a_{nn}\vec{u}_n)=\\
&= (y_1a_{11}+y_2a_{12}+...+y_na_{1n})\vec{u}_1+(y_1a_{21}+y_2a_{22}+...+y_na_{2n})\vec{u}_2+\\
&\quad +(y_1a_{n1}+y_2a_{n2}+...+y_na_{nn})\vec{u}_n
\end{aligned}$$

Como las coordenadas de un vector en una base son únicas, a partir de la expresión anterior, se tiene la siguiente relación entre las coordenadas del vector $\vec{x}$ en las bases B y B':

$$\begin{aligned}
x_1 &= y_1a_{11}+y_2a_{12}+...+y_na_{1n}\\
x_2 &= y_1a_{21}+y_2a_{22}+...+y_na_{2n}\\
&\vdots\\
x_n &= y_1a_{n1}+y_2a_{n2}+...+y_na_{nn}
\end{aligned}$$

Las ecuaciones anteriores se denominan ***ecuaciones del cambio de base*** entre B y B' y pueden expresarse matricialmente de la siguiente forma:

$$\begin{pmatrix} x_1 \\ x_2 \\ \vdots \\ x_n \end{pmatrix} = \begin{pmatrix} a_{11} & a_{12} & \dots & a_{1n} \\ a_{21} & a_{22} & \cdots & a_{2n} \\ \vdots & \vdots & \ddots & \vdots \\ a_{n1} & a_{n2} & \cdots & a_{nn} \end{pmatrix} \begin{pmatrix} y_1 \\ y_2 \\ \vdots \\ y_n \end{pmatrix}$$

o equivalentemente $X_B = AX_{B'}$, donde:

$$X_B = \begin{pmatrix} x_1 \\ x_2 \\ \vdots \\ x_n \end{pmatrix}, \quad X_{B'} = \begin{pmatrix} y_1 \\ y_2 \\ \vdots \\ y_n \end{pmatrix}, \quad A = \begin{pmatrix} a_{11} & a_{12} & \dots & a_{1n} \\ a_{21} & a_{22} & \cdots & a_{2n} \\ \vdots & \vdots & \ddots & \vdots \\ a_{n1} & a_{n2} & \cdots & a_{nn} \end{pmatrix}$$

La matriz A se denomina ***matriz de cambio de base*** y sus columnas están formadas por las coordenadas de los vectores de la base B' en la base B. La matriz de cambio de base es una matriz regular, ya que sus columnas son las coordenadas de n vectores linealmente independientes en la base B. Por tanto, la ecuación del cambio de base también puede escribirse de la forma:

$$X_{B'} = A^{-1} X_B$$

Ejemplo 6.1

Sean $B = \{(1,0,0),(1,1,0),(1,1,1)\}$ y $B' = \{(2,1,1),(1,-1,1),(-1,1,0)\}$ dos bases del espacio vectorial $\mathbb{R}^3$. Determinemos la matriz de cambio de base de B' a B y las ecuaciones del cambio de base. Para ello necesitamos en primer lugar hallar las coordenadas de los vectores de la base B' en la base B.

Para hallar las coordenadas del vector $(2,1,1)$ en B, se expresa el vector como combinación lineal de los vectores de la base y se determinan los coeficientes de la combinación lineal:

$$(2,1,1) = \alpha(1,0,0) + \beta(1,1,0) + \gamma(1,1,1)$$

La igualdad anterior es equivalente al sistema de ecuaciones siguiente

$$\begin{aligned} \alpha + \beta + \gamma &= 2 \\ \beta + \gamma &= 1 \\ \gamma &= 1 \end{aligned}$$

de donde $\alpha = 1, \beta = 0, \gamma = 1$. Así, las coordenadas del vector $(2,1,1)$ en la base B son $(1,0,1)$. De la misma forma se calculan las coordenadas de los dos vectores restantes de la base B', obteniéndose que $(1,-1,1) = (2,-2,1)_B$ y $(-1,1,0) = (-2,1,0)_B$.

La matriz de cambio de base de B' a B está dada por las coordenadas de los vectores de la base B' en la base B dispuestas en columnas:

$$A = \begin{pmatrix} 1 & 2 & -2 \\ 0 & -2 & 1 \\ 1 & 1 & 0 \end{pmatrix}$$

y la relación entre las coordenadas en las dos bases por:

$$\begin{pmatrix} x_1 \\ x_2 \\ x_3 \end{pmatrix} = \begin{pmatrix} 1 & 2 & -2 \\ 0 & -2 & 1 \\ 1 & 1 & 0 \end{pmatrix} \begin{pmatrix} y_1 \\ y_2 \\ y_3 \end{pmatrix}$$

donde (x_1, x_2, x_3) son las coordenadas del vector en la base B e (y_1, y_2, y_3), las coordenadas en la base B'. Por último, las ecuaciones del cambio de base se obtienen desarrollando la expresión matricial anterior:

$$\begin{aligned} x_1 &= y_1 + 2y_2 - 2y_3 \\ x_2 &= \quad -2y_2 + y_3 \\ x_3 &= y_1 + y_2 \end{aligned}$$

■

7. Productos Escalares. Norma de un Vector. Ortogonalidad

7.1. *Producto Escalar*

Sea E un espacio vectorial sobre $\mathbb{R}$. Se llama ***producto escalar*** sobre E a una aplicación $\langle , \rangle : E \times E \to \mathbb{R}$ que cumple las siguientes propiedades:

1. $\langle \vec{x}, \vec{x} \rangle \geq 0$ (no negatividad)

2. $\langle \vec{x}, \vec{x} \rangle = 0 \Leftrightarrow \vec{x} = \vec{0}$

3. $\langle \vec{x}, \vec{y} \rangle = \langle \vec{y}, \vec{x} \rangle$ (simetría)

4. $\langle \alpha\vec{x} + \beta\vec{y}, \vec{z} \rangle = \alpha\langle \vec{x}, \vec{z} \rangle + \beta\langle \vec{y}, \vec{z} \rangle$ (linealidad)

Un ***espacio vectorial euclídeo*** es un espacio vectorial sobre el que se ha definido un producto escalar.

Veamos a continuación el producto escalar que usaremos con más frecuencia durante el curso, nos referimos al producto escalar usual sobre el espacio vectorial $\mathbb{R}^n$.

Dados dos vectores $\vec{x}=(x_1,x_2,...,x_n)$, $\vec{y}=(y_1,y_2,...,y_n)$ de $\mathbb{R}^n$, se define el ***producto escalar usual*** de $\vec{x},\vec{y}$ como el número real:

$$\langle\vec{x},\vec{y}\rangle = x_1y_1 + x_2y_2 + ... + x_ny_n = \sum_{i=1}^{n} x_iy_i$$

Resulta sencillo comprobar que el producto que acabamos de definir cumple las propiedades de no negatividad, simetría y linealidad que caracterizan a un producto escalar.

Ejemplo 7.1

1) El producto escalar de los vectores $\vec{x}=(1,3)$, $\vec{y}=(-2,4)$ está dado por:

$$\langle\vec{x},\vec{y}\rangle = 1\cdot(-2)+3\cdot 4 = 10$$

2) El producto escalar de los vectores $\vec{x}=(1,0,3)$, $\vec{y}=(0,2,4)$ está dado por:

$$\langle\vec{x},\vec{y}\rangle = 1\cdot 0+0\cdot 2+3\cdot 4 = 12$$

■

Ejemplo 7.2

En un almacén se encuentran n bienes en cantidades $x_1,x_2,...,x_n$, con precios por unidad $p_1,p_2,...,p_n$. El valor total de los bienes que se encuentran en el almacén está dado por el producto escalar usual del vector de precios $\vec{p}=(p_1,p_2,...,p_n)$ y el vector de cantidades $\vec{x}=(x_1,x_2,...,x_n)$ dado por $\langle\vec{p},\vec{x}\rangle = p_1x_1 + p_2x_2 + ... + p_nx_n = \sum_{i=1}^{n} p_ix_i$.

■

7.2. *Norma de un Vector*

A partir del concepto de producto escalar es posible definir la norma de un vector de $\mathbb{R}^n$.

Sea E un espacio vectorial sobre el que se ha definido un producto escalar $\langle\ ,\ \rangle$. Se define ***la norma*** de un vector $\vec{x}=(x_1,x_2,...,x_n)$ como el número real dado por:

$$\|\vec{x}\| = \sqrt{\langle\vec{x},\vec{x}\rangle}$$

Teniendo en cuenta las propiedades del producto escalar, la norma de un vector cumple las siguientes propiedades:

1. $\|\vec{x}\| \geq 0, \quad \forall \vec{x} \in \mathbb{R}^n$

2. $\|\vec{x}\| = 0 \Leftrightarrow \vec{x} = \vec{0}$

3. $\|\alpha\vec{x}\| = |\alpha|\|\vec{x}\|, \quad \forall \alpha \in \mathbb{R}, \ \forall \vec{x} \in \mathbb{R}^n$

En el caso del espacio vectorial $\mathbb{R}^n$ sobre el que se ha definido el producto escalar usual, la norma correspondiente de un vector $\vec{x} = (x_1, x_2, ..., x_n)$ está dada por:

$$\| \vec{x} \| = \sqrt{\langle \vec{x}, \vec{x} \rangle} = \sqrt{x_1^2 + x_2^2 + ... + x_n^2}$$

Ejemplo 7.3

1) La norma del vector $\vec{x} = (1,2)$ de $\mathbb{R}^2$ está dada por $\| \vec{x} \| = \sqrt{1^2 + 2^2} = \sqrt{5}$.

2) La norma del vector $\vec{x} = (-1,2,3)$ de $\mathbb{R}^3$ es $\| \vec{x} \| = \sqrt{(-1)^2 + 2^2 + 3^2} = \sqrt{14}$.

■

La norma de un vector del espacio vectorial $\mathbb{R}^n$ determina su longitud. Consideremos, por ejemplo, el vector $\vec{x} = (x_1, x_2)$ de $\mathbb{R}^2$, la norma del vector $\vec{x}$ dada por $\|\vec{x}\| = \sqrt{x_1^2 + x_2^2}$ coincide con la longitud del vector:

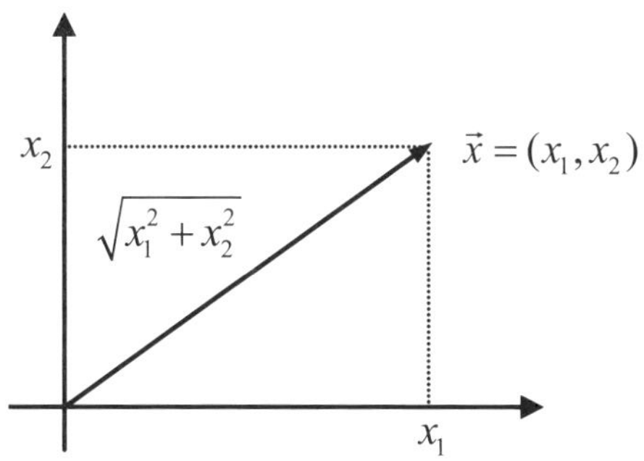

Figura. 3.3. Norma de un vector de $\mathbb{R}^2$.

Un vector $\vec{x}$ se llama ***unitario*** si su norma es igual a 1.

Cualquier vector $\vec{x}$ no nulo se convierte en unitario si lo dividimos por su norma. Es decir, si $\vec{x} \neq \vec{0}$, el vector $\dfrac{\vec{x}}{\|\vec{x}\|}$ siempre es unitario, ya que, aplicando la Propiedad 3 de la norma se cumple que:

$$\left\| \frac{\vec{x}}{\|\vec{x}\|} \right\| = \left\| \frac{1}{\|\vec{x}\|} \vec{x} \right\| = \frac{1}{\|\vec{x}\|} \|\vec{x}\| = 1$$

Ejemplo 7.4

Para normalizar el vector $\vec{x}=(1,1,1)$, calculamos en primer lugar su norma $\|\vec{x}\|=\sqrt{3}$ y hallamos el vector $\dfrac{\vec{x}}{\|\vec{x}\|}=\dfrac{1}{\sqrt{3}}(1,1,1)=(\dfrac{1}{\sqrt{3}},\dfrac{1}{\sqrt{3}},\dfrac{1}{\sqrt{3}})$ que será unitario como puede comprobarse fácilmente.

■

Otra propiedad importante es la siguiente:

TEOREMA 8 (DESIGUALDAD DE SCHWARTZ)

Sea E un espacio vectorial euclídeo con producto escalar $\langle\ ,\ \rangle$. Para cada par de vectores $\vec{x}$, $\vec{y}$ se cumple que:

$$\left|\langle \vec{x},\vec{y}\rangle\right| \le \|\vec{x}\|\|\vec{y}\|$$

Demostración

Supongamos que el vector $\vec{y}$ es distinto del vector cero (si $\vec{y}$ fuera igual al vector cero, la tesis del Teorema es evidente). Debido a la no negatividad del producto escalar, el vector $\vec{x}-\lambda\vec{y}$ cumple que:

$$\langle \vec{x}-\lambda\vec{y},\vec{x}-\lambda\vec{y}\rangle \ge 0$$

para cada $\lambda\in\mathbb{R}$. Desarrollando la expresión anterior, resulta que:

$$\langle \vec{x},\vec{x}\rangle - 2\lambda\langle \vec{x},\vec{y}\rangle + \lambda^2\langle \vec{y},\vec{y}\rangle \ge 0.$$

Si tomamos $\lambda=\dfrac{\langle \vec{x},\vec{y}\rangle}{\langle \vec{y},\vec{y}\rangle}$ en la desigualdad anterior, se obtiene que:

$$\langle \vec{x},\vec{x}\rangle - 2\frac{\langle \vec{x},\vec{y}\rangle}{\langle \vec{y},\vec{y}\rangle}\langle \vec{x},\vec{y}\rangle + \frac{\langle \vec{x},\vec{y}\rangle^2}{\langle \vec{y},\vec{y}\rangle^2}\langle \vec{y},\vec{y}\rangle \ge 0$$

es decir,

$$\langle \vec{x},\vec{x}\rangle - 2\frac{\langle \vec{x},\vec{y}\rangle^2}{\langle \vec{y},\vec{y}\rangle} + \frac{\langle \vec{x},\vec{y}\rangle^2}{\langle \vec{y},\vec{y}\rangle} \ge 0$$

Como $\langle \vec{x},\vec{x}\rangle=\|\vec{x}\|^2$ y $\langle \vec{y},\vec{y}\rangle=\|\vec{y}\|^2$, simplificando, se llega a que:

$$\|\vec{x}\|^2 - \frac{\langle \vec{x},\vec{y}\rangle^2}{\|\vec{y}\|^2} \ge 0$$

Lo cual es equivalente, multiplicando por $\|\vec{y}\|^2$, a que:

$$\|\vec{x}\|^2\|\vec{y}\|^2 - \langle\vec{x},\vec{y}\rangle^2 \geq 0$$

de donde:

$$\langle\vec{x},\vec{y}\rangle^2 \leq \|\vec{x}\|^2\|\vec{y}\|^2$$

y por tanto:

$$|\langle\vec{x},\vec{y}\rangle| \leq \|\vec{x}\|\|\vec{y}\|$$

■

Como consecuencia de la desigualdad de Schwartz se obtiene otra desigualdad importante:

TEOREMA 9 (DESIGUALDAD TRIANGULAR O DE MINKOWSKI)

Sea E un espacio vectorial euclídeo con producto escalar $\langle\ ,\ \rangle$, entonces, para cada par de vectores $\vec{x}$, $\vec{y}$ se cumple que:

$$\|\vec{x}+\vec{y}\| \leq \|\vec{x}\| + \|\vec{y}\|$$

Demostración

Calculemos el valor de $\|\vec{x}+\vec{y}\|^2$ y apliquemos la desigualdad de Schwartz:

$$\|\vec{x}+\vec{y}\|^2 = \langle\vec{x}+\vec{y},\vec{x}+\vec{y}\rangle = \langle\vec{x},\vec{x}\rangle + 2\langle\vec{x},\vec{y}\rangle + \langle\vec{y},\vec{y}\rangle \leq$$
$$\leq \|\vec{x}\|^2 + 2\|\vec{x}\|\|\vec{y}\| + \|\vec{y}\|^2 = \left(\|\vec{x}\|^2 + \|\vec{y}\|^2\right)^2$$

de donde resulta que:

$$\|\vec{x}+\vec{y}\|^2 \leq \left(\|\vec{x}\| + \|\vec{y}\|\right)^2$$

Como los elementos elevados al cuadrado de ambos miembros de la desigualdad son positivos, se tiene que:

$$\|\vec{x}+\vec{y}\| \leq \|\vec{x}\| + \|\vec{y}\|$$

■

Ejemplo 7.5

Si consideramos el espacio euclídeo $\mathbb{R}^n$ con el producto escalar usual, las desigualdades de Schwartz y de Minkowski para dos vectores cualesquiera $\vec{x} = (x_1, x_2, ..., x_n)$ e $\vec{y} = (y_1, y_2, ..., y_n)$ de $\mathbb{R}^n$ afirman que:

$$|x_1y_1 + x_2y_2 + ... + x_ny_n| \leq \sqrt{x_1^2 + x_2^2 + ... + x_n^2}\ \sqrt{y_1^2 + y_2^2 + ... + y_n^2}$$

$$\sqrt{\sum_{i=1}^{n}(x_i + y_i)^2} \leq \sqrt{\sum_{i=1}^{n} x_i^2} + \sqrt{\sum_{i=1}^{n} y_i^2}$$

■

7.3. *ÁNGULO ENTRE VECTORES. VECTORES ORTOGONALES*

7.3.1. Ángulo entre vectores

Como consecuencia de la desigualdad de Schwartz se tiene que:

$$\frac{|\langle \vec{x}, \vec{y} \rangle|}{\|\vec{x}\|\|\vec{y}\|} \leq 1$$

de donde:

$$-1 \leq \frac{\langle \vec{x}, \vec{y} \rangle}{\|\vec{x}\|\|\vec{y}\|} \leq 1$$

Dados dos vectores $\vec{x}$ e $\vec{y}$ no nulos de $\mathbb{R}^n$ se define el ***ángulo*** α entre $\vec{x}$ e $\vec{y}$ como el único número real α, $0 \leq \alpha \leq \pi$, que cumple:

$$\cos\alpha = \frac{\langle \vec{x}, \vec{y} \rangle}{\|\vec{x}\|\|\vec{y}\|}$$

El ángulo α viene dado, por tanto, por:

$$\alpha = \arccos\frac{\langle \vec{x}, \vec{y} \rangle}{\|\vec{x}\|\|\vec{y}\|}$$

Ejemplo 7.6

El ángulo formado por los vectores $\vec{x} = (3,4)$, $\vec{y} = (4,1)$ del espacio vectorial $\mathbb{R}^2$ es igual a:

$$\alpha = \arccos\frac{\langle \vec{x}, \vec{y} \rangle}{\|\vec{x}\|\|\vec{y}\|} = \arccos\frac{16}{\sqrt{3^2 + 4^2}\sqrt{4^2 + 1^2}} = \arccos\frac{16}{5\sqrt{17}} = 0,682$$

Como consecuencia de la definición de ángulo entre vectores, el producto escalar de dos vectores puede expresarse equivalentemente de la siguiente forma:

$$\langle \vec{x}, \vec{y} \rangle = \|\vec{x}\|\|\vec{y}\|\cos\alpha$$

■

7.3.2. Ortogonalidad

Dos vectores $\vec{x}$, $\vec{y}$ de un espacio vectorial E sobre el que hay definido un producto escalar se llaman ***ortogonales*** si su producto escalar es cero.

Si representamos con el símbolo $\vec{x} \perp \vec{y}$ dos vectores ortogonales, se tiene que:

$$\vec{x} \perp \vec{y} \Leftrightarrow \langle \vec{x}, \vec{y} \rangle = 0$$

A partir de la definición equivalente de producto escalar, es fácil ver que dos vectores no nulos son ortogonales si el ángulo que forman es de $\frac{\pi}{2}$:

$$\vec{x} \perp \vec{y} \Leftrightarrow \langle \vec{x}, \vec{y} \rangle = 0 \Leftrightarrow \cos\alpha = 0 \Leftrightarrow \alpha = \frac{\pi}{2}$$

Ejemplo 7.7

Los vectores $\vec{x} = (-3,4)$, $\vec{y} = (4,3)$ son ortogonales, ya que su producto escalar es cero: $\langle \vec{x}, \vec{y} \rangle = -3 \cdot 4 + 4 \cdot 3 = 0$

■

Hay un tipo especial de bases en un espacio vectorial en las que los vectores de la base son ortogonales entre sí y además son unitarios. Este tipo de bases se denominan ***bases ortonormales*** y son muy útiles a la hora de trabajar en un espacio vectorial. Concretamente:

Una base $B = \{\vec{x}_1, \vec{x}_2, ..., \vec{x}_n\}$ de un espacio vectorial es ***ortonormal*** si se cumple:

i) Los vectores son ortogonales entre sí: $\langle \vec{x}_i, \vec{x}_j \rangle = 0, \quad \forall i \neq j$

ii) Los vectores son unitarios: $\|\vec{x}_i\| = 1, \quad i = 1, 2, \ldots, n$

Ejemplo 7.8

1) La base canónica de $\mathbb{R}^2$, $B = \{\vec{e}_1, \vec{e}_2\}$, donde $\vec{e}_1 = (1,0)$ y $\vec{e}_2 = (0,1)$ es ortonormal. Observemos que los vectores $\vec{e}_1$ y $\vec{e}_2$ son ortogonales, ya que $\langle (1,0),(0,1) \rangle = 1 \cdot 0 + 0 \cdot 1 = 0$ y además unitarios, ya que $\|(1,0)\|^2 = 1^2 + 0^2 = 1$ y $\|(0,1)\|^2 = 0^2 + 1^2 = 1$.

2) Resulta sencillo comprobar que la base canónica de $\mathbb{R}^n$ es una base ortonormal.

■

Dado un espacio vectorial E de dimensión n, siempre es posible encontrar una base ortonormal de E. El procedimiento que lo permite se denomina método de ortonormalización de Gram-Schmidt.

7.3.3. Método de ortonormalización de Gram-Schmidt

Dada una base $B=\{\vec{u}_1,\vec{u}_2,...,\vec{u}_n\}$ de un espacio vectorial euclídeo E, el método de ortogonalización de Gram-Schmidt construye una base ortogonal $B'=\{\vec{e}_1,\vec{e}_2,...,\vec{e}_n\}$ del espacio vectorial a partir de la base dada. Para conseguir una base ortonormal, bastará dividir cada vector de la base obtenida por su norma. Veamos la descripción del método.

Si $B=\{\vec{u}_1,\vec{u}_2,...,\vec{u}_n\}$ es una base cualquiera, la nueva base ortogonal $B'=\{\vec{e}_1,\vec{e}_2,...,\vec{e}_n\}$ se construye de la siguiente forma. El primer vector $\vec{e}_1$ coincide con el vector $\vec{u}_1$, así, $\vec{e}_1=\vec{u}_1$. El segundo vector $\vec{e}_2$ lo buscamos dentro del subespacio generado por el vector $\vec{u}_1$ y $\vec{u}_2$, exigiéndole que cumpla $\vec{u}_2=\lambda\vec{e}_1+\vec{e}_2$, de donde $\vec{e}_2=\vec{u}_2-\lambda\vec{e}_1$. Como el vector $\vec{e}_2$ ha de ser perpendicular al vector $\vec{e}_1$, entonces:

$$\langle\vec{e}_2,\vec{e}_1\rangle=\langle\vec{u}_2-\lambda\vec{e}_1,\vec{e}_1\rangle=\langle\vec{u}_2,\vec{e}_1\rangle-\lambda\langle\vec{e}_1,\vec{e}_1\rangle=0$$

y despejando el valor de λ, se tiene que $\lambda=\dfrac{\langle\vec{u}_2,\vec{e}_1\rangle}{\|\vec{e}_1\|^2}$ y, por tanto, el segundo vector de la nueva base está dado por:

$$\vec{e}_2=\vec{u}_2-\frac{\langle\vec{u}_2,\vec{e}_1\rangle}{\|\vec{e}_1\|^2}\vec{e}_1$$

Para hallar el tercer vector de la base, realizamos un razonamiento similar. Suponemos que $\vec{e}_3$ puede expresarse de la forma $\vec{e}_3=\vec{u}_3-\lambda_1\vec{e}_1-\lambda_2\vec{e}_2$. Como el vector $\vec{e}_3$ ha de ser perpendicular a los vectores $\vec{e}_1$ y $\vec{e}_2$, entonces:

$$\langle\vec{e}_3,\vec{e}_1\rangle=\langle\vec{u}_3-\lambda_1\vec{e}_1-\lambda_2\vec{e}_2,\vec{e}_1\rangle=\langle\vec{u}_3,\vec{e}_1\rangle-\lambda_1\langle\vec{e}_1,\vec{e}_1\rangle-\lambda_2\langle\vec{e}_2,\vec{e}_1\rangle=\langle\vec{u}_3,\vec{e}_1\rangle-\lambda_1\langle\vec{e}_1,\vec{e}_1\rangle=0$$
$$\langle\vec{e}_3,\vec{e}_2\rangle=\langle\vec{u}_3-\lambda_1\vec{e}_1-\lambda_2\vec{e}_2,\vec{e}_2\rangle=\langle\vec{u}_3,\vec{e}_2\rangle-\lambda_1\langle\vec{e}_1,\vec{e}_2\rangle-\lambda_2\langle\vec{e}_2,\vec{e}_2\rangle=\langle\vec{u}_3,\vec{e}_2\rangle-\lambda_2\langle\vec{e}_2,\vec{e}_2\rangle=0$$

de donde, despejando λ_1,λ_2 se tiene que $\lambda_1=\dfrac{\langle\vec{u}_3,\vec{e}_1\rangle}{\|\vec{e}_1\|^2}$ y $\lambda_2=\dfrac{\langle\vec{u}_3,\vec{e}_2\rangle}{\|\vec{e}_2\|^2}$ y por tanto el vector $\vec{e}_3$ está dado por:

$$\vec{e}_3=\vec{u}_3-\frac{\langle\vec{u}_3,\vec{e}_1\rangle}{\|\vec{e}_1\|^2}\vec{e}_1-\frac{\langle\vec{u}_3,\vec{e}_2\rangle}{\|\vec{e}_2\|^2}\vec{e}_2$$

Repitiendo el proceso de construcción, cada vector $\vec{e}_i$ de la nueva base está dado por:

$$\vec{e}_i = \vec{u}_i - \frac{\langle \vec{u}_i, \vec{e}_1 \rangle}{\|\vec{e}_1\|^2}\vec{e}_1 - \frac{\langle \vec{u}_i, \vec{e}_2 \rangle}{\|\vec{e}_2\|^2}\vec{e}_2 - \dots - \frac{\langle \vec{u}_i, \vec{e}_{i-1} \rangle}{\|\vec{e}_{i-1}\|^2}\vec{e}_{i-1}$$

y sería ortogonal a todos los $\vec{e}_1, \vec{e}_2, \dots, \vec{e}_{i-1}$ anteriores. Así se obtienen n vectores ortogonales en un espacio de dimensión n, que han de ser linealmente independientes (véase el problema resuelto nº 15) y, por tanto, forman una base de E.

Resumiendo el proceso de construcción, se tiene que, si $B = \{\vec{u}_1, \vec{u}_2, \dots, \vec{u}_n\}$ es una base cualquiera de un espacio vectorial E, la base $B' = \{\vec{e}_1, \vec{e}_2, \dots, \vec{e}_n\}$ es una base ortogonal del espacio, donde:

$$\vec{e}_1 = \vec{u}_1$$

$$\vec{e}_2 = \vec{u}_2 - \frac{\langle \vec{u}_2, \vec{e}_1 \rangle}{\|\vec{e}_1\|^2}\vec{e}_1$$

$$\vdots$$

$$\vec{e}_n = \vec{u}_n - \frac{\langle \vec{u}_n, \vec{e}_1 \rangle}{\|\vec{e}_1\|^2}\vec{e}_1 - \frac{\langle \vec{u}_n, \vec{e}_2 \rangle}{\|\vec{e}_2\|^2}\vec{e}_2 - \dots - \frac{\langle \vec{u}_n, \vec{e}_{n-1} \rangle}{\|\vec{e}_{n-1}\|^2}\vec{e}_{n-1}$$

Por último, la base ortonormal $B' = \{\vec{v}_1, \vec{v}_2, \dots, \vec{v}_n\}$ se obtiene normalizando los vectores:

$$\vec{v}_1 = \frac{\vec{e}_1}{\|\vec{e}_1\|}, \vec{v}_2 = \frac{\vec{e}_2}{\|\vec{e}_2\|}, \dots, \vec{v}_n = \frac{\vec{e}_n}{\|\vec{e}_n\|}$$

Ejemplo 7.9

Consideremos la base del espacio vectorial $\mathbb{R}^3$ dada por $B = \{(1,1,1),(1,1,0),(1,0,0)\}$. La base B no es una base ortonormal, ya que los vectores que la forman no son ortogonales. Por ejemplo, los vectores $(1,1,0)$ y $(1,1,1)$ no son ortogonales, ya que $\langle (1,1,0),(1,1,1) \rangle = 2$. Vamos a continuación a aplicar el método de Gram-Schmidt para hallar a partir de la base dada una base que sea ortonormal. En primer lugar construiremos una base ortogonal y después convertiremos cada vector en un vector unitario para que la base sea ortonormal.

Llamemos $\vec{u}_1, \vec{u}_2, \vec{u}_3$ a los vectores de la base dada. El primer vector $\vec{e}_1$ de la nueva base coincide con el primer vector $\vec{u}_1$ de la base dada, así, $\vec{e}_1 = (1,1,1)$. Para hallar $\vec{e}_2$, aplicamos la fórmula obtenida en el método de Gram-Schmidt:

$$\vec{e}_2 = \vec{u}_2 - \frac{\langle \vec{u}_2, \vec{e}_1 \rangle}{\|\vec{e}_1\|^2}\vec{e}_1$$

Como $\langle \vec{u}_2, \vec{e}_1 \rangle = \langle (1,1,0),(1,1,1) \rangle = 2$ y $\|\vec{e}_1\|^2 = 1^2 + 1^2 + 1^2 = 3$, entonces se tiene que:

$$\vec{e}_2 = \vec{u}_2 - \frac{\langle \vec{u}_2, \vec{e}_1 \rangle}{\|\vec{e}_1\|^2}\vec{e}_1 = (1,1,0) - \frac{2}{3}(1,1,1) = (\frac{1}{3},\frac{1}{3},-\frac{2}{3})$$

Para hallar el vector $\vec{e}_3$, tenemos en cuenta que:

$$\vec{e}_3 = \vec{u}_3 - \frac{\langle \vec{u}_3, \vec{e}_1 \rangle}{\|\vec{e}_1\|^2}\vec{e}_1 - \frac{\langle \vec{u}_3, \vec{e}_2 \rangle}{\|\vec{e}_2\|^2}\vec{e}_2$$

Como $\langle \vec{u}_3, \vec{e}_1 \rangle = \langle (1,0,0),(1,1,1) \rangle = 1$, $\langle \vec{u}_3, \vec{e}_2 \rangle = \left\langle (1,0,0),(\frac{1}{3},\frac{1}{3},-\frac{2}{3}) \right\rangle = \frac{1}{3}$

y $\|\vec{e}_1\|^2 = 1^2 + 1^2 + 1^2 = 3$, $\|\vec{e}_2\|^2 = \left(\frac{1}{3}\right)^2 + \left(\frac{1}{3}\right)^2 + \left(-\frac{2}{3}\right)^2 = \frac{2}{3}$, entonces se tiene que:

$$\vec{e}_3 = \vec{u}_3 - \frac{\langle \vec{u}_3, \vec{e}_1 \rangle}{\|\vec{e}_1\|^2}\vec{e}_1 - \frac{\langle \vec{u}_3, \vec{e}_2 \rangle}{\|\vec{e}_2\|^2}\vec{e}_2 = (1,0,0) - \frac{1}{3}(1,1,1) - \frac{1}{2}(\frac{1}{3},\frac{1}{3},-\frac{2}{3}) = (\frac{1}{2},-\frac{1}{2},0)$$

La base de vectores ortogonales está formada por $\left\{(1,1,1),(\frac{1}{3},\frac{1}{3},-\frac{2}{3}),(\frac{1}{2},-\frac{1}{2},0)\right\}$. Para encontrar una base ortonormal, basta dividir cada vector por su norma, convirtiéndose así en vectores unitarios. De esta forma, la base ortonormal está dada por los vectores:

$$\vec{v}_1 = \frac{\vec{e}_1}{\|\vec{e}_1\|} = \frac{1}{\sqrt{3}}(1,1,1) = \left(\frac{1}{\sqrt{3}},\frac{1}{\sqrt{3}},\frac{1}{\sqrt{3}}\right)$$

$$\vec{v}_2 = \frac{\vec{e}_2}{\|\vec{e}_2\|} = \frac{1}{\sqrt{2/3}}(\frac{1}{3},\frac{1}{3},-\frac{2}{3}) = \left(\frac{1}{\sqrt{6}},\frac{1}{\sqrt{6}},-\frac{2}{\sqrt{6}}\right)$$

$$\vec{v}_3 = \frac{\vec{e}_3}{\|\vec{e}_3\|} = \frac{1}{\sqrt{2/3}}(\frac{1}{2},-\frac{1}{2},0) = \left(\frac{1}{\sqrt{2}},-\frac{1}{\sqrt{2}},0\right)$$

■

EJERCICIOS RESUELTOS

1. Sea el conjunto de los polinomios de grado menor o igual que 3 con coeficientes reales $P_3[x]=\{a_0+a_1x+a_2x^2+a_3x^3 : a_i\in\mathbb{R}\}$ en el que se consideran la ley de composición interna definida por la suma de polinomios:

$$(a_0+a_1x+a_2x^2+a_3x^3)+\left(b_0+b_1x+b_2x^2+b_3x^3\right)=$$
$$=a_0+b_0+(a_1+b_1)x+(a_2+b_2)x^2+(a_3+b_3)x^3$$

y la ley de composición externa dada por el producto de un polinomio por un número real:

$$\alpha(a_0+a_1x+a_2x^2+a_3x^3)=\alpha a_0+\alpha a_1x+\alpha a_2x^2+\alpha a_3x^3$$

Demuestre que $P_3[x]$ es un espacio vectorial sobre el cuerpo de los números reales $\mathbb{R}$.

Solución

En primer lugar, es fácil ver que es un grupo conmutativo, ya que la suma de polinomios es asociativa, conmutativa, tiene elemento neutro dado por el polinomio idénticamente cero y cada elemento $P(x)=a_0+a_1x+a_2x^2+a_3x^3$ tiene simétrico dado por $-P(x)=-a_0-a_1x-a_2x^2-a_3x^3$.

Por otra parte, la ley de composición externa dada por el producto de un polinomio por un número real cumple las propiedades:

i) $(\alpha+\beta)P(x)=\alpha P(x)+\beta P(x)$, $\forall\alpha,\beta\in\mathbb{R}, \forall P(x)\in P_3[x]$, ya que:

$$(\alpha+\beta)(a_0+a_1x+a_2x^2+a_3x^3)=$$
$$=(\alpha+\beta)a_0+(\alpha+\beta)a_1x+(\alpha+\beta)a_2x^2+(\alpha+\beta)a_3x^3=$$
$$=\alpha a_0+\alpha a_1x+\alpha a_2x^2+\alpha a_3x^3+\beta a_0+\beta a_1x+\beta a_2x^2+\beta a_3x^3=$$
$$=\alpha\left(a_0+a_1x+a_2x^2+a_3x^3\right)+\beta\left(a_0+a_1x+a_2x^2+a_3x^3\right)$$

ii) $\alpha(P(x)+Q(x))=\alpha P(x)+\alpha Q(x)$, $\forall\alpha\in\mathbb{R}, \forall P(x), Q(x)\in P_3[x]$, ya que:

$$\alpha\left[(a_0+a_1x+a_2x^2+a_3x^3)+\left(b_0+b_1x+b_2x^2+b_3x^3\right)\right]=$$
$$=\alpha\left[a_0+b_0+(a_1+b_1)x+(a_2+b_2)x^2+(a_3+b_3)x^3\right]=$$

$$= \alpha(a_0 + b_0) + \alpha(a_1 + b_1)x + \alpha(a_2 + b_2)x^2 + \alpha(a_3 + b_3)x^3 =$$
$$= \alpha(a_0 + a_1x + a_2x^2 + a_3x^3) + \beta\left(b_0 + b_1x + b_2x^2 + b_3x^3\right)$$

iii) $\alpha\left(\beta P(x)\right) = \left(\alpha\beta\right)P(x)$, $\forall \alpha, \beta \in \mathbb{R}, \forall P(x) \in P_3\left[x\right]$, ya que:

$$\alpha\left[\beta(a_0 + a_1x + a_2x^2 + a_3x^3)\right] = \alpha\left(\beta a_0 + \beta a_1x + \beta a_2x^2 + \beta a_3x^3\right) =$$
$$= \alpha\beta a_0 + \alpha\beta a_1x + \alpha\beta a_2x^2 + \alpha\beta a_3x^3 = \left(\alpha\beta\right)\left(a_0 + a_1x + a_2x^2 + a_3x^3\right)$$

iv) $1P(x) = P(x)$, $\forall P(x) \in P_3\left[x\right]$

$$1(a_0 + a_1x + a_2x^2 + a_3x^3) = a_0 + a_1x + a_2x^2 + a_3x^3$$

Por tanto, $(P_3\left[x\right], +, \cdot)$ es un espacio vectorial sobre el cuerpo de los números reales $\mathbb{R}$.

2. Estudie si el subconjunto de $\mathbb{R}^3$ dado por $S = \left\{(x, y, 0) : xy = 0\right\}$ es un subespacio vectorial.

Solución

Hemos de demostrar que el subconjunto S es cerrado respecto de la suma y respecto del producto por escalares, o bien equivalentemente, que cualquier combinación lineal de elementos de S sigue perteneciendo a S. Sean $(x_1, y_1, 0), (x_2, y_2, 0)$ dos elementos cualesquiera de S, veamos si cualquier combinación lineal de ellos sigue siendo un elemento de S:

$$\alpha(x_1, y_1, 0) + \beta\,(x_2, y_2, 0) = (\alpha x_1, \alpha y_1, 0) + (\beta x_2, \beta y_2, 0) = \left(\alpha x_1 + \beta x_2, \alpha y_1 + \beta y_2, 0\right)$$

ahora bien, el elemento $\left(\alpha x_1 + \beta x_2, \alpha y_1 + \beta y_2, 0\right)$ pertenece a S si y sólo si se cumple que $(\alpha x_1 + \beta x_2)(\alpha y_1 + \beta y_2) = 0$. Como $(x_1, y_1, 0), (x_2, y_2, 0)$ son elementos de S, entonces, $x_1y_1 = 0, x_2y_2 = 0$, por tanto:

$$(\alpha x_1 + \beta x_2)(\alpha y_1 + \beta y_2) = \alpha^2 x_1y_1 + \alpha\beta x_1y_2 + \alpha\beta x_2y_1 + \beta^2 x_2y_2 = \alpha\beta(x_1y_2 + x_2y_1).$$

Como en general $\alpha\beta(x_1y_2 + x_2y_1) \neq 0$, el vector $\left(\alpha x_1 + \beta x_2, \alpha y_1 + \beta y_2, 0\right)$ no pertenece a S para cualquier valor de α y β y, entonces, S no es un subespacio vectorial.

3. Demuestre que el subconjunto de $\mathbb{R}^4$ dado por:

$$S = \left\{(x, y, z, t) : x - 2y + z + t = 0,\ x + y - 3z - t = 0\right\}$$

es un subespacio vectorial.

Solución

El subconjunto S de $\mathbb{R}^4$ está formado por las soluciones del sistema de ecuaciones homogéneo $x-2y+z+t=0,\ x+y-3z-t=0$. Escribimos el sistema en forma matricial $A\vec{x}=\vec{0}$, donde $A=\begin{pmatrix}1 & -2 & 1 & 1\\ 1 & 1 & -3 & -1\end{pmatrix}$ y $\vec{x}=\begin{pmatrix}x & y & z & t\end{pmatrix}^t$. Para probar que S es un subespacio vectorial, consideramos dos vectores $\vec{x},\vec{y}$ pertenecientes a S y comprobamos que una combinación lineal cualquiera de ellos $\alpha\vec{x}+\beta\vec{y}$ sigue perteneciendo a S. Al ser $\vec{x},\vec{y}$ vectores de S, se cumple que $A\vec{x}=\vec{0}$ y $A\vec{y}=\vec{0}$, de donde:

$$A(\alpha\vec{x}+\beta\vec{y})=A(\alpha\vec{x})+A(\beta\vec{y})=\alpha A\vec{x}+\beta A\vec{y}=\alpha\vec{0}+\beta\vec{0}=\vec{0},\quad \forall\alpha,\beta\in\mathbb{R}$$

y S es un subespacio vectorial de $\mathbb{R}^n$.

4. Demuestre que el subconjunto de M_2 definido por:

$$S=\left\{\begin{pmatrix}a & b\\ -b & 0\end{pmatrix}\in M_2 : a,b\in\mathbb{R}\right\}$$

es un subespacio vectorial del conjunto de matrices cuadradas de orden 2.

Solución

Veamos que cualquier combinación lineal de matrices de S es una matriz que pertenece a S. Sean $A=\begin{pmatrix}a_1 & b_1\\ -b_1 & 0\end{pmatrix}$ y $B=\begin{pmatrix}a_2 & b_2\\ -b_2 & 0\end{pmatrix}$ dos matrices cualesquiera del subconjunto S y sea $\alpha A+\beta B$ una combinación lineal de las matrices A y B. Comprobemos que la matriz $\alpha A+\beta B$ pertenece a S para cada $\alpha,\beta\in\mathbb{R}$. En efecto,

$$\alpha A+\beta B=\alpha\begin{pmatrix}a_1 & b_1\\ -b_1 & 0\end{pmatrix}+\beta\begin{pmatrix}a_2 & b_2\\ -b_2 & 0\end{pmatrix}=\begin{pmatrix}\alpha a_1+\beta a_2 & \alpha b_1+\beta b_2\\ -(\alpha b_1+\beta b_2) & 0\end{pmatrix}\in S$$

$\forall\alpha,\beta\in\mathbb{R}$ y S es un subespacio vectorial del conjunto de las matrices cuadradas de orden dos M_2.

5. Demuestre que el subconjunto de los polinomios de grado menor o igual que 4 con coeficientes reales dado por $P[x]=\left\{a_0+a_1x^2+a_2x^4 : a_i\in\mathbb{R}\right\}$ es un subespacio vectorial del espacio vectorial $P_4[x]$ de los polinomios de grado menor o igual que 4. Encuentre una base del subespacio $P[x]$ y determine su dimensión.

Solución

Comprobemos que cualquier combinación lineal de polinomios de $P[x]$ es un polinomio de $P[x]$. Consideremos los polinomios $p_1(x) = a_0 + a_1x^2 + a_2x^4$ y $p_2(x) = b_0 + b_1x^2 + b_2x^4$ del conjunto $P[x]$, la combinación lineal:

$$\alpha_1 p_1(x) + \alpha_2 p_2(x) = \alpha_1(a_0 + a_1x^2 + a_2x^4) + \alpha_2(b_0 + b_1x^2 + b_2x^4) =$$
$$= \alpha_1 a_0 + \alpha_2 b_0 + (\alpha_1 a_1 + \alpha_2 b_1)x^2 + (\alpha_1 a_2 + \alpha_2 b_2)x^4$$

es un elemento del conjunto $P[x]$, por tanto, $P[x]$ es un subespacio vectorial.

Una base de $P[x]$ está formada por los elementos $\{1, x^2, x^4\}$. Por una parte, los polinomios señalados forman un sistema de generadores de $P[x]$, ya que cualquier polinomio de $P[x]$ se puede expresar como una combinación lineal de $\{1, x^2, x^4\}$. Por otra, los polinomios son linealmente independientes, ya que si,

$$\alpha_1 \cdot 1 + \alpha_2 x^2 + \alpha_3 x^4 = 0$$

donde 0 representa el polinomio el polinomio nulo, entonces $\alpha_1 = \alpha_2 = \alpha_3 = 0$. Por último, la dimensión de $P[x]$ es igual a 3.

6. Demuestre que el conjunto de vectores $\{(1,1,0),(0,1,1),(2,0,-1)\}$ es un sistema de generadores de $\mathbb{R}^3$ y además son vectores linealmente independientes y, por tanto, constituyen una base del espacio vectorial $\mathbb{R}^3$. Halle las coordenadas del vector $(0,1,-4)$ en dicha base.

Solución

Comenzamos demostrando que los vectores $\{(1,1,0),(0,1,1),(2,0,-1)\}$ forman un sistema de generadores de $\mathbb{R}^3$. Sea (x, y, z) un vector cualquiera de $\mathbb{R}^3$ y veamos que puede expresarse como combinación lineal de los vectores dados. La expresión:

$$(x, y, z) = \alpha(1,1,0) + \beta(0,1,1) + \lambda(2,0,-1)$$

es equivalente al sistema de ecuaciones:

$$\begin{aligned} \alpha + \quad + 2\lambda &= x \\ \alpha + \beta \qquad &= y \\ \beta - \lambda &= z \end{aligned}$$

Como $\begin{vmatrix} 1 & 0 & 2 \\ 1 & 1 & 0 \\ 0 & 1 & -1 \end{vmatrix} = 1 \neq 0$, el rango de la matriz de coeficientes es igual a 3 y, por tanto, el rango de la matriz ampliada es siempre 3 para cada (x,y,z) de $\mathbb{R}^3$. Al ser $Rg\,A = Rg\,\overline{A} = 3 = n$, se trata de un sistema compatible determinado, lo que equivale a afirmar que el vector (x,y,z) puede expresarse como combinación lineal de los vectores dados y el conjunto de vectores $\{(1,1,0),(0,1,1),(2,0,-1)\}$ es un sistema de generadores de $\mathbb{R}^3$.

Para demostrar la independencia lineal, consideramos una combinación lineal de los vectores Igualada al vector cero:

$$\alpha(1,1,0) + \beta(0,1,1) + \lambda(2,0,-1) = (0,0,0)$$

A partir de la expresión anterior, se obtiene el sistema de ecuaciones homogéneo siguiente:

$$\begin{aligned} \alpha + \quad + 2\lambda &= 0 \\ \alpha + \beta \qquad &= 0 \\ \beta - \lambda &= 0 \end{aligned}$$

Como el determinante de la matriz de coeficientes es distinto de cero, $Rg\,A = n = 3$ y el sistema homogéneo tiene como única solución la solución trivial $\alpha = \beta = \lambda = 0$. Así, el conjunto de vectores es linealmente independiente. Como el conjunto $\{(1,1,0),(0,1,1),(2,0,-1)\}$ es un sistema de generadores y además son linealmente independientes, podemos afirmar que es una base de $\mathbb{R}^3$.

Por último, las coordenadas del vector $(0,1,-4)$ en la base $B = \{(1,1,0),(0,1,1),(2,0,-1)\}$ se obtienen determinando los valores (α,β,λ) para los que se cumple:

$$(0,1,-4) = \alpha(1,1,0) + \beta(0,1,1) + \lambda(2,0,-1)$$

O equivalentemente, resolviendo el sistema compatible determinado:

$$\begin{aligned} \alpha + \quad + 2\lambda &= 0 \\ \alpha + \beta \qquad &= 1 \\ \beta - \lambda &= -4 \end{aligned}$$

cuyas soluciones son $\alpha = 10, \beta = -9, \lambda = -5$. Así, las coordenadas del vector $(0,1,-4)$ en la base B son $(10,-9,-5)$, es decir, $(0,1,-4) = (10,-9,-5)_B$.

7. Estudie para qué valores del parámetro λ el conjunto de vectores $\{(\lambda,1,1),(1,\lambda,1),(1,1,\lambda)\}$ es una base de $\mathbb{R}^3$.

Solución

Como la dimensión de $\mathbb{R}^3$ es igual a 3, los vectores $\{(\lambda,1,1),(1,\lambda,1),(1,1,\lambda)\}$ formarán una base si y sólo si el determinante de la matriz cuyas columnas son los vectores dados es distinto de cero. Como:

$$|A| = \begin{vmatrix} \lambda & 1 & 1 \\ 1 & \lambda & 1 \\ 1 & 1 & \lambda \end{vmatrix} \underbrace{=}_{C_1 \to C_1+C_2+C_3} \begin{vmatrix} \lambda+2 & 1 & 1 \\ \lambda+2 & \lambda & 1 \\ \lambda+2 & 1 & \lambda \end{vmatrix} \underbrace{=}_{\substack{F_2 \to F_2-F_1 \\ F_3 \to F_3-F_1}} \begin{vmatrix} \lambda+2 & 1 & 1 \\ 0 & \lambda-1 & 0 \\ 0 & 0 & \lambda-1 \end{vmatrix} =$$

$$= (\lambda+2)(\lambda-1)^2$$

se tiene que $|A| \neq 0$ si y sólo si $\lambda \neq -2, 1$. De esta forma, los vectores $\{(\lambda,1,1),(1,\lambda,1),(1,1,\lambda)\}$ son una base de $\mathbb{R}^3$ para cada $\lambda \neq -2, 1$.

8. Determine para qué valores del parámetro α el vector $(1,1,1,\alpha)$ pertenece al subespacio $S =< (1,0,2,1),(2,1,3,1) >$.

Solución

El vector $(1,1,1,\alpha)$ pertenece al subespacio $S =< (1,0,2,1),(2,1,3,1) >$ si y sólo si puede expresarse como combinación lineal de los vectores $(1,0,2,1)$, $(2,1,3,1)$ y, por tanto, si el rango de la matriz formada por los vectores dispuestos en filas $A = \begin{pmatrix} 1 & 1 & 1 & \alpha \\ 1 & 0 & 2 & 1 \\ 2 & 1 & 3 & 1 \end{pmatrix}$ es igual a dos. Calculamos el rango de la matriz A en función del parámetro α, transformando la matriz en una matriz escalonada:

$$Rg\begin{pmatrix} 1 & 1 & 1 & \alpha \\ 1 & 0 & 2 & 1 \\ 2 & 1 & 3 & 1 \end{pmatrix} \underbrace{=}_{\substack{F_2 \to F_2-F_1 \\ F_3 \to F_3-2F_1}} Rg\begin{pmatrix} 1 & 1 & 1 & \alpha \\ 0 & -1 & 1 & 1-\alpha \\ 0 & -1 & 1 & 1-2\alpha \end{pmatrix} \underbrace{=}_{F_3 \to F_3-F_2}$$

$$= Rg\begin{pmatrix} 1 & 1 & 1 & \alpha \\ 0 & -1 & 1 & 1-\alpha \\ 0 & 0 & 0 & -\alpha \end{pmatrix} = \begin{cases} 2 & \alpha = 0 \\ 3 & \alpha \neq 0 \end{cases}$$

De esta manera, el vector $(1,1,1,\alpha)$ pertenece al subespacio $S =< (1,0,2,1),(2,1,3,1) >$ si y sólo si $\alpha = 0$.

9. Sea $S=\{(x,y,z,t)\in\mathbb{R}^4 : x-2y=0,\ z+t=0\}$

a) Encuentre una base y diga la dimensión de S.

b) Calcule el vector que en la base hallada tenga por coordenadas $(1,-2)$.

c) ¿Qué valor ha de tomar a para que $(a,1,1,-1)\in S$?

d) Halle las ecuaciones paramétricas del subespacio.

Solución

a) Para encontrar una base del subespacio S resolvemos el sistema homogéneo formado por las ecuaciones que definen el subespacio:

$$\begin{aligned} x-2y \qquad &= 0 \\ z+t &= 0 \end{aligned}$$

La matriz de coeficientes del sistema $A=\begin{pmatrix} 1 & -2 & 0 & 0 \\ 0 & 0 & 1 & 1 \end{pmatrix}$ tiene rango 2, ya que el menor $\begin{vmatrix} -2 & 0 \\ 0 & 1 \end{vmatrix}=-2$ es distinto de cero. Como $Rg\,A=2<n=4$, el sistema es compatible indeterminado con grado de indeterminación $p=4-2=2$. Para resolver el sistema, tomamos, por ejemplo, las incógnitas y, z que corresponden al menor elegido que determina el rango de la matriz de coeficientes y las despejamos en función de las restantes incógnitas x, t que serán representadas por los parámetros α y β. Así, si $x=\alpha$ y $t=\beta$, despejando en el sistema las incógnitas y, z, resulta que:

$$\begin{aligned} y &= \frac{\alpha}{2} \\ z &= -\beta \end{aligned}$$

Por tanto, la solución del sistema en forma paramétrica es:

$$\begin{aligned} x &= \alpha \\ y &= \frac{\alpha}{2} \\ z &= \quad -\beta \\ t &= \qquad \beta \end{aligned}$$

Si escribimos la solución obtenida de forma equivalente,

$$\begin{pmatrix} x \\ y \\ z \\ t \end{pmatrix} = \alpha \begin{pmatrix} 1 \\ 1/2 \\ 0 \\ 0 \end{pmatrix} + \beta \begin{pmatrix} 0 \\ 0 \\ -1 \\ 1 \end{pmatrix}$$

obtenemos que cualquier vector del subespacio puede expresarse como combinación lineal de los vectores $\left(1,\frac{1}{2},0,0\right)$ y $(0,0,-1,1)$ que, por tanto, forman un sistema de generadores del subespacio. Por otra parte, como $Rg\begin{pmatrix} 1 & 1/2 & 0 & 0 \\ 0 & 0 & -1 & 1 \end{pmatrix} = 2$, los vectores $\left(1,\frac{1}{2},0,0\right)$ y $(0,0,-1,1)$ son linealmente independientes y constituyen una base del subespacio vectorial S. Como consecuencia, la dimensión del subespacio es igual a 2.

b) Para calcular el vector que en la base hallada tiene coordenadas $(1,-2)$, basta calcular la expresión:

$$1(1,\frac{1}{2},0,0) - 2(0,0,-1,1) = (1,\frac{1}{2},2,-2)$$

c) La manera más sencilla de hallar los valores del parámetro a para que el vector $(a,1,1,-1)$ pertenezca al subespacio vectorial S es exigirle que cumpla las ecuaciones que definen al subespacio. La ecuación $z+t=0$ se cumple claramente, mientras que de la primera ecuación se tiene que:

$$(a,1,1,-1) \in S \Leftrightarrow a-2=0 \Leftrightarrow a=2$$

d) Las ecuaciones paramétricas del subespacio están dadas por:

$$\begin{aligned} x &= \alpha \\ y &= \frac{\alpha}{2} \\ z &= \quad -\beta \\ t &= \quad \beta \end{aligned}$$

10. Determine una base y la dimensión del subespacio vectorial:

$$S = \langle (1,1,0,0),(0,1,1,0),(2,1,-1,0) \rangle$$

Solución

Sea la matriz A, cuyas filas son los vectores que generan el subespacio:

$$A=\begin{pmatrix}1 & 1 & 0 & 0\\ 0 & 1 & 1 & 0\\ 2 & 1 & -1 & 0\end{pmatrix}$$

Se puede comprobar que el rango de A es 2, ya que todos los menores de orden 3 son cero y existe al menos un menor de orden 2 no nulo, por ejemplo:

$$\begin{vmatrix}1 & 1\\ 0 & 1\end{vmatrix}\neq 0$$

De esta forma, $\dim S = RgA = 2$ y una base estaría formada por los vectores fila $\{(1,1,0,0),(0,1,1,0)\}$ que intervienen en la formación del menor y $S=\langle(1,1,0,0),(0,1,1,0)\rangle$.

11. Sea $B_1=\{\vec{x}_1,\vec{x}_2,\vec{x}_3\}$ una base de un espacio vectorial E y sean los vectores $\vec{y}_1=\vec{x}_1+2\vec{x}_2-3\vec{x}_3$, $\vec{y}_2=\vec{x}_2+\vec{x}_3$, $\vec{y}_3=\vec{x}_2-\vec{x}_3$. Demuestre que los vectores $B_2=\{\vec{y}_1,\vec{y}_2,\vec{y}_3\}$ forman una base del espacio vectorial.

Solución

Como la dimensión del espacio vectorial E es igual a 3, para probar que $B_2=\{\vec{y}_1,\vec{y}_2,\vec{y}_3\}$ es una base de E, bastará probar que los vectores son linealmente independientes. Para ello aplicamos la definición de independencia lineal considerando una combinación lineal de los vectores $\vec{y}_1,\vec{y}_2,\vec{y}_3$ igualada al vector $\vec{0}$:

$$\alpha_1\vec{y}_1+\alpha_2\vec{y}_2+\alpha_3\vec{y}_3=\vec{0}$$

y probamos que los coeficientes de la combinación son iguales a cero. Si sustituimos en la expresión anterior los valores de $\vec{y}_1,\vec{y}_2,\vec{y}_3$ en función de $\vec{x}_1,\vec{x}_2,\vec{x}_3$, se tiene que:

$$\begin{aligned}\alpha_1\vec{y}_1+\alpha_2\vec{y}_2+\alpha_3\vec{y}_3&=\alpha_1(\vec{x}_1+2\vec{x}_2-3\vec{x}_3)+\alpha_2(\vec{x}_2+\vec{x}_3)+\alpha_3(\vec{x}_2-\vec{x}_3)=\\ &=\alpha_1\vec{x}_1+(2\alpha_1+\alpha_2+\alpha_3)\vec{x}_2+(-3\alpha_1+\alpha_2-\alpha_3)\vec{x}_3=\vec{0}\end{aligned}$$

Como los vectores $\vec{x}_1,\vec{x}_2,\vec{x}_3$ son linealmente independientes al ser una base del espacio vectorial, los coeficientes de la combinación lineal anterior son iguales a cero:

$$\begin{aligned}\alpha_1 \qquad\qquad &=0\\ 2\alpha_1+\alpha_2+\alpha_3&=0\\ -3\alpha_1+\alpha_2-\alpha_3&=0\end{aligned}$$

La matriz de coeficientes del sistema de ecuaciones obtenido tiene determinante distinto de cero, por lo que $\alpha_1 = \alpha_2 = \alpha_3 = 0$, los vectores $\vec{y}_1, \vec{y}_2, \vec{y}_3$ son linealmente independientes y forman una base del espacio vectorial E.

12. Sea $S = \{A \in M_2 : A = A^t\}$ el subespacio vectorial de las matrices simétricas de orden 2. Encuentre una base del subespacio vectorial y determine su dimensión. Halle las coordenadas de la matriz $\begin{pmatrix} 2 & 1 \\ 1 & 3 \end{pmatrix}$ en la base hallada.

Solución

Cualquier matriz simétrica de orden 2 es de la forma $\begin{pmatrix} a & c \\ c & b \end{pmatrix}$, por lo que puede descomponerse siempre escribiendo:

$$\begin{pmatrix} a & c \\ c & b \end{pmatrix} = a\begin{pmatrix} 1 & 0 \\ 0 & 0 \end{pmatrix} + b\begin{pmatrix} 0 & 0 \\ 0 & 1 \end{pmatrix} + c\begin{pmatrix} 0 & 1 \\ 1 & 0 \end{pmatrix}$$

Así, las matrices $\begin{pmatrix} 1 & 0 \\ 0 & 0 \end{pmatrix}, \begin{pmatrix} 0 & 0 \\ 0 & 1 \end{pmatrix}, \begin{pmatrix} 0 & 1 \\ 1 & 0 \end{pmatrix}$ forman un sistema de generadores del subespacio S. Además, son matrices linealmente independientes, ya que si

$$\alpha_1\begin{pmatrix} 1 & 0 \\ 0 & 0 \end{pmatrix} + \alpha_2\begin{pmatrix} 0 & 0 \\ 0 & 1 \end{pmatrix} + \alpha_3\begin{pmatrix} 0 & 1 \\ 1 & 0 \end{pmatrix} = \begin{pmatrix} 0 & 0 \\ 0 & 0 \end{pmatrix}$$

entonces, operando, $\begin{pmatrix} \alpha_1 & \alpha_3 \\ \alpha_3 & \alpha_2 \end{pmatrix} = \begin{pmatrix} 0 & 0 \\ 0 & 0 \end{pmatrix}$ y $\alpha_1 = \alpha_2 = \alpha_3 = 0$. Luego las matrices $\left\{\begin{pmatrix} 1 & 0 \\ 0 & 0 \end{pmatrix}, \begin{pmatrix} 0 & 0 \\ 0 & 1 \end{pmatrix}, \begin{pmatrix} 0 & 1 \\ 1 & 0 \end{pmatrix}\right\}$ forman una base del subespacio vectorial de las matrices simétricas de orden 2. Además, se cumple que $\dim S = 3$.

Para determinar las coordenadas de la matriz $\begin{pmatrix} 2 & 1 \\ 1 & 3 \end{pmatrix}$ en la base hallada, basta con expresar la matriz como combinación lineal de las matrices de la base y determinar los coeficientes de la combinación lineal:

$$\alpha_1\begin{pmatrix} 1 & 0 \\ 0 & 0 \end{pmatrix} + \alpha_2\begin{pmatrix} 0 & 0 \\ 0 & 1 \end{pmatrix} + \alpha_3\begin{pmatrix} 0 & 1 \\ 1 & 0 \end{pmatrix} = \begin{pmatrix} 2 & 1 \\ 1 & 3 \end{pmatrix}$$

entonces, $\begin{pmatrix} \alpha_1 & \alpha_3 \\ \alpha_3 & \alpha_2 \end{pmatrix} = \begin{pmatrix} 2 & 1 \\ 1 & 3 \end{pmatrix}$ y $\alpha_1 = 2,\ \alpha_2 = 3,\ \alpha_3 = 1$.

13. Sean $B=\{(1,0,0),(2,1,1),(1,0,1)\}$ y $B'=\{(2,1,1),(1,1,1),(-1,1,0)\}$ dos bases del espacio vectorial $\mathbb{R}^3$. Determine la matriz de cambio de base de B' a B y las ecuaciones del cambio de base.

Solución

Comenzamos calculando las coordenadas de los vectores de la base B' en la base B. Para hallar las coordenadas del vector $(2,1,1)$ en B, se expresa el vector como combinación lineal de los vectores de la base y se determinan los coeficientes de la combinación lineal:

$$(2,1,1)=\alpha(1,0,0)+\beta(2,1,1)+\gamma(1,0,1)$$

La igualdad anterior es equivalente al sistema de ecuaciones siguiente:

$$\begin{aligned} \alpha+2\beta+\gamma &= 2 \\ \beta \quad\quad &= 1 \\ \beta+\quad \gamma &= 1 \end{aligned}$$

de donde $\alpha=0, \beta=1, \gamma=0$. Así, las coordenadas del vector $(2,1,1)$ en la base B son $(0,1,0)$. De la misma forma se calculan las coordenadas de los dos vectores restantes de la base B', obteniéndose que $(1,1,1)=(-1,1,0)_B$ y $(-1,1,0)=(-2,1,-1)_B$.

La matriz de cambio de base de B' a B está dada por las coordenadas de los vectores de la base B' en la base B que acabamos de hallar dispuestos en columnas:

$$A=\begin{pmatrix} 0 & -1 & -2 \\ 1 & 1 & 1 \\ 0 & 0 & -1 \end{pmatrix}$$

y la relación entre las coordenadas en las dos bases:

$$\begin{pmatrix} x_1 \\ x_2 \\ x_3 \end{pmatrix}=\begin{pmatrix} 0 & -1 & -2 \\ 1 & 1 & 1 \\ 0 & 0 & -1 \end{pmatrix}\begin{pmatrix} y_1 \\ y_2 \\ y_3 \end{pmatrix}$$

donde (x_1,x_2,x_3) son las coordenadas del vector en la base B e (y_1,y_2,y_3), las coordenadas en la base B'. Por último, las ecuaciones del cambio de base se obtienen desarrollando la expresión matricial anterior:

$$\begin{aligned} x_1 &= \quad\ \ - y_2 - 2y_3 \\ x_2 &= y_1 + y_2 + y_3 \\ x_3 &= \qquad\qquad\ - y_3 \end{aligned}$$

14. Determine el valor del parámetro λ para que los vectores $(1,1,\lambda)$ y $(\lambda,1,1)$ sean ortogonales.

Solución

Los vectores son ortogonales si su producto escalar es igual a cero:

$$\langle(1,1,\lambda),(\lambda,1,1)\rangle = \lambda + 1 + \lambda = 2\lambda + 1 = 0$$

de donde $\lambda = -\dfrac{1}{2}$.

15. Demuestre que si los vectores $\{\vec{x}_1,\vec{x}_2,...,\vec{x}_n\}$ son no nulos y ortogonales dos a dos, entonces, forman un conjunto de vectores linealmente independiente.

Solución

Para probar que los vectores son linealmente independientes, comenzamos considerando una combinación lineal de los vectores igualada al vector cero:

$$\alpha_1\vec{x}_1 + \alpha_2\vec{x}_2 + ... + \alpha_n\vec{x}_n = \vec{0}$$

Si realizamos el producto escalar de los vectores de la igualdad anterior por el vector $\vec{x}_1$ y aplicamos la propiedad de linealidad, se tiene que:

$$\alpha_1\langle\vec{x}_1,\vec{x}_1\rangle + \alpha_2\langle\vec{x}_2,\vec{x}_1\rangle + ... + \alpha_n\langle\vec{x}_n,\vec{x}_1\rangle = \langle\vec{0},\vec{x}_1\rangle = 0$$

Como los vectores $\{\vec{x}_1,\vec{x}_2,...,\vec{x}_n\}$ son ortogonales entonces $\langle\vec{x}_i,\vec{x}_j\rangle = 0$, $i \neq j$, y la expresión anterior es igual a:

$$\alpha_1\langle\vec{x}_1,\vec{x}_1\rangle = 0$$

de donde el primer coeficiente de la combinación lineal α_1 es igual a cero. Razonando de la misma forma, multiplicando sucesivamente los dos miembros de la combinación lineal por $\vec{x}_2$, $\vec{x}_3$, ..,$\vec{x}_n$, se obtiene que $\alpha_2 = \alpha_3 = ... = \alpha_n = 0$ y, por tanto, los vectores $\{\vec{x}_1,\vec{x}_2,...,\vec{x}_n\}$ son linealmente independientes.

16. Dados dos vectores $\vec{x}$ e $\vec{y}$ de un espacio vectorial euclídeo E, demuestre que se cumple:

$$\|\vec{x}+\vec{y}\|^2 = \|\vec{x}\|^2 + \|\vec{y}\|^2 + 2\langle\vec{x},\vec{y}\rangle$$

Como consecuencia, pruebe que si los vectores $\vec{x}$ e $\vec{y}$ son ortogonales, entonces:

$$\|\vec{x}+\vec{y}\|^2 = \|\vec{x}\|^2 + \|\vec{y}\|^2$$

Solución

Sabemos por definición de la norma de un vector que $\|\vec{x}+\vec{y}\|^2 = \langle \vec{x}+\vec{y}, \vec{x}+\vec{y} \rangle$. Si aplicamos además las propiedades de linealidad y simetría del producto escalar, entonces:

$$\begin{aligned}\|\vec{x}+\vec{y}\|^2 &= \langle \vec{x}+\vec{y}, \vec{x}+\vec{y} \rangle = \langle \vec{x},\vec{x} \rangle + \langle \vec{x},\vec{y} \rangle + \langle \vec{y},\vec{x} \rangle + \langle \vec{y},\vec{y} \rangle = \\ &= \langle \vec{x},\vec{x} \rangle + 2\langle \vec{x},\vec{y} \rangle + \langle \vec{y},\vec{y} \rangle = \|\vec{x}\|^2 + 2\langle \vec{x},\vec{y} \rangle + \|\vec{y}\|^2\end{aligned}$$

Como consecuencia de la igualdad obtenida, si los vectores $\vec{x}$ e $\vec{y}$ son ortogonales, entonces, $\langle \vec{x},\vec{y} \rangle = 0$ y se tiene que:

$$\|\vec{x}+\vec{y}\|^2 = \|\vec{x}\|^2 + \|\vec{y}\|^2$$

17. Pruebe que si $\vec{a}$ y $\vec{b}$ son vectores de un espacio vectorial euclídeo, entonces se cumple:

$$\|\vec{a}+\vec{b}\|^2 + \|\vec{a}-\vec{b}\|^2 = 2\left(\|\vec{a}\|^2 + \|\vec{b}\|^2\right)$$

Solución

Razonando como en el ejercicio anterior, se tiene que:

$$\|\vec{a}+\vec{b}\|^2 = \langle \vec{a}+\vec{b}, \vec{a}+\vec{b} \rangle = \langle \vec{a},\vec{a} \rangle + 2\langle \vec{a},\vec{b} \rangle + \langle \vec{b},\vec{b} \rangle$$

$$\|\vec{a}-\vec{b}\|^2 = \langle \vec{a}-\vec{b}, \vec{a}-\vec{b} \rangle = \langle \vec{a},\vec{a} \rangle - 2\langle \vec{a},\vec{b} \rangle + \langle \vec{b},\vec{b} \rangle$$

Si sumamos las expresiones anteriores, resulta que:

$$\|\vec{a}+\vec{b}\|^2 + \|\vec{a}-\vec{b}\|^2 = 2\langle \vec{a},\vec{a} \rangle + 2\langle \vec{b},\vec{b} \rangle = 2\left(\|\vec{a}\|^2 + \|\vec{b}\|^2\right)$$

18. En un espacio euclídeo se consideran dos vectores unitarios $\vec{a}$ y $\vec{b}$ que forman un ángulo de 60 grados. Calcule el valor de $\|\vec{a}+\vec{b}\|$.

Solución

Como $\|\vec{a}+\vec{b}\|^2 = \|\vec{a}\|^2 + 2\langle \vec{a},\vec{b} \rangle + \|\vec{b}\|^2$ y los vectores $\vec{a}$ y $\vec{b}$ son unitarios, resulta que:

$$\left\|\vec{a}+\vec{b}\right\|^2 = 2 + 2\left\langle \vec{a},\vec{b} \right\rangle$$

Por otra parte,

$$\left\langle \vec{a},\vec{b} \right\rangle = \left\|\vec{a}\right\| \left\|\vec{b}\right\| \cos\alpha$$

siendo α el ángulo que forman los vectores $\vec{a}$ y $\vec{b}$. De esta forma, $\left\langle \vec{a},\vec{b} \right\rangle = \cos 60^{\circ} = \frac{1}{2}$ y, por tanto,

$$\left\|\vec{a}+\vec{b}\right\|^2 = 2 + 2\left\langle \vec{a},\vec{b} \right\rangle = 2 + 2\frac{1}{2} = 3$$

19. Demuestre que la base de $\mathbb{R}^3$ dada por los vectores $\{(0,1,-1),(0,0,1),(1,0,1)\}$ no es una base ortonormal. Construya a partir de la base dada una base ortonormal.

Solución

Consideremos la base $B = \{(0,1,-1),(0,0,1),(1,0,1)\}$ del espacio vectorial $\mathbb{R}^3$. Se trata de una base que no es ortonormal, ya que los vectores que la forman no son ortogonales. Por ejemplo, los vectores $(0,1,-1)$ y $(0,0,1)$ no son ortogonales, ya que $\langle (0,1,-1),(0,0,1) \rangle = -1$. Apliquemos el método de Gram-Schmidt para hallar a partir de la base dada una base que sea ortonormal. En primer lugar construiremos una base ortogonal y después convertiremos cada vector en un vector unitario para que la base sea ortonormal.

Sean $\vec{u}_1 = (0,1,-1), \vec{u}_2 = (0,0,1), \vec{u}_3 = (1,0,1)$ los vectores de la base dada. El primer vector $\vec{e}_1$ de la nueva base coincide con el primer vector $\vec{u}_1$ de la base dada, así, $\vec{e}_1 = (0,1,-1)$. Para hallar $\vec{e}_2$, aplicamos la fórmula obtenida en el método de Gram-Schmidt:

$$\vec{e}_2 = \vec{u}_2 - \frac{\langle \vec{u}_2, \vec{e}_1 \rangle}{\|\vec{e}_1\|^2} \vec{e}_1$$

Como $\langle \vec{u}_2, \vec{e}_1 \rangle = \langle (0,0,1),(0,1,-1) \rangle = -1$ y $\|\vec{e}_1\|^2 = 0^2 + 1^2 + (-1)^2 = 2$, entonces se tiene que:

$$\vec{e}_2 = \vec{u}_2 - \frac{\langle \vec{u}_2, \vec{e}_1 \rangle}{\|\vec{e}_1\|^2} \vec{e}_1 = (0,0,1) - \frac{-1}{2}(0,1,-1) = (0,\frac{1}{2},\frac{1}{2})$$

Para hallar el vector $\vec{e}_3$, tenemos en cuenta que:

$$\vec{e}_3 = \vec{u}_3 - \frac{\langle \vec{u}_3, \vec{e}_1 \rangle}{\|\vec{e}_1\|^2}\vec{e}_1 - \frac{\langle \vec{u}_3, \vec{e}_2 \rangle}{\|\vec{e}_2\|^2}\vec{e}_2$$

Como $\langle \vec{u}_3, \vec{e}_1 \rangle = \langle (1,0,1),(0,1,-1) \rangle = -1$, $\langle \vec{u}_3, \vec{e}_2 \rangle = \left\langle (1,0,1),(0,\frac{1}{2},\frac{1}{2}) \right\rangle = \frac{1}{2}$, $\|\vec{e}_1\|^2 = 2$ y $\|\vec{e}_2\|^2 = 0^2 + \left(\frac{1}{2}\right)^2 + \left(\frac{1}{2}\right)^2 = \frac{1}{2}$, entonces se tiene que:

$$\vec{e}_3 = \vec{u}_3 - \frac{\langle \vec{u}_3, \vec{e}_1 \rangle}{\|\vec{e}_1\|^2}\vec{e}_1 - \frac{\langle \vec{u}_3, \vec{e}_2 \rangle}{\|\vec{e}_2\|^2}\vec{e}_2 = (1,0,1) + \frac{1}{2}(0,1,-1) - (0,\frac{1}{2},\frac{1}{2}) = (1,0,0)$$

La base de vectores ortogonales está formada por $\left\{(0,1,-1),(0,\frac{1}{2},\frac{1}{2}),(1,0,0)\right\}$.

Para encontrar una base ortonormal, basta dividir cada vector por su norma, convirtiéndose así en vectores unitarios. De esta forma, la base ortonormal vendría dada por los vectores:

$$\vec{v}_1 = \frac{\vec{e}_1}{\|\vec{e}_1\|} = \frac{1}{\sqrt{2}}(0,1,-1) = \left(0, \frac{1}{\sqrt{2}}, -\frac{1}{\sqrt{2}}\right)$$

$$\vec{v}_2 = \frac{\vec{e}_2}{\|\vec{e}_2\|} = \frac{1}{\sqrt{\frac{1}{2}}}(0,\frac{1}{2},\frac{1}{2}) = \left(0, \frac{1}{\sqrt{2}}, \frac{1}{\sqrt{2}}\right)$$

$$\vec{v}_3 = \frac{\vec{e}_3}{\|\vec{e}_3\|} = \frac{1}{1}(1,0,0) = (1,0,0)$$

20. Encuentre una base ortonormal del subespacio $S = \langle (1,1,0),(2,0,1) \rangle$.

Solución

Comenzamos construyendo una base ortogonal del subespacio. Elegimos el primer vector $\vec{e}_1$ de la nueva base como el primer vector de la base dada $\vec{e}_1 = (1,1,0)$. Para hallar $\vec{e}_2$, aplicamos la fórmula obtenida en el método de Gram-Schmidt:

$$\vec{e}_2 = \vec{u}_2 - \frac{\langle \vec{u}_2, \vec{e}_1 \rangle}{\|\vec{e}_1\|^2}\vec{e}_1$$

Como $\langle \vec{u}_2, \vec{e}_1 \rangle = \langle (2,0,1),(1,1,0) \rangle = 2$ y $\|\vec{e}_1\|^2 = 1^2 + 1^2 + 0^2 = 2$, entonces se tiene que:

$$\vec{e}_2 = \vec{u}_2 - \frac{\langle \vec{u}_2, \vec{e}_1 \rangle}{\|\vec{e}_1\|^2}\vec{e}_1 = (2,0,1) - \frac{2}{2}(1,1,0) = (1,-1,1)$$

La base de vectores ortogonales está formada por $\{(1,1,0),(1,-1,1)\}$. Para encontrar una base ortonormal, basta dividir cada vector por su norma, convirtiéndose así en vectores unitarios:

$$\vec{v}_1 = \frac{\vec{e}_1}{\|\vec{e}_1\|} = \frac{1}{\sqrt{2}}(1,1,0) = \left(\frac{1}{\sqrt{2}}, \frac{1}{\sqrt{2}}, 0\right)$$

$$\vec{v}_2 = \frac{\vec{e}_2}{\|\vec{e}_2\|} = \frac{1}{\sqrt{3}}(1,-1,1) = \left(\frac{1}{\sqrt{3}}, -\frac{1}{\sqrt{3}}, \frac{1}{\sqrt{3}}\right)$$

De esta forma, la base ortonormal está dada por los vectores $\left(\frac{1}{\sqrt{2}}, \frac{1}{\sqrt{2}}, 0\right)$ y $\left(\frac{1}{\sqrt{3}}, -\frac{1}{\sqrt{3}}, \frac{1}{\sqrt{3}}\right)$.

EJERCICIOS PROPUESTOS

1. Demuestre que $\mathbb{R}^3$ es un espacio vectorial sobre $\mathbb{R}$, donde las leyes de composición interna y externa son las usuales, es decir:

$$(x_1,x_2,x_3)+(y_1,y_2,y_3)=(x_1+y_1,x_2+y_2,x_3+y_3)$$
$$\lambda(x_1,x_2,x_3)=(\lambda x_1,\lambda x_2,\lambda x_3)$$

2. Demuestre que los vectores $\{(1,1,1),\ (1,0,-1),\ (1,0,1)\}$ son una base de $\mathbb{R}^3$. Halle las coordenadas del vector (1,2,3) en dicha base.

3. Determine los valores de a y b para que el vector $(1,4,a,b)$ pertenezca al subespacio generado por $\{(1,2,-1,2),(0,1,2,1)\}$.

4. Demuestre que los vectores (1,1,0), (0,1,1), (1,0,1) son linealmente independientes.

5. Determine para qué valores del parámetro λ los vectores $\{(\lambda,1,1),(1,0,\lambda),(1,\lambda,0)\}$ forman una base del espacio vectorial $\mathbb{R}^3$.

6. Considere el subespacio vectorial $S_1=\langle(1,1,1,1),(1,1,1,0),(1,0,0,0)\rangle$. ¿Pertenece el vector $(2,1,0,-1)$ a S_1? ¿Qué valor ha de tener la constante a para que el vector $(1,a,2,0)$ pertenezca al subespacio?

7. Sea la matriz $A\in M_{m\times n}$ y el vector $\vec{b}\in\mathbb{R}^n$, demuestre que el conjunto $S=\left\{\vec{x}\in\mathbb{R}^n : A\vec{x}=\vec{b}\right\}$ formado por las soluciones del sistema de ecuaciones lineales $A\vec{x}=\vec{b}$ es un subespacio vectorial si y sólo si $\vec{b}=\vec{0}$.

8. Determine si los siguientes subconjuntos de $\mathbb{R}^3$ y $\mathbb{R}^4$ son subespacios vectoriales.

a) $A=\{(x,y,z): x\,y\,z=0\}$

b) $B=\{(x,y,z): x+y+z=1\}$

c) $C=\{(x,y,z,t): x-y+t=0\}$

d) $D=\{(x,y,z)\in\mathbb{R}^3 : z=0\}$

e) $S_1=\{(x,y,z,t)\in\mathbb{R}^4 : x-y=1, y+z-t=0\}$

f) $S_2=\{(x,y,z,t)\in\mathbb{R}^4 : 2x+y+z=0,\ x+t=0,\ 2y-z+t=0\}$

9. Pruebe que el conjunto de matrices antisimétricas es un subespacio vectorial del conjunto de matrices cuadradas de orden 2. Encuentre una base y determine la dimensión del subespacio vectorial.

10. Encuentre una base y determine la dimensión del subespacio vectorial M_2 definido por:

$$S = \left\{ \begin{pmatrix} a & b \\ -b & 0 \end{pmatrix} \in M_2 : a, b \in \mathbb{R} \right\}$$

11. Demuestre que el conjunto de los polinomios de grado menor o igual que 2 con coeficientes reales $P_2(x) = \left\{ a_0 + a_1x + a_2x^2 : a_i \in \mathbb{R} \right\}$ es un subespacio vectorial del espacio vectorial $P_3(x)$ de los polinomios de grado menor o igual que 3. Encuentre una base del subespacio $P_2(x)$ y determine su dimensión.

12. Sea $B_1 = \{\vec{x}_1, \vec{x}_2, \vec{x}_3\}$ una base de un espacio vectorial E y sean los vectores $\vec{y}_1 = \vec{x}_1 - \vec{x}_2 - \vec{x}_3$, $\vec{y}_2 = 2\vec{x}_2 + \vec{x}_3$, $\vec{y}_3 = \vec{x}_2 - 2\vec{x}_3$.

a) Demuestre que $B_2 = \{\vec{y}_1, \vec{y}_2, \vec{y}_3\}$ es una base del espacio vectorial.

b) Encuentre las coordenadas del vector $3\vec{y}_1 - \vec{y}_2 + \vec{y}_3$ en la base $B_1 = \{\vec{x}_1, \vec{x}_2, \vec{x}_3\}$.

13. Sea $S = \left\{ (x, y, z, t) \in \mathbb{R}^4 : x + y + z = 0,\ z + t = 0 \right\}$ un subespacio vectorial de $\mathbb{R}^4$.

a) Encuentre una base de S y diga la dimensión de S.

b) Calcule el vector que en la base hallada tenga por coordenadas $(2, -2)$.

c) ¿Qué valor ha de tomar a para que $(a, 1, 1, -1) \in S$?

d) Halle las ecuaciones paramétricas del subespacio.

14. Sea $S = \left\{ (x, y, z) \in \mathbb{R}^3 : x + y + z = 0 \right\}$ un subespacio vectorial de $\mathbb{R}^3$.

a) Encuentre una base de S y diga la dimensión de S.

b) Determine el vector del subespacio que en la base hallada tiene coordenadas $(1,1)$.

c) Calcule las coordenadas del vector $(1, 1, -2)$ en la base hallada.

d) Halle las ecuaciones paramétricas del subespacio.

15. Sea $S = \left\{ (x, y, z, t) \in \mathbb{R}^4 : x + y - z = 0,\ y + z - t = 0 \right\}$

a) Calcule la dimensión de S y una base.

b) ¿$(3, 0, 3, 3) \in S$? Calcule las coordenadas del vector $(3, 0, 3, 3)$ en la base hallada.

c) Halle en la base canónica las componentes de un vector que en la base hallada tenga componentes $(-1,1)$.

16. Determine una base y la dimensión del subespacio vectorial dado por:

$$S = \langle (1,1,0,0),(0,1,1,0),(2,1,-1,0),(3,3,0,0) \rangle .$$

17. Encuentre una base de $\mathbb{R}^3$ que contenga a los vectores $(1,1,1)$ y $(1,0,2)$.

18. Sean $B = \{(1,1,1),(1,1,0),(1,0,0)\}$ y $B' = \{(2,1,0),(-1,0,0),(0,0,1)\}$ dos bases del espacio vectorial $\mathbb{R}^3$. Determine la matriz de cambio de base de B' a B y las ecuaciones del cambio de base.

19. Razone si las siguientes afirmaciones son verdaderas o falsas.

a) Hay bases del espacio vectorial $\mathbb{R}^2$ con 3 vectores.

b) En $\mathbb{R}^4$ hay sistemas de generadores formados por 3 vectores.

c) El espacio vectorial de las matrices cuadradas de orden 3 tiene dimensión 9.

d) Si los vectores $\{\vec{v}_1,\vec{v}_2,\vec{v}_3\}$ son linealmente dependientes, entonces, $\{\vec{v}_1,\vec{v}_2,\vec{v}_3,\vec{v}_4\}$ son linealmente dependientes.

e) Si los vectores $\{\vec{v}_1,\vec{v}_2,\vec{v}_3\}$ son linealmente independientes, entonces, $\{\vec{v}_1,\vec{v}_2,\vec{v}_3,\vec{v}_4\}$ son linealmente independientes.

f) Si los vectores $\{\vec{x}_1,\vec{x}_2,\vec{x}_3\}$ son un sistema de generadores de un espacio vectorial, entonces forman una base del espacio vectorial.

g) Cada espacio vectorial tiene siempre una única base.

20. Determine el valor de α para que los vectores $\vec{u}_1 = (1,\alpha,1)$, $\vec{u}_2 = (2,1,\alpha)$ de $\mathbb{R}^3$ sean ortogonales.

21. Pruebe que si $\vec{a}$ y $\vec{b}$ son vectores de un espacio vectorial euclídeo, entonces se cumple:

$$\left\|\vec{a}-\vec{b}\right\|^2 = \left\|\vec{a}\right\|^2 - 2\langle \vec{a},\vec{b}\rangle + \left\|\vec{b}\right\|^2$$

22. Demuestre que si los vectores $\vec{a}$ y $\vec{b}$ son ortogonales, entonces, $\left\|\vec{a}+\vec{b}\right\|^2 = \left\|\vec{a}-\vec{b}\right\|^2$.

23. Aplique la desigualdad de Schwartz para demostrar que si $\vec{x} = (x_1,x_2,\ldots,x_n)$, $\vec{y} = (y_1,y_2,\ldots,y_n)$, entonces se cumple que:

$$\left|\sum_{i=1}^{n} x_i y_i\right| \le \left(\sum_{i=1}^{n} x_i^2\right)^{1/2} \left(\sum_{i=1}^{n} y_i^2\right)^{1/2}$$

24. Demuestre que si el vector $\vec{v}$ es ortogonal a cada vector $\{\vec{x}_1, \vec{x}_2, ..., \vec{x}_n\}$, entonces $\vec{v}$ es ortogonal a todos los vectores del subespacio $S = \langle \vec{x}_1, \vec{x}_2, ..., \vec{x}_n \rangle$ generado por los vectores $\{\vec{x}_1, \vec{x}_2, ..., \vec{x}_n\}$.

25. Demuestre que la base de $\mathbb{R}^3$ dada por los vectores $\{(0,1,-1),(0,1,1),(1,2,0)\}$ no es una base ortonormal. Aplique el método de ortonormalización de Gram-Schmidt para construir una base que sea ortonormal.

26. Encuentre una base ortonormal del subespacio $S = \langle (0,1,0),(2,1,1) \rangle$.

27. Determine los valores del parámetro λ para que los vectores $\{(\lambda,\lambda,0),(0,0,1),(\lambda,-\lambda,0)\}$ formen una base ortonormal.

IV

DIAGONALIZACIÓN DE MATRICES

1. VALORES Y VECTORES PROPIOS

Sea $A=\left(a_{ij}\right)\in M_{nxn}$ una matriz cuadrada de orden n. Un ***valor propio*** (***autovalor***) de la matriz A es un número real λ tal que existe al menos un vector $\vec{x}$ no nulo que cumple:

$$A\vec{x}=\lambda\vec{x}$$

Al vector $\vec{x}$ se le llama ***vector propio*** (***autovector***) de la matriz A asociado a λ.

Ejemplo 1.1

Consideremos la matriz $A=\begin{pmatrix}1 & 0 & 2\\ 0 & 2 & 0\\ 0 & -1 & 2\end{pmatrix}$. Podemos comprobar que $\lambda=1$ es un valor propio de la matriz A y que el vector $\vec{x}=(1,\,0,\,0)$ es un vector propio asociado a $\lambda=1$. En efecto, basta ver que $A\vec{x}=\vec{x}$:

$$\begin{pmatrix}1 & 0 & 2\\ 0 & 2 & 0\\ 0 & -1 & 2\end{pmatrix}\begin{pmatrix}1\\ 0\\ 0\end{pmatrix}=\begin{pmatrix}1\\ 0\\ 0\end{pmatrix}$$

■

Ejemplo 1.2

Consideremos una matriz de transición de ventas A. La matriz A expresa el porcentaje de consumidores de un determinado producto que cambian en un instante dado de una marca consumida a otra marca diferente. Si el vector $\vec{x}_0$ representa la cuota inicial de mercado de las tres marcas, la distribución de personas que consume cada marca tras una nueva elección está dada por el vector $A\vec{x}_0$. Podemos preguntarnos si existirá una cuota que sea la misma que la del siguiente periodo, suponiendo que la matriz de transición no cambie. La pregunta puede ser formulada de forma equivalente: ¿es posible encontrar un vector inicial $\vec{v}$ de cuota de mercado que cumpla $A\vec{v}=\vec{v}$? En otras palabras, ¿tiene la matriz A un vector propio con valor propio $\lambda=1$?

■

Señalemos a continuación algunas propiedades de los valores y vectores propios.

PROPIEDADES

1) Cada vector propio está asociado a un único valor propio.

2) Representemos por V_λ el conjunto de vectores propios asociados al valor propio λ:

$$V_\lambda = \{\vec{x} : A\vec{x} = \lambda\vec{x}\}$$

El subconjunto V_λ es un subespacio vectorial, llamado ***subespacio propio asociado al valor propio*** λ.

3) Si $\vec{x}_1, \vec{x}_2, ..., \vec{x}_n$ son vectores propios asociados a valores propios λ_1, λ_2,..., λ_n distintos, entonces, $\left\{\vec{x}_1, \vec{x}_2, ..., \vec{x}_n\right\}$ son linealmente independientes.

Demostración

1) Supongamos que un vector propio $\vec{x}$ está asociado a dos valores propios λ_1, λ_2. Vamos a demostrar que los valores propios λ_1, λ_2 han de ser iguales. Como el vector $\vec{x}$ está asociado a los valores propios λ_1, λ_2, por definición se cumple que $A\vec{x} = \lambda_1\vec{x}$ y $A\vec{x} = \lambda_2\vec{x}$. Restando las expresiones anteriores, resulta que:

$$\vec{0} = A\vec{x} - A\vec{x} = \lambda_1\vec{x} - \lambda_2\vec{x} = (\lambda_1 - \lambda_2)\vec{x}$$

Como $\vec{x} \neq \vec{0}$, $(\lambda_1 - \lambda_2) = 0$ y los valores propios λ_1 y λ_2 han de ser iguales.

2) Para probar que V_λ es un subespacio vectorial, dados dos vectores $\vec{x}, \vec{y} \in V_\lambda$, hemos de comprobar que $\alpha\vec{x} + \beta\vec{y} \in V_\lambda$, $\forall \alpha, \beta \in \mathbb{R}$. Como $\vec{x}, \vec{y} \in V_\lambda$, por definición se cumple que $A\vec{x} = \lambda\vec{x}$ y $A\vec{y} = \lambda\vec{y}$, de donde:

$$A(\alpha\vec{x} + \beta\vec{y}) = \alpha A\vec{x} + \beta A\vec{y} = \alpha\lambda\vec{x} + \beta\lambda\vec{y} = \lambda(\alpha\vec{x} + \beta\vec{y})$$

y entonces $\alpha\vec{x} + \beta\vec{y} \in V_\lambda$.

3) La demostración la realizaremos aplicando el método de inducción. Resulta evidente que la propiedad es cierta para $r = 1$. Supongamos que es cierta para $r - 1$ vectores y probemos que entonces es cierta para r vectores. Consideremos una combinación lineal cualquiera de los vectores $\vec{x}_1, \vec{x}_2, ..., \vec{x}_r$ dada por $\alpha_1\vec{x}_1 + \alpha_2\vec{x}_2 + ... + \alpha_r\vec{x}_r = \vec{0}$. Si multiplicamos esta igualdad por λ_1, se tiene que:

$$\lambda_1\alpha_1\vec{x}_1 + \lambda_1\alpha_2\vec{x}_2 + ... + \lambda_1\alpha_r\vec{x}_r = \vec{0}$$

Por otra parte, como $\alpha_1\vec{x}_1 + \alpha_2\vec{x}_2 + ... + \alpha_r\vec{x}_r = \vec{0}$, multiplicando los vectores de los dos miembros de la igualdad por la matriz A, se tiene que:

$$A\alpha_1\vec{x}_1 + A\alpha_2\vec{x}_2 + ... + A\alpha_r\vec{x}_r = A\vec{0} = \vec{0}$$

Como $\vec{x}_1, \vec{x}_2, ..., \vec{x}_n$ son vectores propios asociados a valores propios λ_1, λ_2, ..., λ_n distintos, resulta que $A\vec{x}_i = \lambda_i\vec{x}_i$, $i = 1, 2, ..., r$. Sustituyendo en la expresión anterior, se llega a que:

$$\lambda_1\alpha_1\vec{x}_1 + \lambda_2\alpha_2\vec{x}_2 + ... + \lambda_r\alpha_r\vec{x}_r = \vec{0}$$

Restando ahora miembro a miembro esta expresión con la igualdad $\lambda_1\alpha_1\vec{x}_1 + \lambda_1\alpha_2\vec{x}_2 + ... + \lambda_1\alpha_r\vec{x}_r = \vec{0}$ obtenida anteriormente, se tiene que:

$$(\lambda_2 - \lambda_1)\alpha_2\vec{x}_2 + ... + (\lambda_r - \lambda_1)\alpha_r\vec{x}_r = \vec{0}$$

Como por hipótesis de inducción, la propiedad se cumple para $r-1$ vectores, los vectores $\vec{x}_2, ..., \vec{x}_r$ son linealmente independientes y, por tanto, $(\lambda_2 - \lambda_1)\alpha_2 = 0, ..., (\lambda_r - \lambda_1)\alpha_r = 0$. Al ser los valores propios distintos, los coeficientes $\alpha_2, ..., \alpha_r$ son iguales a cero. Si sustituimos en $\alpha_1\vec{x}_1 + \alpha_2\vec{x}_2 + ... + \alpha_r\vec{x}_r = \vec{0}$, se tiene que $\alpha_1\vec{x}_1 = \vec{0}$ y, entonces, $\alpha_1 = 0$, por lo que los vectores $\vec{x}_1, \vec{x}_2, ..., \vec{x}_n$ son linealmente independientes.

■

2. CÁLCULO DE VALORES Y VECTORES PROPIOS

Nos planteamos como objetivo calcular los valores y vectores propios de una matriz cuadrada. Comenzamos dando las siguientes definiciones:

Se define el ***polinomio característico*** de la matriz A como el polinomio $P(\lambda)$ de grado n en la variable λ dado por el determinante de la matriz $A - \lambda I$,

$$P(\lambda) = |A - \lambda I|$$

Se define la ***ecuación característica*** de la matriz A como la ecuación dada por:

$$P(\lambda) = |A - \lambda I| = 0$$

Ejemplo 2.1

Dada la matriz $A = \begin{pmatrix} 1 & 0 & 2 \\ 0 & 2 & 0 \\ 0 & -1 & 2 \end{pmatrix}$, su polinomio característico es:

$$P(\lambda) = |A - \lambda I| = \begin{vmatrix} 1-\lambda & 0 & 2 \\ 0 & 2-\lambda & 0 \\ 0 & -1 & 2-\lambda \end{vmatrix} = (1-\lambda)(2-\lambda)^2 = -\lambda^3 + 5\lambda^2 - 8\lambda + 4$$

y la ecuación característica:

$$-\lambda^3 + 5\lambda^2 - 8\lambda + 4 = 0$$

■

La ecuación característica nos va a permitir calcular los valores propios asociados a una matriz A y los subespacios propios correspondientes a cada valor propio. Concretamente, tenemos el siguiente resultado:

PROPOSICIÓN 1

Los valores propios de una matriz A son las raíces del polinomio característico de la matriz A.

Demostración

Sea λ un valor propio de A, por definición de valor propio existe un vector $\vec{x} \neq \vec{0}$ tal que $A\vec{x} = \lambda\vec{x}$. De esta forma, $A\vec{x} - \lambda\vec{x} = \vec{0}$ y equivalentemente:

$$(A - \lambda I)\vec{x} = \vec{0}$$

expresión que corresponde a un sistema homogéneo con solución no trivial $\vec{x} \neq \vec{0}$. Por tanto, el determinante de la matriz de coeficientes del sistema ha de ser cero:

$$|A - \lambda I| = 0$$

y el valor propio λ es una solución de la ecuación característica.

■

OBSERVACIONES

i) Como la ecuación característica tiene a lo sumo n raíces, podemos afirmar que una matriz $A \in M_n$ tiene a lo sumo n valores propios.

ii) A partir de la demostración anterior se deduce que, si $\vec{x}$ es un vector propio asociado a un valor propio λ, ha de ser necesariamente solución del sistema homogéneo $(A-\lambda I)\vec{x}=\vec{0}$. De esta forma, el subespacio propio asociado a λ, V_λ, es el conjunto de soluciones del sistema homogéneo $(A-\lambda I)\vec{x}=\vec{0}$. Además, la dimensión de V_λ es la dimensión del conjunto de soluciones del sistema, que coincide con el grado de indeterminación p del sistema. Como p es igual al orden n de la matriz A menos el rango de la matriz $(A-\lambda I)$, resulta que:

$$\dim V_\lambda = n - Rg(A-\lambda I)$$

iii) Como consecuencia de la Proposición 1 se puede demostrar (véase el ejercicio resuelto nº 1) que el determinante de una matriz cuadrada es el producto de sus valores propios:

$$|A| = \lambda_1\lambda_2 \ldots \lambda_n$$

y además, que la traza de la matriz es la suma de los valores propios:

$$Tr(A) = \lambda_1 + \lambda_2 + \ldots + \lambda_n$$

Ejemplo 2.2

1) Dada la matriz $A=\begin{pmatrix} 3 & -2 & 0 \\ 0 & 1 & 0 \\ 2 & -2 & 1 \end{pmatrix}$, hallemos sus valores propios y subespacios propios correspondientes. Los valores propios de la matriz A son las soluciones de la ecuación característica $|A-\lambda I|=0$. Como:

$$A-\lambda I = \begin{pmatrix} 3 & -2 & 0 \\ 0 & 1 & 0 \\ 2 & -2 & 1 \end{pmatrix} - \begin{pmatrix} \lambda & 0 & 0 \\ 0 & \lambda & 0 \\ 0 & 0 & \lambda \end{pmatrix} = \begin{pmatrix} 3-\lambda & -2 & 0 \\ 0 & 1-\lambda & 0 \\ 2 & -2 & 1-\lambda \end{pmatrix}$$

resulta que:

$$|A-\lambda I| = 0 \Leftrightarrow \begin{vmatrix} 3-\lambda & -2 & 0 \\ 0 & 1-\lambda & 0 \\ 2 & -2 & 1-\lambda \end{vmatrix} = (1-\lambda)(1-\lambda)(3-\lambda) = 0 \Leftrightarrow \lambda = 1,\ \lambda = 3$$

y los valores propios de la matriz A son $\lambda=1$ con multiplicidad 2 y $\lambda=3$ con multiplicidad 1.

Los subespacios propios asociados a cada valor propio λ se obtienen como soluciones del sistema homogéneo definido por $(A-\lambda I)\vec{x}=\vec{0}$.

- Para el valor propio $\lambda = 1$, el correspondiente sistema homogéneo es $(A - I)\vec{x} = \vec{0}$,

$$\begin{pmatrix} 2 & -2 & 0 \\ 0 & 0 & 0 \\ 2 & -2 & 0 \end{pmatrix} \begin{pmatrix} x_1 \\ x_2 \\ x_3 \end{pmatrix} = \begin{pmatrix} 0 \\ 0 \\ 0 \end{pmatrix} \Leftrightarrow 2x_1 - 2x_2 = 0$$

Resolviendo el sistema, la solución en forma paramétrica es igual a:

$$\left. \begin{aligned} x_1 &= \alpha \\ x_2 &= \alpha \\ x_3 &= \beta \end{aligned} \right\} \Leftrightarrow \begin{pmatrix} x_1 \\ x_2 \\ x_3 \end{pmatrix} = \alpha \begin{pmatrix} 1 \\ 1 \\ 0 \end{pmatrix} + \beta \begin{pmatrix} 0 \\ 0 \\ 1 \end{pmatrix}$$

El subespacio propio V_1 asociado al valor propio $\lambda = 1$ es por tanto:

$$V_1 = \{(x_1, x_2, x_3) : x_1 - x_2 = 0\} = \langle (1,1,0),\ (0,0,1) \rangle$$

siendo $\dim V_1 = 2$. Observemos que la dimensión del subespacio podría haberse calculado directamente sin necesidad de hallar los vectores propios, usando que:

$$\dim V_1 = n - Rg(A - I) = 3 - 1 = 2$$

- Para el valor propio $\lambda = 3$, el correspondiente sistema homogéneo es $(A - 3I)\vec{x} = \vec{0}$,

$$\underbrace{\begin{pmatrix} 0 & -2 & 0 \\ 0 & -2 & 0 \\ 2 & -2 & -2 \end{pmatrix}}_{Rango\,2} \begin{pmatrix} x_1 \\ x_2 \\ x_3 \end{pmatrix} = \begin{pmatrix} 0 \\ 0 \\ 0 \end{pmatrix} \Leftrightarrow \begin{aligned} -2x_2 \quad &= 0 \\ -2x_2 \quad &= 0 \\ 2x_1 - 2x_2 - 2x_3 &= 0 \end{aligned}$$

Resolviendo el sistema, la solución en forma paramétrica es igual a:

$$\left. \begin{aligned} x_1 &= \lambda \\ x_2 &= 0 \\ x_3 &= \lambda \end{aligned} \right\} \Leftrightarrow \begin{pmatrix} x_1 \\ x_2 \\ x_3 \end{pmatrix} = \lambda \begin{pmatrix} 1 \\ 0 \\ 1 \end{pmatrix}$$

de donde el subespacio propio V_3 está dado por $V_3 = \langle (1,\ 0,\ 1) \rangle$, siendo $\dim V_3 = 1$. Observemos que:

$$\dim V_3 = n - Rg(A - 3I) = 3 - 2 = 1$$

■

2) Dada la matriz $A=\begin{pmatrix}0&1&1\\1&0&1\\1&1&0\end{pmatrix}$, hallemos sus valores propios y subespacios propios correspondientes. Los valores propios de la matriz A son las soluciones de la ecuación característica $|A-\lambda I|=0$. Como:

$$A-\lambda I=\begin{pmatrix}-\lambda&1&1\\1&-\lambda&1\\1&1&-\lambda\end{pmatrix}$$

resulta que:

$$|A-\lambda I|=0\Leftrightarrow\begin{vmatrix}-\lambda&1&1\\1&-\lambda&1\\1&1&-\lambda\end{vmatrix}=(2-\lambda)(-1-\lambda)^2=0$$

y los valores propios de la matriz A son $\lambda=-1$ con multiplicidad 2 y $\lambda=2$ con multiplicidad 1.

Los subespacios propios asociados a cada valor propio λ se obtienen como soluciones del sistema homogéneo definido por $(A-\lambda I)\vec{x}=\vec{0}$.

- Para el valor propio $\lambda=-1$, el correspondiente sistema homogéneo es $(A+I)\vec{x}=\vec{0}$,

$$(A+I)\vec{x}=\vec{0}\Leftrightarrow\begin{pmatrix}1&1&1\\1&1&1\\1&1&1\end{pmatrix}\begin{pmatrix}x_1\\x_2\\x_3\end{pmatrix}=\begin{pmatrix}0\\0\\0\end{pmatrix}\Rightarrow x_1+x_2+x_3=0$$

cuyas soluciones en forma paramétrica están dadas por:

$$\left.\begin{array}{l}x_1=-\lambda-\mu\\x_2=\lambda\\x_3=\mu\end{array}\right\}\Rightarrow\begin{pmatrix}x_1\\x_2\\x_3\end{pmatrix}=\lambda\begin{pmatrix}-1\\1\\0\end{pmatrix}+\mu\begin{pmatrix}-1\\0\\1\end{pmatrix}$$

El subespacio propio V_1 asociado al valor propio $\lambda=-1$ es:

$$V_{-1}=\langle(-1,1,0),(-1,0,1)\rangle$$

donde $\dim V_{-1}=2$. Observemos que la dimensión del subespacio está dada por:

$$\dim V_{-1}=n-Rg(A+I)=3-1=2$$

- Para el valor propio $\lambda = 2$, el correspondiente sistema homogéneo es $(A-2I)\vec{x} = \vec{0}$,

$$(A-2I)\vec{x} = \vec{0} \Leftrightarrow \begin{pmatrix} -2 & 1 & 1 \\ 1 & -2 & 1 \\ 1 & 1 & -2 \end{pmatrix}\begin{pmatrix} x_1 \\ x_2 \\ x_3 \end{pmatrix} = \begin{pmatrix} 0 \\ 0 \\ 0 \end{pmatrix} \Leftrightarrow$$

$$\left.\begin{aligned} -2x_1 + x_2 + x_3 &= 0 \\ x_1 - 2x_2 + x_3 &= 0 \\ x_1 + x_2 - 2x_3 &= 0 \end{aligned}\right\}$$

Resolviendo el sistema, la solución en forma paramétrica es igual a:

$$\left.\begin{aligned} x_1 &= \lambda \\ x_2 &= \lambda \\ x_3 &= \lambda \end{aligned}\right\} \Rightarrow \begin{pmatrix} x_1 \\ x_2 \\ x_3 \end{pmatrix} = \lambda \begin{pmatrix} 1 \\ 1 \\ 1 \end{pmatrix}$$

de donde el subespacio propio V_2 está dado por $V_2 = \langle (1, 1, 1) \rangle$, siendo $\dim V_2 = 1$. Observemos de nuevo que:

$$\dim V_2 = n - Rg(A-3I) = 3 - 2 = 1$$

■

3. DIAGONALIZACIÓN DE MATRICES

Antes de abordar el problema de la diagonalización de una matriz cuadrada, introducimos los conceptos de matriz diagonal y matrices semejantes.

Recordemos que una matriz cuadrada $A \in M_n$ es ***diagonal*** si los elementos que no pertenecen a la diagonal principal son iguales a cero:

$$A = (a_{ij}) \text{ es } \textbf{\textit{diagonal}} \Leftrightarrow a_{ij} = 0,\ i \neq j$$

Ejemplo 3.1

Las matrices $A = \begin{pmatrix} 1 & 0 & 0 \\ 0 & -1 & 0 \\ 0 & 0 & 2 \end{pmatrix}$ y $B = \begin{pmatrix} -3 & 0 \\ 0 & 1 \end{pmatrix}$ son ejemplos de matrices diagonales de orden 3 y 2 respectivamente.

■

Dos matrices A y B son ***semejantes*** si existe una matriz regular P tal que:

$$A = P^{-1}BP$$

Dos matrices semejantes tienen muchas propiedades en común. Señalemos algunas de las más interesantes:

PROPIEDADES DE LAS MATRICES SEMEJANTES

i) Dos matrices semejantes A y B tienen el mismo determinante.

ii) Dos matrices semejantes A y B tienen el mismo polinomio característico.

iii) Dos matrices semejantes A y B tienen los mismos valores propios.

Demostración

i) Sean A y B matrices semejantes, entonces:

$$|A| = |P^{-1}BP| = |P^{-1}||B||P| = |P|^{-1}|B||P| = |B|$$

ii) Sean A y B matrices semejantes, entonces, el polinomio característico de la matriz A es:

$$|A-\lambda I| = |P^{-1}BP-\lambda I| = |P^{-1}BP-\lambda P^{-1}P| = |P^{-1}(B-\lambda I)P| = |B-\lambda I|$$

iii) Como los polinomios característicos son iguales, los valores propios coinciden.

■

Dada una matriz A, nuestro objetivo ahora será estudiar en qué casos es posible encontrar una matriz diagonal D que sea semejante a la matriz A dada. En caso afirmativo, a este proceso se le denominará diagonalización de la matriz A. La utilidad del proceso de diagonalización se basa en las interesantes propiedades que tienen en común dos matrices semejantes y que permitirán estudiar en muchos casos la matriz diagonal D semejante, en lugar de la matriz A.

Veamos con más precisión estas ideas. Concretamente:

Una matriz A es ***diagonalizable*** si existe una matriz diagonal D semejante a A. Es decir:

$$D = P^{-1}AP$$

donde P es una matriz regular, denominada ***matriz de paso***.

3.1. PROCESO PARA DIAGONALIZAR UNA MATRIZ

Nos planteamos ahora: ¿cuándo es posible diagonalizar una matriz? En caso de ser posible la diagonalización, ¿cómo se calcula la matriz diagonal D y la matriz de paso P?

Las respuestas a estas preguntas las encontramos en el siguiente:

TEOREMA 2

Sea A una matriz con valores propios reales $\lambda_1, \lambda_2, ..., \lambda_m$ y multiplicidades $\alpha_1, \alpha_2, ..., \alpha_m$. La matriz A es diagonalizable si y sólo si la multiplicidad de cada valor propio coincide con la dimensión del subespacio propio asociado:

$$A \text{ es diagonalizable} \Leftrightarrow \dim V_{\lambda_i} = \alpha_i, \; i = 1, 2, ..., m.$$

Además, la matriz diagonal D está formada por los valores propios $\lambda_1, \lambda_2, ..., \lambda_m$ y la matriz de paso P tiene por columnas los vectores que forman una base de los correspondientes subespacios propios V_{λ_i} asociados a cada valor propio.

Ejemplo 3.2

Para determinar si la matriz $A = \begin{pmatrix} 3 & -2 & 0 \\ 0 & 1 & 0 \\ 2 & -2 & 1 \end{pmatrix}$ es diagonalizable y en caso afirmativo calcular la matriz de paso y la matriz diagonal, comenzamos calculando los valores propios y la dimensión de los subespacios propios asociados.

En el Ejemplo 2.2 vimos que los valores propios de la matriz A son $\lambda = 1$ con multiplicidad 2 y $\lambda = 3$ con multiplicidad 1, mientras que los subespacios propios asociados son $V_1 = \langle (1,1,0), (0,0,1) \rangle$ y $V_3 = \langle (1,0,1) \rangle$.

El siguiente cuadro resume la situación:

Valores propios	**Multiplicidad**	**Dimensión de V_λ**
$\lambda = 1$	2	2
$\lambda = 3$	1	1

Aplicando el Teorema 2, resulta que la matriz A es diagonalizable. La matriz de paso P estaría formada por los vectores de la base de cada subespacio propio dispuestos en columnas:

$$P = \begin{pmatrix} 1 & 0 & 1 \\ 1 & 0 & 0 \\ 0 & 1 & 1 \end{pmatrix}$$

La matriz diagonal D semejante a la matriz A estaría formada por los valores propios de A (contando las multiplicidades y en el mismo orden en el que se han colocado los vectores propios en la matriz de paso):

$$D = \begin{pmatrix} 1 & 0 & 0 \\ 0 & 1 & 0 \\ 0 & 0 & 3 \end{pmatrix}$$

Por último, se cumple que:

$$D = P^{-1}AP$$

■

OBSERVACIONES

i) Si sólo necesitamos saber si una matriz A es o no diagonalizable, sin tener que diagonalizarla, no es necesario calcular los subespacios propios asociados a cada valor propio. Basta tener en cuenta la multiplicidad de los valores propios y la dimensión de los subespacios propios dada por $\dim V_\lambda = n - Rg\left(A - \lambda I\right)$.

ii) Si todos los valores propios son reales simples, entonces, la matriz es diagonalizable, ya que todos los subespacios propios asociados tendrían dimensión uno.

Ejemplo 3.3

1) Consideremos la matriz $A = \begin{pmatrix} 1 & 2 \\ 0 & 1 \end{pmatrix}$ y estudiemos si es diagonalizable. Los valores propios de la matriz A se calculan resolviendo la ecuación $|A - \lambda I| = 0$. Como $A - \lambda I = \begin{pmatrix} 1-\lambda & 2 \\ 0 & 1-\lambda \end{pmatrix}$, se tiene que la ecuación característica está dada por $|A - \lambda I| = (1-\lambda)^2 = 0$ y su solución es $\lambda = 1$ con multiplicidad 2. Por otra parte, la dimensión del subespacio propio V_1 asociado al valor propio $\lambda = 1$ es igual a:

$$n - Rg(A - I) = 2 - Rg\begin{pmatrix} 0 & 2 \\ 0 & 0 \end{pmatrix} = 2 - 1 = 1$$

Como no coincide la multiplicidad del único valor propio con la dimensión del subespacio propio correspondiente, la matriz $A = \begin{pmatrix} 1 & 2 \\ 0 & 1 \end{pmatrix}$ no es diagonalizable.

2) Dada la matriz $A=\begin{pmatrix}3&0&0\\0&1&0\\1&2&0\end{pmatrix}$, obtengamos sus valores y vectores propios y diagonalicemos si es posible la matriz A encontrando la matriz de paso P y la matriz diagonal D.

Comenzamos calculando los valores propios de A como las soluciones de $|A-\lambda I|$. Como:

$$A-\lambda I=\begin{pmatrix}3-\lambda&0&0\\0&1-\lambda&0\\1&2&-\lambda\end{pmatrix}$$

resulta que $|A-\lambda I|=-\lambda(1-\lambda)(3-\lambda)=0$ y los valores propios son $\lambda=0,\ 1,\ 3$ con multiplicidad 1. Al ser todos los valores propios reales simples, la matriz A es diagonalizable. Calculemos ahora los subespacios propios correspondientes y la matriz de paso de la diagonalización.

Los subespacios propios asociados a cada valor propio se calculan de la siguiente forma:

- Para $\lambda=0$, planteamos el sistema homogéneo correspondiente cuyas soluciones están dadas por:

$$(A-0I)\vec{x}=\vec{0}\Leftrightarrow\left.\begin{array}{r}3x_1\qquad\quad=0\\x_2\quad=0\\x_1+2x_2\quad=0\end{array}\right\}\Leftrightarrow\left.\begin{array}{l}x_1=0\\x_2=0\\x_3=\alpha\end{array}\right\}$$

y determinamos el correspondiente subespacio propio asociado $V_0=\langle(0,0,1)\rangle$, donde $\dim V_0=1$.

De forma análoga, para $\lambda=3$, el sistema homogéneo correspondiente es:

$$(A-3I)\vec{x}=\vec{0}\Leftrightarrow\left.\begin{array}{r}-2x_2=0\\x_1+2x_2-3x_3=0\end{array}\right\}\Leftrightarrow\left.\begin{array}{l}x_1=3\alpha\\x_2=0\\x_3=\alpha\end{array}\right\}$$

y el subespacio propio asociado $V_3=\langle(3,0,1)\rangle$, donde $\dim V_3=1$.

- Por último, para $\lambda=1$, se tiene que:

$$\left(A-I\right)\vec{x}=\vec{0}\Leftrightarrow \left.\begin{array}{r}2x_1=0\\ x_1+2x_2-x_3=0\end{array}\right\}\Leftrightarrow \left.\begin{array}{l}x_1=0\\ x_2=\alpha\\ x_3=2\alpha\end{array}\right\}$$

siendo el subespacio propio asociado $V_1=\left\langle(0,\,1,\,2)\right\rangle$, donde $\dim V_1=1$.

Por tanto:

Valores propios	Multiplicidad	Dimensiones de V_λ
0	1	1
3	1	1
1	1	1

y la matriz es diagonalizable. La matriz de paso P y la matriz diagonal D están dadas por:

$$\underbrace{\begin{pmatrix}0&0&0\\0&3&0\\0&0&1\end{pmatrix}}_{D}=\underbrace{\begin{pmatrix}0&3&0\\0&0&1\\1&1&2\end{pmatrix}^{-1}}_{P^{-1}}\underbrace{\begin{pmatrix}3&0&0\\0&1&0\\1&2&0\end{pmatrix}}_{A}\underbrace{\begin{pmatrix}0&3&0\\0&0&1\\1&1&2\end{pmatrix}}_{P}$$

■

4. Diagonalización de Matrices Simétricas Reales

4.1. Matrices Ortogonales

Comenzamos definiendo el concepto de matriz ortogonal y estudiando alguna de sus propiedades.

Una matriz $A\in M_n$ es ***ortogonal*** si se cumple que $AA^t=A^tA=I_n$.

Observemos que una matriz A es ***ortogonal*** si su inversa A^{-1} coincide con su traspuesta A^t. Por tanto, una definición equivalente es:

A es **ortogonal** si y sólo si $A^{-1}=A^t$

Ejemplo 4.1

La matriz $A=\begin{pmatrix}0&0&1\\1/\sqrt{2}&-1/\sqrt{2}&0\\1/\sqrt{2}&1/\sqrt{2}&0\end{pmatrix}$ es ortogonal ya que cumple que:

$$AA^t = \begin{pmatrix} 0 & 0 & 1 \\ 1/\sqrt{2} & -1/\sqrt{2} & 0 \\ 1/\sqrt{2} & 1/\sqrt{2} & 0 \end{pmatrix}\begin{pmatrix} 0 & 1/\sqrt{2} & 1/\sqrt{2} \\ 0 & -1/\sqrt{2} & 1/\sqrt{2} \\ 1 & 0 & 0 \end{pmatrix} = \begin{pmatrix} 1 & 0 & 0 \\ 0 & 1 & 0 \\ 0 & 0 & 1 \end{pmatrix}$$

■

Las matrices ortogonales tienen entre otras propiedades la siguiente:

PROPOSICIÓN 3

Las columnas de una matriz ortogonal están formadas por vectores ortonormales.

Demostración

Sea A una matriz ortogonal. Representemos por $\vec{x}_i$ el i-ésimo vector columna de la matriz A. De esta forma, la matriz A la representaremos usando la notación $A = (\vec{x}_1, \vec{x}_2, ..., \vec{x}_n)$ y la matriz traspuesta será por tanto $A^t = \begin{pmatrix} \vec{x}_1^t \\ \vec{x}_2^t \\ \vdots \\ \vec{x}_n^t \end{pmatrix}$.

Como A es ortogonal, se cumple que:

$$A^t A = \begin{pmatrix} \vec{x}_1^t \\ \vec{x}_2^t \\ \vdots \\ \vec{x}_n^t \end{pmatrix} (\vec{x}_1, \vec{x}_2, ..., \vec{x}_n) = \begin{pmatrix} \vec{x}_1^t\vec{x}_1 & \vec{x}_1^t\vec{x}_2 & \cdots & \vec{x}_1^t\vec{x}_n \\ \vec{x}_2^t\vec{x}_1 & \vec{x}_2^t\vec{x}_2 & \cdots & \vec{x}_2^t\vec{x}_n \\ \vdots & \vdots & \ddots & \vdots \\ \vec{x}_n^t\vec{x}_1 & \vec{x}_n^t\vec{x}_2 & \cdots & \vec{x}_n^t\vec{x}_n \end{pmatrix} = I$$

Los elementos de la diagonal principal son iguales a 1, por lo que $\vec{x}_i^t\vec{x}_i = \langle \vec{x}_i, \vec{x}_i \rangle = 1$, $i = 1,2,...,n$. Mientras que el resto de elementos es igual a cero, por tanto, $\vec{x}_i^t\vec{x}_j = \langle \vec{x}_i, \vec{x}_j \rangle = 0$, $i, j = 1,2,...,n$. Es decir, los vectores $\vec{x}_1, \vec{x}_2, ..., \vec{x}_n$ que representan las columnas de la matriz A han de ser ortogonales y unitarios.

■

Ejemplo 4.2

Obsérvese que, en la matriz ortogonal $A = \begin{pmatrix} 0 & 0 & 1 \\ 1/\sqrt{2} & -1/\sqrt{2} & 0 \\ 1/\sqrt{2} & 1/\sqrt{2} & 0 \end{pmatrix}$ del Ejemplo 4.1, los vectores columnas de la matriz son ortogonales entre sí y unitarios.

■

4.2. *DIAGONALIZACIÓN DE MATRICES SIMÉTRICAS*

Estudiemos ahora la diagonalización de matrices simétricas. Estas matrices aparecen con frecuencia en diferentes aplicaciones económicas, por lo que resulta interesante estudiar su diagonalización, que, como veremos a continuación, presenta algunas peculiaridades. Concretamente, toda matriz simétrica es diagonalizable y sus valores propios son siempre reales. Además, los vectores propios asociados a diferentes valores propios son ortogonales, pudiéndose encontrar una matriz de paso P ortogonal. El siguiente teorema expresa detalladamente lo que acabamos de señalar.

TEOREMA 4

Sea $A=(a_{ij})$ una matriz simétrica. Entonces:

1) Los valores propios de la matriz son reales.

2) Los vectores propios asociados a valores propios distintos son ortogonales entre sí.

3) La matriz A es diagonalizable. Concretamente, existe una matriz ortogonal U que cumple:

$$D=U^{t}AU$$

donde D es una matriz diagonal formada por los valores propios de A.

Ejemplo 4.3

Consideremos la matriz simétrica $A=\begin{pmatrix} 0 & 1 & 1 \\ 1 & 0 & 1 \\ 1 & 1 & 0 \end{pmatrix}$. Sabemos por los cálculos realizados en el Ejemplo 2.2 que los valores propios son $\lambda=-1$ (con multiplicidad 2) y $\lambda=2$ (con multiplicidad 1) mientras que los subespacios propios asociados son $V_{-1}=\langle(-1,1,0),(-1,0,1)\rangle$ y $V_2=\langle(1,1,1)\rangle$. Como la matriz es simétrica, en virtud del Teorema 4 es posible encontrar una matriz de paso que sea ortonormal. Las columnas de esta matriz se determinan hallando bases ortonormales en cada uno de los subespacios propios obtenidos. Para conseguir este objetivo, tenemos dos posibilidades: aplicar el proceso de ortonormalización de Gram-Schmidt, estudiado en el Capítulo 3, a cada una de las bases de los subespacios propios obtenidos, o bien construir directamente las bases ortogonales en cada subespacio y después transformar estas bases en bases ortonormales. Aplicaremos el segundo método, que resulta más sencillo cuando la dimensión de los subespacios propios es pequeña.

Para hallar una base ortonormal del subespacio $V_{-1} = \langle(-1,1,0),(-1,0,1)\rangle$, consideramos uno de los vectores de la base hallada, por ejemplo, el vector $(-1,1,0)$, como el primer vector de la nueva base. El segundo vector hay que elegirlo de forma que sea ortogonal al primer vector elegido y además pertenecezca al subespacio. La condición de ortogonalidad con el vector $(-1,1,0)$ es equivalente a que se cumpla la ecuación:

$$\langle(-1,1,0),(x,y,z)\rangle = -x + y = 0$$

mientras que la condición de pertenencia al subespacio V_{-1} es equivalente a que se cumpla la ecuación $x+y+z=0$ que define a V_{-1}. Por tanto, es suficiente hallar un vector cualquiera que cumpla las ecuaciones:

$$\begin{aligned} -x + y \quad &= 0 \\ x + y + z &= 0 \end{aligned}$$

Elegimos por ejemplo $(1,1,-2)$ como el segundo vector del subespacio V_{-1}, de donde $\{(-1,1,0),(1,1,-2)\}$ forman una base ortogonal de V_{-1}. Dividiendo por la norma de cada uno de los vectores, se obtiene una base ortonormal del subespacio V_{-1}. Así, como $\|(-1,1,0)\| = \sqrt{(-1)^2 + 1^2 + 0^2} = \sqrt{2}$ y $\|(1,1,-2)\| = \sqrt{1^2 + 1^2 + (-2)^2} = \sqrt{6}$, la base ortonormal obtenida es $V_{-1} = \left\langle (-\frac{1}{\sqrt{2}}, \frac{1}{\sqrt{2}}, 0), (\frac{1}{\sqrt{6}}, \frac{1}{\sqrt{6}}, -\frac{2}{\sqrt{6}}) \right\rangle$.

Para el subespacio V_2, la base ortonormal se obtiene dividiendo por su norma el único vector de la base. Así, como $\|(1,1,1)\| = \sqrt{1^2 + 1^2 + 1^2} = \sqrt{3}$, resulta que $V_2 = \left\langle (\frac{1}{\sqrt{3}}, \frac{1}{\sqrt{3}}, \frac{1}{\sqrt{3}}) \right\rangle$.

La matriz de paso ortogonal está dada, por tanto, por la matriz:

$$U = \begin{pmatrix} 1/\sqrt{3} & -1/\sqrt{2} & 1/\sqrt{6} \\ 1/\sqrt{3} & 1/\sqrt{2} & 1/\sqrt{6} \\ 1/\sqrt{3} & 0 & -2/\sqrt{6} \end{pmatrix}$$

y se verifica que $D = U' A U$, es decir:

$$\begin{pmatrix} 2 & 0 & 0 \\ 0 & 1 & 0 \\ 0 & 0 & 1 \end{pmatrix} = \begin{pmatrix} 1/\sqrt{3} & -1/\sqrt{2} & 1/\sqrt{6} \\ 1/\sqrt{3} & 1/\sqrt{2} & 1/\sqrt{6} \\ 1/\sqrt{3} & 0 & -2/\sqrt{6} \end{pmatrix}^t \begin{pmatrix} 0 & 1 & 1 \\ 1 & 0 & 1 \\ 1 & 1 & 0 \end{pmatrix} \begin{pmatrix} 1/\sqrt{3} & -1/\sqrt{2} & 1/\sqrt{6} \\ 1/\sqrt{3} & 1/\sqrt{2} & 1/\sqrt{6} \\ 1/\sqrt{3} & 0 & -2/\sqrt{6} \end{pmatrix}$$

■

5. POTENCIA DE UNA MATRIZ

Un problema frecuente en economía es calcular las sucesivas potencias de una matriz cuadrada (recuérdense las aplicaciones relacionadas con las matrices estocásticas y de transición). Cuando el exponente es un número pequeño, el cálculo no reviste mayor dificultad, sin embargo, a medida que aumenta este exponente también aumenta la complejidad del cálculo. El proceso de diagonalización de una matriz permite reducir la dificultad del problema, de forma que, si la matriz es diagonalizable, el cálculo de la potencia de la matriz se simplifica considerablemente. Veámoslo:

Sea A una matriz diagonalizable, sabemos que existen matrices P y D tal que: $D = P^{-1}AP$ o, equivalentemente, $A = PDP^{-1}$. Según esto, la potencia n-ésima A^n de la matriz A se calcularía de la siguiente forma:

$$A^n = (PDP^{-1})^n = (PDP^{-1})(PDP^{-1})...(PDP^{-1}) = PD^nP^{-1}$$

Es decir, calcular cualquier potencia de una matriz diagonalizable se reduce a calcular la potencia de la matriz diagonal correspondiente (la potencia n-ésima de una matriz diagonal se calcula elevando a n los elementos de la diagonal principal):

$$A^n = PD^nP^{-1}$$

Ejemplo 5.1

Dada la matriz $A = \begin{pmatrix} 3 & 0 & 0 \\ 0 & 1 & 0 \\ 1 & 2 & 0 \end{pmatrix}$, calculemos el valor de su potencia n-ésima A^n. Según vimos en el Ejemplo 3.3, la matriz A es diagonalizable, siendo las matrices de paso P y diagonal D las siguientes:

$$P = \begin{pmatrix} 0 & 3 & 0 \\ 0 & 0 & 1 \\ 1 & 1 & 2 \end{pmatrix}, \; D = \begin{pmatrix} 0 & 0 & 0 \\ 0 & 3 & 0 \\ 0 & 0 & 1 \end{pmatrix}$$

de donde, usando que $A^n = PD^nP^{-1}$, se tiene:

$$\underbrace{\begin{pmatrix} 3 & 0 & 0 \\ 0 & 1 & 0 \\ 1 & 2 & 0 \end{pmatrix}^n}_{A^n} = \underbrace{\begin{pmatrix} 0 & 3 & 0 \\ 0 & 0 & 1 \\ 1 & 1 & 2 \end{pmatrix}}_{P} \underbrace{\begin{pmatrix} 0 & 0 & 0 \\ 0 & 3^n & 0 \\ 0 & 0 & 1^n \end{pmatrix}}_{D^n} \underbrace{\begin{pmatrix} 0 & 3 & 0 \\ 0 & 0 & 1 \\ 1 & 1 & 2 \end{pmatrix}^{-1}}_{P^{-1}} = \begin{pmatrix} 3^n & 0 & 0 \\ 0 & 1 & 0 \\ 3^{n-1} & 2 & 0 \end{pmatrix}$$

6. EXPONENCIAL DE UNA MATRIZ

Dada A, una matriz cuadrada de orden n se define la ***exponencial de la matriz***, denotada por e^A, como:

$$e^A = \sum_{k=0}^{\infty} \frac{A^k}{k!} = I_n + \frac{A}{1!} + \frac{A^2}{2!} + \ldots + \frac{A^n}{n!} + \ldots$$

Como podemos ver, el cálculo directo de la exponencial de una matriz no resulta sencillo si se aplica directamente la definición que acabamos de dar. Sin embargo, cuando la matriz A es diagonalizable, hay una manera más sencilla de calcular la exponencial de la matriz. Antes de formular el método de cálculo, necesitamos enunciar varias propiedades que verifican la exponencial de una matriz y que pueden ser demostradas directamente a partir de la definición. Concretamente, se tiene que:

PROPIEDADES

1. Si $B = PAP^{-1}$, entonces $e^B = Pe^A P^{-1}$.

2. La exponencial de una matriz diagonal $D = \begin{pmatrix} \lambda_1 & 0 & \cdots & 0 \\ 0 & \lambda_2 & \cdots & 0 \\ \vdots & \vdots & \ddots & \vdots \\ 0 & 0 & \cdots & \lambda_n \end{pmatrix}$ es igual a:

$$e^D = \begin{pmatrix} e^{\lambda_1} & 0 & \cdots & 0 \\ 0 & e^{\lambda_2} & \cdots & 0 \\ \vdots & \vdots & \ddots & \vdots \\ 0 & 0 & \cdots & e^{\lambda_n} \end{pmatrix}$$

■

Veamos ahora cómo se calcula la exponencial de una matriz diagonalizable. Si A es una matriz diagonalizable, existe una matriz diagonal D y una matriz de paso P tal que $D = P^{-1}AP$ y, equivalentemente, $A = PDP^{-1}$. Aplicando la Propiedad 1 enunciada anteriormente, la exponencial de la matriz A está dada por:

$$e^A = Pe^D P^{-1}$$

donde la exponencial de la matriz diagonal D se calcula como se indica en la Propiedad 2.

Ejemplo 6.1

Dada la matriz $A=\begin{pmatrix}3&0&0\\0&1&0\\1&2&0\end{pmatrix}$, calculemos el valor de la matriz exponencial de A. La matriz A es diagonalizable y se cumple que $A=PDP^{-1}$, siendo las matrices de paso P y diagonal D:

$$P=\begin{pmatrix}0&3&0\\0&0&1\\1&1&2\end{pmatrix},\ D=\begin{pmatrix}0&0&0\\0&3&0\\0&0&1\end{pmatrix}$$

Como $e^A=Pe^DP^{-1}$, resulta que:

$$e^A=\underbrace{\begin{pmatrix}0&3&0\\0&0&1\\1&1&2\end{pmatrix}}_{P}\underbrace{\begin{pmatrix}0&0&0\\0&e^3&0\\0&0&e\end{pmatrix}}_{e^D}\underbrace{\begin{pmatrix}0&3&0\\0&0&1\\1&1&2\end{pmatrix}^{-1}}_{P^{-1}}=\begin{pmatrix}e^3&0&0\\0&e&0\\e^2/3&2e&0\end{pmatrix}$$

■

7. APLICACIONES ECONÓMICAS

7.1. MODELO INPUT-OUTPUT. ECONOMÍAS PRODUCTIVAS

Consideremos de nuevo el modelo *input-output* de Leontief estudiado en el Capítulo 3. Recordemos que el modelo quedaba definido por la ecuación matricial:

$$X=AX+D \tag{4.1}$$

donde $X\in M_{n\times 1}$ es el vector de producción de cada una de las industrias del sistema; $A\in M_{n\times n}$ la matriz de coeficientes técnicos o matriz *input-output*; y $D\in M_{n\times 1}$ es la matriz de demandas externas del sistema. Resolviendo la ecuación matricial (4.1), en el caso de que exista la matriz $(I-A)^{-1}$, obtenemos que:

$$X=(I-A)^{-1}D \tag{4.2}$$

Ahora intentaremos expresar la matriz X de producción final de una forma alternativa. Para ello realizamos el siguiente razonamiento: vamos a sustituir reiteradamente el término derecho de la ecuación (4.2) en la propia ecuación (4.2):

$$X = AX + D = A(AX + D) + D = A^2X + AD + D = A^2X + (A + I)D =$$
$$= A^2(AX + D) + (A + I)D = A^3X + (A^2 + A + I)D = \cdots =$$
$$= A^{n+1}X + (A^n + A^{n-1} + \cdots + A + I)D$$

Es decir,

$$X = A^{n+1}X + (A^n + A^{n-1} + \cdots + A + I)D \tag{4.3}$$

Supongamos ahora que, para valores de n suficientemente grandes, la matriz A^{n+1} está próxima a la matriz cero. En este caso, la expresión (4.3) implica que:

$$X = (I + A + A^2 + \cdots + A^n + \cdots)D \tag{4.4}$$

Si comparamos las expresiones (4.2) y (4.4) se tiene que:

$$(I - A)^{-1} = I + A + A^2 + \cdots + A^n + \cdots \tag{4.5}$$

La expresión anterior se conoce con el nombre de desarrollo en serie de la matriz inversa de Leontief. Recordemos que la expresión obtenida para la matriz $(I - A)^{-1}$ sólo es válida cuando se cumple la condición:

$$\lim_{n\to\infty} A^n = 0 \tag{4.6}$$

Parece lógico preguntarse ahora qué condiciones debe de cumplir la matriz A para que se verifique (4.6). Responderemos a la pregunta en el caso en el que la matriz A es diagonalizable. Sabemos que, si A es diagonalizable, existe una matriz de paso P y una matriz diagonal D tal que:

$$A = PDP^{-1} \tag{4.7}$$

y según lo estudiado en el epígrafe anterior,

$$A^n = PD^nP^{-1} \tag{4.8}$$

donde $D^n = \begin{pmatrix} \lambda_1^n & & 0 \\ & \ddots & \\ 0 & & \lambda_m^n \end{pmatrix}$. Por tanto, si los valores propios de la matriz A son menores que 1 en valor absoluto, $|\lambda_i| < 1, \quad i = 1,2,...,m$, entonces, $\lim_{n\to\infty} D^n = 0$ y, según (4.8), $\lim_{n\to\infty} A^n = 0$.

Resumiendo tenemos que:

Si A es una matriz *input-output* diagonalizable tal que sus valores propios son en módulo menores que 1, entonces:

a) $(I-A)^{-1} = I + A + A^2 + \cdots + A^n + \cdots$

b) $X = (I + A + A^2 + \cdots + A^n + \cdots)D$

c) La economía generada por la matriz A es una economía productiva.

Observe que, al ser A y D matrices no negativas, según el apartado b) la matriz X es también no negativa.

7.2. *APLICACIÓN A LOS SISTEMAS DINÁMICOS*

Una de las aplicaciones más interesantes de la diagonalización de matrices y, en especial, del cálculo de la potencia n-ésima de una matriz cuadrada es el análisis de sistemas dinámicos a lo largo del tiempo. Consideremos un sistema económico cuyo estado se determina por n variables, agrupadas en una matriz columna X, que van variando en cada periodo de tiempo (días, meses, años,...). Con frecuencia, la relación entre el estado del sistema en dos periodos consecutivos viene dada por la expresión: $X_{t+1} = AX_t$, donde A es una matriz cuadrada de orden n y X_t representa el estado del sistema en el periodo t. Como ejemplo de esta situación recuérdese la matriz de transición de ventas estudiada en el Capítulo 1. Bajo estas hipótesis, basta conocer el estado inicial del sistema, dado por X_0, para conocer el estado del sistema en cualquier periodo. En efecto:

$$\begin{aligned} X_1 &= AX_0 \\ X_2 &= AX_1 = A(AX_0) = A^2X_0 \\ &\vdots \\ X_m &= AX_{m-1} = A(A^{m-1}X_0) = A^mX_0 \end{aligned}$$

Por tanto, para conocer el estado del sistema en cualquier periodo se necesita saber calcular la potencia de una matriz. Hemos visto que este cálculo se simplifica considerablemente cuando la matriz A es diagonalizable. Sabemos en este caso que, si D es la matriz diagonal y P la matriz de paso,

$$A^m = PD^m P^{-1}$$

y por tanto, si $\lambda_1, \lambda_2, ..., \lambda_n$ son los valores propios de la matriz A, resulta que:

$$X_m = A^m X_0 = P \begin{pmatrix} \lambda_1^m & & 0 \\ & \ddots & \\ 0 & & \lambda_n^m \end{pmatrix} P^{-1} X_0 \qquad (4.9)$$

Ejemplo 7.1

Dos marcas A y B se distribuyen el mercado de un determinado producto. La relación entre las cantidades x e y consumidas de cada marca en el periodo $t+1$ en relación con las consumidas en el periodo anterior t vienen dadas por las ecuaciones siguientes:

$$\begin{aligned} x_{t+1} &= 0,4x_t + 0,5y_t \\ y_{t+1} &= 0,6x_t + 0,5y_t \end{aligned} \qquad (4.10)$$

Sabiendo que las cuotas iniciales de mercado de cada marca están dadas por $x_0 = 500,\ y_0 = 1000$, calculemos las cuotas de mercado pasados n periodos. Determinemos además si las cuotas de mercado se estabilizarán a largo plazo y, en caso afirmativo, hallemos las cuotas de mercado en la situación de equilibrio.

Si llamamos $X_t = \begin{pmatrix} x_t \\ y_t \end{pmatrix}$, $A = \begin{pmatrix} 0,4 & 0,5 \\ 0,6 & 0,5 \end{pmatrix}$, el sistema de ecuaciones (4.10) puede escribirse en forma matricial como:

$$\begin{pmatrix} x_{t+1} \\ y_{t+1} \end{pmatrix} = \begin{pmatrix} 0,4 & 0,5 \\ 0,6 & 0,5 \end{pmatrix} \begin{pmatrix} x_t \\ y_t \end{pmatrix} \Leftrightarrow X_{t+1} = AX_t$$

de donde $X_n = A^n X_0$.

Para calcular la potencia de la matriz A, estudiamos en primer lugar si es diagonalizable. Los valores propios de A se hallan resolviendo la ecuación característica:

$$|A - \lambda I| = \begin{vmatrix} 0,4-\lambda & 0,5 \\ 0,6 & 0,5-\lambda \end{vmatrix} = 0 \Leftrightarrow \lambda = 1,\ \lambda = -0,1$$

Al ser los valores propios reales simples, la matriz es diagonalizable, siendo la matriz diagonal correspondiente $D=\begin{pmatrix}1 & 0\\ 0 & -0{,}1\end{pmatrix}$ y la matriz de paso $P=\begin{pmatrix}1 & 1\\ 1{,}2 & -1\end{pmatrix}$.

Pasados n periodos, las cuotas de mercado vienen dadas por:

$$X_n = PD^nP^{-1}X_0 = \begin{pmatrix}1 & 1\\ 1{,}2 & -1\end{pmatrix}\begin{pmatrix}1^n & 0\\ 0 & (-0{,}1)^n\end{pmatrix}\begin{pmatrix}1 & 1\\ 1{,}2 & -1\end{pmatrix}^{-1}\begin{pmatrix}500\\ 1000\end{pmatrix}=$$

$$=\begin{pmatrix}681{,}81-\dfrac{2^{4-n}\cdot 5^{3-n}(-1)^n}{11}\\ 818{,}11+\dfrac{2^{4-n}\cdot 5^{3-n}(-1)^n}{11}\end{pmatrix}$$

Por último, para estudiar si las cuotas de mercado se estabilizan a largo plazo, basta calcular:

$$\lim_{n\to\infty} X_n = \lim_{n\to\infty}\begin{pmatrix}681{,}81-\dfrac{2^{4-n}\cdot 5^{3-n}(-1)^n}{11}\\ 818{,}11+\dfrac{2^{4-n}\cdot 5^{3-n}(-1)^n}{11}\end{pmatrix}=\begin{pmatrix}681{,}81\\ 818{,}11\end{pmatrix}$$

■

EJERCICIOS RESUELTOS

1. Sea A una matriz cuadrada. Demuestre las siguientes afirmaciones:

a) La matriz A tiene inversa si y sólo si sus valores propios son distintos de cero.

b) Si $\vec{x}$ es un vector propio de la matriz A asociado a un valor propio λ, entonces, $\alpha\vec{x}$ es también un vector propio de la matriz A asociado al mismo valor propio.

c) El determinante de la matriz A es igual al producto de sus valores propios.

Solución

a) Recordemos que los valores propios λ de una matriz A cumplen la ecuación $|A-\lambda I|=0$. Como la matriz A tiene inversa si y sólo si su determinante es distinto de cero, entonces:

$$|A|=|A-0I|\neq 0$$

lo cual es equivalente a afirmar que $\lambda=0$ no puede ser un valor propio de la matriz A.

b) Si $\vec{x}$ es un vector propio de la matriz A asociado a un valor propio λ, entonces se cumple que $A\vec{x}=\lambda\vec{x}$. Multiplicando por α esta igualdad, se tiene que $\alpha A\vec{x}=\alpha\lambda\vec{x}$ o, equivalentemente, que $A(\alpha\vec{x})=\lambda(\alpha\vec{x})$ y, por tanto, $\alpha\vec{x}$ es también un vector propio de la matriz A asociado al mismo valor propio λ.

c) Sean $\lambda_1,\lambda_2,...,\lambda_n$ los valores propios de la matriz A. Sabemos que han de coincidir con las raíces del polinomio característico $P(\lambda)$ de la matriz A. Teniendo en cuenta que $P(\lambda)=|A-\lambda I|$ y que $P(\lambda)$ se puede factorizar a partir de sus raíces $\lambda_1,\lambda_2,...,\lambda_n$, resulta que:

$$P(\lambda)=|A-\lambda I|=(-1)^n(\lambda-\lambda_1)(\lambda-\lambda_2)...(\lambda-\lambda_n)$$

Si sustituimos en la ecuación anterior λ por 0, resulta que:

$$|A-0I|=|A|=(-1)^n(-1)^n\lambda_1\lambda_2...\lambda_n=\lambda_1\lambda_2...\lambda_n$$

2. Calcule el polinomio característico y los valores propios de la matriz
$$A=\begin{pmatrix}1&0&0\\2&2&0\\1&-1&3\end{pmatrix}$$

Solución

El polinomio característico de la matriz $A=\begin{pmatrix}1&0&0\\2&2&0\\1&-1&3\end{pmatrix}$ es igual a:

$$P(\lambda)=|A-\lambda I|=\begin{vmatrix}1-\lambda&0&0\\2&2-\lambda&0\\1&-1&3-\lambda\end{vmatrix}=(1-\lambda)(2-\lambda)(3-\lambda)$$

y los valores propios $\lambda=1,\ \lambda=2$ y $\lambda=3$ son las soluciones de la ecuación característica:

$$(1-\lambda)(2-\lambda)(3-\lambda)=0$$

3. Estudie si la matriz $A=\begin{pmatrix}-2&2\\0&3\end{pmatrix}$ es diagonalizable.

Solución

Comenzamos calculando los valores propios de la matriz A. Para ello resolvemos la ecuación $|A-\lambda I|=0$. Como $A-\lambda I=\begin{pmatrix}-2-\lambda&2\\0&3-\lambda\end{pmatrix}$, se tiene que la ecuación característica está dada por $|A-\lambda I|=(-2-\lambda)(3-\lambda)=0$ y sus soluciones son $\lambda=-2$ y $\lambda=3$, ambos valores propios con multiplicidad 1.

Por otra parte, calculemos la dimensión de los subespacios propios asociados a cada valor propio.

La dimensión del subespacio propio V_{-2} asociado al valor propio $\lambda=-2$ es igual a $n-Rg(A+2I)=2-Rg\begin{pmatrix}0&2\\0&5\end{pmatrix}=2-1=1$

La dimensión del subespacio propio V_3 asociado al valor propio $\lambda=3$ es igual a $n-Rg(A-3I)=2-Rg\begin{pmatrix}-5&2\\0&0\end{pmatrix}=2-1=1$

Al coincidir la multiplicidad de cada valor propio con la dimensión del subespacio propio correspondiente, la matriz $A=\begin{pmatrix}-2&2\\0&3\end{pmatrix}$ es diagonalizable.

4. Dada la matriz $A=\begin{pmatrix}1 & -1 & 0\\ -9 & 1 & 0\\ 1 & -1 & 4\end{pmatrix}$

a) Determine sus valores propios y los subespacios propios asociados.

b) ¿Es diagonalizable la matriz A? En caso afirmativo, encuentre la matriz de paso y la matriz diagonal correspondiente.

Solución

a) Los valores propios de la matriz A son las soluciones de la ecuación característica $|A-\lambda I|=0$. Como:

$$A-\lambda I=\begin{pmatrix}1 & -1 & 0\\ -9 & 1 & 0\\ 1 & -1 & 4\end{pmatrix}-\begin{pmatrix}\lambda & 0 & 0\\ 0 & \lambda & 0\\ 0 & 0 & \lambda\end{pmatrix}=\begin{pmatrix}1-\lambda & -1 & 0\\ -9 & 1-\lambda & 0\\ 1 & -1 & 4-\lambda\end{pmatrix}$$

resulta que:

$$|A-\lambda I|=0\Leftrightarrow\begin{vmatrix}1-\lambda & -1 & 0\\ -9 & 1-\lambda & 0\\ 1 & -1 & 4-\lambda\end{vmatrix}=(4-\lambda)\begin{vmatrix}1-\lambda & -1\\ -9 & 1-\lambda\end{vmatrix}=$$

$$=(4-\lambda)(\lambda^2-2\lambda-8)=0$$

y los valores propios de la matriz A son $\lambda=4$ con multiplicidad 2 y $\lambda=-2$ con multiplicidad 1.

Los subespacios propios asociados a cada valor propio λ se obtienen como soluciones del sistema homogéneo definido por $(A-\lambda I)\vec{x}=\vec{0}$.

- Para el valor propio $\lambda=4$, el correspondiente sistema homogéneo es $(A-4I)\vec{x}=\vec{0}$,

$$\begin{pmatrix}-3 & -1 & 0\\ -9 & -3 & 0\\ 1 & -1 & 0\end{pmatrix}\begin{pmatrix}x_1\\ x_2\\ x_3\end{pmatrix}=\begin{pmatrix}0\\ 0\\ 0\end{pmatrix}\Leftrightarrow\begin{aligned}-3x_1-x_2&=0\\ -9x_1-3x_2&=0\\ x_1-x_2&=0\end{aligned}$$

cuyas soluciones en forma paramétrica están dadas por:

$$\left.\begin{aligned}x_1&=0\\ x_2&=0\\ x_3&=\alpha\end{aligned}\right\}\Leftrightarrow\begin{pmatrix}x_1\\ x_2\\ x_3\end{pmatrix}=\alpha\begin{pmatrix}0\\ 0\\ 1\end{pmatrix}$$

El subespacio propio V_4 asociado al valor propio $\lambda = 4$ es:

$$V_4 = \langle (0,0,1) \rangle$$

y $\dim V_4 = 1$.

- Para el valor propio $\lambda = -2$, el correspondiente sistema homogéneo es $(A+2I)\vec{x} = \vec{0}$,

$$\begin{pmatrix} 3 & -1 & 0 \\ -9 & 3 & 0 \\ 1 & -1 & 6 \end{pmatrix} \begin{pmatrix} x_1 \\ x_2 \\ x_3 \end{pmatrix} = \begin{pmatrix} 0 \\ 0 \\ 0 \end{pmatrix} \Leftrightarrow \begin{array}{r} 3x_1 - x_2 = 0 \\ -9x_1 + 3x_2 = 0 \\ x_1 - x_2 + 6x_3 = 0 \end{array}$$

Resolviendo el sistema, la solución en forma paramétrica es igual a:

$$\left. \begin{array}{l} x_1 = \alpha \\ x_2 = 3\alpha \\ x_3 = \dfrac{1}{3}\alpha \end{array} \right\} \Leftrightarrow \begin{pmatrix} x_1 \\ x_2 \\ x_3 \end{pmatrix} = \alpha \begin{pmatrix} 1 \\ 3 \\ \dfrac{1}{3} \end{pmatrix}$$

y el subespacio propio V_{-2} está dado por $V_{-2} = \left\langle \left(1, 3, \dfrac{1}{3} \right) \right\rangle = \langle (3,9,1) \rangle$,

siendo $\dim V_{-2} = 1$.

b) La matriz no es diagonalizable, ya que para el valor propio $\lambda = 4$ no coinciden la dimensión del subespacio propio asociado y la multiplicidad del valor propio.

5. Dada la matriz $A = \begin{pmatrix} 0 & a & a \\ a & 0 & a \\ a & a & 0 \end{pmatrix}$, $a \neq 0$

a) Determine sus valores propios y los subespacios propios asociados.

b) ¿Es diagonalizable la matriz A? En caso afirmativo, encuentre la matriz de paso y la matriz diagonal correspondiente.

Solución

a) Los valores propios de la matriz A son las soluciones de la ecuación característica $|A - \lambda I| = 0$:

$$|A-\lambda I|=0 \Leftrightarrow \begin{vmatrix} -\lambda & a & a \\ a & -\lambda & a \\ a & a & -\lambda \end{vmatrix} = (2a-\lambda)(-a-\lambda)^2 = 0$$

y los valores propios de la matriz A son $\lambda=-a$ con multiplicidad 2 y $\lambda=2a$ con multiplicidad 1.

Los subespacios propios asociados a cada valor propio λ se obtienen como soluciones del sistema homogéneo definido por $(A-\lambda I)\vec{x}=\vec{0}$.

- Para el valor propio $\lambda=-a$, el correspondiente sistema homogéneo es $(A+aI)\vec{x}=\vec{0}$,

$$(A+aI)\vec{x}=\vec{0} \Leftrightarrow \begin{pmatrix} a & a & a \\ a & a & a \\ a & a & a \end{pmatrix}\begin{pmatrix} x_1 \\ x_2 \\ x_3 \end{pmatrix} = \begin{pmatrix} 0 \\ 0 \\ 0 \end{pmatrix} \Rightarrow ax_1+ax_2+ax_3=0$$

cuyas soluciones en forma paramétrica están dadas por:

$$\left.\begin{array}{l} x_1=-\lambda-\mu \\ x_2=\lambda \\ x_3=\mu \end{array}\right\} \Rightarrow \begin{pmatrix} x_1 \\ x_2 \\ x_3 \end{pmatrix} = \lambda\begin{pmatrix} -1 \\ 1 \\ 0 \end{pmatrix} + \mu\begin{pmatrix} -1 \\ 0 \\ 1 \end{pmatrix}$$

El subespacio propio V_{-a} asociado al valor propio $\lambda=-a$ es:

$$V_{-a}=\langle(-1,1,0),(-1,0,1)\rangle$$

donde $\dim V_{-a}=2$.

- Para el valor propio $\lambda=2a$, el correspondiente sistema homogéneo es $(A-2aI)\vec{x}=\vec{0}$,

$$(A-2aI)\vec{x}=\vec{0} \Leftrightarrow \begin{pmatrix} -2a & a & a \\ a & -2a & a \\ a & a & -2a \end{pmatrix}\begin{pmatrix} x_1 \\ x_2 \\ x_3 \end{pmatrix} = \begin{pmatrix} 0 \\ 0 \\ 0 \end{pmatrix} \Leftrightarrow$$

$$\left.\begin{array}{r} -2ax_1+ax_2+ax_3=0 \\ ax_1-2ax_2+ax_3=0 \\ ax_1+ax_2-2ax_3=0 \end{array}\right\} \Rightarrow \left.\begin{array}{r} -2x_1+x_2+x_3=0 \\ x_1-2x_2+x_3=0 \\ x_1+x_2-2x_3=0 \end{array}\right\}$$

Resolviendo el sistema, la solución en forma paramétrica es igual a:

$$\left.\begin{array}{l} x_1 = \lambda \\ x_2 = \lambda \\ x_3 = \lambda \end{array}\right\} \Rightarrow \begin{pmatrix} x_1 \\ x_2 \\ x_3 \end{pmatrix} = \lambda \begin{pmatrix} 1 \\ 1 \\ 1 \end{pmatrix}$$

de donde el subespacio propio V_{2a} está dado por $V_{2a} = \langle (1,\ 1,\ 1) \rangle$, siendo $\dim V_{2a} = 1$.

b) Para determinar si la matriz $A = \begin{pmatrix} 0 & a & a \\ a & 0 & a \\ a & a & 0 \end{pmatrix}$ es diagonalizable, comprobamos si la multiplicidad de cada valor propio coincide con la dimensión del subespacio propio asociado. Los valores propios de la matriz A son $\lambda = -a$ con multiplicidad 2 y $\lambda = 2a$ con multiplicidad 1, mientras que los subespacios propios asociados son $V_{-a} = \langle (-1,1,0), (-1,0,1) \rangle$ y $V_{2a} = \langle (1,1,1) \rangle$.

El siguiente cuadro resume la situación:

Valores propios	**Multiplicidad**	**Dimensión de V_λ**
$\lambda = -a$	2	2
$\lambda = 2a$	1	1

Resulta, por tanto, que la matriz A es diagonalizable. La matriz de paso P estaría formada por los vectores de la base de cada subespacio propio dispuestos en columnas:

$$P = \begin{pmatrix} -1 & -1 & 1 \\ 1 & 0 & 1 \\ 0 & 1 & 1 \end{pmatrix}$$

La matriz diagonal D semejante a la matriz A estaría formada por los valores propios de A (contando las multiplicidades y en el mismo orden en el que se han colocado los vectores propios en la matriz de paso):

$$D = \begin{pmatrix} -a & 0 & 0 \\ 0 & -a & 0 \\ 0 & 0 & 2a \end{pmatrix}$$

Por último, se cumple que:

$$D = P^{-1} A P$$

6. Dada la matriz simétrica $A=\begin{pmatrix}2 & 1 & 1\\ 1 & 2 & 1\\ 1 & 1 & 2\end{pmatrix}$, diagonalícela y encuentre una matriz de paso P que sea ortogonal.

Solución

Comenzamos calculando los valores propios de A y los subespacios propios correspondientes. Como:

$$A-\lambda I=\begin{pmatrix}2-\lambda & 1 & 1\\ 1 & 2-\lambda & 1\\ 1 & 1 & 2-\lambda\end{pmatrix}$$

$|A-\lambda I|=(1-\lambda)^2(4-\lambda)=0$, y los valores propios son $\lambda=1$ con multiplicidad 2 y $\lambda=4$ con multiplicidad 1. Calculemos ahora los subespacios propios correspondientes y la matriz de paso de la diagonalización.

• Para $\lambda=4$, consideramos el sistema homogéneo $(A-4I)\vec{x}=\vec{0}$ cuyas soluciones están dadas por:

$$(A-4I)\vec{x}=\vec{0}\Leftrightarrow \left.\begin{array}{r}-2x+y+z=0\\ x-2y+z=0\\ x+y-2z=0\end{array}\right\}\Leftrightarrow \left.\begin{array}{l}x=\alpha\\ y=\alpha\\ z=\alpha\end{array}\right\}$$

y determinamos el subespacio propio asociado $V_4=\langle(1,1,1)\rangle$, donde $\dim V_4=1$.

• De forma análoga, para $\lambda=1$, el sistema homogéneo correspondiente es:

$$(A-I)\vec{x}=\vec{0}\Leftrightarrow \left.\begin{array}{r}x+y+z=0\\ x+y+z=0\\ x+y+z=0\end{array}\right\}\Leftrightarrow x+y+z=0\Rightarrow \left.\begin{array}{l}x_1=-\alpha-\beta\\ x_2=\alpha\\ x_3=\beta\end{array}\right\}$$

y el subespacio propio asociado $V_1=\langle(-1,1,0),(-1,0,1)\rangle$, donde $\dim V_1=2$.

Al ser la matriz simétrica, ha de ser diagonalizable (observe que la multiplicidad de cada valor propio coincide con la dimensión del subespacio propio asociado). Encontremos ahora una matriz de paso U ortogonal.

Las columnas de esta matriz se determinan hallando bases ortonormales en cada uno de los subespacios propios obtenidos. Para conseguir este objetivo, construimos directamente las bases ortogonales en cada subespacio y después transformamos estas bases en bases ortonormales normalizando cada vector.

Para hallar una base ortonormal del subespacio $V_1 = \langle(-1,1,0),(-1,0,1)\rangle$, consideramos uno de los vectores de la base hallada, por ejemplo, el vector $(-1,1,0)$, como el primer vector de la nueva base. El segundo vector hay que elegirlo de forma que sea ortogonal al primer vector elegido y además pertenecezca al subespacio . La condición de ortogonalidad con el vector $(-1,1,0)$ es equivalente a que se cumpla la ecuación:

$$\langle(-1,1,0),(x,y,z)\rangle = -x+y=0$$

mientras que la condición de pertenencia al subespacio V_1, es equivalente a que se cumplan las ecuaciones que definen a V_1, dadas por $(A-I)\vec{x}=\vec{0}$, y que coinciden con la ecuación $x+y+z=0$. Por tanto, es suficiente hallar un vector cualquiera que cumpla las ecuaciones:

$$\begin{aligned} -x+y \quad &= 0 \\ x+y+z &= 0 \end{aligned}$$

Elegimos, por ejemplo, $(1,1,-2)$ como el segundo vector del subespacio V_1, de donde $\{(-1,1,0),(1,1,-2)\}$ forman una base ortogonal de V_1. Dividiendo por la norma de cada uno de los vectores se obtiene una base ortonormal del subespacio V_1. Así, como $\|(-1,1,0)\| = \sqrt{(-1)^2+1^2+0^2} = \sqrt{2}$ y $\|(1,1,-2)\| = \sqrt{1^2+1^2+(-2)^2} = \sqrt{6}$, la base ortonormal obtenida del subespacio es $V_1 = \left\langle (-\frac{1}{\sqrt{2}},\frac{1}{\sqrt{2}},0),(\frac{1}{\sqrt{6}},\frac{1}{\sqrt{6}},-\frac{2}{\sqrt{6}}) \right\rangle$.

Para el subespacio V_4, la base ortonormal se obtiene dividiendo por su norma el único vector de la base. Así, como $\|(1,1,1)\| = \sqrt{1^2+1^2+1^2} = \sqrt{3}$, resulta que $V_4 = \left\langle (\frac{1}{\sqrt{3}},\frac{1}{\sqrt{3}},\frac{1}{\sqrt{3}}) \right\rangle$.

La matriz de paso ortogonal está dada, por tanto, por la matriz:

$$U = \begin{pmatrix} 1/\sqrt{3} & -1/\sqrt{2} & 1/\sqrt{6} \\ 1/\sqrt{3} & 1/\sqrt{2} & 1/\sqrt{6} \\ 1/\sqrt{3} & 0 & -2/\sqrt{6} \end{pmatrix}$$

y se verifica que $D = U^t A U$, es decir:

$$\begin{pmatrix} 4 & 0 & 0 \\ 0 & 1 & 0 \\ 0 & 0 & 1 \end{pmatrix} = \begin{pmatrix} 1/\sqrt{3} & -1/\sqrt{2} & 1/\sqrt{6} \\ 1/\sqrt{3} & 1/\sqrt{2} & 1/\sqrt{6} \\ 1/\sqrt{3} & 0 & -2/\sqrt{6} \end{pmatrix}^t \begin{pmatrix} 2 & 1 & 1 \\ 1 & 2 & 1 \\ 1 & 1 & 2 \end{pmatrix} \begin{pmatrix} 1/\sqrt{3} & -1/\sqrt{2} & 1/\sqrt{6} \\ 1/\sqrt{3} & 1/\sqrt{2} & 1/\sqrt{6} \\ 1/\sqrt{3} & 0 & -2/\sqrt{6} \end{pmatrix}$$

7. Dada la matriz simétrica $A = \begin{pmatrix} 2 & 0 & 0 \\ 0 & 0 & 2 \\ 0 & 2 & 0 \end{pmatrix}$, diagonalícela y encuentre una matriz de paso P que sea ortogonal.

Solución

Comenzamos calculando los valores propios de A y los subespacios propios correspondientes. Como:

$$A - \lambda I = \begin{pmatrix} 2-\lambda & 0 & 0 \\ 0 & -\lambda & 2 \\ 0 & 2 & -\lambda \end{pmatrix}$$

la ecuación característica es $|A - \lambda I| = (\lambda^2 - 4)(2-\lambda) = 0$ y los valores propios son $\lambda = 2$ con multiplicidad 2 y $\lambda = -2$ con multiplicidad 1. Calculemos ahora los subespacios propios correspondientes y la matriz de paso de la diagonalización.

- Para $\lambda = -2$, consideramos el sistema homogéneo $(A + 2I)\vec{x} = \vec{0}$ cuyas soluciones están dadas por:

$$\left.\begin{aligned} x_1 &= 0 \\ x_2 &= -\alpha \\ x_3 &= \alpha \end{aligned}\right\}$$

y determinamos el subespacio propio asociado $V_{-2} = \langle (0,-1,1) \rangle$, donde $\dim V_{-2} = 1$.

- De forma análoga, para $\lambda = 2$, el sistema homogéneo correspondiente es $(A - 2I)\vec{x} = \vec{0}$, con solución:

$$\left.\begin{aligned} x_1 &= \alpha \\ x_2 &= \beta \\ x_3 &= \beta \end{aligned}\right\}$$

y el subespacio propio asociado $V_2 = \langle (1,0,0),(0,1,1) \rangle$, donde $\dim V_2 = 2$.

Al ser la matriz simétrica, ha de ser diagonalizable. Encontremos ahora una matriz de paso U ortogonal.

Para hallar una base ortonormal del subespacio $V_2 = \langle (1,0,0),(0,1,1) \rangle$, basta con normalizar los vectores de la base, ya que los vectores son ortogonales. Así, como $\|(1,0,0)\| = \sqrt{1^2+0^2+0^2} = 1$ y $\|(0,1,1)\| = \sqrt{0^2+1^2+1^2} = \sqrt{2}$, la base ortonormal obtenida del subespacio es $V_2 = \left\langle (1,0,0),(0,\frac{1}{\sqrt{2}},\frac{1}{\sqrt{2}}) \right\rangle$.

Para el subespacio V_{-2}, la base ortonormal se obtiene dividiendo por su norma el único vector de la base. Así, como $\|(0,-1,1)\| = \sqrt{0^2+1^2+1^2} = \sqrt{2}$, resulta que $V_{-2} = \left\langle (0,-\frac{1}{\sqrt{2}},\frac{1}{\sqrt{2}}) \right\rangle$.

La matriz de paso ortogonal está dada, por tanto, por la matriz:

$$U = \begin{pmatrix} 0 & 1 & 0 \\ -1/\sqrt{2} & 0 & 1/\sqrt{2} \\ 1/\sqrt{2} & 0 & 1/\sqrt{2} \end{pmatrix}$$

y se verifica que $D = U^t A U$, es decir:

$$\begin{pmatrix} -2 & 0 & 0 \\ 0 & 2 & 0 \\ 0 & 0 & 2 \end{pmatrix} = \begin{pmatrix} 0 & 1 & 0 \\ -1/\sqrt{2} & 0 & 1/\sqrt{2} \\ 1/\sqrt{2} & 0 & 1/\sqrt{2} \end{pmatrix}^t \begin{pmatrix} 2 & 0 & 0 \\ 0 & 0 & 2 \\ 0 & 2 & 0 \end{pmatrix} \begin{pmatrix} 0 & 1 & 0 \\ -1/\sqrt{2} & 0 & 1/\sqrt{2} \\ 1/\sqrt{2} & 0 & 1/\sqrt{2} \end{pmatrix}$$

8. Dada la matriz $A = \begin{pmatrix} 0 & 1 & 1 \\ 1 & 0 & 1 \\ 1 & 1 & 0 \end{pmatrix}$, calcule el valor de la matriz A^n.

Solución

La matriz A es diagonalizable, siendo las matrices de paso P y diagonal D las siguientes (véase el Ejercicio 5):

$$P = \begin{pmatrix} -1 & -1 & 1 \\ 1 & 0 & 1 \\ 0 & 1 & 1 \end{pmatrix}, \; D = \begin{pmatrix} -1 & 0 & 0 \\ 0 & -1 & 0 \\ 0 & 0 & 2 \end{pmatrix}$$

de donde, usando que $A^n = PD^nP^{-1}$, se tiene:

$$\begin{pmatrix} 0 & 1 & 1 \\ 1 & 0 & 1 \\ 1 & 1 & 0 \end{pmatrix}^n = \begin{pmatrix} -1 & -1 & 1 \\ 1 & 0 & 1 \\ 0 & 1 & 1 \end{pmatrix} \begin{pmatrix} (-1)^n & 0 & 0 \\ 0 & (-1)^n & 0 \\ 0 & 0 & 2^n \end{pmatrix} \begin{pmatrix} -1 & -1 & 1 \\ 1 & 0 & 1 \\ 0 & 1 & 1 \end{pmatrix}^{-1}$$

9. Dada la matriz $A = \begin{pmatrix} -2 & 2 \\ 0 & 3 \end{pmatrix}$, calcule el valor de la matriz exponencial de A.

Solución

En el Ejercicio 3 calculamos los valores propios de la matriz A y vimos que se trataba de una matriz diagonalizable. Concretamente, obteníamos que los valores propios son $\lambda = -2$ y $\lambda = 3$, ambos con multiplicidad 1.

Por otra parte, es fácil comprobar que los subespacios propios asociados a cada valor propio están dados por:

$$V_{-2} = \langle (1,0) \rangle \text{ y } V_3 = \langle (2,5) \rangle$$

Al ser la matriz A diagonalizable, se cumple que $A = PDP^{-1}$, siendo las matrices de paso P y diagonal D:

$$P = \begin{pmatrix} 1 & 2 \\ 0 & 5 \end{pmatrix}, \ D = \begin{pmatrix} -2 & 0 \\ 0 & 3 \end{pmatrix}$$

Sabemos que en este caso la exponencial de la matriz está dada por $e^A = Pe^D P^{-1}$ y, por tanto:

$$e^A = \begin{pmatrix} 1 & 2 \\ 0 & 5 \end{pmatrix} \begin{pmatrix} e^{-2} & 0 \\ 0 & e^3 \end{pmatrix} \begin{pmatrix} 1 & 2 \\ 0 & 5 \end{pmatrix}^{-1} = \begin{pmatrix} e^{-2} & \frac{2}{5}(e^3 - e^{-2}) \\ 0 & e^3 \end{pmatrix}$$

10. Dos marcas A y B se distribuyen el mercado de un determinado producto. La relación entre las cantidades x e y consumidas de cada marca en el periodo $t+1$ en relación con las consumidas en el periodo anterior t vienen dadas por las ecuaciones siguientes:

$$x_{t+1} = 0,3x_t + 0,8y_t$$
$$y_{t+1} = 0,7x_t + 0,2y_t$$

Sabiendo que las cuotas iniciales de mercado de cada marca están dadas por $x_0 = 200, y_0 = 800$, calcule las cuotas de mercado pasados n periodos. Determine si las cuotas de mercado se estabilizarán a largo plazo y, en caso afirmativo, indique las cuotas de mercado en la situación de equilibrio.

Solución

Si llamamos $X_t = \begin{pmatrix} x_t \\ y_t \end{pmatrix}$ y $A = \begin{pmatrix} 0,3 & 0,8 \\ 0,7 & 0,2 \end{pmatrix}$, el sistema de ecuaciones anterior puede escribirse en forma matricial como:

$$\begin{pmatrix} x_{t+1} \\ y_{t+1} \end{pmatrix} = \begin{pmatrix} 0,3 & 0,8 \\ 0,7 & 0,2 \end{pmatrix}\begin{pmatrix} x_t \\ y_t \end{pmatrix} \Leftrightarrow X_{t+1} = AX_t$$

de donde $X_n = A^n X_0$. Para calcular la potencia de la matriz A, estudiamos en primer lugar si es diagonalizable. Los valores propios de A se hallan resolviendo la ecuación característica:

$$|A - \lambda I| = \begin{vmatrix} 0,3-\lambda & 0,8 \\ 0,7 & 0,2-\lambda \end{vmatrix} = 0 \Leftrightarrow \lambda = 1,\ \lambda = -0,5$$

Al ser los valores propios reales simples, la matriz es diagonalizable, siendo la matriz diagonal correspondiente $D = \begin{pmatrix} 1 & 0 \\ 0 & -0,5 \end{pmatrix}$ y la matriz de paso $P = \begin{pmatrix} 8 & 1 \\ 7 & -1 \end{pmatrix}$.

Pasados n periodos, las cuotas de mercado vienen dadas por:

$$X_n = PD^nP^{-1}X_0 = \begin{pmatrix} 8 & 1 \\ 7 & -1 \end{pmatrix}\begin{pmatrix} 1^n & 0 \\ 0 & (-0,5)^n \end{pmatrix}\begin{pmatrix} 8 & 1 \\ 7 & -1 \end{pmatrix}^{-1}\begin{pmatrix} 200 \\ 800 \end{pmatrix} =$$

$$= \begin{pmatrix} 533,3 - \dfrac{125 \quad 2^{3-n}\,(-1)^n}{3} \\ 466,6 + \dfrac{125 \quad 2^{3-n}\,(-1)^n}{3} \end{pmatrix}$$

Por último, para estudiar si las cuotas de mercado se estabilizan a largo plazo, basta calcular:

$$\lim_{n\to\infty} X_n = \lim_{n\to\infty}\begin{pmatrix} 533,3 - \dfrac{125 \quad 2^{3-n}\,(-1)^n}{3} \\ 466,6 + \dfrac{125 \quad 2^{3-n}\,(-1)^n}{3} \end{pmatrix} = \begin{pmatrix} 533,3 \\ 466,6 \end{pmatrix}.$$

EJERCICIOS PROPUESTOS

1. Demuestre las siguientes afirmaciones relacionadas con los valores propios de una matriz.

a) Si λ es un valor propio de una matriz A, entonces λ^n es un valor propio de A^n.

b) Una matriz A tiene inversa si y sólo si sus valores propios son distintos de cero.

c) La matriz $I - A$ tiene inversa si y sólo si los valores propios de A son distintos de 1.

d) Los valores propios de A y A^t coinciden.

e) Si $\lambda \neq 0$ es un valor propio de la matriz A invertible, entonces $\dfrac{1}{\lambda}$ es un valor propio de A^{-1}.

2. Demuestre que el determinante de una matriz A diagonalizable es igual al producto de sus valores propios.

3. Una matriz $A = (a_{ij}) \in M_n$ es estocástica si la suma de los elementos de cada columna es igual a la unidad. Demuestre que, si $A = (a_{ij}) \in M_n$ es una matriz estocástica, entonces, $\lambda = 1$ es un valor propio de la matriz. (Indicación: Demuestre que $|A - I| = 0$).

4. Demuestre que, si $\vec{x}_0$ es un vector propio asociado al valor propio $\lambda = 1$ en una matriz A, entonces se cumple que $A^n \vec{x}_0 = \vec{x}_0$.

5. Calcule los valores propios de las siguientes matrices:

a) $A = \begin{pmatrix} 1 & 1 \\ 8 & 3 \end{pmatrix}$, b) $B = \begin{pmatrix} 1 & 1 \\ 0 & 1 \end{pmatrix}$, c) $C = \begin{pmatrix} 1 & -1 & 0 \\ -1 & 2 & -1 \\ 0 & -1 & 1 \end{pmatrix}$

6. ¿Son diagonalizables las siguientes matrices?

a) $A = \begin{pmatrix} 2 & 1 \\ 0 & 2 \end{pmatrix}$, b) $B = \begin{pmatrix} 0 & 1 \\ 0 & 0 \end{pmatrix}$, c) $C = \begin{pmatrix} 5 & 1 \\ 0 & 5 \end{pmatrix}$

7. Dada la matriz $A = \begin{pmatrix} 1 & 2 & 0 \\ 2 & 1 & 0 \\ 0 & 0 & 0 \end{pmatrix}$

a) Obtenga sus valores propios y vectores propios.

b) ¿Es diagonalizable la matriz A? Escriba la matriz P de paso, la matriz diagonal D y la relación entre las matrices A, P y D.

8. ¿Es diagonalizable la matriz $A=\begin{pmatrix} 1 & 2 & 0 \\ 0 & 1 & 0 \\ 3 & -1 & 1 \end{pmatrix}$? En caso afirmativo, encuentre la matriz de paso y la matriz diagonal correspondiente.

9. Calcule los valores y vectores propios de la matriz $A=\begin{pmatrix} 0 & -1 & -1 \\ -1 & 0 & -1 \\ -1 & -1 & 0 \end{pmatrix}$ y determine si dicha matriz es diagonalizable. Encuentre una matriz de paso que sea ortogonal.

10. Halle los valores propios de la matriz $A=\begin{pmatrix} 2 & 2 & 1 \\ 1 & 3 & 1 \\ 1 & 2 & 2 \end{pmatrix}$ y los subespacios propios correspondientes. ¿Es diagonalizable? En caso afirmativo, determine la matriz de paso y la matriz diagonal.

11. Diagonalice la matriz simétrica $A=\begin{pmatrix} 1 & 0 & 3 \\ 0 & 4 & 0 \\ 3 & 0 & 1 \end{pmatrix}$, encontrando una matriz de paso ortogonal.

12. Diagonalice la matriz simétrica $A=\begin{pmatrix} 3 & -1 & 0 \\ -1 & 2 & -1 \\ 0 & -1 & 3 \end{pmatrix}$, hallando una matriz de paso que sea ortogonal.

13. Demuestre que la matriz $\begin{pmatrix} a & b \\ 0 & a \end{pmatrix}$ es diagonalizable si y sólo si $b=0$.

14. Dada la matriz diagonalizable $A=\begin{pmatrix} 1 & 2 \\ 3 & 0 \end{pmatrix}$, calcule A^7.

15. Dos marcas A y B de tabaco controlan el mercado repartiéndoselo al 60% y al 40 % respectivamente. Los consumidores de la marca A son cada año fieles en un 30 % y se cambian a la otra marca un 70%, mientras que, en el caso de la marca B, son fieles en un 40% y el resto cambia de marca. Determine:

a) Las ecuaciones que relacionan los porcentajes de los fumadores de cada marca en un periodo con el porcentaje de fumadores de cada marca en el periodo anterior.

b) Escriba el sistema en forma matricial.

c) Determine cómo se repartirán el mercado dentro de 5 años, suponiendo que el volumen de ventas y la matriz de transición permanecen constantes.

d) ¿Es posible afirmar que el mercado se estabilizará a largo plazo? En caso afirmativo, ¿cuál será la cuota de mercado de cada marca a largo plazo?

V

FORMAS CUADRÁTICAS

1. Definición de Forma Cuadrática

Las expresiones matemáticas que estudiaremos en el presente capítulo, conocidas con el nombre de formas cuadráticas, aparecen en el análisis económico en problemas de optimización, así como en estadística y en econometría, siendo esencial su estudio para la resolución de diferentes problemas planteados en estas áreas.

Tras definir el concepto de forma cuadrática, pasaremos a encontrar criterios que permitan determinar su signo. Por último, estudiaremos las formas cuadráticas restringidas.

Sea el espacio vectorial euclídeo $\mathbb{R}^n$ y $\{\vec{u}_1,\vec{u}_2,...,\vec{u}_n\}$ una base de $\mathbb{R}^n$.

Una ***forma cuadrática*** real de n variables es una aplicación $\mathbb{Q}:\mathbb{R}^n \to \mathbb{R}$ que transforma cada vector $\vec{x}\in\mathbb{R}^n$ en el número real dado por $\mathbb{Q}(\vec{x}) = X^tAX$, donde X son las coordenadas del vector $\vec{x}$ en la base $\{\vec{u}_1,\vec{u}_2,...,\vec{u}_n\}$ y A es una matriz simétrica real.

Si $X=(x_1,x_2,...,x_n)^t$ representa las coordenadas del vector $\vec{x}$ en la base $\{\vec{u}_1,\vec{u}_2,...,\vec{u}_n\}$,

$$\mathbb{Q}(\vec{x}) = X^tAX = (x_1,x_2,...,x_n)\begin{pmatrix} a_{11} & a_{12} & \cdots & a_{1n} \\ a_{21} & a_{22} & \cdots & a_{2n} \\ \vdots & \vdots & \ddots & \vdots \\ a_{n1} & a_{n2} & \cdots & a_{nn} \end{pmatrix}\begin{pmatrix} x_1 \\ x_2 \\ \vdots \\ x_n \end{pmatrix}$$

es la ***expresión matricial*** de la forma cuadrática Q respecto de la base $\{\vec{u}_1,\vec{u}_2,...,\vec{u}_n\}$ y A es la matriz simétrica asociada a Q respecto de la base $\{\vec{u}_1,\vec{u}_2,...,\vec{u}_n\}$.

Desarrollando la expresión matricial, se obtiene:

$$\mathbb{Q}(\vec{x}) = \sum_{i,j=1}^{n} a_{ij}x_ix_j = \sum_{i=1}^{n} a_{ii}x_i^2 + 2\sum_{i<j} a_{ij}x_ix_j$$

denominada ***expresión polinómica*** de la forma cuadrática Q respecto de la base $\{\vec{u}_1,\vec{u}_2,...,\vec{u}_n\}$.

Ejemplo 1.1

Consideremos la matriz simétrica $A = \begin{pmatrix} 1 & 2 \\ 2 & 3 \end{pmatrix}$ y la base canónica de $\mathbb{R}^2$. La expresión matricial de la forma cuadrática asociada a la matriz A es:

$$\mathbb{Q}(x_1, x_2) = (x_1, x_2)\begin{pmatrix} 1 & 2 \\ 2 & 3 \end{pmatrix}\begin{pmatrix} x_1 \\ x_2 \end{pmatrix}$$

Desarrollando la expresión anterior y simplificando, obtenemos la expresión polinómica de la forma cuadrática dada por:

$$\mathbb{Q}(x_1, x_2) = x_1^2 + 4x_1x_2 + 3x_2^2$$

■

Si observamos la expresión matricial y polinómica de una forma cuadrática, es fácil ver que existe una relación sencilla entre ambas que permite pasar de una a otra con facilidad. Concretamente, se observa que el coeficiente de x_i^2 de la expresión polinómica corresponde al elemento a_{ii} de la matriz A y el coeficiente de $x_ix_j\,(i<j)$ es igual al doble del coeficiente a_{ij}.

Los siguientes ejemplos muestran cómo pasar de la expresión polinómica a la matricial en una forma cuadrática. Salvo que se especifique lo contrario, en el desarrollo del capítulo siempre consideraremos la base canónica para expresar la forma cuadrática.

Ejemplo 1.2

Dada la forma cuadrática $\mathbb{Q}(x_1, x_2) = x_1^2 + 6x_1x_2 + 5x_2^2$, para determinar su expresión matricial comenzamos por determinar la matriz asociada A. La matriz simétrica asociada a la forma cuadrática $\mathbb{Q}(x_1, x_2) = x_1^2 + 6x_1x_2 + 5x_2^2$ es:

$$A = \begin{pmatrix} 1 & 3 \\ 3 & 5 \end{pmatrix}$$

y su expresión matricial:

$$Q(x_1, x_2) = (x_1, x_2)\begin{pmatrix} 1 & 3 \\ 3 & 5 \end{pmatrix}\begin{pmatrix} x_1 \\ x_2 \end{pmatrix}$$

Para obtener de nuevo la expresión polinómica, desarrollamos la expresión matricial:

$$Q(x_1,x_2)=(x_1,x_2)\begin{pmatrix}1 & 3\\ 3 & 5\end{pmatrix}\begin{pmatrix}x_1\\ x_2\end{pmatrix}=(x_1,x_2)\begin{pmatrix}x_1+3x_2\\ 3x_1+5x_2\end{pmatrix}=$$
$$=x_1^2+3x_1x_2+3x_1x_2+5x_2^2=x_1^2+6x_1x_2+5x_2^2$$

■

Ejemplo 1.3

Consideremos la forma cuadrática $Q(x_1,x_2,x_3)=x_1^2+3x_1x_2+2x_1x_3+2x_2^2+x_3^2$, la matriz simétrica asociada viene dada por:

$$A=\begin{pmatrix}1 & 3/2 & 1\\ 3/2 & 2 & 0\\ 1 & 0 & 1\end{pmatrix}$$

y la expresión matricial de la forma cuadrática es, por tanto:

$$Q(x_1,x_2,x_3)=(x_1,x_2,x_3)\begin{pmatrix}1 & 3/2 & 1\\ 3/2 & 2 & 0\\ 1 & 0 & 1\end{pmatrix}\begin{pmatrix}x_1\\ x_2\\ x_3\end{pmatrix}$$

■

OBSERVACIÓN

La definición de forma cuadrática ha sido dada a partir de una matriz simétrica. La razón es la siguiente: si B es una matriz cuadrada cualquiera y $Q(\vec{x})$ la forma cuadrática asociada, siempre existe una única matriz simétrica A, dada por $A=\frac{1}{2}(B+B^t)$, tal que las formas cuadráticas asociadas a las matrices A y B coinciden:

$$Q(\vec{x})=X^tAX=X^t\frac{1}{2}(B+B^t)X=\frac{1}{2}(X^tBX+X^tB^tX)=X^tBX$$

ya que X^tBX es un número real y, por tanto, $X^tBX=\left(X^tBX\right)^t=X^tB^tX$

1.1. CAMBIO DE BASE EN FORMAS CUADRÁTICAS

Si observamos la definición de forma cuadrática, las expresiones polinómica y matricial de la misma dependen de la base considerada en el espacio vectorial. A continuación estudiaremos el efecto que produce en la expresión de una forma cuadrática un cambio de base en el espacio vectorial.

Sea $\{\vec{b}_1, \vec{b}_2, ..., \vec{b}_n\}$ otra base de $\mathbb{R}^n$ y sean X e Y las coordenadas de un vector $\vec{x}$ respecto de las bases $\{\vec{a}_1, \vec{a}_2, ..., \vec{a}_n\}$ y $\{\vec{b}_1, \vec{b}_2, ..., \vec{b}_n\}$ respectivamente. Sabemos que si P es la matriz del cambio de base, entonces se cumple que $X = PY$. Si sustituimos $X = PY$ en la expresión $\mathbb{Q}(\vec{x}) = X^t AX$ de la forma cuadrática, se tiene que:

$$\mathbb{Q}(\vec{x}) = X^t AX = (PY)^t A(PY) = Y^t P^t APY = Y^t (P^t AP)Y = Y^t BY$$

es la expresión de la forma cuadrática Q en la nueva base $\{\vec{b}_1, \vec{b}_2, ..., \vec{b}_n\}$.

Al realizar el cambio de base, la nueva matriz B asociada a la forma cuadrática está dada por $B = P^t AP$, que, como puede comprobarse, es de nuevo una matriz simétrica:

$$B^t = (P^t AP)^t = P^t A^t (P^t)^t = P^t A^t P = P^t AP = B$$

Acabamos de ver que diferentes matrices simétricas dan lugar a la misma forma cuadrática. Además, hemos determinado la relación que existe entre dos matrices simétricas asociadas a la misma forma cuadrática. Concretamente, se tiene la siguiente definición:

Dos matrices simétricas A y B son ***congruentes*** si están asociadas a la misma forma cuadrática, es decir, existe una matriz regular P tal que $B = P^t AP$.

2. CLASIFICACIÓN DE FORMAS CUADRÁTICAS

El interés del estudio de las formas cuadráticas se centra fundamentalmente en determinar su signo. Usando este criterio de clasificación, tenemos los siguientes tipos de formas cuadráticas:

1) Una forma cuadrática $\mathbb{Q}(\vec{x})$ es ***definida positiva*** si, para todo $\vec{x} \neq \vec{0}$, $\mathbb{Q}(\vec{x}) > 0$.

2) Una forma cuadrática $\mathbb{Q}(\vec{x})$ es ***definida negativa*** si, para todo $\vec{x} \neq \vec{0}$, $\mathbb{Q}(\vec{x}) < 0$.

3) Una forma cuadrática $\mathbb{Q}(\vec{x})$ es ***semidefinida positiva*** si, para todo $\vec{x} \neq \vec{0}$, $\mathbb{Q}(\vec{x}) \geq 0$.

4) Una forma cuadrática $\mathbb{Q}(\vec{x})$ es ***semidefinida negativa*** si, para todo $\vec{x} \neq \vec{0}$, $\mathbb{Q}(\vec{x}) \leq 0$.

5) Una forma cuadrática $\mathbb{Q}(\vec{x})$ es ***indefinida*** si existen valores de $\vec{x}$ para los cuales $\mathbb{Q}(\vec{x})$ es positiva y valores de $\vec{x}$ para los cuales $\mathbb{Q}(\vec{x})$ es negativa.

6) $\mathbb{Q}(\vec{x})$ es la forma cuadrática nula si $\mathbb{Q}(\vec{x})=0$, $\forall \vec{x} \in \mathbb{R}^n$.

Ejemplos 2.1

1) $\mathbb{Q}(x_1,x_2)=x_1^2+x_2^2$ es definida positiva, ya que, para todo $\vec{x}=(x_1,x_2)\neq\vec{0}$, $\mathbb{Q}(\vec{x})>0$.

2) $\mathbb{Q}(x_1,x_2)=-x_1^2-x_2^2$ es definida negativa, ya que, para todo $\vec{x}=(x_1,x_2)\neq\vec{0}$, $\mathbb{Q}(\vec{x})<0$.

3) $\mathbb{Q}(x_1,x_2)=(x_1+x_2)^2$ es semidefinida positiva, ya que $\mathbb{Q}(x_1,x_2)\geq 0$. Observemos que existen vectores $\vec{x}\neq\vec{0}$ tal que $\mathbb{Q}(x_1,x_2)=0$, por ejemplo, $\mathbb{Q}(1,-1)=0$.

4) $\mathbb{Q}(x_1,x_2)=-(x_1-x_2)^2$ es semidefinida negativa, ya que $\mathbb{Q}(x_1,x_2)\leq 0$. Sin embargo, existen vectores $\vec{x}\neq\vec{0}$ tal que $\mathbb{Q}(x_1,x_2)=0$, por ejemplo, $\mathbb{Q}(1,1)=0$.

5) $\mathbb{Q}(x_1,x_2)=x_1^2-x_2^2$ es indefinida, ya que para unos vectores $\mathbb{Q}(x_1,x_2)>0$ y para otros $\mathbb{Q}(x_1,x_2)<0$. Por ejemplo, $\mathbb{Q}(2,1)>0$ y $\mathbb{Q}(1,2)<0$.

■

Los términos aplicados a una forma cuadrática (definida, semidefinida e indefinida) son también aplicables por analogía a la matriz simétrica A asociada.

La determinación del signo de una forma cuadrática es una herramienta usada con frecuencia en la resolución de problemas de optimización, en estadística y en econometría. Por este motivo estamos interesados en estudiar criterios que permitan clasificar de forma sencilla una forma cuadrática según su signo.

3. Métodos de Clasificación de Formas Cuadráticas

A diferencia de lo que ha ocurrido en los ejemplos que acabamos de mostrar, normalmente no es fácil determinar el signo de una forma cuadrática directamente a partir de la definición. Por este motivo es necesario estudiar criterios que permitan saber el carácter de una forma cuadrática. A continuación estudiaremos los criterios más usuales: uno basado en los valores propios de la matriz y otro, en los menores principales.

3.1. CRITERIO DE LOS VALORES PROPIOS

Para estudiar el carácter de una forma cuadrática, buscaremos la base de $\mathbb{R}^n$ que permita obtener una expresión lo más sencilla posible de la forma cuadrática. Entre todas las expresiones de una forma cuadrática, la más simple es la denominada expresión diagonal, en la que la matriz asociada es diagonal:

$$\mathbb{Q}(\vec{x}) = X^t D X = (x_1, x_2, \dots, x_n) \begin{pmatrix} d_1 & 0 & \cdots & 0 \\ 0 & d_2 & \cdots & 0 \\ \vdots & \vdots & \ddots & \vdots \\ 0 & 0 & \cdots & d_n \end{pmatrix} \begin{pmatrix} x_1 \\ x_2 \\ \vdots \\ x_n \end{pmatrix}$$

La obtención de la forma diagonal se realiza de la siguiente forma. Dada una matriz simétrica A, sabemos que siempre es diagonalizable y además que es posible encontrar una matriz de paso U ortogonal tal que se cumple:

$$D = U^t A U$$

donde D es una matriz diagonal formada por los valores propios $\lambda_1, \lambda_2, \dots, \lambda_n$ de la matriz A y U es la matriz ortogonal cuyas columnas son los vectores propios de la matriz A. Si consideramos el cambio de base dado por $X = UY$, la forma cuadrática $\mathbb{Q}(\vec{x})$ se expresa en la nueva base de la forma:

$$\mathbb{Q}(\vec{x}) = X^t A X = (UY)^t A(UY) = (Y^t U^t) A(UY) = Y^t (U^t A U) Y = Y^t D Y,$$

y, por tanto, si $Y = (y_1, y_2, \dots, y_n)^t$ son las coordenadas del vector $\vec{x}$ en la nueva base, resulta que:

$$\mathbb{Q}(\vec{x}) = Y^t D Y = (y_1, y_2, \dots, y_n) \begin{pmatrix} \lambda_1 & 0 & \cdots & 0 \\ 0 & \lambda_2 & \cdots & 0 \\ \vdots & \vdots & \ddots & \vdots \\ 0 & 0 & \cdots & \lambda_n \end{pmatrix} \begin{pmatrix} y_1 \\ y_2 \\ \vdots \\ y_n \end{pmatrix} = \sum_{i=1}^{n} \lambda_i y_i^2$$

La expresión que acabamos de hallar para la forma cuadrática $\mathbb{Q}(\vec{x})$ se denomina ***expresión diagonal o canónica*** de la forma cuadrática.

Esta expresión relaciona el signo de la forma cuadrática con el signo de los valores propios de la matriz asociada. A partir de ella, es fácil demostrar que los signos de los valores propios de A determinan el carácter de la forma cuadrática asociada. Concretamente, tenemos el siguiente resultado:

TEOREMA 1

Sean $\lambda_1, \lambda_2, \ldots, \lambda_n$ los valores propios de una matriz simétrica A asociada a una forma cuadrática $\mathbb{Q}(\vec{x})$. Se cumplen:

a) $\mathbb{Q}$ es definida positiva si y sólo si $\lambda_i > 0,\ \forall i = 1,2,...,n$.

b) $\mathbb{Q}$ es definida negativa si y sólo si $\lambda_i < 0,\ \forall i = 1,2,...,n$.

c) $\mathbb{Q}$ es semidefinida positiva si y sólo si $\lambda_i \geq 0,\ \forall i = 1,2,...,n$.

d) $\mathbb{Q}$ es semidefinida negativa si y sólo si $\lambda_i \leq 0,\ \forall i = 1,2,...,n$.

e) $\mathbb{Q}$ es indefinida si existen i, j tal que $\lambda_i > 0$ y $\lambda_j < 0$.

Ejemplo 3.1

1) La forma cuadrática asociada a la matriz $A = \begin{pmatrix} 1 & 0 & 0 \\ 0 & 2 & 0 \\ 0 & 0 & 3 \end{pmatrix}$ es definida positiva.

Observemos que, si la matriz es diagonal, los valores propios coinciden con los elementos de la diagonal principal, por tanto, aplicando el criterio anterior, la matriz es definida positiva.

2) La forma cuadrática asociada a la matriz $A = \begin{pmatrix} 1 & 0 & 0 \\ 0 & 2 & 0 \\ 0 & 0 & 0 \end{pmatrix}$ es semidefinida positiva, ya que los valores propios son 1, 2 y 0.

3) La forma cuadrática asociada a la matriz $A = \begin{pmatrix} -1 & 0 & 0 \\ 0 & -2 & 0 \\ 0 & 0 & 3 \end{pmatrix}$ es indefinida, ya que hay valores propios de diferente signo.

4) La forma cuadrática asociada a la matriz $A = \begin{pmatrix} -1 & 0 & 0 \\ 0 & -2 & 0 \\ 0 & 0 & -3 \end{pmatrix}$ es definida negativa, ya que los valores propios son negativos.

5) Consideremos la forma cuadrática asociada a la matriz $A=\begin{pmatrix}2&0&0\\0&0&2\\0&2&0\end{pmatrix}$. En este caso la matriz no es diagonal, por tanto, hemos de calcular los valores propios. Como:

$$A-\lambda I=\begin{pmatrix}2-\lambda&0&0\\0&-\lambda&2\\0&2&-\lambda\end{pmatrix}$$

resulta que $|A-\lambda I|=(\lambda^2-4)(2-\lambda)=0$, y los valores propios son $\lambda=2$ con multiplicidad 2 y $\lambda=-2$ con multiplicidad 1. Aplicando el Teorema 1, la forma cuadrática asociada a la matriz A es indefinida.

■

3.2. Criterio de los Menores Principales

A continuación presentamos un método que permite determinar el carácter de una forma cuadrática sin necesidad de encontrar los valores propios de la matriz asociada.

Consideremos los menores principales de la matriz A de orden n, obtenidos al hallar el determinante Δ_r de las matrices que resultan al tomar las r primeras filas y columnas de A:

$$\Delta_1=a_{11},\ \Delta_2=\begin{vmatrix}a_{11}&a_{12}\\a_{21}&a_{22}\end{vmatrix},\ \ldots,\ \Delta_n=|A|$$

El criterio que se expone a continuación relaciona el signo de los menores principales de A con el carácter de la forma cuadrática asociada a la matriz A. Concretamente:

Teorema 2

Sean la forma cuadrática $Q(\vec{x})$ y los menores principales $\Delta_1,\Delta_2,\ldots,\Delta_n$ de la matriz A asociada.

a) Q es definida positiva si y sólo si todos los menores principales de A son positivos.

b) Q es definida negativa si y sólo si todos los menores principales de A alternan el signo, siendo el primero de ellos negativo.

c) Si $Rg\,A=r$ y se cumple que $\Delta_1>0,\ldots,\Delta_r>0,\ \Delta_{r+1}=\ldots=\Delta_n=0$, entonces, Q es semidefinida positiva.

d) Si $Rg\,A = r$ y se cumple que $\Delta_1 < 0, \Delta_2 > 0, \ldots, \Delta_r = \begin{cases} > 0 & r \text{ par} \\ < 0 & r \text{ impar} \end{cases}$, $\Delta_{r+1} = \ldots = \Delta_n = 0$, entonces, Q es semidefinida negativa.

e) Si $|A| \neq 0$ y los apartados a) y b) no se cumplen, entonces, Q es indefinida.

f) Si $|A| = 0$ y $\Delta_i \neq 0,\ i = 1, \ldots n-1$ y no se verifican c) y d), entonces, Q es indefinida.

OBSERVACIÓN

Los apartados a) y b) nos dan condiciones necesarias y suficientes para que una matriz sea definida positiva o definida negativa. Sin embargo, los apartados c) y d) sólo nos muestran una condición suficiente pero no necesaria para que la matriz A sea semidefinida.

Ejemplo 3.2

a) Sea la forma cuadrática $\mathbb{Q}$ de $\mathbb{R}^3$ asociada a la matriz simétrica:

$$A = \begin{pmatrix} 3 & 0 & 1 \\ 0 & 2 & 0 \\ 1 & 0 & 3 \end{pmatrix}$$

Apliquemos el criterio de los menores principales para clasificar la forma cuadrática. Calculamos los menores principales:

$$\Delta_1 = 3 > 0,\ \Delta_2 = 6 > 0,\ \Delta_3 = 16 > 0$$

aplicando el apartado a) del Teorema 2, la forma cuadrática $\mathbb{Q}$ es definida positiva.

b) Sea la forma cuadrática $\mathbb{Q}$ de $\mathbb{R}^3$ asociada a la matriz simétrica:

$$A = \begin{pmatrix} -1 & 1 & 2 \\ 1 & -5 & 0 \\ 2 & 0 & -6 \end{pmatrix}$$

Los menores principales,

$$\Delta_1 = -1,\ \Delta_2 = \begin{vmatrix} -1 & 1 \\ 1 & -5 \end{vmatrix} = 4,\ \Delta_3 = |A| = -4 < 0$$

van alternando el signo, con $\Delta_1 < 0$, luego, $\mathbb{Q}$ es definida negativa.

c) Sea la forma cuadrática $\mathbb{Q}$ de $\mathbb{R}^3$ asociada a la matriz simétrica:

$$A=\begin{pmatrix} 5 & 2 & 0 \\ 2 & 1 & 0 \\ 0 & 0 & 0 \end{pmatrix}$$

Los menores principales cumplen:

$$\Delta_1 = 5 > 0\,,\ \Delta_2 = 1 > 0\,,\ \Delta_3 = 0$$

Como $Rg\, A = 2$, aplicando el apartado c) del Teorema 2, podemos afirmar que la matriz es semidefinida positiva.

d) Sea A la matriz simétrica asociada a una forma cuadrática $\mathbb{Q}$ de $\mathbb{R}^3$:

$$A=\begin{pmatrix} -2 & 3 & 0 \\ 3 & -6 & 0 \\ 0 & 0 & 0 \end{pmatrix}$$

En este caso, como $Rg\, A = 2$ y los menores principales son:

$$\Delta_1 = -2 < 0\,,\ \Delta_2 = 3 > 0\,,\ \Delta_3 = 0$$

según el apartado d) del Teorema 2, la forma cuadrática $\mathbb{Q}$ es semidefinida negativa.

e) Sea A la matriz simétrica asociada a una forma cuadrática $\mathbb{Q}$ de $\mathbb{R}^3$:

$$A=\begin{pmatrix} 3 & 2 & 4 \\ 2 & 0 & 0 \\ 4 & 0 & 3 \end{pmatrix}$$

Como los menores principales cumplen:

$$\Delta_1 = 3\,,\ \Delta_2 = -4 > 0\,,\ \Delta_3 = -12 < 0$$

según el apartado e), la forma cuadrática $\mathbb{Q}$ es indefinida.

■

3.3. CRITERIO DE LOS MENORES PREFERENTES

Un ***menor preferente*** de orden r de una matriz A, representado por A_r, es el determinante obtenido al tomar r filas y r columnas con los mismos índices de la matriz A.

Ejemplo 3.3

a) Dada la matriz cuadrada de orden 2:

$$A = \begin{pmatrix} a_{11} & a_{12} \\ a_{21} & a_{22} \end{pmatrix}$$

los menores preferentes de orden 1 son a_{11} y a_{22}, mientras que el menor preferente de orden 2 es el determinante de la matriz A.

b) Para una matriz de orden 3:

$$A = \begin{pmatrix} a_{11} & a_{12} & a_{13} \\ a_{21} & a_{22} & a_{23} \\ a_{31} & a_{32} & a_{33} \end{pmatrix}$$

los menores preferentes de orden 1 son a_{11}, a_{22}, a_{33}; los menores preferentes de orden 2 son:

$$\begin{vmatrix} a_{11} & a_{12} \\ a_{21} & a_{22} \end{vmatrix}, \begin{vmatrix} a_{22} & a_{23} \\ a_{32} & a_{33} \end{vmatrix}, \begin{vmatrix} a_{11} & a_{13} \\ a_{31} & a_{33} \end{vmatrix}$$

y el menor preferente de orden 3 es el determinante de la matriz A.

■

El signo de los menores preferentes de una matriz proporciona una condición necesaria y suficiente para determinar el signo de la correspondiente forma cuadrática.

TEOREMA 3

a) A es definida positiva si y sólo si todos los menores preferentes son positivos.

b) A es definida negativa si y sólo si todos los menores preferentes de orden par son positivos y los de orden impar son negativos.

c) A es semidefinida negativa si y sólo si todos los menores preferentes de orden par son no negativos (≥ 0) y los de orden impar son no positivos (≤ 0) y $|A| = 0$.

d) A es semidefinida positiva si y sólo si todos los menores preferentes no negativos (≥ 0) y $|A| = 0$.

e) A es indefinida si no se cumplen los apartados a) b) c) y d).

El Teorema que acabamos de enunciar resulta útil cuando el criterio basado en los menores principales de la matriz no puede aplicarse. El criterio de los menores preferentes, sin embargo, plantea problemas cuando la dimensión de la matriz es elevada debido al gran número de menores que hay que calcular. En los casos de dimensión 2 y 3 resulta una herramienta eficaz cuando no es posible aplicar el criterio de los menores principales, como puede verse en el siguiente ejemplo.

Ejemplo 3.4

1) La matriz simétrica $A=\begin{pmatrix} 2 & 1 & 0 \\ 0 & 0 & 0 \\ 0 & 1 & 0 \end{pmatrix}$ no puede clasificarse a partir del criterio de los menores principales, ya que éstos resultan:

$$\Delta_1 = 2,\ \Delta_2 = \begin{vmatrix} 2 & 1 \\ 0 & 0 \end{vmatrix} = 0,\ \Delta_3 = \begin{vmatrix} 2 & 1 & 0 \\ 0 & 0 & 0 \\ 0 & 1 & 0 \end{vmatrix} = 0$$

y el rango de la matriz A es igual a 2. Sin embargo, si calculamos los menores preferentes, se tiene que todos son mayores o iguales que cero:

$$A_1 : 2,0,0,\quad A_2 : \begin{vmatrix} 2 & 1 \\ 0 & 0 \end{vmatrix} = 0, \begin{vmatrix} 0 & 0 \\ 1 & 0 \end{vmatrix} = 0, \begin{vmatrix} 2 & 0 \\ 0 & 0 \end{vmatrix} = 0,\quad A_3 = \begin{vmatrix} 2 & 1 & 0 \\ 0 & 0 & 0 \\ 0 & 1 & 0 \end{vmatrix} = 0,$$

y aplicando el apartado d) del Teorema 3, la matriz es semidefinida positiva.

2) Consideremos la forma cuadrática dada por:

$$Q(x_1, x_2, x_3) = x_1^2 + x_2^2 + 2x_1x_2 + 2x_1x_3 + 2x_2x_3$$

La matriz simétrica asociada es:

$$A = \begin{pmatrix} 1 & 1 & 1 \\ 1 & 1 & 1 \\ 1 & 1 & 0 \end{pmatrix}$$

y sus menores preferentes son:

$$A_1 : 1,1,0,\ A_2 : \begin{vmatrix} 1 & 1 \\ 1 & 1 \end{vmatrix} = 0, = \begin{vmatrix} 1 & 1 \\ 1 & 0 \end{vmatrix} = -1, \begin{vmatrix} 1 & 1 \\ 1 & 0 \end{vmatrix} = -1,\ A_3 = \begin{vmatrix} 1 & 1 & 1 \\ 1 & 1 & 1 \\ 1 & 1 & 0 \end{vmatrix} = 0$$

Aplicando el Teorema 3 la forma cuadrática es indefinida.

■

4. FORMAS CUADRÁTICAS RESTRINGIDAS

Resulta frecuente en economía que las variables que aparecen en un problema de optimización verifiquen determinadas restricciones derivadas de su naturaleza o del contexto económico en el que se plantea el problema de optimización. Se hace, por tanto, necesario en muchos casos el estudio de una forma cuadrática donde las variables pertenecen a un subconjunto de $\mathbb{R}^n$. En este epígrafe se abordará un caso particular de este problema, en el que las variables están sometidas a un conjunto de restricciones dado por un sistema de ecuaciones lineales homogéneo. Se trata, por tanto, de estudiar criterios que determinen el signo de una forma cuadrática restringida a un subespacio vectorial de $\mathbb{R}^n$.

Formalmente, sea $Q(\vec{x}) = X^t AX$ una forma cuadrática en $\mathbb{R}^n$ y supongamos que los vectores $\vec{x}$ cumplen el sistema de ecuaciones homogéneo dado por $B\vec{x} = \vec{0}$, donde $B \in M_{m\times n}$, siendo el número de ecuaciones m menor que el número de incógnitas n. Sabemos (véase la Proposición 1 del Capítulo 3) que el conjunto de soluciones del sistema homogéneo $B\vec{x} = \vec{0}$ es un subespacio vectorial que representaremos por S.

En una primera aproximación al problema planteado resulta evidente que, si la forma cuadrática Q sin restricciones es definida positiva, es decir, $Q(\vec{x}) > 0$, $\forall \vec{x} \in \mathbb{R}^n$, en particular se cumple que $Q(\vec{x}) > 0$, $\forall \vec{x} \in S$, ya que S es un subconjunto de $\mathbb{R}^n$, y entonces, la forma cuadrática restringida será también definida positiva. Un razonamiento similar prueba que si la forma cuadrática Q sin restricciones es definida negativa, entonces, la forma cuadrática restringida es definida negativa.

Por el contrario, si la forma cuadrática Q es indefinida o semidefinida en $\mathbb{R}^n$, no podemos asegurar que conserve el mismo carácter en un subconjunto suyo S.

Existen diferentes métodos para resolver el problema propuesto. A continuación mostraremos dos de ellos.

4.1. PRIMER MÉTODO

Sea $Q(\vec{x}) = X^t AX$ una forma cuadrática restringida al subespacio determinado por las soluciones del sistema de ecuaciones homogéneo definido por $B\vec{x} = \vec{0}$, donde $B \in M_{m\times n}$ con rango r. El primer método consiste en despejar en el sistema de ecuaciones homogéneo r incógnitas en función de las $n-r$ restantes. Sustituyendo en la expresión de la forma cuadrática $Q(\vec{x}) = X^t AX$ las r incógnitas despejadas, se obtiene una forma cuadrática sin restricciones con $n-r$ variables. El signo de esta forma cuadrática coincide con el signo de la forma cuadrática restringida.

Ejemplo 4.1

Consideremos la forma cuadrática $Q(\vec{x}) = 2x_1^2 + 4x_2x_3$ restringida a $x_2 - x_3 = 0$. La matriz simétrica asociada a la forma cuadrática es

$A=\begin{pmatrix} 2 & 0 & 0 \\ 0 & 0 & 2 \\ 0 & 2 & 0 \end{pmatrix}$, cuyos valores propios son -2 y 2, por lo que se trata de una forma cuadrática indefinida en $\mathbb{R}^3$. Veamos, sin embargo, que el carácter de la forma cuadrática puede cambiar cuando se restringe al subespacio definido por la ecuación $x_2 - x_3 = 0$. Para verlo, aplicamos el método que acabamos de describir. La matriz B que define el sistema de ecuaciones de la restricción es igual a $B = (0 \;\; 1 \;\; -1)$. Como $Rg\,B = 1$, es posible despejar 1 incógnita en función de las restantes. Elegimos la incógnita x_2 en la ecuación y la despejamos, obteniendo que $x_2 = x_3$. Sustituyendo ahora en la forma cuadrática, resulta que ésta puede expresarse de la forma $Q(\vec{x}) = 2x_1^2 + 4x_3^2$, que es una forma cuadrática definida positiva. Podemos, por tanto, concluir que la forma cuadrática $Q(\vec{x}) = 2x_1^2 + 4x_2x_3$ restringida a $x_2 - x_3 = 0$ es definida positiva.

■

El método que acabamos de mostrar se complica considerablemente cuando aumenta el número de variables y el número de ecuaciones que definen las restricciones. Por este motivo presentamos un segundo método para el estudio de la forma cuadrática restringida.

4.2. Segundo Método

Sea $Q(\vec{x}) = X^t A X$ una forma cuadrática restringida al subespacio determinado por las soluciones del sistema de ecuaciones homogéneo definido por $B\vec{x} = \vec{0}$, donde $B \in M_{m\times n}$ con rango r. Consideramos la siguiente matriz $\overline{A}$, denominada ***matriz orlada,*** construida a partir de las matrices A y B:

$$\overline{A} = \begin{pmatrix} 0 & B \\ B^t & A \end{pmatrix}$$

El criterio afirma que:

i) Si los $n-m$ últimos menores principales de la matriz $\overline{A}$ tienen el mismo signo que $(-1)^m$, entonces, la forma cuadrática $Q(\vec{x}) = X^t A X$ restringida a $B\vec{x} = \vec{0}$ es definida positiva.

ii) Si los $n-m$ últimos menores principales de la matriz $\overline{A}$ alternan el signo comenzando por el signo de $(-1)^{m+1}$, entonces, la forma cuadrática $Q(\vec{x}) = X^t A X$ restringida a $B\vec{x} = \vec{0}$ es definida negativa.

Ejemplo 4.2

Consideremos la forma cuadrática $Q(\vec{x}) = 4x_1^2 + 2x_2^2 - x_3^2 + 4x_2x_3$ restringida a $x_1 + x_3 = 0$. La matriz simétrica asociada a la forma cuadrática es $A = \begin{pmatrix} 4 & 0 & 0 \\ 0 & 2 & 2 \\ 0 & 2 & -1 \end{pmatrix}$ y la matriz que define la restricción de la forma cuadrática es $B = (1\ \ 0\ \ 1)$. Construimos la matriz orlada:

$$\overline{A} = \begin{pmatrix} 0 & B \\ B' & A \end{pmatrix} = \begin{pmatrix} 0 & 1 & 0 & 1 \\ 1 & 4 & 0 & 0 \\ 0 & 0 & 2 & 2 \\ 1 & 0 & 2 & -1 \end{pmatrix}$$

Como $n = 3$ y $m = 1$, consideramos los $n - m = 2$ últimos menores principales de la matriz orlada dados por:

$$\begin{vmatrix} 0 & 1 & 0 \\ 1 & 4 & 0 \\ 0 & 0 & 2 \end{vmatrix} = -2 < 0 \text{ y } \begin{vmatrix} 0 & 1 & 0 & 1 \\ 1 & 4 & 0 & 0 \\ 0 & 0 & 2 & 2 \\ 1 & 0 & 2 & -1 \end{vmatrix} = -2 < 0$$

Los signos de estos menores coinciden con el signo de $(-1)^m = (-1)^1 = -1$, por lo que la forma cuadrática restringida es definida positiva.

■

Ejemplo 4.3

Consideremos la forma cuadrática $Q(\vec{x}) = 2x_1^2 + 2x_2^2 - x_3^2 + 6x_1x_2$ restringida al subespacio definido por las ecuaciones $x_1 - x_2 = 0$ y $x_1 - x_3 = 0$. La matriz simétrica asociada a la forma cuadrática es $A = \begin{pmatrix} 2 & 3 & 0 \\ 3 & 2 & 0 \\ 0 & 0 & -1 \end{pmatrix}$ y la matriz que define la restricción de la forma cuadrática es $B = \begin{pmatrix} 1 & -1 & 0 \\ 1 & 0 & -1 \end{pmatrix}$. Construimos la matriz orlada:

$$\bar{A}=\begin{pmatrix} 0 & B \\ B^t & A \end{pmatrix}=\begin{pmatrix} 0 & 0 & 1 & -1 & 0 \\ 0 & 0 & 1 & 0 & -1 \\ 1 & 1 & 2 & 3 & 0 \\ -1 & 0 & 3 & 2 & 0 \\ 0 & -1 & 0 & 0 & -1 \end{pmatrix}$$

Como $n=3$ y $m=2$, consideramos el $n-m=1$ último menor principal de la matriz orlada dado por:

$$\begin{vmatrix} 0 & 0 & 1 & -1 & 0 \\ 0 & 0 & 1 & 0 & -1 \\ 1 & 1 & 2 & 3 & 0 \\ -1 & 0 & 3 & 2 & 0 \\ 0 & -1 & 0 & 0 & -1 \end{vmatrix}=9>0$$

El signo del menor coincide con el signo de $(-1)^m=(-1)^2=1$, por lo que la forma cuadrática restringida es definida positiva.

■

Es importante señalar que las condiciones sobre los menores principales de la matriz orlada son condiciones suficientes pero no necesarias. Puede ocurrir, por ejemplo, que $|\bar{A}|=0$ y, sin embargo, la forma cuadrática restringida sea definida positiva o definida negativa. Veamos un ejemplo.

Ejemplo 4.4

Consideremos la forma cuadrática $Q(x,y,z)=y^2+2z^2+2xy+2xz+2yz$ restringida al subespacio $y+z=0$. La matriz orlada está dada por:

$$\bar{A}=\begin{pmatrix} 0 & B \\ B^t & A \end{pmatrix}=\begin{pmatrix} 0 & 0 & 1 & 1 \\ 0 & 0 & 1 & 1 \\ 1 & 1 & 1 & 1 \\ 1 & 1 & 1 & 2 \end{pmatrix}$$

y por tanto, se cumple que $|\bar{A}|=0$ y no es posible aplicar el criterio de clasificación basado en la matriz orlada. Sin embargo, aplicando el primer método, es fácil clasificar la forma cuadrática. Sustituyendo y por $-z$ en la expresión de la forma cuadrática, se tiene la forma cuadrática $Q(x,z)=z^2\geq 0$ y la forma cuadrática restringida es semidefinida positiva.

■

EJERCICIOS RESUELTOS

1. Determine la expresión polinómica y la expresión matricial de la forma cuadrática correspondiente a la matriz simétrica $A=\begin{pmatrix}-1 & 3\\ 3 & 4\end{pmatrix}$ respecto de la base canónica de $\mathbb{R}^2$.

Solución

La expresión matricial de la forma cuadrática asociada a la matriz A respecto de la base canónica de $\mathbb{R}^2$ es:

$$\mathbb{Q}(\vec{x})=(x_1,x_2)\begin{pmatrix}-1 & 3\\ 3 & 4\end{pmatrix}\begin{pmatrix}x_1\\ x_2\end{pmatrix}$$

donde (x_1,x_2) representan las coordenadas del vector $\vec{x}$ en la base canónica de $\mathbb{R}^2$. Desarrollando la expresión anterior y simplificando, obtenemos la expresión polinómica de la forma cuadrática dada por:

$$\mathbb{Q}(x_1,x_2)=-x_1^2+6x_1x_2+4x_2^2$$

2. Determine la expresión polinómica y la expresión matricial de la forma cuadrática correspondiente a la matriz simétrica $A=\begin{pmatrix}1 & -2 & 3\\ -2 & 1 & 0\\ 3 & 0 & 2\end{pmatrix}$ respecto de la base canónica de $\mathbb{R}^3$.

Solución

La expresión matricial de la forma cuadrática asociada a la matriz A respecto de la base canónica de $\mathbb{R}^3$ es:

$$\mathbb{Q}(\vec{x})=(x_1,x_2,x_3)\begin{pmatrix}1 & -2 & 3\\ -2 & 1 & 0\\ 3 & 0 & 2\end{pmatrix}\begin{pmatrix}x_1\\ x_2\\ x_3\end{pmatrix}$$

donde (x_1,x_2,x_3) representan las coordenadas del vector $\vec{x}$ en la base canónica de $\mathbb{R}^3$. Desarrollando la expresión anterior y simplificando, obtenemos la expresión polinómica de la forma cuadrática dada por:

$$\mathbb{Q}(x_1,x_2,x_3)=x_1^2+x_2^2-4x_1x_2+6x_1x_3+2x_3^2$$

3. Dada la forma cuadrática:

$$\mathbb{Q}(x_1,x_2,x_3)=x_1^2+4x_1x_2+2x_2^2-4x_1x_3+5x_3^2+2x_2x_3$$

determine la matriz simétrica asociada.

Solución

Para determinar la matriz simétrica A asociada a la forma cuadrática, hay que tener en cuenta que el coeficiente de x_i^2 corresponde al elemento a_{ii} de la matriz y el coeficiente de $x_ix_j\,(i<j)$ es igual a $2a_{ij}$. De esta forma, la matriz simétrica asociada a la forma cuadrática:

$$\mathbb{Q}(x_1,x_2,x_3)=x_1^2+4x_1x_2+2x_2^2-4x_1x_3+5x_3^2+2x_2x_3$$

es:

$$A=\begin{pmatrix}1 & 2 & -2\\ 2 & 2 & 1\\ -2 & 1 & 5\end{pmatrix}$$

4. Clasifique las siguientes formas cuadráticas usando el criterio de los valores propios.

a) $Q(x_1,x_2,x_3)=x_1^2+3x_2^2-5x_3^2$

b) $Q(x_1,x_2,x_3,x_4)=-x_1^2-3x_2^2-5x_3^2-3x_4^2$

c) $Q(x_1,x_2,x_3)=x_1^2+x_2^2+x_3^2+4x_1x_3+4x_1x_2+4x_2x_3$

Solución

a) La matriz simétrica asociada a la forma cuadrática $Q(x_1,x_2,x_3)=x_1^2+3x_2^2-5x_3^2$ está dada por $A=\begin{pmatrix}1 & 0 & 0\\ 0 & 3 & 0\\ 0 & 0 & -5\end{pmatrix}$. Como la matriz es diagonal, los valores propios coinciden con los elementos de la diagonal principal. La forma cuadrática es indefinida.

b) La matriz simétrica asociada a la forma cuadrática $Q(x_1,x_2,x_3,x_4)=-x_1^2-3x_2^2-5x_3^2-3x_4^2$ está dada por $A=\begin{pmatrix}-1 & 0 & 0 & 0\\ 0 & -3 & 0 & 0\\ 0 & 0 & -5 & 0\\ 0 & 0 & 0 & -3\end{pmatrix}$.

Como la matriz es diagonal, los valores propios coinciden con los elementos de la diagonal principal. La forma cuadrática es definida negativa.

c) La matriz simétrica asociada a la forma cuadrática $Q(x_1,x_2,x_3)=x_1^2+x_2^2+x_3^2+4x_1x_3+4x_1x_2+4x_2x_3$ es $A=\begin{pmatrix}1&2&2\\2&1&2\\2&2&1\end{pmatrix}$. Como la matriz no es diagonal, no es posible determinar directamente los valores propios. Calculamos los valores propios de la matriz. Como:

$$A-\lambda I=\begin{pmatrix}1-\lambda&2&2\\2&1-\lambda&2\\2&2&1-\lambda\end{pmatrix}$$

la ecuación característica es $|A-\lambda I|=(5-\lambda)(1+\lambda)^2=0$ y los valores propios son $\lambda=5$ con multiplicidad 1 y $\lambda=-1$ con multiplicidad 2. Por tanto, la forma cuadrática es indefinida.

5. Sea la forma cuadrática $Q(\vec{x})=\vec{x}^t A\vec{x}$ definida sobre $\mathbb{R}^n$. Demuestre que:

a) Si Q es definida positiva, entonces, $|A|>0$.

b) Si Q es definida negativa, entonces, $|A|<0$ si n es impar y $|A|>0$ si n es par.

c) Si Q es semidefinida positiva o negativa, entonces, $|A|=0$.

Solución

a) Una forma cuadrática Q es definida positiva si y sólo si sus valores propios $\lambda_1,\lambda_2,...,\lambda_n$ son positivos. Como el determinante de una matriz A es igual al producto de los valores propios de la matriz, se tiene que si Q es definida positiva, entonces,

$$|A|=\lambda_1\lambda_2...\lambda_n>0$$

b) De forma similar, sabemos que una forma cuadrática Q es definida negativa si y sólo si sus valores propios $\lambda_1,\lambda_2,...,\lambda_n$ son negativos, por tanto, el signo del determinante de A será positivo si n es par y negativo si n es impar.

c) Como Q es semidefinida, ha de existir algún valor propio igual a cero y, por tanto, $|A|=\lambda_1\lambda_2...\lambda_n=0$.

6. Demuestre que si la forma cuadrática $Q(\vec{x}) = \vec{x}^t A\vec{x}$ es definida positiva, entonces, la forma cuadrática dada por $Q_1(\vec{x}) = \vec{x}^t A^{-1}\vec{x}$ es definida positiva.

Solución

Si la forma cuadrática $Q(\vec{x}) = \vec{x}^t A\vec{x}$ es definida positiva, entonces, los valores propios de la matriz A son positivos: $\lambda_1, \lambda_2, \ldots, \lambda_n > 0$. Sabemos que existe una relación entre los valores propios de la matriz A y de la matriz A^{-1}. Concretamente, si $\lambda \neq 0$ es un valor propio de la matriz A, entonces, $\dfrac{1}{\lambda}$ es un valor propio de la matriz A^{-1} (véase el Problema propuesto nº1, Capítulo 4). Según esto, los valores propios de la matriz A^{-1} están dados por $\dfrac{1}{\lambda_1}, \dfrac{1}{\lambda_2}, \ldots, \dfrac{1}{\lambda_n}$ y han de ser positivos. Por tanto, la forma cuadrática $Q_1(\vec{x}) = \vec{x}^t A^{-1}\vec{x}$ es definida positiva.

7. Clasifique las siguientes formas cuadráticas aplicando el criterio de los menores principales:

a) $Q(x, y, z) = 3x^2 + 2y^2 + z^2 - 2xy - 2xz$

b) $Q(x, y, z) = -2x^2 - y^2 - 6z^2 + 4xz + 2yz$

c) $Q(x, y, z) = 2x^2 + 3y^2 - 2xy$

d) $Q(x, y, z) = -2x^2 - 3y^2 + 4xy$

e) $Q(x, y, z) = 2x^2 + 4z^2 - 2xy + 10xz$

Solución

a) La matriz asociada a $Q(x, y, z) = 3x^2 + 2y^2 + z^2 - 2xy - 2xz$ está dada por:

$$A = \begin{pmatrix} 3 & -1 & -1 \\ -1 & 2 & 0 \\ -1 & 0 & 1 \end{pmatrix}$$

Si calculamos los menores principales:

$$\Delta_1 = 3 > 0,\ \Delta_2 = 5 > 0,\ \Delta_3 = 3 > 0$$

la forma cuadrática es definida positiva.

b) La forma cuadrática $Q(x,y,z) = -2x^2 - y^2 - 6z^2 + 4xz + 2yz$ tiene asociada la matriz simétrica:

$$A = \begin{pmatrix} -2 & 0 & 2 \\ 0 & -1 & 1 \\ 2 & 1 & -6 \end{pmatrix}$$

Los menores principales:

$$\Delta_1 = -2 < 0\,,\ \Delta_2 = 2 > 0\,,\ \Delta_3 = |A| = -6 < 0$$

alternan el signo, con $A_1 < 0$, luego, $\mathbb{Q}$ es definida negativa.

c) Consideramos la matriz asociada a la forma cuadrática $Q(x,y,z) = 2x^2 + 3y^2 - 2xy$:

$$A = \begin{pmatrix} 2 & -1 & 0 \\ -1 & 3 & 0 \\ 0 & 0 & 0 \end{pmatrix}$$

Como $Rg\, A = 2$ y los menores principales cumplen:

$$\Delta_1 = 2 > 0\,,\ \Delta_2 = 5 > 0\,,\ \Delta_3 = 0$$

podemos afirmar que la forma cuadrática es semidefinida positiva.

d) Consideramos la matriz asociada a la forma cuadrática $Q(x,y,z) = -2x^2 - 3y^2 + 4xy$:

$$A = \begin{pmatrix} -2 & 2 & 0 \\ 2 & -3 & 0 \\ 0 & 0 & 0 \end{pmatrix}$$

En este caso, como $Rg\, A = 2$ y los menores principales son:

$$\Delta_1 = -2 < 0\,,\ \Delta_2 = 2 > 0\,,\ \Delta_3 = 0\,,$$

la forma cuadrática $\mathbb{Q}$ es semidefinida negativa.

e) Consideramos la matriz asociada a la forma cuadrática $Q(x,y,z) = 2x^2 + 4z^2 - 2xy + 10xz$:

$$A = \begin{pmatrix} 2 & -1 & 5 \\ -1 & 0 & 0 \\ 5 & 0 & 4 \end{pmatrix}$$

Como los menores principales cumplen

$$\Delta_1 = 2 > 0\,,\ \Delta_2 = -1 < 0\,,\ \Delta_3 = -4 < 0$$

la forma cuadrática $\mathbb{Q}$ es indefinida.

8. Clasifique las siguientes formas cuadráticas aplicando el criterio de los menores preferentes:

a) $Q(x,y,z) = 2x^2 + 2xz$

b) $Q(x_1,x_2,x_3) = 3x_1^2 + 3x_2^2 + 6x_1x_2 + 2x_1x_3 + 2x_2x_3$

Solución

a) La forma cuadrática $Q(x,y,z) = 2x^2 + 2xz$ no puede clasificarse a partir del criterio de los menores principales de la matriz asociada $A = \begin{pmatrix} 2 & 0 & 1 \\ 0 & 0 & 0 \\ 1 & 0 & 0 \end{pmatrix}$, ya que:

$$\Delta_1 = 2,\ \Delta_2 = \begin{vmatrix} 2 & 0 \\ 0 & 0 \end{vmatrix} = 0,\ \Delta_3 = \begin{vmatrix} 2 & 0 & 1 \\ 0 & 0 & 0 \\ 1 & 0 & 0 \end{vmatrix} = 0$$

y el rango de la matriz A es igual a 2. (Recordemos que el criterio sólo puede aplicarse si los r primeros menores principales son distintos de cero, donde r es el rango de la matriz A).

Apliquemos el criterio de los menores preferentes. Calculando los menores preferentes, obtenemos que:

$$A_1 : 2,0,0,\ A_2 : \begin{vmatrix} 2 & 1 \\ 1 & 0 \end{vmatrix} = -1, \begin{vmatrix} 0 & 0 \\ 0 & 0 \end{vmatrix} = 0, \begin{vmatrix} 2 & 0 \\ 0 & 0 \end{vmatrix} = 0,\ A_3 = \begin{vmatrix} 2 & 0 & 1 \\ 0 & 0 & 0 \\ 1 & 0 & 0 \end{vmatrix} = 0$$

y la forma cuadrática es indefinida.

b) La forma cuadrática $Q(x_1,x_2,x_3) = 3x_1^2 + 3x_2^2 + 6x_1x_2 + 2x_1x_3 + 2x_2x_3$ no puede clasificarse a partir del criterio de los menores principales de la matriz asociada $A = \begin{pmatrix} 3 & 3 & 1 \\ 3 & 3 & 1 \\ 1 & 1 & 0 \end{pmatrix}$, ya que éstos resultan:

$$\Delta_1 = 3,\ \Delta_2 = \begin{vmatrix} 3 & 3 \\ 3 & 3 \end{vmatrix} = 0,\ \Delta_3 = \begin{vmatrix} 3 & 3 & 1 \\ 3 & 3 & 1 \\ 1 & 1 & 0 \end{vmatrix} = 0$$

y el rango de la matriz A es igual a 2.

Apliquemos en este caso el criterio de los menores preferentes. Calculando los menores preferentes, obtenemos que:

$$A_1 : 3,3,0,\quad A_2 : \begin{vmatrix} 3 & 3 \\ 3 & 3 \end{vmatrix} = 0, \begin{vmatrix} 3 & 1 \\ 1 & 0 \end{vmatrix} = -1, \begin{vmatrix} 3 & 1 \\ 1 & 0 \end{vmatrix} = -1,\quad A_3 = \begin{vmatrix} 3 & 3 & 1 \\ 3 & 3 & 1 \\ 1 & 1 & 0 \end{vmatrix} = 0,$$

y la forma cuadrática es indefinida.

9. Clasifique la forma cuadrática $Q(x,y,z) = 3x^2 + 3y^2 + 2xy + az^2$ según los valores del parámetro a.

Solución

La matriz simétrica asociada a la forma cuadrática está dada por $A = \begin{pmatrix} 3 & 1 & 0 \\ 1 & 3 & 0 \\ 0 & 0 & a \end{pmatrix}$. Si calculamos los menores principales de la matriz, se obtiene que $\Delta_1 = 3, \Delta_2 = 8$ y $\Delta_3 = 8a$. Aplicando el criterio de los menores principales, se tiene que:

a) Si $a = 0$, la forma cuadrática es semidefinida positiva, ya que $Rg\,A = 2$ y $\Delta_1 > 0, \Delta_2 > 0, \Delta_3 = 0$.

b) Si $a > 0$, la forma cuadrática es definida positiva, ya que $\Delta_1 > 0, \Delta_2 > 0, \Delta_3 > 0$.

c) Si $a < 0$, la forma cuadrática es indefinida, ya que el determinante de la matriz es distinto de cero y además los menores principales cumplen que $\Delta_1 > 0, \Delta_2 > 0, \Delta_3 < 0$.

10. Clasifique la forma cuadrática $Q(x,y,z,t) = (x,y,z,t)\begin{pmatrix} -2 & 1 & 0 & 0 \\ 1 & -2 & 0 & 1 \\ 0 & 0 & -1 & 0 \\ 0 & 1 & 0 & b \end{pmatrix}\begin{pmatrix} x \\ y \\ z \\ t \end{pmatrix}$

según los valores del parámetro b.

Solución

La matriz simétrica asociada a la forma cuadrática está dada por $A=\begin{pmatrix} -2 & 1 & 0 & 0 \\ 1 & -2 & 0 & 1 \\ 0 & 0 & -1 & 0 \\ 0 & 1 & 0 & b \end{pmatrix}$. Si calculamos los menores principales de la matriz, se obtiene que $\Delta_1=-2, \Delta_2=3$, $\Delta_3=-3$ y $\Delta_4=-3b-2$. Aplicando el criterio de los menores principales, se tiene que:

a) Si $b=-\frac{2}{3}$, la forma cuadrática es semidefinida negativa, ya que $Rg\, A=3$ y $\Delta_1<0,\ \Delta_2>0,\ \Delta_3<0,\ \Delta_3=0$.

b) Si $b<-\frac{2}{3}$, entonces $\Delta_4>0$ y la forma cuadrática es definida negativa, ya que $\Delta_1<0,\ \Delta_2>0,\ \Delta_3<0,\ \Delta_4>0$.

c) Si $b>-\frac{2}{3}$, entonces, $\Delta_4<0$ y la forma cuadrática es indefinida, ya que el determinante de la matriz es distinto de cero y además los menores principales cumplen que $\Delta_1<0,\ \Delta_2>0,\ \Delta_3<0,\ \Delta_4<0$.

11. Clasifique las siguientes formas cuadráticas restringidas a los subespacios correspondientes:

a) $Q(x,y,z)=x^2+y^2+6xy+z^2$ restringida a $x-2y=0$.

b) $Q(x,y,z)=-x^2+y^2+4yz$ restringida a $x+y+z=0$, $x-z=0$.

c) $Q(x,y,z)=4x^2+3y^2+2xz+2yz$ restringida a $x+z=0$.

d) $Q(\vec{x})=2x^2+2y^2-z^2+6xy+2xz$ restringida a $x-y+2z=0$ y $x-z=0$.

Solución

a) Observemos en primer lugar que la forma cuadrática $Q(x,y,z)=x^2+y^2+6xy+z^2$ sin restringir es indefinida, por lo que no es posible asegurar directamente cuál será su carácter al restringirla a un subespacio determinado. Necesitamos, por tanto, levar a cabo un estudio detallado de la forma cuadrática que puede realizarse de dos formas: despejando una de las incógnitas en la ecuación que define la restricción, o bien aplicando el criterio de la matriz orlada. Veamos en este caso el primero de los métodos de clasificación.

Si en la ecuación $x-2y=0$ despejamos la variable x, se tiene que $x=2y$, y sustituyendo en la forma cuadrática se obtiene una forma cuadrática en las variables y,z dada por $Q(y,z)=17y^2+z^2$ que es definida positiva en $\mathbb{R}^2$. Por tanto, podemos afirmar que la forma cuadrática $Q(x,y,z)=x^2+y^2+6xy+z^2$ restringida a $x-2y=0$ es definida positiva.

b) Observemos en primer lugar que la forma cuadrática $Q(x,y,z)=-x^2+y^2+4yz$ sin restringir es indefinida, por lo que no es posible asegurar directamente cuál será su carácter al restringirla a un subespacio determinado. Apliquemos en este caso el criterio de la matriz orlada. La matriz simétrica asociada a la forma cuadrática es $A=\begin{pmatrix}-1 & 0 & 0\\ 0 & 1 & 2\\ 0 & 2 & 0\end{pmatrix}$ y la matriz que define la restricción de la forma cuadrática es $B=\begin{pmatrix}1 & 1 & 1\\ 1 & 0 & -1\end{pmatrix}$.

Si formamos la matriz orlada dada por $\overline{A}=\begin{pmatrix}0 & B\\ B^t & A\end{pmatrix}=\begin{pmatrix}0 & 0 & 1 & 1 & 1\\ 0 & 0 & 1 & 0 & -1\\ 1 & 1 & -1 & 0 & 0\\ 1 & 0 & 0 & 1 & 2\\ 1 & -1 & 0 & 2 & 0\end{pmatrix}$, aplicando el criterio hemos de calcular los $n-m=3-2=1$ últimos menores principales de la matriz $\overline{A}$, en este caso sólo tendríamos que calcular el último menor principal $\Delta_5=\det\overline{A}$. Como $\Delta_5=\det\overline{A}=-5<0$ tiene el mismo signo que $(-1)^{m+1}=(-1)^3=-1$, la forma cuadrática restringida es definida negativa

c) Consideremos la forma cuadrática $Q(x,y,z)=4x^2+3y^2+2xz+2yz$ restringida a $x+z=0$. La matriz simétrica asociada a la forma cuadrática es $A=\begin{pmatrix}4 & 0 & 1\\ 0 & 3 & 1\\ 1 & 1 & 0\end{pmatrix}$ y la matriz que define la restricción de la forma cuadrática es $B=(1\ \ 0\ \ 1)$. Construimos la matriz orlada:

$$\overline{A}=\begin{pmatrix}0 & B\\ B^t & A\end{pmatrix}=\begin{pmatrix}0 & 1 & 0 & 1\\ 1 & 4 & 0 & 1\\ 0 & 0 & 3 & 1\\ 1 & 1 & 1 & 0\end{pmatrix}$$

Como $n=3$ y $m=1$, consideramos los $n-m=2$ últimos menores de la matriz orlada dados por:

$$\begin{vmatrix} 0 & 1 & 0 \\ 1 & 4 & 0 \\ 0 & 0 & 3 \end{vmatrix} = -3 < 0 \text{ y } \begin{vmatrix} 0 & 1 & 0 & 1 \\ 1 & 4 & 0 & 1 \\ 0 & 0 & 3 & 1 \\ 1 & 1 & 1 & 0 \end{vmatrix} = -5 < 0$$

Los signos de estos menores coinciden con el signo de $(-1)^m = (-1)^1 = -1$, por lo que la forma cuadrática restringida es definida positiva.

d) Consideremos la forma cuadrática $Q(\vec{x}) = 2x^2 + 2y^2 - z^2 + 6xy + 2xz$ restringida a $x - y + 2z = 0$ y $x - z = 0$. La matriz simétrica asociada a la forma cuadrática es $A = \begin{pmatrix} 2 & 3 & 1 \\ 3 & 2 & 0 \\ 1 & 0 & -1 \end{pmatrix}$ y la matriz que define la restricción de la forma cuadrática es $B = \begin{pmatrix} 1 & -1 & 2 \\ 1 & 0 & -1 \end{pmatrix}$. Construimos la matriz orlada:

$$\overline{A} = \begin{pmatrix} 0 & B \\ B^t & A \end{pmatrix} = \begin{pmatrix} 0 & 0 & 1 & -1 & 2 \\ 0 & 0 & 1 & 0 & -1 \\ 1 & 1 & 2 & 3 & 1 \\ -1 & 0 & 3 & 2 & 0 \\ 2 & -1 & 1 & 0 & -1 \end{pmatrix}$$

Como $n=3$ y $m=2$, ($n-m=1$), consideramos el último menor de la matriz orlada dado por:

$$\begin{vmatrix} 0 & 0 & 1 & -1 & 2 \\ 0 & 0 & 1 & 0 & -1 \\ 1 & 1 & 2 & 3 & 1 \\ -1 & 0 & 3 & 2 & 0 \\ 2 & -1 & 1 & 0 & -1 \end{vmatrix} = 39 > 0$$

El signo del menor coincide con el signo de $(-1)^m = (-1)^2 = 1$, por lo que la forma cuadrática restringida es definida positiva.

12. La función de beneficio de una empresa está dada por $B(x,y,z) = 2x^2 + 2y^2 + 2z^2 + 2axy + 2yz$, donde x, y, z representan las cantidades en u. m. de los productos que vende en el mercado. Teniendo en cuenta que los posibles valores negativos de dichas cantidades se consideran costes, determine el valor del parámetro a para que la empresa genere siempre beneficios, independientemente de los valores x, y, z.

Solución

La matriz simétrica asociada a la forma cuadrática de la función de beneficio está dada por $A = \begin{pmatrix} 2 & a & 0 \\ a & 2 & 1 \\ 0 & 1 & 2 \end{pmatrix}$. Si calculamos los menores principales de la matriz, se obtiene que $\Delta_1 = 2$, $\Delta_2 = 4 - a^2$ y $\Delta_3 = 6 - 2a^2$. Aplicando el criterio de los menores principales, la forma cuadrática es definida positiva si y sólo si los menores principales son positivos. Por tanto, basta con determinar los valores del parámetro a para los que se cumple que $4 - a^2 > 0$ y $6 - 2a^2 > 0$. La primera desigualdad es equivalente a afirmar que $-2 < a < 2$ y la segunda es equivalente a que $-\sqrt{3} < a < \sqrt{3}$. Por tanto, las desigualdades se verifican simultáneamente si $-\sqrt{3} < a < \sqrt{3}$ y la forma cuadrática es definida positiva para valores del parámetro contenidos en este intervalo.

EJERCICIOS PROPUESTOS

1. Escriba la matriz simétrica asociada a las siguientes formas cuadráticas:

a) $\mathbb{Q}(x,y)=x^2+xy+y^2$

b) $\mathbb{Q}(x,y)=x^2-4xy+2y^2$

c) $\mathbb{Q}(x_1,x_2,x_3)=x_1^2+x_1x_3+2x_2x_3+x_2^2+3x_3^2$

d) $\mathbb{Q}(x_1,x_2,x_3)=x_1^2+3x_3^2$

e) $\mathbb{Q}(x_1,x_2,\dots,x_n)=n\sum_{i=1}^{n}x_i^2-\frac{2}{n}\sum_{i<j}^{n}x_ix_j$

2. Aplique el criterio de los valores propios para clasificar las formas cuadráticas asociadas a las matrices siguientes:

a) $A=\begin{pmatrix}1 & 0\\ 0 & -2\end{pmatrix}$

b) $B=\begin{pmatrix}1 & 0\\ 0 & 3\end{pmatrix}$

c) $C=\begin{pmatrix}1 & 0 & 0\\ 0 & -1 & 0\\ 0 & 0 & -1\end{pmatrix}$

d) $D=\begin{pmatrix}-1 & 0 & 0\\ 0 & -3 & 0\\ 0 & 0 & -4\end{pmatrix}$

e) $E=\begin{pmatrix}1 & 2 & 2\\ 2 & 1 & 2\\ 2 & 2 & 1\end{pmatrix}$

3. Aplique el criterio de los menores principales para clasificar las formas cuadráticas siguientes:

a) $\mathbb{Q}(x_1,x_2,x_3)=x_1^2+2x_2^2+8x_3^2$

b) $\mathbb{Q}(x_1,x_2,x_3)=x_1^2+8x_2^2$

c) $\mathbb{Q}(x_1,x_2,x_3) = -3x_1^2 + 2x_1x_2 - x_2^2 + 4x_2x_3 - 8x_3^2$

d) $\mathbb{Q}(x_1,x_2,x_3) = 2x_1^2 + 4x_2^2 - 2x_1x_3 + x_3^2$

e) $\mathbb{Q}(x_1,x_2,x_3) = -2x_1^2 - 4x_2^2 + 2x_1x_3 - x_3^2$

f) $\mathbb{Q}(x_1,x_2,\ldots,x_n) = n\sum_{i=1}^{n} x_i^2 - \frac{2}{n}\sum_{i<j}^{n} x_i x_j,\ n>1$

4. Clasifique la forma cuadrática $Q(x_1,x_2) = ax_1^2 + 2x_1x_2 + 2x_2^2$ según los valores del parámetro a.

5. Encuentre el valor del parámetro a para que la forma cuadrática:

$$\mathbb{Q}(x_1,x_2,x_3) = 2x_1^2 + 4x_2^2 - 2x_1x_3 + ax_3^2$$

sea semidefinida positiva.

6. Determine el signo de la forma cuadrática $Q(x,y,z) = 5x^2 + 4y^2 + az^2 + 4xy$ según los valores del parámetro a.

7. Determine el signo de la forma cuadrática:

$$Q(x,y,z,t) = (x,y,z,t)\begin{pmatrix} 2 & 1 & 0 & 0 \\ 1 & 2 & 0 & 1 \\ 0 & 0 & 1 & 0 \\ 0 & 1 & 0 & b \end{pmatrix}\begin{pmatrix} x \\ y \\ z \\ t \end{pmatrix}$$

según los valores del parámetro b.

8. Determine el signo de las siguientes formas cuadráticas restringidas a los subespacios correspondientes:

a) $Q(x,y,z) = 2x^2 + 2y^2 + 8xy + 2z^2$ restringida a $x - 3y = 0$.

b) $Q(x,y,z) = -x^2 + 2y^2 + 6yz$ restringida a $x - y - z = 0$, $x + y = 0$.

c) $Q(x,y,z) = -x^2 + 2y^2 - 6yz + 2xz$ restringida a $2y - z = 0$

d) $Q(x,y,z) = x^2 - 3y^2 + yz + 2xz + z^2$ restringida a $x + y + z = 0,\ x = 0$

9. Se está estudiando la introducción de un nuevo impuesto municipal I que viene dado por la expresión:

$$I(T,P) = 3T^2 - 2TP + P^2$$

donde T representa el total de pagos realizados en el impuesto de los automóviles y P, los pagos realizados por el impuesto de bienes inmuebles. Compruebe que la recaudación realizada a partir de este impuesto siempre será positiva.

10. La función de beneficio de una empresa está dada por:

$$B(x_1, x_2, x_3) = 4x_1^2 + 15x_2^2 + 5x_3^2 - 2x_1x_2 + 2x_2x_3$$

donde x_1, x_2, x_3 representan en u. m. las cantidades de factores productivos empleados en el proceso de producción. Sus valores negativos representarían el coste correspondiente a la cantidad de factor productivo que no es usada en el proceso de producción. Compruebe que la empresa siempre genera beneficios, independientemente de las cantidades x_1, x_2, x_3.

11. Los beneficios de una empresa están en función de la cantidad de tres materias primas utilizadas:

$$B(x_1, x_2, x_3) = 2x_1^2 + x_2^2 + ax_3^2 + 2x_1x_3 + 6x_2x_3 + 2x_1x_2$$

donde x_1, x_2, x_3 representan las cantidades empleadas de cada materia prima. Determine el valor del parámetro a para que la empresa siempre genere beneficios, independientemente de las cantidades x_1, x_2, x_3 utilizadas de cada materia prima.

12. La función de beneficios de una empresa está dada por:

$$B(x_1, x_2, x_3) = 4x_1^2 + 2x_2^2 + 3x_3^2 + 6x_2x_3 - 8x_1x_3$$

donde x_1, x_2, x_3 representan las cantidades de factores productivos empleados en el proceso de producción. Si las cantidades empleadas en el proceso productivo cumplen la ecuación $x_2 = 2x_1$, ¿existen pérdidas en algún caso?

13. La varianza de los valores de n observaciones de los precios de n productos está dada por:

$$S^2 = \frac{1}{n}\sum_{i=1}^{n}(X_i - \overline{X})^2$$

donde $\overline{X} = \frac{1}{n}\sum_{i=1}^{n} X_i$ es el precio medio.

a) Escriba en forma polinómica la forma cuadrática anterior.

b) ¿Cuál es la matriz simétrica asociada a la forma cuadrática?

VI

FUNCIONES, GRÁFICAS, LÍMITES Y CONTINUIDAD

1. NÚMEROS REALES

1.1. NÚMEROS REALES Y RECTA REAL

Comenzamos recordando brevemente los conjuntos de números más importantes en Matemáticas: los números naturales, números enteros, números racionales y, por último, los números reales.

Se define el conjunto de los ***números naturales***, representado por $\mathbb{N}$, como:

$$\mathbb{N}=\{1,2,3,\ldots,n,n+1,\ldots\}$$

El conjunto de los ***números enteros,*** representado por $\mathbb{Z}$, está dado por:

$$\mathbb{Z}=\{\ldots,-n,\ldots,-2,-1,0,1,2,\ldots,n,\ldots\}$$

El conjunto de los ***números racionales,*** representado por $\mathbb{Q}$, está formado por los números de la forma $\frac{a}{b}$, donde $a,b\in\mathbb{Z}$ y b es no nulo:

$$\mathbb{Q}=\left\{\frac{a}{b}:a,b\in\mathbb{Z},b\neq 0\right\}$$

Observemos que todo número natural es un número entero y todo número entero es a su vez un número racional. Concretamente, se tiene la siguiente cadena de inclusiones:

$$\mathbb{N}\subset\mathbb{Z}\subset\mathbb{Q}$$

Un número racional $\frac{a}{b}$ tiene siempre una expresión decimal que puede ser finita (un número finito de cifras decimales) o infinita periódica (infinitas cifras decimales que se repiten periódicamente). Por ejemplo, $\frac{1}{2}$ tiene una expresión decimal finita igual a $0,5$, mientras que $\frac{1}{3}$ tiene una expresión decimal infinita periódica igual a $0,333\ldots$.

Por otra parte, existen números con una expresión decimal infinita no periódica. Estos números se denominan ***números irracionales*** y el conjunto de números irracionales se representa por I. Como ejemplo de números irracionales tenemos π, $\sqrt{2}$, $2^{\sqrt{2}}$, $\sqrt{3}$, ...

Tras definir los conjuntos de números racionales $\mathbb{Q}$ e irracionales I estamos en condiciones de definir el conjunto de los números reales.

Se define el conjunto de los ***números reales*** $\mathbb{R}$ como la unión del conjunto de los números racionales $\mathbb{Q}$ y el conjunto de irracionales I:

$$\mathbb{R} = \mathbb{Q} \cup I$$

La definición anterior no es suficiente para hacerse una idea clara del conjunto $\mathbb{R}$. El concepto de recta real que presentamos a continuación nos ayuda a "visualizar" el conjunto de números reales $\mathbb{R}$.

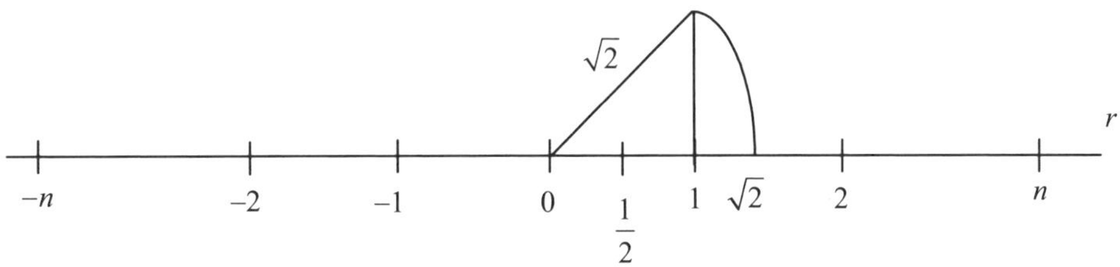

Figura 6.1. Recta real.

Consideremos una recta r en el plano (véase la Figura 6.1) en la que fijamos un punto que llamaremos origen y que se identifica con el número 0. Si tomamos una unidad de longitud, es posible representar en dicha recta los números naturales, señalándolos a la derecha a partir de 0, y los números enteros negativos, haciéndolo hacia la izquierda. También es posible representar cualquier número racional y todo número irracional mediante un proceso que por su complejidad no detallaremos en esta breve exposición. En el siguiente diagrama, y a modo de ejemplo, hemos representado el número racional $\frac{1}{2}$ y el número irracional $\sqrt{2}$, cuya representación puede realizarse con regla y compás.

A la recta r se le denomina ***recta real***. De esta forma, cada número real es un punto de la recta r y cada punto de la recta r corresponde a un único número real. Formalmente podemos decir que existe una biyección o correspondencia biunívoca entre los puntos de la recta real r y el conjunto de números reales $\mathbb{R}$. Así, el conjunto de números reales $\mathbb{R}$ se puede visualizar como el conjunto de puntos de una recta en el plano. Este hecho tendrá una gran utilidad a la hora de representar gráficamente el concepto de función real de variable real.

Una propiedad importante de los números reales es que pueden ordenarse. Si a y b son números reales, a es menor que b si $b-a$ es positivo, lo cual se representa por $a < b$. El símbolo $a \leq b$ indica que a es menor o igual que b. Si $a < b$, entonces, a está situado a la izquierda de b en la recta real.

1.2. *SUBCONJUNTOS DE LA RECTA REAL: INTERVALOS*

A continuación estudiamos los subconjuntos de la recta real r más importantes.

Sean a y b dos puntos de la recta real, $a<b$, se definen:

* ***Intervalo abierto*** $(a,b)=\{x\in\mathbb{R}:a<x<b\}$

* ***Intervalo cerrado*** $[a,b]=\{x\in\mathbb{R}:a\leq x\leq b\}$

* ***Intervalos semiabiertos*** $\begin{array}{l}[a,b)=\{x\in\mathbb{R}:a\leq x<b\}\\(a,b]=\{x\in\mathbb{R}:a<x\leq b\}\end{array}$

Los intervalos anteriores se llaman finitos o acotados. Otro tipo de intervalos son los siguientes, denominados intervalos infinitos o no acotados:

$$\begin{array}{l}[a,+\infty)=\{x\in\mathbb{R}:x\geq a\}\\(a,+\infty)=\{x\in\mathbb{R}:x>a\}\\(-\infty,b]=\{x\in\mathbb{R}:x\leq b\}\\(-\infty,b)=\{x\in\mathbb{R}:x<b\}\end{array}$$

A veces el conjunto de los números reales $\mathbb{R}$ se denota por $(-\infty,+\infty)$.

1.3. *VALOR ABSOLUTO*

Dado un número real a, se llama ***valor absoluto*** de a y se representa por $|a|$ al mismo número a si a es positivo, o al número a cambiado de signo si a es negativo:

$$|a|=\begin{cases}a & si\ a\geq 0\\-a & si\ a<0\end{cases}$$

Ejemplo 1.1

$$|-3|=3,\ |-7|=7,\ |8|=8,\ |0|=0$$

■

PROPIEDADES

1) $|a|\geq 0,\ \left(|a|=0\ \Leftrightarrow\ a=0\right)$

2) $|a\,b|=|a|\,|b|$

3) $|a+b|\leq|a|+|b|$ (Desigualdad triangular)

El valor absoluto de un número a, $|a|$, mide la distancia en la recta real del número a al punto 0 (véase la Figura 6.2):

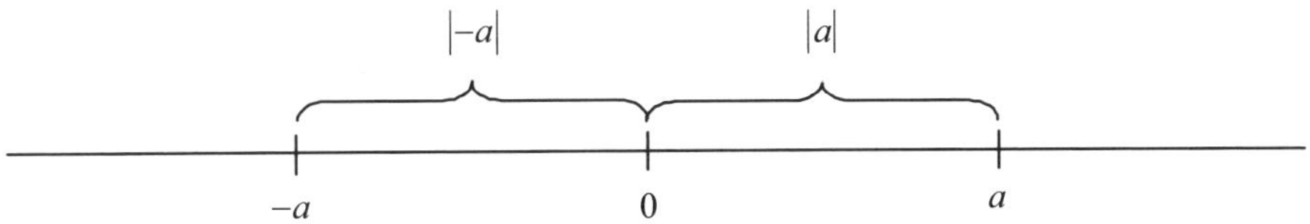

Figura 6.2. Interpretación geométrica del valor absoluto.

Dados dos números reales a y b, la distancia en la recta real entre a y b viene dada por $|a-b|$ o equivalentemente por $|b-a|$ (véase la Figura 6.3):

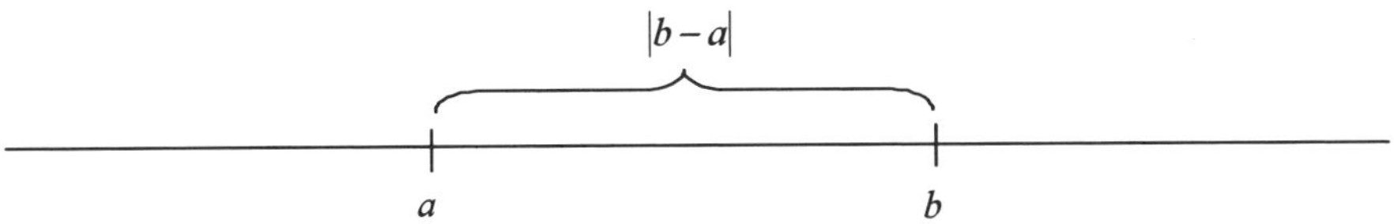

Figura 6.3. Distancia entre dos números reales.

Por ejemplo, la distancia entre -8 y 3 es $|-8-3|=11$ y la distancia entre 4 y -5 es $|4-(-5)|=9$.

Dado un número real positivo a, todos los números reales cuya distancia a cero es menor que a cumplen la condición $|x|<a$ (véase la Figura 6.4). Concretamente, $|x|<a \Leftrightarrow -a<x<a$ y, por tanto, $\{x\in\mathbb{R}:|x|<a\}=(-a,a)$.

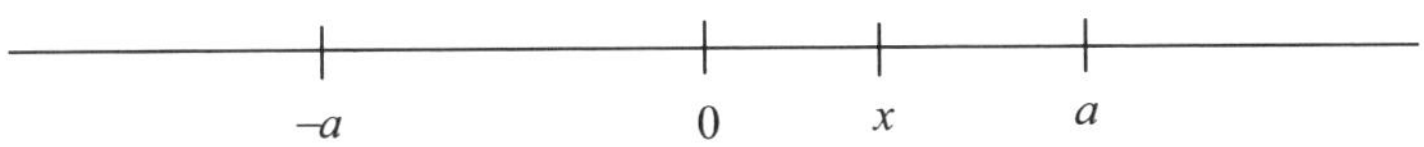

Figura 6.4. Subconjunto de la recta real definido por $\{x\in\mathbb{R}:|x|<a\}=(-a,a)$.

Con un razonamiento análogo tenemos que $\{x\in\mathbb{R}:|x|\le a\}=[-a,a]$.

Ejemplo 1.2

Representemos en la recta real los subconjuntos de números reales siguientes:

a) Sea el conjunto $A=\{x\in\mathbb{R}:|x|<3\}$. Como $|x|<3 \Leftrightarrow -3<x<3$, el conjunto A es el intervalo $(-3,3)$.

b) Sea el conjunto $B=\{x\in\mathbb{R}:|x-2|<4\}$. La condición $|x-2|<4$ es equivalente a que $-4<x-2<4$, de donde, sumando 2 a los términos de la desigualdad, se obtiene que $-2<x<6$ y, por tanto, $B=(-2,6)$. Observemos que, geométricamente, $|x-2|<4$ nos indica que la distancia de x a 2 es menor que 4, es decir, los puntos x se encuentran en un intervalo de centro 2 y de radio 4.

c) Sea el conjunto $C=\{x\in\mathbb{R}:|x-a|<r\}$, $a,r>0$. En este caso procedemos de forma análoga al apartado b):

$$|x-a|<r \Leftrightarrow -r<x-a<r \Leftrightarrow a-r<x<a+r$$

de donde $C=(a-r,a+r)$. La condición $|x-a|<r$ indica que la distancia de x al punto a es menor que r.

■

2. CONCEPTO DE FUNCIÓN

En cualquier área de la matemática y de la ciencia en general, el concepto de función tiene una importancia primordial. Concretamente, el lenguaje económico está lleno de términos como: funciones de demanda, funciones de oferta, de producción, de ingreso,... Además, las funciones constituyen uno de los objetos matemáticos básicos sobre los cuales se construyen los demás conceptos del cálculo.

Una variable es función de otra variable si la primera depende de la segunda. Esta situación teórica aparece con bastante frecuencia en la vida real. Así, no es raro encontrar expresiones como: "la inflación depende de los tipos de interés" y "el producto nacional bruto depende del nivel de inversión".

Sabemos, por ejemplo, que el área A de un cuadrado es igual a la longitud del lado L al cuadrado. Es decir, el valor del área depende de la longitud del lado L. Esta dependencia se expresa de la siguiente forma:

$$A=L^2,$$

que no es más que la expresión de una función en la que una de las variables, el área A, llamada variable dependiente, depende del lado L, llamada variable independiente.

En otras ocasiones, la dependencia funcional entre las variables viene expresada mediante una serie de datos. Por ejemplo, en la siguiente tabla viene expresado el crecimiento de una inversión inicial de 1000 u. m. en relación con el número de años desde que comenzó:

Tiempo en años	0	1	2	5	10	20
Valor de la inversión	1000	1080	1170	1470	2160	4660

En este caso, el valor de la inversión (variable dependiente) depende del tiempo (variable independiente).

Otras veces, la dependencia entre dos variables se expresa mediante una curva en el plano.

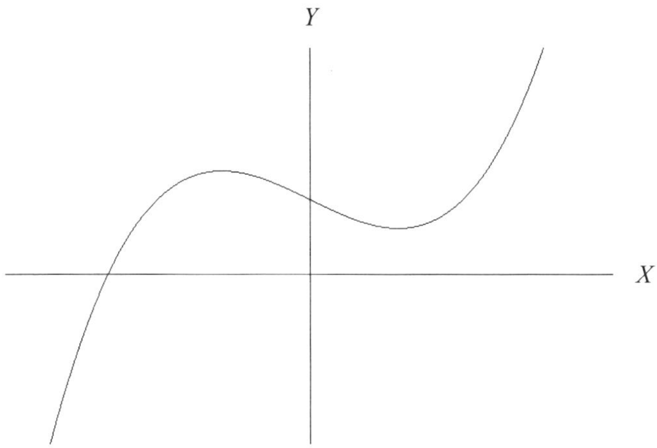

Figura 6.5. Relación entre dos variables mediante la gráfica de una curva en el plano.

La variable dependiente y se representa en el eje de ordenadas y la independiente x, en el eje de abscisas. La gráfica (véase la Figura 6.5) nos muestra la relación entre las correspondientes variables.

Pasamos a formalizar estas ideas.

Una ***función real de variable real*** es una aplicación f de un subconjunto D de $\mathbb{R}$ con valores en $\mathbb{R}$. Es decir, una correspondencia que a cada número real $x \in D$ le asigna un único número real representado por $y = f(x)$.

Representamos una función (real de variable real) de la siguiente forma:

$$\begin{aligned} f : D &\to \mathbb{R} \\ x &\to f(x) \end{aligned}$$

o, abreviadamente, $y = f(x)$. Al conjunto D se le denomina ***dominio de definición*** de f y se representa por D_f, x es la ***variable independiente*** e y es la ***variable dependiente***.

El conjunto formado por los valores que toma la función f se llama ***rango*** de f:

$$R_f = \{f(x) : x \in D\}$$

Veamos dos ejemplos sencillos:

Ejemplo 2.1

Sea la función $f(x)=3x+1$ definida en el intervalo $[0,1]$,

$$f:[0,1]\to\mathbb{R}$$
$$x\to 3x+1$$

es fácil comprobar que $D_f=[0,1]$ y $R_f=\{3x+1:x\in[0,1]\}=[1,4]$.

■

Ejemplo 2.2

Supongamos que el coste total, en euros, de fabricar x unidades de un determinado artículo está dado por la función:

$$C(x)=10x\sqrt{x}+60$$

a) Calcule el coste de producir 16 unidades del artículo:

$$C(16)=10\cdot 16\sqrt{16}+60=700$$

b) Calcule el coste de producir la decimosexta unidad del artículo:

$$C(16)-C(15)=59{,}05$$

c) Exprese mediante una fórmula la variación en el coste cuando se produce una unidad adicional:

$$C(x+1)-C(x)=10(x+1)\sqrt{x+1}+60-\left(10x\sqrt{x}+60\right)=$$

$$=10(x+1)\sqrt{x+1}+60-10x\sqrt{x}-60=10\left[(x+1)\sqrt{x+1}-x\sqrt{x}\right]$$

d) Determine el coste de producir $x+h$ unidades:

$$C(x+h)=10(x+h)\sqrt{x+h}+60$$

■

3. Gráfica de una Función

Sea $y=f(x)$ una función definida en un subconjunto D de $\mathbb{R}$. A continuación veremos cómo se puede asignar a la función $y=f(x)$ una curva en el plano que se denomina gráfica de la función y que nos permitirá visualizar la función y así entender mejor su comportamiento.

Consideramos dos ejes rectangulares (el eje X llamado de abscisas y el eje Y, de ordenadas) donde representaremos los valores de la variable independiente x y de la variable dependiente $y=f(x)$ respectivamente. Para cada valor de x

obtenemos un punto en el plano de la forma $(x, f(x))$. El conjunto de puntos obtenidos de esta manera (véase la Figura 6.6) determina una curva en el plano denominada gráfica de la función:

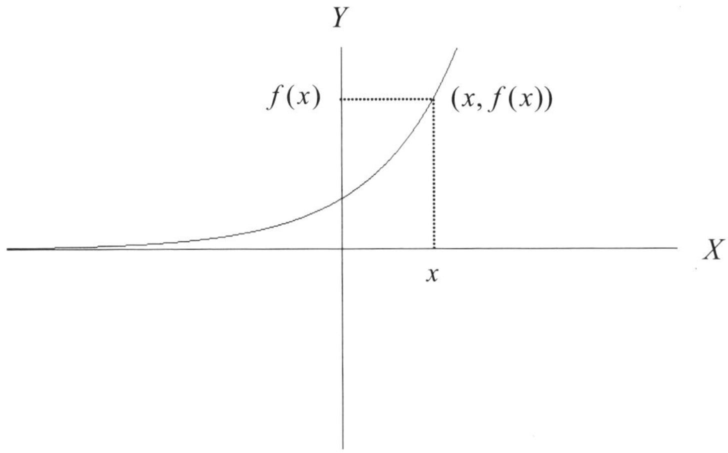

Figura 6.6. Gráfica de una función $y = f(x)$.

Se llama ***gráfica*** de la función f al conjunto de puntos del plano dado por:

$$Grf = \{(x, f(x)) : x \in D\}$$

La gráfica de una función $y = f(x)$ ha de cumplir que cualquier recta vertical la corte a lo sumo en un único punto (véase la Figura 6.7) (recuérdese que, en la definición de función real de variable real, cada valor de la variable x tiene una única imagen).

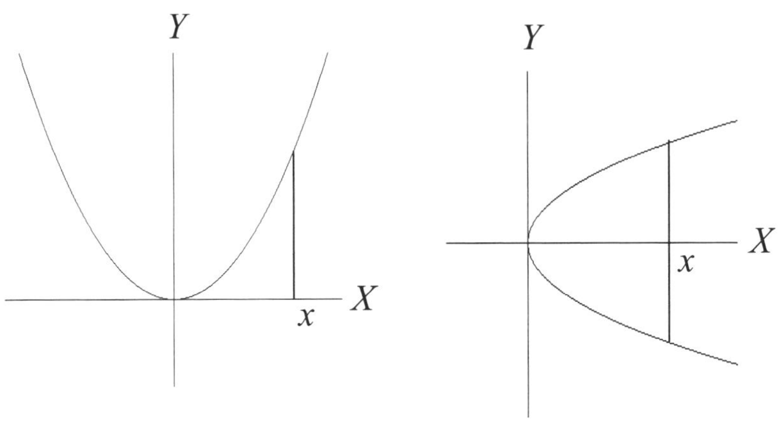

Figura 6.7. La primera curva es la gráfica de una función y la segunda no lo es.

A la hora de representar las variables en cada uno de los ejes, es importante señalar que la escala elegida puede variar la forma de la gráfica obtenida. Así, por ejemplo, las siguientes gráficas (Figuras 6.8 y 6.9) corresponden a la misma función que relaciona la evolución del IPC con el tiempo medido en años, aunque con escalas diferentes en el eje de ordenadas donde se representa el valor del IPC.

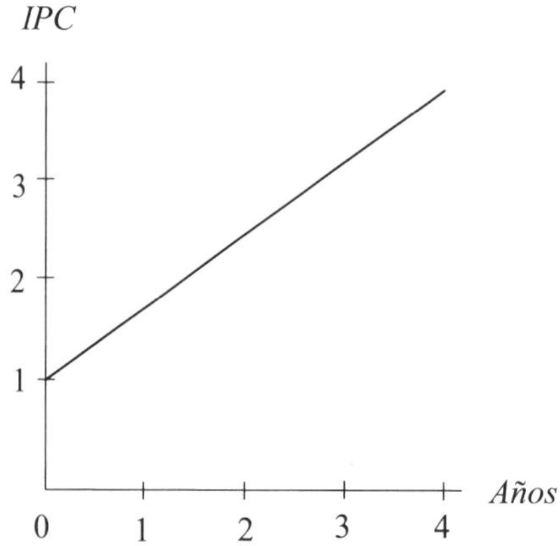

Figura 6.8.

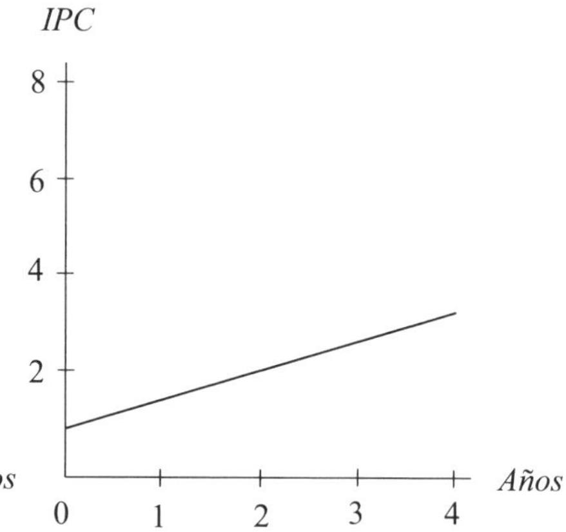

Figura 6.9.

Como se puede observar, la forma de la gráfica en cada caso es diferente a pesar de representar la misma función.

3.1. Funciones Elementales

Estudiamos ahora ejemplos de algunas funciones elementales.

3.1.1. Función constante

Una función constante es una función que asigna a cada valor de la variable independiente un valor fijo. La expresión de una función constante está dada por $f(x)=k$ y su gráfica es una recta paralela al eje de abscisas.

3.1.2. Función lineal

Una función lineal es una función de la forma $f(x)=ax+b$ definida en todo $\mathbb{R}$. Su gráfica (Figura 6.10) corresponde a una recta en el plano. El coeficiente a de la variable x es la pendiente de la recta y el coeficiente b corresponde al punto de corte de la recta con el eje de ordenadas. La pendiente a indica el aumento o disminución (según a sea positivo o negativo) en la variable y cuando hay un aumento de una unidad en la variable x. En efecto:

$$f(x+1)-f(x)=a(x+1)+b-ax-b=a$$

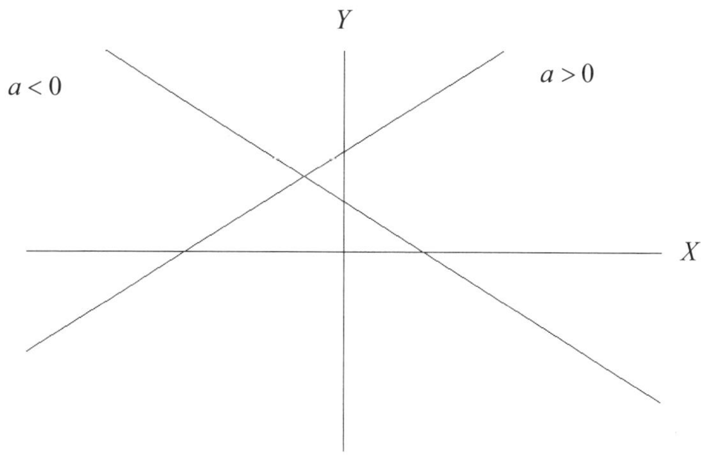

Figura 6.10. Gráficas de la recta $y = ax + b$ para $a > 0$ y $a < 0$.

Ejemplo 3.1

a) Sea $C(x) = 42,3x + 120535$ la función de costes de una empresa, siendo x el número de unidades producidas y C el coste en euros de producir x unidades. La pendiente de la función de costes es 42,3 e indica que, si la producción aumenta en 1 unidad, el coste aumenta en 42,3 unidades.

b) Sea $q = -0,32p + 0,18$ la función de demanda de un determinado bien de consumo, donde p es el precio y q la cantidad consumida del bien por persona. La pendiente $-0,32$ indica que, si el precio aumenta en 1 unidad, la cantidad demandada del bien disminuye en 0,32 unidades.

■

3.1.3. Función cuadrática

Una función cuadrática es una función de la forma $f(x) = ax^2 + bx + c$, $(a \neq 0)$, definida en todo $\mathbb{R}$. Su gráfica es una parábola (Figura 6.11) con las ramas dirigidas hacia arriba $(a > 0)$ o hacia abajo $(a < 0)$.

Los puntos de corte (si los hay) de la parábola con el eje de abscisas se obtienen como las soluciones reales (si las hay) de la ecuación de segundo grado $ax^2 + bx + c = 0$. Por otra parte, el vértice de la parábola se encuentra en el punto de abscisa $x = \dfrac{-b}{2a}$.

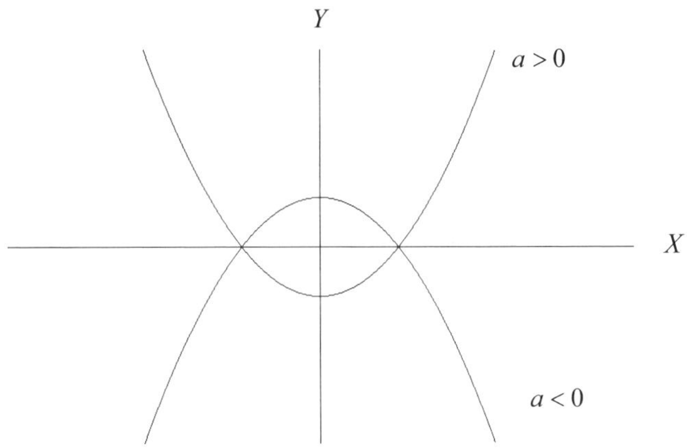

Figura 6.11. Gráficas de la función cuadrática $f(x)=ax^2+bx+c$ para $a>0$ y $a<0$.

3.1.4. Funciones potenciales

Una función potencial es de la forma $f(x)=x^r$, donde r es un número racional, definida para $x>0$, cuando $r<0$ y para $x\geq 0$, cuando $r>0$. El comportamiento de la gráfica depende de los valores del exponente r (Figura 6.12).

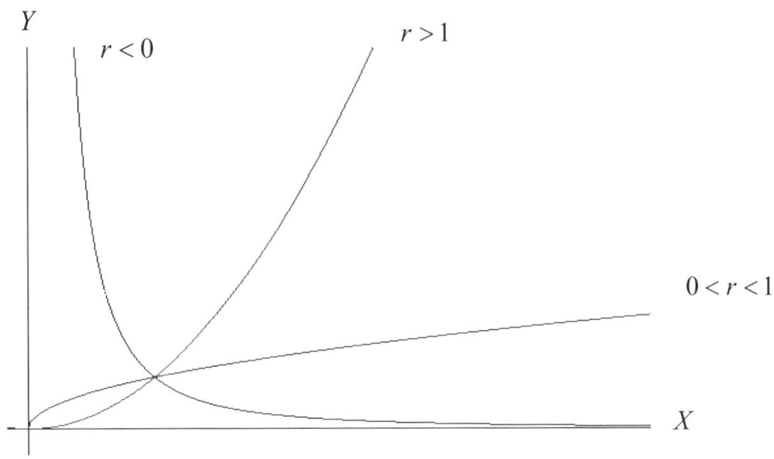

Figura 6.12. Gráficas de la función $f(x)=x^r$ según los valores de r.

3.1.5. Funciones exponenciales

Se dice que una cantidad aumenta (o disminuye) exponencialmente cuando aumenta (o disminuye) en un factor fijo por unidad de tiempo. Si este factor fijo lo representamos por a, la función exponencial es de la forma:

$$f(x)=K\,a^x,\ \ K>0,\ \ a>0$$

Si $f(x)=K\,a^x$, entonces $f(x+1)=K\,a^{x+1}=K\,a^x\cdot a=a\,f(x)$. Así, el valor de f en el instante $x+1$ es el valor de f en el instante x multiplicado por a. Además, se cumple que $K=f(0)$, por tanto, la función exponencial puede también escribirse de la forma $f(x)=f(0)a^x$.

La función $f(x)=K\,a^x$ es creciente si $a>1$ y decreciente si $0<a<1$ (véase la Figura 6.13)

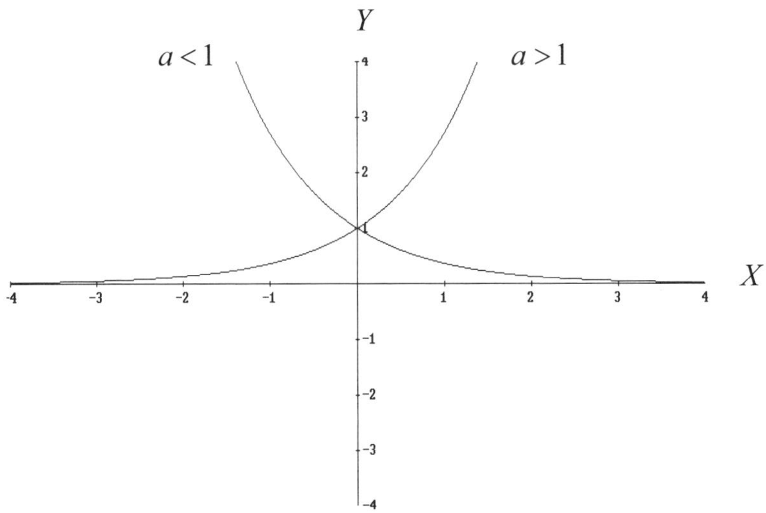

Figura 6.13. Gráfica de la función $f(x)=a^x$ para $a>1$ y $a<1$.

• La función exponencial $f(x)=a^x$ tiene las siguientes propiedades:

1) El dominio de $f(x)=a^x$ es $\mathbb{R}$ y se cumple que $f(x)>0,\ \ \forall x\in\mathbb{R}$.

2) $a^{r+s}=a^r\cdot a^s$, $a^{r-s}=\dfrac{a^r}{a^s}$, $\left(a^r\right)^t=a^{rt}$.

3) $a^0=1,\ \ a^1=a$.

La función exponencial aparece en numerosas ecuaciones en modelos económicos y en ciencias sociales. Por ejemplo, la función exponencial es especialmente adecuada para estudiar el interés compuesto.

Ejemplo 3.2

Si se invierte una cantidad de A_0 euros a una tasa de interés anual del p%, el capital presente en la cuenta pasados t años está dado por la función exponencial:

$$C(t) = A_0\left(1+\frac{p}{100}\right)^t$$

■

Hay una función exponencial que tiene una importancia especial, nos referimos al caso en el que la base a coincide con el número e. Recordemos que el número e es irracional y se define como el límite de la sucesión de números de la forma $\left(1+\frac{1}{n}\right)^n$ cuando n tiende hacia infinito:

$$e = \lim_{n\to+\infty}\left(1+\frac{1}{n}\right)^n = 2{,}71828...$$

La función exponencial en este caso es $f(x) = e^x$ y su gráfica puede verse en la Figura 6.14.

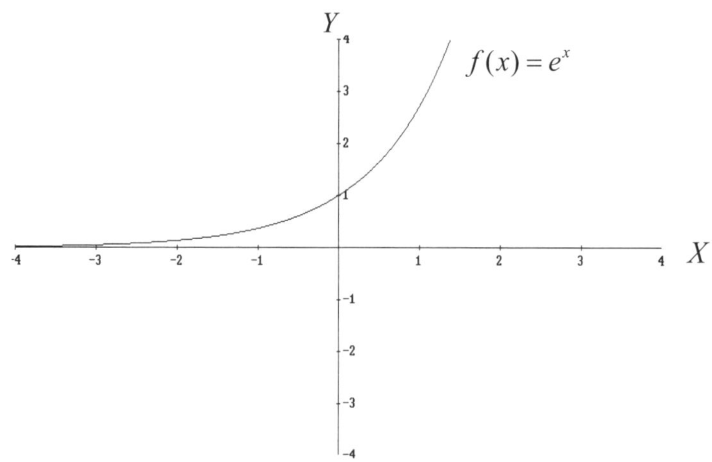

Figura 6.14. Gráfica de la función $f(x) = e^x$.

La función $f(x) = e^x$ es especialmente útil para el estudio del interés continuo.

Ejemplo 3.3

Sea A_0 una cantidad invertida a interés continuo del $p\%$ $(=100r)$ anual durante t años. El capital en función del tiempo es:

$$C(t) = A_0 e^{rt},\ A_0 > 0,\ r > 0$$

A r se le denomina ***tasa de interés continuo***.

■

3.1.6. Función logarítmica

Dado un número $a > 0$, se define el logaritmo neperiano de a, representado por $\ln a$, como el número b que cumple: $e^b = a$. Por tanto:

$$\ln a = b \Leftrightarrow e^b = a$$

Observemos que el número a ha de ser necesariamente positivo, ya que $a = e^b > 0$.

Se define la función $f(x) = \ln x$ como aquélla que asigna a cada número real positivo su logaritmo neperiano.

La función logarítmica $f(x) = \ln x$ tiene las siguientes propiedades:

1) El dominio de $f(x) = \ln x$ es $(0, +\infty)$.

2) $\ln e = 1, \quad \ln 1 = 0$.

3) $\ln(ab) = \ln a + \ln b, \quad \ln \dfrac{a}{b} = \ln a - \ln b, \quad \ln a^b = b \ln a$.

La gráfica de la función $f(x) = \ln x$ puede verse en la Figura 6.15.

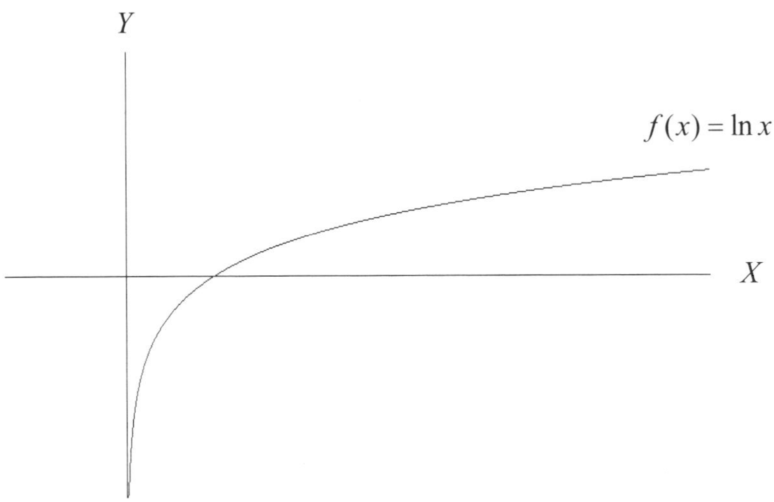

Figura 6.15. Gráfica de la función $f(x) = \ln x$.

Ejemplo 3.4

Se invierten 1000 euros a una tasa de interés continuo del 3%. Determinemos el tiempo que ha de transcurrir para que la inversión inicial se duplique.

El valor del capital $C(t)$ en función del tiempo t es:

$$C(t) = 1000\, e^{0,03t}$$

La inversión se duplicará cuando $C(t) = 2000$, es decir, $e^{0,03t} = 2$. Para despejar el tiempo t aplicamos logaritmos a ambos miembros:

$$\ln e^{0,03t} = \ln 2, \quad 0,03t = \ln 2, \quad t = \frac{\ln 2}{0,03} = 23,104$$

■

4. Composición de Funciones

Sean las funciones $f : A \to \mathbb{R}$ y $g : B \to \mathbb{R}$, donde $g(B) \subseteq A$. Se define la ***función compuesta*** de f con g, representada por $f \circ g$, como la función:

$$\begin{aligned} f \circ g : B \to\ & A \to \mathbb{R} \\ x \to\ & g(x) \to f(g(x)) \end{aligned}$$

La condición $g(B) \subseteq A$ indica que el rango de la función g está incluido en el dominio de la función f. Esta condición es necesaria para que sea posible definir la composición de funciones. Como puede comprobarse en el ejemplo siguiente, es importante señalar que en general $f \circ g \neq g \circ f$.

Ejemplo 4.1

Dadas las funciones $f(x) = x^3 + 2$ y $g(x) = \dfrac{1}{x+1}$, se tiene que:

$$f(g(x)) = f(\frac{1}{x+1}) = \left(\frac{1}{x+1}\right)^3 + 2 = \frac{1}{(x+1)^3} + 2$$

y que:

$$g(f(x)) = g(x^3 + 2) = \frac{1}{x^3 + 2 + 1} = \frac{1}{x^3 + 3}$$

■

Las funciones f y g son ***inversas*** si se cumple que $(f \circ g)(x) = (g \circ f)(x) = x$.

A la función g se le llama ***función inversa*** de f y se representa por f^{-1}. De la misma forma, a f se le llama inversa de g y se representa por g^{-1}. Es importante no confundir la función inversa f^{-1} con la función $\dfrac{1}{f}$.

Ejemplo 4.2

Las funciones exponencial $f(x)=e^x$ y logarítmica $g(x)=\ln x$ son inversas, es decir:

$$x \overset{f(x)}{\rightarrow} e^x \overset{g(x)}{\rightarrow} \ln e^x = x \qquad \text{y} \qquad x \overset{g(x)}{\rightarrow} \ln x \overset{f(x)}{\rightarrow} e^{\ln x} = x$$

Las gráficas de dos funciones inversas son simétricas respecto de la recta $y=x$, (Figura 6.16):

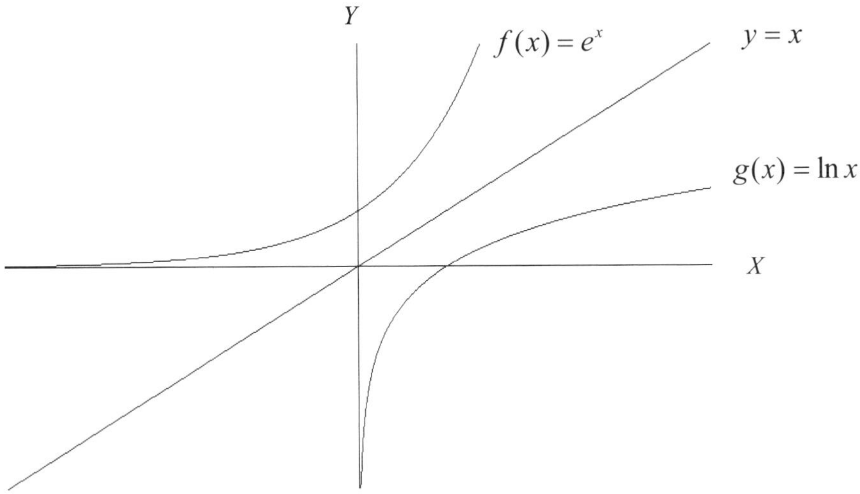

Figura 6.16. Gráficas de las funciones inversas $f(x)=e^x$ y $g(x)=\ln x$.

■

5. Límite de una Función en un Punto

Para ilustrar el concepto de límite, consideremos el siguiente ejemplo. Dada la función $f(x)=\dfrac{x^2+2x-3}{x^2-1}$, estudiemos su comportamiento a medida que la variable independiente x se aproxima a 1. Construimos la siguiente tabla de valores:

		x se aproxima a 1 por la izquierda.				**x se aproxima a 1 por la derecha**			
x	0,8	0,9	0,99	0,999	1	1,001	1,01	1,05	1,1
$f(x)$	2,11	2,05	2,005	2,0005	?	1,999	1,99	1,97	1,95

A partir de la tabla de valores, observamos dos hechos fundamentales:

1) Cuando x se aproxima a 1 (con valores menores o mayores que 1) los valores de la función $f(x)$ se aproximan a 2.

2) Nos podemos aproximar a 2 con valores de la función $f(x)$ tanto como queramos, con tal de tomar valores de x suficientemente próximos a 1.

Esta situación se expresa diciendo que: "el límite de $f(x)$ cuando x tiende (o se aproxima) a 1 es 2", y de forma abreviada escribiendo:

$$\lim_{x\to 1}\frac{x^2+2x-3}{x^2-1}=2$$

La Figura 6.17 muestra con claridad el comportamiento de la función $f(x)$.

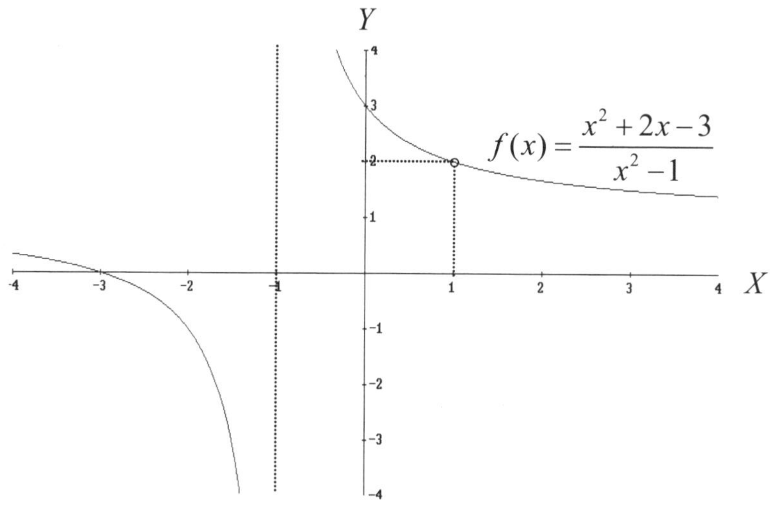

Figura 6.17. Gráfica de la función $f(x)=\dfrac{x^2+2x-3}{x^2-1}$.

Expresemos ahora formalmente, en un lenguaje matemático, la situación anterior. ¿Cómo expresar de forma rigurosa que nos aproximamos a 2 tanto como queramos con tal de tomar valores de x suficientemente próximos a 1? Basta escribir lo siguiente:

Para cualquier intervalo $(2-\varepsilon, 2+\varepsilon)$, centrado en 2 y de radio ε tan pequeño como queramos, existe un intervalo $(1-\delta, 1+\delta)$, centrado en 1 y de radio δ, tal que para cada $x\in(1-\delta,1+\delta)$, con $x\neq 1$, se cumple que $f(x)\in(2-\varepsilon,2+\varepsilon)$.

Utilicemos ahora el lenguaje simbólico para expresar formalmente la situación. La expresión $x\in(1-\delta,1+\delta)$ es equivalente a $|x-1|<\delta$, y la expresión $f(x) \in (2-\varepsilon, 2+\varepsilon)$ es equivalente a decir que $|f(x)-2| < \varepsilon$. Así, la definición de límite puede escribirse de la siguiente forma:

$\lim_{x \to 1} f(x) = 2$ si y sólo si $\forall \varepsilon > 0,\ \exists \delta > 0$ tal que $\underset{x \neq 1}{|x-1|} < \delta$ entonces $|f(x)-2| < \varepsilon$.

En general:

Dada $f(x)$ una función y $x = a$ un punto de acumulación[5] del dominio de $f(x)$, entonces:

$\lim_{x \to a} f(x) = L$ si y sólo si $\forall \varepsilon > 0,\ \exists \delta > 0$ tal que $\underset{x \neq a}{|x-a|} < \delta$ entonces $|f(x)-L| < \varepsilon$.

Observemos que la función $f(x) = \dfrac{x^2+2x-3}{x^2-1}$ no está definida en el punto $x = 1$, y sin embargo existe $\lim_{x \to 1} f(x)$. Por tanto, "el límite de una función $f(x)$ en un punto es independiente del valor que tome la función en dicho punto".

5.1. *LÍMITES LATERALES*

Puede ocurrir que el comportamiento de una función a la izquierda y a la derecha de un punto sea distinto. Consideremos la función representada en la Figura 6.18.

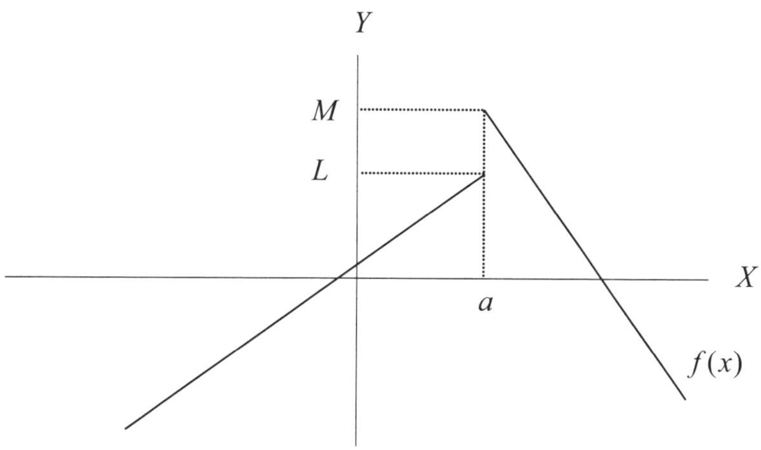

Figura 6.18. Límites laterales de una función en un punto.

[5] Un punto $x = a$ es un punto de acumulación de un conjunto D si podemos aproximarnos al punto $x = a$ con puntos del dominio tanto como queramos.

Observando el comportamiento de la función a partir de la gráfica anterior, se tiene que:

• Cuando x se aproxima al punto a por la izquierda, los valores de la función $f(x)$ se acercan a L. Esta situación se expresa diciendo que el límite por la izquierda de $f(x)$ cuando x tiende al punto a es igual a L y se representa por:

$$\lim_{x\to a^-} f(x) = L \text{ o bien } \lim_{\substack{x\to a \\ x<a}} f(x) = L$$

• Cuando x se aproxima al punto a por la derecha, los valores de la función $f(x)$ se acercan a M. Esta situación se expresa diciendo que el límite por la derecha de $f(x)$ cuando x tiende al punto a es igual a M y se representa por:

$$\lim_{x\to a^+} f(x) = M \text{ o bien } \lim_{\substack{x\to a \\ x>a}} f(x) = M$$

¿Qué relación hay entre el límite de $f(x)$ y los límites laterales? La condición necesaria y suficiente para que exista el límite de $f(x)$ en $x = a$ es que existan los límites laterales y ambos sean iguales:

$$\lim_{x\to a} f(x) = L \text{ si y sólo si } \lim_{x\to a^-} f(x) = \lim_{x\to a^+} f(x) = L$$

Ejemplo 5.1

Determine el valor de los límites laterales de la función representada en la Figura 6.19.

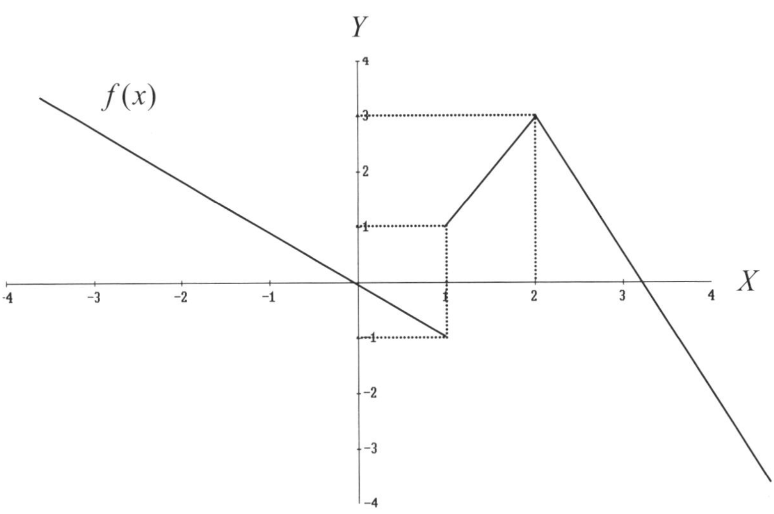

Figura 6.19.

Los límites laterales de la función en el punto $x=1$ son distintos: $\lim_{x\to 1^-} f(x) = -1$ y $\lim_{x\to 1^+} f(x) = 1$, por tanto, no existe el límite de la función en $x=1$. Sin embargo, los límites laterales de la función en el punto $x=2$ son iguales y, por tanto, $\lim_{x\to 2} f(x) = 3$.

■

5.2. *Cálculo de límites. Propiedades*

Si $\lim_{x\to a} f(x)$ y $\lim_{x\to a} g(x)$ existen, entonces:

1) $\lim_{x\to a}\left[f(x)\pm g(x)\right] = \lim_{x\to a} f(x) \pm \lim_{x\to a} g(x)$

2) $\lim_{x\to a}\left[f(x)\cdot g(x)\right] = \lim_{x\to a} f(x)\cdot \lim_{x\to a} g(x)$

3) $\lim_{x\to a}\dfrac{f(x)}{g(x)} = \dfrac{\lim_{x\to a} f(x)}{\lim_{x\to a} g(x)}, \quad \lim_{x\to a} g(x)\neq 0$

4) $\lim_{x\to a}\sqrt[n]{f(x)} = \sqrt[n]{\lim_{x\to a} f(x)}, \quad n\in\mathbb{N}$

5) $\lim_{x\to a}\left[f(x)\right]^{g(x)} = \left[\lim_{x\to a} f(x)\right]^{\lim_{x\to a} g(x)}$

Ejemplo 5.2

a) $\lim_{x\to -1}(x^3+5x^2+2x-4) = \lim_{x\to -1} x^3 + \lim_{x\to -1} 5x^2 + \lim_{x\to -1} 2x - \lim_{x\to -1} 4 = -2$

b) $\lim_{x\to 3}(x-1)(x^2+4) = \lim_{x\to 3}(x-1)\cdot\lim_{x\to 3}(x^2+4) = 2\cdot 13 = 26$

c) $\lim_{x\to 1}\dfrac{3x+1}{2x^2+1} = \dfrac{\lim_{x\to 1}(3x+1)}{\lim_{x\to 1}(2x^2+1)} = \dfrac{4}{3}$

d) $\lim_{x\to 0}\left[e^{x+1}+\operatorname{sen} x\right] = \lim_{x\to 0} e^{x+1} + \lim_{x\to 0}\operatorname{sen} x = e + \operatorname{sen} 0 = e$

e) $\lim_{x\to 2}\sqrt[3]{x^4+2x-1} = \sqrt[3]{\lim_{x\to 2}\left(x^4+2x-1\right)} = \sqrt[3]{19}$

f) $\lim_{x\to 0}\left[\dfrac{x+1}{x^2+2}\right]^{\frac{1}{x+2}} = \left[\lim_{x\to 0}\dfrac{x+1}{x^2+2}\right]^{\lim_{x\to 0}\frac{1}{x+2}} = \left(\dfrac{1}{2}\right)^{1/2} = \dfrac{1}{\sqrt{2}}$

■

6. LÍMITES INFINITOS Y EN EL INFINITO

6.1. *LÍMITES INFINITOS*

Consideremos la función $f(x)$ representada en la Figura 6.20.

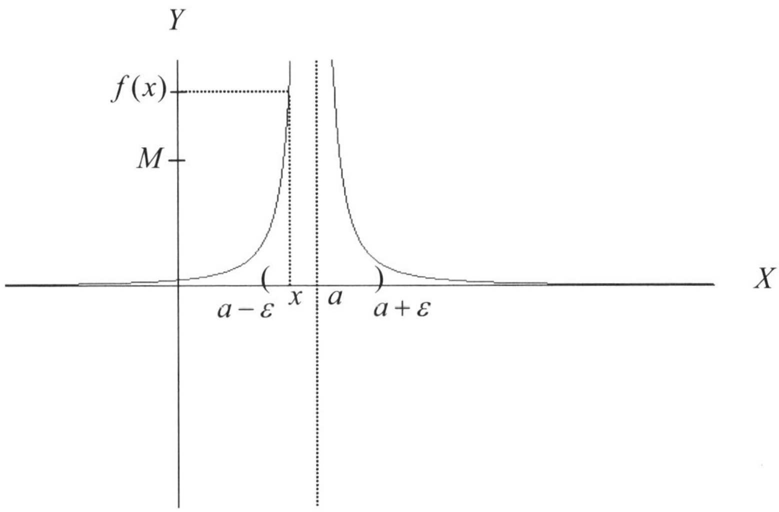

Figura. 6.20. Gráfica de una función con $\lim_{x \to a} f(x) = +\infty$.

Observamos que, cuando $x \to a$, los valores de $f(x)$ se hacen cada vez más grandes, y se hacen tan grandes como queramos con tal que x tome valores suficientemente próximos al punto $x = a$. Esta situación se representa abreviadamente por:

$$\lim_{x \to a} f(x) = +\infty$$

Formalmente tenemos la siguiente definición:

$\lim_{x \to a} f(x) = +\infty$ si y sólo si $\forall M > 0, \exists \delta > 0$ tal que $\underset{x \neq a}{|x - a|} < \delta$ entonces $f(x) > M$

A la recta $x = a$ se le llama ***asíntota vertical*** de $f(x)$.

Análogamente se puede definir $\lim_{x \to a} f(x) = -\infty$:

$\lim_{x \to a} f(x) = -\infty$ si y sólo si $\forall M < 0, \exists \delta > 0$ tal que $\underset{x \neq a}{|x - a|} < \delta$ entonces $f(x) < M$

Ejemplo 6.1

Estudiemos el valor de $\lim_{x \to 0} \frac{1}{x}$. Si consideramos una tabla de valores de $f(x) = \frac{1}{x}$ alrededor del punto $x = 0$:

x	$1/x$
0,1	10
0,01	100
0,0001	10000

x	$1/x$
-0,1	-10
-0,01	-100
-0,0001	-10000

Observamos que, a medida que los valores de x se aproximan a cero, los correspondientes valores de la función van creciendo sin límite (cuando x se aproxima a cero con valores positivos, los valores de la función son positivos; y cuando x se aproxima con valores negativos los valores de la función son negativos). Por tanto: $\lim_{x \to 0^+} \frac{1}{x} = +\infty$ y $\lim_{x \to 0^-} \frac{1}{x} = -\infty$.

En la gráfica de la función $f(x) = \frac{1}{x}$ representada en la Figura 6.21, podemos ver el comportamiento de la función en los alrededores del punto $x = 0$.

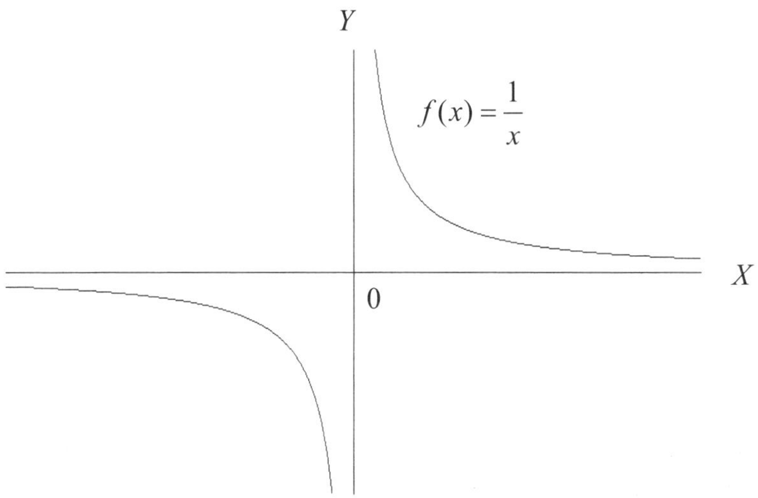

Figura. 6.21. Gráfica de la función $f(x) = \frac{1}{x}$.

■

6.2. LÍMITES EN EL INFINITO

Hay muchos casos en los que nos puede interesar conocer el comportamiento de la función cuando la variable independiente se va haciendo cada vez más grande. Sea la función $f(x)$ representada en la Figura 6.22.

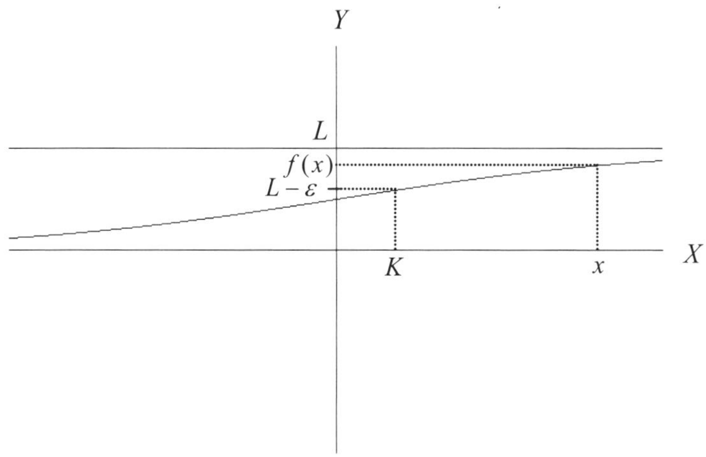

Figura. 6.22. Gráfica de una función con $\lim_{x\to+\infty} f(x) = L$.

Es claro que, cuando x toma valores cada vez mayores (esto se representa diciendo que $x \to +\infty$), los valores de $f(x)$ se aproximan a L. Decimos que:

$$\lim_{x\to+\infty} f(x) = L$$

Formalmente:

$\lim_{x\to+\infty} f(x) = L$ si y sólo si $\forall \varepsilon > 0, \exists K > 0$ tal que $x > K$ entonces

$$|f(x) - L| < \varepsilon$$

La recta $y = L$ se denomina ***asíntota horizontal*** de la función. Análogamente se define $\lim_{x\to-\infty} f(x) = L$.

Por último, puede ocurrir que, cuando $x \to \pm\infty$, la función $f(x) \to \pm\infty$.

Veamos uno de los casos. Consideremos la función $f(x)$, cuya gráfica puede verse en la Figura 6.23. Observemos que, cuando los valores de x se hacen cada vez más grandes, los valores de $f(x)$ crecen sin límite. Esta situación se representa abreviadamente escribiendo que $\lim_{x\to+\infty} f(x) = +\infty$.

Formalmente tenemos en este caso que:

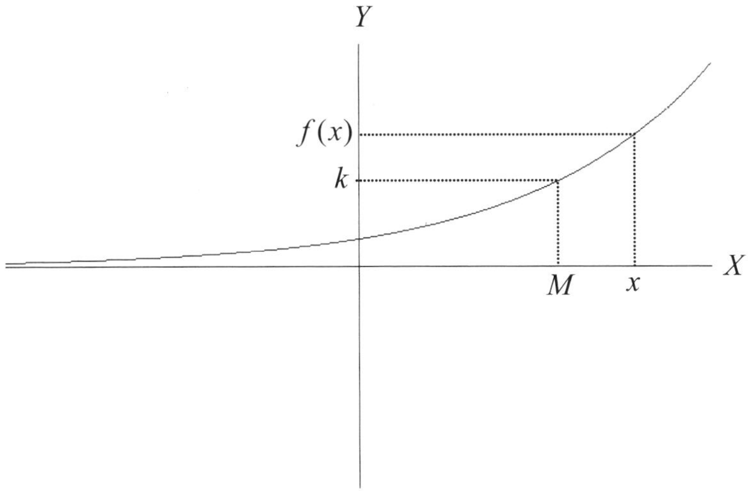

Figura 6.23. Gráfica de una función con $\lim_{x \to +\infty} f(x) = +\infty$.

$\lim_{x \to +\infty} f(x) = +\infty$ si y sólo si $\forall k > 0, \exists M > 0$ tal que $x > M$ entonces $f(x) > k$

De manera análoga se definen los límites $\lim_{x \to -\infty} f(x) = +\infty$, $\lim_{x \to -\infty} f(x) = -\infty$ y $\lim_{x \to +\infty} f(x) = -\infty$.

Ejemplo 6.2

Sea la función $f(x)$, cuya gráfica está representada en la Figura 6.24.

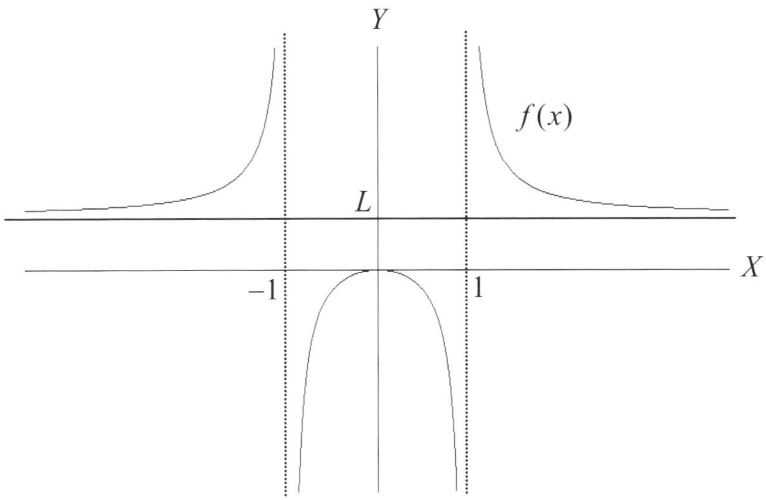

Figura 6.24.

entonces se tiene que:

$$\lim_{x\to -1^-} f(x) = +\infty, \quad \lim_{x\to -1^+} f(x) = -\infty, \quad \lim_{x\to 1^-} f(x) = -\infty, \quad \lim_{x\to 1^+} f(x) = +\infty$$

$$\lim_{x\to +\infty} f(x) = L, \quad \lim_{x\to -\infty} f(x) = L, \quad \lim_{x\to 0} f(x) = 0$$

■

6.3. Operaciones entre Límites Finitos e Infinitos

Las operaciones entre límites finitos e infinitos aparecen con frecuencia en el cálculo de límites. Comencemos analizando el siguiente caso.

Sean $f(x)$ y $g(x)$ dos funciones tales que $\lim_{x\to a} f(x) = +\infty$ y $\lim_{x\to a} g(x) = +\infty$, entonces se comprueba con facilidad que $\lim_{x\to a}\left[f(x)+g(x)\right] = +\infty$. Esta situación se representa abreviadamente mediante la expresión $(+\infty)+(+\infty) = +\infty$.

Veamos el resto de casos en los que aparecen diferentes operaciones (sumas, productos, potencias y cocientes) entre límites finitos e infinitos. Las expresiones que aparecen a continuación representan de forma abreviada, según la notación determinada anteriormente, el valor del límite de la suma, el producto, el cociente y la potencia de funciones cuando las funciones presentes tienden a los valores indicados. En ningún caso se deben interpretar las expresiones como el resultado de operaciones entre los valores indicados, sino como las operaciones entre límites de funciones que tienden a ellos. Además, las propiedades que cumplen las operaciones entre números reales no pueden ser aplicadas cuando aparece ∞. Recordemos que ∞ es sólo un símbolo.

6.3.1. Suma

Sea $L \in \mathbb{R}$, entonces se tiene que:

$$L + \infty = +\infty, \quad L - \infty = -\infty, \quad -\infty - \infty = -\infty$$

El caso $\infty - \infty$ se dice que es una ***indeterminación,*** ya que no es posible conocer el resultado sin hacer un estudio especial del límite en cada caso.

6.3.2. Producto

Sea $L > 0$ un número real, entonces se tiene que:

$$L\cdot(\pm\infty) = \pm\infty, \quad (+\infty)\cdot(+\infty) = +\infty, \quad (-\infty)\cdot(-\infty) = +\infty, \quad (-\infty)\cdot(+\infty) = -\infty$$

$$0\cdot(\pm\infty) = \text{ Indeterminación}$$

6.3.3. Cocientes

Sea $L>0$ un número real, entonces se tiene que:

$$\frac{L}{\pm\infty}=0,\quad \frac{\pm\infty}{L}=\pm\infty,\quad \frac{0}{\pm\infty}=0,\quad \frac{\pm\infty}{0}=\infty,\quad \frac{L}{0}=\infty$$

$$\frac{0}{0},\frac{\infty}{\infty}=\text{ Indeterminación}$$

donde ∞ representa $+\infty$ o $-\infty$ según el caso.

6.3.4. Potencias

Sea $L>0$ un número real, entonces se tiene que:

$$L^{+\infty}=\begin{cases}+\infty & L>1\\ 0 & L<1\end{cases},\quad L^{-\infty}=\begin{cases}+\infty & L<1\\ 0 & L>1\end{cases}$$

Además se cumple que: $(+\infty)^{+\infty}=+\infty,\ 0^{+\infty}=0$.

$$1^{\infty},\ \infty^{0},\ 0^{0}=\text{ Indeterminación}$$

6.4. Cálculo de Límites: algunas Técnicas para el Cálculo

Veamos a continuación ejemplos del cálculo de límites y varias técnicas para resolver algunas indeterminaciones.

1) En los siguientes ejemplos no hay presentes indeterminaciones, por lo que no es necesario realizar ningún tipo de transformación en la función para determinar el límite correspondiente:

$$\lim_{x\to+\infty}(a_nx^n+\ldots+a_1x+a_0)=\begin{cases}+\infty & a_n>0\\ -\infty & a_n<0\end{cases}$$

$$\lim_{x\to-\infty}(a_nx^n+\ldots+a_1x+a_0)=\begin{cases}+\infty & n=par\\ -\infty & n=impar\end{cases},\ a_n>0$$

$$\lim_{x\to1^+}\frac{1}{1-x}=-\infty,\quad \lim_{x\to0}\frac{1}{x^2(x-1)}=-\infty,\quad \lim_{x\to1^-}e^{\frac{1}{1-x}}=+\infty$$

2) Si dos funciones f y g son iguales para cada valor de x próximo al punto a (aunque no necesariamente en $x=a$), entonces se cumple que $\lim_{x\to a}f(x)=\lim_{x\to a}g(x)$, siempre que alguno de los límites exista. Este hecho

permite simplificar en una expresión sin que cambie el valor del límite. Veamos varios ejemplos del uso de esta técnica.

a) La técnica de simplificación resuelve, por ejemplo, límites de la forma $\frac{0}{0}$ en funciones racionales. Se trata de factorizar el numerador y el denominador de la función y simplificar posteriormente:

$$\lim_{x\to -3}\frac{x^2+x-6}{x+3}=\lim_{x\to -3}\frac{(x+3)(x-2)}{(x+3)}=\lim_{x\to -3}(x-2)=-5$$

$$\lim_{x\to 1}\frac{x-1}{x^3-x^2+x-1}=\lim_{x\to 1}\frac{(x-1)}{(x-1)(x^2+1)}=\lim_{x\to 1}\frac{1}{x^2+1}=\frac{1}{2}$$

b) Cuando aparecen radicales en el límite, podemos racionalizar la función (multiplicando por el conjugado):

$$\lim_{x\to 0}\frac{\sqrt{x+1}-1}{x}=\lim_{x\to 0}\frac{\left(\sqrt{x+1}-1\right)\left(\sqrt{x+1}+1\right)}{x\left(\sqrt{x+1}+1\right)}=\lim_{x\to 0}\frac{1}{\sqrt{x+1}+1}=\frac{1}{2}$$

$$\lim_{x\to 0}\frac{\sqrt{3+x}-\sqrt{3}}{x}=\lim_{x\to 0}\frac{\left(\sqrt{3+x}-\sqrt{3}\right)\left(\sqrt{3+x}+\sqrt{3}\right)}{x\left(\sqrt{3+x}+\sqrt{3}\right)}=$$

$$=\lim_{x\to 0}\frac{1}{\sqrt{3+x}+\sqrt{3}}=\frac{1}{2\sqrt{3}}$$

3) Consideremos el límite de una función racional cuando $x\to\pm\infty$. Este tipo de límites presentan una indeterminación del tipo $\frac{\infty}{\infty}$. La resolución de esta indeterminación se realiza dividiendo numerador y denominador por x^n, donde n representa la máxima potencia presente en el numerador y denominador de la función racional. Veamos un ejemplo del uso de esta técnica:

$$\lim_{x\to +\infty}\frac{3x^2+x+1}{4x^2-x+2}=\left\{\text{Dividiendo por } x^2\right\}=\lim_{x\to +\infty}\frac{3+\frac{x}{x^2}+\frac{1}{x^2}}{4-\frac{x}{x^2}+\frac{2}{x^2}}=$$

$$=\lim_{x\to +\infty}\frac{3+\frac{1}{x}+\frac{1}{x^2}}{4-\frac{1}{x}+\frac{2}{x^2}}=\frac{3}{4}$$

ya que $\lim_{x\to+\infty}\frac{1}{x^n}=0,\ n\in\mathbb{N}$.

Aplicando esta técnica, resulta fácil demostrar en general que si $P(x)=a_nx^n+\ldots+a_1x+a_0$ y $Q(x)=b_mx^m+\ldots+b_1x+b_0$, entonces:

$$\lim_{x\to\infty}\frac{P(x)}{Q(x)}=\begin{cases}\infty & n>m\\ 0 & n<m\\ a_n/b_n & n=m\end{cases}$$

7. CONTINUIDAD

Una función $f(x)$ es continua en un punto $x=a$ si se cumplen:

1) Existe $f(a)$.

2) Existe $\lim_{x\to a}f(x)$ (es decir, existen los límites laterales y son iguales).

3) $\lim_{x\to a}f(x)=f(a)$.

En resumen podemos decir que:

La función $f(x)$ es **continua** en $x=a$ si y sólo si $\lim_{x\to a}f(x)=f(a)$

Teniendo en cuenta la definición del límite de una función en un punto, podemos formular la siguiente definición equivalente (definición topológica) de continuidad:

f es continua en $x=a\Leftrightarrow\forall\varepsilon>0,\ \exists\delta>0\ /\ |x-a|<\delta\Rightarrow|f(x)-f(a)|<\varepsilon$

Una función es continua en un conjunto D si es continua en cada punto de D. Se dice que f es ***discontinua*** en $x=a$ si f no es continua en $x=a$. Veamos algunos ejemplos gráficos de diferentes tipos de discontinuidades.

a) En la función representada en la Figura 6.25, los límites laterales son diferentes y, por tanto, no existe el límite de la función en el punto. La función no es continua en el punto $x=a$ y presenta una ***discontinuidad de salto*** en dicho punto.

b) En el segundo ejemplo, Figura 6.26, existe el límite de la función en el punto $x=a$, pero no coincide con el valor de la función en dicho punto. Por tanto, la función no es continua en $x=a$ y presenta una ***discontinuidad evitable***.

c) En la función representada en la Figura 6.27, los límites laterales son infinitos y la función no es continua en el punto $x=a$. La función presenta una ***discontinuidad infinita*** en $x=a$.

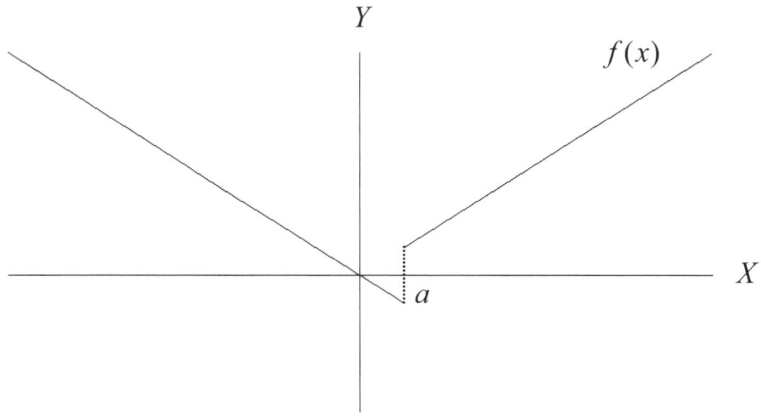

Figura 6.25. Discontinuidad de salto.

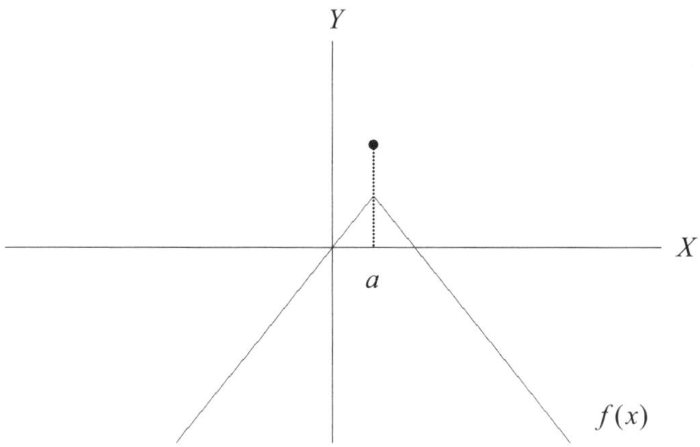

Figura 6.26. Discontinuidad evitable.

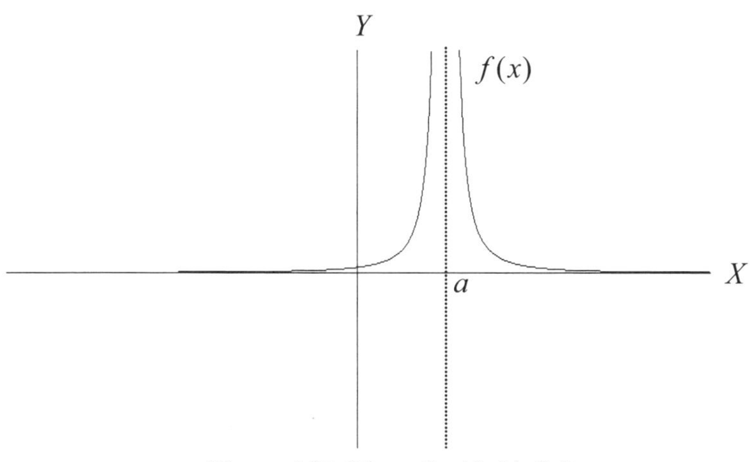

Figura 6.27. Discontinuidad infinita.

Propiedades de las Funciones Continuas

Sean $f(x)$ y $g(x)$ funciones continuas en un punto $x = a$. Se cumple que:

i) $c_1 f(x) + c_2 g(x)$ es continua en $x = a$, siendo c_1, c_2 constantes.

ii) $f(x) \cdot g(x)$ es continua en $x = a$.

iii) $\dfrac{f(x)}{g(x)}$ es continua en $x = a$, siempre que $g(a) \neq 0$.

iv) Si $h(x)$ es una función continua en el punto $f(a)$ y f es continua en $x = a$, entonces, la función compuesta $(h \circ f)(x)$ es continua en $x = a$.

Ejemplo 7.1

1) Una función polinómica $f\left(x\right) = a_n x^n + \ldots + a_1 x + a_0$ es continua en todo $\mathbb{R}$.

2) Una función racional $f\left(x\right) = \dfrac{P\left(x\right)}{Q\left(x\right)}$ es continua en $\mathbb{R} - \left\{x \in \mathbb{R} : Q\left(x\right) = 0\right\}$.

3) Las funciones $f\left(x\right) = e^x$, $f\left(x\right) = \operatorname{sen} x$ y $f\left(x\right) = \cos x$ son continuas en todo $\mathbb{R}$.

4) La función $f(x) = \ln x$ es continua en su dominio de definición $\left(0, +\infty\right)$.

■

Ejemplo 7.2

Estudiemos la continuidad de la función $f(x) = \begin{cases} 2x - x^2 & x < 1 \\ \dfrac{1}{x+1} & x \geq 1 \end{cases}$ en el punto $x = 1$.

i) $f(1) = \dfrac{1}{1+1} = \dfrac{1}{2}$

ii) Como $\lim\limits_{x \to 1^-} f(x) = \lim\limits_{x \to 1^-} (2x - x^2) = 1$ y $\lim\limits_{x \to 1^+} f(x) = \lim\limits_{x \to 1^+} \dfrac{1}{x+1} = \dfrac{1}{2}$, los límites laterales son distintos y no existe el límite de la función. La función no es continua en el punto $x = 1$ y presenta una discontinuidad de salto en dicho punto.

■

7.1. *Teoremas sobre Funciones Continuas: Weierstrass, Valores Intermedios y Bolzano*

A continuación enunciaremos tres de los resultados más importantes relacionados con las funciones continuas. Estos teoremas son usados con frecuencia en diferentes razonamientos en Cálculo.

Teorema de Weierstrass

Una función continua $f(x)$ definida sobre un intervalo cerrado $[a,b]$ de $\mathbb{R}$ alcanza al menos una vez su valor máximo y su valor mínimo en el intervalo $[a,b]$.

Teorema de los Valores Intermedios

Sea $f(x)$ una función continua definida sobre un intervalo cerrado $[a,b]$ de $\mathbb{R}$. Sean m y M los valores mínimo y máximo de la función respectivamente en el intervalo. Entonces, la función $f(x)$ alcanza al menos una vez cualquier valor comprendido entre m y M.

Veamos un ejemplo sencillo de aplicación de este resultado.

Ejemplo 7.3

El valor de una inversión I varía de forma continua con el tiempo t. Si el valor de la inversión inicial fue de 1000 u.m. y el valor de la inversión pasados 10 años asciende a 10000 u.m., el Teorema de los Valores Intermedios asegura que, en algún instante, la inversión tomó el valor de 5500 u.m. En realidad, la inversión tomó todos los valores entre 0 y 10000 en algún instante de los 10 primeros años.

■

Teorema de Bolzano

Sea $f(x)$ una función continua definida sobre un intervalo cerrado $[a,b]$ de $\mathbb{R}$, que cumple $f(a)f(b)<0$. Entonces existe al menos un punto c del intervalo (a,b) en el que $f(c)=0$.

Ejemplo 7.4

Apliquemos el Teorema de Bolzano para demostrar que la ecuación $\cos x = \frac{e^x}{2}$ tiene al menos una solución en el intervalo $\left(0,\frac{\pi}{2}\right)$. Consideremos la función $f(x)=\cos x-\dfrac{e^x}{2}$ definida en el intervalo $\left[0,\dfrac{\pi}{2}\right]$. La función es continua en el intervalo al ser suma de funciones continuas y cumple que:

$$f(0)=\cos 0-\frac{1}{2}e^0=\frac{1}{2}>0 \text{ y } f(\frac{\pi}{2})=\cos\frac{\pi}{2}-\frac{1}{2}e^{\pi/2}=-\frac{1}{2}e^{\pi/2}<0$$

Aplicando el Teorema de Bolzano, existe al menos un punto x_0 en el intervalo $\left(0,\dfrac{\pi}{2}\right)$ tal que $f(x_0)=0$, o equivalentemente $\cos x_0=\dfrac{e^{x_0}}{2}$, y la ecuación tiene al menos una solución en el intervalo.

■

EJERCICIOS RESUELTOS

1. Construya la función que exprese la situación planteada en cada caso.

a) El área de un triángulo equilátero en función de la longitud de uno de sus lados.

b) El área de un círculo en función de la longitud de la circunferencia del mismo radio.

c) El área de un cuadrado en función de su perímetro.

d) El área de un cubo en función de la longitud de una arista.

Solución

a) Si x es el lado del triángulo equilátero, el área A del triángulo es $A = \frac{1}{2} x \cdot h$, siendo h la altura del triángulo. Por el Teorema de Pitágoras, $h^2 + \frac{x^2}{4} = x^2$, de donde $h = \frac{\sqrt{3}}{2} x$. Sustituyendo el valor de h se tiene que el área del triángulo equilátero es $A(x) = \frac{\sqrt{3}}{4} x^2$.

b) Si L es la longitud de una circunferencia de radio r, entonces se cumple que $L = 2\pi r$, de donde $r = \frac{L}{2\pi}$. Como el área del círculo es $A = \pi r^2$, sustituyendo, se tiene que:

$$A(L) = \pi \left(\frac{L}{2\pi} \right)^2 = \frac{L^2}{4\pi}$$

c) Si P es el perímetro de un cuadrado de lado x, entonces se cumple que $P = 4x$, de donde $x = \frac{P}{4}$. De esta forma, el área del cuadrado es:

$$A = x^2 = \left(\frac{P}{4} \right)^2 = \frac{P^2}{16}$$

d) Sea x la longitud de la arista de un cubo. El área de cada cara del cubo es x^2, de donde el área total del cubo es $A(x) = 6x^2$.

2. Dadas las funciones $f(x)=\frac{x}{x+1}$ y $g(x)=\frac{x-1}{x}$, calcule las funciones compuestas $(f\circ g)(x)$ y $(g\circ f)(x)$.

Solución

$$(f\circ g)(x)=f(g(x))=f(\frac{x-1}{x})=\frac{\frac{x-1}{x}}{\frac{x-1}{x}+1}=\frac{x-1}{2x-1}$$

$$(g\circ f)(x)=g(f(x))=g(\frac{x}{x+1})=\frac{\frac{x}{x+1}-1}{\frac{x}{x+1}}=\frac{-1}{x}$$

3. Sea la función $f(x)=\frac{(x-a)^2+a}{a-x}$, demuestre que $f(0)-f(a-1)=0$.

Solución

Evaluando la función se tiene que $f(0)=\frac{(0-a)^2+a}{a-0}=\frac{a^2+a}{a}=a+1$ y $f(a-1)=\frac{(a-1-a)^2+a}{a-(a-1)}=1+a$, de donde $f(0)-f(a-1)=0$.

4. Considere la función $f(x)=\frac{x}{x^2-1}$.

a) Halle el valor de las expresiones siguientes $f(0),\quad f(\frac{1}{a}),\quad f(\sqrt{2})$.

b) Pruebe que $f(x)=-f(\frac{1}{x})$.

Solución

a) $f(0)=\frac{0}{0^2-1}=0$

$$f(\frac{1}{a})=\frac{\frac{1}{a}}{\left(\frac{1}{a}\right)^2-1}=\frac{\frac{1}{a}}{\frac{1-a^2}{a^2}}=\frac{a}{1-a^2}$$

$$f(\sqrt{2}) = \frac{\sqrt{2}}{\left(\sqrt{2}\right)^2 - 1} = \frac{\sqrt{2}}{2-1} = \sqrt{2}$$

b) $$f(\frac{1}{x}) = \frac{\frac{1}{x}}{\left(\frac{1}{x}\right)^2 - 1} = \frac{\frac{1}{x}}{\frac{1-x^2}{x^2}} = \frac{x}{1-x^2} = -f(x)$$

5. Considere la función $f(x) = \dfrac{x^5}{(x^2-1)^2}$ y pruebe que $f(x) = -f(-x)$.

Solución

Como $f(-x) = \dfrac{(-x)^5}{((-x)^2-1)^2} = \dfrac{-x^5}{\left(x^2-1\right)^2} = -f(x)$, resulta que $f(x) = -f(-x)$.

6. Considere la función $f(x) = \dfrac{dx+b}{cx-a}$, $c \neq 0$. Suponiendo que $x \neq \dfrac{a}{c}$, pruebe que $f(\dfrac{ax+b}{cx-d}) = x$:

Solución

$$f(\frac{ax+b}{cx-d}) = \frac{d\left(\frac{ax+b}{cx-d}\right)+b}{c\left(\frac{ax+b}{cx-d}\right)-a} = \frac{\left(\frac{dax+db}{cx-d}\right)+b}{\left(\frac{cax+cb}{cx-d}\right)-a} =$$

$$= \frac{dax+db+bcx-bd}{cax+cb-acx+ad} = \frac{x(da+bc)}{(cb+ad)} = x$$

7. Una empresa produce x unidades de un determinado bien y se sabe que el coste de producción de una unidad es igual a c euros. Sabiendo que el precio de venta es igual a p euros, construya la función de beneficio correspondiente y determine el número de unidades que hay que vender para obtener un beneficio de B_0 euros.

Solución

La función de beneficio de la empresa está dada por:

$$B(x) = I(x) - C(x) = px - cx = x(p-c)$$

El beneficio es igual a B_0 euros si:

$$B(x) = x(p - c) = B_0$$

de donde el número de unidades que hay que vender es $x_0 = \dfrac{B_0}{p - c}$.

8. Una tienda de música compra cada disco compacto a un precio de 6 euros y los vende al precio de 18 euros por unidad. A este precio, vende 500 discos compactos al mes. La tienda de discos planea bajar el precio para estimular las ventas y calcula que, por cada euro que rebaje en el precio, se venderán 10 discos más cada mes. Exprese el beneficio mensual de la tienda de discos como una función del precio de venta.

Solución

Sea $B(x)$ el beneficio de la tienda en función del precio x de cada disco compacto. El beneficio por cada disco compacto que vende la tienda está dado por $x - 6$. Por otra parte, como, por cada euro que rebaje en el precio, se venderán 10 discos más cada mes, el número de unidades vendidas cuando el precio es de x euros es $500 + 10(18 - x)$.

Así, el beneficio de la tienda está dado por:

$$B(x) = (x - 6)[500 + 10(18 - x)] = -10x^2 + 740x - 4080$$

donde $6 < x \leq 18$.

9. El gasto C de una familia en bienes de consumo está relacionado con el ingreso familiar x de la siguiente forma: cuando los ingresos son de 1000 euros, se gastan 900 y cada vez que los ingresos aumentan en 100 euros, el gasto lo hace en 80 euros. Suponiendo que la relación entre ingresos y gastos es lineal, halle la función que los describe.

Solución

Sea $C(x)$ la función que describe el gasto de una familia en función del ingreso x. Como la relación es lineal, la función $C(x)$ es de la forma $C(x) = ax + b$. Se sabe que si los ingresos son de 1000 euros, entonces se gastan 900 euros, por tanto:

$$C(1000) = 1000a + b = 900$$

Por otra parte, cada vez que los ingresos aumentan en 100 euros, los gastos lo hacen en 80 euros, de donde, si llamamos Δx al incremento del ingreso e $\Delta C = C(x + \Delta x) - C(x)$ al incremento del gasto, resulta que:

$$\Delta C = C(x + 100) - C(x) = a(x + 100) + b - (ax + b) = 100a = 80$$

y $a = 0{,}8$. Sustituyendo en la ecuación $1000a + b = 900$, llegamos a que $b = 100$. La función que describe el gasto en función del ingreso es $C(x) = 0{,}8x + 100$.

10. Un fabricante compra maquinaria por valor de 20000 euros. Ésta se deprecia linealmente, de manera que después de 10 años, su valor comercial será 1000 euros.

a) Exprese el valor de la maquinaria como una función de su antigüedad.

b) Calcule el valor de la maquinaria después de 4 años.

Solución

a) Sea $V(t)$ el valor de la maquinaria en función del tiempo. La función $V(t)$ es lineal, por tanto, $V(t) = at + b$. Como el valor inicial es de 20000 euros, se tiene que $V(0) = 20000$. Además se sabe que el valor de la maquinaria pasados 10 años es de 1000 euros, de donde $V(10) = 1000$. Se tiene, por tanto, el siguiente sistema de ecuaciones:

$$\left.\begin{array}{l} V(0) = 20000 \\ V(10) = 1000 \end{array}\right\} \Rightarrow \left.\begin{array}{l} a \cdot 0 + b = 20000 \\ 10 \cdot a + b = 1000 \end{array}\right\}$$

con solución $a = -1900$ y $b = 20000$. El valor de la maquinaria en función del tiempo es $V(t) = -1900t + 20000$.

b) El valor de la maquinaria pasados 4 años es $V(4) = -1900 \cdot 4 + 20000 = 12400$.

11. El saldo de una cuenta corriente evoluciona en función del tiempo según la expresión $S(t) = 12000 \cdot (1 + 0{,}03)^t$, donde el tiempo t viene medido en años. Determine el tiempo que ha de transcurrir para que el saldo de la cuenta llegue a ser igual a 20000.

Solución

El saldo de la cuenta corriente es igual a 20000 si se cumple que:

$$S(t) = 12000 \cdot (1 + 0{,}03)^t = 20000$$

o equivalentemente:

$$(1{,}03)^t = \frac{20000}{12000}$$

Aplicando logaritmos a ambos miembros, resulta que $t\ln(1,03) = \ln\frac{5}{3}$; y despejando $t_0 = \frac{1}{\ln(1,03)}\ln\frac{5}{3} = 17,28$.

12. La evolución en el tiempo de los precios de un determinado bien de consumo está dada por la función $P(t) = 2 + \alpha \cdot e^{-\beta \cdot t}$. Determine las constantes α y β sabiendo que $P(0) = 5$ y $P(2) = 3$.

Solución

Las condiciones $P(0) = 5$ y $P(2) = 3$ dan lugar al siguiente sistema de ecuaciones:

$$\left.\begin{array}{l} P(0) = 5 \\ P(2) = 3 \end{array}\right\} \Rightarrow \left.\begin{array}{l} 2 + \alpha \cdot e^{-\beta \cdot 0} = 5 \\ 2 + \alpha \cdot e^{-\beta \cdot 2} = 3 \end{array}\right\} \Rightarrow \left.\begin{array}{c} 2 + \alpha = 5 \\ 2 + \alpha \cdot e^{-\beta \cdot 2} = 3 \end{array}\right\} \Rightarrow \left.\begin{array}{c} \alpha = 3 \\ e^{-2\beta} = \frac{1}{3} \end{array}\right\}$$

luego $\alpha = 3$ y $\beta = \frac{\ln 3}{2} = 0,549$.

13. Halle la función que expresa la población P de un país en función del tiempo t en los siguientes casos:

a) La población crece un 2% cada año.

b) La población se reduce a la mitad cada año.

c) La población se triplica cada año.

Solución

a) Sea $P(t)$ el valor de la población en función del tiempo t. Si se supone un crecimiento anual del 2% y P_0 representa la población inicial, entonces:

$$P(1) = P_0 + 0,02P_0 = (1 + 0,02)\ P_0$$

$$P(2) = P(1) + 0,02P(1) = (1 + 0,02)\ P(1) = (1 + 0,02)^2 P_0$$

$$P(3) = P(2) + 0,02P(2) = (1 + 0,02)\ P(2) = (1 + 0,02)^3 P_0$$

$$\vdots$$

$$P(t-1) = (1 + 0,02)^{t-1} P_0$$

$$P(t) = P(t-1) + 0,02P(t-1) = (1 + 0,02)\ P(t-1) = (1 + 0,02)^t P_0$$

b) Si se supone que la población se reduce a la mitad cada año, entonces se tiene que:

$$P(1) = \frac{1}{2}P_0,\ P(2) = \frac{1}{2}P(1) = \left(\frac{1}{2}\right)^2 P_0,$$

$$P(3) = \frac{1}{2}P(2) = \left(\frac{1}{2}\right)^3 P_0, \ldots, P(t-1) = \left(\frac{1}{2}\right)^{t-1} P_0$$

de donde $P(t) = \frac{1}{2}P(t-1) = \left(\frac{1}{2}\right)^t P_0 = \frac{P_0}{2^t}$.

c) Realizando un razonamiento análogo al de los apartados anteriores, se tiene que $P(t) = 3^t P_0$.

14. El valor de un inmueble decrecerá un 3% cada año durante los próximos 20 años. El valor actual es de 1.000.000 euros.

a) Exprese mediante una función el valor del inmueble dentro de t años.

b) ¿Cuál será el valor del inmueble dentro de 10 años?

c) Determine el tiempo que ha de transcurrir para que el valor del inmueble se reduzca un 25%.

Solución

a) Sea $V(t)$ el valor del inmueble en función del tiempo t. Si el valor del inmueble decrece un 3% cada año, entonces, el valor del inmueble pasados t años es:

$$V(t) = V_0(1-0,03)^t$$

donde $V_0 = 1000000$.

b) El valor del inmueble pasados 10 años es igual a:

$$V(10) = V_0(1-0,03)^{10} = 1000000\,(0,97)^{10} = 737424,1$$

c) Para determinar el tiempo que ha de transcurrir para que el valor del inmueble se reduzca un 25%, basta resolver la ecuación:

$$V(t) = V_0(1-0,03)^t = 0,75\,V_0$$

o equivalentemente:

$$(0,97)^t = 0,75$$

de donde $t = \frac{\ln(0,75)}{\ln(0,97)} = 9,44$ años.

15. Calcule el valor de los siguientes límites:

a) $\lim_{x\to+\infty}\left(x^3+3x^2-x+1\right)$

b) $\lim_{x\to+\infty}\dfrac{(2x+2)^4\left(x^2+6\right)^6}{(x+2)^7(x+3)^8(x+1)}$

c) $\lim_{x\to+\infty}\dfrac{x}{\sqrt{1+3x}-1}$

d) $\lim_{x\to+\infty}\dfrac{2^{x+1}+3^{x+1}}{2^x+3^x}=3$

e) $\lim_{x\to+\infty}\left[\ln(x^2+2)-\ln(2x^2-1)\right]$

f) $\lim_{x\to+\infty}\dfrac{\sqrt{x+\sqrt{2x}}}{\sqrt{x-\sqrt{2x}}}$

g) $\lim_{x\to+\infty}\dfrac{\sqrt{x^2+a^2}-a}{\sqrt{x^2+b^2}-b}$

h) $\lim_{x\to+\infty}\left(\dfrac{x^2-1}{2x^2+1}\right)^{\frac{3x-1}{x+1}}$

i) $\lim_{x\to+\infty}\sqrt{x^2-3x+2}-x$

j) $\lim_{x\to1}\dfrac{x^3-x^2+4x-4}{x^3-6x^2+11x-6}$

Solución

a) $\lim_{x\to+\infty}\left(x^3+3x^2-x+1\right)=+\infty$

b) Desarrollando el numerador y el denominador de la función racional y escribiendo sólo los términos de mayor grado, se tiene que:

$$\lim_{x\to+\infty}\frac{(2x+2)^4\left(x^2+6\right)^6}{(x+2)^7(x+3)^8(x+1)}=\lim_{x\to+\infty}\frac{(2^4x^4+\cdots+2^4)(x^{12}+\cdots+6^6)}{(x^7+\cdots+2^7)(x^8+\cdots+3^8)(x+1)}=$$

$$=\lim_{x\to+\infty}\frac{16x^{16}+\cdots}{x^{16}+\cdots}=16$$

c) El límite presenta una indeterminación del tipo $\dfrac{\infty}{\infty}$. Para resolver la indeterminación, dividimos numerador y denominador por x:

$$\lim_{x\to+\infty}\frac{x}{\sqrt{1+3x}-1}=\lim_{x\to+\infty}\frac{\frac{x}{x}}{\frac{\sqrt{1+3x}-1}{x}}=\lim_{x\to+\infty}\frac{1}{\frac{\sqrt{1+3x}}{x}-\frac{1}{x}}=$$

$$=\lim_{x\to+\infty}\frac{1}{\sqrt{\frac{1}{x^2}+\frac{3}{x}}-\frac{1}{x}}=+\infty$$

ya que $\lim_{x\to+\infty} \dfrac{1}{x^a} = 0$, $a > 0$.

d) Como $\lim_{x\to+\infty} 2^{x+1} = \lim_{x\to+\infty} 3^{x+1} = +\infty$, tenemos una indeterminación del tipo $\dfrac{\infty}{\infty}$.

Para resolverla, dividimos numerador y denominador por 3^{x+1}:

$$\lim_{x\to+\infty} \frac{2^{x+1}+3^{x+1}}{2^x+3^x} = \lim_{x\to+\infty} \frac{\dfrac{2^{x+1}+3^{x+1}}{3^{x+1}}}{\dfrac{2^x+3^x}{3^{x+1}}} = \lim_{x\to+\infty} \frac{\left(\dfrac{2}{3}\right)^{x+1}+1}{\dfrac{1}{3}\left(\dfrac{2}{3}\right)^x+\dfrac{1}{3}} = \frac{1}{\dfrac{1}{3}} = 3$$

ya que $\lim_{x\to+\infty} \left(\dfrac{2}{3}\right)^{x+1} = \lim_{x\to+\infty} \left(\dfrac{2}{3}\right)^x = 0$, al ser la base menor que 1.

e) En este caso, la indeterminación es del tipo $\infty - \infty$. Para resolverla, realizamos la siguiente transformación en la función aprovechando las propiedades de la función logarítmica:

$$\lim_{x\to+\infty} \left[\ln(x^2+2) - \ln(2x^2-1)\right] = \lim_{x\to+\infty} \ln\frac{x^2+2}{2x^2-1} =$$

$$= \ln \lim_{x\to+\infty} \frac{x^2+2}{2x^2-1} = \ln\frac{1}{2} = -\ln 2$$

f) El límite presenta una indeterminación del tipo $\infty - \infty$ en el denominador de la función. Comenzamos realizando la siguiente transformación:

$$\lim_{x\to+\infty} \frac{\sqrt{x+\sqrt{2x}}}{\sqrt{x-\sqrt{2x}}} = \sqrt{\lim_{x\to+\infty} \frac{x+\sqrt{2x}}{x-\sqrt{2x}}}$$

Por otra parte, dividiendo numerador y denominador por x se tiene que:

$$\lim_{x\to+\infty} \frac{x+\sqrt{2x}}{x-\sqrt{2x}} = \lim_{x\to+\infty} \frac{\dfrac{x+\sqrt{2x}}{x}}{\dfrac{x-\sqrt{2x}}{x}} = \lim_{x\to+\infty} \frac{1+\sqrt{\dfrac{2}{x}}}{1-\sqrt{\dfrac{2}{x}}} = 1$$

y, por tanto $\lim_{x\to+\infty} \dfrac{\sqrt{x+\sqrt{2x}}}{\sqrt{x-\sqrt{2x}}} = \sqrt{1} = 1$.

g) El límite presenta una indeterminación del tipo $\dfrac{\infty}{\infty}$. Para resolver la indeterminación dividimos numerador y denominador por x:

$$\lim_{x\to+\infty}\frac{\sqrt{x^2+a^2}-a}{\sqrt{x^2+b^2}-b}=\lim_{x\to+\infty}\frac{\dfrac{\sqrt{x^2+a^2}-a}{x}}{\dfrac{\sqrt{x^2+b^2}-b}{x}}=\lim_{x\to+\infty}\frac{\sqrt{\dfrac{x^2+a^2}{x^2}}-\dfrac{a}{x}}{\sqrt{\dfrac{x^2+b^2}{x^2}}-\dfrac{b}{x}}=$$

$$=\lim_{x\to+\infty}\frac{\sqrt{1+\dfrac{a^2}{x^2}}-\dfrac{a}{x}}{\sqrt{1+\dfrac{b^2}{x^2}}-\dfrac{b}{x}}=1$$

h) $$\lim_{x\to+\infty}\left(\frac{x^2-1}{2x^2+1}\right)^{\frac{3x-1}{x+1}}=\left(\lim_{x\to+\infty}\frac{x^2-1}{2x^2+1}\right)^{\lim\limits_{x\to+\infty}\frac{3x-1}{x+1}}=\left(\frac{1}{2}\right)^3=\frac{1}{8}$$

i) El límite presenta la indeterminación $\infty-\infty$. Para resolverla, multiplicamos y dividimos por el conjugado de la función:

$$\lim_{x\to+\infty}\sqrt{x^2-3x+2}-x=\lim_{x\to+\infty}\frac{\left(\sqrt{x^2-3x+2}-x\right)\left(\sqrt{x^2-3x+2}+x\right)}{\sqrt{x^2-3x+2}+x}=$$

$$=\lim_{x\to+\infty}\frac{x^2-3x+2-x^2}{\sqrt{x^2-3x+2}+x}=\lim_{x\to+\infty}\frac{-3x+2}{\sqrt{x^2-3x+2}+x}$$

La indeterminación es ahora del tipo $\dfrac{\infty}{\infty}$; para resolverla, dividimos numerador y denominador por x:

$$\lim_{x\to+\infty}\frac{-3x+2}{\sqrt{x^2-3x+2}+x}=\lim_{x\to+\infty}\frac{\dfrac{-3x+2}{x}}{\dfrac{\sqrt{x^2-3x+2}+x}{x}}=\lim_{x\to+\infty}\frac{-3+\dfrac{2}{x}}{\sqrt{1-\dfrac{3}{x}+\dfrac{2}{x^2}}+1}=-\frac{3}{2}$$

j) La función presenta una indeterminación del tipo $\dfrac{0}{0}$. Para resolverla, factorizamos el numerador y el denominador de la función racional y simplificamos:

$$\lim_{x\to1}\frac{x^3-x^2+4x-4}{x^3-6x^2+11x-6}=\lim_{x\to1}\frac{(x-1)(x^2+4)}{(x-1)(x-2)(x-3)}=$$

$$=\lim_{x\to1}\frac{(x^2+4)}{(x-2)(x-3)}=\frac{5}{2}$$

16. Calcule el valor de la constante a para que $\lim_{x \to +\infty} \frac{(x^3+3x)^a(x^2+1)}{(4x^5+2x-1)(2x^3+1)} = \frac{1}{8}$.

Solución

Desarrollando la función racional y escribiendo sólo los términos de mayor grado, se tiene que:

$$\lim_{x \to +\infty} \frac{(x^3+3x)^a(x^2+1)}{(4x^5+2x-1)(2x^3+1)} = \lim_{x \to +\infty} \frac{x^{3a+2}+\cdots}{8x^8+\cdots}$$

Para que el límite sea $\frac{1}{8}$, se ha de cumplir necesariamente que los grados del numerador y del denominador sean iguales, por tanto, $3a+2=8$ y $a=2$.

17. Estudie la continuidad de las siguientes funciones en los puntos que se indican.

a) $f(x) = \begin{cases} \dfrac{x^3-x^2+4x-4}{x^3-x^2+2x-2} & x \neq 1 \\ 5/3 & x = 1 \end{cases}$ en $x=1$

b) $f(x) = \begin{cases} \dfrac{x-2}{1+e^{\frac{1}{2-x}}} & x \neq 2 \\ 0 & x = 2 \end{cases}$ en $x=2$

Solución

a) Comenzamos estudiando el límite de la función en el punto $x=1$:

$$\lim_{x \to 1} \frac{x^3-x^2+4x-4}{x^3-x^2+2x-2} = \left\{ \text{Indeterminación } \frac{0}{0} \right\} = \lim_{x \to 1} \frac{(x-1)(x^2+4)}{(x-1)(x^2+2)} =$$

$$= \lim_{x \to 1} \frac{(x^2+4)}{(x^2+2)} = \frac{5}{3}$$

Como $\lim_{x \to 1} \frac{x^3-x^2+4x-4}{x^3-x^2+2x-2} = \frac{5}{3} = f(1)$, la función es continua en el punto $x=1$.

b) Estudiamos el límite de la función en el punto $x=2$. En este caso es necesario estudiar los límites laterales:

$$\lim_{x \to 2^-} \frac{x-2}{1+e^{\frac{1}{2-x}}} = \frac{0}{1+e^{+\infty}} = \frac{0}{\infty} = 0, \text{ ya que } \lim_{x \to 2^-} \frac{1}{2-x} = +\infty$$

$$\lim_{x\to 2^+} \frac{x-2}{1+e^{\frac{1}{2-x}}} = \frac{0}{1+e^{-\infty}} = \frac{0}{1} = 0 \text{, ya que } \lim_{x\to 2^+} \frac{1}{2-x} = -\infty$$

Como los límites laterales coinciden con el valor de la función en el punto:

$$\lim_{x\to 2^-} \frac{x-2}{1+e^{\frac{1}{2-x}}} = \lim_{x\to 2^+} \frac{x-2}{1+e^{\frac{1}{2-x}}} = 0 = f(2)$$

la función es continua en el punto $x = 2$.

18. Halle los valores de las constantes a y b para que la siguiente función sea continua en todo $\mathbb{R}$.

$$f(x) = \begin{cases} ax^2 + x + 1 & x \le 1 \\ x & 1 < x \le 2 \\ 2x + b & 2 < x \end{cases}$$

Solución

Estudiemos la continuidad de la función en los puntos $x = 1$ y $x = 2$. En el resto de puntos del dominio, la función es continua ya que se trata de funciones lineales y cuadrática que son continuas en todo $\mathbb{R}$.

- Continuidad en el punto $x = 1$

Estudiamos los límites laterales de la función:

$$\lim_{x\to 1^-} f(x) = \lim_{x\to 1^-} (ax^2 + x + 1) = a + 2$$

$$\lim_{x\to 1^+} f(x) = \lim_{x\to 1^+} x = 1$$

Como $f(1) = a + 2$, la función es continua en $x = 1$ si y sólo si $a + 2 = 1$, de donde $a = -1$.

- Continuidad en el punto $x = 2$

Estudiamos los límites laterales de la función:

$$\lim_{x\to 2^-} f(x) = \lim_{x\to 2^-} x = 2$$

$$\lim_{x\to 2^+} f(x) = \lim_{x\to 2^+} 2x + b = 4 + b$$

Como $f(2) = 2$, la función es continua en $x = 2$ si y sólo si $4 + b = 2$, de donde $b = -2$.

19. Aplique el Teorema de Bolzano para demostrar que la ecuación $\cos x = x^2$ tiene una solución en el intervalo $\left(0, \frac{\pi}{2}\right)$.

Solución

Consideremos la función $f(x) = \cos x - x^2$ definida en el intervalo $\left[0, \frac{\pi}{2}\right]$. La función es continua en el intervalo al ser suma de funciones continuas y cumple que:

$$f(0) = \cos 0 - 0^2 = 1 > 0 \text{ y } f(\frac{\pi}{2}) = \cos\frac{\pi}{2} - \frac{\pi}{4}^2 = -\frac{\pi}{4}^2 < 0$$

Aplicando el Teorema de Bolzano existe al menos un punto x_0 en el intervalo $\left(0, \frac{\pi}{2}\right)$ tal que $f(x_0) = 0$, o equivalentemente $\cos x_0 = x_0^2$.

EJERCICIOS PROPUESTOS

1. Construya la función que exprese la situación planteada en cada caso.

a) El área de un triángulo equilátero en función de su altura.

b) El área de un círculo en función de la longitud del diámetro de la circunferencia del mismo radio.

c) El volumen de una caja de base cuadrada y altura el doble de la longitud de un lado de la base en función de la longitud de un lado de la base.

2. Dadas las funciones $f(x)=\dfrac{x-1}{x+1}$ y $g(x)=x-\dfrac{1}{x}$, calcule las funciones:

$$(f\circ g)(x) \text{ y } (g\circ f)(x)$$

3. Dada la función $f(x)=\dfrac{(x-h)^2-h}{x+h}$, calcule el valor de $f(h)-f(h-1)$.

4. Dada la función $f(x)=\dfrac{x-1}{x+1}$, encuentre una función $g(x)$ que cumpla:

$$f(g(x))=g(f(x))=x$$

5. Una agencia de viajes ha firmado un acuerdo con un gobierno autonómico para realizar viajes con personas de la tercera edad. Concretamente, a grupos formados por no más de 45 personas se les cobrará una cantidad fija de 100 euros por persona. En grupos que tienen entre 45 y 60 personas, cada una pagará 100 euros menos 50 céntimos por cada persona adicional a 45. Mientras que, si el grupo supera los 60 miembros, cada persona pagará 75 euros. Exprese los ingresos de la agencia en cada viaje como una función del tamaño del grupo.

6. Una empresa A de transportes urgentes cobra una cantidad fija de 100 euros por envío más 2 euros por Km. recorrido entre el origen y el destino del paquete. Mientras que otra empresa B cobra una cantidad fija de 75 euros por envío más 3 euros por Km.

a) Exprese lo que le costaría a un cliente enviar con cada compañía un paquete en función de la cantidad de kilómetros del trayecto entre el origen y el destino.

b) Determine qué empresa resultaría más económica en función de la distancia del destino del paquete.

c) ¿Cuántos kilómetros debe recorrer un paquete para que el coste del envío con la segunda empresa sea el mismo que el coste del envío con la primera?

7. Un fabricante de muebles vende un tipo de sillas a 50 euros cada una. El coste total para el fabricante está constituido por los costes indirectos fijos de 1000 euros más costes de producción de 20 euros por silla.

a) ¿Cuántas sillas debe vender el fabricante para obtener un beneficio de 5000 euros?

b) ¿Cuál será el beneficio, o la pérdida, del fabricante si se venden 150 sillas?

8. Sean las funciones de oferta y demanda de cierto artículo: $S(p) = ap + b$, $D(p) = cp + d$, respectivamente, donde $a > 0$ y $c < 0$.

Exprese el precio de equilibrio en términos de los coeficientes *a*, *b*, *c* y *d*.

9. Un determinado impuesto I está relacionado con los ingresos familiares anuales x de la siguiente forma: cuando los ingresos son de 20000 euros, el valor del impuesto es de 1000 y cada vez que los ingresos aumentan en 1000 euros, el valor del impuesto lo hace en 200 euros. Suponiendo que la relación entre ingresos y gastos es lineal, halle la función que los describe.

10. Una empresa compra un vehículo por valor de 25000 euros. El valor del vehículo se deprecia linealmente, de forma que, después de 5 años su valor comercial será 10000 euros.

a) Exprese el valor del vehículo como una función de su antigüedad.

b) Calcule el valor del vehículo pasados 3 años.

c) ¿Cuánto tiempo ha de transcurrir para que el valor del vehículo disminuya en un 25%?

11. El saldo de una cuenta corriente aumenta un 2% cada año. Si el saldo inicial de la cuenta es de 1500 euros, determine el tiempo que ha de transcurrir para que el saldo de la cuenta llegue a ser igual a 2000.

12. Halle la función que expresa la población P de un país en función del tiempo t en los siguientes casos:

a) La población P decrece un 2% cada año.

b) La población se duplica cada año.

c) La población disminuye un 3% cada año.

13. El valor de una inversión crece un 2% cada año durante los próximos 20 años. El valor actual es de 500000 euros.

a) Exprese mediante una función el valor de la inversión dentro de t años.

b) ¿Cuál será el valor del inmueble dentro de 10 años?

c) Determine el tiempo que ha de transcurrir para que el valor del inmueble se aumente un 10%.

14. En una operación de amortización de un préstamo, el capital pendiente de pago en un instante t está dado por:

$$C(t) = \left(C_0 - \frac{a}{r}\right)(1+r)^t + \frac{a}{r}$$

donde C_0 es el principal del préstamo, r el tipo de interés, a la cantidad mensual amortizada y t el tiempo medido en meses. Determine los meses que han de transcurrir para que el préstamo quede totalmente amortizado.

15. La población de un determinado país sigue el modelo dado por $P(t) = -15 + 115 \cdot e^{0,02t}$, donde t es el tiempo medido en años. Determine el tiempo t que ha de transcurrir para que la población se duplique.

16. Teniendo en cuenta las gráficas de las funciones $f(x)$ y $g(x)$ representadas en las Figuras 6.27 y 6.28, calcule el valor de:

a) $\lim\limits_{x \to 0} f(x)$ b) $\lim\limits_{x \to +\infty} f(x)$ c) $\lim\limits_{\substack{x \to -1 \\ x < -1}} f(x)$

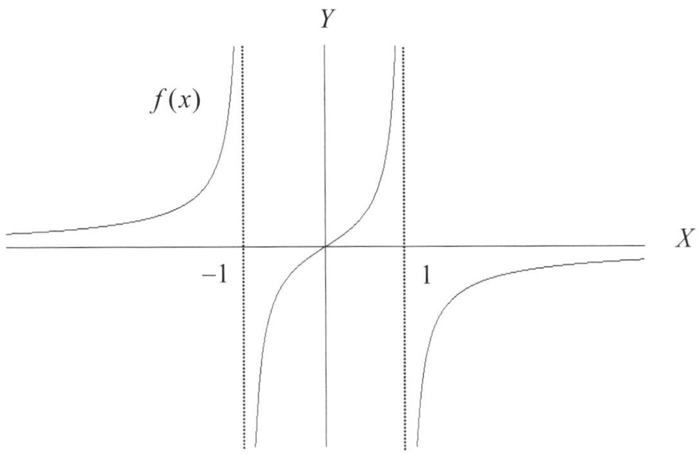

Figura. 6.28

a) $\lim\limits_{\substack{x \to 0 \\ x > 0}} g(x)$ b) $\lim\limits_{x \to +\infty} g(x)$ c) $\lim\limits_{x \to -\infty} g(x)$

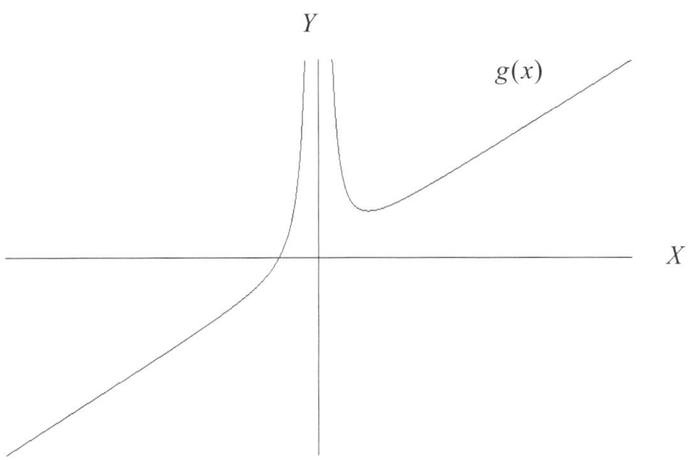

Figura. 6.29

17. Calcule el valor de los siguientes límites:

a) $\lim_{x\to-\infty}\left(x^5+x^2+x+21\right)$

b) $\lim_{x\to+\infty}\dfrac{(2x+2)^3\left(x^2+6\right)^2}{(x+2)^2(x+3)^4(x+1)}$

c) $\lim_{x\to+\infty}\dfrac{x^2}{\sqrt{1+x^4}-1}$

d) $\lim_{x\to+\infty}\dfrac{5^{x+1}+1}{5^x-1}$

e) $\lim_{x\to+\infty}\left[\ln(x^5+2)-\ln(x^5+3)\right]$

f) $\lim_{x\to+\infty}\dfrac{\sqrt{2x+\sqrt{5x}}}{\sqrt{3x-\sqrt{5x}}}$

g) $\lim_{x\to+\infty}\dfrac{\sqrt{2x^2+a}-a^2}{\sqrt{3x^2+b}-b^2}$

h) $\lim_{x\to+\infty}\left(\dfrac{x^2+2}{5x^2+1}\right)^{\frac{3x^3-1}{2x^3+1}}$

i) $\lim_{x\to+\infty}\sqrt{x^2+x+2}-x$

j) $\lim_{x\to3}\dfrac{x^4-x^3-5x^2-x-6}{x^3-5x^2+6x}$

18. Calcule el valor de la constante a para que $\lim_{x\to+\infty}\dfrac{(x^3+3x)^a(2x+1)}{(3x^5+2x-1)(4x^2+1)}=\dfrac{1}{6}$

19. Estudie la continuidad de las siguientes funciones en los puntos que se indican.

a) $f(x)=\begin{cases}\dfrac{x^4-1}{x^2-4x+3} & x\neq1\\ -2 & x=1\end{cases}$ en $x=1$

b) $f(x)=\begin{cases}\dfrac{x-2}{1+e^{\frac{1}{4-x^2}}} & x\neq2\\ 0 & x=2\end{cases}$ en $x=2$

20. Estudie el valor del parámetro a para que la función $f(x)=\begin{cases}\dfrac{x^4-1}{x^3-1} & x\neq1\\ a+1 & x=1\end{cases}$

sea continua en el punto $x=1$

21. Estudie la continuidad de las siguientes funciones en los puntos que se indican.

a) $f(x)=\begin{cases}2^{\frac{x^2}{x-1}} & x\neq1\\ 0 & x=1\end{cases}$ en $x=1$

b) $f(x)=\begin{cases}\dfrac{x^4-1}{x^3+1} & x\neq -1\\ 2 & x=-1\end{cases}$ en $x=-1$

c) $f(x)=\begin{cases}\dfrac{e^{\frac{1}{x}}}{1+e^{-\frac{1}{x}}} & x\neq 0\\ 0 & x=0\end{cases}$ en $x=0$

22. ¿Qué valores deben tomar a y b para que la función $f(x)=\begin{cases}a\ln x+b & 0<x\leq 1\\ (\ln x)^2+a & 1<x<e\\ x^2-a+1 & x\geq e\end{cases}$ sea continua?

23. Aplique el Teorema de Bolzano para demostrar que la ecuación $\operatorname{sen} x=1-x$ tiene al menos una solución en el intervalo $(0,\pi)$.

24. Sea $f:[a,b]\to[a,b]$ una función continua. Demuestre que la función f tiene al menos un punto fijo x_0 ($f(x_0)=x_0$).

Indicación: Aplique el Teorema de Bolzano a la función $g(x)=f(x)-x$ en el intervalo $[a,b]$.

VII

DERIVACIÓN

1. INTRODUCCIÓN

El cálculo diferencial constituye uno de los pilares básicos de la matemática, siendo numerosas sus aplicaciones en distintas disciplinas científicas, incluida la economía. Esta área de las matemáticas se basa en el concepto de derivada de una función, usado para describir la tasa de variación de una cantidad respecto de otra de la que depende. Por ejemplo, una situación frecuente en la economía es el estudio de la velocidad de variación de cantidades respecto del tiempo: el crecimiento de la población respecto del tiempo, la variación de la inflación, de la tasa de empleo,...

Comenzaremos el capítulo dando la definición de derivada de una función en un punto, para pasar después al estudio de sus numerosas aplicaciones, centrándonos en aquéllas relacionadas más directamente con la economía.

2. DERIVADA DE UNA FUNCIÓN EN UN PUNTO

Sea una función $f: I \to \mathbb{R}$ definida sobre un intervalo abierto I de $\mathbb{R}$ y a un punto del intervalo.

La función f es derivable en el punto $x = a$ si existe el límite:

$$f'(a) = \lim_{h \to 0} \frac{f(a+h) - f(a)}{h}$$

Al valor del límite anterior se le llama derivada de f en a.

Al valor $\frac{f(a+h) - f(a)}{h}$ se le llama ***cociente incremental*** de la función, calculado dividiendo el incremento de la función entre el incremento de la variable independiente. La derivada, por tanto, se calcula a través del límite de los cocientes incrementales de la función cuando el incremento de la variable independiente tiende a cero. Veamos algunas formulaciones equivalentes del concepto de derivada:

1) Sustituyendo h por Δx en la expresión anterior tenemos:

$$f'(a) = \lim_{\Delta x \to 0} \frac{f(a+\Delta x) - f(a)}{\Delta x}$$

2) Si llamamos $a + h = x$, entonces, $h \to 0$ es equivalente a $x \to a$ y

$$f'(a) = \lim_{x \to a} \frac{f(x) - f(a)}{x - a}$$

3) Otra definición equivalente se obtiene llamando $\Delta y = f(a+h) - f(a)$, de esta forma:

$$f'(a) = \lim_{\Delta x \to 0} \frac{\Delta y}{\Delta x}$$

La derivada $f'(a)$ también se representa por otros símbolos, como son:

$$y'(a), \quad \frac{dy}{dx}(a), \quad D_1 f(a)$$

Cuando la variable independiente es el tiempo t, la derivada de la función $y(t)$ se representa a veces usando un punto encima de la variable dependiente: $\dot{y}(t)$.

Ejemplo 2.1

Dada $f(x) = x^2 + 1$, calculemos la derivada de la función $f(x)$ en el punto $a = 3$. Escribiendo la definición de derivada, resulta que:

$$f'(3) = \lim_{h \to 0} \frac{f(3+h) - f(3)}{h} = \lim_{h \to 0} \frac{(3+h)^2 + 1 - 10}{h} = \lim_{h \to 0} \frac{h^2 + 6h}{h} = \lim_{h \to 0} (h+6) = 6$$

La función f es derivable en el punto $x = 3$ y $f'(3) = 6$.

■

3. Interpretación Geométrica de la Derivada

En este epígrafe estudiaremos el significado geométrico del concepto de derivada de una función en un punto.

Comenzamos recordando que, si r es una recta no vertical que pasa por los puntos $P = (p_1, p_2)$ y $Q = (q_1, q_2)$, la pendiente de r viene dada por $m_r = \frac{q_2 - p_2}{q_1 - p_1}$ y coincide con la tangente trigonométrica del ángulo α formado por la recta r y el sentido positivo del eje de abscisas (Figura 7.1). Consideremos la Figura 7.2 en la que aparecen diferentes rectas secantes a la curva $y = f(x)$ pasando por el punto $P = (a, f(a))$.

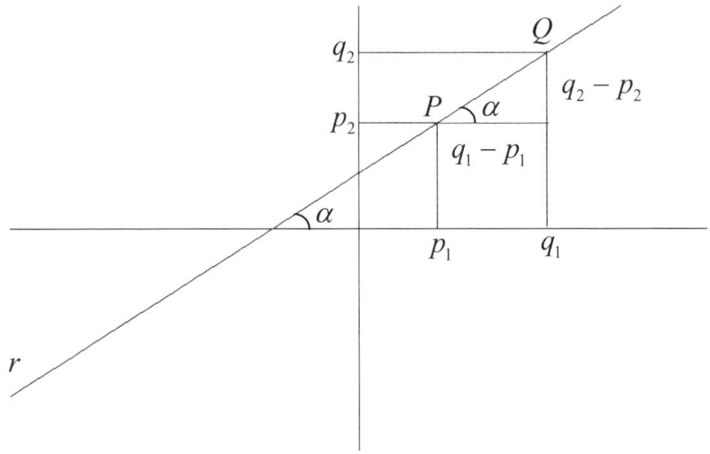

Figura 7.1. Pendiente de una recta que pasa por dos puntos.

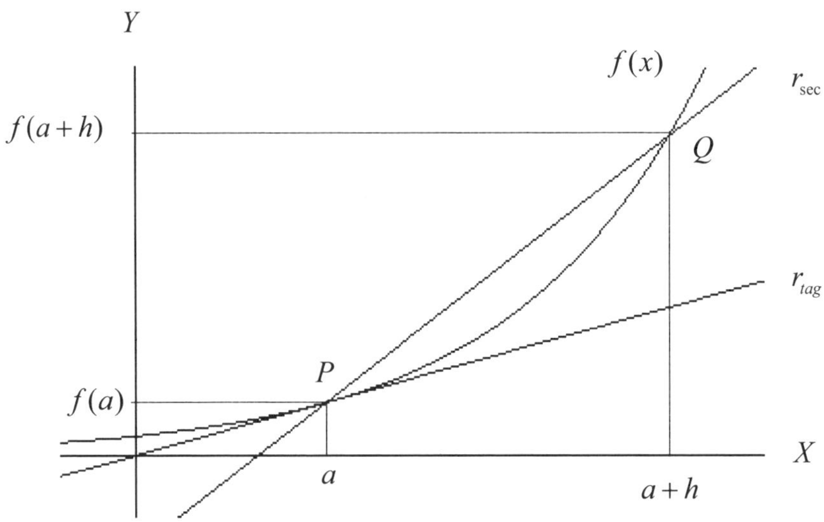

Figura 7.2.

Sabemos que la pendiente de la recta secante $r_{\sec}$ que pasa por los puntos P y Q viene dada por:

$$m_{\sec} = \frac{f(a+h) - f(a)}{h}$$

Observemos que a medida que el punto Q se aproxima al punto P, lo cual es equivalente a decir que $h \to 0$, las rectas secantes a la gráfica de $f(x)$ se van aproximando a una recta que se denomina ***recta tangente*** a la curva $f(x)$ en el punto a. Por tanto, la pendiente de la recta tangente es el límite cuando $h \to 0$

de las pendientes de las rectas secantes, valor que coincide con el de la derivada de f en el punto $x = a$:

$$m_{\tan} = \lim_{h \to 0} m_{\sec} = \lim_{h \to 0} \frac{f(a+h) - f(a)}{h} = f'(a)$$

Así, podemos afirmar que:

La derivada de la función $f(x)$ en el punto $x = a$, $f'(a)$, es la pendiente de la recta tangente a la gráfica de $f(x)$ en el punto $(a, f(a))$.

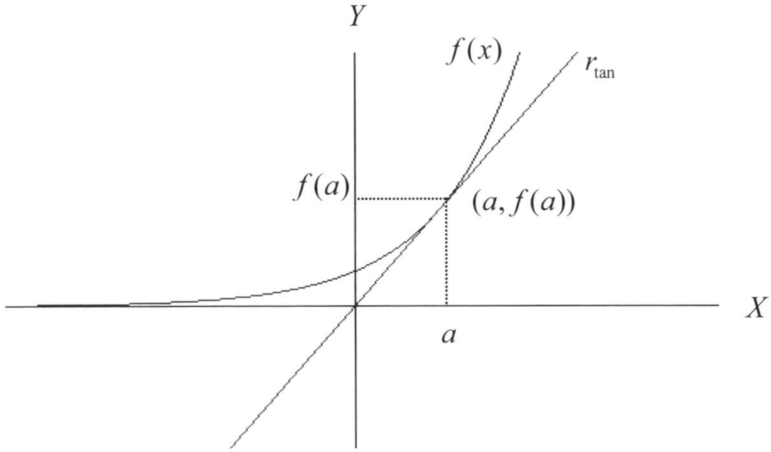

Figura 7.3. Recta tangente a una curva en un punto.

Ejemplo 3.1

Determine el signo de la derivada de la función $f(x)$ representada en la Figura 7.4 en los puntos a, b y c.

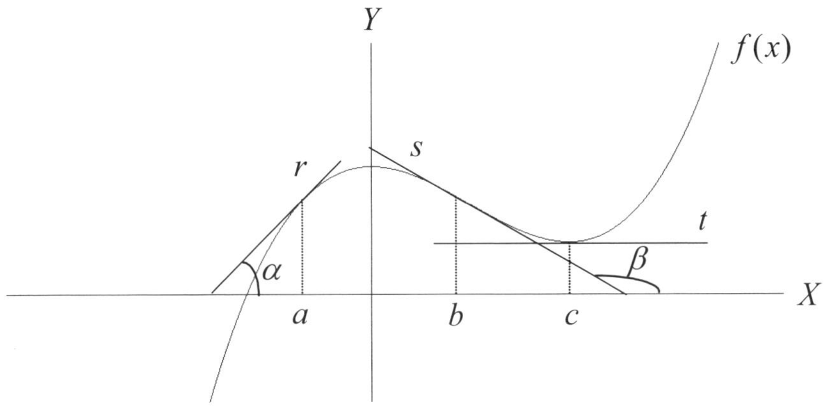

Figura 7.4.

Teniendo en cuenta que si α es un ángulo entre 0 y $\frac{\pi}{2}$ su tangente trigonométrica es positiva, mientras que si β es un ángulo entre $\frac{\pi}{2}$ y π su tangente trigonométrica es negativa, resulta que:

$$f'(a) = m_r = tg\alpha > 0 \qquad f'(b) = m_s = tg\beta < 0 \qquad f'(c) = m_t = 0$$

■

3.1. Ecuación de la Recta Tangente a una Curva en un Punto

La ecuación de una recta r queda determinada conociendo su pendiente m y un punto $P = (a,b)$ por donde pasa. Concretamente, la ecuación es:

$$y - b = m(x - a).$$

Sea $y = f(x)$ una función derivable en el punto $x = a$. La recta tangente a la curva $y = f(x)$ en un punto $x = a$ queda, por tanto, determinada a partir de la pendiente m, que sabemos coincide con la derivada de f en el punto $x = a$, $f'(a)$, y el punto $(a, f(a))$ de la curva por el que pasa la recta. Así, la ecuación de r es:

$$y - f(a) = f'(a)(x - a)$$

4. Derivadas Laterales

Hemos visto que la derivada se define como un límite y sabemos que para que exista un límite es necesario que existan los límites laterales y sean iguales. Este hecho nos lleva a definir las derivadas laterales:

Derivada por la izquierda de f en a: $f'_-(a) = \lim_{h \to 0^-} \frac{f(a+h) - f(a)}{h}$

Derivada por la derecha de f en a: $f'_+(a) = \lim_{h \to 0^+} \frac{f(a+h) - f(a)}{h}$

Podemos afirmar que f es derivable en a si y sólo si existen las derivadas laterales y son iguales:

$$f \text{ es derivable en } a \Leftrightarrow f'_-(a) = f'_+(a)$$

Ejemplo 4.1

Dada la función $f(x)=\begin{cases} x^2 & x<0 \\ x & x\geq 0 \end{cases}$, se pide:

a) Calcule las derivadas laterales de $f(x)$ en el punto $x=0$:

$$f'_-(0)=\lim_{h\to 0^-}\frac{f(0+h)-f(0)}{h}=\lim_{h\to 0^-}\frac{f(h)}{h}=\lim_{h\to 0^-}\frac{h^2}{h}=\lim_{h\to 0^-}h=0$$

$$f'_+(0)=\lim_{h\to 0^+}\frac{f(0+h)-f(0)}{h}=\lim_{h\to 0^+}\frac{f(h)}{h}=\lim_{h\to 0^+}\frac{h}{h}=1$$

b) ¿Es derivable f en 0? ¿Existe $f'(0)$?

Como las derivadas laterales son diferentes, podemos afirmar que f no es derivable en $x=0$ y que no existe $f'(0)$.

■

5. DERIVABILIDAD Y CONTINUIDAD

Veamos la relación que hay entre los conceptos de continuidad y derivabilidad. En concreto, demostraremos que una función derivable ha de ser continua, mientras que una función continua no es derivable necesariamente.

TEOREMA 1

Si f es derivable en el punto a, entonces, f es continua en a.

Demostración

Si f es derivable entonces existe $f'(a)=\lim_{x\to a}\frac{f(x)-f(a)}{x-a}$ (recuérdese la definición equivalente de $f'(a)$ dada al comienzo del capítulo). Hemos de demostrar que $\lim_{x\to a}f(x)=f(a)$, o equivalentemente que $\lim_{x\to a}f(x)-f(a)=0$.

Ahora bien,

$$\lim_{x\to a}f(x)-f(a)=\lim_{x\to a}\frac{f(x)-f(a)}{x-a}\cdot(x-a)=$$
$$=\lim_{x\to a}\frac{f(x)-f(a)}{x-a}\cdot\lim_{x\to a}(x-a)=f'(a)\cdot 0=0$$

y f es continua en a.

■

El recíproco no es cierto. La función $f(x)=\begin{cases} x^2 & x<0 \\ x & x\geq 0 \end{cases}$ considerada en el Ejemplo 4.1 no es derivable en $x=0$ y sí es continua en $x=0$. Geométricamente, el hecho de que una función continua sea no derivable en un punto se traduce en la existencia en la gráfica de la función de un "vértice" o un "pico" en dicho punto, como se observa en la gráfica de la Figura 7.5. Observemos además que en este punto no existe la recta tangente a la gráfica.

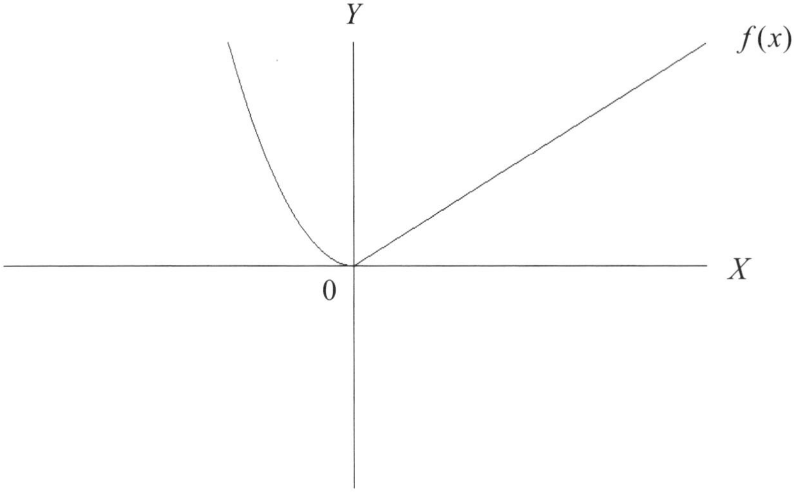

Figura 7.5. Función continua y no derivable en un punto.

6. FUNCIÓN DERIVADA

Consideremos una función f derivable en cada punto del intervalo I. Definimos la ***función derivada*** de f, representada por $f'(x)$, como:

$$f'(x)=\lim_{h\to 0}\frac{f(x+h)-f(x)}{h}$$

Las siguientes expresiones son formulaciones equivalentes a la que acabamos de dar:

$$\frac{dy}{dx}=\lim_{\Delta x\to 0}\frac{\Delta y}{\Delta x}, \qquad f'(x)=\lim_{\Delta x\to 0}\frac{f(x+\Delta x)-f(x)}{\Delta x}.$$

La definición anterior nos va a permitir asignar a cada función $y=f(x)$ otra función $y'=f'(x)$ que llamamos ***derivada*** de f. El proceso mediante el cual se realiza esta asignación se conoce con el nombre de derivación.

Veamos a continuación un ejemplo en el que se construye la derivada de una función usando la anterior definición.

Ejemplo 6.1

Calculemos la derivada de la función $f(x)=\sqrt{x}$ aplicando la definición.

$$f'(x)=\lim_{h\to 0}\frac{f(x+h)-f(x)}{h}=\lim_{h\to 0}\frac{\sqrt{x+h}-\sqrt{x}}{h}=$$

$$=\lim_{h\to 0}\frac{\left(\sqrt{x+h}-\sqrt{x}\right)\left(\sqrt{x+h}+\sqrt{x}\right)}{h\left(\sqrt{x+h}+\sqrt{x}\right)}=\lim_{h\to 0}\frac{\not{h}}{\not{h}\left(\sqrt{x+h}+\sqrt{x}\right)}=\frac{1}{2\sqrt{x}}$$

Por tanto, el proceso de derivación asigna a la función $f(x)=\sqrt{x}$ la función derivada $f'(x)=\dfrac{1}{2\sqrt{x}}$:

$$f(x)=\sqrt{x}\quad\overset{DERIVACION}{\rightarrow}\quad f'(x)=\frac{1}{2\sqrt{x}}$$

■

7. Regla de la Cadena

La regla de la cadena estudia la derivada de la composición de funciones. Sea $g(x)$ una función derivable en el punto $x=a$ y $f(x)$ una función derivable en el punto $g(a)$. La regla de la cadena afirma que la función compuesta $(f\circ g)(x)$ es derivable en el punto $x=a$ y su derivada está dada por:

$$(f\circ g)'(a)=f'(g(a))\,g'(a)$$

Utilizando una notación alternativa, la regla de la cadena puede formularse equivalentemente de la siguiente forma; si $y=f(u)$ y $u=g(x)$ son funciones derivables, entonces se cumple que

$$\frac{dy}{dx}=\frac{dy}{du}\cdot\frac{du}{dx}$$

8. Tabla de Derivadas

A partir de la definición de derivada es posible el cálculo de la derivada de un gran número de funciones. La siguiente tabla recoge la derivada de las funciones elementales, así como las reglas de derivación más importantes.

Forma simple	Forma compuesta
$[k]' = 0,\ k \in \mathbb{R}$	
$\left[x^r\right]' = r\,x^{r-1}$	$\left[u^r(x)\right]' = r\,u^{r-1}(x)\,u'(x)$
$[\ln x]' = \dfrac{1}{x}$	$[\ln u(x)]' = \dfrac{u'(x)}{u(x)}$
$\left[a^x\right]' = a^x \ln a,\ a > 0$	$\left[a^{u(x)}\right]' = a^{u(x)}\,u'(x)\ln a, \quad a > 0$
$\left[e^x\right]' = e^x$	$\left[e^{u(x)}\right]' = e^{u(x)}\,u'(x)$
$[\operatorname{sen} x]' = \cos x$	$[\operatorname{sen} u(x)]' = \cos u(x)\,u'(x)$
$[\cos x]' = -\operatorname{sen} x$	$[\cos u(x)]' = -\operatorname{sen} u(x)\,u'(x)$
$[\operatorname{tg} x]' = \dfrac{1}{\cos^2 x}$	$[\operatorname{tg} u(x)]' = \dfrac{u'(x)}{\cos^2 u(x)}$
$[\operatorname{arcsen} x]' = \dfrac{1}{\sqrt{1-x^2}}$	$[\operatorname{arcsen} u(x)]' = \dfrac{u'(x)}{\sqrt{1-u^2(x)}}$
$[\arccos x]' = \dfrac{-1}{\sqrt{1-x^2}}$	$[\arccos u(x)]' = \dfrac{-u'(x)}{\sqrt{1-u^2(x)}}$
$[\operatorname{arctg} x]' = \dfrac{1}{1+x^2}$	$[\operatorname{arctg} u(x)]' = \dfrac{u'(x)}{1+u^2(x)}$

$$[f+g]' = f' + g', \quad [k\,f]' = k\,f', k \in \mathbb{R}, \quad [f\,g]' = f'\,g + f\,g'$$

$$\left[\frac{f}{g}\right]' = \frac{f'\,g - f\,g'}{g^2}, \quad \left[f^g\right]' = g\,f^{g-1}\,f' + f^g\,g' \ln f$$

Ejemplo 8.1

1) Apliquemos la regla de la cadena para calcular la derivada $h'(x)$ de la función $h(x) = (\operatorname{sen} x)^3$. La función $h(x) = (\operatorname{sen} x)^3$ puede escribirse como la composición de las funciones $f(x) = x^3$ y $g(x) = \operatorname{sen} x$. Como $h(x) = (f \circ g)(x)$, la derivada puede calcularse aplicando la regla de la cadena:

$$h'(x) = f'(g(x)) \cdot g'(x)$$

Como $f'(x) = 3x^2$ y $g(x) = \operatorname{sen} x$, entonces, $f'(g(x)) = 3(\operatorname{sen} x)^2$, de donde:

$$h'(x) = 3(\operatorname{sen} x)^2 \cdot \cos x$$

2) El mismo ejemplo puede resolverse usando una notación diferente. La función $y=(\operatorname{sen} x)^3$ puede escribirse de la forma $y=u^3$, donde $u=\operatorname{sen} x$. Aplicando la regla de la cadena:

$$\frac{dy}{dx}=\frac{dy}{du}\cdot\frac{du}{dx}=3u^2\cdot\cos x=3(\operatorname{sen} x)^2\cdot\cos x$$

■

Las fórmulas que aparecen en la columna derecha de la tabla de derivadas, denominada como forma compuesta, se han calculado aplicando la regla de la cadena junto con las fórmulas de las derivadas en su forma simple que aparecen en la columna de la izquierda. Por ejemplo, la función $h(x)=[u(x)]^r$ puede expresarse como composición de las funciones $f(x)=x^r$ y $u(x)$. Aplicando la regla de la cadena y que $f'(x)=r\,x^{r-1}$, se tiene que:

$$h'(x)=f'(u(x))u'(x)=r[u(x)]^{r-1}u'(x)$$

9. DERIVADAS SUCESIVAS

Dada una función $y=f(x)$ hemos definido su derivada como una nueva función que representamos por y', $f'(x)$ o bien $\frac{dy}{dx}$. Supongamos que la función $f'(x)$ es derivable y, por tanto, puede ser derivada de nuevo. A la derivada de $f'(x)$ se le llama ***derivada segunda*** y se representa por y'', $f''(x)$ o bien $\frac{d^2y}{dx^2}$. Repitiendo el proceso sucesivamente, siempre que sea posible, obtenemos las ***derivadas de orden superior*** o ***derivadas sucesivas***:

Primera derivada	y'	$f'(x)$,	$\frac{dy}{dx}$
Segunda derivada	y'',	$f''(x)$,	$\frac{d^2y}{dx^2}$
Tercera derivada	y''',	$f'''(x)$,	$\frac{d^3y}{dx^3}$
$\vdots$	$\vdots$	$\vdots$	$\vdots$
derivada n-ésima	$y^{(n)}$,	$f^{(n)}(x)$,	$\frac{d^ny}{dx^n}$

Ejemplo 9.1

Determine las derivadas sucesivas de la función $y=e^{ax}+a^x$

$$y' = ae^{ax} + a^x \ln a$$
$$y'' = a^2 e^{ax} + a^x (\ln a)^2$$
$$\vdots$$
$$y^{(n)} = a^n e^{ax} + a^x (\ln a)^n$$

■

10. Aplicaciones de la Derivada: Tasa de Cambio Instantánea y Tasa de Cambio Porcentual

El concepto de derivada de una función nos informa sobre la manera en la que la variable dependiente va cambiando con respecto a la variable independiente. Para precisar más esta idea, definamos lo que se entiende por tasas de cambio media e instantánea.

Las tasas de cambio también se denominan tasas de variación o razones de cambio. Se llama tasa de cambio media a la variación de y por unidad de variación de x:

$$\textbf{\textit{Tasa de cambio media}} = \frac{\text{Cambio en } y}{\text{Cambio en } x} = \frac{f(x+\Delta x) - f(x)}{\Delta x}$$

Observemos que la tasa de cambio media coincide con el cociente incremental. A medida que el intervalo sobre el cual se obtiene el promedio se acorta (es decir, a medida que Δx se aproxima a cero), la tasa de cambio media se acerca a lo que se llama tasa de cambio instantánea, que, como vemos, coincide con la derivada $f'(x)$.

$$\textbf{\textit{Tasa de cambio instantánea}} = \lim_{\Delta x \to 0} \frac{f(x+\Delta x) - f(x)}{\Delta x} = f'(x)$$

Es muy frecuente denominar a la tasa de cambio instantánea sólo como tasa de cambio.

Ejemplo 10.1

Se estima que dentro de x meses, la población de cierta comunidad será $P(x) = x^2 + 10x + 2000$ personas.

a) ¿Cuál será la tasa de cambio media mensual de la población con respecto al tiempo en el 1er año?

$$\text{Tasa de cambio media} = \frac{P(12) - P(0)}{12 - 0} = \frac{12^2 + 10 \cdot 12}{12} = 22 \text{ personas al mes.}$$

b) ¿Cuál será la tasa de cambio instantánea de la población con respecto al tiempo dentro de 14 meses?

La tasa de cambio instantánea es la derivada de la función en el punto correspondiente dada por $P'(14)$. Como $P'(x) = 2x + 10$, sustituyendo, se tiene que $P'(14) = 38$ y la tasa de cambio, dentro de 14 meses, es de 38 personas al mes.

c) ¿Cuál será el incremento de la población durante el mes 14?

Basta calcular la diferencia, $P(14) - P(13) = 37$ personas al mes.

La diferencia entre el resultado del apartado b) y c) se justifica porque la tasa de cambio instantánea no permanece constante durante el mes 14.

■

En la práctica, la tasa de cambio de una cantidad no es tan significativa como la tasa de cambio porcentual. Por ejemplo, una tasa de cambio de 30 personas al mes es insignificante para una población de 3.000.000 y, sin embargo, es significativa para una población de 3.000. En el primer caso supone 0,001% de la población total y en el segundo, el 1% de la población total.

Definimos la ***tasa de cambio porcentual*** (o ***tasa de variación relativa***) como la tasa de cambio de una cantidad en relación con el tamaño de dicha cantidad:

$$\textbf{\textit{Tasa de cambio porcentual}} = \frac{f'(x)}{f(x)} \cdot 100$$

Ejemplo 10.2

La tasa de cambio porcentual de la población $P(x) = x^2 + 10x + 2000$ con respecto al tiempo dentro de 14 meses está dada por:

$$\frac{P'(14)}{P(14)} \cdot 100 = \frac{38}{2336} \cdot 100 = 1,62\ \%$$

■

11. Diferencial de una Función

El concepto de diferencial de una función nos va a servir para conocer cómo afecta a la función un cambio pequeño en la variable independiente.

El incremento de la función $y = f(x)$ a partir de un incremento Δx de la variable independiente x está dado por $\Delta f = f(x + \Delta x) - f(x)$. Supongamos que la función f es derivable en el punto x. Sabemos que:

$$f'(x) = \lim_{\Delta x \to 0} \frac{f(x+\Delta x) - f(x)}{\Delta x} = \lim_{\Delta x \to 0} \frac{\Delta f}{\Delta x}$$

Según la definición de límite, esto significa que, cuando Δx está próximo a cero, el cociente incremental $\frac{\Delta f}{\Delta x}$ está próximo a $f'(x)$:

$$f'(x) \approx \frac{\Delta f}{\Delta x}$$

o equivalentemente,

$$\Delta f \approx f'(x) \cdot \Delta x$$

El sencillo razonamiento que acabamos de realizar a partir de la definición de derivada nos permite afirmar que, para incrementos de la variable independiente x próximos a cero, el incremento de la función es aproximadamente el producto de la derivada de la función en el punto x correspondiente por el incremento de la variable x. Esta aproximación será mejor conforme el incremento de la variable x sea más próximo a cero.

Definimos la ***diferencial*** de f en el punto x como

$$df = f'(x)dx$$

donde $dx = \Delta x$.

De esta forma se tiene que $\Delta f \approx df$ cuando $\Delta x \to 0$:

$$\begin{array}{c} \Delta f \approx df \\ \Delta x \to 0 \end{array}$$

Como $\Delta f = f(x+\Delta x) - f(x)$ y $df = f'(x)dx$, el resultado anterior puede escribirse de forma equivalente:

$$f(x+\Delta x) - f(x) \approx f'(x)\Delta x$$

$$f(x+\Delta x) \approx f(x) + f'(x)\Delta x$$

donde el segundo miembro de la expresión anterior corresponde a la ecuación de la recta tangente a la curva en el punto x. Desde un punto de vista geométrico, el concepto de diferencial está basado en un hecho sencillo: toda función derivable en un punto puede ser aproximada localmente por una función lineal, determinada por la recta tangente a la función en dicho punto. La aproximación deja de ser buena a medida que nos alejamos del punto de tangencia. En la Figura 7.6 se muestra la aproximación local de una función a través de la diferencial y el error cometido en la aproximación.

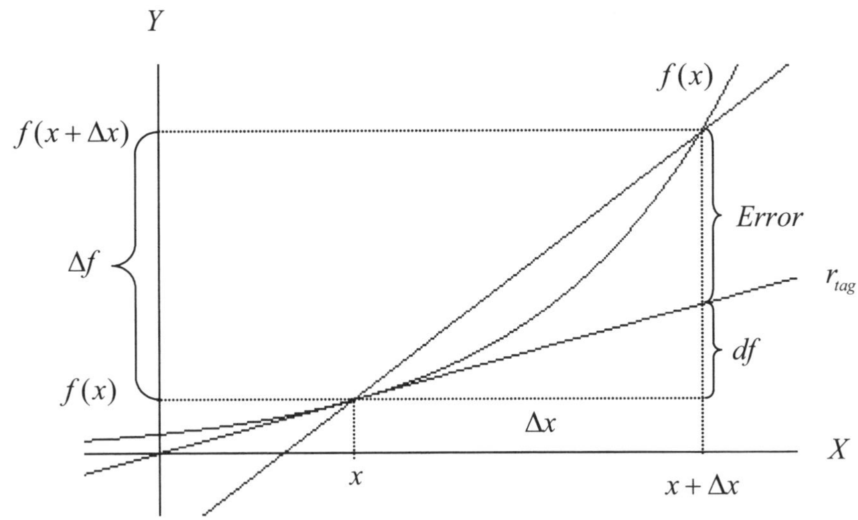

Figura 7.6. Aproximación de una función mediante la diferencial.

Observemos en la Figura 7.6, que cuando $\Delta x \to 0$, el error cometido al aproximar el incremento Δf por la diferencial df tiende a cero.

Ejemplo 11.1

Supongamos que el coste total, en euros, de fabricar q unidades de cierto artículo es $C(q) = q^2 + 2q + 100$ y que el nivel actual de producción es de 20 unidades. La diferencial nos permite calcular de forma aproximada cómo cambiará el coste total si se producen 20,5 unidades:

$$\Delta C = C(20{,}5) - C(20) \approx C'(20) \cdot \Delta q = C'(20) \cdot 0{,}5 = 21$$

Como el incremento exacto del coste es $\Delta C = C(20{,}5) - C(20) = 21{,}25$, el error cometido en la aproximación por la diferencial es 0,25.

■

11.1. Aplicación: Análisis Marginal

Consideremos una empresa que produce un bien en un periodo dado. Sean las funciones de coste, ingreso y beneficio dadas por:

$C(x)$=Coste de producción de x unidades.

$R(x)$=Ingreso por la venta de x unidades.

$B(x) = R(x) - C(x)$=Beneficio de producción y venta de x unidades.

Se definen las funciones de ***coste marginal***, ***ingreso marginal*** y ***beneficio marginal*** como la derivada de las funciones de costes, ingreso y beneficio respectivamente:

$$C'(x) = \text{Coste marginal}$$

$$R'(x) = \text{Ingreso marginal}$$

$$B'(x) = \text{Beneficio marginal}$$

Otros ejemplos de funciones marginales usadas con frecuencia en economía son:

* ***La propensión marginal al consumo*** es la derivada de la función de consumo respecto al ingreso.

* ***El producto marginal del trabajo*** (o productividad marginal del trabajo) es la derivada de la función de producción respecto del trabajo.

Veamos ahora la interpretación del concepto de marginalidad. Consideremos, por ejemplo, la función de costes $C(x)$. Sabemos que la función de costes marginales es:

$$C'(x) = \lim_{\Delta x \to 0} \frac{C(x + \Delta x) - C(x)}{\Delta x}$$

Como con frecuencia la producción de una empresa es elevada, se puede considerar que $\Delta x = 1$ es un número próximo a cero, por tanto, usando la diferencial tenemos que:

$$\Delta C = C(x+1) - C(x) \approx dC = C'(x)$$

De esta forma,

El coste marginal $C'(x)$ puede interpretarse como el incremento del coste cuando se produce una unidad adicional de las x producidas.

Esta interpretación es válida para el resto de funciones marginales usadas en economía.

Ejemplo 11.2

Un fabricante estima que cuando se producen x unidades de un determinado artículo, el coste total será $C(x) = \frac{1}{2}x^2 + 3x + 100$ euros y que $p(x) = 25 - \frac{x}{2}$ euros por unidad es el precio al cual se venderán las x unidades.

a) Las funciones de coste e ingreso marginal están dadas por $C'(x) = x + 3$ y $R'(x) = 25 - x$ respectivamente, ya que $R(x) = x\,p(x) = x(25 - \frac{x}{2}) = 25x - \frac{x^2}{2}$.

b) El coste aproximado de producir la décima unidad (usando el coste marginal):

$$C(10) - C(9) = \Delta C \approx C'(9) = 12 \text{ euros.}$$

c) Coste real de producir la décima unidad:

$$\Delta C = C(10) - C(9) = 12{,}5 \text{ euros.}$$

■

12. ELASTICIDAD

El concepto de elasticidad es usado con frecuencia en economía. La razón es la siguiente; supongamos que estudiamos cómo la demanda de un cierto bien reacciona a las variaciones del precio; podemos, por ejemplo, preguntarnos en cuántas unidades variará la cantidad demandada cuando el precio aumenta en 1 u.m. Sin embargo, este análisis presenta la siguiente dificultad: una variación del precio de 1 u.m. en un kilogramo de harina puede ser significativo, pero no lo es en el precio de una vivienda. Parece, por tanto, lógico estudiar la variación de la demanda respecto del precio usando variaciones relativas. Así, el resultado obtenido no dependerá de las unidades en las que se midan la demanda y el precio.

Expresemos la demanda x de un bien en función del precio p por medio de $x = f(p)$. Si el precio p cambia de p a $p + \Delta p$, el cociente entre las variaciones relativas de la demanda x y del precio p está dado por:

$$\frac{\frac{\Delta x}{x}}{\frac{\Delta p}{p}} = \frac{p}{x}\frac{\Delta x}{\Delta p}$$

Se denomina ***elasticidad media*** de $x = f(p)$ en el intervalo $[p, p + \Delta p]$ a la expresión:

$$\frac{p}{x} \cdot \frac{\Delta x}{\Delta p}$$

La expresión anterior depende de p y del Δp. Si queremos definir la elasticidad de x en p de tal forma que no dependa de Δp, hemos de tomar límites en la expresión anterior cuando $\Delta p \to 0$. Así, como $\lim_{\Delta p \to 0} \frac{\Delta x}{\Delta p} = \frac{dx}{dp}$, tenemos la siguiente definición:

Se denomina ***elasticidad*** de $x = f(p)$ con respecto p a:

$$\varepsilon_{xp} = \frac{p}{x} \cdot \frac{dx}{dp}$$

La elasticidad de la demanda respecto del precio mide aproximadamente la variación porcentual de la demanda x cuando se produce una variación del 1% en el precio p.

La elasticidad puede definirse en general para cualquier función derivable de la siguiente forma:

Sea $y = f(x)$ derivable en x y supongamos que $f(x) \neq 0$. Se define la ***elasticidad*** de $y = f(x)$ con respecto a x:

$$\varepsilon_{yx} = \frac{x}{y} \cdot \frac{dy}{dx}$$

o equivalentemente:

$$\varepsilon_{yx} = \frac{x}{f(x)} \cdot f'(x)$$

Ejemplo 12.1

1) La elasticidad de la función $f(x) = ax^b$, $a, b \in \mathbb{R}$, $a \neq 0$ está dada por:

$$\varepsilon_{fx} = \frac{x}{f(x)} \cdot f'(x) = \frac{x}{ax^b} \cdot abx^{b-1} = b$$

2) Sea $D(p)$ la demanda de un producto y $R(p)$ la función de ingreso dada por $R(p) = pD(p)$. Calculemos la elasticidad del ingreso R respecto del precio p:

$$\varepsilon_{Rp} = \frac{p}{R(p)} \cdot \frac{dR}{dp} = \frac{p}{R(p)} \left[D(p) + p \cdot \frac{dD}{dp} \right] = \frac{pD(p)}{R(p)} + \frac{p^2}{R(p)} \cdot \frac{dD}{dp} =$$

$$= \frac{pD(p)}{pD(p)} + \frac{p^2}{pD(p)} \cdot \frac{dD}{dp} = 1 + \varepsilon_{Dp}$$

es decir,

$$\varepsilon_{Rp} = 1 + \varepsilon_{Dp}$$

Así, si la elasticidad de la demanda con respecto al precio $\varepsilon_{Dp} = -1$, la elasticidad del ingreso respecto del precio $\varepsilon_{Rp} = 0$. Por tanto, cuando la elasticidad de la demanda es –1, una variación pequeña en el precio no tendrá casi influencia en el ingreso.

3) La elasticidad de $\left[f(x)\right]^p$ es igual a la elasticidad de $f(x)$ multiplicada por p.

En efecto, sea $z = \left[f(x)\right]^p$, entonces:

$$\varepsilon_{zx} = \frac{x}{z} \cdot \frac{dz}{dx} = \frac{x}{\left[f(x)\right]^p} \cdot p\left[f(x)\right]^{p-1} \cdot f'(x) = p \cdot \frac{x}{f(x)} \cdot f'(x) = p\varepsilon_{fx}$$

■

13. Aplicaciones de la Derivada al Estudio de una Función

El conocimiento de la derivada de una función proporciona información precisa sobre el comportamiento de la función. En este apartado presentaremos algunas de las aplicaciones de la derivada al estudio de una función. Comenzamos enunciando dos resultados importantes: el Teorema de Rolle y el Teorema del Valor Medio.

Teorema de Rolle

Sea f una función continua en el intervalo cerrado $[a,b]$ y derivable en (a,b). Si $f(a) = f(b)$, entonces existe al menos un punto $c \in (a,b)$ tal que:

$$f'(c) = 0$$

Desde un punto de vista geométrico el Teorema de Rolle asegura que si $f(x)$ es una función derivable cuyo valor es el mismo en los extremos del intervalo, entonces existe al menos un punto del intervalo en el que la recta tangente es horizontal (véase la Figura 7.7).

Ejemplo 13.1

1) Consideremos la función $f(x) = (x-1)(x-2)$ continua en el intervalo $[1,2]$ y derivable en $(1,2)$. Como $f(1) = f(2)$, se cumplen las hipótesis del Teorema de Rolle, por tanto, existe al menos un punto c en el interior del intervalo $(1,2)$ en el que $f'(c) = 0$. En este caso, además es posible calcular el punto en el que se anula la derivada de la función:

$$f'(x) = 2x - 3 = 0 \Leftrightarrow x = \frac{3}{2}$$

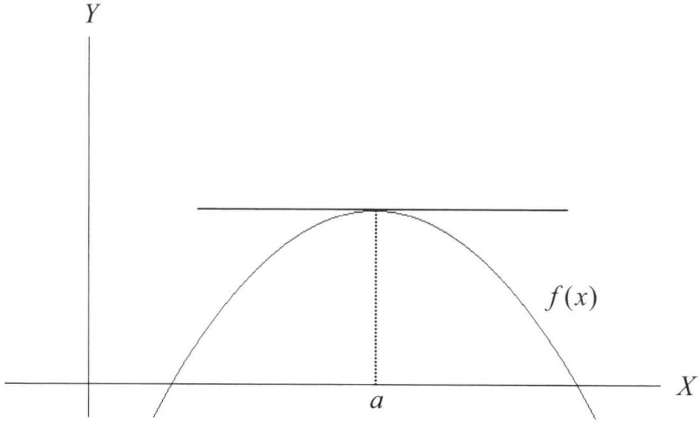

Figura 7.7. Interpretación gráfica del Teorema de Rolle.

2) Una aplicación interesante del Teorema de Rolle es al estudio de las raíces reales de una ecuación. Consideremos por ejemplo la ecuación de grado 3 dada por:

$$3x^3 - 2x^2 + 9x + 10 = 0$$

y probemos que sólo tiene una solución real. Al ser un polinomio de grado tres, tiene tres raíces, de las que al menos una ha de ser real, ya que el número de raíces complejas de un polinomio es par (las raíces complejas aparecen en parejas: una raíz y su conjugada). Supongamos que existen dos soluciones reales c_1 y c_2 de la ecuación. Si definimos la función $f(x) = 3x^3 - 2x^2 + 9x + 10$ entonces se cumple que $f(c_1) = f(c_2) = 0$. El Teorema de Rolle afirma que existe al menos un punto c en el intervalo (c_1, c_2) en el que $f'(c) = 0$. Sin embargo, esto no es posible, ya que la función derivada $f'(x) = 9x^2 - 4x + 9$ no se anula en ningún punto. Por tanto, la hipótesis de partida es falsa y la ecuación $3x^3 - 2x^2 + 9x + 10 = 0$ tiene una única raíz real.

■

Además de la aplicación al estudio de las raíces reales de una ecuación, el Teorema de Rolle permite demostrar el siguiente Teorema:

TEOREMA DEL VALOR MEDIO

Sea f una función continua en el intervalo $[a,b]$ y derivable en (a,b). Entonces existe al menos un punto $c \in (a,b)$ tal que:

$$f(b) - f(a) = f'(c)(b - a)$$

El resultado tiene la siguiente interpretación geométrica. Consideremos la Figura 7.8,

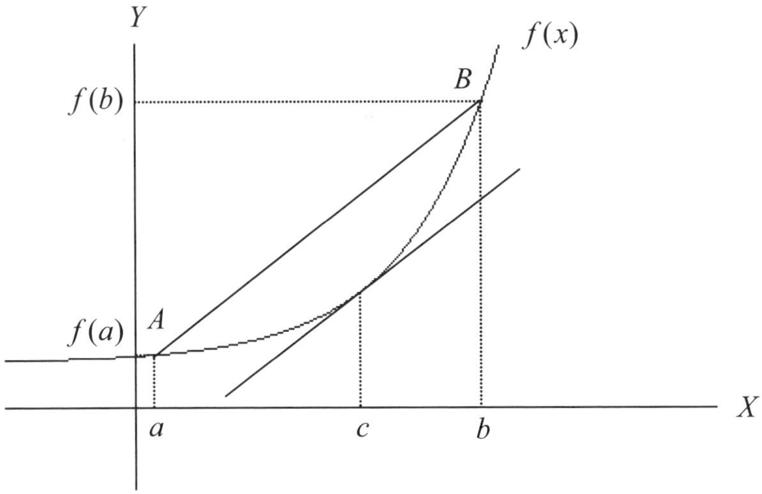

Figura 7.8. Interpretación gráfica del Teorema del Valor Medio.

el segmento que une los puntos extremos de la curva $A=(a,f(a))$, $B=(b,f(b))$ tiene pendiente $m=\dfrac{f(b)-f(a)}{b-a}$. Por otra parte, la pendiente de la recta tangente en el punto c a la función $f(x)$ es $f'(c)$. El Teorema del Valor Medio asegura que existe al menos un punto c del intervalo (a,b) en el que $f'(c)=\dfrac{f(b)-f(a)}{b-a}$. Es decir, existe un punto en el que la recta tangente a la curva es paralela al segmento que une A y B.

A partir del Teorema del Valor Medio se pueden extraer dos consecuencias interesantes:

COROLARIO 1

Sea f una función continua en un intervalo $[a,b]$ y derivable en (a,b). Si la derivada de f se anula en cada punto de (a,b), la función ha de ser constante en $[a,b]$.

Demostración

En efecto, dados x_1 y x_2, dos puntos cualesquiera de un intervalo, si $f'(x)=0$ en el interior del intervalo, aplicando la tesis del Teorema del Valor Medio, resulta que $f(x_1)=f(x_2)$ y la función es constante en el intervalo.

■

COROLARIO 2

Sean $f(x)$ y $g(x)$ dos funciones continuas en un intervalo $[a,b]$ y derivables en (a,b). Si las funciones $f(x)$ y $g(x)$ tienen la misma derivada en un intervalo, entonces difieren en una constante.

Demostración

Para demostrar este resultado basta aplicar el Corolario 1 a la función dada por $F(x)=f(x)-g(x)$. Como se cumple por hipótesis que $f'(x)=g'(x)$ en el intervalo, entonces $F'(x)=f'(x)-g'(x)=0$ y la función $F(x)$ es constante en el intervalo, luego $F(x)=f(x)-g(x)=k$.

■

13.1. CRECIMIENTO Y DECRECIMIENTO

Sea f una función definida en un intervalo I de $\mathbb{R}$.

* Decimos que f ***es (estrictamente) creciente*** en el intervalo I si para cada $a,b\in I$:

$$a<b\Rightarrow f(a)\leq f(b)$$
$$(<)$$

* Decimos que f ***es (estrictamente) decreciente*** en el intervalo I si para cada $a,b\in I$:

$$a<b\Rightarrow f(a)\geq f(b)$$
$$(>)$$

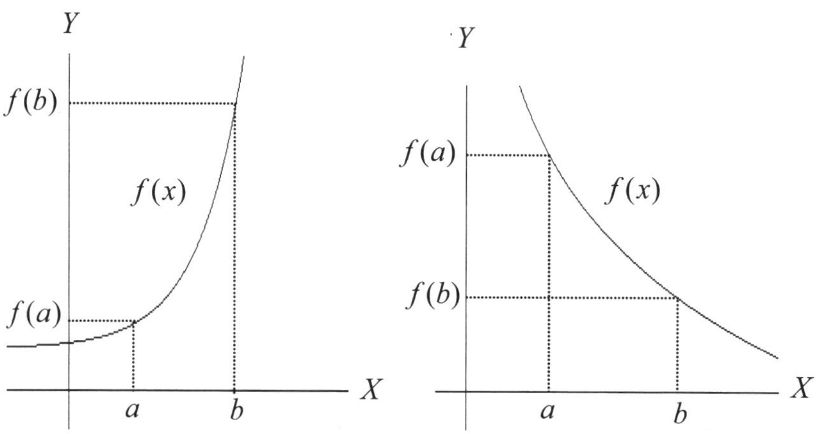

Figura 7.9. Funciones estrictamente creciente y estrictamente decreciente.

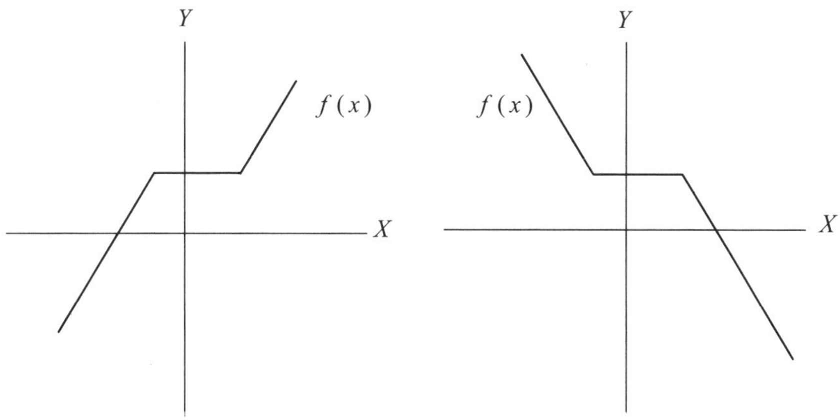

Figura 7.10. Funciones creciente y decreciente (no estrictamente).

Veamos a continuación cómo el signo de la derivada de la función nos informa sobre el crecimiento o decrecimiento de la función.

TEOREMA 4

Sea f una función continua en un intervalo $\left[a,b\right]$ y derivable en (a,b).

a) Si $f'(x)>0$ para cada x del intervalo (a,b), entonces, f es estrictamente creciente en $\left[a,b\right]$.

b) Si $f'(x)<0$ para cada x del intervalo (a,b), entonces, f es estrictamente decreciente en $\left[a,b\right]$.

Demostración

Para realizar la demostración del resultado utilizamos el Teorema del Valor Medio.

Sean x_1 y x_2 dos puntos del intervalo $\left[a,b\right]$ con $x_1<x_2$. Aplicando el Teorema del Valor Medio a la función f en el intervalo $\left[x_1,x_2\right]$, existe un punto c entre x_1 y x_2 tal que $f(x_2)-f(x_1)=f'(c)(x_2-x_1)$. Si $f'(c)>0$, entonces, $f'(c)(x_2-x_1)>0$ y $f(x_2)>f(x_1)$, por tanto, f es estrictamente creciente. El apartado b) se demuestra de forma análoga.

■

Ejemplo 13.2

La función $f(x)=\dfrac{1}{1+e^{-x}}$ cumple $f'(x)=\dfrac{e^{-x}}{(1+e^{-x})^2}>0$ y, por tanto, es estrictamente creciente en todo $\mathbb{R}$.

■

El recíproco del Teorema no es cierto. Consideremos la función $f(x)=x^3$ (Figura 7.10) que es estrictamente creciente en toda la recta real (si $a<b$, entonces, $a^3<b^3$). Sin embargo su derivada $f'(x)=3x^2$ se anula en $x=0$.

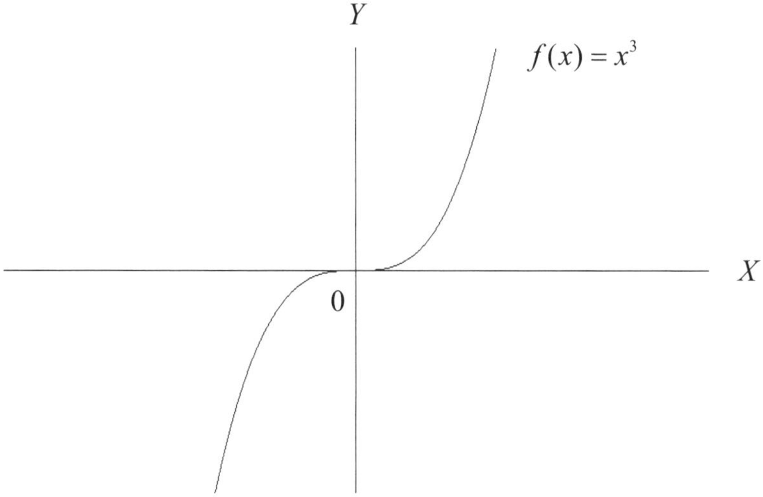

Figura 7.11.

Con una demostración similar a la del teorema anterior se puede probar el siguiente resultado:

$f'(x)\geq 0$ para cada x de (a,b) si y sólo si f es creciente en $[a,b]$.
$f'(x)\leq 0$ para cada x de (a,b) si y sólo si f es decreciente en $[a,b]$.

13.2. Derivada de la Función Inversa

Consideremos una función $f(x)$ definida en un intervalo I. Nos planteamos determinar qué condiciones debe cumplir la función $f(x)$ para que exista su inversa y sea derivable y, en este caso, estudiaremos cómo calcular su derivada.

Comenzamos con la siguiente definición:

Una función f es ***inyectiva*** en un intervalo I si para cada par de puntos x_1, x_2 de I, con $x_1 \neq x_2$, se cumple que $f(x_1)\neq f(x_2)$.

Es decir, para una función inyectiva, puntos distintos tienen imágenes distintas. Es fácil probar que una condición necesaria y suficiente para que una función tenga inversa es que sea inyectiva (para cada punto y_1 perteneciente al rango de la función existe un único punto x_1 tal que $f(x_1)=y_1$, así, la inversa de f, f^{-1}, se define asignando a cada valor y_1 del conjunto imagen el correspondiente valor x_1 del dominio de f). Observemos que, si una función no es inyectiva, entonces existen dos puntos x_1, x_2, con $x_1 \neq x_2$, que tienen la misma imagen: $f(x_1) = f(x_2) = y_1$, de donde no sería posible definir la imagen del punto y_1 por la función inversa.

Por otra parte, si una función es estrictamente creciente en un intervalo, para cada par de puntos $x_1 < x_2$ del intervalo se cumple que $f(x_1) < f(x_2)$, en particular $f(x_1) \neq f(x_2)$, y la función es inyectiva y, por tanto, tiene inversa. El razonamiento, si la función es estrictamente decreciente, es similar.

Supongamos ahora que $f(x)$ es derivable y que $f'(x) \neq 0$ para cada punto x del intervalo I. Como $f'(x) \neq 0$, entonces, o bien $f'(x) > 0$ o $f'(x) < 0$, luego, la función es estrictamente creciente o estrictamente decreciente en el intervalo y, por tanto, tiene inversa definida en $f(I)$. Se puede demostrar además, con un razonamiento más complejo, que la función inversa es derivable.

Sea $g(x)$ la función inversa de $f(x)$. Veamos ahora cómo se calcula la derivada de la función $g(x)$ en un punto $f(x)$. Por definición de función inversa se tiene que $g(f(x)) = x$. Aplicando la regla de la cadena en la expresión anterior,

$$g'(f(x))f'(x) = 1$$

como $f'(x) \neq 0$ para cada punto x del intervalo, se tiene que:

$$g'(f(x)) = \frac{1}{f(x)}$$

Si llamamos $y = f(x)$ y representamos la función inversa g por f^{-1}, se tiene la siguiente expresión equivalente:

$$\left[f^{-1}(y)\right]' = \frac{1}{f'(x)}$$

Geométricamente (véase la Figura 7.12), la fórmula anterior afirma que las gráficas de funciones inversas tienen pendientes inversas en los puntos (x, y) e (y, x).

El siguiente Teorema resume los resultados obtenidos a partir del razonamiento anterior:

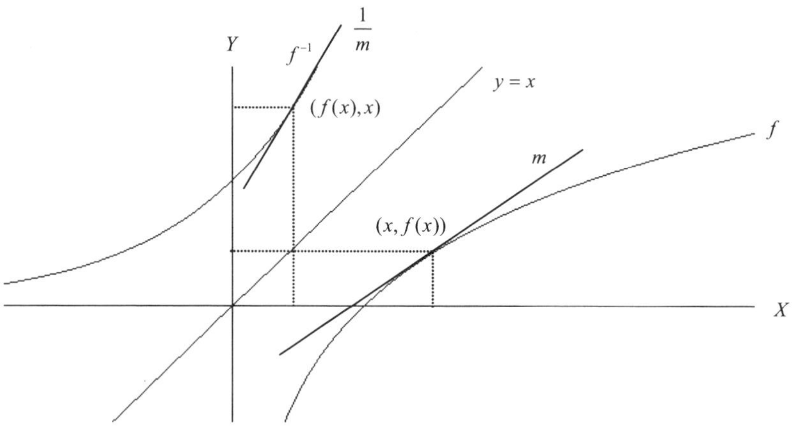

Figura 7.12. Relación entre las derivadas de las funciones f y f^{-1}.

TEOREMA 5

Sea una función $f(x)$ definida en un intervalo I

1) Si $f(x)$ es estrictamente creciente o estrictamente decreciente en el intervalo I, entonces existe la inversa de $f(x)$.

2) Si $f(x)$ es derivable en el intervalo I y además $f'(x) \neq 0$ para cada x de I, entonces existe la inversa $g(x)$ de $f(x)$, es derivable y su derivada es:

$$g'(f(x)) = \frac{1}{f'(x)}$$

Ejemplo 13.3

Sea la función $f(x) = e^x$ definida en el conjunto $\mathbb{R}$, cuyo rango es el intervalo $(0, +\infty)$. Como $f'(x) = e^x > 0$, para cada $x \in \mathbb{R}$, la función es estrictamente creciente en $\mathbb{R}$ y, aplicando el resultado anterior, tiene inversa. La inversa es la función $g(x) = \ln x$ definida en $(0, +\infty)$. La derivada de la función inversa $g(x) = \ln x$ es:

$$g'(f(x)) = \frac{1}{f'(x)} = \frac{1}{e^x}$$

de donde, llamando $y = e^x$, se tiene que $g'(y) = \frac{1}{y}$, o equivalentemente que $g'(x) = \frac{1}{x}$.

■

13.3. ÓPTIMOS LOCALES Y GLOBALES

Comencemos definiendo qué se entiende por óptimos locales y globales, para después determinar un procedimiento que nos permita calcular estos puntos.

Sea $f(x)$ una función con dominio D.

*** Óptimos globales**

El punto $x = a$ es un ***máximo global*** de f si $f(x) \leq f(a)$, para cada $x \in D$.

El punto $x = b$ es un ***mínimo global*** de f si $f(x) \geq f(b)$, para cada $x \in D$.

En un máximo global, la función alcanza su mayor valor entre todos los puntos del dominio de la función. En un mínimo global, la función toma su valor más pequeño entre todos los del dominio de la función.

*** Óptimos locales**

El punto $x = a$ es un ***máximo local*** de $f(x)$ si existe $\varepsilon > 0$ tal que $f(x) \leq f(a)$, $\forall x \in (a - \varepsilon, a + \varepsilon)$.

El punto $x = b$ es un ***mínimo local*** de $f(x)$ si existe $\varepsilon > 0$ tal que $f(x) \geq f(b)$, $\forall x \in (b - \varepsilon, b + \varepsilon)$.

En un óptimo local, la función alcanza su mayor (menor) valor entre los puntos pertenecientes a un intervalo centrado en dicho punto y de radio determinado. Observemos que, en un óptimo local, la función cambia el sentido de su crecimiento a la izquierda y derecha del punto. En el caso de un mínimo local, la función pasa de ser decreciente a creciente; y en el caso de un máximo local, la función es creciente a la izquierda del punto y decreciente a la derecha. Por otra parte, un óptimo global es siempre un óptimo local.

Los máximos y mínimos se llaman ***estrictos*** si las desigualdades que los definen son estrictas para cada $x \neq a$ y $x \neq b$ respectivamente.

Los óptimos globales se denominan también ***extremos absolutos*** y los óptimos locales, ***extremos relativos.***

Ejemplo 13.4

Consideremos la función f definida en el intervalo $[a,b]$ y cuya gráfica puede verse en la Figura 7.13.

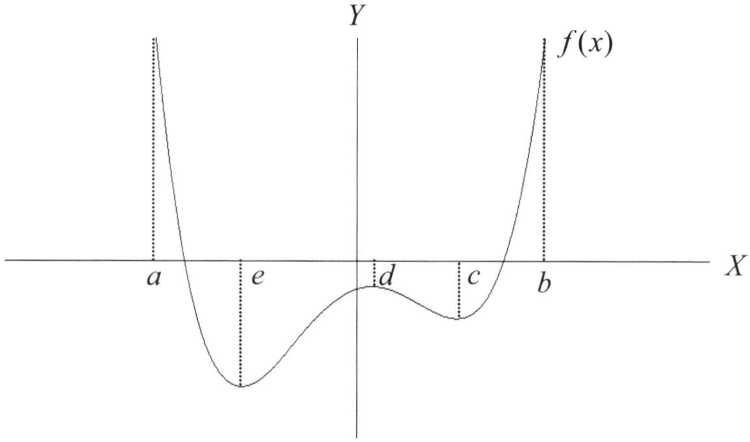

Figura 7.13. Gráfica de una función con óptimos locales y globales.

Los puntos $x = a$ y $x = b$ son máximos globales de la función f, mientras que el punto $x = e$ es el mínimo global de f. Los puntos $x = c$ y $x = d$ son un mínimo y un máximo local respectivamente de la función f.

■

Pasemos a estudiar cómo se calculan los óptimos locales. Comencemos dando la siguiente definición:

Un punto $x = a$ en el que $f'(a) = 0$ se llama ***punto crítico*** o estacionario de f.

El siguiente resultado determina una condición necesaria para que exista un óptimo local.

TEOREMA 6

Sea $x = a$ un óptimo local situado en el interior de un intervalo, entonces, $f'(a) = 0$.

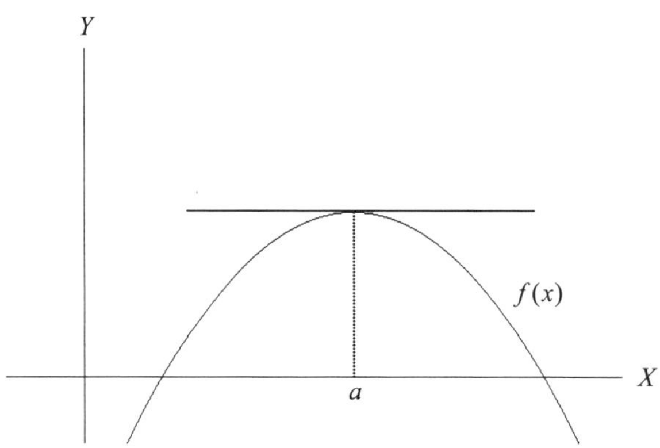

Figura 7.14.

El recíproco, sin embargo, no es cierto. Es decir, hay puntos en los que la derivada es cero (la recta tangente a la gráfica es horizontal) que no son óptimos locales. Un ejemplo de esta situación lo encontramos en la función $f(x)=x^3$ representada en la Figura 7.15, y el punto $x=0$.

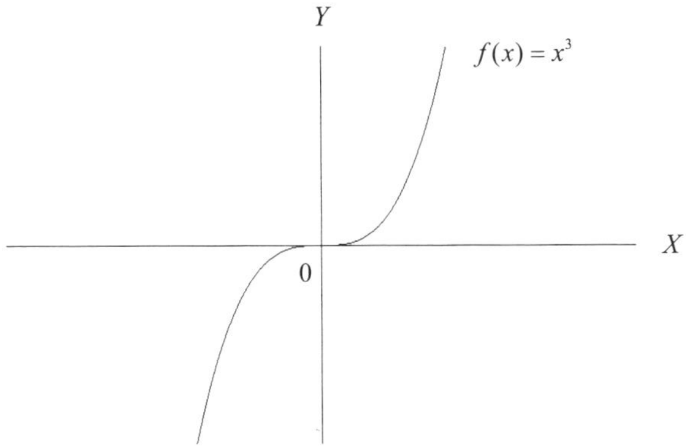

Figura 7.15. Gráfica de la función $f(x)=x^3$.

La función $f(x)=x^3$ cumple que $f'(0)=0$ y sin embargo $x=0$ no es un óptimo local de la función.

A continuación vemos un procedimiento para estudiar el crecimiento, decrecimiento y los óptimos locales. El estudio del signo de la derivada de f determina el crecimiento y decrecimiento de la función y, como consecuencia, los óptimos locales.

13.3.1. Método para el estudio del crecimiento, decrecimiento y óptimos locales

1) Cálculo de los puntos críticos de f (puntos en los que $f'(x)=0$).

2) Se representan los puntos críticos de f en la recta real y los puntos en los que la función es discontinua.

3) Se estudia el signo de la derivada f' a la izquierda y derecha de los puntos representados en el apartado anterior:

- Si en un punto crítico a la derivada cambia de positiva a negativa, el punto es máximo local.

- Si en un punto crítico a la derivada cambia de negativa a positiva, el punto es mínimo local.

- Si la derivada no cambia el signo, el punto no es ni un máximo ni un mínimo local.

Ejemplo 13.5

Estudiemos los óptimos locales de la función $f(x)=\dfrac{x^3}{(1+x)^2}$. Seguimos los pasos señalados anteriormente:

1) Cálculo de los puntos críticos:

$$f'(x)=\frac{3x^2+x^3}{(1+x)^3}=0 \Leftrightarrow x^2(3+x)=0 \Leftrightarrow \begin{array}{l} x=0 \\ x=-3 \end{array}$$

2) Representamos en la recta real los puntos $x=0$, $x=-3$ y el punto $x=-1$ de discontinuidad de la función.

3) Estudiamos el signo de f' en cada intervalo. Para ello basta elegir un punto de cada intervalo y sustituir en la derivada:

$$f'(-4)>0,\ f'(-2)<0,\ f'(-0{,}5)>0,\ f'(1)>0$$

El siguiente cuadro resume el estudio realizado:

Intervalo	$(-\infty,-3)$	$(-3,-1)$	$(-1,0)$	$(0,+\infty)$
Valor de prueba	-4	-2	$-0{,}5$	1
Signo de $f'(x)$	$+$	$-$	$+$	$+$
Resultado	creciente	decreciente	creciente	creciente

Observemos que el punto $x=-3$ es un máximo local. Sin embargo, el punto $x=-1$ no es un mínimo local, aunque la función decrezca a su izquierda y crezca a su derecha, ya que, en $x=-1$, la función no está definida. Además el punto crítico $x=0$ no es un óptimo local.

■

13.3.2. Método para el estudio de los óptimos globales

Acabamos de estudiar un procedimiento para calcular los óptimos locales de una función. Sin embargo, los óptimos globales de f no tienen por qué coincidir con los óptimos locales.

Recordemos que el Teorema de Weierstrass nos asegura que una función continua f definida sobre un intervalo cerrado $[a,b]$ siempre tiene un máximo y un mínimo global. ¿Cómo podemos hallar estos puntos? El siguiente procedimiento nos da la respuesta.

Para estudiar los óptimos globales seguimos los pasos:

1) Estudiar los puntos críticos de f en el intervalo (a,b).

2) Evaluar f en los extremos del intervalo $[a,b]$ y en los puntos críticos obtenidos.

3) El mayor valor de la función f hallado en el apartado 2 es el valor máximo de f en $[a,b]$.

4) El menor valor de la función f hallado en el apartado 2 es el valor mínimo de f en $[a,b]$.

Ejemplo 13.6

Hallemos los óptimos globales de la función $f(x)=x^2-3x+1$ en el intervalo $x\in[0,4]$.

Sigamos los pasos señalados en el método descrito anteriormente:

1) Calculamos los puntos críticos de f en el intervalo $(0,4)$:

$$f'(x)=2x-3=0 \Leftrightarrow x=\frac{3}{2}$$

2) Evaluamos la función f en los extremos del intervalo $x=0$, $x=4$ y en el punto crítico $x=\frac{3}{2}$:

$$f(0)=1,\ f\left(\frac{3}{2}\right)=-\frac{5}{4},\ f(4)=5$$

3) Tenemos que $x=\frac{3}{2}$ es el mínimo global y $x=4$ es el máximo global.

■

13.4. Concavidad y Convexidad

Sea f una función definida sobre un intervalo I de $\mathbb{R}$.

Se dice que f es ***convexa*** si, dados dos puntos cualesquiera de la gráfica de f, el segmento que los une nunca está por debajo de la gráfica de la función.

Se dice que f es ***estrictamente convexa*** si, dados dos puntos cualesquiera de la gráfica de la función, el segmento que los une siempre está por encima de la gráfica de la función.

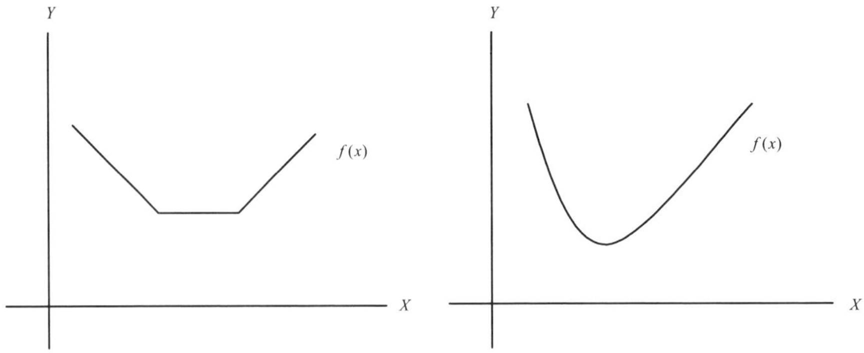

Figura 7.16. Función convexa (no estrictamente) y función estrictamente convexa.

Análogamente, se definen las funciones cóncavas y estrictamente cóncavas.

Se dice que f es ***cóncava*** si, dados dos puntos cualesquiera de la gráfica de f, el segmento que los une nunca está por encima de la gráfica de la función.

Se dice que f es ***estrictamente cóncava*** si, dados dos puntos cualesquiera de la gráfica de la función f, el segmento que los une siempre está por debajo de la gráfica de la función.

En el Capítulo 9 se estudiará en profundidad la concavidad y convexidad para funciones de más de una variable y se formalizarán con detalle las definiciones realizadas con anterioridad.

Para una función f derivable es posible caracterizar la concavidad y convexidad a partir de las rectas tangentes a la gráfica de la función. Concretamente, se tiene el siguiente resultado:

La función f es convexa (cóncava) en el intervalo I si las rectas tangentes a la gráfica de f nunca están por encima (por debajo) de la gráfica de f (Figura 7.17).

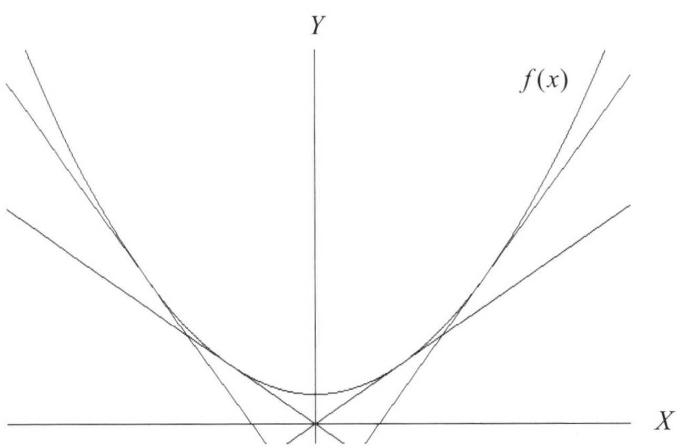

Figura 7.17. Rectas tangentes en una función estrictamente convexa.

El resultado de carácter geométrico que acabamos de enunciar se puede formalizar de la siguiente manera:

sabemos que la ecuación de la recta tangente a f en un punto $x = a$ viene dada por:

$$y = f(a) + f'(a)(x-a)$$

Consideremos el caso en el que f es convexa, es decir, las rectas tangentes a la gráfica de f nunca están por encima de f.

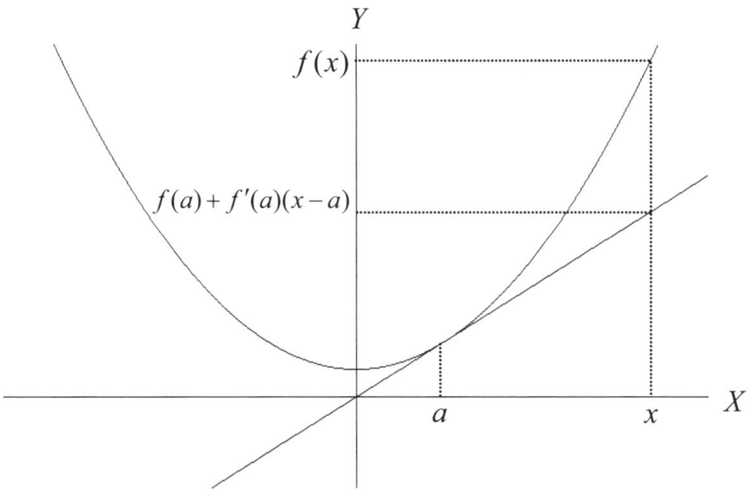

Figura 7.18.

Se cumple que, para cada x del intervalo I, la imagen de x por la función f es mayor o igual que el valor de y en la recta tangente a f correspondiente al punto x:

$$f(x) \geq f(a) + f'(a)(x-a)$$

Por tanto,

Si f es ***convexa*** en el intervalo I, entonces, para cada $a, x \in I$ se cumple:

$$f(x) \geq f(a) + f'(a)(x-a)$$

Si f es ***cóncava*** en un intervalo I, entonces, para cada $a, x \in I$ se cumple:

$$f(x) \leq f(a) + f'(a)(x-a)$$

Si las funciones son estrictamente convexa y estrictamente cóncava respectivamente, las desigualdades anteriores son estrictas.

13.4.1. Caracterización de la convexidad y concavidad mediante la derivada segunda

Cuando la función f es dos veces derivable, es posible caracterizar la convexidad y concavidad a través del signo de la derivada segunda. Realizamos el siguiente razonamiento gráfico. Si observamos la gráfica de una función convexa (véase la Figura 7.17), las pendientes de las rectas tangentes a la gráfica f van creciendo conforme x crece. Es decir, la derivada primera f' es creciente, lo cual es equivalente, como sabemos, a que la derivada de f' (que es la derivada segunda f'') sea mayor o igual que cero.

En el caso de que la función f sea cóncava, las pendientes de las rectas tangentes van decreciendo, lo que equivale a decir que la derivada segunda f'' sea menor o igual que cero.

En resumen:

$$f''(x) \geq 0 \text{ en } (a,b) \Leftrightarrow f \text{ es convexa en } (a,b) \Leftrightarrow f' \text{ es creciente en } (a,b)$$

$$f''(x) \leq 0 \text{ en } (a,b) \Leftrightarrow f \text{ es cóncava en } (a,b) \Leftrightarrow f' \text{ es decreciente en } (a,b)$$

Un razonamiento similar lleva a afirmar que:

$$f''(x) > 0 \text{ en } (a,b) \Rightarrow f \text{ es estrictamente convexa en } (a,b)$$

$$f''(x) < 0 \text{ en } (a,b) \Rightarrow f \text{ es estrictamente cóncava en } (a,b)$$

En el siguiente ejemplo mostramos cómo la derivada segunda nos permite determinar la concavidad y convexidad de una función.

Ejemplo 13.7

Determinemos la concavidad y convexidad de la función de producción $y = AK^{\alpha}$, $A > 0$, según los valores del parámetro $\alpha > 0$.

Calculamos la 1ª y 2ª derivada:

$$y' = A\alpha K^{\alpha-1}, \; y'' = A\alpha(\alpha-1)K^{\alpha-2}$$

Si $0 < \alpha < 1$, resulta que $y'' < 0$ y la función es estrictamente cóncava. Mientras que, si $\alpha > 1$, $y'' > 0$ y la función es estrictamente convexa.

■

13.4.2. Puntos de inflexión

Un punto a del dominio en el que la función cambia el sentido de la concavidad y convexidad se denomina ***punto de inflexión***.

Si la función admite derivada segunda, el signo de la derivada segunda f'' cambia a la izquierda y a la derecha de un punto de inflexión. Como consecuencia:

si $x = a$ es un punto de inflexión de f entonces $f''(a) = 0$.

Puede ocurrir que $f''(a) = 0$ y que $x = a$ no sea un punto de inflexión. Basta considerar la función $f(x) = x^4$ (véase la Figura 7.19) que es convexa al ser $f''(x) = 12x^2 \geq 0,\ \forall x \in \mathbb{R}$ y que no tiene, por tanto, puntos de inflexión, sin embargo, $f''(0) = 0$.

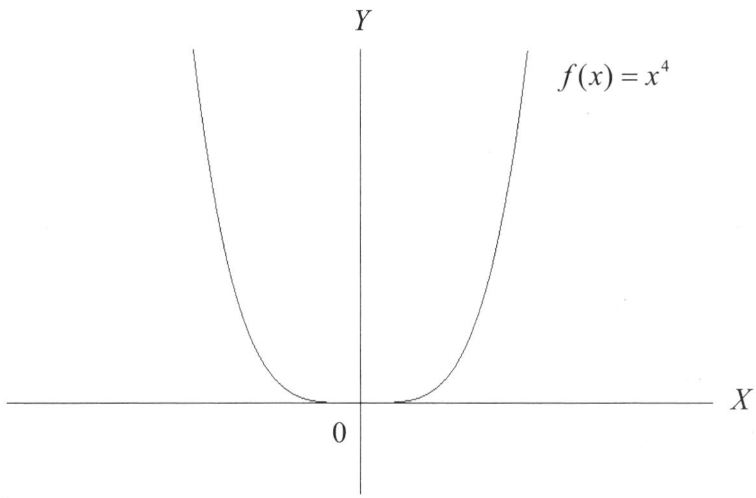

Figura 7.19.

13.4.3. Método para estudiar la concavidad, convexidad y puntos de inflexión

El método consiste en el estudio del signo de f'' y es análogo al proceso seguido para el estudio del crecimiento, decrecimiento y los óptimos locales. Seguimos los siguientes pasos:

1. Se calculan los puntos en los que $f''(x) = 0$.

2. Se representan en la recta real los puntos que anulan a la segunda derivada, junto con los puntos de discontinuidad de la función.

3. Se estudia el signo de f'' a la izquierda y derecha de cada uno de los puntos representados en el apartado anterior. Si f'' cambia de signo alrededor de un punto de continuidad, tenemos un punto de inflexión.

Ejemplo 13.8

Estudiemos la concavidad y convexidad y puntos de inflexión de la función $f(x) = \dfrac{x}{x^2 - 1}$.

Calculamos las derivadas 1ª y 2ª de la función $f(x)$:

$$f'(x) = \frac{-1 - x^2}{\left(x^2 - 1\right)^2}, \qquad f''(x) = \frac{2x\left(x^2 + 3\right)}{\left(x^2 - 1\right)^3}$$

Hallamos los puntos que anulan a f'':

$$f''(x) = 0 \Leftrightarrow 2x\left(x^2 + 3\right) = 0 \Leftrightarrow x = 0$$

y estudiamos el signo de f'' a la izquierda y derecha del punto $x = 0$ y de los puntos $x = 1$ y $x = -1$ en los que la función f es discontinua:

Intervalo	$(-\infty, -1)$	$(-1, 0)$	$(0, 1)$	$(1, +\infty)$
Valor de prueba	-2	$-\frac{1}{2}$	$\frac{1}{2}$	2
Signo de $f''(x)$	$-$	$+$	$-$	$+$
Resultado	cóncava	convexa	cóncava	convexa

El punto $x = 0$ es el único punto de inflexión de $f(x)$ (recuerde que la función no está definida en $x = -1$ y $x = 1$, por tanto, no pueden ser puntos de inflexión aunque cambie el sentido de la concavidad y convexidad en dichos puntos).

■

Por último, estudiemos un criterio a partir de la derivada segunda para determinar los máximos y mínimos locales de una función.

13.4.4. Criterio para determinar los óptimos locales a partir de la derivada segunda

Con frecuencia se usa la segunda derivada para obtener un criterio sencillo acerca de los máximos y mínimos de la función.

TEOREMA 7

Sea f una función con derivada segunda en un punto $x = a$ en el que $f'(a) = 0$.

1) Si $f''(a) < 0$ entonces, el punto a es un máximo local de f.

2) Si $f''(a) > 0$ entonces, el punto a es un mínimo local de f.

Demostración

Si $f''(a) < 0$, la derivada segunda de f sigue siendo negativa en un entorno del punto $x = a$, por tanto, la función es cóncava en un entorno de dicho punto y la primera derivada es decreciente en dicho entorno. Por hipótesis sabemos que, en el punto $x = a$ la derivada es igual a cero, lo que, unido a que f' es decreciente, nos lleva a concluir que $f' > 0$ a la izquierda del punto $x = a$ y $f' < 0$ a la derecha del punto $x = a$. De esta forma, la función f es creciente a la izquierda del punto $x = a$ y decreciente a la derecha de dicho punto, y el punto $x = a$ es un máximo local. La demostración del apartado 2) es análoga.

■

Ejemplo 13.9

Estudiemos los óptimos locales de la función $f(x) = \dfrac{x}{x^2 + 1}$.

Calculamos en primer lugar los puntos críticos de la función:

$$f'(x) = \frac{1 - x^2}{(x^2 + 1)^2} = 0 \Leftrightarrow 1 - x^2 = 0 \Leftrightarrow x = 1, x = -1$$

y a continuación evaluamos la segunda derivada $f''(x) = \dfrac{2x(x^2 - 3)}{(x^2 + 1)^3}$ en cada punto crítico:

$$f''(1) = -\frac{1}{2} \text{ y } f''(-1) = \frac{1}{2}$$

Aplicando el resultado anterior, $x = 1$ es un máximo local y $x = -1$, un mínimo local.

■

14. Una Aplicación de la Derivada al Cálculo de Límites: Regla de L'hôpital

Una de las múltiples aplicaciones de la derivada es la referente al cálculo de límites. En el Capítulo 6 estudiamos las expresiones indeterminadas que pueden aparecen cuando se calcula un límite. En estos casos no se sabe si existe el límite, ni cuál puede ser su valor, en caso de existir, sin realizar un estudio especial. En el mismo capítulo resolvimos algunas indeterminaciones en casos muy concretos aplicando diversas técnicas. Sin embargo, la mayoría de los límites en los que aparecen indeterminaciones no pueden resolverse aplicando las técnicas propuestas. En el presente epígrafe presentamos un resultado, conocido como regla de L'Hôpital, que nos permitirá resolver un gran número de límites en los que hay presentes indeterminaciones.

El siguiente teorema agrupa en un resultado diversos casos de la regla de L'Hôpital.

Teorema. Regla de L'hôpital

Sean f y g dos funciones derivables en un intervalo abierto que contenga al punto a, excepto, quizás, en el punto a y $g'(x) \neq 0$ en un intervalo que contenga al punto a. Si el límite del cociente $\dfrac{f(x)}{g(x)}$ cuando x tiende al punto a es una indeterminación del tipo $\dfrac{0}{0}$ o $\dfrac{\infty}{\infty}$ y existe el valor del límite $\lim\limits_{x\to a}\dfrac{f'(x)}{g'(x)}$ (o su valor es ∞), entonces:

$$\lim_{x\to a}\frac{f(x)}{g(x)} = \lim_{x\to a}\frac{f'(x)}{g'(x)}$$

Otra forma de la regla de L'Hôpital establece con hipótesis similares a las anteriores que si $x \to \pm\infty$, entonces:

$$\lim_{x\to\pm\infty}\frac{f(x)}{g(x)} = \lim_{x\to\pm\infty}\frac{f'(x)}{g'(x)}$$

Ejemplo 14.1

1) Calculemos el límite siguiente:

$$\lim_{x\to 0}\frac{e^x - 1}{x}$$

El límite presenta una indeterminación del tipo $\frac{0}{0}$. Aplicando la regla de L'Hôpital,

$$\lim_{x\to 0}\frac{e^x-1}{x}=\lim_{x\to 0}\frac{e^x}{1}=1$$

2) Calculemos el límite siguiente:

$$\lim_{x\to +\infty}\frac{\ln x}{x}$$

El límite presenta una indeterminación del tipo $\frac{\infty}{\infty}$. Aplicando la regla de L'Hôpital,

$$\lim_{x\to +\infty}\frac{\ln x}{x}=\lim_{x\to +\infty}\frac{1/x}{1}=0$$

3) La regla de L'Hôpital puede aplicarse de forma reiterada como ocurre en el siguiente límite:

$$\lim_{x\to 0^+}\frac{e^x-x-1}{x^3}$$

En este caso, el límite presenta una indeterminación del tipo $\frac{0}{0}$. Aplicando la regla de L'Hôpital, se tiene que:

$$\lim_{x\to 0^+}\frac{e^x-x-1}{x^3}=\lim_{x\to 0^+}\frac{e^x-1}{3x^2}=\lim_{x\to 0^+}\frac{e^x}{6x}=+\infty$$

■

Hay dos errores bastante frecuentes que se cometen al aplicar la regla de L'Hôpital. El primero consiste en aplicar la regla cuando no hay indeterminación de los tipos $\frac{\infty}{\infty}$ y $\frac{0}{0}$. El segundo error es aplicar la derivada del cociente a la función $\frac{f(x)}{g(x)}$ para determinar el límite.

Por otra parte, la regla de L'Hôpital resuelve también las indeterminaciones del tipo: $0\cdot\infty$, $\infty-\infty$, 1^∞, ∞^0 y 0^0. El procedimiento consiste en transformar cada una de estas indeterminaciones en una del tipo $\frac{0}{0}$ o $\frac{\infty}{\infty}$ mediante la transformación apropiada. Las igualdades algebraicas usadas en cada caso para realizar la transformación son: $A \cdot B = \dfrac{A}{1/B}$ para el caso $0 \cdot \infty$, $A - B = A(1 - \dfrac{B}{A})$ para el caso $\infty - \infty$ y $A^B = e^{B \ln A}$ en los casos 0^0, ∞^0 y 1^∞.

Ejemplo 14.2 (Caso $0 \cdot \infty$)

El límite,

$$\lim_{x \to 0^+} x \ln x$$

presenta una indeterminación del tipo $0 \cdot \infty$. Realizando la transformación $x \ln x = \dfrac{\ln x}{\frac{1}{x}}$, la indeterminación es del tipo $\dfrac{\infty}{\infty}$. Aplicando la regla de L'Hôpital, se tiene que:

$$\lim_{x \to 0^+} x \ln x = \lim_{x \to 0^+} \frac{\ln x}{\frac{1}{x}} = \lim_{x \to 0^+} \frac{\frac{1}{x}}{-\frac{1}{x^2}} = \lim_{x \to 0^+} \frac{-x^2}{x} = \lim_{x \to 0^+} -x = 0$$

■

Ejemplo 14.3 (Caso $\infty - \infty$)

El límite

$$\lim_{x \to 0^+} \left(\frac{1}{x} - \frac{1}{e^x - 1} \right)$$

presenta una indeterminación del tipo $\infty - \infty$. Operando en la expresión anterior, la función puede expresarse equivalentemente como $\dfrac{e^x - 1 - x}{x(e^x - 1)}$. Así,

$$\lim_{x \to 0^+} \left(\frac{1}{x} - \frac{1}{e^x - 1} \right) = \lim_{x \to 0^+} \frac{e^x - 1 - x}{x(e^x - 1)}$$

y tenemos una indeterminación del tipo $\dfrac{0}{0}$. Aplicando la regla de L'Hôpital dos veces, se tiene que:

$$\lim_{x \to 0^+} \left(\frac{1}{x} - \frac{1}{e^x - 1} \right) = \lim_{x \to 0^+} \frac{e^x - 1 - x}{x(e^x - 1)} = \lim_{x \to 0^+} \frac{e^x - 1}{e^x - 1 + xe^x} =$$

$$= \lim_{x \to 0^+} \frac{e^x}{e^x + e^x + xe^x} = \frac{1}{2}$$

■

Ejemplo 14.4 (Casos $0^0, \infty^0$ y 1^∞)

1) El límite,

$$\lim_{x\to 0^+} x^x$$

presenta una indeterminación del tipo 0^0. Realizando la transformación $x^x = e^{x\ln x}$, se tiene que[6]

$$\lim_{x\to 0^+} x^x = \lim_{x\to 0^+} e^{x\ln x} = \exp\left(\lim_{x\to 0^+} x\ln x\right)$$

donde el nuevo límite presenta una indeterminación del tipo $0\cdot\infty$. Como $\lim_{x\to 0^+} x\ln x = 0$ (véase el ejercicio anterior), sustituyendo, se tiene que:

$$\lim_{x\to 0^+} x^x = \lim_{x\to 0^+} e^{x\ln x} = \exp\left(\lim_{x\to 0^+} x\ln x\right) = e^0 = 1$$

2) Calculemos el valor de $\lim_{x\to 0^+}\left(\frac{1}{x}\right)^{\operatorname{sen} x}$

En este caso, el límite presenta una indeterminación del tipo ∞^0. Realizando la transformación $\left(\frac{1}{x}\right)^{\operatorname{sen} x} = e^{\operatorname{sen} x \ln\left(\frac{1}{x}\right)}$, se tiene que

$$\lim_{x\to 0^+}\left(\frac{1}{x}\right)^{\operatorname{sen} x} = \lim_{x\to 0^+} e^{\operatorname{sen} x \ln\left(\frac{1}{x}\right)} = \exp\left(\lim_{x\to 0^+} \operatorname{sen} x \ln\left(\frac{1}{x}\right)\right) = \exp\left(\lim_{x\to 0^+}(-\operatorname{sen} x\ln x)\right)$$

donde el nuevo límite $\lim_{x\to 0^+}(-\operatorname{sen} x\ln x)$ presenta una indeterminación del tipo $0\cdot\infty$. El límite puede transformarse en uno del tipo $\frac{\infty}{\infty}$ escribiendo la función $-\operatorname{sen} x\ln x$ de la forma $\frac{-\ln x}{\frac{1}{\operatorname{sen} x}}$. Realizada esta transformación y aplicando la regla de L`Hôpital, se tiene que:

$$\lim_{x\to 0^+}(-\operatorname{sen} x\ln x) = \lim_{x\to 0^+}\frac{-\ln x}{\frac{1}{\operatorname{sen} x}} = \lim_{x\to 0^+}\frac{-\frac{1}{x}}{\frac{-\cos x}{(\operatorname{sen} x)^2}} = \lim_{x\to 0^+}\frac{(\operatorname{sen} x)^2}{x\cos x} =$$

[6] $\exp(x) = e^x$

$$= \lim_{x\to 0^+} \frac{2\operatorname{sen} x \cos x}{\cos x - x\operatorname{sen} x} = \frac{0}{1} = 0$$

Sustituyendo el valor obtenido, se llega a que:

$$\lim_{x\to 0^+} \left(\frac{1}{x}\right)^{\operatorname{sen} x} = e^0 = 1$$

3) Calculemos el valor de:

$$\lim_{x\to 0^+} (\cos x)^{\frac{1}{x}}$$

En este caso, el límite presenta una indeterminación del tipo 1^∞. Realizando la transformación $(\cos x)^{\frac{1}{x}} = e^{\frac{1}{x}\ln(\cos x)}$, se tiene que:

$$\lim_{x\to 0^+} (\cos x)^{\frac{1}{x}} = \lim_{x\to 0^+} e^{\frac{1}{x}\ln(\cos x)} = \exp\left(\lim_{x\to 0^+} \frac{1}{x}\ln(\cos x)\right)$$

donde el nuevo límite $\lim_{x\to 0^+} \frac{1}{x}\ln(\cos x)$ presenta una indeterminación del tipo $\infty \cdot 0$. El límite puede transformarse en uno del tipo $\frac{\infty}{\infty}$ escribiendo la función $\frac{1}{x}\ln(\cos x)$ de la forma $\frac{\ln(\cos x)}{x}$. Realizada esta transformación y aplicando la regla de L`Hôpital, se tiene que:

$$\lim_{x\to 0^+} \frac{1}{x}\ln(\cos x) = \lim_{x\to 0^+} \frac{\ln(\cos x)}{x} = \lim_{x\to 0^+} \frac{\frac{-\operatorname{sen} x}{\cos x}}{1} = \lim_{x\to 0^+} \frac{-\operatorname{sen} x}{\cos x} = 0$$

Sustituyendo el valor obtenido, se llega a que:

$$\lim_{x\to 0^+} (\cos x)^{\frac{1}{x}} = e^0 = 1$$

■

EJERCICIOS RESUELTOS

1. Calcule la derivada de la función $f(x)=\dfrac{1}{x^2}$ en el punto $x=1$ aplicando la definición.

Solución

Escribiendo la definición de derivada, resulta que:

$$f'(1)=\lim_{h\to 0}\frac{f(1+h)-f(1)}{h}=\lim_{h\to 0}\frac{\dfrac{1}{(1+h)^2}-1}{h}=\lim_{h\to 0}\frac{\dfrac{1-h^2-2h-1}{(1+h)^2}}{h}=$$

$$=\lim_{h\to 0}\frac{-h^2-2h}{h(1+h)^2}=\lim_{h\to 0}\frac{-h-2}{(1+h)^2}=-2$$

2. Estudie la derivabilidad de la función $f(x)=\begin{cases} x+1 & x<0 \\ x^2+1 & x\geq 0\end{cases}$ en el punto $x=0$.

Solución

Calculamos las derivadas laterales de $f(x)$ en el punto $x=0$:

$$f'_-(0)=\lim_{h\to 0^-}\frac{f(0+h)-f(0)}{h}=\lim_{h\to 0^-}\frac{f(h)-1}{h}=\lim_{h\to 0^-}\frac{h+1-1}{h}=1$$

$$f'_+(0)=\lim_{h\to 0^+}\frac{f(0+h)-f(0)}{h}=\lim_{h\to 0^+}\frac{f(h)-1}{h}=\lim_{h\to 0^+}\frac{h^2+1-1}{h}=0$$

Como las derivadas laterales son diferentes, podemos afirmar que f no es derivable en $x=0$ y que no existe $f'(0)$.

3. Calcule la derivada de la función $f(x)=x+2\sqrt{x}$ aplicando la definición.

Solución

$$f'(x)=\lim_{h\to 0}\frac{f(x+h)-f(x)}{h}=\lim_{h\to 0}\frac{(x+h)+2\sqrt{x+h}-(x+2\sqrt{x})}{h}=$$

$$=\lim_{h\to 0}\frac{h+2\sqrt{x+h}-2\sqrt{x}}{h}=\lim_{h\to 0}\frac{h}{h}+2\lim_{h\to 0}\frac{\sqrt{x+h}-\sqrt{x}}{h}=1+\frac{1}{\sqrt{x}}$$

ya que:

$$\lim_{h\to 0}\frac{\sqrt{x+h}-\sqrt{x}}{h}=\lim_{h\to 0}\frac{(\sqrt{x+h}-\sqrt{x})(\sqrt{x+h}+\sqrt{x})}{h\left(\sqrt{x+h}+\sqrt{x}\right)}=$$

$$=\lim_{h\to 0}\frac{x+h-x}{h\left(\sqrt{x+h}+\sqrt{x}\right)}=\lim_{h\to 0}\frac{1}{\sqrt{x+h}+\sqrt{x}}=\frac{1}{2\sqrt{x}}$$

4. Halle la derivada de las siguientes funciones

a) $y=\dfrac{x^2\sqrt{ax+b}}{(cx+d)^3}$ b) $y=[f(x)]^n[g(x)]^m$ c) $y=[f(x)]^{g(x)}$

Solución

En los tres casos aplicaremos la técnica conocida con el nombre de derivación logarítmica. El procedimiento se lleva a cabo aplicando logaritmos y derivando posteriormente. El método simplifica considerablemente la derivación de funciones en las que aparecen potencias, productos y cocientes.

a) Aplicamos logaritmos en la expresión $y=\dfrac{x^2\sqrt{ax+b}}{(cx+d)^3}$:

$$\ln y=\ln\frac{x^2\sqrt{ax+b}}{(cx+d)^3}=\ln x^2+\ln\sqrt{ax+b}-\ln(cx+d)^3=$$

$$=2\ln x+\frac{1}{2}\ln(ax+b)-3\ln(cx+d)$$

Derivando respecto de x ambos miembros,

$$\frac{y'}{y}=\frac{2}{x}+\frac{1}{2}\frac{a}{ax+b}-\frac{3c}{cx+d}$$

y despejando posteriormente el valor de la derivada, se llega a que:

$$y'=\frac{x^2\sqrt{ax+b}}{(cx+d)^3}\left(\frac{2}{x}+\frac{1}{2}\frac{a}{ax+b}-\frac{3c}{cx+d}\right)$$

b) Aplicamos logaritmos en la expresión $y=[f(x)]^n[g(x)]^m$:

$$\ln y=\ln[f(x)]^n[g(x)]^m=\ln[f(x)]^n+\ln[g(x)]^m=$$

$$=n\ln[f(x)]+m\ln[g(x)]$$

Derivando ambos miembros,

$$\frac{y'}{y} = n\frac{f'(x)}{f(x)} + m\frac{g'(x)}{g(x)}$$

y despejando posteriormente el valor de la derivada, se llega a que:

$$y' = [f(x)]^n [g(x)]^m \left[n\frac{f'(x)}{f(x)} + m\frac{g'(x)}{g(x)} \right]$$

o equivalentemente:

$$y' = n[f(x)]^{n-1}[g(x)]^m f'(x) + m[f(x)]^n [g(x)]^{m-1} g'(x)$$

c) Aplicamos logaritmos en la expresión $y = [f(x)]^{g(x)}$:

$$\ln y = \ln[f(x)]^{g(x)} = g(x)\ln[f(x)]$$

Derivando ambos miembros,

$$\frac{y'}{y} = g'(x)\ln[f(x)] + g(x)\frac{f'(x)}{f(x)}$$

y despejando posteriormente el valor de la derivada, se llega a que:

$$y' = [f(x)]^{g(x)} \left[g'(x)\ln[f(x)] + g(x)\frac{f'(x)}{f(x)} \right]$$

5. Aplique la regla de la cadena para calcular la derivada de la función $F(x) = f(x + g(x))$, siendo f y g funciones derivables.

Solución

Llamando $u(x) = x + g(x)$, se tiene que $F(x) = f(u(x))$. Aplicando la regla de la cadena:

$$F'(x) = f'(u(x)) \cdot u'(x) = f'(x + g(x)) \cdot (1 + g'(x))$$

6. Supongamos que la cantidad demandada de un bien está dada por $D(p) = 2000\, p^{-1,2}$ y que el precio va cambiando con el tiempo según la función $p = 2 + 0,2\,t$, donde el tiempo t viene medido en meses. Determine la tasa de cambio de la demanda con respecto al tiempo dentro de 4 meses.

Solución

La tasa de cambio de la demanda con respecto al tiempo es la derivada de D con respecto a t, $\frac{dD}{dt}$. Aplicando la regla de la cadena,

$$\frac{dD}{dt} = \frac{dD}{dp} \cdot \frac{dp}{dt} = -1,2 \cdot 2000 \cdot p^{-2,2} \cdot 0,2$$

Para $t = 4$, el valor del precio es $p = 2,8$; sustituyendo, se tiene que:

$$\frac{dD}{dt}(t = 4) = -1,2 \cdot 2000 \cdot 2,8^{-2,2} \cdot 0,2 = -49,83$$

Dentro de 4 meses la demanda disminuirá a una tasa de 49,83 unidades / mes.

7. Escriba la ecuación de la recta tangente a la curva $f(x) = (\operatorname{sen} x)^x$ en $x = \frac{\pi}{2}$.

Solución

La ecuación de la recta tangente a una función $f(x) = (\operatorname{sen} x)^x$ en el punto $x = \frac{\pi}{2}$ está dada por:

$$y - f(\frac{\pi}{2}) = f'(\frac{\pi}{2})(x - \frac{\pi}{2})$$

La derivada de la función puede hallarse aplicando derivación logarítmica:

- Aplicamos logaritmos:

$$\ln f(x) = \ln\,(\operatorname{sen} x)^x = x \ln(\operatorname{sen} x)$$

- Derivamos ambos miembros:

$$\frac{f'(x)}{f(x)} = \ln(\operatorname{sen} x) + x\frac{\cos x}{\operatorname{sen} x}$$

- Despejamos la derivada de la función:

$$f'(x) = (\operatorname{sen} x)^x \left[\ln(\operatorname{sen} x) + x\frac{\cos x}{\operatorname{sen} x} \right]$$

Evaluando la derivada en el punto $x = \frac{\pi}{2}$, se tiene que $f'(\frac{\pi}{2}) = \ln 1 + \frac{\pi}{2}\frac{0}{1} = 0$.

Como $f\left(\frac{\pi}{2}\right) = 1$, la ecuación de la recta tangente es

$$y - 1 = 0 \cdot (x - \frac{\pi}{2}) \Leftrightarrow y = 1$$

8. Halle los valores de α, β para que la gráfica de la función $f(x) = x^2 + \alpha x + \beta$ pase por el punto (2,4) y la recta tangente a la curva en dicho punto sea $2x - y = 0$.

Solución

La función pasa por el punto (2,4) si se cumple que $f(2) = 4$, o equivalentemente $4 + 2\alpha + \beta = 4$. Por otra parte, si la recta tangente a la gráfica de la función es $2x - y = 0$, la derivada de la función en el punto $x = 2$ ha de coincidir con la pendiente de la recta tangente, por tanto, $f'(2) = 2$. Como $f'(x) = 2x + \alpha$,

$$f'(2) = 2 \Leftrightarrow 4 + \alpha = 2$$

de donde $\alpha = -2$. Sustituyendo en la ecuación $4 + 2\alpha + \beta = 4$, se tiene que $\beta = 4$.

9. Halle la ecuación de la recta de pendiente $m = 1$ que es tangente a la curva $y = \dfrac{1+x}{x^2}$.

Solución

Para determinar la ecuación de la recta tangente, necesitamos el punto x de tangencia entre la recta y la curva. Como la recta tangente tiene pendiente $m = 1$, en este punto se ha de cumplir que $y'(x) = 1$. Calculamos la derivada de la función:

$$y' = \frac{x^2 - 2x(1+x)}{x^4} = \frac{-x-2}{x^3}$$

Como $y'(x) = 1$, se verifica que $\dfrac{-x-2}{x^3} = 1$, o equivalentemente que $x^3 + x + 2 = 0$ y, por tanto, $x = -1$. El punto de tangencia es $(-1, y(-1)) = (-1,0)$ y la ecuación de la recta tangente $y = x - 1$.

10. Se estima que, dentro de x meses, el número de personas que forma la población de una ciudad se ajusta a la función $P(x) = 2x^2 + 15x + 20000$.

a) ¿Cuál será la tasa de cambio media mensual de la población con respecto al tiempo en el 1er año?

b) ¿Cuál será la tasa de cambio instantánea de la población con respecto al tiempo dentro un año?

c) ¿Cuál será el incremento de la población durante el mes 12?

Solución

a) Tasa de cambio media $= \dfrac{P(12)-P(0)}{12-0} = \dfrac{2\cdot 12^2+15\cdot 12}{12} = 39$ personas al mes.

b) La tasa de cambio instantánea es la derivada de la función en el punto correspondiente: $P'(12)$. Como $P'(x)=4x+15$, sustituyendo, se tiene que $P'(12)=63$ y la tasa de cambio dentro de 12 meses es de 63 personas al mes.

c) Basta calcular la diferencia $P(12)-P(11)=61$ personas.

11. Sea $D(p)=20p^{-1/3}+10$ la función de demanda de un bien, siendo p el precio del bien. Sabiendo que el precio actual del bien es de 15 unidades, aplique la diferencial para determinar aproximadamente la variación de la demanda cuando se produce un incremento del precio en 1,5 unidades. ¿Cuál es el error cometido en la aproximación?

Solución

Aplicando la diferencial se tiene que:

$$\Delta D = D(16{,}5)-D(15) \approx dD = D'(15)\cdot \Delta p = D'(15)\cdot 1{,}5 = -0{,}27$$

ya que $D'(p) = -\dfrac{20}{3}p^{-4/3}$. Por otra parte, la variación exacta de la demanda es $\Delta D = D(16{,}5)-D(15) = -0{,}25$ y el error cometido en la aproximación por la diferencial es 0,02 unidades.

12. ¿Qué valores han de tomar a,b,c,d para que $f(x)=ax^3+bx^2+cx+d$ tenga un punto crítico en $x=1$ y un punto de inflexión con tangente de ecuación $y=2x$ en el origen?

Solución

Si la función tiene un punto crítico en $x=1$, entonces, $f'(1)=0$. Por otra parte, si la función tiene un punto de inflexión en el origen, entonces, $f''(0)=0$ y $f(0)=0$, ya que el origen es un punto de la gráfica de la función. Además, en el origen, la recta tangente es $y=2x$, de donde $f'(0)=2$. Como $f'(x)=3ax^2+2bx+c$ y $f''(x)=6ax+2b$, las condiciones sobre la función se traducen en las ecuaciones siguientes:

$$\left.\begin{array}{r} f'(1)=0 \\ f''(0)=0 \\ f(0)=0 \\ f'(0)=2 \end{array}\right\} \Rightarrow \left.\begin{array}{c} 3a+2b+c=0 \\ 2b=0 \\ d=0 \\ c=2 \end{array}\right\}$$

de donde $a=-\dfrac{2}{3}$, $b=0$, $c=2$ y $d=0$.

13. Encuentre los valores de a,b y c para que la función $f(x)=ax^2+b\ln x+cx$ tenga un punto de inflexión de pendiente -1 en el punto (1,2).

Solución

Si la función tiene un punto de inflexión en el punto (1,2), se cumple que $f''(1)=0$. Por otra parte, si la pendiente en dicho punto es -1, entonces, $f'(1)=-1$. Por último, la gráfica de la función pasa por el punto (1,2), de donde $f(1)=2$. Teniendo en cuenta que $f'(x)=2ax+\dfrac{b}{x}+c$ y $f''(x)=2a-\dfrac{b}{x^2}$, obtenemos el sistema de ecuaciones siguiente:

$$\left.\begin{array}{r} f''(1)=0 \\ f'(1)=-1 \\ f(1)=2 \end{array}\right\} \Rightarrow \left.\begin{array}{c} 2a-b=0 \\ 2a+b+c=-1 \\ a+c=2 \end{array}\right\}$$

Resolviendo el sistema, se obtiene que $a=-1, b=-2$ y $c=3$.

14. Conocida la gráfica de $f'(x)$ (Figura 7.20.), estudie el crecimiento, decrecimiento, concavidad y convexidad de la función $f(x)$.

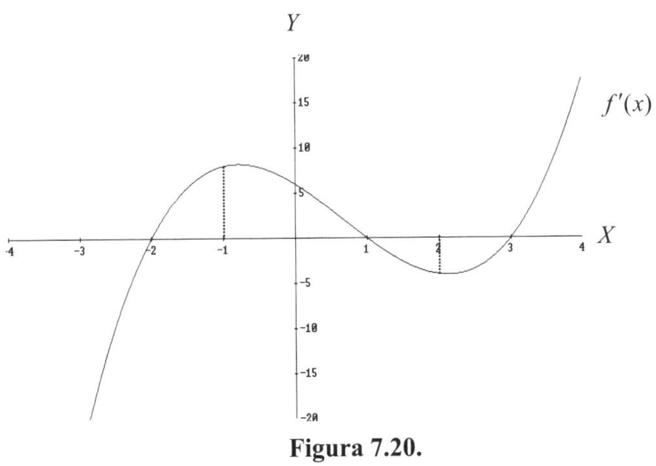

Figura 7.20.

Solución

Para determinar el crecimiento y decrecimiento de la función $f(x)$, estudiamos el signo de la derivada. A partir de la gráfica de $f'(x)$, se estudian las regiones en las que es positiva y las regiones en las que es negativa:

Intervalos	$(-\infty,-2)$	$(-2,1)$	$(1,3)$	$(3,+\infty)$
Signo de $f'(x)$	$-$	$+$	$-$	$+$
Crecimiento de $f(x)$	Decreciente	Creciente	Decreciente	Creciente

Como consecuencia, el punto $x=-2$ es un mínimo local de la función $f(x)$, $x=1$ es un máximo local y $x=3$ es un mínimo local.

La concavidad y convexidad de la función $f(x)$ está determinada por el crecimiento y decrecimiento de la derivada $f'(x)$. De nuevo, a partir de la gráfica de $f'(x)$, hallamos los intervalos de crecimiento y decrecimiento de $f'(x)$:

Intervalos	$(-\infty,-1)$	$(-1,2)$	$(2,+\infty)$
Crecimiento de $f'(x)$	Creciente	Decreciente	Creciente
Signo de $f''(x)$	$+$	$-$	$+$
Convexidad de $f(x)$	Convexa	Cóncava	Convexa

Como consecuencia, los puntos $x=-1$ y $x=2$ son puntos de inflexión de la función $f(x)$.

15. Calcule la elasticidad de la función de demanda $D(p)=Ap^{-\alpha}$.

Solución

La elasticidad de la demanda con respecto al precio está dada por $\varepsilon_{Dp}=\frac{p}{D}\frac{dD}{dp}$. Como $\frac{dD}{dp}=-\alpha Ap^{-\alpha-1}$, entonces:

$$\varepsilon_{Dp}=\frac{p}{D}\frac{dD}{dp}=\frac{p}{D}(-\alpha Ap^{-\alpha-1})=\frac{p}{Ap^{-\alpha}}(-\alpha Ap^{-\alpha-1})=-\alpha$$

16. Demuestre que la elasticidad del cociente de dos funciones es la diferencia entre las elasticidades del numerador y denominador.

Solución

Si llamamos $y = \dfrac{f(x)}{g(x)}$, la elasticidad de y con respecto a x está dada por:

$$\varepsilon_{yx} = y'\frac{x}{y} = \left(\frac{f(x)}{g(x)}\right)' \frac{x}{\dfrac{f(x)}{g(x)}} = \frac{f'(x)g(x) - f(x)g'(x)}{g^2(x)} \cdot \frac{x\,g(x)}{f(x)} =$$

$$= \frac{f'(x)g(x) - f(x)g'(x)}{g(x)} \cdot \frac{x}{f(x)} =$$

$$= \left[f'(x) - \frac{f(x)g'(x)}{g(x)} \right] \cdot \frac{x}{f(x)} =$$

$$= f'(x) \cdot \frac{x}{f(x)} - g'(x) \cdot \frac{x}{g(x)} = \varepsilon_{fx} - \varepsilon_{gx}$$

17. Sea la función $f(t) = \dfrac{K}{1 + c e^{-at}}$, donde a, c y K son constantes positivas.

a) Demuestre que la tasa de crecimiento de $f(t)$ con respecto a t cumple la ecuación $f'(t) = a\,f(t)\left(1 - \dfrac{f(t)}{K}\right)$

b) Pruebe que la función no tiene óptimos.

c) Demuestre que $f''(t) = a^2\,f(t)\left(1 - \dfrac{f(t)}{K}\right)\left(1 - 2\dfrac{f(t)}{K}\right)$

d) Calcule los puntos de inflexión de la función $f(t)$.

Solución

a) Probar la igualdad $f'(t) = a\,f(t)\left(1 - \dfrac{f(t)}{K}\right)$ es equivalente a demostrar $\dfrac{f'(t)}{f(t)} = a\left(1 - \dfrac{f(t)}{K}\right)$. Como la derivada de la función $f(t) = \dfrac{K}{1 + c e^{-at}}$ está dada por $f'(t) = \dfrac{K a c e^{-at}}{(1 + c e^{-at})^2}$, entonces, $\dfrac{f'(t)}{f(t)} = \dfrac{a c e^{-at}}{(1 + c e^{-at})}$. Por otra parte,

$a\left(1-\dfrac{f(t)}{K}\right)=a\left(1-\dfrac{1}{1+ce^{-at}}\right)=\dfrac{ace^{-at}}{1+ce^{-at}}$ y se cumple la igualdad $\dfrac{f'(t)}{f(t)}=a\left(1-\dfrac{f(t)}{K}\right)$.

b) Como $f'(t)=\dfrac{Kace^{-at}}{(1+ce^{-at})^2}>0$, para cada $t\in\mathbb{R}$, la función es estrictamente creciente en todo $\mathbb{R}$ y, por tanto, no existen óptimos de la función.

c) Para calcular $f''(t)$, derivamos en la expresión $f'(t)=a\,f(t)\left(1-\dfrac{f(t)}{K}\right)$:

$$f''(t)=a\,f'(t)\left(1-\frac{f(t)}{K}\right)-a\,f(t)\frac{f'(t)}{K}=a\,f'(t)-2a\,f'(t)\frac{f(t)}{K}=$$
$$=a\,f'(t)\left(1-2\frac{f(t)}{K}\right)$$

Sustituyendo el valor de $f'(t)$ en la expresión anterior, se tiene que:

$$f''(t)=a\,f'(t)\left(1-2\frac{f(t)}{K}\right)=a^2\,f(t)\left(1-\frac{f(t)}{K}\right)\left(1-2\frac{f(t)}{K}\right)$$

d) Estudiemos en primer lugar los puntos que anulan a $f''(t)$. Teniendo en cuenta la expresión de $f''(t)$ obtenida en el apartado c), como $f(t)>0$ para cada $t\in\mathbb{R}$ y $1-\dfrac{f(t)}{K}>0$, ya que $f(t)<K$, resulta que:

$$f''(t)=0\Leftrightarrow 1-2\frac{f(t)}{K}=0\Leftrightarrow f(t)=\frac{K}{2}$$

Resolviendo la ecuación $f(t)=\dfrac{K}{2}$,

$$f(t)=\frac{K}{1+ce^{-at}}=\frac{K}{2}\Leftrightarrow ce^{-at}=1\Leftrightarrow e^{-at}=\frac{1}{c}\Leftrightarrow t=\frac{\ln(\frac{1}{c})}{-a}=\frac{\ln c}{a}$$

se obtiene el posible punto de inflexión de la función $f(t)$. Comprobamos que $t_0=\dfrac{\ln c}{a}$ es un punto de inflexión estudiando el signo de la derivada segunda a la izquierda y derecha del punto.

Al ser la función $f(t)$ estrictamente creciente, para $t < t_0 = \frac{\ln c}{a}$ se cumple que $f(t) < \frac{K}{2}$, ya que $f(t_0) = \frac{K}{2}$, y equivalentemente $1 - 2\frac{f(t)}{K} > 0$, luego, $f''(t) > 0$ a la izquierda del punto $t_0 = \frac{\ln c}{a}$. De la misma forma se comprueba que $f''(t) < 0$ a la derecha del punto $t_0 = \frac{\ln c}{a}$. Por tanto $t_0 = \frac{\ln c}{a}$, es el único punto de inflexión de la función $f(t)$.

18. Aplique el Teorema de Rolle para demostrar que la ecuación:

$$x^3 + 2x^2 + 5x + 9 = 0$$

sólo tiene una solución real.

Solución

Al ser un polinomio de grado tres, ha de existir al menos una raíz real. Supongamos que existen dos soluciones reales c_1 y c_2 de la ecuación. Si definimos la función $f(x) = x^3 + 2x^2 + 5x + 9$, entonces se cumple que $f(c_1) = f(c_2) = 0$. El Teorema de Rolle afirma que existe al menos un punto c en el intervalo (c_1, c_2) en el que $f'(c) = 0$. Sin embargo, esto no es posible, ya que la función derivada $f'(x) = 3x^2 + 4x + 5$ no se anula en ningún punto. Por tanto, la hipótesis de partida es falsa y la ecuación $x^3 + 2x^2 + 5x + 9 = 0$ tiene una única raíz real.

19. Sea $C(Q)$ la función de costes totales de una empresa que produce Q unidades de un bien. Se define la ***función de costes medios*** como $A(Q) = \frac{C(Q)}{Q}$. Si $C(Q)$ es derivable hasta el orden 2, demuestre que:

a) La función de coste medio $A(Q)$ tiene un punto crítico en $Q_0 > 0$ si y sólo si el coste marginal y el coste medio son iguales en Q_0.

b) Si Q_0 es un punto crítico de la función $A(Q)$ y $C''(Q_0) > 0$, entonces, Q_0 es un mínimo local de la función de coste medio $A(Q)$.

Solución

a) Calculando la derivada de la función $A(Q)=\dfrac{C(Q)}{Q}$ e igualando a cero, se tiene que:

$$A'(Q)=\frac{C'(Q)Q-C(Q)}{Q^2}=0 \Leftrightarrow C'(Q)Q-C(Q)=0 \Leftrightarrow C'(Q)=\frac{C(Q)}{Q}=A(Q).$$

De esta forma, $A(Q)$ tiene un punto crítico en $Q_0>0$ si y sólo si $C'(Q_0)=A(Q_0)$, es decir, el coste marginal y el coste medio son iguales en Q_0.

b) Sea $Q_0>0$ un punto crítico de la función $A(Q)$. Para determinar si el punto es un óptimo local, utilizamos el criterio de la derivada segunda. Como:

$$A''(Q)=\frac{[C''(Q)Q+C'(Q)-C'(Q)]Q^2-2Q[C'(Q)Q-C(Q)]}{Q^4}=$$

$$=\frac{C''(Q)Q^2-2[C'(Q)Q-C(Q)]}{Q^3}$$

sustituyendo el punto crítico Q_0 en la segunda derivada y teniendo en cuenta que $C'(Q_0)Q_0-C(Q_0)=0$, se tiene que:

$$A''(Q_0)=\frac{C''(Q_0)Q_0-2[C'(Q_0)Q_0-C(Q_0)]}{Q_0^3}=\frac{C''(Q_0)}{Q_0^2}>0$$

ya que por hipótesis $C''(Q_0)>0$. De esta forma queda probado que el punto Q_0 es un mínimo local de la función de coste medio $A(Q)$.

20. Estudie el crecimiento, decrecimiento, óptimos locales, concavidad y convexidad de la función $f(x)=\dfrac{x^2}{x^2-1}$.

Solución

• Crecimiento, decrecimiento y óptimos locales de la función.

1) Cálculo de los puntos críticos:

$$f'(x)=\frac{-2x}{\left(x^2-1\right)^2}=0 \Leftrightarrow x=0$$

2) Representamos en la recta real el punto crítico $x=0$ y los puntos $x=1$ y $x=-1$ de discontinuidad de la función y estudiamos el signo de f' en cada intervalo:

Intervalo	$(-\infty,-1)$	$(-1,0)$	$(0,1)$	$(1,+\infty)$
Valor de prueba	-4	$-0,5$	$0,5$	2
Signo de $f'(x)$	$+$	$+$	$-$	$-$
Resultado	creciente	creciente	decreciente	decreciente

y el punto $x=0$ es un máximo local.

• Concavidad, convexidad y puntos de inflexión de la función.

1) Hallamos los puntos que anulan a f'':

$$f''(x)=\frac{2\left(3x^2+1\right)}{(x^2-1)^3}=0 \Leftrightarrow \left(3x^2+1\right)=0$$

Luego, no existe ningún punto que anule a f''.

2) Estudiamos el signo de f'' a la izquierda y derecha de los puntos $x=1$ y $x=-1$ en los que la función es discontinua:

Intervalo	$(-\infty,-1)$	$(-1,1)$	$(1,+\infty)$
Valor de prueba	-2	0	2
Signo de $f''(x)$	$+$	$-$	$+$
Resultado	convexa	cóncava	convexa

La función $f(x)$ no tiene puntos de inflexión (recuerde que la función no está definida en $x=-1$ y $x=1$, por tanto, no pueden ser puntos de inflexión aunque cambie el sentido de la concavidad y convexidad en dichos puntos).

21. Estudie los óptimos locales de la función $f(x)=\dfrac{\ln x}{x}$.

Solución

El dominio de la función es $(0,+\infty)$. Calculamos los puntos críticos de la función:

$$f'(x)=\frac{1-\ln x}{x^2}=0 \Leftrightarrow 1-\ln x=0 \Leftrightarrow \ln x=1 \Leftrightarrow x=e$$

Evaluando la segunda derivada $f''(x)=\dfrac{2\ln x-3}{x^3}$ en el punto crítico $x=e$ obtenido, se tiene que:

$$f''(e)=\frac{2\ln e-3}{e^3}=\frac{-1}{e^3}<0$$

y el punto $x=e$ es un máximo local.

22. Una caja con tapa, de base un rectángulo con la longitud de un lado el doble que la longitud del otro, debe tener un volumen de 500 decímetros cúbicos. El material para las partes inferior y superior de la caja cuesta 4 euros por decímetro cuadrado y el material para los lados cuesta 2 euros por decímetro cuadrado. Determine las dimensiones de la caja para que el coste sea mínimo.

Solución

Sea x la longitud del lado menor del rectángulo que forma la base de la caja e y la longitud de la altura.

El volumen de la caja está dado por $V=2x^2y$. Por otra parte, el coste de la caja en función de las dimensiones x e y está dado por:

$$C(x,y)=16x^2+8xy+4xy=16x^2+12xy$$

Como, por hipótesis, el volumen de la caja ha de ser de 500 dm^3, resulta que $V=2x^2y=500$, de donde $y=\dfrac{500}{x^2}$. Sustituyendo el valor de y en la función de costes, se tiene que:

$$C(x)=16x^2+12x\frac{250}{x^2}=4\left(4x^2+\frac{750}{x}\right)$$

Para calcular los óptimos de la función, determinamos en primer lugar los puntos críticos:

$$C'(x)=4\left(8x-\frac{750}{x^2}\right)=0\Leftrightarrow 8x^3-750=0\Leftrightarrow x=4,54$$

Sustituyendo en la derivada segunda $C''(x)=4\left(8+\dfrac{1500}{x^3}\right)$ el punto crítico, se tiene que $C''(4,54)>0$ y $x=4,54$ es un mínimo local de la función.

Como $C''(x)>0$, para cada $x>0$, la función $C(x)$ es estrictamente convexa en el intervalo $(0,+\infty)$ y el punto $x=4,54$ es el mínimo global de la función de costes. La altura de la caja se obtiene sustituyendo $x = 4,54$ en la expresión $y = \frac{500}{x^2}$, de donde $y = 24,25$.

Las dimensiones de la caja de volumen 500 dm^3 con coste mínimo son 4,54, 9,08 y 24,25 cm.

23. Calcule los siguientes límites:

a) $\lim\limits_{x\to+\infty} \frac{\ln x}{\sqrt{x}}$ b) $\lim\limits_{x\to 0^+} \frac{\ln(\cos x)}{x^2}$ c) $\lim\limits_{x\to 1^+} \ln x \ln(x-1)$

d) $\lim\limits_{x\to 0^+} (\operatorname{sen} x)^x$ e) $\lim\limits_{x\to+\infty} (1-e^{-x})^{e^x}$ f) $\lim\limits_{x\to+\infty} (\ln x)^{\frac{1}{x}}$

Solución

a) El límite $\lim\limits_{x\to+\infty} \frac{\ln x}{\sqrt{x}}$ presenta una indeterminación del tipo $\frac{\infty}{\infty}$. Aplicando la regla de L'Hôpital,

$$\lim_{x\to+\infty} \frac{\ln x}{\sqrt{x}} \overset{L'Hôpital}{=} \lim_{x\to+\infty} \frac{\frac{1}{x}}{\frac{1}{2\sqrt{x}}} = \lim_{x\to+\infty} \frac{2\sqrt{x}}{x} = \lim_{x\to+\infty} 2x^{-1/2} = 0$$

b) El límite $\lim\limits_{x\to 0^+} \frac{\ln(\cos x)}{x^2}$ presenta una indeterminación del tipo $\frac{0}{0}$. Aplicando la regla de L'Hôpital de forma reiterada, se tiene que:

$$\lim_{x\to 0^+} \frac{\ln(\cos x)}{x^2} \overset{L'Hôpital}{=} \lim_{x\to 0^+} \frac{\frac{-\operatorname{sen} x}{\cos x}}{2x} = \lim_{x\to 0^+} \frac{-\operatorname{sen} x}{2x\cos x} \overset{L'Hôpital}{=} \lim_{x\to 0^+} \frac{-\cos x}{2\cos x - 2x\operatorname{sen} x} = -\frac{1}{2}$$

c) El límite $\lim\limits_{x\to 1^+} \ln x \ln(x-1)$ presenta una indeterminación del tipo $0\cdot\infty$. Realizando la transformación $\frac{\ln(x-1)}{\frac{1}{\ln x}}$, la indeterminación es del tipo $\frac{\infty}{\infty}$.

Aplicando la regla de L'Hôpital, se tiene que:

$$\lim_{x\to 1^+} \ln x \ln(x-1)x = \lim_{x\to 1^+} \frac{\ln(x-1)}{\frac{1}{\ln x}} \overset{L'Hôpital}{=} \lim_{x\to 1^+} \frac{\frac{1}{x-1}}{-\frac{\frac{1}{x}}{(\ln x)^2}} = \lim_{x\to 1^+} \frac{-x(\ln x)^2}{x-1}$$

Como $\lim\limits_{x\to 1^+} \dfrac{-x(\ln x)^2}{x-1}$ tiene una indeterminación del tipo $\dfrac{0}{0}$, aplicamos de nuevo la regla de L'Hôpital:

$$\lim_{x\to 1^+} \frac{-x(\ln x)^2}{x-1} \stackrel{L'Hôpital}{=} \lim_{x\to 1^+} \frac{-(\ln x)^2 - 2x\ln x\dfrac{1}{x}}{1} = \lim_{x\to 1^+}\left[-(\ln x)^2 - 2\ln x\right] = 0$$

y $\lim\limits_{x\to 1^+} \ln x \ln(x-1) = 0$.

d) El límite $\lim\limits_{x\to 0^+} (\operatorname{sen} x)^x$ presenta una indeterminación del tipo 0^0. Realizando la transformación $(\operatorname{sen} x)^x = e^{x\ln(\operatorname{sen} x)}$, se tiene que:

$$\lim_{x\to 0^+} (\operatorname{sen} x)^x = \lim_{x\to 0^+} e^{x\ln(\operatorname{sen} x)} = \exp\left(\lim_{x\to 0^+} x\ln(\operatorname{sen} x)\right)$$

donde el nuevo límite $\lim\limits_{x\to 0^+} x\ln(\operatorname{sen} x)$ presenta una indeterminación del tipo $0\cdot\infty$. Como $x\ln(\operatorname{sen} x) = \dfrac{\ln(\operatorname{sen} x)}{\dfrac{1}{x}}$, aplicando la regla de L'Hôpital dos veces,

$$\lim_{x\to 0^+} x\ln(\operatorname{sen} x) = \lim_{x\to 0^+} \frac{\ln(\operatorname{sen} x)}{\dfrac{1}{x}} \stackrel{L'Hôpital}{=} \lim_{x\to 0^+} \frac{\dfrac{\cos x}{\operatorname{sen} x}}{-\dfrac{1}{x^2}} = \lim_{x\to 0^+} \frac{x^2\cos x}{-\operatorname{sen} x} \stackrel{L'Hôpital}{=}$$

$$= \lim_{x\to 0^+} \frac{2x\cos x - x^2\operatorname{sen} x}{-\cos x} = 0$$

de donde $\lim\limits_{x\to 0^+} (\operatorname{sen} x)^x = e^0 = 1$.

e) El límite $\lim\limits_{x\to +\infty} (1-e^{-x})^{e^x}$ presenta una indeterminación del tipo 1^∞. Realizando la transformación $(1-e^{-x})^{e^x} = e^{e^x\ln(1-e^{-x})}$, se tiene que:

$$\lim_{x\to +\infty} (1-e^{-x})^{e^x} = \exp\left(\lim_{x\to +\infty} e^x\ln(1-e^{-x})\right)$$

donde el nuevo límite $\lim\limits_{x\to +\infty} e^x\ln(1-e^{-x})$ presenta una indeterminación del tipo $\infty\cdot 0$. El límite puede transformarse en uno del tipo $\dfrac{0}{0}$ escribiendo la función

$e^x \ln(1-e^{-x})$ de la forma $\dfrac{\ln(1-e^{-x})}{e^{-x}}$. Realizada esta transformación y aplicando la regla de L`Hôpital, se llega a:

$$\lim_{x\to+\infty} e^x \ln(1-e^{-x}) = \lim_{x\to+\infty} \frac{\ln(1-e^{-x})}{e^{-x}} \overset{L'Hôpital}{=} \lim_{x\to+\infty} \frac{\dfrac{e^{-x}}{1-e^{-x}}}{-e^{-x}} = \lim_{x\to+\infty} \frac{-1}{1-e^{-x}} = -1$$

Sustituyendo el valor obtenido se llega a que:

$$\lim_{x\to+\infty} (1-e^{-x})^{e^x} = e^{-1}$$

f) El límite $\lim\limits_{x\to+\infty} \left(\ln x\right)^{\frac{1}{x}}$ presenta una indeterminación del tipo ∞^0. Realizando la transformación $\left(\ln x\right)^{\frac{1}{x}} = e^{\frac{1}{x}\ln(\ln x)}$, se tiene que:

$$\lim_{x\to+\infty} \left(\ln x\right)^{\frac{1}{x}} = \lim_{x\to+\infty} e^{\frac{1}{x}\ln(\ln x)} = \exp\left(\lim_{x\to+\infty} \frac{1}{x}\ln(\ln x)\right)$$

donde el nuevo límite $\lim\limits_{x\to+\infty} \dfrac{1}{x}\ln(\ln x)$ presenta una indeterminación del tipo $0\cdot\infty$. El límite puede transformarse en uno del tipo $\dfrac{\infty}{\infty}$ escribiendo la función $\dfrac{1}{x}\ln(\ln x)$ de la forma $\dfrac{\ln(\ln x)}{x}$. Realizada esta transformación y aplicando la regla de L`Hôpital, se tiene que:

$$\lim_{x\to+\infty} \frac{1}{x}\ln(\ln x) = \lim_{x\to+\infty} \frac{\ln(\ln x)}{x} \overset{L'Hôpital}{=} \lim_{x\to+\infty} \frac{\dfrac{1}{x\ln x}}{1} = \lim_{x\to+\infty} \frac{1}{x\ln x} = 0$$

Sustituyendo el valor obtenido, se concluye que:

$$\lim_{x\to+\infty} \left(\ln x\right)^{\frac{1}{x}} = e^0 = 1.$$

EJERCICIOS PROPUESTOS

1. Sea la función $f(x)=\frac{1}{x}$. Aplicando la definición de derivada, demuestre que: $f'(2)=-\frac{1}{4}$ y $f'(x)=-\frac{1}{x^2}$.

2. Demuestre, aplicando la definición de derivada, que la derivada de una función constante es cero.

3. De las siguientes definiciones de derivada de una función justifique cuáles son correctas.

a) $f'(a)=\lim\limits_{h\to 0}\frac{f(a+h)-f(a)}{h}$ b) $f'(a)=\lim\limits_{a\to 0}\frac{f(a+h)-f(a)}{h}$

c) $f'(a)=\lim\limits_{x\to a}\frac{f(a+h)-f(a)}{x-a}$ d) $f'(a)=\lim\limits_{\Delta x\to 0}\frac{f(a+\Delta x)-f(a)}{\Delta x}$

4. Razone si las siguientes afirmaciones son verdaderas o falsas.

a) Si dos funciones difieren en una constante, entonces tienen la misma derivada.

b) Si $f(x)$ es continua en $x=a$, entonces es derivable en $x=a$.

c) Si $f(x)$ es derivable en $x=a$, entonces es continua en $x=a$.

d) Dos funciones distintas tienen derivadas distintas.

e) Si la derivada de $f(x)$ en un punto es igual a 1, la tangente a la gráfica de $f(x)$ en dicho punto es paralela bisectriz del segundo y cuarto cuadrante.

f) El incremento de una función y la diferencial son siempre aproximadamente iguales.

5. Estudie, aplicando la definición de derivada, si las siguientes funciones son derivables en los puntos que se indican:

a) $f(x)=\begin{cases}\operatorname{sen} x & x\le 0\\ x & 0<x\le 1\\ 2x-1 & 1<x\end{cases}$ en $x=0$ y $x=1$

b) $g(x)=\begin{cases}-x-2x^2 & x<0\\ 0 & x=0\\ \operatorname{sen} x & x>0\end{cases}$ en $x=0$

Indicación: Tenga en cuenta que $\lim_{h\to 0}\frac{\operatorname{sen} h}{h}=1$.

6. Halle $\frac{dx}{dp}$ para la función de demanda:

$$x=\frac{b}{\sqrt{ap-c}} \qquad (a, b \text{ y } c \text{ son constantes positivas})$$

donde x es el número de unidades demandadas y p es el precio unitario, con $p>\frac{c}{a}$.

7. Halle la derivada de $y=\frac{\sqrt[3]{x}\left(2x+3\right)^2}{\sqrt[5]{(3x+2)^2}}$ aplicando la derivación logarítmica.

8. Demuestre que la tasa de cambio proporcional de un cociente $F(x)=\frac{f(x)}{g(x)}$ es igual a la tasa de cambio porcentual del numerador menos la tasa de cambio porcentual del denominador.

9. Dada la función $x=A\left[a(t)\right]^{\alpha}\left[b(t)\right]^{\beta}$, donde $a(t)$ y $b(t)$ son funciones derivables de t, y A, α, β constantes, halle el valor de la expresión $\frac{x'(t)}{x(t)}$.

10. Escriba la ecuación de la recta tangente a la curva $f(x)=x^x$ en $x=1$.

11. Sea $f(x)=a\ln x+b$. Determine a y b para que la gráfica de f pase por los puntos $A=(1,3)$ y $B=(e,5)$. Halle un punto C en el que la recta tangente a la gráfica de f sea paralela a la recta que une los puntos A y B.

12. Halle la ecuación de la recta de pendiente $m=1$ que es tangente a la curva $y=\frac{x}{x^2+1}$.

13. Calcule la ecuación de la recta tangente a la gráfica de la función $y=\ln\left(x+1\right)$ que es paralela a la recta que une los puntos $A=(0,0)$ y $B=(1,\ln 2)$.

14. Se estima que el beneficio anual bruto de cierta multinacional se ajusta a la función $A(t)=0{,}2t^2+5t+10$ millones euros, donde t representa el número de años después de su formación al comienzo de 1995.

a) ¿A qué tasa creció el beneficio anual bruto en el inicio de 2000?

b) ¿A qué tasa porcentual creció el beneficio anual bruto al inicio de 2000?

c) Aplique la aproximación por la diferencial para determinar el cambio porcentual en las ganancias anuales brutas durante el tercer trimestre de 1997.

15. Los datos que se tienen de la evolución del producto interior bruto (PIB) de cierto país se ajustan a la función $N(t) = t^2 + 2t + 100$ miles de millones de euros t años después del inicio de 1990.

a) ¿A qué tasa cambiará el PIB con respecto al tiempo al inicio de 2000?

b) ¿A qué tasa porcentual cambiará el PIB con respecto al tiempo al inicio de 2000?

c) Aplique la diferencial para determinar aproximadamente el incremento del PIB durante el tercer trimestre del año 2000.

d) Aplique la diferencial para determinar aproximadamente el incremento porcentual del PIB durante el tercer trimestre del año 2000.

16. El ingreso total mensual de un fabricante es $R(q) = 150q + 0{,}01q^2$ euros cuando se producen q unidades durante el mes. En la actualidad, el fabricante produce 100 unidades al mes y planea disminuir la producción mensual en 0,5 unidades. Aplique la aproximación con la diferencial para calcular el cambio del ingreso total mensual como resultado de esta disminución.

17. Aplique el Teorema de Rolle para justificar que la ecuación $x^3 + x^2 + x + 1 = 0$ tiene una única raíz real.

18. Halle a, b, c, d para que la función $f(x) = ax^3 + bx^2 + cx + d$ tenga un máximo en el punto (0,4) y un mínimo en el punto (2,0).

19. Halle b, c, d para que la función $f(x) = x^3 + bx^2 + cx + d$ tenga un máximo en $x = -4$, un mínimo en $x = 0$ y tome el valor 1 en $x = 1$.

20. Halle una función polinómica de tercer grado que pase por el punto $(-1,1)$ y tenga un punto de inflexión con tangente horizontal en el punto $(0,-2)$.

21. Estudie el crecimiento, decrecimiento, óptimos locales, concavidad, convexidad y puntos de inflexión de las funciones siguientes:

a) $f(x) = \dfrac{x}{x^2 + 1}$ b) $f(x) = \dfrac{x^2 + 1}{x^2 - 1}$

22. Conocida la gráfica de $f'(x)$, estudie el crecimiento, decrecimiento, óptimos locales, concavidad, convexidad y puntos de inflexión de la función $f(x)$.

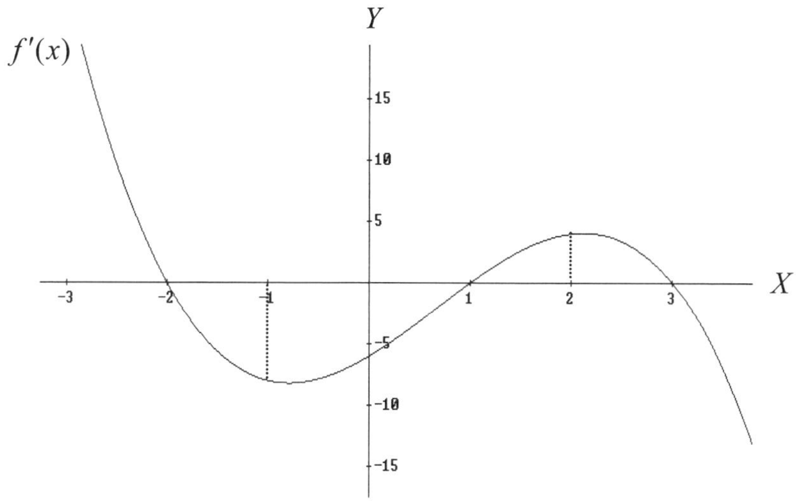

Figura 7.21.

23. Dada la gráfica de la función de producción $F(x)$,

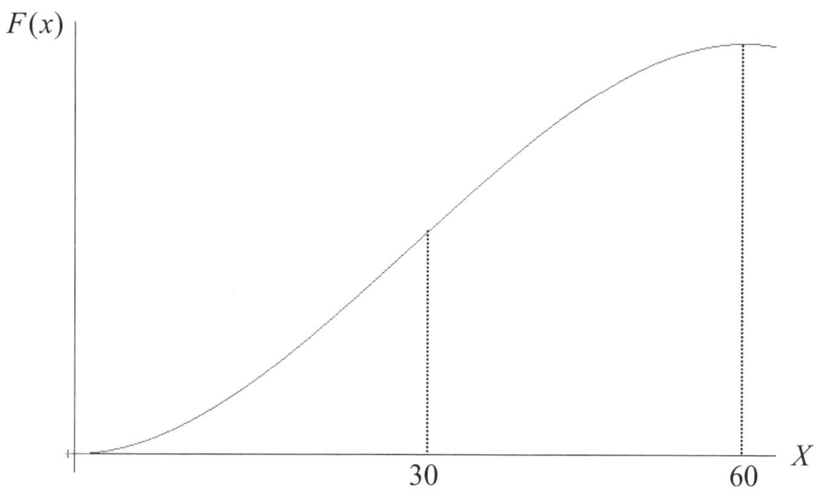

Figura 7.22.

se pide:

a) Crecimiento, decrecimiento, máximos y mínimos de la productividad marginal.

b) ¿Hay algún punto en el que la productividad marginal se anule?

24. Dada la gráfica de $f(x)$, estudie el signo de las siguientes expresiones:

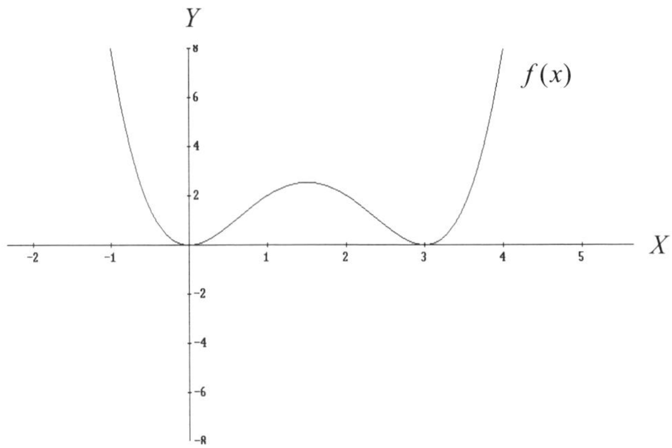

Figura 7.23.

a) $\dfrac{f'(1)f''(4)}{f''(2)}$ b) $\dfrac{f'(4)-f'(3,5)}{f''(0,5)}$

25. Considere la gráfica siguiente correspondiente a una función de costes $C(x)$ y razone si las siguientes afirmaciones son verdaderas o falsas:

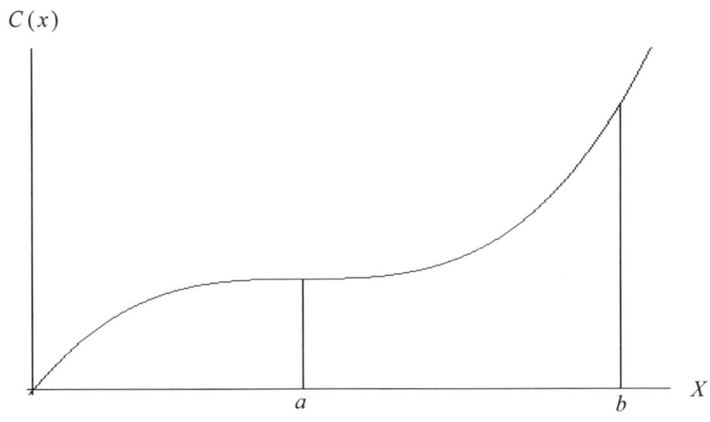

Figura 7.24.

a) Los costes marginales decrecen en $[a,b]$.

b) Los costes marginales crecen en $[0,a]$.

c) El coste marginal es cero en $x=a$.

d) Los costes marginales son positivos en $(0,a)$.

26. Razone si las siguientes afirmaciones son verdaderas o falsas:

a) Si $f'(a)=0$, entonces, a es un óptimo local.

b) Si $f'(a)=0$ y $f''(a)>0$, entonces, a es un mínimo local.

c) Si $f''(a)=0$, entonces, a es un punto inflexión.

d) Si a es un punto de inflexión, entonces, $f'(a)=0$.

e) Si $f'(x)>0$ en (a,b), entonces, $f(x)$ es estrictamente creciente en (a,b).

f) Las rectas tangentes a la gráfica de la función $y=\ln(ax+1)-x, \quad a\neq 0$, siempre están por debajo de la gráfica.

27. Sea $R(Q)$ la función de ingresos totales de una empresa en la producción de Q unidades de un bien. Se llama ***función de ingresos medios*** a $R_M(Q)=\dfrac{R(Q)}{Q}$. Si $R(Q)$ es derivable, demuestre que $R_M(Q)$ tiene un punto crítico en $Q_0>0$ si y sólo si el ingreso marginal y el ingreso medio son iguales en Q_0.

28. Dada la función de costes $C(Q)=aQ^b+c$ para $a>0$, $b>1$ y $c\geq 0$. Demuestre que la función de costes medios tiene un mínimo en el intervalo $(0,\infty)$ y hállelo.

29. Halle los intervalos en que la siguiente función cúbica de costes es convexa o cóncava, así como su único punto de inflexión:

$$C(Q)=aQ^3+bQ^2+cQ+d\,, \quad (a>0;\ b<0;\ c>0;\ d>0)$$

30. El coste de producción de x unidades de un producto viene dado por $C(x)=5x^2+2x+10$ y el precio de venta de una unidad es $p=74-x$ cuando se venden x unidades. Calcule el número de unidades que hay que vender y el precio correspondiente para que el beneficio sea máximo. Halle el beneficio máximo.

31. La función de demanda para un cierto bien de consumo viene dada por $p=\sqrt{300-x}$, $0\leq x\leq 300$. Halle el precio y el número de unidades para que el ingreso total sea máximo. Determine el ingreso máximo.

32. Una tienda de música compra cada disco compacto a un precio de 6 euros y los vende al precio de 18 euros por unidad. A este precio vende 500 discos compactos al mes. La tienda de discos planea bajar el precio para estimular las ventas y calcula que, por cada euro que rebaje en el precio, se venderán 10 discos más cada mes y, por cada euro que suba el precio, se venderán 10 discos menos al mes. Determine el precio de venta para que el beneficio sea máximo. Calcule el beneficio máximo.

33. Una empresa necesita construir contenedores con base cuadrada con tapa para almacenar papel. El material de las paredes laterales del contenedor tiene un coste de 1 euro por metro cuadrado y el material de la base y de la tapa, un coste de 2 euros por metro cuadrado. ¿Cuáles son las dimensiones del contenedor de volumen máximo que puede construirse por 100 euros?

34. Aplique la regla de L´Hôpital para determinar el valor de los siguientes límites:

a) $\lim\limits_{x\to+\infty} \dfrac{(\ln x)^2}{x^3}$ b) $\lim\limits_{x\to 0^+} \dfrac{\ln(\operatorname{sen} x)}{\ln(\operatorname{tg} x)}$ c) $\lim\limits_{x\to 1^+} x^2 \ln x$

d) $\lim\limits_{x\to 0^+} x^{\operatorname{tg} x}$ e) $\lim\limits_{x\to+\infty} (1-\dfrac{1}{x})^{3x}$ f) $\lim\limits_{x\to+\infty} (x)^{\frac{1}{x}}$

VIII

FUNCIONES DE VARIAS VARIABLES

1. CONCEPTOS PREVIOS

Las funciones reales definidas sobre un dominio del espacio euclídeo n dimensional $\mathbb{R}^n$ son el objeto central de estudio en este capítulo. Por este motivo es necesario comenzar estudiando los conceptos básicos relacionados con este espacio que serán utilizados a lo largo del capítulo. Concretamente, tras definir la distancia entre dos puntos del espacio a partir de la norma euclídea, introduciremos algunos conceptos de topología elemental del espacio $\mathbb{R}^n$, como los de bola cerrada y bola abierta en $\mathbb{R}^n$, y estudiaremos así mismo los conceptos de subconjunto abierto, cerrado, acotado y compacto de $\mathbb{R}^n$. Relacionado con la geometría elemental del espacio $\mathbb{R}^n$, introduciremos el concepto de hiperplano, recordando previamente las definiciones de la recta en el plano y del plano en el espacio tridimensional.

1.1. TOPOLOGÍA DEL ESPACIO EUCLIDEO

Dado un punto cualquiera del espacio $\mathbb{R}^n$, identificaremos dicho punto con el vector $\vec{x}$ de origen el origen de coordenadas y extremo el punto considerado. Si fijamos la base canónica en el espacio $\mathbb{R}^n$, las coordenadas del punto $\vec{x}$ corresponden a las coordenadas del vector $\vec{x}$ en la base canónica de $\mathbb{R}^n$.

Recordemos que dado un vector $\vec{x}=(x_1,x_2,...,x_n)$ del espacio $\mathbb{R}^n$, se define la ***norma euclídea*** de $\vec{x}$ como el número real dado por $\|\vec{x}\|=\sqrt{x_1^2+x_2^2+...+x_n^2}$. Geométricamente, la norma de un vector determina la longitud de dicho vector. De esta forma, es posible definir la ***distancia*** entre dos puntos $\vec{x}=(x_1,x_2,...,x_n)$ e $\vec{y}=(y_1,y_2,...,y_n)$ del espacio $\mathbb{R}^n$ como la norma del vector $\vec{x}-\vec{y}$ que los une:

$$d(\vec{x},\vec{y})=\|\vec{x}-\vec{y}\|=\sqrt{(y_1-x_1)^2+(y_2-x_2)^2+...+(y_n-x_n)^2}$$

Sea r un número real mayor que cero y $\vec{x}_0$ un punto de $\mathbb{R}^n$. Se define una ***bola cerrada*** de centro el punto $\vec{x}_0$ y de radio r como el subconjunto de puntos de $\mathbb{R}^n$ representado por $B^*(\vec{x}_0,r)$ y dado por:

$$B^*(\vec{x}_0,r)=\left\{\vec{x}\in\mathbb{R}^n : d(\vec{x},\vec{x}_0)\leq r\right\}$$

De esta forma, la bola cerrada $B^*(\vec{x}_0,r)$ está formada por todos los puntos de $\mathbb{R}^n$ cuya distancia al punto $\vec{x}_0$ es menor o igual que r.

Se define una ***bola abierta*** de centro el punto $\vec{x}_0$ y de radio r como el subconjunto de puntos de $\mathbb{R}^n$ representado por $B(\vec{x}_0,r)$ y dado por:

$$B(\vec{x}_0,r)=\left\{\vec{x}\in\mathbb{R}^n : d(\vec{x},\vec{x}_0)<r\right\}$$

La bola abierta $B(\vec{x}_0,r)$ está formada por todos los puntos de $\mathbb{R}^n$ cuya distancia al punto $\vec{x}_0$ es estrictamente menor que r.

Ejemplo 1.1

a) Para $n=1$, una bola cerrada de centro un punto $a\in\mathbb{R}$ y de radio r es el intervalo cerrado de centro dicho punto y de radio r dado por $\left[a-r,a+r\right]$. Mientras que la bola abierta es el correspondiente intervalo abierto $(a-r,a+r)$.

b) Para $n=2$, una bola de centro un punto $\vec{x}_0=(a,b)\in\mathbb{R}^2$ y de radio r está dada por los puntos $\vec{x}=(x,y)$ cuya distancia al punto $\vec{x}_0=(a,b)$ es menor o igual que r:

$$d(\vec{x},\vec{x}_0)=\sqrt{(x-a)^2+(y-b)^2}\le r \Leftrightarrow (x-a)^2+(y-b)^2\le r^2$$

que corresponde con los puntos del círculo de centro (a,b) y de radio r, incluyendo los puntos de la circunferencia de radio r. La correspondiente bola abierta contiene los puntos del círculo de centro (a,b) y de radio r, excepto los puntos de la circunferencia.

c) Para $n=3$ resulta sencillo comprobar que el concepto de bola cerrada de centro $\vec{x}_0$ y radio r corresponde geométricamente con la esfera maciza centrada en dicho punto y del mismo radio.

■

Los ejemplos anteriores muestran que en realidad los conceptos de bola abierta y cerrada son generalizaciones al caso de $\mathbb{R}^n$ de los conceptos de intervalo abierto y cerrado en $\mathbb{R}$.

Tras definir los conceptos de bola cerrada y abierta, pasamos a establecer algunos conceptos básicos de la topología del espacio $\mathbb{R}^n$.

Sea S un subconjunto del espacio $\mathbb{R}^n$ y $\vec{x}_0$ un punto cualquiera de $\mathbb{R}^n$.

- El punto $\vec{x}_0$ se llama ***punto interior*** del subconjunto S si existe una bola centrada en $\vec{x}_0$ y de radio r incluida en S.
- El conjunto S se llama ***abierto*** si todos sus puntos son interiores.

• El punto $\vec{x}_0$ es un ***punto frontera*** de S si, para todo $r > 0$, la bola $B(\vec{x}_0, r)$ de centro $\vec{x}_0$ y de radio r contiene puntos de S y puntos que no pertenecen a S.

Es importante señalar que un punto frontera no siempre pertenece a S necesariamente, como podrá verse en el Ejemplo 1.2.

• El conjunto S se dice ***cerrado*** si todos sus puntos frontera pertenecen al conjunto.

• Un punto $\vec{x}_0$ es un ***punto de acumulación*** de S si toda bola con centro en el punto $\vec{x}_0$ contiene puntos de S distintos del punto $\vec{x}_0$.

Veamos algunos ejemplos que nos ayuden a comprender mejor estos conceptos de topología elemental.

Ejemplo 1.2

1) Consideremos el subconjunto de $\mathbb{R}$ dado por el intervalo $(1,2)$. A partir de la definición anterior, cualquier punto del intervalo es un punto interior del conjunto, ya que siempre será posible encontrar un intervalo de centro dicho punto y de radio suficientemente pequeño que esté incluido en el intervalo. Como todos los puntos del intervalo son interiores, el conjunto es abierto. Por otra parte, los puntos 1 y 2 son puntos frontera del conjunto, ya que para en cualquier bola de centro en dichos puntos siempre existen puntos del intervalo $(1,2)$ y puntos que no pertenecen al intervalo. Observemos que los puntos 1 y 2, aun siendo puntos frontera del intervalo $(1,2)$, no pertenecen al intervalo. También es fácil ver que cualquier punto del intervalo es un punto de acumulación.

2) El intervalo $[1,2]$ es un subconjunto cerrado del conjunto $\mathbb{R}$, ya que los puntos frontera del intervalo $[1,2]$ pertenecen al subconjunto.

3) Es importante observar que un conjunto puede no ser ni cerrado ni abierto, como ocurre con el intervalo $[1,2)$. No es abierto, ya que el punto 1 que pertenece al intervalo no es un punto interior y no es cerrado, ya que el punto frontera 2 no pertenece al intervalo.

4) Cualquier bola cerrada de centro un punto $\vec{x}_0$ de $\mathbb{R}^n$ y de radio r es un conjunto cerrado de $\mathbb{R}^n$.

■

Ejemplo 1.3

Sea el conjunto $S = \{(x,y) : x^2 + y^2 \leq 1\}$ representado en la Figura 8.1.

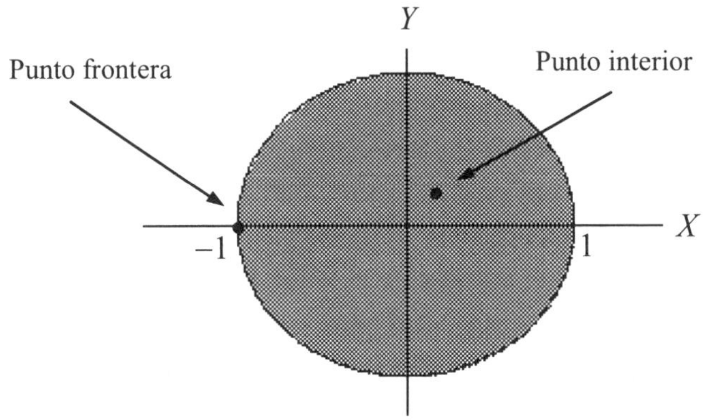

Figura 8.1. Subconjunto $S=\{(x,y):x^2+y^2\leq 1\}$.

El punto $\vec{x}_0=(0,0)$ es un punto interior, ya que existe una bola de centro en el punto $\vec{x}_0$ y de radio r contenida en S. Sin embargo, el punto $(-1,0)$ no es un punto interior, ya que no es posible encontrar ninguna bola centrada en $(-1,0)$ que esté incluida totalmente en S. Observemos que el punto $(-1,0)$ es un punto frontera. Realmente, todos los puntos que cumplen $x^2+y^2=1$ son puntos frontera de S. Por último, el subconjunto S es cerrado, ya que todos los puntos frontera pertenecen a S.

■

Ejemplo 1.4

Consideremos el conjunto $S=\{(x,y):x+y\leq 1\}$ representado en la Figura 8.2:

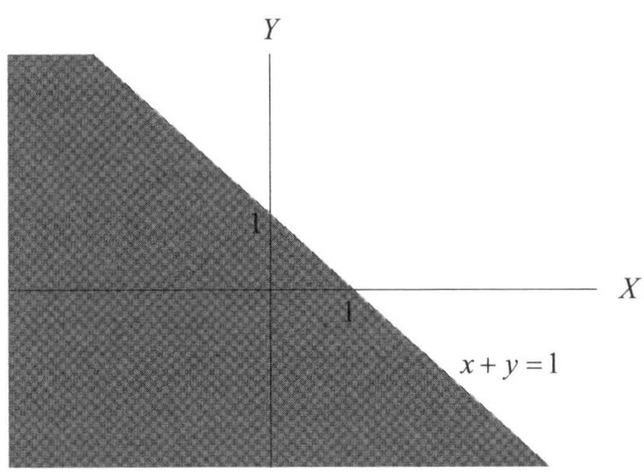

Figura 8.2. Subconjunto $S=\{(x,y):x+y\leq 1\}$.

Los puntos frontera del conjunto S son los puntos de la recta $x+y=1$. El conjunto S es cerrado debido a que contiene a todos los puntos frontera de S, determinados por los puntos de la recta $x+y=1$.

■

Ejemplo 1.5

Los conjuntos $S_1=\{(x,y): x^2+y^2<1\}$ y $S_2=\{(x,y): x+y<1\}$ son abiertos. En ambos casos, todos los puntos son interiores. Observemos que en este caso las inecuaciones que definen cada subconjunto son desigualdades estrictas.

■

En general, se puede afirmar que, si $g(x,y)$ es una función continua y r es un número real, los conjuntos:

$$\{(x,y): g(x,y)\leq r\},\ \{(x,y): g(x,y)\geq r\},\ \{(x,y): g(x,y)=r\}$$

son cerrados. Mientras que si sustituimos las desigualdades ≤, ≥ por desigualdades estrictas <, >, los conjuntos:

$$\{(x,y): g(x,y)<r\},\ \{(x,y): g(x,y)>r\},$$

son abiertos.

Un conjunto $S\subset\mathbb{R}^n$ es ***acotado*** si existe un número real $r>0$ y un punto $\vec{x}_0$ tal que $S\subset B(\vec{x}_0,r)$. Es decir, se puede encontrar una bola de centro y radio determinados que contenga al conjunto S.

Ejemplo 1.6

1) El conjunto $S_3=\{(x,y): x^2+y^2>1\}$ no es acotado (véase la Figura 8.3), ya que no es posible encontrar ninguna bola que contenga al conjunto.

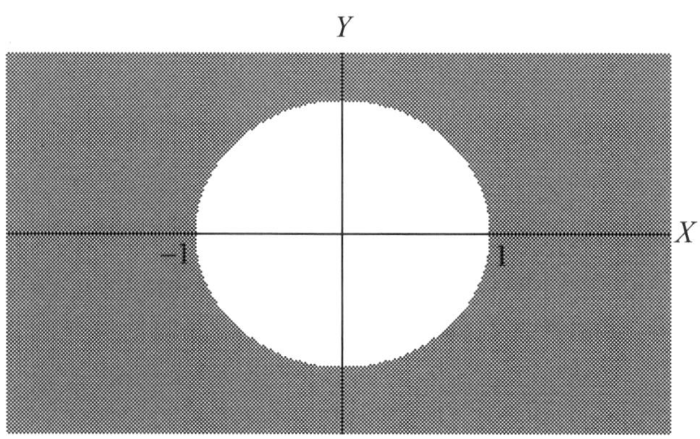

Figura 8.3. Subconjunto $S_3=\{(x,y): x^2+y^2>1\}$.

2) El conjunto $S_4 = \{(x, y) : x^2 + y^2 \leq 1\}$ es acotado (véase la Figura 8.4), ya que está contenido en cualquier bola de radio mayor que 1.

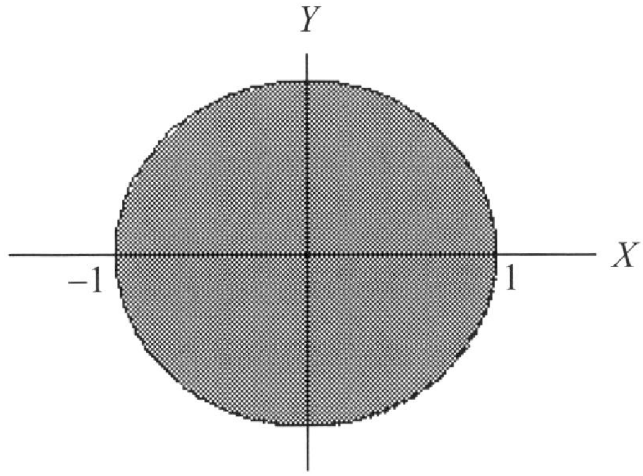

Figura 8.4. Subconjunto $S_4 = \{(x, y) : x^2 + y^2 \leq 1\}$.

■

Un conjunto que es cerrado y acotado se llama ***compacto***.

Ejemplo 1.7

1) El conjunto $S_4 = \{(x, y) : x^2 + y^2 \leq 1\}$ es compacto, al ser cerrado y acotado.

2) El conjunto $A = \{(x, y) : -1 \leq x \leq 1, -1 \leq y \leq 1\}$ representado en la Figura 8.5,

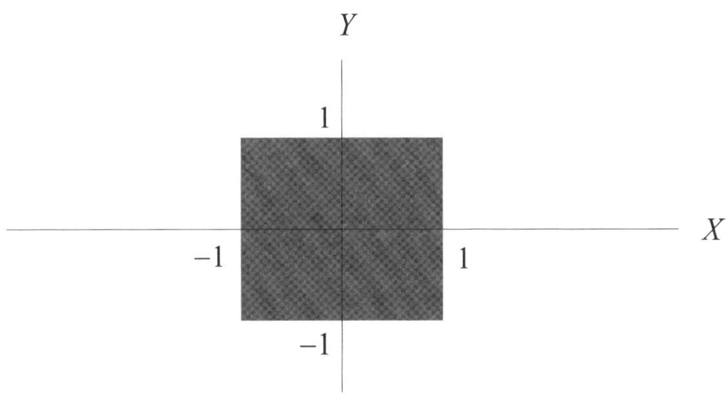

Figura 8.5. Subconjunto $A = \{(x, y) : -1 \leq x \leq 1, -1 \leq y \leq 1\}$.

es compacto al ser cerrado y acotado. Es cerrado, ya que contiene a todos sus puntos frontera (observemos que las desigualdades que definen el subconjunto son no estrictas) y acotado, pues es posible encontrar una bola que contenga al conjunto A.

3) Los subconjuntos $S_3 = \{(x,y): x^2+y^2>1\}$ y $S_2 = \{(x,y): x+y<1\}$ no son compactos, ya que no son acotados.

■

1.2. RECTAS, PLANOS E HIPERPLANOS

Una ***recta*** en el plano $\mathbb{R}^2$ está definida por el conjunto de puntos (x_1,x_2) que cumplen la ecuación:

$$a_1x_1 + a_2x_2 = K$$

donde $a_1, a_2, K \in \mathbb{R}$.

Un ***plano*** en el espacio $\mathbb{R}^3$ está dado por el conjunto de puntos (x_1,x_2,x_3) que cumplen la ecuación:

$$a_1x_1 + a_2x_2 + a_3x_3 = K$$

donde $a_1, a_2, a_3, K \in \mathbb{R}$.

Un ***hiperplano*** en el espacio $\mathbb{R}^n$ es el conjunto de puntos $(x_1,x_2,...,x_n)$ definido por:

$$H = \{(x_1,x_2,...,x_n) \in \mathbb{R}^n : a_1x_1 + a_2x_2 + ... + a_nx_n = K\}$$

donde $a_1, a_2, ..., a_n, K \in \mathbb{R}$.

Los conjuntos de puntos definidos por:

$$H^+ = \{(x_1,x_2,...,x_n) : a_1x_1 + a_2x_2 + ... + a_nx_n \geq K\}$$

y

$$H^- = \{(x_1,x_2,...,x_n) : a_1x_1 + a_2x_2 + ... + a_nx_n \leq K\}$$

se denominan ***semiespacios cerrados*** de $\mathbb{R}^n$ asociados al hiperplano H. Si los signos de desigualdad son estrictos, los semiespacios se denominan abiertos.

Usando la notación del producto escalar euclídeo, un hiperplano y los correspondientes semiespacios cerrados de $\mathbb{R}^n$ pueden representarse de la siguiente forma:

$$H = \{\vec{x} \in \mathbb{R}^n : \langle \vec{x}, \vec{a} \rangle = K\}$$

$$H^- = \{\vec{x} \in \mathbb{R}^n : \langle \vec{x}, \vec{a} \rangle \leq K\} \text{ y } H^+ = \{\vec{x} \in \mathbb{R}^n : \langle \vec{x}, \vec{a} \rangle \geq K\}$$

donde $K \in \mathbb{R}$, $\vec{x} = (x_1,x_2,...,x_n)$ y $\vec{a} = (a_1,a_2,...,a_n)$.

Observe que una recta en $\mathbb{R}^2$ y un plano en $\mathbb{R}^3$ son hiperplanos de los correspondientes espacios $\mathbb{R}^2$ y $\mathbb{R}^3$. Mientras que un semiplano es un semiespacio de $\mathbb{R}^2$.

2. DEFINICIÓN DE FUNCIÓN DE VARIAS VARIABLES

En los Capítulos 6 y 7 hemos estudiado funciones de una variable independiente de la forma $y = f(x)$. Sin embargo, en la mayoría de las situaciones que podemos analizar en economía, hay presentes más de una variable independiente, por ejemplo: la producción de una empresa puede depender de la mano de obra y del capital invertido; o la demanda de un determinado bien de consumo depender de su precio de venta, de los precios de otros bienes que compiten con él en el mercado y de la renta disponible. Por esta razón nos disponemos a estudiar las funciones de varias variables.

Por motivos didácticos, la mayoría de los conceptos se presentarán en primer lugar en el caso de funciones de dos variables, donde la representación geométrica puede realizarse y es posible visualizar estos conceptos, para posteriormente extenderlos con facilidad a la situación general de funciones de n variables.

Comenzamos dando la definición de función de dos variables y algunos ejemplos.

Sea $\mathbb{R}^2 = \mathbb{R} \times \mathbb{R} = \{(x,y) : x, y \in \mathbb{R}\}$ el conjunto de puntos del plano y consideremos $D \subseteq \mathbb{R}^2$ un subconjunto de puntos del plano.

Una ***función escalar de dos variables*** es una aplicación f que asigna a cada elemento (x,y) del conjunto D un número real que representamos por $f(x,y)$.

La función f puede ser expresada de la forma siguiente:

$$\begin{aligned} f : D \subseteq \mathbb{R}^2 &\to \mathbb{R} \\ (x,y) &\to z = f(x,y) \end{aligned}$$

Al conjunto D se le denomina ***dominio de definición*** de f, o simplemente dominio; a las variables x e y, ***variables independientes***; y a la variable z, ***variable dependiente***.

Llamamos ***rango de f*** o ***imagen de f*** al conjunto de números reales correspondientes a valores de la función en los distintos puntos del dominio D:

$$R_f = \{f(x,y) : (x,y) \in D\}$$

Ejemplo 2.1

Sea $D=\{(x,y):x-y\neq 0\}$ un subconjunto de puntos de $\mathbb{R}^2$. Definimos sobre D la función $f(x,y)=\dfrac{x^2+y^2}{x-y}$.

Para calcular la imagen de un punto (x,y) cualquiera del dominio D, basta sustituir sus valores en la expresión de la función f. Por ejemplo:

$$f(1,0)=\frac{1^2+0^2}{1-0}=1$$

$$f(a,a+1)=\frac{a^2+(a+1)^2}{a-(a+1)}=-2a^2-2a-1$$

■

Ejemplo 2.2

En una fábrica, la producción Q puede considerarse como una función de la inversión de capital K y del tamaño L de la fuerza laboral. La siguiente función, denominada ***función de producción de Cobb-Douglas***, aparece con frecuencia en el análisis económico:

$$Q(K,L)=AK^{\alpha}L^{\beta}$$

donde A, α, β son constantes positivas.

■

Ejemplo 2.3

La demanda D de un bien de consumo puede ser analizada como una variable que dependa del precio p del bien y de la renta disponible r del consumidor. Así, la función de demanda puede expresarse como: $D=D(p,r)$

■

OBSERVACIÓN

Cuando realicemos el estudio general de las funciones de varias variables, representaremos con las letras x e y las variables independientes y con la letra z, la variable dependiente (Ejemplo 2.1). Sin embargo, es frecuente en economía representar las variables dependientes e independientes con otras letras relacionadas con el significado de la correspondiente variable: D (demanda), p (precio), r (renta), K (capital), ... (véanse los Ejemplos 2.2 y 2.3)

Hemos estudiado varios ejemplos de funciones de 2 variables. La generalización al caso de n variables es sencilla.

Sea D un subconjunto del espacio $\mathbb{R}^n = \{(x_1, x_2, ..., x_n) : x_i \in \mathbb{R}\}$.

Una ***función escalar de n variables*** es una aplicación f que asigna a cada punto $(x_1, x_2, ..., x_n)$ del conjunto D un único número real que representamos por $f(x_1, x_2, ..., x_n)$.

La función f puede ser expresada así:

$$f : D \subseteq \mathbb{R}^n \to \mathbb{R}$$
$$(x_1, x_2, ..., x_n) \to z = f(x_1, x_2, ..., x_n)$$

Usando una notación más abreviada, si llamamos $\vec{x}$ a $(x_1, x_2, ..., x_n)$, una función real de n variables puede representarse en forma vectorial por $z = f(\vec{x})$.

Ejemplo 2.4

Consideremos la función $f(x_1, x_2, ..., x_n) = x_1^2 + x_2^2 + ... + x_n^2$ cuyo dominio de definición es $D = \mathbb{R}^n$. Para calcular la imagen del punto $(1,1,...1)$, basta sustituir cada x_i por 1 en la expresión de la función f , de donde:

$$f(1,1,...,1) = 1^2 + 1^2 + ... + 1^2 = n$$

■

Ejemplo 2.5

La función de Cobb-Douglas de n variables se define como:

$$f(x_1, x_2, ..., x_n) = A\, x_1^{\alpha_1} x_2^{\alpha_2} ... x_n^{\alpha_n} = A \prod_{i=1}^{n} x_i^{\alpha_i}, \quad x_i > 0$$

donde $A > 0,\ \alpha_i > 0,\ i = 1, 2, ..., n$.

■

Ejemplo 2.6

La demanda D de un bien no sólo depende del precio p de dicho bien, sino también de los precios $p_1, p_2, ..., p_n$ de otros bienes sustitutivos o competitivos con él y de la renta familiar r disponible. Así, la demanda D es una función de $(n+2)$ variables que puede expresarse de la forma:

$$D = f(p, p_1, p_2, ..., p_n, r)$$

■

Ejemplo 2.7

Consideremos una situación en la que un individuo decide qué cantidades de n bienes distintos va adquirir durante un espacio de tiempo. Para analizar matemáticamente esta situación, se supone que el individuo tiene asociada una función $U(x_1, x_2, ..., x_n)$, denominada ***función de utilidad del consumidor***, que representa las preferencias y determina la satisfacción del individuo al adquirir x_1 unidades del primer bien, x_2 unidades del segundo bien y así sucesivamente. Un ejemplo de función de utilidad del consumidor es el definido por la función:

$$U(x, y) = Ax^{\alpha} y^{\beta}$$

donde A, α y β son constantes positivas.

■

3. GRÁFICA DE UNA FUNCIÓN DE DOS VARIABLES

El objetivo en este apartado es poder representar gráficamente una función de dos variables. La representación gráfica permitirá visualizar muchos de los conceptos que estudiaremos y ayudar a su comprensión. Comenzamos recordando cómo se realizaba la representación gráfica en el caso de funciones de una variable, para posteriormente extender el proceso al caso que nos ocupa.

Dada una función $y = f(x)$ definida sobre un dominio $D \subseteq \mathbb{R}$, le asignamos una curva en el plano XY que denominamos gráfica de la función. La construcción es sencilla: basta representar en el eje X los valores de la variable independiente x, y representar en el eje Y las correspondientes imágenes $f(x)$ de los valores de x mediante la función f. De esta forma, obtenemos en el plano XY puntos de la forma $(x, f(x))$ donde x va tomando valores en el dominio D de la función. El conjunto de puntos construidos de esta forma determinan la gráfica de la función f, que normalmente constituyen una curva en el plano (véase la Figura 8.6).

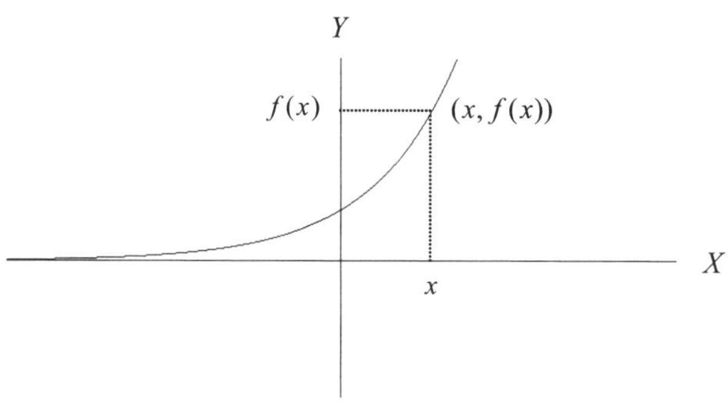

Figura 8.6. Gráfica de una función de una variable.

Formalmente, la gráfica f, representada por $Gr(f)$, se define así:

$$Gr(f)=\{(x,f(x)):x\in D\}$$

El proceso que seguiremos ahora para construir la gráfica de una función de dos variables $z=f(x,y)$ es análogo. Dada una función $z=f(x,y)$ definida sobre un dominio D, construimos su gráfica de la siguiente forma. Consideramos tres ejes X, Y, Z en el espacio tridimensional (los ejes X e Y forman el plano horizontal y el eje Z es perpendicular al plano XY). Tomamos un punto (x,y) perteneciente al dominio D de la función y lo representamos en el plano XY, si consideramos su imagen $z=f(x,y)$ por la función f y representamos dicho valor en el eje Z, obtenemos un punto en el espacio cuyas coordenadas son $(x,y,f(x,y))$. Si repetimos el proceso para cada punto (x,y) del dominio D de la función f, obtenemos la gráfica de la función, que normalmente será una superficie en el espacio tridimensional (Figura 8.7).

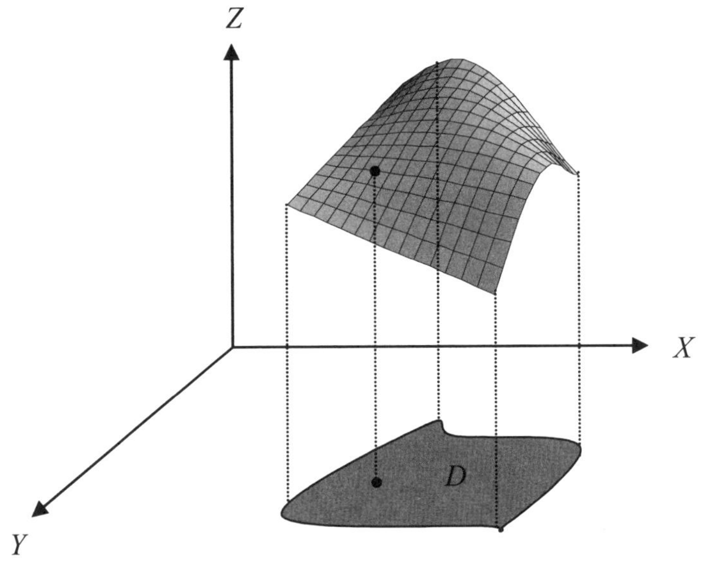

Figura 8.7. Gráfica de una función definida sobre un dominio $D\subset\mathbb{R}^2$.

Se define la ***gráfica de una función*** $z=f(x,y)$ definida sobre un dominio $D\subseteq\mathbb{R}^2$ como:

$$Gr(f)=\{(x,y,f(x,y))\in\mathbb{R}^3:(x,y)\in D\}$$

La construcción de la gráfica de una función de dos variables es más compleja que la de una función de una variable $y=f(x)$, siendo necesario el uso de paquetes matemáticos de cálculo que resuelven el problema con facilidad.

Veamos a continuación algunos ejemplos construidos con el paquete matemático Derive.

Ejemplo 3.1

La gráfica de la función $f(x,y) = x^2 + y^2$ está dada por la Figura 8.8:

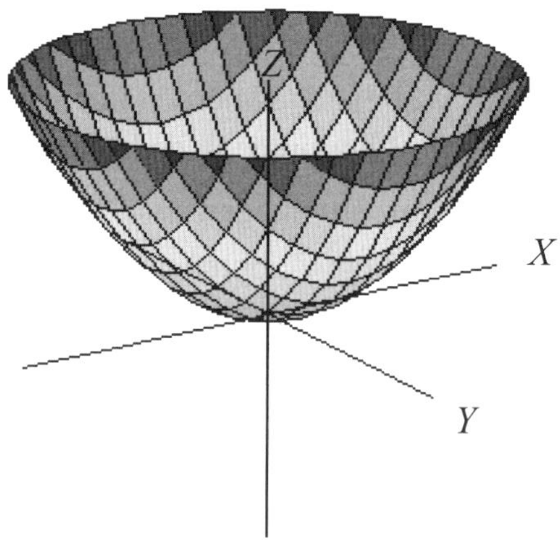

Figura 8.8. Gráfica de la función $f(x,y) = x^2 + y^2$.

■

Ejemplo 3.2

La gráfica de la función $f(x,y) = \text{sen}(xy)$ definida sobre el dominio $D = \left[-\frac{\pi}{2}, \frac{\pi}{2}\right] x \left[-\frac{\pi}{2}, \frac{\pi}{2}\right]$ está dada por la Figura 8.9:

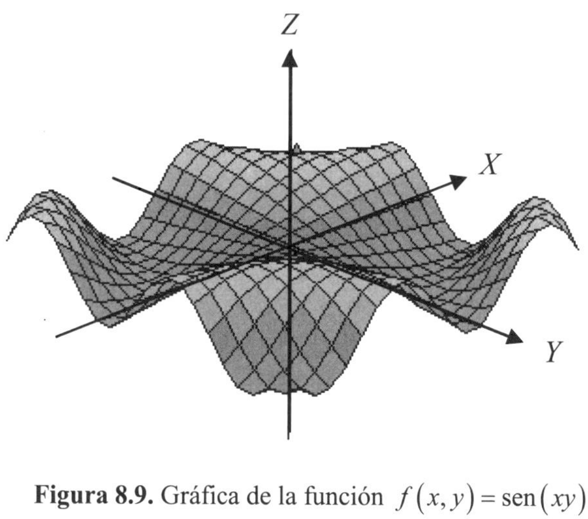

Figura 8.9. Gráfica de la función $f(x,y) = \text{sen}(xy)$.

■

Desafortunadamente, no tenemos un método para representar la gráfica de funciones con más de dos variables.

4. CURVAS DE NIVEL: CURVAS DE INDIFERENCIA Y CURVAS ISOCUANTAS

En la mayoría de las ocasiones es difícil trabajar con la gráfica de una función de dos variables, precisamente, por su carácter tridimensional. A continuación introduciremos el concepto de curva de nivel que ayudará a desarrollar el estudio de una función de dos variables, sin necesidad de realizar su representación tridimensional.

Definimos la ***curva de nivel C*** de una función $z = f(x,y)$, representada por N_C, como el conjunto de puntos (x,y) del plano XY cuya imagen por la función es C:

$$N_C = \{(x,y) \in D : f(x,y) = C\}$$

Cuando representamos todas las curvas de nivel para los diferentes valores de C, se obtiene el mapa de curvas de nivel de la función $z = f(x,y)$, que permite un estudio en dos dimensiones de la gráfica de la función.

Geométricamente, los puntos de la curva de nivel N_C corresponden a los puntos que tienen la misma altura $f(x,y)$, por tanto, pueden obtenerse cortando la gráfica de la función por el plano horizontal $z = C$ (perpendicular al eje Z y paralelo al plano XY) y luego proyectando la intersección perpendicularmente sobre el plano XY.

Ejemplo 4.1

Sea la función $z = x^2 + y^2$ representada en la Figura 8.8. Sus curvas de nivel están dadas por los puntos (x,y) que cumplen la ecuación $x^2 + y^2 = C$, para diferentes valores de C. Las curvas de nivel, en este caso, son circunferencias centradas en el origen y de radio $\sqrt{C}$ (véase la Figura 8.10).

■

En economía, las curvas de nivel tienen una especial significación y son usadas con frecuencia. Veamos algunos ejemplos.

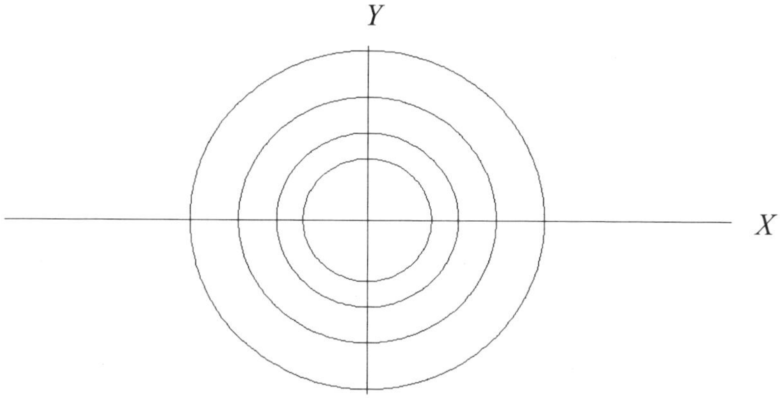

Figura 8.10. Curvas de nivel de la función $z = x^2 + y^2$.

Ejemplo 4.2

Sea $Q = f(x, y)$ una función de producción, donde Q es la producción obtenida a partir de las cantidades x e y de factores productivos (por ejemplo, horas de mano de obra e inversión de capital). Una curva de nivel N_C en este caso estaría formada por todas las combinaciones x e y que proporcionan el mismo nivel de producción C. Las curvas de nivel de una función de producción se denominan ***curvas isocuantas.***

Supongamos que la función de producción es $Q = 2x^{1/3}y^{2/3}$, donde x es el número de horas de mano de obra empleadas e y la inversión de capital en miles de euros. Para determinar la curva de nivel correspondiente al valor de la producción $Q = 2000$, es decir, las combinaciones x e y que proporcionan dicho valor de la producción, basta considerar la curva dada en forma implícita por $2x^{1/3}y^{2/3} = 2000$, cuya gráfica en el plano XY puede verse en la Figura 8.11.

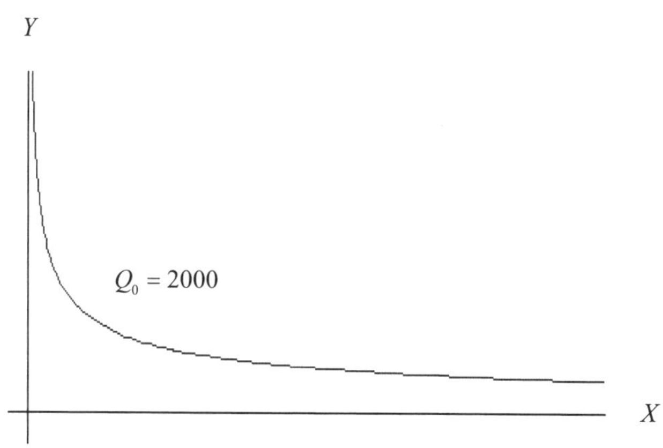

Figura 8.11. Curva isocuanta $2x^{1/3}y^{2/3} = 2000$.

Ejemplo 4.3

Sea $U = f(x, y)$ la función de utilidad de un consumidor, donde U es la utilidad que proporciona al consumidor la adquisición de las cantidades x e y de dos bienes. Una curva de nivel N_C en este caso, estaría formada por todas las combinaciones x e y que proporcionan el mismo nivel de utilidad C al consumidor. Las curvas de nivel de una función de utilidad se denominan ***curvas de indiferencia.***

■

En general, para una función de n variables $z = f(x_1, x_2, ..., x_n)$ definida en un dominio $D \subseteq \mathbb{R}^n$, el conjunto de puntos $(x_1, x_2, ..., x_n)$ de $D \subseteq \mathbb{R}^n$ cuya imagen es C se denomina ***hipersuperficie de nivel*** de la función f en $\mathbb{R}^n$:

$$N_c = \{(x_1, x_2, ..., x_n) \in D : f(x_1, x_2, ..., x_n) = C\}$$

5. LÍMITES Y CONTINUIDAD

5.1. LÍMITE DE UNA FUNCIÓN DE VARIAS VARIABLES

En el presente epígrafe vamos a estudiar los conceptos de límite y continuidad en funciones de varias variables. Estos conceptos ya fueron estudiados en el Capítulo 6 para funciones de una variable. Su extensión al caso de varias variables presenta bastantes similitudes con el caso de una variable, aunque también diferencias significativas, especialmente en el concepto de límite.

Comenzamos estudiando la definición de límite de una función de n variables en un punto.

Sea $f : D \to \mathbb{R}$, $D \subseteq \mathbb{R}^n$ y $\vec{x}_0$ un punto de acumulación del dominio D.

Se define el ***límite*** de la función f cuando la variable $\vec{x}$ tiende a $\vec{x}_0$ como el número real L al que se aproximan los valores de la función cuando los valores de la variable $\vec{x}$ se aproximan al punto $\vec{x}_0$.

La formalización matemática de esta idea se realiza de forma similar a como se hacía en el caso de funciones de una variable. Ahora sustituimos los intervalos por su equivalente en el espacio $\mathbb{R}^n$, que son las bolas de centro y radio determinado.

La función f se aproxima a L cuando $\vec{x}$ tiende al punto $\vec{x}_0$ si para cualquier bola de centro L y radio ε, $B(L, \varepsilon)$, existe una bola de centro $\vec{x}_0$ y radio δ, $B(\vec{x}_0,\delta)$, tal que, si $\vec{x}$ está dentro de $B(\vec{x}_0,\delta)$, entonces, su imagen $f(\vec{x})$ pertenece a $B(L,\varepsilon)$. De esta forma realizamos la siguiente definición:

El límite de f cuando $\vec{x}$ tiende a $\vec{x}_0$ es igual a L, y se escribe $\lim_{\vec{x}\to\vec{x}_0} f(\vec{x}) = L$, si, para cada $\varepsilon > 0$, existe un número $\delta > 0$ tal que si $\vec{x} \in B(\vec{x}_0,\delta) \cap D$, con $\vec{x} \neq \vec{x}_0$, entonces, $f(\vec{x}) \in B(L,\varepsilon)$.

Si tenemos en cuenta que el hecho de que $\vec{x} \in B(\vec{x}_0,\delta)$ es equivalente a afirmar que $\|\vec{x}-\vec{x}_0\| < \delta$ y que $f(\vec{x}) \in B(L,\varepsilon)$ es equivalente a que $|f(\vec{x})-L| < \varepsilon$, entonces la definición de límite puede formularse equivalentemente así:

$\lim_{\vec{x}\to\vec{x}_0} f(\vec{x}) = L$ si y sólo si $\forall \varepsilon > 0$, $\exists\, \delta > 0$ tal que si $0 < \|\vec{x}-\vec{x}_0\| < \delta$ entonces

$$|f(\vec{x})-L| < \varepsilon$$

Aunque la definición de límite para el caso de varias variables es similar a la realizada para funciones de una variable, hay una diferencia entre ambos casos que es necesario resaltar, sobre todo a efectos prácticos en el cálculo de límites en varias variables. Cuando estudiamos el límite de funciones de una variable, los valores de la variable independiente pertenecen a la recta real y, por tanto, sólo hay dos maneras de aproximarse al punto: por la izquierda y por la derecha del punto. Recordemos que la existencia del límite es equivalente a la existencia de los límites laterales y a que ambos sean iguales. Sin embargo, en el caso de funciones de varias variables, por ejemplo, para 2 variables, los valores de la variable independiente son puntos del plano y, por tanto, hay infinitas trayectorias para aproximarse al punto al calcular el límite (véase la Figura 8.12). En este caso, el límite existe siempre y cuando los límites obtenidos según las diferentes trayectorias sean iguales. A efectos prácticos, este hecho complica considerablemente el cálculo de un límite en funciones de varias variables, ya que es necesario estudiar las infinitas trayectorias, lo cual es imposible. En la práctica, sólo aplicando directamente la definición, podemos demostrar que existe el límite de una función.

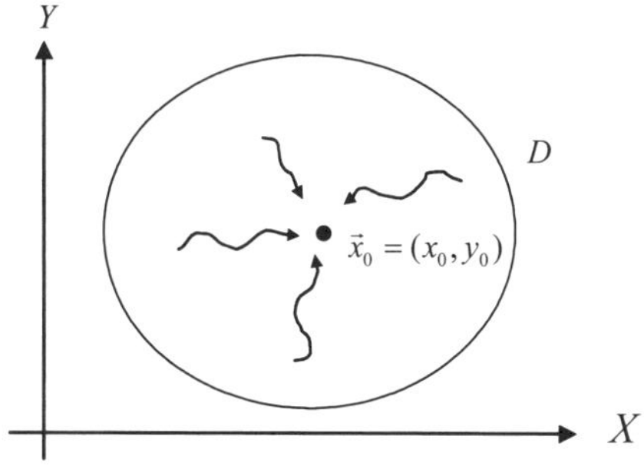

Figura 8.12. Diferentes trayectorias hacia el punto $\vec{x}_0$ del dominio D en el plano.

Ejemplo 5.1

Consideremos la función $f(x,y)=\dfrac{x^2y^2}{x^2+y^2}$ definida sobre el dominio $D=\mathbb{R}^2-\{(0,0)\}$. Demostremos, aplicando la definición, que el límite de la función $f(x,y)=\dfrac{x^2y^2}{x^2+y^2}$ cuando $(x,y)\to(0,0)$ es igual a 0.

Tenemos que probar que, para cada $\varepsilon>0$, existe $\delta>0$ tal que si $\|(x,y)-(0,0)\|<\delta$ entonces $\left|\dfrac{x^2y^2}{x^2+y^2}-0\right|<\varepsilon$. La condición $\|(x,y)-(0,0)\|<\delta$ es equivalente a afirmar que $\sqrt{x^2+y^2}<\delta$, o bien que $x^2+y^2<\delta^2$. Por otra parte, es fácil ver que:

$$|f(x,y)-0|=\left|\frac{x^2y^2}{x^2+y^2}\right|<\left|\frac{x^2y^2}{y^2}\right|=x^2$$

Así, dado $\varepsilon>0$, elegimos $\delta=\sqrt{\varepsilon}$, de forma que si $\|(x,y)-(0,0)\|<\delta$, entonces se tiene que $x^2+y^2<\delta^2$, de donde $x^2\le x^2+y^2<\delta^2=\varepsilon$. Teniendo en cuenta que $|f(x,y)-0|<x^2$, entonces resulta que $|f(x,y)-0|<\varepsilon$ y queda probado que $\lim\limits_{(x,y)\to(0,0)} f(x,y)=0$.

■

El ejemplo que acabamos de estudiar muestra que no es fácil en general demostrar la existencia del límite de una función. Para discutir la existencia del límite de una función, es útil a veces el estudio de los límites direccionales y límites reiterados, que pasamos a definir a continuación en el caso $n=2$.

5.1.1. Límites direccionales

Se llaman límites ***direccionales*** a los límites de la función siguiendo determinadas direcciones o curvas que pasan por el punto al que se aproxima la variable independiente. Los límites direccionales más usados son los que corresponden a trayectorias rectilíneas.

Para calcular $\lim\limits_{(x,y)\to(x_0,y_0)} f(x,y)$ a partir de las direcciones rectilíneas en el dominio que pasan por el punto (x_0,y_0), consideramos la expresión general de las rectas que pasan por dicho punto, dada por $y=m(x-x_0)+y_0$, de forma que:

$$\lim_{(x,y)\to(x_0,y_0)} f(x,y)=\lim_{x\to x_0} f\left(x,m(x-x_0)+y_0\right)$$

y el límite se convierte en un límite de una función de una variable.

Aunque las trayectorias rectilíneas son las más usadas, también es posible acercarse al punto (x_0, y_0) siguiendo una familia de curvas diferente. Por ejemplo, las trayectorias pueden ser parabólicas. En este caso, la ecuación general de las parábolas que pasan por el punto (x_0, y_0) son:

$$y = m(x - x_0)^2 + y_0, \quad x = m(y - y_0)^2 + x_0$$

de donde:

$$\lim_{(x,y)\to(x_0,y_0)} f(x,y) = \lim_{x\to x_0} f\left(x, m(x - x_0)^2 + y_0\right)$$

$$\lim_{(x,y)\to(x_0,y_0)} f(x,y) = \lim_{y\to y_0} f\left(m(y - y_0)^2 + x_0, y\right)$$

obteniéndose dos límites en una variable.

Para que exista el límite de una función en un punto, es necesario que todos los límites direccionales sean iguales. En el caso de que alguno de los límites direccionales sea diferente del resto, se puede afirmar que no existe el límite de la función. Esto ocurre, por ejemplo, si, al calcular los límites siguiendo trayectorias rectilíneas o parabólicas definidos anteriormente, el resultado obtenido depende del parámetro m. Sin embargo, el que los límites siguiendo determinadas direcciones sean iguales, no asegura la existencia del límite de la función.

Ejemplo 5.2

Consideremos la función $f(x,y) = \dfrac{xy}{x^2 + y^2}$ definida sobre el dominio $D = \mathbb{R}^2 - \{(0,0)\}$. Estudiemos el valor de $\lim\limits_{(x,y)\to(0,0)} f(x,y)$ siguiendo las trayectorias rectilíneas dadas por las rectas $y = mx$ que pasan por el punto $(0,0)$:

$$\lim_{(x,y)\to(0,0)} \frac{xy}{x^2 + y^2} = \lim_{\substack{x\to 0 \\ y=mx}} \frac{xy}{x^2 + y^2} = \lim_{x\to 0} \frac{mx^2}{x^2 + m^2x^2} = \frac{m}{1 + m^2}$$

Como el valor del límite depende de m y, por tanto, de la trayectoria elegida se puede afirmar que no existe $\lim\limits_{(x,y)\to(0,0)} \dfrac{xy}{x^2 + y^2}$.

■

5.1.2. Límites reiterados

Los ***límites reiterados*** son aquellos que se obtienen al considerar de forma sucesiva los límites respecto a cada una de las variables que intervienen en la función, en las coordenadas correspondientes del punto al que tienden las variables independientes y según diferentes ordenaciones. En el caso de una función $f(x,y)$, los límites reiterados cuando $(x,y)\to(x_0,y_0)$ están definidos por:

$$\lim_{x\to x_0}[\lim_{y\to y_0} f(x,y)], \quad \lim_{y\to y_0}[\lim_{x\to x_0} f(x,y)]$$

Para que exista el límite de una función en un punto es necesario que todos los límites reiterados sean iguales. En el caso de que los límites reiterados sean diferentes, se puede afirmar que no existe el límite de la función. Sin embargo, el que los límites reiterados sean iguales no asegura la existencia del límite de la función.

Ejemplo 5.3

Estudiemos los límites reiterados de la función $f(x,y)=\dfrac{x^2-y^2}{x^2+y^2}$ cuando $(x,y)\to(0,0)$.

$$\lim_{x\to 0}[\lim_{y\to 0} f(x,y)] = \lim_{x\to 0}[\lim_{y\to 0}\frac{x^2-y^2}{x^2+y^2}] = \lim_{x\to 0}[\frac{x^2}{x^2}] = 1$$

$$\lim_{y\to 0}[\lim_{x\to 0} f(x,y)] = \lim_{y\to 0}[\lim_{x\to 0}\frac{x^2-y^2}{x^2+y^2}] = \lim_{y\to 0}[\frac{-y^2}{y^2}] = -1$$

Como el valor de los límites reiterados es diferente, se puede afirmar que no existe $\lim\limits_{(x,y)\to(0,0)} \dfrac{x^2-y^2}{x^2+y^2}$.

■

5.1.3. Propiedades de los límites

Los límites en funciones de varias variables verifican las mismas propiedades que los límites en funciones de una variable.

Si $\lim\limits_{\vec{x}\to\vec{x}_0} f(\vec{x})$ y $\lim\limits_{\vec{x}\to\vec{x}_0} g(\vec{x})$ existen, entonces:

1) $\lim\limits_{\vec{x}\to\vec{x}_0}\left[f(\vec{x})\pm g(\vec{x})\right] = \lim\limits_{\vec{x}\to\vec{x}_0} f(\vec{x}) \pm \lim\limits_{\vec{x}\to\vec{x}_0} g(\vec{x})$

2) $\lim\limits_{\vec{x}\to\vec{x}_0}\left[f(\vec{x})\cdot g(\vec{x})\right] = \lim\limits_{\vec{x}\to\vec{x}_0} f(\vec{x}) \cdot \lim\limits_{\vec{x}\to\vec{x}_0} g(\vec{x})$

3) $\lim_{\vec{x}\to\vec{x}_0} \dfrac{f(\vec{x})}{g(\vec{x})} = \dfrac{\lim_{\vec{x}\to\vec{x}_0} f(\vec{x})}{\lim_{\vec{x}\to\vec{x}_0} g(\vec{x})}, \quad \lim_{\vec{x}\to\vec{x}_0} g(\vec{x}) \neq 0$

5.2. *CONTINUIDAD DE FUNCIONES*

Una función $f : D \subseteq \mathbb{R}^n \to \mathbb{R}$ es continua en un punto $\vec{x}_0 \in D$ si se cumplen las siguientes condiciones:

i) Existe $\lim_{\vec{x}\to\vec{x}_0} f(\vec{x})$

ii) Existe $\lim_{\vec{x}\to\vec{x}_0} f(\vec{x})$

iii) $\lim_{\vec{x}\to\vec{x}_0} f(\vec{x}) = f(\vec{x}_0)$

En resumen podemos decir que:

$f(\vec{x})$ es ***continua en*** $\vec{x}_0$ si $\lim_{\vec{x}\to\vec{x}_0} f(\vec{x}) = f(\vec{x}_0)$

Teniendo en cuenta la definición del límite de una función en un punto, se tiene la siguiente definición equivalente:

f es ***continua*** en $\vec{x}_0$ si y sólo si $\forall \varepsilon > 0$, $\exists \delta > 0$ tal que si $\|\vec{x} - \vec{x}_0\| < \delta$, entonces $|f(\vec{x}) - f(\vec{x}_0)| < \varepsilon$.

Decimos que f es ***discontinua*** en $\vec{x}_0$ si f no es continua en $\vec{x}_0$.

Ejemplo 5.4

Dada la función:

$$f(x,y) = \begin{cases} \dfrac{x^2 y^2}{x^2 + y^2} & (x,y) \neq (0,0) \\ 0 & (x,y) = (0,0) \end{cases}$$

según estudiamos en el Ejemplo 5.1, existe el límite de $f(x,y)$ cuando $(x,y) \to (0,0)$ y es igual a 0. Por otra parte, $f(0,0) = 0$, luego:

$$\lim_{(x,y)\to(0,0)} \frac{x^2 y^2}{x^2 + y^2} = f(0,0)$$

y la función $f(x,y)$ es continua en el punto $(0,0)$.

■

Ejemplo 5.5

Consideremos la función:

$$f(x,y)=\begin{cases}\dfrac{x^2-y^2}{x^2+y^2} & (x,y)\neq(0,0)\\ 1 & (x,y)=(0,0)\end{cases}$$

En el Ejemplo 5.3 probamos que no existe $\lim\limits_{(x,y)\to(0,0)}\dfrac{x^2-y^2}{x^2+y^2}$, por tanto, la función $f(x,y)$ no es continua en el punto $(0,0)$.

■

PROPIEDADES

Sean dos funciones $f,g:D\subseteq\mathbb{R}^n\to\mathbb{R}$ continuas en un punto $\vec{x}_0$. Se verifica que:

i) $f+g$ es continua en $\vec{x}_0$

ii) $k\,f$ es continua en $\vec{x}_0$, $\forall k\in\mathbb{R}$

iii) $f\cdot g$ es continua en $\vec{x}_0$

iv) $\dfrac{f}{g}$ es continua en $\vec{x}_0$, siempre que $g(\vec{x}_0)\neq 0$

6. CONCEPTO DE DERIVADA PARCIAL: INTERPRETACIÓN GEOMÉTRICA E INTERPRETACIÓN ECONÓMICA

6.1. DEFINICIÓN DE DERIVADA PARCIAL

En el estudio de las funciones de varias variables surge con frecuencia la siguiente pregunta: ¿Cómo se ve afectada la función por la variación de una de sus variables independientes cuando el resto de variables permanecen constantes? Podemos responder a la pregunta considerando el resto de variables de la función como constantes y estudiando la tasa de cambio de la función con respecto a la variable considerada. Este proceso se conoce con el nombre de derivación parcial. De forma más precisa, tenemos las siguientes definiciones:

Sea $z=f(x,y)$ una función definida sobre un dominio abierto D de $\mathbb{R}^2$ y (a,b) un punto del dominio D. Se definen ***las derivadas parciales de la función*** f ***con respecto a las variables*** x ***e*** y ***en el punto*** (a,b) como:

$$\frac{\partial f}{\partial x}(a,b) = \lim_{h \to 0} \frac{f(a+h,b) - f(a,b)}{h} \tag{8.1}$$

$$\frac{\partial f}{\partial y}(a,b) = \lim_{h \to 0} \frac{f(a,b+h) - f(a,b)}{h} \tag{8.2}$$

(siempre y cuando existan los límites anteriores).

Ejemplo 6.1

Si aplicamos la definición anterior para calcular $\frac{\partial f}{\partial x}(1,2)$ en la función $f(x,y) = x^2 y + 1$, se obtiene que:

$$\frac{\partial f}{\partial x}(1,2) = \lim_{h \to 0} \frac{f(1+h,2) - f(1,2)}{h} = \lim_{h \to 0} \frac{2(1+h)^2 + 1 - 3}{h} = \lim_{h \to 0} \frac{2h^2 + 4h}{h} = 4$$

■

Si existen los límites anteriores (8.1) y (8.2) para cada punto (x,y) del dominio D, se pueden definir las funciones derivadas parciales de f respecto de las variables x, y. Concretamente:

Dada la función $z = f(x,y)$ en un dominio abierto D, se definen las ***funciones derivadas parciales de f con respecto a x e y*** como las funciones $\frac{\partial f}{\partial x}(x,y)$, $\frac{\partial f}{\partial y}(x,y)$ definidas en D mediante:

$$\frac{\partial f}{\partial x}(x,y) = \lim_{h \to 0} \frac{f(x+h,y) - f(x,y)}{h} \tag{8.3}$$

$$\frac{\partial f}{\partial y}(x,y) = \lim_{h \to 0} \frac{f(x,y+h) - f(x,y)}{h} \tag{8.4}$$

(siempre y cuando existan los límites anteriores).

Ejemplo 6.2

Apliquemos ahora la definición anterior para calcular la función $\frac{\partial f}{\partial x}(x,y)$ para $f(x,y) = x^2 y + 1$.

$$\frac{\partial f}{\partial x}(x,y)=\lim_{h\to 0}\frac{f(x+h,y)-f(x,y)}{h}=\lim_{h\to 0}\frac{(x+h)^2y+1-x^2y-1}{h}=$$
$$=\lim_{h\to 0}\frac{2xyh+h^2y}{h}=\lim_{h\to 0}(2xy+hy)=2xy$$

Las funciones derivadas parciales pueden representarse con diferentes notaciones, señalemos a continuación las más usuales:

$$\frac{\partial f}{\partial x}(x,y)=f_x(x,y)=f'_x(x,y)=z_x(x,y)=D_1f(x,y)$$
$$\frac{\partial f}{\partial y}(x,y)=f_y(x,y)=f_y'(x,y)=z_y(x,y)=D_2f(x,y)$$

Nos planteamos ahora si es posible calcular las derivadas parciales de una función sin necesidad de utilizar la definición a través del límite realizada anteriormente. Si observamos con detenimiento la definición que hemos dado y el cálculo de $\frac{\partial f}{\partial x}$ realizado en el Ejemplo 6.2, es fácil ver que, para calcular, por ejemplo $\frac{\partial f}{\partial x}$, se ha considerado la función $z=f(x,y)$ como una función de una variable x, manteniendo la variable y constante, y se ha derivado la función $z=f(x,y)$ con respecto a la variable x. Análogamente, para calcular $\frac{\partial f}{\partial y}$, basta con derivar la función $z=f(x,y)$ respecto de la variable y, permaneciendo la variable x constante. Por este motivo, podemos aplicar todas las herramientas conocidas del cálculo de derivadas en funciones de una variable para calcular derivadas parciales.

Veamos algunos ejemplos que nos ayuden a comprender mejor el proceso de derivación parcial.

Ejemplo 6.3

Las derivadas parciales $\frac{\partial z}{\partial x}$ y $\frac{\partial z}{\partial y}$ de la función $z=e^{x^2+y^2}$ están dadas por:

$\frac{\partial z}{\partial x}=2xe^{x^2+y^2}$ (Derivando respecto de la variable x, siendo constante y).

$\frac{\partial z}{\partial y}=2ye^{x^2+y^2}$ (Derivando respecto de la variable y, siendo constante x).

■

Ejemplo 6.4

Dada la función $z = x^2 e^{xy}$, calculamos el valor de $\frac{\partial z}{\partial x}(1,0)$. Comenzamos calculando la función $\frac{\partial z}{\partial x}$:

$$\frac{\partial z}{\partial x} = 2xe^{xy} + x^2 ye^{xy}$$

para después evaluarla en el punto $(1,0)$:

$$\frac{\partial z}{\partial x}(1,0) = 2$$

■

Ejemplo 6.5

Las derivadas parciales de la función de producción $Q = 2K^{\frac{2}{3}}L^{\frac{1}{3}}$ están dadas por:

$$\frac{\partial Q}{\partial K} = \frac{4}{3}K^{\frac{-1}{3}}L^{\frac{1}{3}}, \quad \frac{\partial Q}{\partial L} = \frac{2}{3}K^{\frac{2}{3}}L^{\frac{-2}{3}}$$

■

Para funciones de más de dos variables, la definición y el proceso de cálculo de las derivadas parciales es similar al caso de dos variables que acabamos de ver.

Si $z = f(x_1, x_2, ..., x_n)$ es una función definida en un dominio abierto $D \subseteq \mathbb{R}^n$, se definen las derivadas parciales de f con respecto a las variables x_i, $i = 1, 2, ..., n$, como las funciones $\frac{\partial f}{\partial x_i}$ dadas por el siguiente límite:

$$\frac{\partial f}{\partial x_i} = \lim_{h \to 0} \frac{f(x_1, ..., x_i + h, ..., x_n) - f(x_1, ..., x_i, ..., x_n)}{h}, \quad i = 1, 2, ..., n$$

Ejemplo 6.6

Dada la función $w = xyz + \operatorname{sen}(x^2 + y^2 + z^2)$, las derivadas parciales $\frac{\partial w}{\partial x}$, $\frac{\partial w}{\partial y}$ y $\frac{\partial w}{\partial z}$ se calculan derivando la función respecto a cada una de las variables x, y, z:

$$\frac{\partial w}{\partial x} = yz + 2x\cos\left(x^2 + y^2 + z^2\right)$$

$$\frac{\partial w}{\partial y} = xz + 2y\cos\left(x^2 + y^2 + z^2\right)$$

$$\frac{\partial w}{\partial z} = xy + 2z\cos\left(x^2 + y^2 + z^2\right)$$

■

6.2. *INTERPRETACIÓN GEOMÉTRICA*

En este epígrafe estudiamos el significado geométrico de las derivadas parciales de una función $z = f(x,y)$ en un punto. Comenzamos recordando la interpretación geométrica en el caso de funciones de una variable. Dada una función $y = f(x)$, la derivada $f'(a)$ de f en el punto $x = a$ mide la pendiente (véase el Capítulo 7) de la recta tangente a la curva en dicho punto:

$$f'(a) = m_r = \mathrm{tg}\,\alpha$$

Nos planteamos ahora la siguiente pregunta:

¿Qué mide la derivada parcial de $z = f(x,y)$ con respecto a la variable x en el punto (a,b)?

Para responder a la pregunta realizamos el siguiente razonamiento. Consideremos la gráfica de la función $z = f(x,y)$ y un punto (a,b) del dominio D de la función. Si cortamos la gráfica por el plano $y = b$ perpendicular al plano XY, se obtiene una curva sobre la superficie que denominamos $g(x)$. Esta curva no es más que la imagen mediante f de los puntos de la forma (x,b), es decir, $g(x) = f(x,b)$ (véase la Figura 8.13). Veamos ahora que $\frac{\partial f}{\partial x}(a,b)$ es la pendiente de la curva $g(x)$ en el punto (a,b). Para ello basta escribir la definición de $\frac{\partial f}{\partial x}(a,b)$ y tener en cuenta que $g(x) = f(x,b)$:

$$\frac{\partial f}{\partial x}(a,b) = \lim_{h\to 0}\frac{f(a+h,b) - f(a,b)}{h} = \lim_{h\to 0}\frac{g(a+h) - g(a)}{h} = g'(a)$$

y, por tanto, $\frac{\partial f}{\partial x}(a,b)$ es la pendiente de la curva $g(x)$ en el punto $x = a$.

Resumiendo:

$\frac{\partial f}{\partial x}(a,b)$ es la pendiente en el punto (a,b) de la curva obtenida al cortar la gráfica de f por el plano $y=b$.

Geométricamente, podemos afirmar que $\frac{\partial f}{\partial x}(a,b)$ mide la inclinación de la gráfica de f en el punto (a,b) en la dirección del eje X.

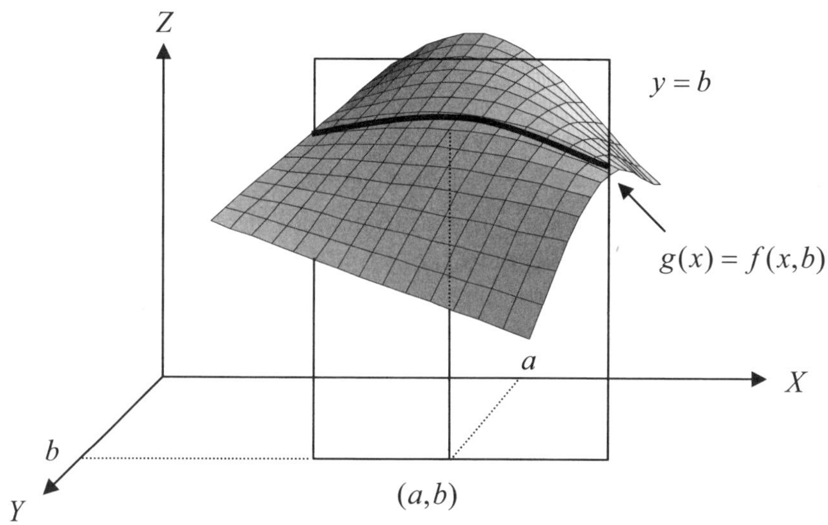

Figura 8.13. Interpretación geométrica de $\frac{\partial f}{\partial x}(a,b)$.

De manera análoga se obtiene la interpretación de $\frac{\partial f}{\partial y}(a,b)$:

$\frac{\partial f}{\partial y}(a,b)$ es la pendiente en el punto (a,b) de la curva obtenida al cortar la gráfica de f por el plano $x=a$.

Geométricamente, podemos afirmar que $\frac{\partial f}{\partial y}(a,b)$ mide la inclinación de la gráfica de f en el punto (a,b) en la dirección del eje Y.

6.3. *Interpretación Económica*

A partir de la definición de las derivadas parciales respecto de x e y de una función $z = f(x,y)$, podemos interpretar con facilidad el significado de las funciones $\frac{\partial f}{\partial x}$ y $\frac{\partial f}{\partial y}$. Concretamente:

$\frac{\partial f}{\partial x}(x,y)$ mide la tasa de cambio de f con respecto a la variable x en el punto (x,y) cuando la variable y permanece constante.

$\frac{\partial f}{\partial y}(x,y)$ mide la tasa de cambio de f con respecto a la variable y en el punto (x,y) cuando la variable x permanece constante.

En general, desde un punto de vista económico, las derivadas parciales de una función están asociadas al concepto de marginalidad. El análisis marginal es usado con frecuencia en economía. Mediante este análisis es posible estudiar cómo varía una función que depende de varias variables cuando se produce una variación infinitesimal en una de las variables permaneciendo el resto constantes. Así, de forma similar a lo que ocurre con la derivada de funciones de una variable, tenemos que:

$\frac{\partial f}{\partial x}(x,y)$ mide aproximadamente la variación de la función f cuando se produce una variación unitaria de la variable x en el punto (x,y) permaneciendo constante la variable y.

$\frac{\partial f}{\partial y}(x,y)$ mide aproximadamente la variación de la función f cuando se produce una variación unitaria de la variable y en el punto (x,y) permaneciendo constante la variable x.

Veamos la aplicación de estos conceptos a algunas funciones económicas.

• **Función de producción**:

Sea $Q = f(K,L)$ una función de producción, donde K representa el capital invertido y L la mano de obra empleada. Las derivadas parciales de Q con respecto a K y L se conocen en economía con el nombre de ***productividades marginales del capital*** y ***del trabajo*** respectivamente.

Ejemplo 6.7

Si $Q = K^{\alpha} L^{\beta}$, con $\alpha, \beta > 0$, la "productividad marginal del capital" está dada por:

$$\frac{\partial Q}{\partial K} = \alpha K^{\alpha-1} L^{\beta}$$

y mide la tasa de cambio de la producción Q con respecto al capital K, siendo el trabajo L constante.

Mientras que "la productividad marginal del trabajo" está dada por:

$$\frac{\partial Q}{\partial L} = \beta K^{\alpha} L^{\beta-1}$$

y mide la tasa de cambio de la producción Q con respecto al trabajo L, permaneciendo el capital K constante.

De esta forma, $\frac{\partial Q}{\partial K} > 0$ nos indica que la producción Q es creciente con respecto al capital K cuando L permanece constante, mientras que $\frac{\partial Q}{\partial L} > 0$ indica que la producción Q es creciente con respecto al trabajo L cuando K permanece constante.

- **Función de demanda**:

Sea $D = f(p, r)$ la demanda de un bien que depende (para simplificar) del precio p del bien y de la renta r. La función $\frac{\partial D}{\partial p}$ se denomina ***demanda marginal con respecto al precio p*** y la función $\frac{\partial D}{\partial r}$, ***demanda marginal con respecto a la renta***. La función $\frac{\partial D}{\partial p}$ mide la tasa de cambio de la demanda cuando cambia el precio p y se mantiene constante la renta, mientras que $\frac{\partial D}{\partial r}$ mide la tasa de cambio de la demanda cuando el precio se mantiene constante y cambia la renta r.

Ejemplo 6.8

Sean D_1 y D_2 las demandas de dos bienes X_1 y X_2 cuyos precios respectivos son p_1 y p_2. Supongamos que D_1 y D_2 están dadas por las funciones:

$$D_1 = \frac{a}{p_1^2 p_2}, \qquad D_2 = \frac{a}{p_1 p_2}, \qquad a > 0$$

Para estudiar el comportamiento de D_1 y D_2 con respecto al precio p_1, calculamos las derivadas parciales de D_1 y D_2 con respecto a p_1.

$$\frac{\partial D_1}{\partial p_1} = -\frac{2a}{p_1^3 p_2} < 0, \qquad \frac{\partial D_2}{\partial p_1} = -\frac{a}{p_1^2 p_2} < 0$$

Podemos afirmar que las demandas D_1 y D_2 son decrecientes con respecto al precio p_1.

■

7. Derivadas Sucesivas

Como sucede para las derivadas de una función $y = f(x)$, es posible hallar las derivadas de segundo, tercer,... orden de una función de varias variables (supuesto que tales derivadas existan). Definimos a continuación las derivadas parciales de 2º orden de una función $z = f(x, y)$.

La derivada parcial de $z = f(x, y)$ con respecto a x es una función que representamos por $\frac{\partial f}{\partial x}$, o bien f_x, y que puede ser de nuevo derivada respecto a x, obteniéndose la derivada parcial segunda de f respecto a x dos veces, representada por $\frac{\partial^2 f}{\partial x^2}$, o bien por f_{xx}:

$$\frac{\partial}{\partial x}\left(\frac{\partial f}{\partial x}\right) = \frac{\partial^2 f}{\partial x^2} = f_{xx}$$

El resto de casos posibles son:

* Derivar dos veces respecto de y:

$$\frac{\partial}{\partial y}\left(\frac{\partial f}{\partial y}\right) = \frac{\partial^2 f}{\partial y^2} = f_{yy}$$

* Derivar primero con respecto a x y después con respecto a y:

$$\frac{\partial}{\partial y}\left(\frac{\partial f}{\partial x}\right) = \frac{\partial^2 f}{\partial y \partial x} = f_{yx}$$

* Derivar primero con respecto a y y después con respecto a x:

$$\frac{\partial}{\partial x}\left(\frac{\partial f}{\partial y}\right)=\frac{\partial^2 f}{\partial x \partial y}=f_{xy}$$

Ejemplo 7.1

Calculemos las derivadas parciales de 2º orden de la función $f(x,y)=x^2y^3+xy-y$. Para ello es necesario comenzar calculando las derivadas parciales de 1er orden:

$$f_x=2xy^3+y, \qquad f_y=3x^2y^2+x-1$$

Derivando ahora cada una de las funciones anteriores respecto de x e y, obtenemos las derivadas de 2º orden:

$$f_{xx}=2y^3,\ f_{xy}=6xy^2+1,\ f_{yx}=6xy^2+1,\ f_{yy}=6x^2y$$

■

Podemos observar en el ejemplo que las derivadas parciales cruzadas f_{xy}, f_{yx} son iguales. El siguiente resultado, formulado en general para funciones de n variables, precisa este hecho:

TEOREMA (SCHWARTZ)

Sea $f: D \to \mathbb{R}$ una función definida sobre un dominio abierto D de $\mathbb{R}^n$. Si f es una función continua con derivadas parciales de primer y segundo orden continuas, entonces se cumple que:

$$\frac{\partial^2 f}{\partial x_i \partial x_j}=\frac{\partial^2 f}{\partial x_j \partial x_i}, \quad i \neq j$$

para cada punto del dominio D.

De la misma forma, como hemos definido las derivadas parciales de segundo orden, podemos construir las derivadas parciales de órdenes superiores. En general, si $z=f(x_1,x_2,...,x_n)$ es una función de n variables y la derivamos r_1 veces respecto de x_1, r_2 veces respecto a x_2 ... y r_n veces respecto a x_n, obtenemos la derivada parcial de orden $m=r_1+r_2+...+r_n$ de la función, representada por:

$$\frac{\partial^m f}{\partial x_1^{r_1}\partial x_2^{r_2}...\partial x_n^{r_n}}$$

Una función f que tenga derivadas parciales continuas hasta el orden r en un dominio abierto D se dice que es una ***función de clase*** $C^{(r}$ en D y se denota $f \in C^{(r}(D)$.

Una función f continua con derivadas parciales continuas de cualquier orden en un dominio abierto D se dice que es una ***función de clase*** C^{∞} en D y se denota $f \in C^{\infty}(D)$.

La generalización del Teorema de Schwartz a funciones de n variables dice que, si $f \in C^{(m}(D)$, entonces, las derivadas parciales de orden m de la función dependen del número de veces que se derive cada variable y no del orden en el que se realice la derivación.

7.1. Interpretación Económica

Sabemos que, para funciones de una variable $y = f(x)$, la derivada segunda f'' mide "cómo cambia la primera derivada". De la misma forma, las derivadas parciales de 2º orden nos informan sobre la variación de las derivadas parciales de 1er orden.

Por ejemplo, la derivada parcial $\dfrac{\partial^2 f}{\partial x^2}$ proporciona la tasa de cambio de $\dfrac{\partial f}{\partial x}$ respecto de la variable x, permaneciendo y constante.

De la misma forma, $\dfrac{\partial^2 f}{\partial y^2}$ nos da la tasa de cambio de $\dfrac{\partial f}{\partial y}$ respecto de la variable y, mientras que $\dfrac{\partial^2 f}{\partial y \partial x}$ informa sobre la tasa de cambio de $\dfrac{\partial f}{\partial x}$ respecto de y.

Si aplicamos lo anterior a funciones económicas como la función de producción $Q = f(K, L)$, tenemos que:

$\dfrac{\partial^2 Q}{\partial K^2}$ mide la tasa de cambio de $\dfrac{\partial Q}{\partial K}$, es decir, de la productividad marginal del capital con respecto al capital.

$\dfrac{\partial^2 Q}{\partial L^2}$ mide la tasa de cambio de la productividad marginal del trabajo con respecto al trabajo.

$\dfrac{\partial^2 Q}{\partial L \partial K}$ mide la tasa de cambio de la productividad marginal del capital con respecto al trabajo.

Ejemplo 7.2

Calculemos las derivadas parciales de 2º orden de la función de producción de Cobb-Douglas $Q = AK^{\alpha}L^{1-\alpha}$, $A > 0$, $0 < \alpha < 1$ e interpretemos económicamente el resultado obtenido.

Calculamos en primer lugar las productividades marginales del trabajo y del capital $\dfrac{\partial Q}{\partial L}$ y $\dfrac{\partial Q}{\partial K}$.

$$\frac{\partial Q}{\partial L} = A(1-\alpha)K^{\alpha}L^{-\alpha} > 0, \qquad \frac{\partial Q}{\partial K} = A\alpha K^{\alpha-1}L^{1-\alpha} > 0$$

Derivando de nuevo respecto de K y L, obtenemos las derivadas parciales de segundo orden:

$$\frac{\partial^2 Q}{\partial L^2} = A(1-\alpha)(-\alpha)K^{\alpha}L^{-\alpha-1}, \qquad \frac{\partial^2 Q}{\partial K^2} = A\alpha(\alpha-1)K^{\alpha-2}L^{1-\alpha}$$

$$\frac{\partial^2 Q}{\partial K \partial L} = A\alpha(1-\alpha)K^{\alpha-1}L^{-\alpha} = \frac{\partial^2 Q}{\partial L \partial K}$$

Si tenemos en cuenta que $A > 0$ y $0 < \alpha < 1$, resulta que $\dfrac{\partial^2 Q}{\partial L^2} < 0$, lo que indica que la productividad marginal del trabajo $\dfrac{\partial Q}{\partial L}$ es decreciente con respecto al trabajo. Es decir, para un nivel de capital invertido fijo, la producción Q va creciendo cada vez menos conforme el trabajo va aumentando.

De manera análoga (cambiando los papeles de K y L) se obtiene una interpretación similar para $\dfrac{\partial^2 Q}{\partial K^2}$.

■

7.2. *Matriz Hessiana*

Dada la función $z = f(x, y)$ definida en un dominio D abierto de $\mathbb{R}^2$ tal que existen sus derivadas parciales hasta el orden dos en cada punto (x, y) de D, se define la ***matriz hessiana*** de f como la matriz de orden 2 formada por las derivadas parciales de segundo orden de la función, y se representa por $H(f)$:

$$H(f)=\begin{pmatrix} f_{xx} & f_{xy} \\ f_{yx} & f_{yy} \end{pmatrix}$$

En general, si $z=f(x_1,x_2,\ldots,x_n)$ está definida en un dominio abierto $D\subseteq\mathbb{R}^n$ y existen todas las derivadas parciales de orden dos en cada punto de D, la ***matriz hessiana*** es una matriz de orden n dada por:

$$H(f)=\begin{pmatrix} f_{x_1x_1} & \cdots & f_{x_1x_n} \\ \vdots & \ddots & \vdots \\ f_{x_nx_1} & \cdots & f_{x_nx_n} \end{pmatrix}$$

Por el Teorema de Schwartz, si $f\in C^2(D)$, entonces, la matriz hessiana de f es una matriz simétrica.

Se define el ***hessiano*** de una función f en un punto $\vec{x}_0$ como el determinante de la matriz hessiana de la función f en dicho punto:

$$\det H(f)(\vec{x}_0)$$

Ejemplo 7.3

Calculemos la matriz hessiana de $f(x,y)=x^2+\cos y$ en el punto $(1,0)$.

Como $f_x=2x$, $f_y=-\operatorname{sen} y$, las derivadas parciales de segundo orden son:

$$f_{xx}=2,\qquad f_{xy}=0,\qquad f_{yx}=0,\qquad f_{yy}=-\cos y$$

y la matriz hessiana es:

$$H(f)=\begin{pmatrix} 2 & 0 \\ 0 & -\cos y \end{pmatrix}$$

Evaluando ahora en el punto $(1,0)$, se tiene que:

$$H(f)(1,0)=\begin{pmatrix} 2 & 0 \\ 0 & -1 \end{pmatrix}$$

■

Ejemplo 7.4

Calculemos la matriz hessiana de la función $f(x,y,z)=x^2y^2+z^2+xyz$ y el hessiano de f en el punto $(1,0,1)$.

Las derivadas parciales de 1er orden de la función están dadas por:

$$f_x = 2xy^2 + yz, \qquad f_y = 2x^2 y + xz, \qquad f_z = 2z + xy$$

Las derivadas parciales de 2º orden son:

$$f_{xx} = 2y^2, \qquad f_{xy} = 4xy + z = f_{yx}, \qquad f_{xz} = y = f_{zx}$$

$$f_{yy} = 2x^2, \qquad f_{yz} = x = f_{zy}, \qquad f_{zz} = 2$$

Por tanto, la matriz hessiana es una matriz simétrica de orden 3 dada por:

$$H(f) = \begin{pmatrix} 2y^2 & 4xy+z & y \\ 4xy+z & 2x^2 & x \\ y & x & 2 \end{pmatrix}$$

Por otra parte, el hessiano de la función f en el punto (1,0,1) es igual a:

$$\det H(f)(1,0,1) = \det \begin{pmatrix} 0 & 1 & 0 \\ 1 & 2 & 1 \\ 0 & 1 & 2 \end{pmatrix} = -2$$

■

8. DERIVACIÓN DE FUNCIONES COMPUESTAS: REGLA DE LA CADENA

En muchos modelos económicos aparecen funciones de varias variables que, a su vez, dependen de otras variables. Un ejemplo clásico es considerar que la producción de una empresa depende del capital invertido y de la mano de obra utilizada, donde el capital y la mano de obra son funciones que dependen a su vez del tiempo. Podemos en esta situación preguntarnos por la tasa de variación de la producción con respecto al tiempo.

En general, el problema que abordamos en este epígrafe es el siguiente: una variable z depende de varias variables $x_1, x_2, \ldots, x_n$, variables que a su vez pueden depender de otras variables $t_1, t_2, \ldots, t_m$. Queremos conocer la tasa de cambio de z con respecto a cualquiera de las variables t_j. Concretamente: sea $z = f(x_1, x_2, \ldots, x_n)$ una función de clase C^1 y sean $x_j = g(t_1, \ldots, t_m)$, $j = 1, \ldots, n$, funciones de clase C^1. La regla de la cadena determina la tasa de cambio de z con respecto a cada una de las variables t_i:

$$\frac{\partial z}{\partial t_i} = \frac{\partial z}{\partial x_1} \cdot \frac{\partial x_1}{\partial t_i} + \ldots + \frac{\partial z}{\partial x_n} \cdot \frac{\partial x_n}{\partial t_i}, \quad i = 1, 2, \ldots, m$$

La fórmula anterior tiene la siguiente interpretación. Una variación en la variable t_i produce una reacción en cadena en la que primero cambian todas las variables $x_1, x_2, \ldots, x_n$ y después, como consecuencia, la variable z. Cada sumando expresa la contribución de la variación de cada x_i a la variación de z, de forma que la variación de z respecto a t_i es la suma de esas variaciones.

Ejemplo 8.1

Dada la función $z = xy + y^2$, donde $x = \cos t$ e $y = e^{-t}$, apliquemos la regla de la cadena para calcular el valor de $\frac{dz}{dt}$ en el punto $t = 0$.

La relación de dependencia entre las diferentes variables puede ser expresada mediante el diagrama siguiente:

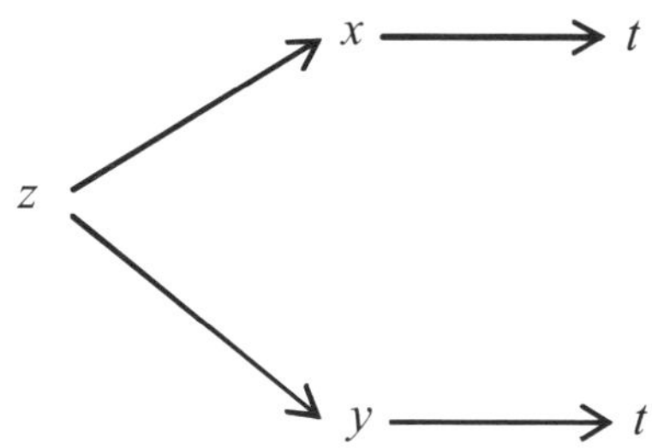

Figura 8.14.

Comenzamos calculando $\frac{dz}{dt}$ a partir de la regla de la cadena:

$$\frac{dz}{dt} = \frac{\partial z}{\partial x}\frac{dx}{dt} + \frac{\partial z}{\partial y}\frac{dy}{dt} = -y \operatorname{sen} t - (x + 2y)e^{-t}$$

Evaluando en $t = 0$, tenemos en primer lugar que $x = \cos 0 = 1$ e $y = e^0 = 1$, por tanto:

$$\left.\frac{dz}{dt}\right|_{t=0} = -3$$

■

Ejemplo 8.2

Sea la función $z = x^y$, donde $x = s^2 + t^2$ e $y = \frac{s}{t}$. Calculemos el valor de $\frac{\partial z}{\partial s}$ en el punto $s = 1$ y $t = 1$.

La relación de dependencia entre las diferentes variables está expresada en la Figura 8.15:

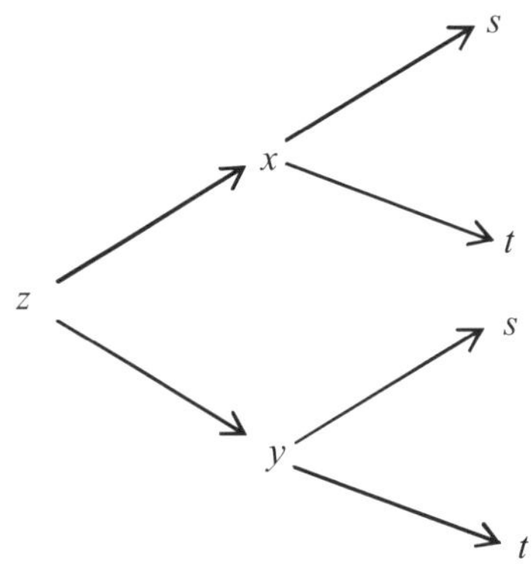

Figura 8.15.

Aplicando la regla de la cadena, sabemos que:

$$\frac{\partial z}{\partial s}=\frac{\partial z}{\partial x}\cdot\frac{\partial x}{\partial s}+\frac{\partial z}{\partial y}\cdot\frac{\partial y}{\partial s}=y x^{y-1}\cdot 2s+x^{y}\ln x\cdot\frac{1}{t}$$

Como $s=1$ y $t=1$, entonces $x=2$ e $y=1$, de donde, sustituyendo en la expresión anterior, se tiene que:

$$\left.\frac{\partial z}{\partial s}\right|_{(s=1,t=1)}=2+2\ln 2$$

■

En el siguiente ejemplo tenemos una aplicación a la economía de la regla de la cadena.

Ejemplo 8.3

Una empresa vende un mismo producto comercializado bajo dos marcas diferentes, la marca A y la marca B. Si la marca A se vende a x euros por unidad y la marca B a y euros por unidad, se sabe que la demanda D_A de la marca A será:

$$D_A(x,y)=100-10x^3+30y^2 \text{ unidades/mes}$$

Se estima que, dentro de t meses, el precio de la marca A será $x=0{,}02(t+1)^2$ euros/unidad, y el precio de la marca B será $y=2+0{,}1\sqrt[3]{t}$ euros/unidad. ¿Cuál será la tasa de cambio de la demanda D_A con respecto al tiempo dentro de 8 meses?

Comenzamos estableciendo la dependencia funcional entre las diferentes variables (Figura 8.16).

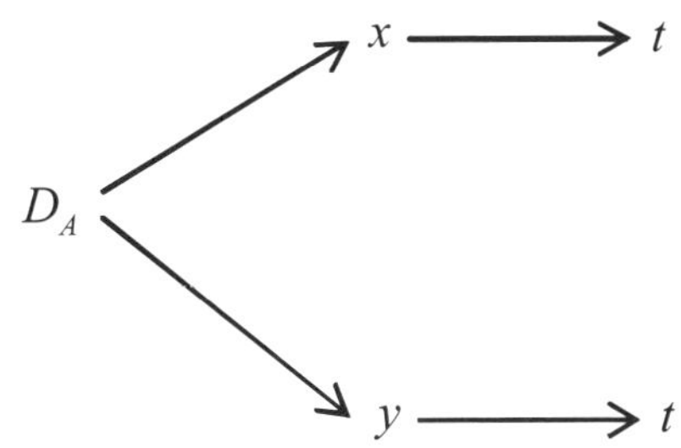

Figura 8.16.

Aplicando la regla de la cadena, la tasa de cambio de D_A con respecto al tiempo t es:

$$\frac{dD_A}{dt}=\frac{\partial D_A}{\partial x}\frac{dx}{dt}+\frac{\partial D_A}{\partial y}\frac{dy}{dt}=-30x^2\cdot 0,04(t+1)+60y\cdot 0,03t^{-2/3}$$

Como $t=8$, sustituyendo en las expresiones de x e y, tenemos que $x=1,62$ e $y=2,2$ y, por tanto:

$$\left.\frac{dD}{dt}\right|_{t=8}=-27,24$$

Es decir, la demanda decrecerá a una tasa de 27,24 unidades/mes dentro de 8 meses.

■

9. Derivadas Direccionales

Hemos visto que la derivada parcial $\frac{\partial f}{\partial x}(a,b)$ mide la pendiente o inclinación de la gráfica de f en el punto (a,b) cuando nos movemos por la superficie en la dirección señalada por el eje X. Mientras que $\frac{\partial f}{\partial y}(a,b)$ proporciona la misma información pero en este caso si la dirección elegida al movernos por la superficie es la del eje Y. Podemos preguntarnos ahora cuál es la pendiente de la superficie si nos movemos en cualquier dirección sobre ella. La respuesta a la pregunta la proporciona el concepto de derivada direccional que vamos a estudiar.

Sea una función $z=f(x,y)$ definida en un dominio abierto D de $\mathbb{R}^2$, un punto $\vec{x}_0=(a,b)\in D$ y un vector unitario[7] $\vec{v}=(v_1,v_2)$ en el plano XY. Si consideramos la recta en dicho plano que pasa por el punto $\vec{x}_0=(a,b)$ y tiene

[7] Recuerde que un vector unitario es un vector de norma uno.

vector de dirección $\vec{v}$, la imagen de esta recta por la función f es la curva sobre la superficie $g(t)=f(\vec{x}_0+t\vec{v})$. La derivada direccional de $z=f(x,y)$ en el punto $\vec{x}_0=(a,b)$ según el vector $\vec{v}$ es la pendiente de la curva $g(t)$ en $t=0$. Concretamente:

La derivada direccional de f en la dirección del vector unitario $\vec{v}$ en el punto $\vec{x}_0=(a,b)$, representada por $D_{\vec{v}}f(a,b)$, se define como:

$$D_{\vec{v}}f(a,b)=\lim_{t\to 0}\frac{f(\vec{x}_0+t\vec{v})-f(\vec{x}_0)}{t}=\lim_{t\to 0}\frac{f(a+tv_1,b+tv_2)-f(a,b)}{t} \tag{8.5}$$

Geométricamente, la derivada direccional $D_{\vec{v}}f(a,b)$ mide la pendiente de la superficie dada por la gráfica de f en el punto (a,b) según la dirección marcada por el vector $\vec{v}$ (véase la Figura 8.17).

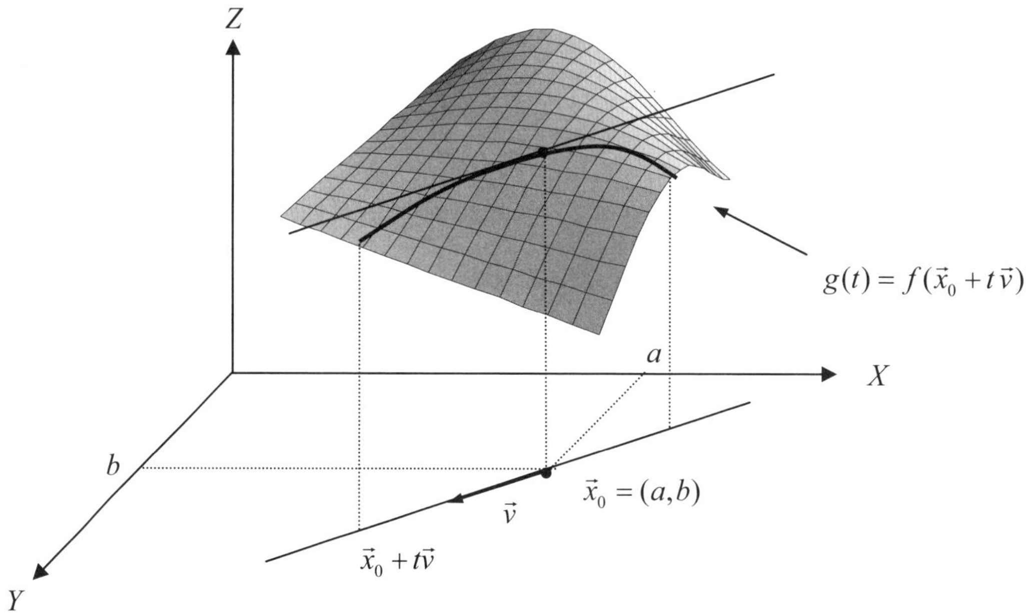

Figura 8.17. Interpretación geométrica de la derivada direccional $D_{\vec{v}}f(a,b)$.

Entre todas las direcciones posibles del plano marcadas por el vector $\vec{v}$, existen dos direcciones que tienen especial importancia, y son las determinadas por los ejes coordenados X e Y y que corresponden a los vectores de la base canónica $\vec{e}_1=(1,0)$ y $\vec{e}_2=(0,1)$. Observemos que si $\vec{v}=\vec{e}_1$, entonces:

$$D_{\vec{v}}f\left(a,b\right)=D_{\vec{e}_1}f\left(a,b\right)=\lim_{t\to 0}\frac{f\left(\left(a,b\right)+t\left(1,0\right)\right)-f\left(a,b\right)}{t}=$$
$$=\lim_{t\to 0}\frac{f\left(a+t,b\right)-f\left(a,b\right)}{t}=\frac{\partial f}{\partial x}\left(a,b\right)$$

de donde la derivada direccional de $z=f\left(x,y\right)$ en la dirección del vector $\vec{e}_1=\left(1,0\right)$ coincide, por tanto, con la derivada parcial $\frac{\partial f}{\partial x}$. Mientras que si consideramos $\vec{v}=\vec{e}_2$, se comprueba que la derivada direccional de $z=f\left(x,y\right)$ en la dirección del vector $\vec{e}_2=\left(0,1\right)$ es la derivada parcial $\frac{\partial f}{\partial y}$. Es decir, las derivadas parciales son un caso particular de derivada direccional cuando la dirección considerada coincide con las direcciones $\vec{e}_1$ y $\vec{e}_2$ del eje X y del eje Y respectivamente:

$$D_{\vec{e}_1}f(a,b)=\frac{\partial f}{\partial x}(a,b),\quad D_{\vec{e}_2}f(a,b)=\frac{\partial f}{\partial y}(a,b)$$

Ejemplo 9.1

Dada la función $f(x,y)=x^2+2y$ y el vector $\vec{v}=\left(\frac{1}{\sqrt{2}},\frac{1}{\sqrt{2}}\right)$, determinemos el valor de la derivada direccional de f en la dirección del vector $\vec{v}$ en el punto $(1,0)$.

Aplicando la definición de derivada direccional, se tiene que:

$$D_{\vec{v}}f(1,0)=\lim_{t\to 0}\frac{f\left(1+\frac{t}{\sqrt{2}},0+\frac{t}{\sqrt{2}}\right)-f\left(1,0\right)}{t}=$$
$$=\lim_{t\to 0}\frac{(1+\frac{t}{\sqrt{2}})^2+\frac{2t}{\sqrt{2}}-1}{t}=\lim_{t\to 0}\frac{\frac{t^2}{2}+\frac{4t}{\sqrt{2}}}{t}=\frac{4}{\sqrt{2}}=2\sqrt{2}$$

■

10. Gradiente de una Función. Significado Geométrico y Aplicaciones

Si existen las derivadas parciales de una función $z=f\left(x_1,x_2,...,x_n\right)$ en un punto $\vec{x}_0$, se define el ***gradiente*** de $z=f\left(x_1,x_2,...,x_n\right)$ en $\vec{x}_0$ como el vector cuyas componentes son las derivadas parciales de la función en dicho punto:

$$\nabla f(\vec{x}_0) = \left(\frac{\partial f}{\partial x_1}(\vec{x}_0), \frac{\partial f}{\partial x_2}(\vec{x}_0), \ldots, \frac{\partial f}{\partial x_n}(\vec{x}_0) \right) \tag{8.6}$$

Ejemplo 10.1

Calculemos el gradiente de la función $f(x,y) = x^y + xy$ en el punto $(1,1)$. Las derivadas parciales de f con respecto a x, y están dadas por:

$$\frac{\partial f}{\partial x} = yx^{y-1} + y, \qquad \frac{\partial f}{\partial y} = x^y \ln x + x$$

de donde el vector gradiente de f en un punto (x, y) es:

$$\nabla f = \left(yx^{y-1} + y, x^y \ln x + x \right)$$

sustituyendo en $(1,1)$, se tiene que:

$$\nabla f(1,1) = (2,1)$$

■

10.1. Cálculo de la Derivada Direccional

Veamos una forma sencilla de hallar la derivada direccional a partir del gradiente de la función.

Teorema 2

Sea $z = f(x,y)$ una función de clase $C^1(D)$ en un dominio abierto $D \subseteq \mathbb{R}^2$ y $\vec{x}_0 = (a,b) \in D$. La derivada direccional de f en el punto $\vec{x}_0 = (a,b)$ en la dirección del vector unitario $\vec{v} = v_1\vec{e}_1 + v_2\vec{e}_2$ está dada por:

$$D_{\vec{v}} f(\vec{x}_0) = v_1 \frac{\partial f}{\partial x}(\vec{x}_0) + v_2 \frac{\partial f}{\partial y}(\vec{x}_0) \tag{8.7}$$

Demostración

A partir de la definición de derivada direccional, sabemos que $D_{\vec{v}} f(\vec{x}_0) = g'(0)$, donde $g(t) = f(\vec{x}_0 + t\vec{v}) = f(a + tv_1, b + tv_2)$. Aplicamos la regla de la cadena para calcular $g'(0)$. Para ello, si llamamos $x = a + tv_1$, $y = b + tv_2$, se tiene que

$$g'(t) = \frac{\partial f}{\partial x}(x,y)\frac{dx}{dt} + \frac{\partial f}{\partial y}(x,y)\frac{dy}{dt} = \frac{\partial f}{\partial x}(x,y)v_1 + \frac{\partial f}{\partial y}(x,y)v_2$$

Teniendo ahora en cuenta que para $t=0$ resulta que $x=a$ e $y=b$, sustituyendo estos valores en la expresión anterior, se tiene que:

$$D_{\vec{v}}f(\vec{x}_0)=g'(0)=\frac{\partial f}{\partial x}(\vec{x}_0)v_1+\frac{\partial f}{\partial y}(\vec{x}_0)v_2$$

■

Recordando que $\nabla f(\vec{x}_0)=\left(\frac{\partial f}{\partial x}(\vec{x}_0),\frac{\partial f}{\partial y}(\vec{x}_0)\right)$, entonces la derivada direccional puede expresarse equivalentemente de la forma:

$$D_{\vec{v}}f(\vec{x}_0)=\langle\nabla f(\vec{x}_0),\vec{v}\rangle$$

donde $\langle\ \rangle$ representa el producto escalar euclídeo.

Ejemplo 10.2

Determinemos la derivada direccional de $f(x,y)=x^2y^3$ en $(1,2)$ según la dirección dada por el vector $\vec{v}=\left(\frac{1}{\sqrt{2}},\frac{-1}{\sqrt{2}}\right)$. Según el resultado anterior, la derivada direccional es el producto escalar del gradiente de la función en el punto por el vector que determina la dirección considerada. Como $\frac{\partial f}{\partial x}=2xy^3$, $\frac{\partial f}{\partial y}=3x^2y^2$ y $v_1=\frac{1}{\sqrt{2}}$, $v_2=\frac{-1}{\sqrt{2}}$, entonces:

$$D_{\vec{v}}f(1,2)=v_1\frac{\partial f}{\partial x}(1,2)+v_2\frac{\partial f}{\partial y}(1,2)=\frac{4}{\sqrt{2}}=2\sqrt{2}$$

■

10.2. Significado Geométrico del Gradiente de una Función

Determinemos a continuación el significado geométrico del gradiente de una función.

Teorema 3

Sea una función $z=f(x,y)$, con $f\in C^1(D)$ y $\vec{x}_0=(a,b)\in D$. Entonces se cumple que:

1. La dirección del vector $\nabla f(a,b)$ es la dirección en la cual la derivada direccional tiene su mayor valor. Es decir, determina sobre el punto (a,b) la dirección en la cual la pendiente de la superficie es máxima.

2. La longitud del vector $\nabla f(a,b)$ es el valor de la mayor derivada direccional de f en (a,b).

Demostración

Considerando la expresión que determina el valor de la derivada direccional en términos del gradiente, se tiene que[8]:

$$D_{\vec{v}} f(a,b) = \langle \nabla f(a,b), \vec{v} \rangle = \|\nabla f(a,b)\| \cdot \|\vec{v}\| \cdot \cos\alpha$$

donde α es el ángulo que forma el vector gradiente de f en (a,b) y el vector $\vec{v}$ (véase la Figura 8.18). Al ser $\vec{v}$ unitario, $\|\vec{v}\| = 1$, resulta que:

$$D_{\vec{v}} f(a,b) = \|\nabla f(a,b)\| \cos\alpha$$

La derivada direccional $D_{\vec{v}} f(a,b)$ es máxima cuando $\cos\alpha$ es 1, lo que ocurre cuando $\alpha = 0$, es decir, si la dirección $\vec{v}$ coincide con la del vector $\nabla f(a,b)$.

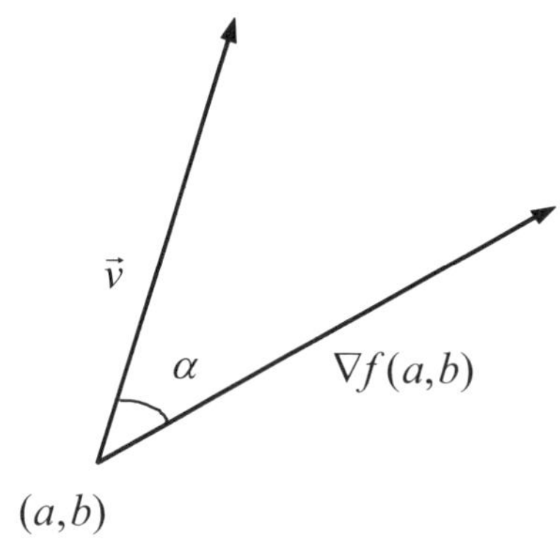

Figura 8.18.

■

Como consecuencia de lo anterior, el valor mínimo de la derivada direccional de f en el punto (a,b) se encuentra en la dirección opuesta al gradiente de f en dicho punto.

Por otra parte, si elegimos una dirección $\vec{v}$ ortogonal al gradiente de la función, entonces, la derivada direccional es nula

$$D_{\vec{v}} f(a,b) = \langle \nabla f(a,b), \vec{v} \rangle = 0$$

[8] Recordemos la fórmula del producto escalar de dos vectores en función de la norma módulo de los vectores, y el ángulo que forman está dado por $\langle \vec{v}, \vec{w} \rangle = \|\vec{v}\| \|\vec{w}\| \cos\alpha$.

y el crecimiento de la función en esta dirección es igual a cero.

10.3. Aplicaciones: Vector Normal a una Curva de Nivel y Ecuación del Plano Tangente a una Superficie

Una de las aplicaciones interesantes del vector gradiente de una función es ayudar a calcular el vector normal o perpendicular a una curva de nivel y, como consecuencia, la ecuación del plano tangente a una superficie.

10.3.1. Vector normal a una curva de nivel

Sea la función $z = f(x,y)$ con curvas de nivel dadas por $f(x,y) = k$. Podemos afirmar que:

Teorema 4

El gradiente de una función f en un punto (a,b) que pertenece a la curva de nivel $f(x,y) = k_0$ es el vector normal a dicha curva de nivel en el punto (a,b).

Demostración

Consideremos la curva de nivel $f(x,y) = k_0$ en forma paramétrica $(x(t), y(t))$, donde $x(0) = a$, $y(0) = b$. El vector tangente a la curva en (a,b) es $\vec{w} = (x'(0), y'(0))$ (véase la Figura 8.19).

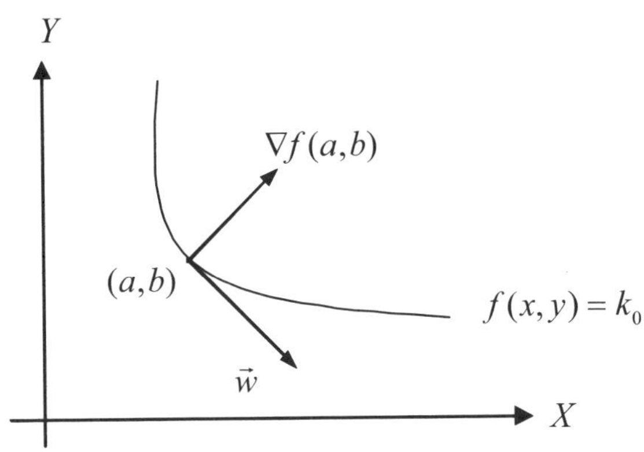

Figura 8.19. El gradiente de una función en un punto es perpendicular a la curva de nivel de la función que pasa por dicho punto.

Si definimos la función $u(t) = f(x(t), y(t))$, resulta que $u(t) = k_0$. Derivando la expresión $u(t) = k_0$ (aplicando la regla de la cadena) y evaluando en $t = 0$, se tiene que:

$$u'(0) = \frac{\partial f}{\partial x}(a,b)x'(0) + \frac{\partial f}{\partial y}(a,b)y'(0) = \langle \nabla f(a,b), \vec{w} \rangle = 0$$

y, por tanto, $\nabla f(a,b)$ es perpendicular a $\vec{w}$.

■

En general, si consideramos una función de n variables $w = f(x_1, x_2, ..., x_n)$, donde $f \in C^1(D)$, usando un argumento similar, se demuestra que el gradiente de f en un punto $\vec{x}_0 \in D$, dado por $\nabla f(\vec{x}_0) = \left(\frac{\partial f}{\partial x_1}, \frac{\partial f}{\partial x_2}, ..., \frac{\partial f}{\partial x_n} \right)(\vec{x}_0)$, es un vector perpendicular en $\vec{x}_0$ a la hipersuperficie de nivel dada por $f(x_1, x_2, ..., x_n) = k$ que pasa por dicho punto.

10.3.2. Ecuación del plano tangente a una superficie

Como consecuencia de lo anterior es fácil obtener el vector normal y el plano tangente a una superficie $z = f(x,y)$ en un punto (a,b).

Comenzamos escribiendo la ecuación de la superficie en forma implícita $z - f(x,y) = 0$ y definimos la función $g(x,y,z) = z - f(x,y)$, cuya superficie de nivel cero es, precisamente, la superficie $z = f(x,y)$. Aplicando el resultado anterior, el vector normal N a esta superficie de nivel en el punto $p = (a,b,f(a,b))$ es el gradiente de la función $g(x,y,z) = z - f(x,y)$ en dicho punto:

$$N = \nabla g(p) = \left(\frac{\partial g}{\partial x}, \frac{\partial g}{\partial y}, \frac{\partial g}{\partial z} \right)(p) = \left(-\frac{\partial f}{\partial x}(a,b), -\frac{\partial f}{\partial y}(a,b), 1 \right)$$

A partir del vector normal N, es fácil escribir[9] la ecuación del plano tangente a la superficie en un punto $p = (a,b,f(a,b))$:

$$-\frac{\partial f}{\partial x}(a,b)(x-a) - \frac{\partial f}{\partial y}(a,b)(y-b) + z - f(a,b) = 0$$

de donde:

$$z = f(a,b) + \frac{\partial f}{\partial x}(a,b)(x-a) + \frac{\partial f}{\partial y}(a,b)(y-b)$$

[9] Si $N = (A,B,C)$ es el vector normal al plano y $p = (a,b,c)$ es un punto del plano, la ecuación del plano está dada por $A(x-a) + B(y-b) + C(z-c) = 0$.

Llamando $\vec{x}=(x,y)$ y $\vec{x}_0=(a,b)$, como $\nabla f(\vec{x}_0)=\left(\frac{\partial f}{\partial x}(a,b),\frac{\partial f}{\partial y}(a,b)\right)$ y $\vec{x}-\vec{x}_0=(x-a,y-b)$, se tiene la siguiente expresión equivalente del plano tangente:

$$z=f(\vec{x}_0)+\langle\nabla f(\vec{x}_0),\vec{x}-\vec{x}_0\rangle$$

Observemos la similitud de esta ecuación con la correspondiente a la recta tangente a una curva $y=f(x)$ en un punto x_0 dada por:

$$y=f(x_0)+f'(x_0)(x-x_0)$$

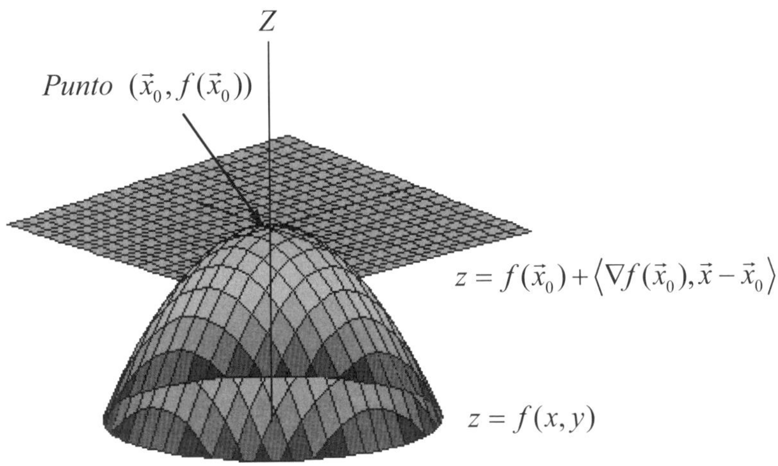

Figura 8.20. Plano tangente a una superficie en un punto.

Ejemplo 10.3

La ecuación del plano tangente a la superficie $f(x,y)=x^2+3xy-y^2$ en el punto $(1,0)$ está dada por:

$$z=f(1,0)+\frac{\partial f}{\partial x}(1,0)(x-1)+\frac{\partial f}{\partial y}(1,0)(y-0)$$

Calculamos $f(1,0)$, $\frac{\partial f}{\partial x}(1,0)$ y $\frac{\partial f}{\partial y}(1,0)$:

$$f(1,0)=1,\ \frac{\partial f}{\partial x}(1,0)=2,\ \frac{\partial f}{\partial y}(1,0)=3$$

de donde el plano tangente a la gráfica de la función en el punto $(1,0)$ es:

$$z = 1 + 2(x-1) + 3(y-0)$$

y simplificando:

$$z = 2x + 3y - 1$$

■

11. FUNCIONES VECTORIALES. MATRIZ JACOBIANA

11.1. FUNCIONES VECTORIALES

Hasta el momento hemos estudiado funciones escalares, es decir, funciones de la forma $f : D \subseteq \mathbb{R}^n \to \mathbb{R}$ que asignan a un vector $(x_1, x_2, ..., x_n)$ un número real que representamos por $f(x_1, x_2, ..., x_n)$. Sin embargo, es importante conocer otro tipo de funciones, denominadas funciones vectoriales, en donde la imagen de un vector $(x_1, x_2, ..., x_n)$ ya no es un número real, sino otro vector.

Una ***función vectorial*** es una aplicación $f : D \subseteq \mathbb{R}^n \to \mathbb{R}^m$, que hace corresponder a un vector $(x_1, x_2, ..., x_n) \in D$, el vector de m componentes definido por:

$$\left(f_1(x_1, x_2, ..., x_n), f_2(x_1, x_2, ..., x_n), ..., f_m(x_1, x_2, ..., x_n)\right),$$

donde $f_i : D \subseteq \mathbb{R}^n \to \mathbb{R}$, $i = 1, 2, ..., m$.

Para abreviar la notación, si $\vec{x} = (x_1, x_2, ..., x_n)$, entonces, la función vectorial f puede ser representada por:

$$f(\vec{x}) = \left(f_1(\vec{x}), f_2(\vec{x}), ... f_m(\vec{x})\right)$$

A las funciones $f_1, f_2, ..., f_m$ se les denominan ***funciones componentes*** de la función vectorial f.

Veamos algunos ejemplos que ayuden a aclarar el concepto.

Ejemplo 11.1

La siguiente función es una función vectorial:

$$f : \mathbb{R}^2 \to \mathbb{R}^3$$
$$f(x, y) = \left(xy, \operatorname{sen} xy, e^{xy}\right)$$

donde las funciones componentes son:

$$f_1(x,y) = xy$$
$$f_2(x,y) = \operatorname{sen} xy$$
$$f_3(x,y) = e^{xy}$$

■

Ejemplo 11.2

Dada la función vectorial $f:\mathbb{R}^2 \to \mathbb{R}^2$ definida por:

$$f(x,y) = \left(x^2 + y^2, x^2 - y^2\right)$$

para determinar el valor de $f(1,3)$, basta sustituir x por 1 e y por 3, obteniéndose:

$$f(1,3) = (10,-8)$$

■

Ejemplo 11.3

Sea D la demanda de dos bienes A y B cuyos precios respectivos son p_1 y p_2, definida por:

$$D(p_1,p_2) = \left(300 - 4p_1 + p_2^2, 200 + p_1^2 - 2p_2^2\right)$$

La función D es una función vectorial cuyas funciones componentes son:

$$D_1 = 300 - 4p_1 + p_2^2, \quad D_2 = 200 + p_1^2 - 2p_2^2$$

y representan la demanda de los bienes A y B respectivamente.

■

11.2. Matriz Jacobiana

Sea $f: D \subseteq \mathbb{R}^n \to \mathbb{R}^m$ una función vectorial cuyas funciones componentes son $f_1, f_2, \ldots, f_m$. La ***matriz jacobiana*** de f en el punto $\vec{x}_0$ es la matriz $J(f)(\vec{x}_0)$ dada por:

$$J(f)(\vec{x}_0) = \begin{pmatrix} \dfrac{\partial f_1}{\partial x_1} & \cdots & \dfrac{\partial f_1}{\partial x_n} \\ \vdots & \ddots & \vdots \\ \dfrac{\partial f_m}{\partial x_1} & \cdots & \dfrac{\partial f_m}{\partial x_n} \end{pmatrix}_{\vec{x}_0}$$

siempre y cuando existan las derivadas parciales de las funciones componentes. Otra forma de representar la matriz jacobiana de la función es con la expresión $\dfrac{\partial(f_1, f_2, \ldots, f_m)}{\partial(x_1, x_2, \ldots, x_n)}(\vec{x}_0)$.

Observemos que las filas de la matriz jacobiana son los gradientes de las funciones componentes de f. Es decir:

$$J(f)(\vec{x}_0) = \begin{pmatrix} \nabla f_1(\vec{x}_0) \\ \nabla f_2(\vec{x}_0) \\ \vdots \\ \nabla f_m(\vec{x}_0) \end{pmatrix}$$

Cuando $n = m$, la matriz jacobiana es cuadrada y su determinante se denomina ***jacobiano*** de la función en el punto $\vec{x}_0$ y se representa por $|J(f)(\vec{x}_0)|$.

Otra forma de representar el jacobiano de la función es con la expresión $\left|\dfrac{\partial(f_1, f_2, \ldots, f_n)}{\partial(x_1, x_2, \ldots, x_n)}\right|_{\vec{x}_0}$.

Ejemplo 11.4

Determinemos la matriz jacobiana en el punto $(1,0)$ de la función vectorial

$$f(x, y) = \left(x^2 - y^2, x^3 + \operatorname{sen} y\right)$$

Consideramos las funciones componentes $f_1(x, y) = x^2 - y^2$, $f_2(x, y) = x^3 + \operatorname{sen} y$ y calculamos el gradiente de cada una de ellas:

$$\nabla f_1 = (2x, -2y), \qquad \nabla f_2 = \left(3x^2, \cos y\right)$$

La matriz jacobiana se construye tomando como filas los vectores gradientes de las funciones componentes:

$$J(f)(1,0) = \begin{pmatrix} 2x & -2y \\ 3x^2 & \cos y \end{pmatrix}_{(1,0)} = \begin{pmatrix} 2 & 0 \\ 3 & 1 \end{pmatrix}$$

El jacobiano de la función en el punto $(1,0)$ es el determinante de la matriz jacobiana en dicho punto $|J(f)(1,0)| = 2$.

■

Ejemplo 11.5

Calculemos la matriz jacobiana de la función de demanda $D(p_1, p_2) = (300 - 4p_1 + p_2^2, 200 + p_1^2 - 2p_2^2)$. Como las funciones de demanda son $D_1 = 300 - 4p_1 + p_2^2$, $D_2 = 200 + p_1^2 - 2p_2^2$, entonces $\nabla D_1 = (-4, 2p_2)$, $\nabla D_2 = (2p_1, -4p_2)$ y, por tanto:

$$J(D)(p_1, p_2) = \begin{pmatrix} -4 & 2p_2 \\ 2p_1 & -4p_2 \end{pmatrix}$$

■

12. Diferencial de una Función

Pretendemos en este epígrafe generalizar el concepto de diferencial y sus aplicaciones a funciones de varias variables.

Comenzamos recordando (véase el Capítulo 7) que, si $y = f(x)$ es una función de una variable derivable, la diferencial de la función en un punto x está dada por:

$$df = f'(x)dx$$

donde $dx = \Delta x$.

Una de las utilidades de la diferencial de una función es que sirve para aproximar el incremento de la función $f(x)$ cuando hay incrementos pequeños de la variable independiente. Concretamente,

$$\Delta f \approx df, \quad \Delta x \to 0$$

es decir,

$$f(x + \Delta x) - f(x) \approx f'(x)\Delta x$$

o equivalentemente,

$$f(x + \Delta x) \approx f(x) + f'(x)\Delta x$$

donde el segundo miembro de la expresión anterior es la ecuación de la recta tangente a la gráfica de la función $f(x)$ en el punto x. Desde un punto de vista geométrico, esto significa que toda función derivable puede ser aproximada localmente en cada punto por una función lineal que es la determinada por la recta tangente a la función en dicho punto.

Veamos ahora como el concepto de diferencial puede generalizarse a funciones de varias variables. De forma similar a lo que ocurre para funciones de una variable, mostraremos que, en determinadas condiciones, cualquier función puede ser aproximada localmente por una función lineal.

Definimos la ***diferencial*** de la función $z = f(x, y)$ como:

$$df = \frac{\partial f}{\partial x}dx + \frac{\partial f}{\partial y}dy$$

Ejemplo 12.1

Calcule las diferenciales de las funciones siguientes:

a) $f(x,y) = x^2 - y^2$

Teniendo en cuenta la definición, tenemos que:

$$df = \frac{\partial f}{\partial x}dx + \frac{\partial f}{\partial y}dy = 2xdx - 2ydy$$

b) $f(x,y) = e^{x^2-y^2}$

De la misma forma,

$$df = \frac{\partial f}{\partial x}dx + \frac{\partial f}{\partial y}dy = 2xe^{x^2-y^2}dx - 2ye^{x^2-y^2}dy$$

■

La definición puede extenderse con facilidad al caso de funciones de más de dos variables.

La ***diferencial*** de la función $z = f(x_1, x_2, ..., x_n)$ está dada por:

$$df = \frac{\partial f}{\partial x_1}dx_1 + \frac{\partial f}{\partial x_2}dx_2 + ... + \frac{\partial f}{\partial x_n}dx_n$$

Ejemplo 12.2

La diferencial de la función $w = x^2 y + xyz^2$ está dada por:

$$dw = \frac{\partial w}{\partial x}dx + \frac{\partial w}{\partial y}dy + \frac{\partial w}{\partial z}dz = \left(2xy + yz^2\right)dx + \left(x^2 + xz^2\right)dy + 2xyzdz\ .$$

■

12.1. DIFERENCIABILIDAD

Dada una función $z = f(x, y)$ definida sobre un dominio abierto D de $\mathbb{R}^2$, si representamos por Δx e Δy los incrementos de las variables x e y

respectivamente, el incremento de la función f está dado por $\Delta f = f\left(x+\Delta x, y+\Delta y\right) - f\left(x, y\right)$.

Se dice que $z = f(x,y)$ es ***diferenciable*** en un punto (x,y) del dominio si se cumple que:

$$\Delta f - df = \varepsilon_1 \Delta x + \varepsilon_2 \Delta y ,$$

donde ε_1, ε_2 son funciones en las variables Δx, Δy que tienden a cero cuando Δx, $\Delta y \to 0$.

Como ε_1 y ε_2 tienden a cero cuando Δx, $\Delta y \to 0$, para incrementos infinitesimales de las variables independientes, se tiene que:

$$\Delta f \approx df$$

Si sustituimos en la fórmula anterior las expresiones del incremento de la función Δf y de la diferencial df, se tiene que:

$$f(x+\Delta x, y+\Delta y) - f(x,y) \approx \frac{\partial f}{\partial x}(x,y)\Delta x + \frac{\partial f}{\partial y}(x,y)\Delta y$$

o equivalentemente

$$f(x+\Delta x, y+\Delta y) \approx f(x,y) + \frac{\partial f}{\partial x}(x,y)\Delta x + \frac{\partial f}{\partial y}(x,y)\Delta y$$

El segundo miembro de la expresión anterior es la ecuación del plano tangente a la gráfica de la función en el punto (x,y). Por tanto, los valores de la función en las cercanías del punto (x,y) pueden aproximarse por los valores de la función lineal determinada por el plano tangente a la gráfica de la función en dicho punto. De esta forma, desde un punto de vista geométrico, podemos decir que una función es diferenciable si en un entorno de cada punto puede ser aproximada por el plano tangente a la gráfica de la función en dicho punto.

En general, no toda función es diferenciable, aunque la mayoría de las funciones que aparecen en economía son funciones diferenciables. Una condición suficiente para que una función sea diferenciable es la siguiente:

TEOREMA 5

Sea $z = f\left(x,y\right)$ una función con derivadas parciales f_x y f_y continuas en un dominio abierto D del plano, entonces, $z = f\left(x,y\right)$ es diferenciable en D.

Teniendo en cuenta el resultado anterior y la definición de diferenciabilidad, podemos afirmar que, en determinadas condiciones (continuidad de las derivadas parciales), la diferencial df puede servir de aproximación al incremento de la función Δf cuando el incremento de las variables independientes Δx, Δy está próximo a cero:

$$\Delta f \approx df, \quad \Delta x, \Delta y \to 0$$

$$f(x+\Delta x, y+\Delta y) - f(x,y) \approx \frac{\partial f}{\partial x}(x,y)\Delta x + \frac{\partial f}{\partial y}(x,y)\Delta y, \quad \Delta x, \Delta y \to 0$$

Este hecho es aplicado con frecuencia en economía; como muestra, el siguiente ejemplo:

Ejemplo 12.3

En cierta fábrica, la producción diaria es $Q = 20K^{\frac{1}{2}}L^{\frac{1}{2}}$ unidades, donde K representa la inversión de capital y L el tamaño de la fuerza laboral. La inversión actual de capital es 900 unidades monetarias y el tamaño de la fuerza laboral $L = 400$. Calculemos aproximadamente el incremento de la producción si la inversión de capital aumenta en 1 unidad y la mano de obra, en 2.

Aplicando el resultado anterior, tenemos que:

$$\Delta Q \approx dQ = \frac{\partial Q}{\partial K}(900,400)\Delta K + \frac{\partial Q}{\partial L}(900,400)\Delta L = 36,66$$

ya que $\Delta K = 1$, $\Delta L = 2$.

Si calculamos de forma exacta el incremento en la producción, resulta que:

$$\Delta Q = Q(901,402) - Q(900,400) = 36,64$$

y ,por tanto, el error cometido al aproximar el incremento de la función por la diferencial es $dQ - \Delta Q = 0,02$.

■

El ***cambio porcentual*** de f o variación relativa de f (porcentaje de cambio de f respecto del valor original) está dado por $\frac{\Delta f}{f}100$.

A partir del anterior resultado, el cambio porcentual puede también calcularse de manera aproximada haciendo uso de la diferencial de la función. Concretamente:

$$\frac{\Delta f}{f}100 \approx \frac{df}{f}100.$$

Ejemplo 12.4

El posible error cometido al medir cada una de las dimensiones de una caja es de $\pm 0,01\ cm.$ Las dimensiones de la base de la caja son: $x = 50\ cm.$ e $y = 30\ cm.$ de lado y de altura $z = 15\ cm.$ Usemos la diferencial para estimar el error absoluto y el error relativo en el volumen calculado de la caja.

Se sabe que la función que determina el volumen de la caja está dada por:

$$V = xyz$$

luego:

$$dV = \frac{\partial V}{\partial x}dx + \frac{\partial V}{\partial y}dy + \frac{\partial V}{\partial z}dz = yz\Delta x + xz\Delta y + xy\Delta z$$

Si evaluamos en los puntos $x = 50$, $y = 30$ y $z = 15$, y sustituimos $\Delta x = 0,01$, $\Delta y = 0,01$ y $\Delta z = 0,01$, el valor de la diferencial es $dV = 27\ cm^3$. Es decir, el incremento del volumen ΔV, o lo que es lo mismo, el error máximo cometido por exceso o por defecto al calcular el volumen de la caja, es aproximadamente $27\ cm^3$. De esta forma, el error relativo es:

$$\frac{\Delta V}{V}100 \approx \frac{dV}{V}100 = \frac{27}{22500}100 = 0,12\%.$$

■

13. Diferencial de Segundo Orden. Fórmula de Taylor

Sea $f : D \to \mathbb{R}$, $D \subseteq \mathbb{R}^2$ abierto y $f \in C^2(D)$. Se define ***la diferencial segunda*** de f en el punto $\vec{x}_0 \in D$ como la aplicación $d^2 f(\vec{x}_0) : \mathbb{R}^2 \to \mathbb{R}$ dada por:

$$d^2 f(\vec{x}_0)(h,k) = (h,k)\begin{pmatrix} \frac{\partial^2 f}{\partial x^2}(\vec{x}_0) & \frac{\partial^2 f}{\partial x \partial y}(\vec{x}_0) \\ \frac{\partial^2 f}{\partial y \partial x}(\vec{x}_0) & \frac{\partial^2 f}{\partial y^2}(\vec{x}_0) \end{pmatrix}\begin{pmatrix} h \\ k \end{pmatrix}$$

Si llamamos $\vec{v} = (h,k)$, entonces, la diferencial segunda puede escribirse en la forma siguiente:

$$d^2 f(\vec{x}_0)(\vec{v}) = \vec{v}\,H(f)(\vec{x}_0)\,\vec{v}^t$$

y, por tanto, la diferencial segunda de f en $\vec{x}_0$ es la forma cuadrática asociada a la matriz hessiana de f en $\vec{x}_0$.

Si desarrollamos la anterior expresión matricial y llamamos $dx = h,\ dy = k$ y $dx^2 = h^2, dy^2 = k^2$, obtenemos otra forma de representar la diferencial segunda:

$$d^2 f(\vec{x}_0) = \frac{\partial^2 f}{\partial x^2}(\vec{x}_0)\, dx^2 + 2\frac{\partial^2 f}{\partial x \partial y}(\vec{x}_0)\, dx\, dy + \frac{\partial^2 f}{\partial y^2}(\vec{x}_0)\, dy^2$$

Ejemplo 13.1

Dada la función $f(x,y) = x^2 y^2 + e^x$, calculemos $d^2 f(1,1)$.

Hallamos en primer lugar la matriz hessiana de f en el punto $\vec{x}_0 = (1,1)$. Las derivadas parciales de primer y segundo orden de la función están dadas por:

$$\frac{\partial f}{\partial x} = 2xy^2 + e^x, \quad \frac{\partial f}{\partial y} = 2x^2 y$$

$$\frac{\partial^2 f}{\partial x^2} = 2y^2 + e^x, \quad \frac{\partial^2 f}{\partial x \partial y} = 4xy, \quad \frac{\partial^2 f}{\partial y^2} = 2x^2$$

de donde la matriz hessiana es:

$$H(f)(1,1) = \begin{pmatrix} 2y^2 + e^x & 4xy \\ 4xy & 2x^2 \end{pmatrix}_{(1,1)} = \begin{pmatrix} 2+e & 4 \\ 4 & 2 \end{pmatrix}$$

La diferencial segunda de f en el punto $(1,1)$ es igual a:

$$d^2 f(1,1)(h,k) = (h,k)\begin{pmatrix} 2+e & 4 \\ 4 & 2 \end{pmatrix}\begin{pmatrix} h \\ k \end{pmatrix} = (2+e)h^2 + 2k^2 + 8hk\,.$$

Usando la notación con diferenciales,

$$d^2 f(1,1) = (2+e)dx^2 + 8dxdy + 2dy^2$$

■

13.1. Fórmula de Taylor

Dada una función $f(x)$ derivable hasta el orden $n+1$ en un entorno de un punto x_0, la fórmula de Taylor permite aproximar en las cercanías del punto dicha función por un polinomio de grado n, conocido como polinomio de Taylor. Concretamente, la fórmula de Taylor afirma que

$$f(x) = P_n(x) + R_{n+1}(x), \quad \forall x \in B(x_0, r)$$

donde $P_n(x)$ es el polinomio de Taylor de grado n dado por:

$$P_n(x) = f(x_0) + f'(x_0)(x - x_0) + \frac{f''(x_0)}{2!}(x - x_0)^2 + \ldots + \frac{f^{(n)}(x_0)}{n!}(x - x_0)^n$$

y $R_{n+1}(x)$ el resto del polinomio de Taylor dado por $R_{n+1}(x) = \dfrac{f^{(n+1)}(c)}{(n+1)!}(x - x_0)^n$,

siendo c un punto entre x y x_0.

En el caso de funciones de varias variables también es posible, siempre que se cumplan determinadas hipótesis sobre la función, aproximar localmente en un entorno de cada punto una función por un polinomio en varias variables de grado n. La fórmula de Taylor para funciones de varias variables, que estudiaremos a continuación, encuentra el polinomio que mejor aproxima a la función dada en un entorno de un punto. De manera similar a lo que ocurre para funciones de una variable, el polinomio estará determinado por las derivadas, en este caso parciales, hasta el orden n de la función. Además, la aproximación entre el polinomio hallado y la función mejora conforme aumenta el grado del polinomio que aproxima. En nuestro caso, nos limitaremos a presentar la fórmula de Taylor con desarrollo de segundo orden, que corresponde al caso más usado en el análisis económico.

Sea $f: D \to \mathbb{R}$, con $D \subseteq \mathbb{R}^n$ y $f \in C^3(D)$. Consideremos $\vec{x}_0$ un punto del dominio D abierto y $\vec{x}$ un punto situado en un entorno de $\vec{x}_0$ en D, tal que el segmento que los une $[\vec{x}, \vec{x}_0]$ está contenido en D. En estas condiciones existe un punto $\vec{c}$ situado en el segmento[10] que une los puntos $\vec{x}_0$ y $\vec{x}$ tal que:

$$f(\vec{x}) = f(\vec{x}_0) + \langle \nabla f(\vec{x}_0), \vec{x} - \vec{x}_0 \rangle + \frac{1}{2}(\vec{x} - \vec{x}_0) H(f)(\vec{x}_0)(\vec{x} - \vec{x}_0)^t + R_2(\vec{c})$$

La fórmula anterior se llama ***desarrollo de Taylor*** de orden 2 de la función f en un entorno del punto $\vec{x}_0$. Cuando el punto $\vec{x}_0$ es el origen de coordenadas, el desarrollo de Taylor se denomina ***desarrollo de MacLaurin***.

Para funciones $z = f(x,y)$ de dos variables, si llamamos $\vec{x} = (x,y)$ y $\vec{x}_0 = (a,b)$, teniendo en cuenta que $\vec{x} - \vec{x}_0 = (x - a, y - b)$, la fórmula de Taylor puede escribirse de la siguiente forma:

$$f(x,y) = f(a,b) + \frac{\partial f}{\partial x}(a,b)(x-a) + \frac{\partial f}{\partial y}(a,b)(y-b) +$$

$$+\frac{\partial^2 f}{\partial x^2}(a,b)(x-a)^2 + 2\frac{\partial^2 f}{\partial x \partial y}(a,b)(x-a)(y-b) + \frac{\partial^2 f}{\partial y^2}(a,b)(y-b)^2 + R_2(\vec{c})$$

[10] El segmento que une dos puntos del espacio euclídeo está determinado por los puntos de la recta que une los dos puntos y que están situados entre ambos. En el Capítulo 9 se formalizará la definición.

La fórmula anterior nos muestra que una función que tenga derivadas parciales hasta el orden dos continuas, puede ser aproximada localmente en cada punto $\vec{x}_0 = (a,b)$ por una función polinómica en varias variables de grado dos. Este polinomio, denominado polinomio de Taylor de grado dos, tiene la siguiente propiedad: el valor del polinomio y el de sus derivadas parciales de primer y segundo orden en el punto $\vec{x}_0 = (a,b)$ coinciden con el valor de la función y el de sus derivadas parciales en dicho punto.

Por otra parte, es interesante observar lo que ocurre si consideramos el desarrollo de Taylor de orden 1. En este caso se tiene que:

$$f(\vec{x}) = f(\vec{x}_0) + \langle \nabla f(\vec{x}_0), \vec{x} - \vec{x}_0 \rangle + R_1(\vec{c})$$

y, por tanto, que:

$$f(\vec{x}) \approx f(\vec{x}_0) + \langle \nabla f(\vec{x}_0), \vec{x} - \vec{x}_0 \rangle$$

En el caso de funciones de dos variables, la fórmula anterior puede ser expresada como:

$$f(x,y) \approx f(a,b) + \frac{\partial f}{\partial x}(a,b)(x-a) + \frac{\partial f}{\partial y}(a,b)(y-b)$$

La fórmula de Taylor nos indica en este caso que, en un entorno del punto $\vec{x}_0 = (a,b)$, la función $z = f(x,y)$ puede ser aproximada por una función lineal, representada geométricamente por el plano tangente en dicho punto a la gráfica de la función.

Ejemplo 13.2

Encontremos el polinomio de Taylor de grado 2 que aproxima a la función $f(x,y) = x^2 \operatorname{sen} y$ en un entorno del punto $(1,0)$. La función f es de clase 3 en $\mathbb{R}^2$ al ser producto de funciones de clase 3. Para aplicar la fórmula de Taylor, hallamos el gradiente y la matriz hessiana de la función en dicho punto:

$$\nabla f(1,0) = (2x \operatorname{sen} y, x^2 \cos y)(1,0) = (0,1)$$

$$H(f)(1,0) = \begin{pmatrix} 2\operatorname{sen} y & 2x\cos y \\ 2x\cos y & -x^2 \operatorname{sen} y \end{pmatrix}_{(1,0)} = \begin{pmatrix} 0 & 2 \\ 2 & 0 \end{pmatrix}$$

de donde:

$$f(x,y) \approx f(1,0) + \langle \nabla f(1,0), (x-1, y-0) \rangle + \frac{1}{2}(x-1, y) H(f)(1,0) \begin{pmatrix} x-1 \\ y \end{pmatrix} =$$

$$= 0 + \langle (0,1), (x-1, y-0) \rangle + \frac{1}{2}(x-1, y) \begin{pmatrix} 0 & 2 \\ 2 & 0 \end{pmatrix} \begin{pmatrix} x-1 \\ y \end{pmatrix} =$$

$$= y + 2(x-1)y = 2xy - y$$

Por tanto, en las cercanías del punto $(1,0)$ se cumple que $x^2 \operatorname{sen} y \approx 2xy - y$.

■

14. Funciones Implícitas. Derivación de Funciones Implícitas

Hasta el momento hemos estudiado funciones en forma explícita, es decir, funciones en las que la variable dependiente aparece despejada con respecto a las variables independientes. Para funciones de una variable, las funciones estudiadas han sido de la forma $y = f(x)$, de la forma $z = f(x,y)$ para funciones de dos variables, o bien $z = f(x_1, x_2, ..., x_n)$ en el caso general de n variables. Sin embargo, es frecuente encontrar relaciones funcionales en donde la variable dependiente no se expresa explícitamente en función de las variables independientes, sino que, como ocurre en la ecuación $x^2 + y^2 = 1$, las variables aparecen relacionadas de una forma que se denomina implícita.

Una relación implícita entre las variables no siempre determina una función, es decir, para cada valor x de la variable independiente, no siempre existe un único valor de la variable dependiente y. Por ejemplo, en la ecuación $x^2 + y^2 = 1$, a cada $x \neq -1, 1$, le corresponden dos valores de y dados por:

$$y = -\sqrt{1-x^2}, \quad y = \sqrt{1-x^2}$$

Los objetivos fundamentales de este epígrafe son, por una parte, dar condiciones suficientes para que una relación entre diferentes variables defina a una de ellas como una función, que denominaremos implícita, del resto de variables. El resultado, conocido con el nombre de Teorema de la Función Implícita, dará la respuesta a este problema. Y por otra parte, en el supuesto de que exista una dependencia funcional, calcularemos la derivada de la variable dependiente con respecto a cada variable independiente aunque no se conozca la relación explícita entre las variables.

14.1. Funciones Implícitas Escalares

Comenzamos estudiando qué condiciones ha de cumplir una ecuación definida por $F(x,y) = 0$ para que la variable y pueda definirse como una función implícita de x. El siguiente ejemplo nos ayudará a entender cuáles deben ser estas condiciones.

Sea la relación $x^2 + y^2 = 1$, cuya gráfica es el conjunto de puntos determinado por la circunferencia de centro el origen de coordenadas y de radio 1.

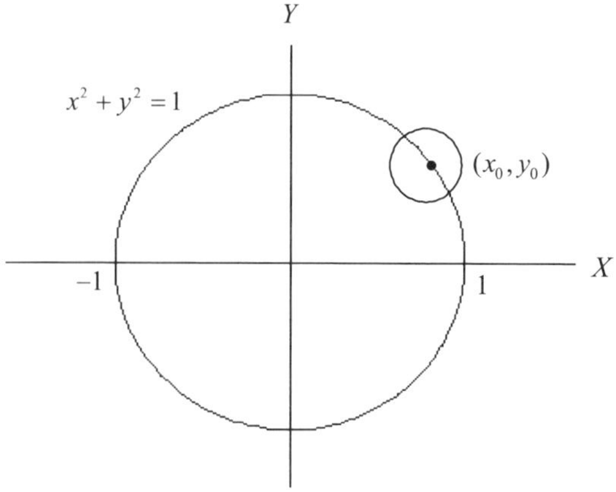

Figura 8.21.

Observando la Figura 8.21, es fácil ver que para cada valor x distinto de 1 y -1 existen dos valores de y en la curva. Por tanto, no es posible definir y como función implícita de x para cualquier punto (x, y) de la curva. Sin embargo, sí es posible hacerlo localmente. Consideremos un punto (x_0, y_0) de la curva distinto de los puntos $(-1,0)$ y $(1,0)$, entonces existe una bola centrada en (x_0, y_0) y de radio ε tal que para cada punto x de la bola existe una única imagen y, y por tanto, es posible definir a y como una función implícita de x en un entorno del punto (x_0, y_0) .Observemos que el razonamiento que acabamos de realizar no es válido en los puntos $(-1,0)$ y $(1,0)$. En cualquiera de estos puntos, y sea cual sea la bola que consideremos, siempre existen dos valores de y para cada valor de x, no siendo posible, por tanto, definir a y como función implícita de x.

¿Qué diferencia a los puntos $(-1,0)$ y $(1,0)$ del resto de puntos de la curva? Observemos que en estos puntos el vector perpendicular a la curva es paralelo al eje X, luego, su segunda coordenada es igual a cero. Si consideramos la relación $x^2 + y^2 = 1$ como una curva de nivel de la función $F(x, y) = x^2 + y^2$, el gradiente de la función $F(x, y)$ es un vector perpendicular a la curva en cada punto. Al ser el vector perpendicular a la curva en los puntos $(-1,0)$ y $(1,0)$ paralelo al eje X, la segunda coordenada de este vector es igual a cero, por lo que la segunda coordenada del vector gradiente en dichos puntos, dada por $F_y(1,0)$ y $F_y(-1,0)$ respectivamente, ha de ser cero.

Parece, por tanto, que una condición suficiente que ha de cumplir un punto (x_0, y_0) de una curva $F(x, y) = c$ para que sea posible definir localmente a y

como función implícita de x es que $F_y(x_0,y_0)\neq 0$. En el razonamiento realizado, hemos exigido, además, que el punto (x_0,y_0) pertenezca a la curva $F(x,y)=c$ y que la función $F(x,y)$ tenga derivadas parciales en una bola centrada en dicho punto. Estas condiciones son suficientes para que, dada una relación $F(x,y)=c$, sea posible definir a y como una función implícita de x en un entorno del punto (x_0,y_0).

14.1.1. Teorema de la función implícita para funciones escalares

El siguiente Teorema, denominado Teorema de la Función Implícita, formulado para el caso de n variables independientes, determina las condiciones que se deben cumplir para que una ecuación defina una función en un entorno de un punto.

TEOREMA DE LA FUNCIÓN IMPLÍCITA

Sea la relación entre las variables $\vec{x}=(x_1,x_2,...,x_n)$ y z dada por la ecuación $F(x_1,x_2,...,x_n,z)=0$, donde $F:D\to\mathbb{R}$, $D\subseteq\mathbb{R}^{n+1}$ abierto. Sea un punto $(\vec{x}_0,z_0)$ del dominio D verificando:

i) El punto $(\vec{x}_0,z_0)$ cumple la ecuación $F(x_1,x_2,...,x_n,z)=0$, es decir, $F(\vec{x}_0,z_0)=0$.

ii) La función $F\in C^1(D)$

iii) $F_z(\vec{x}_0,z_0)\neq 0$

Entonces existe una bola de centro el punto $\vec{x}_0$ y de radio δ, $B(\vec{x}_0,\delta)$, y una única función $f:B(\vec{x}_0,\delta)\to\mathbb{R}$, $f\in C^1(B(\vec{x}_0,\delta))$, tal que $F(\vec{x},f(\vec{x}))=0$. Es decir, es posible expresar z de la forma $z=f(x_1,x_2,...,x_n)$ en un entorno del punto $(\vec{x}_0,z_0)$.

Ejemplo 14.1

Veamos que la ecuación $F(x,y)=e^{xy}+xy+y=0$ define a y como función implícita de x en un entorno del punto $(0,-1)$. En primer lugar, F tiene derivadas parciales continuas; y como $F_y=xe^{xy}+x+1$, resulta que $F_y(0,-1)=1\neq 0$. Aplicando el Teorema de la Función Implícita, podemos asegurar que y es una función implícita de x en un entorno del punto $(0,-1)$.

■

Es importante señalar que el Teorema de la Función Implícita da condiciones suficientes para la existencia de la función implícita, sin embargo, no asegura que sea posible encontrar la expresión funcional explícita de la variable dependiente.

14.1.2. Derivación de funciones implícitas escalares

Estudiadas ya las condiciones suficientes que permiten afirmar que una ecuación define a una de las variables como función implícita del resto, nos planteamos en este apartado el cálculo de la derivada, o de las derivadas parciales, de esta función con respecto al resto de variables. Veremos en primer lugar el caso de una variable independiente, para a continuación estudiar el caso de n variables.

Supongamos que la ecuación $F(x,y)=0$ define a y como función implícita de x en un entorno del punto (x_0,y_0). Nos planteamos el cálculo de la derivada de y con respecto a x en un entorno de (x_0,y_0).

Para hallar $y'=\dfrac{dy}{dx}$, calculamos la diferencial de F:

$$dF = F_x dx + F_y dy = 0,$$

como por hipótesis $F_y \neq 0$, dividiendo por F_y, resulta que $dy = -\dfrac{F_x}{F_y}dx$ y, por tanto:

$$y' = \frac{dy}{dx} = -\frac{F_x}{F_y}, \quad F_y \neq 0,$$

expresión que proporciona la derivada de y con respecto a x para la función implícita definida por la ecuación $F(x,y)=0$.

Ejemplo 14.2

Calculemos $\dfrac{dy}{dx}$ en el punto $(0,-1)$ en la función implícita definida por $e^{xy}+xy+y=0$.

Según hemos probado en el ejemplo anterior, la función $F(x,y)=e^{xy}+xy+y$ define a y como función implícita de x en un entorno del punto $(0,-1)$. La derivada de y con respecto a x viene dada por:

$$y' = \frac{dy}{dx} = -\frac{F_x}{F_y} = -\frac{ye^{xy} + y}{xe^{xy} + x + 1}$$

de donde, sustituyendo, $y'(0,-1) = 2$.

■

Supongamos ahora que la ecuación $F(x,y,z) = 0$ define a z como una función implícita en las variables x e y en un entorno de un punto (x_0, y_0, z_0). De nuevo suponemos que $F_z(x_0, y_0, z_0) \neq 0$, para que la relación $F(x,y,z) = 0$ defina a z como función implícita de x e y en un entorno de (x_0, y_0, z_0). En este caso, z es una función de dos variables, y por tanto, nuestro objetivo será calcular sus derivadas parciales $\frac{\partial z}{\partial x}, \frac{\partial z}{\partial y}$. El razonamiento a seguir es similar al anterior.

Calculamos la diferencial de F:

$$dF = F_x dx + F_y dy + F_z dz = 0$$

Como $F_z \neq 0$, dividiendo entre F_z tenemos que:

$$dz = -\frac{F_x}{F_z}dx - \frac{F_y}{F_z}dy$$

y teniendo en cuenta la definición de dz:

$$dz = \frac{\partial z}{\partial x}dx + \frac{\partial z}{\partial y}dy$$

entonces:

$$\frac{\partial z}{\partial x} = -\frac{F_x}{F_z}, \quad \frac{\partial z}{\partial y} = -\frac{F_y}{F_z}, \quad F_z \neq 0$$

Ejemplo 14.3

Calculemos las derivadas parciales de la función implícita definida por:

$$xe^{yz} + xyz = 0$$

Consideramos la función $F(x,y,z) = xe^{yz} + xyz$. A partir de las fórmulas que acabamos de hallar, tenemos que:

$$\frac{\partial z}{\partial x} = -\frac{F_x}{F_z} = -\frac{e^{yz} + yz}{xye^{yz} + xy}$$

$$\frac{\partial z}{\partial y} = -\frac{F_y}{F_z} = -\frac{xze^{yz} + xz}{xye^{yz} + xy}$$

■

La situación anterior es fácilmente generalizable a funciones implícitas de n variables. Supongamos ahora que la ecuación $F(x_1, x_2, ..., x_n, z) = 0$ define a z como una función implícita en las variables $x_1, x_2, ..., x_n$ en un entorno de un punto $(\vec{x}_0, z_0)$. De nuevo suponemos que $F_z(\vec{x}_0, z_0) \neq 0$ para que la relación $F(x_1, x_2, ..., x_n, z) = 0$ defina a z como función implícita de $x_1, x_2, ..., x_n$ en un entorno de $(\vec{x}_0, z_0)$. En este caso, z es una función de n variables, y por tanto, nuestro objetivo será calcular sus derivadas parciales $\frac{\partial z}{\partial x_1}, \frac{\partial z}{\partial x_2}, ..., \frac{\partial z}{\partial x_n}$. Siguiendo un razonamiento similar al realizado anteriormente, podemos deducir que:

$$\frac{\partial z}{\partial x_1} = -\frac{F_{x_1}}{F_z}, \quad \frac{\partial z}{\partial x_2} = -\frac{F_{x_2}}{F_z}, \ ..., \ \frac{\partial z}{\partial x_n} = -\frac{F_{x_n}}{F_z}, \quad F_z \neq 0$$

14.1.3. Pendiente de una curva de nivel

Una aplicación inmediata de la derivación de funciones implícitas es el cálculo de la pendiente de una curva de nivel de una función $z = F(x, y)$. Recordemos que una curva de nivel de la función $z = F(x, y)$ está definida por la ecuación $F(x, y) = C$. Así, hallar la pendiente de una curva de nivel $F(x, y) = C$ es equivalente a determinar la derivada de la función implícita definida por la ecuación $F(x, y) - C = 0$. Sabemos que:

$$m = \frac{dy}{dx} = -\frac{F_x}{F_y},$$

siendo m la pendiente de la curva de nivel.

Así, por ejemplo, si $Q = F(x, y)$ es una función de producción, donde x e y son las cantidades de factores productivos, la pendiente de la curva isocuanta definida por $F(x, y) = Q_0$ es:

$$m = \frac{dy}{dx} = -\frac{\frac{\partial Q}{\partial x}}{\frac{\partial Q}{\partial y}} = -\frac{Q_x}{Q_y}$$

Como en general las productividades marginales $\dfrac{\partial Q}{\partial x}$ y $\dfrac{\partial Q}{\partial y}$ son positivas, resulta que $m < 0$. Al valor absoluto de la pendiente m se le denomina ***razón o tasa marginal de sustitución*** (RMS) del factor y por el factor x en la producción del bien Q,

$$RMS_{yx} = \frac{Q_x}{Q_y}$$

y mide la cantidad de factor productivo y necesaria para compensar una disminución del factor x de forma que la producción permanezca constante.

Ejemplo 14.4

La tasa marginal de sustitución del factor y por el factor x de la función de producción $f(x,y) = x^{\alpha} y^{\beta}$, con $\alpha, \beta > 0$, está dada por:

$$RMS_{yx} = \frac{f_x}{f_y} = \frac{\alpha x^{\alpha-1} y^{\beta}}{\beta x^{\alpha} y^{\beta-1}} = \frac{\alpha}{\beta}\frac{y}{x}$$

■

14.2. Funciones Implícitas Vectoriales

Consideremos el sistema de ecuaciones dado por:

$$\begin{gathered} F_1(x_1, x_2, ..., x_n, y_1, y_2, ..., y_m) = 0 \\ F_2(x_1, x_2, ..., x_n, y_1, y_2, ..., y_m) = 0 \\ \vdots \\ F_m(x_1, x_2, ..., x_n, y_1, y_2, ..., y_m) = 0 \end{gathered}$$

que relaciona las variables independientes $x_1, x_2, ..., x_n$ con las variables dependientes $y_1, y_2, ..., y_m$. En un contexto económico, las variables x_i se denominan ***variables exógenas*** y las variables y_j, que el modelo ha de determinar, ***variables endógenas***. De forma similar al caso de funciones escalares que acabamos de estudiar, nos planteamos ahora determinar condiciones suficientes para que las ecuaciones anteriores definan a las variables $y_1, y_2, ..., y_m$ como funciones implícitas de $x_1, x_2, ..., x_n$. O equivalentemente, si existen funciones $f_1, f_2, ..., f_m$ tal que el sistema anterior sea equivalente al sistema:

$$
\begin{aligned}
y_1 &= f_1(x_1, x_2, ..., x_n) \\
y_2 &= f_2(x_1, x_2, ..., x_n) \\
&\vdots \\
y_m &= f_m(x_1, x_2, ..., x_n)
\end{aligned}
$$

Además, suponiendo que esto sea posible, estamos interesados en conocer condiciones para que existan las derivadas parciales $\frac{\partial y_j}{\partial x_i}$ de cada una de las funciones $y_j = f_j(x_1, x_2, ..., x_n)$ respecto de las variables $x_1, x_2, ..., x_n$ y un procedimiento para calcularlas.

El Teorema de la Función Implícita para funciones vectoriales responde a la primera de las cuestiones planteadas, estableciendo condiciones suficientes para que sea posible definir y_j implícitamente con respecto a $x_1, x_2, ..., x_n$.

TEOREMA DE LA FUNCIÓN IMPLÍCITA PARA FUNCIONES VECTORIALES

Consideremos el sistema de ecuaciones dado por:

$$
\begin{aligned}
F_1(x_1, x_2, ..., x_n, y_1, y_2, ..., y_m) &= 0 \\
F_2(x_1, x_2, ..., x_n, y_1, y_2, ..., y_m) &= 0 \\
&\vdots \\
F_m(x_1, x_2, ..., x_n, y_1, y_2, ..., y_m) &= 0
\end{aligned}
$$

donde $F = (F_1, F_2, ..., F_m)$ es una función vectorial definida sobre un subconjunto D abierto en $\mathbb{R}^{n+m}$. Sea $P_0 = (\vec{x}_0, \vec{y}_0)$ un punto de D verificando:

i) El punto $P_0 = (\vec{x}_0, \vec{y}_0)$ satisface las ecuaciones del sistema, es decir, $F(\vec{x}_0, \vec{y}_0) = \vec{0}$.

ii) Cada una de las funciones componentes F_j de la función F tienen derivadas parciales continuas en D, es decir, $F \in C^1(D)$

iii) $$\left|\frac{\partial(F_1, F_2, ..., F_m)}{\partial(y_1, y_2, ..., y_m)}\right|_{P_0} = \begin{vmatrix} \frac{\partial F_1}{\partial y_1}(P_0) & \cdots & \frac{\partial F_1}{\partial y_m}(P_0) \\ \vdots & \ddots & \vdots \\ \frac{\partial F_m}{\partial y_1}(P_0) & \cdots & \frac{\partial F_m}{\partial y_m}(P_0) \end{vmatrix} \neq 0$$

Entonces existe una bola de centro el punto $\vec{x}_0$ y de radio δ, $B(\vec{x}_0,\delta)\subset\mathbb{R}^n$, y una única función $f:B(\vec{x}_0,\delta)\to\mathbb{R}^m$, $f\in C^1(B(\vec{x}_0,\delta))$, $f=(f_1,f_2,\ldots,f_m)$, tal que $F_j(x_1,x_2,\ldots,x_n,f_1(x_1,x_2,\ldots,x_n),\ldots,f_m(x_1,x_2,\ldots,x_n))=0, \quad j=1,2,\ldots,m$.

El Teorema asegura, que bajo determinadas hipótesis, las m ecuaciones definen implícitamente a las variables $y_1,y_2,\ldots,y_m$ respecto de $x_1,x_2,\ldots,x_n$ en un entorno del punto $(\vec{x}_0,z_0)$ y, por tanto, es posible expresar cada y_j como función explícita $y_j=f_j(x_1,x_2,\ldots,x_n)$ de las variables $x_1,x_2,\ldots,x_n$. De esta forma, el sistema de ecuaciones inicial se podría expresar equivalentemente en forma explícita:

$$\begin{aligned} y_1 &= f_1(x_1,x_2,\ldots,x_n) \\ y_2 &= f_2(x_1,x_2,\ldots,x_n) \\ &\vdots \\ y_m &= f_m(x_1,x_2,\ldots,x_n) \end{aligned}$$

Ejemplo 14.5

Comprobemos que el sistema de ecuaciones

$$\begin{aligned} F_1(x,y,u,v) &= x^2+y^2-u-v \\ F_2(x,y,u,v) &= x-y+u^2-v^2 \end{aligned}$$

define a u y v como funciones implícitas de x e y en un entorno del punto $P_0=(1,0,0,1)$. Para ello estudiamos si se verifican las hipótesis del Teorema de la Función Implícita:

i) El punto $P_0=(1,0,0,1)$ satisface las ecuaciones del sistema, ya que $F_1(1,0,0,1)=0$ y $F_2(1,0,0,1)=0$.

ii) Las funciones F_1 y $F_2\in C^1(\mathbb{R}^4)$.

iii) El jacobiano de $F=(F_1,F_2)$ respecto a las variables u y v en el punto $P_0=(1,0,0,1)$ es distinto de cero:

$$\left|\frac{\partial(F_1,F_2)}{\partial(u,v)}\right|_{P_0}=\begin{vmatrix}\frac{\partial F_1}{\partial u}(P_0) & \frac{\partial F_1}{\partial v}(P_0)\\ \frac{\partial F_2}{\partial u}(P_0) & \frac{\partial F_2}{\partial v}(P_0)\end{vmatrix}=\begin{vmatrix}-1 & -1\\ 2u & -2v\end{vmatrix}_{P_0}=\begin{vmatrix}-1 & -1\\ 0 & -2\end{vmatrix}\neq 0$$

Por tanto, aplicando el Teorema de la Función Implícita, existen funciones f_1,f_2, definidas en un entorno del punto $(1,0)$, tal que se verifica:

$F_1(x,y,f_1(x,y),f_2(x,y))=0$ y $F_2(x,y,f_1(x,y),f_2(x,y))=0$. En otros términos, es posible expresar u, v en función de las variables x, y:

$$u=f_1(x,y)$$
$$v=f_2(x,y)$$

■

Ejemplo 14.6

Consideremos el sistema de ecuaciones:

$$F_1(x,y,z)=xz^2-y\ln x+z-2=0$$
$$F_2(x,y,z)=\qquad e^{xy}+xz-2=0$$

Veamos en primer lugar que en un entorno del punto $P_0=(1,0,1)$ es posible definir a las variables z, y como funciones implícitas de x. Para ello estudiamos si se verifican las hipótesis del Teorema de la Función Implícita:

i) El punto $P_0=(1,0,1)$ satisface las ecuaciones del sistema, ya que $F_1(1,0,1)=0$ y $F_2(1,0,1)=0$.

ii) Las funciones F_1 y $F_2 \in C^1(\mathbb{R}^3)$.

iii) El jacobiano de $F=(F_1,F_2)$ respecto a las variables y, z en el punto $P_0=(1,0,1)$ es distinto de cero:

$$\left|\frac{\partial(F_1,F_2)}{\partial(y,z)}\right|_{P_0}=\begin{vmatrix}\frac{\partial F_1}{\partial y}(P_0) & \frac{\partial F_1}{\partial z}(P_0)\\ \frac{\partial F_2}{\partial y}(P_0) & \frac{\partial F_2}{\partial z}(P_0)\end{vmatrix}=\begin{vmatrix}-\ln x & 2xz+1\\ xe^{xy} & x\end{vmatrix}_{P_0}=\begin{vmatrix}0 & 3\\ 1 & 1\end{vmatrix}=-3\neq 0$$

Aplicando el Teorema de la Función Implícita, existen funciones $z=f_1(x)$ e $y=f_2(x)$, definidas en un entorno del punto $x=1$, tal que $F_1(x,f_1(x),f_2(x))=0$ y $F_2(x,f_1(x),f_2(x))=0$.

Calculemos ahora $\frac{dz}{dx}$ y $\frac{dy}{dx}$ en un entorno del punto $(1,0,1)$. El procedimiento que seguiremos es derivar respecto de x las ecuaciones que definen a z e y como funciones implícitas de x, teniendo en cuenta que z e y dependen de x:

$$z^2 + 2xz\frac{dz}{dx} - \frac{dy}{dx}\ln x - \frac{y}{x} + \frac{dz}{dx} = 0$$
$$e^{xy}(y + x\frac{dy}{dx}) + z + x\frac{dz}{dx} = 0$$

Si evaluamos las ecuaciones obtenidas en el punto $(1,0,1)$, obtenemos:

$$1 + 3\frac{dz}{dx}(1) = 0$$
$$\frac{dy}{dx}(1) + \frac{dz}{dx}(1) = -1$$

que es un sistema de 2 ecuaciones con 2 incógnitas $\frac{dz}{dx}(1)$ y $\frac{dy}{dx}(1)$ compatible determinado, al ser el determinante de la matriz de coeficientes distinto de cero. Despejando, se tiene que $\frac{dz}{dx}(1) = -\frac{1}{3}$ y $\frac{dy}{dx}(1) = -\frac{2}{3}$.

■

Ejemplo 14.7

Determinemos los puntos en los que las ecuaciones:

$$u + v = x + y$$
$$xu + yv = 1$$

definen a u y v como funciones implícitas de x e y. Para ello estudiamos en qué puntos se cumplen las hipótesis del Teorema de la Función Implícita:

i) Las funciones F_1 y F_2 que definen las ecuaciones son de clase C^1 para cada x, y, u, v.

ii) El jacobiano de $F = (F_1, F_2)$ respecto a las variables u y v ha de ser distinto de cero. Como $F_1(x,y,u,v) = u + v - x - y$ y $F_2(x,y,u,v) = xu + yv - 1$, entonces:

$$\frac{\partial F_1}{\partial u} = 1, \quad \frac{\partial F_1}{\partial v} = 1, \quad \frac{\partial F_2}{\partial u} = x, \quad \frac{\partial F_2}{\partial v} = y$$

y por tanto:

$$\left|\frac{\partial(F_1, F_2)}{\partial(u,v)}\right| = \begin{vmatrix} \frac{\partial F_1}{\partial u} & \frac{\partial F_1}{\partial v} \\ \frac{\partial F_2}{\partial u} & \frac{\partial F_2}{\partial v} \end{vmatrix} = \begin{vmatrix} 1 & 1 \\ x & y \end{vmatrix} = y - x \neq 0$$

Aplicando el Teorema de la Función Implícita en un entorno de aquellos puntos (x,y,u,v) que cumplan las ecuaciones del sistema y que verifiquen que $y-x\neq 0$, es posible despejar u, v en función de las variables x, y.

Calculemos ahora $\frac{\partial u}{\partial x},\frac{\partial u}{\partial y},\frac{\partial v}{\partial x},\frac{\partial v}{\partial y}$ en los puntos (x,y,u,v) que cumplan la condición $y-x\neq 0$. Derivamos en este caso las ecuaciones respecto de x e y. Derivando implícitamente respecto de x, se tiene que:

$$\left.\begin{array}{r}\dfrac{\partial u}{\partial x}+\dfrac{\partial v}{\partial x}=1\\ u+x\dfrac{\partial u}{\partial x}+y\dfrac{\partial v}{\partial x}=0\end{array}\right\}\Leftrightarrow\left.\begin{array}{r}\dfrac{\partial u}{\partial x}+\dfrac{\partial v}{\partial x}=1\\ x\dfrac{\partial u}{\partial x}+y\dfrac{\partial v}{\partial x}=-u\end{array}\right\}$$

de donde:

$$\frac{\partial u}{\partial x}=\frac{\begin{vmatrix}1 & 1\\ -u & y\end{vmatrix}}{\begin{vmatrix}1 & 1\\ x & y\end{vmatrix}}=\frac{y+u}{y-x},\quad \frac{\partial v}{\partial x}=\frac{\begin{vmatrix}1 & 1\\ x & -u\end{vmatrix}}{\begin{vmatrix}1 & 1\\ x & y\end{vmatrix}}=\frac{-u-x}{y-x}$$

Derivando ahora implícitamente respecto de y, se tiene que:

$$\left.\begin{array}{r}\dfrac{\partial u}{\partial y}+\dfrac{\partial v}{\partial y}=1\\ x\dfrac{\partial u}{\partial y}+v+y\dfrac{\partial v}{\partial y}=0\end{array}\right\}\Leftrightarrow\left.\begin{array}{r}\dfrac{\partial u}{\partial y}+\dfrac{\partial v}{\partial y}=1\\ x\dfrac{\partial u}{\partial y}+y\dfrac{\partial v}{\partial y}=-v\end{array}\right\}$$

de donde:

$$\frac{\partial u}{\partial y}=\frac{\begin{vmatrix}1 & 1\\ -v & y\end{vmatrix}}{\begin{vmatrix}1 & 1\\ x & y\end{vmatrix}}=\frac{y+v}{y-x},\quad \frac{\partial v}{\partial y}=\frac{\begin{vmatrix}1 & 1\\ x & -v\end{vmatrix}}{\begin{vmatrix}1 & 1\\ x & y\end{vmatrix}}=\frac{-v-x}{y-x}$$

■

15. FUNCIONES HOMOGÉNEAS

Dada una función $z=f(x,y)$, nos planteamos la siguiente pregunta: ¿una variación proporcional en las variables independientes x e y se traduce en una variación también proporcional (no necesariamente en la misma proporción) en la variable dependiente z?

En general, la respuesta a la pregunta es negativa, ya que hay numerosas funciones que no cumplen esta condición. Sin embargo, la respuesta es afirmativa para un determinado tipo de funciones que se denominan funciones homogéneas y que encuentran muchas aplicaciones en el análisis económico, siendo frecuentes en funciones de demanda, de utilidad, de costes y especialmente en las funciones de producción.

Comenzaremos dando la definición de lo que se entiende por una función homogénea, y a continuación estudiaremos algunas de sus propiedades y de sus aplicaciones económicas.

Una función $z = f(x,y)$ definida sobre un dominio abierto D es ***homogénea de grado*** r si se cumple:

$$f(tx,ty) = t^r f(x,y) \tag{8.8}$$

para todo $t > 0$ y $(x,y) \in D$ tal que $(tx,ty) \in D$.

La definición (8.8) que acabamos de realizar para una función de 2 variables $z = f(x,y)$ puede extenderse con facilidad al caso de n variables.

La función $z = f(x_1,x_2,...,x_n)$ definida sobre un dominio D de $\mathbb{R}^n$ es ***homogénea de grado*** r si:

$$f(tx_1,tx_2,...,tx_n) = t^r f(x_1,x_2,...,x_n)$$

para todo $t > 0$ y $(x_1,x_2,...,x_n) \in D$ tal que $(tx_1,tx_2,...,tx_n) \in D$.

El grado de homogeneidad r de una función puede ser positivo, negativo o igual a cero.

Ejemplo 15.1

1) Dada la función $f(x,y) = \dfrac{x^2 + y^2}{x - y}$, es fácil comprobar que se trata de una función homogénea de grado $r = 1$:

$$f(tx,ty) = \frac{t^2x^2 + t^2y^2}{tx - ty} = t\frac{x^2 + y^2}{x - y} = t\,f(x,y)$$

2) La función $f(x,y) = \dfrac{x^2 + y}{x - y}$ no es homogénea, ya que:

$$f(tx,ty) = \frac{t^2x^2 + ty}{tx - ty} = \frac{tx^2 + y}{x - y}$$

3) La función $f(x,y,z)=\operatorname{sen}\left(\frac{x}{y}\right)+\operatorname{sen}\left(\frac{y}{z}\right)$ es homogénea de grado $r=0$. En efecto:

$$f(tx,ty,tz)=\operatorname{sen}\left(\frac{tx}{ty}\right)+\operatorname{sen}\left(\frac{ty}{tz}\right)=f(x,y,z)$$

por tanto:

$$f(tx,ty,tz)=t^0 f(x,y,z).$$

■

Ejemplo 15.2

Sea la función de producción de Cobb-Douglas $Q(K,L)=AK^{\alpha}L^{\beta}$, donde $A>0$, $\alpha,\beta>0$, siendo K el capital y L la mano de obra empleados en el proceso de producción. La función Q es homogénea de grado $r=\alpha+\beta$. Veámoslo:

$$Q(tK,tL)=At^{\alpha}K^{\alpha}t^{\beta}L^{\beta}=t^{\alpha+\beta}AK^{\alpha}L^{\beta}=t^{\alpha+\beta}Q(K,L).$$

Consideramos la función de Cobb-Douglas generalizada para más factores productivos o variables, cuya expresión es la siguiente:

$$f(x_1,x_2,\ldots,x_n)=Ax_1^{\alpha_1}x_2^{\alpha_2}\ldots x_n^{\alpha_n}=A\prod_{i=1}^{n}x_i^{\alpha_i}$$

Razonando de forma similar al caso de dos variables, se comprueba que es una función homogénea de grado $r=\sum_{i=1}^{n}\alpha_i$.

■

Ejemplo 15.3

Sea la función de demanda de un bien $D=f(p,r)$ que depende del precio del bien p y de la renta disponible r. Es conocido que, en condiciones normales, si el precio y la renta se multiplican por una misma cantidad t, la demanda se mantiene constante. Es decir:

$$f(tp,tr)=t^0 f(p,r)$$

y la función de demanda es homogénea de grado cero.

■

15.1. Propiedades de las Funciones Homogéneas

A continuación estudiaremos algunas propiedades de las funciones homogéneas. Aunque las propiedades las enunciaremos para funciones de dos variables $z = f(x,y)$, todas ellas son fácilmente generalizables al caso de n variables. Comenzaremos con un resultado importante: el Teorema de Euler para funciones homogéneas.

Teorema de Euler

Sea $z = f(x,y)$ una función definida diferenciable sobre un dominio abierto D. La función $z = f(x,y)$ es homogénea de grado r si y sólo si se cumple:

$$x\frac{\partial f}{\partial x} + y\frac{\partial f}{\partial y} = rf(x,y), \quad \forall (x,y) \in D \tag{8.9}$$

Demostración

$\Rightarrow$] Veamos que si $z = f(x,y)$ es homogénea de grado r, entonces se cumple que $x\frac{\partial f}{\partial x} + y\frac{\partial f}{\partial y} = rf(x,y), \ \forall (x,y) \in D$.

Consideremos la función $g(t) = f(tx,ty)$ y derivémosla respecto de t. Aplicando la regla de la cadena, se tiene que:

$$g'(t) = x\frac{\partial f}{\partial x}(tx,ty) + y\frac{\partial f}{\partial y}(tx,ty)$$

Por otra parte, como f es homogénea de grado r, se cumple que $f(tx,ty) = t^r f(x,y)$ y, por tanto, $g(t) = t^r f(x,y)$. Si derivamos esta expresión respecto de t, se tiene que:

$$g'(t) = rt^{r-1} f(x,y)$$

Igualando las expresiones obtenidas de $g'(t)$, se llega a que

$$x\frac{\partial f}{\partial x}(tx,ty) + y\frac{\partial f}{\partial y}(tx,ty) = rt^{r-1} f(x,y)$$

y sustituyendo $t = 1$, se obtiene que

$$x\frac{\partial f}{\partial x}(x,y) + y\frac{\partial f}{\partial y}(x,y) = rf(x,y)$$

$\Leftarrow$] Supongamos ahora que la función cumple la ecuación $x\frac{\partial f}{\partial x}(x,y)+y\frac{\partial f}{\partial y}(x,y)=rf(x,y)$ y demostremos que es homogénea de grado r.

Definimos la función $h(t)=\frac{f(tx,ty)}{t^r}$, cuya derivada respecto de t está dada por

$$h'(t)=\frac{\left[x\frac{\partial f}{\partial x}(tx,ty)+y\frac{\partial f}{\partial y}(tx,ty)\right]t^r-rt^{r-1}f(tx,ty)}{t^{2r}}=$$

$$=\frac{t^{r-1}\left[tx\frac{\partial f}{\partial x}(tx,ty)+ty\frac{\partial f}{\partial y}(tx,ty)-rf(tx,ty)\right]}{t^{2r}}$$

Por hipótesis se sabe que $x\frac{\partial f}{\partial x}(x,y)+y\frac{\partial f}{\partial y}(x,y)=rf(x,y)$, y por tanto, evaluando esta expresión en los puntos tx y ty, se tiene que $tx\frac{\partial f}{\partial x}(tx,ty)+ty\frac{\partial f}{\partial y}(tx,ty)=rf(tx,ty)$. Sustituyendo esta expresión en la fórmula de $h'(t)$, se llega a que $h'(t)=0$ y por tanto $h(t)$ ha de ser constante $h(t)=\frac{f(tx,ty)}{t^r}=k$, de donde $f(tx,ty)=kt^r$. Si en esta igualdad tomamos $t=1$, se tiene que $f(x,y)=k$, de donde $h(t)=\frac{f(tx,ty)}{t^r}=f(x,y)$ y, por tanto, $f(tx,ty)=t^rf(x,y)$. Luego, queda demostrado que la función es homogénea de grado r.

La ecuación (8.9) puede expresarse de la siguiente forma equivalente usando el gradiente de la función f y el producto escalar euclídeo:

$$\langle\nabla f(x,y),(x,y)\rangle=rf(x,y),\quad\forall(x,y)\in D$$

■

Ejemplo 15.4

Dada la función $f(x,y)=\operatorname{sen}\left(\frac{x}{y}\right)+\operatorname{tg}\left(\frac{y}{x}\right)$, veamos sin realizar las derivadas parciales, que se cumple la ecuación:

$$x\frac{\partial f}{\partial x}+y\frac{\partial f}{\partial y}=0$$

La función $f(x,y)$ es homogénea de grado cero, ya que:

$$f(tx,ty)=\operatorname{sen}\left(\frac{tx}{ty}\right)+\operatorname{tg}\left(\frac{ty}{tx}\right)=t^0 f(x,y)$$

Si aplicamos el Teorema de Euler, resulta que:

$$x\frac{\partial f}{\partial x}+y\frac{\partial f}{\partial y}=0f(x,y)=0$$

■

Otra propiedad interesante de las funciones homogéneas es la siguiente:

PROPIEDAD 2

Si $z=f(x,y)$ es una función diferenciable homogénea de grado r, entonces, las derivadas parciales de f con respecto a x e y son homogéneas de grado $r-1$:

$$f_x(tx,ty)=t^{r-1}f_x(x,y)$$
$$f_y(tx,ty)=t^{r-1}f_y(x,y)$$

Demostración

Como f es homogénea de grado r, se cumple que $f(tx,ty)=t^r f(x,y)$. Si derivamos los dos miembros de esta igualdad respecto de la variable x aplicando la regla de la cadena, se tiene que:

$$t\frac{\partial f}{\partial x}(tx,ty)=t^r\frac{\partial f}{\partial x}(x,y)$$

y por tanto:

$$\frac{\partial f}{\partial x}(tx,ty)=t^{r-1}\frac{\partial f}{\partial x}(x,y)$$

luego, $\frac{\partial f}{\partial x}$ es homogénea de grado $r-1$. Análogamente se prueba que $\frac{\partial f}{\partial y}$ es homogénea de grado $r-1$.

■

Ejemplo 15.5

1) La función $f(x,y)=x^3y+xy^3$ es homogénea de grado $r=4$. Basta comprobar que:

$$f(tx,ty)=t^3x^3ty+txt^3y^3=t^4\left(x^3y+xy^3\right)=t^4f(x,y).$$

Es fácil ver que las derivadas parciales $f_x=3x^2y+y^3$, $f_y=x^3+3xy^2$ son homogéneas de grado $r-1=3$.

2) Sea la función de producción de Cobb-Douglas $Q(K,L)=AK^{\alpha}L^{\beta}$, donde $A>0$, $\alpha,\beta>0$, siendo K el capital y L la mano de obra empleados en el proceso de producción. Las productividades marginales del capital y de la mano de obra son funciones homogéneas de grado $r=\alpha+\beta-1$.

■

PROPIEDAD 3

La pendiente de la curva de nivel que pasa por el punto (x,y) y la pendiente de la curva de nivel que pasa por el punto (tx,ty) son iguales.

Demostración

La homogeneidad de las derivadas parciales tiene una importante consecuencia geométrica relacionada con las curvas de nivel de una función homogénea. Supongamos que $z=f(x,y)$ es una función homogénea de grado r. La pendiente de una curva de nivel $f(x,y)=C$ que pase por el punto (x,y) en el punto (x,y) está dada por:

$$m_1=-\frac{f_x(x,y)}{f_y(x,y)}$$

mientras que la pendiente de la curva de nivel que pase por el punto (tx,ty) en el punto (tx,ty) está dada por:

$$m_2=-\frac{f_x(tx,ty)}{f_y(tx,ty)}$$

Si tenemos en cuenta que las funciones derivadas parciales son homogéneas de grado $r-1$, entonces:

$$m_2=-\frac{f_x(tx,ty)}{f_y(tx,ty)}=-\frac{t^{r-1}f_x(x,y)}{t^{r-1}f_y(x,y)}=-\frac{f_x(x,y)}{f_y(x,y)}=m_1$$

y por tanto la pendiente de la curva de nivel que pasa por el punto (x,y) y la pendiente de la curva de nivel que pasa por el punto (tx,ty) son iguales. Gráficamente, esto significa que las curvas de nivel de una función homogénea se obtienen unas de otras por desplazamientos paralelos (véase Figura 8.22). Es decir, el conocimiento de una curva de nivel cualquiera de una función homogénea determina el de las restantes.

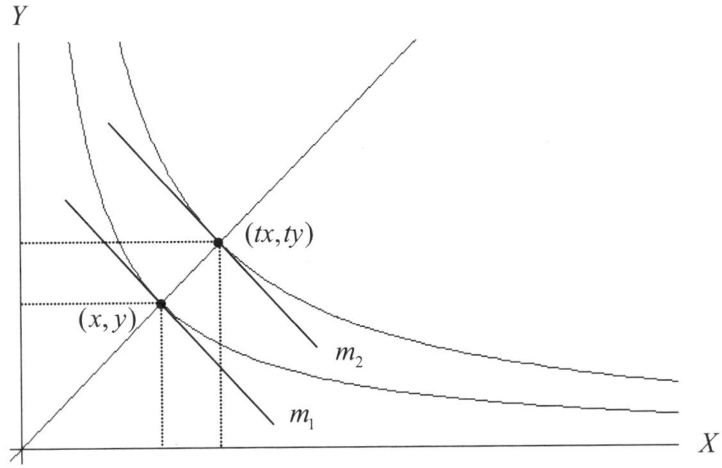

Figura 8.22. Curvas de nivel de una función homogénea.

■

Las funciones homogéneas aparecen con frecuencia en numerosos problemas relacionados con el análisis económico. Entre las funciones de producción es donde encontramos las aplicaciones más interesantes de las funciones homogéneas. Veamos que el concepto económico de rendimiento de escala (creciente, decreciente o constante) está directamente relacionado con el concepto matemático de grado de homogeneidad (mayor, menor o igual a uno)

Con la expresión "***rendimiento a escala***" se describe el cambio que se produce en la producción cuando hay un incremento proporcional en todos los factores productivos. Según la producción crezca en mayor, menor o igual proporción que los factores productivos, se dirá que los rendimientos son a escala (crecientes, decrecientes o constantes).

Concretamente, sea $f(x_1, x_2, \ldots, x_n)$ una función de producción homogénea, donde $x_1, x_2, \ldots, x_n$ son las cantidades de factores productivos. Si los factores aumentan en la misma proporción, el valor de la producción f está dado por $f(tx_1, tx_2, \ldots, tx_n)$, que, al ser homogénea, es igual a $t^r f(x_1, x_2, \ldots, x_n)$. Por tanto, su relación con $f(x_1, x_2, \ldots, x_n)$ dependerá del valor del grado de homogeneidad r.

De forma más precisa:

• Si $r = 1$, $f(tx_1, tx_2, ..., tx_n) = t\,f(x_1, x_2, ..., x_n)$.

La producción aumenta en la ***misma*** proporción que los factores productivos y tenemos ***rendimientos a escala constantes***.

• Si $r < 1$, $f(tx_1, tx_2, ..., tx_n) < f(x_1, x_2, ..., x_n)$.

La producción aumenta en ***menor*** proporción que los factores productivos y tenemos ***rendimientos a escala decrecientes***.

• Si $r > 1$, $f(tx_1, tx_2, ..., tx_n) > f(x_1, x_2, ..., x_n)$.

La producción aumenta en ***mayor*** proporción que los factores productivos y tenemos ***rendimientos a escala crecientes***.

EJERCICIOS RESUELTOS

1. Dada la función $f(x,y)=\sqrt{4-x^2-y^2}$, determine:

a) El dominio de la función.

b) $f(1,0)$

c) El rango de la función.

Solución

a) El dominio de la función está dado por los puntos (x,y) que cumplen la condición $4-x^2-y^2\geq 0$, o equivalentemente: $x^2+y^2\leq 4$. La función está, por tanto, definida en el conjunto de puntos $D=\{(x,y):x^2+y^2\leq 4\}$ del círculo de centro el origen de coordenadas y de radio 2 .

b) $f(1,0)=\sqrt{4-1^2-0^2}=\sqrt{3}$

c) El rango de la función está determinado por los valores que toma la función en su dominio. Como $0\leq 4-x^2-y^2\leq 4$, para cada $(x,y)\in D$, entonces resulta que $0\leq f(x,y)=\sqrt{4-x^2-y^2}\leq 2$, y el rango de la función está contenido en el intervalo $[0,2]$. Además, para cualquier punto c de este intervalo existe al menos un punto (x,y) del dominio D tal que $f(x,y)=\sqrt{4-x^2-y^2}=c$. Concretamente, todos los puntos de la circunferencia de centro el origen y de radio $\sqrt{4-c^2}$ tienen por imagen el punto c. Por tanto, se puede afirmar que $Rg(f)=[0,2]$.

2. Estudie el dominio de definición de las siguientes funciones:

a) $f(x,y)=\sqrt{(x-1)(y-1)}$

b) $f(x,y)=\ln(1-x-y)$

c) $f(x,y)=\dfrac{x^2+y^2}{x-y}$

d) $f(x,y)=\sqrt{x+1}+\sqrt{y-1}$

e) $f(x,y)=\sqrt{9-x^2-y^2}+\sqrt{x^2+y^2-4}$

Solución

a) La función $f(x,y)=\sqrt{(x-1)(y-1)}$ está definida en los puntos (x,y) que cumplen la condición $(x-1)(y-1)\geq 0$. Ahora bien,

$$(x-1)(y-1)\geq 0 \Leftrightarrow \begin{cases} x-1\geq 0 \wedge y-1\geq 0 \Leftrightarrow x\geq 1 \wedge y\geq 1 \\ \vee \\ x-1\leq 0 \wedge y-1\leq 0 \Leftrightarrow x\leq 1 \wedge y\leq 1 \end{cases}$$

y, por tanto, el dominio de la función es el conjunto

$$D=\left\{(x,y)\in\mathbb{R}^2 : x\geq 1,\, y\geq 1\right\}\cup\left\{(x,y)\in\mathbb{R}^2 : x\leq 1,\, y\leq 1\right\}.$$

b) El dominio de la función $f(x,y)=\ln(1-x-y)$ es el conjunto de puntos (x,y) del plano tal que $1-x-y>0$. Por tanto, el dominio es igual al semiplano abierto $D=\left\{(x,y)\in\mathbb{R}^2 : x+y<1\right\}$.

c) El dominio de la función $f(x,y)=\dfrac{x^2+y^2}{x-y}$ está dado por el conjunto $D=\left\{(x,y)\in\mathbb{R}^2 : x-y\neq 0\right\}$ en donde el denominador de la expresión es distinto de cero.

d) La función $f(x,y)=\sqrt{x+1}+\sqrt{y-1}$ está definida en los puntos que cumplen la condición $x+1\geq 0 \wedge y-1\geq 0$, o equivalentemente la condición $x\geq -1 \wedge y\geq 1$. Por tanto, el dominio de definición es el conjunto $D=\left\{(x,y)\in\mathbb{R}^2 : x\geq -1,\, y\geq 1\right\}$.

e) La función $f(x,y)=\sqrt{9-x^2-y^2}+\sqrt{x^2+y^2-4}$ está definida en los puntos (x,y) que cumplen a la vez las condiciones $9-x^2-y^2\geq 0$ y $x^2+y^2-4\geq 0$. Por tanto, el dominio de la función es $D=\left\{(x,y)\in\mathbb{R}^2 : 4\leq x^2+y^2\leq 9\right\}$.

3. Dada la función $f(x,y)=x^2+y^2-2xy$, se pide:

a) Calcular $f(a+h,b)-f(a,b)$

b) Probar que $f(tx,ty)=t^2 f(x,y)$

Solución

a) $f(a+h,b)-f(a,b)=(a+h)^2+b^2-2(a+h)b-a^2-b^2+2ab=$

$$=h^2+2ah-2h$$

b) $f(tx,ty)=t^2x^2+t^2y^2-2txty=t^2(x^2+y^2-2xy)=t^2f(x,y)$

4. Suponga que la producción Q está dada por la función de producción de Cobb-Douglas $Q(K,L)=AK^{\alpha}L^{\beta}$, donde A, α y β son constantes positivas. Demuestre que, si K y L se multiplican por el mismo número positivo m, la producción Q se multiplicará por $m^{\alpha+\beta}$.

Solución

Si K y L se multiplican por el mismo número positivo m, el valor de la producción correspondiente está dado por:

$$Q(mK,mL)=Am^{\alpha}K^{\alpha}m^{\beta}L^{\beta}=m^{\alpha+\beta}AK^{\alpha}L^{\beta}=m^{\alpha+\beta}Q(K,L)$$

y la producción queda multiplicada por $m^{\alpha+\beta}$.

5. Determine las curvas de nivel de las funciones siguientes:

a) $f(x,y)=x^2+y^2$

b) $f(x,y)=x-y$

c) $f(x,y)=y-x^2$

Solución

a) Una curva de nivel cualquiera de la función $f(x,y)=x^2+y^2$ está dada por el conjunto de puntos (x,y) que cumplen la ecuación $f(x,y)=x^2+y^2=c$. Es decir, el mapa de curvas de nivel de la función está determinado por todas las circunferencias de centro el origen de coordenadas.

b) Una curva de nivel cualquiera de la función $f(x,y)=x-y$ está dada por el conjunto de puntos (x,y) que cumplen la ecuación $f(x,y)=x-y=c$. Es decir, el mapa de curvas de nivel de la función está determinado por todas las rectas $y=x-c$ de pendiente $m=1$.

c) En este caso, una curva de nivel c cualquiera corresponde con la parábola $y-x^2=c$. El mapa de curvas de nivel lo forman, por tanto, las parábolas $y=x^2+c$.

6. Dada la función de utilidad del consumidor $U(x,y)=x^{1/2}y^{1/2}$, $x,y>0$, determine los valores de a y b para que los puntos $(4,b)$ y $(a,25)$ se encuentren en la misma curva de indiferencia que el punto $(9,9)$.

Solución

Las curvas de indiferencia corresponden a las curvas de nivel de la función de utilidad. Para que los puntos $(4,b)$ y $(a,25)$ se encuentren en la misma curva de indiferencia que el punto $(9,9)$, se ha de cumplir que:

$$U(4,b)=U(9,9)=9 \ \text{ y } \ U(a,25)=U(9,9)=9$$

Como $U(4,b)=2\sqrt{b}$ y $U(a,25)=5\sqrt{a}$, igualando y despejando, se llega a que $a=\dfrac{81}{25}$ y $b=\dfrac{81}{4}$.

7. Demuestre, aplicando la definición, que el límite de la función $f(x,y)=\dfrac{x^2y}{\sqrt{x^2+y^2}}$ cuando (x,y) tiende al punto $(0,0)$ es igual a 0.

Solución

Tenemos que probar que para cada $\varepsilon>0$ existe $\delta>0$, tal que si $\|(x,y)-(0,0)\|<\delta$, entonces $\left|\dfrac{x^2y}{\sqrt{x^2+y^2}}-0\right|<\varepsilon$.

La condición $\|(x,y)-(0,0)\|<\delta$ es equivalente a afirmar que $\sqrt{x^2+y^2}<\delta$, o bien que $x^2+y^2<\delta^2$. Por otra parte, como $|y|<\sqrt{x^2+y^2}$, es fácil ver que:

$$|f(x,y)-0|=\left|\frac{x^2y}{\sqrt{x^2+y^2}}\right|<\left|\frac{x^2y}{y}\right|=x^2$$

Así, dado $\varepsilon>0$, elegimos $\delta=\sqrt{\varepsilon}$, de forma que si $\|(x,y)-(0,0)\|<\delta$, entonces se tiene que $x^2+y^2<\delta^2$, de donde $x^2\le x^2+y^2<\delta^2=\varepsilon$. Si tenemos en cuenta que $|f(x,y)-0|<x^2$, entonces resulta que $|f(x,y)-0|<\varepsilon$ y queda de esta forma probado que $\lim\limits_{(x,y)\to(0,0)} f(x,y)=0$.

8. Calcule, si existe, el límite de la función $f(x,y)=x^2\operatorname{sen} y$.

Solución

Hallamos en primer lugar los límites reiterados de la función $f(x,y)=x^2\operatorname{sen} y$ en el punto $(0,0)$:

$$\lim_{x\to 0}[\lim_{y\to 0} f(x,y)] = \lim_{x\to 0}[\lim_{y\to 0} x^2 \operatorname{sen} y] = \lim_{x\to 0}[0] = 0$$

$$\lim_{y\to 0}[\lim_{x\to 0} f(x,y)] = \lim_{y\to 0}[\lim_{x\to 0} x^2 \operatorname{sen} y] = \lim_{y\to 0}[0] = 0$$

Sabemos que la existencia de los límites reiterados no asegura la existencia del límite de la función, sin embargo, sí podemos asegurar después del cálculo realizado de los límites reiterados que, si existe el límite, éste ha de ser igual a cero. Demostremos, aplicando la definición de límite, que $\lim\limits_{(x,y)\to(0,0)} x^2 \operatorname{sen} y = 0$.

Tenemos que probar que para cada $\varepsilon > 0$ existe $\delta > 0$, tal que si $\|(x,y)-(0,0)\| < \delta$, entonces $|x^2 \operatorname{sen} y - 0| < \varepsilon$.

La condición $\|(x,y)-(0,0)\| < \delta$ es equivalente a afirmar que $\sqrt{x^2+y^2} < \delta$, o bien que $x^2+y^2 < \delta^2$. Por otra parte, como $|\operatorname{sen} y| \le 1$, es fácil ver que:

$$|f(x,y)-0| = |x^2 \operatorname{sen} y| = |x^2||\operatorname{sen} y| \le x^2$$

Así, dado $\varepsilon > 0$, elegimos $\delta = \sqrt{\varepsilon}$, de forma que si $\|(x,y)-(0,0)\| < \delta$, entonces se tiene que $x^2+y^2 < \delta^2$, de donde $x^2 \le x^2+y^2 < \delta^2 = \varepsilon$. Como $|f(x,y)-0| = |x^2 \operatorname{sen} y| < x^2$, resulta que $|f(x,y)-0| < \varepsilon$ y queda probado que $\lim\limits_{(x,y)\to(0,0)} x^2 \operatorname{sen} y = 0$.

9. Dada la función $f(x,y) = \dfrac{x^4-y^4}{x^4+y^4}$, calcule sus límites direccionales en el punto $(0,0)$ siguiendo trayectorias rectilíneas y compruebe que no existe el límite de la función en dicho punto.

Solución

Consideremos la función $f(x,y) = \dfrac{x^4-y^4}{x^4+y^4}$ definida sobre el dominio $D = \mathbb{R}^2 - \{(0,0)\}$. Estudiemos la posible existencia de $\lim\limits_{(x,y)\to(0,0)} f(x,y)$ considerando las trayectorias rectilíneas dadas por las rectas $y = mx$ que pasan por el punto $(0,0)$:

$$\lim_{\substack{x\to 0\\ y=mx}} \frac{x^4-y^4}{x^4+y^4} = \lim_{x\to 0} \frac{x^4-m^4x^4}{x^4+m^4x^4} = \frac{1-m^4}{1+m^4}$$

Como el valor del límite depende de m y, por tanto, de la trayectoria elegida, se puede afirmar que no existe $\lim_{(x,y)\to(0,0)} \frac{x^4 - y^4}{x^4 + y^4}$.

10. Estudie los límites reiterados de la función $f(x,y) = \frac{x}{x^2 + y^2}$ cuando $(x,y) \to (0,0)$.

Solución

Los límites reiterados de la función están dados por:

$$\lim_{x\to 0}[\lim_{y\to 0} f(x,y)] = \lim_{x\to 0}[\lim_{y\to 0} \frac{x}{x^2 + y^2}] = \lim_{x\to 0}[\frac{x}{x^2}] = \lim_{x\to 0}[\frac{1}{x}] = \infty$$

$$\lim_{y\to 0}[\lim_{x\to 0} f(x,y)] = \lim_{y\to 0}[\lim_{x\to 0} \frac{x}{x^2 + y^2}] = \lim_{y\to 0}[0] = 0$$

Como uno de los límites reiterados no existe, entonces se puede afirmar que no existe $\lim_{(x,y)\to(0,0)} \frac{x}{x^2 + y^2}$.

11. Estudie la continuidad de las siguientes funciones:

a) $f(x,y) = \begin{cases} \dfrac{x^3 - 2y^2}{2x^2 + y^2} & (x,y) \neq (0,0) \\ 0 & (x,y) = (0,0) \end{cases}$

b) $f(x,y) = \begin{cases} x^2 \cos^2(\dfrac{1}{y}) & (x,y) \neq (0,0) \\ 0 & (x,y) = (0,0) \end{cases}$

Solución

a) La función $f(x,y) = \frac{x^3 - 2y^2}{2x^2 + y^2}$ es continua en cada punto $(x,y) \neq (0,0)$ al ser cociente de funciones continuas con denominador distinto de cero. Para estudiar la continuidad en el punto $(0,0)$, hemos de probar que $\lim_{(x,y)\to(0,0)} \frac{x^3 - 2y^2}{2x^2 + y^2} = f(0,0) = 0$. Comenzamos estudiando el valor del límite de la función en el origen. Hallamos los límites reiterados de la función para determinar en primer lugar el valor que ha de tomar el límite en caso de existir:

$$\lim_{x\to 0}[\lim_{y\to 0} f(x,y)] = \lim_{x\to 0}[\lim_{y\to 0}\frac{x^3-2y^2}{2x^2+y^2}] = \lim_{x\to 0}[\frac{x^3}{2x^2}] = 0$$

$$\lim_{y\to 0}[\lim_{x\to 0} f(x,y)] = \lim_{y\to 0}[\lim_{x\to 0}\frac{x^3-2y^2}{2x^2+y^2}] = \lim_{y\to 0}[\frac{-2y^2}{y^2}] = -2$$

Como los límites reiterados son distintos, no existe el límite de la función y, por tanto, no es continua en el punto $(0,0)$.

b) La función $f(x,y) = x^2\cos^2(\frac{1}{y})$ es continua en cada punto $(x,y) \neq (0,0)$ al ser producto de funciones continuas. Para estudiar la continuidad en el punto $(0,0)$, hemos de probar que $\lim_{(x,y)\to(0,0)} x^2\cos^2(\frac{1}{y}) = f(0,0) = 0$.

Tenemos que probar que para cada $\varepsilon > 0$ existe $\delta > 0$, tal que si $\|(x,y)-(0,0)\| < \delta$, entonces $\left|x^2\cos^2(\frac{1}{y}) - 0\right| < \varepsilon$.

La condición $\|(x,y)-(0,0)\| < \delta$ es equivalente a afirmar que $\sqrt{x^2+y^2} < \delta$, o bien que $x^2+y^2 < \delta^2$. Por otra parte, como $\left|\cos^2(\frac{1}{y})\right| \leq 1$, es fácil ver que:

$$|f(x,y)-0| = \left|x^2\cos^2(\frac{1}{y})\right| = |x^2|\left|\cos^2(\frac{1}{y})\right| \leq x^2$$

Así, dado $\varepsilon > 0$, elegimos $\delta = \sqrt{\varepsilon}$, de forma que si $\|(x,y)-(0,0)\| < \delta$, entonces se tiene que $x^2+y^2 < \delta^2$, de donde $x^2 \leq x^2+y^2 < \delta^2 = \varepsilon$. De esta forma, como $|f(x,y)-0| = \left|x^2\cos^2(\frac{1}{y})\right| < x^2$, resulta que $|f(x,y)-0| < \varepsilon$ y, por tanto, $\lim_{(x,y)\to(0,0)} x^2\cos^2(\frac{1}{y}) = 0$. Como $\lim_{(x,y)\to(0,0)} x^2\cos^2(\frac{1}{y}) = f(0,0) = 0$, la función es continua en el punto $(0,0)$.

12. Aplique la definición de derivada parcial para calcular $\frac{\partial f}{\partial x}(0,1)$ en la función $f(x,y) = x^2y^2 - 2$.

Solución

$$\frac{\partial f}{\partial x}(0,1)=\lim_{h\to 0}\frac{f(0+h,1)-f(0,1)}{h}=\lim_{h\to 0}\frac{h^2-2-(-2)}{h}=\lim_{h\to 0}\frac{h^2}{h}=0$$

13. Calcule, aplicando la definición, la función derivada parcial respecto de la variable x de $f(x,y)=x^2y-xy+1$.

Solución

$$\frac{\partial f}{\partial x}(x,y)=\lim_{h\to 0}\frac{f(x+h,y)-f(x,y)}{h}=$$

$$=\lim_{h\to 0}\frac{(x+h)^2y-(x+h)y+1-x^2y+xy-1}{h}=$$

$$=\lim_{h\to 0}\frac{h^2y+2xyh-hy}{h}=\lim_{h\to 0}(hy+2xy-y)=2xy-y$$

14. Dada la función $z=xe^{xy}-ye^{x}$, calcule el valor de $\frac{\partial z}{\partial x}(0,2)$.

Solución

La función $\frac{\partial z}{\partial x}$ está dada por $\frac{\partial z}{\partial x}=e^{xy}+xye^{xy}-ye^{x}$; y evaluada en el punto $(0,2)$, es igual a:

$$\frac{\partial z}{\partial x}(0,2)=-1$$

15. Calcule las derivadas parciales de primer orden de las funciones siguientes:

a) $f(x,y)=x^2\,\mathrm{sen}(\frac{1}{y})$

b) $f(x,y)=x^y+y^x$

c) $f(x,y)=\ln(x^2+y^2)$

d) $f(x,y,z)=(x^2+y^2+z^2)^{-n}$

e) $f(x,y)=a^{xy}+(xy)^a$

f) $f(x,y)=e^{\frac{1}{y}}\cos(xy)$

Solución

a) Las derivadas parciales son:

$$\frac{\partial f}{\partial x} = 2x\,\text{sen}(\frac{1}{y}) \ , \ \frac{\partial f}{\partial y} = -\frac{x^2}{y^2}\cos(\frac{1}{y})$$

b) Las derivadas parciales son:

$$\frac{\partial f}{\partial x} = yx^{y-1} + y^x \ln y \ , \ \frac{\partial f}{\partial y} = x^y \ln x + xy^{x-1}$$

c) Las derivadas parciales son:

$$\frac{\partial f}{\partial x} = \frac{2x}{x^2 + y^2} \ , \ \frac{\partial f}{\partial y} = \frac{2y}{x^2 + y^2}$$

d) Las derivadas parciales son:

$$\frac{\partial f}{\partial x} = -2nx(x^2 + y^2 + z^2)^{-n-1} \ , \ \frac{\partial f}{\partial y} = -2ny(x^2 + y^2 + z^2)^{-n-1},$$

$$\frac{\partial f}{\partial z} = -2nz(x^2 + y^2 + z^2)^{-n-1}$$

e) Las derivadas parciales son:

$$\frac{\partial f}{\partial x} = a^{xy} y \ln a + ay(xy)^{a-1} \ , \ \frac{\partial f}{\partial y} = a^{xy} x \ln a + ax(xy)^{a-1}$$

f) Las derivadas parciales son:

$$\frac{\partial f}{\partial x} = -ye^{\frac{1}{y}}\,\text{sen}(xy) \ , \ \frac{\partial f}{\partial y} = -\frac{1}{y^2}e^{\frac{1}{y}}\cos(xy) - xe^{\frac{1}{y}}\,\text{sen}(xy)$$

16. Dada la función $z = x^n f(\frac{y}{x^2})$, donde f es una función derivable de una variable, demuestre que $x\frac{\partial z}{\partial x} + 2y\frac{\partial z}{\partial y} = nz$.

Solución

Calculamos en primer lugar las derivadas parciales de primer orden de la función

$$\frac{\partial z}{\partial x} = nx^{n-1} f(\frac{y}{x^2}) + x^n f'(\frac{y}{x^2})(-\frac{2y}{x^3}) \ , \qquad \frac{\partial z}{\partial y} = x^n f'(\frac{y}{x^2})\frac{1}{x^2}$$

Sustituyendo los valores obtenidos en la expresión que se desea calcular, se tiene que:

$$x\frac{\partial z}{\partial x}+2y\frac{\partial z}{\partial y}=x\left[nx^{n-1}f(\frac{y}{x^2})+x^n f'(\frac{y}{x^2})(-\frac{2y}{x^3})\right]+2y\left[x^n f'(\frac{y}{x^2})\frac{1}{x^2}\right]=$$

$$=nx^n f(\frac{y}{x^2})-x^n f'(\frac{y}{x^2})(\frac{2y}{x^2})+x^n f'(\frac{y}{x^2})(\frac{2y}{x^2})=$$

$$=nx^n f(\frac{y}{x^2})=nz$$

17. Dada la función $f(x,y)=\ln(\cos y)-\ln(\cos x)$, calcule la expresión:

$$A=(1+f_y^2)f_{xx}-2f_xf_yf_{xy}+(1+f_x^2)f_{yy}$$

Solución

Calculamos en primer lugar las derivadas parciales de primer orden de la función:

$$f_x=\frac{\operatorname{sen} x}{\cos x}=\operatorname{tg} x \quad , \quad f_y=-\frac{\operatorname{sen} y}{\cos y}=-\operatorname{tg} y$$

Las derivadas parciales de segundo orden de la función son:

$$f_{xx}=1+\operatorname{tg}^2 x\,,\quad f_{yy}=-(1+\operatorname{tg}^2 y)\,,\quad f_{xy}=0$$

Sustituyendo en la expresión que deseamos calcular y simplificando posteriormente, se tiene que:

$$A=(1+\operatorname{tg}^2 y)(1+\operatorname{tg}^2 x)-2(\operatorname{tg} x)(-\operatorname{tg} y)\cdot 0-(1+\operatorname{tg}^2 x)(1+\operatorname{tg}^2 y)=0\,.$$

18. Sea la función $C(x_1,x_2)=x_1^2\ln\left(5+x_2^{1/3}\right)$ que determina el coste de producir dos bienes conjuntamente, siendo x_1, x_2 las cantidades de dichos bienes respectivamente. Determine los costes marginales respecto de cada una de las variables.

Solución

Los costes marginales son las derivadas parciales de la función $C(x_1,x_2)$ respecto x_1 y x_2 dadas por:

$$\frac{\partial C}{\partial x_1}=2x_1\ln\left(5+x_2^{1/3}\right) \qquad \frac{\partial C}{\partial x_2}=\frac{x_1^2x_2^{-2/3}}{3(5+x_2^{1/3})}$$

19. Sean $D_1(p_1,p_2)=\dfrac{A}{p_1^{\alpha}p_2}$, $D_2(p_1,p_2)=\dfrac{A}{p_1p_2^{\beta}}$, $A>0,\ \alpha,\beta>0$, las demandas de dos bienes X_1 y X_2 cuyos precios respectivos son p_1 y p_2. Calcule las demandas marginales de D_1 y D_2 con respecto a los precios p_1 y p_2 y estudie el crecimiento de D_1 con respecto a p_1 y de D_2 con respecto a p_2.

Solución

Las demandas marginales están dadas por las derivadas parciales de D_1 y D_2 con respecto a los precios p_1 y p_2:

$$\frac{\partial D_1}{\partial p_1}=-\frac{A\alpha}{p_1^{\alpha+1}p_2},\quad \frac{\partial D_1}{\partial p_2}=-\frac{A}{p_1^{\alpha}p_2^{2}}$$
$$\frac{\partial D_2}{\partial p_1}=-\frac{A}{p_1^{2}p_2^{\beta}},\quad \frac{\partial D_2}{\partial p_2}=-\frac{A\beta}{p_1\,p_2^{\beta+1}}$$

Para estudiar el comportamiento de D_1 y D_2 con respecto a los precios p_1 y p_2 respectivamente, basta estudiar el signo de las derivadas parciales $\dfrac{\partial D_1}{\partial p_1}$ y $\dfrac{\partial D_2}{\partial p_2}$. Como $\dfrac{\partial D_1}{\partial p_1}=-\dfrac{A\alpha}{p_1^{\alpha+1}p_2}<0$, la demanda D_1 es decreciente con respecto a p_1. Por otra parte, $\dfrac{\partial D_2}{\partial p_2}=-\dfrac{A\beta}{p_1\,p_2^{\beta+1}}<0$, luego, la demanda D_2 es decreciente con respecto a p_2.

20. Calcule las derivadas parciales de 2º orden de la función $f(x,y)=(x+y)^2-e^{xy}$.

Solución

Comenzamos calculando las derivadas parciales de 1er orden:

$$f_x=2(x+y)-ye^{xy},\qquad f_y=2(x+y)-xe^{xy}$$

Derivando ahora cada una de las funciones anteriores respecto de x e y, obtenemos las derivadas de 2º orden:

$$f_{xx}=2-y^2e^{xy},\quad f_{xy}=2-e^{xy}-yxe^{xy}=f_{yx},\quad f_{yy}=2-x^2e^{xy}$$

21. Calcule las derivadas parciales de segundo orden de la función de producción de Cobb-Douglas $Q = AK^{\alpha}L^{\beta}$, $A > 0$, $0 < \alpha, \beta < 1$ e interprete económicamente el resultado obtenido.

Solución

Calculamos en primer lugar las derivadas parciales de primer orden respecto del trabajo y del capital $\frac{\partial Q}{\partial L}$ y $\frac{\partial Q}{\partial K}$:

$$\frac{\partial Q}{\partial L} = A\beta K^{\alpha}L^{\beta-1}, \qquad \frac{\partial Q}{\partial K} = A\alpha K^{\alpha-1}L^{\beta}$$

Derivando de nuevo respecto de K y L, obtenemos las derivadas parciales de segundo orden:

$$\frac{\partial^2 Q}{\partial L^2} = A\beta(\beta-1)K^{\alpha}L^{\beta-2}, \quad \frac{\partial^2 Q}{\partial K^2} = A\alpha\left(\alpha-1\right)K^{\alpha-2}L^{\beta}$$

$$\frac{\partial^2 Q}{\partial K \partial L} = A\alpha\beta K^{\alpha-1}L^{\beta-1} = \frac{\partial^2 Q}{\partial L \partial K}$$

Si tenemos en cuenta que $A > 0$ y $0 < \alpha, \beta < 1$, resulta que $\frac{\partial^2 Q}{\partial K^2} < 0$ y $\frac{\partial^2 Q}{\partial L^2} < 0$, lo que indica que la productividad marginal del capital es decreciente con respecto al capital y la productividad marginal del trabajo es decreciente con respecto al trabajo.

22. Calcule la matriz hessiana de la función $f\left(x,y\right) = xy^2 - \operatorname{sen} y$ en el punto $(1,0)$.

Solución

Como $f_x = y^2$, $f_y = 2xy - \cos y$, las derivadas parciales de segundo orden son:

$$f_{xx} = 0, \qquad f_{xy} = 2y = f_{yx}, \qquad f_{yy} = 2x + \operatorname{sen} y$$

y la matriz hessiana es:

$$H\left(f\right)(x,y) = \begin{pmatrix} 0 & 2y \\ 2y & 2x + \operatorname{sen} y \end{pmatrix}$$

Evaluando ahora en el punto $(1,0)$, se tiene que:

$$H(f)(1,0)=\begin{pmatrix} 0 & 0 \\ 0 & 2 \end{pmatrix}$$

23. Calcule la matriz hessiana de la función $f(x,y,z)=x^2+z^2-2xyz$ en el punto $(1,0,1)$ y determine el hessiano de la función en dicho punto.

Solución

Las derivadas parciales de 1er orden de la función están dadas por:

$$f_x=2x-2yz\ , \qquad f_y=-2xz\ , \qquad f_z=2z-2xy$$

Las derivadas parciales de 2º orden son:

$$f_{xx}=2, \qquad f_{xy}=-2z=f_{yx}, \qquad f_{xz}=-2y=f_{zx}$$

$$f_{yy}=0, \qquad f_{yz}=-2x=f_{zy}, \qquad f_{zz}=2$$

Por tanto, la matriz hessiana es una matriz simétrica de orden 3 dada por:

$$H(f)(x,y,z)=\begin{pmatrix} 2 & -2z & -2y \\ -2z & 0 & -2x \\ -2y & -2x & 2 \end{pmatrix}$$

Por otra parte, el hessiano de la función f en el punto (1,0,1) es igual a:

$$\det H(f)(1,0,1)=\det\begin{pmatrix} 2 & -2 & 0 \\ -2 & 0 & -2 \\ 0 & -2 & 2 \end{pmatrix}=-16$$

24. Dada la función $z=xy^2+2x^2$, donde $x=\operatorname{sen}t$, $y=\cos t$, aplique la regla de la cadena para calcular el valor de $\dfrac{dz}{dt}$ en el punto $t=0$.

Solución

Comenzamos calculando $\dfrac{dz}{dt}$ a partir de la regla de la cadena:

$$\frac{dz}{dt}=\frac{\partial z}{\partial x}\frac{dx}{dt}+\frac{\partial z}{\partial y}\frac{dy}{dt}=(y^2+4x)\cos t-2xy\operatorname{sen}t$$

Evaluando ahora en $t=0$, tenemos en primer lugar que $x=\operatorname{sen}0=0$ e $y=\cos 0=1$. Sustituyendo estos valores en la expresión anterior:

$$\left.\frac{dz}{dt}\right|_{t=0} = 1 .$$

25. Dada la función $z = \dfrac{x}{y+1}$, donde $x = s^2 - t^2$, $y = s^t$, calcule el valor de $\dfrac{\partial z}{\partial s}$ en el punto $s = 1$, $t = 1$.

Solución

Aplicando la regla de la cadena, se tiene que:

$$\frac{\partial z}{\partial s} = \frac{\partial z}{\partial x} \cdot \frac{\partial x}{\partial s} + \frac{\partial z}{\partial y} \cdot \frac{\partial y}{\partial s} = \frac{1}{y+1} \cdot 2s - \frac{x}{(y+1)^2} \cdot t\, s^{t-1}$$

Como $s = 1$ y $t = 1$, entonces $x = 0$ e $y = 1$, de donde, sustituyendo,

$$\left.\frac{\partial z}{\partial s}\right|_{(s=1,t=1)} = 1$$

26. Dada la función $w = f(u,v)$, donde $u = x^2 + 2yz$ y $v = y^2 + 2xz$, demuestre que:

$$\left(y^2 - zx\right)\frac{\partial w}{\partial x} + \left(x^2 - yz\right) \cdot \frac{\partial w}{\partial y} + \left(z^2 - xy\right) \cdot \frac{\partial w}{\partial z} = 0$$

Solución

Apliquemos en primer lugar la regla de la cadena para calcular $\dfrac{\partial w}{\partial x}, \dfrac{\partial w}{\partial y}$ y $\dfrac{\partial w}{\partial z}$:

$$\frac{\partial w}{\partial x} = \frac{\partial w}{\partial u}\frac{\partial u}{\partial x} + \frac{\partial w}{\partial v}\frac{\partial v}{\partial x} = \frac{\partial w}{\partial u}2x + \frac{\partial w}{\partial v}2z$$

$$\frac{\partial w}{\partial y} = \frac{\partial w}{\partial u}\frac{\partial u}{\partial y} + \frac{\partial w}{\partial v}\frac{\partial v}{\partial y} = \frac{\partial w}{\partial u}2z + \frac{\partial w}{\partial v}2y$$

$$\frac{\partial w}{\partial z} = \frac{\partial w}{\partial u}\frac{\partial u}{\partial z} + \frac{\partial w}{\partial v}\frac{\partial v}{\partial z} = \frac{\partial w}{\partial u}2y + \frac{\partial w}{\partial v}2x$$

Sustituyendo los valores de $\dfrac{\partial w}{\partial x}, \dfrac{\partial w}{\partial y}$ y $\dfrac{\partial w}{\partial z}$ en la expresión que se quiere calcular, se tiene que:

$$\left(y^2 - zx\right) \cdot \frac{\partial w}{\partial x} + \left(x^2 - yz\right) \cdot \frac{\partial w}{\partial y} + \left(z^2 - xy\right) \cdot \frac{\partial w}{\partial z} =$$

$$= \left(y^2 - zx\right) \cdot \left(\frac{\partial w}{\partial u} 2x + \frac{\partial w}{\partial v} 2z\right) + \left(x^2 - yz\right) \cdot \left(\frac{\partial w}{\partial u} 2z + \frac{\partial w}{\partial v} 2y\right)$$

$$+ \left(z^2 - xy\right) \cdot \left(\frac{\partial w}{\partial u} 2y + \frac{\partial w}{\partial v} 2x\right) =$$

$$= \frac{\partial w}{\partial u}\left(2y^2x - 2x^2z + 2x^2z - 2yz^2 + 2yz^2 - 2xy^2\right) +$$

$$+ \frac{\partial w}{\partial v}\left(2zy^2 - 2z^2x + 2yx^2 - 2y^2z + 2z^2x - 2yx^2\right) =$$

$$= \frac{\partial w}{\partial u} \cdot 0 + \frac{\partial w}{\partial v} \cdot 0 = 0$$

27. Una empresa vende un mismo producto comercializado bajo dos marcas diferentes, la marca A y la marca B. Si la marca A se vende a x euros por unidad y la marca B, a y euros por unidad, se sabe que la demanda D_A de la marca A será:

$$D_A(x, y) = 100 - 10x^2 + y^2 \text{ unidades/mes}$$

Se estima que, dentro de t meses, el precio de la marca A será $x = 2 + \sqrt{t}$ euros/unidad y el precio de la marca B será $y = 2 + 2t$ euros/unidad. ¿Cuál será la tasa de cambio de la demanda D_A con respecto al tiempo dentro de 9 meses?

Solución

Aplicando la regla de la cadena, la tasa de cambio de D_A con respecto al tiempo t es:

$$\frac{dD_A}{dt} = \frac{\partial D_A}{\partial x}\frac{dx}{dt} + \frac{\partial D_A}{\partial y}\frac{dy}{dt} = -20x\frac{1}{2\sqrt{t}} + 2y \cdot 2$$

Cuando $t = 9$, sustituyendo en las expresiones de x e y, tenemos que $x = 5$ e $y = 20$ y, por tanto:

$$\left.\frac{dD}{dt}\right|_{t=9} = 63,3$$

y la demanda crecerá a una tasa de 63,3 unidades/mes.

28. Calcule el gradiente de la función $f(x,y)=y^x+x^2$ en el punto $(1,1)$.

Solución

Las derivadas parciales de f con respecto a x e y están dadas por:

$$\frac{\partial f}{\partial x}=y^x\ln y+2x \qquad \frac{\partial f}{\partial y}=xy^{x-1}$$

y, por consiguiente, el vector gradiente de f en un punto (x,y) es:

$$\nabla f(x,y)=\left(y^x\ln y+2x,\, xy^{x-1}\right)$$

Sustituyendo en $(1,1)$, se tiene que:

$$\nabla f(1,1)=(2,1)$$

29. Dada la función $f(x,y)=-xy+y^2$ y el vector $\vec{v}=\left(-\frac{1}{\sqrt{2}},-\frac{1}{\sqrt{2}}\right)$, determine el valor de la derivada direccional de f en la dirección del vector $\vec{v}$ en el punto $(0,1)$.

Solución

Aplicando la definición de derivada direccional a la función $f(x,y)=-xy+y^2$ en el punto $(0,1)$ según el vector $\vec{v}$, se tiene que:

$$D_{\vec{v}}f(1,0)=\lim_{t\to 0}\frac{f\left(0-\frac{t}{\sqrt{2}},1-\frac{t}{\sqrt{2}}\right)-f(0,1)}{t}=$$

$$=\lim_{t\to 0}\frac{\frac{t}{\sqrt{2}}(1-\frac{t}{\sqrt{2}})+(1-\frac{t}{\sqrt{2}})^2-1}{t}=\lim_{t\to 0}\frac{-\frac{t}{\sqrt{2}}}{t}=-\frac{1}{\sqrt{2}}=-\frac{\sqrt{2}}{2}$$

30. Determine la derivada direccional de $f(x,y)=\frac{x}{y}+y^3$ en $(1,1)$ según la dirección dada por el vector unitario $\vec{v}=\left(\frac{1}{\sqrt{2}},\frac{1}{\sqrt{2}}\right)$.

Solución

La derivada direccional es el producto escalar del gradiente de la función en el punto por el vector que determina la dirección considerada. Como:

$$\frac{\partial f}{\partial x}=\frac{1}{y},\ \frac{\partial f}{\partial y}=-\frac{x}{y^2}+3y^2 \ \text{ y } \ v_1=\frac{1}{\sqrt{2}},\ v_2=\frac{1}{\sqrt{2}},$$

entonces $\frac{\partial f}{\partial x}(1,1)=1$ y $\frac{\partial f}{\partial y}(1,1)=2$ y la derivada direccional es:

$$D_{\vec{v}}f\left(1,1\right)=\left\langle \nabla f(1,1),\vec{v}\right\rangle = v_1\frac{\partial f}{\partial x}\left(1,1\right)+v_2\frac{\partial f}{\partial y}\left(1,1\right)=\frac{1}{\sqrt{2}}+2\frac{1}{\sqrt{2}}=\frac{3}{\sqrt{2}}.$$

31. Determine la ecuación del plano tangente a la superficie $f\left(x,y\right)=e^{x-y}$ en el punto $\left(1,0\right)$.

Solución

La ecuación del plano tangente a una función $f(x,y)$ en un punto (a,b) está dada por:

$$z=f(a,b)+\frac{\partial f}{\partial x}(a,b)(x-a)+\frac{\partial f}{\partial y}(a,b)(y-b)$$

Calculamos el valor de la función y de sus derivadas parciales en el punto $(1,0)$:

$$f\left(1,0\right)=e\,,\ \frac{\partial f}{\partial x}\left(1,0\right)=e\,,\ \frac{\partial f}{\partial y}\left(1,0\right)=-e$$

Sustituyendo en la ecuación que determina el plano tangente a la gráfica de la función, se tiene que:

$$z=e+e\left(x-1\right)-e\left(y-0\right)$$

y simplificando:

$$z=ex-ey$$

32. Determine la matriz jacobiana y el jacobiano en el punto $(1,0)$ de la función vectorial

$$f\left(x,y\right)=\left(x+y^2,x^2+e^y\right)$$

Solución

Consideramos las funciones componentes $f_1\left(x,y\right)=x+y^2$, $f_2\left(x,y\right)=x^2+e^y$ de la función vectorial $f(x,y)$ y calculamos el gradiente de cada una de ellas:

$$\nabla f_1 = (1,2y), \qquad \nabla f_2 = (2x,e^y)$$

La matriz jacobiana se construye tomando como filas los vectores gradientes de las funciones componentes:

$$J(f)(1,0) = \begin{pmatrix} 1 & 2y \\ 2x & e^y \end{pmatrix}_{(1,0)} = \begin{pmatrix} 1 & 0 \\ 2 & 1 \end{pmatrix}$$

Por otra parte, el jacobiano de la función en el punto $(1,0)$ es el determinante de la matriz jacobiana en dicho punto $|J(f)(1,0)| = 1$.

33. Determine los valores de p_1 y p_2 para los que el jacobiano de la función de demanda $D(p_1,p_2) = (100 - p_1 + p_2^2, 100 + p_1 - 2p_2)$ es distinto de cero.

Solución

Como las funciones componentes de la función de demanda son $D_1 = 100 - p_1 + p_2^2$, $D_2 = 100 + p_1 - 2p_2$, entonces $\nabla D_1 = (-1,2p_2)$, $\nabla D_2 = (1,-2)$ y por tanto, la matriz jacobiana está dada por:

$$J(D)(p_1,p_2) = \begin{pmatrix} -1 & 2p_2 \\ 1 & -2 \end{pmatrix}$$

Como $|J(D)(p_1,p_2)| = 2 - 2p_2$, el jacobiano de la función de demanda es distinto de cero si y sólo si $p_2 \neq 1$.

34. La función de utilidad de un consumidor de dos bienes está dada por $U(x,y) = 20x^{1/2}y^{1/3}$, donde x e y representan las cantidades de los dos bienes. En la actualidad, las unidades consumidas de cada bien son $x = 16$ e $y = 8$. Calcule aproximadamente el incremento porcentual de la utilidad del consumidor si el número de unidades consumidas del primer bien se incrementa en una unidad y las del segundo, en 2 unidades.

Solución

Comenzamos calculando el incremento de la función de utilidad $U(x,y) = 20x^{1/2}y^{1/3}$ a partir de la diferencial en el punto $(16,8)$. Como:

$$\frac{\partial U}{\partial x} = 10x^{-1/2}y^{1/3}, \quad \frac{\partial U}{\partial y} = \frac{20}{3}x^{1/2}y^{-2/3} \quad \text{y} \quad \Delta x = 1, \ \Delta y = 2$$

la diferencial es igual a:

$$dU = \frac{\partial U}{\partial x}(16,8)dx + \frac{\partial U}{\partial y}(16,8)dy = 5 \cdot 1 + 6,\widehat{6} \cdot 2 = 18,3$$

y, por tanto, $\Delta U \approx dU = 18,3$. El incremento porcentual de la utilidad está dado por:

$$\frac{\Delta U}{U(16,8)} \cdot 100 \approx \frac{dU}{U(16,8)} \cdot 100 = \frac{18,3}{160} \cdot 100 = 11,43\%$$

35. La producción diaria en determinada fábrica es $Q = 30K^{1/2}L^{1/2}$ unidades, donde K representa la inversión de capital y L, el tamaño de la fuerza laboral. Aplique la aproximación con la diferencial de primer orden para estimar el porcentaje en que cambiará la producción diaria si la inversión de capital se aumenta en 1% y la fuerza laboral, en 2%.

Solución

Calculemos en primer lugar el incremento de la producción usando la diferencial. Como la inversión de capital aumenta en 1% y la fuerza laboral, en 2%, entonces $\Delta K = 0,01K$ y $\Delta L = 0,02L$. Por otra parte, $\frac{\partial Q}{\partial K} = 15K^{-1/2}L^{1/2}$, $\frac{\partial Q}{\partial L} = 15K^{1/2}L^{-1/2}$. Aplicando la diferencial se tiene que:

$$\begin{aligned} dQ &= \frac{\partial Q}{\partial K}(K,L)dK + \frac{\partial Q}{\partial L}(K,L)dL = \\ &= 15K^{-1/2}L^{1/2} \cdot 0,01K + 15K^{1/2}L^{-1/2} \cdot 0,02L = \\ &= 0,15K^{1/2}L^{1/2} + 0,3K^{1/2}L^{1/2} = \\ &= 0,45K^{1/2}L^{1/2} \end{aligned}$$

y, por tanto, $\Delta Q \approx dQ = 0,45K^{1/2}L^{1/2}$. El incremento porcentual de la producción está dado por:

$$\frac{\Delta Q}{Q(K,L)} \cdot 100 \approx \frac{dQ}{Q(K,L)} \cdot 100 = \frac{0,45K^{1/2}L^{1/2}}{30 \cdot K^{1/2}L^{1/2}} \cdot 100 = 1,5\%$$

36. Dada la función $f(x,y) = \frac{x}{y} + ye^x$, determine las diferenciales de primer y segundo orden en el punto $(0,2)$.

Solución

Calculamos en primer lugar las derivadas parciales de primer orden para hallar la diferencial de la función. Como:

$$\frac{\partial f}{\partial x} = \frac{1}{y} + ye^x, \quad \frac{\partial f}{\partial y} = -\frac{x}{y^2} + e^x$$

entonces:

$$df(0,2) = \frac{\partial f}{\partial x}(0,2)dx + \frac{\partial f}{\partial y}(0,2)dy = \frac{5}{2}dx + dy$$

Para determinar la diferencial de segundo orden de la función, hallamos la matriz hessiana de f en el punto $(0,2)$. Las derivadas parciales de segundo orden de la función están dadas por:

$$\frac{\partial^2 f}{\partial x^2} = ye^x, \quad \frac{\partial^2 f}{\partial x \partial y} = -\frac{1}{y^2} + e^x, \quad \frac{\partial^2 f}{\partial y^2} = \frac{2x}{y^3}$$

de donde la matriz hessiana es:

$$H(f)(0,2) = \begin{pmatrix} ye^x & -\frac{1}{y^2} + e^x \\ -\frac{1}{y^2} + e^x & \frac{2x}{y^3} \end{pmatrix}_{(0,2)} = \begin{pmatrix} 2 & \frac{3}{4} \\ \frac{3}{4} & 0 \end{pmatrix}$$

La diferencial segunda de f en el punto $(0,2)$ es igual a:

$$d^2 f(0,2)(h,k) = (h,k)\begin{pmatrix} 2 & \frac{3}{4} \\ \frac{3}{4} & 0 \end{pmatrix}\begin{pmatrix} h \\ k \end{pmatrix} = 2h^2 + \frac{3}{2}hk$$

y usando la notación con diferenciales,

$$d^2 f(0,2) = 2dx^2 + \frac{3}{2}dxdy$$

37. Determine el polinomio de Taylor de grado 2 que aproxima a la función $f(x,y) = \frac{x}{y} + ye^x$ en un entorno del punto $(0,2)$.

Solución

Consideremos el gradiente y la matriz hessiana de la función en el punto $(0,2)$ calculados en el ejercicio anterior:

$$\nabla f(0,2)=(\frac{1}{y}+ye^{x},-\frac{x}{y^{2}}+e^{x})(0,2)=(\frac{5}{2},1)$$

$$H(f)(0,2)=\begin{pmatrix} ye^{x} & -\frac{1}{y^{2}}+e^{x} \\ -\frac{1}{y^{2}}+e^{x} & \frac{2x}{y^{3}} \end{pmatrix}_{(0,2)}=\begin{pmatrix} 2 & \frac{3}{4} \\ \frac{3}{4} & 0 \end{pmatrix}$$

La fórmula de Taylor de la función $f(x,y)=\frac{x}{y}+ye^{x}$ en el punto $(0,2)$ es:

$$f(x,y)\approx f(0,2)+\left\langle \nabla f(0,2),(x-0,y-2)\right\rangle +\frac{1}{2}(x-0,y-2)H(f)(0,2)\begin{pmatrix} x-0 \\ y-2 \end{pmatrix}=$$

$$=2+\left\langle (\frac{5}{2},1),(x-0,y-2)\right\rangle +\frac{1}{2}(x-0,y-2)\begin{pmatrix} 2 & \frac{3}{4} \\ \frac{3}{4} & 0 \end{pmatrix}\begin{pmatrix} x-0 \\ y-2 \end{pmatrix}=$$

$$=x^{2}+y+\frac{3}{4}xy+x$$

Por tanto, en las cercanías del punto $(0,2)$ se cumple que:

$$\frac{x}{y}+ye^{x}\approx x^{2}+y+\frac{3}{4}xy+x$$

38. Demuestre que la ecuación $e^{xy}+\frac{x}{y}-1=e$ define a y como una función implícita de la variable x en un entorno del punto $(1,1)$ y calcule el valor de $\frac{dy}{dx}$ en dicho punto.

Solución

Consideremos la función $F(x,y)=e^{xy}+\frac{x}{y}-1-e$ definida a partir de la relación entre las variables x e y que verifica $F(1,1)=0$. En primer lugar, F tiene derivadas parciales continuas y, como $F_{y}=xe^{xy}-\frac{x}{y^{2}}$, resulta que

$F_y(1,1) = e - 1 \neq 0$. Aplicando el Teorema de la Función Implícita podemos, asegurar que y es una función implícita de x en un entorno del punto $(1,1)$.

Por otra parte, la derivada de y con respecto a x está dada por:

$$y' = \frac{dy}{dx} = -\frac{F_x}{F_y} = -\frac{ye^{xy} + \dfrac{1}{y}}{xe^{xy} - \dfrac{x}{y^2}}$$

de donde, sustituyendo en el punto $(1,1)$, se tiene que $y'(1,1) = -\dfrac{e+1}{e-1}$.

39. Demuestre que la ecuación $z^2x + zyx + e^z - 1 = e$ define a z como función implícita de las variables x e y en un entorno del punto $(1,0,1)$ y calcule el valor de las derivadas parciales $\dfrac{\partial z}{\partial x}$ y $\dfrac{\partial z}{\partial y}$ en dicho punto.

Solución

Consideramos la función $F(x,y,z) = z^2x + zyx + e^z - 1 - e$ que determina la relación entre las diferentes variables. Comprobamos en primer lugar que se verifican las hipótesis del Teorema de la Función Implícita:

i) $F(1,0,1) = 0$

ii) La función F es de clase $C^1(\mathbb{R}^3)$

iii) La derivada parcial de F con respecto a la variable z, dada por $F_z = 2zx + yx + e^z$, es distinta de cero en el punto (1,0,1).

Aplicando el Teorema de la Función Implícita, podemos afirmar que la ecuación $z^2x + zyx + e^z - 1 = e$ define a z como función implícita de las variables x e y en un entorno del punto $(1,0,1)$. Por otra parte, las derivadas parciales de z con respecto a las variables x e y están dadas por:

$$\frac{\partial z}{\partial x} = -\frac{F_x}{F_z} = -\frac{z^2 + zy}{2zx + yx + e^z}$$

$$\frac{\partial z}{\partial y} = -\frac{F_y}{F_z} = -\frac{zx}{2zx + yx + e^z}$$

sustituyendo ahora en el punto $(1,0,1)$, se llega a que:

$$\frac{\partial z}{\partial x}(1,0,1) = -\frac{1}{2+e} \qquad \text{y} \qquad \frac{\partial z}{\partial y}(1,0,1) = -\frac{1}{2+e}$$

40. Considere el sistema de ecuaciones dado por:

$$F_1(x,y,z) = z^2 + y\operatorname{sen} z + xz + xy - 1 = 0$$
$$F_2(x,y,z) = \qquad x - y + 2e^z + yz - 2 = 0$$

a) Demuestre que el sistema define a las variables z, y como funciones implícitas de x en un entorno del punto $P_0 = (1,1,0)$.

b) Calcule la derivadas de las variables z e y con respecto a x en el punto $P_0 = (1,1,0)$.

Solución

a) Estudiamos si se cumplen las hipótesis del Teorema de la Función Implícita:

i) El punto $P_0 = (1,1,0)$ satisface las ecuaciones del sistema, ya que $F_1(1,1,0) = 0$ y $F_2(1,1,0) = 0$.

ii) Las funciones F_1 y $F_2 \in C^1(\mathbb{R}^3)$.

iii) El jacobiano de $F = (F_1, F_2)$ respecto a las variables y, z en el punto $P_0 = (1,1,0)$ es distinto de cero:

$$\left|\frac{\partial(F_1,F_2)}{\partial(y,z)}\right|_{P_0} = \begin{vmatrix} \dfrac{\partial F_1}{\partial y} & \dfrac{\partial F_1}{\partial z} \\ \dfrac{\partial F_2}{\partial y} & \dfrac{\partial F_2}{\partial z} \end{vmatrix}_{P_0} = \begin{vmatrix} \operatorname{sen} z + x & 2z + y\cos z + x \\ z - 1 & 2e^z + y \end{vmatrix}_{P_0} =$$

$$= \begin{vmatrix} 1 & 2 \\ -1 & 3 \end{vmatrix} = 5 \neq 0$$

Por tanto, aplicando el Teorema de la Función Implícita existen funciones $z = f_1(x)$ e $y = f_2(x)$ definidas en un entorno del punto $x = 1$ tal que $F_1(x, f_1(x), f_2(x)) = 0$ y $F_2(x, f_1(x), f_2(x)) = 0$.

b) Calculemos ahora $\dfrac{dz}{dx}$ y $\dfrac{dy}{dx}$ en un entorno del punto $P_0 = (1,1,0)$. El procedimiento que seguiremos es derivar respecto de x las ecuaciones que definen a z e y como funciones implícitas de x, teniendo en cuenta que z e y dependen de x:

$$2z\frac{dz}{dx}+\frac{dy}{dx}\operatorname{sen} z+y\cos z\frac{dz}{dx}+x\frac{dz}{dx}+z+y+x\frac{dy}{dx}=0$$
$$1-\frac{dy}{dx}+2e^{z}\frac{dz}{dx}+z\frac{dy}{dx}+y\frac{dz}{dx}=0$$

Si evaluamos las ecuaciones obtenidas en el punto $P_0=(1,1,0)$, obtenemos:

$$2\frac{dz}{dx}(1)+\frac{dy}{dx}(1)=-1$$
$$3\frac{dz}{dx}(1)-\frac{dy}{dx}(1)=-1$$

que es un sistema de 2 ecuaciones con 2 incógnitas $\frac{dz}{dx}(1)$ y $\frac{dy}{dx}(1)$ compatible determinado al ser el determinante de la matriz de coeficientes distinto de cero. Despejando, se tiene que $\frac{dz}{dx}(1)=-\frac{2}{5}$ y $\frac{dy}{dx}(1)=-\frac{1}{5}$.

41. Dado el sistema de ecuaciones:

$$\left.\begin{array}{l} u^2-v^2=x+y \\ u^2+yv=x \end{array}\right\}$$

a) Determine en qué puntos las ecuaciones anteriores definen a u y v como funciones implícitas de x e y.

b) Calcule las expresiones de las derivadas parciales de las variables u y v con respecto a x e y.

Solución

a) Estudiamos en qué puntos se cumplen las hipótesis del Teorema de la Función Implícita:

i) Las funciones $F_1=u^2-v^2-x-y$ y $F_2=u^2+yv-x$ que definen las ecuaciones del sistema son de clase C^1 para cada x, y, u, v.

ii) El jacobiano de $F=(F_1,F_2)$ respecto a las variables u y v ha de ser distinto de cero. Como $F_1(x,y,u,v)=u^2-v^2-x-y$, $F_2(x,y,u,v)=u^2+yv-x$ entonces:

$$\frac{\partial F_1}{\partial u}=2u,\quad \frac{\partial F_1}{\partial v}=-2v,\quad \frac{\partial F_2}{\partial u}=2u,\quad \frac{\partial F_2}{\partial v}=y$$

y, por tanto:

$$\left|\frac{\partial(F_1,F_2)}{\partial(u,v)}\right| = \begin{vmatrix} \frac{\partial F_1}{\partial u} & \frac{\partial F_1}{\partial v} \\ \frac{\partial F_2}{\partial u} & \frac{\partial F_2}{\partial v} \end{vmatrix} = \begin{vmatrix} 2u & -2v \\ 2u & y \end{vmatrix} = 2u(y+2v) \neq 0$$

De esta forma, aplicando el Teorema de la Función Implícita, se tiene que, en un entorno de aquellos puntos (x,y,u,v) que cumplan las ecuaciones del sistema y que verifiquen la ecuación $2u(y+2v) \neq 0$, las variables u, v son funciones de las variables x, y.

b) Calculemos ahora $\frac{\partial u}{\partial x}, \frac{\partial u}{\partial y}, \frac{\partial v}{\partial x}, \frac{\partial v}{\partial y}$ en los puntos (x,y,u,v) que cumplan la condición $2u(y+2v) \neq 0$. Derivamos las ecuaciones respecto de x e y. Derivando implícitamente respecto de x, se tiene que:

$$\left.\begin{aligned} 2u\frac{\partial u}{\partial x} - 2v\frac{\partial v}{\partial x} = 1 \\ 2u\frac{\partial u}{\partial x} + y\frac{\partial v}{\partial x} = 1 \end{aligned}\right\}$$

de donde:

$$\frac{\partial u}{\partial x} = \frac{\begin{vmatrix} 1 & -2v \\ 1 & y \end{vmatrix}}{\begin{vmatrix} 2u & -2v \\ 2u & y \end{vmatrix}} = \frac{y+2v}{2u(y+2v)} = \frac{1}{2u}, \quad \frac{\partial v}{\partial x} = \frac{\begin{vmatrix} 2u & 1 \\ 2u & 1 \end{vmatrix}}{\begin{vmatrix} 2u & -2v \\ 2u & y \end{vmatrix}} = 0$$

Derivando ahora implícitamente respecto de y, se tiene que:

$$\left.\begin{aligned} 2u\frac{\partial u}{\partial y} - 2v\frac{\partial v}{\partial y} = 1 \\ 2u\frac{\partial u}{\partial y} + v + y\frac{\partial v}{\partial y} = 0 \end{aligned}\right\} \Leftrightarrow \left.\begin{aligned} 2u\frac{\partial u}{\partial y} - 2v\frac{\partial v}{\partial y} = 1 \\ 2u\frac{\partial u}{\partial y} + y\frac{\partial v}{\partial y} = -v \end{aligned}\right\}$$

de donde:

$$\frac{\partial u}{\partial y} = \frac{\begin{vmatrix} 1 & -2v \\ -v & y \end{vmatrix}}{\begin{vmatrix} 2u & -2v \\ 2u & y \end{vmatrix}} = \frac{y-2v^2}{2u(y+2v)}, \quad \frac{\partial v}{\partial y} = \frac{\begin{vmatrix} 2u & 1 \\ 2u & -v \end{vmatrix}}{\begin{vmatrix} 2u & -2v \\ 2u & y \end{vmatrix}} = \frac{-v-1}{y+2v}$$

42. Considere el modelo macroeconómico definido por las ecuaciones siguientes:

$$C - a - b(Y - T) = 0$$
$$T - r - sY = 0$$
$$Y - C - I - G = 0$$

que relacionan la renta Y, el consumo C y los impuestos T como variables dependientes (endógenas) en función de la inversión autónoma I y el gasto público G como variables independientes (exógenas), donde a, b, r y s son constantes.

a) Determine la condición que deben cumplir a, b, r y s para que las ecuaciones del modelo definan a las variables Y, C y T como funciones implícitas de I y G.

b) Calcule las expresiones para las derivadas parciales de Y, C y T con respecto a I y G.

Solución

a) Sean $F_1(Y,C,T) = C - a - b(Y - T)$, $F_2(Y,C,T) = T - r - sY$ y $F_3(Y,C,T) = Y - C - I - G$ las funciones que determinan las ecuaciones del modelo macroeconómico. Las funciones son de clase C^1 y el jacobiano de la función vectorial $F = (F_1, F_2, F_3)$ respecto de las variables Y, C y T está dado por:

$$\left|\frac{\partial(F_1,F_2,F_3)}{\partial(Y,C,T)}\right| = \begin{vmatrix} \frac{\partial F_1}{\partial Y} & \frac{\partial F_1}{\partial C} & \frac{\partial F_1}{\partial T} \\ \frac{\partial F_2}{\partial Y} & \frac{\partial F_2}{\partial C} & \frac{\partial F_2}{\partial T} \\ \frac{\partial F_3}{\partial Y} & \frac{\partial F_3}{\partial C} & \frac{\partial F_3}{\partial T} \end{vmatrix} = \begin{vmatrix} -b & 1 & b \\ -s & 0 & 1 \\ 1 & -1 & 0 \end{vmatrix} = 1 - b(1-s)$$

Aplicando el Teorema de la Función Implícita, una condición suficiente para que las ecuaciones del modelo definan a las variables Y, C y T como funciones implícitas de I y G es que se cumpla:

$$\left|\frac{\partial(F_1,F_2,F_3)}{\partial(Y,C,T)}\right| = 1 - b(1-s) \neq 0$$

b) Supongamos que se cumple la condición $1 - b(1-s) \neq 0$. Para determinar las derivadas parciales de Y, C y T con respecto a I y G, derivamos parcialmente el sistema con respecto a I y G.

Derivando respecto de I, se tiene que:

$$\frac{\partial C}{\partial I} - b\left(\frac{\partial Y}{\partial I} - \frac{\partial T}{\partial I}\right) = 0$$

$$\frac{\partial T}{\partial I} - s\frac{\partial Y}{\partial I} = 0$$

$$\frac{\partial Y}{\partial I} - \frac{\partial C}{\partial I} - 1 = 0$$

y ordenando el sistema:

$$\begin{aligned} -b\frac{\partial Y}{\partial I} + \frac{\partial C}{\partial I} + b\frac{\partial T}{\partial I} &= 0 \\ -s\frac{\partial Y}{\partial I} + \qquad\quad \frac{\partial T}{\partial I} &= 0 \\ \frac{\partial Y}{\partial I} - \frac{\partial C}{\partial I} \qquad\quad &= 1 \end{aligned}$$

de donde:

$$\frac{\partial Y}{\partial I} = \frac{\begin{vmatrix} 0 & 1 & b \\ 0 & 0 & 1 \\ 1 & -1 & 0 \end{vmatrix}}{\begin{vmatrix} -b & 1 & b \\ -s & 0 & 1 \\ 1 & -1 & 0 \end{vmatrix}} = \frac{1}{1-b(1-s)}, \quad \frac{\partial C}{\partial I} = \frac{\begin{vmatrix} -b & 0 & b \\ -s & 0 & 1 \\ 1 & 1 & 0 \end{vmatrix}}{\begin{vmatrix} -b & 1 & b \\ -s & 0 & 1 \\ 1 & -1 & 0 \end{vmatrix}} = \frac{b(1-s)}{1-b(1-s)},$$

$$\frac{\partial T}{\partial I} = \frac{\begin{vmatrix} -b & 1 & 0 \\ -s & 0 & 0 \\ 1 & -1 & 1 \end{vmatrix}}{\begin{vmatrix} -b & 1 & b \\ -s & 0 & 1 \\ 1 & -1 & 0 \end{vmatrix}} = \frac{s}{1-b(1-s)}$$

Derivando respecto de G, se tiene que:

$$\frac{\partial C}{\partial G} - b\left(\frac{\partial Y}{\partial G} - \frac{\partial T}{\partial G}\right) = 0$$

$$\frac{\partial T}{\partial G} - s\frac{\partial Y}{\partial G} = 0$$

$$\frac{\partial Y}{\partial G} - \frac{\partial C}{\partial G} - 1 = 0$$

y ordenando el sistema:

$$\begin{aligned}
-b\frac{\partial Y}{\partial G}+\frac{\partial C}{\partial G}+b\frac{\partial T}{\partial G}&=0\\
-s\frac{\partial Y}{\partial G}+\qquad\quad\frac{\partial T}{\partial G}&=0\\
\frac{\partial Y}{\partial G}-\frac{\partial C}{\partial G}\qquad\qquad&=1
\end{aligned}$$

de donde:

$$\frac{\partial Y}{\partial G}=\frac{\begin{vmatrix}0&1&b\\0&0&1\\1&-1&0\end{vmatrix}}{\begin{vmatrix}-b&1&b\\-s&0&1\\1&-1&0\end{vmatrix}}=\frac{1}{1-b(1-s)},\quad \frac{\partial C}{\partial G}=\frac{\begin{vmatrix}-b&0&b\\-s&0&1\\1&1&0\end{vmatrix}}{\begin{vmatrix}-b&1&b\\-s&0&1\\1&-1&0\end{vmatrix}}=\frac{b(1-s)}{1-b(1-s)},$$

$$\frac{\partial T}{\partial G}=\frac{\begin{vmatrix}-b&1&0\\-s&0&0\\1&-1&1\end{vmatrix}}{\begin{vmatrix}-b&1&b\\-s&0&1\\1&-1&0\end{vmatrix}}=\frac{s}{1-b(1-s)}$$

43. Consideremos la siguiente versión del modelo macroeconómico Keynesiano "IS-LM" realizado inicialmente por J. R. Hicks dado por las ecuaciones:

$$\left.\begin{aligned}I(r)-S(Y)&=0\\ aY+L(r)&=M\end{aligned}\right\}$$

donde $I(r)$ es la función de inversión; $S(Y)$ la función de ahorro; $L(r)$ la demanda monetaria; M la oferta de dinero; y a, un parámetro, $0<a<1$. La variable Y representa la renta nacional y r, la tasa de interés. Supongamos que las funciones $I(r)$, $S(Y)$ y $L(r)$ son derivables y que las ecuaciones del modelo definen a la renta nacional Y y a la tasa de interés r como funciones implícitas de a y M. Se pide determinar las expresiones de las derivadas parciales $\frac{\partial Y}{\partial M}$ y $\frac{\partial r}{\partial M}$.

Solución

Para calcular en primer lugar $\dfrac{\partial Y}{\partial M}$, derivamos implícitamente las ecuaciones del sistema respecto de M, teniendo en cuenta que las variables Y y r son funciones de a y M:

$$\left.\begin{array}{r} I'(r)\cdot\dfrac{\partial r}{\partial M}-S'(Y)\cdot\dfrac{\partial Y}{\partial M}=0 \\ a\dfrac{\partial Y}{\partial M}+L'(r)\cdot\dfrac{\partial r}{\partial M}=1 \end{array}\right\} \Leftrightarrow \left.\begin{array}{r} I'(r)\cdot\dfrac{\partial r}{\partial M}-S'(Y)\cdot\dfrac{\partial Y}{\partial M}=0 \\ L'(r)\cdot\dfrac{\partial r}{\partial M}+a\dfrac{\partial Y}{\partial M}=1 \end{array}\right\}$$

Resolviendo el sistema de ecuaciones anterior, se tiene que:

$$\frac{\partial r}{\partial M}=\frac{\begin{vmatrix} 0 & -S'(Y) \\ 1 & a \end{vmatrix}}{\begin{vmatrix} I'(r) & -S'(Y) \\ L'(r) & a \end{vmatrix}}=\frac{S'(Y)}{aI'(r)+L'(r)S'(Y)},$$

$$\frac{\partial Y}{\partial M}=\frac{\begin{vmatrix} I'(r) & 0 \\ L'(r) & 1 \end{vmatrix}}{\begin{vmatrix} I'(r) & -S'(Y) \\ L'(r) & a \end{vmatrix}}=\frac{I'(r)}{aI'(r)+L'(r)S'(Y)}$$

44. Considere el siguiente sistema de ecuaciones que aparece con frecuencia en la teoría de la demanda en Microeconomía:

$$\left.\begin{array}{r} U_x(x,y)-\lambda p=0 \\ U_y(x,y)-\lambda q=0 \\ px+qy=r \end{array}\right\}$$

donde U_x y U_y representan las derivadas parciales de la función de utilidad del consumidor $U(x,y)$; x e y, las cantidades de dos bienes X e Y; p y q son los precios unitarios de X e Y; r, la renta monetaria disponible; y λ, una variable desconocida. Supongamos que las ecuaciones anteriores definen a las variables x, y y λ como funciones implícitas diferenciables de los precios p y q y de la renta r. Determine la tasa de variación de la cantidad del primer bien X con respecto del precio p.

Solución

Para calcular $\frac{\partial x}{\partial p}$, derivamos implícitamente el sistema de ecuaciones del modelo con respecto a p. Para ello es importante tener en cuenta que las variables λ, x e y dependen de p, q y r. Aplicando la regla de la cadena, se tiene que:

$$U_{xx}\cdot\frac{\partial x}{\partial p}+U_{xy}\cdot\frac{\partial y}{\partial p}-p\frac{\partial \lambda}{\partial p}-\lambda=0$$

$$U_{yx}\cdot\frac{\partial x}{\partial p}+U_{yy}\cdot\frac{\partial y}{\partial p}-q\frac{\partial \lambda}{\partial p}=0$$

$$x+p\frac{\partial x}{\partial p}+q\frac{\partial y}{\partial p}=0$$

Ordenando el sistema anterior en las variables $\frac{\partial x}{\partial p}, \frac{\partial y}{\partial p}$ y $\frac{\partial \lambda}{\partial p}$, se obtiene:

$$U_{xx}\cdot\frac{\partial x}{\partial p}+U_{xy}\cdot\frac{\partial y}{\partial p}-p\frac{\partial \lambda}{\partial p}=\lambda$$

$$U_{yx}\cdot\frac{\partial x}{\partial p}+U_{yy}\cdot\frac{\partial y}{\partial p}-q\frac{\partial \lambda}{\partial p}=0$$

$$p\frac{\partial x}{\partial p}+q\frac{\partial y}{\partial p}=-x$$

de donde:

$$\frac{\partial x}{\partial p}=\frac{\begin{vmatrix}\lambda & U_{xy} & -p\\ 0 & U_{yy} & -q\\ -x & q & 0\end{vmatrix}}{\begin{vmatrix}U_{xx} & U_{xy} & -p\\ U_{yx} & U_{yy} & -q\\ p & q & 0\end{vmatrix}}=\frac{q^2\lambda-x(pU_{yy}-qU_{xy})}{p^2U_{yy}+q^2U_{xx}-2pqU_{xy}}.$$

45. Estudie la homogeneidad de las siguientes funciones y, en caso afirmativo, calcule el grado de homogeneidad.

a) $f(x,y)=\frac{x^2y^2}{x^4+y^4}\left(\frac{1}{x}-\frac{1}{y}\right)$

b) $f(x,y)=\left(Ax^a+By^a\right)^b$

c) $Q(x,y)=A\left[x^{-a}+y^{-a}\right]^{1/b}$

d) $f(x,y,z)=\sqrt{x+y^2+z^2}$

Solución

a) La función $f(x,y)=\dfrac{x^2y^2}{x^4+y^4}\left(\dfrac{1}{x}-\dfrac{1}{y}\right)$ es homogénea de grado $r=-1$, ya que:

$$f(tx,ty)=\frac{t^2x^2t^2y^2}{t^4x^4+t^4y^4}\left(\frac{1}{tx}-\frac{1}{ty}\right)=\frac{1}{t}\frac{x^2y^2}{x^4+y^4}\left(\frac{1}{x}-\frac{1}{y}\right)=t^{-1}f(x,y)$$

b) La función $f(x,y)=\left(Ax^a+By^a\right)^b$ es homogénea de grado $r=ab$, ya que:

$$\begin{aligned}f(tx,ty)&=\left(At^ax^a+Bt^ay^a\right)^b=\left[t^a(Ax^a+By^a)\right]^b=\\&=t^{ab}(Ax^a+By^a)^b=t^{ab}f(x,y)\end{aligned}$$

c) La función $Q(x,y)=A\left[x^{-a}+y^{-a}\right]^{1/b}$ es homogénea de grado $r=-\dfrac{a}{b}$, ya que:

$$\begin{aligned}Q(tx,ty)&=A\left(t^{-a}x^{-a}+t^{-a}y^{-a}\right)^{1/b}=A\left[t^{-a}(x^{-a}+y^{-a})\right]^{1/b}=\\&=t^{-a/b}A(x^{-a}+y^{-a})^{1/b}=t^{-a/b}f(x,y)\end{aligned}$$

d) La función $f(x,y,z)=\sqrt{x+y^2+z^2}$ no es homogénea, ya que:

$$f(tx,ty,tz)=\sqrt{tx+t^2y^2+t^2z^2}=\sqrt{tx+t^2(y^2+z^2)}$$

no es igual a $t^rf(x,y,z)$ para ningún valor de r.

46. Demuestre que la función $x(p,q,m,r)=\dfrac{mp^b}{p^{b+1}+q^{b+1}+r^{b+1}}$ usada en la teoría de la demanda, es homogénea de grado cero.

Solución

Hemos de probar que se cumple que $x(tp,tq,tr,tm)=x(p,q,r,m)$. En efecto, se tiene que:

$$x(tp,tq,tm,tr)=\frac{t\,m\,t^bp^b}{t^{b+1}p^{b+1}+t^{b+1}q^{b+1}+t^{b+1}r^{b+1}}=\frac{t^{b+1}\,m\,p^b}{t^{b+1}(p^{b+1}+q^{b+1}+r^{b+1})}=x(p,q,r,m)$$

47. Sea $Q(K,L)$ una función de producción homogénea de grado $r=2$, donde K y L representan el capital y la mano de obra respectivamente. Sabiendo que el valor de la producción Q es de 100 unidades cuando $K=3$ y $L=4$, determine el valor de la producción cuando $K=9$ y $L=12$.

Solución

Como la función de producción $Q(K,L)$ es homogénea de grado $r=2$, se cumple que $Q(tK,tL)=t^2Q(K,L)$. Por tanto,

$$Q(9,12)=Q(3\cdot 3,3\cdot 4)=3^2Q(3,4)=3^2\cdot 100=900$$

48. Dada la función de producción $Q(x,y)=\left(Ax^a+By^a\right)^{b/a}$, $a, b, A, B>0$, demuestre que se cumple que:

$$\frac{1}{Q}\left(x\frac{\partial Q}{\partial x}+y\frac{\partial Q}{\partial x}\right)=b$$

Solución

La función de producción $Q(x,y)=\left(Ax^a+By^a\right)^{b/a}$ es homogénea de grado b, ya que:

$$Q(tK,tL)=\left(At^ax^a+Bt^ay^a\right)^{b/a}=\left[t^a(Ax^a+By^a)\right]^{b/a}$$
$$=t^b(Ax^a+By^a)^{b/a}=t^bQ(K,L)$$

Al ser una función homogénea, verifica el Teorema de Euler:

$$x\frac{\partial Q}{\partial x}+y\frac{\partial Q}{\partial y}=bQ$$

de donde, dividiendo por Q, se tiene que:

$$\frac{1}{Q}\left(x\frac{\partial Q}{\partial x}+y\frac{\partial Q}{\partial x}\right)=b$$

49. Se definen las elasticidades parciales de una función $f(x_1,x_2,\ldots,x_n)$ respecto de la variable x_i, $i=1,2,\ldots,n$, como las funciones dadas por:

$$E_{fx_i}=\frac{\partial f}{\partial x_i}\frac{x_i}{f}, \quad i=1,2,\ldots,n$$

Demuestre que, si $f(x_1, x_2, ..., x_n)$ es una función homogénea de grado r, entonces, la suma de las elasticidades parciales de la función es igual al grado de homogeneidad r.

Solución

Como la función $f(x_1, x_2, ..., x_n)$ es homogénea de grado r, verifica el Teorema de Euler, y por tanto:

$$x_1 \frac{\partial f}{\partial x_1} + x_2 \frac{\partial f}{\partial x_2} + ... + x_n \frac{\partial f}{\partial x_n} = rf$$

Si dividimos la expresión anterior por f, se tiene que:

$$\frac{x_1}{f} \frac{\partial f}{\partial x_1} + \frac{x_2}{f} \frac{\partial f}{\partial x_2} + ... + \frac{x_n}{f} \frac{\partial f}{\partial x_n} = r$$

y la suma de las elasticidades parciales de la función es igual al grado de homogeneidad r.

EJERCICIOS PROPUESTOS

1. En cierta fábrica, la función de producción está dada por $Q(K,L)=60K^{1/3}L^{2/3}$ unidades, donde K representa la inversión de capital y L, la mano de obra.

a) Calcule el valor de la producción si la inversión de capital es 512 y se utilizan 1000 horas de mano de obra.

b) Demuestre que la producción se duplica cuando la inversión de capital y la mano de obra se duplican. ¿Qué ocurre con la producción si el capital y la mano de obra se multiplican por 3, por 4, y así sucesivamente?

c) Interprete económicamente la expresión $Q(K+1,L)-Q(K,L)$.

2. Dada la función $f(x,y)=\sqrt{9-x^2-y^2}+\dfrac{1}{xy}$, determine:

a) El dominio de la función.

b) $f(1,1)$

3. Calcule el dominio de definición de las siguientes funciones:

a) $f(x,y)=\sqrt{x^2(y-1)}$

b) $f(x,y)=\ln(2+x-y)$

c) $f(x,y)=\dfrac{x^2+y^2}{x+y}+\dfrac{x^2+y^2}{x-y}$

d) $f(x,y)=\sqrt{x^2+1}+\sqrt{y^2-1}$

e) $f(x,y)=\dfrac{\sqrt{4-x^2-y^2}}{\sqrt{x^2+y^2-1}}$

4. Dada la función $f(x,y)=\dfrac{1}{x}+\dfrac{1}{y}$, se pide:

a) Calcular $f(a+h,b)-f(a,b)$

b) Probar que $\dfrac{f(x,y)}{f(tx,ty)}=t$

5. Una caja rectangular sin tapa mide x cm de ancho, y cm de largo y z cm de alto. El coste de las paredes laterales de la caja es de 10 u.m. por cm^2, mientras que el coste del fondo es de 5 u.m. por cm^2, determine la función que expresa el coste de la caja en términos de las dimensiones x, y, z.

6. Determine las curvas de nivel de las funciones siguientes:

a) $f(x,y)=(x-1)^2+(y-2)^2$

b) $f(x,y)=x+2y$

c) $f(x,y)=xy$

7. Una empresa comercializa dos marcas de un determinado producto. Las cifras de venta indican que, si la primera marca se vende a x euros por unidad y la segunda a y euros por unidad, la demanda anual de la primera marca será $D_1(x,y)=400-20x^2+40y$ unidades al año y la demanda de la segunda marca será $D_2(x,y)=550+10x-20y^2$ unidades al año.

a) Exprese el ingreso total anual de la empresa como una función de los precios x e y.

b) Calcule el ingreso en el apartado a) si la primera marca se vende a 4 euros y la segunda a 3 euros.

c) ¿Qué relación han de tener los precios x e y para asegurarnos un ingreso anual de 10.000 euros?

8. Dada la función de producción $Q(x,y)=x^{\alpha}y^{\beta}$, $\alpha,\beta>0$, siendo $x,y>0$, se pide:

a) Obtener la expresión de las curvas de nivel de la función de producción.

b) Estudiar el crecimiento y decrecimiento, la concavidad y convexidad de las curvas de nivel para α y $\beta=1$.

9. Dada la función de producción $Q(x,y)=x^2y$, $x,y>0$, determine los valores de a y b para que los puntos $(2,b)$ y $(a,16)$ se encuentren en la misma curva isocuanta que el punto $(4,2)$.

10. ¿Pueden cortarse dos curvas de nivel de una función? Razone su respuesta.

11. Suponga que la producción Q está dada por la función de producción de Cobb-Douglas $Q(K,L)=AK^{\alpha}L^{1-\alpha}$, donde A y α son constantes positivas y $0<\alpha<1$. Demuestre que, si K y L se multiplican por el mismo número positivo m, la producción Q se multiplicará también por m. Es decir, demuestre que $Q(mK,mL)=mQ(K,L)$.

12. Demuestre, aplicando la definición, que el límite de la función $f(x,y)=\sqrt{x^2+y^2}$ cuando (x,y) tiende al punto $(0,0)$ es igual a 0.

13. Demuestre que existe el límite de la función $f(x,y)=(x^2+y^2)\text{sen}(x^2+y^2)$ en el punto $(0,0)$ y halle su valor.

14. Dada la función $f(x,y)=\dfrac{x-y}{\sqrt{x^2+y^2}}$ calcule sus límites direccionales en el punto $(0,0)$ siguiendo trayectorias rectilíneas y compruebe que no existe el límite de la función en dicho punto.

15. Estudie los límites reiterados de la función $f(x,y)=\dfrac{y^2}{\sqrt{x^2+y^4}}$ cuando $(x,y)\to(0,0)$. ¿Existe el límite de la función en dicho punto?

16. Estudie la continuidad de las siguientes funciones en el punto $(0,0)$:

a) $f(x,y)=\begin{cases}\dfrac{x^2-2y}{2x^2+y^2} & (x,y)\neq(0,0)\\ 0 & (x,y)=(0,0)\end{cases}$

b) $f(x,y)=\begin{cases}(x^2+y^2)\text{sen}^2(x^2+y^2) & (x,y)\neq(0,0)\\ 1 & (x,y)=(0,0)\end{cases}$

17. Dada la función $f(x,y)=\begin{cases}\dfrac{x^2+2\cos y}{2x^2+\text{sen}^2 y} & (x,y)\neq(0,0)\\ 0 & (x,y)=(0,0)\end{cases}$

a) Estudie sus límites reiterados en el punto $(0,0)$.

b) ¿Es continua la función en el punto $(0,0)$?

18. Aplique la definición de derivada parcial para calcular $\dfrac{\partial f}{\partial x}(1,0)$ en la función $f(x,y)=x^2+y^2$.

19. Calcule, aplicando la definición, la función derivada parcial respecto de la variable x de $f(x,y)=x^2+xy-1$.

20. Calcule las derivadas parciales de primer orden de las funciones siguientes:

a) $f(x,y)=x^2\ln(x+y)$

b) $f(x,y) = x^{2y} + 2y^2$

c) $f(x,y) = \ln[(x-a)^2 + (y-b)^2]$

d) $f(x,y,z) = \sqrt{x^2 + y^2 + z^2}$

e) $z = \operatorname{arctg}(\frac{x}{y})$

f) $z = e^y \cos(xy)$

21. Calcule las derivadas parciales de segundo orden de las funciones:

a) $z = \sqrt{x^2 + y^2}$

b) $f(x,y) = x^4 + 3xy + 1$

c) $z = \operatorname{arctg}(\frac{x}{y})$

d) $z = \cos(x^2 + y^2)$

22. Compruebe que las siguientes funciones cumplen la ecuación de Laplace $z_{xx} + z_{yy} = 0$.

a) $z = e^x \operatorname{sen} y$

b) $z = \operatorname{arctg}(\frac{y}{x})$

c) $z = \ln\left(x^2 + y^2\right)$

d) $z = xy$

23. Dada la función $z = x^2 f(\frac{y}{x})$, donde f es una función derivable de una variable, calcule sus derivadas parciales de primer orden y demuestre que $x\frac{\partial z}{\partial x} + y\frac{\partial z}{\partial y} = 2z$.

24. Dada la función $z = \operatorname{sen} y + f(\operatorname{sen} x - \operatorname{sen} y)$, donde f es una función derivable de una variable, calcule sus derivadas parciales y halle la expresión $A = \frac{1}{\cos x}\frac{\partial z}{\partial x} + \frac{1}{\cos y}\frac{\partial z}{\partial y}$.

25. Determine las derivadas parciales de primer orden de las siguientes funciones:

a) $f(p,r) = p^{\alpha} e^{r\alpha}$

b) $g\left(p_1, p_2\right) = Ap_1^B + ce^{-p_1 p_2}$

26. Dada la función de producción $Q(K,L) = AK^{a}L^{b}e^{c\frac{K}{L}}$, donde A, a, b y c son constantes positivas, calcule las productividades marginales del capital y del trabajo, y pruebe que se cumplen las igualdades siguientes:

$$\frac{\partial Q}{\partial K} = \left(\frac{a}{K} + \frac{c}{L}\right) Q(K,L)$$

$$\frac{\partial Q}{\partial L} = \left(\frac{b}{L} - \frac{cK}{L^2}\right) Q(K,L)$$

¿Qué condición se debe verificar para que ambas productividades marginales sean positivas?

27. Dada la función $Q(K,L) = AK^{a} + BL^{a}$, donde A, B y a son constantes, calcule el valor de la expresión:

$$K\frac{\partial Q}{\partial K} + L\frac{\partial Q}{\partial L}$$

28. Se define la elasticidad parcial de $z = f(x_1, x_2, ..., x_n)$ con respecto a la variable x_i como:

$$\varepsilon_{zx_i} = \frac{\partial z}{\partial x_i} \cdot \frac{x_i}{z}$$

Dada la función $z = \dfrac{xy}{x^2 + y^2}$, calcule las elasticidades parciales de z con respecto a las variables x e y.

29. Dada la función de producción $Q(x,y) = \left[ax^{\alpha} + by^{\beta}\right]^{1/\alpha}$, $\alpha > 0$, $\beta > 0$, calcule las productividades marginales respecto de x e y.

30. La demanda D de un producto depende del precio x y de la cantidad y gastada en publicidad según la función $D(x,y) = 4 - x + 4\ln y + 0{,}3e^{0{,}2xy}$. Se pide:

a) Las demandas marginales respecto del precio x y respecto de la cantidad gastada en publicidad y.

b) Si el precio actual del producto es de 2 unidades monetarias y la cantidad gastada en publicidad es de 15 unidades monetarias, determine aproximadamente la variación en la demanda del producto si el precio se incrementa en una unidad.

31. En determinada fábrica, la producción diaria es $Q(K,L)=10K^{1/2}L^{1/2}$ unidades, donde K representa la inversión de capital medida en miles de euros y L, el tamaño de la fuerza laboral medida en horas-trabajador. Si la inversión actual de capital es 100.000 euros y se utilizan 1000 horas-trabajador de mano de obra cada día, aplique el análisis marginal para calcular el efecto provocado en la producción diaria por una inversión adicional de capital de 1000 euros si el tamaño de la fuerza laboral no cambia.

32. La demanda de cierta marca de un producto está dada por una función $D(x,y)$, donde x es la cantidad de dinero (medida en miles de euros) que se emplea en publicidad e y es el precio de venta (en euros) del producto. En condiciones económicas normales, ¿cuál será el signo de cada una de estas derivadas parciales?

33. Dadas las funciones de demanda de dos bienes:

$$D_1 = ae^{p_2^2-2p_1} \text{ y } D_2 = be^{p_1^2-p_2}, \quad \text{con } a,b>0$$

determine las demandas marginales para ambos bienes y razone si las siguientes afirmaciones son verdaderas o falsas:

a) La demanda D_1 es creciente con respecto al precio p_1 si p_2 es constante.

b) La demanda D_2 es decreciente con respecto al precio p_2 si p_1 es constante.

c) La demanda D_1 decrece cuando p_2 crece y p_1 se mantiene constante.

34. Se dice que dos bienes son sustitutos o sustitutivos si la demanda Q_1 del primero crece cuando el precio p_2 del segundo crece y si la demanda Q_2 del segundo crece cuando el precio p_1 del primero crece.

a) Si dos bienes son sustitutos, ¿qué condiciones deben cumplir las derivadas parciales $\dfrac{\partial Q_1}{\partial p_2}$ y $\dfrac{\partial Q_2}{\partial p_1}$?

b) Suponga que las funciones de demanda de dos bienes son $Q_1 = 100+\dfrac{20}{(p_1+2)^2}+20e^{p_2}$ y $Q_2 = 200-100p_1^2+\dfrac{500}{(p_2+4)^{1/2}}$. ¿Son sustitutos los bienes?

35. Se dice que dos bienes son complementarios si la demanda Q_1 del primero decrece cuando el precio p_2 del segundo crece y si la demanda Q_2 del segundo decrece cuando el precio p_1 del primero crece.

a) Si dos bienes son complementarios, ¿qué condiciones deben cumplir las derivadas parciales $\frac{\partial Q_1}{\partial p_2}$ y $\frac{\partial Q_2}{\partial p_1}$?

b) Suponga que las funciones de demanda de dos bienes son $Q_1 = 250 + \frac{20}{(p_1^2+1)^2} + 10e^{p_2}$ y $Q_2 = 300 - 100p_1^{1/2} + \frac{100}{(2p_2+3)^{1/2}}$ ¿Son complementarios los bienes?

36. Suponga que la producción Q de una fábrica depende de la cantidad K de la inversión de capital, medida en miles de euros, y del tamaño L de la fuerza laboral, medida en horas-trabajador. Dé una interpretación económica de las derivadas parciales de segundo orden $\frac{\partial^2 Q}{\partial K^2}$ y $\frac{\partial^2 Q}{\partial L^2}$.

37. En cierta fábrica, la producción es $Q = 20K^{1/2}L^{1/3}$ unidades, donde K representa la inversión de capital y L, el tamaño de la fuerza laboral medida en horas-trabajador.

a) Determine el signo de la derivada parcial de segundo orden $\frac{\partial^2 Q}{\partial L^2}$ y dé una interpretación económica.

b) Determine el signo de la derivada parcial de segundo orden $\frac{\partial^2 Q}{\partial K^2}$ y dé una interpretación económica.

c) Supongamos que $K = 900$ y $L = 1000$. Aplique el análisis marginal para calcular el efecto que provocaría en la productividad marginal del capital el aumento de 1 unidad en la inversión de capital, manteniendo constante el trabajo.

38. La función de oferta de cierto artículo está dada por $Q = a + bP^2 + R^{\frac{1}{2}}$, donde $a < 0, b > 0$. Halle la elasticidad de la oferta Q respecto del precio P. ¿Cómo varía la elasticidad Q respecto del precio P cuando R crece?

39. Sea $z = \ln(x^2 + y^2)$, siendo $x = e^{-t}$ e $y = e^t$. Calcule $\frac{dz}{dt}$ en el punto $t = 0$.

40. Dada la función $w = uv$, donde $u = x^2 + 2yz, v = y^2 + 2xz$. Demuestre que:

$$\left(y^2 - zx\right)\frac{\partial w}{\partial x} + \left(x^2 - yz\right)\cdot\frac{\partial w}{\partial y} + \left(z^2 - xy\right)\cdot\frac{\partial w}{\partial z} = 0$$

41. Dada $w = xy + yz + xz$, siendo $x = s\cos t$, $y = s\,\mathrm{sen}\,t$ y $z = t$, calcule $\frac{\partial w}{\partial s}$ y $\frac{\partial w}{\partial t}$ cuando $s = 1$, $t = 2\pi$.

42. Demuestre que la función $w = f(u,v)$, donde $u = x + at$, $v = y + bt$ satisface la ecuación $\frac{\partial w}{\partial t} = a\frac{\partial w}{\partial u} + b\frac{\partial w}{\partial v}$.

43. Consideremos la función de demanda de un consumidor dada por $D(p,r) = 30p^{-0,5}r^{0,5}$, donde p es el precio y r, la renta disponible. Se calcula que, dentro de t, meses el precio del producto es $p(t) = 2 + 0,2t$ y la renta del consumidor va cambiando con respecto al tiempo según la función $r(t) = 4 + t^{1/2}$ .Se pide determinar a qué tasa cambiará la demanda con respecto al tiempo dentro de 9 meses.

44. Una empresa vende un mismo producto comercializado bajo dos marcas diferentes A y B. Si la marca A se vende a x euros por unidad y la marca B, a y euros por unidad, se sabe que la demanda de la marca A está dada por

$$D_A(x,y) = 200 - 10(x+1)^2 + 2\sqrt{y} \text{ unidades/mes}$$

Se estima que dentro de t meses el precio de la marca A será $x(t) = 1 + (t+1)^{1/2}$ y el precio de la marca B será $y(t) = 2 + 0,05t$. Determine la tasa de cambio de la demanda D_A con respecto al tiempo dentro de 8 meses.

45. Un supermercado vende un producto comercializado por dos marcas diferentes, la marca A y la marca B. Si la marca A se vende a x euros y la marca B, a y euros, se sabe que la demanda de la marca A será $D(x,y) = 300 - 20x^2 + 30y$. Además, se estima que, dentro de t meses, el precio de la marca A será de $x = 2 + 0,05t$ euros y el precio de la marca B será de $y = 2 + 0,1t^{1/2}$ euros. ¿A qué tasa cambiará la demanda de la marca A con respecto al tiempo dentro de 4 meses?

46. En la producción de un bien Q son necesarios dos procesos productivos consecutivos. En el primero de ellos, a partir de las cantidades x_1, x_2 y x_3 de materias primas X_1, X_2 y X_3, se obtienen dos productos intermedios Y_1 e Y_2 en cantidades u y v respectivamente, según la función de producción $f(x_1,x_2,x_3) = (u,v) = (x_1^2 + x_2^2, x_2x_3)$. En el segundo de los procesos, se obtiene el producto Q a partir de las cantidades u y v, según la función

$q(u,v)=\ln(u^2v)$. Se pide determinar las productividades marginales de q con respecto a las cantidades de materias primas x_1, x_2 y x_3 de X_1, X_2 y X_3.

47. Consideremos la función de producción $Q(K,L)=AK^aL^b$, donde el capital K y la mano de obra L son funciones que dependen del tiempo t.

a) Determine la tasa de variación de la producción con respecto al tiempo t.

b) Calcule la tasa de variación relativa de la producción con respecto al tiempo.

48. Aplicando la definición, determine la derivada direccional de $f(x,y)=x^2-y^2$ en $(1,-1)$ según la dirección dada por el vector unitario $\vec{v}=\left(\frac{1}{\sqrt{2}},\frac{1}{\sqrt{2}}\right)$.

49. Utilice el gradiente para determinar la derivada direccional de $f(x,y)=x^y$ en $(1,1)$ según la dirección dada por el vector unitario $\vec{v}=\left(\frac{1}{\sqrt{2}},\frac{1}{\sqrt{2}}\right)$.

50. Determine la ecuación del plano tangente a la superficie $f(x,y)=x^y$ en el punto $(1,1)$.

51. Determine el gradiente de las siguientes funciones:

a) $f(x,y,z)=x^2+y^2+z^2$

b) $f(x,y)=x\,\mathrm{sen}\,y$

c) $Q(K,L)=AK^{\alpha}L^{\beta}$

d) $D(p_1,p_2)=10-p_1^2+p_2^2$

52. Calcule la matriz jacobiana de las siguientes funciones vectoriales:

a) $f(x,y)=\left(xy,\frac{1}{x}-\frac{1}{y}\right)$

b) $f(x,y,z)=\left(xyz,x^2z^2\right)$

c) $f(x,y,z)=(xy,yz)$

53. Determine los valores de p_1 y p_2 para los que el jacobiano de la función de demanda $D(p_1, p_2) = (10 - 2p_1 + p_2^2, 100 + p_1 - p_2^2)$ es distinto de cero.

54. Calcule la matriz hessiana de las funciones siguientes:

a) $f(x,y) = x^3y^2 + xy - 1$

b) $f(x,y) = e^{xy}$

55. Calcule la matriz hessiana de la función $f(x,y,z) = x^2z^2 - 2yz + 1$ en el punto $(1,0,1)$ y determine el hessiano de la función en dicho punto.

56. Sea la función de producción $f(K,L) = K^{\alpha}L^{\beta}$, donde $\alpha, \beta > 0$. Se pide:

a) Encontrar la matriz hessiana de la función de producción.

b) Demostrar que el hessiano de la función de producción es igual a cero si $\alpha + \beta = 1$.

c) Probar que se cumple la siguiente igualdad:

$$(K,L)H(f)\begin{pmatrix} K \\ L \end{pmatrix} = (\alpha+\beta)(\alpha+\beta-1)f(K,L)$$

donde $H(f)$ es la matriz hessiana de la función de producción.

57. Calcule la diferencial de primer orden de las siguientes funciones:

a) $z = x\cos(xy) - y^2$ b) $z = x^y + y^x$ c) $w = xyz + e^x$

58. Dada la función $f(x,y) = \ln(x+y) + y^2$, determine las diferenciales de primer y segundo orden en el punto $(0,2)$.

59. La función de utilidad de un consumidor de dos bienes está dada por $U(x,y) = 30x^{2/3}y^{1/2}$, donde x e y representan las cantidades de los dos bienes. En la actualidad, las unidades consumidas de cada bien son $x = 27$ e $y = 16$. Calcule aproximadamente el incremento de la utilidad del consumidor si el número de unidades consumidas del primer bien se incrementa en una unidad y las del segundo disminuye en 2 unidades.

60. En cierta fábrica, la producción diaria es $Q = 60K^{1/2}L^{1/3}$, donde K representa la inversión de capital y L, el tamaño de la fuerza laboral. Si la inversión actual de capital es de 900 unidades monetarias y se emplean 1000 horas de trabajo al día, aplique la aproximación con la diferencial de primer orden para calcular el cambio en la producción si la inversión de capital aumenta en 1 unidad y la mano de obra, en 2 unidades.

61. En determinada fábrica, la producción diaria es $Q = 60K^{1/2}L^{1/3}$ unidades, donde K representa la inversión de capital y L, el tamaño de la fuerza laboral. Aplique la aproximación con la diferencial de primer orden para estimar el porcentaje en que cambiará la producción diaria si la inversión de capital se aumenta en 1% y la fuerza laboral en 2%.

62. En cierta fábrica, la producción está dada por la función $Q = AK^{\alpha}L^{1-\alpha}$, donde A y α son constantes positivas con $0<\alpha<1$. Aplique la aproximación con la diferencial de primer orden para calcular en qué porcentaje aumenta la producción si tanto el capital K como la mano de obra L aumentan en un 1%.

63. Consideremos la función de demanda de un consumidor dada por $D(p,r) = 30p^{-0,5}r^{0,5}$, donde p es el precio y r, la renta disponible. En este momento, el precio del producto es $p = 36$ unidades y la renta disponible $r = 100$ unidades. Aplique la diferencial de primer orden para determinar el incremento en la demanda del consumidor si el precio del bien se incrementa en 1 unidad y la renta disponible disminuye en 1 unidad.

64. Sabiendo que el volumen de un cilindro de radio r y altura h viene dado por $V(r,h) = \pi r^2 h$, calcule aproximadamente el porcentaje en el cual crece el volumen del cilindro si el radio aumenta en un 1 % y la altura, en un 2%.

65. Determine el polinomio de Taylor de grado 2 que aproxima a la función $f(x,y) = e^x + e^y$ en un entorno del punto $(0,2)$. Use la aproximación obtenida por el polinomio de Taylor para hallar el valor de $e^{0,01} + e^{2,1}$. Determine el error cometido en la aproximación.

66. Demuestre que la ecuación $x^y + y^x = 2$ define a y como una función implícita de la variable x en un entorno del punto $(1,1)$ y calcule el valor de $\dfrac{dy}{dx}$ en dicho punto.

67. Sea f una función derivable en todo $\mathbb{R}$ que verifica $f(1) = 0$ y $f'(1) = 0$. Demuestre que la ecuación $x^2 + y^2 - e^{xy} + f(x) = 0$ define a y como función implícita de x en un entorno del punto $(1,0)$ y calcule $\dfrac{dy}{dx}$ en dicho punto.

68. Demuestre que la ecuación $xyz + e^{xyz} - \cos(xyz) = 0$ define a z como función implícita de las variables x e y en un entorno del punto $(1,1,0)$ y calcule el valor de las derivadas parciales $\dfrac{\partial z}{\partial x}$ y $\dfrac{\partial z}{\partial y}$ en dicho punto.

69. Halle la pendiente de la curva de indiferencia definida por $x^2 y^{1/2} = 16$ en el punto $x = 2$.

70. Se considera la función de producción $Q = A_0 K^{\alpha} L^{\beta}$, donde K es el capital y L es el trabajo. Calcule $\dfrac{dK}{dL}$ cuando la producción es igual a q_0.

71. Sea $Q = f(K, L)$ una función de producción definida implícitamente por la ecuación:

$$Qe^{rQ} = AK^{a}L^{b}$$

Determine las expresiones de las productividades marginales del capital y del trabajo.

72. La ecuación:

$$x + y + z + e^{z} = 0$$

define a z como función implícita de las variables x, y para cualquier punto (x, y, z) que cumpla la ecuación. Demuestre que las derivadas parciales de z respecto de x e y son iguales.

73. Calcule la tasa marginal de sustitución de y con respecto a x de la función $f(x, y) = A\left(x^{\alpha} + y^{\beta}\right)$.

74. Considere el sistema de ecuaciones dado por:

$$F_1(x, y, z) = e^{x/y} + e^{z/y} = 2$$

$$F_2(x, y, z) = x + y + e^{z} = 2$$

Demuestre que el sistema define a las variables z, y como funciones implícitas de x en un entorno del punto $P_0 = (0,1,0)$.

75. Dado el sistema de ecuaciones:

$$u^2 + uv = x^2 + y$$

$$u^2 + v = x - y^2$$

a) Determine en qué puntos las ecuaciones definen a u y v como funciones implícitas de x e y.

b) Calcule las expresiones de las derivadas parciales de las variables u y v con respecto a x e y.

76. Consideremos la siguiente versión del modelo macroeconómico Keynesiano "IS-LM" realizado inicialmente por J. R. Hicks dado por las ecuaciones:

$$\begin{aligned} I(r) - S(Y) &= 0 \\ aY + L(r) &= M \end{aligned}$$

donde $I(r)$ es la función de inversión; $S(Y)$, la función de ahorro; $L(r)$, la demanda monetaria; M, la oferta de dinero; y a, un parámetro, verificando $0 < a < 1$. La variable Y representa la renta nacional y r, la tasa de interés. Supongamos que las funciones $I(r)$, $S(Y)$ y $L(r)$ son derivables y que las ecuaciones del modelo definen a la renta nacional Y y a la tasa de interés r como funciones implícitas de a y M. Se pide determinar las expresiones de las derivadas parciales $\dfrac{\partial Y}{\partial a}$ y $\dfrac{\partial r}{\partial a}$.

77. Considere el siguiente sistema de ecuaciones que aparece con frecuencia en la teoría de la demanda en Microeconomía:

$$\begin{aligned} U_x(x,y) - \lambda p &= 0 \\ U_y(x,y) - \lambda q &= 0 \\ px + qy &= r \end{aligned}$$

donde U_x y U_y representan las derivadas parciales de la función de utilidad del consumidor $U(x,y)$; x e y, las cantidades de dos bienes X e Y; p y q son los precios unitarios de X e Y; r, la renta monetaria disponible; y λ, una variable desconocida. Supongamos que las ecuaciones anteriores definen a las variables x e y como funciones implícitas diferenciables de los precios p y q y de la renta r.

a) Determine la tasa de variación de la cantidad del segundo bien con respecto del precio q.

b) Determine la tasa de variación de la cantidad del segundo bien con respecto a la renta r.

78. Estudie si las siguientes funciones son homogéneas y calcule el grado de homogeneidad correspondiente:

a) $f(x,y) = x^3y + x^2y^2 + y^4$

b) $f(x,y)=x\cos(\frac{x}{y})+y^2$

c) $Q(K,L)=AK^{a-b}L^{a+b}$

d) $Q(K,L)=\left(\alpha K^{-n}+\beta L^{-n}\right)^{-1/n}$

e) $Q(x,y)=A\left[ax^{-\alpha}+(1-a)y^{-\alpha}\right]^{-1/\alpha}$, con $A>0,\ 0<a<1$ y $-1<\alpha\neq 0$.

f) $f(x,y)=\left[\dfrac{\left(x^a+y^a\right)^b}{x-y}\right]^2$

79. Sea la función de producción dada por $Q(x,y)=A\left[ax^{-\alpha}+(1-a)y^{-\alpha}\right]^{-1/\alpha}$, donde $A>0,0<\alpha<1\ \ -1<\alpha\neq 0$. Demuestre sin calcular las derivadas parciales que $x\dfrac{\partial Q}{\partial x}+y\dfrac{\partial Q}{\partial y}=Q(x,y)$.

80. La función de producción $Q=f(K,L)$ es homogénea de grado 3 y se sabe que, cuando $K=2$ y $L=3$, la producción $Q=125$. ¿Cuál será la producción cuando $K=10$ y $L=15$?

81. Determine el valor de la constante a para que la función $f(x,y)=(x^a+y^a)x^{1/a}$ sea homogénea de grado $r=2$.

82. Considere la función de producción $Q(x,y)=Ax^{\alpha}y^{\beta},\quad A>0$.

a) ¿Es homogénea? ¿Cuál es el grado de homogeneidad?

b) ¿Qué condición han de cumplir α y β para que Q tenga rendimientos a escala decrecientes?

c) ¿Qué relación cumplen la producción, los factores productivos y las productividades marginales?

83. Dada la función de producción $Q(K,L)=\left(\alpha K^{-a}+\beta L^{-a}\right)^{-\frac{1}{a}}$, calcule las productividades marginales y demuestre que la producción total está sometida a rendimientos de escala constante.

84. Demuestre que si $f(x,y)$ y $g(x,y)$ son funciones homogéneas del mismo grado r, entonces:

a) La función suma $f+g$ es homogénea de grado r.

b) La función producto $f \cdot g$ es homogénea de grado $2r$.

c) La función cociente $\frac{f}{g}$ es homogénea de grado cero.

85. Sea $f(x,y)$ una función homogénea de grado r. Se pide:

a) Aplique el Teorema de Euler para demostrar que se cumplen las ecuaciones

$$x\frac{\partial^2 f}{\partial x^2}+y\frac{\partial^2 f}{\partial x\partial y}=(r-1)\frac{\partial f}{\partial x}(x,y),\quad x\frac{\partial^2 f}{\partial x\partial y}+y\frac{\partial^2 f}{\partial y^2}=(r-1)\frac{\partial f}{\partial y}(x,y)$$

b) Usando las igualdades del apartado anterior y aplicando el Teorema de Euler a la función $f(x,y)$, demuestre que se cumple:

$$x^2\frac{\partial^2 f}{\partial x^2}+2xy\frac{\partial^2 f}{\partial x\partial y}+y^2\frac{\partial^2 f}{\partial y^2}=r(r-1)f(x,y)$$

c) Compruebe que la igualdad obtenida en el apartado anterior puede expresarse equivalentemente de la forma siguiente:

$$(x,y)H(f)\begin{pmatrix} x \\ y \end{pmatrix}=r(r-1)f(x,y)$$

siendo $H(f)$ la matriz hessiana de f.

IX

CONCAVIDAD Y CONVEXIDAD DE FUNCIONES

El estudio de los conjuntos convexos y de las funciones convexas desempeña un papel esencial en la teoría de la optimización. Son numerosos los problemas de optimización de tipo económico en donde la función a optimizar es cóncava o convexa, lo que permite simplificar considerablemente la resolución. El presente capítulo tiene como objetivo el estudio de la concavidad y convexidad de funciones, analizando la definición de estos conceptos, su interpretación geométrica y los criterios más importantes que caracterizan a este tipo de funciones.

Comenzamos el capítulo estudiando el concepto de subconjunto convexo del espacio euclídeo $\mathbb{R}^n$ y presentando algunas propiedades y ejemplos.

1. CONJUNTOS CONVEXOS

Dados dos puntos $\vec{x},\vec{y}\in\mathbb{R}^n$, se llama ***segmento cerrado de extremos*** $\vec{x},\vec{y}$ al subconjunto de puntos de $\mathbb{R}^n$:

$$[\vec{x},\vec{y}]=\{(1-\lambda)\vec{x}+\lambda\vec{y}:\lambda\in[0,1]\}$$

Dados dos puntos $\vec{x},\vec{y}\in\mathbb{R}^n$, llamamos ***segmento abierto de extremos*** $\vec{x},\vec{y}$ al subconjunto de puntos de $\mathbb{R}^n$:

$$(\vec{x},\vec{y})=\{(1-\lambda)\vec{x}+\lambda\vec{y}:\lambda\in(0,1)\}$$

Geométricamente, el segmento que une dos puntos $\vec{x},\vec{y}\in\mathbb{R}^n$ corresponde al trozo de recta comprendido entre los puntos $\vec{x}$ e $\vec{y}$, incluyendo a estos puntos cuando el segmento es cerrado y sin incluirlos si el segmento es abierto. En el caso $n=1$, los segmentos cerrados y abiertos de de $\mathbb{R}$ corresponden a los intervalos cerrados y abiertos respectivamente de la recta real.

Un subconjunto no vacío C de $\mathbb{R}^n$ es ***convexo*** si, dados dos puntos cualesquiera $\vec{x},\vec{y}$ pertenecientes a C, el segmento cerrado $[\vec{x},\vec{y}]$ está incluido en C.

Teniendo en cuenta la definición de segmento $[\vec{x},\vec{y}]$ expresada anteriormente, se puede decir de forma equivalente que:

Un subconjunto C de $\mathbb{R}^n$ es ***convexo*** si $\forall\vec{x},\vec{y}\in C$ y $\forall\lambda\in[0,1]$, se cumple que $(1-\lambda)\vec{x}+\lambda\vec{y}\in C$.

Ejemplo 1.1

1) El subconjunto de $\mathbb{R}^2$ representado en la Figura 9.1 es convexo, ya que, para cada par de puntos del conjunto, el segmento que los une está incluido en el conjunto.

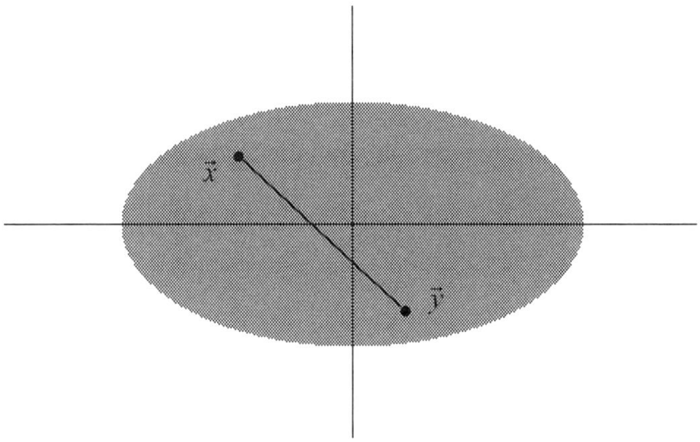

Figura 9.1. Sunconjunto de $\mathbb{R}^2$ convexo.

2) El subconjunto de $\mathbb{R}^2$ representado en la Figura 9.2 no es convexo, ya que existen puntos del conjunto tal que el segmento que los une no está totalmente contenido en el conjunto.

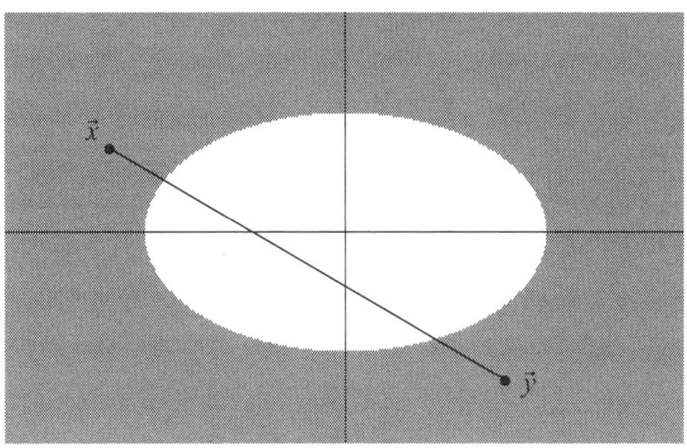

Figura 9.2. Subconjunto de $\mathbb{R}^2$ no convexo.

3) La bola cerrada de centro el origen y de radio r, $B(\vec{0},r)=\left\{\vec{x}\in\mathbb{R}^n : d(\vec{x},\vec{0})\le r\right\}$, es un subconjunto convexo de $\mathbb{R}^n$ .Dados dos puntos $\vec{x}$ e $\vec{y}$ de la bola cerrada, veamos que el segmento cerrado $[\vec{x},\vec{y}]$ que los une está incluido en la bola cerrada. Sea $(1-\lambda)\vec{x}+\lambda\vec{y}$, con $\lambda\in[0,1]$, un punto cualquiera del segmento $[\vec{x},\vec{y}]$, aplicando la desigualdad triangular o de Minkowski, se cumple que:

$$\|(1-\lambda)\vec{x}+\lambda\vec{y}\| \leq \|(1-\lambda)\vec{x}\|+\|\lambda\vec{y}\| = (1-\lambda)\|\vec{x}\|+\lambda\|\vec{y}\| \leq (1-\lambda)r+\lambda r = r$$

luego, $d((1-\lambda)\vec{x}+\lambda\vec{y},\vec{0}) \leq r$ y el punto $(1-\lambda)\vec{x}+\lambda\vec{y}$, para cada $\lambda \in [0,1]$, pertenece a la bola $B(\vec{0},r)$. Por tanto, la bola cerrada de centro el origen y de radio r es un subconjunto convexo de $\mathbb{R}^n$.

■

Ejemplo 1.2

Represente gráficamente los siguientes subconjuntos del plano y determine si son o no conjuntos convexos.

1) $A=\{(x,y): x^2+y^2 \leq 4,\ y \leq 1,\ x \geq 0\}$

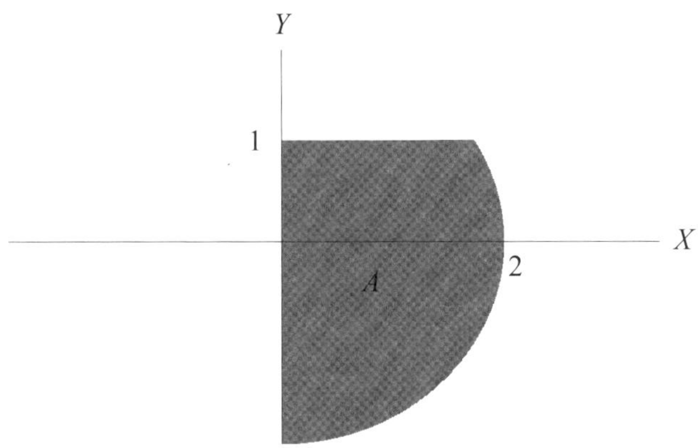

Figura 9.3. Subconjunto $A=\{(x,y): x^2+y^2 \leq 4,\ y \leq 1,\ x \geq 0\}$.

El conjunto A es convexo, ya que cualquier segmento que une dos puntos de A está incluido en A.

2) $B=\{(x,y): x+y<1, x>0, y>0\}$

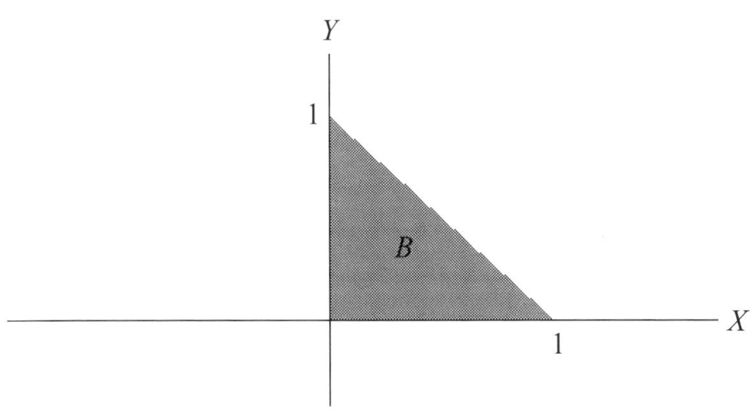

Figura 9.4. Subconjunto $B=\{(x,y): x+y<1, x>0, y>0\}$.

El conjunto B es convexo, ya que cualquier segmento que une dos puntos de B está incluido en B.

■

1.1. Propiedades de los Conjuntos Convexos

A continuación señalamos dos propiedades importantes de los conjuntos convexos usadas con frecuencia:

1) Si $A_1, A_2, ..., A_n$ son conjuntos convexos, entonces $A_1 \cap A_2 \cap ... \cap A_n$ es convexo.

2) Sea $f(\vec{x})$ una función lineal, es decir, $f(x_1, x_2, ..., x_n) = a_1x_1 + a_2x_2 + ... + a_nx_n$ y c es un número real, entonces los siguientes subconjuntos de $\mathbb{R}^n$ son convexos:

$$\{\vec{x} : f(\vec{x}) = c\}$$
$$\{\vec{x} : f(\vec{x}) \geq c\}, \{\vec{x} : f(\vec{x}) > c\}$$
$$\{\vec{x} : f(\vec{x}) \leq c\}, \{\vec{x} : f(\vec{x}) < c\}$$

Es decir, los semiespacios e hiperplanos son subconjuntos convexos de $\mathbb{R}^n$.

Demostración

1) Sean dos puntos $\vec{x}$ e $\vec{y}$ pertenecientes a $A_1 \cap A_2 \cap ... \cap A_n$, por tanto, los puntos $\vec{x}$ e $\vec{y}$ pertenecen a cada conjunto A_i. Como A_i es un conjunto convexo, el segmento $[\vec{x}, \vec{y}] \subset A_i$, para cada $i = 1, 2, ..., n$, de donde $[\vec{x}, \vec{y}] \subset A_1 \cap A_2 \cap ... \cap A_n$ y el conjunto $A_1 \cap A_2 \cap ... \cap A_n$ es convexo.

2) La función lineal $f(x_1, x_2, ..., x_n) = a_1x_1 + a_2x_2 + ... + a_nx_n$ puede representarse a partir del producto escalar como $f(\vec{x}) = \langle \vec{x}, \vec{a} \rangle$, donde $\vec{x} = (x_1, x_2, ..., x_n)$ y $\vec{a} = (a_1, a_2, ..., a_n)$. Veamos que el conjunto $A = \{\vec{x} : f(\vec{x}) = c\} = \{\vec{x} : \langle \vec{x}, \vec{a} \rangle = c\}$ es convexo.

Dados dos puntos $\vec{x}$ e $\vec{y}$ pertenecientes al conjunto A, se cumple que los puntos $(1-\lambda)\vec{x} + \lambda\vec{y}$, con $\lambda \in [0,1]$, pertenecen al conjunto A, ya que:

$$\langle (1-\lambda)\vec{x} + \lambda\vec{y}, \vec{a} \rangle = (1-\lambda)\langle \vec{x}, \vec{a} \rangle + \lambda \langle \vec{y}, \vec{a} \rangle = (1-\lambda)c + \lambda c = c$$

De forma similar se demuestra que los semiespacios $\{\vec{x} : f(\vec{x}) \geq c\}, \{\vec{x} : f(\vec{x}) > c\}$ y $\{\vec{x} : f(\vec{x}) \leq c\}$, $\{\vec{x} : f(\vec{x}) < c\}$ son convexos.

■

Ejemplo 1.3

Como aplicación de las propiedades anteriores, y sin necesidad de representar los conjuntos gráficamente, podemos afirmar que los siguientes conjuntos son convexos por ser intersección de conjuntos convexos:

$$A = \{(x, y, z) \in \mathbb{R}^3 : x + y - 2z \geq 1,\ x + y \geq 0,\ x \leq 0\}$$

$$B = \{(x, y) \in \mathbb{R}^2 : x + y \geq 1,\ y \leq 1,\ x \geq 0\}$$

$$C = \{(x, y, z) \in \mathbb{R}^3 : x + y + z \leq 1,\ x \geq 0,\ y \geq 0\}$$

■

2. FUNCIONES CONVEXAS Y CÓNCAVAS

En el Capítulo 7 se estudiaron los conceptos de concavidad y convexidad en funciones de una variable. Este epígrafe tiene como objetivo fundamental generalizar estos conceptos a funciones de n variables. Comencemos definiendo los conceptos de función convexa y función cóncava en $\mathbb{R}^n$.

2.1. CONCAVIDAD Y CONVEXIDAD

Sea f una función definida sobre un subconjunto convexo D no vacío de $\mathbb{R}^n$.

Se dice que f es ***convexa*** si, dados dos puntos cualesquiera de la gráfica de f, el segmento que los une nunca está por debajo de la gráfica de la función.

Se dice que f es ***estrictamente convexa*** si, dados dos puntos cualesquiera de la gráfica de la función, el segmento que los une siempre está por encima de la gráfica de la función.

Teniendo en cuenta la definición del segmento que une dos puntos, las definiciones de función convexa y estrictamente convexa pueden expresarse equivalentemente de la siguiente forma:

f es ***convexa*** en D si y sólo si $\forall \vec{x}, \vec{y} \in D$, $\forall \lambda \in [0,1]$ se cumple que:

$$f[(1-\lambda)\vec{x} + \lambda\vec{y}] \leq (1-\lambda) f(\vec{x}) + \lambda f(\vec{y})$$

f es ***estrictamente convexa*** en D si y sólo si $\forall \vec{x}, \vec{y} \in D$, $\vec{x} \neq \vec{y}$, $\lambda \in (0,1)$ se cumple que:

$$f[(1-\lambda)\vec{x} + \lambda\vec{y}] < (1-\lambda) f(\vec{x}) + \lambda f(\vec{y})$$

A continuación representamos ejemplos de funciones convexas en $\mathbb{R}$ y $\mathbb{R}^2$.

Ejemplo 2.1

La función representada en la Figura 9.5 es estrictamente convexa.

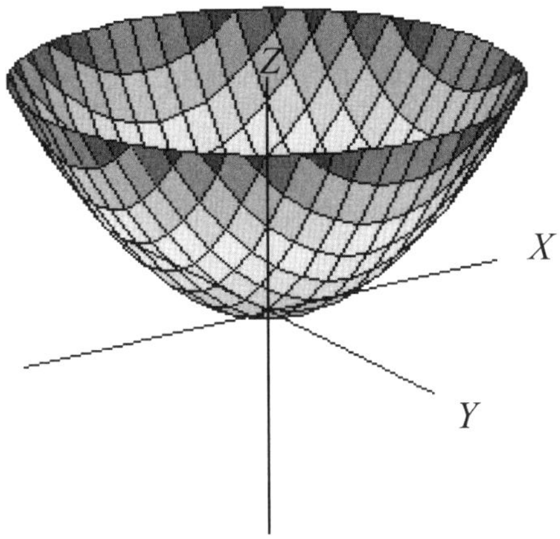

Figura 9.5. Función estrictamente convexa definida en $\mathbb{R}^2$.

■

Análogamente, se definen las funciones cóncavas y estrictamente cóncavas.

Se dice que f es ***cóncava*** si, dados dos puntos cualesquiera de la gráfica de f, el segmento que los une nunca está por encima de la gráfica de la función.

Se dice que f es ***estrictamente cóncava*** si, dados dos puntos cualesquiera de la gráfica de la función f, el segmento que los une siempre está por debajo de la gráfica de la función.

Es decir, formalizando la idea anterior:

f es ***cóncava*** si y sólo si $\forall \vec{x}, \vec{y} \in D$ y $\forall \lambda \in [0,1]$ se cumple que:

$$f\left[(1-\lambda)\vec{x} + \lambda\vec{y}\right] \geq (1-\lambda)f(\vec{x}) + \lambda f(\vec{y})$$

f es ***estrictamente cóncava*** si y sólo si y sólo si $\forall \vec{x}, \vec{y} \in D,\ \vec{x} \neq \vec{y}$, $\forall \lambda \in [0,1]$ se cumple que:

$$f\left[(1-\lambda)\vec{x} + \lambda\vec{y}\right] > (1-\lambda)f(\vec{x}) + \lambda f(\vec{y})$$

OBSERVACIONES

A partir de las definiciones anteriores es sencillo probar que:

- Si f es estrictamente cóncava (convexa) en D, entonces f es cóncava (convexa) en D.
- f es convexa en D si y sólo si $-f$ es cóncava en D.

• f es estrictamente convexa en D si y sólo si $-f$ es estrictamente cóncava en D.

Ejemplo 2.2

1) La función $f(x_1,x_2)=|x_1|+|x_2|$ es convexa en $\mathbb{R}^2$.

Para demostrarlo, aplicamos la definición anterior. Sean $\vec{x}=(x_1,x_2)$ e $\vec{y}=(y_1,y_2)$ dos puntos de $\mathbb{R}^2$ y probemos que:

$$f\left[(1-\lambda)\vec{x}+\lambda\vec{y}\right]\leq(1-\lambda)f(\vec{x})+\lambda f(\vec{y})$$

Calculando el valor de $f\left[(1-\lambda)\vec{x}+\lambda\vec{y}\right]$ y aplicando la desigualdad triangular del valor absoluto, se tiene que:

$$\begin{aligned}
f\left[(1-\lambda)\vec{x}+\lambda\vec{y}\right]&=f\left[(1-\lambda)(x_1,x_2)+\lambda(y_1,y_2)\right]=\\
&=f\left[(1-\lambda)x_1+\lambda y_1,(1-\lambda)x_2+\lambda y_2\right]=\\
&=\left|(1-\lambda)x_1+\lambda y_1\right|+\left|(1-\lambda)x_2+\lambda y_2)\right|\leq\\
&\leq\left|(1-\lambda)x_1\right|+\left|\lambda y_1\right|+\left|(1-\lambda)x_2\right|+\left|\lambda y_2\right|=\\
&=(1-\lambda)\left|x_1\right|+\lambda\left|y_1\right|+(1-\lambda)\left|x_2\right|+\lambda\left|y_2\right|=\\
&=(1-\lambda)\left(\left|x_1\right|+\left|x_2\right|\right)+\lambda\left(\left|y_1\right|+\left|y_2\right|\right)=\\
&=(1-\lambda)f(x_1,x_2)+\lambda f(y_1,y_2)=(1-\lambda)f(\vec{x})+\lambda f(\vec{y})
\end{aligned}$$

y, por tanto, la función $f(x_1,x_2)=|x_1|+|x_2|$ es convexa en $\mathbb{R}^2$.

2) Una función lineal $f(x_1,x_2,...,x_n)=a_1x_1+a_2x_2+...+a_nx_n$ es a la vez cóncava y convexa en todo $\mathbb{R}^n$. Para probarlo, representamos la función $f(\vec{x})$ a partir del producto escalar como $f(\vec{x})=\langle\vec{x},\vec{a}\rangle$, donde $\vec{x}=(x_1,x_2,...,x_n)$ y $\vec{a}=(a_1,a_2,...,a_n)$. Dados dos puntos $\vec{x}$ e $\vec{y}$ pertenecientes a $\mathbb{R}^n$, se cumple que:

$$\begin{aligned}
f\left[(1-\lambda)\vec{x}+\lambda\vec{y}\right]&=\langle(1-\lambda)\vec{x}+\lambda\vec{y},\vec{a}\rangle=(1-\lambda)\langle\vec{x},\vec{a}\rangle+\lambda\langle\vec{y},\vec{a}\rangle=\\
&=(1-\lambda)\langle\vec{x},\vec{a}\rangle+\lambda\langle\vec{y},\vec{a}\rangle=(1-\lambda)f(\vec{x})+\lambda f(\vec{y})
\end{aligned}$$

y la función lineal es a la vez cóncava y convexa. Sin embargo, no es ni estrictamente cóncava ni estrictamente convexa. Las funciones lineales son las únicas que tienen la propiedad de ser a la vez cóncavas y convexas.

■

2.2. *Propiedades de las Funciones Cóncavas y Convexas*

Propiedad 1

Sea f una función definida sobre un conjunto D convexo y abierto de $\mathbb{R}^n$ y $f \in C^1(D)$. Se cumplen entonces:

1) La función f es convexa en D si y sólo si $f(\vec{x}) \geq f(\vec{y}) + \langle \nabla f(\vec{y}), \vec{x} - \vec{y} \rangle,\ \forall \vec{x}, \vec{y} \in D$

2) La función f es estrictamente convexa en D si y sólo si $f(\vec{x}) > f(\vec{y}) + \langle \nabla f(\vec{y}), \vec{x} - \vec{y} \rangle,\ \forall \vec{x}, \vec{y} \in D,\ \vec{x} \neq \vec{y}$.

3) La función f es cóncava en D si y sólo si $f(\vec{x}) \leq f(\vec{y}) + \langle \nabla f(\vec{y}), \vec{x} - \vec{y} \rangle,\ \forall \vec{x}, \vec{y} \in D$

4) La función f es estrictamente cóncava en D si y sólo si $f(\vec{x}) < f(\vec{y}) + \langle \nabla f(\vec{y}), \vec{x} - \vec{y} \rangle,\ \forall \vec{x}, \vec{y} \in D,\ \vec{x} \neq \vec{y}$.

Las propiedades anteriores tienen una clara interpretación geométrica. Concretamente, para el caso de funciones de una variable, la primera propiedad nos dice que f es convexa si y sólo si $f(x) \geq f(y) + f'(y)(x-y)$. Observemos que el segundo miembro de la desigualdad es la ecuación de la recta tangente a f en el punto y; por tanto, la propiedad puede ser enunciada en términos geométricos de la siguiente forma: la función f es convexa si y sólo si las rectas tangentes a la gráfica de la función f nunca están por encima de la gráfica de la función.

En el caso de 2 variables, si llamamos $\vec{x} = (x, y)$, $\vec{y} = (a, b)$ y $\nabla f(\vec{y}) = \left(\frac{\partial f}{\partial x}(\vec{y}), \frac{\partial f}{\partial y}(\vec{y}) \right)$, y recordamos que la ecuación del plano tangente a la gráfica de la función en el punto $\vec{y} = (a, b)$ está dada por $z = f(a,b) + \frac{\partial f}{\partial x}(a,b)(x-a) + \frac{\partial f}{\partial y}(a,b)(y-b)$, entonces se tiene la siguiente formulación equivalente del apartado 1) de la Propiedad 1:

La función $f(x, y)$ es convexa si y sólo si se cumple que:

$$f(x,y) \geq f(a,b) + \frac{\partial f}{\partial x}(a,b)(x-a) + \frac{\partial f}{\partial y}(a,b)(y-b)$$

Es decir, $f(x,y)$ es convexa si y sólo si el plano tangente en cualquier punto $\vec{y}=(a,b)$ de la gráfica de la función nunca está por encima de la gráfica. Cuando $f(x,y)$ es estrictamente convexa, el plano tangente en cualquier punto siempre está por debajo de la gráfica (véase la Figura 9.6).

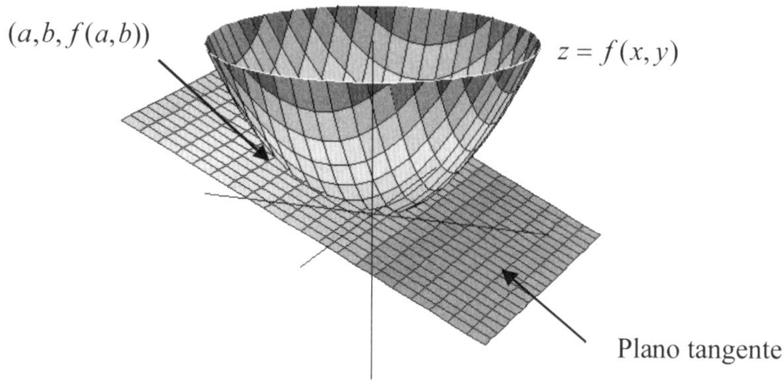

Figura 9.6. Plano tangente a una función convexa.

La formulación en el caso de una función cóncava es similar:

> $f(x,y)$ es cóncava si y sólo si se cumple que:
>
> $$f(x,y)\leq f(a,b)+\frac{\partial f}{\partial x}(a,b)(x-a)+\frac{\partial f}{\partial y}(a,b)(y-b).$$

Es decir, f es cóncava si y sólo si el plano tangente en cualquier punto a la gráfica de la función nunca está por debajo de la gráfica. Cuando f es estrictamente cóncava, el plano tangente en cualquier punto $\vec{y}=(a,b)$ siempre está por encima de la gráfica (véase la Figura 9.7).

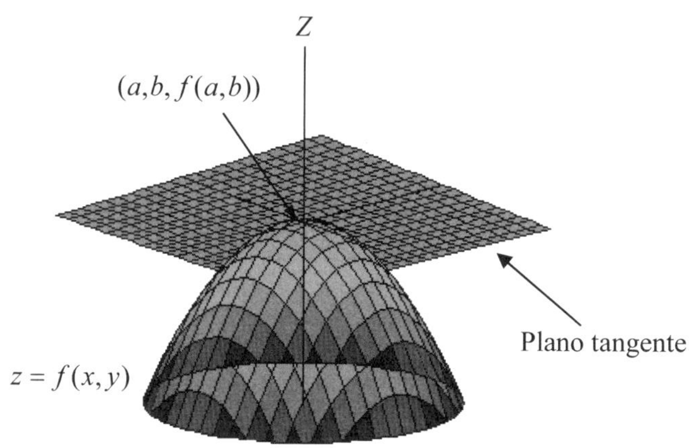

Figura 9.7. Plano tangente a una función cóncava.

PROPIEDAD 2

Si $f_1, f_2, ..., f_k$ son funciones convexas definidas sobre un dominio D convexo y $a_1, a_2, ..., a_k$ escalares no negativos, entonces la función $a_1 f_1 + a_2 f_2 + ... + a_k f_k$ es una función convexa.

Demostración

Supongamos que $f_1, f_2, ..., f_k$ son funciones convexas definidas sobre un dominio D convexo y $a_1, a_2, ..., a_k$ escalares no negativos. Sea la función $f(\vec{x}) = \sum_{i=1}^{n} a_i f_i(\vec{x})$ definida sobre el dominio D. Veamos que $f(\vec{x})$ es convexa.

Al ser cada función f_i, $i = 1, 2, ..., n$, convexa, para cada $\vec{x}, \vec{y} \in D$, $\lambda \in [0,1]$, se cumple que:

$$f_i[(1-\lambda)\vec{x} + \lambda \vec{y}] \leq (1-\lambda) f_i(\vec{x}) + \lambda f_i(\vec{y}), \quad i = 1, 2, ..., n$$

Como cada $a_i \geq 0$, $i = 1, 2 ..., n$, multiplicando cada una de las desigualdades anteriores por a_i y sumándolas, obtenemos:

$$\sum_{i=1}^{n} a_i f_i[(1-\lambda)\vec{x} + \lambda \vec{y}] \leq \sum_{i=1}^{n} a_i [(1-\lambda) f_i(\vec{x}) + \lambda f_i(\vec{y})]$$

$$= (1-\lambda) \sum_{i=1}^{n} a_i f_i(\vec{x}) + \lambda \sum_{i=1}^{n} a_i f_i(\vec{y}) = (1-\lambda) f(\vec{x}) + \lambda f(\vec{y})$$

y, por tanto, la función $f(\vec{x}) = \sum_{i=1}^{n} a_i f_i(\vec{x})$ es convexa en D.

■

PROPIEDAD 3

a) Si f es una función convexa en D, entonces, el conjunto $A_k = \{\vec{x} \in D : f(\vec{x}) \leq k\}$ es convexo para cada $k \in \mathbb{R}$.

b) Si f es una función cóncava en D, entonces, el conjunto $A_k = \{\vec{x} \in D : f(\vec{x}) \geq k\}$ es convexo para cada $k \in \mathbb{R}$.

Demostración

a) Veamos que, si f es convexa, el conjunto $A_k = \{\vec{x} \in D : f(\vec{x}) \leq k\}$ es convexo. Para ello hay que probar que, para cada $\vec{x}, \vec{y} \in A_k$, $\lambda \in [0,1]$, se cumple que $(1-\lambda)\vec{x}+\lambda\vec{y}\in A_k$. Ahora bien, al ser f convexa y $\vec{x},\vec{y}\in A_k$, es decir, $f(\vec{x})\leq k$ y $f(\vec{y})\leq k$, resulta que:

$$f[(1-\lambda)\vec{x}+\lambda\vec{y}]\leq(1-\lambda)f(\vec{x})+\lambda f(\vec{y})\leq(1-\lambda)k+\lambda k=k$$

y, por tanto, $(1-\lambda)\vec{x}+\lambda\vec{y}\in A_k$.

La demostración del apartado b) es similar y queda como ejercicio.

■

PROPIEDAD 4

a) Si f es una función convexa en D y $h:\mathbb{R}\to\mathbb{R}$ es una función creciente y convexa, entonces, la composición $h\circ f$ es una función convexa en D.

b) Si f es una función cóncava en D y $h:\mathbb{R}\to\mathbb{R}$ es una función creciente y cóncava, entonces, la composición $h\circ f$ es una función cóncava en D.

Demostración

a) Consideremos dos puntos cualesquiera $\vec{x},\vec{y}\in D,\ \lambda\in[0,1]$. Como f es convexa, entonces, $f[(1-\lambda)\vec{x}+\lambda\vec{y}]\leq(1-\lambda)f(\vec{x})+\lambda f(\vec{y})$. Al ser h una función creciente y convexa, resulta que:

$$h[f[(1-\lambda)\vec{x}+\lambda\vec{y}]]\leq h[(1-\lambda)f(\vec{x})+\lambda f(\vec{y})]\leq(1-\lambda)h(f(\vec{x}))+\lambda h(f(\vec{y}))$$

y, por tanto,

$$(h\circ f)[(1-\lambda)\vec{x}+\lambda\vec{y}]\leq(1-\lambda)(h\circ f)(\vec{x})+\lambda(h\circ f)(\vec{y})$$

de donde la función $h\circ f$ es convexa en D.

b) La demostración de este apartado es similar a la del apartado a).

■

PROPIEDAD 5

a) f es convexa en un dominio D convexo si y sólo si el conjunto $Ep(f)=\{(\vec{x},y):y\geq f(\vec{x}),\ \vec{x}\in D\}$, denominado ***epigrafo***, es un conjunto convexo.

b) f es cóncava en un dominio D convexo si y sólo si el conjunto $Subg(f)=\{(\vec{x},y):y\leq f(\vec{x}),\ \vec{x}\in D\}$, denominado ***subgrafo***, es un conjunto convexo.

Demostración

a) $\Rightarrow]$ Sean $(\vec{x}_1, y_1)$ y $(\vec{x}_2, y_2)$ dos puntos cualesquiera de $Ep(f)$, veamos que $(1-\lambda)(\vec{x}_1, y_1) + \lambda(\vec{x}_2, y_2) \in Ep(f)$, $\forall\, \lambda \in [0,1]$. Como:

$$(1-\lambda)(\vec{x}_1, y_1) + \lambda(\vec{x}_2, y_2) = ((1-\lambda)\vec{x}_1 + \lambda\vec{x}_2, (1-\lambda)y_1 + \lambda y_2)$$

bastará probar que $f\left[(1-\lambda)\vec{x}_1 + \lambda\vec{x}_2\right] \leq (1-\lambda)y_1 + \lambda y_2$. Sabemos por hipótesis que f es convexa en D, por tanto, para cada $\vec{x}_1$ y $\vec{x}_2 \in D$, se tiene que:

$$f\left[(1-\lambda)\vec{x}_1 + \lambda\vec{x}_2\right] \leq (1-\lambda)f(\vec{x}_1) + \lambda f(\vec{x}_2)$$

Ahora bien, $(\vec{x}_1, y_1)$ y $(\vec{x}_2, y_2) \in Ep(f)$, luego $y_1 \geq f(\vec{x}_1)$ y $y_2 \geq f(\vec{x}_2)$, y sustituyendo en la expresión anterior se tiene que:

$$f\left[(1-\lambda)\vec{x}_1 + \lambda\vec{x}_2\right] \leq (1-\lambda)f(\vec{x}_1) + \lambda f(\vec{x}_2) \leq (1-\lambda)y_1 + \lambda y_2$$

y por tanto $Ep(f)$ es un conjunto convexo.

$\Leftarrow]$ Para probar que f es convexa en D, hemos de demostrar que dados $\vec{x}_1$ y $\vec{x}_2 \in D$, se cumple que $f\left[(1-\lambda)\vec{x}_1 + \lambda\vec{x}_2\right] \leq (1-\lambda)f(\vec{x}_1) + \lambda f(\vec{x}_2)$. Ahora bien, los puntos $(\vec{x}_1, y_1)$ y $(\vec{x}_2, y_2) \in Ep(f)$, donde $y_1 = f(\vec{x}_1)$ e $y_2 = f(\vec{x}_2)$. Por hipótesis, el conjunto $Ep(f)$ es convexo, luego $(1-\lambda)(\vec{x}_1, y_1) + \lambda(\vec{x}_2, y_2) = ((1-\lambda)\vec{x}_1 + \lambda\vec{x}_2, (1-\lambda)y_1 + \lambda y_2) \in Ep(f)$, $\forall\, \lambda \in [0,1]$, de donde $f\left[(1-\lambda)\vec{x}_1 + \lambda\vec{x}_2\right] \leq (1-\lambda)y_1 + \lambda y_2$. Teniendo en cuenta que $y_1 = f(\vec{x}_1)$ y $y_2 = f(\vec{x}_2)$, se llega a que:

$$f\left[(1-\lambda)\vec{x}_1 + \lambda\vec{x}_2\right] \leq (1-\lambda)f(\vec{x}_1) + \lambda f(\vec{x}_2), \quad \forall\, \lambda \in [0,1]$$

y, por tanto, f es convexa en D.

b) La demostración de este apartado es similar a la del apartado a).

■

Obsérvese que el epigrafo y el subgrafo son los conjuntos de puntos que se encuentran por encima y por debajo de la gráfica de la función f, respectivamente.

Ejemplo 2.3

a) El epigrafo de la función convexa $f(x) = e^x$ está dado por $Ep(f) = \left\{(x, y) : y \geq e^x, x \in \mathbb{R}\right\}$. Como puede verse en la Figura 9.8, la convexidad de la función es equivalente a la convexidad del conjunto de puntos del plano que hay por encima de ella, que hemos denominado epigrafo.

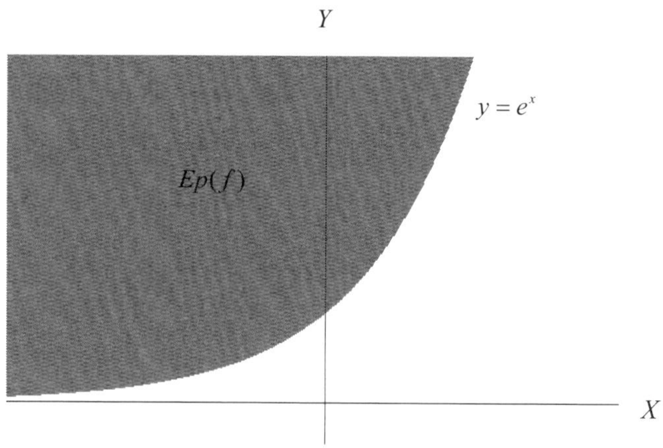

Figura 9.8. Epigrafo de la función $f(x) = e^x$.

b) Consideremos la función cóncava $f(x) = \ln(x+1)$. El subgrafo correspondiente dado por $Subg(f) = \{(x, y) : y \leq \ln(x+1), x \in D\}$ es un conjunto convexo (véase la Figura 9.9).

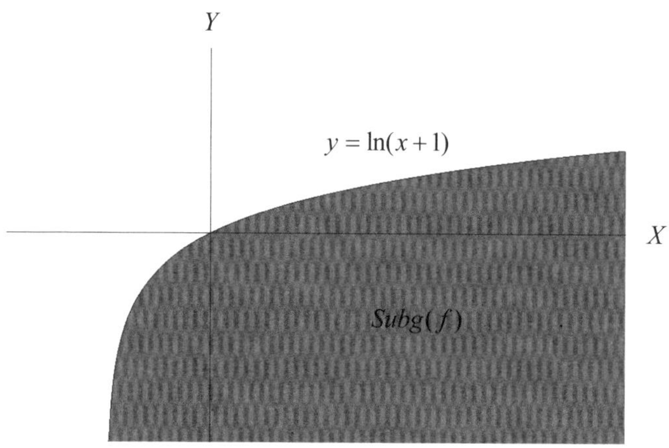

Figura 9.9. Epigrafo de la función $f(x) = \ln(x+1)$.

3. Caracterización de las Funciones Cóncavas y Convexas Mediante la Matriz Hessiana

Según estudiamos en el Capítulo 7, el signo de la segunda derivada informa sobre la concavidad y convexidad de una función de una variable $y = f(x)$. En este apartado veremos que la matriz hessiana es la herramienta adecuada para determinar la concavidad o convexidad de una función de varias variables. El siguiente resultado establece condiciones necesarias y suficientes para que una función sea cóncava o convexa en términos del carácter de la forma cuadrática asociada a la matriz hessiana.

TEOREMA 1

Sea $f : D \to \mathbb{R}$ una función definida sobre un conjunto abierto y convexo D de $\mathbb{R}^n$, $f \in C^2(D)$. Se verifica que:

a) f es convexa en D si y sólo si la matriz hessiana de f, $H(f)(\vec{x})$, es semidefinida positiva en D.

b) f es cóncava en D si y sólo si la matriz hessiana de f, $H(f)(\vec{x})$, es semidefinida negativa en D.

c) Si la matriz hessiana de f es definida positiva en D, entonces, f es estrictamente convexa en D.

d) Si la matriz hessiana de f es definida negativa en D, entonces, f es estrictamente cóncava en D.

Recordemos que el comportamiento de los menores principales de una matriz simétrica da una condición suficiente para determinar el carácter de la forma cuadrática asociada a la matriz.

Si se representa por Δ_r el menor principal de orden r de la matriz hessiana de la función f, se tiene el siguiente resultado:

TEOREMA 2

Sea $f : D \to \mathbb{R}$ una función definida sobre un conjunto abierto y convexo D de $\mathbb{R}^n$ y $f \in C^2(D)$. Se verifica que:

a) Si $\Delta_1 > 0, \Delta_2 > 0, ..., \Delta_n > 0$ para cada punto de D, entonces, la función f es estrictamente convexa en D.

b) Si $\Delta_1 < 0, \Delta_2 > 0, ..., (-1)^n \Delta_n > 0$ para cada punto de D, entonces, la función f es estrictamente cóncava en D.

Ejemplo 3.1

a) Estudiemos la función $f(x,y) = x^2 + xy + y^2$ definida en $\mathbb{R}^2$. Comenzamos hallando la matriz hessiana de f:

$$H(f)(x,y) = \begin{pmatrix} 2 & 1 \\ 1 & 2 \end{pmatrix}$$

Los menores principales son $\Delta_1 = 2 > 0$ y $\Delta_2 = \begin{vmatrix} 2 & 1 \\ 1 & 2 \end{vmatrix} = 3 > 0$, por lo que la matriz es definida positiva para cada punto del dominio $D = \mathbb{R}^2$ de la función f. Si aplicamos el resultado anterior, f es estrictamente convexa en $\mathbb{R}^2$.

b) Dada la función $f(x,y) = ax^2 + bxy + cy^2$, determinemos una condición suficiente en términos de a, b, c para que la función f sea estrictamente cóncava en $\mathbb{R}^2$.

Consideramos la matriz hessiana de f:

$$H(f)(x,y) = \begin{pmatrix} 2a & b \\ b & 2c \end{pmatrix}$$

Una condición suficiente para que $f(x,y)$ sea estrictamente cóncava en $\mathbb{R}^2$ es que:

$$\Delta_1 = 2a < 0\,,\ \Delta_2 = \det H(f) = 4ac - b^2 > 0$$

c) Estudie la concavidad y convexidad de la función de costes:

$$C(x,y) = \frac{1}{100}x^2 - 10x + \frac{1}{300}y^3 - 9y + 20.600$$

definida para $x > 0$, $y > 0$.

Hallamos la matriz hessiana de $C(x,y)$. Como:

$$C_x = \frac{1}{50}x - 10, \qquad C_y = \frac{1}{100}y^2 - 9$$

$$C_{xx} = \frac{1}{50}, \qquad C_{xy} = 0 = C_{yx}, \qquad C_{yy} = \frac{1}{50}y$$

resulta que:

$$HC(x,y) = \begin{pmatrix} \frac{1}{50} & 0 \\ 0 & \frac{1}{50}y \end{pmatrix}$$

En este caso $\Delta_1 = \frac{1}{50} > 0$ y $\Delta_2 = \frac{1}{50^2}y > 0$, ya que $y > 0$. Por tanto, $C(x,y)$ es una función estrictamente convexa sobre el dominio $D = \{(x,y) : x > 0, y > 0\}$.

■

3.1. CARACTERIZACIÓN A PARTIR DE LOS MENORES PREFERENTES

El carácter de una forma cuadrática puede ser determinado a través de los menores preferentes (véase el Capítulo 5). Por este motivo, el signo de los menores preferentes de la matriz hessiana, representados por $A_r(\vec{x})$, $r = 1,2,...,n$, proporciona una condición necesaria y suficiente para determinar la concavidad y convexidad de una función.

TEOREMA 3

Sea $f : D \to \mathbb{R}$ una función definida sobre un conjunto abierto y convexo de $\mathbb{R}^n$ y $f \in C^2(D)$. Se verifica que:

a) f es convexa en $D \Leftrightarrow A_r(\vec{x}) \geq 0,\ \forall \vec{x} \in D,\ \forall r = 1,2,...,n.$

b) f es cóncava en $D \Leftrightarrow (-1)^r A_r(\vec{x}) \geq 0,\ \forall \vec{x} \in D,\ \forall r = 1,2,...,n.$

Concretamente, para una función de dos variables $z = f(x,y)$, el resultado anterior dice que:

f es convexa en $D \Leftrightarrow f_{xx} \geq 0,\ f_{yy} \geq 0,\ \det H(f) \geq 0,\ \forall \vec{x} \in D$

f es cóncava en $D \Leftrightarrow f_{xx} \leq 0,\ f_{yy} \leq 0,\ \det H(f) \geq 0,\ \forall \vec{x} \in D$

El criterio de los menores preferentes se aplica normalmente cuando el criterio de los menores principales no proporciona ninguna información sobre el carácter de la matriz, como ocurre en los ejemplos siguientes:

Ejemplo 3.2

1) Sea la función $f(x,y) = x + 3y^2 + y - 1$ definida en $\mathbb{R}^2$. Calculamos su matriz hessiana:

$$f_{xx} = 0,\ f_{xy} = f_{yx} = 0,\ f_{yy} = 6$$

$$H(f)(x,y) = \begin{pmatrix} 0 & 0 \\ 0 & 6 \end{pmatrix}$$

El criterio de los menores principales no dice nada en este caso. Sin embargo, como $f_{xx} \geq 0$, $f_{yy} \geq 0$ y $\det H(f) \geq 0$, aplicando el Teorema 3, la función $f(x,y)$ es convexa en $\mathbb{R}^2$.

2) Sea la función $f(x,y) = x - 6y^2 + 2$ definida en $\mathbb{R}^2$. Calculamos su matriz hessiana y los menores principales:

$$f_{xx} = 0\,,\; f_{xy} = 0 = f_{yx}\,,\; f_{yy} = -12$$

$$H(f)(x,y) = \begin{pmatrix} 0 & 0 \\ 0 & -12 \end{pmatrix}$$

De nuevo, el criterio de los menores principales no dice nada en este caso. Sin embargo, como $f_{xx} = 0$, $f_{yy} = -12 < 0$ y $\det H(f) = 0$, según el Teorema 3, la función es cóncava en $D = \mathbb{R}^2$.

■

EJERCICIOS RESUELTOS

1. Demuestre que la bola cerrada de centro el punto $\vec{x}_0$ y de radio r, $B(\vec{x}_0,r)=\left\{\vec{x}\in\mathbb{R}^n : d(\vec{x},\vec{x}_0)\le r\right\}$, es un subconjunto convexo de $\mathbb{R}^n$. Como consecuencia, demuestre que $\left\{(x,y):(x-1)^2+(y-2)^2\le 4\right\}$ y $\left\{(x,y,z):(x-3)^2+(y-2)^2+(z-1)^2\le 1\right\}$ son subconjuntos convexos de $\mathbb{R}^2$ y $\mathbb{R}^3$ respectivamente.

Solución

Dados dos puntos $\vec{x}$ e $\vec{y}$ de la bola cerrada $B(\vec{x}_0,r)$, veamos que el segmento cerrado $[\vec{x},\vec{y}]$ que los une está incluido en la bola cerrada. Sea $(1-\lambda)\vec{x}+\lambda\vec{y}$, con $\lambda\in[0,1]$, un punto cualquiera del segmento $[\vec{x},\vec{y}]$. Veamos que pertenece a la bola cerrada. Para ello basta comprobar que $d((1-\lambda)\vec{x}+\lambda\vec{y},\vec{x}_0)\le r$ o equivalentemente que $\left\|(1-\lambda)\vec{x}+\lambda\vec{y}-\vec{x}_0\right\|\le r$. Si escribimos el punto $\vec{x}_0$ de la forma $(1-\lambda)\vec{x}_0+\lambda\vec{x}_0$ y aplicamos la desigualdad de Minkowski, teniendo además en cuenta que $\left\|\vec{x}-\vec{x}_0\right\|\le r$ y $\left\|\vec{y}-\vec{x}_0\right\|\le r$ al ser $\vec{x},\vec{y}\in B(\vec{x}_0,r)$, se cumple que:

$$\begin{aligned}\left\|(1-\lambda)\vec{x}+\lambda\vec{y}-\vec{x}_0\right\| &= \left\|(1-\lambda)\vec{x}+\lambda\vec{y}-(1-\lambda)\vec{x}_0-\lambda\vec{x}_0\right\| = \\ &= \left\|(1-\lambda)(\vec{x}-\vec{x}_0)+\lambda(\vec{y}-\vec{x}_0)\right\| \le \\ &\le \left\|(1-\lambda)(\vec{x}-\vec{x}_0)\right\|+\left\|\lambda(\vec{y}-\vec{x}_0)\right\| = \\ &= (1-\lambda)\left\|\vec{x}-\vec{x}_0\right\|+\lambda\left\|\vec{y}-\vec{x}_0\right\| \le (1-\lambda)r+\lambda r = r\end{aligned}$$

y el punto $(1-\lambda)\vec{x}+\lambda\vec{y}$, para cada $\lambda\in[0,1]$, pertenece a la bola $B(\vec{x}_0,r)$. Por tanto, la bola cerrada de centro el punto $\vec{x}_0$ y de radio r es un conjunto convexo de $\mathbb{R}^n$.

Como consecuencia, el conjunto de puntos $\left\{(x,y):(x-1)^2+(y-2)^2\le 4\right\}$ que corresponde a la bola cerrada de centro el punto $\vec{x}_0=(1,2)$ y de radio 2 de $\mathbb{R}^2$ es un subconjunto convexo. De forma similar, el conjunto $\left\{(x,y,z):(x-3)^2+(y-2)^2+(z-1)^2\le 1\right\}$ que corresponde a la bola de centro el punto $\vec{x}_0=(3,2,1)$ de radio $r=1$ en $\mathbb{R}^3$ es un subconjunto convexo de $\mathbb{R}^3$.

2. Represente gráficamente los siguientes subconjuntos del plano y determine si son o no conjuntos convexos.

a) $A = \{(x, y) \in \mathbb{R}^2 : x^2 + y^2 > 4, y \leq 4, x \geq 0\}$

b) $B = \{(x, y) \in \mathbb{R}^2 : x + y \leq 1, x \geq 0, y > 0\}$

c) $C = \{(x, y) \in \mathbb{R}^2 : x^2 + y^2 \geq 4, x^2 + y^2 \leq 9, x \geq 0, y \geq 0\}$

Solución

a) El subconjunto A del plano está representado en la Figura 9.10.

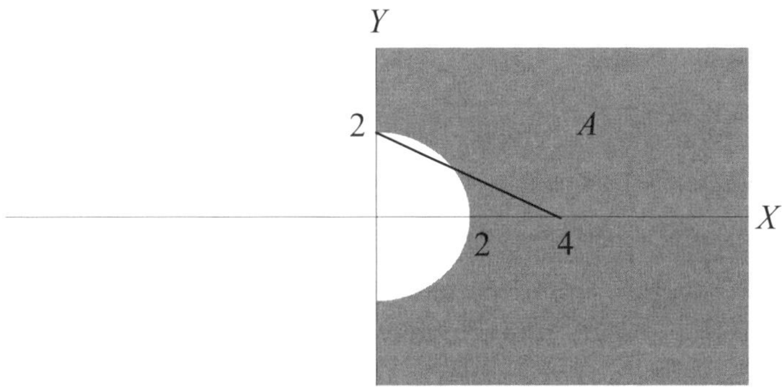

Figura 9.10. Subconjunto $A = \{(x, y) \in \mathbb{R}^2 : x^2 + y^2 > 4, y \leq 4, x \geq 0\}$.

Es fácil ver gráficamente que A no es convexo, ya que, por ejemplo, el segmento que une los puntos (4,0) y (0,2) de A no está contenido en A.

b) El subconjunto B del plano, representado en la Figura 9.11,

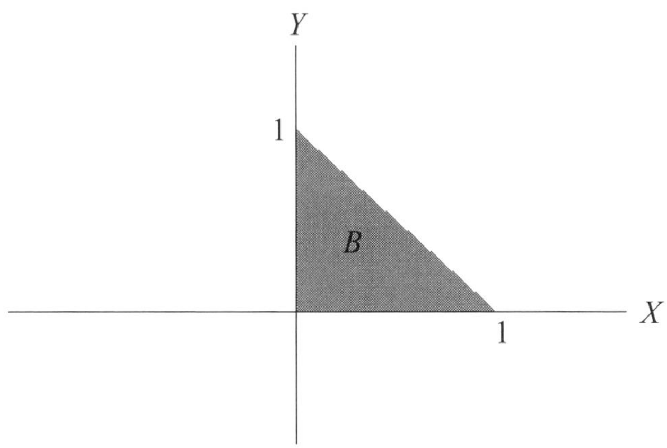

Figura 9.11. Subconjunto $B = \{(x, y) \in \mathbb{R}^2 : x + y \leq 1, x \geq 0, y > 0\}$.

convexo por ser intersección de los semiplanos $\{(x, y) : x + y \leq 1\}$, $\{(x, y) : x \geq 0\}$ y $\{(x, y) : y > 0\}$ que son conjuntos convexos.

c) El subconjunto $C = \{(x, y) \in \mathbb{R}^2 : x^2 + y^2 \geq 4, x^2 + y^2 \leq 9, x \geq 0, y \geq 0\}$ del plano está representado en la Figura 9.12.

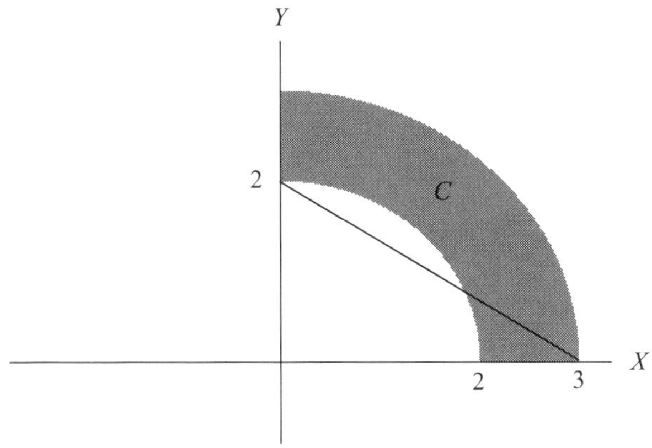

Figura 9.12. Subconjunto $C = \{(x, y) \in \mathbb{R}^2 : x^2 + y^2 \geq 4, x^2 + y^2 \leq 9, x \geq 0, y \geq 0\}$.

Es fácil ver gráficamente que C no es convexo, ya que, por ejemplo, el segmento que une los puntos (3,0) y (0,2) de C no está contenido en C.

3. Dada una función lineal $f(\vec{x})$, demuestre que los semiespacios de $\mathbb{R}^n$ dados por $\{\vec{x} : f(\vec{x}) > c\}$,$\{\vec{x} : f(\vec{x}) \geq c\}$, $\{\vec{x} : f(\vec{x}) < c\}$ y $\{\vec{x} : f(\vec{x}) \leq c\}$ son subconjuntos convexos de $\mathbb{R}^n$.

Solución

Para simplificar la demostración, tenemos en cuenta que la función lineal $f(x_1, x_2, ..., x_n) = a_1 x_1 + a_2 x_2 + ... + a_n x_n$ puede representarse a partir del producto escalar como $f(\vec{x}) = \langle \vec{x}, \vec{a} \rangle$, donde $\vec{x} = (x_1, x_2, ..., x_n)$ y $\vec{a} = (a_1, a_2, ..., a_n)$. Veamos que el conjunto $A = \{\vec{x} : f(\vec{x}) > c\} = \{\vec{x} : \langle \vec{x}, \vec{a} \rangle > c\}$ es convexo.

Dados dos puntos $\vec{x}$ e $\vec{y}$ pertenecientes al semiespacio A, se cumple que los puntos $(1-\lambda)\vec{x} + \lambda\vec{y}$, con $\lambda \in [0,1]$, del segmento $[\vec{x}, \vec{y}]$ pertenecen al conjunto A, ya que:

$$\langle (1-\lambda)\vec{x} + \lambda\vec{y}, \vec{a} \rangle = (1-\lambda)\langle \vec{x}, \vec{a} \rangle + \lambda \langle \vec{y}, \vec{a} \rangle > (1-\lambda)c + \lambda c = c$$

De forma similar se demuestra que los semiespacios $\{\vec{x} : f(\vec{x}) \geq c\}$, $\{\vec{x} : f(\vec{x}) < c\}$ y $\{\vec{x} : f(\vec{x}) \leq c\}$ son convexos.

4. Estudie la convexidad del subconjunto de $\mathbb{R}^3$ definido por:

$$A = \{(x, y, z) \in \mathbb{R}^3 : x^2 + (y-1)^2 + (z-2)^2 \leq 4,\ 2x + 4y + z \leq 2,\ x + y \leq 0\}$$

Solución

La ecuación $x^2+(y-1)^2+(z-2)^2 \leq 4$ representa la bola cerrada de centro el punto $(0,1,2)$ y de radio 2, y las ecuaciones $2x+4y+z \leq 2$, $x+y \leq 0$ corresponden a dos semiespacios de $\mathbb{R}^3$. Si tenemos en cuenta que cualquier bola del espacio y cualquier semiespacio son subconjuntos convexos y que la intersección de conjunto convexos es un conjunto convexo, resulta que el conjunto A es convexo.

5. Demuestre que la función $f(x_1,x_2,...,x_n)=a_1x_1+a_2x_2+...+a_nx_n+a_0$ es a la vez cóncava y convexa en todo $\mathbb{R}^n$.

Solución

Para demostrarlo, tenemos en cuenta que $f(\vec{x})$ puede representarse a partir del producto escalar escribiendo que $f(\vec{x})=\langle \vec{x},\vec{a}\rangle + a_0$, donde $\vec{x}=(x_1,x_2,...,x_n)$ y $\vec{a}=(a_1,a_2,...,a_n)$. Consideramos dos puntos $\vec{x}$ e $\vec{y}$ pertenecientes a $\mathbb{R}^n$ y escribimos $a_0=(1-\lambda)a_0+\lambda a_0$, entonces se cumple que:

$$
\begin{aligned}
f\left[(1-\lambda)\vec{x}+\lambda\vec{y}\right] &= \langle (1-\lambda)\vec{x}+\lambda\vec{y},\vec{a}\rangle + a_0 = \\
&= \langle (1-\lambda)\vec{x}+\lambda\vec{y},\vec{a}\rangle + (1-\lambda)a_0+\lambda a_0 = \\
&= (1-\lambda)\langle \vec{x},\vec{a}\rangle + (1-\lambda)a_0 + \lambda\langle \vec{y},\vec{a}\rangle + \lambda a_0 = \\
&= (1-\lambda)(\langle \vec{x},\vec{a}\rangle + a_0) + \lambda(\langle \vec{y},\vec{a}\rangle + a_0) = \\
&= (1-\lambda)f(\vec{x}) + \lambda f(\vec{y})
\end{aligned}
$$

y la función $f(x_1,x_2,...,x_n)=a_1x_1+a_2x_2+...+a_nx_n+a_0$ es a la vez cóncava y convexa.

6. Estudie la concavidad y convexidad de la función $f(x,y)=2x^2+4xy+6y^2$ definida sobre $\mathbb{R}^2$.

Solución

Estudiamos el carácter de la matriz hessiana de la función f. La matriz hessiana de f está dada por:

$$
H(f)(x,y)=\begin{pmatrix} 4 & 4 \\ 4 & 12 \end{pmatrix}
$$

Como los menores principales son:

$$
\Delta_1 = 4 > 0\,,\ \Delta_2 = \det H(f)(x,y) = 32 > 0
$$

la matriz hessiana es definida positiva en todo $\mathbb{R}^2$ y la función $f(x,y)$ es estrictamente convexa en $\mathbb{R}^2$.

7. Estudie la concavidad o convexidad de la función definida por $f(x,y,z) = -(x-2y)^2 - (y-2z)^2 - (z-2x)^2$.

Solución

Para estudiar la convexidad de la función, estudiamos el carácter de la matriz hessiana de la función. La matriz hessiana de f está dada por:

$$H(f)(x,y,z) = \begin{pmatrix} -10 & 4 & 4 \\ 4 & -10 & 4 \\ 4 & 4 & -10 \end{pmatrix}$$

Como los menores principales de la matriz son $\Delta_1 = -10 < 0$, $\Delta_2 = \begin{vmatrix} -10 & 4 \\ 4 & -10 \end{vmatrix} = 84 > 0$ y $\Delta_3 = \det H(f)(x,y,z) = -392 < 0$ para cada punto del dominio $D = \mathbb{R}^3$ de la función f. Si aplicamos el criterio de los menores principales, la forma cuadrática asociada a la matriz hessiana es definida negativa y la función f es estrictamente cóncava en $\mathbb{R}^2$.

8. Sea la función $f(x,y) = ax^b + (1-a)y^b$, $0 < a < 1$, definida sobre el dominio $D = \{(x,y) \in \mathbb{R}^2 : x,\, y > 0\}$. Determine una condición suficiente en términos del parámetro b, para que la función f sea estrictamente cóncava en D.

Solución

Estudiamos el carácter de la matriz hessiana de la función f. La matriz hessiana de f está dada por:

$$H(f)(x,y) = \begin{pmatrix} ab(b-1)x^{b-2} & 0 \\ 0 & (1-a)b(b-1)y^{b-2} \end{pmatrix}$$

y sus menores principales son:

$$\Delta_1 = ab(b-1)x^{b-2},\ \Delta_2 = \det H(f)(x,y) = a(1-a)b^2(b-1)^2 x^{b-2} y^{b-2}$$

Una condición suficiente para que $f(x,y)$ sea estrictamente cóncava en D es que el signo de los menores principales sea $\Delta_1 < 0$ y $\Delta_2 > 0$, lo cual se cumple si $0 < b < 1$.

9. Estudie la concavidad y convexidad de la función de beneficio:

$$B(x,y)=\frac{ax}{b+x}+\frac{cy}{d+y}-x-y, \quad a,b,c,d>0$$

definida para $x>0$, $y>0$.

Solución

Estudiemos la matriz hessiana de $B(x,y)$. Calculando las derivadas parciales de primer y segundo orden de $B(x,y)$, se tiene que:

$$B_x=\frac{ab}{(b+x)^2}-1,\ B_y=\frac{cd}{(d+y)^2}-1$$

$$B_{xx}=\frac{-2ab}{(b+x)^3},\ B_{xy}=0=B_{yx},\ B_{yy}=\frac{-2cd}{(d+y)^3}$$

de donde:

$$H(B)(x,y)=\begin{pmatrix}\frac{-2ab}{(b+x)^3} & 0\\ 0 & \frac{-2cd}{(d+y)^3}\end{pmatrix}$$

En este caso, $\Delta_1=\frac{-2ab}{(b+x)^3}<0$ y $\Delta_2=\frac{2cd}{(d+y)^3}\frac{2ab}{(b+x)^3}>0$, ya que $x,y>0$. Por tanto, $B(x,y)$ es una función estrictamente cóncava sobre el dominio $D=\{(x,y)\in\mathbb{R}^2 : x>0, y>0\}$.

10. Estudie la concavidad y convexidad de la función $f(x,y)=xe^{x+y}$, definida sobre el dominio $D=\{(x,y)\in\mathbb{R}^2 : x, y\geq 0\}$.

Solución

Estudiamos el carácter de la matriz hessiana de la función f. La matriz hessiana de f está dada por:

$$H(f)(x,y)=\begin{pmatrix}(x+2)e^{x+y} & (x+1)e^{x+y}\\ (x+1)e^{x+y} & xe^{x+y}\end{pmatrix}$$

y sus menores principales son:

$$\Delta_1=(x+2)e^{x+y}>0,\ \Delta_2=\det H(f)=-e^{2(x+y)}<0$$

Como consecuencia, la matriz $H(f)$ es indefinida y la función no es ni cóncava ni convexa en el dominio D.

11. Demuestre que la función de producción $f(x_1,x_2,...,x_n)=\ln x_1+\ln x_2+...+\ln x_n$, $x_i>0$, es cóncava en su dominio.

Solución

La matriz hessiana de la función f es:

$$H(f)(\vec{x})=\begin{pmatrix} -\frac{1}{x_1^2} & 0 & \cdots & 0 \\ 0 & -\frac{1}{x_2^2} & \cdots & 0 \\ \vdots & \vdots & \ddots & \vdots \\ 0 & 0 & \cdots & -\frac{1}{x_n^2} \end{pmatrix}$$

y los menores principales dados por $\Delta_1=\frac{-1}{x_1^2}<0$, $\Delta_2=\frac{1}{x_1^2x_2^2}>0$,...,

$\Delta_n=\frac{(-1)^n}{x_1^2x_2^2\ldots x_n^2}$, van alternando el signo, siendo el primero de ellos negativo. Aplicando el criterio de los menores principales, la matriz hessiana es definida negativa y la función es estrictamente cóncava.

12. Sea $q=f(x_1,x_2,...,x_n)$ la función de producción de una empresa, donde $x_1,x_2,...,x_n$ representan las cantidades de factores productivos empleadas en el proceso de producción. Supongamos que se vende todo lo que se produce a un precio unitario p y que los precios unitarios de los factores productivos son $w_1,w_2,...,w_n$. Demuestre que, si la función de producción $q=f(x_1,x_2,...,x_n)$ es cóncava, entonces, la función de beneficio de la empresa es cóncava.

Solución

La función de beneficio de la empresa está dada por:

$$B(x_1,x_2,...,x_n)=p\,f(x_1,x_2,...,x_n)-\sum_{i=1}^{n}w_ix_i$$

La función $p\,f(x_1,x_2,...,x_n)$ es cóncava, ya que por hipótesis la función de producción es cóncava y $p>0$. Además, la función $-\sum_{i=1}^{n}w_ix_i$ es cóncava al ser una función lineal. Teniendo en cuenta que la suma de funciones cóncavas es una función cóncava, resulta que la función de beneficio de la empresa es una función cóncava.

Otra forma de demostrar que la función de beneficio es cóncava es tener en cuenta que la matriz hessiana de la función de beneficio $H(B)$ es igual a la matriz hesssiana de la función de producción $H(f)$ multiplicada por p, de donde el carácter de la matriz $H(B)$ coincide con el carácter de la matriz $H(f)$.

13. Demuestre que, si $A \in M_{n\times n}$ es una matriz simétrica semidefinida negativa (resp. positiva), entonces, la función $f(\vec{x}) = \vec{x}^t A\vec{x}$ es cóncava (resp. convexa) en $\mathbb{R}^n$.

Solución

Si $A = (a_{ij})$ y $\vec{x} = (x_1, x_2, ..., x_n)$, la función $f(\vec{x}) = \vec{x}\, A\vec{x}^t$ puede expresarse de la siguiente forma:

$$f(\vec{x}) = \sum_{i=1}^{n} a_{ii}x_i^2 + 2\sum_{i<j}^{n} a_{ij}x_i x_j$$

de donde $\dfrac{\partial^2 f}{\partial x_i^2} = 2a_{ii}$, $\dfrac{\partial^2 f}{\partial x_i \partial x_j} = 2a_{ij}$, $i, j = 1, 2, .., n$. La matriz hessiana de $f(\vec{x}) = \vec{x}\, A\vec{x}^t$ es, por tanto, igual a la matriz $2A$. Así, si $A \in M_{n\times n}$ es una matriz semidefinida negativa (resp. positiva), entonces, la matriz hessiana de f, $H(f)$, es semidefinida negativa (resp. positiva) y la función $f(\vec{x}) = \vec{x}\, A\vec{x}^t$ es cóncava (resp. convexa) en $\mathbb{R}^n$.

14. Demuestre que, si $A \in M_{n\times n}$ es una matriz simétrica semidefinida negativa (resp. positiva), $\vec{b}$ un vector de $\mathbb{R}^n$ y c un número real, entonces, la función $f(\vec{x}) = \vec{x}\, A\vec{x}^t + \langle \vec{b}, \vec{x} \rangle + c$ definida sobre $\mathbb{R}^n$ es cóncava (resp. convexa).

Solución

Razonando de forma similar al ejercicio anterior, si $A = (a_{ij})$, $\vec{x} = (x_1, x_2, ..., x_n)$ y $\vec{b} = (b_1, b_2, ..., b_n)$, la función $f(\vec{x}) = \vec{x}\, A\vec{x}^t + \langle \vec{b}, \vec{x} \rangle + c$ puede expresarse de la siguiente forma:

$$f(\vec{x}) = \sum_{i=1}^{n} a_{ii}x_i^2 + 2\sum_{i<j}^{n} a_{ij}x_i x_j + \sum_{i=1}^{n} b_i x_i + c$$

de donde las derivadas parciales de segundo orden son: $\dfrac{\partial^2 f}{\partial x_i^2} = 2a_{ii}$, $\dfrac{\partial^2 f}{\partial x_i \partial x_j} = 2a_{ij}$, $i, j = 1, 2, .., n$. La matriz hessiana de $f(\vec{x}) = \vec{x} A \vec{x}^t + \langle \vec{b}, \vec{x} \rangle + c$ es, por tanto, igual a la matriz $2A$. Así, si $A \in M_{n \times n}$ es una matriz semidefinida negativa (resp. positiva), entonces, la matriz hessiana de f, $H(f)$, es semidefinida negativa (resp. positiva) y la función $f(\vec{x}) = \vec{x} A \vec{x}^t + \langle \vec{b}, \vec{x} \rangle + c$ es cóncava (resp. convexa) en $\mathbb{R}^n$.

15. Una propiedad interesante de las funciones convexas es la siguiente: si $f(\vec{x})$ es convexa y $F: \mathbb{R} \to \mathbb{R}$ es convexa y creciente, entonces, la composición $U(\vec{x}) = F(f(\vec{x}))$ es convexa. Como consecuencia de este resultado, y sin necesidad de calcular la matriz hessiana, pruebe que la función dada por $g(x, y, z) = e^{\frac{a}{x} + \frac{b}{y} + \frac{c}{z}}$, $a, b, c > 0$ es convexa en el dominio $D = \{(x, y, z) \in \mathbb{R}^3 : x, y, z > 0\}$.

Solución

La función $g(x, y, z) = e^{\frac{a}{x} + \frac{b}{y} + \frac{c}{z}}$, $a, b, c > 0$ es la composición de la función $f(x, y, z) = \dfrac{a}{x} + \dfrac{b}{y} + \dfrac{c}{z}$ y la función $F(x) = e^x$. La matriz hessiana de la función f está dada por:

$$H(f)(x, y, z) = \begin{pmatrix} \dfrac{2a}{x^3} & 0 & 0 \\ 0 & \dfrac{2b}{y^3} & 0 \\ 0 & 0 & \dfrac{2c}{z^3} \end{pmatrix}$$

cuyos menores principales verifican $\Delta_1 = \dfrac{2a}{x^3} > 0$, $\Delta_2 = \dfrac{4ab}{x^3 y^3} > 0$ y $\Delta_3 = \dfrac{8abc}{x^3 y^3 z^3} > 0$ en D y la función $f(x, y, z) = \dfrac{a}{x} + \dfrac{b}{y} + \dfrac{c}{z}$ es estrictamente convexa en el dominio D. Como la función $F(x) = e^x$ es creciente y convexa, aplicando el resultado comentado anteriormente, la composición $F(f(x,y,z)) = e^{\frac{a}{x}+\frac{b}{y}+\frac{c}{z}}$ es una función convexa en el dominio D.

16. Una de las propiedades que cumplen las funciones convexas es la siguiente: si f es convexa en $\mathbb{R}^n$, entonces el conjunto $\left\{\vec{x} \in \mathbb{R}^n : f(\vec{x}) \leq k\right\}$ es convexo para cada $k \in \mathbb{R}$. Aplique este resultado para probar que el conjunto $D = \left\{(x,y) : x^2 + y^2 + e^{x+y} \leq 1\right\}$ es convexo.

Solución

Una condición suficiente para probar que el conjunto A es convexo es demostrar que la función $f(x,y) = x^2 + y^2 + e^{x+y}$ es convexa en $\mathbb{R}^2$. La matriz hessiana de la función f está dada por:

$$H(f)(x,y) = \begin{pmatrix} 2+e^{x+y} & e^{x+y} \\ e^{x+y} & 2+e^{x+y} \end{pmatrix}$$

y los menores principales son $\Delta_1 = 2 + e^{x+y} > 0$, $\Delta_2 = 4(1+e^{x+y}) > 0$. La matriz hessiana es definida positiva y la función es estrictamente convexa, en particular convexa, y el conjunto A es convexo.

EJERCICIOS PROPUESTOS

1. Represente los siguientes conjuntos en el plano y estudie la convexidad de cada uno de ellos.

a) $A = \left\{ (x, y) \in \mathbb{R}^2 : x^2 + y^2 \leq 1, x \geq 0, y \leq 0 \right\}$

b) $B = \left\{ (x, y) \in \mathbb{R}^2 : x^2 + y^2 \geq 4, x \leq y \right\}$

c) $C = \left\{ (x, y) \in \mathbb{R}^2 : x - y \leq 0, y \leq 1, x \geq 0 \right\}$

d) $D = \left\{ (x, y) \in \mathbb{R}^2 : x^2 + y^2 \leq 1, (x-1)^2 + y^2 \leq 1 \right\}$

2. Demuestre que la bola abierta de centro el origen y de radio r es un conjunto convexo de $\mathbb{R}^n$. Como consecuencia, pruebe que el conjunto de puntos $\left\{ (x, y, z) \in \mathbb{R}^3 : x^2 + y^2 + z^2 < 9 \right\}$ es convexo.

3. Sea S un conjunto convexo de $\mathbb{R}^n$ y sea $A \in M_{m\times n}$. Demuestre que el conjunto $B = \left\{ \vec{y} \in \mathbb{R}^m : \vec{y} = A\vec{x}, \vec{x} \in S \right\}$ es un conjunto convexo de $\mathbb{R}^m$.

4. Demuestre a partir de un ejemplo gráfico que la unión de conjuntos convexos no es en general un conjunto convexo.

5. Estudie la concavidad y convexidad de las siguientes funciones:

a) $f(x, y) = (x-2)^2 + (y+3)^2$

b) $g(x, y, z) = -x^4 - 6y^2 + z$

c) $h(x, y, z) = 2x^2 + 2xy + 3y^2 + 2yz + z^2$

d) $f(x, y) = ax^2 + by^2, \quad a, b > 0$

e) $f(x, y) = -e^{-x-y}$

6. Demuestre que la función de utilidad $U(x, y) = \ln(x\, y)$, definida en el dominio $D = \left\{ (x, y) \in \mathbb{R}^2 : x > 0, y > 0 \right\}$ es estrictamente cóncava en D.

7. Estudie la concavidad o convexidad de la función $f(x, y) = -\dfrac{1}{x} - \dfrac{1}{y} \quad , x, y > 0$ en el dominio $D = \left\{ (x, y) \in \mathbb{R}^2 : x > 0, y > 0 \right\}$.

¿Qué puede afirmarse acerca de la concavidad o convexidad de la función $f(x_1, x_2, \ldots, x_n) = -\dfrac{1}{x_1} - \dfrac{1}{x_2} - \ldots - \dfrac{1}{x_n}, \quad x_i > 0$?

8. Sea $Q = f(x_1, x_2)$ la función de producción de una empresa, donde x_1, x_2 representan las cantidades de factores productivos empleadas en el proceso de producción. Supongamos que se vende todo lo que se produce a un precio unitario p y que los precios unitarios de los factores productivos son p_1, p_2. Demuestre que si la función de producción $q = f(x_1, x_2)$ es cóncava, entonces, la función de beneficio de la empresa es cóncava.

9. Demuestre que la función de producción de Cobb-Douglas definida por $Q(x, y) = Ax^{\alpha} y^{\beta}$ $, \alpha, \beta > 0,\ x, y > 0,\ A > 0$ y $0 < \alpha + \beta < 1$ es estrictamente cóncava.

10. Si $f(\vec{x})$ es una función convexa y F es convexa y creciente, entonces, la composición $F(f(\vec{x}))$ es convexa. Aplicando este resultado, y sin necesidad de calcular la matriz hessiana, pruebe que las siguientes funciones son convexas en su dominio de definición:

a) $g(x, y, z) = e^{ax^2 + by^2 + cz^2}$, $a, b, c > 0$

b) $h(x, y) = \left(ax^2 + by^2\right)^3$, $a, b > 0$

c) $f(x, y) = \left(ax^2 + by^2\right)^3 + e^{ax^2 + by^2}$, $a, b > 0$

11. Aplique la Propiedad 3 de las funciones convexas para probar que los siguientes conjuntos son convexos:

a) $A = \left\{(x, y) \in \mathbb{R}^2 : 3x^2 + 4y^2 \leq 5\right\}$

b) $B = \left\{(x, y, z) \in \mathbb{R}^3 : 2x^2 + 3y^2 + z^2 \leq 3\right\}$

c) $C = \left\{(x, y, z) \in \mathbb{R}^3 : (x + 3)^2 + y^4 + (z - 1)^2 \leq 2\right\}$

d) $D = \left\{(x, y) \in \mathbb{R}^2 : e^{x + y} \leq 1\right\}$

X

OPTIMIZACIÓN SIN RESTRICCIONES

En el Capítulo 7 estudiamos la optimización de funciones de una variable $y = f(x)$. Sin embargo, un problema que aparece con frecuencia en economía es el de la optimización de funciones de más de una variable. Formulado en general, consiste en estudiar los valores que hacen máxima o mínima una determinada función $z = f\left(x_1, x_2, ..., x_n\right)$, denominada función objetivo, donde las variables independientes $x_1, x_2, ..., x_n$ pueden incluso estar sujetas a determinadas restricciones, de igualdad o de desigualdad.

En el presente capítulo abordaremos parcialmente el problema anterior. Concretamente, estudiaremos los óptimos de funciones en donde las variables no están sometidas a ninguna restricción. Mientras que en el capítulo siguiente analizaremos la optimización de funciones cuando hay presentes restricciones en el problema.

1. Óptimos Locales y Globales de Funciones Varias Variables

Sea $f : D \to \mathbb{R}$ una función definida sobre un dominio $D \subset \mathbb{R}^n$ y $\vec{x}_0$ un punto del dominio D. Comenzamos dando la definición de máximo y mínimo local de la función f.

El punto $\vec{x}_0$ es un ***máximo local*** de f si existe una bola $B(\vec{x}_0, r)$ de centro $\vec{x}_0$ y radio r tal que:

$$f\left(\vec{x}\right) \leq f\left(\vec{x}_0\right), \qquad \forall \vec{x} \in B(\vec{x}_0, r) \cap D$$

Es decir, ningún punto situado en los alrededores del punto $\vec{x}_0$ tiene imagen mayor que el punto $\vec{x}_0$.

De forma similar:

El punto $\vec{x}_0$ es un ***mínimo local*** de f si existe una bola $B(\vec{x}_0, r)$ de centro $\vec{x}_0$ y radio r tal que:

$$f\left(\vec{x}_0\right) \leq f\left(\vec{x}\right), \qquad \forall \vec{x} \in B(\vec{x}_0, r) \cap D$$

Es decir, ningún punto situado en los alrededores del punto $\vec{x}_0$ tiene imagen menor que el punto $\vec{x}_0$.

Damos ahora la definición de óptimo (máximo o mínimo) global.

El punto $\vec{x}_0$ es un ***máximo global*** de f si:

$$f(\vec{x}) \leq f(\vec{x}_0), \qquad \forall \vec{x} \in D$$

Es decir, el punto $\vec{x}_0$ es el que tiene imagen mayor entre todos los puntos del dominio de la función. A $f(\vec{x}_0)$ se le llama ***valor máximo*** de la función f.

El punto $\vec{x}_0$ es un ***mínimo global*** de f si:

$$f(\vec{x}_0) \leq f(\vec{x}), \qquad \forall \vec{x} \in D$$

Es decir, el punto $\vec{x}_0$ es el que tiene menor imagen entre todos los puntos del dominio de la función. A $f(\vec{x}_0)$ se le llama ***valor mínimo*** de la función f.

Si en cualquiera de las definiciones anteriores la desigualdad es estricta, entonces se dice que la función f tiene en el punto $\vec{x}_0$ un ***óptimo (local o global) estricto***.

Resulta sencillo comprobar que, si $\vec{x}_0$ es un máximo global de f, entonces, $\vec{x}_0$ es un mínimo global de $-f$. De esta forma, maximizar una función f es equivalente a minimizar $-f$, de donde un problema de maximización puede convertirse en un problema de minimización sin más que cambiar el signo de la función a optimizar.

En general, un óptimo local no tiene por qué ser un óptimo global, sin embargo, un óptimo global es siempre un óptimo local (véase la Figura 10.1).

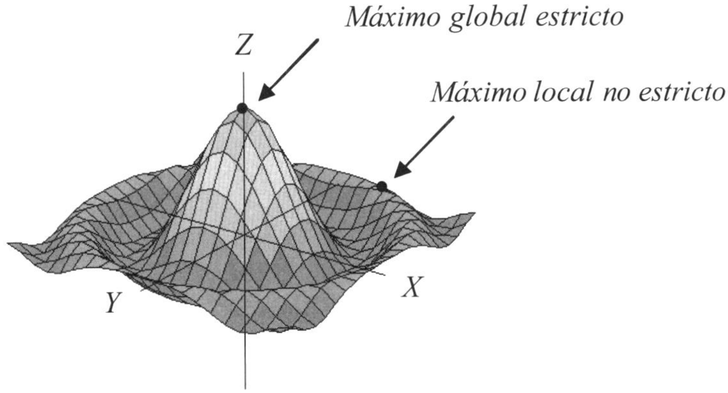

Figura 10.1. Óptimos globales y locales de una función.

En algunos casos, por ejemplo, cuando la función f es cóncava o convexa, como ocurre en la siguiente función definida en $\mathbb{R}^2$ (véase la Figura 10.2), el óptimo local coincide con el global.

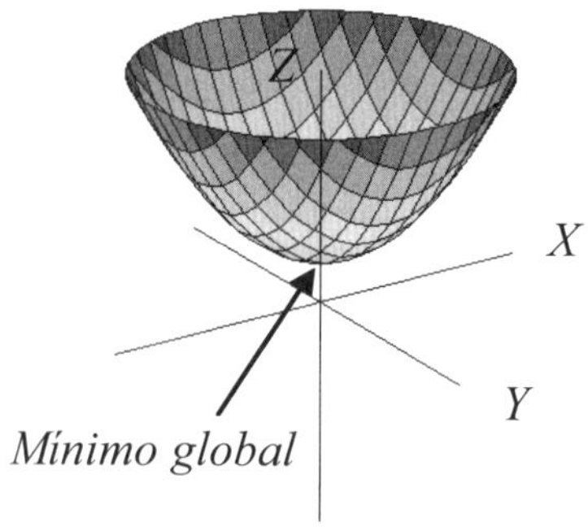

Figura 10.2. Función en la que el óptimo local y global son iguales.

Nos planteamos ahora cómo hallar los óptimos locales y globales de una función. Comenzaremos estudiando un procedimiento para determinar los óptimos locales, para después pasar al cálculo de los óptimos globales en determinados casos.

1.1. Condición Necesaria de Primer Orden para la Existencia de Óptimos Locales

En primer lugar definiremos el concepto de punto crítico y a continuación enunciaremos un resultado que proporciona una condición necesaria para la existencia de óptimos locales.

Sea $f: D \to \mathbb{R}$, con $D \subset \mathbb{R}^n$ abierto, $f \in C^1(D)$ y $\vec{x}_0 \in D$. Se dice que $\vec{x}_0$ es un ***punto crítico*** de $f(\vec{x})$ si el gradiente de f en $\vec{x}_0$ es el vector cero.

Recordemos que la ecuación del plano tangente a la gráfica de una función $f(\vec{x})$ en un punto $(\vec{x}_0, f(\vec{x}_0))$ de la superficie tiene por ecuación $z = f(\vec{x}_0) + \langle \nabla f(\vec{x}_0), \vec{x} - \vec{x}_0 \rangle$.

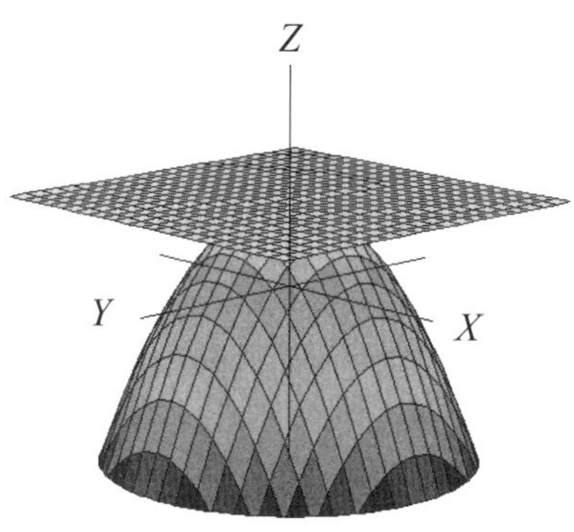

Figura10.3. Plano tangente a una superficie en un punto crítico.

Por tanto, para el caso de dos variables, si $\vec{x}_0$ es un punto crítico, entonces, $\nabla f(\vec{x}_0)=\vec{0}$ y la ecuación del plano tangente es $z=f(\vec{x}_0)$, que representa un plano horizontal paralelo al plano XY (véase la Figura 10.3).

Ejemplo 1.1

Para determinar los puntos críticos de la función $f(x,y)=x^2+y^2$ calculamos el gradiente de la función f y lo igualamos al vector cero:

$$\nabla f(x,y)=(0,0)\Leftrightarrow f_x=2x=0, f_y=2y=0$$

Resolviendo el sistema, obtenemos que $\vec{x}_0=(0,0)$ es el punto crítico de f.

■

Si estudiamos las gráficas de las funciones de dos variables representadas en las Figuras 10.1 y 10.3, observamos que el plano tangente en el óptimo local es horizontal y, por tanto, el vector gradiente en el óptimo es el vector cero. Así, de forma análoga a lo que ocurre con las funciones de una variable, la condición necesaria para que una función f tenga un óptimo local en un punto $\vec{x}_0$ es que el gradiente de la función en el punto $\vec{x}_0$ sea cero. El siguiente resultado precisa este hecho:

TEOREMA 1 (CONDICIÓN NECESARIA PARA LA EXISTENCIA DE ÓPTIMOS LOCALES)

Sea $f: D\to\mathbb{R}$ una función definida sobre un dominio abierto $D\subset\mathbb{R}^n$ y $f\in C^1(D)$.

Si $\vec{x}_0\in D$ es un óptimo local, entonces, $\vec{x}_0$ es un punto crítico, es decir, $\nabla f(\vec{x}_0)=\vec{0}$.

Demostración

Realicemos la demostración del resultado por reducción al absurdo. Supongamos que en el punto $\vec{x}_0$ hay un máximo local de $f(\vec{x})$ y que sin embargo $\nabla f(\vec{x}_0)\neq\vec{0}$. Consideramos el vector unitario $\vec{v}=\dfrac{\nabla f(\vec{x}_0)}{\|\nabla f(\vec{x}_0)\|}$ que determina la dirección a partir del punto $\vec{x}_0$ de máximo crecimiento de la función $f(\vec{x})$. En un entorno del punto $\vec{x}_0$ en la dirección del vector $\vec{v}$ habrá puntos con mayor imagen que el punto $\vec{x}_0$. Este hecho contradice que el punto $\vec{x}_0$ sea un máximo local de la función $f(\vec{x})$. Por tanto, la suposición que hemos realizado es falsa y $\nabla f(\vec{x}_0)=\vec{0}$.

Si en el punto $\vec{x}_0$ hay un mínimo local, la demostración es similar tomando el vector $\vec{v} = -\frac{\nabla f(\vec{x}_0)}{\|\nabla f(\vec{x}_0)\|}$ que señala la dirección de máximo decrecimiento a partir del punto $\vec{x}_0$.

■

En resumen:

$\vec{x}_0$ ÓPTIMO LOCAL $\Rightarrow$ $\vec{x}_0$ PUNTO CRÍTICO

El recíproco no se cumple. Es decir, hay puntos críticos que no son óptimos locales, como queda de manifiesto en el siguiente ejemplo:

Ejemplo 1.2

Dada la función $z = x^2 - y^2$, representada en la Figura 10.4, el punto $(0,0)$ es un punto crítico ya que $z_x(0,0) = z_y(0,0) = 0$, y sin embargo no es un óptimo local, ya que los puntos de la forma $(0,\varepsilon)$ y $(\varepsilon,0)$ cercanos al punto $(0,0)$ tienen imagen menor y mayor que la imagen del punto $(0,0)$: $z(0,\varepsilon) = -\varepsilon^2 < z(0,0) = 0$ y $z(\varepsilon,0) = \varepsilon^2 > z(0,0) = 0$.

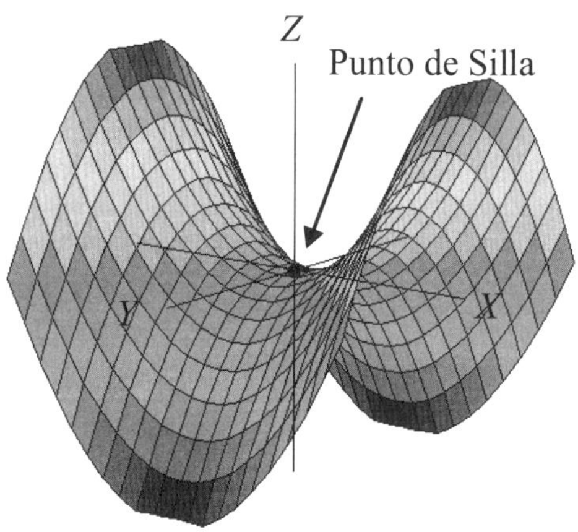

Figura10.4. Representación gráfica de un punto se silla.

■

A este tipo de puntos se les denomina puntos de silla. Concretamente:

Un ***punto de silla*** es un punto crítico que no es un óptimo local.

Gráficamente los puntos de silla corresponden a puntos en los que el plano tangente es horizontal y sin embargo no son óptimos de la función.

1.2. Condición Suficiente de Segundo Orden para la Existencia de Óptimos Locales

Para funciones de una variable, el signo de las derivadas segunda y sucesivas de la función establece un criterio para determinar si un punto crítico es un máximo, un mínimo o un punto de inflexión. Para funciones de varias variables será a partir del carácter de la matriz hessiana de la función como determinemos la naturaleza del punto crítico.

Consideramos la matriz hessiana de f formada por las derivadas parciales de segundo orden de la función, que por comodidad representaremos por $f_{ij} = \dfrac{\partial^2 f}{\partial x_i \partial x_j}$, evaluadas en el punto $\vec{x}_0$:

$$H(f)(\vec{x}_0) = \begin{pmatrix} f_{11} & f_{12} & \cdots & f_{1n} \\ f_{21} & f_{22} & \cdots & f_{2n} \\ \vdots & \vdots & \ddots & \vdots \\ f_{n1} & f_{n2} & \cdots & f_{nn} \end{pmatrix}(\vec{x}_0)$$

Sean Δ_r, $r = 1,2,\ldots,n$, los menores principales de orden r de la matriz hessiana $H(f)(\vec{x}_0)$, es decir:

$$\Delta_1 = f_{11}(\vec{x}_0),\ \ \Delta_2 = \begin{vmatrix} f_{11} & f_{12} \\ f_{21} & f_{22} \end{vmatrix}(\vec{x}_0),\ \ \ldots,\ \ \Delta_n = \det H(f)(\vec{x}_0)$$

El siguiente teorema proporciona un criterio para determinar la naturaleza de los puntos críticos de una función.

Teorema 2 (Condición Suficiente de Segundo Orden para la Existencia de Óptimos Locales)

Sea $f: D \to \mathbb{R}$ una función definida sobre un dominio abierto $D \subset \mathbb{R}^n$, con $f \in C^2(D)$, y supongamos que $\vec{x}_0$ es un punto crítico de f.

1) Si la matriz $H(f)(\vec{x}_0)$ es definida positiva, entonces, $\vec{x}_0$ es un mínimo local estricto.

2) Si la matriz $H(f)(\vec{x}_0)$ es definida negativa, entonces, $\vec{x}_0$ es un máximo local estricto.

3) Si la matriz $H(f)(\vec{x}_0)$ es indefinida, entonces, $\vec{x}_0$ es un punto de silla.

Utilizando el criterio de los menores principales se tiene, por tanto, que:

1) Si los menores principales son todos positivos:

$$\Delta_1 > 0,\ \Delta_2 > 0,\ \ldots,\ \Delta_n > 0$$

entonces, $\vec{x}_0$ es un mínimo local estricto.

2) Si los menores principales van alternando el signo, siendo el primero negativo:

$$\Delta_1 < 0,\ \Delta_2 > 0,\ \ldots,\ (-1)^n\Delta_n > 0$$

entonces, $\vec{x}_0$ es un máximo local estricto.

3) Si no se cumplen ninguna de las condiciones anteriores y $\Delta_n \neq 0$, entonces, $\vec{x}_0$ es un punto de silla.

Ejemplo 1.3

Para estudiar los óptimos locales de la función:

$$f(x,y) = -x^3 + 4xy - 2y^2 + 1$$

comenzamos calculando los puntos críticos de f como soluciones del sistema:

$$\nabla f(x,y) = (0,0) \Leftrightarrow \begin{matrix} f_x = -3x^2 + 4y = 0 \\ f_y = 4x - 4y = 0 \end{matrix}$$

dados por: $(0,0)$ y $\left(\frac{4}{3},\frac{4}{3}\right)$.

A continuación calculamos la matriz hessiana de f:

$$H(f)(x,y) = \begin{pmatrix} -6x & 4 \\ 4 & -4 \end{pmatrix}$$

y comprobamos si se cumple la condición suficiente expresada en el teorema anterior. Al estudiar la matriz hessiana $H(f)$ en cada punto crítico, tenemos que:

a) La matriz $H(0,0) = \begin{pmatrix} 0 & 4 \\ 4 & -4 \end{pmatrix}$ es indefinida, ya que $\Delta_2 < 0$, y, por tanto, $(0,0)$ es un punto de silla.

b) La matriz $H\left(\frac{4}{3},\frac{4}{3}\right) = \begin{pmatrix} -8 & 4 \\ 4 & -4 \end{pmatrix}$ es definida negativa, ya que $\Delta_1 < 0$ y $\Delta_2 > 0$, y, por tanto, $\left(\frac{4}{3},\frac{4}{3}\right)$ es un máximo local.

■

La condición a partir de la matriz hessiana establecida en el teorema anterior es una condición suficiente pero no necesaria, como muestra el siguiente ejemplo.

Ejemplo 1.4

Consideremos la función $f(x,y)=x^4+y^4$. Los puntos críticos de la función f se obtienen como soluciones del sistema:

$$\nabla f(x,y)=(0,0) \Leftrightarrow \begin{matrix} f_x = 4x^3 = 0 \\ f_y = 4y^3 = 0 \end{matrix}$$

de donde $x=0$, $y=0$ y el punto $(0,0)$ es el único punto crítico de la función. La matriz hessiana de f en el punto crítico $(0,0)$:

$$H(f)(0,0)=\begin{pmatrix} 0 & 0 \\ 0 & 0 \end{pmatrix}$$

no nos informa sobre la naturaleza del punto crítico. Hay que realizar un estudio especial del comportamiento de la función en un entorno del punto $(0,0)$. En este caso, el estudio es sencillo, ya que $f(x,y)>f(0,0)=0$ para cada punto $(x,y)\neq(0,0)$, y, por tanto, el punto $(0,0)$ es un mínimo global de la función $f(x,y)=x^4+y^4$.

■

Ejemplo 1.5

Para determinar los óptimos locales de la función:

$$u=(x-1)^2+(y-1)^2+(z-1)^2$$

seguimos los siguientes pasos:

1) Calculamos los puntos críticos de u:

$$\left.\begin{matrix} \dfrac{\partial u}{\partial x}=u_x=2(x-1)=0 \\ \dfrac{\partial u}{\partial y}=u_y=2(y-1)=0 \\ \dfrac{\partial u}{\partial z}=u_z=2(z-1)=0 \end{matrix}\right\} \Rightarrow \begin{matrix} x=1 \\ y=1 \\ z=1 \end{matrix}$$

2) Estudiamos la matriz $H(u)$ para determinar la naturaleza del punto crítico obtenido. Calculamos las derivadas parciales de 2º orden:

$$u_{xx}=2,\ u_{xy}=u_{xz}=u_{yz}=0,\quad u_{yy}=2,\quad u_{zz}=2$$

y formamos la matriz hessiana en el punto crítico $(1,1,1)$:

$$H(u)(1,1,1)=\begin{pmatrix} 2 & 0 & 0 \\ 0 & 2 & 0 \\ 0 & 0 & 2 \end{pmatrix}$$

Como la matriz es definida positiva, el punto $(1,1,1)$ es un mínimo local estricto de la función $u=(x-1)^2+(y-1)^2+(z-1)^2$.

■

2. Óptimos en Funciones Cóncavas y Convexas

En el caso particular en el que dominio de definición D es convexo y abierto, la función f es cóncava o convexa en todo D, la condición necesaria para la existencia de óptimos locales es también suficiente. Además, el óptimo local es un óptimo global de la función. Si además se exige que la función sea estrictamente cóncava o estrictamente convexa, el óptimo global es único. Concretamente:

Teorema 3 (Local-Global)

Sea f una función convexa (cóncava) en un dominio D abierto y convexo de $\mathbb{R}^n$ y $f\in C^1(D)$. Si $\vec{x}_0\in D$ es un punto crítico de f, entonces, $\vec{x}_0$ es un mínimo (máximo) global.

Si f es estrictamente convexa (cóncava) en el dominio D entonces el mínimo (máximo) global es único.

Demostración

- Si f es convexa en D sabemos que se cumple (véase la Propiedad 1 en el epígrafe 2.2 del Capítulo 9):

$$f(\vec{x})\geq f(\vec{x}_0)+\left\langle \nabla f(\vec{x}_0),\vec{x}-\vec{x}_0\right\rangle,\forall\vec{x}\in D$$

Como $\nabla f(\vec{x}_0)=\vec{0}$, entonces:

$$f(\vec{x})\geq f(\vec{x}_0),\ \ \forall\vec{x}\in D$$

y $\vec{x}_0$ es un mínimo global.

- Si f es estrictamente convexa en D, entonces:

$$f(\vec{x}) > f(\vec{x}_0) + \langle \nabla f(\vec{x}_0), \vec{x} - \vec{x}_0 \rangle, \forall \vec{x} \in D - \{\vec{x}_0\}$$

y al ser $\nabla f(\vec{x}_0) = \vec{0}$, se tiene que:

$$f(\vec{x}) > f(\vec{x}_0), \ \forall \vec{x} \in D - \{\vec{x}_0\}$$

y $\vec{x}_0$ es un mínimo global estricto.

La demostración en el caso de f cóncava se realiza de forma similar cambiando el signo de las desigualdades.

■

Es importante señalar que la hipótesis de concavidad o convexidad de la función objetivo aparece con frecuencia en modelos económicos.

Ejemplo 2.1

Para estudiar los óptimos de la función de beneficio:

$$B(x,y) = 8x + 7y - (x^2 + y^2 + xy)$$

definida sobre el dominio $D = \{(x,y) \in \mathbb{R}^2 : x > 0, y > 0\}$, comenzamos estudiando los puntos críticos:

$$\nabla B(x,y) = \left(\frac{\partial B}{\partial x}, \frac{\partial B}{\partial y} \right) = (-2x - y + 8, -x - 2y + 7) = (0,0)$$

Resolviendo el sistema, se obtiene que $x = 3$, $y = 2$. Así, el posible óptimo es el punto $(3,2)$.

Estudiamos ahora si $B(x,y)$ es cóncava o convexa en su dominio de definición D. Para ello calculamos la matriz hessiana de la función de beneficio $B(x,y)$:

$$H(B)(x,y) = \begin{pmatrix} \dfrac{\partial^2 B}{\partial x^2} & \dfrac{\partial^2 B}{\partial x \partial y} \\ \dfrac{\partial^2 B}{\partial y \partial x} & \dfrac{\partial^2 B}{\partial y^2} \end{pmatrix} = \begin{pmatrix} -2 & -1 \\ -1 & -2 \end{pmatrix}$$

Como $\Delta_1 = -2 < 0$ y $\Delta_2 = 3 > 0$ para cada punto del dominio D, la matriz $H(B)(x,y)$ es definida negativa y la función $B(x,y)$ es estrictamente cóncava en D.

Al ser $B(x,y)$ estrictamente cóncava en D, aplicando el Teorema Local-Global, el punto crítico $(3,2)$ obtenido es un máximo global estricto de la función.

■

3. Estudio de los Óptimos a partir de las Curvas de Nivel de la Función Objetivo

Señalemos brevemente, a partir de algunos ejemplos gráficos, cómo el conocimiento de las curvas de nivel de una función nos puede ayudar a determinar la existencia de óptimos locales y su naturaleza. Los ejemplos estudiados a continuación son todos de funciones de dos variables por la facilidad que tenemos para representar sus curvas de nivel.

El fundamento del método se basa en el siguiente hecho: si las curvas de nivel tienden a reunirse en un punto, a medida que sus alturas (niveles) crecen o decrecen, el punto será entonces un máximo o un mínimo respectivamente. En el mapa de curvas de nivel representaremos el vector gradiente en cada punto mediante un vector que indicará el sentido en el que van apareciendo las curvas de nivel $f(x,y) = k$ a medida que k va creciendo. Recordemos que el gradiente de f en cada punto es un vector perpendicular a la curva de nivel que pasa por el punto y que señala la dirección en la que es máximo el crecimiento de la función. Por tanto, el máximo de la función se encontrará en la dirección que marca el gradiente de la función a optimizar. Como es obvio, los mínimos se encontrarán en la dirección opuesta.

Ejemplo 3.1

Las curvas de nivel de la función $f(x,y) = -x^2 - y^2$ están dadas por la ecuación $-x^2 - y^2 = k$, y corresponden, por tanto, a circunferencias centradas en el origen de radio $\sqrt{-k}$, $k \leq 0$ (Figura 10.5).

Si representamos en cada punto (x,y) el vector gradiente de la función $\nabla f(x,y) = (f_x, f_y) = (-2x, -2y)$, observamos que la dirección de máximo crecimiento apunta hacia el origen y, por tanto, el punto $(0,0)$ es un máximo global.

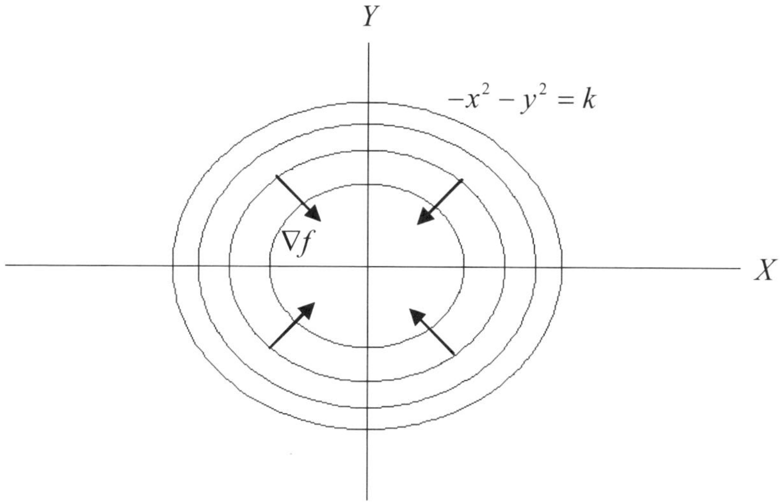

Figura10.5. Curvas de nivel y vector gradiente de la función $f(x,y) = -x^2 - y^2$.

■

Ejemplo 3.2

Consideremos la función $f(x,y) = x^2 + y^2$, cuya gráfica puede verse en la Figura 10.6. Las curvas de nivel de esta función son circunferencias centradas en el origen: $x^2 + y^2 = k$.

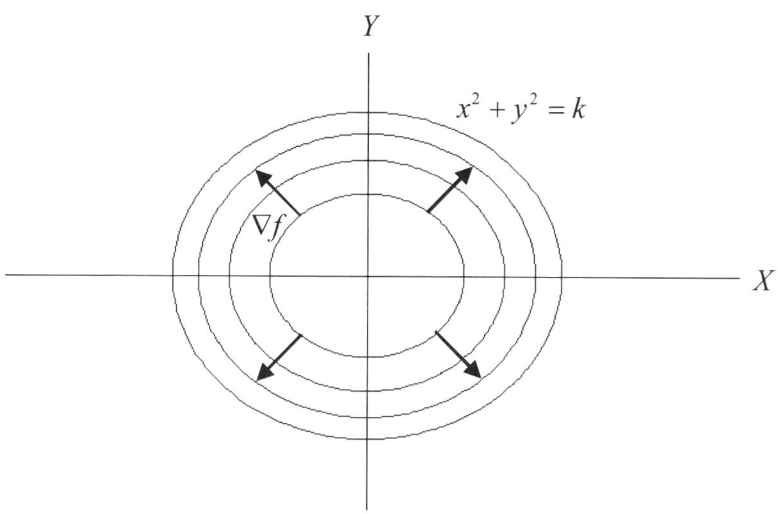

Figura10.6. Curvas de nivel y vector gradiente de la función $f(x,y) = x^2 + y^2$.

En este caso, $\nabla f(x,y) = (2x, 2y)$, y a medida que nos alejamos del origen, el valor de k que define la curva de nivel va creciendo. Es decir, los puntos (x,y)

pertenecientes a las curvas de nivel que se acercan al origen van teniendo cada vez imagen menor. Por tanto, el punto $(0,0)$ es un mínimo local.

■

Ejemplo 3.3

Consideremos el mapa de curvas de nivel de la función $f(x,y)=xy$ (Figura 10.7).

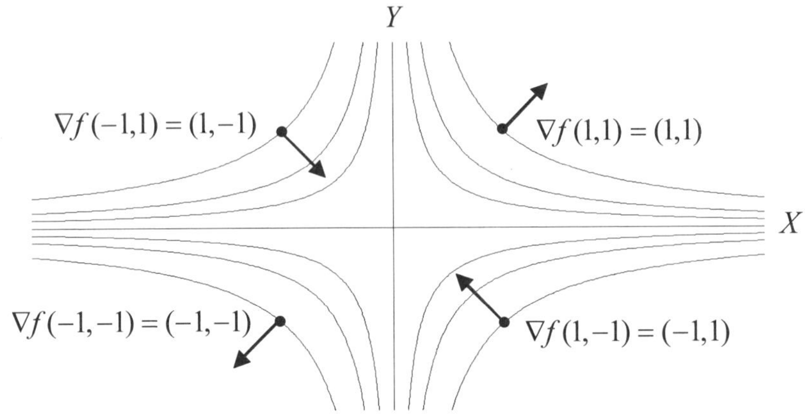

Figura10.7. Curvas de nivel y vector gradiente de la función $f(x,y)=xy$.

En este caso, como $\nabla f(x,y)=(y,x)$, se tiene, por ejemplo, que: $\nabla f(1,1)=(1,1)$, $\nabla f(-1,1)=(1,-1)$, $\nabla f(-1,-1)=(-1,-1)$ y $\nabla f(1,-1)=(-1,1)$.

Observando el mapa de curvas de nivel de la función, podemos afirmar que $f(x,y)$ no tiene óptimos locales, pues no hay ningún punto alrededor del cual se vayan agrupando las curvas de nivel.

■

4. Apéndice: un Comentario Útil

Un resultado sencillo, pero muy usado con frecuencia en economía, se formula a menudo así:

"Optimizar una función equivale a optimizar una transformación estrictamente creciente de dicha función".

Concretamente:

Teorema 4

Sea $f(\vec{x})$ una función definida sobre $D\subset\mathbb{R}^n$ y sea g una función de una variable estrictamente creciente definida sobre el rango de f. Se cumple que:

Los óptimos de la función $F(\vec{x}) = g(f(\vec{x}))$ coinciden con los óptimos de la función $f(\vec{x})$.

Demostración

Demostremos el resultado en el caso de maximización de funciones. Supongamos que el punto $\vec{x}_0$ es un máximo global de la función $f(\vec{x})$ en un dominio $D \subset \mathbb{R}^n$. Se cumple entonces que $f(\vec{x}_0) \geq f(\vec{x}),\ \forall \vec{x} \in D$. Como la función $g(\vec{x})$ es por hipótesis estrictamente creciente, entonces, $g(f(\vec{x}_0)) \geq g(f(\vec{x})),\ \forall \vec{x} \in D$, y, por tanto, $F(\vec{x}_0) \geq F(\vec{x}), \forall \vec{x} \in D$, y el punto $\vec{x}_0$ es un máximo global de $F(\vec{x})$.

Recíprocamente, si $\vec{x}_0$ es máximo global de la función $F(\vec{x}) = g(f(\vec{x}))$, entonces, se tiene que $g(f(\vec{x}_0)) \geq g(f(\vec{x}))$, $\forall \vec{x} \in D$. Como g es estrictamente creciente, necesariamente $f(\vec{x}_0) \geq f(\vec{x}),\ \forall \vec{x} \in D$ y el punto $\vec{x}_0$ es un máximo global de la función $f(\vec{x})$. La demostración en el caso de que $\vec{x}_0$ sea un mínimo es similar.

■

Según el resultado anterior, maximizar o minimizar $f(\vec{x})$ es equivalente a maximizar o minimizar, por ejemplo, cualquiera de las siguientes funciones:

(1) $af(\vec{x}) + b, \quad a > 0$

(2) $\ln(f(\vec{x}))$

(3) $e^{f(\vec{x})}$

ya que en los tres casos se han realizado transformaciones estrictamente crecientes de la función $f(\vec{x})$. En los ejemplos (1), (2), (3), las funciones $g(t)$ estrictamente crecientes consideradas son:

(1) $g(t) = at + b,\ a > 0$ (2) $g(t) = \ln t$ (3) $g(t) = e^t$

Ejemplo 3.4

1) La optimización de la función $F(x, y) = e^{x^2 + y^2}$ es equivalente a la optimización de la función $f(x, y) = x^2 + y^2$, ya que $g(t) = e^t$ es una función estrictamente creciente (observemos que $g'(t) > 0$) y $F(x, y) = g(f(x, y))$.

2) La función $g(t)=\dfrac{1}{1+e^{-t}}$ es estrictamente creciente, ya que $g'(t)=\dfrac{e^{-t}}{(1+e^{-t})^2}>0$. Como consecuencia del resultado anterior, optimizar una función cualquiera $f(x,y)$ es equivalente a optimizar la función $F(x,y)=g(f(x,y))=\dfrac{1}{1+e^{-f(x,y)}}$.

■

EJERCICIOS RESUELTOS

1. Estudie los óptimos locales de las siguientes funciones:

a) $f(x,y) = x\ln(y+1)$

b) $f(x,y) = x^4 + y^4 - (x-y)^2$

c) $f(x,y) = y\ln x + y$

d) $u = (x-a)^2 + (y-b)^2 + (z-c)^2 - x - y - z$

Solución

a) Calculamos el gradiente de la función f y lo igualamos al vector cero para obtener los puntos críticos:

$$\nabla f(x,y) = (0,0) \Leftrightarrow f_x = \ln(y+1) = 0, \quad f_y = \frac{x}{y+1} = 0$$

De la primera ecuación se tiene que $y+1=1$, de donde $y=0$. De la segunda ecuación es claro que $x=0$. Así, obtenemos que $\vec{x}_0 = (0,0)$ es el único punto crítico de f.

A continuación, para estudiar la naturaleza del punto crítico, calculamos la matriz hessiana de f en $\vec{x}_0 = (0,0)$:

$$H(f)(0,0) = \begin{pmatrix} 0 & \dfrac{1}{y+1} \\ \dfrac{1}{y+1} & \dfrac{-x}{(y+1)^2} \end{pmatrix} = \begin{pmatrix} 0 & 1 \\ 1 & 0 \end{pmatrix}$$

La matriz $H(f)(0,0) = \begin{pmatrix} 0 & 1 \\ 1 & 0 \end{pmatrix}$ es indefinida, ya que $\Delta_2 < 0$ y, por tanto, $(0,0)$ es un punto de silla.

b) En primer lugar calculamos los puntos críticos de f igualando el gradiente de f al vector cero:

$$\nabla f(x,y) = (0,0) \Leftrightarrow f_x = 4x^3 - 2(x-y) = 0, \quad f_y = 4y^3 + 2(x-y) = 0$$

Para resolver el sistema, sumamos las ecuaciones anteriores, obteniendo que $x^3 = -y^3$ y, por tanto, que $x = -y$. Sustituyendo en la primera ecuación, resulta que $4x^3 - 4x = 0$, de donde $x = 0$ y $x = \pm 1$. Hallando los correspondientes valores de y para cada valor de x obtenido, se tiene que los puntos críticos de la función son $(0,0), (1,-1)$ y $(-1,1)$.

A continuación estudiamos la naturaleza de cada punto crítico a partir de la matriz hessiana de f:

$$H(f)(x,y)=\begin{pmatrix} 12x^2-2 & 2 \\ 2 & 12y^2-2 \end{pmatrix}$$

La matriz $H(f)(1,-1)=\begin{pmatrix} 10 & 2 \\ 2 & 10 \end{pmatrix}$ es definida positiva, ya que $\Delta_1>0,\ \Delta_2>0$ y, por tanto, $(1,-1)$ es un mínimo local.

La matriz $H(f)(-1,1)=\begin{pmatrix} 10 & 2 \\ 2 & 10 \end{pmatrix}$ es definida positiva, ya que $\Delta_1>0,\ \Delta_2>0$ y, por tanto, $(-1,1)$ es un mínimo local.

La matriz $H(f)(0,0)=\begin{pmatrix} -2 & 2 \\ 2 & -2 \end{pmatrix}$ es semidefinida negativa, ya que $\Delta_1<0, \Delta_2=0$. No podemos asegurar el tipo de punto del que se trata sin hacer un estudio del comportamiento de la función en un entorno del punto $(0,0)$.

Observemos que, si consideramos cualquier valor de $0<\varepsilon<1$, se cumple que $f(0+\varepsilon,0+\varepsilon)=2\varepsilon^4>0=f(0,0)$ y que $f(0,0+\varepsilon)=\varepsilon^4-\varepsilon^2=\varepsilon^2(\varepsilon^2-1)<0=f(0,0)$. Por tanto, en un entorno del punto $(0,0)$ existen puntos con mayor imagen y con menor imagen que la que tiene el punto $(0,0)$. Por este motivo, el punto $(0,0)$ es un punto de silla.

c) Calculamos el gradiente de la función $f(x,y)=y\ln x+y$ y lo igualamos al vector cero para obtener los puntos críticos:

$$\nabla f(x,y)=(0,0) \Leftrightarrow f_x=\frac{y}{x}=0, \quad f_y=\ln x+1=0$$

Resolviendo el sistema, obtenemos que $\vec{x}_0=\left(e^{-1},0\right)$ es el punto crítico de f.

A continuación, para estudiar la naturaleza del punto crítico, calculamos la matriz hessiana de f en $\vec{x}_0=\left(e^{-1},0\right)$:

$$H(f)\left(e^{-1},0\right)=\begin{pmatrix} -\dfrac{y}{x^2} & \dfrac{1}{x} \\ \dfrac{1}{x} & 0 \end{pmatrix}_{\left(e^{-1},0\right)}=\begin{pmatrix} 0 & e \\ e & 0 \end{pmatrix}$$

La matriz $H(f)\left(e^{-1},0\right)=\begin{pmatrix} 0 & e \\ e & 0 \end{pmatrix}$ es indefinida ya que $\Delta_2<0$ y por tanto $\vec{x}_0=\left(e^{-1},0\right)$ es un punto de silla.

d) Comenzamos estudiando los puntos críticos de la función: $u=(x-a)^2+(y-b)^2+(z-c)^2-x-y-z$:

$$\left.\begin{array}{l} \dfrac{\partial u}{\partial x}=u_x=2(x-a)-1=0 \\ \dfrac{\partial u}{\partial y}=u_y=2(y-b)-1=0 \\ \dfrac{\partial u}{\partial z}=u_z=2(z-c)-1=0 \end{array}\right\} \Rightarrow \begin{array}{l} x=\dfrac{2a+1}{2} \\ y=\dfrac{2b+1}{2} \\ z=\dfrac{2c+1}{2} \end{array}$$

El punto crítico obtenido es $\vec{x}_0=(\frac{2a+1}{2},\frac{2b+1}{2},\frac{2c+1}{2})$. A continuación estudiamos la matriz hessiana $H(u)$ para determinar la naturaleza del punto crítico obtenido. Calculamos las derivadas parciales de 2º orden:

$$u_{xx}=2,\ \ u_{xy}=u_{xz}=u_{yz}=0,\quad u_{yy}=2,\quad u_{zz}=2$$

y formamos la matriz hessiana en el punto crítico $\vec{x}_0=(\frac{2a+1}{2},\frac{2b+1}{2},\frac{2c+1}{2})$:

$$H(u)\left(\vec{x}_0\right)=\begin{pmatrix} 2 & 0 & 0 \\ 0 & 2 & 0 \\ 0 & 0 & 2 \end{pmatrix}$$

Como la matriz es diagonal, los valores propios coinciden con los elementos de la diagonal principal y la matriz es definida positiva. Por tanto el punto $\vec{x}_0=(\frac{2a+1}{2},\frac{2b+1}{2},\frac{2c+1}{2})$ es un mínimo local estricto de la función u.

2. Estudie los óptimos locales de las funciones siguientes:

a) $f(x,y)=\dfrac{1}{1+e^{-(x^4+y^4-(x-y)^2)}}$

b) $f(x,y)=\left(x^2+3y^2+2y\right)^r$, $r>1$

Solución

a) La función dada por $f(x,y)=\dfrac{1}{1+e^{-(x^4+y^4-(x-y)^2)}}$ es la composición de la función $h(x,y)=x^4+y^4-(x-y)^2$ y de la función $g(t)=\dfrac{1}{1+e^{-t}}$. Al ser la función $g(t)=\dfrac{1}{1+e^{-t}}$ estrictamente creciente $(g'(t)>0)$, los óptimos de la función $f(x,y)$ coinciden con los óptimos de la función $h(x,y)$. Los óptimos de $h(x,y)=x^4+y^4-(x-y)^2$ han sido estudiados en el apartado b) del ejercicio anterior, por tanto, los puntos $(1,-1)$ y $(-1,1)$ son mínimos locales de $f(x,y)=\dfrac{1}{1+e^{-(x^4+y^4-(x-y)^2)}}$.

b) Razonando de forma similar, la función $f(x,y)=\left(x^2+3y^2+2y\right)^r$, $r>1$ es la composición de la función $h(x,y)=x^2+3y^2+2y$ y la función $g(t)=t^r$. Como $g(t)=t^r$, $r>1$, es estrictamente creciente $(g'(t)>0)$, estudiar los óptimos de la función $f(x,y)$ es equivalente a estudiar los óptimos de la función $h(x,y)$.

El gradiente de la función $h(x,y)=x^2+3y^2+2y$ es $\nabla h=(2x,6y+2)$, de donde el punto crítico es $(0,-\frac{1}{3})$. Como la matriz hessiana $H(h)(0,-\frac{1}{3})=\begin{pmatrix}2 & 0\\ 0 & 6\end{pmatrix}$ es definida positiva, el punto $(0,-\frac{1}{3})$ es mínimo local de la función $h(x,y)$ y, por tanto, de la función compuesta $f(x,y)=\left(x^2+3y^2+2y\right)^r$, $r>1$.

3. Demuestre que los puntos críticos de la función $f(\vec{x})$ coinciden con los puntos críticos de $h(\vec{x})=e^{f(\vec{x})}$.

Solución

La derivada parcial de $h(\vec{x})=e^{f(\vec{x})}$ con respecto a x_i está dada por $\dfrac{\partial h}{\partial x_i}=\dfrac{\partial f}{\partial x_i}e^{f(\vec{x})}$, de donde:

$$\nabla h = (\frac{\partial f}{\partial x_1} e^{f(\vec{x})}, \frac{\partial f}{\partial x_2} e^{f(\vec{x})}, ..., \frac{\partial f}{\partial x_n} e^{f(\vec{x})}) = e^{f(\vec{x})} \nabla f$$

y, por tanto, $\nabla h = \vec{0} \Leftrightarrow \nabla f = \vec{0}$. Luego, los puntos críticos de la función $f(\vec{x})$ coinciden con los puntos críticos de $h(\vec{x}) = e^{f(\vec{x})}$.

4. Estudie los óptimos globales de la función $f(x_1, x_2, ..., x_n) = \sum_{i=1}^{n} (x_i - a_i)^2 + \sum_{i=1}^{n} a_i x_i$.

Solución

Los puntos críticos de la función f están dados por:

$$\left.\begin{array}{l} \frac{\partial f}{\partial x_1} = 2(x_1 - a_1) + a_1 = 0 \\ \frac{\partial f}{\partial x_2} = 2(x_2 - a_2) + a_2 = 0 \\ \vdots \\ \frac{\partial f}{\partial x_n} = 2(x_n - a_n) + a_n = 0 \end{array}\right\} \Rightarrow x_1 = \frac{a_1}{2}, x_2 = \frac{a_2}{2}, ..., x_n = \frac{a_n}{2}$$

La matriz hessiana de la función f es igual a:

$$H(f)(\vec{x}) = \begin{pmatrix} 2 & 0 & \cdots & 0 \\ 0 & 2 & \cdots & 0 \\ \vdots & \vdots & \ddots & \vdots \\ 0 & 0 & \cdots & 2 \end{pmatrix}$$

que es una matriz definida positiva en el dominio de la función. Por tanto, f es estrictamente convexa en todo su dominio y aplicando el Teorema Local-Global el punto crítico $\vec{x}_0 = (\frac{a_1}{2}, \frac{a_2}{2}, ..., \frac{a_n}{2})$ es el único máximo global de la función.

5. Determine los valores de los parámetros a, b y c para que la función $f(x, y) = ax^2 + by^2 - 2x - 2y + c$ tenga un mínimo local en el punto $(1,2)$ y cumpla que $f(1,2) = 15$.

Solución

La condición necesaria para que el punto $(1,2)$ sea un mínimo de la función f es que el gradiente de la función en dicho punto sea el vector cero. Como $\nabla f(x,y)=(2ax-2,2by-2)=(0,0)$, sustituyendo el punto $(1,2)$ se cumple que:

$$\nabla f(1,2)=(2a-2,4b-2)=(0,0)$$

y, por tanto, $a=1$ y $b=\frac{1}{2}$. Por otra parte, la matriz hessiana de la función f en el punto $(1,2)$ es igual a:

$$H(f)(1,\frac{1}{2})=\begin{pmatrix}2a & 0\\ 0 & 2b\end{pmatrix}=\begin{pmatrix}2 & 0\\ 0 & 1\end{pmatrix}$$

que es una matriz definida positiva, lo que confirma que el punto $(1,2)$ es un mínimo de la función para los valores de los parámetros a y b obtenidos.

Además, como $f(1,2)=15$, resulta que $f(1,2)=a+4b-6+c=15$, y sustituyendo los valores de los parámetros a y b, se tiene que $c=18$.

6. Determine los valores de los parámetros a, b, c y d para que la función:

$$f(x,y,z)=\ln\left[(x-a)^2+(y-b)^2+(z-c)^2+d\right]$$

tenga un punto crítico en el punto $(1,2,3)$ y se cumpla que $f(1,2,3)=1$.

Solución

El punto $(1,2,3)$ es un punto crítico si $\nabla f(1,2,3)=(0,0,0)$. Como:

$$f_x=\frac{2(x-a)}{(x-a)^2+(y-b)^2+(z-c)^2+d}$$

$$f_y=\frac{2(y-b)}{(x-a)^2+(y-b)^2+(z-c)^2+d}$$

$$f_z=\frac{2(z-c)}{(x-a)^2+(y-b)^2+(z-c)^2+d}$$

sustituyendo, se tiene que:

$$\nabla f(1,2,3)=(0,0,0)\Leftrightarrow a=1, b=2, c=3$$

Por último, como $f(1,2,3)=1$, resulta que $\ln d=1$ y $d=e$.

7. Determine un punto del triangulo de vértices $A=(a_1,a_2)$, $B=(b_1,b_2)$ y $C=(c_1,c_2)$ del plano tal que la suma de los cuadrados de sus distancias a los tres vértices sea mínima.

Solución

La distancia entre dos puntos cualesquiera $P=(x,y)$ y $A=(a_1,a_2)$ del plano está dada por:

$$d(P,A)=\sqrt{(x-a_1)^2+(y-a_2)^2}$$

La función que hemos de minimizar es, por tanto, la siguiente:

$$\begin{aligned} f(x,y) &= d^2(P,A)+d^2(P,B)+d^2(P,C)= \\ &=(x-a_1)^2+(y-a_2)^2+(x-b_1)^2+(y-b_2)^2+(x-c_1)^2+(y-c_2)^2 \end{aligned}$$

Los puntos críticos de la función se obtienen resolviendo el sistema:

$$\nabla f(x,y)=(0,0) \Leftrightarrow \begin{cases} f_x = 2\left[(x-a_1)+(x-b_1)+(x-c_1)\right]=0 \\ f_y = 2\left[(y-a_2)+(y-b_2)+(y-c_2)\right]=0 \end{cases}$$

cuya única solución es $P_0=(\frac{a_1+b_1+c_1}{3},\frac{a_2+b_2+c_2}{3})$. Como la matriz hessiana de la función:

$$H(x,y)=\begin{pmatrix} 6 & 0 \\ 0 & 6 \end{pmatrix}$$

es definida positiva en todo el dominio, la función es estrictamente convexa y, aplicando el Teorema Local-Global, el punto $P_0=(\frac{a_1+b_1+c_1}{3},\frac{a_2+b_2+c_2}{3})$ es el mínimo global de la función. El punto hallado se denomina baricentro del triángulo.

8. Una empresa produce dos bienes cuyas funciones de demanda son $p=8-x$ y $q=12-2y$, donde x e y son las cantidades producidas de cada bien y p y q son los precios unitarios. Si la función de costes está dada por $C(x,y)=xy+20$, determine las cantidades que se han de producir para que la función de beneficio sea máxima y halle el beneficio máximo obtenido.

Solución

La función de beneficio de la empresa es igual a:

$$B(x,y) = I - C = px + qy - (xy+20) = (8-x)x + (12-2y)y - (xy+20) =$$
$$= -x^2 - 2y^2 - xy + 8x + 12y - 20$$

Para optimizar la función de beneficio hallamos en primer lugar sus puntos críticos:

$$\nabla B(x,y) = (-2x - y + 8, -x - 4y + 12) = (0,0)$$

de donde $x = \frac{20}{7}$ e $y = \frac{16}{7}$.

La matriz hessiana de la función de beneficio es igual a:

$$H(B)(x,y) = \begin{pmatrix} -2 & -1 \\ -1 & -4 \end{pmatrix}$$

Como los menores principales son $\Delta_1 < 0$ y $\Delta_2 > 0$, la función es estrictamente cóncava en todo el dominio de definición y el punto $(\frac{20}{7}, \frac{16}{7})$ es el máximo global de la función de beneficio. El beneficio máximo se halla sustituyendo los valores de x e y obtenidos en la función de beneficio:

$$B_{Max} = B(\frac{20}{7}, \frac{16}{7}) = 5{,}14$$

9. Una empresa que produce tres bienes cuyos precios en competencia perfecta son $p_x = 20$, $p_y = 8$ y $p_3 = 10$. La función de costes de la empresa está dada por:

$$C(x,y,z) = 4x^2 + y^2 + 2xy + z^2 + 100$$

donde x, y, z representan las cantidades producidas de cada uno de los bienes. Obténganse las cantidades x, y, z que maximizan el beneficio de la empresa.

Solución

La función de beneficio de la empresa está dada por:

$$B(x,y,z) = 20x + 8y + 10z - (4x^2 + y^2 + 2xy + z^2 + 10)$$

Los puntos críticos se hallan resolviendo el sistema de ecuaciones siguiente:

$$\nabla B(x,y,z) = (0,0,0) \Leftrightarrow \begin{cases} -8x - 2y + 20 = 0 \\ -2x - 2y + 8 = 0 \\ -2z + 10 = 0 \end{cases}$$

El sistema es compatible determinado y tiene como única solución el punto $\vec{x}_0 = (2,2,5)$.

Para estudiar la naturaleza del punto crítico, calculamos la matriz hessiana:

$$HB(x,y,z) = \begin{pmatrix} -8 & -2 & 0 \\ -2 & -2 & 0 \\ 0 & 0 & -2 \end{pmatrix}$$

Como los menores principales de la matriz hessiana son positivos en todo el dominio, podemos afirmar que la función de beneficio es estrictamente cóncava en todo el dominio. Aplicando el Teorema Local-Global, el punto $\vec{x}_0 = (2,2,5)$ es el máximo global de la función de beneficio, siendo el beneficio máximo $B(2,2,5) = 43$.

10. Una empresa produce un bien A utilizando los factores productivos F_1, F_2 en cantidades x, y respectivamente. La función de producción de la empresa es $q(x,y) = x^{\frac{1}{2}} y^{\frac{1}{4}}$. Supongamos que se vende todo lo que se produce a un precio unitario de 40 u.m. Por otra parte, los precios unitarios de los factores F_1, F_2 son 10 y 20 respectivamente. Calcule las cantidades de factores productivos necesarios para que el beneficio de la empresa sea máximo y determine el beneficio máximo.

Solución

La función de beneficio de la empresa es igual a:

$$B(x,y) = I - C = 40x^{\frac{1}{2}} y^{\frac{1}{4}} - 10x - 20y$$

Para optimizar la función de beneficio, hallamos en primer lugar sus puntos críticos:

$$\nabla B(x,y) = (20x^{-\frac{1}{2}} y^{\frac{1}{4}} - 10,\ 10x^{\frac{1}{2}} y^{-\frac{3}{4}} - 20) = (0,0)$$

de donde:

$$x^{-\frac{1}{2}} y^{\frac{1}{4}} = \frac{1}{2}$$

$$x^{\frac{1}{2}} y^{-\frac{3}{4}} = 2$$

Despejando en la primera ecuación, se tiene que $x^{\frac{1}{2}} = 2y^{\frac{1}{4}}$; y sustituyendo en la segunda ecuación, $2y^{\frac{1}{4}} y^{-\frac{3}{4}} = 2$; por tanto, $2y = 2$, de donde $y = 1$ y $x = 4$.

La matriz hessiana de la función de beneficio es igual a:

$$H(B)(x,y) = \begin{pmatrix} -10x^{-\frac{3}{2}}y^{\frac{1}{4}} & 5x^{-\frac{1}{2}}y^{-\frac{3}{4}} \\ 5x^{-\frac{1}{2}}y^{-\frac{3}{4}} & -\frac{30}{4}x^{\frac{1}{2}}y^{-\frac{7}{4}} \end{pmatrix}$$

Como los menores principales son $\Delta_1 = -10x^{-\frac{3}{2}}y^{\frac{1}{4}} < 0$ y $\Delta_2 = \dfrac{50}{xy^{3/2}} > 0$, $\forall\, x, y > 0$, la función es estrictamente cóncava en todo el dominio de definición y el punto $(4,1)$ es el máximo global de la función de beneficio. El beneficio máximo se halla sustituyendo los valores de x e y obtenidos en la función de beneficio:

$$B_{Max} = B(4,1) = 20$$

11. Una empresa produce dos tipos X e Y de zapatillas de deporte. El coste promedio de producir un par de zapatillas del primer tipo es de 2 u.m. y de 3 u.m. para el segundo tipo. Las cantidades de pares de zapatillas que pueden venderse del primer y segundo tipo están dadas por las funciones de demanda conjuntas $x = 600(q-p)$, $y = 600(10+p-2q)$ respectivamente, siendo p y q los precios de un par de zapatillas de cada tipo. Determine los precios de venta de cada tipo de pares de zapatillas para que la función de beneficio sea máxima y halle el beneficio máximo obtenido.

Solución

La función de beneficio de la empresa es igual a:

$$\begin{aligned} B(p,q) &= (p-2)x + (q-3)y \\ &= 600(p-2)(q-p) + 600(q-3)(10+p-2q) \\ &= 600(-p^2 + 2pq - p - 2q^2 + 14q - 30) \end{aligned}$$

Para optimizar la función de beneficio, hallamos en primer lugar sus puntos críticos:

$$\nabla B(p,q) = 600(-2p + 2q - 1,\ 2p - 4q + 14) = (0,0)$$

de donde $p = 6$ e $q = \dfrac{13}{2}$.

La matriz hessiana de la función de beneficio es igual a:

$$H(B)(p,q) = \begin{pmatrix} -1200 & -1200 \\ -1200 & -2400 \end{pmatrix}$$

Como los menores principales son $\Delta_1 < 0$ y $\Delta_2 > 0$, la función es estrictamente cóncava en todo el dominio de definición y el punto $(6,\frac{13}{2})$ es el máximo global de la función de beneficio. El beneficio máximo se halla sustituyendo los valores de p y q obtenidos en la función de beneficio:

$$B_{Max} = B(6,\frac{13}{2}) = 7500$$

12. La función de producción de una empresa depende de la mano de obra x y de las materias primas empleadas y según la función:

$$f(x,y) = \frac{a}{2}x^2 + \frac{b}{2}y^2 - \frac{b}{3}x^3 - \frac{a}{3}y^3,\ a,b > 0$$

definida sobre el dominio $D = \left\{(x,y) : x > \frac{a}{2b},\ y > \frac{b}{2a}\right\}$. Determine en función de los parámetros a y b el valor de la producción máxima.

Solución

Para optimizar la función de producción hallamos en primer lugar sus puntos críticos:

$$\nabla f(x,y) = (ax - bx^2, by - ay^2) = (0,0) \Leftrightarrow \left.\begin{matrix} ax - bx^2 = 0 \\ by - ay^2 = 0 \end{matrix}\right\} \Leftrightarrow \left.\begin{matrix} x(a - bx) = 0 \\ y(b - ay) = 0 \end{matrix}\right\}$$

Resolviendo el sistema, los puntos obtenidos son $(0,0)$, $(0,\frac{b}{a})$, $(\frac{a}{b},0)$ y $(\frac{a}{b},\frac{b}{a})$. El único punto que pertenece al dominio de definición de la función es el punto $(\frac{a}{b},\frac{b}{a})$. Estudiemos la naturaleza de este punto crítico.

La matriz hessiana de la función de producción es:

$$H(f)(x,y) = \begin{pmatrix} a - 2bx & 0 \\ 0 & b - 2ay \end{pmatrix}$$

Como los menores principales son $\Delta_1 = a - 2bx < 0$ y $\Delta_2 = (a - 2bx)(b - 2ay) > 0$ en el dominio $D = \left\{(x,y) : x > \frac{a}{2b},\ y > \frac{b}{2a}\right\}$, la función es estrictamente cóncava en todo el dominio de definición y el punto

$(\frac{a}{b},\frac{b}{a})$ es el máximo global de la función de producción. La producción máxima se halla sustituyendo los valores de x e y obtenidos en la función de producción:

$$f_{Max} = f(\frac{a}{b},\frac{b}{a}) = \frac{a^5+b^5}{6a^2b^2}$$

13. Sea una función de producción $f(\vec{x})$, donde $\vec{x}=(x_1,x_2,...,x_n)$ representa el vector formado por las cantidades de factores productivos empleados. Supongamos que $p>0$ es el precio unitario de venta y $\vec{w}=(w_1,w_2,...,w_n)$, los precios unitarios de los factores productivos. Demuestre que:

a) Los puntos críticos $\vec{x}_0$ de la función de beneficio son las soluciones de las ecuaciones:

$$\frac{\partial f}{\partial x_i}(\vec{x}_0) = \frac{w_i}{p}, \;\; i=1,2,...,n$$

b) Si la función de producción $f(\vec{x})$ es estrictamente cóncava, entonces, el punto crítico $\vec{x}_0$ de la función de beneficio es el máximo global estricto de la función de beneficio.

Solución

a) La función de beneficio está dada por:

$$B(x_1,x_2,...,x_n) = I - C = p\,f(x_1,x_2,...,x_n) - w_1x_1 - w_2x_2 - ... - w_nx_n$$

de donde,

$$\nabla B = (p\frac{\partial f}{\partial x_1} - w_1, p\frac{\partial f}{\partial x_2} - w_2, ..., p\frac{\partial f}{\partial x_n} - w_n)$$

y, por tanto, $\vec{x}_0$ es un punto crítico de la función de beneficio si y sólo si:

$$p\frac{\partial f}{\partial x_i}(\vec{x}_0) - w_i = 0, \;\; i=1,2,...,n$$

o equivalentemente si:

$$\frac{\partial f}{\partial x_i}(\vec{x}_0) = \frac{w_i}{p}, \;\; i=1,2,...,n$$

b) Si $f(\vec{x})$ es estrictamente cóncava y $p>0$, la función $p\,f(\vec{x})$ es estrictamente cóncava. Por otra parte, como $-w_1x_1 - w_2x_2 - ... - w_nx_n$ es una función lineal, es a la vez cóncava y convexa, y en particular cóncava. De esta forma, la función de beneficio es estrictamente cóncava al ser la suma de una función estrictamente cóncava y de una función cóncava. Aplicando el Teorema Local-Global, el punto crítico $\vec{x}_0$ es máximo global de la función de beneficio.

EJERCICIOS PROPUESTOS

1. Estudie los óptimos locales y puntos de silla de las siguientes funciones:

a) $f(x,y) = x^4 + 2x^2y - x^2 + 3y^2$

b) $f(x,y) = x^3 + y^3 - 9xy + 27$

c) $f(x,y) = xe^y - e^x$

d) $f(x,y) = xy^2 + x^2y - xy$

e) $f(x,y) = 6xy - x^3 - y^3$

2. Estudie los óptimos locales de las funciones siguientes sin calcular el gradiente de la función:

a) $f(x,y) = e^{x^3+y^3-9xy+27}$

b) $f(x,y) = \left(x^3 + y^3 - 9xy + 27\right)^3$

c) $f(x,y) = \dfrac{1}{1+e^{-(x^2+y^2)}}$

3. Demuestre que, si $\vec{x}_0$ es un máximo global de la función f, entonces se cumple que:

a) $\vec{x}_0$ es un máximo global de $g = e^f$

b) $\vec{x}_0$ es un mínimo global de $-f$

4. Estudie los óptimos globales de las funciones:

a) $f(x_1,x_2,x_3) = x_1^2 + x_2^2 + 3x_3^2 - x_1x_2 + 2x_1x_3 + x_2x_3$

b) $f(x,y,z) = (x-a)^2 + (y-b)^2 + (z-c)^2$

c) $f(x,y,z) = -x^2 - 5x + y^2 + 2yz + 6y + 4z^2 - 4z - 12$

d) $f(x,y,z) = x^2 + y^2 + z^2 + 8x + 6y - 6z + 30$

5. Encuentre los óptimos globales de la función:

$$f(x_1,x_2,\ldots,x_n) = \sum_{i=1}^{n}(x_i + a_i)^2 + 2\sum_{i=1}^{n} b_ix_i + \sum_{i=1}^{n} a_ib_i$$

6. Calcule los óptimos globales de la función de costes:

$$C(x,y)=\frac{x^2}{10}-20x+\frac{y^2}{200}-4y+15000$$

definida para $x \geq 0$ e $y \geq 0$.

7. Halle los valores de la constante k para que la función $f(x,y)=x^2+3xy+ky^2$ tenga un mínimo local en el punto $(0,0)$. ¿Es el punto $(0,0)$ un mínimo global?

8. Determine los valores que han de tener los parámetros a y b para que la función $f(x,y)=x^2+y^2-a(x+y)+2b$ tenga un mínimo global en el punto $(1,1)$ y se cumpla que $f(1,1)=0$.

9. Una empresa fabrica dos artículos que llamaremos A y B. Los programas de ventas experimentales han demostrado que, para un precio p por unidad de A, el número de artículos x que se venderán está dado por $x=12-\frac{p}{3}$. Mientras que, para un precio q por unidad de B, el número y de artículos de B que se venderán es de $y=8-\frac{q}{5}$. Si los costes de producción de x unidades de A e y unidades de B son $C(x,y)=x^2+2xy+3y^2$, se pide:

a) Número de unidades de cada producto que hay que vender para que el beneficio sea máximo.

b) Halle el beneficio máximo.

10. Una empresa estima que el beneficio mensual es una función de la cantidad de dinero que destine a la publicidad por radio y televisión cada mes. Concretamente, la función de beneficio está dada por $B(x,y)=\frac{500x}{5+x}+\frac{80y}{5+y}-x-y$, donde B es el beneficio mensual y x e y indican el gasto mensual en publicidad por radio y televisión respectivamente.

Calcule las cantidades que debe destinar la empresa a la publicidad por radio y televisión para obtener un beneficio mensual máximo.

11. Una empresa produce un bien A utilizando los factores productivos F_1, F_2, en cantidades x e y respectivamente. La función de producción de la empresa es $q(x,y)=3x^{\frac{1}{2}}y^{\frac{1}{3}}$. Supongamos que se vende todo lo que se produce a un precio unitario de 10 u.m. Por otra parte, los precios unitarios de los factores F_1, F_2 son 15 y 10 respectivamente. Calcule las cantidades de factores productivos necesarios para que el beneficio de la empresa sea máximo.

12. Una empresa produce tres bienes cuyos precios en competencia perfecta son $p_x = 20$, $p_y = 10$ y $p_z = 6$. La función de costes de la empresa está dada por:

$$C(x,y,z) = 6x^2 + y^2 + 2xy + z^2 + 5$$

donde x, y, z representan las cantidades producidas de cada uno de los bienes. Obténganse las cantidades x, y, z que maximizan el beneficio de la empresa.

13. Los ingresos unitarios de una empresa vienen dados por el precio de venta de cada uno de los tres productos que fabrica: 24, 50 y 20 u. m. Si x, y, z son las unidades producidas por los tres productos respectivamente, la función de costes es:

$$C(x,y,z) = x^2 + 5y^2 + 2z^2 + 5$$

Obtenga la producción que maximiza los beneficios de la empresa.

14. Una empresa de ordenadores fabrica dos tipos de PC, el modelo básico y el modelo avanzado. Los ingresos obtenidos por la venta de cada modelo básico y de cada modelo avanzado son 2000 y 6000 u.m. respectivamente. La función de costes está dada por $C(x,y) = 2x^2 + 3y^2 + 10$, donde x representa el número de ordenadores del modelo básico e y, el número de ordenadores del modelo avanzado. Determine cuántas unidades de cada tipo hay que vender para que el beneficio sea máximo.

15. Considere los puntos del plano $(x_1,y_1), (x_2,y_2),..., (x_n,y_n)$. Determine la ecuación de la recta $f(x) = ax + b$ que minimiza la función $S = \sum_{i=1}^{n}\left(y_i - f(x_i)\right)^2$. La recta obtenida se denomina ***recta de regresión*** y es la función lineal que mejor se ajusta al conjunto de puntos dados.

XI

OPTIMIZACIÓN CON RESTRICCIONES

Las variables que aparecen en los problemas de optimización están casi siempre sometidas a ciertas restricciones. Por ejemplo, los precios y cantidades son a menudo no negativos por definición, y la escasez impone que las cantidades que se consumen estén acotadas superiormente. Otras condiciones, como cuotas de producción, limitaciones presupuestarias, etc., pueden restringir el rango de variación de las variables. El objetivo de este capítulo es estudiar la formulación matemática de estos problemas, denominados problemas de optimización restringida o condicionada, dando los fundamentos para su resolución.

1. TIPOS DE PROGRAMAS DE OPTIMIZACIÓN RESTRINGIDA

Comenzamos estableciendo los diferentes tipos de programas de optimización restringida y los elementos que intervienen en su definición.

1.1. PROGRAMAS DE OPTIMIZACIÓN: ELEMENTOS Y FORMULACIÓN

En primer lugar definimos los elementos que intervienen en un problema de optimización con restricciones.

- **Función objetivo** f

Se trata de la función f a optimizar:

$$\begin{aligned} f: D \subset \mathbb{R}^n &\to \mathbb{R} \\ \vec{x} &\to f(\vec{x}) \end{aligned}$$

- **Conjunto factible** F

Es el conjunto de puntos del dominio de la función que verifican un conjunto de restricciones definidas en el problema de optimización, que pueden ser de igualdad o desigualdad.

- **Problema de optimización condicionada o restringida**

Un problema de optimización restringida se formula de manera general como:

$$\begin{array}{ll} OPT. & f(\vec{x}) \\ s.a & \vec{x} \in F \end{array}$$

El objetivo básico de la resolución de un programa de optimización es encontrar los valores $\vec{x}$ del conjunto factible F que optimizan (maximizan o minimizan) la función objetivo $f(\vec{x})$.

Ejemplo 1.1

Sea el problema de optimización:

$$\begin{array}{ll} OPT. & f(x,y)=(x-2)^2+(y-3)^3 \\ s.a & x-y=3 \end{array}$$

La función objetivo es $f(x,y)=(x-2)^2+(y-3)^2$ definida en $\mathbb{R}^2$ y el conjunto factible está dado por $F=\{(x,y)\in\mathbb{R}^2 : x-y=3\}$.

■

• **Óptimos restringidos o condicionados**

A continuación definimos qué se entiende por óptimos locales y globales restringidos o condicionados.

Se dice que $\vec{x}_0$ es un ***máximo local restringido*** de f en el conjunto factible F si existe una bola $B(\vec{x}_0,r)$ de centro el punto $\vec{x}_0$ y radio r tal que:

$$f(\vec{x}_0)\geq f(\vec{x}), \qquad \forall\vec{x}\in B(\vec{x}_0,r)\cap F$$

Se dice que $\vec{x}_0$ es un ***máximo global restringido*** de f en el conjunto factible F si:

$$f(\vec{x}_0)\geq f(\vec{x}), \qquad \forall\vec{x}\in F$$

Se dice que $\vec{x}_0$ es un ***mínimo local restringido*** de f en el conjunto factible F si existe una bola $B(\vec{x}_0,r)$ de centro el punto $\vec{x}_0$ y radio r tal que:

$$f(\vec{x}_0)\leq f(\vec{x}), \qquad \forall\vec{x}\in B(\vec{x}_0,r)\cap F$$

Se dice que $\vec{x}_0$ es un ***mínimo global restringido*** de f en el conjunto factible F si:

$$f(\vec{x}_0)\leq f(\vec{x}), \qquad \forall\vec{x}\in F$$

En cualquiera de los casos anteriores se dice que la función $f(\vec{x})$ tiene un ***óptimo estricto*** si para cada $\vec{x}\neq\vec{x}_0$ las desigualdades son estrictas. Si $\vec{x}_0$ es un óptimo global estricto de $f(\vec{x})$, entonces, $\vec{x}_0$ es el único punto en el que $f(\vec{x})$ alcanza dicho óptimo.

1.2. Tipos de Programas de Optimización Restringida

Los programas de optimización pueden clasificarse de acuerdo a diferentes criterios:

A) Según el tipo de restricciones:

- **Programas con restricciones de igualdad**

Las restricciones están dadas por ecuaciones de la forma $g_i(\vec{x}) = b_i$

$$\begin{array}{ll} OPT. & f(\vec{x}) \\ s.a & g_1(\vec{x}) = b_1 \\ & g_2(\vec{x}) = b_2 \\ & \vdots \\ & g_m(\vec{x}) = b_m \end{array}$$

El conjunto factible F está formado en este caso por el conjunto de puntos que verifican las restricciones definidas por las ecuaciones $g_i(\vec{x}) = b_i$, $i = 1, 2, \ldots, m$

$$F = \{\vec{x} \in D : g_i(\vec{x}) = b_i, i = 1, \ldots, m\}$$

donde el número de ecuaciones m es menor que el número de variables n. A la diferencia $n - m$ se le denomina ***grados de libertad*** del problema de optimización.

Si llamamos $g = (g_1, g_2, \ldots, g_m)$ y $\vec{b} = (b_1, b_2, \ldots, b_m)$, el problema de optimización puede representarse de manera abreviada en forma vectorial como:

$$\begin{array}{ll} OPT. & f(\vec{x}) \\ s.a & g(\vec{x}) = \vec{b} \end{array}$$

Las restricciones de igualdad reducen el número de variables libres, es decir, reducen la dimensión del espacio en el que se define el problema. Cuando las ecuaciones son independientes, a veces es posible despejar m incógnitas de las m ecuaciones, expresándolas en términos de las $n - m$ restantes. Si sustituimos las m variables despejadas en la función objetivo, obtenemos un problema de optimización sin restricciones con $n - m$ variables.

- **Programas con restricciones de desigualdad**

Las restricciones están dadas por inecuaciones de la forma:

$$g_i(\vec{x}) \leq b_i \text{ o bien } g_i(\vec{x}) \geq b_i$$

Expresaremos este tipo de programas de dos formas:

$$\begin{array}{ll} OPT. & f(\vec{x}) \\ s.a & g_1(\vec{x}) \leq b_1 \\ & g_2(\vec{x}) \leq b_2 \\ & \vdots \\ & g_m(\vec{x}) \leq b_m \end{array}$$

o bien:

$$\begin{array}{ll} OPT. & f(\vec{x}) \\ s.a & g_1(\vec{x}) \geq b_1 \\ & g_2(\vec{x}) \geq b_2 \\ & \vdots \\ & g_m(\vec{x}) \geq b_m \end{array}$$

Observemos que todo problema de optimización puede expresarse de cualquiera de las dos formas anteriores, ya que una restricción de $\leq$ puede convertirse en una equivalente de $\geq$ multiplicando por -1 los dos miembros de la inecuación. La clasificación realizada no es cerrada, ya que pueden existir problemas de optimización con restricciones mixtas de igualdad y de desigualdad.

Ejemplo 1.2

a) Sea el problema de optimización:

$$\begin{array}{ll} OPT. & z = 2x^2 + y \\ s.a & x^2 + y^2 \leq 1 \\ & x^2 - y \leq 1 \end{array}$$

El conjunto factible está dado por $F = \{(x, y) : x^2 + y^2 \leq 1, x^2 - y \leq 1\}$

b) Consideremos el problema de optimización con restricciones de desigualdad:

$$\begin{array}{ll} OPT. & z = xy \\ s.a & x^2 + y^2 \leq 4 \\ & -x \leq 0 \\ & -y \leq 0 \end{array}$$

El conjunto factible en este caso está dado por $F = \{(x, y) : x^2 + y^2 \leq 4, x \geq 0, y \geq 0\}$.

■

B) Según la linealidad de las funciones:

• Un programa es ***lineal*** si tanto la función objetivo f como las funciones g_i que definen las restricciones del programa son lineales.

Ejemplo 1.3

El siguiente programa de optimización:

$$\begin{array}{ll} OPT. & 2x+3y+4z \\ s.a & x+y\leq 0 \\ & -x\leq 0 \\ & -y\leq 0 \end{array}$$

es lineal, ya que tanto la función objetivo como las funciones que definen cada una de las restricciones son lineales. Sin embargo, los programas a) y b) del Ejemplo 1.2 no son lineales.

■

1.3. PROGRAMAS CONVEXOS Y TEOREMA DE WEIERSTRASS

La resolución de un problema real se traduce normalmente en determinar la existencia del óptimo global. El estudio de los óptimos globales de un problema presenta más dificultades que el estudio de los óptimos locales. Sin embargo, hay un tipo especial de programas de optimización en donde se simplifica considerablemente el estudio de los óptimos globales.

• **Programas convexos**

Un programa de optimización,

$$\begin{array}{ll} OPT. & f(\vec{x}) \\ s.a & \vec{x}\in F \end{array}$$

es ***convexo*** si se cumplen las siguientes condiciones:

1) La función objetivo $f(\vec{x})$ es cóncava o convexa en F.

2) El conjunto factible F es convexo.

La importancia de los programas convexos estriba en que, si existe un máximo local y la función objetivo $f(\vec{x})$ es cóncava, el máximo ha de ser global. Igualmente, si existe un mínimo local y la función $f(\vec{x})$ es convexa, el mínimo es global. Concretamente, se tiene el siguiente resultado:

TEOREMA LOCAL-GLOBAL

Sea un programa de optimización convexo:

$$\begin{array}{ll} OPT. & f(\vec{x}) \\ s.a & \vec{x} \in F \end{array}$$

1) Si $f(\vec{x})$ es convexa en F y $\vec{x}_0$ es un mínimo local de $f(\vec{x})$, entonces, $\vec{x}_0$ es un mínimo global de $f(\vec{x})$.

2) Si $f(\vec{x})$ es cóncava en F y $\vec{x}_0$ es un máximo local de $f(\vec{x})$, entonces, $\vec{x}_0$ es un máximo global de $f(\vec{x})$.

En cualquiera de los casos anteriores, si la función objetivo es estrictamente cóncava o estrictamente convexa en F, el óptimo global es único.

Ejemplo 1.4

1) Consideremos el problema de optimización:

$$\begin{array}{ll} OPT. & z = x^2 + xy + y^3 \\ s.a & x \geq 0, y \geq 1 \end{array}$$

Veamos que se trata de un problema de optimización convexo. En primer lugar, la función objetivo es convexa, ya que la matriz hessiana:

$$H(x,y) = \begin{pmatrix} 2 & 1 \\ 1 & 6y \end{pmatrix}$$

cumple $\Delta_1 = 2$, $\Delta_2 = 12y - 1 > 0$ sobre el conjunto $F = \{(x,y) : x \geq 0, y \geq 1\}$. Además, el conjunto factible F es convexo, como podemos observar en la Figura 11.1.

Figura 11.1. Conjunto factible $F = \{(x,y) : x \geq 0, y \geq 1\}$.

El Teorema Local-Global asegura en este problema que, si existe un mínimo local, ha de ser global.

2) Dado el problema de optimización:

$$\begin{aligned} OPT. \quad & z = x + 2y \\ s.a \quad & y \le x^2 \\ & y \ge 0 \end{aligned}$$

El conjunto factible está dado por $F = \{(x, y) : y \le x^2, y \ge 0\}$ y se representa:

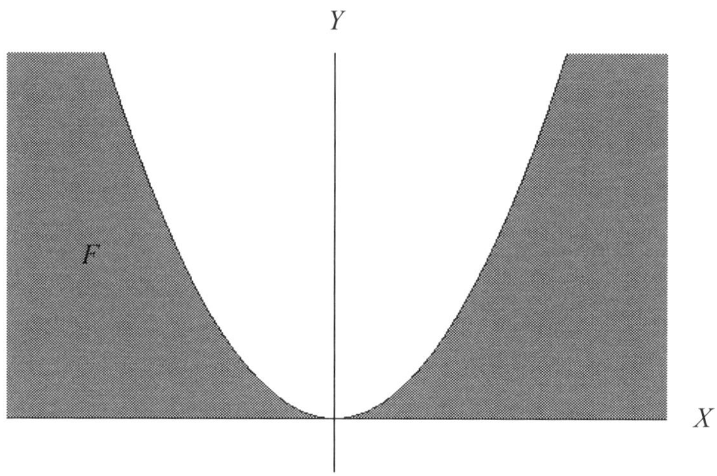

Figura 11.2. Conjunto factible $F = \{(x, y) : y \le x^2, y \ge 0\}$.

Como podemos ver, el conjunto factible F no es convexo y, por tanto, no es posible aplicar el Teorema Local-Global.

3) Consideremos el problema de optimización:

$$\begin{aligned} OPT. \quad & f(x, y, z) = x + y + 3z \\ s.a \quad & x + y \le 0 \\ & x + z \ge 0 \\ & x - y \ge 0 \end{aligned}$$

La función objetivo es cóncava y convexa al ser una función lineal. En este caso no es fácil representar gráficamente el conjunto factible al tener que trabajar en el espacio tridimensional, por tanto, realizaremos otro tipo de análisis. Observemos que F está definido como intersección de conjuntos convexos y, por tanto, a de ser un conjunto convexo. (Recordemos que, si $f(\vec{x})$ es una función lineal, los conjuntos $\{\vec{x} : f(\vec{x}) \ge c\}$, $\{\vec{x} : f(\vec{x}) \le c\}$ y $\{\vec{x} : f(\vec{x}) = c\}$ son convexos). El programa de optimización es por tanto convexo.

Al ser la función objetivo cóncava y convexa a la vez, el Teorema Local-Global asegura en este caso que, si existe un mínimo local, ha de ser global; y si existe un máximo local ha de ser global.

■

En general, un problema de optimización restringida puede no tener solución global. El siguiente teorema nos asegura la existencia de óptimos globales del problema de optimización en determinados casos.

TEOREMA DE WEIERSTRASS

Sea el problema de optimización dado por:

$$\begin{aligned} OPT. \quad & f(\vec{x}) \\ s.a \quad & \vec{x} \in F \end{aligned}$$

Si el conjunto factible F es compacto (cerrado y acotado) y la función objetivo $f(\vec{x})$ es continua sobre F, entonces existe al menos un máximo y un mínimo globales como solución del problema.

Observemos que el Teorema de Weierstrass sólo habla de la existencia de máximo y mínimo global del problema de optimización, sin decir nada acerca del cálculo de dichas soluciones. Para encontrarlas, tendremos que recurrir a otros procedimientos que veremos a continuación en este capítulo. Por otra parte, la condición que establece el teorema es una condición suficiente para la existencia de óptimos globales, si bien no es una condición necesaria.

Veamos algunos ejemplos de aplicación de este resultado a diferentes problemas de optimización.

Ejemplo 1.5

Determine, aplicando el Teorema de Weierstrass, si los siguientes problemas de optimización tienen solución global.

1) Sea el problema de optimización:

$$\begin{aligned} OPT. \quad & z = xy \\ s.a \quad & x^2 + y^2 \leq 9 \\ & x \geq 0 \\ & y \geq 0 \end{aligned}$$

El conjunto factible F está dado por $F = \{(x,y) : x^2 + y^2 \leq 9, x \geq 0, y \geq 0\}$ (véase la Figura 11.3).

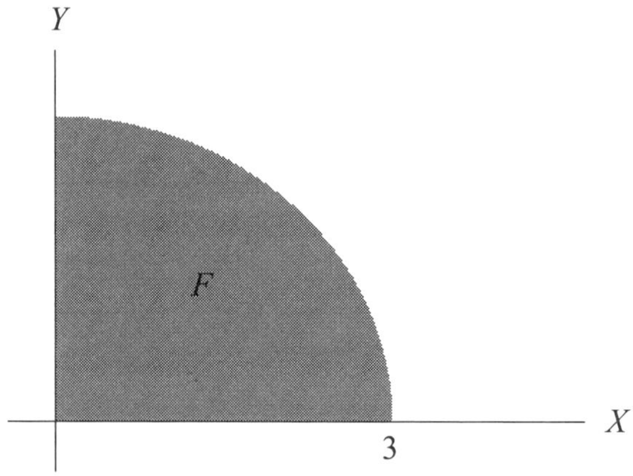

Figura 11.3. Conjunto factible $F = \{(x, y) : x^2 + y^2 \leq 9, x \geq 0, y \geq 0\}$.

Observemos que F es cerrado (las desigualdades que definen a F son no estrictas) y acotado, por tanto F es compacto. Como la función objetivo $z = xy$ es continua sobre F, se puede aplicar el Teorema de Weierstrass y el problema de optimización tiene un máximo y un mínimo global.

2) Dado el problema de optimización:

$$\begin{aligned} OPT.\ & z = x^2 + y^2 \\ s.a\ \ & x + y \leq 1 \\ & y \geq x \\ & x \geq 0 \end{aligned}$$

El conjunto factible F está dado por $F = \{(x, y) : x + y \leq 1, y \geq x, x \geq 0\}$ (véase la Figura 11.4).

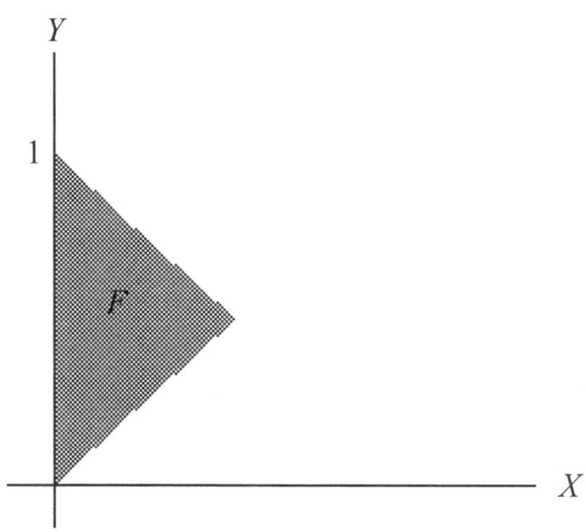

Figura 11.4. Conjunto factible $F = \{(x, y) : x + y \leq 1, y \geq x, x \geq 0\}$.

El conjunto F es compacto y la función objetivo $z = x^2 + y^2$ es continua sobre F, por tanto, según el Teorema de Weierstrass, el problema tiene como solución un máximo y un mínimo global.

3) Dado el problema de optimización:

$$\begin{aligned} OPT.\ & z = x^2 + y^2 \\ s.a\ & x^2 + y^2 \geq 1 \\ & x \geq 0 \\ & y \geq 0 \end{aligned}$$

El conjunto factible $F = \{(x, y) : x^2 + y^2 \geq 1, x \geq 0, y \geq 0\}$ no es compacto, ya que no es acotado (véase la Figura 11.5). En este caso, el Teorema de Weierstrass no proporciona ninguna información.

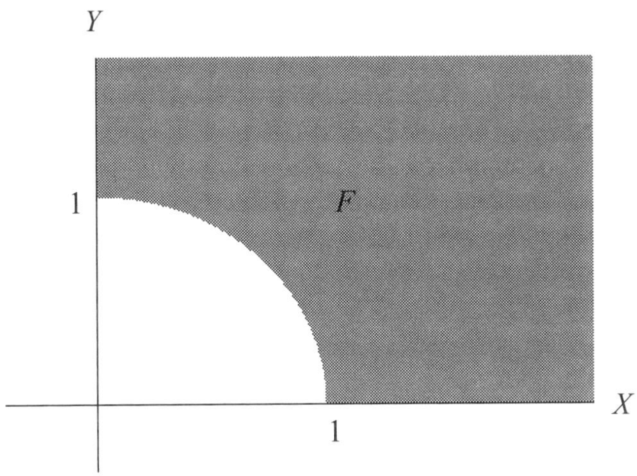

Figura 11.5. Conjunto factible $F = \{(x, y) : x^2 + y^2 \geq 1, x \geq 0, y \geq 0\}$.

■

2. Optimización con Restricciones de Igualdad. Método de los Multiplicadores de Lagrange

Es frecuente encontrar en el análisis económico el problema de optimizar una función cuyas variables están sometidas a determinadas restricciones que pueden ser de igualdad o de desigualdad. En este epígrafe nos ocuparemos del caso en el que las restricciones son de igualdad.

La formulación general en forma vectorial de un problema de optimización con restricciones de igualdad es:

$$\begin{aligned} &OPT.\ f(\vec{x}) \\ &s.a \quad g(\vec{x}) = \vec{b} \end{aligned}$$

donde $f: D \to \mathbb{R}$, $g = (g_1, g_2, \ldots, g_m): D \to \mathbb{R}^m$, $D \subset \mathbb{R}^n$ y $\vec{b} = (b_1, b_2, \ldots, b_m) \in \mathbb{R}^m$.

2.1. INTRODUCCIÓN

Comenzaremos estudiando el caso más sencillo: la función objetivo es una función de dos variables $z = f(x, y)$, donde las variables han de cumplir la condición definida por la ecuación $g(x, y) = c$. El problema lo formularemos de manera abreviada escribiendo:

$$\begin{aligned} &OPT.\ f(x,y) \\ &s.a \quad g(x,y) = c \end{aligned}$$

El primer método para resolver el problema consiste en despejar, si es posible, una de las variables en la ecuación $g(x, y) = c$ que define la restricción y sustituir el valor obtenido en la función objetivo, de manera que ésta se convierte en una función de una variable que optimizamos según el procedimiento habitual.

Ejemplo 2.1

Estudiamos los óptimos locales de la función $z = xy$, bajo la restricción $2x + y = 4$.

Si despejamos la variable y en la ecuación $2x + y = 4$, resulta que $y = 4 - 2x$. Sustituyendo en la función objetivo $z = xy$, tenemos que $z = x(4 - 2x)$ es una función de una variable que resulta sencillo optimizar:

$$\frac{dz}{dx} = 4 - 4x = 0 \Leftrightarrow x = 1$$

Como $\dfrac{d^2z}{dx^2} = -4 < 0$, el punto $x = 1$ es máximo local. Sustituyendo en la ecuación $2x + y = 4$, obtenemos el correspondiente valor de $y = 2$. Así, el punto $(1, 2)$ es el máximo local restringido del problema.

■

El método que acabamos de describir presenta varias limitaciones. La primera dificultad es que no siempre es posible despejar una de las variables en la ecuación definida por la restricción. La segunda dificultad la encontramos en el hecho de que el método se complica considerablemente cuando aparecen más de dos variables y varias restricciones. El método conocido con el nombre de "los multiplicadores de Lagrange" nos permite dar una solución elegante al problema planteado. Para entender en qué consiste el método de los multiplicadores de Lagrange y cuál es su fundamento, realizamos el siguiente razonamiento geométrico.

Consideremos el problema de optimización restringida definido por:

$$\begin{aligned} &OPT. \quad f(x,y) \\ &s.a \quad g(x,y)=c \end{aligned}$$

En la Figura 11.6 tenemos la gráfica de la función $f(x,y)$ y en la Figura 11.7 hemos representado sus curvas de nivel y la curva $g(x,y)=c$ que define la restricción que han de cumplir las variables x e y. En la Figura 11.6, la curva $g(x,y)=c$ se levanta a la curva K en la superficie $z=f(x,y)$. Dicho de otra forma, $g(x,y)=c$ es la curva proyección de la curva K sobre el plano XY.

Si maximizáramos la función $z=f(x,y)$ sin considerar ninguna restricción, la solución sería el punto A que está en la cima de la superficie. Sin embargo, el problema de optimización restringida consiste en determinar el punto de la curva $g(x,y)=c$ que tiene mayor imagen, es decir, el punto más elevado de la curva K. En el ejemplo de la Figura 11.6, la solución es el punto B.

Normalmente no se dispone de la gráfica de la función $z=f(x,y)$, por lo que resulta difícil resolver el problema de manera gráfica como lo hemos hecho en este caso. La representación en el plano XY de las correspondientes curvas de nivel de la función $z=f(x,y)$ y de la curva $g(x,y)=c$ ayudan a salvar esta dificultad (Figura 11.7).

En la Figura 11.7, el punto A' representa el máximo no restringido de la función, y a medida que las curvas de nivel se acercan a este punto, mayor es el valor de $z=f(x,y)$ sobre ellas. La solución del problema de optimización restringida se encuentra recorriendo la curva $g(x,y)=c$ hasta hallar aquel punto situado en la curva de "*mayor nivel*". En este caso, el punto B' sería el máximo restringido. Observemos que el punto B' se caracteriza por ser el punto de tangencia entre la curva restricción y la curva de nivel.

Concretamente, en el punto $B'=(x_0,y_0)$ de tangencia se cumple que los vectores normales de la curva de nivel correspondiente y de la curva $g(x_0,y_0)=c$ son proporcionales. El vector normal en el punto (x_0,y_0) de la curva de nivel $f(x,y)=C_0$ que pasa por dicho punto es $\nabla f(x_0,y_0)$, mientras que el vector normal de la curva $g(x, y) = c$ en el punto (x_0, y_0) es $\nabla g(x_0, y_0)$, que supondremos distinto del vector $(0,0)$.

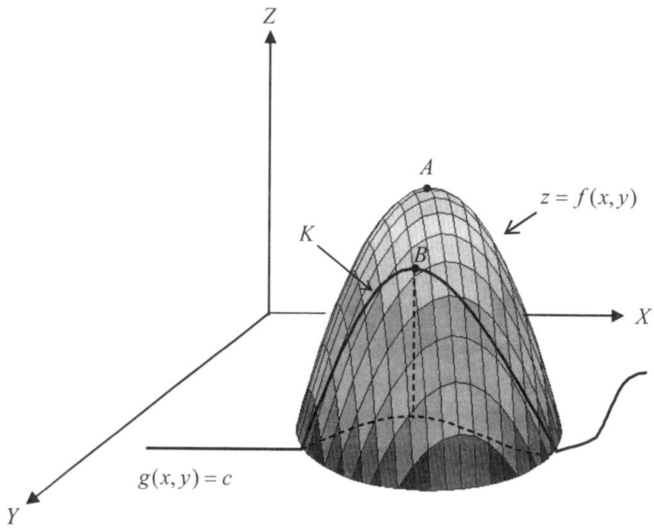

Figura 11.6. Máximo global restringido.

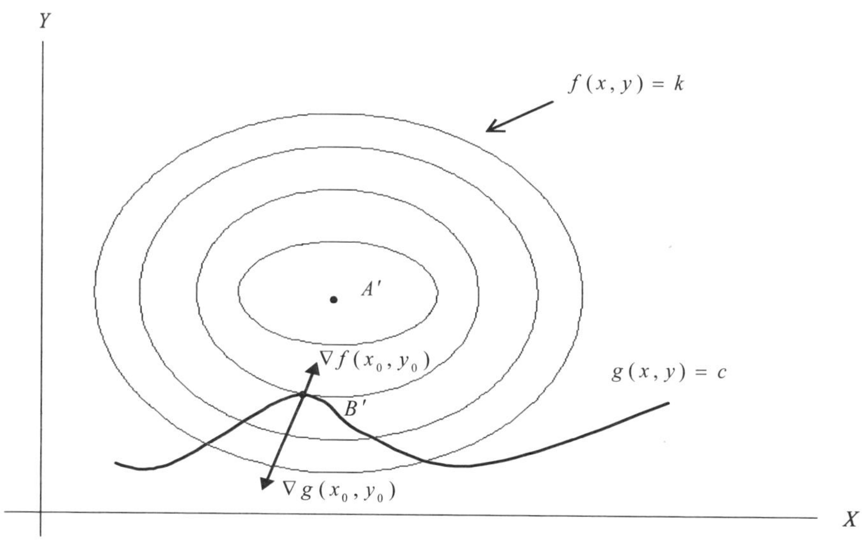

Figura 11.7. El punto de tangencia B' entre la curva $g(x, y) = c$ que define la restricción y la curva de nivel de la función objetivo $f(x, y)$ corresponde en el ejemplo representado al máximo global restringido.

Por tanto:

$$\nabla f(x_0, y_0) = \lambda_0 \nabla g(x_0, y_0)$$

o equivalentemente:

$$\nabla f(x_0, y_0) - \lambda_0 \nabla g(x_0, y_0) = (0,0)$$

donde hemos llamado λ_0 al valor de la constante de proporcionalidad entre los vectores normales.

Desarrollando la expresión anterior, se obtiene que un óptimo restringido (x_0, y_0) debe cumplir necesariamente las ecuaciones:

$$f_x(x_0, y_0) - \lambda_0 g_x(x_0, y_0) = 0, \qquad f_y(x_0, y_0) - \lambda_0 g_y(x_0, y_0) = 0, \qquad g(x_0, y_0) = c$$

El razonamiento que acabamos de describir es el fundamento del método de los multiplicadores de Lagrange. A continuación formalizamos el método.

2.2. MÉTODO DE LOS MULTIPLICADORES DE LAGRANGE (CASO PARTICULAR)

Sea el problema de optimización restringida definido por:

$$\begin{aligned} &OPT. \quad f(x,y) \\ &s.a \quad g(x,y) = c \end{aligned}$$

Definimos la función de Lagrange $L(x,y,\lambda)$:

$$L(x,y,\lambda) = f(x,y) - \lambda [g(x,y) - c]$$

donde a λ se le denomina multiplicador de Lagrange del problema de optimización. Calculamos el gradiente de la función de Lagrange con respecto a las variables x, y, λ:

$$\nabla L(x,y,\lambda) = (L_x, L_y, L_\lambda) = (f_x - \lambda g_x, f_y - \lambda g_y, -g(x,y) + c)$$

Las ecuaciones que debe cumplir un punto (x_0, y_0) que sea un óptimo local restringido, obtenidas a partir del razonamiento geométrico anterior, pueden expresarse en términos del gradiente de la función de Lagrange. Así, si (x_0, y_0) es un óptimo local restringido, entonces se se cumple que existe un número real λ_0 tal que $\nabla L(x_0, y_0, \lambda_0) = \vec{0}$. Con más precisión, podemos formular el siguiente teorema:

TEOREMA 3 (CONDICIÓN NECESARIA PARA LA EXISTENCIA DE UN ÓPTIMO LOCAL)

Sea el problema de optimización restringida dado por:

$$\begin{aligned} &OPT. \quad f(x,y) \\ &s.a \quad g(x,y) = c \end{aligned}$$

donde $f, g \in C^1(D)$, $D \subset \mathbb{R}^2$ abierto. Sea $\vec{x}_0 = (x_0, y_0) \in D$ tal que $\nabla g(\vec{x}_0) \neq (0,0)$. Si $\vec{x}_0$ es un óptimo local del problema de optimización, entonces existe un número real λ_0 tal que

$$\nabla L(x_0, y_0, \lambda_0) = \vec{0}$$

Es decir, el Teorema 3 asegura que un óptimo restringido $\vec{x}_0 = (x_0, y_0) \in D$ ha de verificar necesariamente las ecuaciones:

$$\nabla L(x_0, y_0, \lambda_0) = \vec{0} \Leftrightarrow \left.\begin{array}{r} L_x(x_0, y_0, \lambda_0) = f_x(x_0, y_0) - \lambda_0 g_x(x_0, y_0) = 0 \\ L_y(x_0, y_0, \lambda_0) = f_y(x_0, y_0) - \lambda_0 g_y(x_0, y_0) = 0 \\ g(x_0, y_0) = c \end{array}\right\}$$

Todo punto $\vec{x}_0$ que verifique las ecuaciones anteriores se denomina ***punto crítico asociado al problema de optimización restringida*** y al correspondiente valor λ_0 se le llama ***multiplicador de Lagrange del punto*** $\vec{x}_0$. La hipótesis $\nabla g(\vec{x}_0) \neq (0,0)$ se denomina ***condición de regularidad*** e indica que las restricciones son independientes en el punto crítico y es necesaria para que el teorema sea válido. El resultado anterior establece, por tanto, una condición necesaria para la existencia de un óptimo local, pero no es una condición suficiente.

Ejemplo 2.2

Determinemos los puntos críticos del problema de optimización restringida:

$$\begin{array}{ll} OPT. & z = xy \\ s.a & 2x + y = 4 \end{array}$$

Consideramos la función de Lagrange $L(x, y, \lambda) = xy - \lambda(2x + y - 4)$. Según el resultado anterior, cualquier óptimo restringido ha de ser solución del sistema:

$$\nabla L(x, y, \lambda) = 0 \Leftrightarrow \begin{array}{r} L_x = y - 2\lambda = 0 \\ L_y = x - \lambda = 0 \\ 2x + y = 4 \end{array}$$

Resolviendo el sistema, obtenemos que $x = 1$, $y = 2$ y, por tanto, $\vec{x}_0 = (1,2)$ es el punto crítico del problema con multiplicador de Lagrange asociado $\lambda_0 = 1$. Además, podemos comprobar que el punto crítico $\vec{x}_0 = (1,2)$ cumple la condición de regularidad, ya que $\nabla g(1,2) = (2,1) \neq (0,0)$.

■

A continuación estudiaremos el problema de optimización restringida en el caso general y estableceremos condiciones suficientes para que los puntos críticos del problema sean óptimos restringidos.

2.3. MÉTODO DE LOS MULTIPLICADORES DE LAGRANGE (CASO GENERAL)

Consideremos ahora el problema de optimización restringida formulado en forma general:

$$\begin{aligned} &OPT.\ f(\vec{x}) \\ &s.a \quad g(\vec{x}) = \vec{b} \end{aligned}$$

donde $f : D \to \mathbb{R}$, $g = (g_1, g_2, \ldots, g_m) : D \to \mathbb{R}^m$, $D \subset \mathbb{R}^n$ y $\vec{b} = (b_1, b_2, \ldots, b_m) \in \mathbb{R}^m$.

Un punto $\vec{x}$ del conjunto factible cumple la ***condición de regularidad*** si el rango de la matriz jacobiana en $\vec{x}$ asociada a las restricciones del programa es m.

$$Rg\left(J(g)(\vec{x})\right) = Rg \begin{pmatrix} \frac{\partial g_1}{\partial x_1} & \cdots & \frac{\partial g_1}{\partial x_n} \\ \vdots & \ddots & \vdots \\ \frac{\partial g_m}{\partial x_1} & \cdots & \frac{\partial g_m}{\partial x_n} \end{pmatrix}_{\vec{x}} = m$$

Esta condición nos asegura que las ecuaciones que definen las restricciones del problema de optimización son independientes en el punto $\vec{x}$. La condición de regularidad expresa equivalentemente que los vectores gradientes de las restricciones del problema de optimización son linealmente independientes en el punto.

El procedimiento para resolver el problema es una generalización del que hemos descrito anteriormente para funciones objetivo de 2 variables y una ecuación como restricción.

Definimos la función de Lagrange como una combinación lineal de la función objetivo $f(\vec{x})$ y las restricciones del programa igualadas a cero:

$$L\left(\vec{x}, \vec{\lambda}\right) = f(\vec{x}) - \lambda_1\left[g_1(\vec{x}) - b_1\right] - \lambda_2\left[g_2(\vec{x}) - b_2\right] - \ldots - \lambda_m\left[g_m(\vec{x}) - b_m\right]$$

es decir:

$$L\left(\vec{x}, \vec{\lambda}\right) = f(\vec{x}) - \sum_{i=1}^{m} \lambda_i\left[g_i(\vec{x}) - b_i\right]$$

donde $\vec{x}=\left(x_1,x_2,\ldots,x_n\right)$, $\vec{\lambda}=\left(\lambda_1,\lambda_2,\ldots,\lambda_m\right)$.

Observemos que la función de Lagrange tiene $n+m$ variables $\left(x_1,x_2,\ldots,x_n,\lambda_1,\ldots,\lambda_m\right)$. A las variables $\lambda_1,\lambda_2,\ldots,\lambda_m$ se les llama ***multiplicadores de Lagrange***.

2.3.1. Condición necesaria de primer orden para la existencia de óptimos locales

El siguiente teorema, versión general del Teorema 3 que analizaba el caso de funciones de dos variables y una ecuación como restricción, establece una condición necesaria para la existencia de un óptimo restringido.

TEOREMA 4 (CONDICIÓN NECESARIA PARA LA EXISTENCIA DE UN ÓPTIMO LOCAL)

Sea el problema de optimización restringida:

$$\begin{aligned} &OPT.\ f(\vec{x}) \\ &s.a \quad g(\vec{x})=\vec{b} \end{aligned}$$

donde $f,g\in C^1(D)$. Sea $\vec{x}_0$ un punto del conjunto factible F que cumple la condición de regularidad. Si $\vec{x}_0$ es un óptimo local del problema de optimización restringida, entonces existen números reales $\lambda_1^0,\lambda_2^0,\ldots,\lambda_m^0$ únicos tal que:

$$\nabla L(\vec{x}_0,\vec{\lambda}_0)=\vec{0}$$

donde $\vec{\lambda}_0=(\lambda_1^0,\lambda_2^0,\ldots,\lambda_m^0)$.

Como $L\left(\vec{x},\vec{\lambda}\right)=f\left(\vec{x}\right)-\sum_{i=1}^{m}\lambda_i\left[g_i\left(\vec{x}\right)-b_i\right]$, desarrollando el gradiente de la función de Lagrange, la condición necesaria $\nabla L(\vec{x}_0,\vec{\lambda}_0)=\vec{0}$ puede expresarse de la siguiente forma equivalente:

$$\nabla f(\vec{x}_0)-\lambda_1^0\nabla g_1(\vec{x}_0)-\lambda_2^0 g_2\nabla(\vec{x}_0)-\ldots-\lambda_m^0\nabla g_m(\vec{x}_0)=\vec{0}$$

Es decir, el vector gradiente de f en el punto $\vec{x}_0$ ha de ser linealmente dependiente de los vectores gradientes en $\vec{x}_0$ de cada una de las funciones g_i que definen las restricciones.

La ecuación $\nabla L(\vec{x}_0,\vec{\lambda}_0)=\vec{0}$ es entonces equivalente al sistema de ecuaciones siguiente, denominadas ***condiciones de Lagrange***:

$$\frac{\partial L}{\partial x_j}\left(\vec{x}_0,\vec{\lambda}_0\right)=\frac{\partial f}{\partial x_j}(\vec{x}_0)-\sum_{i=1}^{m}\lambda_i^0\frac{\partial g_i}{\partial x_j}(\vec{x}_0)=\vec{0},\quad j=1,2,\ldots,n$$

$$g_i\left(\vec{x}_0\right)=b_i \quad i=1,2,...,m$$

Tenemos por tanto un sistema de $n+m$ ecuaciones con $n+m$ incógnitas $\left(x_1,x_2,\ldots,x_n,\lambda_1,\ldots,\lambda_m\right)$. A cualquier punto $\vec{x}_0$ que verifique las condiciones anteriores se le denomina ***punto crítico*** del problema y a $\vec{\lambda}_0=(\lambda_1^0,\lambda_2^0,...,\lambda_m^0)$, ***multiplicadores de Lagrange*** asociados al punto crítico $\vec{x}_0$.

Un punto crítico no es necesariamente un óptimo local del problema de optimización. Si en un punto crítico no hay un óptimo local, se dice que el punto es un ***punto de silla*** del programa de optimización.

Ejemplo 2.3

Estudie los puntos críticos del problema de optimización restringida dado por:

$$\begin{aligned} OPT.\quad & f\left(x,y,z\right)=x^2+2y^2-z^2 \\ s.a\quad & x+y=0 \\ & y-z=1 \end{aligned}$$

Comenzamos construyendo la función de Lagrange:

$$L\left(x,y,z,\lambda_1,\lambda_2\right)=x^2+2y^2-z^2-\lambda_1\left(x+y\right)-\lambda_2\left(y-z-1\right)$$

Un punto crítico del problema de optimización ha de cumplir la condición:

$$\nabla L\left(x,y,z,\lambda_1,\lambda_2\right)=\vec{0}$$

equivalente al sistema de ecuaciones dado por:

$$\begin{aligned} L_x &= 2x-\lambda_1=0 \\ L_y &= 4y-\lambda_1-\lambda_2=0 \\ L_z &= -2z+\lambda_2=0 \\ & x+y=0 \\ & y-z=1 \end{aligned}$$

Despejando λ_1 en la primera ecuación y λ_2 en la tercera y sustituyendo ambos valores en la segunda ecuación, se obtiene que $2y-x-z=0$. Esta ecuación, unida a las ecuaciones cuarta y quinta, determina un sistema de ecuaciones compatible determinado cuya solución es $x=\frac{1}{2}, y=-\frac{1}{2}, z=-\frac{3}{2}$. De esta forma, el punto crítico del problema de optimización es $\vec{x}_0 = (\frac{1}{2}, -\frac{1}{2}, -\frac{3}{2})$, con multiplicadores de Lagrange asociados $\vec{\lambda}_0 = (\lambda_1, \lambda_2) = (1, -3)$.

■

2.3.2. Condiciones suficientes de segundo orden para la existencia de óptimos locales

El Teorema 4 proporciona una condición necesaria y no suficiente para que un punto que cumpla la condición de regularidad sea un óptimo local del problema de optimización restringida. Para estudiar la naturaleza de un punto crítico, estudiamos dos condiciones suficientes (fuerte y débil) a partir de la matriz hessiana de la función de Lagrange.

La condición suficiente fuerte está basada en el siguiente hecho: si un punto $\vec{x}_0$ que verifica las restricciones del problema de optimización es un óptimo (local o global) de la función de Lagrange $L(\vec{x}, \vec{\lambda}_0)$, entonces es un óptimo (local o global) de la función objetivo $f(\vec{x})$. En efecto, si existe $\vec{\lambda}_0$ tal que $\vec{x}_0$ es, por ejemplo, un máximo local de la función de Lagrange $L(\vec{x}, \vec{\lambda}_0)$, entonces se cumple que:

$$L(\vec{x}, \vec{\lambda}_0) \leq L(\vec{x}_0, \vec{\lambda}_0), \quad \forall \vec{x} \in B(\vec{x}_0, r) \cap F$$

Teniendo en cuenta que la función de Lagrange es $L(\vec{x}, \vec{\lambda}) = f(\vec{x}) - \sum_{i=1}^{m} \lambda_i \left[g_i(\vec{x}) - b_i \right]$ y que el punto $\vec{x}_0$ verifica las restricciones del problema, es decir, $g_i(\vec{x}_0) = b_i$, la desigualdad anterior implica que:

$$f(\vec{x}) \leq f(\vec{x}_0), \quad \forall \vec{x} \in B(\vec{x}_0, r) \cap F$$

y, por tanto, $\vec{x}_0$ es un máximo local de la función $f(\vec{x})$.

Este hecho justifica el siguiente resultado:

TEOREMA 5 (CONDICIÓN SUFICIENTE FUERTE)

Sea $\vec{x}_0$ un punto crítico del problema de optimización con multiplicador de Lagrange asociado $\vec{\lambda}_0$ y $f, g \in C^2(D)$. Consideremos la matriz hessiana $H_{\vec{x}}(L)(\vec{x}_0, \vec{\lambda}_0)$ de la función de Lagrange L respecto de $\vec{x}$ en el punto $\vec{x}_0$ con multiplicador $\vec{\lambda}_0$:

$$H_{\vec{x}}(L)(\vec{x}_0,\vec{\lambda}_0)=\begin{pmatrix} \dfrac{\partial^2 L}{\partial x_1^2} & \cdots & \dfrac{\partial^2 L}{\partial x_1 \partial x_n} \\ \vdots & \ddots & \vdots \\ \dfrac{\partial^2 L}{\partial x_n \partial x_1} & \cdots & \dfrac{\partial^2 L}{\partial x_n^2} \end{pmatrix}$$

* Si $H_{\vec{x}}(L)(\vec{x}_0,\vec{\lambda}_0)$ es definida positiva, entonces, $\vec{x}_0$ es un mínimo local restringido.

* Si $H_{\vec{x}}(L)(\vec{x}_0,\vec{\lambda}_0)$ es definida negativa, entonces, $\vec{x}_0$ es un máximo local restringido.

Ejemplo 2.4

Estudie el problema de optimización restringida dado por:

$$\begin{aligned} OPT. \quad & f(x,y,z)=x^2+y^2+z^2 \\ s.a. \quad & x+y+z=0 \\ & 2x-y+2z=1 \end{aligned}$$

Comenzamos construyendo la función de Lagrange:

$$L(x,y,z,\lambda)=x^2+y^2+z^2-\lambda_1(x+y+z)-\lambda_2(2x-y+2z-1)$$

• Condición necesaria $\nabla L(x,y,z,\lambda)=\vec{0}$

$$\begin{aligned} L_x &= 2x-\lambda_1-2\lambda_2=0 \\ L_y &= 2y-\lambda_1+\lambda_2=0 \\ L_z &= 2z-\lambda_1-2\lambda_2=0 \end{aligned}$$

$$\begin{aligned} x+y+z&=0 \\ 2x-y+2z&=1 \end{aligned}$$

Los puntos críticos del problema son las soluciones del sistema anterior dadas por:

$$\vec{x}_0=(\frac{1}{6},-\frac{1}{3},\frac{1}{6}),\ \vec{\lambda}_0=(-\frac{1}{3},\frac{1}{3})$$

• Condición suficiente fuerte

Formamos el hessiano $H_{\vec{x}}(L)(\vec{x}_0,\vec{\lambda}_0)$ de L en el punto $(\vec{x}_0,\vec{\lambda}_0)$

$$H_{\vec{x}}(L)(\vec{x}_0,\vec{\lambda}_0)=\begin{pmatrix}2 & 0 & 0\\ 0 & 2 & 0\\ 0 & 0 & 2\end{pmatrix}$$

La matriz $H_{\vec{x}}(L)(\vec{x}_0,\vec{\lambda}_0)$ es definida positiva y el punto $\vec{x}_0=(\frac{1}{6},-\frac{1}{3},\frac{1}{6})$ es un mínimo local restringido.

■

Exigir que la matriz hessiana $H_{\vec{x}}(L)(\vec{x}_0,\vec{\lambda}_0)$ de la función de Lagrange sea definida positiva es una condición muy restrictiva. Es frecuente que la matriz $H_{\vec{x}}(L)(\vec{x}_0,\vec{\lambda}_0)$ sea semidefinida o indefinida. El siguiente resultado, denominado condición suficiente débil, muestra que para clasificar un punto crítico, es suficiente que la matriz hessiana sea definida positiva cuando se restringe al subespacio vectorial determinado por el jacobiano de las restricciones en el punto crítico.

TEOREMA 6 (CONDICIÓN SUFICIENTE DÉBIL)

Sea $\vec{x}_0$ un punto crítico del problema de optimización con multiplicador de Lagrange asociado $\vec{\lambda}_0$ y $f,g\in C^2(D)$. Sea $J(g)(\vec{x}_0)$ la matriz jacobiana de $g=(g_1,g_2,\ldots,g_m)$ en el punto $\vec{x}_0$.

Si la forma cuadrática asociada a $H_{\vec{x}}(L)(\vec{x}_0,\vec{\lambda}_0)$ restringida al subespacio vectorial definido por $\{\vec{x}\in\mathbb{R}^n : J(g)(\vec{x}_0)\vec{x}=\vec{0}\}$ es definida positiva, entonces, $\vec{x}_0$ es un mínimo local estricto restringido.

Si la forma cuadrática asociada a $H_{\vec{x}}(L)(\vec{x}_0,\vec{\lambda}_0)$ restringida al subespacio vectorial definido por $\{\vec{x}\in\mathbb{R}^n : J(g)(\vec{x}_0)\vec{x}=\vec{0}\}$ es definida negativa, entonces, $\vec{x}_0$ es un máximo local estricto restringido.

Si la forma cuadrática asociada a $H_{\vec{x}}(L)(\vec{x}_0,\vec{\lambda}_0)$ restringida al subespacio vectorial definido por $\{\vec{x}\in\mathbb{R}^n : J(g)(\vec{x}_0)\vec{x}=\vec{0}\}$ es indefinida, entonces, $\vec{x}_0$ es un punto de silla.

Sea $\left(J(g)(\vec{x}_0)\right)^t$ la matriz traspuesta de la matriz jacobiana de g en el punto $\vec{x}_0$ y representemos por O la matriz nula de orden $m\times m$. Definimos la matriz hessiana orlada $\overline{H}(L)(\vec{x}_0,\vec{\lambda}_0)$ de la forma siguiente:

$$\bar{H}(L)(\vec{x}_0,\vec{\lambda}_0)=\begin{pmatrix} O & J(g)(\vec{x}_0) \\ (J(g)(\vec{x}_0))^t & H_{\vec{x}}(L)(\vec{x}_0,\vec{\lambda}_0) \end{pmatrix}_{(\vec{x}_0,\vec{\lambda}_0)}$$

donde $H_{\vec{x}}(L)(\vec{x}_0,\vec{\lambda}_0)$ es la matriz hessiana de la función de Lagrange respecto de $\vec{x}=\left(x_1,x_2,\ldots,x_n\right)$.

Teniendo ahora en cuenta el criterio que determina el signo de una forma cuadrática restringida a un subespacio a partir de la matriz orlada (véase el Capítulo 5), el Teorema 6 tiene como consecuencia el siguiente resultado.

TEOREMA 7

Sea $\vec{x}_0$ un punto crítico del problema de optimización restringida con multiplicadores de Lagrange asociados $\vec{\lambda}_0$.

a) Si los $n-m$ últimos menores principales de la matriz $\bar{H}(L)(\vec{x}_0,\vec{\lambda}_0)$ tienen el signo de $(-1)^m$, entonces, la forma cuadrática restringida es definida positiva y el punto $\vec{x}_0$ es un mínimo local estricto restringido.

b) Si los $n-m$ últimos menores principales de la matriz $\bar{H}(L)(\vec{x}_0,\vec{\lambda}_0)$ alternan el signo comenzando por $(-1)^{m+1}$, entonces, la forma cuadrática restringida es definida negativa y el punto $\vec{x}_0$ es un máximo local estricto restringido.

Ejemplo 2.5

Estudiemos los óptimos del problema de optimización restringida dado por:

$$\begin{aligned} &OPT. \quad z=xy \\ &s.a \quad 2x+y=4 \end{aligned}$$

En el Ejemplo 2.2 determinamos que $\vec{x}_0=(1,2)$ es el único punto crítico del problema de optimización con multiplicador de Lagrange asociado $\lambda_0=1$. Clasifiquemos el punto crítico aplicando las condiciones fuerte y débil de segundo orden enunciadas anteriormente.

Aplicamos en primer lugar la condición suficiente fuerte.

- Condición suficiente fuerte

Como $L_{xx}=0$, $L_{yy}=0$ y $L_{xy}=L_{yx}=1$, la matriz $H_{\vec{x}}(L)(\vec{x}_0,\lambda_0)$

$$H_{\vec{x}}(L)(\vec{x}_0,\lambda_0)=\begin{pmatrix} 0 & 1 \\ 1 & 0 \end{pmatrix}$$

es indefinida y la condición suficiente fuerte no nos informa sobre la naturaleza del punto crítico $\vec{x}_0 = (1,2)$.

- Condición suficiente débil

Estudiamos el carácter de la forma cuadrática $H_{\vec{x}}(L)(\vec{x}_0, \vec{\lambda}_0)$ restringida al subespacio definido por $J(g)(\vec{x}_0)$. La forma cuadrática asociada a la matriz $H_{\vec{x}}(L)(\vec{x}_0, \vec{\lambda}_0) = \begin{pmatrix} 0 & 1 \\ 1 & 0 \end{pmatrix}$ es $Q(x, y) = 2xy$. Por otra parte, la matriz jacobiana $J(g)(\vec{x}_0)$ está dada por:

$$J(g)(\vec{x}_0) = \left(\frac{\partial g}{\partial x}, \frac{\partial g}{\partial y} \right)_{(1,2)} = (2,1)$$

y el subespacio $J(g)(\vec{x}_0)(\vec{x})$ asociado es:

$$(2,1)\begin{pmatrix} x \\ y \end{pmatrix} = 0 \Leftrightarrow 2x + y = 0$$

Para estudiar el carácter de la forma cuadrática $Q(x, y) = 2xy$ restringida al subespacio $2x + y = 0$, despejamos y en esta ecuación, de donde $y = -2x$, y sustituimos en la forma cuadrática $Q(x, y) = 2xy$, obteniéndose $Q(x) = -4x^2$, que es definida negativa. El punto $(1,2)$ es, por tanto, un máximo local restringido.

Otra forma de estudiar la condición suficiente débil es a partir de la matriz orlada. Construimos la matriz hessiana orlada $\overline{H}(L)(\vec{x}_0, \lambda_0)$. Como $g_x = 2$ y $g_y = 1$, la matriz $\overline{H}(L)(\vec{x}_0, \lambda_0)$ en el punto $\vec{x}_0 = (1,2)$ con multiplicador de Lagrange asociado $\lambda_0 = 1$ está dada por:

$$\overline{H}(L)(\vec{x}_0, \lambda_0) = \begin{pmatrix} 0 & 2 & 1 \\ 2 & 0 & 1 \\ 1 & 1 & 0 \end{pmatrix}$$

Aplicando el Teorema 7, como $\overline{\Delta}_3 = \det \overline{H}(L)(\vec{x}_0, \lambda_0) > 0$, el punto $\vec{x}_0 = (1,2)$ es un máximo local restringido.

■

Ejemplo 2.6

Estudie el problema de optimización restringida dado por:

$$\begin{aligned} OPT. \quad & f(x,y,z) = x + y + z \\ s.a. \quad & x^2 + y^2 = 5 \\ & y - z = 0 \end{aligned}$$

Comenzamos construyendo la función de Lagrange:

$$L(x,y,z,\lambda) = x + y + z - \lambda_1 (x^2 + y^2 - 5) - \lambda_2 (y - z)$$

• Condición necesaria

Los puntos críticos han de cumplir la condición necesaria $\nabla L(x,y,z,\lambda) = \vec{0}$, lo que equivale a ser soluciones del sistema de ecuaciones siguiente:

$$\begin{aligned} L_x &= 1 - 2\lambda_1 x = 0 \\ L_y &= 1 - 2\lambda_1 y - \lambda_2 = 0 \\ L_z &= 1 + \lambda_2 = 0 \\ x^2 &+ y^2 = 5 \\ y &- z = 0 \end{aligned}$$

Despejando λ_1 en la primera ecuación y λ_2 en la tercer, se tiene que $\lambda_1 = \frac{1}{2x}$ y $\lambda_2 = -1$. Sustituyendo en la segunda ecuación, obtenemos que $y = 2x$. Llevando el valor obtenido para y a la cuarta ecuación, se tiene que $x = 1$ y $x = -1$. De esta forma, las soluciones del sistema son:

$$\vec{x}_0 = (1,2,2),\ \vec{\lambda}_0 = (\frac{1}{2},-1) \text{ y } \vec{x}_1 = (-1,-2,-2),\ \vec{\lambda}_1 = (-\frac{1}{2},-1).$$

• Condición suficiente fuerte

Para estudiar la naturaleza de los puntos críticos, estudiamos en primer lugar la condición suficiente fuerte. Formamos la matriz hessiana de la función de Lagrange $H_{\vec{x}}(L)$ de L:

$$H_{\vec{x}}(L)(\vec{x},\vec{\lambda}) = \begin{pmatrix} -2\lambda_1 & 0 & 0 \\ 0 & -2\lambda_1 & 0 \\ 0 & 0 & 0 \end{pmatrix}$$

que evaluada en los puntos críticos $\vec{x}_0 = (1,2,2),\ \vec{\lambda}_0 = (\frac{1}{2},-1)$ y $\vec{x}_1 = (-1,-2,-2),\ \vec{\lambda}_1 = (-\frac{1}{2},-1)$ da las matrices:

$$H_{\vec{x}}(L)(\vec{x}_0,\vec{\lambda}_0)=\begin{pmatrix}-1&0&0\\0&-1&0\\0&0&0\end{pmatrix} \text{ y } H_{\vec{x}}(L)(\vec{x}_0,\vec{\lambda}_0)=\begin{pmatrix}1&0&0\\0&1&0\\0&0&0\end{pmatrix}$$

En ambos casos se trata de matrices semidefinidas, por lo que es necesario el estudio de la condición suficiente débil.

- Condición suficiente débil

En cada punto crítico hemos de estudiar el carácter de la forma cuadrática $\overline{H}(L)(\vec{x}_0,\vec{\lambda}_0)$ restringida al subespacio definido por el jacobiano de las restricciones del problema de optimización $\left\{\vec{x}\in\mathbb{R}^3 : J(g)(\vec{x}_0)\vec{x}=\vec{0}\right\}$.

Para el punto crítico $\vec{x}_0=(1,2,2)$, con multiplicador $\vec{\lambda}_0=(\frac{1}{2},-1)$, la matriz jacobiana de las restricciones es:

$$J\left(g\right)(\vec{x}_0)=\begin{pmatrix}\dfrac{\partial g_1}{\partial x}&\dfrac{\partial g_1}{\partial y}&\dfrac{\partial g_1}{\partial z}\\ \dfrac{\partial g_2}{\partial x}&\dfrac{\partial g_2}{\partial y}&\dfrac{\partial g_2}{\partial z}\end{pmatrix}_{\vec{x}_0}=\begin{pmatrix}2x&2y&0\\0&1&-1\end{pmatrix}_{\vec{x}_0}=\begin{pmatrix}2&4&0\\0&1&-1\end{pmatrix}$$

y el subespacio asociado es:

$$\begin{pmatrix}2&4&0\\0&1&-1\end{pmatrix}\begin{pmatrix}x\\y\\z\end{pmatrix}=\begin{pmatrix}0\\0\end{pmatrix}\Leftrightarrow\left.\begin{array}{r}2x+4y=0\\y-z=0\end{array}\right\}$$

La forma cuadrática asociada a la matriz $H_{\vec{x}}(L)(\vec{x}_0,\vec{\lambda}_0)=\begin{pmatrix}-1&0&0\\0&-1&0\\0&0&0\end{pmatrix}$ es $Q(x,y,z)=-x^2-y^2$. Para estudiar el carácter de la forma cuadrática restringida al subespacio definido por las ecuaciones $2x+4y=0,\ y-z=0$, podemos hacerlo de dos formas: bien despejando 2 incógnitas en las ecuaciones que definen las restricciones y sustituyendo posteriormente en la forma cuadrática, o bien aplicando el criterio de la matriz hessiana orlada.

Si aplicamos el primero de los métodos, despejando en las ecuaciones $2x+4y=0,\ y-z=0$, se tiene que $x=-2y,\ z=y$, de donde la forma cuadrática $Q(x,y,z)=-x^2-y^2$ puede expresarse como $Q(y)=-5y^2$, que es definida negativa. De esta forma, el punto $\vec{x}_0=(1,2,2)$ es un máximo local restringido.

Análogamente, en el punto $\vec{x}_1=(-1,-2,-2)$ con $\vec{\lambda}_1=(-\frac{1}{2},-1)$, la matriz jacobiana es:

$$J(g)(\vec{x}_1)=\begin{pmatrix} \frac{\partial g_1}{\partial x} & \frac{\partial g_1}{\partial y} & \frac{\partial g_1}{\partial z} \\ \frac{\partial g_2}{\partial x} & \frac{\partial g_2}{\partial y} & \frac{\partial g_2}{\partial z} \end{pmatrix}_{\vec{x}_1}=\begin{pmatrix} 2x & 2y & 0 \\ 0 & 1 & -1 \end{pmatrix}_{\vec{x}_1}=\begin{pmatrix} -2 & -4 & 0 \\ 0 & 1 & -1 \end{pmatrix}$$

y el subespacio asociado:

$$\begin{pmatrix} -2 & -4 & 0 \\ 0 & 1 & -1 \end{pmatrix}\begin{pmatrix} x \\ y \\ z \end{pmatrix}=\begin{pmatrix} 0 \\ 0 \end{pmatrix}\Leftrightarrow \left.\begin{matrix} -2x-4y=0 \\ y-z=0 \end{matrix}\right\}$$

La forma cuadrática asociada a la matriz $H_{\vec{x}}(L)(\vec{x}_1,\vec{\lambda}_1)=\begin{pmatrix} 1 & 0 & 0 \\ 0 & 1 & 0 \\ 0 & 0 & 0 \end{pmatrix}$ es $Q(x,y,z)=x^2+y^2$. Para estudiar el carácter de $Q(x,y,z)=x^2+y^2$ restringida al subespacio definido por las ecuaciones $-2x-4y=0,\ y-z=0$, despejamos x y z en las ecuaciones $-2x-4y=0,\ y-z=0$, de donde $x=-2y,\ z=y$. Sustituyendo en la forma cuadrática $Q(x,y,z)=x^2+y^2$, ésta puede expresarse equivalentemente como $Q(y)=5y^2$, que es definida positiva. De esta forma el punto $\vec{x}_1=(-1,-2,-2)$ es un mínimo local restringido.

Otra forma de estudiar el carácter de una forma cuadrática restringida es a partir del criterio de la matriz orlada. Sean las matrices orladas:

$$\overline{H}(L)(\vec{x}_0,\vec{\lambda}_0)=\begin{pmatrix} 0 & 0 & 2 & 4 & 0 \\ 0 & 0 & 0 & 1 & -1 \\ 2 & 0 & -1 & 0 & 0 \\ 4 & 1 & 0 & -1 & 0 \\ 0 & -1 & 0 & 0 & 0 \end{pmatrix} \text{ y } \overline{H}(L)(\vec{x}_1,\vec{\lambda}_1)=\begin{pmatrix} 0 & 0 & -2 & -4 & 0 \\ 0 & 0 & 0 & 1 & -1 \\ -2 & 0 & 1 & 0 & 0 \\ -4 & 1 & 0 & 1 & 0 \\ 0 & -1 & 0 & 0 & 0 \end{pmatrix}$$

El criterio de clasificación nos dice que estudiemos el signo de los $n-m=3-2=1$ últimos menores principales de $\overline{H}(L)(\vec{x}_0,\vec{\lambda}_0)$ y $\overline{H}(L)(\vec{x}_1,\vec{\lambda}_1)$. En este caso se trata del último menor principal de $\overline{H}(L)(\vec{x}_0,\vec{\lambda}_0)$, es decir, $\det\overline{H}(L)(\vec{x}_0,\vec{\lambda}_0)$.

Como $\det \overline{H}(L)(\vec{x}_0,\vec{\lambda}_0) = -20$, el signo coincide con el signo de $(-1)^{m+1} = (-1)^3 = -1$, el punto $\vec{x}_0 = (1,2,2)$ es un máximo local restringido.

De forma similar, como $\det \overline{H}(L)(\vec{x}_1,\vec{\lambda}_1) = 20$, el signo coincide con el signo de $(-1)^m = (-1)^2 = 1$ y el punto $\vec{x}_1 = (-1,-2,-2)$ es un mínimo local restringido.

■

En el ejemplo que acabamos de estudiar, la parte más complicada ha sido determinar a partir de la condición de segundo orden si el punto crítico es un óptimo. Cuando el programa es convexo, es decir, la función objetivo es cóncava o convexa y el conjunto factible es convexo, entonces, el punto crítico obtenido es un óptimo sin necesidad de estudiar la condición suficiente de segundo orden. Concretamente, tenemos el siguiente resultado:

TEOREMA 8 (LOCAL-GLOBAL)

Supongamos que el conjunto factible F es convexo y que $\vec{x}_0 \in F$ es un punto crítico del problema de optimización restringida.

1) Si la función objetivo $f(\vec{x})$ es convexa en F, entonces, $\vec{x}_0$ es un mínimo global.

2) Si la función objetivo $f(\vec{x})$ es cóncava en F, entonces, $\vec{x}_0$ es un máximo global.

En cualquiera de los casos, si la función objetivo es estrictamente convexa o cóncava, el óptimo global es único.

Ejemplo 2.7

Sea el problema de optimización restringida planteado en el Ejemplo 2.4 dado por:

$$\begin{array}{ll} OPT. & f(x,y,z) = x^2 + y^2 + z^2 \\ s.a. & x + y + z = 0 \\ & 2x - y + 2z = 1 \end{array}$$

El único punto crítico del problema es $\vec{x}_0 = (\frac{1}{6}, -\frac{1}{3}, \frac{1}{6})$ con multiplicadores de Lagrange asociados $\vec{\lambda}_0 = (-\frac{1}{3}, \frac{1}{3})$. Veamos si es posible aplicar las hipótesis del Teorema Local-Global. La matriz hessiana de $f(x,y,z) = x^2 + y^2 + z^2$:

$$H(f)(x,y,z) = \begin{pmatrix} 2 & 0 & 0 \\ 0 & 2 & 0 \\ 0 & 0 & 2 \end{pmatrix}$$

es definida positiva en F y la función objetivo es estrictamente convexa. Por otra parte, el conjunto factible F es convexo, ya que está definido por funciones lineales. Podemos, por tanto, aplicar el Teorema Local-Global por el cual el punto crítico $\vec{x}_0 = (\frac{1}{6}, -\frac{1}{3}, \frac{1}{6})$ obtenido es un mínimo global restringido. Al ser $f(x,y,z) = x^2 + y^2 + z^2$ estrictamente convexa, el mínimo global es estricto.

■

2.3.3. Estudio gráfico de un problema de optimización restringida

El análisis de las curvas de nivel de la función puede ser a veces una forma sencilla de saber la naturaleza de los puntos críticos obtenidos en la condición necesaria. Consideremos el Ejemplo 2.5 y representemos las curvas de nivel de la función $z = xy$ dadas por $y = \frac{k}{x}$, junto con la ecuación $2x + y = 4$ que define la restricción, y el vector gradiente de z en cada punto, dado por $\nabla z = (y, x)$, que señala la dirección de máximo crecimiento de $z = xy$ (Figura 11.8).

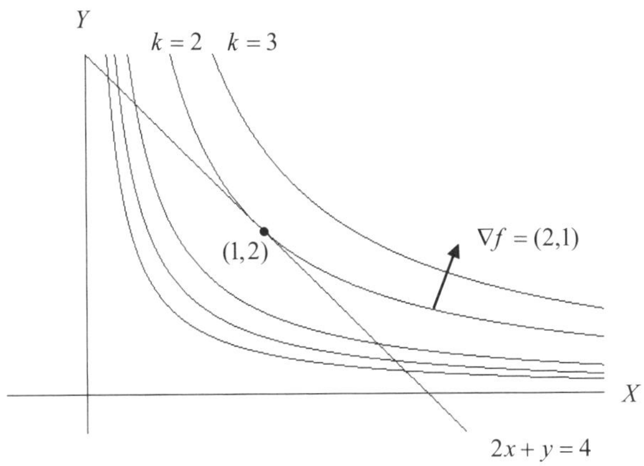

Figura 11.8. Curvas de nivel de la función $z = xy$ y gráfica del conjunto factible formado por los puntos de la recta $2x + y = 4$.

A partir del análisis gráfico, resulta que el punto $(1,2)$ es el punto de la recta $2x + y = 4$ que tiene mayor imagen en la función $z = xy$, por estar situado en la curva de mayor nivel. Por tanto, $(1,2)$ es un máximo local restringido. El análisis gráfico permite en este caso afirmar que el óptimo es global.

Ejemplo 2.8

En las gráficas que se indican a continuación aparecen las curvas de nivel de diferentes funciones $z = f(x,y)$ junto con la ecuación que define la correspondiente restricción $g(x,y) = c$. Determinemos gráficamente en cada caso la naturaleza de los óptimos locales restringidos.

a) En el problema de optimización restringida representado en la Figura 11.9, el conjunto factible son los puntos de la recta y las curvas de nivel de la función objetivo son elipses centradas en el origen.

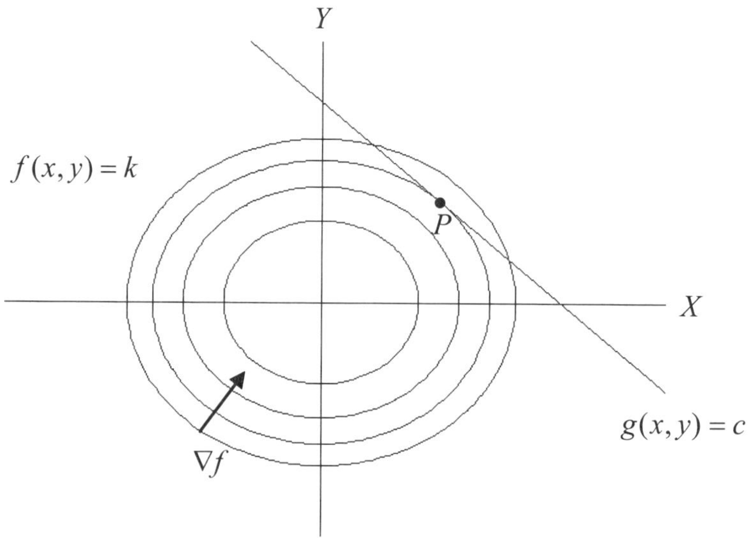

Figura 11.9.

Observemos en este caso que el punto P de tangencia entre la recta que define el conjunto factible y la elipse de la correspondiente curva de nivel es un máximo global restringido. Es fácil ver que, entre todos los puntos de la recta, este punto es el que se encuentra en la curva de mayor nivel.

b) En el problema de optimización restringida representado en la Figura 11.10, el conjunto factible son los puntos de la parábola de vértice el punto P y las curvas de nivel de la función objetivo son elipses centradas en el origen.

En este caso, el punto P es un máximo global restringido, ya que es el punto del conjunto factible que se encuentra en la curva de mayor nivel.

■

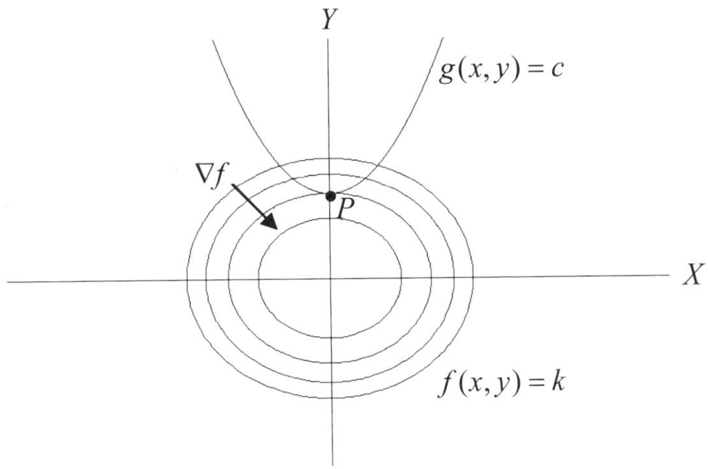

Figura 11.10.

3. APLICACIONES A LA ECONOMÍA

A continuación mostraremos algunos problemas de optimización restringida, con restricciones de igualdad, que son frecuentes en economía. Además, realizaremos la interpretación económica de los multiplicadores de Lagrange asociados a un problema de optimización restringida.

3.1. ÓPTIMO DE LA FUNCIÓN DE PRODUCCIÓN FIJADOS LOS COSTES DE PRODUCCIÓN

Sea $z = f(x_1, x_2, ..., x_n)$ la función de producción de una empresa, donde $x_1, x_2, ..., x_n$ son las cantidades de los factores productivos $X_1, X_2, ..., X_n$ empleados en el proceso.

Sea $C = C(x_1, x_2, ..., x_n)$ el coste de producción de x_1 unidades del factor X_1, x_2 unidades del factor X_2,..., y x_n unidades del factor X_n. Se trata de encontrar la combinación de factores productivos $x_1, x_2, ..., x_n$ que proporcionan la máxima producción con un coste dado C_0. El problema es, por tanto, un problema de óptimos restringidos, cuya formulación sería:

$$\begin{aligned} &Max. \quad z = f(x_1, x_2, ..., x_n) \\ &s.a \quad C(x_1, x_2, ..., x_n) = C_0 \end{aligned}$$

3.2. *Óptimo de la Función de Costes Fijado un Nivel de Producción*

Dada la función de producción $z = f(x_1, x_2, ..., x_n)$ y la función de costes $C = C(x_1, x_2, ..., x_n)$, se trata ahora de minimizar los costes, sabiendo que la producción ha de ser igual a una cantidad determinada A. La formulación del problema es ahora:

$$\begin{aligned} &Min. \quad C = C(x_1, x_2, ..., x_n) \\ &s.a \quad f(x_1, x_2, ..., x_n) = A \end{aligned}$$

3.3. *Punto de Equilibrio*

Sean $x_1, x_2, ..., x_n$ las cantidades de los bienes $X_1, X_2, ..., X_n$ y $U = f(x_1, x_2, ..., x_n)$ la función que mide la utilidad del consumidor. Supongamos que $p_1, p_2, ..., p_n$ son los precios de los bienes y r la renta monetaria del consumidor. En este caso, se trata de hallar las cantidades $x_1, x_2, ..., x_n$ necesarias de cada bien para maximizar la utilidad bajo la condición definida por la ecuación $p_1x_1 + p_2x_2 + ... + p_nx_n = r$. El problema planteado es un problema de óptimos restringidos:

$$\begin{aligned} &Max. \quad U = f(x_1, x_2, ..., x_n) \\ &s.a \quad p_1x_1 + p_2x_2 + ... + p_nx_n = r \end{aligned}$$

Para resolverlo aplicamos el método de los multiplicadores de Lagrange. Dada la función de Lagrange:

$$L(x_1, ..., x_n, \lambda) = f(x_1, x_2, ..., x_n) - \lambda(p_1x_1 + p_2x_2 + ... + p_nx_n - r).$$

los puntos críticos se obtienen como solución del sistema:

$$\begin{aligned} \frac{\partial L}{\partial x_1} &= \frac{\partial f}{\partial x_1} - \lambda p_1 = 0 \\ \frac{\partial L}{\partial x_2} &= \frac{\partial f}{\partial x_2} - \lambda p_2 = 0 \\ &\vdots \\ \frac{\partial L}{\partial x_n} &= \frac{\partial f}{\partial x_n} - \lambda p_n = 0 \\ p_1x_1 + p_2x_2 &+ ... + p_nx_n = r \end{aligned}$$

Despejando λ en las n primeras ecuaciones e igualando, obtenemos las condiciones que ha de cumplir el posible máximo restringido:

$$\frac{1}{p_1}\frac{\partial f}{\partial x_1} = \frac{1}{p_2}\frac{\partial f}{\partial x_2} = \ldots = \frac{1}{p_n}\frac{\partial f}{\partial x_n}$$

$$\sum_{i=1}^{n} p_i x_i = r$$

Imponiendo determinadas condiciones a la función de utilidad, se prueba que el punto crítico es un máximo global. Las ecuaciones que ha de cumplir el máximo del problema de optimización pueden expresarse en términos económicos de la siguiente forma: **la condición necesaria para maximizar la utilidad sujeta a la restricción presupuestaria es que la razón entre la utilidad marginal de cada bien y su precio unitario sea la misma para todos los bienes**. El punto que cumple las condiciones anteriores se denomina ***punto de equilibrio***.

Ejemplo 3.1

Considere la función de utilidad del consumidor dada por $U(x, y) = \ln x + \ln y$, donde la restricción presupuestaria viene determinada por la ecuación $px + qy = r$, siendo p y q los precios de cada uno de los bienes y r la renta monetaria.

El punto de equilibrio del consumidor es el punto que maximiza la función de utilidad bajo la restricción presupuestaria definida por la ecuación $px + qy = r$. Para resolver el problema de optimización restringida, comenzamos construyendo la función de Lagrange dada por:

$$L(x, y, \lambda) = \ln x + \ln y - \lambda(px + qy - r)$$

Los puntos críticos del problema de optimización restringida se obtienen como soluciones del sistema:

$$\nabla L(x, y, \lambda) = \vec{0} \Leftrightarrow \begin{cases} L_x = \dfrac{1}{x} - \lambda p = 0 \\ L_y = \dfrac{1}{y} - \lambda q = 0 \\ px + qy = r \end{cases}$$

Despejando λ en la primera y en la segunda ecuación, se tiene que $\lambda = \frac{1}{px} = \frac{1}{qy}$, de donde $y = \frac{p}{q}x$. Sustituyendo en la tercera ecuación, se llega a que $px + px = r$ y, por tanto, $x = \frac{r}{2p}$ e $y = \frac{r}{2q}$. El único punto crítico del problema de optimización es $\vec{x}_0 = (\frac{r}{2p}, \frac{r}{2q})$, con multiplicador de Lagrange asociado $\lambda = \frac{2}{r}$.

La matriz hessiana respecto de (x, y) de la función de Lagrange:

$$H_{(x,y)}L = \begin{pmatrix} -\frac{1}{x^2} & 0 \\ 0 & -\frac{1}{y^2} \end{pmatrix}$$

es definida negativa en el dominio de definición y, por tanto, la función de utilidad $U(x, y) = \ln x + \ln y$ es estrictamente cóncava en su dominio. Por otra parte, el conjunto factible es convexo, ya que está determinado por la restricción lineal $px + qy = r$. Aplicando el Teorema Local-Global, el punto $\vec{x}_0 = (\frac{r}{2p}, \frac{r}{2q})$ es el máximo global restringido del problema de optimización y, por tanto, es el punto de equilibrio.

■

3.4. *Interpretación del Multiplicador de Lagrange*

En problemas de carácter económico, las limitaciones que representan las restricciones expresan la existencia limitada de determinados recursos; y en el caso en el que las restricciones sean de igualdad, éstas significan que debe consumirse una cantidad fija de dichos recursos. Nos planteamos determinar cuál es la variación del valor óptimo de la función objetivo cuando varían las limitaciones de los recursos.

A continuación veremos cómo el multiplicador de Lagrange λ, que ha sido utilizado como herramienta para el cálculo de los óptimos restringidos, tiene una interpretación matemática y un significado económico concreto que responderá a la pregunta planteada.

Consideremos un problema de óptimos restringidos en su forma más simple dado por:

$$\begin{aligned} &OPT. \; f(x, y) \\ &s.a \quad g(x, y) = b \end{aligned}$$

Supongamos que el punto $P = (x_0, y_0)$ es la solución del problema, es decir, un máximo o mínimo restringido. El valor óptimo de la función $z = f(x, y)$ viene dado entonces por $z^* = f(x_0, y_0)$.

Es claro que el valor obtenido z^* depende del valor de b presente en la restricción $g(x,y)=b$, de manera que una variación de b se traduce en un cambio en el óptimo z^* de la función.

Podemos preguntarnos ¿cómo cambia el óptimo z^* con respecto a la variable b? La respuesta la tenemos en el multiplicador de Lagrange λ. Concretamente:

El multiplicador λ mide la tasa de cambio del óptimo z^* de la función objetivo con respecto a b:

$$\lambda = \frac{dz^*}{db}$$

Y como consecuencia, la variación del óptimo z_0 ante una variación infinitesimal del parámetro b está dada aproximadamente por:

$$\Delta z^* \approx \frac{dz^*}{db} \cdot \Delta b = \lambda \cdot \Delta b$$

Por tanto, λ **es aproximadamente el incremento que se produce en el óptimo de la función objetivo cuando el parámetro** b **se incrementa en 1 unidad.**

Ejemplo 3.2

Consideremos el problema de optimización restringida dado por:

$$\begin{aligned} &OPT. \quad z = xy \\ &s.a \quad x+y=b,\ b>0 \end{aligned}$$

Sea $L = xy - \lambda(x+y-b)$ la función de Lagrange y calculemos los puntos críticos del problema como las soluciones del sistema:

$$\begin{aligned} L_x &= y - \lambda = 0 \\ L_y &= x - \lambda = 0\,. \\ x + y &= b \end{aligned}$$

La solución del sistema es $x=\frac{b}{2}$, $y=\frac{b}{2}$ y $\lambda=\frac{b}{2}$. Es fácil comprobar, usando la condición suficiente débil, que el punto $\left(\frac{b}{2},\frac{b}{2}\right)$ es un máximo local restringido. El valor máximo de la función $z=xy$ sería entonces:

$$z^* = z\left(\frac{b}{2}, \frac{b}{2}\right) = \frac{b^2}{4}$$

El valor máximo depende, como vemos, del parámetro b y la derivada de z^* con respecto a b coincide con el multiplicador de Lagrange λ:

$$\frac{dz^*}{db} = \frac{b}{2} = \lambda$$

■

La interpretación que acabamos de realizar del multiplicador de Lagrange λ presenta diferentes formulaciones dependiendo del contexto económico. Concretamente, el significado de λ en las situaciones que aparecen en los apartados 3.1, 3.2 y 3.3 es el siguiente:

1. En el problema de optimización:

$$\begin{aligned} &Max. \quad z = f(x_1, x_2, ..., x_n) \\ &s.a \quad C(x_1, x_2, ..., x_n) = C_0 \end{aligned}$$

el multiplicador de Lagrange λ mide aproximadamente la variación que se produce en la producción máxima cuando los costes se incrementan en una unidad.

2. En el problema de optimización:

$$\begin{aligned} &Min. \quad C = C(x_1, x_2, ..., x_n) \\ &s.a \quad f(x_1, x_2, ..., x_n) = A \end{aligned}$$

el multiplicador de Lagrange λ es aproximadamente la variación en el coste mínimo cuando la producción se incrementa en una unidad.

3. Por último, en el problema de optimización de la utilidad del consumidor bajo la restricción presupuestaria,

$$\begin{aligned} &Max. \quad U = f(x_1, x_2, ..., x_n) \\ &s.a \quad p_1x_1 + p_2x_2 + ... + p_nx_n = r \end{aligned}$$

el multiplicador de Lagrange λ mide la variación que se produce en la utilidad máxima cuando hay un incremento de una unidad en la renta monetaria r. A λ se le llama, en este caso, ***utilidad marginal de la renta***.

Ejemplo 3.3

El punto que maximiza la función de utilidad del consumidor $U(x, y) = \ln x + \ln y$ bajo la restricción presupuestaria definida por la ecuación

$px + qy = r$ está dado por $\left(\frac{r}{2p}, \frac{r}{2q}\right)$ con multiplicador de Lagrange $\lambda = \frac{2}{r}$ (véase el Ejemplo 3.1). La utilidad máxima U^* del consumidor es, por tanto:

$$U^* = U\left(\frac{r}{2p}, \frac{r}{2q}\right) = \ln\frac{r}{2p} + \ln\frac{r}{2q} = \ln\frac{r^2}{4pq}$$

La variación de la utilidad máxima con respecto a la renta coincide, como podemos comprobar, con el multiplicador de Lagrange asociado al máximo obtenido:

$$\frac{dU^*}{dr} = \frac{d}{dr}(\ln\frac{r^2}{4pq}) = \frac{2}{r} = \lambda .$$

■

3.5. INTERPRETACIÓN DEL MULTIPLICADOR DE LAGRANGE EN EL CASO GENERAL

Consideremos el problema de optimización restringida:

$$\begin{array}{ll} OPT. & z = f(\vec{x}) \\ s.a & g_1(\vec{x}) = b_1 \\ & g_2(\vec{x}) = b_2 \\ & \vdots \\ & g_m(\vec{x}) = b_m \end{array}$$

donde $\vec{x} = (x_1, x_2, \ldots, x_n)$. Supongamos que el punto $P = (x_1^*, x_2^*, \ldots, x_n^*)$ es una solución del problema. El valor óptimo (máximo o mínimo restringido) de la función *f* está dado por $z^* = f(x_1^*, x_2^*, \ldots, x_n^*)$. Es claro que el punto z^* depende del punto $P = (x_1^*, x_2^*, \ldots, x_n^*)$ obtenido como solución, que a su vez depende de los valores $b_1, b_2, \ldots, b_m$ presentes en las restricciones. Podemos, por tanto, considerar el óptimo z^* como una función de $b_1, b_2, \ldots, b_m$, y preguntarnos: ¿cómo cambia z^* con respecto al segundo miembro b_i de cada una de las restricciones? La respuesta la tenemos en el multiplicador de Lagrange λ_i. Concretamente, bajo ciertas hipótesis de regularidad se tiene que:

> El multiplicador de Lagrange λ_i mide la tasa de cambio del óptimo z^* de la función objetivo con respecto a la constante de la restricción b_i

$$\lambda_i = \frac{\partial z^*}{\partial b_i}, \qquad i = 1,2,\ldots,m\,.$$

Como consecuencia, la variación del óptimo z^* ante una variación infinitesimal del parámetro b_i, manteniéndose constantes el resto, está dada por:

$$\Delta z^* \approx \frac{\partial z^*}{\partial b_i}\Delta b_i = \lambda_i \Delta b_i, \qquad i = 1,2,\ldots,m.$$

Por tanto, el multiplicador λ_i es aproximadamente la variación que se produce en el óptimo de la función objetivo cuando el parámetro b_i se incrementa en una unidad.

3.6. Resultado sobre Envolventes

Con frecuencia, en los problemas de optimización en economía, aparecen parámetros, tanto en la función objetivo como en las restricciones del problema. Durante la resolución del problema, los parámetros permanecen constantes, sin embargo, la solución obtenida depende funcionalmente de los parámetros del problema. En muchos casos puede resultar interesante determinar cómo afecta al óptimo de la función objetivo la variación de alguno de estos parámetros. Un ejemplo de esta situación es el siguiente: en el cálculo del punto que maximiza la utilidad del consumidor bajo la restricción presupuestaria, en la formulación del problema de optimización aparecen como parámetros el precio de cada bien y la renta del consumidor. Es claro que la utilidad máxima depende de los precios de los bienes y de la renta, y en esta situación resulta interesante determinar la variación de la utilidad máxima cuando se produce una variación en el nivel de precios de alguno de los bienes o en la renta del consumidor. Este problema ha sido parcialmente resuelto con anterioridad; así, en la interpretación económica del multiplicador de Lagrange veíamos que la variación de la utilidad máxima con respecto a la renta está determinada precisamente por el multiplicador de Lagrange del problema de optimización. Este hecho no es más que un caso particular del resultado que se presenta a continuación denominado como Teorema sobre envolventes.

Consideremos el problema de optimización restringida:

$$\begin{array}{ll} OPT. & z = f(\vec{x},\vec{\alpha}) \\ s.a & g_1(\vec{x},\vec{\alpha}) = 0 \\ & g_2(\vec{x},\vec{\alpha}) = 0 \\ & \vdots \\ & g_m(\vec{x},\vec{\alpha}) = 0 \end{array}$$

donde $\vec{x} = (x_1, x_2, \ldots, x_n)$ y $\vec{\alpha} = (\alpha_1, \alpha_2, ..., \alpha_r)$ es un vector de parámetros. Los parámetros en el problema de optimización pueden aparecer en la función objetivo y en las ecuaciones de las restricciones. Resolvemos el problema de optimización suponiendo que los parámetros $\vec{\alpha} = (\alpha_1, \alpha_2, ..., \alpha_r)$ permanecen constantes. Sea $\vec{x}^*(\vec{\alpha}) = (x_1^*(\vec{\alpha}), x_2^*(\vec{\alpha}), \ldots, x_n^*(\vec{\alpha}))$ la solución del problema dependiente del valor de los parámetros $\vec{\alpha} = (\alpha_1, \alpha_2, ..., \alpha_r)$. El valor óptimo $z^*(\vec{\alpha})$ de la función $z = f(\vec{x}, \vec{\alpha})$ se obtiene sustituyendo en la función objetivo el punto $\vec{x}^*(\vec{\alpha}) = (x_1^*(\vec{\alpha}), x_2^*(\vec{\alpha}), \ldots, x_n^*(\vec{\alpha}))$, de donde $z^*(\vec{\alpha}) = f(\vec{x}^*(\vec{\alpha}), \vec{\alpha})$. Es claro que el punto $z^*(\vec{\alpha})$ depende del punto $\vec{x}^*(\vec{\alpha})$ obtenido como solución, que a su vez depende de los parámetros $\vec{\alpha} = (\alpha_1, \alpha_2, ..., \alpha_r)$. Podemos, por tanto, considerar el óptimo $z^*(\vec{\alpha})$ como una función de $\vec{\alpha} = (\alpha_1, \alpha_2, ..., \alpha_r)$. Nos planteamos ahora cómo cambia el óptimo $z^*(\vec{\alpha})$ con respecto a alguno de los parámetros α_i.

Sea la función de Lagrange asociada al problema de optimización restringida:

$$L(\vec{x}, \vec{\alpha}) = f(\vec{x}, \vec{\alpha}) - \sum_{j=1}^{m} \lambda_j(\vec{\alpha}) g_j(\vec{x}, \vec{\alpha})$$

donde $\lambda_j(\vec{\alpha})$, $j = 1, 2, ..., m$ son los multiplicadores de Lagrange asociados al problema de optimización. Entonces se tiene que:

$$\frac{\partial z^*(\vec{\alpha})}{\partial \alpha_i} = \frac{\partial L(\vec{x}^*(\vec{\alpha}), \vec{\alpha})}{\partial \alpha_i}, \ i = 1, 2, ..., r$$

La fórmula anterior indica que la variación del óptimo $z^*(\vec{\alpha})$ con respecto a uno de los parámetros α_i es igual a la derivada parcial respecto del parámetro α_i de la función de Lagrange evaluada en el óptimo, manteniéndose constantes el resto de variables $\vec{x}$ y λ_j.

Ejemplo 3.4

Consideremos de nuevo el problema de maximizar la función de utilidad del consumidor $U(x, y) = \ln x + \ln y$ bajo la restricción presupuestaria definida por la ecuación $px + qy = r$. En este problema de optimización aparecen los parámetros p, q y r correspondientes a los precios de los bienes y a la renta del consumidor. Si resolvemos el problema de optimización, el máximo del problema está dado por el punto $\vec{x}^* = \left(\frac{r}{2p}, \frac{r}{2q}\right)$ con multiplicador de Lagrange $\lambda = \frac{2}{r}$. La utilidad máxima U^* del consumidor es, por tanto:

$$U^* = U\left(\frac{r}{2p}, \frac{r}{2q}\right) = \ln\frac{r}{2p} + \ln\frac{r}{2q} = \ln\frac{r^2}{4pq}$$

Como se puede observar, el máximo de la utilidad $\vec{x}^* = \left(\frac{r}{2p}, \frac{r}{2q}\right)$ y la utilidad máxima $U^* = U\left(\frac{r}{2p}, \frac{r}{2q}\right) = \ln\frac{r^2}{4pq}$ dependen de los parámetros p, q y r del problema de optimización. Para determinar la variación de la utilidad máxima con respecto a cada uno de los parámetros p, q y r, aplicamos el resultado anterior sobre envolventes. Si consideramos la función de Lagrange asociada al problema de optimización:

$$L(x, y, \lambda) = \ln x + \ln y - \lambda(px + qy - r)$$

se tiene que:

$$\frac{\partial U^*}{\partial p} = \frac{\partial L}{\partial p} = -\lambda x = -\frac{2}{r}\frac{r}{2p} = -\frac{1}{p}, \quad \frac{\partial U^*}{\partial q} = \frac{\partial L}{\partial q} = -\lambda y = -\frac{2}{r}\frac{r}{2q} = -\frac{1}{q}$$

$$\frac{\partial U^*}{\partial r} = \frac{\partial L}{\partial r} = \lambda = \frac{2}{r}$$

Es fácil comprobar las igualdades anteriores derivando parcialmente la expresión de la utilidad máxima con respecto a los parámetros p, q y r:

$$\frac{\partial U^*}{\partial p} = \frac{\partial}{\partial p}(\ln\frac{r^2}{4pq}) = -\frac{1}{p}, \quad \frac{\partial U^*}{\partial q} = \frac{\partial}{\partial q}(\ln\frac{r^2}{4pq}) = -\frac{1}{q}$$

$$\frac{\partial U^*}{\partial r} = \frac{\partial}{\partial r}(\ln\frac{r^2}{4pq}) = \frac{2}{r} = \lambda$$

■

4. Optimización con Restricciones de Desigualdad

Consideremos ahora un problema de optimización en el que las restricciones vienen dadas en forma de desigualdad. Este tipo de problemas aparece habitualmente en economía asociado a situaciones en las que existe una limitación en los recursos disponibles y en donde puede existir el óptimo de la función objetivo sin necesidad de consumir todos los recursos. Nos enfrentaremos a dos tipos de problemas:

Problema de maximización	Problema de minimización
$Max.\quad f(\vec{x})$	$Min.\quad f(\vec{x})$
$s.a\quad g(\vec{x}) \leq \vec{b}$	$s.a\quad g(\vec{x}) \geq \vec{b}$

donde $f, g = (g_1, g_2, ..., g_m)$ son funciones definidas en un dominio D de $\mathbb{R}^n$ y $\vec{b} = (b_1, b_2, ..., b_m)$ es un vector de $\mathbb{R}^m$.

En ocasiones podemos encontrarnos ante un problema de optimización en el que no se especifica si hay que maximizar o minimizar la función. En ese caso trabajaremos con restricciones de menor o igual.

Se dice que un problema de optimización está en forma ***normalizada*** si todas las restricciones son de menor o igual cuando se trata de un problema de maximización, o de mayor o igual para un problema de minimización. Siempre que nos encontremos ante un problema de optimización, el primer paso será normalizar el problema.

Recordemos que maximizar una función $f(\vec{x})$ es equivalente a minimizar $-f(\vec{x})$. De manera que un problema de maximización puede convertirse fácilmente en un problema de minimización sin más que cambiar el signo de la función objetivo.

A continuación señalemos algunas definiciones que serán de utilidad en el desarrollo de este apartado.

* ***Conjunto factible***: llamamos F al conjunto de todas las posibles soluciones del problema. El conjunto F es la intersección del conjunto de puntos que cumplen las restricciones del problema con el dominio de la función objetivo f. Por ejemplo, para el problema de maximización, el conjunto factible es:

$$F = \left\{\vec{x} \in D : g_i\left(\vec{x}\right) \leq b_i,\ \ i = 1, 2, \ldots, m\right\}$$

* ***Restricción saturada***: diremos que una restricción está saturada en un punto si en dicho punto se cumple la restricción en términos de igualdad. Es decir,

$$g_i\left(\vec{x}\right) \leq b_i \text{ está saturada en } \vec{x}_0 \text{ si } g_i\left(\vec{x}_0\right) = b_i$$

* ***Punto regular***: un punto $\vec{x}_0$ es regular si no satura ninguna de las restricciones, o bien, en el caso de saturar algunas de ellas, los gradientes de las restricciones saturadas en dicho punto son vectores linealmente independientes.

Ejemplo 4.1

Consideremos el problema de optimización definido por:

$$\begin{aligned} OPT. \quad & f(x,y) = 2x^2 + y^2 - xy \\ s.a \quad & x^2 + y^2 - 4 \leq 0 \\ & y - x \leq 0 \\ & x \geq 0 \\ & y \geq 0 \end{aligned}$$

Comenzamos escribiendo el problema en forma normalizada:

$$\begin{aligned} OPT. \quad & 2x^2 + y^2 - xy \\ s.a \quad & x^2 + y^2 - 4 \leq 0 \\ & y - x \leq 0 \\ & -x \leq 0 \\ & -y \leq 0 \end{aligned}$$

El dominio de la función objetivo es $\mathbb{R}^2$ y el conjunto factible F (véase la Figura 11.11) está dado por $F = \{(x,y) \in \mathbb{R}^2 : x^2 + y^2 \leq 4, y \leq x, x \geq 0, y \geq 0\}$.

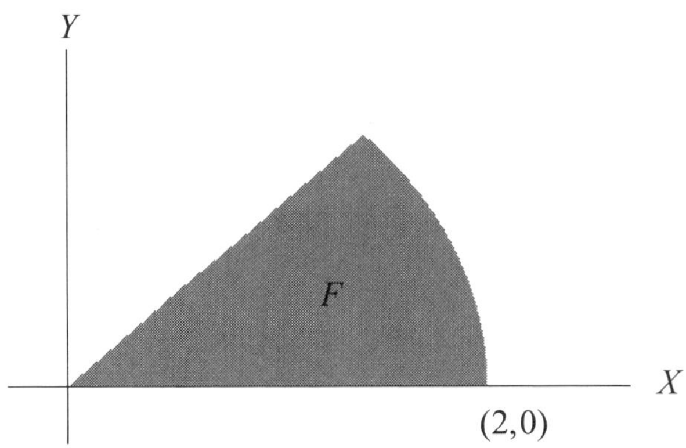

Figura 11.11. Conjunto factible $F = \{(x,y) \in \mathbb{R}^2 : x^2 + y^2 \leq 4,\ y \leq x,\ x \geq 0,\ y \geq 0\}$.

El punto $(2,0)$ satura la primera y cuarta restricción: $x^2 + y^2 - 4 \leq 0$, $-y \leq 0$ (para comprobarlo, basta sustituir el punto $(2,0)$ en cada inecuación). Veamos además que el punto $(2,0)$ es regular, es decir, los gradientes en el punto de las restricciones saturadas son linealmente independientes:

$$\begin{aligned} g_1(x,y) &= x^2 + y^2 - 4, \quad && \nabla g_1(x,y) = (2x, 2y), \quad && \nabla g_1(2,0) = (4,0) \\ g_4(x,y) &= -y, && \nabla g_4(x,y) = (0,-1), && \nabla g_4(2,0) = (0,-1) \end{aligned}$$

Como los vectores gradientes $\nabla g_1(2,0)=(4,0)$ y $\nabla g_4(2,0)=(0,-1)$ son linealmente independientes, el punto $(2,0)$ es regular.

■

4.1. Método de los Multiplicadores de Kuhn-Tucker

4.1.1. Justificación del método

Antes de abordar el problema de optimización con restricciones de desigualdad en su forma general, comencemos analizando un caso sencillo, concretamente el que corresponde a maximizar una función de dos variables $f(x,y)$, bajo la restricción definida por la desigualdad $g(x,y)\leq c$:

$$\begin{array}{ll} Max. & f(x,y) \\ s.a & g(x,y)\leq c \end{array}$$

En primer lugar realicemos un análisis gráfico del problema. Representamos las curvas de nivel de la función objetivo y el vector ∇f que señala la dirección en la que la función objetivo va creciendo. El conjunto factible definido por la región de puntos del plano que cumplen la desigualdad $g(x,y)\leq c$ corresponde a las zonas sombreadas en las Figuras 11.12 y 11.13. Supongamos que el punto (x_0,y_0) es una solución del problema de optimización. Existen dos posibilidades: una es que el punto (x_0,y_0) sature la restricción, es decir, $g(x_0,y_0)=c$ (véase la Figura 11.12), y la otra posibilidad es que el punto (x_0,y_0) no sature la restricción, es decir, se cumple que $g(x_0,y_0)<c$ (véase la Figura 11.13).

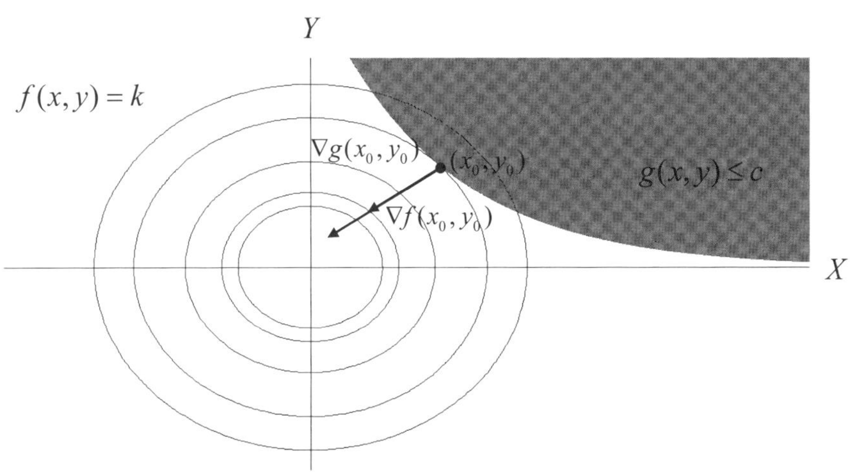

Figura 11.12. El óptimo (x_0,y_0) satura la restricción y pertenece a la frontera del conjunto factible $g(x,y)\leq c$.

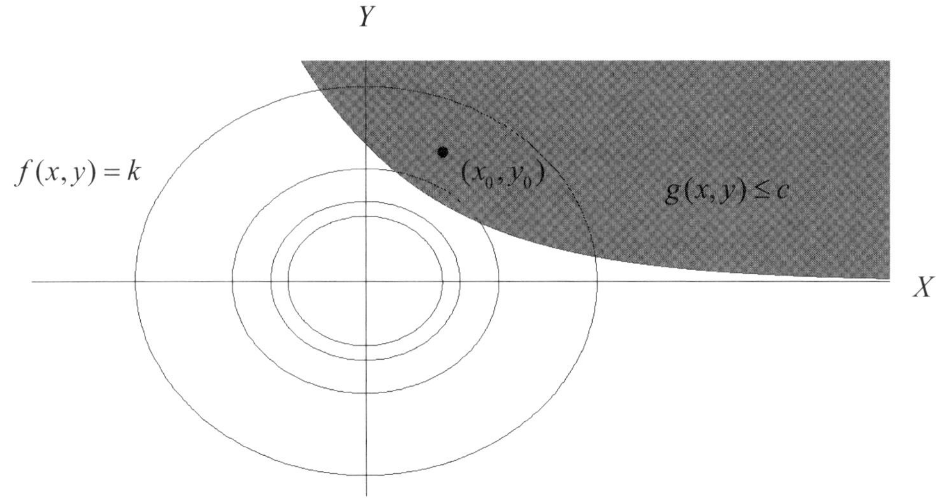

Figura 11.13. El óptimo (x_0, y_0) no satura la restricción y pertenece al interior del conjunto factible $g(x, y) \leq c$.

En el primer caso, el punto (x_0, y_0) satura la restricción y, por tanto, pertenece a la frontera del conjunto factible $g(x, y) = c$ y ha de cumplir las condiciones de Lagrange definidas para un problema de optimización con restricciones de igualdad. Es decir, existe λ_0 tal que $\nabla f(x_0, y_0) - \lambda_0 \nabla g(x_0, y_0) = (0,0)$.

En el segundo caso, el punto (x_0, y_0) es interior al conjunto factible, por tanto, sería un máximo local sin restricciones de la función $f(x, y)$. Esto implicaría que $\nabla f(x_0, y_0) = (0,0)$.

De esta forma, en ambos casos podemos afirmar que existe λ_0 tal que se cumplen las condiciones:

(I) $\nabla f(x_0, y_0) - \lambda_0 \nabla g(x_0, y_0) = (0,0)$

(II) $\lambda_0 \left[g(x_0, y_0) - c\right] = 0$

Observemos que en el segundo caso en el que el punto no satura la restricción se cumplen las ecuaciones (I), (II) anteriores tomando $\lambda_0 = 0$.

Por último, se ha de cumplir que el multiplicador λ_0 sea no negativo y además que el punto pertenezca al conjunto factible, es decir, $g(x_0, y_0) \leq c$. Lo cual se expresa de manera resumida en la condición:

(I) $\lambda_0 \geq 0$, $g(x_0, y_0) \leq c$

Para justificar la no negatividad del multiplicador de Lagrange, supongamos que el punto (x_0, y_0) satura la restricción (si no la saturara, el multiplicador λ_0 sería igual a cero y la condición se cumple obviamente). Sabemos quc sc ha de cumplir la condición (I), que establece que los vectores gradientes de la función objetivo y de la función $g(x,y)$ que define la restricción han de ser proporcionales en el punto (x_0, y_0).

Para demostrar que $\lambda_0 \geq 0$, basta comprobar que los vectores $\nabla f(x_0, y_0)$ y $\nabla g(x_0, y_0)$ apuntan en la misma dirección, así, el coeficiente de proporcionalidad λ_0 sería no negativo. Si observamos la Figura 11.12, el vector $\nabla f(x_0, y_0)$ apunta en la dirección en la cual van creciendo las curvas de nivel. Por otra parte, el vector $\nabla g(x_0, y_0)$ debe apuntar, por el mismo motivo, en la dirección en la cual irían creciendo las curvas de nivel de la función $g(x,y)$, en este caso, en la dirección opuesta a la determinada por el recinto $g(x,y) < c$. Podemos observar en la Figura 11.12 que ambos vectores apuntan en la misma dirección, por lo que el multiplicador λ_0 ha de ser no negativo.

De esta forma, cualquier máximo del problema ha de cumplir necesariamente las condiciones (I), (II) y (III), denominadas ***condiciones de Kuhn-Tucker***. Al multiplicador λ_0 se le denomina ***multiplicador de Kuhn-Tucker***.

Es importante indicar que las condiciones de Kuhn-Tucker no son suficientes para que un punto sea un óptimo local del problema de optimización.

Por otra parte, si tenemos un problema de minimización,

$$\begin{aligned} &Min. \quad f(x,y) \\ &s.a \quad g(x,y) \geq c \end{aligned}$$

podemos realizar un razonamiento similar para obtener las condiciones de Kuhn-Tucker del problema. Las condiciones son muy parecidas, sólo en la condición (III) habría que escribir $g(x_0, y_0) \geq c$.

4.1.2. Teorema de Kuhn-Tucker. Óptimos locales

El siguiente teorema determina las condiciones necesarias que ha de cumplir un punto para ser un óptimo local en un programa con restricciones de desigualdad.

TEOREMA 9 (KUHN-TUCKER, MAXIMIZACIÓN)

Sea un programa de maximización dado por:

$$\begin{aligned} &Max. \quad f(\vec{x}) \\ &s.a \quad g_1(\vec{x}) \le b_1 \\ &\qquad g_2(\vec{x}) \le b_2 \\ &\qquad \vdots \\ &\qquad g_m(\vec{x}) \le b_m \end{aligned}$$

con $f: D \to \mathbb{R}$, $g = (g_1, g_2, ..., g_m): D \to \mathbb{R}^m$, $D \subset \mathbb{R}^n$ abierto y $f, g \in C^1(D)$. Consideremos la función de Lagrange asociada al problema de optimización:

$$L\left(\vec{x},\vec{\lambda}\right) = f\left(\vec{x}\right) - \sum_{i=1}^{m} \lambda_i \left[g_i\left(\vec{x}\right) - b_i \right]$$

Si un punto regular $\vec{x}_0$ es un máximo local, entonces existen $\vec{\lambda}_0 = \left(\lambda_1^0, \lambda_2^0, \ldots, \lambda_m^0\right)$ tal que el punto $\vec{x}_0$ cumple las ecuaciones:

(I) $\nabla_{\vec{x}} L\left(\vec{x}_0, \vec{\lambda}_0\right) = \vec{0} \Leftrightarrow \nabla f(\vec{x}_0) - \lambda_1^0 \nabla g_1(\vec{x}_0) - \lambda_2^0 \nabla g_2(\vec{x}_0) - \ldots - \lambda_m^0 \nabla g_m(\vec{x}_0) = \vec{0}$

(II) $\lambda_i^0 [g_i\left(\vec{x}\right) - b_i] = 0, \quad i = 1, 2, \ldots, m$

(III) $g_i\left(\vec{x}\right) \le b_i, \lambda_i^0 \ge 0, \quad i = 1, 2, \ldots, m$

Las ecuaciones (I), (II) y (III) anteriores se expresan de forma equivalente mediante el siguiente sistema de ecuaciones e inecuaciones, denominadas ***condiciones de Kuhn-Tucker***:

$$\begin{aligned} &\frac{\partial f(\vec{x}_0)}{\partial x_1} - \lambda_1^0 \frac{\partial g_1(\vec{x}_0)}{\partial x_1} - \lambda_2^0 \frac{\partial g_2(\vec{x}_0)}{\partial x_1} - \ldots - \lambda_m^0 \frac{\partial g_m(\vec{x}_0)}{\partial x_1} = 0 \\ &\frac{\partial f(\vec{x}_0)}{\partial x_2} - \lambda_1^0 \frac{\partial g_1(\vec{x}_0)}{\partial x_2} - \lambda_2^0 \frac{\partial g_2(\vec{x}_0)}{\partial x_2} - \ldots - \lambda_m^0 \frac{\partial g_m(\vec{x}_0)}{\partial x_2} = 0 \\ &\quad \vdots \qquad\qquad \vdots \qquad\qquad \vdots \qquad\qquad\qquad \vdots \\ &\frac{\partial f(\vec{x}_0)}{\partial x_n} - \lambda_1^0 \frac{\partial g_1(\vec{x}_0)}{\partial x_n} - \lambda_2^0 \frac{\partial g_2(\vec{x}_0)}{\partial x_n} - \ldots - \lambda_m^0 \frac{\partial g_m(\vec{x}_0)}{\partial x_n} = 0 \end{aligned}$$

$$\lambda_1^0(g_1(\vec{x}_0) - b_1) = 0, \ \lambda_2^0(g_2(\vec{x}_0) - b_2) = 0, \ldots, \lambda_m^0(g_m(\vec{x}_0) - b_m) = 0$$

$$g_1(\vec{x}_0) \le b_1, \ g_2(\vec{x}_0) \le b_2, \ldots, g_m(\vec{x}_0) \le b_m$$

$$\lambda_1^0 \ge 0, \ \lambda_2^0 \ge 0, \ldots, \lambda_m^0 \ge 0$$

De forma similar tenemos el siguiente resultado para el caso en el que el problema sea de minimización.

TEOREMA 10 (KUHN-TUCKER, MINIMIZACIÓN)

Sea un programa de minimización dado por:

$$\begin{array}{ll} Min. & f(\vec{x}) \\ s.a & g_1(\vec{x}) \geq b_1 \\ & g_2(\vec{x}) \geq b_2 \\ & \vdots \\ & g_m(\vec{x}) \geq b_m \end{array}$$

con $f: D \to \mathbb{R}$, $g = (g_1, g_2, ..., g_m): D \to \mathbb{R}^m$, $D \subset \mathbb{R}^n$ abierto y $f, g \in C^1(D)$. Si un punto regular $\vec{x}_0$ es un mínimo local, entonces existen $\vec{\lambda}_0 = \left(\lambda_1^0, \lambda_2^0, \ldots, \lambda_m^0\right)$ tal que el punto $\vec{x}_0$ cumple necesariamente las ecuaciones:

(I) $\nabla_{\vec{x}} L\left(\vec{x}_0, \vec{\lambda}_0\right) = \vec{0} \Leftrightarrow \nabla f(\vec{x}_0) - \lambda_1^0 \nabla g_1(\vec{x}_0) - \lambda_2^0 \nabla g_2(\vec{x}_0) - ... - \lambda_m^0 \nabla g_m(\vec{x}_0) = \vec{0}$

(II) $\lambda_i^0 [g_i\left(\vec{x}\right) - b_i] = 0, \qquad i = 1, 2, \ldots, m$

(III) $g_i\left(\vec{x}\right) \geq b_i, \ \lambda_i^0 \geq 0, \ \ i = 1, 2, \ldots, m$

En este caso, las condiciones (I), (II) y (III) son equivalentes al siguiente sistema de ecuaciones e inecuaciones, similares a las descritas en el caso del problema de maximización, denominadas ***condiciones de Kuhn-Tucker***:

$$\begin{array}{l} \dfrac{\partial f(\vec{x}_0)}{\partial x_1} - \lambda_1^0 \dfrac{\partial g_1(\vec{x}_0)}{\partial x_1} - \lambda_2^0 \dfrac{\partial g_2(\vec{x}_0)}{\partial x_1} - ... - \lambda_m^0 \dfrac{\partial g_m(\vec{x}_0)}{\partial x_1} = 0 \\ \dfrac{\partial f(\vec{x}_0)}{\partial x_2} - \lambda_1^0 \dfrac{\partial g_1(\vec{x}_0)}{\partial x_2} - \lambda_2^0 \dfrac{\partial g_2(\vec{x}_0)}{\partial x_2} - ... - \lambda_m^0 \dfrac{\partial g_m(\vec{x}_0)}{\partial x_2} = 0 \\ \vdots \qquad\qquad \vdots \qquad\qquad \vdots \qquad\qquad \vdots \\ \dfrac{\partial f(\vec{x}_0)}{\partial x_n} - \lambda_1^0 \dfrac{\partial g_1(\vec{x}_0)}{\partial x_n} - \lambda_2^0 \dfrac{\partial g_2(\vec{x}_0)}{\partial x_n} - ... - \lambda_m^0 \dfrac{\partial g_m(\vec{x}_0)}{\partial x_n} = 0 \end{array}$$

$$\lambda_1^0 (g_1(\vec{x}_0) - b_1) = 0, \ \lambda_2^0 (g_2(\vec{x}_0) - b_2) = 0, \ldots, \lambda_m^0 (g_m(\vec{x}_0) - b_m) = 0$$

$$g_1(\vec{x}_0) \geq b_1, \ g_2(\vec{x}_0) \geq b_2, \ldots, g_m(\vec{x}_0) \geq b_m$$
$$\lambda_1^0 \geq 0, \lambda_2^0 \geq 0, \ldots, \lambda_m^0 \geq 0$$

Al punto $\vec{x}_0$, solución del sistema anterior, se le denomina ***punto de K-T* (Kuhn-Tucker)** del programa de optimización o punto crítico del programa de optimización. Por otra parte, a los números reales $\lambda_1^0,\ldots,\lambda_m^0$ se les denomina ***multiplicadores de K-T* (Kuhn-Tucker)** asociados al punto crítico $\vec{x}_0$.

La condición (II), denominada de ***holgura complementaria,*** nos dice que si el punto $\vec{x}_0$ no satura la restricción $g_i\left(\vec{x}\right)\leq b_i$, entonces, el multiplicador de Lagrange λ_i^0 ha de ser igual a cero.

Cuando no se especifica el tipo de problema, siempre usaremos el modelo de programa de maximización $\left(g_i\left(\vec{x}\right)\leq b_i\right)$. En este caso las condiciones (I) y (II) del teorema son las mismas y la tercera condición se expresaría así:

Para máximo local: (III) $g_i\left(\vec{x}\right)\leq b_i,\ \lambda_i\geq 0,\ i=1,\ldots,m.$

Para mínimo local: (III) $g_i\left(\vec{x}\right)\leq b_i,\ \lambda_i\leq 0,\ i=1,\ldots,m.$

Ejemplo 4.2

Consideremos el programa de optimización definido por:

$$\begin{aligned} &OPT. \quad 2x^2+y^2-xy \\ &s.a \quad x^2+y^2-1\leq 0 \\ &\qquad\quad y-x\leq 0 \end{aligned}$$

La función de Lagrange correspondiente es:

$$L\left(x,y,\vec{\lambda}\right)=2x^2+y^2-xy-\lambda_1\left(x^2+y^2-1\right)-\lambda_2\left(y-x\right)$$

Las condiciones necesarias de K-T para el caso de máximo local son:

(I) $\nabla L\left(x,y,\vec{\lambda}\right)=\left(\dfrac{\partial L}{\partial x},\dfrac{\partial L}{\partial y}\right)=\left(4x-y-2\lambda_1 x+\lambda_2,-x+2y-2\lambda_1 y-\lambda_2\right)=\left(0,0\right)$

(II) $\begin{cases}\lambda_1\left(x^2+y^2-1\right)=0\\ \lambda_2\left(y-x\right)=0\end{cases}$

(III) $\begin{cases}x^2+y^2-1\leq 0,\ \lambda_1\geq 0\\ y-x\leq 0,\ \lambda_2\geq 0\end{cases}$

■

Es importante señalar que, si un punto crítico $\vec{x}_0$ del problema de optimización no satura ninguna de las restricciones, es decir, es un punto interior del conjunto factible, el problema de optimización equivale a un problema de optimización sin restricciones que puede resolverse utilizando las técnicas estudiadas en el capítulo anterior.

4.2. Teorema de Globalidad. Programas Convexos

En la práctica aparecen con frecuencia programas de optimización en los que el conjunto factible F es convexo y la función objetivo es cóncava o convexa en F. Estos programas se denominan convexos y simplifican considerablemente la resolución del problema de optimización. Concretamente, en un programa convexo, el óptimo local es también global y además las condiciones necesarias de K-T son también suficientes. Este hecho viene expresado en el siguiente teorema:

Teorema 11 (Globalidad)

* Sea un problema de maximización:

$$\begin{aligned} Max.\ & f(\vec{x}) \\ s.a\ & g_1(\vec{x}) \leq b_1 \\ & g_2(\vec{x}) \leq b_2 \\ & \vdots \\ & g_m(\vec{x}) \leq b_m \end{aligned}$$

con $f: D \to \mathbb{R}$, $g=(g_1,g_2,\ldots,g_m): D \to \mathbb{R}^m$, $D \subset \mathbb{R}^n$ abierto y $f, g \in C^1(D)$. Si el conjunto factible F es convexo y la función f es cóncava en F, entonces:

El punto $\vec{x}_0$ es máximo global si y sólo si $\vec{x}_0$ es un punto de Kuhn-Tucker del problema.

* Sea un problema de minimización:

$$\begin{aligned} Min.\ & f(\vec{x}) \\ s.a\ & g_1(\vec{x}) \geq b_1 \\ & g_2(\vec{x}) \geq b_2 \\ & \vdots \\ & g_m(\vec{x}) \geq b_m \end{aligned}$$

Si el conjunto factible F es convexo y f es convexa en F, entonces:

El punto $\vec{x}_0$ es mínimo global si y sólo si $\vec{x}_0$ es un punto de Kunh-Tucker del problema.

En cualquiera de los casos si f es estrictamente cóncava o estrictamente convexa, entonces, el punto $\vec{x}_0$ es un máximo o mínimo global estricto respectivamente.

Después de enunciar el Teorema de K-T y el Teorema de Globalidad, veamos dos ejemplos en los que se muestran diferentes procedimientos para abordar la resolución de programas con restricciones de desigualdad.

Ejemplo 4.3

Dado el siguiente programa de optimización:

$$\begin{array}{ll} OPT. & x^2+y^2 \\ s.a & x+y\leq 1 \\ & x\geq 1 \end{array}$$

a) Plantee y escriba las condiciones de K-T.

b) Halle los puntos que cumplen las condiciones de K-T.

c) Aplique el Teorema de Globalidad para estudiar la naturaleza de los puntos de K-T.

a) La función de Lagrange asociada al problema de optimización es:

$$L(x,y,\lambda_1,\lambda_2)=x^2+y^2-\lambda_1(x+y-1)-\lambda_2(-x+1)$$

Las condiciones de K-T para mínimo son:

(I) $\nabla_{(x,y)}L(x,y,\lambda_1,\lambda_2)=\left(\dfrac{\partial L}{\partial x},\dfrac{\partial L}{\partial y}\right)=(2x-\lambda_1+\lambda_2,2y-\lambda_1)=(0,0)$

(II) $\begin{array}{l}\lambda_1(x+y-1)=0\\ \lambda_2(x-1)=0\end{array}$

(III) $\begin{array}{ll} x+y\leq 1, & \lambda_1\leq 0 \\ -x\leq -1, & \lambda_2\leq 0\end{array}$ (Si $\lambda_1\geq 0,\lambda_2\geq 0$ el punto es un máximo)

b) Los puntos de K-T se obtienen resolviendo el sistema:

$$\left.\begin{array}{r} 2x-\lambda_1+\lambda_2=0 \\ 2y-\lambda_1=0 \\ \lambda_1(x+y-1)=0 \\ \lambda_2(x-1)=0 \end{array}\right\}$$

junto a las restricciones definidas en (III).

De las dos últimas ecuaciones se obtiene que:

$$x+y-1=0 \text{ o bien } \lambda_1=0 \text{ y que } x-1=0 \text{ o bien } \lambda_2=0$$

Tenemos, por tanto, cuatro posibilidades:

1ª) $x+y-1=0,\ \ x-1=0$

En este caso, se tiene que $x=1,\ y=0,\ \lambda_1=0,\ \lambda_2=-2$ y el punto $(1,0)$ es un posible mínimo local.

2ª) $x+y-1=0,\ \ \lambda_2=0$

En este caso, $x=\frac{1}{2},\ y=\frac{1}{2},\ \lambda_1=1,\ \lambda_2=0$. El punto es rechazado, ya que no pertenece al conjunto factible (no cumple la restricción $x\geq 1$).

3ª) $\lambda_1=0,\ \ x-1=0$

En este caso, $x=1,\ y=0,\ \lambda_1=0,\ \lambda_2=-2$ y el punto $(1,0)$ es posible mínimo local.

4ª) $\lambda_1=0,\ \ \lambda_2=0$

En este caso $x=0,\ y=0$. Este punto no cumple la restricción $x\geq 1$. El posible óptimo es $(1,0)$, que sería un posible mínimo local.

c) Comprobemos que se trata de un programa convexo.

El conjunto factible F es convexo ya que las restricciones que lo definen son lineales. Por otra parte, la función objetivo $f(x,y)=x^2+y^2$ es convexa, ya que su matriz hessiana:

$$H(f)=\begin{pmatrix} 2 & 0 \\ 0 & 2 \end{pmatrix}$$

es definida positiva. El Teorema de Globalidad nos asegura que el punto $(1,0)$ que cumple las condiciones de K-T es un mínimo global del programa.

■

Con frecuencia el cálculo de los puntos de Kuhn-Tucker puede complicarse considerablemente. En algunos casos es posible abordar el problema de optimización de una forma alternativa en la que no es necesario resolver las condiciones de Kuhn-Tucker.

Ejemplo 4.4

Resuelva el problema de optimización con restricciones de desigualdad definido por:

$$\begin{array}{ll} OPT. & f(x,y) = x + y \\ & x^2 + y^2 \geq 1 \\ s.a & \\ & x^2 + y^2 \leq 9 \end{array}$$

Como el conjunto factible es compacto (cerrado y acotado), por el Teorema de Weierstrass tenemos asegurada la existencia de un máximo y mínimo global. Los posibles óptimos de un problema de optimización se encuentran entre los siguientes puntos del conjunto factible F:

(a) Los vértices del conjunto factible F (se obtienen como intersección de las restricciones).

(b) Puntos del interior del conjunto factible F que verifican $\nabla f(\vec{x}) = \vec{0}$.

(c) Las fronteras del conjunto F (exceptuando los vértices) que cumplen $\nabla L(\vec{x}) = \vec{0}$.

Pasamos a calcular cada uno de estos puntos.

a) Vértices del conjunto F.

No hay vértices en F.

b) Puntos del interior de F que cumplen $\nabla F(x,y) = (0,0)$.

$$\nabla F = \left(\frac{\partial f}{\partial x}, \frac{\partial f}{\partial y} \right) = (1,1) \neq (0,0)$$

No se obtiene ningún punto con estas características.

c) Puntos de la frontera de F que cumplen $\nabla L(x,y) = (0,0)$.

Comenzamos con los puntos de la frontera determinada por la ecuación $x^2 + y^2 = 1$. La función de Lagrange y los puntos críticos son:

$$L(x,y,\lambda) = x + y - \lambda\left(x^2 + y^2 - 1\right)$$

$$\nabla_{(x,y)} L(x,y,\lambda) = (1 - 2\lambda x, 1 - 2\lambda y) = (0,0) \Leftrightarrow \begin{array}{l} 1 - 2\lambda x = 0 \\ 1 - 2\lambda y = 0 \end{array}$$

Es decir, $\lambda = \frac{1}{2x} = \frac{1}{2y}$, de donde $x = y$. Como $x^2 + y^2 = 1$, sustituyendo $x = y$, tenemos que $x = \frac{\sqrt{2}}{2}$, $y = \frac{\sqrt{2}}{2}$, $\lambda = \frac{\sqrt{2}}{2}$, o bien $x = -\frac{\sqrt{2}}{2}$, $y = -\frac{\sqrt{2}}{2}$, $\lambda = -\frac{\sqrt{2}}{2}$. Los posibles óptimos son $\left\{ \left(\frac{\sqrt{2}}{2}, \frac{\sqrt{2}}{2} \right), \left(-\frac{\sqrt{2}}{2}, -\frac{\sqrt{2}}{2} \right) \right\}$.

Consideramos ahora los puntos de la frontera determinada por la ecuación $x^2+y^2=9$. La función de Lagrange y los puntos críticos son:

$$L(x,y,\lambda)=x+y-\lambda\left(x^2+y^2-9\right)$$

$$\nabla_{(x,y)}L(x,y,\lambda)=\left(1-2\lambda x,1-2\lambda y\right)=\left(0,0\right)\quad\Leftrightarrow\quad\begin{array}{l}1-2\lambda x=0\\1-2\lambda y=0\end{array}$$

Es decir $\lambda=\dfrac{1}{2x}=\dfrac{1}{2y}$, de donde $x=y$. Como $x^2+y^2=9$, sustituyendo, tenemos que $x=\dfrac{3}{\sqrt{2}}$, $y=\dfrac{3}{\sqrt{2}}$, $\lambda=\dfrac{\sqrt{2}}{6}$, o bien $x=-\dfrac{3}{\sqrt{2}}$, $y=-\dfrac{3}{\sqrt{2}}$, $\lambda=-\dfrac{\sqrt{2}}{6}$.

Los posibles óptimos son $\left\{\left(\dfrac{3}{\sqrt{2}},\dfrac{3}{\sqrt{2}}\right),\left(-\dfrac{3}{\sqrt{2}},-\dfrac{3}{\sqrt{2}}\right)\right\}$.

Ahora basta calcular las imágenes en la función objetivo de cada uno de los posibles óptimos del problema:

$$f\left(\frac{\sqrt{2}}{2},\frac{\sqrt{2}}{2}\right)=\sqrt{2}\,,\quad f\left(-\frac{\sqrt{2}}{2},-\frac{\sqrt{2}}{2}\right)=-\sqrt{2}\,,$$

$$f\left(\frac{3}{\sqrt{2}},\frac{3}{\sqrt{2}}\right)=\frac{6}{\sqrt{2}}\,,\quad f\left(-\frac{3}{\sqrt{2}},-\frac{3}{\sqrt{2}}\right)=-\frac{6}{\sqrt{2}}$$

El máximo global será el punto con mayor imagen y el mínimo, el punto de menor imagen entre los posibles óptimos. Por tanto, $\left(\dfrac{3}{\sqrt{2}},\dfrac{3}{\sqrt{2}}\right)$ es el máximo global y $\left(-\dfrac{3}{\sqrt{2}},-\dfrac{3}{\sqrt{2}}\right)$ es el mínimo global.

■

5. Resolución Gráfica de Problemas de Optimización Restringida

Cuando el programa de optimización está definido sobre el plano, es decir, la función objetivo es de dos variables, el estudio gráfico del problema puede ser en muchos casos un método útil para su resolución, evitando la complejidad de las ecuaciones de Kuhn-Tucker.

Para resolver gráficamente un problema de optimización, seguiremos los siguientes pasos:

1. Se representa en el plano el conjunto factible. Si el conjunto factible es compacto y la función objetivo es continua, el Teorema de Weierstrass asegura la existencia de óptimos globales.

2. Se dibujan las curvas de nivel de la función objetivo.

3. Se calcula la dirección de máximo crecimiento de la función a través del gradiente de la función objetivo. Observando el crecimiento de las curvas de nivel y el conjunto factible, es posible determinar gráficamente dónde se encuentran los óptimos del problema.

4. Si el óptimo es un vértice del conjunto factible, su cálculo se realiza de manera sencilla a partir de las ecuaciones de las restricciones.

Si el óptimo se encuentra en el interior del conjunto factible, el problema es equivalente a un problema de optimización sin restricciones y el óptimo se calcula hallando los puntos que cumplen $\nabla f(x,y)=(0,0)$.

Por último, si el óptimo es punto de tangencia entre una curva de nivel de la función $f(x,y)$ y una de las curvas $g(x,y)=b$ de las restricciones, el problema es equivalente a un problema de optimización con restricciones de igualdad, resuelto con el método de los multiplicadores de Lagrange. El cálculo se realiza teniendo en cuenta que en dicho punto se verifica que $\nabla L(x,y)=(0,0)$ o,equivalentemente, que $\nabla f(x,y)=\lambda\nabla g(x,y)$ y $g(x,y)=b$.

5. Si el programa de optimización es convexo, según el Teorema Local-Global, los óptimos locales han de ser óptimos globales (máximo global si la función objetivo es cóncava y mínimo global si la función objetivo es convexa).

Veamos el proceso con algunos ejemplos.

Ejemplo 5.1

1) Sea el problema de optimización dado por:

$$\begin{array}{ll} OPT. & f(x,y)=y-x^2 \\ s.a & 3x+y\leq 4 \\ & \qquad x\geq 0 \end{array}$$

El conjunto factible $F=\{(x,y):3x+y\leq 4, x\geq 0\}$ no es compacto, ya que no es acotado, por lo que no es posible aplicar el Teorema de Weierstrass. Además, el conjunto F es convexo y la función objetivo $f(x,y)=y-x^2$ es cóncava, ya que su matriz hessiana $H=\begin{pmatrix}-2 & 0\\ 0 & 0\end{pmatrix}$ es semidefinida negativa. Por tanto, aplicando el Teorema Local-Global, si existe un máximo local, ha de ser global.

Las curvas de nivel de la función $f(x,y)=y-x^2$ están dadas por $y-x^2=k$, es decir, $y=x^2+k$ y, por tanto, son parábolas como las representadas en la Figura 11.14.

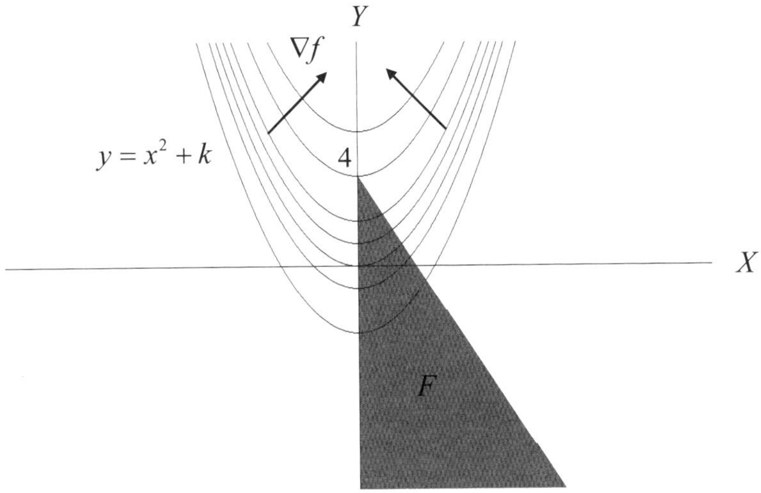

Figura 11.14. Gráfica del conjunto factible $F=\{(x,y):3x+y\leq 4, x\geq 0\}$ y de las curvas de nivel $y-x^2=k$ de la función objetivo.

La dirección de máximo crecimiento en cada punto (x,y) está dada por el vector $\nabla f(x,y)=(-2x,1)$. De esta forma, el punto $(0,4)$ es un máximo global del problema de optimización. Observemos que es el punto del conjunto factible F que pertenece a la curva de mayor nivel, es decir, que su imagen en la función $f(x,y)$ es mayor.

2) Sea el problema de optimización dado por:

$$\begin{array}{ll} OPT. & z=x+y \\ s.a & x^2+y^2=1 \end{array}$$

El conjunto factible $F=\{(x,y):x^2+y^2=1\}$ es compacto y la función objetivo $z=x+y$ es continua sobre F. El Teorema de Weierstrass nos asegura la existencia de óptimos (máximos y mínimos) globales. Por otra parte, el conjunto F no es convexo, por lo que no es posible aplicar el Teorema Local-Global.

Comenzamos representando el conjunto factible F, dado por la circunferencia de centro el origen y de radio 1; y las curvas de nivel de la función $z=x+y$, dadas por las rectas $y=k-x$ de pendiente –1 (véase la Figura 11.15).

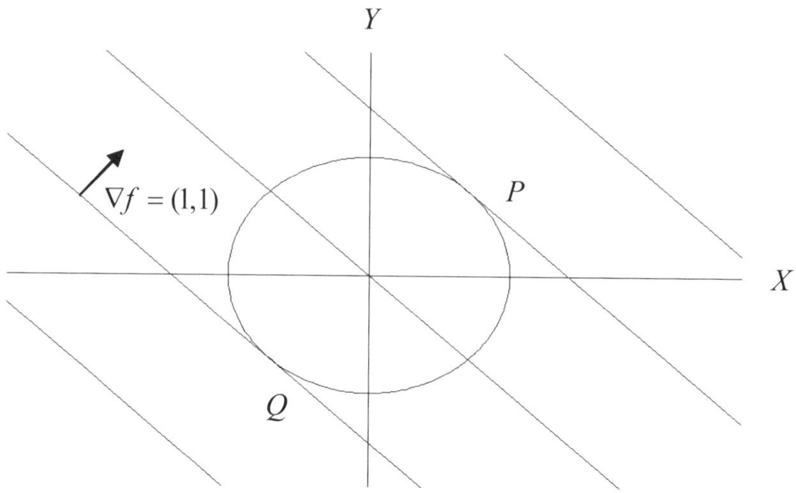

Figura 11.15. Gráfica del conjunto factible $F = \{(x,y): x^2 + y^2 = 1\}$ y de las curvas de nivel $y = k - x$ de la función objetivo.

La dirección de máximo crecimiento está dada por el vector $\nabla f(x,y) = (1,1)$. De esta forma, los puntos P y Q son máximo y mínimo globales respectivamente de la función $z = x + y$ sobre el conjunto F.

Los óptimos P y Q pertenecen a la frontera del conjunto factible. Para calcularlos analíticamente aplicamos el método de los multiplicadores de Lagrange. Concretamente, se cumple que los gradientes de la función $f(x,y) = x + y$ y de la curva $g(x,y) = x^2 + y^2 - 1$ han de ser proporcionales en dichos puntos:

$$\nabla f(x,y) = (1,1) = \lambda \nabla g(x,y) = \lambda(2x, 2y)$$

De esta forma:

$$\left.\begin{array}{l} 2x\lambda = 1 \\ 2y\lambda = 1 \end{array}\right\} \Leftrightarrow \lambda = \frac{1}{2x} = \frac{1}{2y} \Leftrightarrow x = y$$

Sustituyendo en la ecuación $x^2 + y^2 = 1$, resulta que $x = \pm\frac{\sqrt{2}}{2}$. Así, las soluciones del problema son $P = \left(\frac{\sqrt{2}}{2}, \frac{\sqrt{2}}{2}\right)$ máximo global y $Q = \left(-\frac{\sqrt{2}}{2}, -\frac{\sqrt{2}}{2}\right)$ mínimo global.

3) Resuelva gráficamente el problema:

$$\begin{array}{ll} OPT. & f(x,y)=(x-1)^2+(y-1)^2 \\ s.a & x\geq 0 \\ & y\geq 0 \end{array}$$

El conjunto factible $F=\{(x,y): x\geq 0,\, y\geq 0\}$ no es compacto al no ser acotado, por lo que no es posible aplicar el Teorema de Weierstrass. Sin embargo, el conjunto factible es convexo y la función objetivo es estrictamente convexa, ya que su matriz hessiana $H=\begin{pmatrix} 2 & 0 \\ 0 & 2 \end{pmatrix}$ es definida positiva. Aplicando el Teorema Local-Global, si existe un mínimo local, ha de ser un mínimo global. Las curvas de nivel de la función $f(x,y)=(x-1)^2+(y-1)^2$ corresponden a circunferencias centradas en el punto $(1,1)$.

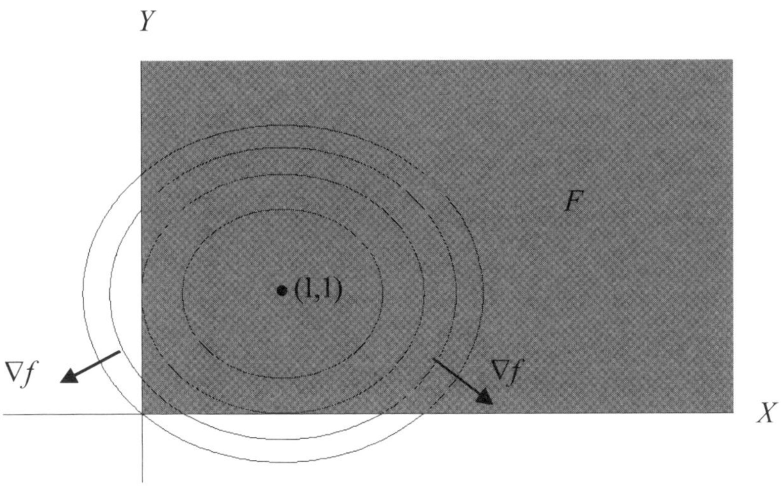

Figura 11.16. Gráfica del conjunto factible $F=\{(x,y): x\geq 0,\, y\geq 0\}$ y de las curvas de nivel $(x-1)^2+(y-1)^2=k$ de la función objetivo.

El gradiente de la función f, dado por $\nabla f(x,y)=(2(x-1),2(y-1))$, indica la dirección de máximo crecimiento en cada punto (x,y). El punto $P=(0,0)$ es un máximo local, ya que cualquier punto de su entorno que pertenezca a F tiene imagen más pequeña (pertenece a una curva de nivel inferior).

Por otra parte, el punto $(1,1)$ es un mínimo global del problema, ya que cualquier punto del conjunto F pertenece a una curva de mayor nivel y tendría imagen mayor en la función f.

4) Resuelva gráficamente el problema:

$$\begin{array}{ll} OPT. & 2x^2+y^2 \\ s.a & x\leq 1 \\ & y\leq 2 \\ & 2x+y\geq 2 \end{array}$$

El conjunto factible $F=\{(x,y): x\leq 1,\, y\leq 2,\, 2x+y\geq 2\}$ es compacto (véase la Figura 11.17) y la función $f(x,y)$ es continua, por tanto, se puede aplicar el Teorema de Weierstrass y el problema tiene máximo y mínimo globales. Además, el programa es convexo, ya que el conjunto factible es convexo y la función objetivo es convexa. De esta forma, si existe un mínimo local, éste ha de ser global. Para calcular los óptimos del problema, representamos las el conjunto factible y las curvas de nivel de la función $f(x,y)=2x^2+y^2$, que corresponden a elipses centradas en el origen:

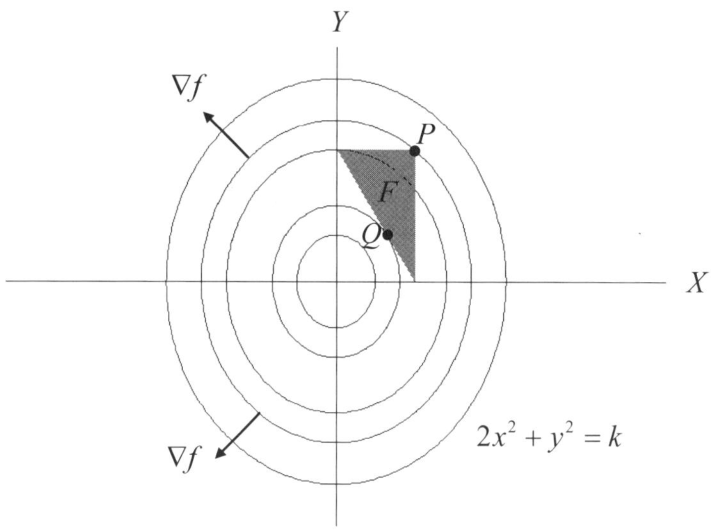

Figura 11.17. Gráfica del conjunto factible $F=\{(x,y): x\leq 1,\, y\leq 2,\, 2x+y\geq 2\}$ y de las curvas de nivel $2x^2+y^2=k$ de la función objetivo.

El gradiente de $f(x,y)=2x^2+y^2$ está dado por $\nabla f(x,y)=(4x,2y)$ y señala en cada punto (x,y) la dirección de máximo crecimiento de la función. Así, el punto P es el máximo global del problema y el punto Q es el mínimo global. El punto P es el vértice del conjuto factible dado por $P=(1,2)$. Mientras que para determinar el punto Q situado en la recta $2x+y=2$ aplicamos el método de los multiplicadores de Lagrange. En este punto se cumple que los gradientes de la función objetivo $f(x,y)$ y de la función $g(x,y)=2x+y-2$ han de ser proporcionales:

$$\nabla f(x,y)=(4x,2y)=\lambda\nabla g(x,y)=\lambda(2,1)$$

Es decir:

$$\left.\begin{matrix}4x=2\lambda\\ 2y=\lambda\end{matrix}\right\}\Leftrightarrow \lambda=2x=2y\Leftrightarrow x=y$$

y sustituyendo en la ecuación $2x+y=2$, resulta que $x=\frac{2}{3}$ e $y=\frac{2}{3}$ y el punto $Q=(\frac{2}{3},\frac{2}{3})$ es el mínimo global.

5) Consideremos el problema de optimización lineal dado por:

$$\begin{array}{ll} OPT. & -x+2y \\ s.a & x+4y\leq 2 \\ & x+y\leq 1 \\ & x\geq 0, y\geq 0 \end{array}$$

Un programa lineal es siempre un programa convexo, donde la función objetivo es a la vez cóncava y convexa, por lo que los óptimos, si existen, han de ser siempre óptimos globales. Además, en este caso, el conjunto factible es compacto, por lo que tenemos asegurada la existencia de máximos y mínimos globales. La solución gráfica del problema es sencilla. Basta representar el conjunto factible F y las curvas de nivel de la función objetivo, que para un programa lineal son funciones lineales (véase la Figura 11.18). El vector gradiente $\nabla f=(-1,2)$ indica la dirección de crecimiento de las curvas de nivel $-x+2y=k$. Los óptimos globales corresponden a los puntos de tangencia de las curvas de nivel con la frontera del conjunto factible F. En este ejemplo, el máximo global es el punto $(0,\frac{1}{2})$ y el mínimo global es el punto $(1,0)$.

Es interesante observar que, si la función objetivo coincide con alguna de las funciones que definen las restricciones, entonces, todos los puntos del conjunto factible que verifican esta restricción serían óptimos globales del problema.

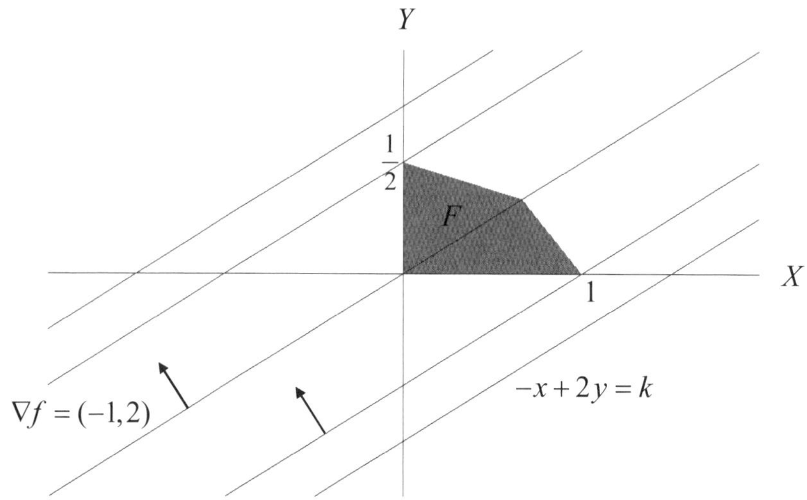

Figura 11.18. Conjunto factible $F = \{(x,y) : x+4y \leq 2, x+y \leq 1, x \geq 0, y \geq 0\}$ y curvas de nivel $-x+2y=k$ de la función objetivo.

EJERCICIOS RESUELTOS

1. Clasifique los siguientes programas de optimización y estudie si es posible aplicar el Teorema de Weierstrass y el Teorema Local-Global para determinar la existencia de óptimos globales del problema.

a) $OPT.\ x^2+(y-1)^2+(z-2)^2$

$s.a \quad x+y-z\leq 1$

b) $OPT.\ \sum_{i=1}^{n} a_i x_i$

$s.a \quad \sum_{i=1}^{n} x_i = 1$

c) $OPT.\ \sum_{i=1}^{n} \ln x_i$

$s.a \quad \sum_{i=1}^{n} x_i^2 \leq r^2$

$\qquad x_i > 0,\ i=1,2,\ldots,n$

d) $OPT.\ 2x+3y$

$s.a \quad x+y\geq 1$

$\qquad x\leq 1$

$\qquad y\leq 1$

Solución

a) Se trata de un programa de optimización con restricciones de desigualdad. El conjunto factible está dado por el semiespacio $F=\{(x,y,z): x+y-z\leq 1\}$. El programa no es lineal, ya que la función objetivo no es lineal. Analicemos si se trata de un programa convexo. En primer lugar, la matriz hessiana de la función objetivo dada por:

$$H(f)(x,y,z)=\begin{pmatrix}2 & 0 & 0\\ 0 & 2 & 0\\ 0 & 0 & 2\end{pmatrix}$$

es definida positiva y la función objetivo es estrictamente convexa. Por otra parte, el conjunto factible es convexo al estar definido por una función lineal. Se trata, por tanto, de un problema de optimización convexo. El Teorema Local-Global afirma en este caso que, si existe un mínimo local, el mínimo ha de ser global.

Por último, no es posible aplicar el Teorema de Weierstrass, ya que el conjunto factible no es acotado y, por tanto, no es compacto.

b) Se trata de un programa de optimización con restricciones de desigualdad que es lineal, ya que tanto la función objetivo como la función que define la única restricción son lineales. El programa es, por tanto, convexo, con lo que es posible aplicar el Teorema Local-Global. La función objetivo es cóncava y convexa a la vez, ya que es lineal, por lo que el Teorema Local–Global afirma que, si existen óptimos locales (máximos o mínimos), han de ser globales. Por último, no es posible aplicar el Teorema de Weierstrass, ya que el conjunto factible no es acotado y, por tanto, no es compacto

c) Se trata de un programa de optimización con restricciones de desigualdad. La función objetivo es de n variables y el conjunto factible está dado por:

$$F = \left\{ (x_1, x_2, ..., x_n) \in \mathbb{R}^n : \sum_{i=1}^{n} x_i^2 \leq r^2,\ \ x_i > 0,\ \ i = 1, 2, ..., n \right\}$$

El programa no es lineal, ya que ni la función objetivo ni la función que define la restricción son lineales. Analizamos si se trata de un programa convexo. En primer lugar, la matriz hessiana de la función objetivo dada por:

$$H(f)(\vec{x}) = \begin{pmatrix} -1/x_1^2 & 0 & \cdots & 0 \\ 0 & -1/x_2^2 & \cdots & 0 \\ \vdots & \vdots & \ddots & \vdots \\ 0 & 0 & \cdots & -1/x_n^2 \end{pmatrix}$$

es definida negativa en el conjunto F y la función objetivo es estrictamente cóncava en F. Por otra parte, el conjunto factible es convexo al ser la intersección de dos conjuntos convexos: el conjunto $A = \left\{ (x_1, x_2, ..., x_n) : \sum_{i=1}^{n} x_i^2 \leq r^2 \right\}$ que es convexo por ser la función $\sum_{i=1}^{n} x_i^2$ convexa y el conjunto $B = \{ (x_1, x_2, ..., x_n) :\ x_i > 0,\ i = 1, 2, ..., n \}$ que es convexo al ser la intersección de los semiespacios $x_i > 0$. Se trata, por tanto, de un problema de optimización convexo. El Teorema Local-Global afirma en este caso que, si existe un máximo local, el máximo ha de ser global.

Por último, no es posible aplicar el Teorema de Weierstrass, ya que el conjunto factible no es cerrado (observe que, por ejemplo, el origen de coordenadas está en la frontera del conjunto factible y, sin embargo, no pertenece a él) y, por tanto, no es compacto.

d) Se trata de un programa de optimización lineal con restricciones de desigualdad, ya que tanto la función objetivo como las funciones que definen las restricciones son lineales. El programa es, por tanto, convexo, con lo que es posible aplicar el Teorema Local-Global. La función objetivo es cóncava y convexa a la vez, ya que es lineal, por lo que el Teorema Local–Global afirma que si existen óptimos locales (máximos o mínimos) han de ser globales. Por último, el conjunto factible es compacto (cerrado y acotado) y la función objetivo es continua. El Teorema de Weierstrass afirma que existe máximo y mínimo global del problema de optimización.

2. Estudie los óptimos locales de la función $f(x,y) = \ln x + \ln y$ bajo la restricción dada por la ecuación $x^2 + y^2 = r^2$.

Solución

Comenzamos construyendo la función de Lagrange:

$$L(x,y,\lambda) = \ln x + \ln y - \lambda(x^2 + y^2 - r^2)$$

Los puntos críticos del problema de optimización restringida se obtienen como soluciones del sistema:

$$\nabla L(x,y,\lambda) = \vec{0} \Leftrightarrow \begin{array}{l} L_x = \dfrac{1}{x} - 2\lambda x = 0 \\ L_y = \dfrac{1}{y} - 2\lambda y = 0 \\ x^2 + y^2 = r^2 \end{array}$$

Despejando λ en la primera y en la segunda ecuación, se tiene que $\lambda = \dfrac{1}{2x^2} = \dfrac{1}{2y^2}$, de donde $x = y$ o bien $x = -y$. Como la función objetivo está definida para $x, y > 0$, necesariamente $x = y$. Sustituyendo en la tercera ecuación, se llega a que $2x^2 = r^2$ y, por tanto, $x = \dfrac{r}{\sqrt{2}}$. El único punto crítico del problema de optimización es $\vec{x}_0 = (\dfrac{r}{\sqrt{2}}, \dfrac{r}{\sqrt{2}})$, con multiplicador de Lagrange asociado $\lambda = \dfrac{1}{r^2}$.

La matriz hessiana respecto de (x,y) de la función de Lagrange está dada por:

$$H_{(x,y)}L(x,y) = \begin{pmatrix} -\dfrac{1}{x^2} - 2\lambda & 0 \\ 0 & -\dfrac{1}{y^2} - 2\lambda \end{pmatrix}$$

y evaluada en el punto crítico $\vec{x}_0 = (\frac{r}{\sqrt{2}}, \frac{r}{\sqrt{2}})$, con multiplicador de Lagrange $\lambda = \frac{1}{r^2}$, es igual a:

$$H_{(x,y)}L(\frac{r}{\sqrt{2}}, \frac{r}{\sqrt{2}}) = \begin{pmatrix} -\frac{1}{x^2} - 2\lambda & 0 \\ 0 & -\frac{1}{y^2} - 2\lambda \end{pmatrix}_{(\frac{r}{\sqrt{2}}, \frac{r}{\sqrt{2}})} = \begin{pmatrix} -\frac{4}{r^2} & 0 \\ 0 & -\frac{4}{r^2} \end{pmatrix}$$

La matriz $H_{(x,y)}L(\frac{1}{\sqrt{2}}, \frac{1}{\sqrt{2}})$ es definida negativa y el punto $\vec{x}_0 = (\frac{r}{\sqrt{2}}, \frac{r}{\sqrt{2}})$ es un máximo local restringido.

3. Estudie los óptimos locales de la función $f(x,y) = 1 + 2x + 3y$ bajo la restricción dada por la ecuación $x^2 + y^2 = 1$.

Solución

Comenzamos construyendo la función de Lagrange:

$$L(x,y,\lambda) = 1 + 2x + 3y - \lambda(x^2 + y^2 - 1)$$

Los puntos críticos del problema de optimización restringida se obtienen como soluciones del sistema:

$$\nabla L(x,y,\lambda) = \vec{0} \Leftrightarrow \begin{array}{l} L_x = 2 - 2\lambda x = 0 \\ L_y = 3 - 2\lambda y = 0 \\ x^2 + y^2 = 1 \end{array}$$

Despejando λ en la primera y en la segunda ecuación, se tiene que $\lambda = \frac{1}{x} = \frac{3}{2y}$, de donde $y = \frac{3}{2}x$. Sustituyendo en la tercera ecuación, se llega a que $\frac{13}{4}x^2 = 1$ y, por tanto, $x = \pm\frac{2}{\sqrt{13}}$. Los puntos críticos del problema de optimización son $\vec{x}_0 = (\frac{2}{\sqrt{13}}, \frac{3}{\sqrt{13}})$, con multiplicador de Lagrange asociado $\lambda = \frac{\sqrt{13}}{2}$; y $\vec{x}_0 = (-\frac{2}{\sqrt{13}}, -\frac{3}{\sqrt{13}})$ con multiplicador de Lagrange asociado $\lambda = -\frac{\sqrt{13}}{2}$.

La matriz hessiana respecto de (x,y) de la función de Lagrange está dada por:

$$H_{(x,y)}L(x,y)=\begin{pmatrix}-2\lambda & 0\\ 0 & -2\lambda\end{pmatrix}$$

La matriz hessiana evaluada en el punto crítico $\vec{x}_0=(\frac{2}{\sqrt{13}},\frac{3}{\sqrt{13}})$, con multiplicador de Lagrange $\lambda=\frac{\sqrt{13}}{2}$, es igual a:

$$H_{(x,y)}L(\frac{2}{\sqrt{13}},\frac{3}{\sqrt{13}})=\begin{pmatrix}-2\lambda & 0\\ 0 & -2\lambda\end{pmatrix}_{(\frac{2}{\sqrt{13}},\frac{3}{\sqrt{13}})}=\begin{pmatrix}-\sqrt{13} & 0\\ 0 & -\sqrt{13}\end{pmatrix}$$

La matriz $H_{(x,y)}L(\frac{2}{\sqrt{13}},\frac{3}{\sqrt{13}})$ es definida negativa y el punto $\vec{x}_0=(\frac{2}{\sqrt{13}},\frac{3}{\sqrt{13}})$ es un máximo local restringido.

Por otra parte, la matriz hessiana evaluada en el punto crítico $\vec{x}_0=(-\frac{2}{\sqrt{13}},-\frac{3}{\sqrt{13}})$, con multiplicador de Lagrange $\lambda=-\frac{\sqrt{13}}{2}$, es igual a:

$$H_{(x,y)}L(-\frac{2}{\sqrt{13}},-\frac{3}{\sqrt{13}})=\begin{pmatrix}2\lambda & 0\\ 0 & 2\lambda\end{pmatrix}_{(-\frac{2}{\sqrt{13}},-\frac{3}{\sqrt{13}})}=\begin{pmatrix}\sqrt{13} & 0\\ 0 & \sqrt{13}\end{pmatrix}$$

La matriz $H_{(x,y)}L(-\frac{2}{\sqrt{13}},-\frac{3}{\sqrt{13}})$ es definida positiva y el punto $\vec{x}_0=(-\frac{2}{\sqrt{13}},-\frac{3}{\sqrt{13}})$ es un mínimo local restringido.

4. Utilice el método de los multiplicadores de Lagrange para resolver el problema de optimización:

$$\begin{aligned}&OPT.\quad xy\\ &s.a\quad 5x+3y=60\end{aligned}$$

Solución

La función de Lagrange correspondiente al problema de optimización restringida está dada por:

$$L(x,y,\lambda)=xy-\lambda(5x+3y-60)$$

Los puntos críticos del problema de optimización se obtienen como soluciones del sistema:

$$\nabla L(x,y,\lambda)=(0,0,0)\Leftrightarrow \left.\begin{array}{r} L_x = y-5\lambda=0 \\ L_y = x-3\lambda=0 \\ 5x+3y=60 \end{array}\right\}$$

Despejando λ en la primera y segunda ecuación, se tiene que $\lambda=\frac{y}{5}=\frac{x}{3}$, de donde $y=\frac{5}{3}x$. Sustituyendo en la tercera ecuación, se llega a que $x=6$ e $y=10$. El único punto crítico obtenido es $\vec{x}_0=(6,10)$, con multiplicador de Lagrange asociado $\lambda=2$.

La matriz hessiana de la función objetivo es $H(f)(x,y)=\begin{pmatrix} 0 & 1 \\ 1 & 0 \end{pmatrix}$ y la forma cuadrática asociada a la matriz hessiana, dada por $Q(x,y)=2xy$, es indefinida. Por tanto, no es posible aplicar la condición suficiente fuerte.

Para aplicar la condición suficiente débil, estudiamos el carácter de la forma cuadrática $Q(x,y)=2xy$ restringida al subespacio definido por $\{\vec{x}:J(g)(6,10)\vec{x}=\vec{0}\}$. Como la matriz jacobiana es $J(g)=(\frac{\partial g}{\partial x},\frac{\partial g}{\partial y})=(5,3)$, entonces:

$$J(g)(6,10)\begin{pmatrix} x \\ y \end{pmatrix}=\begin{pmatrix} 5 & 3 \end{pmatrix}\begin{pmatrix} x \\ y \end{pmatrix}=5x+3y$$

y el subespacio $\{\vec{x}:J(g)(6,10)\vec{x}=\vec{0}\}$ es igual a $\{(x,y):5x+3y=0\}$. Para estudiar el carácter de la forma cuadrática $Q(x,y)=2xy$ restringida al subespacio $\{(x,y):5x+3y=0\}$, despejamos la variable x en la ecuación $5x+3y=0$ y sustituimos su valor en la forma cuadrática. Así, la forma cuadrática $Q(x,y)=2xy$ restringida al subespacio $\{(x,y):5x+3y=0\}$ puede expresarse como $Q(y)=-\frac{6}{5}y^2$, que es una forma cuadrática definida negativa. Aplicando la condición suficiente débil, el punto $(6,10)$ es el máximo local restringido de la función.

5. Un consumidor dispone de 600 u.m. para gastar en dos productos. El primero de ellos tiene un precio de 20 u.m. por unidad y el segundo de 30 u.m. por unidad. Si la función de utilidad del consumidor es $U(x,y)=10x^{0,6}y^{0,4}$, se pide:

a) Determinar el número de unidades de cada artículo que deberá comprar el consumidor para maximizar la utilidad.

b) Calcule la utilidad máxima.

c) Halle aproximadamente la variación en la utilidad máxima del consumidor si la renta disponible aumenta en una unidad.

Solución

a) Tenemos un problema de optimización restringida dado por:

$$\begin{array}{ll} OPT. & U(x,y)=10x^{0,6}y^{0,4} \\ s.a & 20x+30y=600 \end{array}$$

Para resolverlo, utilizamos el método de los multiplicadores de Lagrange. Sea la función de Lagrange:

$$L(x,y,\lambda)=10x^{0,6}y^{0,4}-\lambda(20x+30y-600)$$

Los puntos críticos del problema de optimización restringida se obtienen como soluciones del sistema:

$$\nabla L(x,y,\lambda)=\vec{0} \Leftrightarrow \begin{array}{l} L_x=6x^{-0,4}y^{0,4}-20\lambda=0 \\ L_y=4x^{0,6}y^{-0,6}-30\lambda=0 \\ 20x+30y=600 \end{array}$$

Despejando el multiplicador λ en la primera y en la segunda ecuación se tiene que $\lambda=\frac{3}{10}x^{-0,4}y^{0,4}=\frac{2}{15}x^{0,6}y^{-0,6}$, de donde $45\frac{y^{0,4}}{y^{-0,6}}=20\frac{x^{0,6}}{x^{-0,4}}$ y, por tanto, $x=\frac{9}{4}y$. Sustituyendo en la tercera ecuación, se llega a que $y=8$ y $x=18$. El único punto crítico del problema de optimización es $\vec{x}_0=(18,8)$, con multiplicador de Lagrange asociado $\lambda=\frac{3}{10}18^{-0,4}8^{0,4}=0,22$.

La matriz hessiana de la función de utilidad está dada por:

$$H(U)(x,y)=\begin{pmatrix} -\frac{12}{5}x^{-1,4}y^{0,4} & \frac{12}{5}x^{-0,4}y^{-0,6} \\ \frac{12}{5}x^{-0,4}y^{-0,6} & -\frac{12}{5}x^{0,6}y^{-1,6} \end{pmatrix}$$

Como los menores principales son $\Delta_1 = -\dfrac{12}{5}x^{-1,4}y^{0,4} < 0$ y $\Delta_2 = 0$, para cada $x, y > 0$, la función de utilidad $U(x,y) = 10x^{0,6}y^{0,4}$ es semidefinida negativa en el dominio de definición y, por tanto, la función de utilidad es cóncava en su dominio. Por otra parte, el conjunto factible es convexo, ya que está determinado por la restricción lineal $20x + 30y = 600$. Aplicando el Teorema Local-Global, el punto $\vec{x}_0 = (18,8)$ es el máximo global restringido del problema de optimización.

b) La utilidad máxima está dada por:

$$U^* = U(18,8) = 10 \cdot 18^{0,6} \cdot 8^{0,4} = 130,13$$

c) Sabemos que la tasa de variación de la utilidad máxima respecto de la renta está dada por el multiplicador de Lagrange λ, concretamente se cumple que $\dfrac{dU^*}{dr} = \lambda$. Por tanto, el incremento de la utilidad máxima U^* cuando la renta se incrementa en una unidad es aproximadamente:

$$\Delta U^* \approx dU^* = \frac{dU^*}{dr}\Delta r = \lambda = 0,22$$

6. Consideremos la función de utilidad del consumidor:

$$f(x,y,z) = \ln(x-k) + \ln(y-k) + \ln(z-k)$$

donde $x, y, z > k$. Supongamos que los precios unitarios de cada uno de los bienes son iguales a la unidad y que la renta disponible es de 300 unidades monetarias.

a) Determine las cantidades de cada uno de los bienes que maximizan la utilidad del consumidor bajo la restricción presupuestaria.

b) Halle aproximadamente la variación que se produce en la utilidad máxima cuando la renta monetaria del consumidor se incrementa en una unidad.

Solución

a) El problema consiste en optimizar la función de utilidad del consumidor definida por $f(x,y,z) = \ln(x-k) + \ln(y-k) + \ln(z-k)$, restringida a la ecuación dada por $x + y + z = 300$. Comenzamos construyendo la función de Lagrange:

$$L(x,y,z,\lambda) = \ln(x-k) + \ln(y-k) + \ln(z-k) - \lambda(x + y + z - 300)$$

Los puntos críticos del problema de optimización restringida se obtienen como soluciones del sistema:

$$\nabla L(x,y,\lambda)=\vec{0} \Leftrightarrow \begin{array}{l} L_x = \dfrac{1}{x-k}-\lambda=0 \\ L_y = \dfrac{1}{y-k}-\lambda=0 \\ L_z = \dfrac{1}{z-k}-\lambda=0 \\ x+y+z=300 \end{array}$$

Despejando el multiplicador λ en la primera, segunda y tercera ecuación, se tiene que $\lambda=\dfrac{1}{x-k}=\dfrac{1}{y-k}=\dfrac{1}{z-k}$, de donde $x=y=z$. Sustituyendo en la cuarta ecuación, se llega a que $3x=300$ y, por tanto, $x=y=z=100$. El único punto crítico del problema de optimización es $\vec{x}_0=(100,100,100)$, con multiplicador de Lagrange asociado $\lambda=\dfrac{1}{100-k}$.

La matriz hessiana de la función de utilidad está dada por:

$$H(f)(x,y,z)=\begin{pmatrix} -\dfrac{1}{(x-k)^2} & 0 & 0 \\ 0 & -\dfrac{1}{(y-k)^2} & 0 \\ 0 & 0 & -\dfrac{1}{(z-k)^2} \end{pmatrix}$$

Como la matriz $H(f)$ es definida negativa para cada punto del dominio de definición, la función de utilidad es estrictamente cóncava en todo su dominio. Por otra parte, el conjunto factible es convexo, ya que la restricción es lineal. Tenemos, por tanto, un programa convexo. Aplicando el Teorema Local-Global, el punto crítico $\vec{x}_0=(100,100,100)$ es el máximo global y la solución del problema.

b) El incremento de la utilidad máxima cuando hay un incremento unitario de la renta disponible es aproximadamente igual al multiplicador de Lagrange $\lambda=\dfrac{1}{100-k}$.

7. La función de producción de una mercancía en la que se emplean los factores productivos X, Y viene dada por $Q(x,y)=x^a y^{1-a}$, $0<a<1$, mientras que la función de costes es $C(x,y)=C_0+px+qy$, $p,q>0$.

a) Halle la combinación de factores que maximizan la producción sabiendo que los costes de producción son iguales a una cantidad B.

b) Demuestre que la variación que se produce en la producción máxima cuando los costes de producción se incrementan en una unidad no depende de los parámetros B y C_0.

c) Determine aproximadamente el incremento que se produce en la producción máxima si los costes totales de producción se incrementan en una unidad, para los valores de los parámetros a, p y q siguientes: $a=\frac{1}{2}$, $p=2$ y $q=3$.

Solución

a) El problema consiste en optimizar la función de producción $Q(x,y)=x^a y^{1-a}$, restringida a la ecuación dada por $C_0+px+qy=B$.

Comenzamos construyendo la función de Lagrange dada por:

$$L(x,y,\lambda)=x^a y^{1-a}-\lambda(C_0+px+qy-B)$$

Los puntos críticos del problema de optimización restringida se obtienen como soluciones del sistema:

$$\nabla L(x,y,\lambda)=\vec{0} \Leftrightarrow \begin{array}{l} L_x = ax^{a-1}y^{1-a}-p\lambda=0 \\ L_y=(1-a)x^a y^{-a}-q\lambda=0 \\ C_0+px+qy=B \end{array}$$

Despejando λ en la primera y segunda ecuación, se tiene que:

$$\lambda=\frac{a}{p}x^{a-1}y^{1-a}=\frac{1-a}{q}x^a y^{-a} \Leftrightarrow \frac{a}{p}\frac{y^{1-a}}{y^{-a}}=\frac{1-a}{q}\frac{x^a}{x^{a-1}} \Leftrightarrow \frac{a}{p}y=\frac{1-a}{q}x$$

de donde $y=\frac{p}{q}\frac{1-a}{a}x$.

Sustituyendo en la tercera ecuación, se llega a que:

$$C_0+px+p\frac{1-a}{a}x=B \Leftrightarrow \frac{p}{a}x=B-C_0 \Leftrightarrow x=\frac{a}{p}(B-C_0)$$

y sustituyendo el valor de x obtenido en la ecuación $y=\frac{p}{q}\frac{1-a}{a}x$, se tiene que:

$$y = \frac{1-a}{q}(B - C_0)$$

El único punto crítico del problema de optimización es $\vec{x}_0 = (\frac{a}{p}(B - C_0), \frac{1-a}{q}(B - C_0))$, con multiplicador de Lagrange asociado:

$$\lambda_0 = \frac{1-a}{q}\left(\frac{a}{p}\right)^a (B - C_0)^a \left(\frac{1-a}{q}\right)^{-a} (B - C_0)^{-a} = \left(\frac{a}{p}\right)^a \left(\frac{1-a}{q}\right)^{1-a}$$

La matriz hessiana de la función de producción es:

$$H(f) = \begin{pmatrix} a(a-1)x^{a-2}y^{1-a} & a(1-a)x^{a-1}y^{-a} \\ a(1-a)x^{a-1}y^{-a} & a(a-1)x^a y^{-a-1} \end{pmatrix}$$

Como los menores principales verifican: $\Delta_1 = a(a-1)x^{a-2}y^{1-a} < 0$ y $\Delta_2 = a^2(a-1)^2 x^{2a-2}y^{-2a} - a^2(1-a)^2 x^{2a-2}y^{-2a} = 0$, la matriz hessiana $H(f)$ es semidefinida negativa para cada punto $x, y > 0$ y la función de producción es cóncava en todo su dominio. Por otra parte, el conjunto factible es convexo, ya que la restricción $C_0 + px + qy = B$ es lineal. Tenemos, por tanto, un programa convexo. Aplicando el Teorema Local-Global, el punto crítico $\vec{x}_0 = (\frac{a}{p}(B - C_0), \frac{1-a}{q}(B - C_0))$ es el máximo global y la solución del problema.

b) El incremento de la producción máxima cuando hay un incremento unitario de los costes de producción es aproximadamente igual al multiplicador de Lagrange. El valor del multiplicador de Lagrange correspondiente al máximo del problema es $\lambda = \left(\frac{a}{p}\right)^a \left(\frac{1-a}{q}\right)^{-a}$. Como se puede ver, el valor de λ es independiente de los parámetros B y C_0.

c) Sustituyendo en la expresión $\lambda = \left(\frac{a}{p}\right)^a \left(\frac{1-a}{q}\right)^{1-a}$ los valores de $a = \frac{1}{2}$, $p = 2$ y $q = 3$, el incremento aproximado de la producción máxima es $\lambda = \frac{\sqrt{6}}{12}$.

8. Considere la función de utilidad del consumidor dada por $U(x, y) = a \ln x + b \ln y$, con $a, b > 0$, donde la restricción presupuestaria viene determinada por la ecuación $px + qy = r$.

a) Determine el punto de equilibrio del consumidor y la utilidad máxima.

b) Halle la variación que se produce en la utilidad máxima si la renta aumenta en un 1%.

c) Halle la tasa de cambio de la utilidad máxima respecto de los precios p y q.

Solución

a) El punto de equilibrio del consumidor es el punto que maximiza la función de utilidad bajo la restricción presupuestaria definida por la ecuación $px+qy=r$. Para resolver el problema de optimización restringida, comenzamos construyendo la función de Lagrange dada por:

$$L(x,y,\lambda)=a\ln x+b\ln y-\lambda(px+qy-r)$$

Los puntos críticos del problema de optimización restringida se obtienen como soluciones del sistema:

$$\nabla L(x,y,\lambda)=\vec{0}\Leftrightarrow \begin{aligned} L_x&=\frac{a}{x}-\lambda p=0\\ L_y&=\frac{b}{y}-\lambda q=0\\ px&+qy=r\end{aligned}$$

Despejando λ en la primera y en la segunda ecuación, se tiene que $\lambda=\dfrac{a}{px}=\dfrac{b}{qy}$, de donde $y=\dfrac{b}{a}\dfrac{p}{q}x$. Sustituyendo en la tercera ecuación, se llega a que $px+\dfrac{b}{a}px=r$ y, por tanto, $x=\dfrac{ra}{p(a+b)}$ e $y=\dfrac{rb}{q(a+b)}$. El único punto crítico del problema de optimización es $\vec{x}_0=(\dfrac{ra}{p(a+b)},\dfrac{rb}{q(a+b)})$, con multiplicador de Lagrange asociado $\lambda_0=\dfrac{a+b}{r}$.

La matriz hessiana de la función de utilidad está dada por:

$$H(U)(x,y)=\begin{pmatrix}-\dfrac{a}{x^2} & 0\\ 0 & -\dfrac{b}{y^2}\end{pmatrix}$$

Como la matriz es diagonal y los elementos de la diagonal principal son negativos para cada $x,y>0$, la función de utilidad $U(x,y)=a\ln x+b\ln y$ es definida negativa en el dominio de definición y, por tanto, la función de utilidad es estrictamente cóncava en su dominio. Por otra parte, el conjunto factible es convexo, ya que está determinado por la restricción lineal $px+qy=r$. Aplicando el Teorema Local-Global, el punto $\vec{x}_0=(\frac{ra}{p(a+b)},\frac{rb}{q(a+b)})$ es el máximo global restringido del problema de optimización y, por tanto, es el punto de equilibrio.

La utilidad máxima está dada por:

$$U^*=U(\frac{ra}{p(a+b)},\frac{rb}{q(a+b)})=a\ln\frac{ra}{p(a+b)}+b\ln\frac{rb}{q(a+b)}$$

b) Sabemos que la tasa de variación de la utilidad máxima respecto de la renta está dada por el multiplicador de Lagrange λ, concretamente se cumple que $\frac{dU^*}{dr}=\lambda$. Así, el incremento de la función de utilidad máxima U^* es aproximadamente:

$$\Delta U^*\approx dU^*=\frac{dU}{dr}\Delta r=\lambda\Delta r=\frac{a+b}{r}0{,}01\,r=\frac{a+b}{100}$$

c) Aplicando el resultado sobre envolventes, la derivada de la utilidad máxima respecto de los parámetros dados por los precios p y q coincide con las derivadas parciales de la función de Lagrange $L(x,y,\lambda)=a\ln x+b\ln y-\lambda(px+qy-r)$ respecto de p y q respectivamente, evaluadas en el óptimo $\vec{x}_0$. De esta forma, como:

$$\frac{\partial U^*}{\partial p}=\frac{\partial L}{\partial p}=-\lambda x,\quad \frac{\partial U^*}{\partial q}=\frac{\partial L}{\partial q}=-\lambda y$$

evaluando en el óptimo $\vec{x}_0=(\frac{ra}{p(a+b)},\frac{rb}{q(a+b)})$ con multiplicador $\lambda_0=\frac{a+b}{r}$, se tiene que:

$$\frac{\partial U^*}{\partial p}(\vec{x}_0)=-\frac{a+b}{r}\frac{ra}{p(a+b)}=-\frac{a}{p}$$

$$\frac{\partial U^*}{\partial q}(\vec{x}_0)=-\frac{a+b}{r}\frac{rb}{q(a+b)}=-\frac{b}{q}$$

9. Considere la función de utilidad del consumidor dada por $U(x,y)=200-e^{-x}-e^{-y}$, donde la restricción presupuestaria viene determinada por la ecuación $px+qy=r$. Determine el punto de equilibrio del consumidor.

Solución

El punto de equilibrio del consumidor es el punto que maximiza la función de utilidad $U(x,y)=200-e^{-x}-e^{-y}$ bajo la restricción presupuestaria definida por la ecuación $px+qy=r$. Para resolver el problema de optimización restringida, comenzamos construyendo la función de Lagrange dada por:

$$L(x,y,\lambda)=200-e^{-x}-e^{-y}-\lambda(px+qy-r)$$

Los puntos críticos del problema de optimización restringida se obtienen como soluciones del sistema:

$$\nabla L(x,y,\lambda)=\vec{0} \Leftrightarrow \begin{array}{l} L_x=e^{-x}-\lambda p=0 \\ L_y=e^{-y}-\lambda q=0 \\ px+qy=r \end{array}$$

Despejando λ en la primera y en la segunda ecuación, se tiene que $\lambda=\dfrac{e^{-x}}{p}=\dfrac{e^{-y}}{q}$, de donde $\dfrac{q}{p}e^{-x}=e^{-y}$; y aplicando logaritmos a ambos miembros se llega a que:

$$\ln\left(\frac{q}{p}e^{-x}\right)=\ln e^{-y} \Leftrightarrow \ln\frac{q}{p}-x=-y \Leftrightarrow y=x-\ln\frac{q}{p}$$

Sustituyendo en la tercera ecuación, obtenemos:

$$px+q\left(x-\ln\frac{q}{p}\right)=r \Leftrightarrow px+qx-q\ln\frac{q}{p}=r \Leftrightarrow x=\frac{1}{p+q}\left(r+q\ln\frac{q}{p}\right)$$

y, por tanto, $y=\dfrac{1}{p+q}\left(r-p\ln\dfrac{q}{p}\right)$. El único punto crítico del problema de optimización es $\vec{x}_0=\left(\dfrac{1}{p+q}\left(r+q\ln\dfrac{q}{p}\right),\dfrac{1}{p+q}\left(r-p\ln\dfrac{q}{p}\right)\right)$.

La matriz hessiana de la función de utilidad dada por:

$$H(U)(x,y)=\begin{pmatrix} -e^{-x} & 0 \\ 0 & -e^{-y} \end{pmatrix}$$

es definida negativa en el dominio de definición y, por tanto, la función de utilidad es estrictamente cóncava en su dominio. Por otra parte, el conjunto factible es convexo, ya que está determinado por la restricción lineal $px+qy=r$. Aplicando el Teorema Local-Global, el punto

$\vec{x}_0 = \left(\frac{1}{p+q}\left(r + q\ln\frac{q}{p} \right), \frac{1}{p+q}\left(r - p\ln\frac{q}{p} \right) \right)$ es el máximo global restringido del problema de optimización y, por tanto, es el punto de equilibrio.

10. Encuentre n números reales $x_1, x_2, ..., x_n$ que sumen la unidad y que hagan mínima la suma de sus cuadrados.

Solución

El problema consiste en optimizar la función $f(x_1, x_2, ..., x_n) = x_1^2 + x_2^2 + ... + x_n^2$ bajo la restricción dada por $x_1 + x_2 + ... + x_n = 1$. Comenzamos construyendo la función de Lagrange:

$$L(x_1, x_2, ..., x_n, \lambda) = x_1^2 + x_2^2 + ... + x_n^2 - \lambda(x_1 + x_2 + ... + x_n - 1)$$

Los puntos críticos del problema de optimización restringida se obtienen como soluciones del sistema:

$$\nabla L(x_1, x_2, ..., x_n, \lambda) = \vec{0} \Leftrightarrow \left. \begin{array}{r} L_{x_1} = 2x_1 - \lambda = 0 \\ L_{x_2} = 2x_2 - \lambda = 0 \\ \vdots \\ L_{x_n} = 2x_n - \lambda = 0 \\ x_1 + x_2 + ... + x_n = 1 \end{array} \right\}$$

Despejando λ en cada ecuación e igualando, se tiene que $\lambda = 2x_1 = 2x_2 = \cdots = 2x_n$, de donde $x_1 = x_2 = \cdots = x_n$. Sustituyendo en la última ecuación, se llega a que $x_1 = x_2 = \cdots = x_n = \frac{1}{n}$. El único punto crítico del problema de optimización es $\vec{x}_0 = (\frac{1}{n}, \frac{1}{n}, ..., \frac{1}{n})$, con multiplicador de Lagrange asociado $\lambda = \frac{2}{n}$.

La matriz hessiana de f está dada por:

$$H(f)(\vec{x}) = \begin{pmatrix} 2 & 0 & \cdots & 0 \\ 0 & 2 & \cdots & 0 \\ \vdots & \vdots & \ddots & \vdots \\ 0 & 0 & \cdots & 2 \end{pmatrix}$$

Como la matriz $H(f)(\vec{x})$ es definida positiva para cada punto del dominio de definición, la función $f(x_1, x_2, ..., x_n) = x_1^2 + x_2^2 + ... + x_n^2$ es estrictamente convexa en todo su dominio. Por otra parte, el conjunto factible es convexo, ya que la restricción es lineal. Tenemos de este forma un programa convexo. Aplicando el Teorema Local-Global, el punto crítico $\vec{x}_0 = (\frac{1}{n}, \frac{1}{n}, ..., \frac{1}{n})$ es el mínimo global y la solución del problema.

11. Resuelva el problema de optimización definido por:

$$OPT. \quad f(x_1, x_2, ..., x_n) = \sum_{i=1}^{n} a_i^2 x_i^2$$

$$s.a \qquad \sum_{i=1}^{n} x_i = 1$$

Solución

Comenzamos construyendo la función de Lagrange:

$$L(x_1, x_2, ..., x_n, \lambda) = a_1^2 x_1^2 + a_2^2 x_2^2 + ... + a_n^2 x_n^2 - \lambda(x_1 + x_2 + ... + x_n - 1)$$

Los puntos críticos del problema de optimización restringida se obtienen como soluciones del sistema:

$$\nabla L(x_1, x_2, ..., x_n, \lambda) = \vec{0} \Leftrightarrow \left.\begin{array}{r} L_{x_1} = 2a_1^2 x_1 - \lambda = 0 \\ L_{x_2} = 2a_2^2 x_2 - \lambda = 0 \\ \vdots \\ L_{x_n} = 2a_n^2 x_n - \lambda = 0 \\ x_1 + x_2 + ... + x_n = 1 \end{array}\right\}$$

Despejando λ en cada ecuación e igualando, se tiene que:

$$\lambda = 2a_1^2 x_1 = 2a_2^2 x_2 = \cdots = 2a_n^2 x_n$$

de donde $x_j = \frac{a_1^2}{a_j^2} x_1$, con $j = 1, 2, ..., n$. Sustituyendo en la última ecuación, se llega a que:

$$x_1 + \frac{a_1^2}{a_2^2} x_1 + ... + \frac{a_1^2}{a_j^2} x_1 + ... + \frac{a_1^2}{a_n^2} x_1 = 1 \Leftrightarrow x_1 \left(1 + \sum_{i=2}^{n} \frac{a_1^2}{a_i^2}\right) = 1$$

y por tanto:

$$x_1 = \frac{1}{\left(1 + \sum_{i=2}^{n} \frac{a_1^2}{a_i^2}\right)} = \frac{1}{\left(\frac{a_1^2}{a_1^2} + \sum_{i=2}^{n} \frac{a_1^2}{a_i^2}\right)} = \frac{1}{\left(\sum_{i=1}^{n} \frac{a_1^2}{a_i^2}\right)}$$

Por otra parte, como $x_j = \frac{a_1^2}{a_j^2} x_1$, para $j = 1,2,\dots,n$, se tiene que:

$$x_j = \frac{a_1^2}{a_j^2} \frac{1}{\sum_{i=1}^{n} \frac{a_1^2}{a_i^2}} = \frac{1}{\frac{a_j^2}{a_1^2} \sum_{i=1}^{n} \frac{a_1^2}{a_i^2}} = \frac{1}{\sum_{i=1}^{n} \frac{a_j^2}{a_i^2}}, \quad j = 1,2,\dots,n$$

El único punto crítico del problema de optimización es $\vec{x}_0 = \left(\frac{1}{\sum_{i=1}^{n} \frac{a_1^2}{a_i^2}}, \dots, \frac{1}{\sum_{i=1}^{n} \frac{a_n^2}{a_i^2}}\right)$, con multiplicador de Lagrange asociado $\lambda_0 = 2a_1^2 \frac{1}{\sum_{i=1}^{n} \frac{a_1^2}{a_i^2}} = \frac{2}{\sum_{i=1}^{n} \frac{1}{a_i^2}}$.

La matriz hessiana de la función objetivo está dada por:

$$H(f)(\vec{x}) = \begin{pmatrix} 2a_1^2 & 0 & \cdots & 0 \\ 0 & 2a_2^2 & \cdots & 0 \\ \vdots & \vdots & \ddots & \vdots \\ 0 & 0 & \cdots & 2a_n^2 \end{pmatrix}$$

Como la matriz $H(f)$ es definida positiva para cada punto del dominio de definición, la función $f(x_1, x_2, \dots, x_n) = \sum_{i=1}^{n} a_i^2 x_i^2$ es estrictamente convexa en todo su dominio. Por otra parte, el conjunto factible es convexo, ya que la restricción es lineal. Tenemos, por tanto, un programa convexo. Aplicando el Teorema Local-Global, el punto crítico $\vec{x}_0 = \left(\frac{1}{\sum_{i=1}^{n} \frac{a_1^2}{a_i^2}}, \dots, \frac{1}{\sum_{i=1}^{n} \frac{a_n^2}{a_i^2}}\right)$ es el mínimo global y la solución del problema.

12. Estudie el problema de optimización restringida dado por:

$$\begin{aligned} OPT. \quad & f(x,y,z) = (x-1)^2 + (y-1)^2 + (z-1)^2 \\ s.a \quad & x + y - z = 0 \\ & x + z = 1 \end{aligned}$$

Solución

Comenzamos construyendo la función de Lagrange:

$$L(x,y,z,\lambda)=(x-1)^2+(y-1)^2+(z-1)^2-\lambda_1(x+y-z)-\lambda_2(x+z-1)$$

Los puntos críticos han de cumplir la condición necesaria $\nabla L(x,y,z,\lambda)=\vec{0}$

$$\begin{aligned} L_x &= 2(x-1)-\lambda_1-\lambda_2=0 \\ L_y &= 2(y-1)-\lambda_1=0 \\ L_z &= 2(z-1)+\lambda_1-\lambda_2=0 \\ & x+y-z=0 \\ & x+z=1 \end{aligned}$$

De la segunda ecuación se tiene que $\lambda_1=2(y-1)$. Sustituyendo el valor de λ_1 en la 1ª y 3ª ecuación, resulta que:

$$\begin{aligned} 2(x-1)-2(y-1)-\lambda_2=0 \\ 2(z-1)+2(y-1)-\lambda_2=0 \end{aligned}$$

Restando ambas ecuaciones, se llega a que $2(x-1)-4(y-1)-2(z-1)=0$. La ecuación obtenida, junto con las ecuaciones $x+y-z=0$ y $x+z=1$ que constituyen las restricciones del problema, forma un sistema de tres ecuaciones con tres incógnitas compatible determinado cuya única solución es $x=\frac{1}{6}, y=\frac{2}{3}, z=\frac{5}{6}$. De esta forma, el punto crítico del problema es $\vec{x}_0=(\frac{1}{6},\frac{2}{3},\frac{5}{6})$, con multiplicadores de Lagrange asociados $\vec{\lambda}_0=(-\frac{2}{3},-1)$.

La función objetivo es estrictamente convexa, ya que la matriz hessiana de $H(f)(x,y,z)$ de f,

$$H(f)(x,y,z)=\begin{pmatrix} 2 & 0 & 0 \\ 0 & 2 & 0 \\ 0 & 0 & 2 \end{pmatrix}$$

es definida positiva. Como las restricciones son lineales, el conjunto factible es convexo y, por tanto, el problema de optimización es convexo. Aplicando el Teorema Local-Global, el punto crítico $\vec{x}_0=(\frac{1}{6},\frac{2}{3},\frac{5}{6})$ es el único mínimo global restringido del problema de optimización.

13. Estudie el problema de optimización restringida dado por:

$$\begin{aligned} OPT.\quad & f(x,y,z)=x-y-z \\ s.a\quad & x^2+y^2=4 \\ & x-z=0 \end{aligned}$$

Solución

Comenzamos construyendo la función Lagrangiana:

$$L(x,y,z,\lambda)=x-y-z-\lambda_1(x^2+y^2-4)-\lambda_2(x-z)$$

- Puntos críticos

Los puntos críticos han de cumplir la condición necesaria $\nabla L(x,y,z,\lambda)=\vec{0}$, lo que equivale a ser soluciones del sistema de ecuaciones siguiente:

$$\begin{aligned} L_x &= 1-2\lambda_1 x-\lambda_2=0 \\ L_y &= -1-2\lambda_1 y=0 \\ L_z &= -1+\lambda_2=0 \\ x^2+y^2 &= 4 \\ x-z &= 0 \end{aligned}$$

Despejando λ_2 en la tercera ecuación, se tiene que $\lambda_2=1$. Sustituyendo en la primera ecuación, obtenemos que $-2\lambda_1 x=0$, luego, $\lambda_1=0$ o bien $x=0$. Como $\lambda_1=0$ no es posible, ya que en ese caso no se cumpliría la segunda ecuación, se tiene que $x=0$. Llevando el valor $x=0$ a la cuarta y quinta ecuaciones, se obtiene que $z=0$ e $y=\pm 2$. De esta forma, las soluciones del sistema son:

$$\vec{x}_0=(0,2,0),\ \vec{\lambda}_0=(-\frac{1}{4},1) \quad \text{y} \quad \vec{x}_1=(0,-2,0),\ \vec{\lambda}_1=(\frac{1}{4},1)$$

- Condición suficiente fuerte

Para estudiar la naturaleza de los puntos críticos, estudiamos en primer lugar la condición suficiente fuerte. Formamos la matriz hessiana de la función de Lagrange $H_{\vec{x}}(L)$:

$$H_{\vec{x}}(L)=\begin{pmatrix} -2\lambda_1 & 0 & 0 \\ 0 & -2\lambda_1 & 0 \\ 0 & 0 & 0 \end{pmatrix}$$

que evaluada en los puntos críticos $\vec{x}_0=(0,2,0),\ \vec{\lambda}_0=(-\frac{1}{4},1)$, $\vec{x}_1=(0,-2,0),\ \vec{\lambda}_1=(\frac{1}{4},1)$, da las matrices:

$$H_{\vec{x}}(L)(\vec{x}_0,\vec{\lambda}_0)=\begin{pmatrix} 1/2 & 0 & 0 \\ 0 & 1/2 & 0 \\ 0 & 0 & 0 \end{pmatrix} \quad \text{y} \quad H_{\vec{x}}(L)(\vec{x}_1,\vec{\lambda}_1)=\begin{pmatrix} -1/2 & 0 & 0 \\ 0 & -1/2 & 0 \\ 0 & 0 & 0 \end{pmatrix}$$

En ambos casos se trata de matrices semidefinidas, por lo que es necesario el estudio de la condición suficiente débil.

- Condición suficiente débil

En cada punto crítico, hemos de estudiar el carácter de la forma cuadrática $H_{\vec{x}}(L)(\vec{x},\vec{\lambda})$ restringida al subespacio definido por el jacobiano de las restricciones del problema de optimización.

Para el punto crítico $\vec{x}_0=(0,2,0)$, con $\vec{\lambda}_0=(-\frac{1}{4},1)$, la matriz jacobiana de las restricciones es:

$$J(g)(\vec{x}_0)=\begin{pmatrix}\frac{\partial g_1}{\partial x} & \frac{\partial g_1}{\partial y} & \frac{\partial g_1}{\partial z}\\ \frac{\partial g_2}{\partial x} & \frac{\partial g_2}{\partial y} & \frac{\partial g_2}{\partial z}\end{pmatrix}_{\vec{x}_0}=\begin{pmatrix}2x & 2y & 0\\ 1 & 0 & -1\end{pmatrix}_{\vec{x}_0}=\begin{pmatrix}0 & 4 & 0\\ 1 & 0 & -1\end{pmatrix}$$

y el subespacio asociado es:

$$\begin{pmatrix}0 & 4 & 0\\ 1 & 0 & -1\end{pmatrix}\begin{pmatrix}x\\ y\\ z\end{pmatrix}=\begin{pmatrix}0\\ 0\end{pmatrix}\Leftrightarrow\left.\begin{array}{r}4y=0\\ x-z=0\end{array}\right\}$$

Estudiemos la forma cuadrática $Q(x,y,z)=\frac{1}{2}x^2+\frac{1}{2}y^2$ asociada a la matriz $H_{\vec{x}}(L)(\vec{x}_0,\vec{\lambda}_0)=\begin{pmatrix}1/2 & 0 & 0\\ 0 & 1/2 & 0\\ 0 & 0 & 0\end{pmatrix}$ restringida al subespacio definido por las ecuaciones $y=0,\ x-z=0$. Si despejamos las variables y, z en las ecuaciones $y=0,\ x-z=0$, se tiene que $y=0,\ z=x$, de donde la forma cuadrática $Q(x,y,z)=\frac{1}{2}x^2+\frac{1}{2}y^2$ puede expresarse como $Q(x)=\frac{1}{2}x^2$, que es definida positiva. De esta forma, el punto $\vec{x}_0=(0,2,0)$ es un mínimo local restringido.

Análogamente, estudiamos el punto crítico $\vec{x}_1=(0,-2,0)$ con multiplicador de Lagrange $\vec{\lambda}_1=(\frac{1}{4},1)$. La matriz jacobiana de las restricciones en este punto es:

$$J(g)(\vec{x}_1)=\begin{pmatrix} \dfrac{\partial g_1}{\partial x} & \dfrac{\partial g_1}{\partial y} & \dfrac{\partial g_1}{\partial z} \\ \dfrac{\partial g_2}{\partial x} & \dfrac{\partial g_2}{\partial y} & \dfrac{\partial g_2}{\partial z} \end{pmatrix}_{\vec{x}_1}=\begin{pmatrix} 2x & 2y & 0 \\ 1 & 0 & -1 \end{pmatrix}_{\vec{x}_1}=\begin{pmatrix} 0 & -4 & 0 \\ 1 & 0 & -1 \end{pmatrix}$$

y el subespacio asociado es:

$$\begin{pmatrix} 0 & -4 & 0 \\ 1 & 0 & -1 \end{pmatrix}\begin{pmatrix} x \\ y \\ z \end{pmatrix}=\begin{pmatrix} 0 \\ 0 \end{pmatrix}\Leftrightarrow \left.\begin{matrix} -4y=0 \\ x-z=0 \end{matrix}\right\}$$

Estudiemos la forma cuadrática $Q(x,y,z)=-\frac{1}{2}x^2-\frac{1}{2}y^2$ asociada a la matriz $H_{\vec{x}}(L)(\vec{x}_1,\vec{\lambda}_1)=\begin{pmatrix} -1/2 & 0 & 0 \\ 0 & -1/2 & 0 \\ 0 & 0 & 0 \end{pmatrix}$ restringida al subespacio definido por las ecuaciones $y=0,\ x-z=0$. Despejando las variables y,z en las ecuaciones del subespacio, se tiene que $y=0,\ z=x$, de donde la forma cuadrática $Q(x,y,z)=-\frac{1}{2}x^2-\frac{1}{2}y^2$ puede expresarse como $Q(x)=-\frac{1}{2}x^2$, que es definida negativa. De esta forma, el punto $\vec{x}_0=(0,-2,0)$ es un máximo local restringido.

Observemos que en este caso no es posible aplicar el Teorema Local-Global, ya que el conjunto factible no es convexo.

14. Estudie el problema de optimización restringida dado por:

$$\begin{aligned} &OPT. \quad f(x,y,z)=2xy+yz \\ &s.a \qquad x+y+z=1 \end{aligned}$$

Solución

Comenzamos construyendo la función Lagrangiana:

$$L(x,y,z,\lambda)=2xy+yz-\lambda(x+y+z-1)$$

- Puntos críticos

Los puntos críticos han de cumplir la condición necesaria $\nabla L(x,y,z,\lambda)=\vec{0}$, lo que equivale a ser soluciones del sistema de ecuaciones siguiente:

$$L_x = 2y - \lambda = 0$$
$$L_y = 2x + z - \lambda = 0$$
$$L_z = y - \lambda = 0$$
$$x + y + z = 1$$

Despejando λ en la primera y tercera ecuación, se tiene que $\lambda = 2y,\ \lambda = y$, de donde $y = 0$ y $\lambda = 0$. Sustituyendo $\lambda = 0$ en la segunda ecuación, obtenemos que $z = -2x$. Si ahora en la cuarta ecuación sustituimos $z = -2x$ e $y = 0$, se tiene que $x = -1$. El punto crítico del problema de optimización es $\vec{x}_0 = (-1, 0, 2)$ con multiplicador de Lagrange asociado $\lambda = 0$.

- Condición suficiente fuerte

Formamos la matriz hessiana de la función de Lagrange $H_{\vec{x}}(L)$ en el punto $\vec{x}_0 = (-1, 0, 2)$

$$H_{\vec{x}}(L)(\vec{x}_0, \lambda_0) = \begin{pmatrix} 0 & 2 & 0 \\ 2 & 0 & 1 \\ 0 & 1 & 0 \end{pmatrix}$$

cuya forma cuadrática asociada $Q(x, y, z) = 4xy + 2yz$ es indefinida, por lo que es necesario el estudio de la condición suficiente débil.

- Condición suficiente débil

En cada punto crítico hemos de analizar el carácter de la forma cuadrática $H(L)(\vec{x}_0, \lambda_0)$ restringida al subespacio definido por el jacobiano de las restricciones del problema en el punto crítico $\left\{\vec{x} \in \mathbb{R}^3 : J(g)(\vec{x}_0)\vec{x} = \vec{0}\right\}$.

La matriz jacobiana de las restricciones en el punto $\vec{x}_0 = (-1, 0, 2)$ es:

$$J(g)(\vec{x}_0) = \begin{pmatrix} \dfrac{\partial g}{\partial x} & \dfrac{\partial g}{\partial y} & \dfrac{\partial g}{\partial z} \end{pmatrix}_{\vec{x}_0} = \begin{pmatrix} 1 & 1 & 1 \end{pmatrix}$$

y el subespacio asociado es:

$$\begin{pmatrix} 1 & 1 & 1 \end{pmatrix} \begin{pmatrix} x \\ y \\ z \end{pmatrix} = 0 \Leftrightarrow x + y + z = 0$$

Para aplicar la condición suficiente débil hemos de estudiar el carácter de la forma cuadrática $Q(x, y, z) = 4xy + 2yz$ restringida al subespacio definido por la ecuación $x + y + z = 0$. Si despejamos la variable z en la ecuación

$x+y+z=0$, se tiene que $z=-x-y$, de donde la forma cuadrática $Q(x,y,z)=4xy+2yz$ puede expresarse como $Q(x,y)=2xy-2y^2$, que es indefinida, ya que por ejemplo $Q(0,1)=-2<0$ y $Q(2,1)=2>0$. De esta forma, el punto $\vec{x}_0=(-1,0,2)$ es un punto de silla del problema de optimización.

15. Estudie gráficamente y resuelva el problema de optimización definido por:

$$\begin{array}{ll} OPT. & f(x,y)=x+y \\ s.a & x^2+y^2\leq 1 \end{array}$$

Solución

El conjunto factible $F=\{(x,y):x^2+y^2\leq 1\}$ es compacto al ser cerrado y acotado. Además, la función objetivo $f(x,y)=x+y$ es continua, por tanto, se puede aplicar el Teorema de Weierstrass y el problema tiene máximo y mínimo globales. Además, la función objetivo $f(x,y)=x+y$ es cóncava y convexa al ser lineal. Como el conjunto factible es el círculo de centro el origen y de radio 1, se trata de un conjunto convexo y el programa de optimización es convexo. De esta forma, según el Teorema Local-Global, si existen óptimos locales, éstos han de ser globales.

Para calcular la solución del problema de optimización, representamos el conjunto factible, las curvas de nivel y el gradiente de la función objetivo. Las curvas de nivel de la función $f(x,y)=x+y$ corresponden a rectas de pendiente -1 y el gradiente de $f(x,y)=x+y$ está dado por $\nabla f=(1,1)$. Si observamos la Figura 11.19, los puntos P y Q son el máximo y el mínimo global respectivamente del problema de optimización, ya que corresponderían a los puntos del conjunto factible pertenecientes a las curvas de mayor y menor nivel de la función objetivo respectivamente.

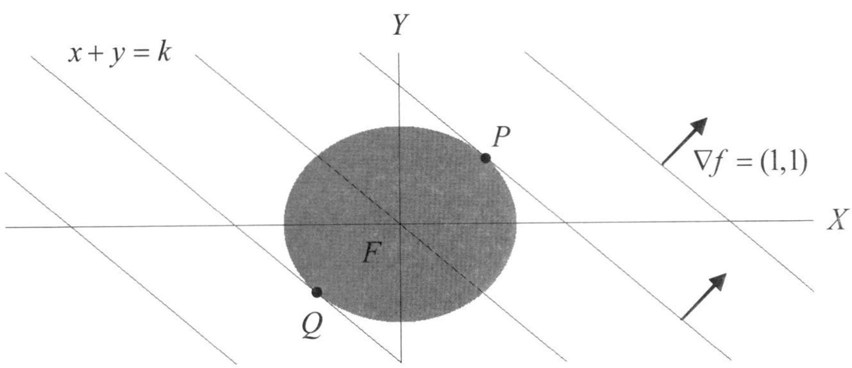

Figura 11.19. Conjunto factible $F=\{(x,y):x^2+y^2\leq 1\}$ y curvas de nivel $x+y$ de la función objetivo.

Para obtener analíticamente los puntos P y Q, basta tener en cuenta que en dichos puntos se cumple que:

$$\nabla f(x,y) = \lambda\, \nabla g(x,y)$$

y por tanto:

$$(1,1) = \lambda(2x,2y) \Leftrightarrow \begin{cases} 1 = 2\lambda x \\ 1 = 2\lambda y \end{cases}$$

Despejando λ, se tiene que $\lambda = \dfrac{1}{2x} = \dfrac{1}{2y}$ y, por tanto, $x = y$. Como $x^2 + y^2 = 1$, sustituyendo, tenemos que $x = \dfrac{\sqrt{2}}{2}$, $y = \dfrac{\sqrt{2}}{2}$, $\lambda = \dfrac{\sqrt{2}}{2}$, o bien $x = \dfrac{-\sqrt{2}}{2}$, $y = \dfrac{-\sqrt{2}}{2}$, $\lambda = \dfrac{-\sqrt{2}}{2}$. Así, el máximo global restringido es $P = \left(\dfrac{\sqrt{2}}{2}, \dfrac{\sqrt{2}}{2}\right)$ y el mínimo global restringido es $Q = \left(\dfrac{-\sqrt{2}}{2}, \dfrac{-\sqrt{2}}{2}\right)$.

16. Estudie y resuelva gráficamente el problema de optimización definido por:

$$\begin{aligned} OPT. \quad & f(x,y) = x^2 + y^2 \\ s.a \quad & x + y \le 1 \\ & x \ge 0 \\ & y \ge 0 \end{aligned}$$

Solución

El conjunto factible $F = \{(x,y) : x + y \le 1,\, x \ge 0,\, y \ge 0\}$ es compacto al ser cerrado y acotado. Además, la función $f(x,y)$ es continua, por tanto, se puede aplicar el Teorema de Weierstrass y el problema tiene máximo y mínimo globales. Además, la función objetivo $f(x,y) = x^2 + y^2$ es estrictamente convexa en F, ya que la matriz hessiana $H(f)(x,y) = \begin{pmatrix} 2 & 0 \\ 0 & 2 \end{pmatrix}$ es definida positiva en $\mathbb{R}^2$ y en particular en el conjunto F. Como el conjunto factible F es convexo, el programa de optimización es convexo. De esta forma, según el Teorema Local-Global, si existen mínimos locales, éstos han de ser globales.

Para calcular la solución del problema de optimización, representamos las curvas de nivel de la función $f(x,y) = x^2 + y^2$, que corresponden a circunferencias centradas en el origen y el gradiente de $f(x,y) = x^2 + y^2$, dado por $\nabla f(x,y)=(2x,2y)$, que indica la dirección en la cual van creciendo las curvas de nivel (Figura 11.20). Observamos que los puntos $P=(0,1)$ y $Q=(1,0)$ son máximos globales del problema de optimización. Por otra parte, el punto $(0,0)$ corresponde al mínimo global del problema.

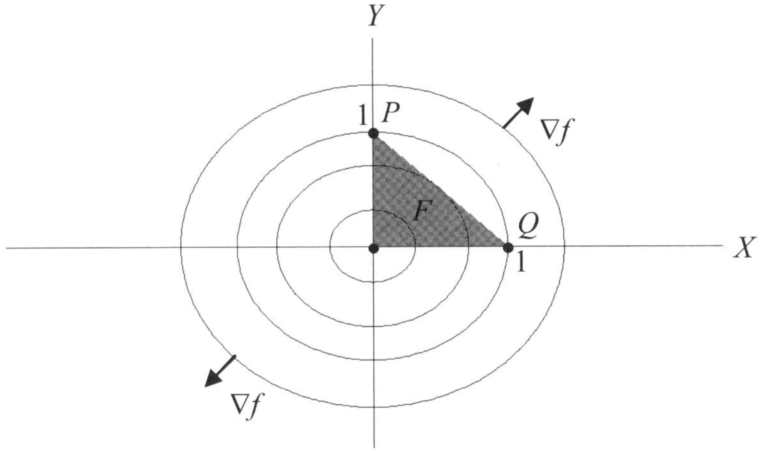

Figura 11.20. Conjunto factible $F=\{(x,y): x+y\leq 1, x\geq 0, y\geq 0\}$ y curvas de nivel $x^2+y^2=k$ de la función objetivo.

17. Estudie gráficamente y resuelva el problema de optimización definido por:

$$\begin{aligned} OPT.\quad & x-y \\ s.a\quad & x^2+y^2\geq 1 \\ & x^2+y^2\leq 4 \end{aligned}$$

Solución

El conjunto factible $F=\{(x,y): x^2+y^2\geq 1, x^2+y^2\leq 4\}$ es compacto al ser cerrado y acotado. La función objetivo $f(x,y)=x-y$ es continua, por tanto, se puede aplicar el Teorema de Weierstrass y el problema tiene máximo y mínimo globales. En este caso, el conjunto factible no es convexo, por lo que no es posible aplicar el Teorema Local-Global.

Para calcular la solución del problema de optimización, representamos las curvas de nivel de la función $f(x,y)=x-y$, que corresponden a rectas de pendiente 1. El gradiente de $f(x,y)=x-y$ dado por $\nabla f(x,y)=(1,-1)$ indica la dirección en la cual van creciendo las curvas de nivel (Figura 11.21). Si representamos en el conjunto factible las curvas de nivel y el gradiente de la función objetivo, observamos que los puntos P y Q son el máximo y el mínimo global respectivamente del problema de optimización, ya que corresponderían a los puntos del conjunto factible pertenecientes a las curvas de mayor y menor nivel de la función objetivo respectivamente.

Para obtener analíticamente los puntos P y Q, basta tener en cuenta que en dichos puntos se cumple que:

$$\nabla f(x,y) = \lambda\, \nabla g(x,y)$$

y por tanto:

$$(1,-1) = \lambda(2x,2y) \Leftrightarrow \begin{cases} 1 = 2\lambda x \\ 1 = -2\lambda y \end{cases}$$

Despejando λ, se tiene que $\lambda = \frac{1}{2x} = -\frac{1}{2y}$ y, por tanto $x = -y$. Como $x^2 + y^2 = 4$, sustituyendo, tenemos que $x = \sqrt{2},\ y = -\sqrt{2}$, con $\lambda = \frac{1}{2\sqrt{2}}$; o bien $x = -\sqrt{2},\ y = \sqrt{2}$, con $\lambda = -\frac{1}{2\sqrt{2}}$. Así, el máximo global restringido es $P = \left(\sqrt{2},-\sqrt{2}\right)$ y el mínimo global restringido es $Q = \left(-\sqrt{2},\sqrt{2}\right)$.

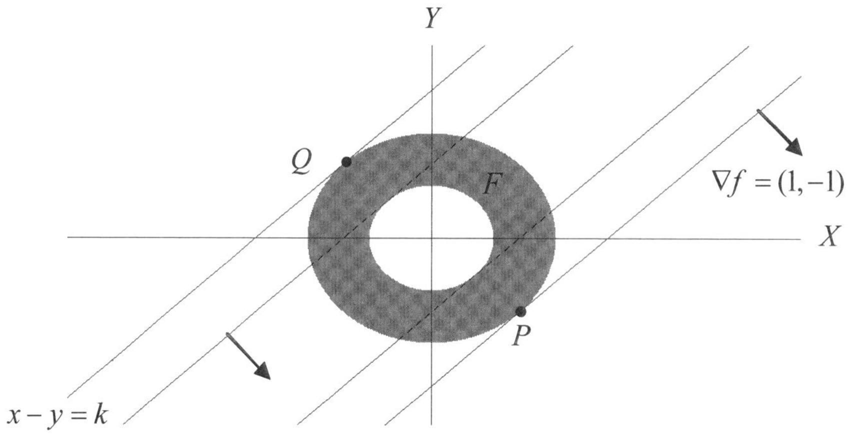

Figura 11.21. Conjunto factible $F = \left\{(x,y): x^2 + y^2 \geq 1,\ x^2 + y^2 \leq 4\right\}$ y curvas de nivel $x - y = k$ de la función objetivo.

18. Estudie y resuelva gráficamente el problema de optimización definido por:

$$\begin{array}{ll} OPT. & f(x,y) = x + y \\ s.a & 2x - y \geq 0 \\ & x + y \leq 1 \\ & y \geq 0 \end{array}$$

Solución

El programa de optimización es lineal, ya que la función objetivo y las funciones que definen las restricciones son lineales. Un programa lineal es siempre un programa convexo, donde la función objetivo es a la vez cóncava y convexa, por lo que los óptimos, si existen, han de ser siempre óptimos globales. Además, en este caso, el conjunto factible definido por: $F = \{(x,y): 2x - y \geq 0, x + y \leq 1, y \geq 0\}$ es compacto, por lo que el Teorema de Weierstrass asegura la existencia de máximos y mínimos globales. La solución gráfica del problema es sencilla, basta representar el conjunto factible y las curvas de nivel de la función objetivo, que en este caso corresponden a las rectas $x + y = c$ de pendiente -1. El vector gradiente $\nabla f = (1,1)$ indica la dirección de crecimiento de las curvas de nivel (véase la Figura 11.22). Los óptimos globales corresponden a los puntos de tangencia de las curvas de nivel con la frontera del conjunto factible. En el problema de optimización que estamos resolviendo, una de las curvas de nivel de la función objetivo coincide con el segmento $x + y = 1$ que forma parte de la frontera del conjunto factible. Así, todos los puntos del segmento cerrado que une los puntos $(\frac{1}{3}, \frac{2}{3})$ y $(1,0)$ son máximos globales. Mientras que el punto $(0,0)$ es el mínimo global del problema, ya que es el punto del conjunto factible que pertenece a la curva de menor nivel de la función.

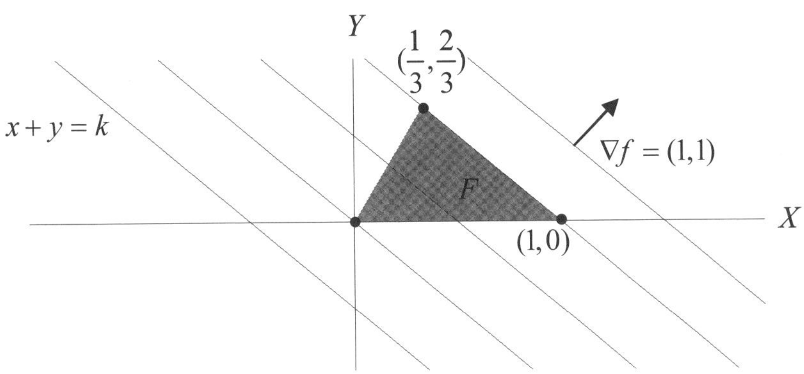

Figura 11.22. Conjunto factible $F = \{(x,y): 2x - y \geq 0, x + y \leq 1, y \geq 0\}$ y curvas de nivel $x + y = k$ y vector gradiente $\nabla f = (1,1)$ de la función objetivo.

EJERCICIOS PROPUESTOS

1. Clasifique los siguientes problemas de optimización con restricciones:

a) $$\begin{aligned} OPT. \quad & z = 4x^2 + 2y^2 - xy \\ s.a \quad & x^2 + y^2 \leq 1 \\ & x \geq 0 \\ & y \geq 0 \end{aligned}$$

b) $$\begin{aligned} OPT. \quad & w = 2x + 3y + 4z \\ s.a \quad & x + y - z \leq 1 \\ & x + y \leq 1 \end{aligned}$$

c) $$\begin{aligned} OPT. \quad & z = 4x - 2y \\ s.a \quad & y - x^2 \leq 0 \\ & -y \leq 0 \end{aligned}$$

d) $$\begin{aligned} OPT. \quad & z = \ln x + \ln y \\ s.a \quad & x^2 + y^2 = r^2 \end{aligned}$$

e) $$\begin{aligned} OPT. \quad & w = x + y + 3z \\ s.a \quad & x + y \leq 0 \\ & x + z \geq 0 \\ & x - y \geq 0 \end{aligned}$$

2. Compruebe si se puede aplicar el Teorema de Weierstrass en los siguientes programas de optimización para determinar la existencia de solución:

a) $$\begin{aligned} OPT. \quad & z = x^2 - y^2 \\ s.a \quad & x^2 + y^2 \leq 4 \\ & y \geq x \end{aligned}$$

b) $$\begin{aligned} OPT. \quad & z = x^3 + y^3 - 2xy \\ s.a \quad & x^2 + y^2 \geq 1 \\ & x \geq 0 \\ & y \geq 0 \end{aligned}$$

c) $$\begin{aligned} OPT. \quad & z = x^2 + y^2 \\ s.a \quad & x + y \leq 1 \\ & x > 0,\ y \geq x \end{aligned}$$

d) $OPT. \quad z = e^{x-y} + x$

$s.a \quad x + y = 1$

3. Aplique el método de los multiplicadores de Lagrange para encontrar los óptimos locales de los programas de optimización restringida siguientes:

a) $f(x,y) = \ln x + \ln y, \quad x^2 + y^2 = 4$

b) $f(x,y) = 6 - 4x - 3y, \quad x^2 + y^2 = 1$

c) $z = \dfrac{x}{a} + \dfrac{y}{b}, \quad a,b > 0, \quad x^2 + y^2 = 1$

d) $z = -x\ln x - y\ln y, \quad x + y = 1$

e) $z = e^x + e^y, \quad x + y = 1$

4. Estudie los óptimos globales de los programas de optimización siguientes:

a) $OPT. \quad w = x^2 + y^2 + z^2$

$s.a \quad x + y + z = 1$

b) $OPT. \quad x^2 + y^2 + z^2$

$s.a \quad z + y = 2$

c) $OPT. \quad x^2 + y^2 + z^2$

$s.a \quad x + y + z = 0$

$3x + 3z = 1$

d) $OPT. \quad (x-1)^2 + (y-1)^2 + (z-1)^2$

$s.a \quad x + y + z = 1$

$x + y - z = 0$

5. Encuentre tres números reales que sumando 3 hagan mínima la suma de sus cuadrados.

6. Un fabricante produce dos tipos productos en cantidades x e y. Su función de costes es $C(x,y) = x^2 + 6y^2 - 3xy$. Sabiendo que la producción total ha de ser de 25 unidades, determine:

a) ¿Qué cantidad de cada producto debe producir para minimizar el coste?

b) Determine el coste total mínimo.

c) Determine aproximadamente la variación que se produce en el coste mínimo si la producción total se incrementa en una unidad.

7. Un consumidor desea gastar 250 unidades monetarias de su renta en el consumo de dos bienes en cantidades x_1 y x_2. Si su función de utilidad es $U(x_1, x_2) = 20\ln x_1 + 30\ln x_2$ y los precios unitarios son $p_1 = 5$ y $p_2 = 6$ u.m., calcule:

a) El punto de equilibrio del consumidor y la máxima utilidad que puede alcanzar dicho consumidor.

b) La variación que se produce en la utilidad máxima si se incrementa en una unidad monetaria el presupuesto.

8. Si se gastan x miles de euros en mano de obra e y miles de euros en maquinaria, la producción de cierta fábrica será $Q(x,y) = 60x^{1/3}y^{2/3}$ unidades. Si hay 120.000 euros disponibles:

a) ¿Cómo debe distribuirse el dinero, entre mano de obra y maquinaria, para generar la mayor producción posible?

b) Utilice el multiplicador λ de Lagrange para calcular el cambio resultante en la producción máxima de la fábrica, si el dinero disponible para mano de obra y maquinaria se incrementa en 1.000 euros.

9. Sea la función de utilidad $U(x,y) = \ln x + 2\ln y$ sujeta a la restricción presupuestaria $px + qy = r$. Se pide:

a) Determinar el punto de equilibrio del consumidor y la utilidad máxima.

b) Hallar aproximadamente la variación de la utilidad máxima si la renta se incrementa en 0,5 unidades.

10. Sea la función de utilidad del consumidor $U(x,y) = \ln(x\,y)$, bajo la restricción presupuestaria dada por $2x + 3y = 100$, siendo $p = 2$ y $q = 3$ los precios de cada uno de los bienes y $r = 100$ la renta monetaria.

a) Determine las cantidades x e y que proporcionan la máxima utilidad al consumidor.

b) Halle la utilidad máxima.

c) Calcule aproximadamente la variación de la utilidad máxima si la renta del consumidor aumenta en 0,5 unidades.

d) Aplique el resultado sobre envolventes para calcular aproximadamente la variación de la utilidad máxima en los casos:

d.1) El precio del primer bien disminuye en una unidad.

d.2) El precio del segundo bien aumenta en 0,2 unidades.

11. La función de producción de una mercancía en la que se emplean los factores productivos X, Y viene dada por $Q(x,y) = x^a y^{1-a}$, $0 < a < 1$, mientras que la función de costes es $C(x,y) = C_0 + px + qy, \quad p,q > 0$. Halle la combinación de factores que permite obtener una determinada cantidad A de producto con coste mínimo.

12. Una empresa produce un bien a partir de dos factores F_1, F_2, según la función de producción $q(x,y) = x^{\frac{1}{2}} y^{\frac{1}{2}}$, donde x,y son respectivamente las cantidades de los factores F_1, F_2 utilizadas en el proceso. La función de costes está dada por $C(x,y) = 8x + 2y$.

a) Determine las cantidades $x,y > 0$ que minimizan los costes, suponiendo que la producción ha de ser de al menos 1.000 unidades.

b) Halle aproximadamente la variación que se produce en el coste mínimo si la producción se incrementa en 1 unidad.

13. Una empresa produce un bien a partir de dos factores F_1, F_2, según la función de producción $q(x,y) = x^{1/2} y^{1/3}$, donde $x,y > 0$ son respectivamente las cantidades utilizadas de los factores F_1, F_2 en el proceso. La función de costes está dada por $C(x,y) = 6x + 2y$.

a) Determine las cantidades x,y que maximizan la producción, suponiendo que se mantiene el nivel de costes de 120 u.m..

b) Determine aproximadamente la variación que se produce en la producción máxima si los costes de producción se incrementan en 1,2 unidades.

14. Estudie gráficamente y resuelva el siguiente problema de optimización restringida:

$$\begin{aligned} OPT. \quad & x^2 + y^2 \\ s.a \quad & x + y = 1 \\ & x \geq 0 \\ & y \geq 0 \end{aligned}$$

siguiendo los pasos:

1. Represente el conjunto factible.

2. Represente las curvas de nivel de la función objetivo.

3. Calcule el vector gradiente de la función objetivo para determinar la dirección de máximo crecimiento de la función.

4. Estudie la convexidad y compacidad del conjunto factible para ver si es posible aplicar los Teoremas Local-Global y el Teorema de Weierstrass.

5. Calcule los óptimos locales y globales apoyándose en la representación gráfica del problema y use que $\nabla f = \lambda \nabla g$ para calcular los puntos de tangencia de la curva de nivel con el conjunto factible.

15. Estudie gráficamente y resuelva el siguiente problema de optimización restringida:

$$\begin{array}{ll} OPT. & f(x,y) = x + y \\ s.a & x^2 + y^2 = 1 \\ & x \geq 0,\ y \geq 0 \end{array}$$

16. Estudie gráficamente y resuelva el problema de optimización restringida:

$$\begin{array}{ll} OPT. & f(x,y) = y - x \\ s.a & x^2 + y^2 \leq 1 \\ & x^2 - y \leq 1 \end{array}$$

17. Estudie gráficamente y resuelva el siguiente problema de optimización restringida:

$$\begin{array}{ll} OPT. & f(x,y) = x^2 + y^2 \\ s.a & y - x \leq 0 \\ & x \geq 0,\ y \geq 0 \end{array}$$

18. Considere el siguiente problema de optimización restringida:

$$\begin{array}{ll} OPT. & f(x,y) = x + y \\ s.a & x^2 + y^2 \leq 1 \\ & x \geq 0, y \geq 0 \end{array}$$

a) Represente el conjunto factible y justifique si el programa es convexo. En el caso de que el programa sea convexo, ¿qué sabemos acerca de los óptimos del problema?

b) ¿Es posible aplicar el Teorema de Weierstrass? ¿Qué diría el Teorema en este caso?

c) Represente las curvas de nivel y el gradiente de la función objetivo y determine los óptimos del problema.

19. Estudie gráficamente y resuelva el siguiente problema de optimización restringida:

$$\begin{array}{ll} OPT. & f(x,y) = x + y \\ s.a & x^2 + y^2 \geq 4 \\ & x^2 + y^2 \leq 9 \\ & x \geq 0, y \geq 0 \end{array}$$

XII

INTEGRAL INDEFINIDA

1. PRIMITIVA. INTEGRAL INDEFINIDA

En el Capítulo 7 se estudió el proceso por el cual se asigna a una función su derivada. El problema que nos planteamos ahora es el inverso: se trata de determinar una función de la que se conoce su derivada. Este proceso inverso al de derivación se denomina proceso de integración. Antes de dar las definiciones básicas de primitiva y de integral indefinida de una función, consideremos el siguiente ejemplo:

Ejemplo 1.1

Sea la función $f(x)=3x^2$. Nos planteamos calcular una función $F(x)$ cuya derivada sea $f(x)=3x^2$. Es fácil ver que $F(x)=x^3$ es una solución al problema, ya que la derivada de $F(x)=x^3$ es $f(x)=3x^2$:

$$x^3 \xrightarrow{\textit{DERIVACIÓN}} 3x^2$$

$$x^3 \xleftarrow[\textit{INTEGRACIÓN}]{} 3x^2$$

■

En general, la relación entre los procesos de derivación e integración puede expresarse en el siguiente diagrama:

$$F(x) \xrightarrow{\textit{DERIVACIÓN}} F'(x)=f(x)$$

$$F(x) \xleftarrow[\textit{INTEGRACIÓN}]{} F'(x)=f(x)$$

La función $F(x)$ es una ***primitiva***[11] de $f(x)$ si para todo x del dominio de $f(x)$ se cumple que:

$$F'(x)=f(x)$$

Ejemplo 1.2

Según hemos visto en el Ejemplo 1.1, la función $F(x)=x^3$ es una primitiva de $f(x)=3x^2$. Es fácil comprobar que las funciones de la forma $G(x)=x^3+C$, con $C\in\mathbb{R}$, también son primitivas de $f(x)=3x^2$.

[11] A las primitivas de una función se les llama también antiderivadas.

El Ejemplo 1.2 muestra que la primitiva de una función no es única. Por tanto, parece natural plantearse la siguiente pregunta:

¿Qué relación tienen entre sí todas las primitivas de una función?

El siguiente resultado responde a la pregunta afirmando que dos primitivas de una misma función se diferencian en una constante.

TEOREMA 1

Sean $F(x)$ y $G(x)$ dos primitivas de una función $f(x)$ definidas en un intervalo (a,b), entonces se cumple que:

$$F(x)=G(x)+C, \quad \forall x \in (a,b)$$

Demostración

Sean $F(x)$ y $G(x)$ dos primitivas de $f(x)$ en un intervalo (a,b). Por definición de primitiva se tiene que: $F'(x)=G'(x)=f(x)$. Por tanto:

$$\left[F(x)-G(x)\right]'=F'(x)-G'(x)=0$$

y $F(x)-G(x)$ es una función con derivada cero en (a,b). Aplicando el Teorema del Valor Medio, la función ha de ser constante:

$$F(x)-G(x)=C$$

y de esta forma:

$$F(x)=G(x)+C$$

■

El resultado anterior reduce el problema de calcular todas las primitivas de una función a calcular sólo una, ya que el resto de primitivas se obtienen sumando una constante.

Ejemplo 1.3

Sabemos que la función $F(x)=x^3$ es una primitiva de $f(x)=3x^2$, por tanto, todas las primitivas de la función $f(x)=3x^2$ son de la forma $F(x)=x^3+C$, donde C es una constante.

■

Llamamos ***integral indefinida*** de $f(x)$, representada por el símbolo $\int f(x)dx$, al conjunto de todas las primitivas de $f(x)$:

$$\int f(x)dx = \{F(x)+C : F(x) \text{ es una primitiva de } f(x)\}$$

Abreviando la notación, escribimos:

$$\int f(x)dx = F(x)+C$$
$$F'(x) = f(x)$$

A la función $f(x)$ se le llama ***función integrando***.

Ejemplo 1.4

Calcule las siguientes integrales indefinidas:

$$\int 3x^2\,dx = x^3 + C\,,\quad \int \cos x\,dx = \operatorname{sen} x + C\,,\quad \int e^x\,dx = e^x + C$$

■

Ejemplo 1.5

Determinemos la función $f(x)$ que cumple la ecuación:

$$\int f(x)\,dx = x^2 + \operatorname{sen} x + C$$

A partir de la definición de integral indefinida, la función $f(x)$ ha de ser la derivada de la función $x^2 + \operatorname{sen} x + C$:

$$f(x) = \left(x^2 + \operatorname{sen} x + C\right)' = 2x + \cos x$$

■

A continuación señalaremos dos propiedades de la integral indefinida en relación con la suma de funciones y el producto de un número real por una función:

PROPIEDADES (LINEALIDAD DE LA INTEGRAL INDEFINIDA)

1) $\int [f(x) \pm g(x)]\,dx = \int f(x)dx \pm \int g(x)dx$

2) $\int k\,f(x)dx = k\int f(x)dx,\ k \in \mathbb{R}$

Estas propiedades son similares a las que verifica la derivación de funciones respecto de la suma y el producto por constantes. Sin embargo, es importante señalar que, al igual que la derivada del producto de funciones no es el producto de las derivadas, la integral del producto no es el producto de las integrales.

El cálculo de la primitiva de una función reviste mayor complejidad que el cálculo de la derivada. Si para cualquier función derivable es relativamente sencillo hallar su función derivada, no ocurre lo mismo a la hora de calcular la integral indefinida. De hecho, hay numerosas funciones a las que no es posible calcular una primitiva en términos de funciones elementales, como ocurre, por ejemplo, con las siguientes funciones de apariencia sencilla:

$$f(x)=\frac{1}{\ln x},\ f(x)=e^{x^2},\ f(x)=\frac{\operatorname{sen} x}{x}$$

2. INTEGRALES INMEDIATAS

Forma simple	Forma compuesta
$\int K dx = Kx + C$	
$\int x^r dx = \frac{x^{r+1}}{r+1} + C, \quad r \neq -1$	$\int [u(x)]^r \cdot u'(x)\, dx = \frac{[u(x)]^{r+1}}{r+1} + C$
$\int e^x dx = e^x + C$	$\int e^{u(x)} \cdot u'(x)\, dx = e^{u(x)} + C$
$\int a^x dx = \frac{a^x}{\ln a} + C, \quad a > 0$	$\int a^{u(x)} \cdot u'(x)\, dx = \frac{a^{u(x)}}{\ln a} + C, \quad a > 0$
$\int \frac{1}{x} dx = \ln\|x\| + C$	$\int \frac{u'(x)}{u(x)}\, dx = \ln\|u(x)\| + C$
$\int \operatorname{sen} x\, dx = -\cos x + C$	$\int \operatorname{sen} u(x) \cdot u'(x) dx = -\cos u(x) + C$
$\int \cos x\, dx = \operatorname{sen} x + C$	$\int \cos u(x) \cdot u'(x) dx = \operatorname{sen} u(x) + C$
$\int \frac{1}{\cos^2 x}\, dx = \operatorname{tg} x + C$	$\int \frac{u'(x)}{\cos^2 u(x)}\, dx = \operatorname{tg} u(x) + C$
$\int \frac{1}{\sqrt{1-x^2}}\, dx = \operatorname{arcsen} x + C$	$\int \frac{u'(x)}{\sqrt{1-u^2(x)}}\, dx = \operatorname{arcsen} u(x) + C$
$\int \frac{-1}{\sqrt{1-x^2}} dx = \arccos x + C$	$\int \frac{-u'(x)}{\sqrt{1-u^2(x)}}\, dx = \arccos u(x) + C$
$\int \frac{1}{1+x^2} dx = \operatorname{arctg} x + C$	$\int \frac{u'(x)}{1+u^2(x)} dx = \operatorname{arctg} u(x) + C$

Comenzamos estudiando las funciones para las que es posible calcular su integral indefinida de forma inmediata, sin necesidad de usar ningún procedimiento especial.

Este tipo de integrales se denominan inmediatas. En la tabla anterior se exponen en una aquéllas más utilizadas. En la primera columna aparece el tipo de integral en su forma simple y en la segunda una generalización de la primera columna que hemos denominado forma compuesta. Veamos algunos ejemplos de integrales inmediatas.

Ejemplo 2.1 (Forma simple)

$$\int (x^5 + 2x^2 - x + 5)\,dx = \frac{x^6}{6} + 2\frac{x^3}{3} - \frac{x^2}{2} + 5x + C$$

$$\int \left(\sqrt{x} + \frac{1}{\sqrt[3]{x^4}} \right) dx = \int \left(x^{1/2} + x^{-4/3} \right) dx = \frac{x^{3/2}}{3/2} - \frac{x^{-1/3}}{1/3} + C = \frac{2}{3}\sqrt{x^3} - \frac{3}{\sqrt[3]{x}} + C$$

$$\int \left(e^x + x^2 + \operatorname{sen} x \right) dx = e^x + \frac{x^3}{3} - \cos x + C$$

$$\int \left(\frac{1}{x} + \frac{1}{\sqrt{1-x^2}} \right) dx = \ln|x| + \operatorname{arcsen} x + C$$

$$\int \left(\frac{1}{\cos^2 x} + a^x + 2 \right) dx = \operatorname{tg} x + \frac{a^x}{\ln a} + 2x + C$$

$$\int \left(\frac{1}{1+x^2} - 2x \right) dx = \operatorname{arctg} x - x^2 + C$$

Ejemplo 2.2 (Forma compuesta)

$$\text{TIPO} \quad \int \left[u(x) \right]^r \cdot u'(x)\, dx = \frac{\left[u(x) \right]^{r+1}}{r+1} + C$$

$$\int (x^2 + 2x)^5 (2x + 2)\, dx = \frac{(x^2 + 2x)^6}{6} + C$$

$$\int (\cos x)^3 \operatorname{sen} x\, dx = -\frac{(\cos x)^4}{4} + C$$

$$\int x^2 \sqrt{x^3 + 1}\, dx = \frac{1}{3} \int 3x^2 \left(x^3 + 1 \right)^{1/2} dx = \frac{1}{3} \frac{\left(x^3 + 1 \right)^{3/2}}{3/2} + C = \frac{2\left(x^3 + 1 \right)^{3/2}}{9} + C$$

$$\int \frac{x^3}{(x^4+2)^{1/2}}\,dx = \frac{1}{4}\int (x^4+2)^{-1/2}\,4x^3\,dx = \frac{1}{4}\,\frac{(x^4+2)^{1/2}}{1/2} + C = \frac{\sqrt{x^4+2}}{2} + C$$

TIPO $\int e^{u(x)} \cdot u'(x)\,dx = e^{u(x)} + C$

$$\int \cos x\, e^{\operatorname{sen} x}\,dx = e^{\operatorname{sen} x} + C$$

$$\int 2x\, e^{x^2}\,dx = e^{x^2} + C$$

$$\int \frac{e^{\operatorname{tg} x}}{\cos^2 x}\,dx = e^{\operatorname{tg} x} + C$$

$$\int \frac{e^{\operatorname{arcsen} x}}{\sqrt{1-x^2}}\,dx = e^{\operatorname{arcsen} x} + C$$

TIPO $\int a^{u(x)} \cdot u'(x)\,dx = \dfrac{a^{u(x)}}{\ln a} + C$

$$\int 5^{x^3}\, 3x^2\,dx = \frac{5^{x^3}}{\ln 5} + C$$

$$\int 2^{3x^2+2x}\,(6x+2)\,dx = \frac{2^{3x^2+2x}}{\ln 2} + C$$

$$\int 2^{\operatorname{sen} x} \cos x\,dx = \frac{2^{\operatorname{sen} x}}{\ln 2} + C$$

$$\int 5^{\ln x}\,\frac{1}{x}\,dx = \frac{5^{\ln x}}{\ln 5} + C$$

TIPO $\int \dfrac{u'(x)}{u(x)}\,dx = \ln\left|u(x)\right| + C$

$$\int \frac{\operatorname{sen} x}{\cos x}\,dx = -\ln\left|\cos x\right| + C$$

$$\int \frac{2x}{x^2+2}\,dx = \ln\left|x^2+2\right| + C$$

$$\int \frac{2\operatorname{sen} x \cos x}{1+\operatorname{sen}^2 x}\,dx = \ln\left|1+\operatorname{sen}^2 x\right| + C$$

$$\int \frac{2e^{2x}}{1+e^{2x}}\,dx = \ln\left|1+e^{2x}\right| + C$$

TIPO $\int \operatorname{sen} u(x)\cdot u'(x)\,dx = -\cos u(x) + C$

$$\int (2x+1)\operatorname{sen}\left(x^2+x-1\right)dx = -\cos\left(x^2+x-1\right) + C$$

$$\int e^x \operatorname{sen} e^x\,dx = -\cos e^x + C$$

$$\int \frac{1}{x}\cos(\ln x)\,dx = \operatorname{sen}(\ln x) + C$$

$$\int (\operatorname{sen} ax + \cos bx)\,dx = \frac{-1}{a}\cos ax + \frac{1}{b}\operatorname{sen} bx + C$$

TIPO $\int \frac{u'(x)}{\cos^2 u(x)}\,dx = \operatorname{tg} u(x) + C$

$$\int \frac{e^x}{\cos^2 e^x}\,dx = \operatorname{tg} e^x + C$$

$$\int \frac{x}{\cos^2\left(x^2+1\right)}\,dx = \frac{1}{2}\operatorname{tg}\left(x^2+1\right) + C$$

$$\int \frac{1}{x\cos^2(\ln x)}\,dx = \operatorname{tg}(\ln x) + C$$

$$\int \frac{\cos x}{\cos^2(\operatorname{sen} x)}\,dx = \operatorname{tg}(\operatorname{sen} x) + C$$

TIPO $\int \frac{u'(x)}{\sqrt{1-u^2(x)}}\,dx = \operatorname{arcsen} u(x) + C$

$$\int \frac{e^x}{\sqrt{1-e^{2x}}}\,dx = \operatorname{arcsen} e^x + C$$

$$\int \frac{-2x}{\sqrt{1-x^4}}\,dx = \arccos x^2 + C$$

$$\int \frac{1}{x\sqrt{1-(\ln x)^2}}\,dx = \operatorname{arcsen}(\ln x) + C$$

$$\int \frac{dx}{\sqrt{1-(x-a)^2}} = \text{arcsen }(x-a)+C$$

TIPO $\int \frac{u'(x)}{1+u^2(x)}dx = \text{arctg}\, u(x)+C$

$$\int \frac{1}{x(1+\ln^2 x)}dx = \text{arctg}(\ln x)+C$$

$$\int \frac{\cos x}{1+\text{sen}^2 x}dx = \text{arctg}(\text{sen}\, x)+C$$

$$\int \frac{x}{1+x^4}dx = \frac{1}{2}\text{arctg}\, x^2 + C$$

$$\int \frac{1}{1+(x-a)^2}dx = \text{arctg}(x-a)+C$$

$$\int \frac{dx}{1+3x^2} = \int \frac{dx}{1+(\sqrt{3}\,x)^2} = \frac{1}{\sqrt{3}}\text{arctg}\left(\sqrt{3}\,x\right)+C$$

■

Ejemplo 2.3

Calcule las siguientes integrales inmediatas:

a) $\int \frac{x}{x^2+a}dx + \int \frac{\text{sen}\, x \cos x}{1+\cos^2 x}dx = \frac{1}{2}\int \frac{2x}{x^2+a}dx - \frac{1}{2}\int \frac{-2\cos x\, \text{sen}\, x}{1+\cos^2 x}dx =$

$$= \frac{1}{2}\ln\left|x^2+a^2\right| - \frac{1}{2}\ln\left|1+\cos^2 x\right| + C = \ln\sqrt{\frac{x^2+a^2}{1+\cos^2 x}} + C$$

b) $\int e^{x^3+3x}\left(3x^2+3\right)dx = e^{x^3+3x}+C$

c) $\int\left(2^{-ax}+3^{-bx}\right)dx = -\frac{1}{a\ln 2}2^{-ax} - \frac{1}{b\ln 3}3^{-bx}+C$

d) $\int \frac{e^x}{1+e^{2x}}dx = \text{arctg}\left(e^x\right)+C$

e) $\int\left[\text{sen}(bx)+\cos(ax)\right]dx = -\frac{1}{b}\cos(bx)+\frac{1}{a}\text{sen}(ax)+C$

f) $\int \frac{x}{\sqrt{1-x^4}}dx = \frac{1}{2}\text{arcsen }(x^2)+C$

g) $\displaystyle\int\left(\frac{1}{x}+\frac{1}{x^2}+\frac{2}{\sqrt[5]{x^2}}\right)dx=\int\left(\frac{1}{x}+x^{-2}+2x^{-2/5}\right)dx=\ln|x|+\frac{x^{-1}}{-1}+2\frac{x^{3/5}}{3/5}+C=$

$\displaystyle=\ln|x|-\frac{1}{x}+\frac{10}{3}x^{3/5}+C$

■

Ejemplo 2.4

Calcule una primitiva de la función $f(x)=3^{-x}$ que se anule cuando $x=0$.

Las primitivas de la función $f(x)=3^{-x}$ están dadas por:

$$F(x)=\int 3^{-x}dx=-\frac{3^{-x}}{\ln 3}+C$$

La constante C se determina imponiendo la condición $F(0)=0$,

$$F(0)=\frac{-1}{\ln 3}+C=0\,,\qquad C=\frac{1}{\ln 3}$$

Luego, la primitiva buscada es:

$$F(x)=-\frac{3^{-x}}{\ln 3}+\frac{1}{\ln 3}$$

■

3. MÉTODOS DE INTEGRACIÓN

La mayor parte de las funciones no se pueden integrar directamente. A continuación estudiaremos algunos procesos, conocidos como métodos de integración, que resuelven este problema para determinadas funciones. No es nuestro objetivo hacer una presentación exhaustiva de todos los métodos de integración, sino sólo de aquellos métodos más relevantes y que aparecen con mayor frecuencia.

3.1. INTEGRACIÓN POR CAMBIO DE VARIABLE

El método consiste en realizar un cambio de variable en la función integrando de forma que la nueva función sea más fácil de integrar. Consideremos la integral $\int f(x)dx$ y efectuemos el cambio de variable $x=g(t)$, entonces, $dx=g'(t)dt$. Supongamos que, en virtud del cambio realizado, la integral expresada ahora en función de la variable t tiene una primitiva $F(t)$ más sencilla de calcular. Según esto se tiene que:

$$\int f(x)dx = \int f(g(t))\, g'(t)dt = F(t) + C$$

Si $t = h(x)$ es la inversa de la función $x = g(t)$, deshaciendo el cambio realizado:

$$F(t) = F\left[h(x)\right]$$

Por último, expresamos la solución en función de la variable x:

$$\int f(x)\,dx = F(h(x)) + C$$

Obsérvese que la función $x = g(t)$ elegida para el cambio de variable ha de ser derivable y además ha de tener inversa para que el proceso anterior pueda realizarse.

De manera esquemática, los pasos a seguir en la integración indefinida por cambio de variable son:

CAMBIO DE VARIABLE → INTEGRACIÓN → DESHACER EL CAMBIO.

Ejemplo 3.1

Calcule las siguientes integrales usando el cambio de variable adecuado:

a) $\displaystyle\int \frac{\operatorname{sen}(\ln x + 1)}{x}\, dx$

Aplicamos el cambio de variable:

$$t = \ln x + 1$$

de donde:

$$dt = \frac{1}{x}\, dx$$

y sustituyendo en la integral, se tiene:

$$\int \frac{\operatorname{sen}(\ln x + 1)}{x} dx = \int \operatorname{sen} t\; dt = -\cos t + C$$

Por último, deshacemos el cambio:

$$t = \ln x + 1$$

y obtenemos la solución:

$$\int \frac{\operatorname{sen}(\ln x + 1)}{x}\, dx = -\cos(\ln x + 1) + C$$

b) $\int x\sqrt{x^2+1}\,dx$

Elegimos el cambio:

$$t = x^2+1$$

de donde:

$$dt = 2xdx$$

Sustituyendo en la integral, resulta que:

$$\int x\sqrt{x^2+1}\,dx = \int \sqrt{t}\,\frac{dt}{2} = \frac{1}{2}\frac{t^{\frac{3}{2}}}{\frac{3}{2}} + C = \frac{t^{\frac{3}{2}}}{3} + C$$

Deshaciendo el cambio, la solución buscada es:

$$\int x\sqrt{x^2+1}\,dx = \frac{1}{3}\left(x^2+1\right)^{\frac{3}{2}} + C$$

c) $\int \frac{1}{\sqrt{(ax+b)^n}}dx$, $n \neq 2$

Realizamos el cambio:

$$t = ax+b$$

de donde:

$$dt = adx$$

Sustituyendo:

$$\int \frac{1}{\sqrt{(ax+b)^n}}\,dx = \int \frac{1}{\sqrt{t^n}}\frac{dt}{a} = \frac{1}{a}\frac{t^{-\frac{n}{2}+1}}{-\frac{n}{2}+1} + C = \frac{2}{a(2-n)}t^{\frac{-n+2}{2}} + C$$

y deshaciendo el cambio:

$$\int \frac{1}{\sqrt{(ax+b)^n}}\,dx = \frac{2}{a(2-n)}(ax+b)^{\frac{-n+2}{2}} + C$$

d) $\int \frac{x\,5^{\ln\left(x^2+1\right)}}{x^2+1}\,dx$

Realizamos el cambio:

$$t = \ln\left(x^2 + 1\right)$$

de donde:

$$dt = \frac{2x}{x^2 + 1} dx$$

De esta forma:

$$\int \frac{x\,5^{\ln\left(x^2+1\right)}}{x^2 + 1} dx = \int 5^t \frac{dt}{2} = \frac{1}{2}\frac{5^t}{\ln 5} + C$$

Deshaciendo el cambio, la solución es:

$$\int \frac{x5^{\ln\left(x^2+1\right)}}{x^2 + 1} dx = \frac{1}{2\ln 5} 5^{\ln\left(x^2+1\right)} + C$$

e) $\int \frac{dx}{x\sqrt{\ln x}} dx$

Realizamos el cambio de variable:

$$t = \ln x, \qquad dt = \frac{1}{x} dx$$

de donde:

$$\int \frac{dx}{x\sqrt{\ln x}} = \int \frac{dt}{\sqrt{t}} = \frac{t^{1/2}}{1/2} + C = 2\sqrt{t} + C = 2\sqrt{\ln x} + C$$

f) $\int \cos x \sqrt{\operatorname{sen} x}\, dx$

Realizamos el cambio:

$$t = \operatorname{sen} x$$

de donde:

$$dt = \cos x\, dx$$

De esta forma:

$$\int \cos x \sqrt{\operatorname{sen} x}\, dx = \int \sqrt{t}\, dt = \frac{t^{3/2}}{3/2} + C = \frac{2}{3}\sqrt{t^3} + C$$

Deshaciendo el cambio, la solución es:

$$\int \cos x \sqrt{\operatorname{sen} x}\, dx = \frac{2}{3}\sqrt{\operatorname{sen}^3 x} + C$$

g) $\displaystyle\int \frac{1}{(x-\alpha)^2+\beta^2}\,dx$

Realizamos el cambio:

$$x-\alpha = t\beta$$

de donde:

$$dx = \beta dt$$

De esta forma:

$$\int \frac{1}{(x-\alpha)^2+\beta^2}\,dx = \int \frac{\beta\, dt}{(t\beta)^2+\beta^2} = \frac{1}{\beta}\int \frac{dt}{t^2+1} = \frac{1}{\beta}\operatorname{arctg} t + C$$

Deshaciendo el cambio, la solución es:

$$\int \frac{1}{(x-\alpha)^2+\beta^2}\,dx = \frac{1}{\beta}\operatorname{arctg}\frac{x-\alpha}{\beta} + C$$

■

Observemos que la dificultad del método de cambio de variable se encuentra en la elección acertada del cambio a realizar en cada caso para que la integral resultante sea inmediata o, al menos, más sencilla de resolver.

3.2. Integración por Partes

La integral de un producto de funciones se resuelve frecuentemente con el método de integración por partes. El método está basado en la fórmula de la derivada del producto de dos funciones.

Concretamente, si u y v son dos funciones derivables:

$$d(uv) = udv + vdu$$

es decir,

$$udv = d(uv) - vdu$$

Integrando ahora ambos miembros, resulta que:

$$\int udv = uv - \int vdu$$

ya que $\int d(uv) = uv$, al ser la derivación y la integración operaciones inversas.

De esta forma se obtiene la fórmula de integración por partes:

$$\int u\, dv = uv - \int v\, du$$

La fórmula se aplica para calcular integrales en las que el integrando está formado por un producto de funciones, como, por ejemplo:

$$\int x^2 e^x dx\,, \qquad \int x \operatorname{sen} x\, dx\,, \qquad \int x \ln x\, dx\,, \qquad \int e^x \operatorname{sen} x\, dx$$

A la hora de aplicar la fórmula de integración por partes, la clave está en la elección correcta de "u" y de "dv". Hemos de tener en cuenta estas dos ideas:

1. La segunda integral, es decir, $\int v du$, ha de ser más sencilla que la integral original. Si esta integral es más complicada que la inicial, se cambia la elección.

2. Hemos de saber integrar aquella función a la que llamemos dv.

Ejemplo 3.2

a) $\int xe^{-x} dx$

Se elige $u = x$, $dv = e^{-x} dx$, de donde $du = dx$, $v = -e^{-x}$. Se aplica la fórmula de integración por partes:

$$\int xe^{-x} dx = -xe^{-x} + \int e^{-x} dx = -xe^{-x} - e^{-x} + C$$

b) $\int x \operatorname{sen} x dx$

Se elige $u = x$, $dv = \operatorname{sen} x dx$, de donde $du = dx$, $v = -\cos x$. Se aplica la fórmula de integración por partes:

$$\int x \operatorname{sen} x dx = -x\cos x + \int \cos x dx = -x\cos x + \operatorname{sen} x + C$$

c) $\int \ln x\, dx$

Se elige $u = \ln x$, $dv = dx$, de donde $du = \dfrac{1}{x} dx$, $v = x$. Si aplicamos la fórmula de integración por partes, resulta que:

$$\int \ln x\, dx = \ln x \cdot x - \int dx = x \ln x - x + C$$

d) A veces es necesario repetir la integración por partes, como ocurre en el siguiente ejemplo. Aplicando la fórmula de integración por partes, se tiene que:

$$\int x^2 \cos x\, dx = \left\{ \begin{matrix} u = x^2 & du = 2x\, dx \\ dv = \cos x\, dx & v = \operatorname{sen} x \end{matrix} \right\} = x^2 \operatorname{sen} x - \int 2x \operatorname{sen} x\, dx$$

Si aplicamos de nuevo la integración por partes para hallar $\int 2x \operatorname{sen} x\, dx$, resulta que:

$$\int 2x \operatorname{sen} x\, dx = \left\{ \begin{matrix} u = 2x & du = 2\,dx \\ dv = \operatorname{sen} x\, dx & v = -\cos x \end{matrix} \right\} = -2x\cos x + \int 2\cos x\, dx =$$

$$= -2x\cos x + 2\operatorname{sen} x$$

y sustituyendo:

$$\int x^2 \cos x\, dx = x^2 \operatorname{sen} x + 2x\cos x - 2\operatorname{sen} x + C$$

e) $\int \operatorname{arctg} x\, dx$

Cuando el integrando esta formado por una sola función, podemos interpretarlo como un producto de funciones en donde uno de los factores es la unidad. En este ejercicio se elige $u = \operatorname{arctg} x$, $dv = dx$, de donde $du = \frac{1}{1+x^2}dx$, $v = x$. Así,

$$\int \operatorname{arctg} x dx = x \operatorname{arctg} x - \int \frac{x}{1+x^2}\, dx = x \operatorname{arctg} x - \frac{1}{2}\ln\left(1+x^2\right) + C$$

f) A veces ocurre que, al aplicar sucesivamente la integración por partes, se obtiene en el segundo miembro una integral que coincide con la de partida. En este caso, basta con despejar dicha integral para hallar el resultado final. Veamos un ejemplo:

$$\int e^x \cos x\, dx = \left\{ \begin{matrix} u = e^x & du = e^x\, dx \\ dv = \cos x\, dx & v = \operatorname{sen} x \end{matrix} \right\} = e^x \operatorname{sen} x - \int e^x \operatorname{sen} x\, dx$$

Integrando de nuevo por partes, se tiene que:

$$\int e^x \operatorname{sen} x\, dx = \left\{ \begin{matrix} u = e^x & du = e^x\, dx \\ dv = \operatorname{sen} x\, dx & v = -\cos x \end{matrix} \right\} = -\cos x \cdot e^x + \int \cos x \cdot e^x dx$$

y sustituyendo, se obtiene:

$$\int e^x \cos x\, dx = e^x \operatorname{sen} x - \left[-\cos x\, e^x + \int \cos x\, e^x dx \right] =$$

$$= e^x \operatorname{sen} x + e^x \cos x - \int e^x \cos dx$$

Si se llama $I = \int e^x \cos x\, dx$, resulta que:

$$I = e^x \left(\operatorname{sen} x + \cos x\right) - I$$

y despejando:

$$I = \int e^x \cos x \, dx = \frac{e^x}{2}\left(\operatorname{sen} x + \cos x\right) + C$$

■

3.3. INTEGRACIÓN DE FUNCIONES RACIONALES

Una función racional es una función de la forma $f(x) = \frac{P(x)}{Q(x)}$, donde $P(x)$ y $Q(x)$ son funciones polinómicas en la variable x. Para calcular $\int \frac{P(x)}{Q(x)} dx$, donde supondremos que los polinomios $P(x)$ y $Q(x)$ no tienen raíces en común, se tendrán en cuenta los siguientes casos:

A) Si $Grado\, P(x) \geq Grado\, Q(x)$, se dividen los polinomios obteniéndose que:

$$\frac{P(x)}{Q(x)} = C(x) + \frac{R(x)}{Q(x)}$$

siendo $C(x)$ el polinomio cociente y $R(x)$ el polinomio resto de la división, donde $Grado\, R(x) < Grado\, Q(x)$. De esta forma,

$$\int \frac{P(x)}{Q(x)} dx = \int C(x)\, dx + \int \frac{R(x)}{Q(x)} dx$$

La primera integral del segundo miembro es inmediata al ser la integral de una función polinómica y la segunda integral se resuelve según el procedimiento que describimos a continuación:

B) Si $Grado\, P(x) < Grado\, Q(x)$, se calculan las raíces del polinomio denominador $Q(x)$ y se descompone $\frac{P(x)}{Q(x)}$ como suma de fracciones simples de la siguiente forma:

- Para cada raíz real x_i con multiplicidad r se considera la descomposición siguiente:

$$\frac{P(x)}{Q(x)} = \frac{A_1}{x - x_i} + \frac{A_2}{(x - x_i)^2} + \ldots + \frac{A_r}{(x - x_i)^r}$$

donde $A_1, A_2, \ldots, A_r$ son coeficientes reales a determinar.

- Para cada par de raíces complejas conjugadas $\alpha \pm \beta i$ con multiplicidad r se considera la suma de las r fracciones siguientes:

$$\frac{P(x)}{Q(x)}=\frac{M_1x+N_1}{(ax^2+bx+c)}+\frac{M_2x+N_2}{(ax^2+bx+c)^2}+\ldots+\frac{M_rx+N_r}{(ax^2+bx+c)^r}$$

donde $ax^2+bx+c=a\left[(x-\alpha)^2+\beta^2\right]$.

La integral $\int\frac{P(x)}{Q(x)}\,dx$ se descompone, por tanto, como suma de integrales de funciones racionales del tipo señalado, cuya resolución se realiza de la siguiente forma:

i) La integral $\int\frac{A}{x-x_i}\,dx$ aparece cuando hay raíces simples y se resuelve de forma inmediata al ser de tipo logarítmico $\int\frac{A}{x-x_i}\,dx=A\ln|x-x_i|+C$.

ii) La integral $\int\frac{B}{(x-x_i)^n}\,dx,\ n\neq 1$, aparece cuando hay raíces reales con multiplicidad y se resuelve de forma inmediata al ser una integral de tipo potencial $\int\frac{B}{(x-x_i)^n}\,dx=B\,\frac{(x-x_i)^{-n+1}}{-n+1}+C$.

iii) La integral $\int\frac{Mx+N}{ax^2+bx+c}\,dx$ aparece cuando hay raíces complejas simples y su resolución se realiza de la siguiente forma:

En primer lugar, como el polinomio ax^2+bx+c, cuyas raíces son $\alpha\pm\beta i$, se escribe de la forma $a\left[(x-\alpha)^2+\beta^2\right]$, la integral es equivalente a $\int\frac{Mx+N}{(x-\alpha)^2+\beta^2}\,dx$. Para calcularla, se suma y se resta al numerador $M\alpha$ y se descompone la integral en dos integrales, resultando una de tipo logarítmico y otra de tipo arco tangente (véase el Ejemplo 3.1, g):

$$\int\frac{Mx+N}{(x-\alpha)^2+\beta^2}\,dx=\int\frac{Mx-M\alpha+M\alpha+N}{(x-\alpha)^2+\beta^2}\,dx=$$

$$=\int\frac{M(x-\alpha)}{(x-\alpha)^2+\beta^2}\,dx+\int\frac{M\alpha+N}{(x-\alpha)^2+\beta^2}\,dx=$$

$$=\frac{M}{2}\int\frac{2(x-\alpha)}{(x-\alpha)^2+\beta^2}\,dx+(M\alpha+N)\int\frac{1}{(x-\alpha)^2+\beta^2}\,dx=$$

$$=\frac{M}{2}\ln\left[(x-\alpha)^2+\beta^2\right]+\frac{(M\alpha+N)}{\beta}\operatorname{arctg}\frac{x-\alpha}{\beta}+C$$

iv) La resolución de la integral $\int \frac{Mx+N}{(ax^2+bx+c)^r}\,dx$ que aparece en el caso de raíces complejas múltiples no será abordada en este libro debido a su dificultad.

Ejemplo 3.3

1) Consideremos la integral racional $\int \frac{x^4}{x^4-1}\,dx$. Como el grado del polinomio numerador es igual que el grado del denominador, se dividen ambos polinomios y se obtiene la siguiente descomposición:

$$\frac{x^4}{x^4-1} = 1 + \frac{1}{x^4-1}$$

de donde aplicando la propiedad de linealidad de la integral indefinida:

$$\int \frac{x^4}{x^4-1}\,dx = \int dx + \int \frac{1}{x^4-1}\,dx = x + \int \frac{1}{x^4-1}\,dx$$

Para resolver la integral $\int \frac{1}{x^4-1}\,dx$, comenzamos calculando las raíces del denominador:

$$x^4-1=(x^2+1)(x^2-1)=0 \Leftrightarrow x=\pm i,\ x=\pm 1$$

Al ser las raíces reales simples ($x=\pm 1$) y complejas simples ($x=\pm i$), realizamos la siguiente descomposición:

$$\frac{1}{x^4-1}=\frac{A}{x-1}+\frac{B}{x+1}+\frac{Mx+N}{x^2+1}$$

Para calcular los coeficientes A, B, M y N, se opera en la expresión anterior y se igualan los numeradores:

$$\frac{1}{x^4-1}=\frac{A(x+1)(x^2+1)}{x^4-1}+\frac{B(x-1)(x^2+1)}{x^4-1}+\frac{(Mx+N)(x^2-1)}{x^4-1}$$

$$1=A(x+1)(x^2+1)+B(x-1)(x^2+1)+(Mx+N)(x^2-1)$$

Desarrollando el segundo miembro y agrupando términos:

$$1=(A+B+M)x^3+(A-B+N)x^2+(A+B-M)x+(A-B-N)$$

e igualando los coeficientes de los términos en x elevados a la misma potencia, se tiene que:

$$\left.\begin{array}{l} A+B+M=0 \\ A-B+N=0 \\ A+B-M=0 \\ A-B-N=1 \end{array}\right\} \Rightarrow A=\frac{1}{4},\ B=-\frac{1}{4},\ M=0,\ N=-\frac{1}{2}$$

Sustituyendo los valores obtenidos de cada coeficiente, se llega a que:

$$\int \frac{1}{x^4-1}\,dx = \int \frac{1/4}{x-1}\,dx - \int \frac{1/4}{x+1}\,dx - \int \frac{1/2}{x^2+1}\,dx =$$
$$= \frac{1}{4}\ln|x-1| - \frac{1}{4}\ln|x+1| - \frac{1}{2}\operatorname{arctg} x + C$$

de donde:

$$\int \frac{x^4}{x^4-1}\,dx = x + \int \frac{1}{x^4-1}\,dx = x + \frac{1}{4}\ln|x-1| - \frac{1}{4}\ln|x+1| - \frac{1}{2}\operatorname{arctg} x + C$$

2) Consideremos la integral racional $\int \frac{x^4+2x^3+5x^2+3x+3}{x^4+x^3+x^2+x}\,dx$.

Como el grado del polinomio numerador es igual que el grado del denominador, se dividen ambos polinomios y se obtiene la siguiente descomposición:

$$\frac{x^4+2x^3+5x^2+3x+3}{x^4+x^3+x^2+x} = 1 + \frac{x^3+4x^2+2x+3}{x^4+x^3+x^2+x}$$

de donde aplicando la propiedad de linealidad de la integral indefinida:

$$\int \frac{x^4+2x^3+5x^2+3x+3}{x^4+x^3+x^2+x}\,dx = \int dx + \int \frac{x^3+4x^2+2x+3}{x^4+x^3+x^2+x}\,dx$$

Para resolver la integral $\int \frac{x^3+4x^2+2x+3}{x^4+x^3+x^2+x}\,dx$, comenzamos calculando las raíces del denominador:

$$x^4+x^3+x^2+x = x(x+1)(x^2+1) = 0 \Leftrightarrow x = \pm i,\ x=0,\ x=-1$$

Al ser las raíces reales simples ($x = 0, 1$) y complejas simples ($x = \pm i$), realizamos la siguiente descomposición:

$$\frac{x^3+4x^2+2x+3}{x^4+x^3+x^2+x} = \frac{A}{x} + \frac{B}{x+1} + \frac{Mx+N}{x^2+1}$$

Para calcular los coeficientes A, B, M y N, se opera en la expresión anterior y se igualan los numeradores:

$$\frac{x^3+4x^2+2x+3}{x^4+x^3+x^2+x}=\frac{A(x+1)(x^2+1)}{x^4+x^3+x^2+x}+\frac{Bx(x^2+1)}{x^4+x^3+x^2+x}+\frac{(Mx+N)(x^2+x)}{x^4+x^3+x^2+x}$$

$$x^3+4x^2+2x+3=A(x+1)(x^2+1)+Bx(x^2+1)+(Mx+N)(x^2+x).$$

Desarrollando el segundo miembro:

$$x^3+4x^2+2x+3=x^3(A+B+M)+x^2(A+M+N)+x(A+B+N)+A$$

e igualando coeficientes, se tiene que:

$$\left.\begin{aligned} A+B+M&=1\\ A+M+N&=4\\ A+B+N&=2\\ A&=3\end{aligned}\right\}\Rightarrow A=3,\ B=-2,\ M=0,\ N=1$$

Sustituyendo los valores obtenidos de cada coeficiente, se llega a que:

$$\int\frac{x^3+4x^2+2x+3}{x^4+x^3+x^2+x}\,dx=\int\frac{3}{x}\,dx+\int\frac{-2}{x+1}\,dx+\int\frac{1}{x^2+1}\,dx=$$
$$=3\ln|x|-2\ln|x+1|+\operatorname{arctg}x+C$$

de donde:

$$\int\frac{x^4+2x^3+5x^2+3x+3}{x^4+x^3+x^2+x}\,dx=\int dx+\int\frac{x^3+4x^2+2x+3}{x^4+x^3+x^2+x}\,dx=$$
$$=x+3\ln|x|-2\ln|x+1|+\operatorname{arctg}x+C$$

■

A veces es necesario aplicar varios métodos de integración para resolver una misma integral. En el siguiente ejemplo se combinan los métodos de integración por partes y de sustitución y la integración de funciones racionales.

Ejemplo 3.4

a) $\int \operatorname{arcsen} x\,dx$

Se aplica la fórmula de integración por partes:

$$\int \operatorname{arcsen} x\,dx=\left\{\begin{matrix} u=\operatorname{arcsen}x & du=\dfrac{1}{\sqrt{1-x^2}}dx\\ dv=dx & v=x\end{matrix}\right\}=x\operatorname{arcsen}x-\int\frac{x}{\sqrt{1-x^2}}\,dx$$

Realizamos ahora el cambio de variable $t=1-x^2$ en la integral del 2º miembro:

$$t=1-x^2,\qquad dt=-2xdx,$$

así:

$$\int \frac{x}{\sqrt{1-x^2}}dx = \int \frac{-dt}{2\sqrt{t}} = -\frac{1}{2}\frac{t^{\frac{1}{2}}}{\frac{1}{2}} + C = -\sqrt{t} + C = -\sqrt{1-x^2} + C$$

y sustituyendo, resulta que:

$$\int \operatorname{arcsen} x \, dx = x \operatorname{arcsen} x + \sqrt{1-x^2} + C$$

b) Calcule una primitiva de la función $f(x) = e^{\sqrt{x}}$.

Hemos de calcular la integral indefinida: $\int e^{\sqrt{x}} dx$. Se realiza el cambio de variable $t = \sqrt{x}$,

$$t = \sqrt{x}, \quad t^2 = x, \quad 2tdt = dx$$

de donde:

$$\int e^{\sqrt{x}} dx = \int e^t 2t \, dt$$

Aplicamos ahora la fórmula de integración por partes:

$$\int \underbrace{2t}_{u} \underbrace{e^t dt}_{dv} = \left\{ \begin{matrix} u = 2t & du = 2dt \\ dv = e^t \, dt & v = e^t \end{matrix} \right\} = 2te^t - 2\int e^t dt = 2te^t - 2e^t + C$$

Deshaciendo el cambio:

$$\int e^{\sqrt{x}} dx = 2\sqrt{x}e^{\sqrt{x}} - 2e^{\sqrt{x}} + C$$

c) $\int x \ln(x+1) \, dx$

Comenzamos aplicando la fórmula de integración por partes:

$$\int x \ln(x+1) \, dx = \left\{ \begin{matrix} u = \ln(x+1) & du = \dfrac{1}{x+1} \\ dv = x \, dx & v = \dfrac{x^2}{2} \end{matrix} \right\} = \frac{x^2}{2}\ln(x+1) - \frac{1}{2}\int \frac{x^2}{1+x}dx$$

Consideramos ahora la integral racional $\int \frac{x^2}{x+1} dx$. Como el grado del numerador es mayor que el grado del denominador, realizamos la descomposición $\frac{x^2}{x+1} = x - 1 + \frac{1}{x+1}$, de donde:

$$\int \frac{x^2}{1+x}dx = \int\left(x-1+\frac{1}{1+x}\right)dx = \frac{x^2}{2} - x + \ln|1+x| + C$$

sustituyendo, resulta que:

$$\int x\ln(x+1)\,dx = \frac{x^2}{2}\ln(x+1) - \frac{1}{2}\int\frac{x^2}{1+x}dx =$$

$$= \frac{x^2}{2}\ln(x+1) - \frac{1}{2}\left[\frac{x^2}{2} - x + \ln|1+x|\right] + C$$

■

4. Aplicaciones de la Integral Indefinida

Dada una función $f(x)$, sabemos que su derivada $f'(x)$ es una función que tiene diferentes interpretaciones. Desde un punto de vista geométrico, la derivada $f'(x)$ mide la pendiente de la recta tangente a la gráfica de la función en cada punto. Mientras que, desde un punto de vista económico, la derivada mide la tasa de cambio de la función $f(x)$ en el punto x y también la función marginal. El proceso de integración, al ser un proceso inverso al de derivación, permite, por tanto:

- Determinar una función $f(x)$ conocida su pendiente en cada punto.
- Hallar una función $f(x)$ conocida la tasa de cambio cada punto.
- Calcular una función $f(x)$ a partir de la función marginal.

En los tres casos es importante señalar que para determinar con exactitud la función $f(x)$ es necesario tener información adicional que permita hallar la constante de integración. Recordemos que una función tiene infinitas primitivas que se diferencian en una constante.

Ejemplo 4.1

1) Determinemos la ecuación de una curva $f(x)$ que pasa por el punto $(1,1)$ y la pendiente de la recta tangente en el punto de abscisa x es $3x+1$.

Por la interpretación geométrica de la derivada sabemos que $f'(x) = 3x+1$, por tanto:

$$f(x) = \int(3x+1)dx = \frac{3}{2}x^2 + x + C$$

Como la gráfica pasa por el punto $(1,1)$, $f(1) = 1$, y sustituyendo,

$$\frac{5}{2}+C=1 \quad \text{y} \quad C=1-\frac{5}{2}=-\frac{3}{2}$$

y por tanto, $f(x)=\dfrac{3x^2}{2}+x-\dfrac{3}{2}$.

2) La tasa de crecimiento de la población de un país está dada por $2e^{0,5x}$. Determinemos la función que expresa la población en función del tiempo, sabiendo que la población inicial es de 100000 personas.

Si llamamos $P(x)$ a la población en el instante x, resulta que $P'(x)=2e^{0,5x}$. Integrando la tasa de crecimiento:

$$P(x)=\int 2e^{0,5x}dx=4e^{0,5x}+C$$

y teniendo en cuenta que $P(0)=100000$, entonces, $C=99996$ y la función que expresa la población en función del tiempo está dada por:

$$P(x)=4e^{0,5x}+99996$$

3) La función de costes marginales de producción de x unidades de un bien de consumo es de x^3+2x^2+x+1 y los costes fijos de 250 unidades. Determinemos la función de costes.

Si llamamos $C(x)$ a la función de costes, resulta que $C'(x)=x^3+2x^2+x+1$. Integrando la función de costes marginales:

$$C(x)=\int(x^3+2x^2+x+1)\,dx=\frac{x^4}{4}+\frac{2x^3}{3}+\frac{x^2}{2}+x+C_0$$

y teniendo en cuenta que $C(0)=250$, obtenemos la función de costes:

$$C(x)=\frac{x^4}{4}+\frac{2x^3}{3}+\frac{x^2}{2}+x+250$$

■

EJERCICIOS RESUELTOS

1. Determine la función $f(x)$ que cumple la ecuación:

$$\int \left[f(x) + \cos x - 1 \right] dx = \frac{1}{x} + e^x + C$$

Solución

A partir de la definición de integral indefinida, la función integrando $f(x) + \cos x - 1$ ha de ser la derivada de la función $\frac{1}{x} + e^x + C$, por tanto:

$$f(x) + \cos x - 1 = \left(\frac{1}{x} + e^x + C \right)' = -\frac{1}{x^2} + e^x$$

y despejando:

$$f(x) = -\frac{1}{x^2} - \cos x + e^x + 1$$

2. Calcule las siguientes integrales inmediatas:

a) $\int (4x^6 + 3x^4 + 2x - 1)\, dx$

b) $\int \left(\frac{1}{x} - \frac{2}{x^4} + \frac{4}{\sqrt[4]{x^3}} \right) dx$

c) $\int \left(a^{-ax} + b^{-bx} \right) dx$

d) $\int \frac{e^{-x}}{1 + e^{-2x}}\, dx$

e) $\int \left[\operatorname{sen}(3x+1) + \cos(2x-2) \right] dx$

f) $\int \frac{1}{\cos^2 x \sqrt{1 - \operatorname{tg}^2 x}}\, dx$

g) $\int \frac{e^{\sqrt{x}}}{2\sqrt{x}}\, dx$

h) $\int \frac{1 - \operatorname{sen} x}{x + \cos x}\, dx$

Solución

a) $\int (4x^6 + 3x^4 + 2x - 1)\, dx = \int 4x^6\, dx + \int 3x^4\, dx + \int 2x\, dx - \int dx =$

$$= 4\frac{x^7}{7} + 3\frac{x^5}{5} + x^2 - x + C$$

b) $\int \left(\frac{1}{x} - \frac{2}{x^4} + \frac{4}{\sqrt[4]{x^3}} \right) dx = \int \frac{1}{x} dx - \int \frac{2}{x^4} dx + \int \frac{4}{\sqrt[4]{x^3}} dx =$

$$= \int \frac{1}{x}\,dx - \int 2x^{-4}\,dx + \int 4x^{-3/4}\,dx$$

$$= \ln|x| - 2\frac{x^{-3}}{-3} + 4\frac{x^{1/4}}{1/4} + C = \ln x + \frac{2}{3x^3} + 16\sqrt[4]{x} + C$$

c) $$\int \left(a^{-ax} + b^{-bx}\right)dx = \left\{ \int u'(x)\,a^{u(x)}dx = \frac{a^{u(x)}}{\ln a} + C \right\} =$$

$$= -\frac{1}{a\ln a}a^{-ax} - \frac{1}{b\ln b}b^{-bx} + C$$

d) $$\int \frac{e^{-x}}{1+e^{-2x}}\,dx = \left\{ \int \frac{u'(x)}{1+u^2(x)}\,dx = \operatorname{arctg} u(x) + C \right\} =$$

$$= -\int \frac{-e^{-x}}{1+(e^{-x})^2}\,dx = -\operatorname{arctg} e^{-x} + C$$

e) $$\int \left[\operatorname{sen}(3x+1) + \cos(2x-2)\right]dx = \left\{ \int u'(x)\cos x\,dx = \operatorname{sen} u(x) + C \right\} =$$

$$= -\frac{1}{3}\cos(3x+1) + \frac{1}{2}\operatorname{sen}(2x-2) + C$$

f) $$\int \frac{1}{\cos^2 x\,\sqrt{1-\operatorname{tg}^2 x}}\,dx = \left\{ \int \frac{u'(x)}{\sqrt{1-u^2(x)}}\,dx = \operatorname{arcsen} u(x) + C \right\} =$$

$$= \int \frac{1/\cos^2 x}{\sqrt{1-(\operatorname{tg} x)^2}}\,dx = \operatorname{arcsen}(\operatorname{tg}(x)) + C$$

g) $$\int \frac{e^{\sqrt{x}}}{2\sqrt{x}}\,dx = \left\{ \int u'(x)e^{u(x)}dx = e^{u(x)} + C \right\} = \int \frac{1}{2\sqrt{x}}e^{\sqrt{x}}\,dx = e^{\sqrt{x}} + C$$

h) $$\int \frac{1-\operatorname{sen} x}{x+\cos x}\,dx = \left\{ \int \frac{u'(x)}{u(x)}\,dx = \ln|u(x)| + C \right\} = \ln|x+\cos x| + C$$

3. Calcule las siguientes integrales usando el cambio de variable adecuado:

a) $\int \operatorname{sen} x \operatorname{sen}(\cos x)\,dx$ b) $\int x^2\sqrt[3]{x^3+1}\,dx$ c) $\int \sqrt{(ax+b)^3}\,dx$

d) $\int \frac{2^{\ln(x+1)+2}}{x+1}\,dx$ e) $\int \frac{\sqrt[3]{(\ln x)^2}}{x}\,dx$ f) $\int \frac{\cos x}{\operatorname{sen}^5 x}\,dx$

g) $\int \frac{1}{(x-2)^2+9}\,dx$ h) $\int \sqrt{1-x^2}\,dx$ i) $\int \frac{2^{\sqrt{x}+2}}{\sqrt{x}}\,dx$

Solución

a) $\int \operatorname{sen} x \ \operatorname{sen}(\cos x)\,dx$

Aplicamos el cambio:

$$t = \cos x$$

de donde:

$$dt = -\operatorname{sen} x\,dx$$

y sustituyendo en la integral, se tiene:

$$\int \operatorname{sen} x \operatorname{sen}(\cos x)\,dx = -\int \operatorname{sen} t\,dt = \cos t + C$$

Por último, deshacemos el cambio $t = \cos x$ y obtenemos la solución:

$$\int \operatorname{sen} x \operatorname{sen}(\cos x)\,dx = \cos(\cos x) + C$$

b) $\int x^2 \sqrt[3]{x^3+1}\,dx$

Elegimos el cambio:

$$t = x^3 + 1$$

de donde:

$$dt = 3x^2\,dx\,.$$

Sustituyendo en la integral, resulta que:

$$\int x^2 \sqrt[3]{x^3+1}\,dx = \int \sqrt[3]{t}\,\frac{dt}{3} = \frac{1}{3}\frac{t^{4/3}}{4/3} + C = \frac{t^{4/3}}{4} + C$$

Deshaciendo el cambio, la solución buscada es:

$$\int x^2 \sqrt[3]{x^3+1}\,dx = \frac{1}{4}\left(x^3+1\right)^{4/3} + C$$

c) $\int \sqrt{(ax+b)^3}\,dx$

Realizamos el cambio:

$$t = ax + b$$

de donde:

$$dt = adx$$

Sustituyendo:

$$\int \sqrt{(ax+b)^3}\ dx = \int t^{3/2}\frac{dt}{a} = \frac{1}{a}\frac{t^{5/2}}{5/2} + C = \frac{2}{5a}t^{5/2} + C$$

y deshaciendo el cambio:

$$\int \sqrt{(ax+b)^3}\ dx = \frac{2}{5a}(ax+b)^{5/2} + C$$

d) $\int \frac{2^{\ln(x+1)+2}}{x+1}\, dx$

Realizamos el cambio:

$$t = \ln(x+1) + 2$$

de donde:

$$dt = \frac{1}{x+1}\, dx$$

De esta forma:

$$\int \frac{2^{\ln(x+1)+2}}{x+1}\, dx = \int 2^t\, dt = \frac{2^t}{\ln 2} + C$$

Deshaciendo el cambio, la solución es:

$$\int \frac{2^{\ln(x+1)+2}}{x+1}\, dx = \frac{1}{\ln 2}2^{\ln(x+1)+2} + C$$

e) $\int \frac{\sqrt[3]{(\ln x)^2}}{x} dx$

Realizamos el cambio de variable:

$$t = \ln x, \qquad dt = \frac{1}{x}dx$$

de donde:

$$\int \frac{\sqrt[3]{(\ln x)^2}}{x} dx = \int t^{2/3} dt = \frac{t^{5/3}}{5/3} + C = \frac{3}{5}t^{5/3} + C$$

y deshaciendo el cambio:

$$\int \frac{\sqrt[3]{(\ln x)^2}}{x}\,dx = \frac{3}{5}(\ln x)^{5/3} + C$$

f) $\int \frac{\cos x}{\operatorname{sen}^5 x}\,dx$

Realizamos el cambio:

$$t = \operatorname{sen} x$$

de donde:

$$dt = \cos x\,dx$$

De esta forma:

$$\int \frac{\cos x}{\operatorname{sen}^5 x}\,dx = \int \frac{1}{t^5}\,dt = \frac{t^{-4}}{-4} + C = -\frac{1}{4t^4} + C$$

Deshaciendo el cambio, la solución es:

$$\int \frac{\cos x}{\operatorname{sen}^5 x}\,dx = -\frac{1}{4\operatorname{sen}^4 x} + C$$

g) $\int \frac{1}{(x-2)^2+9}\,dx$

Realizamos el cambio:

$$x - 2 = 3t$$

de donde:

$$dx = 3\,dt$$

De esta forma:

$$\int \frac{1}{(x-2)^2+9}\,dx = \int \frac{3\,dt}{(3t)^2+9} = \frac{1}{3}\int \frac{dt}{t^2+1} = \frac{1}{3}\operatorname{arctg} t + C$$

Deshaciendo el cambio, la solución es:

$$\int \frac{1}{(x-2)^2+9}\,dx = \frac{1}{3}\operatorname{arctg}\frac{x-2}{3} + C$$

h) $\int \sqrt{1-x^2}\,dx$

Realizamos el cambio:

$$x = \operatorname{sen} t$$

de donde:

$$dx = \cos t \, dt$$

De esta forma:

$$\int \sqrt{1-x^2}\, dx = \int \sqrt{1-\operatorname{sen}^2 t}\, \cos t \, dt = \int \sqrt{\cos^2 t}\, \cos t\, dt = \int \cos^2 t \, dt =$$

$$= \left\{ \cos^2 t = \frac{1}{2}(1+\cos 2t) \right\} = \int \frac{1}{2}(1+\cos 2t)\, dt = \frac{1}{2}(t + \frac{1}{2}\operatorname{sen} 2t) + C$$

Deshaciendo el cambio, $t = \operatorname{arcsen} x$, la solución es:

$$\int \sqrt{1-x^2}\, dx = \frac{1}{2}(\operatorname{arcsen} x + \frac{1}{2}\operatorname{sen} 2(\operatorname{arcsen} x)) + C$$

Teniendo en cuenta que:

$$\operatorname{sen}(2 \operatorname{arcsen} x) = \operatorname{sen} 2t = 2 \operatorname{sen} t \cos t = 2 \operatorname{sen} t \sqrt{1-\operatorname{sen}^2 t} = 2x\sqrt{1-x^2}$$

la solución puede expresarse equivalentemente como:

$$\int \sqrt{1-x^2}\, dx = \frac{1}{2}(\operatorname{arcsen} x + x\sqrt{1-x^2}) + C$$

i) $\displaystyle\int \frac{2^{\sqrt{x}+2}}{\sqrt{x}}\, dx$

Realizamos el cambio:

$$t = \sqrt{x} + 2$$

de donde:

$$dt = \frac{1}{2\sqrt{x}}\, dx$$

De esta forma:

$$\int \frac{2^{\sqrt{x}+2}}{\sqrt{x}}\, dx = \int 2\, 2^t \, dt = 2\frac{2^t}{\ln 2} + C$$

Deshaciendo el cambio, la solución es:

$$\int \frac{2^{\sqrt{x}+2}}{\sqrt{x}}\, dx = 2\, \frac{2^{\sqrt{x}+2}}{\ln 2} + C$$

4. Resuelva las siguientes integrales por partes:

a) $\int \sqrt{x} \ln x \, dx$

b) $\int \cos(\ln x)\, dx$

c) $\int \operatorname{sen} x \ln(1+\operatorname{sen} x)\, dx$

d) $\int e^{-2x} \operatorname{sen} x\, dx$

Solución

a) $\int \sqrt{x} \ln x\, dx$

Se elige $u = \ln x$, $dv = \sqrt{x}\, dx$, de donde $du = \frac{1}{x} dx$, $v = \frac{x^{3/2}}{3/2}$. Se aplica la fórmula de integración por partes:

$$\int \sqrt{x} \ln x\, dx = \frac{2}{3} x^{3/2} \ln x - \frac{2}{3} \int \frac{1}{x} x^{3/2}\, dx = \frac{2}{3} x^{3/2} \ln x - \frac{2}{3} \int x^{1/2}\, dx =$$

$$= \frac{2}{3} x^{3/2} \ln x - \frac{2}{3} \frac{x^{3/2}}{3/2} + C = \frac{2}{3} x^{3/2} \ln x - \frac{4}{9} x^{3/2} + C$$

b) $\int \cos(\ln x)\, dx$

Se elige $u = \cos(\ln x)$, $dv = dx$, de donde $du = -\frac{1}{x} \operatorname{sen}(\ln x)\, dx$, $v = x$. Se aplica la fórmula de integración por partes:

$$\int \cos(\ln x)\, dx = x \cos(\ln x) + \int \operatorname{sen}(\ln x) dx$$

Aplicamos de nuevo la fórmula de integración por partes para calcular $\int \operatorname{sen}(\ln x)\, dx$:

$$\int \operatorname{sen}(\ln x)\, dx = \left\{ \begin{matrix} u = \operatorname{sen}(\ln x) & du = \frac{1}{x} \cos(\ln x) dx \\ dv = dx & v = x \end{matrix} \right\} =$$

$$= x \operatorname{sen}(\ln x) - \int \cos(\ln x) dx$$

y sustituyendo el valor obtenido, se tiene que:

$$\int \cos(\ln x)\, dx = x \cos(\ln x) + \int \operatorname{sen}(\ln x) dx =$$

$$= x \cos(\ln x) + x \operatorname{sen}(\ln x) - \int \cos(\ln x) dx$$

Si llamamos $I = \int \cos(\ln x)\, dx$, la igualdad anterior se expresa de forma equivalente como:

$$I = x \cos(\ln x) + x \operatorname{sen}(\ln x) - I$$

y despejando I, resulta que:

$$I = \frac{x}{2}\left[\cos(\ln x) + \operatorname{sen}(\ln x)\right] + C$$

c) $\int \operatorname{sen} x \ln(1+\operatorname{sen} x)\,dx$

Se elige $u = \ln(1+\operatorname{sen} x)$, $dv = \operatorname{sen} x\,dx$, de donde $du = \dfrac{\cos x}{1+\operatorname{sen} x}dx$, $v = -\cos x$. Si aplicamos la fórmula de integración por partes, resulta que:

$$\int \operatorname{sen} x \ln(1+\operatorname{sen} x)\,dx = -\cos x \ln(1+\operatorname{sen} x) + \int \frac{\cos^2 x}{1+\operatorname{sen} x}dx =$$

$$= \left\{\cos^2 x = 1 - \operatorname{sen}^2 x = (1+\operatorname{sen} x)(1-\operatorname{sen} x)\right\} =$$

$$= -\cos x \ln(1+\operatorname{sen} x) + \int \frac{(1+\operatorname{sen} x)(1-\operatorname{sen} x)}{1+\operatorname{sen} x}dx =$$

$$= -\cos x \ln(1+\operatorname{sen} x) + \int (1-\operatorname{sen} x)\,dx =$$

$$= -\cos x \ln(1+\operatorname{sen} x) + x + \cos x + C$$

d) $\int e^{-2x} \operatorname{sen} x\,dx$

Se elige $u = e^{-2x}$, $dv = \operatorname{sen} x\,dx$, de donde $du = -2e^{-2x}dx$, $v = -\cos x$. Se aplica la fórmula de integración por partes:

$$\int e^{-2x} \operatorname{sen} x\,dx = -e^{-2x}\cos x - \int 2e^{-2x}\cos x\,dx$$

Aplicando de nuevo la integración por partes a la integral $\int 2e^{-2x}\cos x\,dx$, se tiene que:

$$\int 2e^{-2x}\cos x\,dx = \left\{\begin{matrix} u = 2e^{-2x} & du = -4e^{-2x} \\ dv = \cos x\,dx & v = \operatorname{sen} x \end{matrix}\right\} =$$

$$= 2e^{-2x}\operatorname{sen} x + 4\int e^{-2x}\operatorname{sen} x\,dx$$

sustituyendo, se tiene que:

$$\int e^{-2x}\operatorname{sen} x\,dx = -e^{-2x}\cos x - \int 2e^{-2x}\cos x\,dx =$$

$$= -e^{2x}\cos x - 2e^{-2x}\operatorname{sen} x - 4\int e^{-2x}\operatorname{sen} x\,dx$$

Si se llama $I = \int e^{-2x}\operatorname{sen} x\,dx$, resulta que:

$$I = -e^{2x}\cos x - 2e^{-2x}\operatorname{sen} x - 4I$$

y despejando:

$$I = \int e^{-2x} \operatorname{sen} x \, dx = \frac{-1}{5} e^{-2x} [\cos x + 2 \operatorname{sen} x] + C$$

5. Resuelva las siguientes integrales racionales:

a) $\displaystyle\int \frac{6x^2 - 22x + 18}{x^3 - 6x^2 + 11x - 6} dx$

b) $\displaystyle\int \frac{x^4 - 4x^3 + 8x^2 + 1}{x^3 - 4x^2 + 8x} dx$

Solución

a) Consideremos la integral racional $\displaystyle\int \frac{6x^2 - 22x + 18}{x^3 - 6x^2 + 11x - 6} dx$. Como el grado del polinomio numerador es menor que el grado del denominador, podemos descomponer la función racional. Comenzamos calculando las raíces del denominador:

$$x^3 - 6x^2 + 11x - 6 = (x-1)(x-2)(x-3) = 0 \Leftrightarrow x = 1, x = 2, x = 3$$

Al ser las raíces reales simples, realizamos la siguiente descomposición:

$$\frac{6x^2 - 22x + 18}{x^3 - 6x^2 + 11x - 6} = \frac{A}{x-1} + \frac{B}{x-2} + \frac{C}{x-3}$$

Para calcular los coeficientes A, B y C, se opera en la expresión anterior y se igualan los numeradores:

$$\frac{6x^2 - 22x + 18}{x^3 - 6x^2 + 11x - 6} = \frac{A(x-2)(x-3) + B(x-1)(x-3) + C(x-1)(x-2)}{x^3 - 6x^2 + 11x - 6}$$

$$6x^2 - 22x + 18 = A(x-2)(x-3) + B(x-1)(x-3) + C(x-1)(x-2)$$

Desarrollando el segundo miembro:

$$6x^2 - 22x + 18 = (A + B + C)x^2 - (5A + 4B + 3C)x + 6A + 3B + 2C$$

e igualando coeficientes de los términos en x elevados a la misma potencia, se tiene que:

$$\left.\begin{array}{l} A + B + C = 6 \\ -5A - 4B - 3C = -22 \\ 6A + 3B + 2C = 18 \end{array}\right\} \Rightarrow A = 1, B = 2, C = 3$$

Sustituyendo los valores obtenidos de cada coeficiente, se llega a que:

$$\int \frac{6x^2-22x+18}{x^3-6x^2+11x-6}\,dx = \int \frac{1}{x-1}\,dx + \int \frac{2}{x-2}\,dx + \int \frac{3}{x-3}\,dx =$$
$$= \ln|x-1| + 2\ln|x-2| + 3\ln|x-3| + C$$

b) Consideremos la integral racional $\int \frac{x^4-4x^3+8x^2+1}{x^3-4x^2+8x}\,dx$. Como el grado del polinomio numerador es mayor que el grado del denominador, se dividen ambos polinomios y se obtiene la siguiente descomposición:

$$\frac{x^4-4x^3+8x^2+1}{x^3-4x^2+8x} = x + \frac{1}{x^3-4x^2+8x}$$

y aplicando la propiedad de linealidad de la integral indefinida, se tiene que:

$$\int \frac{x^4-4x^3+8x^2+1}{x^3-4x^2+8x}\,dx = \int x\,dx + \int \frac{1}{x^3-4x^2+8x}\,dx$$

Para resolver la integral $\int \frac{1}{x^3-4x^2+8x}\,dx$, comenzamos calculando las raíces del polinomio denominador:

$$x^3-4x^2+8x = x(x^2-4x+8) = 0 \Leftrightarrow x = 2 \pm 2i,\ x = 0$$

Como hay raíces reales simples y complejas simples, realizamos la siguiente descomposición:

$$\frac{1}{x^3-4x^2+8x} = \frac{A}{x} + \frac{Mx+N}{x^2-4x+8}$$

Para calcular los coeficientes A, M y N, se opera en la expresión anterior y se igualan los numeradores:

$$\frac{1}{x^3-4x^2+8x} = \frac{A}{x} + \frac{Mx+N}{x^2-4x+8} = \frac{A(x^2-4x+8)+x(Mx+N)}{x^3-4x^2+8x}$$

$$1 = A(x^2-4x+8)+x(Mx+N).$$

Desarrollando el segundo miembro:

$$1 = x^2(A+M) + x(N-4A) + 8A$$

e igualando coeficientes, se tiene que:

$$\left.\begin{array}{r} A+M=0 \\ N-4A=0 \\ 8A=1 \end{array}\right\} \Rightarrow A=\frac{1}{8},\ M=-\frac{1}{8}, N=\frac{1}{2}$$

Sustituyendo los valores obtenidos de cada coeficiente, se llega a que:

$$\int \frac{1}{x^3-4x^2+8x}dx = \frac{1}{8}\int \frac{1}{x}dx + \int \frac{-\frac{1}{8}x+\frac{1}{2}}{x^2-4x+8}dx = \frac{1}{8}\int \frac{1}{x}dx - \frac{1}{8}\int \frac{x-4}{x^2-4x+8}dx =$$
$$= \frac{1}{8}\ln|x| - \frac{1}{8}\int \frac{x-4}{x^2-4x+8}dx$$

Calculamos la integral $I = \int \frac{x-4}{x^2-4x+8}dx$. Teniendo en cuenta que $x^2-4x+8=(x-2)^2+2^2$,

$$I = \int \frac{x-4}{x^2-4x+8}dx = \int \frac{x-2-2}{(x-2)^2+4}dx = \int \frac{x-2}{(x-2)^2+4}dx - \int \frac{2}{(x-2)^2+4}dx =$$
$$= \frac{1}{2}\int \frac{2(x-2)}{(x-2)^2+4}dx - \int \frac{2}{(x-2)^2+4}dx = \frac{1}{2}\ln\left|(x-2)^2+4\right| - 2\int \frac{1}{(x-2)^2+4}dx$$

Como:

$$\int \frac{1}{(x-2)^2+4}dx = \left\{ \begin{matrix} 2t = x-2 \\ 2dt = dx \end{matrix} \right\} = \int \frac{2}{(2t)^2+4}dt =$$
$$= \frac{1}{2}\int \frac{1}{t^2+1}dt = \frac{1}{2}\operatorname{arctg} t + C =$$
$$= \frac{1}{2}\operatorname{arctg}\frac{x-2}{2} + C$$

resulta que:

$$I = \int \frac{x-4}{x^2-4x+8}dx = \frac{1}{2}\ln\left|(x-2)^2+4\right| - 2\int \frac{1}{(x-2)^2+4}dx =$$
$$= \frac{1}{2}\ln\left|(x-2)^2+4\right| - \operatorname{arctg}\frac{x-2}{2} + C$$

Sustituyendo el valor de I, se llega al resultado final:

$$\int \frac{x^4-4x^3+8x^2+1}{x^3-4x^2+8x}dx = \int x\,dx + \int \frac{1}{x^3-4x^2+8x}dx =$$
$$= \frac{x^2}{2} + \frac{1}{8}\ln|x| - \frac{1}{8}\left[\frac{1}{2}\ln\left|(x-2)^2+4\right| - \operatorname{arctg}\frac{x-2}{2}\right] =$$
$$= \frac{x^2}{2} + \frac{1}{8}\ln|x| - \frac{1}{16}\ln\left|(x-2)^2+4\right| + \frac{1}{8}\operatorname{arctg}\frac{x-2}{2} + C$$

6. Resuelva las siguientes integrales utilizando el método de integración adecuado.

a) $\int x \operatorname{arctg} x \, dx$

b) $\int 2^{\sqrt{x}} dx$

c) $\int \frac{x}{\cos^2 x} dx$

d) $\int \operatorname{sen} \sqrt{x} \, dx$

e) $\int \frac{-x^3 + 4x^2 + 4x + 4}{x^4 - 3x^2 - 4} dx$

f) $\int \frac{x^2}{x^2 - 1} dx$

g) $\int \frac{dx}{\sqrt{x}(\sqrt{x} - 1)}$

h) $\int \ln(x^2 + 1) \, dx$

Solución

a) Se aplica la fórmula de integración por partes:

$$u = \operatorname{arctg} x, \qquad du = \frac{1}{1 + x^2} dx$$

$$dv = x \, dx, \qquad v = \frac{x^2}{2}$$

de donde:

$$\int x \operatorname{arctg} x \, dx = \frac{x^2}{2} \operatorname{arctg} x - \frac{1}{2} \int \frac{x^2}{1 + x^2} dx$$

Para calcular la integral racional $\int \frac{x^2}{1 + x^2} dx$, realizamos la siguiente descomposición:

$$\int \frac{x^2}{1 + x^2} dx = \int \left(1 - \frac{1}{1 + x^2}\right) dx = x - \operatorname{arctg} x + C$$

Sustituyendo, resulta que:

$$\int x \operatorname{arctg} x \, dx = \frac{x^2}{2} \operatorname{arctg} x - \frac{1}{2} \int \frac{x^2}{1 + x^2} dx = \frac{x^2}{2} \operatorname{arctg} x - \frac{1}{2}(x - \operatorname{arctg} x) + C$$

b) Se realiza el cambio de variable $t = \sqrt{x}$,

$$t = \sqrt{x}, \qquad t^2 = x, \qquad 2t \, dt = dx$$

de donde:

$$\int 2^{\sqrt{x}}\, dx = \int 2^t\, 2t\, dt$$

Aplicamos ahora la fórmula de integración por partes:

$$\int 2t\, 2^t\, dt = \begin{Bmatrix} u = 2t & du = 2dt \\ dv = 2^t\, dt & v = \dfrac{2^t}{\ln 2} \end{Bmatrix} = 2t\frac{2^t}{\ln 2} - \frac{2}{\ln 2}\int 2^t\, dt =$$

$$= 2t\frac{2^t}{\ln 2} - \frac{2}{(\ln 2)^2}2^t + C$$

Deshaciendo el cambio:

$$\int 2^{\sqrt{x}}\, dx = 2\sqrt{x}\,\frac{2^{\sqrt{x}}}{\ln 2} - \frac{2}{(\ln 2)^2}2^{\sqrt{x}} + C$$

c) Se aplica la fórmula de integración por partes a la integral $\int x\,\dfrac{1}{\cos^2 x}\,dx$:

$$u = x, \qquad du = dx$$

$$dv = \frac{1}{\cos^2 x}dx, \qquad v = \operatorname{tg} x$$

de donde:

$$\int x\,\frac{1}{\cos^2 x}dx = x\operatorname{tg} x - \int \operatorname{tg} x\, dx = x\operatorname{tg} x - \int \frac{\operatorname{sen} x}{\cos x}dx =$$
$$= x\operatorname{tg} x + \ln|\cos x| + C$$

d) Se realiza el cambio de variable $t = \sqrt{x}$, por tanto:

$$t = \sqrt{x}, \qquad t^2 = x, \qquad 2t\, dt = dx$$

de donde:

$$\int \operatorname{sen}\sqrt{x}\, dx = \int 2t \operatorname{sen} t\, dt$$

Aplicamos ahora la fórmula de integración por partes:

$$\int \underbrace{2t}_{u}\underbrace{\operatorname{sen} t\, dt}_{dv} = \begin{Bmatrix} u = 2t & du = 2dt \\ dv = \operatorname{sen} t & v = -\cos t \end{Bmatrix} = -2t\cos t + 2\int \cos t dt =$$
$$= -2t\cos t + 2\operatorname{sen} t + C$$

deshaciendo el cambio:

$$\int \operatorname{sen}\sqrt{x}\,dx = -2\sqrt{x}\cos\sqrt{x} + 2\operatorname{sen}\sqrt{x} + C$$

e) Como el grado del polinomio numerador es menor que el grado del denominador, para resolver la integral $\int \frac{-x^3+4x^2+4x+4}{x^4-3x^2-4}\,dx$, comenzamos calculando las raíces del polinomio denominador:

$$x^4 - 3x^2 - 4 = (x-2)(x+2)(x^2+1) = 0 \Leftrightarrow x = 2,\ x = -2,\ x = \pm i$$

Al ser las raíces reales simples ($x = 2,\ x = -2$) y complejas simples ($x = \pm i$), realizamos la siguiente descomposición:

$$\frac{-x^3+4x^2+4x+4}{x^4-3x^2-4} = \frac{A}{x-2} + \frac{B}{x+2} + \frac{Mx+N}{x^2+1}$$

Para calcular los coeficientes A, B, M y N, se opera en la expresión anterior y se igualan los numeradores:

$$\frac{-x^3+4x^2+4x+4}{x^4-3x^2-4} = \frac{A}{x-2} + \frac{B}{x+2} + \frac{Mx+N}{x^2+1} =$$
$$= \frac{A(x+2)(x^2+1) + B(x-2)(x^2+1) + (Mx+N)(x^2-4)}{x^4-3x^2-4}$$

$$-x^3+4x^2+4x+4 = A(x+2)(x^2+1) + B(x-2)(x^2+1) + (Mx+N)(x^2-4)$$

Desarrollando el segundo miembro:

$$-x^3+4x^2+4x+4 = x^3(A+B+M) + x^2(2A-2B+N) +$$
$$+x(A+B-4M) + 2(A-B-2N)$$

e igualando coeficientes, se tiene que:

$$\left.\begin{array}{r} A+B+M=-1 \\ 2A-2B+N=4 \\ A+B-4M=4 \\ 2(A-B-2N)=4 \end{array}\right\} \Rightarrow A=1,\ B=-1,\ M=-1,\ N=0$$

Sustituyendo los valores obtenidos de cada coeficiente, se llega a que:

$$\int \frac{-x^3+4x^2+4x+4}{x^4-3x^2-4}\,dx = \int \frac{1}{x-2}\,dx - \int \frac{1}{x+2}\,dx - \int \frac{x}{x^2+1}\,dx =$$
$$= \ln|x-2| - \ln|x+2| - \frac{1}{2}\ln|x^2+1| + C$$

f) Consideremos la integral racional $\int \frac{x^2}{x^2-1}\,dx$. Como el grado del polinomio numerador es igual que el grado del denominador, se dividen ambos polinomios y se obtiene la siguiente descomposición:

$$\frac{x^2}{x^2-1} = 1 + \frac{1}{x^2-1}$$

Aplicando la propiedad de linealidad de la integral indefinida:

$$\int \frac{x^2}{x^2-1}\,dx = \int dx + \int \frac{1}{x^2-1}\,dx = x + \int \frac{1}{x^2-1}\,dx$$

Para resolver la integral $\int \frac{1}{x^2-1}\,dx$, comenzamos calculando las raíces del denominador:

$$x^2 - 1 = (x+1)(x-1) = 0 \Leftrightarrow x = 1,\ x = -1$$

Al ser las raíces reales simples ($x = \pm 1$), realizamos la siguiente descomposición:

$$\frac{1}{x^2-1} = \frac{A}{x-1} + \frac{B}{x+1}$$

Para calcular los coeficientes A y B, se opera en la expresión anterior y se igualan los numeradores:

$$\frac{1}{x^2-1} = \frac{A(x+1) + B(x-1)}{x^2-1}$$

$$1 = A(x+1) + B(x-1)$$

Desarrollando el segundo miembro:

$$1 = (A+B)x + (A-B)$$

e igualando coeficientes de los términos en x elevados a la misma potencia, se tiene que:

$$\left.\begin{array}{l} A+B=0 \\ A-B=1 \end{array}\right\} \Rightarrow A = \frac{1}{2},\ B = -\frac{1}{2}$$

Sustituyendo los valores obtenidos de cada coeficiente, se llega a que:

$$\int \frac{1}{x^2-1}\,dx = \int \frac{1/2}{x-1}\,dx - \int \frac{1/2}{x+1}\,dx = \frac{1}{2}\ln(x-1) - \frac{1}{2}\ln(x+1) + C$$

de donde:

$$\int \frac{x^2}{x^2-1}\,dx = \int dx + \int \frac{1}{x^2-1}\,dx = x + \int \frac{1}{x^2-1}\,dx =$$
$$= x + \frac{1}{2}\ln(x-1) - \frac{1}{2}\ln(x+1) + C$$

g) Se realiza el cambio de variable $t=\sqrt{x}$,

$$t=\sqrt{x}, \qquad t^2 = x, \qquad 2t\,dt = dx$$

de donde:

$$\int \frac{dx}{\sqrt{x}(\sqrt{x}-1)} = \int \frac{2t}{t(t-1)}\,dt = \int \frac{2}{t-1}\,dt = 2\ln|t-1| + C.$$

Deshaciendo el cambio realizado, se obtiene que:

$$\int \frac{dx}{\sqrt{x}(\sqrt{x}-1)} = 2\ln\left|\sqrt{x}-1\right| + C$$

h) Se aplica la fórmula de integración por partes:

$$u = \ln(x^2+1), \qquad du = \frac{2x}{1+x^2}\,dx$$
$$dv = dx, \qquad v = x$$

de donde:

$$\int \ln(x^2+1)\,dx = x\ln(x^2+1) - \int \frac{2x^2}{1+x^2}\,dx$$

Como $\int \frac{x^2}{1+x^2}\,dx = \int \left(1-\frac{1}{1+x^2}\right)dx = x - \operatorname{arctg} x + C$, sustituyendo, resulta que:

$$\int \ln(x^2+1)\,dx = x\ln(x^2+1) - \int \frac{2x^2}{1+x^2}\,dx = x\ln(x^2+1) - 2(x-\operatorname{arctg} x) + C$$

7. Determinemos la ecuación de una curva $f(x)$ que pasa por el punto $(0,1)$ y la pendiente de la recta tangente en el punto de abscisa x es $e^{-x}+\cos 2x$.

Solución

Por la interpretación geométrica de la derivada sabemos que $f'(x) = e^{-x} + \cos 2x$, por tanto:

$$f(x) = \int (e^{-x} + \cos 2x)\,dx = -e^{-x} + \frac{1}{2}\operatorname{sen}(2x) + C$$

Como la gráfica pasa por el punto $\left(0,1\right)$, se cumple que $f\left(0\right)=1$, y por tanto:

$$-e^{0}+\frac{1}{2}\operatorname{sen}(0)+C=1 \quad \text{y} \quad C=2$$

De esta forma, $f(x)=-e^{-x}+\frac{1}{2}\operatorname{sen}(2x)+2$

8. La tasa de crecimiento de una inversión dentro de x años está dada por $4e^{0,2x}+\frac{1}{x+1}+100$. Determine el valor de la inversión dentro de 10 años, sabiendo que la inversión inicial es de 100000 u. m.

Solución

Si llamamos $I(x)$ al valor de la inversión en el instante x, resulta que $I'(x)=4e^{0,2x}+\frac{1}{x+1}+100$. Integrando la tasa de crecimiento de la inversión:

$$I(x)=\int(4e^{0,2x}+\frac{1}{x+1}+100)\,dx=20e^{0,2x}+\ln\left|x+1\right|+100x+C$$

y teniendo en cuenta que $I(0)=100000$, entonces, $C=99980$ y la función que expresa la inversión en función del tiempo está dada por:

$$I(x)=20e^{0,2x}+\ln\left|x+1\right|+100x+99980$$

El valor de la inversión pasados 10 años es igual a $I(10)=101130{,}1$ u.m..

9. La función de costes marginales de producción de q unidades de un bien de consumo es de $0{,}3q^{2}-0{,}6q+20$. Sabiendo que los costes fijos son de 250 u. m., determine el coste al producir 120 unidades.

Solución

Si llamamos $C(q)$ a la función de costes, resulta que $C'(q)=0{,}3q^{2}-0{,}6q+20$. Integrando la función de costes marginales:

$$C(q)=\int(0{,}3q^{2}-0{,}6q+20)\,dq=0{,}1q^{3}-0{,}3q^{2}+20q+C_{0}$$

y teniendo en cuenta que $C(0)=250=C_{0}$, obtenemos la función de costes:

$$C(q)=0{,}1q^{3}-0{,}3q^{2}+20q+250$$

El coste de producir 120 unidades es $C(120)=171130$ u.m.

EJERCICIOS PROPUESTOS

1. Calcule una primitiva de las siguientes funciones:

a) $f(x) = \operatorname{sen}(ax+b)$

b) $g(x) = a^x + x^b, \quad a > 0, \ b \neq -1$

2. Calcule las siguientes integrales inmediatas:

a) $\int (4x^4 + 3x^{-2} + \sqrt[7]{x^6})\, dx$

b) $\int (\frac{1}{x^3} + \frac{1}{(1-x)})\, dx$

c) $\int \frac{\cos x - \operatorname{sen} x}{\operatorname{sen} x + \cos x} dx$

d) $\int \frac{a^x}{a^x + b}\, dx$

e) $\int \sqrt{x}(1 + \sqrt[3]{x})\, dx$

f) $\int \frac{x^{n-1}}{1 + x^{2n}} dx$

g) $\int \frac{e^x + \frac{1}{x}}{e^x + \ln x} dx$

h) $\int e^x \operatorname{sen} e^x\, dx$

i) $\int \frac{x + \sqrt{x} + 1}{x^2}\, dx$

j) $\int \frac{2^x}{\sqrt{1 - 2^{2x}}}\, dx$

k) $\int \left[\left(\frac{a}{b}\right)^x + \left(\frac{b}{a}\right)^x\right] dx$

l) $\int \frac{dx}{(2+5x)^2}$

3. Use el método del cambio de variable para resolver las integrales:

a) $\int \frac{dx}{(ax+b)^n}$

b) $\int \frac{\sqrt[3]{\operatorname{arctg} x}}{1+x^2} dx$

c) $\int (\cos x)(\operatorname{sen} x)^4\, dx$

d) $\int \frac{\pi^{\ln(x+1)+\pi}}{x+1} dx$

e) $\int \frac{1}{x\sqrt[3]{\ln x}}\, dx$

f) $\int \frac{1}{(x-4)^2 + 4}\, dx$

g) $\int x\sqrt{x^2 - 1}\, dx$

h) $\int \frac{2}{3 + 9x^2}\, dx$

i) $\int \frac{1}{(1+2x) + \sqrt{1+2x}}\, dx$

j) $\int x^2 \left(5 - x^3\right)^2 dx$

4. Aplique el método de integración por partes para resolver las siguientes integrales:

a) $\int (3x^2+2x-7)\cos x\,dx$

b) $\int \operatorname{sen}(\ln x)\,dx$

c) $\int \cos x \cdot \ln(1+\cos x)\,dx$

d) $\int e^{ax}\operatorname{sen}(bx)\,dx$

e) $\int x(1+x)^{\frac{1}{2}}\,dx$

f) $\int \frac{\ln x}{\sqrt{x}}\,dx$

g) $\int (x^2+1)\operatorname{sen} x\,dx$

h) $\int x^2\cos x\,dx$

5. Resuelva las siguientes integrales racionales:

a) $\int \frac{x^4}{x^2-3x+2}dx$

b) $\int \frac{-x^3+3x^2+8x+6}{x^4+3x^3+3x^2+3x+2}dx$

c) $\int \frac{x}{x^2-6x+13}dx$

d) $\int \frac{x}{x^2-5x+6}dx$

6. Calcule el valor de las siguientes integrales:

a) $\int x\ln(x+1)\,dx$

b) $\int x\sqrt[3]{1-4x^2}\,dx$

c) $\int (\ln x)^2\,dx$

d) $\int \frac{\ln(\ln x)}{x}dx$

e) $\int \cos\sqrt{x}\,dx$

f) $\int 3^{\sqrt{x+1}}\,dx$

g) $\int (\operatorname{arcsen} x)^2\,dx$

h) $\int \frac{x^2}{1+x^6}dx$

i) $\int x\ln(x^2+1)\,dx$

j) $\int x(3^{x^2}+\cos x^2)\,dx$

k) $\int \frac{1}{(x+2)^3}dx$

l) $\int \frac{x+1}{(x-1)(x^2+4)}dx$

m) $\int \frac{x^2+1}{x^2-1}dx$

n) $\int \frac{x^2}{x^2-2x+26}dx$

7. Calcule la derivada de la función $f(x)$ que cumple la siguiente ecuación:

$$\int f(x)dx = \frac{\ln x}{x}+C$$

8. Determine la función $f(x)$ que cumple:

$$\int \left(x^2 + f(x)\right) dx = e^x + \cos x + c$$

9. Sea $f(x)$ una función que cumple $\int f(x)dx = \frac{2x}{(x+1)^2} + C$. ¿Hay algún punto en el que la recta tangente a la gráfica de la función sea horizontal?

10. Determine todas las funciones $f(x)$ que cumplen la siguiente ecuación:

$$\int f(x)dx = [f(x)]^2 + C$$

11. Halle la función cuya tangente tiene una pendiente $3x^2 + 6x - 2$ para cada valor de x y su gráfica pasa por el punto (0, 6).

12. Halle la función cuya tangente tiene una pendiente $x \ln x$ para cada valor de $x > 0$ y su gráfica pasa por el punto $(2,3)$.

13. En la fabricación de un producto, el coste marginal de producir q unidades es de $C'(q) = 0{,}5q + 4$. Si el coste de fabricar 10 unidades es de 40 u. m., halle la función de costes totales $C(q)$.

14. Se estima que dentro de t meses la población de cierto pueblo cambiará a una tasa de $4 + 5t^{\frac{2}{3}}$ personas por mes. Si la población actual es 10000 personas, ¿cuál será la población dentro de 8 meses?

15. El beneficio marginal que se obtiene al vender x unidades de un determinado producto es:

$$100 - \frac{4}{\sqrt{(x+1)^3}}$$

Calcule el beneficio que se obtiene sabiendo que, si no se vende ninguna unidad, hay unas pérdidas de 200 unidades monetarias.

XIII

INTEGRAL DEFINIDA

1. Concepto de Integral Definida

El origen del cálculo diferencial hay que situarlo en la resolución del problema geométrico consistente en encontrar la recta tangente a una curva en un punto. El cálculo integral tiene también su origen en un problema geométrico, en este caso de naturaleza diferente: el cálculo del área del recinto plano limitado por una curva. Recordemos que el concepto de derivada aparece realizando el límite de los cocientes incrementales de la función cuando el incremento de la variable independiente tiende a cero. El concepto de integral también surge a partir de un paso al límite, como veremos a continuación. Los conceptos de derivada y de integral aparecen, por tanto, asociados a problemas geométricos de diferente naturaleza, siendo además muy distintas las definiciones que se dan de ambos conceptos. Probablemente uno de los mayores descubrimientos de la ciencia haya sido demostrar que los conceptos de derivación e integración, a pesar de su aparente desconexión, están íntimamente relacionados, siendo, en cierto sentido, operaciones inversas.

Comenzamos el capítulo planteándonos el siguiente problema:

¿Cómo calculamos el área de la región, representada en la Figura 13.1 que se encuentra entre la curva $y = f(x)$, el eje de abscisas y las rectas $x = a$ y $x = b$?

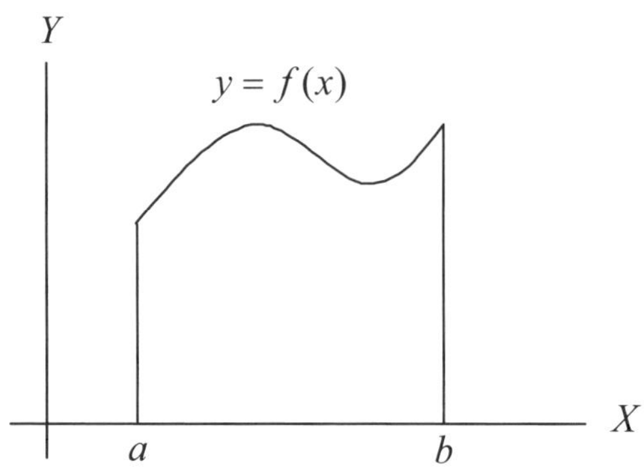

Figura 13.1. Área del recinto formado por entre la curva $y = f(x)$, el eje de abscisas y las rectas $x = a$ y $x = b$.

El proceso que seguiremos para dar una respuesta a la pregunta puede esquematizarse de la siguiente forma:

En primer lugar, dividiremos el intervalo $[a,b]$ en un número arbitrario de subintervalos.

A continuación, construiremos rectángulos inscritos y circunscritos a la curva, de base cada uno de los subintervalos en los que hemos dividido el intervalo $[a,b]$ y de altura el mínimo y el máximo, respectivamente, de la función f en cada subintervalo.

Calcularemos la suma de las áreas de los rectángulos circunscritos, denominada suma superior, y la suma de las áreas de los rectángulos inscritos a la curva, que llamaremos suma inferior (Figura 13.2).

Por último, cuando el número de rectángulos tiende hacia infinito y las amplitudes de los rectángulos se aproximan a cero (Figura 13.3), las sumas superior e inferior se aproximan hasta llegar a ser iguales a un número real que coincide con el área del recinto y que llamaremos "***integral definida de f en*** $[a,b]$".

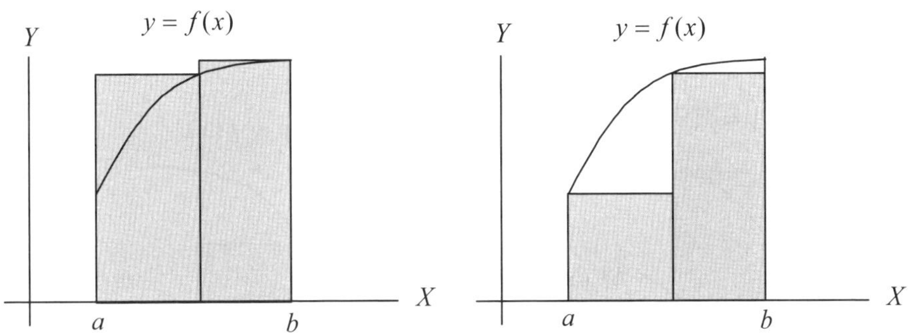

Figura 13.2. Sumas superior e inferior.

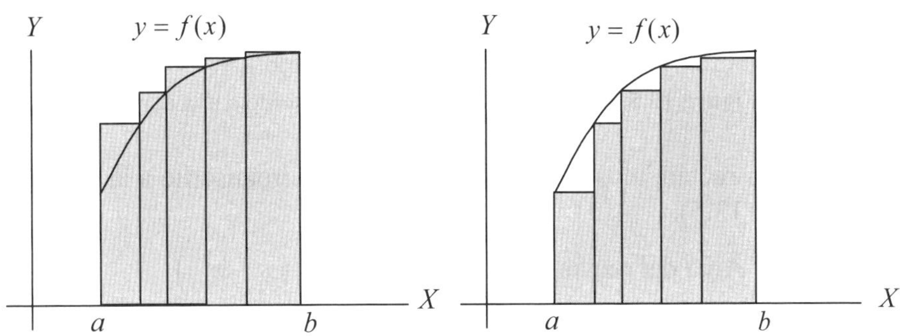

Figura 13.3. A medida que se consideran más puntos en la partición (más rectángulos), las sumas inferiores crecen y las superiores decrecen, aproximándose ambas al área del recinto.

A continuación, formalizaremos matemáticamente este proceso.

Sea $f(x)$ una función continua no negativa en el intervalo $[a,b]$. Comenzamos dando las definiciones de partición, diámetro de la partición y sumas superior e inferior.

* Llamamos ***partición*** del intervalo $[a,b]$ a una colección de puntos del intervalo de la forma: $P=\{a=x_0<x_1<...<x_n=b\}$

Figura 13.4. Partición $P=\{a=x_0<x_1<...<x_n=b\}$ del intervalo $[a,b]$.

* Definimos el ***diámetro de la partición*** $\Delta(P)$ como la mayor de las distancias entre dos puntos consecutivos de la partición:

$$\Delta(P)=máx\{(x_i-x_{i-1}):i=1,...,n\}$$

* Consideremos ahora el máximo M_i y el mínimo m_i de la función $f(x)$ en cada intervalo $[x_{i-1},x_i]$, $i=1,2,...,n$.

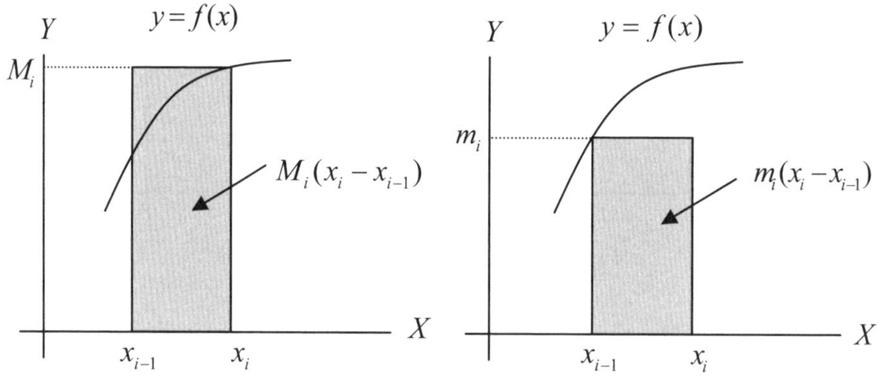

Figura 13.5. Rectángulos circunscrito e inscrito a una curva.

El área de dos rectángulos cualesquiera inscrito y circunscrito a la curva viene dada por (Figura 13.5):

Área del rectángulo circunscrito: $M_i(x_i-x_{i-1})$

Área del rectángulo inscrito: $m_i(x_i-x_{i-1})$

Se define la ***suma superior de f*** con respecto a la partición P en $[a,b]$ como la suma de las áreas de los rectángulos circunscritos:

$$\overline{S}(f,P)=M_1(x_1-x_0)+M_2(x_2-x_1)+...+M_n(x_n-x_{n-1})=\sum_{i=1}^{n}M_i(x_i-x_{i-1})$$

Se define la ***suma inferior de f*** con respecto a la partición P en $[a,b]$ como la suma de las áreas de los rectángulos inscritos:

$$\underline{S}(f,P)=m_1(x_1-x_0)+m_2(x_2-x_1)+...+m_n(x_n-x_{n-1})=\sum_{i=1}^{n}m_i(x_i-x_{i-1})$$

A partir de las definiciones anteriores, es fácil ver que se cumplen las siguientes propiedades de las sumas superior e inferior:

1) La suma inferior es menor o igual que la suma superior:

$$\underline{S}(f,P)\leq \overline{S}(f,P)$$

2) Si Q es una partición más fina que Q (esto significa que Q tiene los puntos de la partición P y algunos más), entonces:

$$\underline{S}(f,P)\leq \underline{S}(f,Q)\leq \overline{S}(f,Q)\leq \overline{S}(f,P)$$

Es decir, como se puede ver en la Figura 13.3, a medida que tomamos más puntos en la partición (más rectángulos), las sumas inferiores crecen y las superiores decrecen. Es claro que ninguna de las sumas superiores o inferiores coincide en general con el área del recinto. Sin embargo, como se muestra en la Figura 13.3, si se consideran rectángulos de base más pequeña, es decir, si los puntos x_i se toman cada uno más cerca del siguiente, lo que equivale a decir que el diámetro de la partición $\Delta(P)$ tiende a cero, entonces, para una función suficientemente regular, por ejemplo, una función continua, cabe esperar que las sumas superior e inferior lleguen a ser iguales a un valor que coincidirá con el área del recinto.

El siguiente resultado formaliza esta situación:

TEOREMA 1

Dada una función $f:[a,b]\to\mathbb{R}$ continua, se cumple que:

$$\lim_{\Delta(P)\to 0}\underline{S}(f,P)=\lim_{\Delta(P)\to 0}\overline{S}(f,P)=I \qquad (13.1)$$

Al número real I se le llama ***integral definida de f entre a y b*** y se representa por:

$$I=\int_a^b f(x)dx \qquad (13.2)$$

A los valores a y b se les denomina ***límites de integración***

OBSERVACIONES

1) A la hora de representar la integral definida, la variable independiente x que aparece en la expresión (13.2) puede ser cambiada por otras: t, s, z, ..., o bien

ser suprimida. Así, la integral definida de f en $[a,b]$ puede representarse de diferentes formas equivalentes:

$$I = \int_a^b f(t)\,dt, \quad I = \int_a^b f(s)\,ds, \quad I = \int_a^b f$$

2) Una pregunta que podemos formularnos es la relacionada con el símbolo $\int_a^b f(x)dx$ utilizado para representar la integral definida. Esta notación, introducida por Leibniz, expresa de manera resumida el proceso realizado para construir la integral. La integral definida se ha obtenido como la suma infinita ($\int$) de áreas de rectángulos de base pequeña dx y altura el valor de la función $f(x)$:

$$\underbrace{\int}_{\text{suma}} \underbrace{f(x)\,dx}_{\text{área del rectángulo}}$$

3) En principio, la integral definida que hemos construido y la integral indefinida presentada en el capítulo anterior no tienen nada que ver (sólo se parecen en el símbolo $\int$ usado para representarlas). En el siguiente epígrafe veremos que los dos conceptos están íntimamente relacionados.

4) Para simplificar la presentación del concepto de integral definida hemos supuesto que la función $f(x)$ es no negativa, sin embargo, la construcción realizada de la integral definida es válida para una función continua cualquiera $f(x)$. Cuando $f(x)$ es no negativa, es decir, $f(x) \geq 0, \quad \forall x \in [a,b]$, la integral definida mide el área del recinto R delimitado por la función $f(x)$, el eje de abscisas y las rectas $x = a$ y $x = b$:

$$\acute{A}rea(R) = \int_a^b f(x)dx$$

Es importante destacar que la integral definida no representa siempre el área de un recinto plano.

5) La construcción de la integral definida puede realizarse suponiendo que la función es acotada en el intervalo $[a,b]$ y tiene un número finito de discontinuidades. Para ello es necesario sustituir en las definiciones de las sumas inferiores y superiores el mínimo de la función por el ínfimo (mayor de las cotas inferiores) y el máximo de la función por el supremo (menor de las cotas superiores) de la función en el intervalo $[a,b]$.

1.1. DEFINICIÓN EQUIVALENTE

La anterior definición de la integral definida de la función $f(x)$ en el intervalo $[a,b]$ no resulta operativa debido a la dificultad que presenta en general el cálculo de las sumas superiores e inferiores. Sin embargo es posible presentar una definición equivalente de integral definida que resulte más sencilla de aplicar. Procedemos de la siguiente forma: consideremos la partición $P=\{a=x_0<x_1<...<x_n=b\}$ que divide el intervalo $[a,b]$ en n subintervalos de amplitud $\Delta x_i = x_i - x_{i-1}$, $i=1,2,...,n$ y elijamos un punto cualquiera c_i perteneciente a cada subintervalo $[x_{i-1},x_i]$, (véase la Figura 13.6).

Figura 13.6.

Si tomamos rectángulos de base cada subintervalo y altura $f(c_i)$, las sumas de las áreas de los rectángulos está dada por:

$$f(c_1)\cdot\Delta x_1 + f(c_2)\cdot\Delta x_2 + ... + f(c_n)\cdot\Delta x_n = \sum_{i=1}^{n} f(c_i)\Delta x_i$$

Esta suma se denomina suma de Riemann de f según la partición P y aproxima al área del recinto.

Si calculamos ahora el límite de las sumas de Riemann cuando el diámetro de la partición tiende a cero, obtenemos el valor exacto del área del recinto y, por tanto, una definición equivalente de la integral definida:

$$\int_a^b f(x)dx = \lim_{n\to+\infty} \sum_{i=1}^{n} f(c_i)\cdot\Delta x_i \qquad (13.3)$$

A veces es frecuente dividir el intervalo de integración en subintervalos de la misma amplitud $h=\dfrac{b-a}{n}$ y considerar el punto c_i en la fórmula (13.3) como el extremo inferior o superior de cada subintervalo. En este, caso la integral definida está dada por:

$$\int_a^b f(x)dx = (b-a)\lim_{n\to+\infty} \frac{1}{n}\sum_{i=1}^{n} f(c_i)$$

Ejemplo 1.1

Calculemos el valor de $\int_0^1 x^2 dx$ aplicando la definición de la integral definida que acabamos de ver.

Comenzamos dividiendo el intervalo $[0,1]$ en n subintervalos de la misma amplitud $h=\frac{1}{n}$.

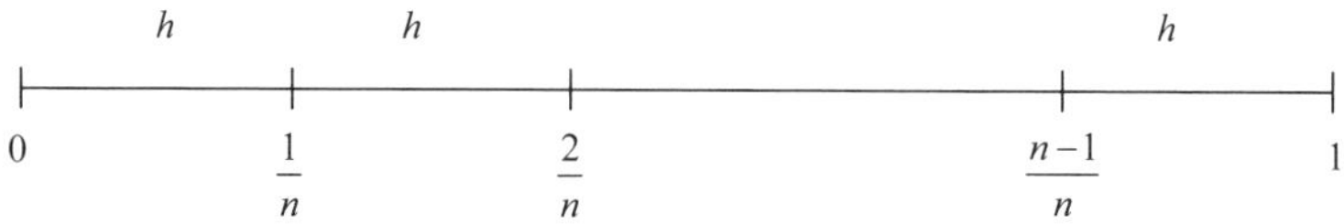

Figura 13.7. Partición del intervalo $[0,1]$ en n subintervalos de la misma amplitud $h=1/n$.

Consideramos como punto c_i el extremo superior de cada subintervalo. De esta forma, aplicando la fórmula (13.3), teniendo en cuenta que $h=\frac{1}{n}$ y que:

$$f(c_1)=f\left(\frac{1}{n}\right)=\frac{1}{n^2},\ldots,f(c_{n-1})=f\left(\frac{n-1}{n}\right)=\frac{(n-1)^2}{n^2},f(c_n)=f\left(\frac{n}{n}\right)=\frac{n^2}{n^2}$$

resulta que:

$$\int_0^1 x^2 dx=\lim_{n\to+\infty}\sum_{i=1}^{n} f(c_i)h=$$

$$=\lim_{n\to+\infty}\frac{1}{n}\left[f(c_1)+f(c_2)+\ldots+f(c_{n-1})+f(c_n)\right]=$$

$$=\lim_{n\to+\infty}\frac{1}{n}\left(\frac{1}{n^2}+\frac{2^2}{n^2}+\ldots+\frac{(n-1)^2}{n^2}+\frac{n^2}{n^2}\right)=$$

$$=\lim_{n\to+\infty}\frac{1+2^2+\ldots+(n-1)^2+n^2}{n^3}=$$

$$=\lim_{n\to+\infty}\frac{n(n+1)(2n+1)}{6n^3}=\frac{2}{6}=\frac{1}{3}$$

donde se ha utilizado que $1^2+2^2+\ldots+(n-1)^2+n^2=\frac{n(n+1)(2n+1)}{6}$

■

Como podemos observar, el cálculo de una integral aplicando la definición (13.3) puede complicarse considerablemente, incluso si la función $f(x)$ es sencilla, como ocurre en el ejemplo anterior. Posteriormente, nos plantearemos como objetivo simplificar el proceso de cálculo de la integral definida. La respuesta la obtendremos en el Teorema Fundamental del Cálculo y en una de sus consecuencias: la fórmula de Barrow.

2. PROPIEDADES DE LA INTEGRAL DEFINIDA

A continuación señalamos las principales propiedades de la integral definida.

1. Nulidad:

$$\int_a^a f(x)dx = 0$$

2. Anticonmutatividad: si permutamos los límites de integración, la integral cambia de signo:

$$\int_a^b f(x)dx = -\int_b^a f(x)dx$$

3. Aditividad respecto del intervalo de integración: si b es un punto interior del intervalo $[a,c]$, entonces:

$$\int_a^b f(x)dx + \int_b^c f(x)dx = \int_a^c f(x)dx$$

4. Linealidad de la integral:

$$\int_a^b [f(x) \pm g(x)]dx = \int_a^b f(x)dx \pm \int_a^b g(x)dx$$

$$\int_a^b k\,f(x)\,dx = k\int_a^b f(x)dx, \quad k \in \mathbb{R}$$

5. Monotonía:

Si $f(x) \leq g(x)$ en $[a,b]$, entonces $\int_a^b f(x)dx \leq \int_a^b g(x)dx$

6. Desigualdad del valor absoluto:

$$\left|\int_a^b f(x)\,dx\right| \leq \int_a^b |f(x)|\,dx$$

3. TEOREMA FUNDAMENTAL DEL CÁLCULO. REGLA DE BARROW

Las dos partes más importantes del cálculo son el cálculo diferencial, introducido a partir del concepto de derivada para estudiar el problema de la tangente a una curva; y el cálculo integral, relacionado con el problema del cálculo del área del recinto plano delimitado por una curva. En apariencia son dos problemas diferentes, sin embargo, veremos que están muy relacionados. Newton y Leibniz demostraron que son operaciones inversas, de forma parecida a como lo son la multiplicación y la división. Esta relación se establece en el denominado Teorema Fundamental del Cálculo.

Además, como consecuencia del teorema, obtendremos una forma de calcular integrales definidas sin necesidad de realizar la complicada construcción a partir de las sumas inferiores y superiores y las sumas de Riemann.

Antes de enunciar el Teorema Fundamental del Cálculo necesitamos el siguiente resultado:

TEOREMA DEL VALOR MEDIO (DEL CÁLCULO INTEGRAL)

Si $f:[a,b]\rightarrow\mathbb{R}$ es una función continua, entonces existe un punto $c\in[a,b]$ tal que:

$$\int_a^b f(x)dx = f(c)(b-a) \tag{13.4}$$

Demostración

Al ser f continua en el intervalo $[a,b]$, según el Teorema de Weierstrass, la función alcanza su máximo y mínimo global en dicho intervalo. Si M y m son los valores máximos y mínimos de la función $f(x)$ en $[a,b]$, entonces:

$$m \le f(x) \le M, \quad \forall x\in[a,b] \tag{13.5}$$

e integrando cada miembro de (13.5) en el intervalo $[a,b]$, se tiene que:

$$\int_a^b m\,dx \le \int_a^b f(x)\,dx \le \int_a^b M\,dx \tag{13.6}$$

Geométricamente, la primera integral corresponde al área de un rectángulo de base el intervalo $[a,b]$ y altura m, siendo su valor $m(b-a)$. Por otra parte, el término de la derecha en la desigualdad (13.6) corresponde al área de un rectángulo de base el intervalo $[a,b]$ y altura M, y su valor es $M(b-a)$. A partir de la desigualdad (13.6), obtenemos:

$$m(b-a) \le \int_a^b f(x)dx \le M(b-a) \tag{13.7}$$

Si se dividen por $(b-a)$ los tres miembros de la desigualdad (13.7), resulta que:

$$m \le \frac{1}{b-a}\int_a^b f(x)\,dx \le M$$

Por último, el Teorema de los Valores Intermedios (véase el Capítulo 6) asegura que la función $f(x)$ toma todos los valores comprendidos entre el máximo M y el mínimo m, por tanto, existe un punto $c \in [a,b]$ cuya imagen ha de ser igual al valor $\frac{1}{b-a}\int_a^b f(x)\,dx$ del intervalo $[m,M]$, es decir,

$$f(c) = \frac{1}{b-a}\int_a^b f(x)\,dx$$

con lo que finaliza la demostración del teorema.

■

A continuación vamos a enunciar y demostrar el Teorema Fundamental del Cálculo. Realizamos un comentario previo:

Supongamos que $f(x)$ es una función continua, no negativa en el intervalo $[a,b]$. Sea la función $A(x)$ que mide el área por debajo de la curva $y = f(x)$ entre a y x (Figura 13.8):

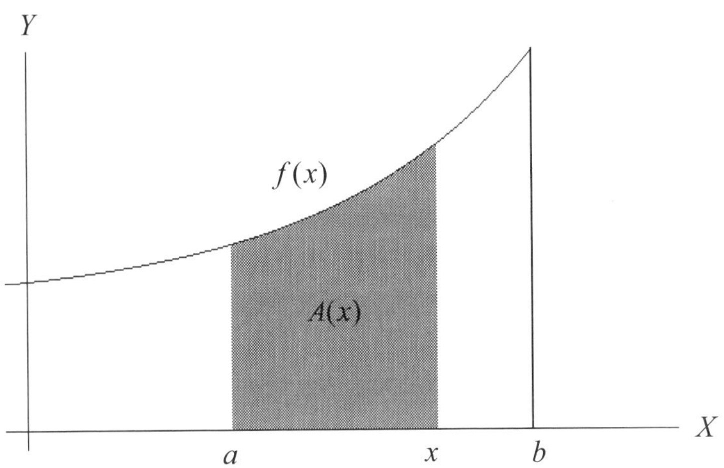

Figura 13.8. La función $A(x)$ mide el área debajo de la curva $y = f(x)$ entre a y x.

El valor del área es la integral definida de la función f en el intervalo $[a,x]$:

$$A(x) = \int_a^x f(t)\,dt$$

El Teorema Fundamental del Cálculo afirma que la función área $A(x)$ es derivable y que su derivada es la función $f(x)$. Es decir, la derivada de la función que mide el área por debajo de una curva es la propia curva.

TEOREMA FUNDAMENTAL DEL CÁLCULO

Si $f:[a,b]\to\mathbb{R}$ es una función continua, entonces, la función $A(x)=\int_a^x f(t)dt$ es derivable en (a,b) y su derivada es $f(x)$:

$$A'(x)=f(x)$$

Demostración

Veamos que $A(x)$ es derivable y calculemos su derivada. Usando la definición de la derivada de una función y considerando (1), (2) y (3), se tiene que:

$$A'(x)=\lim_{h\to 0}\frac{A(x+h)-A(x)}{h}=\lim_{h\to 0}\frac{1}{h}\left[\int_a^{x+h}f(t)dt-\int_a^x f(t)dt\right]=$$

$$\overset{(1)}{=}\lim_{h\to 0}\frac{1}{h}\int_x^{x+h}f(t)dt\overset{(2)}{=}\lim_{h\to 0}\frac{1}{h}h\,f(c)=\lim_{h\to 0}f(c)\overset{(3)}{=}f(x)$$

(1) Aplicamos la propiedad de aditividad de la integral definida respecto del intervalo de integración.

(2) Aplicamos el Teorema del Valor Medio a $f(t)$ en el intervalo $[x,x+h]$:

$$\int_x^{x+h}f(t)dt=h\cdot f(c),\qquad c\in[x,x+h]$$

(3) Como f es continua y $c\in[x,x+h]$, entonces $\lim_{h\to 0}f(c)=\lim_{c\to x}f(c)=f(x)$, ya que si $h\to 0$, entonces, $c\to x$.

Por tanto, $A(x)$ es derivable en (a,b) y su derivada es $f(x)$.

■

Como consecuencia del Teorema Fundamental del Cálculo se tiene el siguiente resultado, conocido como Regla de Barrow, que permite calcular integrales definidas a partir de una primitiva cualquiera de la función integrando.

REGLA DE BARROW

Dada $f:[a,b]\to\mathbb{R}$ una función continua y $G(x)$ una primitiva de $f(x)$, entonces:

$$\int_a^b f(x)dx=G(b)-G(a)=\left[G(x)\right]_a^b \qquad (13.8)$$

Demostración

Dada la función $f(x)$, tenemos dos primitivas suyas: la función $G(x)$ por hipótesis y la función $A(x)=\int_a^x f(t)dt$ por el Teorema Fundamental del Cálculo. Por otra parte, sabemos (véase el Teorema 1 del Capítulo 12) que dos primitivas de una misma función se diferencian en una constante:

$$A(x)=\int_a^x f(t)dt=G(x)+C \tag{13.9}$$

Sustituyendo ahora $x=a$ en la expresión (13.9), se tiene que:

$$0=\int_a^a f(t)dt=G(a)+C\text{, luego } C=-G(a)$$

y sustituyendo $x=b$ de nuevo en (13.9), junto con el valor obtenido para C, resulta que:

$$\int_a^b f(t)dt=G(b)+C=G(b)-G(a)$$

es decir:

$$\int_a^b f(t)dt=G(b)-G(a)$$

■

La fórmula (13.8) proporciona en muchos casos una forma sencilla de calcular una integral definida. Veamos a continuación algunos ejemplos del uso de la regla de Barrow.

Ejemplo 3.1

1) $\int_1^2 x^3dx=\left[\frac{x^4}{4}\right]_1^2=\frac{16}{4}-\frac{1}{4}=\frac{15}{4}$.

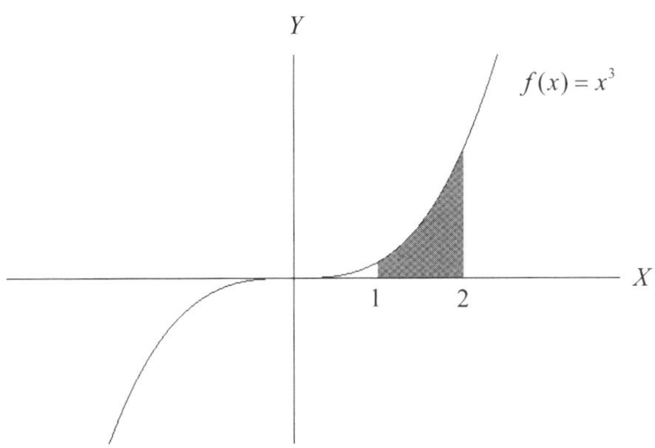

Figura 13.9.

Geométricamente, la integral que acabamos de hallar corresponde al área del recinto señalado en la Figura 13.9.

2) $\int_1^2 \frac{x^2}{x^3+1}dx = \left[\frac{1}{3}\ln\left|x^3+1\right|\right]_1^2 = \frac{\ln 9}{3} - \frac{\ln 2}{3} = 0,501$

3) Halle el área del recinto comprendido entre la función $f(x) = \operatorname{sen} x$ y el eje de abscisas en el intervalo $[0,\pi]$ (Figura 13.10).

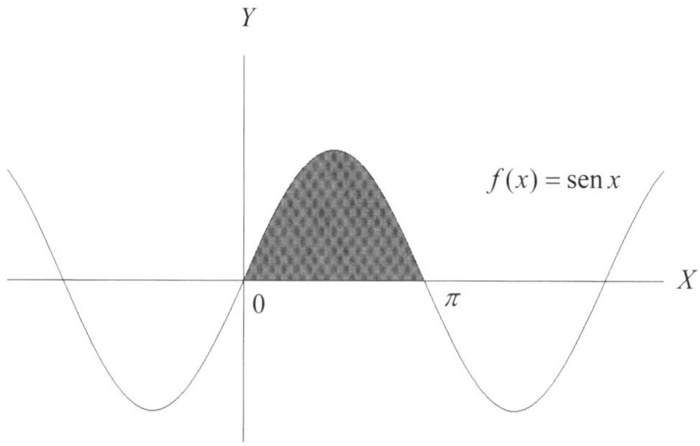

Figura 13.10.

Teniendo en cuenta que la función $f(x) = \operatorname{sen} x$ es no negativa en el intervalo $[0,\pi]$, el área del recinto coincide con la integral definida:

$$A = \int_0^\pi \operatorname{sen} x\, dx = \left[-\cos x\right]_0^\pi = \left(-\cos\pi\right) - \left(-\cos 0\right) = 1 - \left(-1\right) = 2$$

■

3.1. Derivación bajo el Signo Integral. Fórmula de Leibniz

Contemplado desde otro punto de vista, el Teorema Fundamental del Cálculo afirma que la derivada de la integral definida respecto del límite superior de integración es igual al valor del integrando evaluado en ese límite:

$$\frac{d}{dx}\int_a^x f\left(t\right)dt = f(x) \tag{13.10}$$

Si la derivada se realiza respecto al límite inferior del intervalo, considerando que $\int_a^x f(t)dt = -\int_x^a f(t)dt$, se obtiene que:

$$\frac{d}{dx}\int_x^a f\left(t\right)dt = -f(x) \tag{13.11}$$

Ejemplo 3.2

Para calcular la derivada de la función $F(x)=\int_0^x e^{-t^2}\,dt$, aplicamos la fórmula anterior, obteniéndose que:

$$F'(x)=e^{-x^2}$$

Las fórmulas (13.10) y (13.11) pueden generalizarse al caso en el cual los límites de integración son funciones derivables en la variable *x*. Concretamente, se tiene el siguiente resultado:

TEOREMA 4

Sean $a(x)$ y $b(x)$ funciones derivables y $f(x)$ una función continua, entonces se cumple que:

$$\frac{d}{dx}\int_{a(x)}^{b(x)} f(t)dt = f(b(x))b'(x)-f(a(x))a'(x) \qquad (13.12)$$

Demostración

Para demostrar esta fórmula, procedemos de la siguiente forma. Sea $F(x)$ una primitiva de $f(x)$, por tanto, $F'(x)=f(x)$. Aplicando la fórmula de Barrow, se tiene que:

$$\int_{a(x)}^{b(x)} f(t)\,dt = F(b(x))-F(a(x)) \qquad (13.13)$$

Para hallar la derivada respecto de *x* del primer miembro de la ecuación (13.13), basta calcular la derivada del segundo miembro. Aplicando la regla de la cadena y que $F'(x)=f(x)$, resulta que:

$$\begin{aligned}\frac{d}{dx}\int_{a(x)}^{b(x)} f(t)dt &= \frac{d}{dx}\left[F(b(x))-F(a(x))\right]=\\ &= F'(b(x))b'(x)-F'(a(x))a'(x)=\\ &= f(b(x))b'(x)-f(a(x))a'(x)\end{aligned}$$

obteniéndose la igualdad (13.12).

■

Ejemplo 3.3

Para calcular la derivada de la función $F(x)=\int_{x+1}^{x^3} e^{-t^2}\,dt$, aplicamos la fórmula anterior:

$$F'(x) = e^{-(x^3)^2}(x^3)' - e^{-(x+1)^2}(x+1)' = e^{-x^6}3x^2 - e^{-(x+1)^2}$$

■

Por último, nos planteamos el caso en el que la variable respecto a la cual derivamos se encuentra en los límites de integración y en la función integrando. La fórmula de Leibniz que enunciamos a continuación nos permite calcular la derivada de la función definida como una integral en estas circunstancias.

FÓRMULA DE LEIBNIZ

Sea $f(x,t)$ una función continua con derivadas parciales continuas con respecto a cada una de las variables y $a(x), b(x)$ funciones derivables. Si definimos la función:

$$F(x) = \int_{a(x)}^{b(x)} f(t,x)\,dt \qquad (13.14)$$

entonces se cumple que la derivada de $F(x)$ respecto de x está dada por:

$$F'(x) = f(b(x),x)b'(x) - f(a(x),x)a'(x) + \int_{a(x)}^{b(x)} \frac{\partial f(t,x)}{\partial x}\,dt \qquad (13.15)$$

Ejemplo 3.4

Para calcular la derivada de la función $F(x) = \int_{x^2}^{e^x} \operatorname{sen}(t^2 + x^2)\,dt$, aplicamos la fórmula de Leibniz (13.15). Así,

$$F'(x) = \operatorname{sen}(e^{2x} + x^2)e^x - \operatorname{sen}(x^4 + x^2)2x + \int_{x^2}^{e^x} 2x\cos(t^2 + x^2)\,dt$$

■

4. CÁLCULO DE ÁREAS

Una de las principales aplicaciones de la integral definida es el cálculo del área de recintos planos. Analicemos las diferentes situaciones que pueden plantearse según sea el signo de la función. Los casos más sencillos aparecen cuando la función no cambia de signo en el intervalo. Concretamente:

Si $f(x) \geq 0$ en $[a,b]$, el área por debajo de la curva $y = f(x)$ entre a y b viene dada por $A = \int_a^b f(x)\,dx$:

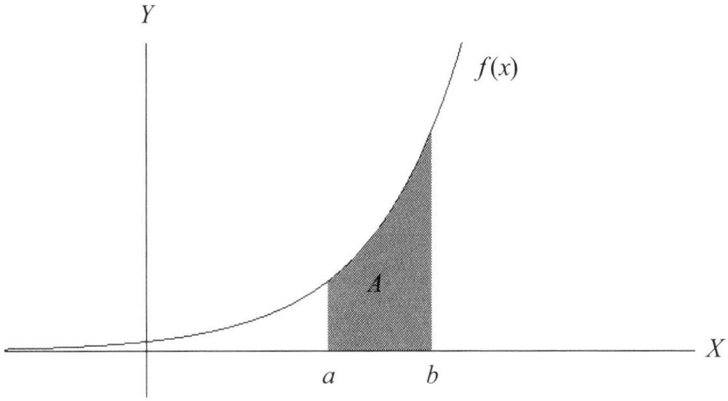

Figura 13.11. $A = \int_a^b f(x)dx$

En el caso en el cual la función es no positiva, es decir, $f(x) \leq 0$ en $[a,b]$, el área del recinto señalado es el valor absoluto de la integral definida $A = \left| \int_a^b f(x)dx \right|$.

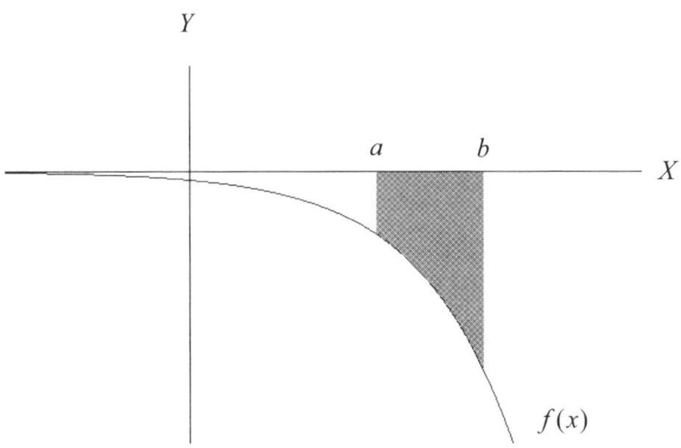

Figura 13.12. $A = \left| \int_a^b f(x)dx \right|$

4.1. Área del Recinto Comprendido entre una Función y el Eje de Abscisas

Para determinar el área del recinto comprendido entre una función $y = f(x)$ y el eje de abscisas, seguimos los siguientes pasos:

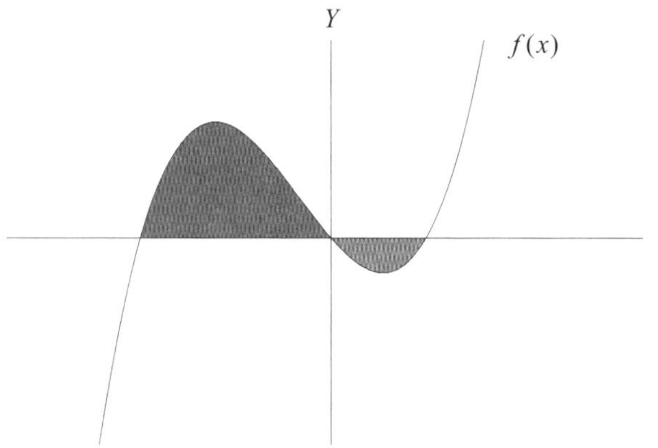

Figura 13.13. Recinto formado por una función y el eje de abscisas.

1) Hallamos los puntos de corte $x_1, x_2, ..., x_n$ de $y = f(x)$ con el eje de abscisas

2) Calculamos la integral de la función $f(x)$ en cada intervalo de la forma $[x_i, x_{i+1}]$, $i = 1, 2, ..., n-1$.

3) Sumamos los valores absolutos de los resultados obtenidos:

$$A = \sum_{i=1}^{n-1} \left| \int_{x_i}^{x_{i+1}} f(x)\,dx \right| \qquad (13.16)$$

Ejemplo 4.1

Para hallar el área del recinto comprendido entre la curva $y = x^3 - 3x^2 + 2x$ y el eje de abscisas, comenzamos calculando los puntos de corte de la función $y = x^3 - 3x^2 + 2x$ con el eje de abscisas:

$$x^3 - 3x^2 + 2x = 0 \Leftrightarrow x\left(x^2 - 3x + 2\right) = 0 \Rightarrow x = 0,\ x = 1, x = 2.$$

A continuación, hallamos la integral de $y = x^3 - 3x^2 + 2x$ en los intervalos $[0,1]$ y $[1,2]$ y aplicamos la fórmula (13.16):

$$A = \left| \int_0^1 \left(x^3 - 3x^2 + 2x\right) dx \right| + \left| \int_1^2 \left(x^3 - 3x^2 + 2x\right) dx \right| = \frac{1}{2}$$

■

4.2. *ÁREA ENTRE DOS CURVAS*

Sean $f(x)$ y $g(x)$ dos funciones continuas en $[a,b]$. Si $f(x) \leq g(x)$ en $[a,b]$, el área del recinto comprendido entre las curvas viene dada por:

$$A = \left| \int_a^b [g(x) - f(x)]dx \right| \tag{13.17}$$

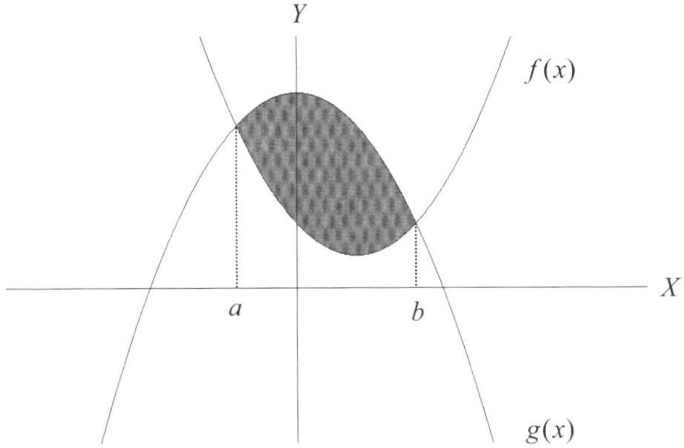

Figura 13.14. $A = \left| \int_a^b [g(x) - f(x)]dx \right|$.

Es importante señalar que la fórmula (13.17) sigue siendo válida cuando el recinto se encuentra situado en los dos semiplanos, como ocurre en la Figura 13.15.

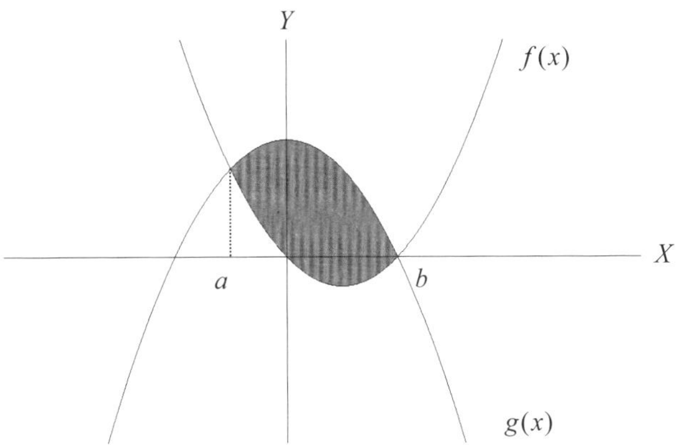

Figura 13.15. $A = \left| \int_a^b [g(x) - f(x)]dx \right|$.

Si las funciones $f(x)$ y $g(x)$ se cortan en los puntos $x_1, x_2, ..., x_n$ del intervalo $[a,b]$, el área del recinto entre las curvas (véase la Figura 13.16) está dada ahora por:

$$A = \left| \int_a^{x_1} [f(x) - g(x)]\, dx \right| + \sum_{i=1}^{n-1} \left| \int_{x_i}^{x_{i+1}} [f(x) - g(x)]\, dx \right| + \left| \int_{x_n}^{b} [f(x) - g(x)]\, dx \right|$$

(13.18)

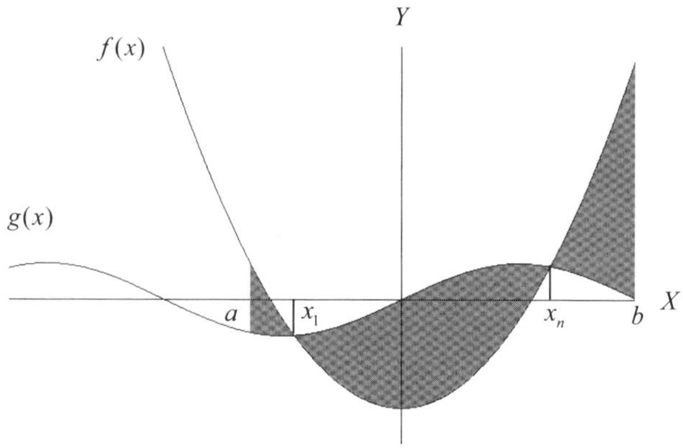

Figura 13.16.

Observemos que para aplicar cualquiera de las fórmulas anteriores no es necesario comprobar si $f(x) \geq g(x)$ ó $f(x) \leq g(x)$.

Ejemplo 4.2

1) Calcule el área del recinto comprendido entre las curvas $y = e^x$, $y = e^{-x}$ y la recta $x = 1$.

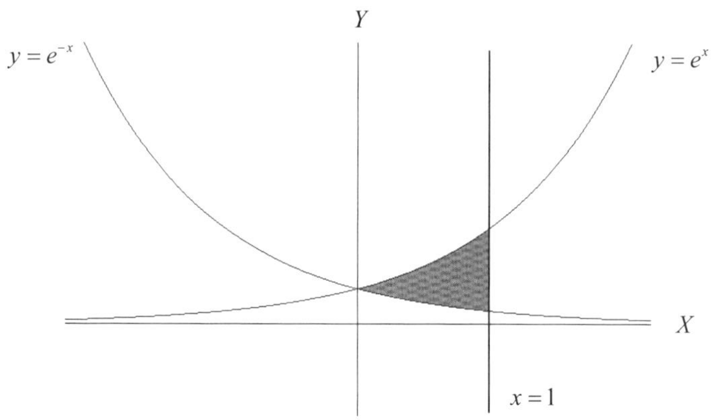

Figura 13.17. Recinto comprendido entre las curvas $y = e^x$, $y = e^{-x}$ y la recta $x = 1$.

$$A = \int_0^1 \left(e^x - e^{-x}\right) dx = \left[e^x + e^{-x}\right]_0^1 = e + \frac{1}{e} - 2$$

A veces es necesario descomponer el recinto en varias partes, como ocurre en el siguiente ejemplo.

2) Halle el área del recinto comprendido entre las curvas $y = x^2$, $y = \frac{x^2}{2}$ y la recta $y = 2x$ (Figura 13.18).

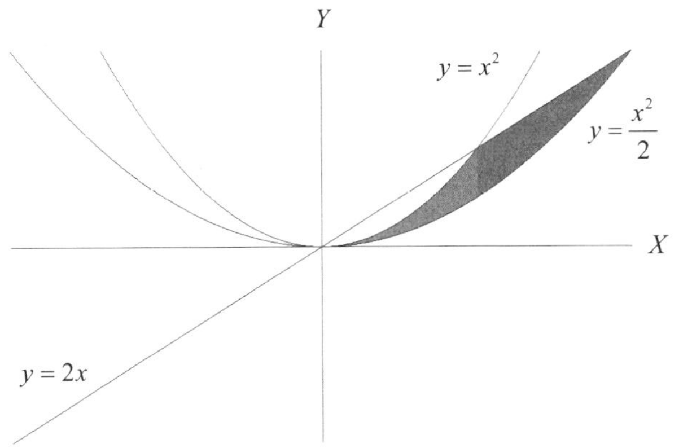

Figura 13.18. Recinto comprendido entre las curvas $y = x^2$, $y = \frac{x^2}{2}$ y la recta $y = 2x$.

Descomponemos el recinto en dos y calculamos el área de cada uno de ellos:

$$A_1 = \int_0^a \left(x^2 - \frac{x^2}{2} \right) dx = \frac{4}{3}, \quad A_2 = \int_a^b \left(2x - \frac{x^2}{2} \right) dx = \frac{8}{3},$$

siendo $a = 2$ y $b = 4$ los puntos de corte de $y = x^2$ e $y = \frac{x^2}{2}$ con la recta $y = 2x$. El área total es, por tanto, $A = A_1 + A_2 = 4$.

■

5. CAMBIO DE VARIABLE. INTEGRACIÓN POR PARTES

5.1. CAMBIO DE VARIABLE

A veces es conveniente realizar un cambio de variable en una integral definida. La siguiente fórmula nos dice cómo se realiza este cambio.

Si $x = g(t)$ es una función con derivada continua en $[c,d]$, $g(c) = a$ y $g(d) = b$, entonces:

$$\int_a^b f(x)dx = \int_c^d f(g(t))g'(t)\,dt$$

Ejemplo 5.1

Hallemos el valor de la integral $\int_e^{e^2} \frac{1}{x(\ln x)^2} dx$ usando el cambio de variable correspondiente. Realizamos el cambio de variable $t = \ln x$ y calculamos los nuevos límites de integración:

$$x = e \to t = \ln e = 1$$
$$x = e^2 \to t = \ln e^2 = 2$$

por tanto:

$$\int_e^{e^2} \frac{1}{x(\ln x)^2}\, dx = \left\{ \begin{array}{c} t = \ln x \\ dt = \dfrac{1}{x} dx \end{array} \right\} = \int_1^2 \frac{1}{t^2} dt = \left[\frac{-1}{t} \right]_1^2 = \frac{-1}{2} + 1 = \frac{1}{2}$$

A diferencia de lo que ocurre con el cambio de variable en la integral indefinida, en la integral definida no hay que deshacer el cambio[12].

■

5.2. Integración por Partes

La fórmula de integración por partes en la integral definida está dada por:

$$\int_a^b u\, dv = [u \cdot v]_a^b - \int_a^b v\, du$$

Ejemplo 5.2

1) Halle $\int_0^\pi x \cos x\, dx$

$$\int_0^\pi x \cos x\, dx = \left\{ \begin{array}{ll} u = x, & du = dx \\ dv = \cos x\, dx, & v = \operatorname{sen} x \end{array} \right\} = [x \operatorname{sen} x]_0^\pi - \int_0^\pi \operatorname{sen} x\, dx =$$

$$= (\pi \operatorname{sen} \pi - 0 \operatorname{sen} 0) - [-\cos x]_0^\pi = \cos \pi - \cos 0 = -2$$

2) Calcule $\int_1^e x \ln x\, dx$

$$\int_1^e x \ln x\, dx = \left\{ \begin{array}{ll} u = \ln x, & du = \dfrac{1}{x} dx \\ dv = x dx, & v = \dfrac{x^2}{2} \end{array} \right\} = \left[\frac{x^2}{2} \ln x \right]_1^e - \int_1^e \frac{x}{2} dx =$$

$$= \left(\frac{e^2}{2} \ln e - \frac{1}{2} \ln 1 \right) - \left[\frac{x^2}{4} \right]_1^e = \frac{e^2}{2} - \frac{e^2}{4} + \frac{1}{4} = \frac{e^2}{4} + \frac{1}{4}$$

■

[12] Otra posibilidad, tanto en el cambio de variable como en la integración por partes, es calcular una primitiva como se explicó en el Capítulo 12 y evaluar después la primitiva obtenida en los límites de integración iniciales.

6. APLICACIONES A LA ECONOMÍA DE LA INTEGRAL DEFINIDA

El concepto de integral definida se ha presentado partiendo del problema del cálculo del área de un recinto plano. Sin embargo, son muchas las aplicaciones que tiene la integral definida, usándose como herramienta en diversos campos de la ciencia. En el siguiente epígrafe concentraremos la atención en algunas de las aplicaciones que tiene el concepto de integral definida en economía.

6.1. CÁLCULO DEL INCREMENTO DE UNA FUNCIÓN CONOCIDA LA DERIVADA DE LA FUNCIÓN

Como aplicación de la integral definida, vamos a calcular el incremento de una función conocida la derivada de la función.

Si escribimos la regla de Barrow, resulta que:

$$\Delta f = f(b) - f(a) = \int_a^b f'(x)dx \tag{13.19}$$

Es decir, el incremento de la función $f(x)$ entre los puntos a y b puede obtenerse a partir del conocimiento de la derivada de la función. En particular, conociendo la función marginal o la tasa de cambio de la función, podemos calcular el incremento de la función.

Por ejemplo, si $C'(q)$ es la función de costes marginales, según (13.19), el incremento de la función de costes entre a y b es la integral definida de la función de costes marginales:

$$\Delta C = C(b) - C(a) = \int_a^b C'(q)dq$$

Ejemplo 6.1

1) El coste marginal es $2(q-1)^2$ euros/unidad cuando el nivel de producción es de q unidades. Halle cuánto aumentará el coste si el nivel de producción se incrementa de 4 a 10 unidades.

$$\Delta C = C(10) - C(4) = \int_4^{10} 2(q-1)^2\, dq = \frac{2}{3}\Big[(q-1)^3\Big]_4^{10} = 468 \text{ euros}$$

2) El valor de un automóvil decrece con el tiempo a una tasa dada por la expresión $100(x-10)$ euros/año, cuando el vehículo tiene x años. ¿Cuánto se deprecia la máquina durante el 2º año?

Si llamamos $V(x)$ al valor del automóvil pasados x años desde el momento en el que se compró, la variación del valor del vehículo durante el segundo año está dada por:

$$V(2)-V(1)=\int_1^2 100(x-10)\,dx=100\left[\frac{x^2}{2}-10x\right]_1^2=$$
$$=100\left[(2-20)-\left(\frac{1}{2}-10\right)\right]=-850$$

3) Un estudio indica que dentro de x meses la población de cierto pueblo cambiará a una tasa de $2+6\sqrt{x}$ personas por mes. ¿Cuánto crecerá la población durante los próximos 4 meses?

Sea $P(x)$ la población dentro de x meses, sabemos que $P'(x)=2+6\sqrt{x}$, por tanto:

$$P(4)-P(0)=\int_0^4\left(2+6\sqrt{x}\right)dx=\left[2x+6\frac{x^{3/2}}{3/2}\right]_0^4=40$$

4) Supongamos que en el instante $t=0$ comenzamos a extraer petróleo de un pozo cuyas reservas se estiman en K barriles. Sea $x(t)$ la función que indica la cantidad de barriles de petróleo que hay en el pozo en el instante t. Si suponemos que $x(t)$ es una función derivable y representamos por $f(t)$ la tasa de extracción de petróleo del pozo en cada instante t, se cumple que:

$$x'(t)=-f(t)$$

Observemos que $x(t)$ es una función decreciente (la cantidad de petróleo en el pozo va siendo cada vez más pequeña). Aplicando la regla de Barrow, resulta que:

$$\int_0^t f(r)\,dr=\int_0^t -x'(r)\,dr=-x(t)+x(0)$$

ya que $x'(t)=-f(t)$. Como $x(0)=K$, resulta que la cantidad de petróleo que queda en el pozo en el instante t vendría dada por:

$$x(t)=K-\int_0^t f(r)\,dr$$

La interpretación de la fórmula anterior es sencilla: la cantidad $x(t)$ de petróleo en el pozo en el instante t es igual a la cantidad inicial de petróleo del pozo, K, menos la cantidad total extraída del pozo, $\int_0^t f(r)\,dr$, en el mismo periodo.

5) Representemos por $F(t)$ las reservas de divisas de un país en el instante t y por $f(t)$ la tasa de variación de estas reservas por unidad de tiempo. Se cumple, por tanto, que $f(t) = F'(t)$. Si integramos la expresión anterior en el intervalo de tiempo $[t_1, t_2]$, se obtiene la variación de reservas en divisas en dicho periodo:

$$F(t_2) - F(t_1) = \int_{t_1}^{t_2} f(t)dt$$

■

6.2. *VALOR MEDIO DE UNA FUNCIÓN*

Dada una función $f(x)$, si deseamos hallar el valor medio de los valores de la función en los puntos $x_1, x_2, ..., x_n$, basta calcular la media aritmética dada por:

$$\frac{f(x_1) + f(x_2) + ... + f(x_n)}{n} = \frac{1}{n}\sum_{i=1}^{n} f(x_i)$$

Supongamos ahora que la función $f(x)$ toma valores continuos en un intervalo $[a,b]$ y deseamos calcular una cantidad que exprese el valor medio de la función en el intervalo. La siguiente definición da la respuesta a este problema:

Se define el ***valor medio de una función*** $f(x)$ continua sobre un intervalo $[a,b]$ como:

$$V_{MEDIO} = \frac{1}{b-a}\int_a^b f(x)dx \qquad (13.20)$$

Para justificar la definición anterior, realizamos el siguiente razonamiento. Sea una partición $P = \{x_0, x_1, ..., x_n\}$ que divide el intervalo $[a,b]$ en n subintervalos de la misma amplitud h (Figura 13.19).

Figura 13.19. Partición del intervalo $[a,b]$ en n subintervalos de la misma amplitud.

La media aritmética de los valores de la función $f(x_1), f(x_2), ..., f(x_n)$ es:

$$\frac{f(x_1) + f(x_2) + ... + f(x_n)}{n} = \frac{1}{n}\sum_{j=1}^{n} f(x_j)$$

Observemos que, si n crece, es decir, consideramos un mayor número de puntos del intervalo, la media aritmética anterior se aproxima cada vez más al valor medio de f sobre el intervalo $[a,b]$. Si el número de puntos tiende hacia infinito, entonces parece lógico definir:

$$V_{MEDIO} = \lim_{n\to+\infty} \frac{1}{n}\sum_{j=1}^{n} f(x_j)$$

Ahora bien, como $h = \dfrac{b-a}{n}$, resulta que $n = \dfrac{b-a}{h}$, y por tanto:

$$V_{MEDIO} = \lim_{n\to+\infty} \frac{1}{n}\sum_{j=1}^{n} f(x_j) = \lim_{n\to+\infty} \frac{h}{b-a}\sum_{j=1}^{n} f(x_j) =$$

$$= \lim_{n\to+\infty} \frac{1}{b-a}\sum_{j=1}^{n} f(x_j)h$$

Usando la definición de la integral definida a partir de las sumas de Riemann, resulta que:

$$\lim_{n\to+\infty} \sum_{j=1}^{n} f(x_j)h = \int_a^b f(x)dx$$

y sustituyendo, se llega a que $V_{MEDIO} = \dfrac{1}{b-a}\displaystyle\int_a^b f(x)dx$

Ejemplo 6.2

Los datos sobre el tráfico en un punto de la carretera N IV entre las 12:00 y las 18:00 indican que la velocidad del tráfico es aproximadamente $V(t) = \dfrac{1}{3}(t-1)^3 + 40$ Km/h., donde t es el número de horas después del medio día. Calculemos la velocidad media del tráfico entre las 12:00 y las 18:00.

Para hallar el valor medio de $V(t)$ en el intervalo $[0,6]$, aplicamos la fórmula (13.20).

$$V_{MEDIO} = \frac{1}{6-0}\int_0^6 \left[\frac{1}{3}(t-1)^3 + 40\right]dt = \frac{1}{6}\left[\frac{(t-1)^4}{12} + 40t\right]_0^6 =$$

$$= \frac{1}{6}\left[\frac{5^4}{12} + 240 - \frac{1}{12}\right] = 48,66 \text{ km/h}$$

■

6.3. *Valor Futuro de un Flujo de Ingresos*

Supongamos que un flujo de ingresos se transfiere continuamente a una cuenta que devenga intereses durante un periodo especificado. El valor futuro de un flujo de ingresos es la cantidad total (dinero transferido a la cuenta más intereses) que se acumula de esta manera durante el plazo especificado.

Sea $I(t)$ la tasa a la que se transfieren los ingresos a una cuenta y supongamos que la cuenta obtiene intereses a una tasa de interés continuo r. Nos planteamos calcular el montante (capital más intereses) de la cuenta pasados T años.

Recordemos en primer lugar que una cantidad C_0 invertida durante t años a interés continuo r da lugar a un montante igual a:

$$C = C_0 e^{rt}$$

Para aproximar el valor futuro de un flujo de ingresos, dividimos el periodo de tiempo en n subintervalos iguales de la misma duración $h = \frac{T}{n}$ años, y consideramos t_j el extremo inferior del subintervalo j-ésimo (véase la Figura 13.20). Durante el intervalo j-ésimo, la cantidad ingresada en la cuenta es aproximadamente:

Cantidad ingresada $\approx$ (Tasa de ingresos en t_j)(amplitud del intervalo) $= I(t_j)h$

El signo aproximado en la expresión anterior es debido a que hemos supuesto que la tasa de ingresos se mantiene constante en todo el intervalo j-ésimo.

El valor futuro (aproximado) de la cantidad ingresada durante el intervalo j-ésimo será, por tanto:

$$I\left(t_j\right)h \xrightarrow{T-t_j \text{ años}} I\left(t_j\right)h\, e^{r\left(T-t_j\right)}$$

ya que la cantidad permanece en la cuenta durante $T - t_j$ años.

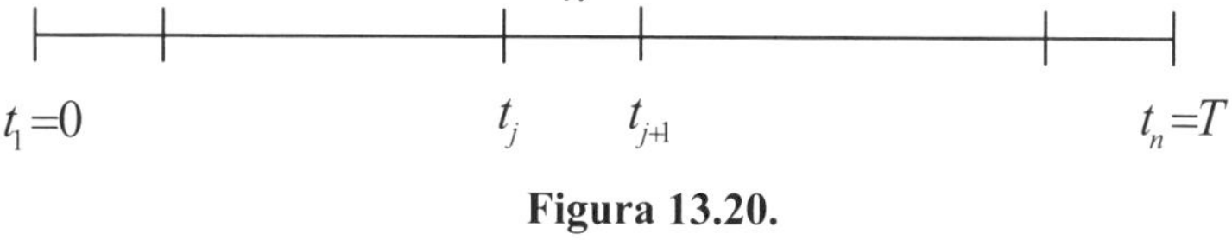

Figura 13.20.

El valor futuro de todo el flujo de ingresos VF es aproximadamente la suma de los valores futuros del dinero depositado durante cada uno de los n subintervalos:

$$VF \approx \sum_{j=1}^{n} I\left(t_j\right)e^{r\left(T-t_j\right)}h$$

Para obtener el valor exacto del flujo de ingresos, hacemos tender n hacia infinito, de manera que el número de subintervalos también tiende hacia infinito y la amplitud de los intervalos tiende a cero. Así,

$$VF = \lim_{n\to+\infty} \sum_{j=1}^{n} I\left(t_j\right)e^{r\left(T-t_j\right)}h$$

y aplicando la definición de la integral definida como el límite de una suma, resulta que:

$$VF = \int_0^T I\left(t\right)e^{r(T-t)}dt \tag{13.21}$$

OBSERVACIÓN

Otra forma de razonar para obtener el valor futuro de un flujo de ingresos es la siguiente: sea $I(t)$ la tasa a la cual se realizan los ingresos en la cuenta y sea $C(t)$ el valor futuro de los ingresos realizados en la cuenta en el intervalo de tiempo $\left[0,t\right]$. Los ingresos realizados en un intervalo $\left[t,t+\Delta t\right]$ son aproximadamente $I(t)\Delta t$, cuando Δt es pequeño. De esta forma, el valor futuro de los ingresos realizados en el intervalo $\left[t,t+\Delta t\right]$, dado por $C(t+\Delta t)-C(t)$, es aproximadamente igual a la cantidad obtenida al capitalizar los ingresos obtenidos en dicho intervalo, $I(t)\Delta t$, durante el periodo de tiempo $T-t$. Es decir:

$$C(t+\Delta t)-C(t) \approx I(t)\Delta t\ e^{r(T-t)}$$

o equivalentemente:

$$\frac{C(t+\Delta t)-C(t)}{\Delta t} \approx I(t)e^{r(T-t)}$$

Si tomamos límites en la expresión anterior cuando $\Delta t \to 0$, tenemos que:

$$C'(t) = I(t)e^{r(T-t)}$$

Integrando ahora, resulta que:

$$C(T)-C(0) = \int_0^T C'(t)\,dt = \int_0^T I(t)e^{r(T-t)}\,dt$$

Si tenemos en cuenta ahora que $C(0)=0$ y que $C(T)$ es el valor futuro VF del flujo de ingresos, obtenemos que:

$$VF = \int_0^T I(t)e^{r(T-t)}\,dt$$

Ejemplo 6.3

Se transfiere dinero a una cuenta a una tasa constante de 1200 euros al año. La cuenta obtiene intereses a la tasa de interés continuo del 8%. ¿Cuál será el saldo de la cuenta al final de 2 años?

En este caso la tasa de ingresos es $I(t) = 1200$, el periodo de tiempo es $T = 2$ años y el interés continuo es $r = 0,08$. Aplicando la fórmula anterior, se obtiene que el valor futuro del flujo de ingresos VF es igual a:

$$VF = \int_0^2 1200\, e^{0,08(2-t)}dt = \left[-\frac{1200}{0,08}e^{0,08(2-t)}\right]_0^2 = 2602,66$$

■

6.4. Distribución de la Renta. Curva de Lorenz e Índice de Gini

Sea r la variable que representa la renta de las personas físicas medida en euros y $F(r)$ la función que mide la proporción de individuos cuya renta es inferior a r. La función $F(r)$ la suponemos definida en el intervalo $[r_1, r_2]$, siendo r_1 y r_2 las rentas mínimas y máximas respectivamente. Supongamos que $F(r)$ es derivable y representemos su derivada por $f(r)$. A la función $F(r)$ se le denomina ***función de distribución de la renta*** y a $f(r)$, ***función de densidad de la renta***. Como $f(r) = F'(r)$, la proporción de individuos con rentas contenidas en un intervalo $[a,b]$, con $r_1 \le a < b \le r_2$, está dada por:

$$F(b) - F(a) = \int_a^b f(r)\,dr$$

mientras que el ***número de individuos con rentas contenidas en el intervalo*** $[a,b]$ se obtiene multiplicando la anterior expresión por el número total n de individuos de la población:

$$n\int_a^b f(r)\,dr = \text{N}^{\text{o}} \text{ de individuos con rentas contenidas en el intervalo } [a,b]$$

Nos planteamos ahora determinar la renta total de todos los individuos cuyas rentas están contenidas en el intervalo $[a,b]$. Si representamos por $M(r)$ la renta total de todos los individuos cuya renta es inferior a r, nuestro objetivo es, por tanto, determinar $M(b) - M(a)$. Dado el intervalo $[r, r + \Delta r]$, donde Δr es una cantidad próxima a cero, el número de personas con rentas en dicho intervalo es aproximadamente $nf(r)\Delta r$, en donde, al ser Δr cercano a cero, hemos considerado constante el número $f(r)$ de personas con rentas en el intervalo. De esta forma, multiplicando el número de personas con rentas en dicho intervalo por la renta r de cada individuo, tenemos que la renta total de los individuos con rentas en $[r, r+\Delta r]$ es aproximadamente:

$$M(r+\Delta r)-M(r)\approx n\,r\,f(r)\,\Delta r$$

y equivalentemente:

$$\frac{M(r+\Delta r)-M(r)}{\Delta r}\approx n\,r\,f(r)$$

Tomando límites cuando $\Delta r\to 0$, obtenemos que $M'(r)=n\,r\,f(r)$. Si integramos ahora, se llega a la expresión de ***la renta total de los individuos con rentas en el intervalo*** $[a,b]$:

$$M(b)-M(a)=n\int_a^b r\,f(r)\,dr$$

Por último, dividiendo la renta total de los individuos con rentas en el intervalo $[a,b]$ entre el número de individuos en dicho intervalo, se obtiene ***la renta media de los individuos con rentas en el intervalo*** $[a,b]$:

$$\text{Renta media de los individuos con rentas en el intervalo } [a,b]=\frac{\int_a^b r\,f(r)\,dr}{\int_a^b f(r)\,dr}$$

Una función de densidad de renta que aproxima bastante bien las distribuciones reales de renta, especialmente cuando las rentas son grandes, es ***la distribución de Pareto*** dada por la función de densidad de renta $f(r)=Br^{-\beta}$, $B>0$, $\beta>0$.

6.4.1. Curvas de Lorenz e índice de Gini

Una herramienta usada por economistas y sociólogos para medir las desigualdades en la distribución de la riqueza es la curva de Lorenz. La curva muestra de manera gráfica qué porcentaje de la sociedad recibe un determinado porcentaje de la riqueza de la sociedad. En la siguiente figura aparece una típica curva de Lorenz $L(x)$, donde $L(x)$ es la proporción de la renta total percibida por el $x\%$ de renta más baja. Así, $L(0,5)=0,2$ significa que el 50% de la población con rentas más bajas percibe el 20% de la renta total. Si analizamos detenidamente la definición, la curva de Lorenz está definida en el intervalo $[0,1]$, ha de ser estrictamente creciente y su gráfica se encuentra siempre por debajo de la gráfica de la función $y=x$ (Figura 13.21). Si la curva de Lorenz fuera $L(x) = x$, esto significaría que el $x\%$ con menor renta de la población tendría exactamente el $x\%$ de la renta total, es decir, habría una distribución equitativa de la renta entre la población. Cuanta mayor sea la diferencia entre la curva de Lorenz y la función $y = x$, mayor serán las desigualdades en la distribución de la riqueza. Concretamente, el área del recinto comprendido entre las dos funciones es una medida de la diferencia que hay entre la distribución real y la equidistribución de la renta.

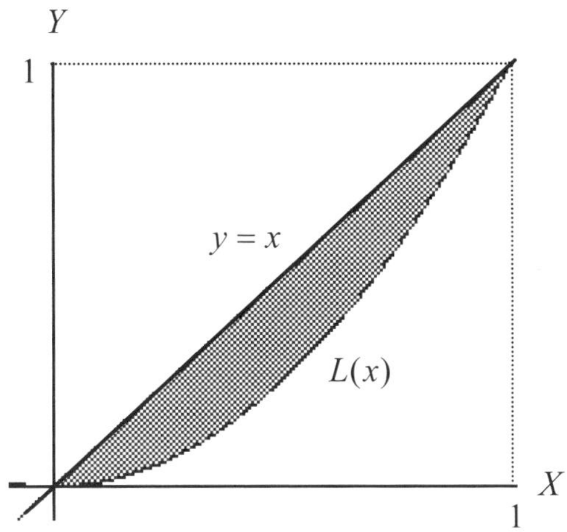

Figura 13.21. Curva de Lorenz $L(x)$.

Se define el ***índice de Gini*** como el cociente entre el área del recinto entre la curva de Lorenz y la función $y = x$ y el área entre la función $y = x$ y el eje de abscisas, que, como es fácil ver, es igual a $\frac{1}{2}$:

$$\text{Indice de Gini} = 2\int_0^1 \left[x - L(x)\right]dx$$

El coeficiente de Gini toma valores en el intervalo $[0,1]$ y es una medida de la desigualdad en la distribución de la riqueza. Valores del coeficiente cercanos a cero indicarán un nivel alto de igualdad en la distribución, mientras que valores del coeficiente cercanos a la unidad expresarán un nivel alto de desigualdad en la distribución de la riqueza.

7. INTEGRALES IMPROPIAS

En la definición de integral definida se ha considerado que el intervalo es compacto y que la función es continua, o bien acotada con un número finito de discontinuidades. En el presente epígrafe mostraremos la generalización del concepto de integral definida a los casos en los que el intervalo de integración no es acotado, o bien la función $f(x)$ no es acotada. Concretamente, nos planteamos ahora estudiar qué ocurre cuando el intervalo de integración es de la forma: $(-\infty,b]$, $[a,+\infty)$, $(-\infty,+\infty)$, o bien la función integrando $f(x)$ no está acotada y presenta alguna discontinuidad infinita en el intervalo de integración. En estas situaciones aparece el concepto de integral impropia.

La integral definida $\int_a^b f(x)dx$ se llama ***impropia*** si ocurre alguna de estas circunstancias:

a) El intervalo de integración no es acotado (***integral impropia de 1ª especie***).

b) La función $f(x)$ no está acotada en algún punto del intervalo de integración (***integral impropia de 2ª especie***).

7.1. *Integrales Impropias de Primera Especie*

Sea $f:[a,+\infty)\to\mathbb{R}$ una función continua en $[a,+\infty)$. Si existe $\lim_{k\to+\infty}\int_a^k f(x)dx$, se llama ***integral impropia de primera especie*** al valor de dicho límite y se representa por:

$$\int_a^{+\infty} f(x)dx = \lim_{k\to+\infty}\int_a^k f(x)dx$$

Observemos que, si $f(x)\geq 0$, la integral impropia $\int_a^{+\infty} f(x)dx$ representa el área del recinto ilimitado comprendido entre la función y el eje de abscisas en el intervalo $[a,+\infty)$, representado en la Figura 13.22.

De la misma forma, si $f:(-\infty,a]\to\mathbb{R}$ es una función continua y existe $\lim_{k\to-\infty}\int_k^a f(x)dx$, se llama ***integral impropia de primera especie*** al valor de dicho límite y se representa por:

$$\int_{-\infty}^a f(x)dx = \lim_{k\to-\infty}\int_k^a f(x)dx$$

Observemos que, si $f(x)\geq 0$, la integral impropia $\int_{-\infty}^a f(x)dx$ representa el área del recinto ilimitado entre la función y el eje de abscisas en el intervalo $(-\infty,a]$.

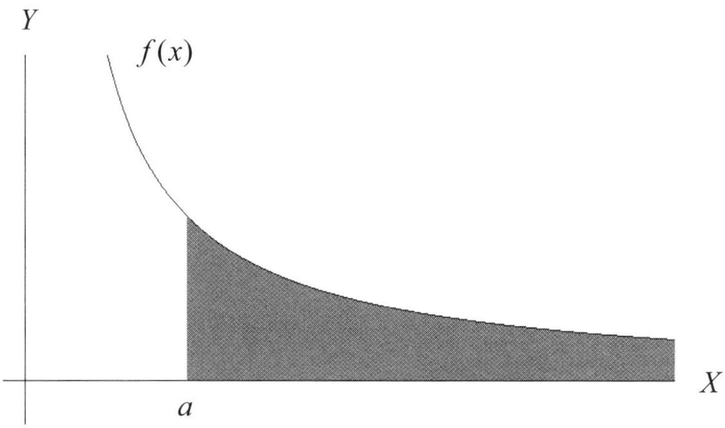

Figura 13.22.

En ambos casos, si el límite es un número real, la integral impropia se denomina ***convergente***, mientras que, si el valor del límite es $\pm\infty$, la integral impropia se denomina ***divergente.***

Por último, si $f:(-\infty,+\infty)\rightarrow\mathbb{R}$ y existen las integrales impropias $\int_{-\infty}^{a} f(x)dx$ y $\int_{a}^{+\infty} f(x)dx$ para algún punto $a\in(-\infty,+\infty)$, entonces existe la integral impropia de primera especie $\int_{-\infty}^{+\infty} f(x)dx$ y su valor es:

$$\int_{-\infty}^{+\infty} f(x)dx=\int_{-\infty}^{a} f(x)dx+\int_{a}^{+\infty} f(x)dx$$ [13]

Si alguna de las integrales $\int_{-\infty}^{a} f(x)dx$ y $\int_{a}^{+\infty} f(x)dx$ son divergentes, entonces, la integral impropia $\int_{-\infty}^{+\infty} f(x)dx$ es divergente.

Veamos un ejemplo de una integral impropia de primera especie.

Ejemplo 7.1

Sea la función $f(x)=\dfrac{1}{x^3}$, cuya gráfica podemos ver en la Figura 13.23. Para calcular el área del recinto señalado en el dibujo, comprendido entre la curva

---

[13] Si la integral impropia $\int_{-\infty}^{+\infty} f(x)dx$ es convergente, entonces su valor coincide con:

$$\lim_{k\to+\infty}\int_{-k}^{k} f(x)dx$$

denominado ***valor principal de Cauchy***. Sin embargo, puede existir el valor principal de Cauchy y no existir la integral impropia, como ocurre con $f(x)=x$.

$f(x)$ y el eje de abscisas en el intervalo $[1,+\infty)$ aplicamos la definición de integral impropia de primera especie:

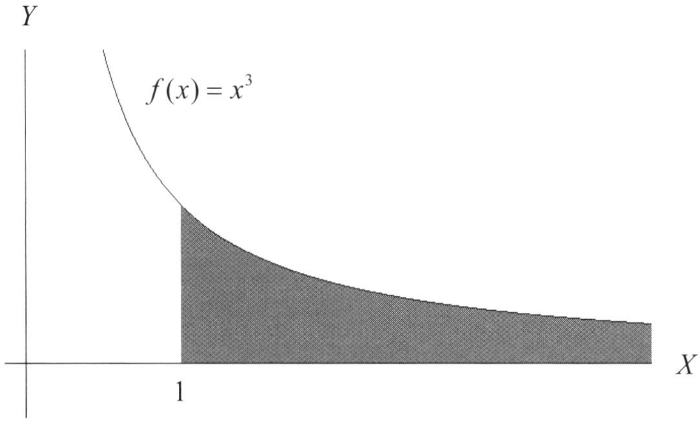

Figura 13.23.

$$\int_1^{+\infty}\frac{1}{x^3}dx=\lim_{k\to+\infty}\int_1^k\frac{1}{x^3}dx=\lim_{k\to+\infty}\left[\frac{-1}{2x^2}\right]_1^k=\lim_{k\to+\infty}\left(\frac{-1}{2k^2}+\frac{1}{2}\right)=0+\frac{1}{2}=\frac{1}{2}$$

■

En realidad, el proceso para el cálculo del área del recinto consiste en calcular en primer lugar el área entre la función $f(x)$ y el eje X en el intervalo $[1,k]$, para posteriormente hacer tender *k* hacia $+\infty$.

7.2. Integrales Impropias de Segunda Especie

Dada una función $f:(a,b]\to\mathbb{R}$ continua en $(a,b]$ y que no está acotada en el punto a, si existe $\lim_{\varepsilon\to0^+}\int_{a+\varepsilon}^b f(x)dx$, se define la ***integral impropia de segunda especie*** $\int_a^b f(x)dx$ como:

$$\int_a^b f(x)dx=\lim_{\varepsilon\to0^+}\int_{a+\varepsilon}^b f(x)dx$$

Dada una función $f:[a,b)\to\mathbb{R}$ continua en $[a,b)$ y que no está acotada en el punto *b*, si existe $\lim_{\varepsilon\to0^+}\int_a^{b-\varepsilon} f(x)dx$ se define la integral impropia de segunda especie $\int_a^b f(x)dx$ como:

$$\int_a^b f(x)dx=\lim_{\varepsilon\to0^+}\int_a^{b-\varepsilon} f(x)dx$$

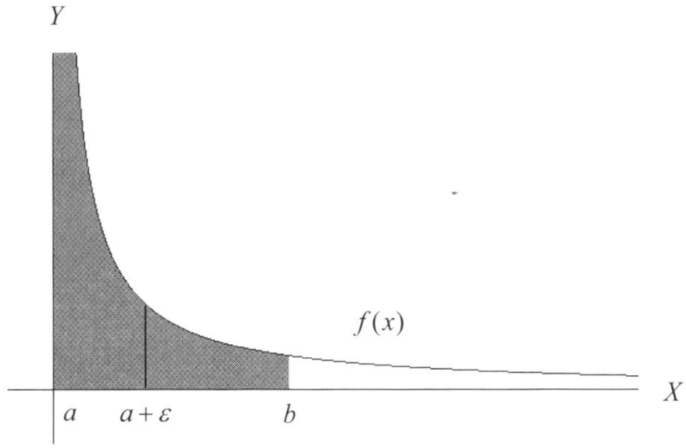

Figura 13.24.

En ambos casos, si el límite es un número real, la integral impropia se denomina ***convergente***, mientras que, si el valor del límite es $\pm\infty$, la integral impropia se denomina ***divergente.***

Por último, si $f:(a,b)\to\mathbb{R}$ es una función continua en el intervalo abierto y no acotada en los extremos del intervalo, se elige un punto c cualquiera del intervalo (a,b) y se define:

$$\int_a^b f(x)dx=\int_a^c f(x)dx+\int_c^b f(x)\,dx$$

Veamos algunos ejemplos de integrales impropias de segunda especie.

Ejemplo 7.2

1) Sea la función $f(x)=\dfrac{1}{\sqrt{x}}$ en el intervalo $(0,1]$. La función tiene una discontinuidad infinita en el punto $x=0$, por tanto, $\int_0^1 \dfrac{1}{\sqrt{x}}\,dx$ es una integral impropia de segunda especie. Aplicando la definición resulta que:

$$\int_0^1 \frac{1}{\sqrt{x}}\,dx=\lim_{\varepsilon\to 0^+}\int_\varepsilon^1 \frac{1}{\sqrt{x}}dx=\lim_{\varepsilon\to 0^+}\left[2\sqrt{x}\right]_\varepsilon^1=\lim_{\varepsilon\to 0^+}\left[2-2\sqrt{\varepsilon}\right]=2$$

2) Sea la función $f(x)=\dfrac{1}{\sqrt{1-x^2}}$ definida en $(-1,1)$. La integral $\int_{-1}^1 \dfrac{1}{\sqrt{1-x^2}}dx$ es una integral impropia de segunda especie, donde la función integrando presenta discontinuidades infinitas en los extremos del intervalo. Para determinar su valor, comenzamos eligiendo un punto c cualquiera del intervalo $(-1,1)$, por ejemplo, tomamos $c=0$. De esta forma, la integral se descompone como suma de dos integrales:

$$\int_{-1}^{1} \frac{1}{\sqrt{1-x^2}}\,dx = \int_{-1}^{0} \frac{1}{\sqrt{1-x^2}}\,dx + \int_{0}^{1} \frac{1}{\sqrt{1-x^2}}\,dx$$

Por una parte:

$$\int_{-1}^{0} \frac{1}{\sqrt{1-x^2}}\,dx = \lim_{\varepsilon \to 0^+} \int_{-1+\varepsilon}^{0} \frac{1}{\sqrt{1-x^2}}\,dx =$$

$$= \lim_{\varepsilon \to 0^+} \left[\operatorname{arcsen} 0 - \operatorname{arcsen}(-1+\varepsilon) \right] = -\operatorname{arcsen}(-1) = \frac{\pi}{2}$$

y por simetría:

$$\int_{0}^{1} \frac{1}{\sqrt{1-x^2}}\,dx = \frac{\pi}{2}$$

por tanto:

$$\int_{-1}^{1} \frac{1}{\sqrt{1-x^2}}\,dx = \frac{\pi}{2} + \frac{\pi}{2} = \pi$$

■

8. Funciones Eulerianas

Las funciones eulerianas son integrales impropias que aparecen con frecuencia en teoría de la probabilidad y en problemas de naturaleza económica. El objetivo de este breve epígrafe es dar una introducción a este tipo de integrales, sin analizar en profundidad sus propiedades. Por este motivo nos limitaremos a definir las integrales eulerianas, a enunciar sus propiedades, que presentaremos sin demostración, y a mostrar algunos ejemplos.

8.1. Función Gamma de Euler

Dado un número real positivo p, llamamos ***gamma de*** p, representado por $\Gamma(p)$, al valor de la integral impropia siguiente:

$$\Gamma(p) = \int_0^{+\infty} e^{-x} x^{p-1}\,dx$$

Se demuestra que la integral impropia anterior es convergente para cada valor del parámetro p.

Se define la función gamma de Euler como:

$$\Gamma : (0,+\infty) \to \mathbb{R}$$

$$p \to \Gamma(p) = \int_0^{+\infty} e^{-x} x^{p-1}\,dx$$

Veamos algunas propiedades de la función gamma de Euler.

PROPIEDADES

1) $\Gamma(p) = (p-1)\Gamma(p-1), \quad p > 1$

2) $\Gamma(1) = 1$

3) $\Gamma(n) = (n-1)!, \quad n \in \mathbb{N}$

4) $\forall p > 1, \ \Gamma(p) = (p-1)(p-2)\cdots(p-k)\Gamma(p-k)$, con $0 < p-k \leq 1$

5) $\Gamma(\frac{1}{n}) = n\int_0^{+\infty} e^{-x^n}\, dx$, $n \in \mathbb{N}$

6) $\Gamma(\frac{1}{2}) = \sqrt{\pi}$

Veamos a continuación algunos ejemplos de integrales gamma de Euler.

Ejemplo 8.1

La integral impropia $\int_0^{+\infty} e^{-x}\, x^3\, dx$, puede calcularse a partir de la función gamma:

$$\int_0^{+\infty} e^{-x}\, x^3\, dx = \Gamma(4) = 3! = 3\cdot 2\cdot 1 = 6$$

■

Ejemplo 8.2

En algunas ocasiones es necesario realizar un cambio de variable previo en la integral impropia para transformarla en una integral gamma de Euler:

a) Para calcular la integral $\int_0^{+\infty} e^{-2x}\, x^4\, dx$, realizamos el cambio de variable $t = 2x$:

$$\int_0^{+\infty} e^{-2x}\, x^4\, dx = \left\{ \begin{matrix} t = 2x \\ dt = 2dx \end{matrix} \right\} = \int_0^{+\infty} e^{-t} \left(\frac{t}{2}\right)^4 \frac{dt}{2} =$$

$$= \frac{1}{2^5}\int_0^{+\infty} e^{-t}\, t^4\, dt = \frac{1}{2^5}\Gamma(5) = \frac{4!}{2^5} = \frac{3}{4}$$

b) Para calcular la integral $\int_0^{+\infty} e^{-x^2}\, x^2\, dx$, realizamos el cambio de variable $t = x^2$:

$$\int_0^{+\infty} e^{-x^2} x^2\,dx = \left\{\begin{array}{c} x^2 = t,\ x = \sqrt{t} \\ dx = \dfrac{1}{2\sqrt{t}}dt \end{array}\right\} = \int_0^{+\infty} e^{-t}\, t\, \frac{1}{2\sqrt{t}} dt = \frac{1}{2}\int_0^{+\infty} e^{-t}\, t^{1/2}\,dt =$$

$$= \frac{1}{2}\Gamma(\frac{3}{2}) = \frac{1}{2}\cdot\frac{1}{2}\cdot\Gamma(\frac{1}{2}) = \frac{\sqrt{\pi}}{4}$$

■

8.2. Función Beta de Euler

Dados dos números reales positivos p y q, se define la integral impropia siguiente:

$$\beta(p,q) = \int_0^1 x^{p-1}(1-x)^{q-1}\,dx$$

Se puede comprobar que para cualquier valor de los parámetros p y q, la integral impropia $\beta(p,q) = \int_0^1 x^{p-1}(1-x)^{q-1}\,dx$ es convergente.

La función beta de Euler se define como la función:

$$\beta : (0,+\infty)\times(0,+\infty) \to \mathbb{R}$$

$$(p,q) \mapsto \beta(p,q) = \int_0^1 x^{p-1}(1-x)^{q-1}\,dx$$

Veamos algunas propiedades de la función beta de Euler.

Propiedades

1) $\beta(p,q) = \beta(q,p)$

2) $\beta(p,1) = \dfrac{1}{p}$, $\beta(1,q) = \dfrac{1}{q}$

3) $\beta(p,q) = \dfrac{p-1}{q}\beta(p+1,q-1)$

4) $\beta(p,q) = 2\int_0^{\pi/2} (\operatorname{sen} x)^{2p-1}(\cos x)^{2q-1}\,dx = 2\int_0^{\pi/2} (\operatorname{sen} x)^{2q-1}(\cos x)^{2p-1}\,dx$

5) $\beta(p,q) = \dfrac{\Gamma(p)\Gamma(q)}{\Gamma(p+q)}$

Veamos algunos ejemplos de aplicación de las propiedades anteriores.

Ejemplo 8.3

a) $\int_0^1 x^2(1-x)^3\,dx = \beta(3,4) = \dfrac{\Gamma(3)\Gamma(4)}{\Gamma(7)} = \dfrac{2!3!}{6!} = \dfrac{1}{60}$

b) $\int_0^1 \sqrt{x}\,\sqrt{1-x}\,dx = \beta(\frac{3}{2},\frac{3}{2}) = \dfrac{\Gamma(\frac{3}{2})\Gamma(\frac{3}{2})}{\Gamma(3)} = \dfrac{\frac{1}{2}\Gamma(\frac{1}{2})\frac{1}{2}\Gamma(\frac{1}{2})}{2!} = \dfrac{\frac{1}{4}\sqrt{\pi}\sqrt{\pi}}{2} = \dfrac{\pi}{8}$

c) $\int_0^{\pi/2} (\operatorname{sen} x)^4(\cos x)^3\,dx = \dfrac{1}{2}\beta(\frac{5}{2},2) = \dfrac{1}{2}\dfrac{\Gamma(\frac{5}{2})\Gamma(2)}{\Gamma(\frac{9}{2})} = \dfrac{1}{2}\dfrac{\frac{3}{2}\frac{1}{2}\Gamma(\frac{1}{2})}{\frac{7}{2}\frac{5}{2}\frac{3}{2}\frac{1}{2}\Gamma(\frac{1}{2})} = \dfrac{2}{35}$

■

Ejemplo 8.4

En algunas ocasiones es necesario realizar un cambio de variable previo en la integral impropia para transformarla en una integral beta de Euler:

$$\int_0^1 \frac{x}{\sqrt{1-x^4}}\,dx = \int_0^1 x(1-x^4)^{-1/2}\,dx = \left\{\begin{array}{c} t = x^4,\ x = t^{1/4} \\ dx = \frac{1}{4}t^{-3/4}dt \end{array}\right\} =$$

$$= \int_0^1 t^{1/4}(1-t)^{-1/2}\frac{1}{4}t^{-3/4}dt = = \frac{1}{4}\int_0^1 t^{-1/2}(1-t)^{-1/2}\,dt =$$

$$= \frac{1}{4}\beta(\frac{1}{2},\frac{1}{2}) = \frac{1}{4}\frac{\Gamma(\frac{1}{2})\Gamma(\frac{1}{2})}{\Gamma(1)} = \frac{\sqrt{\pi}\sqrt{\pi}}{4} = \frac{\pi}{4}$$

■

EJERCICIOS RESUELTOS

1. Calcule las siguientes integrales definidas:

a) $\int_0^1 \frac{1+e^x}{1+x+e^x}\,dx$ b) $\int_0^1 2^{x+2^x}\,dx$ c) $\int_e^{e^2} \frac{\sqrt{\ln x}}{x}\,dx$

d) $\int_0^2 x^2(1+x^3)^{1/2}\,dx$ e) $\int_0^{\pi/2} \cos x\,(\operatorname{sen} x)^4\,dx$ f) $\int_2^3 \frac{1}{x^2-1}\,dx$

Solución

a) $\int_0^1 \frac{1+e^x}{1+x+e^x}\,dx = \Big[\ln\left|1+x+e^x\right|\Big]_0^1 = \ln(2+e)-\ln 2 = \ln\frac{e+2}{2}$

b) $\int_0^1 2^{x+2^x}\,dx = \int_0^1 2^x\,2^{2^x}\,dx = \frac{1}{\ln 2}\int_0^1 \ln 2\;2^x\,2^{2^x}\,dx = \frac{1}{(\ln 2)^2}\Big[2^{2^x}\Big]_0^1 = \frac{1}{(\ln 2)^2}\left(2^2-2\right)$

c) Para calcular $\int_e^{e^2} \frac{\sqrt{\ln x}}{x}\,dx$, realizamos el cambio de variable $t=\ln x$. Los nuevos límites de integración cambian de la siguiente forma:

$$x = e \rightarrow t = \ln e = 1$$
$$x = e^2 \rightarrow t = \ln e^2 = 2\ln e = 2$$

Por tanto,

$$\int_e^{e^2} \frac{\sqrt{\ln x}}{x}\,dx = \left\{\begin{array}{l} t=\ln x \\ dt=\frac{1}{x}dx \end{array}\right\} = \int_1^2 \sqrt{t}\;dt = \left[\frac{t^{3/2}}{3/2}\right]_1^2 = \frac{2}{3}(2^{3/2}-1)$$

d) Para calcular $\int_0^2 x^2(1+x^3)^{1/2}\,dx$, realizamos el cambio de variable $t=1+x^3$. Los nuevos límites de integración cambian de la siguiente forma:

$$x=0 \rightarrow t=1$$
$$x=2 \rightarrow t=9$$

Por tanto,

$$\int_0^2 x^2(1+x^3)^{1/2}\,dx = \left\{\begin{array}{l} t=1+x^3 \\ dt=3x^2dx \end{array}\right\} = \frac{1}{3}\int_1^9 \sqrt{t}\;dt = \frac{1}{3}\left[\frac{t^{3/2}}{3/2}\right]_1^9 = \frac{2}{9}\left[9^{3/2}-1\right] = \frac{52}{9}$$

e) Para calcular $\int_0^{\pi/2} \cos x\,(\operatorname{sen} x)^4\,dx$, realizamos el cambio de variable $t=\operatorname{sen} x$. Los nuevos límites de integración cambian de la siguiente forma:

$$x = 0 \rightarrow t = \operatorname{sen} 0 = 0$$

$$x = \frac{\pi}{2} \rightarrow t = \operatorname{sen} \frac{\pi}{2} = 1$$

Por tanto,

$$\int_0^{\pi/2} \cos x\,(\operatorname{sen} x)^4\,dx = \left\{ \begin{array}{c} t = \operatorname{sen} x \\ dt = \cos x\,dx \end{array} \right\} = \int_0^1 t^4\,dt = \left[\frac{t^5}{5}\right]_0^1 = \frac{1}{5}$$

f) Comenzamos calculando una primitiva de la función $f(x) = \dfrac{1}{x^2 - 1}$. Se trata de una función racional en la que el grado del numerador es menor que el grado del denominador, por tanto, hallamos las raíces del denominador $x^2 - 1 = 0$, dadas por $x = -1, 1$, y realizamos la siguiente descomposición:

$$\frac{1}{x^2 - 1} = \frac{A}{x-1} + \frac{B}{x+1} = \frac{A(x+1) + B(x-1)}{x^2 - 1}$$

de donde:

$$1 = A(x+1) + B(x-1) = (A+B)x + (A-B)$$

e igualando coeficientes, resulta que $A + B = 0$ y $A - B = 1$, de donde $A = \dfrac{1}{2}$ y $B = -\dfrac{1}{2}$. De esta forma:

$$\int \frac{1}{x^2 - 1}\,dx = \int \left[\frac{1/2}{x-1} - \frac{1/2}{x+1}\right] dx = \frac{1}{2}\left[\ln(x-1) - \ln(x+1)\right] + C = \frac{1}{2}\ln\frac{x-1}{x+1} + C$$

Aplicando ahora la fórmula de Barrow, se llega a que:

$$\int_2^3 \frac{1}{x^2 - 1}\,dx = \left[\frac{1}{2}\ln\frac{x-1}{x+1}\right]_2^3 = \frac{1}{2}\left[\ln\frac{1}{2} - \ln\frac{1}{3}\right] = \frac{1}{2}\ln\frac{3}{2}$$

2. Aplique la definición de integral definida a partir de las sumas de Riemann para calcular $\int_0^1 x^3\,dx$.

Solución

Comenzamos dividiendo el intervalo $[0,1]$ en n subintervalos de la misma amplitud $h = \dfrac{1}{n}$. Sea el punto $c_i = \dfrac{i}{n}$, para $i = 1, 2, \ldots, n$, correspondiente al extremo superior de cada subintervalo. Aplicando la definición de integral definida a partir de las sumas de Riemann, teniendo en cuenta que $h=\frac{1}{n}$ y que:

$$f(c_1)=f\left(\frac{1}{n}\right)=\frac{1}{n^3},\dots,f(c_{n-1})=f\left(\frac{n-1}{n}\right)=\frac{(n-1)^3}{n^3},f(c_n)=f\left(\frac{n}{n}\right)=\frac{n^3}{n^3},$$

resulta que:

$$\int_0^1 x^3dx=\lim_{n\to+\infty}\sum_{i=1}^{n}f(c_i)h=$$

$$=\lim_{n\to+\infty}\frac{1}{n}\left[f(c_1)+f(c_2)+\dots+f(c_{n-1})+f(c_n)\right]=$$

$$=\lim_{n\to+\infty}\frac{1}{n}\left(\frac{1}{n^3}+\frac{2^3}{n^3}+\dots+\frac{(n-1)^3}{n^3}+\frac{n^3}{n^3}\right)=$$

$$=\lim_{n\to+\infty}\frac{1+2^3+\dots+(n-1)^3+n^3}{n^4}=$$

$$=\lim_{n\to+\infty}\frac{n^2(n+1)^2}{4n^4}=\frac{1}{4}$$

donde se ha utilizado que $1^3+2^3+\dots+(n-1)^3+n^3=\frac{n^2(n+1)^2}{4}$. Por tanto, $\int_0^1 x^3\,dx=\frac{1}{4}$.

3. Calcule el área del recinto delimitado por:

a) Las funciones $f(x)=3^x$ y $g(x)=2^x$ en el intervalo $[0,1]$.

b) Las funciones $f(x)=e^x$ y $g(x)=\ln x$ entre $x=1$ y $x=e$.

c) Las parábolas $y=1-x^2$ e $y=x^2-2x-3$.

Solución

a) Como $3^x>2^x$, para cada $x\in[0,1]$, resulta que:

$$A=\int_0^1(3^x-2^x)\,dx=\left[\frac{3^x}{\ln 3}-\frac{2^x}{\ln 2}\right]_0^1=\frac{3}{\ln 3}-\frac{2}{\ln 2}-(\frac{1}{\ln 3}-\frac{1}{\ln 2})=\frac{2}{\ln 3}-\frac{1}{\ln 2}$$

b) Como $e^x>\ln x$, para cada $x>0$, resulta que:

$$A=\int_1^e\left[e^x-\ln x\right]dx=\int_1^e e^x\,dx-\int_1^e \ln x\,dx$$

Teniendo en cuenta que $\int \ln x\,dx = x\ln x - x + C$, entonces:

$$\int_1^e \ln x\,dx=\left[x\ln x-x\right]_1^e=\left(e\ln e-e\right)-(1\cdot\ln 1-1)=1$$

Por otra parte, $\int_1^e e^x\,dx=\left[e^x\right]_1^e=e^e-e$, de donde:

$$A=e^e-e-1$$

c) Hallamos en primer lugar los puntos de corte entre las parábolas:

$$1-x^2=x^2-2x-3\Leftrightarrow 2x^2-2x-4=0\Leftrightarrow x=-1,\ x=2$$

El área del recinto comprendido entre las dos parábolas es igual a:

$$A=\int_{-1}^2\left[(1-x^2)-(x^2-2x-3)\right]dx=\int_{-1}^2\left[-2x^2+2x+4\right]dx=\left[-\frac{2}{3}x^3+x^2+4x\right]_{-1}^2=9$$

4. Dada la función $f(x)=\sqrt{r^2-x^2}$, se pide:

a) Calcule $\int_0^r f(x)dx$.

b) Aplique el resultado del apartado a) para demostrar que el área de un círculo de radio r es πr^2.

c) Usando un razonamiento similar al del apartado anterior, demuestre que el área de una elipse de semiejes a y b es igual a πab.

Solución

a) Realizamos el cambio de variable $x = r\,\text{sen}\,t$, de donde:

$$dx = r\cos t\,dt$$

Los nuevos límites de integración se obtienen de la siguiente forma:

$$x=0\Rightarrow 0=r\,\text{sen}\,t\Rightarrow t=0$$

$$x=r\Rightarrow r=r\,\text{sen}\,t\Rightarrow t=\frac{\pi}{2}$$

Por tanto, aplicando la fórmula del cambio de variable para integrales definidas:

$$\int_0^r \sqrt{r^2 - x^2}\, dx = \int_0^{\pi/2} \sqrt{r^2 - r^2 \operatorname{sen}^2 t}\; r\cos t\, dt = \int_0^{\pi/2} r^2\sqrt{1-\operatorname{sen}^2 t}\,\cos t\, dt =$$

$$= r^2 \int_0^{\pi/2} \cos^2 t\, dt = r^2 \int_0^{\pi/2} \frac{1+\cos 2t}{2}\, dt = \frac{r^2}{2}\left[t + \frac{1}{2}\operatorname{sen} 2t\right]_0^{\pi/2} = \frac{r^2}{2}\frac{\pi}{2} = \frac{\pi r^2}{4}$$

b) Teniendo en cuenta que la ecuación de una circunferencia de radio r centrada en el origen está dada por $x^2 + y^2 = r^2$, si despejamos la variable y se tiene que $y = \sqrt{r^2 - x^2}$, y por tanto, el área del círculo de radio r es:

$$A = 4\int_0^r \sqrt{r^2 - x^2}\, dx = 4\frac{\pi r^2}{4} = \pi r^2$$

c) La ecuación de la elipse de semiejes a y b es $\frac{x^2}{a^2} + \frac{y^2}{b^2} = 1$. Despejando la variable y, se tiene que $y = \frac{b}{a}\sqrt{a^2 - x^2}$, de donde el área de la elipse es:

$$A = 4\int_0^a \frac{b}{a}\sqrt{a^2 - x^2}\, dx = \frac{4b}{a}\int_0^a \sqrt{a^2 - x^2}\, dx$$

Aplicando el apartado a) del problema, se sabe que $\int_0^a \sqrt{a^2 - x^2}\, dx = \frac{\pi a^2}{4}$. Sustituyendo ahora en la expresión anterior, se calcula el área de la elipse:

$$A = \frac{4b}{a}\int_0^a \sqrt{a^2 - x^2}\, dx = \frac{4b}{a}\frac{\pi a^2}{4} = \pi ab$$

5. El volumen y el área del cuerpo de revolución obtenido al girar la curva $y = f(x)$ en el intervalo $[a,b]$ alrededor del eje X están dados por las siguientes fórmulas:

$$V = \pi\int_a^b [f(x)]^2 dx \qquad\qquad A = 2\pi\int_a^b f(x)\sqrt{1+[f'(x)]^2}\, dx$$

Aplique estas fórmulas para calcular el área y el volumen de una esfera de radio r.

Solución

La esfera de radio r es un cuerpo de revolución obtenido al girar la curva $y = \sqrt{r^2 - x^2}$ alrededor del eje X en el intervalo $[-r,r]$. Por tanto, el volumen de la esfera es:

$$V=\pi\int_a^b\left[f(x)\right]^2dx=\pi\int_{-r}^r\left[\sqrt{r^2-x^2}\right]^2dx=\pi\int_{-r}^r(r^2-x^2)\,dx=\pi\left[r^2x-\frac{x^3}{3}\right]_{-r}^r=$$

$$=\pi\left[(r^3-\frac{r^3}{3})-(-r^3+\frac{r^3}{3})\right]=\frac{4}{3}\pi r^3$$

Por otra parte, el área de la esfera de radio r está dada por:

$$A=2\pi\int_a^b f(x)\sqrt{1+\left[f'(x)\right]^2}\,dx=\left\{\begin{array}{l} f(x)=\sqrt{r^2-x^2} \\ f'(x)=\dfrac{-x}{\sqrt{r^2-x^2}}\end{array}\right\}=$$

$$=2\pi\int_{-r}^r\sqrt{r^2-x^2}\sqrt{1+\left[\frac{-x}{\sqrt{r^2-x^2}}\right]^2}\,dx=2\pi\int_{-r}^r\sqrt{r^2-x^2}\sqrt{1+\frac{x^2}{r^2-x^2}}\,dx=$$

$$=2\pi\int_{-r}^r\sqrt{r^2-x^2}\sqrt{\frac{r^2}{r^2-x^2}}\,dx=2\pi\int_{-r}^r r\,dx=2\pi\left[rx\right]_{-r}^r=4\pi r^2$$

6. Calcule la derivada de la función $G(x)=\int_{x^2}^{x^2+1}\operatorname{sen}e^t\,dt$.

Solución

Aplicando la fórmula de Leibniz, resulta que:

$$G'(x)=(\operatorname{sen}e^{x^2+1})(x^2+1)'-(\operatorname{sen}e^{x^2})(x^2)'=2x(\operatorname{sen}e^{x^2+1})-2x(\operatorname{sen}e^{x^2})$$

7. Supongamos que la función continua con derivada continua $f(t)$ representa el beneficio neto de una empresa en cada instante $t\in[0,T]$. En el instante $s\in[0,T]$, el valor actual descontado de los beneficios futuros está dado por:

$$V(s)=\int_s^T f(t)e^{-r(t-s)}dt$$

donde r es la tasa constante de descuento. Aplique la fórmula de Leibniz para calcular la tasa de variación del valor actual descontado respecto del tiempo.

Solución

Como se cumplen las hipótesis necesarias para aplicar la fórmula de Leibniz, ya que $f(t)e^{-r(t-s)}$ es continua y sus derivadas parciales son continuas, se tiene que:

$$V'(s) = -f(s)e^{-r(s-s)} + \int_s^T \frac{\partial}{\partial s}\left[f(t)\, e^{-r(t-s)} \right] dt =$$

$$= -f(s) + \int_s^T r\, f(t)\, e^{-r(t-s)}\, dt = -f(s) + rV(s)$$

8. Suponga que f es una función continua y g es una función derivable y que se define la función:

$$G(x) = \int_0^{g(x)} e^{-xt} f(t) dt$$

Calcule la derivada de la función $G(x)$.

Solución

Aplicando la fórmula de Leibniz de derivación bajo el signo integral, se tiene que:

$$G'(x) = e^{-xg(x)} f(g(x))g'(x) + \int_0^{g(x)} \frac{\partial}{\partial x}\left[e^{-xt} f(t) \right] dt =$$

$$= e^{-xg(x)} f(g(x))g'(x) - \int_0^{g(x)} t\, e^{-xt} f(t) dt$$

9. La cantidad de bacterias presentes en cierto cultivo después de t minutos de un experimento está dada por $Q(t) = 1500e^{0,02t+1}$. ¿Cuál es la cantidad media de bacterias presentes durante los primeros 4 minutos del experimento?

Solución

Hemos de calcular el valor medio de la función $Q(t) = 1500e^{0,02t+1}$ en el intervalo $[0,4]$:

$$Q_{MEDIA} = \frac{1}{4-0} \int_0^4 1600\, e^{0,02t+1}\, dt = \frac{1600}{4}\left[\frac{1}{0,02} e^{0,02t+1} \right]_0^4 = 20000\left(e^{1,08} - e \right) = 4527,9$$

10. El valor de un inmueble crece a una tasa que cambia con el tiempo. Cuando la maquinaria tiene t años, la tasa a la que cambia su valor es $960e^{\frac{t}{5}} + \frac{1}{\sqrt{t}}$ euros por año. Determine el incremento del valor del inmueble entre el cuarto y el sexto año.

Solución

Conocida la tasa de cambio del valor del inmueble, podemos calcular el incremento del valor del inmueble a través de una integral definida. Si $V(t)$ es el valor del inmueble en función del tiempo t, entonces:

$$\Delta V = V(6) - V(4) = \int_4^6 (960\, e^{t/5} + \frac{1}{\sqrt{t}})\, dt = \left[960 \cdot 5\, e^{t/5} + 2\sqrt{t} \right]_4^6 =$$

$$= 4800e^{6/5} + 2\sqrt{6} - (4800e^{4/5} + 4) = 5254{,}8$$

11. Suponga que, cuando tiene x años, una maquinaria industrial genera ingresos a una tasa de $5000 - 5x^2$ euros por año y origina costes a una tasa de $3866 + 9x^2$ euros por año.

a) ¿Durante cuántos años es rentable el uso de la maquinaria?

b) ¿Cuáles son las ganancias netas generadas por la maquinaria durante el periodo del apartado a)?

Solución

a) La maquinaria será rentable en el intervalo en el cual la tasa a la que se generan los ingresos sea superior a la tasa a la que se generan los costes. Para determinar este intervalo, calculamos los puntos de corte de las dos funciones:

$$5000 - 5x^2 = 3866 + 9x^2 \Leftrightarrow 1134 - 14x^2 = 0 \Leftrightarrow x = \pm 9$$

La maquinaria será rentable en los 9 primeros años.

b) Las ganancias netas se obtienen como la diferencia entre los ingresos acumulados menos los costes acumulados en el periodo calculado anteriormente:

$$\int_0^9 \left[5000 - 5x^2 - (3866 + 9x^2) \right] dx = \int_0^9 \left(1134 - 14x^2 \right) dx$$

$$= \left[1134x - \frac{14}{3}x^3 \right]_0^9 = 6804$$

La cantidad obtenida puede interpretarse como el área del recinto comprendido entre las curvas que representan las tasas a las que se generan los ingresos y los costes en el intervalo $[0,9]$.

12. Una ONGD está efectuando su campaña anual de recaudación de fondos. Se sabe que los gastos de la campaña se realizarán a una tasa constante de 200 euros semanales, mientras que la tasa a la cual se van produciendo los ingresos es $I(t) = -10t^2 + 840$, donde t representa la semana de la campaña e $I(t)$ se mide en euros por semana. La ONGD desea maximizar los beneficios netos de la campaña.

a) Halle la duración de la campaña para que los beneficios sean máximos.

b) ¿Cuáles se espera que sean los gastos totales de la campaña?

c) ¿Cuáles se espera que sean las aportaciones totales?

d) ¿Cuáles se espera que sean los beneficios netos (aportaciones totales menos los gastos totales)?

Solución

a) Los beneficios son máximos en el intervalo en el cual la tasa a la que se generan los ingresos sea superior a la tasa a la que se generan los gastos de la campaña. Hallamos el punto de corte de las dos funciones:

$$200 = -10t^2 + 840 \Leftrightarrow t^2 = 64 \Leftrightarrow t = \pm 8$$

Por tanto, se obtendrá el beneficio máximo durante las 8 primeras semanas.

b) Los gastos totales de la campaña en el intervalo $[0,8]$ están dados por:

$$\int_0^8 200\, dt = [200\, t]_0^8 = 200 \cdot 8 = 1600 \text{ euros}$$

c) Las aportaciones totales en el mismo periodo:

$$\int_0^8 (-10t^2 + 840)\, dt = \left[-\frac{10}{3}t^3 + 840t \right]_0^8 = -\frac{10}{3} \cdot 512 + 840 \cdot 8 = 5013{,}3 \text{ euros}$$

d) Los beneficios netos en las 8 primeras semanas son:

$$B_{NETO} = 5013{,}3 - 1600 = 3413{,}3 \text{ euros}$$

El beneficio neto podría haberse calculado directamente a partir de la siguiente integral definida:

$$\int_0^8 \left[(-10t^2 + 840) - 200 \right] dt = \int_0^8 \left[-10t^2 + 640 \right] dt = \left[-\frac{10}{3}t^3 + 640t \right]_0^8 = 3413{,}6$$

euros.

13. Se transfiere dinero en una cuenta a una tasa constante de 3000 euros por año. La cuenta genera interés a la tasa anual del 3% capitalizado continuamente. ¿Cuánto habrá en la cuenta al final de 6 años?

Solución

El valor futuro de un flujo de ingresos de 3000 euros anuales en los próximos 6 años, a interés continuo del $r = 3\% = 0{,}03$, está dado por:

$$VF = \int_0^6 3000\, e^{0{,}03(6-t)}\, dt = \frac{3000}{0{,}03}\left[-e^{0{,}03(6-t)} \right]_0^6 = 10^5 \left[-1 + e^{0{,}18} \right] = 19721{,}73 \text{ euros}$$

14. En una población de n individuos, con rentas entre a y b, supongamos que la distribución de la renta está dada por la función de densidad $f(r) = Br^{-\beta}$, $B > 0$ y $\beta > 0$. Determine:

a) El número de individuos con rentas comprendidas en el intervalo $[a,b]$.

b) La renta total de los individuos con rentas en el intervalo $[a,b]$.

c) La renta media de los individuos con rentas en el intervalo $[a,b]$.

Solución

a) El número de individuos con rentas comprendidas en el intervalo $[a,b]$ está dado por:

$$n\int_a^b f(r)\,dr = n\int_a^b B r^{-\beta}\,dr = nB\left[\frac{r^{-\beta+1}}{-\beta+1}\right]_a^b = \frac{nB}{1-\beta}\left[b^{-\beta+1} - a^{-\beta+1}\right]$$

b) La renta total de los individuos con rentas en el intervalo $[a,b]$ es igual a:

$$n\int_a^b r\,f(r)\,dr = n\int_a^b r\,B r^{-\beta}\,dr = nB\int_a^b r^{-\beta+1}\,dr =$$

$$= nB\left[\frac{r^{-\beta+2}}{-\beta+2}\right]_a^b = \frac{nB}{2-\beta}\left[b^{-\beta+2} - a^{-\beta+2}\right]$$

c) La renta media de los individuos con rentas en el intervalo $[a,b]$ está dada por:

$$\frac{\int_a^b r\,f(r)dr}{\int_a^b f(r)dr} = \frac{\frac{B}{2-\beta}\left[b^{-\beta+2} - a^{-\beta+2}\right]}{\frac{B}{1-\beta}\left[b^{-\beta+1} - a^{-\beta+1}\right]} = \frac{(1-\beta)\left[b^{-\beta+2} - a^{-\beta+2}\right]}{(2-\beta)\left[b^{-\beta+1} - a^{-\beta+1}\right]}$$

15. Determine el coeficiente de Gini para la curva de Lorenz dada por $L(x) = \frac{1}{e-1}(e^x - 1)$.

Solución

El coeficiente de Gini G se define como:

$$G = 2\int_0^1 \left[x - L(x)\right] dx = 2\int_0^1 \left[x - \frac{1}{e-1}(e^x - 1)\right] dx =$$

$$= 2\left[\frac{x^2}{2} - \frac{1}{e-1}(e^x - x)\right]_0^1 = 2\left[\frac{1}{2} - 1 + \frac{1}{e-1}\right] = \frac{3-e}{e-1} = 0{,}163$$

16. Determine la convergencia o divergencia de las siguientes integrales impropias:

a) $\int_0^1 \frac{dx}{1-x}$ b) $\int_0^{+\infty} \frac{dx}{x^2+9}$ c) $\int_0^{+\infty} \frac{dx}{e^x+1}$

Solución

a) La función $f(x)=\frac{1}{1-x}$ no está acotada en el punto $x=1$, por tanto, se trata de una integral impropia de segunda especie donde el intervalo de integración es $[0,1)$:

$$\int_0^1 \frac{dx}{1-x} = \lim_{\varepsilon^+\to 0} \int_0^{1-\varepsilon} \frac{dx}{1-x} = \lim_{\varepsilon^+\to 0} \left[-\ln(1-x)\right]_0^{1-\varepsilon} = \lim_{\varepsilon^+\to 0}(-\ln\varepsilon) = +\infty$$

y la integral es divergente.

b) Se trata de una integral impropia de primera especie. Aplicando la definición:

$$\int_0^{+\infty} \frac{dx}{x^2+9} = \lim_{k\to+\infty} \int_0^k \frac{dx}{x^2+9} = \lim_{k\to+\infty} \left[\frac{1}{3}\operatorname{arctg}\frac{x}{3}\right]_0^k = \lim_{k\to+\infty} \frac{1}{3}\operatorname{arctg}\frac{k}{3} = \frac{1}{3}\frac{\pi}{2} = \frac{\pi}{6}$$

y la integral es convergente.

c) Tenemos una integral impropia de primera especie. Comenzamos aplicando la definición:

$$\int_0^{+\infty} \frac{dx}{e^x+1} = \lim_{k\to+\infty} \int_0^k \frac{dx}{e^x+1}$$

Para calcular la integral $\int \frac{dx}{1+e^x}$, realizamos el cambio de variable $t=e^x$:

$$\int \frac{dx}{1+e^x} = \left\{ \begin{array}{c} t=e^x \\ dt=e^x dx \end{array} \right\} = \int \frac{dt}{t(t+1)} = \int \left[\frac{1}{t} - \frac{1}{t+1}\right] dt =$$

$$= \ln|t| - \ln|t+1| + C = \ln\frac{|t|}{|t+1|} + C = \ln\frac{e^x}{e^x+1} + C$$

de donde:

$$\int_0^{+\infty} \frac{dx}{e^x+1} = \lim_{k\to+\infty} \int_0^k \frac{dx}{e^x+1} = \lim_{k\to+\infty} \left[\ln\frac{e^x}{e^x+1}\right]_0^k =$$

$$= \lim_{k\to+\infty} \left[\ln\frac{e^k}{e^k+1} - \ln\frac{1}{2}\right] = \ln 1 - \ln\frac{1}{2} = \ln 2$$

ya que $\lim_{k\to+\infty} \ln \frac{e^k}{e^k+1} = \ln \lim_{k\to+\infty} \frac{e^k}{e^k+1} \underset{\text{L'Hôpital}}{=} \ln \lim_{k\to+\infty} \frac{e^k}{e^k} = \ln 1 = 0$.

17. Determine el valor del área del recinto, señalado en la Figura 13.25, comprendido entre la función $f(x) = x2^{-x^2}$ y el eje de abscisas en el intervalo $[0,+\infty)$.

Solución

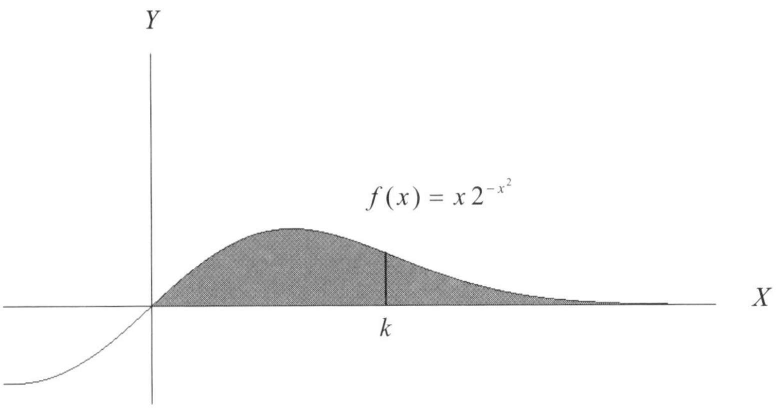

Figura 13.25. Recinto comprendido entre la función $f(x) = x2^{-x^2}$ y el eje de abscisas en el intervalo $[0,+\infty)$.

El área del recinto pedido corresponde a la integral impropia de primera especie $\int_0^{+\infty} x2^{-x^2}\,dx$. Calculamos en primer lugar una primitiva de la función $\int_0^{+\infty} x2^{-x^2}\,dx$:

$$\int x2^{-x^2}\,dx = \left\{\begin{matrix} t = -x^2 \\ dt = -2x\,dx \end{matrix}\right\} = -\frac{1}{2}\int 2^t\,dt = -\frac{1}{2\ln 2}2^t + C = -\frac{1}{2\ln 2}2^{-x^2} + C$$

Aplicando la definición, se tiene que:

$$\int_0^{+\infty} x2^{-x^2}\,dx = \lim_{k\to+\infty}\int_0^k x2^{-x^2}\,dx = \lim_{k\to+\infty}\left[-\frac{1}{2\ln 2}2^{-x^2}\right]_0^k =$$

$$= \lim_{k\to+\infty}\left(-\frac{1}{2\ln 2}2^{-k^2} + \frac{1}{2\ln 2}\right) = \frac{1}{2\ln 2}$$

ya que $\lim_{k\to+\infty} 2^{-k^2} = 0$. Por tanto, el área del recinto es $\frac{1}{2\ln 2}$.

18. Determine el valor del área del recinto comprendido por la función $f(x)=\dfrac{1}{x(\ln x)^2}$ y el eje de abscisas en el intervalo $[2,+\infty)$ (Figura13.26).

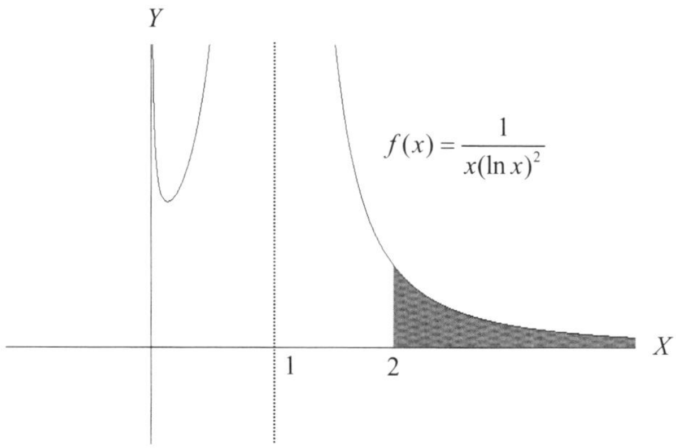

Figura 13.26. Recinto comprendido entre la función $f(x)=\dfrac{1}{x(\ln x)^2}$ y el eje de abscisas en $[2,+\infty)$.

Solución

El área del recinto pedido corresponde a la integral impropia de primera especie $\int_2^{+\infty}\dfrac{1}{x(\ln x)^2}\,dx$. Calculamos en primer lugar una primitiva de la función $f(x)=\dfrac{1}{x(\ln x)^2}$:

$$\int\frac{1}{x(\ln x)^2}\,dx=\left\{\begin{array}{l} t=\ln x \\ dt=\dfrac{1}{x}dx \end{array}\right\}=\int\frac{1}{t^2}\,dt=-\frac{1}{t}+C=-\frac{1}{\ln x}+C$$

Aplicando la definición de integral impropia de primera especie, se tiene que:

$$\int_2^{+\infty}\frac{1}{x(\ln x)^2}\,dx=\lim_{k\to+\infty}\int_2^k\frac{1}{x(\ln x)^2}\,dx=\lim_{k\to+\infty}\left[-\frac{1}{\ln x}\right]_2^k=$$

$$=\lim_{k\to+\infty}\left(-\frac{1}{\ln k}+\frac{1}{\ln 2}\right)=\frac{1}{\ln 2}$$

ya que $\lim_{k\to+\infty}\dfrac{-1}{\ln k}=0$. Por tanto, el área del recinto señalado es $\dfrac{1}{\ln 2}$.

19. Demuestre que la integral impropia $\int_0^{+\infty} Me^{-(\alpha-\beta)t}dt,\ \alpha > \beta > 0$ es convergente y su valor es igual a $\dfrac{M}{\alpha-\beta}$.

Solución

Aplicamos la definición de integral impropia de primera especie:

$$\int_0^{+\infty} Me^{-(\alpha-\beta)t}dt = \lim_{k\to+\infty}\int_0^{k} Me^{-(\alpha-\beta)t}dt = \lim_{k\to+\infty}\left[-\frac{M}{\alpha-\beta}e^{-(\alpha-\beta)t}\right]_0^k =$$

$$= \lim_{k\to+\infty}\left(-\frac{M}{\alpha-\beta}e^{-(\alpha-\beta)k} + \frac{M}{\alpha-\beta}\right) = \frac{M}{\alpha-\beta}$$

ya que $\lim\limits_{k\to+\infty} e^{-(\alpha-\beta)k} = 0$.

20. Estudie la convergencia de la integral $\int_a^b \dfrac{1}{(x-a)^r}dx$ según los valores del parámetro r.

Solución

La función $f(x) = \dfrac{1}{(x-a)^r}$ es no acotada en el punto $x = a$, por tanto, se trata de una integral impropia de segunda especie. Supongamos en primer lugar que $r \neq 1$. Aplicando la definición, resulta que:

$$\int_a^b \frac{1}{(x-a)^r}dx = \lim_{\varepsilon^+\to 0}\int_{a+\varepsilon}^b \frac{1}{(x-a)^r}dx = \lim_{\varepsilon^+\to 0}\left[\frac{(x-a)^{-r+1}}{-r+1}\right]_{a+\varepsilon}^b =$$

$$= \lim_{\varepsilon^+\to 0}\left[\frac{(b-a)^{-r+1}}{-r+1} - \frac{\varepsilon^{-r+1}}{-r+1}\right] = \frac{(b-a)^{-r+1}}{-r+1} - \lim_{\varepsilon^+\to 0}\left[\frac{\varepsilon^{-r+1}}{-r+1}\right]$$

Como $\lim\limits_{\varepsilon^+\to 0}\varepsilon^{-r+1} = \begin{cases} 0 & r<1 \\ +\infty & r>1 \end{cases}$, resulta que:

$$\int_a^b \frac{1}{(x-a)^r}dx = \frac{(b-a)^{-r+1}}{-r+1} - \lim_{\varepsilon^+\to 0}\left[\frac{\varepsilon^{-r+1}}{-r+1}\right] = \begin{cases} \dfrac{(b-a)^{-r+1}}{-r+1} & r<1 \\ +\infty & r>1 \end{cases}$$

En el caso $r = 1$, se tiene que:

$$\int_a^b \frac{1}{x-a}\,dx = \lim_{\varepsilon^+\to 0}\int_{a+\varepsilon}^b \frac{1}{x-a}\,dx = \lim_{\varepsilon^+\to 0}\Big[\ln|x-a|\Big]_{a+\varepsilon}^b = \lim_{\varepsilon^+\to 0}\Big[\ln|b-a|-\ln\varepsilon\Big] = +\infty$$

Así la integral impropia $\int_a^b \frac{1}{(x-a)^r}\,dx$ es convergente para $r<1$ y divergente para $r\geq 1$.

21. Calcule las siguientes integrales gamma de Euler:

a) $\int_0^{+\infty} \frac{\sqrt{x}}{e^x}\,dx$ b) $\int_0^{+\infty} e^{-ax}\,x^n\,dx$ c) $\int_0^{+\infty} e^{-x^2}\,x^m\,dx$

Solución

a) $\int_0^{+\infty} \frac{\sqrt{x}}{e^x}\,dx = \int_0^{+\infty} e^{-x}x^{1/2}\,dx = \Gamma(\frac{3}{2}) = \frac{1}{2}\Gamma(\frac{1}{2}) = \frac{\sqrt{\pi}}{2}$

b) Para calcular la integral $\int_0^{+\infty} e^{-ax}\,x^n\,dx$, realizamos el cambio de variable $t=ax$:

$$\int_0^{+\infty} e^{-ax}\,x^n\,dx = \left\{\begin{array}{l} t=ax \\ dt=a\,dx \end{array}\right\} = \int_0^{+\infty} e^{-t}\left(\frac{t}{a}\right)^n \frac{dt}{a} =$$

$$= \frac{1}{a^{n+1}}\int_0^{+\infty} e^{-t}\,t^n\,dt = \frac{1}{a^{n+1}}\Gamma(n+1) = \frac{n!}{a^{n+1}}$$

c) Para calcular la integral $\int_0^{+\infty} e^{-x^2}\,x^m\,dx$, realizamos el cambio de variable $t=x^2$:

$$\int_0^{+\infty} e^{-x^2}\,x^m\,dx = \left\{\begin{array}{l} x^2=t,\ x=\sqrt{t} \\ dx=\dfrac{1}{2\sqrt{t}}dt \end{array}\right\} = \int_0^{+\infty} e^{-t}\,t^{m/2}\,\frac{1}{2\sqrt{t}}dt =$$

$$= \frac{1}{2}\int_0^{+\infty} e^{-t}\,t^{(m-1)/2}\,dt = \frac{1}{2}\Gamma(\frac{m+1}{2})$$

22. Calcule las siguientes integrales beta de Euler:

a) $\int_0^1 \frac{\sqrt{x}}{\sqrt{1-x}}dx$ b) $\int_0^a \sqrt{ax-x^2}\,dx$

c) $\int_0^{\pi/2} \sqrt{\operatorname{tg} x}\,dx$ d) $\int_0^3 \frac{x^2}{\sqrt{3-x}}dx$

Solución

a) $\int_0^1 \frac{\sqrt{x}}{\sqrt{1-x}}dx = \int_0^1 x^{1/2}(1-x)^{-1/2}\,dx = \beta(\frac{3}{2},\frac{1}{2}) = \frac{\Gamma(\frac{3}{2})\Gamma(\frac{1}{2})}{\Gamma(2)} = \frac{1}{2}\Gamma(\frac{1}{2})\Gamma(\frac{1}{2}) = \frac{\pi}{2}$

b) Para calcular la integral $\int_0^a \sqrt{ax-x^2}\,dx$, realizamos el cambio de variable $x = at$:

$$\int_0^a \sqrt{ax-x^2}\,dx = \int_0^a \sqrt{x}\sqrt{a-x}\,dx = \int_0^a x^{1/2}(a-x)^{1/2}\,dx = \left\{\begin{matrix} x = at \\ dx = a\,dt \end{matrix}\right\} =$$

$$= \int_0^1 a^{1/2}t^{1/2}(a-at)^{1/2}\,a\,dt = a^2\int_0^1 t^{1/2}(1-t)^{1/2}dt = a^2\beta(\frac{3}{2},\frac{3}{2}) =$$

$$= a^2\frac{\Gamma(\frac{3}{2})\Gamma(\frac{3}{2})}{\Gamma(3)} = a^2\frac{\frac{1}{2}\frac{1}{2}\Gamma(\frac{1}{2})\Gamma(\frac{1}{2})}{2} = \frac{\pi a^2}{8}$$

c) La integral $\int_0^{\pi/2} \sqrt{\operatorname{tg} x}\,dx$ es tipo beta de Euler:

$$\int_0^{\pi/2} \sqrt{\operatorname{tg}(x)}\,dx = \int_0^{\pi/2} (\operatorname{sen} x)^{1/2}(\cos x)^{-1/2}\,dx = \left\{\begin{matrix} 2p-1 = \frac{1}{2} \Rightarrow p = \frac{3}{4} \\ 2q-1 = -\frac{1}{2} \Rightarrow q = \frac{1}{4} \end{matrix}\right\}$$

$$= \frac{1}{2}\beta(\frac{3}{4},\frac{1}{4}) = \frac{1}{2}\frac{\Gamma(\frac{3}{4})\Gamma(\frac{1}{4})}{\Gamma(1)} = \frac{\Gamma(\frac{3}{4})\Gamma(\frac{1}{4})}{2}$$

d) Realizamos el cambio de variable $x = 3t$:

$$\int_0^3 \frac{x^2}{\sqrt{3-x}}dx = \int_0^1 x^2(3-x)^{-1/2}\,dx = \left\{\begin{matrix} x = 3t \\ dx = 3\,dt \end{matrix}\right\} = \int_0^1 9t^2(3-3t)^{-1/2}\,3\,dt =$$

$$= 3^{5/2}\int_0^1 t^2(1-t)^{-1/2}\,dt = 3^{5/2}\beta(3,\frac{1}{2}) = 3^{5/2}\frac{\Gamma(3)\Gamma(\frac{1}{2})}{\Gamma(\frac{7}{2})} =$$

$$= 3^{5/2}\frac{2\sqrt{\pi}}{\frac{5}{2}\frac{3}{2}\frac{1}{2}\sqrt{\pi}} = \frac{48\sqrt{3}}{5}$$

EJERCICIOS PROPUESTOS

1. Aplique la fórmula de Barrow para resolver las siguientes integrales definidas:

a) $\int_{-1}^{1}(x^3 - x + 1)dx$ b) $\int_{0}^{1}(x-1)e^{\frac{(x-1)^2}{2}}\,dx$

c) $\int_{2}^{e+1}\frac{x}{x-1}dx$ d) $\int_{1}^{9}\left(\sqrt{t} - \frac{1}{\sqrt{t}}\right)dt$

e) $\int_{0}^{4}\frac{1}{\sqrt{6t+1}}dx$ f) $\int_{0}^{1}\frac{6x}{x^2+1}dx$

2. Utilice el método de cambio de variable para calcular las siguientes integrales definidas:

a) $\int_{e}^{e^2}\frac{1}{x\ln x}dx$ b) $\int_{1}^{e}\frac{\operatorname{sen}(\ln x)}{x}dx$

c) $\int_{\pi/2}^{\pi}\operatorname{sen} x \cos x\, dx$ d) $\int_{0}^{1}8x(x^2+1)^3 dx$

e) $\int_{1}^{3}\sqrt[3]{x-1}\, dx$ f) $\int_{1}^{e}\frac{\ln x + 1}{x}dx$

g) $\int_{3}^{8}\frac{dx}{\sqrt{x+1}+1}$ h) $\int_{0}^{\pi/4}\frac{\operatorname{sen} x}{\cos^3 x}dx$

3. Aplique la fórmula de integración por partes para hallar las integrales definidas siguientes:

a) $\int_{1}^{e^2}\ln x\, dx$ b) $\int_{0}^{1}x^2 e^{2x}\, dx$ c) $\int_{1}^{2}x^5 \ln x\, dx$

4. Calcule el área de los recintos determinados por las siguientes curvas:

a) La parábola $y = 4x - x^2$ y el eje X.

b) La curva $y = x^3 + 3x^2 - 4x$ y el eje X.

c) Las parábolas $y = 4 - x^2$, $y = x^2 - 2x$.

d) Las curvas $y = 2^x$, $y = 2^{-x}$ y la recta $x = 1$.

e) La curva $y = e^x \operatorname{sen} x$, el eje de abscisas y las rectas $x = 0$, $x = \pi$.

f) Las curvas $y = x^2$, $y = -x + 2$ y el eje de abscisas.

g) Las curvas $y = x^2 + 1$, $y = 2x - 2$ entre $x = -1, x = 2$.

5. Calcule el área de los siguientes recintos:

a) Recinto determinado por las funciones $y = \dfrac{x^2}{2}$ e $y = \dfrac{1}{x^2 + 1}$.

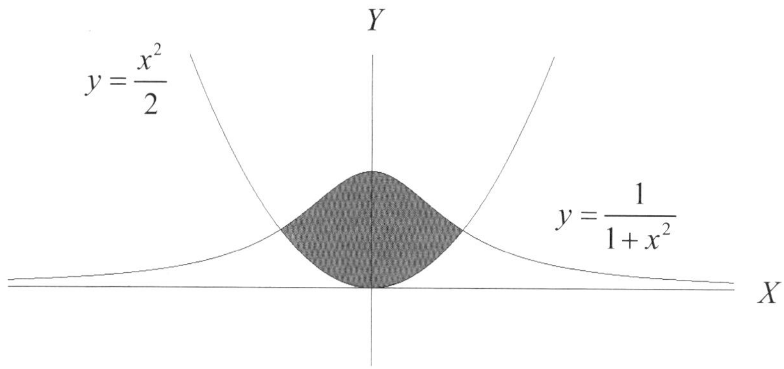

Figura 13.27

b) Recinto determinado por las funciones $y = 2^{x-1}$, $y = \ln x$, la recta $y = 1$, el eje de abscisas y el eje de ordenadas.

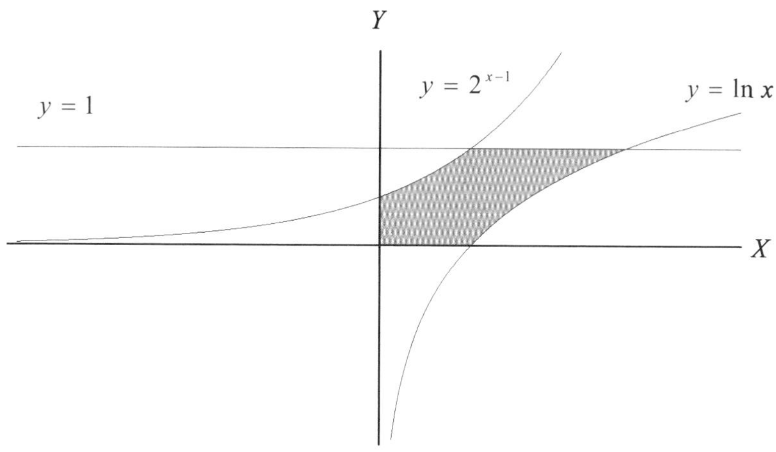

Figura 13.28

c) Recinto determinado por la función $f(x) = \dfrac{1}{1 + 4x^2}$ y el eje de abscisas entre los puntos $x = -\dfrac{1}{2}$ y $x = \dfrac{1}{2}$.

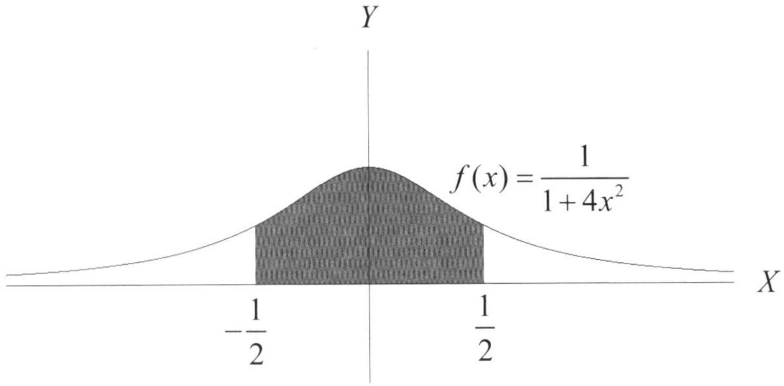

Figura 13.29

6. El volumen y el área del cuerpo de revolución obtenido al girar la curva $y=f(x)$ en el intervalo $[a,b]$ alrededor del eje X están dados por las siguientes fórmulas:

$$V=\pi\int_a^b[f(x)]^2dx \qquad\qquad A=2\pi\int_a^b f(x)\sqrt{1+[f'(x)]^2}\,dx$$

Aplique estas fórmulas para calcular el área y el volumen de un cilindro de radio r y altura h. (Ayuda: considere la función $f(x)=r$ en el intervalo $[0,h]$).

7. Sea $y=f(x)$ una función continua con $f(x)\geq 0$ para $a\leq x\leq b$. Sea R la región limitada por la curva $y=f(x)$, el eje X y las rectas $x=a$ e $y=b$. Se define el centro del recinto R como el punto (c_1,c_2), donde:

$$c_1=\frac{1}{A}\int_a^b x\,f(x)dx \qquad\qquad c_2=\frac{1}{2A}\int_a^b[f(x)]^2dx$$

y A es el área del recinto R. Calcule el centro del recinto formado por la curva $f(x)=\ln x$ y el eje X en el intervalo $[1,e^2]$.

8. Considere la función $f(x)=\cos x$ en el intervalo $[0,\pi/2]$.

a) Determine la función $A(x)$ que mide el área entre 0 y x de la curva $f(x)=\cos x$ y el eje X.

b) ¿Qué relación existe entre la derivada de la función área $A'(x)$ y la función $f(x)$?

c) ¿Se puede afirmar que lo que ha comprobado en el apartado anterior es válido para cualquier función continua? Razone la respuesta.

9. Aplique el Teorema Fundamental del Cálculo para hallar la derivada de la función $f(t)=\int_0^t \frac{2^x}{\sqrt{x+1}}\,dx$.

10. Dada la función $G(x)=\int_{x^2}^{2x^2+1} e^{t^2}\,dt$, calcule su derivada $G'(x)$.

11. Se define la función $G(x)=\int_0^{g(x)} xf(t)\,dt$, donde f es una función continua y g es una función derivable. Demuestre que la derivada de la función $G(x)$ está dada por:

$$G'(x)=x\,f(g(x))\,g'(x)+\int_0^{g(x)} f(t)\,dt$$

12. Suponga que dentro de x años un plan de inversión generará beneficios a una tasa $R_1(x)=50+x^2$ euros al año, mientras que un segundo plan lo hará a una tasa $R_2(x)=62+4x$ euros por año.

a) ¿Durante cuántos años el segundo plan será el más rentable?

b) ¿Cuál será el exceso de beneficio si invierte en el segundo plan en lugar del primero durante el periodo del apartado a)?

13. Se estima que dentro de t semanas las donaciones en una campaña de recaudación de fondos se recibirán a una tasa de $I(t)=4200e^{-0{,}2t}$ euros por semana, y se espera que los gastos de la campaña se acumulen a una tasa constante de 568,4 euros por semana.

a) ¿Durante cuántas semanas será rentable la campaña de recaudación de fondos?

b) ¿Cuáles son las ganancias netas generadas por la campaña durante el periodo en el que la campaña resulta rentable?

14. El valor de reventa de cierta maquinaria industrial decrece a una tasa que cambia con el tiempo. Cuando la maquinaria tiene t años, la tasa a la que cambia su valor es $-1000e^{-0{,}2t}$ euros por año. Determine en qué cantidad se deprecia la máquina durante los 4 primeros años.

15. La cantidad de bacterias presentes en cierto cultivo después de t minutos de un experimento es $Q(t)=2000e^{0{,}05t}$. ¿Cuál es la cantidad media de bacterias presentes durante los primeros 5 minutos del experimento?

16. Los registros indican que t meses después de principios de año, el precio del barril de petróleo se ajustó a la función $P(t)=0{,}06t^2-0{,}2t+28$ \$. ¿Cuál fue el precio medio del barril de petróleo durante los 4 primeros meses del año?

17. Se transfiere dinero en una cuenta a una tasa constante de 8000 euros por año. La cuenta genera interés a la tasa anual del 8% capitalizado continuamente. ¿Cuánto habrá en la cuenta al final de 3 años?

18. Determine el valor futuro de un flujo constante de ingresos de a euros durante los próximos T años, a una tasa anual de interés continuo r.

19. Determine la renta media de los individuos con renta comprendida en el intervalo $[b,2b]$, cuando la función de densidad de renta es $f(r)=Br^{-2}$.

20. Las curvas de Lorenz de la distribución de la renta en dos estados vienen dadas por:

$$L_1(x)=x^{1,7}\ ,\ L_2(x)=0,3x^{1,3}+0,1x$$

Determine el índice de Gini de cada uno de los estados y diga en cuál de ellos la distribución de la renta es más equitativa.

21. Demuestre que el coeficiente de Gini G puede también definirse como:

$$G=1-2\int_0^1 L(x)\,dx$$

donde $L(x)$ es la función de Lorenz.

22. Estudie la convergencia de las siguientes integrales impropias y, en el caso de que sean convergentes, calcule su valor:

a) $\int_0^3 \frac{1}{2\sqrt{x}}dx$ b) $\int_2^{+\infty}\frac{1}{x^5}dx$ c) $\int_{-1}^0 \frac{dx}{1+x}$

d) $\int_0^{+\infty} xe^{-x^2}dx$ e) $\int_0^{+\infty} e^{-x}dx$ f) $\int_1^{+\infty}\frac{\ln x}{x}dx$

23. La distribución exponencial en estadística tiene la siguiente función de densidad $f(x)=\lambda e^{-\lambda x}$, siendo $x\geq 0$ y λ es una constante no negativa.

a) Compruebe que $f(x)=\lambda e^{-\lambda x}$ es una función de densidad (pruebe que $\int_0^{+\infty}\lambda e^{-\lambda x}dx=1$).

b) Compruebe además que el valor de la integral $\int_0^{+\infty} x\lambda e^{-\lambda x}dx$, denominado esperanza matemática de la distribución exponencial, es igual a $\frac{1}{\lambda}$.

24. Determine la convergencia de las integrales impropias siguientes:

a) $\int_0^{+\infty}\frac{dx}{x^2+6x+9}$ b) $\int_0^e x^2\ln x\,dx$

25. Pruebe que $\int_1^{+\infty} \frac{1}{x^a} dx = \frac{1}{a-1}$, para $a > 1$.

26. Estudie la convergencia de la integral impropia $\int_a^{+\infty} e^{-\alpha x} dx, a > 0$, según los valores del parámetro α.

27. Calcule las siguientes integrales gamma de Euler:

a) $\int_0^{+\infty} \sqrt{x}\, e^{-x^3} dx$ b) $\int_0^{+\infty} e^{-3x} x^5 dx$ c) $\int_0^{+\infty} e^{-x^2} x^6 dx$

28. Calcule las siguientes integrales beta de Euler:

a) $\int_0^{\pi/2} \operatorname{sen}^3 x \cos^5 x \, dx$ b) $\int_0^4 \sqrt{4x - x^2}\, dx$

c) $\int_0^1 \frac{x^5}{\sqrt{1-x^4}} dx$ d) $\int_0^1 \frac{dx}{\sqrt{1-\sqrt[4]{x}}}$

XIV

INTRODUCCIÓN A LAS ECUACIONES DIFERENCIALES

1. Introducción

Las variables que intervienen en la mayoría de los fenómenos económicos van variando con respecto al tiempo. Con frecuencia se tienen datos sobre la evolución de las variables, a partir de los cuales se trata de determinar la trayectoria temporal de las mismas, obteniendo así información precisa sobre su comportamiento. Si se supone el tiempo como variable continua y que las variables económicas tienen un comportamiento suficientemente regular, lo que en términos matemáticos equivale a la existencia de derivada, la información sobre los cambios en las variables se traduce normalmente en relaciones entre sus tasas de cambio. Por ejemplo, el siguiente problema aparece con frecuencia en la economía y en las ciencias sociales: conocida una relación entre las tasas de cambio de una variable con respecto al tiempo, se trata de determinar la trayectoria de la variable en el tiempo. La relación entre las tasas de cambio se expresará por medio de una ecuación que relaciona las derivadas de diversos órdenes de la función y en la que la incógnita a determinar será la función. Este tipo de ecuaciones, que involucran una función y sus derivadas, se denominan ecuaciones diferenciales, y su estudio a nivel introductorio es el objetivo de este capítulo.

Veamos a continuación dos ejemplos concretos en los que aparece este problema.

a) Supongamos que el precio de un determinado bien económico depende de forma continua del tiempo. Además, se supone que la tasa de variación del precio respecto del tiempo es proporcional al excedente de la demanda sobre la oferta. Es decir, si $p = p(t)$ es la expresión del precio en función del tiempo t, $S(p)$ la función de oferta y $D(p)$ la función de demanda, la condición anterior vendría expresada por la ecuación:

$$\frac{dp}{dt} = K\left[D(p) - S(p)\right] \tag{14.1}$$

donde $K > 0$ es el coeficiente de proporcionalidad. En estas condiciones, el objetivo fundamental del problema es encontrar la función $p = p(t)$ que cumple la ecuación (14.1) y que determinaría el comportamiento de los precios en el tiempo.

b) Sabemos que la elasticidad de una función $y = f(x)$ está dada por la fórmula:

$$E_{yx} = \frac{dy}{dx}\frac{x}{y}$$

Supongamos que queremos determinar todas las funciones $y = f(x)$ cuya elasticidad es igual a una constante dada c. El problema consiste, por tanto, en hallar una función $y(x)$ que cumpla la ecuación:

$$\frac{dy}{dx} \cdot \frac{x}{y} = c$$

o, equivalente, la ecuación:

$$y'x - cy = 0$$

En ambos casos, tanto en el cálculo de la trayectoria de los precios con respecto al tiempo, conocida la tasa de variación de los precios, como en la determinación de las funciones con elasticidad constante, los problemas desembocan en la resolución de una ecuación diferencial.

A continuación, comenzaremos el estudio de este tipo de ecuaciones. En primer lugar precisaremos el concepto de ecuación diferencial y el de solución o soluciones, para después abordar el problema de su resolución en algunos casos.

2. Concepto de Ecuación Diferencial Ordinaria

Se denomina ***ecuación diferencial ordinaria de orden n*** a una ecuación que relaciona una función $y(x)$, sus derivadas sucesivas con respecto a x hasta el orden n, $y'(x), y''(x), ..., y^{(n)}(x)$, y la variable independiente x.

Concretamente, la simbolizaremos de la siguiente forma:

$$F(x, y, y', ..., y^{(n)}) = 0 \qquad (14.2)$$

donde $y = y(x)$ y $F : D \to \mathbb{R}, D \subset \mathbb{R}^{n+2}$.

La incógnita de la ecuación diferencial es la función $y(x)$, y el objetivo, por tanto, es encontrar todas las funciones $y(x)$ que cumplen la ecuación (14.2).

Se llama ***orden de la ecuación*** diferencial al máximo orden de las derivadas que aparecen en la expresión.

Si es posible expresar la ecuación (14.2) de la forma $y^{(n)} = F(x, y, y', ..., y^{(n-1)})$, se dice que la ecuación está expresada en ***forma normal***.

Si en la ecuación diferencial no aparece la variable independiente x de forma explícita, la ecuación diferencial se llama ***autónoma***.

Ejemplo 2.1

a) La ecuación $y' + 2y = x$ es una ecuación diferencial de 1er orden no autónoma.

b) A veces, la derivada o derivadas pueden venir expresadas en su forma clásica $\frac{dy}{dx}, \frac{d^2y}{dx^2}, \ldots$, como ocurre en la siguiente ecuación diferencial de 2º orden:

$$x\frac{d^2y}{dx^2} + 2\frac{dy}{dx} = x^2 + 1$$

c) Es frecuente que las variables que intervienen en una ecuación diferencial estén representadas por letras distintas a x e y. Este es el caso de la ecuación:

$$\frac{dp}{dt} = K\left[D(p) - S(p)\right] \ , \ K > 0$$

que aparece en el ejemplo a) de la introducción del capítulo. Aquí, la variable independiente es t, la función a determinar es $p(t)$ y la ecuación diferencial es de 1er orden.

d) Una ecuación diferencial de primer orden $y' = f(x, y)$ puede escribirse como una expresión en la que aparecen las diferenciales de las variables x e y. Si suponemos que $f(x,y) = -\frac{P(x,y)}{Q(x,y)}$, entonces, la ecuación diferencial puede expresarse como:

$$\frac{dy}{dx} = -\frac{P(x,y)}{Q(x,y)}$$

o equivalentemente:

$$P(x,y)dx + Q(x,y)dy = 0$$

■

En este capítulo limitaremos nuestro estudio a las ecuaciones diferenciales ordinarias que acabamos de presentar. Sin embargo, es importante conocer la existencia de otro tipo de ecuaciones: las ecuaciones diferenciales en derivadas parciales. En este caso, la ecuación relaciona una función $z = f\left(x_1, x_2, \ldots, x_n\right)$ de n variables y sus derivadas parciales hasta un orden dado m: $\frac{\partial z}{\partial x_1}, \ldots, \frac{\partial z}{\partial x_n}, \frac{\partial^2 z}{\partial x_1 \, \partial x_2}, \ldots, \frac{\partial^m z}{\partial x_1^h \, \partial x_2^k \, \ldots \, \partial x_n^s}$.

Concretamente, la expresión general de una ***ecuación diferencial en derivadas parciales de orden m*** está dada por:

$$F\left(x_1, x_2, \ldots, x_n; \ \frac{\partial z}{\partial x_1}, \ldots, \ \frac{\partial z}{\partial x_n}; \ldots; \frac{\partial^m z}{\partial x_1^h \, \partial x_2^k \ldots \partial x_n^s}\right) = 0$$

donde $h + k + \ldots + s = m$.

A continuación mostramos algunos ejemplos de ecuaciones diferenciales en derivadas parciales:

a) Consideremos la ecuación:

$$x\frac{\partial z}{\partial x}+y\frac{\partial z}{\partial y}=2z$$

Se trata de una ecuación diferencial en derivadas parciales de orden 1. Aunque la resolución de las ecuaciones en derivadas parciales es muy compleja, en este caso sabemos que cualquier función $z=f(x,y)$ homogénea de grado $r=2$ es solución de la ecuación (recordemos el Teorema de Euler para funciones homogéneas, Capítulo 8).

b) Como ejemplos clásicos de ecuaciones diferenciales en derivadas parciales citaremos los siguientes:

$$\frac{\partial^2 w}{\partial x^2}+\frac{\partial^2 w}{\partial y^2}+\frac{\partial^2 w}{\partial z^2}=0$$

$$a^2\left(\frac{\partial^2 w}{\partial x^2}+\frac{\partial^2 w}{\partial y^2}+\frac{\partial^2 w}{\partial z^2}\right)=\frac{\partial w}{\partial t}$$

$$a^2\left(\frac{\partial^2 w}{\partial x^2}+\frac{\partial^2 w}{\partial y^2}+\frac{\partial^2 w}{\partial z^2}\right)=\frac{\partial^2 w}{\partial t^2}$$

Se trata de las ecuaciones de Laplace, del calor y de ondas respectivamente. Cada una de ellas posee un significado en física teórica.

2.1. Clasificación de las Ecuaciones Diferenciales Ordinarias

Las ecuaciones diferenciales ordinarias pueden clasificarse atendiendo a los siguientes criterios:

A) Según el orden de la máxima derivada

$F(x, y, y')=0$ es una ecuación diferencial de orden 1

$F(x,y,y',y'')=0$ es una ecuación diferencial de orden 2

y en general:

$F(x, y, y', y'', \ldots, y^{(m)})=0$ es una ecuación diferencial de orden m

B) Según la forma de la función F

• ***Lineales*:** Cuando la función F es lineal respecto a la función $y(x)$ junto con sus derivadas sucesivas. Por ejemplo:

$$y''' - 3xy'' + y' = 0$$

$$y'' - y' = x^2$$

Dentro de las ecuaciones lineales podemos distinguir dos tipos:

De ***coeficientes constantes***: los coeficientes que acompañan a la función y a sus derivadas son constantes:

$$y'' - 3y' + 2y = x^2$$

De ***coeficientes variables***: alguno de los coeficientes que acompañan a la función $y(x)$ o a sus derivadas no es constante, sino que depende de la variable x:

$$\left(x^2 + 1\right) y'' - 3xy' + 2y = 0$$

• ***No lineales***: Cuando la función F que determina la relación entre la función y sus derivadas no es lineal:

$$y''\, y' - x^2 y = x + 1$$

Ejemplo 2.2

A continuación se muestran diferentes ejemplos de ecuaciones diferenciales junto con su correspondiente clasificación.

Ecuación	Tipo	Orden	Clasificación
$y''' - 4y = 8$	Ordinaria	3	Lineal de coeficientes constantes
$\frac{d^2 p}{dt^2} - k\, p(t) = 0$	Ordinaria	2	Lineal de coeficientes constantes
$\left(y'\right)^2 x - 3y = e^x$	Ordinaria	1	No lineal
$\frac{\partial^2 z}{\partial x^2} + \frac{\partial^2 z}{\partial y^2} = 0$	En derivadas parciales	2	Lineal de coeficientes constantes
$y'' + \left(\cos x\right) y = e^{x^2}$	Ordinaria	2	Lineal de coeficientes no constantes

■

2.2. SOLUCIÓN Y TIPOS DE SOLUCIONES

Consideremos una ecuación diferencial de orden n:

$$F(x, y, y', \ldots, y^{(n)}) = 0$$

Una función $y = y(x)$ se dice que es una ***solución*** de la ecuación diferencial en un intervalo si la ecuación se satisface en el intervalo al sustituir en ella la función $y = y(x)$ y sus derivadas. A una solución de la ecuación diferencial se le denomina también ***curva integral*** de la ecuación diferencial.

Ejemplo 2.3

a) La función $y = e^{2x} + e^{-2x}$ es una solución particular de la ecuación $y'' - 4y = 0$. Como $y'' = 4e^{2x} + 4e^{-2x}$, resulta que:

$$y'' - 4y = 4e^{2x} + 4e^{-2x} - 4\left(e^{2x} + e^{-2x}\right) = 0$$

b) De la misma forma, es fácil comprobar que $y = \operatorname{sen} 2x$ no es solución de la ecuación $y'' + 2y = 0$.

c) Una ecuación diferencial puede no tener solución, como ocurre con la ecuación $(y')^2 + 1 = 0$.

■

2.2.1. Solución general

Se denomina ***solución general*** de la ecuación diferencial de 1er orden $F(x, y, y') = 0$ a la familia de curvas dada por:

$$y = y(x, c)$$

que satisfacen la ecuación diferencial para cualquier valor de c.

Geométricamente, la solución general $y = y(x, c)$ corresponde a una familia de curvas, donde cada valor del parámetro c determina una curva de la familia.

Ejemplo 2.4

La familia de curvas $y = \dfrac{c}{x}$ constituye la solución general de la ecuación $xy' + y = 0$. Para comprobarlo, basta calcular y' y sustituir su valor en la ecuación diferencial.

■

2.2.2. Solución particular

Se llama ***solución particular*** de la ecuación diferencial ordinaria a la que se obtiene de la solución general asignando un valor a la constante c.

Para un valor concreto del parámetro $c = c_0$ se obtiene una solución particular $y = y(x, c_0)$. Geométricamente, una ***solución particular*** es una curva concreta de la familia de curvas que forman la solución general.

Ejemplo 2.5

La solución particular de la ecuación $xy' + y = 0$ que pasa por el punto (1,2) se calcula obteniendo el valor de la constante c de la solución general $y = \frac{c}{x}$. Como $x = 1$ e $y = 2$, se cumple que $y(1) = 2$, de donde el valor de c ha de ser 2. Así, la solución particular de la ecuación diferencial es $y = \frac{2}{x}$. Al punto (1,2) se le denomina ***condición inicial***.

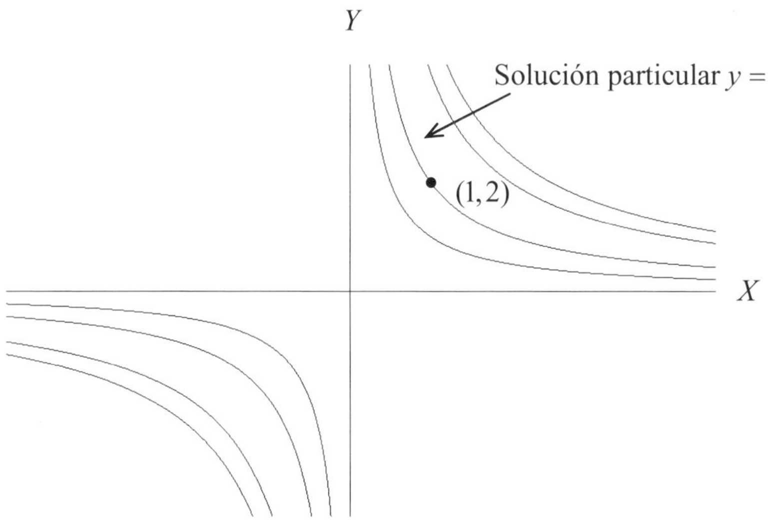

Figura 14.1. Familia de curvas correspondientes a la solución general y solución particular de la ecuación diferencial $xy' + y = 0$.

En la Figura 14.1 se representa la familia de curvas $y = \frac{c}{x}$ que constituyen la solución general de la ecuación diferencial. Si imponemos la condición de que la solución pase el punto (1,2), la curva obtenida $y = \frac{2}{x}$ es la solución particular.

■

Al problema de determinar la solución particular de una ecuación diferencial a partir de condiciones iniciales se le denomina ***problema de valores iniciales***.

2.2.3. Solución singular

Una ***solución singular*** es una función que, siendo solución de la ecuación diferencial, no se encuentra recogida en la solución general. En caso de existir, su significado geométrico es ser la envolvente[14] de la familia de curvas de la solución general.

Ejemplo 2.6

La ecuación diferencial $y^2\left((y')^2+1\right)=1$ tiene como solución general la familia de curvas:

$$(x-c)^2+y^2 = 1$$

que geométricamente corresponde a circunferencias de radio 1 centradas en el punto $(c,0)$.

Es fácil comprobar, sustituyendo en la ecuación diferencial, que las funciones $y=1$ e $y=-1$ son soluciones que no están recogidas en la solución general. Por tanto, son un ejemplo de soluciones singulares.

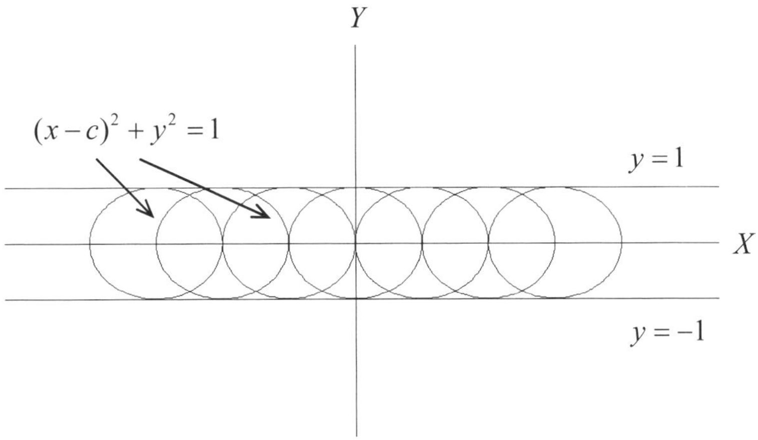

Figura 14.2. Las soluciones singulares de una ecuación diferencial son la envolvente de la familia de curvas dadas por la solución general de la ecuación.

Observemos que las curvas $y=1$ e $y=-1$ son la envolvente de la familia de curvas $(x-c)^2+y^2=1$ que forman la solución general, ya que son tangentes a cada curva de la familia (véase la Figura 14.2).

■

[14] Se llama envolvente de una familia de curvas a una curva que es tangente a todas las de la familia.

OBSERVACIONES

1) Cuando tenemos una ecuación diferencial de orden *n*, $F\left(x, y', ..., y^{(n)}\right) = 0$, la solución general tiene tantas constantes como el orden de la ecuación diferencial. Para determinar, por tanto, una solución particular de la ecuación, se necesitan n condiciones iniciales, tantas como indique el orden de la ecuación diferencial. Por ejemplo, la solución general de la ecuación diferencial de 2º orden $y'' + 4y = 0$ está dada por: $y = c_1 \operatorname{sen} 2x + c_2 \cos 2x$. Es decir, en la expresión aparecen dos constantes c_1 y c_2, tantas como el orden de la ecuación.

2) Es frecuente que la solución general o la solución particular de una ecuación diferencial venga expresada en forma implícita. Por ejemplo, la función y definida implícitamente por la ecuación $x + y = \operatorname{arctg} y$ es una solución particular de la ecuación $1 + y^2 + y^2\, y' = 0$. Para comprobarlo, derivamos implícitamente respecto de x la solución $x + y = \operatorname{arctg} y$, obteniendo:

$$1 + y' = \frac{y'}{1 + y^2}$$

o equivalentemente, simplificando,

$$1 + y^2 + y'y^2 = 0$$

que es la expresión de la ecuación.

■

Dada una ecuación diferencial, la primera pregunta que nos podemos hacer es si existe o no solución de la misma y, en caso de existir, si esta solución es única. El siguiente teorema nos dice las condiciones que ha de cumplir una ecuación diferencial de primer orden para que exista solución y además ésta sea única.

TEOREMA DE PICARD

Dada la ecuación diferencial $y' = H(x, y)$, donde H y $\dfrac{\partial H}{\partial y}$ son funciones continuas en un rectángulo cerrado R, por cada punto (x_0, y_0) del interior de R existe una única función $y(x)$ que es solución de la ecuación diferencial y que pasa por el punto (x_0, y_0).

Geométricamente, el Teorema de Picard asegura la existencia de una única curva que pasa por el punto (x_0, y_0) y cuya pendiente en cada punto (x, y) es $H(x, y)$. El teorema puede generalizarse al caso de una ecuación diferencial de orden n.

3. ECUACIONES DIFERENCIALES DE PRIMER ORDEN

Después de definir el concepto de ecuación diferencial ordinaria de orden n, realizar la clasificación atendiendo a varios criterios y tras estudiar el concepto de solución y analizar los diferentes tipos de soluciones de una ecuación diferencial ordinaria, centraremos nuestro estudio en las ecuaciones de 1er orden, desarrollando técnicas y procedimientos que permitan resolver algunas de ellas.

3.1. ECUACIONES SEPARABLES

Una ecuación diferencial de 1er orden es ***separable*** o de ***variables separadas*** si se puede escribir en la forma:

$$\frac{dy}{dx} = f(x)g(y) \tag{14.3}$$

donde f y g son funciones que dependen sólo de las variables x e y respectivamente.

La ecuación (14.3) puede escribirse separando las variables:

$$\frac{dy}{g(y)} = f(x)\,dx$$

Integrando ambos miembros:

$$\int \frac{dy}{g(y)} = \int f(x)\,dx$$

se obtiene la solución general de la ecuación que dependerá de una constante.

Ejemplo 3.1

1) Determine la solución general de la ecuación $y' = 2x(y+3)$.

Tenemos una ecuación separable, por tanto, aplicando el procedimiento descrito anteriormente:

$$\frac{dy}{dx} = 2x(y+3) \qquad \text{Expresión de } y' \text{ en su forma } \frac{dy}{dx}$$

$$\frac{dy}{y+3} = 2x\,dx \qquad \text{Separamos variables}$$

$$\int \frac{dy}{y+3} = \int 2x\,dx \qquad \text{Integramos ambos miembros}$$

$$\ln|y+3| = x^2 + c$$

$$y+3=e^{x^2+c}$$

$$y=e^{x^2+c}-3=e^c e^{x^2}-3$$

Si llamamos $K=e^c$, la solución general puede ser expresada de la forma:

$$y=Ke^{x^2}-3 \quad \text{Solución general}$$

2) Determine la solución particular de la ecuación diferencial:

$$(x^2+1)\frac{dy}{dx}=xy, \quad y(0)=3$$

La ecuación es separable, como puede comprobarse escribiéndola en la forma:

$$\frac{dy}{y}=\frac{x}{x^2+1}dx$$

Para su resolución seguimos los pasos:

$$\int\frac{dy}{y}=\int\frac{x}{x^2+1}dx \quad \text{Integramos}$$

$$\ln y=\frac{1}{2}\ln(x^2+1)+c \quad \text{Operamos}$$

$$\ln y=\ln\sqrt{x^2+1}+c \quad \text{Despejamos } y$$

$$\ln y=\ln K\sqrt{x^2+1} \quad \text{Siendo } K=e^c$$

$$y=K\sqrt{x^2+1} \quad \text{Solución general}$$

Para determinar la solución particular, usamos la condición inicial $y(0)=3$. Como $y(0)=K\sqrt{1}=K$, obtenemos que $K=3$, y por tanto:

$$y=3\sqrt{x^2+4} \quad \text{Solución particular}$$

■

3.2. *Ecuaciones Homogéneas*

Una ecuación diferencial es ***homogénea*** si se puede expresar en la forma:

$$M(x,y)dx+N(x,y)dy=0 \tag{14.4}$$

donde $M(x,y)$ y $N(x,y)$ son funciones homogéneas del mismo grado.

Otra definición equivalente de una ecuación diferencial homogénea es la siguiente:

La ecuación diferencial $y' = F(x,y)$ es ***homogénea*** si la función $F(x,y)$ es homogénea de grado cero.

Ejemplo 3.2

La ecuación diferencial $(x^2 + y^2)dx + xydy = 0$ es homogénea. En efecto, las funciones $M(x,y) = x^2 + y^2$ y $N(x,y) = xy$ son homogéneas del mismo grado $r = 2$ (recordemos que una función $f(x,y)$ es homogénea de grado r si $f(tx,ty) = t^r f(x,y)$).

Observemos que si usamos la definición equivalente, obtenemos la misma conclusión. Escribimos la ecuación de la forma:

$$xydy = -(x^2 + y^2)dx$$

de donde:

$$\frac{dy}{dx} = -\frac{(x^2 + y^2)}{xy} = F(x,y)$$

y comprobamos que la función $F(x,y) = -\frac{x^2 + y^2}{xy}$ es homogénea de grado $r = 0$.

■

3.2.1. Resolución de una ecuación homogénea

El método para resolver una ecuación homogénea consiste en transformarla en separable mediante un cambio de variable. Veamos la descripción del método de resolución.

Consideremos la ecuación homogénea (14.4) escrita en su forma $\frac{dy}{dx} = F(x,y)$, donde $F(x,y)$ es una función homogénea de grado cero. Entonces se cumple:

$$F(tx,ty) = t^0\ F(x,y)$$

Tomando $t = \frac{1}{x}$, en la expresión anterior,

$$F(x,y) = F(1,\frac{y}{x}) = F(1,z)$$

donde hemos llamado $z = \frac{y}{x}$. Al ser $y = zx$, derivando respecto de x, resulta que $\frac{dy}{dx} = x\frac{dz}{dx} + z$, y la ecuación $\frac{dy}{dx} = F(x, y)$ puede escribirse en la forma:

$$x\frac{dz}{dx} + z = F(1, z)$$

que es una ecuación separable, por lo que es posible expresarla como:

$$\frac{dz}{F(1,z) - z} = \frac{dx}{x}$$

Para obtener la solución, integramos la ecuación diferencial y deshacemos el cambio sustituyendo z por $\frac{y}{x}$.

Ejemplo 3.3

Resuelva la ecuación:

$$2xyy' = x^2 + y^2$$

Escribimos la ecuación en la forma:

$$\frac{dy}{dx} = \frac{x^2 + y^2}{2xy}$$

y comprobamos que la función $f(x, y) = \frac{x^2 + y^2}{2xy}$ del segundo miembro de la igualdad es homogénea de grado cero. Se trata, por tanto, de una ecuación homogénea.

Realizamos el cambio, $z = \frac{y}{x}$, es decir:

$$y = zx \quad , \quad \frac{dy}{dx} = z + x\frac{dz}{dx}$$

por tanto, la ecuación diferencial podemos expresarla en términos de x y z,

$$z + x\frac{dz}{dx} = \frac{x^2 + x^2z^2}{2x^2z}$$

Simplificando,

$$z + x\,\frac{dz}{dx} = \frac{1+z^2}{2z}$$

y separando las variables, resulta que:

$$x\,\frac{dz}{dx} = \frac{1-z^2}{2z}$$

$$\frac{2z}{1-z^2}dz = \frac{1}{x}dx$$

Resolvemos ahora la ecuación separable:

$$\int \frac{2z}{1-z^2}\,dz = \int \frac{dx}{x}$$

$$-\ln(1-z^2) = \ln x + c$$

$$\ln(1-z^2) = -\ln x - c$$

$$\ln(1-z^2) = \ln\left(K\frac{1}{x}\right)$$

$$1 - z^2 = \frac{K}{x}$$

y deshaciendo el cambio, $z = \dfrac{y}{x}$:

$$1 - \frac{y^2}{x^2} = \frac{K}{x}$$

obtenemos la solución general de la ecuación:

$$y^2 = x^2 - Kx$$

■

3.3. *Ecuaciones Exactas*

Consideremos una familia de curvas $f(x,y) = c$. Su ecuación diferencial asociada, es decir, la ecuación diferencial de la cual la familia de curvas es solución, se puede escribir en la forma $df = 0$:

$$\frac{\partial f}{\partial x}dx + \frac{\partial f}{\partial y}dy = 0$$

Por ejemplo, dada la familia de circunferencias centradas en el origen $x^2 + y^2 = c$, su ecuación diferencial asociada es:

$$2xdx + 2ydy = 0$$

Nos planteamos el problema recíproco: dada una ecuación diferencial,

$$M(x,y)dx + N(x,y)dy = 0$$

¿existe una función $f(x,y)$ tal que su diferencial corresponda exactamente a la expresión de la ecuación? Es decir, ¿existe $f(x,y)$ tal que:

$$\frac{\partial f}{\partial x} = M(x,y) \quad \text{y} \quad \frac{\partial f}{\partial y} = N(x,y)\,?$$

Cuando esto ocurre, la ecuación diferencial se llama exacta, ya que su expresión se obtiene "exactamente" a partir de la diferencial de la función $f(x,y)$. En este caso se puede resolver la ecuación diferencial, ya que la ecuación sería equivalente a la ecuación $df = 0$ y la familia de curvas dada por $f(x,y) = c$ sería la solución general buscada.

La ecuación diferencial $M(x,y)dx + N(x,y)dy = 0$ es ***exacta*** si existe una función $f(x,y)$ con derivadas parciales continuas tal que:

$$\frac{\partial f}{\partial x} = M(x,y) \quad , \quad \frac{\partial f}{\partial y} = N(x,y)$$

Nos planteamos ahora: ¿cómo saber si una ecuación diferencial es exacta?

Observemos que, si la ecuación es exacta, se cumple que:

$$\frac{\partial f}{\partial x} = M(x,y), \quad \frac{\partial f}{\partial y} = N(x,y) \qquad (14.5)$$

Si derivamos las expresiones que aparecen en (14.5) respecto a x e y y aplicamos el Teorema de Schwarz, resulta que:

$$\frac{\partial^2 f}{\partial y \partial x} = \frac{\partial M}{\partial y} = \frac{\partial^2 f}{\partial x \partial y} = \frac{\partial N}{\partial x}$$

lo que proporciona una condición necesaria para que la ecuación sea exacta. Es posible demostrar que la condición necesaria también es suficiente, obteniéndose el siguiente resultado:

TEOREMA 2

La ecuación diferencial:

$$M(x,y)dx + N(x,y)dy = 0$$

es exacta si y sólo si:

$$\frac{\partial M}{\partial y} = \frac{\partial N}{\partial x} \qquad (14.6)$$

Ejemplo 3.4

La ecuación $e^y dx + (xe^y + 2y)dy = 0$ es exacta, ya que, si:

$$M(x,y) = e^y \text{ y } N(x,y) = xe^y + 2y$$

se cumple la condición (14.6):

$$\frac{\partial M}{\partial y} = e^y = \frac{\partial N}{\partial x}$$

■

3.3.1. Resolución de una ecuación exacta

Estudiada ya la manera de determinar la exactitud de una ecuación diferencial, abordamos ahora el problema de encontrar la solución general.

Recordemos que la función $f(x,y)$, que define la solución de la ecuación diferencial, ha de cumplir que $\frac{\partial f}{\partial x} = M(x,y)$ y $\frac{\partial f}{\partial y} = N(x,y)$. Para hallar $f(x,y)$, comenzamos integrando respecto de x la ecuación $\frac{\partial f}{\partial x} = M(x,y)$. De esta forma,

$$f(x,y) = \int M(x,y)\,dx + g(y) \qquad (14.7)$$

donde $g(y)$ es una función que depende sólo de la variable y. La función $g(y)$ se calcula de la siguiente forma: derivando respecto de y la expresión anterior e igualando el valor obtenido a la función $N(x,y)$, ya que $\frac{\partial f}{\partial y} = N(x,y)$, obtenemos que:

$$\frac{\partial f}{\partial y} = \frac{\partial}{\partial y}\left[\int M(x,y)dx\right] + g'(y) = N(x,y)$$

de donde:

$$g'(y) = N(x,y) - \frac{\partial}{\partial y}\int M(x,y)dx$$

e integrando la ecuación, podemos calcular la función $g(y)$. Si se sustituye el valor de $g(y)$ en (14.7), obtenemos la expresión completa de la función $f(x,y)$. La solución de la ecuación diferencial exacta es $f(x,y) = c$.

Veamos el procedimiento en un ejemplo.

Ejemplo 3.5

Consideremos la ecuación diferencial:

$$e^y dx + \left(xe^y + 2y\right)dy = 0$$

Según comprobamos anteriormente, se trata de una ecuación exacta. Sean:

$$M(x,y) = e^y \quad y \quad N(x,y) = xe^y + 2y$$

$$f(x,y) = \int e^y dx + g(y) = e^y x + g(y) \qquad \text{Integramos } M \text{ respecto de } x$$

$$\frac{\partial f}{\partial y} = xe^y + g'(y) \qquad \text{Derivamos respecto de } y$$

$$xe^y + g'(y) = xe^y + 2y \qquad \text{Usamos que } \frac{\partial f}{\partial y} = N(x,y)$$

$$g'(y) = 2y \qquad \text{Despejamos } g(y)$$

$$g(y) = y^2$$

$$f(x,y) = e^y x + y^2 \qquad \text{Sustituimos el valor de } g(y)$$

La solución general de la ecuación es $f(x,y) = c$, es decir:

$$e^y x + y^2 = c$$

Para comprobar que la familia de curvas $f(x,y) = e^y x + y^2 = c$ es la solución general de la ecuación diferencial exacta, basta calcular la diferencial df y observar que $df = 0$ coincide con la ecuación diferencial de partida.

■

3.4. *ECUACIONES LINEALES*

A continuación estudiaremos las ecuaciones diferenciales lineales de 1er orden. Estas ecuaciones aparecen con frecuencia en diferentes ramas de la ciencia. Concretamente, los ejemplos presentados en la introducción del capítulo constituyen ecuaciones de este tipo.

Se llama ***ecuación diferencial lineal de 1er orden*** a toda ecuación de la forma:

$$y' + P(x)y = Q(x) \tag{14.8}$$

donde $P(x)$ y $Q(x)$ son funciones continuas.

La expresión (14.8) se denomina ***forma canónica*** de la ecuación diferencial lineal.

Ejemplo 3.6

1) La ecuación diferencial:

$$y' + 2xy = x^2 + 1$$

es lineal de 1er orden. Además, aparece expresada en forma canónica, siendo $P(x) = 2x$ y $Q(x) = x^2 + 1$.

2) La ecuación diferencial:

$$xy' - 2y = x^2$$

es lineal de 1er orden, sin embargo, no está expresada en forma canónica. La expresión en forma canónica se obtiene dividiendo la ecuación por x,

$$y' - \frac{2}{x}y = x$$

donde $P(x) = \frac{-2}{x}$ y $Q(x) = x$.

■

3.4.1. Resolución de una ecuación lineal de primer orden

Para resolver la ecuación, supongamos que se tiene una función $u(x)$ que cumpla la condición:

$$\frac{d}{dx}\left[u(x)y\right] = u(x)\left[y' + P(x)y\right] \tag{14.9}$$

Si multiplicamos los dos miembros de (14.8) por $u(x)$, resulta que:

$$u(x)\left[y' + P(x)y\right] = u(x)Q(x) \tag{14.10}$$

Según la ecuación (14.9), el primer término de la igualdad (14.10) es igual a $\frac{d}{dx}\left[u(x)y\right]$. Por tanto, la ecuación (14.10) se transforma en:

$$\frac{d}{dx}\left[u(x)\,y\right]=u(x)Q(x) \tag{14.11}$$

integrando ahora los dos miembros de (14.11):

$$u(x)y=\int u(x)Q(x)\,dx+c$$

y despejando, se obtiene la solución de la ecuación:

$$y=\frac{1}{u(x)}\left[\int u(x)Q(x)\,dx+c\right]$$

Sólo resta, por tanto, calcular la función $u(x)$ que cumpla la ecuación (14.9). Para hallar dicha función, basta desarrollar y simplificar la expresión (14.9), entonces se tiene que:

$$u'(x)y+u(x)y'=y'u(x)+y\,P(x)\,u(x)$$
$$u'(x)=P(x)u(x)$$
$$\frac{u'(x)}{u(x)}=P(x)$$

e integrando:

$$\int\frac{u'(x)}{u(x)}dx=\int P(x)\,dx \quad\Leftrightarrow\quad \ln\left[u(x)\right]=\int P(x)\,dx$$

se llega a que $u(x)=e^{\int P(x)dx}$.

A la función $u(x)=e^{\int P(x)dx}$ se le llama ***factor integrante*** de la ecuación lineal

$$y'+P(x)y=Q(x).$$

El siguiente cuadro resume la resolución de una ecuación diferencial lineal de primer orden:

$y'+P(x)y=Q(x).$	Forma canónica
$u(x)=e^{\int P(x)dx}$	Cálculo del factor integrante $u(x)$
$y=\frac{1}{u(x)}\left[\int u(x)Q(x)\,dx+c\right]$	Solución general

Ejemplo 3.7

1) Considere la ecuación lineal:

$$xy'+y=xe^{x}$$

Comenzamos escribiendo la ecuación en forma canónica dividiendo por x,

$$y' + \frac{1}{x} y = e^x$$

Calculamos ahora el factor integrante $u(x) = e^{\int P(x)\,dx}$,

$$u(x) = e^{\int \frac{1}{x} dx} = e^{\ln x} = x$$

Como $P(x) = \frac{1}{x}$ y $Q(x) = e^x$, la solución general de la ecuación es:

$$y = \frac{1}{u(x)}\left[\int u(x)Q(x)dx + c\right] = \frac{1}{x}\left[\int x e^x\ dx + c\right] = \frac{1}{x}\left[x e^x - e^x + c\right]$$

$$y = \frac{1}{x}\left[e^x (x-1) + c\right]$$

2) Considere la ecuación lineal expresada en forma canónica:

$$y' - y \operatorname{tg} x = 1$$

Calculamos el factor integrante $u(x) = e^{\int -\operatorname{tg} x dx}$, es decir:

$$u(x) = e^{\int -\frac{\operatorname{sen} x}{\cos x} dx} = e^{\ln \cos x} = \cos x$$

Como $P(x) = -\operatorname{tg} x, Q(x) = 1$, la solución general está dada por:

$$y = \frac{1}{u(x)}\left[\int u(x)Q(x)dx + c\right] = \frac{1}{\cos x}\left[\int \cos\ x\ dx + c\right] = \frac{1}{\cos x}\left[\operatorname{sen} x + c\right]$$

■

OBSERVACIÓN

Otra forma de resolver la ecuación consiste en aplicar el procedimiento desarrollado en la exposición teórica para obtener la solución de la ecuación.

Recordemos que calculábamos en primer lugar la función $u(x) = e^{\int P(x) dx}$, en este caso, $u(x) = \cos x$.

Ahora multiplicamos los dos miembros de la ecuación por el factor integrante $u(x) = \cos x$ y tenemos en cuenta que el 1er miembro es igual a $\frac{d}{dx}\left[u(x)y\right]$:

$$\underbrace{(\cos x)y' - y \operatorname{tg} x \cos x}_{\frac{d}{dx}[y \cos x]} = \cos x$$

Integrando respecto de x los dos miembros de la igualdad, se tiene que:

$$y\cos x = \int \cos x \, dx + c = \operatorname{sen} x + c$$

y por tanto:

$$y = \frac{1}{\cos x}\left[\operatorname{sen} x + \mathrm{c}\right]$$

3.5. *ECUACIONES DIFERENCIALES DE BERNOUILLI*

Una ecuación diferencial de primer orden $y' = F(x,y)$ es una ecuación de ***Bernouilli*** si se puede expresar de la forma:

$$y' + f(x)\,y = g(x)\,y^n$$

donde f y g son funciones reales de variable real y $n \in \mathbb{N} \cup \{0\}$.

Observemos que, cuando $n = 0$ o bien $n = 1$, la ecuación de Bernouilli es una ecuación lineal de primer orden.

En el caso $n \neq 0$ y $n \neq 1$, es posible transformar la ecuación de Bernouilli en una ecuación lineal.

Se multiplica la ecuación por y^{-n}, obteniéndose:

$$y^{-n} y' + f(x)\,y^{-n+1} = g(x)$$

Si ahora realizamos el cambio de variable $z = y^{-n+1}$, entonces, $z' = (1-n)\,y^{-n}\,y'$. Sustituyendo en la ecuación diferencial, se tiene que:

$$\frac{1}{1-n}\,z' + f(x)\,z = g(x)$$

o equivalentemente:

$$z' + (1-n)f(x)\,z = (1-n)g(x)$$

La ecuación diferencial obtenida es lineal, siendo x la variable independiente y z la variable dependiente. La ecuación se resuelve aplicando el método estudiado en el apartado anterior para ecuaciones lineales y deshaciendo posteriormente el cambio realizado.

Ejemplo 3.8

Consideremos la ecuación diferencial dada por:

$$y' + \frac{1}{x}\,y = x\,y^2$$

Se trata de una ecuación de Bernouilli para $n=2$. Comenzamos multiplicando los dos miembros de la ecuación por y^{-2}, obteniéndose la ecuación equivalente:

$$y^{-2}y'+\frac{1}{x}y^{-1}=x$$

Realizando el cambio de variable $z=y^{-1}$, como $z'=-y'y^{-2}$, sustituyendo, resulta que:

$$-z'+\frac{1}{x}z=x$$

Por tanto, el cambio de variable ha transformado la ecuación de Bernouilli en la ecuación lineal:

$$z'-\frac{1}{x}z=-x$$

Para resolverla, calculamos en primer lugar el factor integrante $u(x)=e^{\int -\frac{1}{x}dx}=e^{-\ln x}=\frac{1}{x}$, de donde la solución de la ecuación lineal es:

$$z=x\left[\int\frac{1}{x}(-x)\,dx+c\right]=x\left[-x+c\right]$$

Deshaciendo el cambio, $z=\frac{1}{y}$, la solución final es:

$$y=\frac{1}{x\left[-x+c\right]}$$

■

4. Algunas Aplicaciones Económicas de las Ecuaciones Diferenciales de Primer Orden

En este apartado estudiaremos algunos fenómenos cuyo comportamiento puede describirse a través de una ecuación diferencial.

4.1. Modelo de Crecimiento Exponencial

Supongamos que la tasa de crecimiento de una determinada cantidad $P(t)$ es proporcional a la cantidad $P(t)$ en cada instante t. Esta situación se describe mediante la ecuación diferencial de variables separadas:

$$\frac{dP}{dt} = K\,P(t)\,,\; K > 0 \qquad (14.12)$$

Separando variables en (14.12) e integrando, se tiene que:

$$\int \frac{dP}{P(t)} = Kdt$$

$$\ln\left|P(t)\right| = Kt + c$$

$$P(t) = e^{Kt+c} = \underbrace{e^{c}}_{\alpha}\, e^{Kt}$$

y por tanto, $P(t) = \alpha e^{Kt}$, $K > 0$ y $\alpha > 0$ es la solución general de la ecuación diferencial (14.12). Conocido el valor de la cantidad $P(t)$ en un momento determinado t_0, $P(t_0) = A_0$, se calcula el valor de α y se obtiene una solución particular de la ecuación diferencial.

La solución general es la familia de curvas exponenciales representadas en la Figura 14.3.

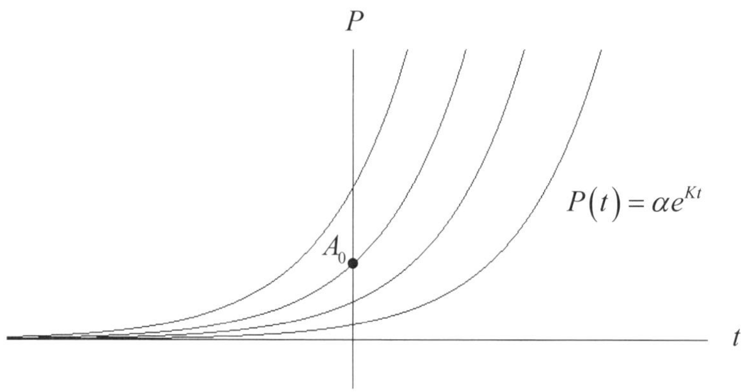

Figura 14.3. Familia de curvas de crecimiento exponencial $P(t) = \alpha e^{Kt}$.

Ejemplo 4.1 (Interés continuo)

Sea $x(t)$ el saldo de una cuenta corriente en el instante t y sea r la tasa de interés continuo de la cuenta. Suponga que la tasa de crecimiento del saldo de la cuenta es proporcional al saldo de la cuenta en cada instante t, siendo r la constante de proporcionalidad. Esta situación se expresa con la ecuación diferencial:

$$x'(t) = r\,x(t) \qquad (14.13)$$

Si integramos la ecuación diferencial (14.13) tal y como lo hicimos con la ecuación (14.12), se obtiene que el saldo de la cuenta en cada instante es:

$$x(t) = x_0 e^{rt} \tag{14.14}$$

donde x_0 es el saldo inicial de la cuenta. La constante de proporcionalidad r es la tasa de interés continuo aplicada a la cuenta corriente.

■

Ejemplo 4.2 (Interés continuo con la tasa de interés variando con el tiempo)

Sea $x(t)$ el saldo de una cuenta corriente en el instante t y supongamos que la tasa de interés continuo de la cuenta $r(t)$ va cambiando con el tiempo. La tasa de crecimiento $x'(t)$ del saldo de la cuenta es en cada instante igual a $r(t)\,x(t)$. Se tiene, por tanto, la siguiente ecuación diferencial:

$$x'(t) = r(t)\,x(t) \tag{14.15}$$

Integramos ahora la ecuación (14.15) como una ecuación de variables separadas:

$$\int \frac{x'(t)}{x(t)} dx = \int r(t)\,dt \Rightarrow \ln[x(t)] = \int r(t)\,dt + K \Rightarrow x(t) = c\,e^{\int r(t)\,dt}$$

Sea $R(t) = \int r(t)\,dt$, entonces:

$$x(t) = c\,e^{R(t)} \tag{14.16}$$

Si x_0 es el valor de la inversión inicial, sustituyendo en (14.16), $x(0) = ce^{R(0)} = x_0$, de donde $c = x_0\,e^{-R(0)}$. Llevando el valor de c a la ecuación (14.16), se tiene que:

$$x(t) = x_0\,e^{R(t)-R(0)} \tag{14.17}$$

Como $\int_0^t r(s)\,ds = R(t) - R(0)$, sustituyendo en (14.17), se llega a la siguiente expresión para el saldo de la cuenta corriente cuando la tasa de interés continuo varía con el tiempo:

$$x(t) = x_0 e^{\int_0^t r(s)\,ds} \tag{14.18}$$

Observemos que la ecuación (14.14) es un caso particular de la ecuación (14.18), cuando la tasa de interés $r(t)$ es constante en todo instante.

■

4.2. *Modelo de Decrecimiento Exponencial*

Supongamos que una cantidad $P(t)$ decrece a un ritmo proporcional a su tamaño en cada instante t. En este caso,

$$\frac{dP}{dt} = -K\,P(t),\; K > 0 \tag{14.19}$$

Integrando (14.19) obtenemos la solución:

$$P(t) = \alpha e^{-Kt}, \alpha > 0$$

Gráficamente, la solución general es la familia de curvas representadas en la Figura 14.4.

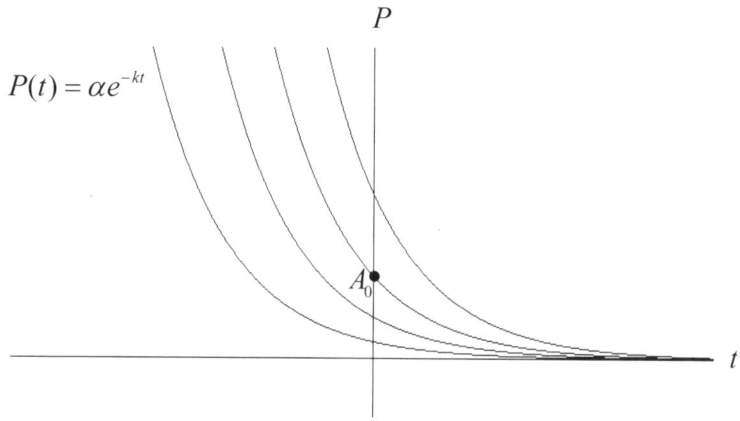

Figura 14.4. Familia de curvas de decrecimiento exponencial $P(t) = \alpha e^{-Kt}, \alpha > 0$.

■

4.3. *Curva de Aprendizaje*

Consideremos ahora una cantidad $P(t)$ que crece a un ritmo que es proporcional a la diferencia entre un límite superior fijo B y su tamaño en cada instante $P(t)$.

La ecuación diferencial que describe esta situación es:

$$\frac{dP}{dt} = K(B-P),\; K > 0 \tag{14.20}$$

Integramos la ecuación (14.20) como una ecuación de variables separadas:

$$\int \frac{dP}{B-P} = \int K dt \Rightarrow -\ln|B-P| = Kt + c$$

de donde:

$$|B-P| = e^{-Kt-c} \;\Rightarrow B - P = e^{-Kt}.\underbrace{e^{-c}}_{A}$$

y la trayectoria que describe la evolución del tamaño de la población con el tiempo es:

$$P(t) = B - Ae^{-Kt} \quad , \; A > 0, B > 0$$

Esta curva que acabamos de obtener se denomina ***curva de aprendizaje,*** y su gráfica puede verse en la Figura 14.5.

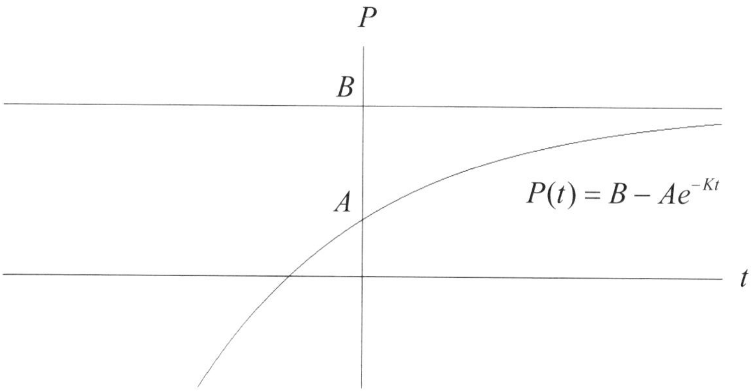

Figura 14.5. Curva de aprendizaje $P(t) = B - Ae^{-Kt}$.

Observemos que:

$$\lim_{t \to +\infty} P(t) = B$$

Consideremos el siguiente ejemplo en el que se aplica el modelo de crecimiento dado por la curva de aprendizaje.

Ejemplo 4.3

La tasa de crecimiento del número de personas que han oído hablar de la aparición en el mercado de un nuevo producto es proporcional al número de personas que no han oído hablar al respecto.

Si B es la población total y $P(t)$ es el número de personas que han oído hablar de la aparición en el mercado del nuevo producto en el instante t, la ecuación diferencial que describe la anterior situación es:

$$\frac{dP}{dt} = K(B - P)$$

cuya solución, como acabamos de ver, es la curva de aprendizaje $P(t) = B - Ae^{-Kt}$.

■

4.4. *Modelo de Ajuste de Precios*

Consideremos ahora la situación descrita en el primer ejemplo de la introducción. Supongamos que:

a) La oferta S y la demanda D de un bien dependen de su precio P en la forma:

$$D = a - bP, \quad S = -c + dP \tag{14.21}$$

donde $a,b,c,d > 0$.

b) La tasa de variación del precio es proporcional al exceso de demanda (demanda menos oferta).

$$\frac{dP}{dt} = K(D - S) \ , K > 0 \tag{14.22}$$

c) El precio en el instante inicial es $P(0) = P_0$.

Calculemos la evolución del precio a lo largo del tiempo. Para ello hemos de resolver la ecuación diferencial (14.22). Sustituyendo los valores de D y S en (14.22)tenemos:

$$\frac{dP}{dt} = K\left[a - bP(t) + c - dP(t)\right]$$

es decir:

$$\frac{dP}{dt} = K(a+c) - K(b+d)P(t) \tag{14.23}$$

que es una ecuación diferencial lineal de 1er orden.

El precio de equilibrio es el precio P_e en el que la oferta y la demanda coinciden. Tomando $D = S$ en (14.21):

$$a - bP_e = -c + dP_e$$

se obtiene el valor del precio en equilibrio P_e:

$$P_e = \frac{a+c}{b+d}$$

Si llamamos $\lambda = K(b+d)$, entonces, $K(a+c) = K(b+d)P_e = \lambda P_e$ y la ecuación (14.23) puede escribirse como:

$$\frac{dP}{dt} = \underbrace{K(a+c)}_{\lambda P_e} - \underbrace{K(b+d)}_{\lambda} P(t)$$

es decir:

$$\frac{dP}{dt} = \lambda P_e - \lambda P(t) \tag{14.24}$$

que es una ecuación diferencial lineal de 1er orden. Escribimos la ecuación (14.24) en forma canónica,

$$\frac{dP}{dt} + \lambda P(t) = \lambda P_e \qquad (14.25)$$

y la resolvemos. El factor integrante está dado por $u(t) = e^{\int \lambda dt} = e^{\lambda t}$, de donde:

$$P(t) = \frac{1}{u(t)}\left[\int u(t)\,\lambda\, P_e\, dt + c\right] = \frac{1}{e^{\lambda t}}\left[\int e^{\lambda t}\,\lambda\, P_e\, dt + c\right] = \frac{1}{e^{\lambda t}}\left[P_e\, e^{\lambda t} + c\right]$$

y por tanto,

$$P(t) = e^{-\lambda t}\left[P_e\, e^{\lambda t} + c\right]$$

es la solución general de la ecuación (14.25).

Para obtener la solución particular de (14.25), tenemos en cuenta que $P(0) = P_0$, es decir:

$$P(0) = P_e + c = P_0, \qquad c = P_0 - P_e$$

de donde

$$P(t) = e^{-\lambda t}\left[P_e e^{\lambda t} + P_o - P_e\right]$$

y,

$$P(t) = P_e + (P_0 - P_e)e^{-\lambda t} \qquad (14.26)$$

Observemos qué ocurre cuando $t \to +\infty$, es decir, cuál será la tendencia de los precios a largo plazo. Como $\lambda = K(b+d) > 0$, entonces:

$$\lim_{t\to+\infty} P(t) = \lim_{t\to+\infty}\left[P_e + (P_0 - P_e)e^{-\lambda t}\right] = P_e$$

Así, según las hipótesis establecidas en el modelo, el precio del bien en el mercado converge en el tiempo hacia el precio de equilibrio.

■

4.5. UN MODELO MACROECONÓMICO

En el estudio de fenómenos macroeconómicos es frecuente el uso de las ecuaciones diferenciales como herramienta de trabajo. La relación existente entre las tasas de cambio de las variables económicas que aparecen en el problema pueden ser expresadas a partir de una ecuación diferencial, cuya resolución, conocidas unas condiciones iniciales, permite determinar el comportamiento de estas variables a través del tiempo. A continuación mostraremos un ejemplo sencillo de un modelo macroeconómico expresado a partir de una ecuación diferencial.

Sea $Y = Y(t)$ el producto nacional bruto y representemos por $K = K(t)$ al *stock* de capital y por $L = L(t)$ al número de trabajadores de un país en el instante t. El modelo macroeconómico viene expresado por las siguientes ecuaciones:

$$Y = AK^{1-\alpha}L^{\alpha} \tag{14.27}$$

$$\frac{dK}{dt} = sY \tag{14.28}$$

$$L = L_0 e^{\lambda t} \tag{14.29}$$

donde A, α, s, L_0 y λ son constantes positivas con $\lambda > 1$ y $t \geq 0$. A partir de las ecuaciones anteriores, se trata de determinar una ecuación diferencial que permita hallar el valor de $K = K(t)$, sabiendo que $K(0) = K_0$.

Comenzamos buscando la ecuación diferencial que permita hallar $K = K(t)$. Si sustituimos (14.27) en (14.28), se obtiene:

$$\frac{dK}{dt} = s\,A\,K^{1-\alpha}\,L^{\alpha} \tag{14.30}$$

Sustituyendo ahora (14.29) en (14.30), se obtiene la siguiente ecuación diferencial:

$$\frac{dK}{dt} = s\,A\,L_0^{\alpha}\,e^{\alpha\lambda t}\,K^{1-\alpha} \tag{14.31}$$

La ecuación diferencial (14.31) es separable, por tanto, separando las variables, resulta que:

$$\frac{dK}{K^{1-\alpha}} = s\,A\,L_0^{\alpha}\,e^{\alpha\lambda t}\,dt \tag{14.32}$$

e integrando ambos miembros:

$$\int\frac{dK}{K^{1-\alpha}} = \int s\,A\,L_0^{\alpha}\,e^{\alpha\lambda t}\,dt \tag{14.33}$$

se tiene que:

$$\frac{1}{\alpha}K^{\alpha} = s\,A\,L_0^{\alpha}\,\frac{1}{\lambda\alpha}\,e^{\lambda\alpha t} + C \tag{14.34}$$

y simplificando (14.34), resulta que:

$$K^{\alpha} = s\,A\,L_0^{\alpha}\,\frac{1}{\lambda}e^{\lambda\alpha t} + C \tag{14.35}$$

Como $K(0) = K_0$, calculamos la constante C:

$$C = K_0^{\alpha} - \frac{1}{\lambda}s\,A\,L_0^{\alpha} \tag{14.36}$$

y sustituyendo (14.36) en la expresión (14.35) y despejando K, se obtiene:

$$K = \left[K_0^{\alpha} + s\,A L_0^{\alpha} \frac{1}{\lambda}\left(e^{\lambda\alpha t} - 1\right) \right]^{1/\alpha} \tag{14.37}$$

4.6. *Saldo de una Cuenta a Interés Continuo con Depósitos y Reintegros*

Estudiemos a continuación el saldo de una cuenta corriente a interés continuo en la que se realizan depósitos y reintegros. Supongamos que $w(t)$ es el saldo de la cuenta en cada instante t y que $y(t)$ y $c(t)$ representan el flujo de ahorros y de reintegros en función del tiempo. Si representamos por r la tasa de interés continuo, entonces, la tasa de cambio del saldo de la cuenta con respecto al tiempo está dada por:

$$\frac{dw}{dt} = rw + y(t) - c(t) \tag{14.38}$$

La ecuación diferencial (14.38) es lineal, por tanto, comenzamos escribiéndola en forma canónica $\frac{dw}{dt} - rw = y(t) - c(t)$ y resolviéndola hallando el factor integrante $u(t)$, dado por:

$$u(t) = e^{\int -r dt} = e^{-rt} \tag{14.39}$$

La solución de la ecuación (14.38) es, por tanto:

$$w(t) = \frac{1}{e^{-rt}}\left[\int e^{-rt}\left[y(t) - c(t)\right] dt + C \right] \tag{14.40}$$

y simplificando, se obtiene la expresión del saldo de la cuenta $w(t)$:

$$w(t) = e^{rt} \int e^{-rt}\left[y(t) - c(t)\right] dt + Ce^{rt} \tag{14.41}$$

A veces es útil expresar la fórmula (14.41) en forma de integral definida. Comencemos expresando la fórmula (14.41) de la siguiente forma:

$$e^{-rt} w(t) = \int e^{-rt}\left[y(t) - c(t)\right] dt + C \tag{14.42}$$

Si llamamos $f(t) = e^{-rt}\left[y(t) - c(t)\right]$, según (14.42), la función $F(t) = e^{-rt} w(t)$ es una primitiva de $f(t)$, es decir, $F'(t) = f(t)$. Por la regla de Barrow se sabe que $F(t) - F(0) = \int_0^t f(s)\,ds$, por lo que, teniendo en cuenta que $F(0) = w(0)$, se llega a la siguiente expresión:

$$e^{-rt}\, w(t) = w(0) + \int_0^t e^{-rs}\left[y(s) - c(s)\right] ds \tag{14.43}$$

y equivalentemente, multiplicando (14.43) por e^{rt}, se tiene que el saldo $w(t)$ de una cuenta corriente con depósitos y reintegros está dado por:

$$w(t) = e^{rt}\, w(0) + e^{rt} \int_0^t e^{-rs} \left[y(s) - c(s) \right] ds \tag{14.44}$$

■

5. Ecuaciones Diferenciales Lineales de Orden Superior

Una ecuación diferencial de la forma:

$$y^{(n)} + a_1(x) y^{(n-1)} + \ldots + a_{n-1}(x) y' + a_n(x) y = b(x) \tag{14.45}$$

donde $a_1(x), \ldots, a_{n-1}(x), a_n(x)$ y $b(x)$ son funciones continuas, es una ***ecuación diferencial lineal de orden n***.

Las ecuaciones diferenciales lineales pueden clasificarse como:

- Cuando $b(x) = 0$, la ecuación diferencial (14.45) es ***homogénea***[15].

En caso contrario, decimos que la ecuación diferencial es ***no homogénea o completa.***

- Si las funciones $a_i(x), i = 1, 2, \ldots, n$ son constantes, la ecuación diferencial (14.45) se llama de ***coeficientes constantes.***

Ejemplo 5.1

Clasifique las siguientes ecuaciones diferenciales lineales.

a) $y'' + 2xy' - y = 0$

Ecuación diferencial lineal de orden 2 de coeficientes no constantes homogénea.

b) $y^{(4)} - 3y'' = 2x$

Ecuación diferencial lineal de orden 4 de coeficientes constantes no homogénea.

■

Nuestro estudio se limitará al de las ecuaciones lineales con coeficientes constantes. Comenzaremos estudiando el caso particular en el que la ecuación es homogénea.

---

[15] No debe confundirse el término homogénea para una ecuación diferencial lineal de orden n, con el mismo término aplicado a las ecuaciones de 1er orden tratado en el epígrafe anterior.

5.1. *Ecuaciones Diferenciales Lineales Homogéneas de Orden Superior*

Sea la ecuación diferencial lineal homogénea de coeficientes constantes:

$$y^{(n)} + a_1 y^{(n-1)} + ... + a_{n-1}\, y' + a_n y = 0 \qquad (14.46)$$

donde $a_1, a_2, ..., a_{n-1}, a_n$ son números reales.

A partir de la ecuación diferencial (14.46), construimos la siguiente ecuación de grado n cuyos coeficientes son los de la ecuación diferencial:

$$\lambda^n + a_1\lambda^{n-1} + ... + a_{n-1}\lambda + a_n = 0 \qquad (14.47)$$

La ecuación (14.47) se denomina ***ecuación característica*** asociada a la ecuación diferencial homogénea (14.46). Las soluciones de la ecuación característica nos van a permitir construir las soluciones de la ecuación diferencial lineal.

Se tienen los siguientes casos, según que las raíces sean reales o complejas.

a) Raíces reales

Sean $\lambda_1, \lambda_2, ..., \lambda_p$ las raíces reales del polinomio característico con multiplicidades $m_1, m_2, ..., m_p$, respectivamente.

La solución general de la ecuación (14.46) viene dada por:

$$y = P_1(x)\, e^{\lambda_1 x} + P_2(x)e^{\lambda_2 x} + ... + P_p(x)e^{\lambda_p x}$$

donde el polinomio $P_i(x)$ cumple que $GrP_i(x) = m_i - 1$, $i = 1, 2, ...p$.

Observemos que si las raíces son simples, entonces la solución general es:

$$y = c_1 e^{\lambda_1 x} + c_2 e^{\lambda_2 x} + ... + c_n e^{\lambda_n x}$$

siendo $c_1, c_2, ..., c_n$ constantes.

Ejemplo 5.2

Sea la ecuación diferencial lineal:

$$y'' - 3y' + 2y = 0$$

Consideramos la ecuación característica asociada a la ecuación diferencial:

$$\lambda^2 - 3\lambda + 2 = 0$$

cuyas raíces $\lambda = 2$ y $\lambda = 1$ son reales y simples. La solución general de la ecuación diferencial es:

$$y = c_1 e^x + c_2 e^{2x}$$

Para determinar la solución particular que cumple las condiciones iniciales $y(0)=0$, $y'(0)=1$, calculamos los coeficientes c_1, c_2. Como:

$$y(0)=c_1+c_2=0$$

$$y'(0)=c_1+2c_2=1$$

resolviendo el sistema, obtenemos que $c_1=-1$, $c_2=1$ y la solución particular buscada:

$$y=-e^x+e^{2x}$$

■

Ejemplo 5.3

Sea la ecuación diferencial lineal siguiente:

$$y^{(4)}-2y''+y=0$$

Las soluciones de la ecuación característica $\lambda^4-2\lambda^2+1=0$ son:

$$\lambda_1=1 \quad \text{(Doble)} \quad \text{y} \quad \lambda_2=-1 \quad \text{(Doble)}.$$

Por tanto la solución general viene dada por:

$$y=(c_1+c_2x)e^x+(c_3+c_4x)e^{-x}$$

■

b) Raíces complejas

Supongamos que $\alpha+\beta i$ y $\alpha-\beta i$ son raíces de la ecuación característica con multiplicidad m (recordemos que si $z=\alpha+\beta i$ es una raíz, también lo es $z=\alpha-\beta i$).

La solución general de la ecuación contiene el siguiente término para cada pareja de raíces:

$$e^{\alpha x}\left[P_{m-1}(x)\cos\beta x+Q_{m-1}(x)\operatorname{sen}\beta x\right]$$

donde $P_{m-1}(x)$, $Q_{m-1}(x)$ son polinomios de grado $m-1$ (m es la multiplicidad de la raíz correspondiente). Así, si las raíces de la ecuación característica son $\alpha_j\pm\beta_j i$, con multiplicidades m_j, $j=1,2,...,n$, entonces, la solución general de la ecuación diferencial es:

$$y=\sum_{j=1}^{n}e^{\alpha_j x}\left[P^j_{m_j-1}(x)\cos\beta_j x+Q^j_{m_j-1}(x)\operatorname{sen}\beta_j x\right]$$

donde $P^j_{m_j-1}(x)$ y $Q^j_{m_j-1}(x)$ son polinomios de grado m_j-1.

Observemos que, si las raíces complejas $\alpha_j \pm \beta_j i$ son simples, la solución general es:

$$y = \sum_{j=1}^{n} e^{\alpha_j x}\left[A_j \cos\beta_j x + B_j \operatorname{sen}\beta_j x\right]$$

donde A_j y B_j, $j = 1,2,...,n$ son constantes.

Ejemplo 5.4

Sea la ecuación diferencial lineal:

$$y'' + 2y' + 2y = 0$$

Su ecuación característica $\lambda^2 + 2\lambda + 2 = 0$ tiene raíces complejas:

$$\lambda_1 = -1 + i\ ,\quad \lambda_2 = -1 - i$$

siendo la solución general buscada:

$$y = e^{-x}\left[A\ \cos x + B\ \operatorname{sen} x\right]$$

■

Ejemplo 5.5

Consideremos la ecuación diferencial lineal $y^{(4)} + 2y'' + y = 0$

La ecuación característica $\lambda^{(4)} + 2\lambda^2 + 1 = 0$ tiene soluciones:

$$\lambda_1 = i \quad \text{(Doble)},\ \lambda_2 = -i \quad \text{(Doble)}$$

y por tanto, la solución general de la ecuación diferencial es:

$$y = e^{0x}\left[(c_1 + c_2 x)\cos x + (c_3 + c_4 x)\operatorname{sen} x\right]$$

■

Con frecuencia, la ecuación característica tiene raíces reales y complejas. En ese caso, la solución general se construye sumando las soluciones descritas anteriormente para cada caso.

Ejemplo 5.6

1) Sea la ecuación diferencial:

$$y''' - y'' - y' - 2y = 0$$

Su ecuación característica es:

$$\lambda^3 - \lambda^2 - \lambda - 2 = 0$$

con raíces:

$$\lambda_1 = 2 \quad , \quad \lambda_2 = -\frac{1}{2} + \frac{\sqrt{3}}{2}i \quad , \quad \lambda_3 = -\frac{1}{2} - \frac{\sqrt{3}}{2}i$$

La solución general buscada es:

$$y = c_1 e^{2x} + e^{-\frac{1}{2}x}\left[A \cos \frac{\sqrt{3}}{2}x + B \text{ sen } \frac{\sqrt{3}}{2}x \right]$$

2) Sabiendo que el polinomio $\lambda^5 - 5\lambda^4 + 12\lambda^3 - 16\lambda^2 + 12\lambda - 4 = 0$ tiene raíces:

$$\lambda_1 = 1 \, , \quad \lambda_2 = 1 + i \quad \text{(Doble)}, \quad \lambda_3 = 1 - i \qquad \text{(Doble)}$$

la solución general de la ecuación diferencial lineal:

$$y^{(5)} - 5y^{(4)} + 12y''' - 16y'' + 12y' - 4 = 0$$

está dada por:

$$y = \underbrace{c_1 e^x}_{\text{Raíz real } 1} + \underbrace{e^x \left[(A_1 + A_2 x)\cos x + (B_1 + B_2 x)\text{sen } x \right]}_{\text{Raíces complejas } 1\pm i \text{ (dobles)}}$$

■

5.2. *Ecuaciones Diferenciales Lineales Completas de Orden Superior*

Estudiemos la ecuación diferencial lineal completa:

$$y^{(n)} + a_1 y^{(n-1)} + \ldots + a_{n-1}\, y' + a_n y = b(x)$$

para ciertas funciones $b(x)$.

La resolución de esta ecuación se basa en el siguiente resultado:

Teorema 3

Sea y_p una solución particular de la ecuación completa:

$$y^{(n)} + a_1 y^{(n-1)} + \ldots + a_{n-1}\, y' + a_n y = b(x)$$

y sea la función y_H solución general de la ecuación homogénea:

$$y^{(n)} + a_1 y^{(n-1)} + \ldots + a_{n-1} y' + a_n y = 0 \, ,$$

entonces, la solución general de la ecuación completa es:

$$y = y_H + y_P \, .$$

Puesto que sabemos resolver la ecuación homogénea y hallar y_H, sólo nos queda saber calcular una solución particular y_p de la ecuación completa. La clave para encontrar una solución particular se basa en la siguiente observación:

La solución particular dc la ecuación diferencial completa es del "mismo tipo" que la función $b(x)$. Calculemos esta solución en algunos casos concretos, usando el método de "***los coeficientes indeterminados***".

Caso 1

Sea $b(x)=P_m(x)$ un polinomio de grado m. Tenemos dos casos posibles:

• Si la ecuación característica no posee ninguna raíz igual a cero, la solución particular será un polinomio del mismo grado m:

$$y_P = A_m x^m + \ldots + A_1 x + A_0$$

• Si la ecuación característica posee a cero como raíz con multiplicidad r, entonces, la solución particular será de la forma:

$$y_P = x^r (A_m x^m + \ldots + A_1 x + A_0)$$

En ambos casos, las constantes $A_0, A_1, \ldots, A_m$ se determinarán sustituyendo la solución particular en la ecuación diferencial, para posteriormente identificar los coeficientes. Al método se le conoce con el nombre de los "***coeficientes indeterminados***".

Ejemplo 5.7

1) Sea la ecuación diferencial lineal $y'' + 2y' - 3y = 7$

• Como la ecuación característica tiene soluciones reales $\lambda_1 = -3$ y $\lambda_2 = 1$, la solución general de la ecuación homogénea es:

$$y_H = c_1 e^x + c_2 e^{-3x}$$

• Calculemos una solución particular de la ecuación completa. Como $b(x) = 7$ y 0 no es raíz de la ecuación característica, entonces, $y_p = A$ (polinomio de grado 0).

Para calcular el valor de A, sustituimos $y_p = A$ en la ecuación diferencial:

$$y_P = A, \quad y''_P = y''_P = 0$$

de donde, sustituyendo, se tiene que:

$$-3A = 7, \ A = \frac{-7}{3}$$

y la solución general de la ecuación completa es:

$$y = c_1 e^x + c_2 e^{-3x} - \frac{7}{3}$$

2) Consideremos la ecuación diferencial:

$$y^{(4)} + 2y''' - 3y'' = 2x + 1$$

• Solución general de la ecuación homogénea.

La raíces de $\lambda^4 + 2\lambda^3 - 3\lambda^2 = 0$ son $\lambda_1 = 1$, $\lambda_2 = -3$ y $\lambda_3 = 0$ (doble). Por este motivo, la solución general de la ecuación homogénea es:

$$y_H = c_1 e^x + c_2 e^{-3x} + (c_3 + c_4 x)e^{0x}$$

• Solución particular y_p de la ecuación completa.

Como $b(x) = 2x + 1$ y $\lambda = 0$ es raíz doble de la ecuación característica, entonces $y_p = x^2\left(Ax + B\right)$. Por otra parte $y'' = 6Ax + 2B$, $y''' = 6A$, $y^{(4)} = 0$, de donde, sustituyendo en la ecuación diferencial, se tiene que:

$$y^{(4)} + 2y''' - 3y'' = 12A - 3(6Ax + 2B) = 2x + 1$$

$$-18Ax + 12A - 6B = 2x + 1$$

e identificando coeficientes, se obtiene que:

$$12A - 6B = 1$$
$$-18A = 2$$

de donde:

$$A = \frac{-1}{9}, \quad B = -\frac{7}{18}$$

Por tanto, la solución general es:

$$y = c_1 e^x + c_2 e^{-3x} + (c_3 + c_4 x) - x^2\left(\frac{x}{9} + \frac{7}{18}\right)$$

■

Caso 2

Sea $b\left(x\right) = P_m\left(x\right)e^{\alpha x}$. Tenemos dos casos:

1) Si α **no es raíz** de la ecuación característica, entonces:

$$y_P = e^{\alpha x}\left(A_m x^m + \ldots + A_1 x + A_0\right)$$

2) Si α **es raíz** de la ecuación característica con **multiplicidad** r, entonces:

$$y_P = x^r e^{\alpha x}\left(A_m x^m + \ldots + A_1 x + A_0\right)$$

En ambos casos, las constantes $A_0, A_1, \ldots, A_m$ se determinarán sustituyendo la solución particular en la ecuación diferencial, para posteriormente identificar los coeficientes.

Ejemplo 5.8

Consideremos la ecuación diferencial $y'' - y = (x+1)\, e^x$

- Solución general de la ecuación homogénea $y'' - y = 0$.

Las raíces de la ecuación característica $\lambda^2 - 1 = 0$ son $\lambda = 1$ y $\lambda = -1$, por tanto,

$$y_H = c_1 e^{-x} + c_2 e^x$$

- Solución particular de la ecuación completa.

Como $b(x) = (x+1)e^x$ y $\alpha = 1$ es raíz de la ecuación característica con multiplicidad 1, la solución particular es de la forma $y_P = xe^x(A_0 + A_1 x)$, donde A_0 y A_1 son constantes a determinar. Como la segunda derivada es igual a $y'' = e^x\left[2(A_0 + A_1) + (4A_1 + A_0)x + A_1 x^2\right]$, sustituyendo su valor en la ecuación diferencial, resulta que:

$$\begin{aligned} y'' - y &= e^x\left[2(A_0 + A_1) + (4A_1 + A_0)x + A_1 x^2\right] - e^x\left[A_0 x + A_1 x^2\right] = \\ &= e^x\left[2A_0 + 2A_1 + 4A_1 x\right] = (x+1)e^x \end{aligned}$$

Igualando coeficientes, se obtiene que:

$$\begin{aligned} 2(A_0 + A_1) &= 1 \\ 4A_1 &= 1 \end{aligned}$$

y por tanto:

$$A_0 = A_1 = \frac{1}{4}$$

La solución particular de la ecuación diferencial es:

$$y_P = \frac{1}{4} x e^x (1 + x)$$

- La solución general de la ecuación completa es:

$$y = \underbrace{c_1 e^{-x} + c_2 e^{x}}_{y_H} + \underbrace{\frac{x}{4} e^{x}(1+x)}_{y_p}$$

■

Caso 3

Sea $b(x) = e^{\alpha x}\left[P_{m_0}(x)\cos\ \beta x + P_{m_1}(x)\,\text{sen}\ \beta x\right]$. Tenemos dos casos:

1) Si $\alpha \pm i\beta$ no es raíz de la ecuación característica, entonces:

$$y_P = e^{\alpha x}\left[(A_m x^m + \ldots + A_1 x + A_0)\cos\ \beta x + (B_m x^m + \ldots + B_1 x + B_0)\,\text{sen}\,\beta x\right]$$

donde $m =$ Máximo$\{m_0, m_1\}$

2) Si $\alpha \pm i\beta$ es raíz de la ecuación característica con multiplicidad r, entonces:

$$y_P = x^r e^{\alpha x}\left[(A_m x^m + \ldots + A_0)\cos\ \beta x + (B_m x^m + \ldots + B_0)\,\text{sen}\,\beta x\right]$$

donde $m =$ Máximo$\{m_0, m_1\}$.

Observe que los casos 1 y 2 son casos particulares del caso 3, tomando $\alpha = \beta = 0$ y $\beta = 0$ respectivamente.

Ejemplo 5.9

Consideremos la ecuación diferencial lineal $y'' - y = x\cos x + 2\,\text{sen}\,x$.

● Solución general de la ecuación homogénea.

Como la ecuación característica $\lambda^2 - 1 = 0$ tiene raíces $\lambda = 1, -1$, la solución general de la ecuación homogénea está dada por:

$$y_H = c_1 e^{-x} + c_2 e^{x}$$

● Solución particular de la ecuación completa.

En este caso, $b(x) = x\cos x + 2\,\text{sen}\,x$, siendo $\alpha = 0$ y $\beta = 1$. Como las raíces complejas $\alpha \pm i\beta = \pm i$ no son soluciones de la ecuación característica, la solución particular es de la forma:

$$y_P = e^{0\,x}\left[(A_1 x + A_0)\cos\ x + (B_1 x + B_0)\,\text{sen}\,x\right]$$

Calculando la derivada de segundo orden de la función y_p:

$$y'' = (-B_1 x - 2A_1 - B_0)\,\text{sen}\,x + 2(-A_1 x - A_0 + 2B_1)\cos x$$

y sustituyendo en la ecuación diferencial, se tiene que:

$$y'' = -2(A_1x + A_0 - B_1)\cos x - 2(B_1x + A_1 + B_0)\operatorname{sen} x = x\cos x + 2\operatorname{sen} x$$

de donde:

$$-2(A_1x + A_0 - B_1) = x$$
$$-2(B_1x + A_1 + B_0) = 2$$

Identificando coeficientes, obtenemos que:

$$\left.\begin{aligned} -2A_1 &= 1 \\ -2(A_0 - B_1) &= 0 \end{aligned}\right\} \quad \text{y} \quad \left.\begin{aligned} -2B_1 &= 0 \\ -2(A_1 + B_0) &= 2 \end{aligned}\right\}$$

luego:

$$A_1 = -\frac{1}{2}, \; A_0 = 0 \quad \text{y} \quad B_0 = \frac{-1}{2}, \; B_1 = 0$$

y por tanto, la solución completa de la ecuación es:

$$y = c_1e^x + c_2e^{-x} - \frac{1}{2}x \cos x - \frac{1}{2}\operatorname{sen} x$$

■

EJERCICIOS RESUELTOS

1. Clasifique las siguientes ecuaciones diferenciales según su tipo y orden.

a) $y'' + 3xy' = x^2 + y$

b) $y''' + 4y' + y = 1$

c) $e^{x^2} y'' + 3xy'y = 1$

d) $\dfrac{d^2x}{dt^2} + x\dfrac{dx}{dt} - 4x^2 = e^t$

e) $\dfrac{\partial^2 z}{\partial x^2} + \dfrac{\partial^2 z}{\partial y^2} - 2\dfrac{\partial^2 z}{\partial xy} = x + y$

f) $\dfrac{d^3y}{dx^3} \cdot \left(\dfrac{dy}{dx}\right)^2 + 3y^2 = x + 1$

g) $y^{(5)} - y^2 + y'' = 0$

Solución

a) Se trata de una ecuación diferencial ordinaria de segundo orden, lineal con coeficientes no constantes y no homogénea.

b) Se trata de una ecuación diferencial ordinaria de tercer orden autónoma, lineal con coeficientes constantes y no homogénea.

c) Se trata de una ecuación diferencial ordinaria de segundo orden, no lineal, ya que aparece el término $y'y$, y no homogénea.

d) Se trata de una ecuación diferencial ordinaria de segundo orden, no lineal, ya que aparecen los términos x^2 y $x\dfrac{dx}{dt}$, siendo $x(t)$ la función a determinar. Además, la ecuación es no homogénea.

e) Se trata de una ecuación diferencial no ordinaria, ya que la variable dependiente z es una función de dos variables x e y, de segundo orden, lineal con coeficientes constantes y no homogénea.

f) Se trata de una ecuación diferencial ordinaria de tercer orden no lineal.

g) Se trata de una ecuación diferencial ordinaria de quinto orden, autónoma, no lineal, ya que aparece el término y^2.

2. Compruebe que la función $y = \ln x$ es solución de la ecuación diferencial $x\,y\,y' - \ln x = 0$. ¿Es también $y = \ln x + c$, con $c \neq 0$, una solución de la ecuación diferencial?

Solución

Para comprobar que la función $y = \ln x$ es una solución de la ecuación diferencial, basta con calcular su derivada y' y sustituir su valor en la correspondiente ecuación. Como $y' = \frac{1}{x}$, entonces:

$$x\,y\,y' - \ln x = x \ln x \frac{1}{x} - \ln x = 0$$

y la función $y = \ln x$ es solución de la ecuación.

Sin embargo, la función $y = \ln x + c$ no es una solución de la ecuación diferencial, ya que:

$$x\,y\,y' - \ln x = x(\ln x + c)\frac{1}{x} - \ln x = c \neq 0$$

3. Determine para qué valores de m la función $y = e^{mx}$ es solución de la ecuación diferencial $y'' - 3y' + 2y = 0$.

Solución

Calculamos las derivadas de primer y segundo orden de la función $y = e^{mx}$:

$$y' = me^{mx} \ , \ y'' = m^2 e^{mx}$$

Como $y = e^{mx}$ ha de ser una solución de la ecuación, se tiene que cumplir que:

$$y'' - 3y' + 2y = m^2 e^{mx} - 3me^{mx} + 2e^{mx} = e^{mx}(m^2 - 3m + 2) = 0$$

de donde $m^2 - 3m + 2 = 0$ y, por tanto, $m = 2$ y $m = 1$.

4. Considere la ecuación diferencial lineal de orden n homogénea dada por:

$$a_n y^{(n)} + a_{n-1} y^{(n-1)} + \ldots + a_1 y' + a_0 y = 0$$

Demuestre que $y = e^{mx}$ es una solución de la ecuación diferencial si y sólo si m es una solución de la ecuación algebraica $a_n \lambda^n + a_{n-1}\lambda^{n-1} + \ldots + a_1 \lambda + a_0 = 0$.

Solución

Calculamos las derivadas hasta el orden n de la función $y = e^{mx}$:

$$y' = me^{mx},\ y'' = m^2 e^{mx},\ \ldots,\ y^{(n)} = m^n e^{mx}$$

Razonando de forma similar al ejercicio anterior, la función $y = e^{mx}$ es solución de la ecuación diferencial si y sólo si se cumple que:

$$\begin{aligned} &a_n y^{(n)} + a_{n-1} y^{(n-1)} + \ldots + a_1 y' + a_0 y = \\ &= a_n m^n e^{mx} + a_{n-1} m^{n-1} e^{mx} + \ldots + a_1 m e^{mx} + a_0 e^{mx} = \\ &= e^{mx}(a_n m^n + a_{n-1} m^{n-1} + \ldots + a_1 m + a_0) = 0 \end{aligned}$$

de donde $a_n m^n + a_{n-1} m^{n-1} + \ldots + a_1 m + a_0 = 0$, lo que equivale a afirmar que m es una solución de la ecuación $a_n \lambda^n + a_{n-1} \lambda^{n-1} + \ldots + a_1 \lambda + a_0 = 0$.

5. Escriba la ecuación diferencial que han de cumplir las curvas que verifican que la pendiente en cada punto es el cociente entre el opuesto del valor de la abscisa y la suma de los valores de la abscisa y de la ordenada en dicho punto.

Solución

Teniendo en cuenta que el valor de la abscisa de la curva es x y la ordenada es y, la curva $y(x)$ ha de cumplir la siguiente ecuación diferencial:

$$y' = \frac{-x}{x + y}$$

Se trata en este caso de una ecuación diferencial de primer orden no lineal.

6. Compruebe que $y = (mx + n)e^{ax} + \dfrac{1}{(1-a)^2} e^x$, con $a \neq 1$, es una solución de la ecuación diferencial lineal $y'' - 2ay' + a^2 y = e^x$.

Solución

Las derivadas primera y segunda de la función y están dadas por:

$$\begin{aligned} y' &= me^{ax} + a(mx + n)e^{ax} + \frac{1}{(a-1)^2} e^x = \\ &= e^{ax}(m + amx + an) + \frac{1}{(a-1)^2} e^x \end{aligned}$$

$$y'' = ame^{ax} + ame^{ax} + a^2(mx+n)e^{ax} + \frac{1}{(a-1)^2}e^x =$$

$$= e^{ax}(2am + a^2mx + a^2n) + \frac{1}{(a-1)^2}e^x$$

Sustituyendo los valores de y' e y'' en la ecuación diferencial $y'' - 2ay' + a^2y = e^x$, se tiene que:

$$y'' - 2ay' + a^2y = e^{ax}(2am + a^2mx + a^2n) + \frac{1}{(a-1)^2}e^x -$$

$$-2ae^{ax}(m + amx + an) + \frac{-2a}{(a-1)^2}e^x + a^2(mx+n)e^{ax} + \frac{a^2}{(1-a)^2}e^x =$$

$$= e^{ax}(2am + a^2mx + a^2n - 2am - 2a^2mx - 2a^2n + a^2mx + a^2n) +$$

$$+e^x\left[\frac{1}{(a-1)^2} + \frac{-2a}{(a-1)^2} + \frac{a^2}{(1-a)^2}\right] = e^{ax}\cdot 0 + e^x\,\frac{a^2-2a+1}{(1-a)^2} = e^x$$

7. Demuestre que la función $y(x)$ definida implícitamente por la ecuación $x^2 + y^2 = cy$ es una solución de la ecuación diferencial $y' = \dfrac{2xy}{x^2 - y^2}$.

Solución

Derivando implícitamente respecto de x en la ecuación $x^2 + y^2 = cy$, se tiene que $2x + 2y\,y' = c\,y'$. Multiplicando por y ambos miembros de la ecuación, se llega a que $2x\,y + 2y^2y' = c\,y'\,y$.

Despejando y' de la ecuación anterior, se tiene que $y' = \dfrac{2xy}{cy - 2y^2}$. Como $x^2 + y^2 = cy$, entonces, $x^2 = cy - y^2$ y, por tanto, $cy - 2y^2 = cy - y^2 - y^2 = x^2 - y^2$, de donde, sustituyendo en la ecuación $y' = \dfrac{2xy}{cy - 2y^2}$, se llega a que $y' = \dfrac{2xy}{x^2 - y^2}$.

8. Determine las soluciones de las ecuaciones diferenciales separables siguientes:

a) $y\dfrac{1}{(x^2+1)} - y' = 0$

b) $ye^x - (e^x + 1)y' = 0,\ \ y(0) = 3$

c) $(y+1)x\dfrac{dy}{dx}=y(x+1)$

Solución

a) Tenemos una ecuación separable, por tanto, aplicamos el procedimiento de resolución de este tipo de ecuaciones. Comenzamos expresando y' en la forma $\dfrac{dy}{dx}$ y separamos las variables:

$$\frac{dy}{dx}=y\frac{1}{(x^2+1)}\Leftrightarrow\frac{dy}{y}=\frac{dx}{x^2+1}$$

Integrando ambos miembros,

$$\int\frac{dy}{y}=\int\frac{dx}{x^2+1}$$

resulta que:

$$\ln|y|=\operatorname{arctg}x+c$$

y por tanto:

$$y=e^{\operatorname{arctg}x+c}=k\,e^{\operatorname{arctg}x}$$

donde $k=e^c$.

b) La ecuación es separable, como puede comprobarse escribiéndola en la forma:

$$ye^x=(e^x+1)y'\Leftrightarrow ye^x=(e^x+1)\frac{dy}{dx}\Leftrightarrow\frac{e^x}{(e^x+1)}dx=\frac{1}{y}dy$$

Integrando ambos miembros:

$$\int\frac{e^x}{e^x+1}dx=\int\frac{1}{y}dy$$

resulta que:

$$\ln(e^x+1)+c=\ln y$$

de donde:

$$\ln\left[k(e^x+1)\right]=\ln|y|$$

y despejando la variable y obtenemos la solución general de la ecuación diferencial:

$$y = k(e^x + 1)$$

La solución particular se calcula teniendo en cuenta la condición $y(0) = 3$:

$$y(0) = k(e^0 + 1) = 3 \Rightarrow k = \frac{3}{2}$$

por tanto:

$$y = \frac{3}{2}(e^x + 1)$$

c) La ecuación es separable, como puede comprobarse escribiéndola en la forma:

$$(y+1)x\frac{dy}{dx} = y(x+1) \Leftrightarrow \frac{y+1}{y}dy = \frac{x+1}{x}dx$$

Integrando ambos miembros:

$$\int\frac{y+1}{y}dy = \int\frac{x+1}{x}dx$$

$$\int(1+\frac{1}{y})\,dy = \int(1+\frac{1}{x})\,dx$$

se obtiene la solución general de la ecuación diferencial en forma implícita:

$$y + \ln y = x + \ln x + c$$

La solución particular se calcula teniendo en cuenta la condición $y(e) = 1$:

$$1 + \ln 1 = e + \ln e + c$$

por tanto, $c = -e$ y la solución particular es:

$$y + \ln y = x + \ln x - e$$

9. Resuelva la ecuación diferencial:

$$x\,y\,y' = x^2 - y^2$$

Solución

Escribimos la ecuación en la forma:

$$\frac{dy}{dx} = \frac{x^2 - y^2}{xy}$$

y comprobamos que la función del segundo miembro de la igualdad $F(x,y)=\dfrac{x^2-y^2}{xy}$ es homogénea de grado cero, ya que $F(tx,ty)=\dfrac{t^2x^2-t^2y^2}{txty}=\dfrac{t^2(x^2-y^2)}{t^2xy}=F(x,y)$.

Como la ecuación diferencial es homogénea, realizamos el cambio de variable $z=\dfrac{y}{x}$, es decir:

$$y=zx \quad , \quad \frac{dy}{dx}=z+x\frac{dz}{dx}$$

por tanto, la ecuación diferencial $\dfrac{dy}{dx}=\dfrac{x^2-y^2}{xy}$ podemos expresarla en términos de x y z como:

$$z+x\ \frac{dz}{dx}=\frac{x^2-x^2z^2}{x^2z}.$$

Simplificando,

$$z+x\ \frac{dz}{dx}=\frac{1-z^2}{z}$$

y separando las variables, resulta que:

$$x\frac{dz}{dx}=\frac{1-2z^2}{z}$$

$$\frac{z}{1-2z^2}dz=\frac{1}{x}dx$$

Resolveremos ahora la ecuación separable. Comenzamos integrando ambos miembros:

$$\int\frac{z}{1-2z^2}\ dz=\int\frac{dx}{x}$$

$$-\frac{1}{4}\ln\left|1-2z^2\right|=\ln x+c$$

de donde:

$$\ln\left|1-2z^2\right|=-4\ln|x|-4c$$

$$\ln\left|1-2z^2\right| = \ln\frac{1}{x^4} - 4c$$

$$\ln\left|1-2z^2\right| = \ln\left(K\frac{1}{x^4}\right), \quad K = e^{-4c}$$

$$1-2z^2 = \frac{K}{x^4}$$

y deshaciendo el cambio $z = \frac{y}{x}$:

$$1-2\frac{y^2}{x^2} = \frac{K}{x^4}$$

obtenemos la solución general de la ecuación:

$$2\frac{y^2}{x^2} = -\frac{K}{x^4} + 1 \Leftrightarrow 2y^2 = -\frac{K}{x^2} + x^2 \Leftrightarrow y^2 = \frac{1}{2}\left(-\frac{K}{x^2} + x^2\right)$$

10. Resuelva las ecuaciones diferenciales exactas siguientes:

a) $\left(\frac{e^x}{1+e^x} + y^2e^x\right)dx + 2ye^x dy = 0$

b) $ye^{x+y}dx + (ye^{x+y} + e^{x+y})dy = 0$

c) $\left[2x - \frac{1}{(x+y)^2}\right]dx - \left[2y + \frac{1}{(x+y)^2}\right]dy = 0$

Solución

a) Sean $M(x,y) = \frac{e^x}{e^x+1} + y^2e^x$ y $N(x,y) = 2ye^x$. Se cumple que:

$$\frac{\partial M}{\partial y} = 2ye^x = \frac{\partial N}{\partial x}$$

por lo que se trata de una ecuación exacta. Para resolver la ecuación exacta, integramos en primer lugar la función $M(x,y) = \frac{e^x}{e^x+1} + y^2e^x$ respecto de la variable x:

$$f(x,y) = \int\left(\frac{e^x}{e^x+1} + y^2e^x\right)dx = \ln(e^x+1) + y^2e^x + g(y)$$

Derivamos ahora la expresión anterior respecto de la variable y:

$$\frac{\partial f}{\partial y} = 2ye^x + g'(y)$$

Como se ha de cumplir que $\frac{\partial f}{\partial y} = N(x,y)$, entonces:

$$\frac{\partial f}{\partial y} = 2ye^x + g'(y) = 2ye^x$$

de donde $g'(y) = 0$ y, por tanto, $g(y) = c$. Sustituyendo el valor obtenido para la función $g(y)$ en la expresión de $f(x,y)$, se tiene que:

$$f(x,y) = \ln(e^x + 1) + y^2e^x + c$$

La solución general de la ecuación es $f(x,y) = C$, es decir, agrupando las constantes, la solución se expresa en forma implícita como:

$$\ln(e^x + 1) + y^2e^x = K$$

Para comprobar que la familia de curvas $f(x,y) = \ln(e^x + 1) + y^2e^x = K$ es la solución general de la ecuación diferencial exacta, basta calcular la diferencial df dada por:

$$df = \left(\frac{e^x}{1+e^x} + y^2e^x\right)dx + 2ye^x dy$$

y observar que $df = 0$ coincide con la ecuación diferencial de partida.

b) Sean $M(x,y) = ye^{x+y}$ y $N(x,y) = ye^{x+y} + e^{x+y}$. Se cumple que:

$$\frac{\partial M}{\partial y} = ye^{x+y} + e^{x+y} = \frac{\partial N}{\partial x}$$

por lo que se trata de una ecuación exacta. Para resolver la ecuación exacta, integramos en primer lugar la función $M(x,y) = ye^{x+y}$ respecto de la variable x:

$$f(x,y) = \int ye^{x+y}dx = ye^{x+y} + g(y)$$

Derivamos ahora la expresión anterior respecto de la variable y:

$$\frac{\partial f}{\partial y} = ye^{x+y} + e^{x+y} + g'(y)$$

Como se ha de cumplir que $\frac{\partial f}{\partial y} = N(x,y)$, entonces:

$$\frac{\partial f}{\partial y} = ye^{x+y} + e^{x+y} + g'(y) = ye^{x+y} + e^{x+y}$$

de donde $g'(y) = 0$ y, por tanto, $g(y) = c$. Sustituyendo el valor obtenido para la función $g(y)$ en la expresión de $f(x,y)$, se tiene que:

$$f(x,y) = ye^{x+y} + c$$

La solución general de la ecuación es $f(x,y) = C$, es decir, agrupando las constantes, la solución se expresa en forma implícita como:

$$ye^{x+y} = K$$

c) Sean $M(x,y) = 2x - \frac{1}{(x+y)^2}$ y $N(x,y) = -2y - \frac{1}{(x+y)^2}$. Se cumple que:

$$\frac{\partial M}{\partial y} = \frac{2}{(x+y)^3} = \frac{\partial N}{\partial x}$$

por lo que se trata de una ecuación exacta. Para resolver la ecuación exacta, integramos en primer lugar la función $M(x,y) = 2x - \frac{1}{(x+y)^2}$ respecto de la variable x:

$$f(x,y) = \int \left[2x - \frac{1}{(x+y)^2} \right] dx = x^2 + \frac{1}{(x+y)} + g(y)$$

Derivamos ahora la expresión anterior respecto de la variable y:

$$\frac{\partial f}{\partial y} = \frac{-1}{(x+y)^2} + g'(y)$$

Como se ha de cumplir que $\frac{\partial f}{\partial y} = N(x,y)$, entonces:

$$\frac{\partial f}{\partial y} = \frac{-1}{(x+y)^2} + g'(y) = \frac{-1}{(x+y)^2} - 2y$$

de donde $g'(y) = -2y$ y, por tanto, $g(y) = -y^2$. Sustituyendo en la expresión de $f(x,y)$ el valor obtenido para la función $g(y)$, se tiene que:

$$f(x,y) = x^2 + \frac{1}{(x+y)} - y^2$$

La solución general de la ecuación es $f(x,y) = C$, es decir, agrupando las constantes, la solución se expresa en forma implícita como:

$$x^2 + \frac{1}{(x+y)} - y^2 = K$$

11. Resuelva las siguiente ecuaciones diferenciales lineales:

a) $(\cos x)y' - (\operatorname{sen} x)y = \cos x\, e^{\operatorname{sen} x}$

b) $y' + y = \dfrac{1}{1+e^{2x}}$

c) $(x \ln x)y' + y = 3x^3$

Solución

a) La ecuación diferencial es lineal. Para su resolución comenzamos escribiéndola en forma canónica dividiendo por $\cos x$:

$$y' - \frac{\operatorname{sen} x}{\cos x} y = e^{\operatorname{sen} x}$$

Calculamos ahora el factor integrante $u(x) = e^{\int P(x)\,dx}$, siendo $P(x) = -\dfrac{\operatorname{sen} x}{\cos x}$:

$$u(x) = e^{\int \frac{-\operatorname{sen} x}{\cos x} dx} = e^{\ln \cos x} = \cos x$$

La solución de la ecuación lineal está dada por:

$$y = \frac{1}{u(x)}\left[\int u(x)Q(x)\,dx + c\right] = \frac{1}{\cos x}\left[\int \cos x\, e^{\operatorname{sen} x}\,dx + c\right] = \frac{1}{\cos x}\left[e^{\operatorname{sen} x} + c\right]$$

b) Se trata de una ecuación diferencial lineal, expresada además en forma canónica. Para resolverla, calculamos el factor integrante:

$$u(x) = e^{\int dx} = e^x$$

de donde la solución general está dada por:

$$y = \frac{1}{e^x}\left[\int e^x \frac{1}{1+\mathrm{e}^{2x}}\,dx + c\right] = \frac{1}{e^x}\left[\operatorname{arctg} e^x + c\right]$$

c) La ecuación diferencial es lineal. Para su resolución, comenzamos escribiéndola en forma canónica dividiendo ambos miembros por $x \ln x$:

$$y' + \frac{1}{x \ln x} y = \frac{3x^2}{\ln x}$$

Calculamos ahora el factor integrante $u(x) = e^{\int P(x)dx}$, siendo $P(x) = \frac{1}{x \ln x}$:

$$u(x) = e^{\int \frac{1}{x \ln x} dx} = e^{\ln(\ln x)} = \ln x$$

La solución general de la ecuación lineal está dada por:

$$y = \frac{1}{u(x)} \left[\int u(x) Q(x)\, dx + c \right] = \frac{1}{\ln x} \left[\int \ln x \frac{3x^2}{\ln x} dx + c \right] = \frac{1}{\ln x} \left[x^3 + c \right]$$

12. Encuentre la solución general de la ecuación diferencial $f(x) y' + f'(x) y = 1$, siendo $f(x)$ una función de clase $C^1(\mathbb{R})$ con $f(x) \neq 0$, para cada $x \in \mathbb{R}$.

Solución

La ecuación diferencial es lineal de primer orden. Para su resolución, comenzamos escribiéndola en forma canónica dividiendo por $f(x)$:

$$y' + \frac{f'(x)}{f(x)} y = \frac{1}{f(x)}$$

Calculamos ahora el factor integrante:

$$u(x) = e^{\int \frac{f'(x)}{f(x)} dx} = e^{\ln|f(x)|} = f(x)$$

La solución de la ecuación lineal está dada por:

$$y = \frac{1}{u(x)} \left[\int u(x) Q(x)\, dx + c \right] = \frac{1}{f(x)} \left[\int f(x) \frac{1}{f(x)} dx + c \right] = \frac{1}{f(x)} [x + c]$$

13. Resuelva la siguiente ecuación diferencial de Bernouilli:

$$xy' + y = x^4 y^3$$

Solución

Una ecuación de Bernouilli es una ecuación de la forma $y' + f(x)y = g(x)y^n$. Dividiendo los dos miembros de la ecuación por x, se obtiene:

$$y' + \frac{1}{x} y = x^3 y^3$$

que es una ecuación de Bernouilli para $n = 3$. Para resolverla, comenzamos multiplicando los dos miembros de la ecuación por y^{-3}, obteniéndose la ecuación equivalente:

$$y^{-3}y' + \frac{1}{x}yy^{-3} = x^3$$

Realizando el cambio de variable $z = y^{-n+1} = y^{-2}$, como $z' = -2y^{-3}y'$, sustituyendo, resulta que:

$$-\frac{1}{2}z' + \frac{1}{x}z = x^3$$

$$z' - \frac{2}{x}z = -2x^3$$

Por tanto, el cambio de variable ha transformado la ecuación de Bernouilli en la ecuación lineal:

$$z' - \frac{2}{x}z = -2x^3$$

Para resolverla, calculamos en primer lugar el factor integrante:

$$u(x) = e^{\int \frac{-2}{x}dx} = e^{-2\ln x} = e^{\ln x^{-2}} = \frac{1}{x^2}$$

de donde la solución de la ecuación lineal es:

$$z = x^2\left[\int \frac{1}{x^2}(-2x^3)dx + c\right] = x^2\left[-x^2 + c\right]$$

Deshaciendo el cambio $z = \frac{1}{y}$, la solución final es:

$$y = \frac{1}{x^2\left[-x^2 + c\right]}$$

14. La tasa de crecimiento de una inversión es proporcional al valor de la inversión en cada instante t, donde el tiempo t viene medido en años. Sabiendo que la inversión inicial es igual a A_0, determine:

a) El valor de la inversión en función del tiempo.

b) Si la inversión inicial es $A_0 = 10000$ u.m. y la tasa de interés continuo anual es del $3\,\%$, calcule la cuantía del capital dentro de 6 años.

c) ¿Cuánto tiempo ha de transcurrir para que la inversión se duplique? ¿Depende de la inversión inicial el valor del tiempo necesario para que se duplique la inversión?

Solución

a) Sea $A(t)$ el valor de la inversión en el instante t. Como la tasa de crecimiento de la inversión es proporcional al valor de la inversión en cada instante t, se tiene que:

$$\frac{dA}{dt} = k\,A(t)$$

donde $k > 0$ es la constante de proporcionalidad. La ecuación diferencial anterior es separable, por tanto,

$$\frac{dA}{A} = k\,dt$$

e integrando ambos miembros,

$$\int \frac{dA}{A} = \int k\,dt$$

se llega a que:

$$\ln|A| = k\,t + c$$

Despejando ahora $A(t)$, se determina el valor de la inversión en función del tiempo:

$$A(t) = e^{k\,t+c} = \alpha\,e^{k\,t}$$

Teniendo en cuenta que $A(0) = A_0$, se halla el valor de α:

$$A(0) = \alpha\,e^{0} = A_0$$

y por tanto, el valor de la inversión en función del tiempo:

$$A(t) = A_0\,e^{\alpha\,t}$$

b) Si la inversión inicial es $A_0 = 10000$ u. m. y la tasa de interés del $3\,\%$, entonces, $k = 0,03$ y la función $A(t)$ está dada por:

$$A(t) = 10000\,e^{0,03\,t}$$

y el capital, pasados 6 años, es:

$$A(6) = 10000\,e^{0,03\cdot 6} = 11972,17$$

c) Para determinar el tiempo que ha de transcurrir para que la inversión se duplique, basta resolver la ecuación:

$$A(t) = 2A_0 \Leftrightarrow A_0 e^{kt} = 2A_0 \Leftrightarrow e^{kt} = 2$$

Aplicando logaritmos a ambos miembros, la ecuación se convierte en $kt = \ln 2$, de donde $t = \dfrac{\ln 2}{k}$. Como se puede observar después de analizar el resultado y el proceso llevado a cabo para calcularlo, el tiempo transcurrido no depende de la inversión inicial, sino sólo de la tasa de interés.

15. La elasticidad de una función $y = y(x)$ se define como $e_{yx} = y' \dfrac{x}{y}$.

Determine todas las funciones cuya elasticidad es x^r, $r > 1$.

Solución

Las funciones $y = y(x)$ cuya elasticidad es igual a x^r, deben de cumplir la siguiente ecuación diferencial:

$$y' \frac{x}{y} = x^r$$

La ecuación diferencial anterior puede expresarse como la ecuación lineal homogénea:

$$y'x - x^r y = 0$$

Dividiendo por x los dos miembros de la ecuación, obtenemos la forma canónica de la ecuación lineal:

$$y' - x^{r-1} y = 0$$

El factor integrante de la ecuación es $u(x) = e^{\int -x^{r-1} dx} = e^{\frac{-x^r}{r}}$ y la solución de la ecuación es:

$$y = \frac{1}{e^{\frac{-x^r}{r}}} \left[\int e^{\frac{-x^r}{r}} \cdot 0 \, dx + c \right] = c \cdot e^{\frac{x^r}{r}}$$

Por tanto, la familia de funciones cuya elasticidad es x^r está dada por la expresión $y = c\,e^{\frac{x^r}{r}}$.

16. En una población de 100000 individuos se propaga una epidemia de la que se sabe que crece a un ritmo proporcional al número de individuos que todavía no han contraído la epidemia. Se pide:

a) Determinar la ecuación diferencial que expresa la situación descrita.

b) Resolver la ecuación diferencial y determinar el número de individuos que han contraído la enfermedad en función del tiempo.

Solución

a) Si representamos por $P(t)$ el número de individuos de la población que han contraído la enfermedad en cada instante t, la ecuación diferencial que expresa la tasa de crecimiento de la epidemia está dada por:

$$\frac{dP}{dt} = k(100000 - P)$$

siendo $k > 0$ la constante de proporcionalidad.

b) La ecuación diferencial es separable, ya que es posible separar con facilidad las variables P y t:

$$\frac{dP}{100000 - P} = k\,dt$$

Integrando ambos miembros, se tiene que:

$$\int \frac{dP}{100000 - P} = \int k\,dt$$

por tanto:

$$-\ln(100000 - P) = kt + c$$

$$100000 - P = e^{-kt-c}$$

y despejando $P(t)$, se tiene que:

$$P(t) = 100000 - \alpha e^{-kt}$$

donde $\alpha = e^{-c}$.

17. Se considera un bien en un mercado de competencia perfecta. Supongamos que el precio $P(t)$ del bien varía de forma que su tasa de cambio con respecto al tiempo es proporcional a la escasez $D - S$, donde $D(P)$ y $S(P)$ son las funciones lineales de demanda y oferta dadas por $D = 4 - 3P$ y $S = -2 + 3P$. Si el precio es de 4 u.m. cuando $t = 0$ y 8 u.m. cuando $t = 2$, determine el valor del precio $P(t)$.

Solución

Por hipótesis del modelo se sabe que la tasa de crecimiento del precio es proporcional a la diferencia entre la demanda y la oferta. La ecuación diferencial correspondiente está dada por:

$$\frac{dP}{dt} = k\left[D(P) - S(P)\right] = k\left[4 - 3P - (-2 + 3P)\right] = k\left[6 - 6P\right]$$

Se tiene, por tanto, una ecuación diferencial lineal:

$$P' + 6k\,P = 6k$$

Hallamos en primer lugar el factor integrante $u(t) = e^{\int 6k\,dt} = e^{6kt}$, de donde la solución es:

$$P(t) = \frac{1}{e^{6kt}}\left[\int e^{6kt}\,6k\,dt + c\right] = e^{-6kt}\left[e^{6kt} + c\right] = 1 + c\,e^{-6kt}$$

Teniendo en cuenta que $P(0) = 4$ y $P(2) = 8$, se calculan los valores de c y k:

$$P(0) = 1 + ce^{0} = 4 \Rightarrow c = 3$$

$$P(2) = 1 + ce^{-12k} = 8 \Rightarrow e^{-12k} = \frac{7}{3} \Rightarrow k = -\frac{1}{12}\ln(\frac{7}{3}) = -0{,}07$$

La función que determina la trayectoria de los precios con respecto al tiempo está dada por:

$$P(t) = 1 + 3e^{0{,}42t}$$

18. Sea $S(t)$ el saldo de una cuenta corriente en el instante t y $r(t) = 0{,}05 + 0{,}02t$ el interés continuo aplicado a la cuenta corriente. Sabiendo que el saldo inicial de la cuenta es de 1200 u.m., determine y resuelva la ecuación diferencial correspondiente para hallar la expresión del saldo $S(t)$ de la cuenta corriente en función del tiempo.

Solución

Sabemos que la tasa de crecimiento del saldo de la cuenta corriente es proporcional al valor del saldo de la cuenta en cada instante:

$$\frac{dS}{dt} = r(t)\,S(t)$$

donde el interés continuo $r(t)$ es la constante de proporcionalidad en cada instante t. Sustituyendo el valor de $r(t)$, tenemos la siguiente ecuación diferencial:

$$\frac{dS}{dt} = (0,05 + 0,02t)S(t)$$

Desarrollando, la ecuación anterior puede escribirse como la ecuación diferencial lineal siguiente:

$$S'(t) - (0,05 + 0,02t)S(t) = 0$$

El factor integrante en este caso está dado por:

$$u(t) = e^{\int -(0,05+0,02t)dt} = e^{-0,05t-0,01t^2}$$

y por tanto la solución general de la ecuación diferencial es:

$$S(t) = \frac{1}{e^{-0,05t-0,01t^2}}\left[\int (e^{-0,05t-0,01t^2}) \cdot 0\,dt + c\right] = ce^{0,05t+0,01t^2}$$

Para determinar el valor de la constante c, tenemos en cuenta que $S(0) = 1200$, de donde $c = 1200$ y el valor del saldo de la cuenta corriente es:

$$S(t) = 1200e^{0,05t+0,01t^2}$$

19. Sea $w(t)$ el saldo de una cuenta corriente a interés continuo en la que se realizan depósitos y reintegros. Supongamos que las funciones $y(t) = 20 + 3t$ y $r(t) = 4e^{-0,5t}$ representan el flujo de ahorros y reintegros en función del tiempo. Sabiendo que el saldo inicial es de 1000 u. m. y la tasa de interés continuo es del 2%, exprese la ecuación diferencial correspondiente y resuélvala para determinar el saldo $w(t)$ de la cuenta en función del tiempo.

Solución

La ecuación diferencial que relaciona la tasa de crecimiento del saldo de la cuenta corriente con las funciones depósito y reintegro de la cuenta corriente está dada por:

$$\frac{dw}{dt} = 0,02w + 20 + 3t - 4e^{-0,5t}$$

La ecuación diferencial es lineal, por lo que, para resolverla, comenzamos escribiéndola en forma canónica:

$$\frac{dw}{dt} - 0{,}02w = 20 + 3t - 4e^{-0{,}5t}$$

y calculando el factor integrante $u(t) = e^{\int -0{,}02\,dt} = e^{-0{,}02t}$. La solución general de la ecuación está dada por:

$$w(t) = \frac{1}{e^{-0{,}02t}}\left[\int e^{-0{,}02t}(20 + 3t - 4e^{-0{,}5t})\,dt + c\right]$$

Si hallamos aparte el valor de la integral, se tiene que:

$$\int e^{-0{,}02t}(20 + 3t - 4e^{-0{,}5t})\,dt = \int 20e^{-0{,}02t}\,dt + \int 3t\,e^{-0{,}02t}\,dt - \int 4e^{-0{,}52t}\,dt =$$
$$= -1000e^{-0{,}02t} - 150t\,e^{-0{,}02t} - 7500e^{-0{,}02t} + 7{,}69e^{-0{,}52t} =$$
$$= -150t\,e^{-0{,}02t} - 8500e^{-0{,}02t} + 7{,}69e^{-0{,}52t}$$

Por tanto, el saldo de la cuenta corriente con respecto al tiempo es:

$$w(t) = e^{0{,}02t}\left[-150t\,e^{-0{,}02t} - 8500e^{-0{,}02t} + 7{,}69e^{-0{,}52t} + c\right] =$$
$$= -150t - 8500 + 7{,}69e^{-0{,}5t} + ce^{0{,}02t}$$

Como el saldo inicial de la cuenta es 10000 u.m., se tiene que:

$$w(0) = -8500 + 7{,}69e^{0} + ce^{0} = 1000$$

de donde $c = 9492{,}31$ y $w(t) = 9492{,}31e^{0{,}02t} + 7{,}69e^{-0{,}5t} - 150t - 8500$.

20. Sean las funciones $C(t)$, $I(t)$ e $Y(t)$, que representan respectivamente el consumo, la inversión y la renta nacional de un país en función del tiempo t. Consideremos el modelo macroeconómico basado en las siguientes hipótesis:

a) La renta nacional es igual a la suma del consumo y de la inversión.

b) La inversión es proporcional a la tasa de cambio del consumo.

c) El consumo crece en función de la renta de forma lineal.

Se pide deducir una ecuación diferencial para la renta $Y(t)$ y resolver la ecuación para hallar el valor de $Y(t)$ sabiendo que la inversión inicial es Y_0.

Solución

Las hipótesis a), b) y c) del modelo macroeconómico se traducen en las siguientes ecuaciones:

a) $Y(t)=C(t)+I(t)$

b) $I(t)=k\dfrac{dC}{dt},\ k>0$

c) $C(t)=aY(t)+b,\ 0<a<1,\ b>0$

A partir de estas ecuaciones, es posible determinar una ecuación diferencial para la renta $Y(t)$. Si en la ecuación a) sustituimos los valores de $I(t)$ y de $C(t)$ dados por las ecuaciones b) y c), obtenemos la ecuación:

$$Y(t)=aY(t)+b+k\frac{dC}{dt}$$

Como $C(t)=aY(t)+b$, entonces, $C'(t)=aY'(t)$ y por tanto sustituyendo en la ecuación anterior se tiene la siguiente ecuación diferencial:

$$Y(t)=aY(t)+b+kaY'(t)$$

o equivalentemente:

$$kaY'(t)+(a-1)Y(t)=-b$$

Se trata de una ecuación lineal, que expresada en forma canónica, es igual a:

$$Y'(t)+\frac{a-1}{ka}Y(t)=-\frac{b}{ka}$$

Para resolverla, hallamos en primer lugar el factor integrante $u(t)=e^{\int\frac{a-1}{ka}dt}=e^{\frac{a-1}{ka}t}$. La solución de la ecuación lineal es, por tanto:

$$Y(t)=\frac{1}{e^{\frac{a-1}{ka}t}}\left[\int e^{\frac{a-1}{ka}t}\left(-\frac{b}{ka}\right)dt+c\right]$$

Como $\int e^{\frac{a-1}{ka}t}\left(-\frac{b}{ka}\right)dt=\dfrac{-b}{a-1}e^{\frac{a-1}{ka}t}+c$, sustituyendo en la expresión anterior, se tiene que:

$$Y(t)=\frac{1}{e^{\frac{a-1}{kb}t}}\left[\frac{-b}{a-1}e^{\frac{a-1}{ka}t}+c\right]=\frac{b}{1-a}+c\,e^{\frac{1-a}{kb}t}$$

Se sabe que la inversión inicial es Y_0, por tanto:

$$Y(0)=\frac{b}{1-a}+c\,e^{\frac{1-a}{kb}\cdot 0}=\frac{b}{1-a}+c=Y_0$$

de donde $c = Y_0 - \dfrac{b}{1-a}$. Sustituyendo c en la expresión de $Y(t)$, se obtiene el valor de la expresión de la renta nacional:

$$Y(t) = \frac{b}{1-a} + (Y_0 - \frac{b}{1-a})e^{\frac{1-a}{kb}t}$$

21. Encuentre las soluciones de las siguiente ecuaciones diferenciales lineales homogéneas:

a) $y'' - y' - 12y = 0$, $y(0) = 0,\ y'(0) = 1$

b) $y^{(4)} - 4y''' - 2y'' + 12y' + 9y = 0$

c) $y'' + 2y' + 3y = 0$

d) $y^{(8)} + 6y^{(6)} + 13y^{(4)} + 12y'' + 4 = 0$

e) $y^{(4)} + 4y''' + 7y'' + 6y' + 2y = 0$

Solución

a) Consideramos la ecuación característica asociada a la ecuación diferencial:

$$\lambda^2 - \lambda - 12 = 0$$

cuyas raíces $\lambda = 4,\ \lambda = -3$ son reales y simples. La solución general de la ecuación diferencial es:

$$y = c_1 e^{4x} + c_2 e^{-3x}$$

Para calcular c_1, c_2, tenemos en cuenta que $y(0) = 0,\ y'(0) = 1$, así:

$$y(0) = c_1 + c_2 = 0$$

$$y'(0) = 4c_1 - 3c_2 = 1$$

resolviendo el sistema, obtenemos que $c_1 = \frac{1}{7},\ c_2 = -\frac{1}{7}$ y, por tanto, la solución particular buscada:

$$y = \frac{1}{7}e^{4x} - \frac{1}{7}e^{-3x}$$

b) Las soluciones de la ecuación característica $\lambda^4 - 4\lambda^3 - 2\lambda^2 + 12\lambda + 9 = 0$ correspondiente a la ecuación diferencial son:

$$\lambda_1 = 3 \text{ (Doble) y } \lambda_2 = -1 \text{ (Doble)}$$

Como la multiplicidad de las raíces es igual a 2, la solución general de la ecuación se construye de la siguiente forma:

$$y = (c_1 + c_2 x)e^{3x} + (c_3 + c_4 x)e^{-x}$$

c) La ecuación característica $\lambda^2 + 2\lambda + 3 = 0$ de la ecuación diferencial tiene raíces complejas simples:

$$\lambda_1 = -1 + \sqrt{2}\,i\ ,\quad \lambda_2 = -1 - \sqrt{2}\,i$$

siendo la solución general buscada:

$$y = e^{-x}\left[A\ \cos\left(\sqrt{2}\ x\right) + B\ \text{sen}\left(\sqrt{2}\ x\right)\right]$$

d) La ecuación característica $\lambda^8 + 6\lambda^6 + 13\lambda^4 + 12\lambda^2 + 4 = 0$ tiene soluciones:

$$\lambda_1 = \pm i \quad \text{(Doble)},\ \lambda_2 = \pm\sqrt{2}\,i \quad \text{(Doble)}$$

por tanto, la solución general de la ecuación diferencial contiene dos sumandos, uno para cada pareja de raíces complejas:

$$y = e^{0x}\left[(c_1 + c_2 x)\cos x + (c_3 + c_4 x)\,\text{sen}\,x\right] +$$
$$+ e^{0x}\left[(c_1 + c_2 x)\cos\sqrt{2}\,x + (c_3 + c_4 x)\,\text{sen}\sqrt{2}\,x\right]$$

e) La ecuación característica de la ecuación diferencial es:

$$\lambda^4 + 4\lambda^3 + 7\lambda^2 + 6\lambda + 2 = 0$$

con raíces:

$$\lambda_1 = -1 \ \text{(Doble)},\ \lambda_2 = -1 + i \ \text{y} \quad \lambda_3 = -1 - i$$

La solución general se forma considerando dos sumandos: uno dado por $(c_1 + c_2 x)e^{-x}$ correspondiente a la raíz real doble $\lambda_1 = -1$ y el otro dado por $e^{-x}\left[A\cos x + B\ \text{sen}x\right]$ y correspondiente a las raíces complejas $\lambda_2 = -1 + i,\ \lambda_3 = -1 - i$:

$$y = (c_1 + c_2 x)e^{-x} + e^{-x}\left[A\ \cos x + B\ \text{sen}x\right]$$

22. Sabiendo que el polinomio $\lambda^3 - 2\lambda^2 + \lambda - 2 = 0$ tiene raíces:

$$\lambda_1 = 2\ ,\ \lambda_2 = i \ \text{(Doble) y}\ \lambda_3 = -i \ \text{(Doble)}$$

determine la solución general de la ecuación:

$$y''' - 2y'' + y' - 2 = 0$$

Solución

Conocemos las raíces de la ecuación característica de la ecuación diferencial:

$$\lambda_1 = 2\,,\ \lambda_2 = i \text{ (Doble) y } \lambda_3 = -i \text{ (Doble)}$$

Por tanto, la solución general está dada por:

$$y = \underbrace{c_1 e^{2x}}_{\textit{Raíz real } 2} + \underbrace{e^{0x}\left[(A_1 + A_2 x)\cos x + (B_1 + B_2 x)\operatorname{sen} x\right]}_{\textit{Raíces complejas } \pm \text{i (dobles)}}$$

23. Obtenga la solución general de las siguientes ecuaciones diferenciales lineales completas:

a) $y'' - y' - 12y = 5$

b) $y^{(4)} + 2y''' - 3y'' = 5x + 2$

c) $y'' - 4y = (x+2)\ e^x$

Solución

a) Determinamos la solución general de la ecuación homogénea y una solución particular de la ecuación completa:

• Solución general de la ecuación homogénea:

La solución general de la correspondiente ecuación homogénea $y'' - y' - 12y = 0$ está dada por:

$$y_H = c_1 e^{4x} + c_2 e^{-3x}$$

• Solución particular de la ecuación completa:

Como la función $b(x) = 5$ y 0 no es raíz de la ecuación característica, entonces, la solución particular ha de ser una constante $y_p = A$.

Para calcular A, imponemos a la función $y_p = A$ que verifique la ecuación diferencial. Si sustituimos $y_P = A$ e $y''_P = y'_P = 0$ en la ecuación diferencial, se tiene que $-12A = 5$ y, por tanto, $A = \dfrac{-5}{12}$. La solución particular de la ecuación es $y_p = -\dfrac{5}{12}$.

La solución general de la ecuación completa es la suma de y_H y de y_p:

$$y = c_1 e^{4x} + c_2 e^{-3x} - \frac{5}{12}$$

b) Determinamos la solución general de la ecuación homogénea y una solución particular de la ecuación completa:

● Solución general de la ecuación homogénea:

Las raíces de la ecuación característica $\lambda^4 + 2\lambda^3 - 3\lambda^2 = 0$ son $\lambda_1=1$, $\lambda_2=-3$ y $\lambda_3 = 0$ (doble). Por este motivo, la solución general de la ecuación homogénea $y^{(4)} + 2y''' - 3y'' = 0$ es:

$$y_H = c_1 e^x + c_2 e^{-3x} + (c_3 + c_4 x)e^{0x}$$

● Solución particular de la ecuación completa:

Para determinar una solución particular y_p de la ecuación completa, hay que tener en cuenta que $b(x) = 5x + 2$ y que λ=0 es raíz doble de la ecuación característica. En este caso, la solución particular es de la forma $y_p = x^2\left(Ax + B\right)$. Para determinar los coeficientes A y B, sustituimos y_p en la ecuación diferencial. Como:

$$y_p' = 3Ax^2 + 2Bx, \quad y_p'' = 6Ax + 2B, \quad y_p'''= 6A, \quad y_p^{(4)} = 0$$

se tiene que:

$$y^{(4)} + 2y''' - 3y'' = 12A - 18Ax - 6B = 5x + 2$$

e identificando los coeficientes de los dos polinomios de la igualdad anterior, se obtiene que:

$$-18A = 5$$
$$12A - 6B = 2$$

de donde $A = -\dfrac{5}{18}$ y $B = -\dfrac{8}{9}$.

Por tanto, la solución general de la ecuación completa es la suma de la solución general de la homogénea y la particular de la ecuación completa:

$$y = c_1 e^x + c_2 e^{-3x} + (c_3 + c_4 x) + x^2\left(-\frac{5x}{18} - \frac{8}{9}\right)$$

c) Determinamos la solución general de la ecuación homogénea y una solución particular de la ecuación completa.

- Solución general de la ecuación homogénea:

Las raíces de la ecuación característica $\lambda^2 - 4 = 0$ asociada a la ecuación diferencial $y'' - 4y = (x+2)\, e^x$ son $\lambda_1 = 2$ y $\lambda_2 = -2$. Por este motivo, la solución general de la ecuación homogénea $y'' - 4y = 0$ es:

$$y_H = c_1 e^{2x} + c_2 e^{-2x}$$

- Solución particular de la ecuación completa:

Para determinar una solución particular y_p de la ecuación completa, hay que tener en cuenta que $b(x) = (x+2)e^x$ y que $\lambda = 1$ no es raíz de la ecuación característica. En este caso, la solución particular es de la forma $y_p = (Ax + B)e^x$. Para determinar los coeficientes A y B, sustituimos y_p en la ecuación diferencial. Como:

$$y_p' = e^x(A + B + Ax), \quad y_p'' = e^x(2A + B + Ax)$$

se tiene que:

$$y'' - 4y = e^x(2A + B + Ax) - 4e^x(Ax + B) =$$
$$= e^x(-3Ax + 2A - 3B) = e^x(x+2)$$

e identificando los coeficientes de los dos polinomios que acompañan a la función e^x en la igualdad anterior, se obtiene que:

$$-3A = 1$$
$$2A - 3B = 2$$

de donde $A = -\dfrac{1}{3}$ y $B = -\dfrac{8}{9}$.

Por tanto, la solución general de la ecuación completa es la suma de la solución general de la homogénea y la particular de la ecuación completa:

$$y = c_1 e^{2x} + c_2 e^{-2x} + e^x\left(-\frac{x}{3} - \frac{8}{9}\right)$$

EJERCICIOS PROPUESTOS

1. Clasifique las siguientes ecuaciones diferenciales según su tipo y orden.

a) $y' + 3xy = x^2$

b) $y'' + 2y' + y = 1$

c) $x^2 y'' + 3xy' = 0$

d) $\dfrac{d^2x}{dt^2} + 2\dfrac{dx}{dt} - 4x^2 = e^t$

e) $\dfrac{\partial z}{\partial x} + \dfrac{\partial z}{\partial y} = 2z$

f) $\dfrac{d^3y}{dx^3}\dfrac{dy}{dx} + 3y = 0$

g) $y^{(4)} - 16y^2 = 0$

2. Compruebe que las siguientes funciones son soluciones de la ecuación diferencial correspondiente:

Solución	**Ecuación diferencial**
$y = Ce^{4x}$	$\dfrac{dy}{dx} = 4y$
$y = a\cos x + b\,\mathrm{sen}\,x$	$y'' + y = 0$
$y = \dfrac{x^4}{20} - \dfrac{a}{x} + b$	$xy'' + 2y' = x^3$
$Q = B - Ce^{-Kt}$	$\dfrac{dQ}{dt} = K(B - Q)$

3. Determine para qué valores de m la función $y = e^{mx}$ es solución de $y'' - 5y' + 6y = 0$.

4. Escriba la ecuación diferencial que han de cumplir las curvas que verifican que la pendiente en cada punto es el cociente entre el opuesto del valor de la abscisa y el valor de la ordenada en dicho punto.

5. Considere la ecuación diferencial lineal de segundo orden $y'' + P(x)y' = 0$. Demuestre que, si $y_1(x)$ e $y_2(x)$ son soluciones de la ecuación, cualquier combinación lineal de la forma $c_1 y_1(x) + c_2 y_2(x)$ es también una solución de la ecuación diferencial.

6. Compruebe que $x(t) = ce^{-t} + \frac{1}{2}e^t$ es una solución de la ecuación $x'(t) + x(t) = e^t$, para cada valor de c.

7. Calcule la solución general de las siguientes ecuaciones diferenciales de variables separadas.

a) $\frac{dy}{dx} = 3x^2 - 2x + 1$

b) $\frac{dV}{dt} = \frac{2}{t+1}$

c) $\frac{dA}{dt} = 2te^{t^2+3}$

d) $\frac{dy}{dx} = \frac{x}{y}$

e) $(2+x)y' = 3y$

8. Calcule una solución particular de la ecuación diferencial que satisface la condición inicial dada.

a) $y\,y' - e^x = 0, \quad y(0) = 4$

b) $x^{\frac{1}{2}} - (y\,y') = 0, \quad y(1) = 4$

c) $y(x+1) + y' = 0, \quad y(-2) = 1$

d) $x\,y\,y' - \ln x = 0, \quad y(1) = 0$

e) $(1+x^2)y' - (1+y^2) = 0, \quad y(0) = \sqrt{3}$

f) $dP - k\,P\,dt = 0, \; P(0) = P_0$

9. Resuelva las siguientes ecuaciones diferenciales homogéneas.

a) $y' = \frac{x+y}{2x}$

b) $2xyy' = x^2 + y^2$

c) $xdy - (2xe^{\frac{-y}{x}} + y)dx = 0, \quad y(1) = 0$

d) $-y^2dx + x(x+y)dy = 0, \quad y(1) = 1$

e) $(x^2 - y^2)dx + 3xydy = 0$

10. Resuelva las siguientes ecuaciones diferenciales exactas:

a) $\left(2xy - 3x^2\right)dx + \left(x^2 - 2y\right)dy = 0, \quad y(0) = 1$

b) $\left(\cos x - x \operatorname{sen} x + y^2\right)dx + 2xydy = 0, \quad y(\pi) = 1$

c) $\dfrac{y}{x-1}dx + \left[\ln(x-1) + 2y\right]dy = 0, \quad y(2) = 4$

d) $\dfrac{1}{x^2+y^2}\left(xdx + ydy\right) = 0, \quad y(0) = 4$

e) $\left(x^2 + y^2\right)dx + 2xydy = 0, \quad y(3) = 1$

11. Resuelva las ecuaciones lineales de primer orden siguientes:

a) $xy' - 2y = x^2$

b) $y' + \dfrac{y}{x} = 3x + 4$

c) $\dfrac{dy}{dx} = e^x - y$

d) $y' - y = \cos x$

e) $\left(3y + \operatorname{sen} 2x\right)dx - dy = 0$

f) $\left(x-1\right)y' + y = x^2 - 1$

g) $\left(y-1\right)\operatorname{sen} x \, dx - dy = 0$

12. Encuentre la solución general de la ecuación diferencial lineal $x'(t) + a\,x(t) = b(t)$, $a \in \mathbb{R}$ ¿Cuál es la solución en el caso $b(t) = b$?

13. Determine el tipo de ecuación diferencial y resuélvala:

a) $y' = \dfrac{2y}{x\left(y-2\right)}$

b) $y' = \dfrac{\left(x^2 - y^2\right)^{\frac{1}{2}} + y}{x}$

c) $y'yx^3 = x^4 + x^2y^2 + y^4$

d) $y' = \dfrac{y\operatorname{sen}x - \operatorname{sen}y}{x\cos y + \cos x}$

e) $y' = 2xe^{-x^2} - 2xy$

f) $y' - \dfrac{2}{x+1}y = (x+1)^2$

g) $(x^3 + xy^2)dx + (x^2y + y^3)dy = 0$

h) $(6xy^2 + 4x^3)dx + (3y^2 + 6x^2y)dy = 0$

14. En los siguientes problemas, escriba una ecuación diferencial que describa la situación dada.

a) La tasa de crecimiento de una inversión es del 7%.

b) El coste marginal para un fabricante es de 60 u.m. por unidad.

c) La población de un país crece a un ritmo que es proporcional a su tamaño en cada instante.

d) La población de una ciudad crece a un ritmo constante de 500 personas al año.

e) Una muestra de radio se desintegra a un ritmo que es proporcional a su tamaño.

f) El ritmo al que se propaga un rumor en una comunidad de tamaño T es conjuntamente proporcional al número de personas de la comunidad que han oído el rumor y a la cantidad de personas que aún no lo han oído.

g) El ritmo al que una epidemia se propaga en una comunidad de tamaño N es conjuntamente proporcional a la cantidad de personas que ha enfermado y a la cantidad que no ha enfermado.

h) La elasticidad de una función $y(x)$ es igual a x^2.

15. La tasa de crecimiento de una inversión de 1000 u.m. es igual al 7% de su tamaño. Exprese el valor de la inversión como una función del tiempo.

16. Supongamos que el ritmo de crecimiento del número $N(t)$ de teléfonos móviles es proporcional al número de teléfonos móviles que hay en cada instante t. Escriba la ecuación diferencial correspondiente para el número de teléfonos móviles en función del tiempo y encuentre la solución general.

17. En la actualidad, el precio de cierta casa es de 300000 u.m. Se estima que después de t meses la tasa de crecimiento del precio $P(t)$ está dada por la expresión $0{,}01P(t)+1000$. Determine el precio de la casa dentro de 5 meses.

18. Consideremos el siguiente modelo de crecimiento demográfico. Sea $P(t)$ la población de cierto país en el tiempo t y supongamos que la tasa de natalidad r y la de mortalidad s del país son constantes y que hay una tasa constante de inmigración m. Bajo estas hipótesis, la población verifica la ecuación diferencial $P'(t)=(r-s)P(t)+m$.

a) Resuelva la ecuación diferencial y halle el valor de $P(t)$.

b) Si la población del país era 30 millones para $t=0$, con una tasa de crecimiento (tasa de natalidad menos tasa de mortalidad) del 3%, y se permite la inmigración a la tasa de 120000 personas por año, ¿cuál será la población pasados 10 años?

19. Supongamos que el precio $P(t)$ de determinado artículo varía de forma que su tasa de cambio con respecto al tiempo es proporcional a la escasez $D-S$, donde $D(P)$ y $S(P)$ son las funciones lineales de demanda y oferta dadas por $D=8-2P$ y $S=2+P$.

a) Determine el valor de $P(t)$ sabiendo que el precio es de 5 u.m. cuando $t=0$ y 3 u.m. cuando $t=2$.

b) Determine qué le sucede a $P(t)$ a largo plazo.

20. Considere un modelo de ajuste de precios en el que el precio $P(t)$ de determinado artículo varía de forma que su tasa de cambio con respecto al tiempo es:

$$P'(t)=0{,}75\left[D(t)-S(t)\right],\ P(0)=3$$

donde las funciones de oferta y demanda están dadas por $D(t)=6-2P(t)$ y $S(t)=-2+4P(t)$. Se pide determinar:

a) La trayectoria temporal del precio.

b) La tendencia del precio a largo plazo.

21. Los demógrafos emplean la **función de Gompertz** para predecir la población. Sea P_0 la población inicial de una región y β la tasa de crecimiento de la población. La función de Gompertz $P(t)$ representa la población en el tiempo t y satisface la ecuación diferencial:

$$\frac{dP}{dt} = P(\ln P_0)(\ln \beta)\beta^t$$

Suponiendo que P_0 y β son constantes, resuelva esta ecuación y halle la expresión de la población $P(t)$.

22. Sean D e Y la deuda y el ingreso nacionales, y supongamos que ambas son funciones del tiempo t. Uno de los modelos del economista Evsey Domar para la deuda afirma que las tasas de crecimiento de la deuda D y el ingreso Y son proporcionales al ingreso. Concretamente, se cumple que:

$$\frac{dD}{dt} = aY \quad \text{y} \quad \frac{dY}{dt} = bY$$

a) Resuelva ambas ecuaciones diferenciales y exprese $D(t)$ e $Y(t)$ en términos de a, b, $Y(0) = Y_0$ y $D(0) = D_0$.

b) ¿Qué le sucede al cociente $\dfrac{D(t)}{Y(t)}$ cuando $t \to +\infty$?

23. Consideremos el siguiente modelo de crecimiento económico de un país en vías de desarrollo:

$$X(t) = \alpha K(t)$$
$$K'(t) = \beta X(t) + H(t)$$
$$H(t) = H_0 e^{rt}$$

donde $X(t)$ es la producción total, $K(t)$ el *stock* de capital y $H(t)$ el flujo anual de ayuda exterior.

a) A partir de estas ecuaciones escriba una ecuación diferencial para $K(t)$.

b) Resuelva la ecuación diferencial y halle el valor de $K(t)$ sabiendo que $K(0) = K_0$.

24. Encuentre todas las funciones $y = y(x)$ cuya elasticidad es igual a :

a) Una constante c.

b) Una función lineal $ax + b$.

25. Calcule la solución general de las siguientes ecuaciones diferenciales lineales homogéneas.

a) $y'' - 4y = 0$

b) $y'' + 6y' + 12y = 0$

c) $y'' + 4y' + 4y = 0$

d) $y''' + 3y'' + 3y' + y = 0$

e) $y^{(4)} + 2y'' + y = 0$

26. Calcule la solución general de las ecuaciones lineales completas siguientes:

a) $y''' + 3y'' + 3y' + y = x$

b) $y''' - 6y'' + 12y' - 8y = 2x + 10$

c) $y'' + y' = 3x^2 - x$

d) $y''' - 6y'' + 11y' - 6y = 2e^{-x}$

e) $y''' - 6y'' + 11y' - 6y = 2e^{x}$

f) $y'' - 2ay' + a^2 y = e^x, \quad a \neq 1$

g) $y'' + y = 2\cos x$

h) $y'' - 2y' + 2y = e^x \operatorname{sen} x$

XV

ECUACIONES EN DIFERENCIAS FINITAS

1. INTRODUCCIÓN

Consideremos una variable y que depende del tiempo representado por la letra x (la variable y puede ser la renta, el producto interior bruto, la inflación, etc.). Cuando el tiempo x cambia de forma continua, es decir, consideramos variaciones infinitesimales de x, las derivadas sucesivas de la función y con respecto a x permiten estudiar la forma en la que la variable y cambia con respecto a la variable x. Según vimos en el capítulo anterior, las ecuaciones diferenciales son la herramienta adecuada para analizar la relación entre la función y sus derivadas.

Sin embargo, en el ámbito económico es frecuente la situación en la que sólo se tiene información del valor de la variable y en periodos concretos (la renta, el consumo o la inversión se suelen evaluar cada año, cada trimestre, cada mes, etc). En este caso, la variable x toma valores discretos $x = 0,1,2,\ ...$ y la variación de la función está dada por el incremento de y (o diferencia de 1er orden de y) entre dos periodos consecutivos. Por tanto, el modelo que usa la derivada y las ecuaciones diferenciales no es el adecuado en esta situación en la que la variable x toma valores discretos. El objeto matemático que estudia los cambios de la función y con respecto a una variable x que toma valores discretos es la ecuación en diferencias finitas que estudiaremos en el presente capítulo. Las ecuaciones en diferencias finitas pueden verse, por tanto, como una aproximación discreta de las ecuaciones diferenciales, sustituyendo las derivadas por las diferencias finitas de la función. La analogía entre los dos conceptos se traducirá, como veremos, en bastantes similitudes en su tratamiento y resolución.

A continuación mostramos dos ejemplos relacionados con la situación que acabamos de plantear y que dan lugar a dos ecuaciones en diferencias finitas.

Ejemplo 1.1

Supongamos que la renta nacional R aumenta un 2% cada año. Si representamos por $R(x)$ y $R(x+1)$ los valores de la renta en dos años consecutivos, entonces, el comportamiento de la renta con respecto al tiempo x puede expresarse mediante la ecuación siguiente:

$$R(x+1) = R(x) + 0{,}02R(x)$$

o equivalentemente:

$$R(x+1)-1{,}02R(x)=0$$

La ecuación anterior se denomina una ecuación en diferencias finitas.

■

Ejemplo 1.2

Supongamos que las ventas de cierto artículo obedecen a la ley: cada año se vende la suma de las ventas del año anterior más el doble de las ventas de hace dos años.

Si representamos por $V(x)$ las ventas durante el año x, la ley que rige el comportamiento de las ventas puede expresarse así:

$$V(x+2)=V(x+1)+2V(x)$$

o equivalentemente:

$$V(x+2)-V(x+1)-2V(x)=0$$

De nuevo se trata de una ecuación en diferencias finitas, cuya solución determinará el comportamiento de las ventas con respecto al tiempo.

■

Comencemos formalizando las ideas expuestas con anterioridad y definiendo el concepto de ecuación en diferencias finitas. A continuación centraremos el estudio en un tipo concreto de estas ecuaciones: las ecuaciones en diferencias finitas lineales.

2. Operadores Δ y E

Sea la función $y=y(x)$, llamamos ***diferencia finita de 1er orden*** de dicha función en el punto x al valor del incremento que experimenta la función al pasar del punto x al punto $x+h$:

$$\Delta y(x)=y(x+h)-y(x)$$

Al operador Δ se le denomina ***operador diferencia*** y a la constante h, ***periodo o intervalo de diferencia***. De forma análoga, llamamos ***diferencia finita de orden 2*** de $y(x)$ a:

$$\begin{aligned}\Delta^2 y(x)&=\Delta(\Delta y(x))=\Delta(y(x+h)-y(x))=\Delta y(x+h)-\Delta y(x)=\\&=y(x+2h)-y(x+h)-(y(x+h)-y(x))=\\&=y(x+2h)-2y(x+h)+y(x)\end{aligned}$$

En general, la ***diferencia finita de orden*** n de $y(x)$ se define por inducción como:

$$\Delta^n y(x) = \Delta\left(\Delta^{n-1} y(x)\right) = \Delta^{n-1}\left(y(x+h) - y(x)\right) =$$
$$= \sum_{k=0}^{n} \binom{n}{k} (-1)^k y(x+(n-k)h)$$

donde $\binom{n}{k} = \dfrac{n!}{k!(n-k)!}$.

Dada la función $y = y(x)$, llamamos ***operador siguiente*** E al que calcula el valor de la función en el periodo siguiente:

$$Ey(x) = y(x+h)$$

Definimos los operadores siguientes de 2º orden, 3er orden, ..., orden n como:

$$E^2 y(x) = E\left[E\left(y(x)\right)\right] = E\left[y(x+h)\right] = y(x+2h)$$

$$E^3 y(x) = E\left[E^2 y(x)\right] = E(y+2h) = y(x+3h)$$

$$\vdots$$

$$E^n y(x) = E\left[E^{n-1} y(x)\right] = y(x+nh)$$

Dada $y = y(x)$, llamamos ***operador identidad*** al operador I que, aplicado sobre cualquier función, la deja invariante:

$$I\,y(x) = y(x)$$

Veamos ahora la relación entre los operadores diferencia Δ y siguiente E.

Teniendo en cuenta las definiciones de Δ y E expresadas anteriormente, resulta que:

$$\Delta y(x) = y(x+h) - y(x) = Ey(x) - Iy(x) = (E - I)\,y(x)$$

Por tanto, $\Delta = E - I$ o equivalentemente $E = \Delta + I$.

Por otra parte,

$$\Delta^2 y(x) = \Delta\left[\Delta\left(y(x)\right)\right] = (E-I)\left[(E-I)\,y(x)\right] = (E-I)^2\, y(x)$$

de donde $\Delta^2 = (E - I)^2$.

Por inducción, se demuestra que:

$$\Delta^n = (E - I)^n$$

Ejemplo 2.1

Dada la función $y(x)=x^2$, calculemos el valor de los operadores diferencia $\Delta y(x)$ y siguiente $Ey(x)$ de la función $y(x)$ en el punto $x=2$.

Como $\Delta y(x)=y(x+h)-y(x)=(x+h)^2-x^2=2xh+h^2$, evaluando en $x=2$, se obtiene que $\Delta y(2)=4h+h^2$.

Por otra parte,

$$Ey(x)=y(x+h)=(x+h)^2,\quad Ey(2)=y(2+h)=(2+h)^2=h^2+4h+4$$

■

3. Ecuaciones en Diferencias Finitas: Reducción a Forma Canónica

Una ***ecuación en diferencias finitas*** de orden n es una ecuación de la forma:

$$G\left(x,\, y(x),\, \Delta y(x),\, \Delta^2 y(x),\ldots,\, \Delta^n y(x)\right)=0 \tag{15.1}$$

que relaciona la variable x definida en el conjunto de los números naturales $\mathbb{N}$, la función $y(x)$ y las diferencias finitas de la función hasta el orden n. Las ecuaciones en diferencias finitas también se denominan ***ecuaciones recurrentes***.

Ejemplo 3.1

a) La expresión $\Delta y+3y=0$ representa una ecuación en diferencias finitas de 1er orden.

b) La expresión $\Delta^2 y-xy^3=2x+7$ representa una ecuación en diferencias finitas de 2º orden.

■

La ecuación (15.1) puede escribirse en términos del operador E, teniendo en cuenta la relación existente entre E y Δ:

$$H\left(x,\, y(x),\, Ey(x),\, E^2 y(x),\, \ldots,\, E^n y(x)\right)=0 \tag{15.2}$$

Si ahora consideramos que $E^n y(x)=y(x+nh)$, la ecuación (15.2) puede expresarse:

$$F\left(x, y(x), y(x+h), y(x+2h),\ldots, y(x+nh)\right)=0$$

Si en la ecuación anterior tomamos $h=1$, obtenemos la ***forma canónica*** de la ecuación en diferencias finitas:

$$F\left(x, y(x), y(x+1), y(x+2), \ldots, y(x+n)\right)=0$$

que también se suele escribir de la forma siguiente:

$$F\left(x, y_x, y_{x+1}, y_{x+2}, \ldots, y_{x+n}\right)=0$$

A partir de este momento, usaremos la ecuación en forma canónica de la ecuación en diferencias finitas.

Si la ecuación en diferencias finitas puede escribirse en la forma:

$$y(x+n)=F(x, y(x), y(x+1), \ldots, y(x+n-1))$$

la ecuación se dice que está expresada en ***forma normal.***

Por otra parte, si la variable independiente x no aparece en la ecuación, entonces se dice que la ecuación es ***autónoma***.

Si n_1 y n_2 son los valores máximo y mínimo, respectivamente, de los órdenes de las diferencias finitas de la ecuación, entonces se dice que el orden de la ecuación es n_1-n_2.

Ejemplo 3.2

Consideremos la siguiente ecuación en diferencias finitas $\Delta^2 y-2\Delta y+1=x$ y expresémosla en forma canónica.

Como $\Delta=E-I$, $Ey=y\left(x+h\right)$ y $E^n y=y\left(x+nh\right)$, resulta que:

$$\Delta y=y\left(x+h\right)-y\left(x\right)$$

y,

$$\begin{aligned}\Delta^2 y&=\left(E-I\right)^2 y=\left(E^2-2E+I\right)y=E^2 y-2Ey+y=\\&=y\left(x+2h\right)-2y\left(x+h\right)+y\left(x\right)\end{aligned}$$

De donde la ecuación en diferencias finitas puede ser expresada de la siguiente forma:

$$\begin{aligned}\Delta^2 y-2\Delta y+1&=y\left(x+2h\right)-2y\left(x+h\right)+y\left(x\right)-2y\left(x+h\right)+2y\left(x\right)+1=\\&=y\left(x+2h\right)-4y\left(x+h\right)+3y\left(x\right)+1=x\end{aligned}$$

Tomando $h=1$, se tiene que:

$$y\left(x+2\right)-4y\left(x+1\right)+3y\left(x\right)+1=x$$

o bien:

$$y_{x+2}-4y_{x+1}+3y_x+1=x$$

■

Dependiendo de la forma de la función F, hay varios tipos de ecuaciones en diferencias finitas. En este capítulo estudiaremos únicamente las ecuaciones en diferencias finitas lineales. Comprobaremos que el análisis de estas ecuaciones es similar en muchos aspectos al de las ecuaciones diferenciales lineales: los conceptos de ecuación homogénea, completa, solución particular, etc. y los métodos de resolución, son análogos a los desarrollados para las ecuaciones diferenciales.

Ejemplo 3.3

a) La ecuación en diferencias finitas $3y(x+4)-2y(x+2)+y(x)=1$ es una ecuación lineal de orden 4 autónoma.

b) La ecuación en diferencias finitas $y(x+4)+x^2y(x+1)=e^x$ es una ecuación lineal de orden 4-1=3, no autónoma. La ecuación es equivalente a la ecuación $y(x+3)+x^2y(x)=e^x$.

c) La ecuación en diferencias finitas $y_{x+3}+2y_{x+1}+xy_x=1$ es una ecuación de orden 3, lineal y no autónoma.

d) Las variables que aparecen en una ecuación en diferencias finitas no son necesariamente x e y. Con frecuencia se usa la variable t como variable independiente, como ocurre en la ecuación siguiente: $x_{t+2}+tx_{t+1}-t^2x_t=1+t$.

■

Llamamos ***solución*** de la ecuación en diferencias finitas a toda función $y=g(x)$ que satisfaga la ecuación.

Observemos que una solución de una ecuación en diferencias finitas es en realidad una sucesión de números reales, ya que la función $y=g(x)$ está definida en el conjunto de los números naturales $\mathbb{N}$ y su gráfica corresponde a un conjunto de puntos aislados en el plano.

Las soluciones de una ecuación en diferencias finitas pueden ser de varios tipos:

a) ***Solución general***: familia de soluciones que contiene tantos parámetros como el orden de la ecuación

b) ***Solución particular:*** solución perteneciente a la solución general que cumple unas condiciones específicas llamadas "condiciones iniciales".

c) ***Solución singular:*** solución (si existe) no contenida en la solución general.

Ejemplo 3.4

a) La ecuación $y(x+1)-y(x)-3=0$ es una ecuación en diferencias finitas de orden 1. La solución general es $y(x)=3x+C$. En efecto, si sustituimos $y(x)$ en la ecuación, resulta que:

$$y(x+1)-y(x)-3=3(x+1)+C-3x-C-3=0$$

La solución particular que cumple la condición $y(0)=2$ es igual a $y(x)=3x+2$.

b) La función $y(x)=1-\dfrac{2}{x}$ es una solución particular de la ecuación en diferencias finitas:

$$(x+1)\,y(x+1)+x\,y(x)=2x-3$$

Para comprobarlo, basta sustituir la función en la expresión anterior:

$$(x+1)\left(1-\frac{2}{x+1}\right)+x\left(1-\frac{2}{x}\right)=(x+1)-2+x-2=2x-3$$

■

4. ECUACIONES EN DIFERENCIAS FINITAS LINEALES

Una ecuación en diferencias finitas de orden n es ***lineal*** si es de la forma:

$$a_0(x)y(x)+a_1(x)y(x+1)+a_2(x)y(x+2)+...+a_n(x)y(x+n)=b(x)$$

Si las funciones $a_0(x),\ a_1(x),\ a_2(x),\ ...,\ a_n(x)$ son constantes, la ecuación se llama de ***coeficientes constantes***. Este es el caso en el que centraremos nuestro estudio.

Por otra parte, usando una terminología similar a la usada con las ecuaciones diferenciales lineales:

a) Si $b(x)=0$, la ecuación se llama ***homogénea***.

b) Si $b(x)\neq 0$, la ecuación se llama ***completa***.

De forma análoga a lo que ocurría con las ecuaciones diferenciales lineales, para resolver una ecuación en diferencias finitas completa, comenzaremos obteniendo la solución general y_h de la ecuación homogénea correspondiente. A continuación hallaremos una solución particular y_p de la ecuación completa, que dependerá de la tipología de la función $b(x)$. La solución general de la ecuación completa será:

$$y = y_h + y_p$$

4.1. RESOLUCIÓN DE LAS ECUACIONES EN DIFERENCIAS FINITAS HOMOGÉNEAS

Dada la ecuación en diferencias finitas:

$$a_0 y(x) + a_1 y(x+1) + a_2 y(x+2) + ... + a_n y(x+n) = 0$$

se define el ***polinomio característico*** asociado a dicha ecuación como el polinomio de grado n en la variable λ dado por:

$$P(\lambda) = a_0 + a_1\lambda + a_2\lambda^2 + ... + a_n\lambda^n = \sum_{s=0}^{n} a_s\lambda^s$$

La ecuación de grado n:

$$P(\lambda) = a_0 + a_1\lambda + a_2\lambda^2 + ... + a_n\lambda^n = 0$$

se llama ***ecuación característica***, y sus soluciones nos van a permitir construir las soluciones de la ecuación en diferencias finitas.

Tenemos diferentes casos, según que las raíces sean reales o complejas.

a) Raíces reales

Sean $\lambda_1, \lambda_2, ..., \lambda_p$ las raíces reales del polinomio característico con multiplicidades $m_1, m_2, ..., m_p$ respectivamente.

La solución general viene dada por:

$$y(x) = P_1(x)\lambda_1^x + P_2(x)\lambda_2^x + ... + P_p(x)\lambda_p^x$$

donde $P_i(x)$ es un polinomio de grado uno menos que la multiplicidad de la raíz λ_i, es decir, $GrP_i(x) = m_i - 1, \quad i = 1, 2, ..., p$.

Ejemplo 4.1

Encuentre la solución general de la ecuación en diferencias finitas:

$$y(x+2) - 3y(x+1) + 2y(x) = 0$$

Consideramos la ecuación característica asociada:

$$\lambda^2 - 3\lambda + 2 = 0$$

con soluciones reales simples $\lambda_1 = 2$ y $\lambda_2 = 1$, de donde la solución general es:

$$y(x) = c_1 2^x + c_2 1^x = c_1 2^x + c_2$$

■

Ejemplo 4.2

Calcule la solución general de la ecuación:

$$y(x+4)-6y(x+3)+13y(x+2)-12y(x+1)+4y(x)=0$$

La ecuación característica:

$$\lambda^4-6\lambda^3+13\lambda^2-12\lambda+4=0$$

tiene soluciones:

$$\lambda_1=1 \text{ (Doble) y } \lambda_2=2 \text{ (Doble)}$$

Por tanto, la solución general es:

$$y(x)=P_1(x)1^x+P_2(x)2^x=(a_1x+b_1)+(a_2x+b_2)2^x$$

■

b) Raíces complejas

Supongamos que $\alpha_j \pm \beta_j i$, con $j=1,2,...,p$, son soluciones de la ecuación característica asociada a la ecuación en diferencias finitas, con multiplicidades $m_1,m_2,...,m_p$ respectivamente.

La solución general de la ecuación en diferencias finitas es:

$$y(x)=\sum_{j=1}^{p} r_j^x\left(P_j(x)\cos\omega_j x+Q_j(x)\operatorname{sen}\omega_j x\right)$$

donde $r_j=\sqrt{\alpha_j^2+\beta_j^2}$, $\omega_j=\operatorname{arctg}\dfrac{\beta_j}{\alpha_j}$ y $P_j(x),Q_j(x)$ son polinomios de grado m_j-1, $j=1,2,...,m$.

Ejemplo 4.3

Estudie la solución general de la ecuación en diferencias finitas:

$$y(x+2)-2y(x+1)+2y(x)=0$$

La ecuación característica asociada a la ecuación en diferencias finitas $\lambda^2-2\lambda+2=0$ tiene como raíces:

$$\lambda_1=1+i,\ \lambda_2=1-i$$

siendo la solución general buscada:

$$y(x)=r^x\left[A\cos\omega x+B\operatorname{sen}\omega x\right]$$

donde $r=\sqrt{1^2+1^2}=\sqrt{2}$ y $\omega=\operatorname{arctg}1=\dfrac{\pi}{4}$. Por tanto:

$$y(x)=\left(\sqrt{2}\right)^x\left[A\cos\frac{\pi}{4}x+B\operatorname{sen}\frac{\pi}{4}x\right]$$

■

Ejemplo 4.4

Encuentre la solución general de la ecuación en diferencias finitas:

$$y(x+4)+2y(x+2)+y(x)=0$$

La ecuación característica de la ecuación en diferencias finitas es:

$$\lambda^4+2\lambda^2+1=0$$

cuyas soluciones son complejas con multiplicidad 2, $\lambda=i$ (Doble) y $\lambda=-i$ (Doble). En este caso, $\alpha=0$ y $\beta=1$, de donde $r=\sqrt{0^2+1^2}=1$ y $\varpi=\dfrac{\pi}{2}$.

La solución general es:

$$y(x)=1^x\left[\left(A_0+A_1x\right)\cos\left(\frac{\pi}{2}x\right)+\left(B_0+B_1x\right)\operatorname{sen}\left(\frac{\pi}{2}x\right)\right]$$

■

4.2. Resolución de la Ecuación en Diferencias Finitas Completa

Consideremos la ecuación en diferencias finitas de orden n completa:

$$a_0y(x)+a_1y(x+1)+a_2y(x+2)+\ldots+a_ny(x+n)=b(x)$$

El siguiente teorema nos proporciona el procedimiento para resolver la ecuación completa.

Teorema 1

Si y_p es una solución particular de la ecuación en diferencias finitas completa y la función y_h es la solución general de la ecuación homogénea, entonces, la solución general de la ecuación en diferencias finitas completa es:

$$y=y_h+y_p$$

Como sabemos resolver la ecuación homogénea, sólo nos queda calcular una solución particular y_p de la ecuación completa. La solución particular es una función del "mismo tipo" que la función $b(x)$.

Estudiamos la resolución en algunos casos concretos, según la forma de la función $b(x)$.

Caso 1

Sea $b(x) = P_m(x)$ un polinomio de grado m.

a) Si 1 no es raíz de la ecuación característica, entonces, la solución particular es de la forma:

$$y_p = A_0 + A_1 x + \ldots + A_m x^m$$

b) Si 1 es raíz de la ecuación característica con multiplicidad r, entonces, la solución particular es de la forma:

$$y_p = x^r \left(A_0 + A_1 x + \ldots + A_m x^m \right)$$

donde $A_0, A_1, \ldots, A_m$ son coeficientes a determinar, sustituyendo la función en la ecuación en diferencias finitas e identificando coeficientes.

Ejemplo 4.5

Consideremos la ecuación en diferencias finitas, lineal y completa, dada por $y(x+2) + y(x) = 1 + x$. Para resolverla hallamos en primer lugar la solución general de la ecuación homogénea y posteriormente una solución particular de la ecuación completa.

a) La ecuación característica de la ecuación homogénea $y(x+2) + y(x) = 0$ es $\lambda^2 + 1 = 0$, cuyas raíces son $\lambda = i$, $\lambda = -i$. La solución general de la ecuación es de la forma:

$$y_h = r^x \left[A\cos \omega x + B \operatorname{sen} \omega x \right]$$

donde $r = \sqrt{0^2 + 1^2} = 1$, $\omega = \dfrac{\pi}{2}$. Por tanto,

$$y_h = A\cos \frac{\pi}{2} x + B \operatorname{sen} \frac{\pi}{2} x$$

b) Solución particular de la ecuación completa.

Como $b(x)$ es un polinomio de grado 1 y además 1 no es raíz de la ecuación característica, la solución particular es de la forma $y(x) = a_1 + a_2 x$. Sustituyendo $y(x)$ en la ecuación en diferencias finitas:

$$y(x+2) + y(x) = a_1 + a_2(x+2) + a_1 + a_2 x = 2a_1 + 2a_2 + 2a_2 x = 1 + x$$

de donde igualando coeficientes:

$$\left.\begin{aligned} 2a_1 + 2a_2 &= 1 \\ 2a_2 &= 1 \end{aligned}\right\} \Rightarrow a_1 = 0, \quad a_2 = \frac{1}{2}$$

luego, $y_p = \frac{1}{2} x$.

c) Solución general de la ecuación en diferencias finitas completa:

$$y = y_h + y_p = A \cos \frac{\pi}{2} x + B \operatorname{sen} \frac{\pi}{2} x + \frac{x}{2}$$

■

Caso 2

Supongamos que $b(x)$ es una función del tipo $b(x) = k^x \, P_m(x), k \in \mathbb{R}$, siendo $P_m(x)$ un polinomio de grado m. Se pueden dar dos casos:

a) Si k no es raíz de la ecuación característica, entonces, la solución particular es:

$$y_p = (A_0 + A_1 x + ... + A_m x^m) \, k^x$$

b) Si k es raíz de la ecuación característica con multiplicidad r, la solución particular es:

$$y_p = x^r (A_0 + A_1 x + ... + A_m x^m) k^x$$

donde, en ambos casos, $A_0, A_1, \ldots, A_m$ son coeficientes a determinar, sustituyendo la función en la ecuación en diferencias finitas e identificando coeficientes.

Ejemplo 4.6

a) Calcule una solución particular de la ecuación: $y(x+2) - 4y(x) = (x-1)3^x$

La ecuación característica $\lambda^2 - 4 = 0$ tiene raíces $\lambda_1 = 2$, $\lambda_2 = -2$. Como $k = 3$ no es raíz de la ecuación característica, la solución particular es de la forma $y_p = (Ax + B)3^x$. Sustituyendo en la ecuación en diferencias finitas, obtendremos:

$$(Ax + 2A + B) \, 3^{x+2} - 4(Ax + B) \, 3^x = (x-1)3^x$$

$$9(Ax + 2A + B) - 4(Ax + B) = (x-1)$$

Agrupando e igualando coeficientes, se llega a que:

$$5A = 1$$

$$18A + 5B = -1$$

de donde $A=\frac{1}{5}$ y $B=-\frac{23}{25}$. Por tanto, una solución particular de la ecuación en diferencias finitas es $y_p=(\frac{x}{5}-\frac{23}{25})3^x$.

b) Calcule una solución particular de la ecuación: $y(x+2)-4y(x+1)+4y(x)=2^x$

En este caso, la ecuación característica $\lambda^2-4\lambda+4=0$ tiene la raíz $\lambda=2$ (Doble). Como $k=2$ es raíz doble de la ecuación característica, la solución particular es de la forma $y_p=Ax^2 2^x$.

Sustituyendo $y_p=Ax^2 2^x$ en la ecuación en diferencias finitas, se tiene que:

$$A(x+2)^2 2^{x+2}-4A(x+1)^2 2^{x+1}+4Ax^2 2^x=2^x$$

o equivalentemente:

$$2^x\left[4A(x+2)^2-8A(x+1)^2+4Ax^2\right]=2^x$$
$$4A(x+2)^2-8A(x+1)^2+4Ax^2=1$$

Simplificando la expresión anterior, se llega a que $8A=1$, de donde $A=\frac{1}{8}$. La solución particular es:

$$y_p=\frac{1}{8}x^2 2^x$$

■

5. Aplicaciones Económicas

Estudiemos a continuación algunas aplicaciones de las ecuaciones en diferencias finitas al análisis de fenómenos económicos.

5.1. Amortización de un Préstamo

Consideremos una operación de amortización de un préstamo, a un tipo de interés efectivo r (en el periodo en el que midamos el tiempo $t=$ años, semestres, trimestres, ...), de un capital de cuantía C_0. Supongamos que, para devolver el capital, se paga una cantidad fija a al final de cada periodo. Si $C(t)$ es el capital pendiente de pago en el instante t, el capital pendiente en el periodo siguiente $(t+1)$ será:

$$C(t+1)=C(t)+rC(t)-a$$

es decir $C(t)$ cumple la ecuación en diferencias finitas:

$$C(t+1)-(1+r)C(t)=-a$$

Comenzamos resolviendo la ecuación homogénea $C(t+1)-(1+r)C(t)=0$. El polinomio característico asociado es:

$$P(\lambda)=\lambda-(1+r)$$

cuya raíz es $\lambda=1+r$. Luego, la solución general de la ecuación homogénea es:

$$C_h(t)=k_1(1+r)^t$$

A continuación buscamos una solución particular de la ecuación completa. La solución particular ha de ser de la forma $C_p(t)=k_2$, ya que el término independiente de la ecuación es una constante y 1 no es raíz de la ecuación característica. Para determinar la constante, sustituimos en la ecuación en diferencias finitas:

$$C(t+1)-(1+r)C(t)=k_2-(1+r)k_2=-a$$

de donde $-rk_2=-a$ y $k_2=\dfrac{a}{r}$. Luego, una solución particular de la ecuación en diferencias finitas es $C_p(t)=\dfrac{a}{r}$. La solución general de la ecuación es, por tanto:

$$C(t)=k_1(1+r)^t+\frac{a}{r}$$

La condición inicial $C(0)=C_0$ (C_0 es el capital inicial cuando $t=0$) nos permite calcular k_1:

$$C(0)=k_1(1+r)^0+\frac{a}{r}=k_1+\frac{a}{r}=C_0\Rightarrow k_1=C_0-\frac{a}{r}$$

y la expresión del capital pendiente de pago en función del tiempo:

$$C(t)=\left(C_0-\frac{a}{r}\right)(1+r)^t+\frac{a}{r}$$

Tras calcular el capital pendiente de pago en el instante t, podemos preguntarnos:

a) ¿Qué condición han de cumplir el tipo de interés r y la aportación periódica a para que el capital pendiente de pago vaya decreciendo?

Como $(1+r)^t$ es creciente, para que $C(t)=\left(C_0-\frac{a}{r}\right)(1+r)^t+\frac{a}{r}$ sea decreciente, se ha de cumplir necesariamente que $C_0-\frac{a}{r}<0$ y, por tanto, $C_0 r<a$. Es decir, el capital a entregado en el 1er periodo ha de ser superior a los intereses del primer periodo $C_0\,a$.

b) ¿En qué momento t_0 del tiempo la deuda queda totalmente amortizada?

Para contestar la pregunta, resolvemos la ecuación $C(t)=0$:

$$\left(C_0-\frac{a}{r}\right)(1+r)^t+\frac{a}{r}=0 \Leftrightarrow (1+r)^t=\frac{\frac{-a}{r}}{C_0-\frac{a}{r}}=\frac{\frac{-a}{r}}{\frac{C_0 r-a}{r}}=\frac{a}{a-C_0 r}$$

de donde:

$$t\ln(1+r)=\ln\left(\frac{a}{a-C_0 r}\right)$$

y, por tanto, la deuda queda amortizada cuando:

$$t_0=\frac{\ln a-\ln(a-C_0 r)}{\ln(1+r)}$$

5.2. *Ajuste Dinámico del Precio de un Bien en el Mercado*

Estudiemos la naturaleza del equilibrio a largo plazo de un mercado caracterizado por las funciones de oferta S y de demanda D dadas por:

$$S_t=-c+dP_{t-1}$$

$$D_t=a-bP_t$$

donde $a,b,c,d>0$ y $b>d$. Las funciones P_t, D_t y S_t representan el precio del bien, la función de demanda y la función de oferta de dicho bien en el periodo t respectivamente. La primera ecuación nos dice que la oferta del bien en el periodo t depende linealmente del precio del bien en el periodo anterior y la segunda ecuación expresa la dependencia lineal de la demanda respecto del precio en el mismo periodo.

La condición de equilibrio viene dada por la ecuación $D_t=S_t$, es decir,

$$-c+dP_{t-1}=a-bP_t$$

despejando P_t, obtenemos la siguiente ecuación en diferencias finitas lineal de primer orden:

$$P_t = \frac{-d}{b} P_{t-1} + \frac{a+c}{b}$$

o equivalentemente:

$$P(t+1) + \frac{d}{b} P(t) = \frac{a+c}{b}$$

Para resolver la ecuación, calculamos la solución de la ecuación homogénea:

$$P(t+1) + \frac{d}{b} P_t = 0$$

La ecuación característica es $\lambda + \frac{d}{b} = 0$ y su solución $\lambda = \frac{-d}{b}$, por tanto:

$$P_h(t) = k_1 \left(\frac{-d}{b} \right)^t$$

Por otra parte, para calcular una solución particular de la ecuación completa, consideramos como solución particular la función $P_p(t) = k_2$, ya que el término independiente de la ecuación completa es una constante y además la solución de la ecuación característica $\lambda = \frac{-d}{b}$ es distinta de 1 (por hipótesis del modelo $b > d$).

Sustituyendo $P_p(t) = k_2$ en la ecuación en diferencias finitas resulta que:

$$k_2 + \frac{d}{b} k_2 = \frac{a+c}{b}$$

luego $k_2 = \frac{a+c}{b+d}$ y la solución particular es $P_p(t) = \frac{a+c}{b+d}$.

La solución general de la ecuación es:

$$P(t) = k_1 \left(-\frac{d}{b} \right)^t + \frac{a+c}{b+d}$$

Teniendo en cuenta la condición inicial dada por $P(0) = P_0$, se tiene que $k_1 = P_0 - \frac{a+c}{b+c}$, y de esta forma:

$$P(t)=\left(P_0-\frac{a+c}{b+d}\right)\left(-\frac{d}{b}\right)^t+\frac{a+c}{b+d}$$

Por hipótesis del modelo, sabemos que $d<b$, de donde $\frac{d}{b}<1$ y $\lim_{t\to+\infty}\left(-\frac{d}{b}\right)^t=0$. Así, $\lim_{t\to+\infty}P(t)=\frac{a+c}{b+d}=P_e$ y la trayectoria temporal de los precios converge hacia el precio en equilibrio P_e (precio en el que coinciden la oferta y la demanda).

5.3. *Un Modelo Macroeconómico*

Sean Y_t, C_t, I_t, G_t la renta, el consumo, la inversión y el gasto público de un país, respectivamente, en el periodo t. El modelo macroeconómico que presentamos se denomina ***modelo del multiplicador de la renta,*** y supone, como hipótesis del modelo macroeconómico, que el consumo en un periodo depende linealmente de la renta en el periodo anterior, es decir, $C_t=c_0+c_1Y_{t-1}$, donde el parámetro $c_0\geq 0$ representa el consumo autónomo y la pendiente c_1 de la función lineal, denominada propensión marginal al consumo, verifica que $0<c_1<1$. Se supone, también como hipótesis, en un modelo simplificado, que la inversión es constante $I_t=I_0$, es decir, sólo hay inversión autónoma, y que el gasto público es también constante, $G_t=G_0$.

La condición de equilibrio del modelo está dada por la ecuación $Y_t=C_t+I_t+G_t$. Sustituyendo los valores de C_t, I_t y G_t se tiene la ecuación en diferencias finitas:

$$Y_t=c_0+c_1Y_{t-1}+I_0+G_0$$

o equivalentemente:

$$Y_{t+1}-c_1Y_t=c_0+I_0+G_0$$

que es una ecuación en diferencias finitas lineal de primer orden. Para resolverla, calculamos en primer lugar la solución general de la ecuación homogénea. La ecuación característica asociada $\lambda-c_1=0$ tiene como solución $\lambda=c_1\neq 1$. Por tanto, la solución de la ecuación homogénea es $Y_t^h=K\,c_1^t$.

Para determinar una solución particular de la ecuación completa, como $\lambda=c_1\neq 1$, consideramos la solución $Y_t^p=A$ y sustituimos en la ecuación en diferencias finitas:

$$A-c_1A=c_0+I_0+G_0$$

de donde:

$$A = \frac{c_0 + I_0 + G_0}{1 - c_1}$$

La solución general de la ecuación en diferencias finitas es:

$$Y_t = K\,c_1^t + \frac{c_0 + I_0 + G_0}{1 - c_1}$$

Si Y_0 es la renta en el periodo inicial, el valor de la constante es $K = Y_0 - \frac{c_0 + I_0 + G_0}{1 - c_1}$ y la solución particular está dada por:

$$Y_t = (Y_0 - \frac{c_0 + I_0 + G_0}{1 - c_1})c_1^t + \frac{c_0 + I_0 + G_0}{1 - c_1}$$

Observemos que, al ser $0 < c_1 < 1$, el valor de la renta cuando el tiempo crece indefinidamente converge hacia el valor de la renta en la situación de equilibrio $Y_e = \frac{c_0 + I_0 + G_0}{1 - c_1}$.

En este modelo se denomina multiplicador de la renta al valor $\frac{1}{1 - c_1}$.

EJERCICIOS RESUELTOS

1. Clasifique las siguientes ecuaciones en diferencias finitas.

a) $2y(x+3)-2y(x+1)=4$

b) $x^3 y(x+4)+y(x)=e^x$

c) $y_{x+3}y_{x+1}+xy_x=2$

d) $x_{t+1}+\frac{1}{t}x_t=2$

Solución

a) La ecuación en diferencias finitas $2y(x+3)-2y(x+1)=4$ es una ecuación lineal de orden 2, autónoma con coeficientes constantes.

b) La ecuación en diferencias finitas $x^3 y(x+4)+y(x)=e^x$ es una ecuación lineal de orden 4, no autónoma con coeficientes no constantes.

c) La ecuación en diferencias finitas $y_{x+3}y_{x+1}+xy_x=2$ es una ecuación de orden 3, no lineal y no autónoma.

d) La ecuación en diferencias finitas $x_{t+1}+\frac{1}{t}x_t=2$ es lineal de primer orden, no autónoma y de coeficientes no constantes.

2. Compruebe que la función $y(t)=\frac{c}{1+ct}$ es una solución de la ecuación en diferencias finitas $y(t+1)[1+y(t)]-y(t)=0$.

Solución

Si sustituimos $y(t)=\frac{c}{1+ct}$ en la ecuación, resulta que:

$$\begin{aligned}
y(t+1)[1+y(t)]-y(t) &= \frac{c}{1+c(t+1)}\left[1+\frac{c}{1+ct}\right]-\frac{c}{1+ct}= \\
&= \frac{c}{1+c(t+1)}+\frac{c}{1+c(t+1)}\frac{c}{1+ct}-\frac{c}{1+ct}= \\
&= \frac{c}{1+c(t+1)}+\frac{c}{1+ct}\left[\frac{c}{1+c(t+1)}-1\right]= \\
&= \frac{c}{1+c(t+1)}+\frac{c}{1+ct}\frac{-(1+ct)}{1+c(t+1)}= \\
&= \frac{c}{1+c(t+1)}-\frac{c}{1+c(t+1)}=0
\end{aligned}$$

3. Determine las soluciones generales de las ecuaciones en diferencias finitas homogéneas siguientes:

a) $y(x+2)-y(x+1)-12y(x)=0$

b) $y(x+4)-4y(x+3)-2y(x+2)+12y(x+1)+9y(x)=0$

c) $y(x+2)-2y(x+1)+4y(x)=0$

d) $y(x+4)-4y(x+3)+8y(x+2)-8y(x+1)+4y(x)=0$

Solución

a) Consideramos la ecuación característica asociada a la ecuación en diferencias finitas:

$$\lambda^2-\lambda-12=0$$

con soluciones reales simples $\lambda_1=4$, $\lambda_2=-3$. La solución general es:

$$y(x)=c_1 4^x+c_2(-3)^x$$

b) La ecuación característica:

$$\lambda^4-4\lambda^3-2\lambda^2+12\lambda+9=0$$

tiene soluciones:

$$\lambda_1=3 \text{ (Doble) y } \lambda_2=-1 \text{ (Doble)}$$

Por tanto, la solución general es:

$$y(x)=P_1(x)3^x+P_2(x)(-1)^x=(a_1x+b_1)3^x+(a_2x+b_2)(-1)^x$$

c) La ecuación característica asociada a la ecuación en diferencias finitas $\lambda^2-2\lambda+4=0$ tiene raíces complejas simples:

$$\lambda_1=1+\sqrt{3}\,i,\ \lambda_2=1-\sqrt{3}\,i$$

de donde la solución general buscada es:

$$y(x)=r^x\left[A\cos\omega x+B\operatorname{sen}\omega x\right]$$

siendo $r=\sqrt{1^2+3}=2$ y $\omega=\operatorname{arctg}\sqrt{3}=\dfrac{\pi}{3}$, por tanto:

$$y(x)=2^x\left[A\cos\frac{\pi}{3}x+B\operatorname{sen}\frac{\pi}{3}x\right]$$

d) La ecuación característica de la ecuación en diferencias finitas es:

$$\lambda^4 - 4\lambda^3 + 8\lambda^2 - 8\lambda + 4 = 0$$

cuyas soluciones $\lambda = 1+i$ y $\lambda = 1-i$ son complejas con multiplicidad 2. En este caso, $\alpha = 1$ y $\beta = 1$, de donde $r = \sqrt{1^2 + 1^2} = \sqrt{2}$ y $\omega = \operatorname{arctg} 1 = \dfrac{\pi}{4}$.

La solución general es:

$$y(x) = (\sqrt{2})^x \left[(A_0 + A_1 x)\cos\left(\frac{\pi}{4}x\right) + (B_0 + B_1 x)\operatorname{sen}\left(\frac{\pi}{4}x\right) \right]$$

4. Encuentre la solución general de las ecuaciones en diferencias finitas siguientes:

a) $y(x+2) - y(x) = 2x - 4$

b) $y(x+2) - 2y(x+1) + 4y(x) = 2^x$

c) $y(x+2) - 4y(x+1) + 4y(x) = (x+1)e^x$

Solución

a) Se trata de una ecuación en diferencias finitas lineal de orden 2 completa. Para resolverla hallamos en primer lugar la solución general de la ecuación homogénea y posteriormente una solución particular de la ecuación completa.

La ecuación característica asociada a la ecuación homogénea $y(x+2) - y(x) = 0$ es $\lambda^2 - 1 = 0$, cuyas raíces son $\lambda = 1$, $\lambda = -1$. La solución general de la ecuación homogénea es:

$$y_h(x) = c_1 1^x + c_2(-1)^x = c_1 + c_2(-1)^x$$

Hallamos ahora una solución particular de la ecuación completa. Como el término independiente es un polinomio de grado 1 y además 1 es raíz de la ecuación característica, la solución particular es de la forma $y_p(x) = (a_1 + a_2 x)x$. Sustituyendo $y_p(x)$ en la ecuación en diferencias finitas:

$$y_p(x+2) - y_p(x) = \left[a_1 + a_2(x+2)\right](x+2) - (a_1 + a_2 x)x =$$
$$= 4a_2 x + 2(a_1 + 2a_2) = 2x - 4$$

de donde, igualando coeficientes:

$$\left.\begin{array}{r} 2(a_1 + 2a_2) = -4 \\ 4a_2 = 2 \end{array}\right\} \Rightarrow a_1 = -3, \quad a_2 = \frac{1}{2}$$

luego $y_p = (-3 + \frac{1}{2}x)x$.

La solución general de la ecuación en diferencias finitas completa está dada por:

$$y(x) = y_h(x) + y_p(x) = c_1 + c_2(-1)^x + (-3 + \frac{1}{2}x)x$$

b) Según el apartado c) del Ejercicio 3), la solución general de la ecuación homogénea dada por $y(x+2) - 2y(x+1) + 4y(x) = 0$ es igual a $y_h(x) = 2^x\left[A\cos\frac{\pi}{3}x + B\,\mathrm{sen}\frac{\pi}{3}x\right]$. Para determinar una solución particular de la ecuación completa, tenemos en cuenta que el término independiente de la ecuación es la función 2^x, de donde la solución particular es de la forma $y_p = A2^x$, ya que 2 no es raíz de la ecuación característica. Sustituyendo en la ecuación en diferencias finitas obtenemos:

$$A2^{x+2} - 2A2^{x+1} + 4A2^x = 2^x \Leftrightarrow 4A2^x - 4A2^x + 4A2^x = 2^x \Leftrightarrow$$

$$\Leftrightarrow 4A = 1 \Leftrightarrow A = \frac{1}{4}$$

Por tanto, una solución particular de la ecuación completa es $y_p = \frac{1}{4}2^x$. La solución general de la ecuación en diferencias finitas completa está dada por:

$$y(x) = y_h(x) + y_p(x) = 2^x\left[A\cos\frac{\pi}{3}x + B\,\mathrm{sen}\frac{\pi}{3}x\right] + \frac{1}{4}2^x$$

c) Comenzamos calculando la solución general de la ecuación en diferencias finitas homogénea $y(x+2) - 4y(x+1) + 4y(x) = 0$. La ecuación característica $\lambda^2 - 4\lambda + 4 = 0$ tiene la raíz $\lambda = 2$ (doble), por tanto, la solución general de ecuación homogénea asociada es:

$$y_h(x) = (c_1x + c_2)2^x$$

Determinemos ahora una solución particular de la ecuación completa. Como $x = e$ no es raíz de la ecuación característica, la solución particular es de la forma $y_p = (ax+b)e^x$.

Sustituyendo $y_p = (ax+b)e^x$ en la ecuación en diferencias finitas, se tiene que:

$$(ax + 2a + b)e^{x+2} - 4(ax + a + b)e^{x+1} + 4(ax+b)e^x = (x+1)e^x$$
$$e^2(ax + 2a + b) - 4e(ax + a + b) + 4(ax + b) = (x+1)$$

o equivalentemente:

$$a(e^2-4e+4)x+2ea(e-2)+b(e^2-4e+4)=x+1$$

de donde, igualando coeficientes:

$$\left.\begin{array}{r} a(e^2-4e+4)=1 \\ 2ea(e-2)+b(e^2-4e+4)=1 \end{array}\right\} \Rightarrow \begin{array}{l} a=\dfrac{1}{e^2-4e+4}=\dfrac{1}{(e-2)^2} \\ b=-\dfrac{e+2}{(e-2)^3} \end{array}$$

La solución particular de la ecuación completa es:

$$y_p=\left[\frac{x}{(e-2)^2}-\frac{e+2}{(e-2)^3}\right]e^x$$

Por tanto, la solución general de la ecuación completa es:

$$y(x)=y_h(x)+y_p(x)=(c_1x+c_2)2^x+\left[\frac{x}{(e-2)^2}-\frac{e+2}{(e-2)^3}\right]e^x$$

5. Una persona que acaba de cumplir los 40 años ingresa en una institución bancaria una cantidad de 100000 euros, con la condición de retirar al final de cada año 5000 euros. El banco abona al final de cada año, en concepto de intereses, un 10% del saldo existente a principios de año. Determine:

a) La cantidad presente en la cuenta en función del tiempo.

b) La cantidad que habrá en la cuenta bancaria cuando la persona tenga 65 años.

Solución

a) Sea $C(t)$ el capital presente en la cuenta bancaria pasados t años desde que se abrió la cuenta. La relación que existe entre el capital que hay en la cuenta entre dos años consecutivos está dada por:

$$C(t+1)=1{,}1C(t)-5000$$

Tenemos, por tanto, la ecuación en diferencias finitas:

$$C(t+1)-1{,}1C(t)=-5000$$

Para resolverla, comenzamos calculando la solución general de la ecuación homogénea. La ecuación característica correspondiente es $\lambda-1{,}1=0$ y $\lambda=1{,}1$ es la solución de la ecuación. De esta forma, la solución general de la ecuación homogénea es $C_h(t)=K(1{,}1)^t$.

Para determinar una solución particular de la ecuación completa, consideramos una solución particular de la forma $C_p(t)=A$, ya que la función presente en el término independiente es una constante y 1 no es raíz de la ecuación característica. Para determinar el valor de $C_p(t) = A$, sustituimos en la ecuación en diferencias finitas:

$$A - 1{,}1A = -5000 \Leftrightarrow -0{,}1A = -5000 \Leftrightarrow A = \frac{5000}{0{,}1} = 50000$$

y por tanto, $C_p(t) = 50000$.

La solución general de la ecuación completa es:

$$C(t) = C_h(t) + C_p(t) = K(1{,}1)^t + 50000$$

Como el capital inicial es de 100000 euros, $C(0) = K + 50000 = 100000$ y $K = 50000$. Así, el capital presente en la cuenta en función del tiempo t es:

$$C(t) = 50000(1{,}1)^t + 50000$$

b) El capital que habrá en la cuenta cuando la persona tenga 65 años es igual a:

$$C(25) = 50000(1{,}1)^{25} + 50000 = 591735{,}2 \text{ euros.}$$

6. Una empresa abre una cuenta con una imposición inicial de 10^6 euros, en un banco que abona un interés de un 10%, con la condición de retirar al final del primer año 100000 euros y al final de los años sucesivos un 10% más que el año anterior. Determine el saldo de la cuenta al cabo de t años y el instante en el que la cuenta quedará sin saldo.

Solución

Sea $C(t)$ el capital presente en la cuenta bancaria pasados t años. El capital retirado al final de cada año de la cuenta sigue la siguiente evolución: al final del primer año es 10^5; al final del segundo año, $10^5(1{,}1)$,...; pasados t años, $10^5(1{,}1)^{t-1}$; y pasados $t+1$ años, $10^5(1{,}1)^t$.

De esta forma, la relación que existe entre el capital presente en la cuenta entre dos años consecutivos está dada por:

$$C(t+1) = C(t) + 0{,}1C(t) - 10^5(1{,}1)^t$$

Tenemos, por tanto, la ecuación en diferencias finitas lineal siguiente:

$$C(t+1) - 1{,}1C(t) = -10^5(1{,}1)^t$$

Calculemos en primer lugar la solución general de la ecuación homogénea. La ecuación característica correspondiente es $\lambda - 1{,}1 = 0$ y $\lambda = 1{,}1$ es la solución de la ecuación. De esta forma, la solución general de la ecuación homogénea es $C_h(t) = K(1{,}1)^t$.

Determinamos ahora una solución particular de la ecuación completa. Como la función presente en el término independiente de la ecuación es la función $b(t) = -10^5(1,1)^t$ y $\lambda = 1,1$ es solución de la ecuación característica, consideramos la solución particular $C_p(t) = At(1,1)^t$. Para determinar el valor de $C_p(t)$, sustituimos en la ecuación en diferencias finitas:

$$A(t+1)(1,1)^{t+1} - 1,1\ A\ t(1,1)^t = -10^5(1,1)^t$$

de donde:

$$A\ 1,1\ (t+1) - 1,1 At = -10^5$$

y por tanto, $A = -\dfrac{10^5}{1,1}$. La solución particular es $C_p(t) = -\dfrac{10^5}{1,1} t(1,1)^t$.

La solución general de la ecuación completa es:

$$C(t) = C_h(t) + C_P(t) = K(1,1)^t - \frac{10^5}{1,1} t(1,1)^t$$

Como el capital inicial es de 10^6 euros, $C(0) = K = 10^6$ y el capital presente en la cuenta en función del tiempo t es:

$$C(t) = 10^6(1,1)^t - \frac{10^5}{1,1} t(1,1)^t$$

La cuenta quedará sin saldo cuando $C(t) = 0$, es decir:

$$C(t) = 10^6(1,1)^t - \frac{10^5}{1,1} t(1,1)^t = 0 \Rightarrow t = \frac{10^6 \cdot 1,1}{10^5} = 11 \text{ años.}$$

7. Estudie la naturaleza del equilibrio a largo plazo de un mercado caracterizado por las siguientes funciones de oferta y de demanda:

$$S_t = -1 + 2P_{t-1},\ D_t = 14 - 5P_t$$

sabiendo que en el instante inicial el precio es de 3 u. m.

Solución

La condición de equilibrio viene dada por la ecuación $D_t = S_t$, es decir,

$$-1 + 2P_{t-1} = 14 - 5P_t$$

y despejando P_t, obtenemos la siguiente ecuación en diferencias finitas lineal:

$$5P_t + 2P_{t-1} = 15$$

o equivalentemente la ecuación:

$$5P(t+1)+2P(t)=15$$

Para resolver la ecuación, calculamos la solución de la ecuación homogénea:

$$5P(t+1)+2P(t)=0$$

La ecuación característica es $5\lambda+2=0$ y su solución $\lambda=-\frac{2}{5}$, por tanto:

$$P_h(t)=k_1\left(-\frac{2}{5}\right)^t$$

Por otra parte, para calcular una solución particular de la ecuación completa, consideramos como solución particular la función $P_p(t)=k_2$, ya que el término independiente de la ecuación completa es una constante y además la solución de la ecuación característica $\lambda=-\frac{2}{5}$ es distinta de 1.

Sustituyendo $P_p(t)=k_2$ en la ecuación en diferencias finitas, resulta que:

$$5k_2+2k_2=15$$

luego, $k_2=\frac{15}{7}$ y la solución particular es $P_p(t)=\frac{15}{7}$.

La solución general de la ecuación completa es:

$$P(t)=k_1\left(-\frac{2}{5}\right)^t+\frac{15}{7}$$

Teniendo en cuenta la condición inicial dada por $P(0)=3$, se tiene que $k_1+\frac{15}{7}=3$, $k_1=\frac{6}{7}$, y de esta forma:

$$P(t)=\frac{6}{7}\left(-\frac{2}{5}\right)^t+\frac{15}{7}$$

La trayectoria temporal de los precios converge a largo plazo al precio en equilibrio:

$$\lim_{t\to+\infty}\left[\frac{6}{7}\left(-\frac{2}{5}\right)^t+\frac{15}{7}\right]=\frac{15}{7}=P_e$$

8. El PIB en España en el año 2000 fue de 605.347 millones de euros. Si se admite una tasa de crecimiento anual del 2,5% durante los próximos 5 años, determine el valor del PIB en función del tiempo utilizando diferencias finitas. ¿Cuál será el PIB en el año 2005?

Solución

Sea $P(t)$ el PIB en función del tiempo t, donde t viene medido en años a partir del año 2000. La relación entre el valor del PIB entre dos años consecutivos está dada por la ecuación en diferencias finitas:

$$P(t+1) = P(t) + 0{,}025P(t)$$

o equivalentemente:

$$P(t+1) - 1{,}025P(t) = 0$$

Para resolver la ecuación en diferencias finitas homogénea, consideramos la ecuación característica $\lambda - 1{,}025 = 0$, cuya solución es $\lambda = 1{,}025$. La solución general de la ecuación homogénea es:

$$P(t) = K(1{,}025)^t$$

Como el PIB en España fue de 605.347 millones de euros en el año 2000, $P(0) = K = 605.347$ y, por tanto,

$$P(t) = 605.347\ (1{,}025)^t$$

La estimación del PIB para el año 2005 será de $P(5) = 605.347\ (1{,}025)^5 = 684894{,}5$ millones de euros.

9. Las ventas de cierto artículo obedecen a la ley siguiente: cada año se vende la suma de las ventas del año anterior más el doble de las ventas realizadas hace dos años. Determine la expresión de las ventas en función del tiempo, si los dos primeros años se vendieron, 1000 y 5000 unidades respectivamente. ¿Cuáles fueron las ventas pasados 10 años?

Solución

Sea $V(t)$ las ventas del artículo en función del tiempo t. La relación entre el valor de las ventas en los años consecutivos t, $t+1$ y $t+2$ está dada por la ecuación en diferencias finitas:

$$V(t+2) = V(t+1) + 2V(t)$$

o equivalentemente:

$$V(t+2) - V(t+1) - 2V(t) = 0$$

Para resolver la ecuación en diferencias finitas homogénea, consideramos la ecuación característica asociada $\lambda^2 - \lambda - 2 = 0$, cuyas soluciones son $\lambda = -1$ y $\lambda = 2$. La solución general de la ecuación homogénea es:

$$V(t) = c_1(-1)^t + c_2 2^t$$

Como en los dos primeros años se vendieron respectivamente 1000 y 5000 unidades, se tiene que $V(1) = 1000$ y $V(2) = 5000$. Sustituyendo en la expresión de $V(t) = c_1(-1)^t + c_2 2^t$, se obtiene el sistema:

$$\begin{aligned} -c_1 + 2c_2 &= 1000 \\ c_1 + 4c_2 &= 5000 \end{aligned}$$

de donde $c_1 = c_2 = 1000$ y la expresión de las ventas en función del tiempo está dada por:

$$V(t) = 1000\left[2^t + (-1)^t\right]$$

El valor de las ventas pasados 10 años es:

$$V(10) = 1000\left[2^{10} + (-1)^{10}\right] = 1025000$$

10. La población de una ciudad, que al principio de un cierto año era de 25000 habitantes, crece a partir de dicho año por dos razones superpuestas: por efecto de la inmigración, la población soporta un crecimiento anual constante de 200 habitantes nuevos al final de cada año; por el movimiento demográfico propio de la ciudad, la población existente al final de cada año se incrementa en un 5% anual. Exprese la evolución de la población en función del tiempo y determine el número de años que han de transcurrir para que la población se duplique.

Solución

Sea $P(t)$ la población en función del tiempo. La relación que existe entre la población de la ciudad entre dos años consecutivos está dada por:

$$P(t+1) = P(t) + 0,05P(t) + 200$$

Tenemos, por tanto, la ecuación en diferencias finitas:

$$P(t+1) - 1,05P(t) = 200$$

Calculemos en primer lugar la solución general de la ecuación homogénea. La ecuación característica correspondiente es $\lambda - 1,05 = 0$ y $\lambda = 1,05$ es la solución de la ecuación. De esta forma, la solución general de la ecuación homogénea es $P_h(t) = K(1,05)^t$.

Para determinar una solución particular de la ecuación completa, consideramos una solución de la forma $P_p(t) = A$ y sustituimos en la ecuación en diferencias finitas:

$$A - 1,05A = 200 \Leftrightarrow -0,05A = 200 \Leftrightarrow A = -\frac{200}{0,05} = -4000$$

y por tanto, $P_p(t) = -4000$.

La solución general de la ecuación completa es:

$$P(t) = P_h(t) + P_p(t) = K(1,05)^t - 4000$$

Como la población inicial es de 25000 personas, $P(0) = K - 4000 = 25000$ y $K = 29000$. Así, la expresión de la población en función del tiempo t es:

$$P(t) = 29000(1,05)^t - 4000$$

El tiempo t que ha de transcurrir para que la población se duplique se obtiene resolviendo la ecuación:

$$P(t) = 29000(1,05)^t - 4000 = 50000$$

de donde $(1,05)^t = \dfrac{54000}{29000}$ y $t = \dfrac{1}{\ln 1,05} \ln \dfrac{54}{29} = 12,74$ años.

11. Consideremos el siguiente modelo macroeconómico simplificado del multiplicador de la renta dado por las ecuaciones:

$$Y_t = C_t + I_0 + G_0$$
$$C_t = 300 + 0,3Y_{t-1}$$

siendo la inversión autónoma $I_0 = 500$ y el gasto público $G_0 = 100$. Determine el valor de la renta en función del tiempo y estudie la convergencia de la renta a largo plazo.

Solución

Sustituyendo el valor del consumo C_t y de los valores de la inversión autónoma I_0 y el gasto público G_0 en la primera ecuación, se obtiene la ecuación en diferencias finitas:

$$Y_t = 0,3Y_{t-1} + 900$$

o equivalentemente la ecuación lineal de primer orden:

$$Y_{t+1} - 0,3Y_t = 900$$

La ecuación característica tiene como solución $\lambda = 0,3$, por tanto la solución general de la ecuación homogénea es $Y_t^h = K(0,3)^t$. Para determinar una solución particular, consideramos $Y_t^p = A$ y sustituimos en la ecuación en diferencias:

$$A - 0,3\,A = 900$$

de donde $A = 1285,7$ y la solución general de la ecuación en diferencias finitas es:

$$Y_t = K(0,3)^t + 1285,7$$

Si Y_0 es el valor de la renta en el periodo inicial, entonces, $Y_0 = K + 1285,7$ y $K = 1285,7 - Y_0$. Por tanto, el valor de la renta es:

$$Y_t = (1285,7 - Y_0)(0,3)^t + 1285,7$$

Como $(0,3)^t$ tiende a cero cuando $t \to \infty$, la renta Y_t converge a largo plazo a la renta en equilibrio 1285,7.

EJERCICIOS PROPUESTOS

1. Resuelva las siguientes ecuaciones en diferencias finitas homogéneas:

a) $y(x+2)-6y(x+1)+8y(x)=0$

b) $y(x+2)-6y(x+1)+9y(x)=0$

c) $y(x+2)+4y(x)=0$

d) $y(x+4)+3y(x+2)-4y(x)=0$

e) $y(x+2)+3y(x+1)+2y(x)=0$

2. Compruebe en los siguientes casos si la función dada es solución de la ecuación en diferencias correspondiente.

a) $y(x)=6x$ solución de la ecuación $2y(x+2)-y(x+1)-y(x)=0$

b) $y(x)=x+12$ solución de la ecuación $y(x+1)-y(x)=1$

c) $y(x)=1+2^x$ solución de la ecuación $2y(x+2)-6y(x+1)+4y(x)=0$

3. Calcule la solución general de las ecuaciones en diferencias completas siguientes:

a) $y(x+3)+2y(x+2)-y(x+1)-2y(x)=2^x$

b) $y(x+2)+3y(x+1)+2y(x)=4$

c) $y(x+4)+4y(x+2)=x$

d) $y(x+2)-6y(x+1)+8y(x)=3$

e) $y(x+2)-3y(x+1)+2y(x)=6\cdot 2^x$

f) $y(x+2)-5y(x+1)+6y(x)=(42-20x)(-2)^x$

4. Escriba una ecuación en diferencias lineal cuya solución general sea:

a) $y(x)=c_1 4^t+c_2(-1)^t$

b) $y(x)=c_1+c_2x$

5. Una persona que acaba de cumplir los 35 años ingresa en una institución bancaria una cantidad de 1.000.000 euros, con la condición de retirar al final de cada año 90.000 euros. El banco abona al final de cada año, en concepto de intereses, un 15% del saldo existente a principios de año. Determine qué cantidad tendrá al llegar a la edad de jubilación (65 años).

6. Consideremos una operación de amortización de un préstamo, a un tipo de interés anual efectivo $r=0,03=3\%$ de un capital de cuantía $C_0=20000$

euros. Supongamos que para devolver el capital se paga una cantidad fija de 1500 euros al final de cada año.

a) Calcule el capital pendiente de pago en función del tiempo.

b) ¿En qué momento se amortiza el préstamo?

7. Una empresa abre una cuenta con una imposición inicial de 10^6 euros, en un banco que abona un interés de un 5%, con la condición de retirar al final del primer año 100.000 euros y al final de los años sucesivos un 7% más que el año anterior. Determine el saldo de la cuenta al cabo de t años, su tendencia a largo plazo y el instante en el que la cuenta quedará sin saldo.

8. Sean la función de demanda $D_t = 8 - 2P_t$ y la función de oferta $S_t = 2 + P_{t-1}$. Suponiendo que el mercado se encuentra en equilibrio en todo instante, determine la trayectoria temporal del precio sabiendo que el precio inicial es 7.

9. Determine la estabilidad del equilibrio a largo plazo de un mercado definido por las funciones de oferta y demanda:

$$S_t = -6 + 2P_{t-1}, \; D_t = 2 + aP_t$$

y sabiendo que en el instante inicial el precio fue de 12 u. m. Discuta el problema según los valores del parámetro a.

10. El gasto medio en alimentación de una familia era de 600 euros al mes en el año 2000. Suponiendo que la tasa de crecimiento anual del gasto medio en alimentación sea del 3%, determine la función que expresa el gasto medio mensual de la familia en función del tiempo. ¿Cuál será el gasto en el año 2005?

11. Las ventas de cierto artículo obedecen a la ley siguiente: cada año se vende la suma de las ventas del año anterior más seis veces el valor de las ventas realizadas hace dos años. Determine las ventas en el año décimo si los dos primeros años se vendieron 1100 y 5300 unidades respectivamente.

12. Escriba la ecuación en diferencias que determina la sucesión de Fibonacci dada por $\{1,1,2,3,5,8,13,21,...\}$ y resuélvala teniendo en cuenta que $y(1) = y(2) = 1$.

13. Consideremos el siguiente modelo macroeconómico simplificado del multiplicador de la renta dado por las ecuaciones:

$$Y_t = C_t + I_0 + G_0$$
$$C_t = 600 + 0,5Y_{t-1}$$

siendo la inversión autónoma $I_0 = 400$ y el gasto público $G_0 = 800$. Sabiendo que la renta en el periodo inicial es $Y_0 = 5000$, determine el valor de la renta en función del tiempo y estudie la convergencia de la renta a largo plazo.

SOLUCIONES A LOS EJERCICIOS PROPUESTOS

CAPÍTULO 1

1. $A+B=\begin{pmatrix}3&0&2\\4&2&1\\6&2&1\end{pmatrix}$, $A-B=\begin{pmatrix}1&0&0\\2&-2&-1\\4&0&1\end{pmatrix}$, $AB=\begin{pmatrix}3&1&2\\3&0&3\\7&3&6\end{pmatrix}$,

$BA=\begin{pmatrix}7&1&2\\13&1&2\\5&0&1\end{pmatrix}$, $B\cdot B=\begin{pmatrix}2&1&1\\4&5&3\\2&2&2\end{pmatrix}$

2. $\begin{pmatrix}0&0\\0&0\end{pmatrix}$

3. $A^n=\begin{pmatrix}a^n & na^{n-1}\\0 & a^n\end{pmatrix}$, $B^n=3^{n-1}B$

4. Las igualdades a) y b) no son ciertas, ya que el producto de matrices no es conmutativo. Las expresiones correctas en las igualdades anteriores son:

a) $(A+B)^2=A^2+B^2+AB+BA$ b) $(A+B)(A-B)=A^2+B^2-AB+BA$

5. $A=\begin{pmatrix}\frac{n-1}{n} & -\frac{1}{n} & \cdots & -\frac{1}{n}\\ -\frac{1}{n} & \frac{n-1}{n} & \cdots & -\frac{1}{n}\\ \vdots & \vdots & \ddots & \vdots\\ -\frac{1}{n} & -\frac{1}{n} & \cdots & \frac{n-1}{n}\end{pmatrix}$. La matriz A es simétrica, ya que se cumple que $A=A^t$.

6. a) $\begin{pmatrix}2&-2&-4\\-1&3&4\\1&-2&-3\end{pmatrix}\begin{pmatrix}2&-2&-4\\-1&3&4\\1&-2&-3\end{pmatrix}=\begin{pmatrix}2&-2&-4\\-1&3&4\\1&-2&-3\end{pmatrix}$

b) Como $A^2=A$, resulta que $A^3=AAA=A^2A=AA=A$. Razonando por inducción, si suponemos que $A^{n-1}=A$, entonces, $A^n=A^{n-1}A=AA=A$.

7. a)

$$PP^t = \begin{pmatrix} \lambda & 0 & \lambda \\ \lambda & 0 & -\lambda \\ 0 & 1 & 0 \end{pmatrix} \begin{pmatrix} \lambda & \lambda & 0 \\ 0 & 0 & 1 \\ \lambda & -\lambda & 0 \end{pmatrix} = \begin{pmatrix} 2\lambda^2 & 0 & 0 \\ 0 & 2\lambda^2 & 0 \\ 0 & 0 & 1 \end{pmatrix} =$$

$$= \begin{pmatrix} 1 & 0 & 0 \\ 0 & 1 & 0 \\ 0 & 0 & 1 \end{pmatrix} \Leftrightarrow 2\lambda^2 = 1 \Leftrightarrow \lambda = \pm\frac{1}{\sqrt{2}}$$

b) $\begin{pmatrix} p & -q \\ q & p \end{pmatrix} \begin{pmatrix} p & q \\ -q & p \end{pmatrix} = \begin{pmatrix} p^2+q^2 & 0 \\ 0 & p^2+q^2 \end{pmatrix} = \begin{pmatrix} 1 & 0 \\ 0 & 1 \end{pmatrix} \Leftrightarrow p^2+q^2 = 1$

c) Dadas A, B matrices ortogonales ($AA^t = I$, $BB^t = I$), la matriz producto AB es ortogonal, ya que $(AB)(AB)^t = (AB)(B^tA^t) = A(BB^t)A^t = AA^t = I$

8. a) $(x-y)^3$ b) $a^4 - b^4$ c) 0 d) $a(b-a)(c-b)(d-c)$

9. $x = 0, x = a+b+c$

10.

$$\begin{vmatrix} a-b-c & 2a & 2a \\ 2b & b-c-a & 2b \\ 2c & 2c & c-a-b \end{vmatrix} \underset{F_1 \to F_1+F_2+F_3}{=} \begin{vmatrix} a+b+c & a+b+c & a+b+c \\ 2b & b-c-a & 2b \\ 2c & 2c & c-a-b \end{vmatrix} =$$

$$\underset{\substack{C_2 \to C_2 - C_1 \\ C_3 \to C_3 - C_1}}{=} \begin{vmatrix} a+b+c & 0 & 0 \\ 2b & -a-b-c & 0 \\ 2c & 0 & -a-b-c \end{vmatrix} = (a+b+c)^3$$

11.

a) $x^2(x+a+b+c)$ b) $(a^2-b^2)^4$

c) abc d) $(x+a_1+a_2+a_3)(x-a_1)(x-a_2)(x-a_3)$

12. $A^{-1} = \begin{pmatrix} 1/5 & 3/5 \\ 1/5 & -2/5 \end{pmatrix}$, $B^{-1} = \begin{pmatrix} 1 & -2 & 4 \\ 0 & 1/2 & -2 \\ 0 & 0 & 1 \end{pmatrix}$, $C^{-1} = \begin{pmatrix} 1 & 0 & -1 \\ 0 & 0 & 1 \\ -1 & 1 & 1 \end{pmatrix}$

13. La matriz A no tiene inversa $\Leftrightarrow |A| = 0 \Leftrightarrow t = 3,1$

14. La matriz $A^2 - I = \begin{pmatrix} t^2-1 & 2t^2 \\ 0 & t^2-1 \end{pmatrix}$ no tiene inversa si y solo si $|A^2 - I| \neq 0$, lo que equivale a que $t \neq -1,1$. La inversa de $A^2 - I$ en el caso $t=2$ es igual a la matriz $\begin{pmatrix} 1/3 & -8/9 \\ 0 & 1/3 \end{pmatrix}$.

15. a) $(A-C)^{-1}(C-B)$ b) $(A-B)^{-1}(-A)$ c) $\frac{1}{2}\left[B(A^2)^{-1} - I\right]$

16. $Rg(A)=2, \quad Rg(B)=2, \quad Rg(C)=2$

17. $\lambda \neq 0,1,2 \quad Rg(A)=3$
$\lambda = 0,1,2 \quad Rg(A)=2$

18. Si A es idempotente, entonces, la matriz $B = 2A - I$ es involutiva ya que: $B^2 = (2A-I)(2A-I) = 4A^2 - 4A + I = 4A - 4A + I = I$.

19. a) $P(t) = t^2 + t - 9$

c) $P(A) = \begin{pmatrix} 2 & 1 \\ 3 & -3 \end{pmatrix}^2 + \begin{pmatrix} 2 & 1 \\ 3 & -3 \end{pmatrix} - 9\begin{pmatrix} 1 & 0 \\ 0 & 1 \end{pmatrix} = \begin{pmatrix} 0 & 0 \\ 0 & 0 \end{pmatrix}$

20. $A^t = (B + B^t)^t = B^t + (B^t)^t = B^t + B = A$.
$C^t = (B - B^t)^t = B^t - (B^t)^t = B^t - B = -C$. Por otra parte, toda matriz A se puede descomponer como $A = \underbrace{\frac{1}{2}(A + A^t)}_{\text{Simétrica}} + \underbrace{\frac{1}{2}(A - A^t)}_{\text{Antisimétrica}}$.

21. a) Verdadera, ya que $Traza(\alpha A) = \sum_i \alpha a_{ii} = \alpha \sum_i a_{ii} = \alpha Traza(A)$.

b) Verdadera, ya que los elementos de la diagonal principal de las matrices A y A^t son iguales.

c) Verdadera, ya que $(A+B)^t = (a_{ij} + b_{ij})^t = (a_{ji} + b_{ji}) = A^t + B^t$

d) Falsa, ya que el producto de matrices no es conmutativo.

e) Verdadera, ya que si $|A| \neq 0$, la matriz A tiene inversa y $Rg(AA^{-1}) = Rg(I_n) = n$.

f) Falsa. La expresión correcta es $\det(\lambda A) = \lambda^n \det(A)$

g) Verdadera. Si AB tiene inversa, entonces, $|AB| = |A||B| \neq 0$ y $|A| \neq 0, |B| \neq 0$, luego las matrices A y B tienen inversa.

h) Si las matrices A y B tienen inversa, entonces, $|A| \neq 0, |B| \neq 0$ y $|AB| = |A||B| \neq 0$ y la matriz AB tiene inversa.

i) La matriz A^{-1} es ortogonal si su inversa coincide con la traspuesta, es decir, $(A^{-1})^{-1} = (A^{-1})^t$. Como A es ortogonal, entonces $A^{-1} = A^t$, y trasponiendo ambos miembros de la igualdad, se tiene que $(A^{-1})^t = (A^t)^t = A = \left(A^{-1}\right)^{-1}$ y la matriz A^{-1} es ortogonal.

22. a) $A^2 = A \Rightarrow \left|A^2\right| = |A| \Rightarrow |A||A| = |A| \Rightarrow |A| = 0, |A| = 1$.

b) $AA^t = I \Rightarrow \left|AA^t\right| = |I| \Rightarrow |A|\left|A^t\right| = 1 \Rightarrow |A| = \pm 1$.

c) $A^n = 0 \Rightarrow \left|A^n\right| = 0 \Rightarrow |A|^n = 0 \Rightarrow |A| = 0$.

d) $|I| = 1$.

23. a) Si $X \in M_{m\times n}$, entonces, $(X^t X)^{-1} \in M_{n\times n}$ y $X(X^t X)^{-1} X^t \in M_{m\times m}$, de donde $D = I_m - X(X^t X)^{-1} X^t \in M_{m\times m}$.

b) $D^t = \left[I_m - X(X^t X)^{-1} X^t\right]^t = I_m - \left[X(X^t X)^{-1} X^t\right]^t =$

$= I_m - \left(X^t\right)^t \left[(X^t X)^{-1}\right]^t X^t = I_m - X\left[(X^t X)^t\right]^{-1} X^t =$

$= I_m - X\left[(X^t X)\right]^{-1} X^t = D$

24. Como $(XX^t)^t = \left[(X^t)^t X^t\right] = XX^t$, la matriz XX^t es simétrica. De la misma forma se demuestra que $X^t X$ es simétrica.

25. Se realiza el cálculo PC^t y se obtiene que el total de consumidores de cada marca es el siguiente: marca 1 = 40500, marca 2 = 60750 y marca 3 = 53750.

26. $M = \begin{pmatrix} 0 & 0 & 1 & 0 \\ 1 & 0 & 1 & 0 \\ 1 & 1 & 0 & 1 \\ 0 & 0 & 1 & 0 \end{pmatrix}, \quad M^2 = \begin{pmatrix} 1 & 1 & 0 & 1 \\ 1 & 1 & 1 & 1 \\ 1 & 0 & 3 & 0 \\ 1 & 1 & 0 & 1 \end{pmatrix}$

27. a) $M = \begin{pmatrix} 0 & 0 & 1 & 0 \\ 1 & 0 & 1 & 0 \\ 1 & 1 & 0 & 1 \\ 0 & 1 & 1 & 0 \end{pmatrix}$

b) Como $M^2 = \begin{pmatrix} 1 & 1 & 0 & 1 \\ 1 & 1 & 1 & 1 \\ 1 & 1 & 3 & 0 \\ 2 & 1 & 1 & 1 \end{pmatrix}$, entonces hay 1 servicio entre A y B con una escala intermedia.

28. a) Incremento de los ingresos durante el segundo año.

b) Ingresos acumulados en los dos primeros años.

c) $S_2 - 1,25 S_1$.

29. Empresariales 1440, Ingeniería 2580, Ciencias 3780.

30. a) Matriz de transición de ventas: $T = \begin{pmatrix} 0,75 & 0,05 & 0,10 \\ 0,15 & 0,6 & 0,05 \\ 0,10 & 0,35 & 0,85 \end{pmatrix}$

b) La cuota de mercado pasado un año está dada por:

$$T X_0^t = \begin{pmatrix} 0,75 & 0,05 & 0,10 \\ 0,15 & 0,6 & 0,05 \\ 0,10 & 0,35 & 0,85 \end{pmatrix} \begin{pmatrix} 200 \\ 150 \\ 300 \end{pmatrix} = \begin{pmatrix} 187,5 \\ 135 \\ 327,5 \end{pmatrix}$$

c) Cuota de mercado pasados 4 años: $T^4 X_0^t = \begin{pmatrix} 0,75 & 0,05 & 0,10 \\ 0,15 & 0,6 & 0,05 \\ 0,10 & 0,35 & 0,85 \end{pmatrix}^4 \begin{pmatrix} 200 \\ 150 \\ 300 \end{pmatrix}$

31. a) Matriz de transición de ventas $\begin{pmatrix} 0,75 & 0,40 \\ 0,25 & 0,60 \end{pmatrix}$

b) Cuota de mercado pasados dos años: 213,5 y 136,5.

c) Cuota de mercado pasados n años: $\begin{pmatrix} 0,75 & 0,40 \\ 0,25 & 0,60 \end{pmatrix}^n \begin{pmatrix} 200 \\ 150 \end{pmatrix}$

CAPÍTULO 2

1. $x_1 = \frac{3}{4}, x_2 = -\frac{15}{4}, x_3 = -\frac{25}{4}$

2. $m = \frac{1}{5}$ Sistema incompatible, $m \neq \frac{1}{5}$ Sistema compatible determinado.

3.

a) $\left\{\begin{array}{l} x_1 = \lambda + 1 \\ x_2 = -2 + 2\lambda \\ x_3 = 3 - 3\lambda \\ x_4 = \lambda \end{array}\right\}$ b) $\left\{\begin{array}{l} x = 1 + \lambda + \mu \\ y = 2 - \lambda + 2\mu \\ z = 3 + 2\lambda + \mu \\ t = \lambda \\ u = \mu \end{array}\right\}$

4. Clasificación del sistema según los valores del parámetro $\lambda : \begin{cases} \lambda \neq 1, -2 & \text{Sistema compatible determinado} \\ \lambda = 1 & \text{Sistema compatible indeterminado, grado } p = 2 \\ \lambda = -2 & \text{Sistema incompatible} \end{cases}$

5. Clasificación del sistema según los valores del parámetro $a : \begin{cases} a \neq 1, 2 & \text{Sistema compatible determinado} \\ a = 1 & \text{Sistema compatible indeterminado, grado } p = 1 \\ a = 2 & \text{Sistema compatible indeterminado, grado } p = 2 \end{cases}$

6. Clasificación del sistema según los valores del parámetro $\lambda : \begin{cases} \lambda \neq 1, -2 & \text{Sistema compatible determinado} \\ \lambda = 1 & \text{Sistema compatible indeterminado, grado } p = 2 \\ \lambda = -2 & \text{Sistema incompatible} \end{cases}$

7. a) $m = -1$ b) $m = 1$ c) $m \neq -1, 1$

8. a) Puede ser compatible determinado si $RgA = Rg\overline{A} = 2$.

b) No puede ser compatible determinado, ya que $RgA = 2 < n = 3$.

c) Puede ser incompatible si $RgA < Rg\overline{A} = 3$.

9. El sistema $\left.\begin{array}{r} x + 2y = 1 \\ x - 3y = 2 \\ 2x - y = 3 \end{array}\right\}$ responde afirmativamente a la primera pregunta.

Mientras que un sistema de dos ecuaciones con tres incógnitas nunca puede ser compatible determinado, ya que el rango de la matriz de coeficientes es, a lo sumo, igual a 2, de manera que en cualquier caso $Rg(A) < 3$.

10. Clasificación del sistema según los valores del parámetro λ:

$$\begin{cases} \lambda \neq 1,3 & \text{Sistema compatible determinado} \\ \lambda = 1 & \text{Sistema compatible indeterminado, grado } p = 2 \\ \lambda = 3 & \text{Sistema compatible indeterminado, grado } p = 1 \end{cases}.$$

Las soluciones del sistema en el caso compatible indeterminado son:

$$\lambda = 1, \quad x = \alpha, y = \alpha, z = \beta.$$
$$\lambda = 3, \quad x = \alpha, y = 0, z = \alpha.$$

11. a) La expresión matricial del sistema es $Y = X\beta + U$, donde:

$$X = \begin{pmatrix} 1 & x_{11} & x_{21} & \cdots & x_{m1} \\ 1 & x_{12} & x_{22} & \cdots & x_{m2} \\ \vdots & \vdots & \vdots & \ddots & \vdots \\ 1 & x_{1n} & x_{2n} & \cdots & x_{mn} \end{pmatrix}, \ \beta = \begin{pmatrix} \beta_0 \\ \beta_1 \\ \vdots \\ \beta_m \end{pmatrix}, U = \begin{pmatrix} u_1 \\ u_2 \\ \vdots \\ u_n \end{pmatrix}$$

b) $U^tU = Y^tY - 2\beta^t X^t Y + \beta^t X^t X \beta$.

12. El sistema de ecuaciones está dado por: $\left.\begin{array}{r} 5x + 3y + 6z = 2300 \\ 20x + 15y + 18z = 9500 \\ x + \ \ y + \ \ z = 575 \end{array}\right\}$ con única solución $x = 100,\ y = 350,\ z = 125$.

13. El sistema de ecuaciones está dado por: $\left.\begin{array}{r} 2x + 3y + 4z = 1348 \\ x + 2y + 5z = 1110 \\ 5x + 2y + 8z = 2046 \end{array}\right\}$ con solución única $x = 150,\ y = 200,\ z = 112$.

14. El sistema es de Cramer con solución $p_x = 2,\ p_y = 4,\ p_z = 5$.

15. 100, 300, 50, 10 y 20.

16. a) Primera industria=$7{,}26 \cdot 10^6$ unidades, segunda industria=$8 \cdot 10^6$ unidades y tercera industria=$9{,}22 \cdot 10^6$.

b) La matriz tecnológica genera una economía productiva, ya que la matriz de Leontief $(I-A)$ cumple la condición de Hawkins-Simon (sus menores principales $\Delta_1=0,65$, $\Delta_2=0,26$, $\Delta_3=0,367$ son positivos).

17. a) Primera industria =3285,7 unidades, segunda industria=2214,2 unidades.

b) La matriz tecnológica genera una economía productiva, ya que la matriz de Leontief $(I-A)$ cumple la condición de Hawkins-Simon (sus menores principales $\Delta_1=0,6$, $\Delta_2=0,14$ son positivos).

18. Los menores principales de la matriz de Leontief han de ser positivos: como $\Delta_1=0,6$, $\Delta_2=0,54-0,8\alpha$, resulta que $0<\alpha<0,675$.

19. 750 unidades de A y 750 unidades de B.

20. Primera industria=29452,05, segunda industria=39383,5 y tercera industria=22602,7.

21. $p_1=6,3$, $p_2=9,6$.

CAPÍTULO 3

1.

2. Como la dimensión del espacio $\mathbb{R}^3$ es 3, basta tener tres vectores independientes para formar una base. Por otra parte, el determinante formado por los tres vectores es distinto de cero, de donde los vectores son linealmente independientes y forman una base de $\mathbb{R}^3$. Las coordenadas del vector $(1,2,3)$ en dicha base serán $(2,-1,0)$.

3. $a=3,\ b=4$.

4. Son linealmente independientes, ya que el determinante formado por los tres vectores es distinto de cero.

5. $\lambda\neq 0,\pm\sqrt{2}$.

6.

a) No pertenece al subespacio, ya que el rango de la matriz formada por los cuatro vectores es igual a 4, lo que equivale a decir que los vectores son linealmente independientes.

b) Para que el vector $(1,a,2,0)$ pertenezca a S_1, debe ser combinación lineal de los vectores que lo generan. Esta condición se cumple si $a=2$.

7. S es un subespacio si, para cada $\vec{x}, \vec{y} \in S$, se cumple que $\alpha\vec{x} + \beta\vec{y} \in S$. Observemos que probar que $\alpha\vec{x} + \beta\vec{y} \in S$ es equivalente a probar que $A(\alpha\vec{x} + \beta\vec{y}) = \vec{b}$. Ahora bien, como $\vec{x}$ e $\vec{y}$ son vectores del subespacio se cumple que $A(\alpha\vec{x} + \beta\vec{y}) = \alpha A\vec{x} + \beta A\vec{y} = \alpha\vec{b} + \beta\vec{b} = (\alpha + \beta)\vec{b}$. De esta forma es fácil ver ahora que $A(\alpha\vec{x} + \beta\vec{y}) = \vec{b}$ si y sólo si $\vec{b} = \vec{0}$.

8. a) No b) No c) Sí d) Sí e) No f) Sí

9. Dadas A y B matrices antisimétricas, la matriz $\alpha A + \beta B$ es una matriz antisimétrica: $\left(\alpha A + \beta B\right)^t = \alpha A^t + \beta B^t = -\alpha A - \beta B = -\left(\alpha A + \beta B\right), \forall\, \alpha, \beta \in \mathbb{R}$. Una base del subespacio de las matrices antisimétricas de orden 2 está dada por: $B = \left\{\begin{pmatrix} 0 & 1 \\ -1 & 0 \end{pmatrix}\right\}$ y la dimensión del subespacio es igual a 1.

10. $B = \left\{\begin{pmatrix} 0 & 1 \\ -1 & 0 \end{pmatrix}, \begin{pmatrix} 1 & 0 \\ 0 & 0 \end{pmatrix}\right\}$ y $\dim S = 2$.

11. $B = \left\{1, x, x^2\right\}$ y $\dim P_2(x) = 3$.

12. b) $(3,-4,-6)$

13. a) $B = \left\{(1,0,-1,1),(0,1,-1,1)\right\}$, $\dim(S) = 2$.

b) $(2,-2,0,0)$.

c) Para que $(a,1,1,-1) \in S$, se deben verificar las ecuaciones que definen al subespacio vectorial S, de donde $a = -2$.

d) $\begin{cases} x = \alpha \\ y = \beta \\ z = -\alpha - \beta \\ t = \alpha + \beta \end{cases}$

14. a) $B = \left\{(-1,1,0), (-1,0,1)\right\}$, $\dim(S) = 2$.

b) $(-2,1,1)$

c) $(1,-2)$

d) $\begin{cases} x = -\alpha - \beta \\ y = \alpha \\ z = \beta \end{cases} \qquad \alpha, \beta \in \mathbb{R}$

15. a) $B=\{(-1,1,0,1),(1,0,1,1)\}$, $\dim(S)=2$.

b) (0,3)

c) $(2,-1,1,0)$

16. $B=\{(1,1,0,0),(0,1,1,0)\}$ y $\dim(S)=2$, ya que:

$$\dim(S)=Rg(\{(1,1,0,0),(0,1,1,0),(2,1,-1,0),(3,3,0,0)\})=2.$$

17. $B=\{(1,1,1),(1,0,2),(0,0,1)\}$.

18. Matriz y ecuaciones de cambio de base: $\begin{pmatrix} 0 & 0 & 1 \\ 1 & 0 & -1 \\ 1 & -1 & 0 \end{pmatrix}$, $\begin{matrix} x_1 = y_3 \\ x_2 = y_1 - y_3 \\ x_3 = y_1 - y_2 \end{matrix}$

19. a) F b) F c) V d) V e) F f) F g) F.

20. Por definición, $\vec{u}_1 \perp \vec{u}_2$ si su producto escalar es cero. Por tanto, $\alpha=-1$.

21. $\left\|\vec{a}-\vec{b}\right\|^2=\left\langle\vec{a}-\vec{b},\vec{a}-\vec{b}\right\rangle=\left\langle\vec{a},\vec{a}\right\rangle-2\left\langle\vec{a},\vec{b}\right\rangle+\left\langle\vec{b},\vec{b}\right\rangle=\left\|\vec{a}\right\|^2-2\left\langle\vec{a},\vec{b}\right\rangle+\left\|\vec{b}\right\|^2$

22. Como los vectores son ortogonales, se cumple que $\left\langle\vec{a},\vec{b}\right\rangle=0$, de donde:

$$\left\|\vec{a}+\vec{b}\right\|^2=\left\langle\vec{a}+\vec{b},\vec{a}+\vec{b}\right\rangle=\left\langle\vec{a},\vec{a}\right\rangle+2\left\langle\vec{a},\vec{b}\right\rangle+\left\langle\vec{b},\vec{b}\right\rangle=\left\langle\vec{a},\vec{a}\right\rangle+\left\langle\vec{b},\vec{b}\right\rangle$$
$$\left\|\vec{a}-\vec{b}\right\|^2=\left\langle\vec{a}-\vec{b},\vec{a}-\vec{b}\right\rangle=\left\langle\vec{a},\vec{a}\right\rangle-2\left\langle\vec{a},\vec{b}\right\rangle+\left\langle\vec{b},\vec{b}\right\rangle=\left\langle\vec{a},\vec{a}\right\rangle+\left\langle\vec{b},\vec{b}\right\rangle$$

23. Basta tener en cuenta que la desigualdad de Schwartz $\left|\left\langle\vec{x},\vec{y}\right\rangle\right|\le\left\|\vec{x}\right\|\left\|\vec{y}\right\|$ y que:
$\left|\left\langle\vec{x},\vec{y}\right\rangle\right|=\left|\sum_{i=1}^{n}x_iy_i\right|$, $\left\|\vec{x}\right\|=\left(\sum_{i=1}^{n}x_i^2\right)^{1/2}$, $\left\|\vec{y}\right\|=\left(\sum_{i=1}^{n}y_i^2\right)^{1/2}$.

24. Sea $\vec{w}\in S$, entonces ha de ser combinación lineal de los vectores que generan al subespacio, $\vec{w}=\sum_{i=1}^{n}a_i\vec{x}_i$. Como $\vec{v}$ es ortogonal a cada vector $\vec{x}_i$, se cumple que $\left\langle\vec{v},\vec{w}\right\rangle=\left\langle\vec{v},\sum_{i=1}^{n}a_i\vec{x}_i\right\rangle=\sum_{i=1}^{n}a_i\left\langle\vec{v},\vec{x}_i\right\rangle=0$.

25. Los vectores $(0,1,1)$ y $(1,2,0)$ no son ortogonales ya que su producto escalar es distinto de cero, por tanto, la base no es ortogonal. Aplicando el método de ortogonalización de Gram-Schmidt, se obtiene la base ortonormal:

$$\left\{(0,\frac{1}{\sqrt{2}},-\frac{1}{\sqrt{2}}),\ (0,\frac{1}{\sqrt{2}},\frac{1}{\sqrt{2}}),\ (1,0,0)\right\}$$

26. $S = \left\langle (0,1,0), (-\frac{2}{\sqrt{5}}, 0, -\frac{1}{\sqrt{5}}) \right\rangle$

27. $\lambda = \pm\frac{\sqrt{2}}{2}$

CAPÍTULO 4

1.

a) Si λ es un valor propio de la matriz A entonces se cumple que $A\vec{x} = \lambda\vec{x}$, $\vec{x} \neq \vec{0}$. Multiplicando por la matriz A los dos miembros de la igualdad anterior, se tiene que $A^2\vec{x} = \lambda A\vec{x}$; como $A\vec{x} = \lambda\vec{x}$, sustituyendo en la expresión anterior, se llega a que $A^2\vec{x} = \lambda^2\vec{x}$ y, entonces, λ^2 es un valor propio de la matriz A^2. Repitiendo el proceso anterior sucesivamente, es fácil probar que λ^n es un valor propio de A^n.

b) La matriz A tiene inversa si y sólo si $|A| \neq 0$, o equivalentemente si y sólo si $|A - 0I| \neq 0$. Por tanto, $\lambda = 0$ no es un valor propio de la matriz A. Otra forma de demostrar el resultado es tener en cuenta que el determinante de una matriz es igual al producto de los valores propios de la matriz.

c) La matriz $I - A$ tiene inversa si y sólo si $|I - A| \neq 0$, o equivalentemente $|A - I| \neq 0$, de donde $\lambda = 1$ no es un valor propio de la matriz A.

d) Como se cumple que $|A - \lambda I| = \left|(A - \lambda I)^t\right| = |A^t - \lambda I^t| = |A^t - \lambda I|$, los polinomios característicos de las matrices A y A^t son iguales y, por tanto, tienen los mismos valores propios.

e) Si $\lambda \neq 0$ es un valor propio de A, entonces, $A\vec{x} = \lambda\vec{x}$. Multiplicando ahora por A^{-1} los dos miembros de la igualdad, se tiene que $\vec{x} = A^{-1}\lambda\vec{x}$ y equivalentemente $A^{-1}\vec{x} = \frac{1}{\lambda}\vec{x}$, por lo que $\frac{1}{\lambda}$ es un valor propio de A^{-1}.

2. Si A es diagonalizable, existe una matriz regular P tal que $D = P^{-1}AP$. Según esto, $|D| = |P^{-1}AP| = |P^{-1}||A||P| = |P|^{-1}|A||P| = |A|$. La afirmación queda demostrada teniendo en cuenta que el determinante de la matriz diagonal D es el producto de los valores propios.

3. Para probar que $\lambda = 1$ es un valor propio de la matriz A, basta demostrar que $|A - I| = 0$. Al ser la matriz A estocástica, los elementos de cada columna suman la unidad, por tanto:

$$|A-I|=\begin{vmatrix} a_{11}-1 & a_{12} & \cdots & a_{1n} \\ a_{21} & a_{22}-1 & \cdots & a_{2n} \\ \vdots & \vdots & \ddots & \vdots \\ a_{n1} & a_{n2} & \cdots & a_{nn}-1 \end{vmatrix} \underset{F_1\to\sum_{i=1}^{n}F_i}{=} \begin{vmatrix} \sum_{i=1}^{n}a_{i1}-1 & \sum_{i=1}^{n}a_{i2}-1 & \cdots & \sum_{i=1}^{n}a_{in}-1 \\ a_{21} & a_{22}-1 & \cdots & a_{2n} \\ \vdots & \vdots & \ddots & \vdots \\ a_{n1} & a_{n2} & \cdots & a_{nn}-1 \end{vmatrix} =$$

$$\underset{\sum_{i=1}^{n}a_{ij}=1}{=} \begin{vmatrix} 0 & 0 & \cdots & 0 \\ a_{21} & a_{22}-1 & \cdots & a_{2n} \\ \vdots & \vdots & \ddots & \vdots \\ a_{n1} & a_{n2} & \cdots & a_{nn}-1 \end{vmatrix} = 0 \text{ y } \lambda=1 \text{ es un valor propio de la matriz } A.$$

4. Si $\vec{x}_0$ es un vector propio asociado al valor propio $\lambda=1$ en una matriz A, entonces se cumple que $A\vec{x}_0=\vec{x}_0$. Multiplicando por A los dos miembros de $A\vec{x}_0=\vec{x}_0$, se tiene que $A^2\vec{x}_0=A\vec{x}_0=\vec{x}_0$. Repitiendo el proceso sucesivamente, es fácil probar que $A^n\vec{x}_0=\vec{x}_0$.

5. a) $\lambda=5, \lambda=-1$ b) $\lambda=1$ (Doble) c) $\lambda=0,1,3$

6. No son diagonalizables. Los valores propios son en cada caso: a) $\lambda=2$ (Doble) b) $\lambda=0$ (Doble) c) $\lambda=5$ (Doble). Mientras que en los tres casos la dimensión del subespacio propio asociado es 1.

7. Los valores propios de la matriz son $\lambda=0$, $\lambda=-1$ y $\lambda=3$, siendo los subespacios propios asociados $V_0=\langle(0,0,1)\rangle$, $V_{-1}=\langle(1,-1,0)\rangle$ y $V_3=\langle(1,1,0)\rangle$. La matriz es diagonalizable, ya que todos los valores propios tienen multiplicidad uno y coinciden la multiplicidad de cada valor propio con la dimensión de los subespacios propios asociados. Se cumple que $A=PDP^{-1}$, siendo la matriz de paso y la matriz diagonal:

$$P=\begin{pmatrix} 0 & 1 & 1 \\ 0 & -1 & 1 \\ 1 & 0 & 0 \end{pmatrix},\ D=\begin{pmatrix} 0 & 0 & 0 \\ 0 & -1 & 0 \\ 0 & 0 & 3 \end{pmatrix}$$

8. El único valor propio de la matriz es $\lambda=1$ (triple), siendo el subespacio propio asociado $V_1=\langle(0,0,1)\rangle$. La matriz no es diagonalizable, ya que no coinciden la multiplicidad del valor propio con la dimensión del subespacio propio asociado.

9. Los valores propios de la matriz son $\lambda=1$ (doble) y $\lambda=-2$, siendo los subespacios propios asociados $V_1=\langle(1,0,-1),(0,1,-1)\rangle$ y $V_{-2}=\langle(1,1,1)\rangle$. La matriz es diagonalizable, ya que coinciden la multiplicidad de cada valor propio

con la dimensión de los subespacios propios asociados, siendo la matriz de paso
$P = \begin{pmatrix} 1 & 0 & 1 \\ 0 & 1 & 1 \\ -1 & -1 & 1 \end{pmatrix}$.

10. Los valores propios de la matriz son $\lambda = 1$ (doble) y $\lambda = 5$, siendo los subespacios propios asociados $V_1 = \langle (1,0,-1),(0,1,-2) \rangle$ y $V_5 = \langle (1,1,1) \rangle$. La matriz es diagonalizable, ya que coinciden la multiplicidad de cada valor propio con la dimensión de los subespacios propios asociados, siendo la matriz de paso
$P = \begin{pmatrix} 1 & 0 & 1 \\ 0 & 1 & 1 \\ -1 & -2 & 1 \end{pmatrix}$ y se cumple que $P^{-1}AP = \begin{pmatrix} 1 & 0 & 0 \\ 0 & 1 & 0 \\ 0 & 0 & 5 \end{pmatrix}$.

11. Al ser la matriz simétrica, es diagonalizable; siendo posible encontrar una matriz de paso ortogonal que cumple $D = U^t AU$, donde la matriz diagonal es
$D = \begin{pmatrix} 4 & 0 & 0 \\ 0 & 4 & 0 \\ 0 & 0 & -2 \end{pmatrix}$ y la matriz de paso ortogonal es $U = \begin{pmatrix} 0 & 1/\sqrt{2} & 1/\sqrt{2} \\ 1 & 0 & 0 \\ 0 & 1/\sqrt{2} & -1/\sqrt{2} \end{pmatrix}$.

12. Al ser la matriz simétrica, es diagonalizable; siendo posible encontrar una matriz de paso ortogonal que cumple $D = U^t AU$, donde la matriz diagonal es
$D = \begin{pmatrix} 3 & 0 & 0 \\ 0 & 4 & 0 \\ 0 & 0 & 1 \end{pmatrix}$ y la matriz de paso ortogonal es $U = \begin{pmatrix} -1/\sqrt{2} & 1/\sqrt{3} & 1/\sqrt{6} \\ 0 & -1/\sqrt{3} & 2/\sqrt{6} \\ 1/\sqrt{2} & 1/\sqrt{3} & 1/\sqrt{6} \end{pmatrix}$

13. La matriz $A = \begin{pmatrix} a & b \\ 0 & a \end{pmatrix}$ tiene como único valor propio a $\lambda = a$ con multiplicidad doble. La matriz A es diagonalizable si y sólo si:

$$\dim V_a = n - Rg(A - aI) = n - Rg\begin{pmatrix} 0 & 0 \\ 0 & b \end{pmatrix} = 2.$$

Como $n = 2$, la matriz A es diagonalizable si y sólo si $Rg\begin{pmatrix} 0 & 0 \\ 0 & b \end{pmatrix} = 0$, lo que ocurre si y sólo si $b = 0$.

14. $\begin{pmatrix} 1261 & 926 \\ 1389 & 798 \end{pmatrix}$

15.

a) Llamando a_t a los consumidores de la marca A en el año t y b_t a los de la marca B, se tiene que: $\begin{matrix} a_t = 0,3a_{t-1} + 0,6b_{t-1} \\ b_t = 0,7a_{t-1} + 0,4b_{t-1} \end{matrix}$

b) $\begin{pmatrix} a_t \\ b_t \end{pmatrix} = \begin{pmatrix} 0,3 & 0,6 \\ 0,7 & 0,4 \end{pmatrix} \begin{pmatrix} a_{t-1} \\ b_{t-1} \end{pmatrix}$

c) $\begin{pmatrix} a_5 \\ b_5 \end{pmatrix} = \begin{pmatrix} 0,3 & 0,6 \\ 0,7 & 0,4 \end{pmatrix}^5 \begin{pmatrix} a_0 \\ b_0 \end{pmatrix} = \begin{pmatrix} 0,3 & 0,6 \\ 0,7 & 0,4 \end{pmatrix}^5 \begin{pmatrix} 0,6 \\ 0,4 \end{pmatrix} = \begin{pmatrix} 0,461 \\ 0,539 \end{pmatrix}.$

Marca A=46,1%, Marca B=53,9%

d) Diagonalizando la matriz de transición, se tiene que:

$$\lim_{n\to\infty} X_n = \lim_{n\to\infty} A^n X_0 = \lim_{n\to\infty} PD^nP^{-1}X_0 =$$

$$= \lim_{n\to\infty} \begin{pmatrix} 1 & 1 \\ 7/6 & -1 \end{pmatrix} \begin{pmatrix} 1 & 0 \\ 0 & -3/10 \end{pmatrix}^n \begin{pmatrix} 1 & 1 \\ 7/6 & -1 \end{pmatrix}^{-1} \begin{pmatrix} 0,6 \\ 0,4 \end{pmatrix} = \begin{pmatrix} 0,461 \\ 0,538 \end{pmatrix}$$

CAPÍTULO 5

1. a) $A = \begin{pmatrix} 1 & \frac{1}{2} \\ \frac{1}{2} & 1 \end{pmatrix}$ b) $A = \begin{pmatrix} 1 & -2 \\ -2 & 2 \end{pmatrix}$ c) $A = \begin{pmatrix} 1 & 0 & \frac{1}{2} \\ 0 & 1 & 1 \\ \frac{1}{2} & 1 & 3 \end{pmatrix}$ d) $A = \begin{pmatrix} 1 & 0 & 0 \\ 0 & 0 & 0 \\ 0 & 0 & 3 \end{pmatrix}$

e) $\begin{pmatrix} n & -1/n & -1/n & -1/n \\ -1/n & n & -1/n & -1/n \\ -1/n & -1/n & n & -1/n \\ -1/n & -1/n & -1/n & n \end{pmatrix}$

2. a) Indefinida b) Definida positiva c) Indefinida d) Definida negativa

e) Indefinida.

3. a) Definida positiva b) Semidefinida positiva c) Definida negativa

d) Definida positiva e) Definida negativa

f) La matriz simétrica asociada es la correspondiente a la solución del ejercicio 1e) y sus menores principales están dados por:

$$\Delta_1 = n > 0,$$

$$\Delta_2 = \frac{n^4-1}{n^2} > 0,$$

$$\Delta_n = \begin{vmatrix} n & -1/n & \cdots & -1/n \\ -1/n & n & \cdots & -1/n \\ \vdots & \vdots & \ddots & \vdots \\ -1/n & -1/n & \ldots & n \end{vmatrix} \underbrace{=}_{C_1 \to C_1 + C_2 + \ldots + C_n} \frac{n^2-n+1}{n} \begin{vmatrix} 1 & -1/n & \cdots & -1/n \\ 1 & n & \cdots & -1/n \\ \vdots & \vdots & \ddots & \vdots \\ 1 & -1/n & \ldots & n \end{vmatrix} \underbrace{=}_{F_i \to F_i - F_1}$$

$$= \frac{n^2-n+1}{n} \begin{vmatrix} 1 & -1/n & \cdots & -1/n \\ 0 & n+1/n & \cdots & 0 \\ \vdots & \vdots & \ddots & \vdots \\ 0 & 0 & \ldots & n+1/n \end{vmatrix} = \frac{n^2-n+1}{n}\left(\frac{n^2+1}{n}\right)^{n-1} > 0$$

4. $a < \frac{1}{2}$ Indefinida, $a = \frac{1}{2}$ Semidefinida positiva, $a > \frac{1}{2}$ Definida positiva.

5. Los menores principales de la matriz $A = \begin{pmatrix} 2 & 0 & -1 \\ 0 & 4 & 0 \\ -1 & 0 & a \end{pmatrix}$ están dados por $\Delta_1 = 2 > 0, \Delta_2 = 8 > 0, \Delta_3 = 8a - 4$. Así, la forma cuadrática es semidefinida positiva si y sólo si $a = \frac{1}{2}$.

6. $a < 0$ Indefinida , $a = 0$ Semidefinida positiva, $a > 0$ Definida positiva.

7. $b > 2/3$ Definida positiva, $b = 2/3$ Semidefinida positiva, $b < 2/3$ Indefinida.

8. a) Definida positiva b) Definida negativa c) Definida negativa d) Definida negativa.

9. Como la matriz asociada a la forma cuadrática que determina el impuesto es igual a $\begin{pmatrix} 3 & -1 \\ -1 & 1 \end{pmatrix}$, sus menores principales son positivos y la forma cuadrática es definida positiva.

10. La empresa siempre genera beneficios, ya que la forma cuadrática es definida positiva.

11. La empresa genera beneficios si la forma cuadrática es definida positiva. Como los menores principales de la matriz simétrica asociada están dados por:

$\Delta_1 = 2 > 0, \Delta_2 = 1 > 0, \Delta_3 = a - 13$, entonces, la empresa generará beneficios si $a > 13$.

12. La forma cuadrática restringida es definida positiva y la empresa siempre generaría beneficios.

13. a) Sustituyendo el valor de $\overline{X} = \frac{1}{n}\sum_{i=1}^{n} X_i$ en la expresión de la varianza, se tiene que:

$$S^2 = \frac{1}{n}\sum_{i=1}^{n}(X_i - \overline{X})^2 = \frac{1}{n}\sum_{i=1}^{n}(X_i - \frac{1}{n}\sum_{i=1}^{n} X_i)^2 = \frac{1}{n}\sum_{i=1}^{n}\left[X_i^2 + \frac{1}{n^2}(\sum_{i=1}^{n} X_i)^2 - \frac{2}{n}X_i\sum_{i=1}^{n} X_i\right]$$

$$= \frac{1}{n}\left[\sum_{i=1}^{n} X_i^2 + \frac{1}{n^2}\sum_{i=1}^{n}(\sum_{i=1}^{n} X_i)^2 - \frac{2}{n}\sum_{i=1}^{n} X_i \sum_{i=1}^{n} X_i\right] =$$

$$= \frac{1}{n}\left[\sum_{i=1}^{n} X_i^2 + \frac{1}{n}(\sum_{i=1}^{n} X_i)^2 - \frac{2}{n}(\sum_{i=1}^{n} X_i)^2\right] = \frac{1}{n}\sum_{i=1}^{n} X_i^2 - \frac{1}{n^2}(\sum_{i=1}^{n} X_i)^2$$

Teniendo en cuenta que $(\sum_{i=1}^{n} X_i)^2 = \sum_{i=1}^{n} X_i^2 + 2\sum_{i<j}^{n} X_i X_j$ y sustituyendo en la expresión anterior, se llega a que $S^2 = (\frac{1}{n} - \frac{1}{n^2})\sum_{i=1}^{n} X_i^2 - \frac{2}{n^2}\sum_{i<j}^{n} X_i X_j$

b) $A = (a_{ij}) = \begin{cases} \frac{1}{n} - \frac{1}{n^2} & i = j \\ -\frac{1}{n^2} & i \neq j \end{cases}$

CAPÍTULO 6

1. a) $A(h) = \frac{h}{\sqrt{3}}$ b) $A(d) = \frac{\pi}{4}d^2$ c) $V(x) = 2x^3$

2. $(f \circ g)(x) = \frac{x^2 - x - 1}{x^2 + x - 1}$, $(g \circ f)(x) = \frac{4x}{1 - x^2}$

3. $\frac{1}{2 - 4h}$

4. $g(x) = \frac{1 + x}{1 - x}$

5. La función de ingreso está dada por:

$$I(x)=\begin{cases} 100x & x\le 45 \\ x[100-0,5(x-45)] & 45<x\le 60 \\ 75x & x>60 \end{cases}$$

6. a) $C_A(x)=100+2x$ y $C_B(x)=75+3x$

b) La empresa B cuando $x<25$ Km.; y la empresa A cuando $x>25$ Km.

c) 25 Km.

7. a) La función de beneficio es $B(x)=30x-1000$ y $B(200)=5000$.

b) 3500

8. $p_e=\dfrac{d-b}{a-c}$

9. $I(x)=\dfrac{x}{5}-3000$

10. a) $V(t)=25000-3000t$ b) 16000 euros c) $t=2,083$ años.

11. 14,52 años

12. a) $P(t)=P_0(0,98)^t$ b) $P(t)=P_0\,2^t$ c) $P(t)=P_0(0,97)^t$

13. a) $V(t)=500000(1,02)^t$ b) 609497,2 euros c) $t=4,81$ años.

14. Resolviendo la ecuación $C(t)=0$, se llega a que $t_0=\dfrac{\ln a-\ln(a-rC_0)}{\ln(1+r)}$.

15. Como $P(0)=100$, la población inicial se duplica cuando $t=31,28$ años.

16. a) 0 b) 0 c) $+\infty$

a) $+\infty$ b) $+\infty$ c) $-\infty$

17. a) $-\infty$ b) 8 c) 1 d) 5 e) 0

f) $\sqrt{\dfrac{2}{3}}$ g) $\sqrt{\dfrac{2}{3}}$ h) $\left(\dfrac{1}{5}\right)^{3/2}$ i) $\dfrac{1}{2}$ j) $\dfrac{50}{3}$

18. $a=2$

19. a) Es continua en $x=1$. b) Es continua en $x=2$.

20. $a=\dfrac{1}{3}$

21. a) Como $\lim_{x\to 1^-} 2^{\frac{x^2}{x-1}} = 0$ y $\lim_{x\to 1^+} 2^{\frac{x^2}{x-1}} = +\infty$, la función no es continua en el punto $x = 1$.

b) Como $\lim_{x\to -1} \frac{x^4-1}{x^3+1} = -\frac{4}{3} \neq f(-1) = 2$, la función no es continua en el punto $x = -1$.

c) En este caso, $\lim_{x\to 0^+} f(x) = +\infty$ y $\lim_{x\to 0^-} f(x) = 0$, por tanto la función no es continua en el punto $x = 0$.

22. La función es continua si se cumple que $a = b = \frac{e^2}{2}$.

23. Consideremos la función $f(x) = \operatorname{sen} x + x - 1$ continua en $[0, \pi]$. Como $f(0) = -1 < 0$ y $f(\pi) = \pi - 1 > 0$, aplicando el Teorema de Bolzano, existe al menos un punto $x = a$ en el que $\operatorname{sen} a + a - 1 = 0$ y, por tanto, $\operatorname{sen} a = 1 - a$.

24. Supongamos que $f(a) \neq a$ y $f(b) \neq b$ (en caso contrario, tendríamos ya el punto fijo). La función $g(x) = f(x) - x$ es continua y cumple que $g(a) = f(a) - a > 0$ y $g(b) = f(b) - b < 0$, ya que $a < f(x) < b$. Aplicando el Teorema de Bolzano a la función $g(x)$ se concluye que existe un punto x_0 tal que $g(x_0) = f(x_0) - x_0 = 0$ y $f(x_0) = x_0$.

CAPÍTULO 7

1. $f'(2) = -\frac{1}{4}$, $f'(x) = -\frac{1}{x^2}$

2. $f'(x) = \lim_{h\to 0} \frac{f(x+h) - f(x)}{h} = \lim_{h\to 0} \frac{k-k}{h} = \lim_{h\to 0} \frac{0}{h} = 0$

3. a) V b) F c) F d) V

4. a) V b) F c) V d) F e) F f) F

5. a) Como las derivadas laterales en el punto 0 son iguales:

$$f'_+(0) = \lim_{h\to 0^+} \frac{f(0+h) - f(0)}{h} = \lim_{h\to 0^+} \frac{h}{h} = 1$$

$$f'_-(0) = \lim_{h\to 0^-} \frac{f(0+h) - f(0)}{h} = \lim_{h\to 0^-} \frac{\operatorname{sen} h}{h} = 1$$

la función es derivable en $x=0$ y el valor de la derivada en dicho punto es 1. Por otra parte, las derivadas laterales en el punto $x=1$ son diferentes:

$$f'_+(1)=\lim_{h\to 0^+}\frac{f(1+h)-f(1)}{h}=\lim_{h\to 0^+}\frac{2(1+h)-1-1}{h}=\lim_{h\to 0}\frac{2h}{h}=2$$

$$f'_-(1)=\lim_{h\to 0^-}\frac{f(1+h)-f(1)}{h}=\lim_{h\to 0^-}\frac{(1+h)-1}{h}=\lim_{h\to 0}\frac{h}{h}=1$$

por lo que la función no es derivable en $x=1$.

b) La función $g(x)$ no es derivable en el punto $x=0$, pues $g'_+(0)=1\neq g'_-(0)=-1$.

6. $\dfrac{dx}{dp}=-\dfrac{ab}{2\sqrt{(ap-c)^3}}$

7. $y'=\dfrac{\sqrt[3]{x}\,(2x+3)^2}{\sqrt[5]{(3x+2)^2}}\left(\dfrac{1}{3x}+\dfrac{4}{2x+3}-\dfrac{6}{5(3x+2)}\right)$

8. Aplique logaritmos a ambos miembros y derive.

9. $\alpha\dfrac{a'(t)}{a(t)}+\beta\dfrac{b'(t)}{b(t)}$

10. Como $f'(x)=x^x(\ln x+1)$, resulta que $f'(1)=1,\ f(1)=1$, de donde la ecuación de la recta tangente es $y=x$.

11. a) $a=2, b=3$ b) $C=(e-1, 2\ \ln(e-1)+3)$

12. $y=x$

13. $y-\ln\left(\dfrac{1}{\ln 2}\right)=\ln 2\left(x-\dfrac{1}{\ln 2}+1\right)$

14. a) $A'(5)=7$ b) $\dfrac{A'(5)}{A(5)}100=17{,}5\%$

c) $\dfrac{\Delta A}{A}100\approx\dfrac{dA}{A}100=\dfrac{A'(2.5)\cdot 0{,}25}{A(2{,}5)}\cdot 100=6{,}31\,\%$

15. a) $N'(10)=22$ mil millones

b) 10% anual

c) $\Delta N\approx N'(10{,}5)\cdot 0{,}25=5{,}75$

d) $\dfrac{\Delta A}{A}100 \approx \dfrac{dA}{A}100 = \dfrac{A'(10,5)\cdot 0,25}{A(10,5)}\cdot 100 = 2,48\,\%$

16. $\Delta I \approx dI = I'(100)\cdot \Delta q = I'(100)\cdot(-0,5) = -76$

17. Un polinomio de grado impar ha de tener al menos una solución real. Si tuviera más de una solución real, aplicando el Teorema de Rolle a la función $f(x)=x^3+x^2+x+1$, existiría al menos un punto en el que la derivada $f'(x)=3x^2+2x+1$ es igual a cero. Sin embargo, la derivada no se anula en ningún punto, por lo que no puede existir más de una solución real.

18. Como $f(2)=0$, $f(0)=4$, $f'(0)=0$ y $f'(2)=0$, resulta que $a=1$, $b=-3$, $c=0$ y $d=4$.

19. Como $f'(-4)=0, f'(0)=0$ y $f(1)=1$, se tiene que $b=6, c=0, d=-6$.

20. Teniendo en cuenta que $f(-1)=1, f(0)=-2, f'(0)=0, f''(0)=0$, se obtiene que $a=-3, b=c=0, d=-2$.

21. a)

Intervalos	$(-\infty,-1)$	$(-1,1)$	$(1,+\infty)$
Crecimiento	Decreciente	Creciente	Decreciente

Intervalos	$(-\infty,-\sqrt{3})$	$(-\sqrt{3},0)$	$(0,\sqrt{3})$	$(\sqrt{3},+\infty)$
Convexidad	Cóncava	Convexa	Cóncava	Convexa

El punto $x=-1$ es un mínimo local y el punto $x=1$ un máximo local. Los puntos $x=0,-\sqrt{3},\sqrt{3}$ son puntos de inflexión.

b)

Intervalos	$(-\infty,-1)$	$(-1,0)$	$(0,1)$	$(1,+\infty)$
Crecimiento	Creciente	Creciente	Decreciente	Decreciente

Intervalos	$(-\infty,-1)$	$(-1,1)$	$(1,+\infty)$
Convexidad	Convexa	Cóncava	Convexa

22. El punto $x=0$ es un máximo local y no hay puntos de inflexión. El crecimiento y decrecimiento y la concavidad y convexidad están dadas por:

Intervalos	$(-\infty,-2)$	$(-2,1)$	$(1,3)$	$(3,+\infty)$
Signo de $f'(x)$	Positivo	Negativo	Positivo	Negativo
Crecimiento de $f(x)$	Creciente	Decreciente	Creciente	Decreciente

Intervalos	$(-\infty,-1)$	$(-1,2)$	$(2,+\infty)$
Crecimiento de $f'(x)$	Decreciente	Creciente	Decreciente
Convexidad de $f(x)$	Cóncava	Convexa	Cóncava

Los puntos $x=-2, x=3$ son máximos locales y el punto $x=1$ es un mínimo local de $f(x)$. Los puntos $x=-1$ y $x=2$ son puntos de inflexión de la función $f(x)$.

23. a) $x \leq 30$, $F'(x)$ crece y $x \geq 30$ $F'(x)$ decrece. El punto $x=30$ es un máximo local de la productividad marginal.

b) $x=60$

24. a) Positivo b) Positivo

25. a) F b) F c) V d) V

26. a) F b) V c) F d) F e) V f) F

27. $R_M{}'(Q)=\dfrac{R'(Q)Q-R(Q)}{Q^2}=0 \Leftrightarrow R'(Q)Q-R(Q)=0 \Leftrightarrow R'(Q)=\dfrac{R(Q)}{Q}=R_M(Q)$

28. $\sqrt[b]{\dfrac{c}{a(b-1)}}$

29. La función de costes es cóncava a la izquierda del punto $Q_0=\dfrac{-b}{3a}$ y convexa a la derecha. El punto $Q_0=\dfrac{-b}{3a}$ es el único punto de inflexión de la función de costes.

30. $x=6$ unidades, $p=68$ y el beneficio máximo 206.

31. $p=10, x=200$ y el ingreso máximo 2000.

32. El beneficio $B(x)$ de la tienda en función del precio x de cada disco compacto está dado por $B(x)=(x-6)\left[500+10(18-x)\right]=-10x^2+740x-4080$. El máximo global de la función de beneficio se alcanzaría cuando el precio de venta es $x=37$ euros, siendo el beneficio máximo $B(37)=9610$ euros.

33. Las dimensiones del contenedor de volumen máximo son: 2,88 m. la longitud del lado de la base y 5,77 m. la longitud de la altura.

34. a) 0 b) 1 c) 0

d) 1 e) e^{-3} f) 1

CAPÍTULO 8

1. a) 48000

b) $Q(2K,2L)=60\cdot 2^{1/3}K^{1/3}2^{2/3}L^{2/3}=60\cdot 2K^{1/3}L^{2/3}=2Q(K,L)$. En general, se cumple que $Q(tK,tL)=tQ(K,L)$. Si los factores de multiplican por 3 o por 4, la producción queda multiplicada por 3 o por 4 respectivamente.

c) El incremento que se produce en la producción cuando el capital se incrementa en una unidad y la mano de obra permanece constante.

2. a) $D=\left\{(x,y): x^2+y^2\le 9, x\ne 0, y\ne 0\right\}$

b) $\sqrt{7}+1$

3. a) $D=\left\{(x,y)\in\mathbb{R}^2 : y\ge 1\right\}$

b) $D=\left\{(x,y)\in\mathbb{R}^2 : y<2+x\right\}$

c) $D=\left\{(x,y)\in\mathbb{R}^2 : x\ne y, x\ne -y\right\}$

d) $D=\left\{(x,y)\in\mathbb{R}^2 : y^2\ge 1\right\}$

e) $D=\left\{(x,y)\in\mathbb{R}^2 : 1\le x^2+y^2\le 4\right\}$

4. a) $\dfrac{-h}{a(a+h)}$ b) $\dfrac{f(x,y)}{f(tx,ty)}=\dfrac{\frac{1}{x}+\frac{1}{y}}{\frac{1}{tx}+\frac{1}{ty}}=\dfrac{\frac{1}{x}+\frac{1}{y}}{t^{-1}(\frac{1}{x}+\frac{1}{y})}=t$

5. $C(x,y,z)=5xy+20xz+20yz$

6. a) $(x-1)^2+(y-2)^2=k$. Circunferencias centradas en el punto $(1,2)$.

b) $x+2y=k$. Rectas de pendiente $-\frac{1}{2}$.

c) $xy=k$. Hipérbolas.

7. a) $I(x,y)=x\,D_1(x,y)+y\,D_2(x,y)=400x-20x^3+50xy+550y-20y^3$

b) $I(4,3)=2030$

c) $400x-20x^3+50xy+550y-20y^3=10000$

8. a) $x^{\alpha}y^{\beta}=k$

b) Para $\alpha,\beta=1$, las curvas de nivel de la función están dadas por $y=\frac{k}{x}$.

Las curvas son decrecientes y convexas.

9. $a=\sqrt{2}, b=8$

10. No. Si se cortaran, entonces habría un punto del dominio con dos imágenes distintas.

11. $Q(mK,mL)=Am^{\alpha}K^{\alpha}m^{1-\alpha}L^{1-\alpha}=mAK^{\alpha}L^{1-\alpha}=mQ(K,L)$

12. Tenemos que probar que para cada $\varepsilon>0$ existe $\delta>0$, tal que si $\|(x,y)-(0,0)\|<\delta$, entonces $\left|\sqrt{x^2+y^2}-0\right|<\varepsilon$. La condición $\|(x,y)-(0,0)\|<\delta$ es equivalente a afirmar que $\sqrt{x^2+y^2}<\delta$. Así, dado $\varepsilon>0$, elegimos $\delta=\varepsilon$, de forma que si $\|(x,y)-(0,0)\|<\delta$, se tiene que $\sqrt{x^2+y^2}<\delta$ y $|f(x,y)-0|=\left|\sqrt{x^2+y^2}\right|<\delta=\varepsilon$. Queda de esta forma probado que $\lim_{(x,y)\to(0,0)} f(x,y)=0$.

13. Los límites reiterados de la función $f(x,y)=(x^2+y^2)\operatorname{sen}(x^2+y^2)$ en el punto $(0,0)$ son iguales a:

$$\lim_{x\to 0}[\lim_{y\to 0} f(x,y)]=\lim_{x\to 0}[\lim_{y\to 0}(x^2+y^2)\operatorname{sen}(x^2+y^2)]=\lim_{x\to 0}[x^2\operatorname{sen}x^2]=0$$
$$\lim_{y\to 0}[\lim_{x\to 0} f(x,y)]=\lim_{y\to 0}[\lim_{x\to 0}(x^2+y^2)\operatorname{sen}(x^2+y^2)]=\lim_{y\to 0}[y^2\operatorname{sen}y^2]=0$$

Si existe el límite, éste ha de ser igual a cero. Demostremos aplicando la definición de límite que $\lim_{(x,y)\to(0,0)}(x^2+y^2)\operatorname{sen}(x^2+y^2)=0$. Tenemos que probar que para cada $\varepsilon > 0$ existe $\delta > 0$, tal que si $\|(x,y)-(0,0)\| < \delta$, entonces $\left|(x^2+y^2)\text{sen}(x^2+y^2)\right| < \varepsilon$. La condición $\|(x,y)-(0,0)\| < \delta$ es equivalente a afirmar que $\sqrt{x^2+y^2} < \delta$. Por otra parte, como $\left|\text{sen}(x^2+y^2)\right| \leq 1$, es fácil ver que:

$$\left|f(x,y)-0\right| = \left|(x^2+y^2)\text{sen}(x^2+y^2)\right| \leq \left|x^2+y^2\right|$$

Así, dado $\varepsilon > 0$, elegimos $\delta = \sqrt{\varepsilon}$, de forma que si $\|(x,y)-(0,0)\| < \delta$, entonces se tiene que $x^2+y^2 < \delta^2$. De donde:

$$\left|f(x,y)-0\right| = \left|(x^2+y^2)\text{sen}\,(x^2+y^2)\right| \leq (x^2+y^2) < \delta^2 = \varepsilon,$$

y queda probado que $\lim\limits_{(x,y)\to(0,0)} (x^2+y^2)\text{sen}\,(x^2+y^2) = 0$.

14. $\lim\limits_{\substack{x\to 0\\ y=mx}} \dfrac{x-y}{\sqrt{x^2+y^2}} = \lim\limits_{x\to 0} \dfrac{x-mx}{\sqrt{x^2+m^2x^2}} = \dfrac{1-m}{\sqrt{1+m^2}}$

Como el valor del límite depende de m y por tanto de la trayectoria elegida, se puede afirmar que no existe $\lim\limits_{(x,y)\to(0,0)} \dfrac{x-y}{\sqrt{x^2+y^2}}$.

15. Los límites reiterados son:

$$\lim_{x\to 0}[\lim_{y\to 0} f(x,y)] = \lim_{x\to 0}[\lim_{y\to 0} \frac{y^2}{\sqrt{x^2+y^4}}] = \lim_{x\to 0}[0] = 0$$

$$\lim_{y\to 0}[\lim_{x\to 0} f(x,y)] = \lim_{y\to 0}[\lim_{x\to 0} \frac{y^2}{\sqrt{x^2+y^4}}] = \lim_{y\to 0}[1] = 1$$

Como los límites reiterados son distintos se puede afirmar que no existe $\lim\limits_{(x,y)\to(0,0)} \dfrac{y^2}{\sqrt{x^2+y^4}}$.

16. a) La función no es continua al no existir el límite en el punto $(0,0)$, ya que por ejemplo los límites reiterados son distintos.

b) La función es continua en $(0,0)$ ya que

$$\lim_{(x,y)\to(0,0)} (x^2+y^2)\text{sen}^2(x^2+y^2) = f(0,0) = 0$$

17. a) Los límites reiterados son:

$$\lim_{x\to 0}[\lim_{y\to 0} f(x,y)] = \lim_{x\to 0}[\lim_{y\to 0}\frac{x^2+2\cos y}{2x^2+\text{sen}^2 y}] = \lim_{x\to 0}[\frac{x^2+2}{2x^2}] = \infty$$

$$\lim_{y\to 0}[\lim_{x\to 0} f(x,y)] = \lim_{y\to 0}[\lim_{x\to 0}\frac{x^2+2\cos y}{2x^2+\text{sen}^2 y}] = \lim_{y\to 0}[\frac{2\cos y}{\text{sen}^2 y}] = \infty$$

No existen los límites reiterados y por tanto no existe el límite de la función en el punto.

b) La función no es continua al no existir el límite.

18. 2

19. $2x+y$

20. a) $\frac{\partial f}{\partial x} = 2x\ \ln(x+y) + x^2\frac{1}{x+y}$, $\frac{\partial f}{\partial y} = x^2\frac{1}{x+y}$

b) $\frac{\partial f}{\partial x} = 2yx^{2y-1}$, $\frac{\partial f}{\partial y} = 2x^{2y}\ln x + 4y$

c) $\frac{\partial f}{\partial x} = \frac{2(x-a)}{(x-a)^2+(y-b)^2}$, $\frac{\partial f}{\partial y} = \frac{2(y-b)}{(x-a)^2+(y-b)^2}$

d) $\frac{\partial f}{\partial x} = \frac{x}{\sqrt{x^2+y^2+z^2}}$, $\frac{\partial f}{\partial y} = \frac{y}{\sqrt{x^2+y^2+z^2}}$, $\frac{\partial f}{\partial z} = \frac{z}{\sqrt{x^2+y^2+z^2}}$

e) $\frac{\partial z}{\partial x} = \frac{y}{x^2+y^2}$, $\frac{\partial z}{\partial y} = \frac{-x}{x^2+y^2}$

f) $\frac{\partial z}{\partial x} = -e^y y\,\text{sen}(xy)$, $\frac{\partial z}{\partial y} = e^y\cos(xy) - e^y x\,\text{sen}(xy)$

21. a) $\frac{\partial^2 z}{\partial x^2} = \frac{y^2}{(x^2+y^2)^{3/2}}$, $\frac{\partial^2 z}{\partial y^2} = \frac{x^2}{(x^2+y^2)^{3/2}}$, $\frac{\partial^2 z}{\partial x\partial y} = \frac{-xy}{(x^2+y^2)^{3/2}}$

b) $\frac{\partial^2 z}{\partial x^2} = 12x^2$, $\frac{\partial^2 z}{\partial y^2} = 0$, $\frac{\partial^2 z}{\partial x\partial y} = 3$

c) $\frac{\partial^2 z}{\partial x^2} = \frac{-2xy}{(x^2+y^2)^2}$, $\frac{\partial^2 z}{\partial y^2} = \frac{2xy}{(x^2+y^2)^2}$, $\frac{\partial^2 z}{\partial x\partial y} = \frac{x^2-y^2}{(x^2+y^2)^2}$

d) $\frac{\partial^2 z}{\partial x^2} = -4x^2\cos(x^2+y^2) - 2\,\text{sen}(x^2+y^2)$,

$$\frac{\partial^2 z}{\partial y^2} = -4y^2 \cos(x^2 + y^2) - 2\,\text{sen}(x^2 + y^2)$$

$$\frac{\partial^2 z}{\partial x \partial y} = -4xy\cos(x^2 + y^2)$$

22. Calcule las derivadas parciales de segundo orden.

23. Como $\dfrac{\partial z}{\partial x} = 2xf(\dfrac{y}{x}) - yf'(\dfrac{y}{x}),\quad \dfrac{\partial z}{\partial y} = xf'(\dfrac{y}{x})$, sustituyendo en la expresión, se tiene que $x\dfrac{\partial z}{\partial x} + y\dfrac{\partial z}{\partial y} = 2x^2 f(\dfrac{y}{x}) - yxf'(\dfrac{y}{x}) + yxf'(\dfrac{y}{x}) = 2z$

24. Como $\dfrac{\partial z}{\partial x} = \cos x\; f'(\text{sen}\, x - \text{sen}\, y)$, $\dfrac{\partial z}{\partial y} = \cos y - \cos y\; f'(\text{sen}\, x - \text{sen}\, y)$, sustituyendo, se tiene que:

$$\frac{1}{\cos x}\frac{\partial z}{\partial x} + \frac{1}{\cos y}\frac{\partial z}{\partial y} = f'(\text{sen}\, x - \text{sen}\, y) + 1 - f'(\text{sen}\, x - \text{sen}\, y) = 1$$

25. a) $\dfrac{\partial f}{\partial p} = \alpha p^{\alpha-1} e^{r\alpha}, \dfrac{\partial f}{\partial r} = \alpha p^{\alpha} e^{r\alpha}$

b) $\dfrac{\partial g}{\partial p_1} = ABp_1^{B-1} - cp_2 e^{-p_1 p_2},\ \dfrac{\partial g}{\partial p_2} = -cp_1 e^{-p_1 p_2}$

26. $b > \dfrac{cK}{L}$

27. $aQ(K,L)$

28. $\varepsilon_{zx} = \dfrac{y^2 - x^2}{x^2 + y^2}$, $\varepsilon_{zy} = \dfrac{x^2 - y^2}{x^2 + y^2}$.

29. $\dfrac{\partial Q}{\partial x} = ax^{\alpha-1}\left[ax^{\alpha} + by^{\beta}\right]^{\frac{1}{\alpha}-1},\ \dfrac{\partial Q}{\partial y} = by^{\beta-1}\dfrac{\beta}{\alpha}\left[ax^{\alpha} + by^{\beta}\right]^{\frac{1}{\alpha}-1}$

30. a) $\dfrac{\partial D}{\partial x} = -1 + 0.06ye^{0,2xy},\ \dfrac{\partial D}{\partial y} = \dfrac{4}{y} + 0,06xe^{0,2xy}$

b) $\dfrac{\partial D}{\partial x}(2,15) = 362,08$

31. $\dfrac{\partial Q}{\partial K}(100,1000) = 15,81$

32. $D_x > 0,\ D_y < 0$

33. Las demandas marginales están dadas por:

$$\frac{\partial D_1}{\partial p_1} = -2ae^{p_2^2-2p_1},\ \frac{\partial D_1}{\partial p_2} = 2ap_2e^{p_2^2-2p_1},\ \frac{\partial D_2}{\partial p_1} = 2bp_1e^{p_1^2-p_2},\ \frac{\partial D_2}{\partial p_2} = -be^{p_1^2-2p_2}$$

a) Falso b) Verdadero c) Falso

34. a) $\frac{\partial Q_1}{\partial p_2} > 0,\ \frac{\partial Q_2}{\partial p_1} > 0$ b) No

35. a) $\frac{\partial Q_1}{\partial p_2} < 0,\ \frac{\partial Q_2}{\partial p_1} < 0$ b) No

36. $\frac{\partial^2 Q}{\partial K^2}$ mide aproximadamente el incremento de la productividad marginal del capital cuando el capital aumenta en una unidad y el trabajo se mantiene constante. $\frac{\partial^2 Q}{\partial L^2}$ mide aproximadamente el incremento de la productividad marginal del trabajo cuando el trabajo aumenta en una unidad y el capital se mantiene constante.

37. a) $\frac{\partial^2 Q}{\partial L^2} < 0$. La productividad marginal del trabajo es decreciente con respecto al trabajo para un nivel fijo de capital.

b) $\frac{\partial^2 Q}{\partial K^2} < 0$. La productividad marginal del capital es decreciente con respecto al capital para un nivel fijo de mano de obra.

c) $\frac{\partial^2 Q}{\partial K^2}(900,1000) = -0,001$

38. La elasticidad $\varepsilon_{QP} = \dfrac{2bp^2}{a + bp^2 + R^{\frac{1}{2}}}$.es decreciente respecto a R, ya que $\frac{\partial \varepsilon_{QP}}{\partial R} < 0$.

39. 0

40. 0

41. $2\pi,\ 2 + 2\pi$

42. Basta aplicar la regla de la cadena.

43. $-0,58$

44. $-16,63$

45. $-3,65$

46. $\dfrac{\partial q}{\partial x_1} = \dfrac{4x_1}{x_1^2 + x_2^2}$, $\dfrac{\partial q}{\partial x_2} = \dfrac{4x_2}{x_1^2 + x_2^2} + \dfrac{1}{x_2}$, $\dfrac{\partial q}{\partial x_3} = \dfrac{1}{x_3}$

47. a) $\dfrac{dQ}{dt} = AaK^{a-1}L^b \dfrac{dK}{dt} + AbK^a L^{b-1} \dfrac{dL}{dt}$

b) $\dfrac{\dot{Q}}{Q} = a\dfrac{\dot{K}}{K} + b\dfrac{\dot{L}}{L}$ (donde $\dot{Q}$, $\dot{L}$ y $\dot{K}$ representan las tasas de variación de Q, K y L respectivamente con respecto al tiempo t).

48. $D_{\vec{v}} f(1,-1) = 2\sqrt{2}$

49. $D_{\vec{v}} f(1,1) = \left\langle \nabla f(1,1), \vec{v} \right\rangle = \left\langle (1,0), (\dfrac{1}{\sqrt{2}}, \dfrac{1}{\sqrt{2}}) \right\rangle = \dfrac{1}{\sqrt{2}}$

50. La ecuación del plano tangente a la función f en el punto (1,1) está dada por $z = f(1,1) + \left\langle \nabla f(1,1), (x-1, y-1) \right\rangle$. Como $\nabla f = (yx^{y-1}, x^y \ln x)$ y $\nabla f(1,1) = (1,0)$, la solución es el plano $z = x$.

51. a) $\nabla f = (2x, 2y, 2z)$

b) $\nabla f = (\operatorname{sen} y, x\cos y)$

c) $\nabla Q = \left(A\alpha K^{\alpha-1} L^{\beta}, A\beta K^{\alpha} L^{\beta-1} \right)$

d) $\nabla D = (-2p_1, 2p_2)$.

52. a) $J(f) = \begin{pmatrix} y & x \\ \dfrac{-1}{x^2} & \dfrac{1}{y^2} \end{pmatrix}$

b) $J(f) = \begin{pmatrix} yz & xz & xy \\ 2xz^2 & 0 & 2zx^2 \end{pmatrix}$

c) $J(f) = \begin{pmatrix} y & x & 0 \\ 0 & z & y \end{pmatrix}$

53. $p_2 \neq 0$

54. a) $H(f)=\begin{pmatrix} 6xy^2 & 6x^2y+1 \\ 6x^2y+1 & 2x^3 \end{pmatrix}$

b) $H(f)=\begin{pmatrix} y^2e^{xy} & e^{xy}(1+xy) \\ e^{xy}(1+xy) & x^2e^{xy} \end{pmatrix}$

55. $H(f)(1,0,1)=\begin{pmatrix} 2 & 0 & 4 \\ 0 & 0 & -2 \\ 4 & -2 & 2 \end{pmatrix}$, $\det H(f)(1,0,1)=-8$

56. a) $H(f)=\begin{pmatrix} \alpha(\alpha-1)K^{\alpha-2}L^{\beta} & \alpha\beta K^{\alpha-1}L^{\beta-1} \\ \alpha\beta K^{\alpha-1}L^{\beta-1} & \beta(\beta-1)K^{\alpha}L^{\beta-2} \end{pmatrix}$

b) El hessiano de la función es igual a $\det(H(f))=\alpha\beta(1-\alpha-\beta)K^{2\alpha-2}L^{2\beta-2}$. Por tanto, $\det(H(f))=0 \Leftrightarrow \alpha+\beta=1$.

57. a) $dz=(\cos(xy)-xy\,\text{sen}(xy))dx+(-x^2\,\text{sen}(xy)-2y)dy$

b) $dz=(yx^{y-1}+y^x\ln x)dx+(x^y\ln x+xy^{x-1})dy$

c) $dw=(yz+e^x)dx+xzdy+xydz$

58. $df(0,2)=\dfrac{1}{2}dx+\dfrac{9}{2}dy, \quad d^2f(0,2)=-\dfrac{1}{4}dx^2-\dfrac{1}{2}dxdy+\dfrac{7}{4}dy^2$

59. $\Delta U \approx dU=\dfrac{\partial U}{\partial x}(27,16)\Delta x+\dfrac{\partial U}{\partial y}(27,16)\Delta y=-40,83$

60. $\Delta Q \approx dQ=\dfrac{\partial Q}{\partial K}(900,1000)\Delta K+\dfrac{\partial Q}{\partial L}(900,1000)\Delta L=22$

61. $\dfrac{\Delta Q}{Q}100 \approx 1,17\%$

62. 1%

63. 16

64. 4%

65. $e^x+e^y \approx 1+e^2+x+\dfrac{1}{2}x^2-e^2y+\dfrac{1}{2}e^2y^2$. Por tanto, sustituyendo en la expresión anterior, $e^{0,01}+e^{2,1}\approx 9,174$. El error cometido en la aproximación es igual a 0,001.

66. Como $\frac{\partial f}{\partial y} = x^y \ln x + xy^{x-1}$ es distinta de cero en el punto (1,1), según el Teorema de la Función Implícita, la ecuación $x^y + y^x = 2$ define a y como función implícita de x en un entorno del punto (1,1). El valor de la derivada de y con respecto a x en el punto (1,1) es $\frac{dy}{dx}(1,1) = -\frac{yx^{y-1} + y^x \ln y}{x^y \ln x + xy^{x-1}}(1,1) = -1$

67. Dada $F(x,y) = x^2 + y^2 - e^{xy} + f(x)$, la derivada parcial $F_y = 2y - xe^{xy}$ es distinta de cero en el punto (1,0), por tanto, según el Teorema de la Función Implícita, la ecuación define a y como función implícita de x en un entorno del punto (1,0). El valor de la derivada en dicho punto es igual a $\frac{dy}{dx}(1,0) = -\frac{2x - ye^{xy} + f'(x)}{2y - xe^{xy}}(1,0) = 2$

68. Dada $F(x,y,z) = xyz + e^{xyz} - \cos(xyz)$, la derivada parcial $F_z = xy + xye^{xyz} + xy\,\mathrm{sen}(xyz)$ es distinta de cero en el punto (1,1,0), por tanto, según el Teorema de la Función Implícita, la ecuación define a z como función implícita de x e y en un entorno del punto (1,0). Los valores de las derivadas parciales en dicho punto son iguales a:

$$\frac{\partial z}{\partial x} = -\frac{F_x}{F_z}(1,1,0) = -\frac{zy + zye^{xyz} + zy\,\mathrm{sen}(xyz)}{xy + xye^{xyz} + xy\,\mathrm{sen}(xyz)}(1,1,0) = 0$$

$$\frac{\partial z}{\partial y} = -\frac{F_y}{F_z}(1,1,0) = -\frac{xz + xze^{xyz} + xz\,\mathrm{sen}(xyz)}{xy + xye^{xyz} + xy\,\mathrm{sen}(xyz)}(1,1,0) = 0$$

69. $m = -32$

70. $-\frac{\beta}{\alpha}.\frac{K}{L}$

71. $\frac{\partial Q}{\partial K} = \frac{aAK^{a-1}L^b}{e^{rQ} + Qre^{rQ}}$, $\frac{\partial Q}{\partial L} = \frac{bAK^a L^{b-1}}{e^{rQ} + Qre^{rQ}}$

72. $\frac{\partial z}{\partial x} = -\frac{1}{1+e^z} = \frac{\partial z}{\partial y}$

73. $\frac{\alpha x^{\alpha-1}}{\beta y^{\beta-1}}$

74. Se cumplen la hipótesis del teorema de la función implícita, ya que el jacobiano de $F=(F_1,F_2)$ respecto a las variables y,z en el punto $P_0=(0,1,0)$ es distinto de cero:

$$\left|\frac{\partial(F_1,F_2)}{\partial(y,z)}(P_0)\right| = \left|\begin{matrix} -\frac{x}{y^2}e^{x/y}-\frac{z}{y^2}e^{z/y} & \frac{1}{y}e^{z/y} \\ 1 & e^z \end{matrix}\right|_{P_0} = \left|\begin{matrix} 0 & 1 \\ 1 & 1 \end{matrix}\right| \neq 0$$

75. a) $2u-2u^2+v\neq 0$

b) $\frac{\partial u}{\partial x}=\frac{2x-u}{2u+v-2u^2}, \frac{\partial v}{\partial x}=\frac{2u+v-4ux}{2u+v-2u^2}$

$\frac{\partial u}{\partial y}=\frac{1+2yu}{2u+v-2u^2}, \frac{\partial v}{\partial y}=\frac{-2y(2u+v)-2u}{2u+v-2u^2}$

76. $$\frac{\partial r}{\partial a}=\frac{\begin{vmatrix} 0 & -S'(Y) \\ -Y & a \end{vmatrix}}{\begin{vmatrix} I'(r) & -S'(Y) \\ L'(r) & a \end{vmatrix}}=\frac{-YS'(Y)}{aI'(r)+L'(r)S'(Y)}$$

$$\frac{\partial Y}{\partial a}=\frac{\begin{vmatrix} I'(r) & 0 \\ L'(r) & 1 \end{vmatrix}}{\begin{vmatrix} I'(r) & -S'(Y) \\ L'(r) & a \end{vmatrix}}=\frac{-YI'(r)}{aI'(r)+L'(r)S'(Y)}$$

77. a) $\frac{\partial y}{\partial p}=\frac{p^2\lambda+y(pU_{yx}-qU_{xx})}{p^2U_{yy}+q^2U_{xx}-2pqU_{xy}}$. b) $\frac{\partial y}{\partial r}=\frac{qU_{xx}-pU_{yx}}{p^2U_{yy}+q^2U_{xx}-2pqU_{xy}}$

78. a) Homogénea de grado 4

b) No homogénea

c) Homogénea de grado $2a$

d) Homogénea de grado 1

e) Homogénea de grado 1

f) Homogénea de grado $r=2(ab-1)$

79. Basta aplicar el Teorema de Euler (la función es homogénea de grado 1).

80. $Q(10,15)=Q(5\cdot 2,5\cdot 3)=5^3Q(2,3)=125\cdot 125=15625$

81. $a=1$

82. a) Homogénea de grado $\alpha+\beta$

b) $\alpha+\beta<1$

c) $x\frac{\partial Q}{\partial x}+y\frac{\partial Q}{\partial y}=(\alpha+\beta)Q$

83. Las productividades marginales son: $\frac{\partial Q}{\partial K}=\alpha K^{-a-1}\left(\alpha K^{-a}+\beta L^{-a}\right)^{-\frac{1}{a}-1}$ y $\frac{\partial Q}{\partial L}=\beta L^{-a-1}\left(\alpha K^{-a}+\beta L^{-a}\right)^{-\frac{1}{a}-1}$. La función de producción está sometida a rendimientos de escala constante, ya que es homogénea de grado 1.

84. a) $(f+g)(tx,ty)=f(tx,ty)+g(tx,ty)=t^r f(x,y)+t^r g(x,y)=t^r(f+g)(x,y)$

b) $(f\cdot g)(tx,ty)=f(tx,ty)\cdot g(tx,ty)=t^r f(x,y)\cdot t^r g(x,y)=t^{2r}(f\cdot g)(x,y)$

c) $\frac{f}{g}(tx,ty)=\frac{f(tx,ty)}{g(tx,ty)}=\frac{t^r f(x,y)}{t^r g(x,y)}=\frac{f}{g}(x,y)$

85. a) Al ser la función homogénea de grado r, se cumple que $x\frac{\partial f}{\partial x}+y\frac{\partial f}{\partial y}=rf(x,y)$. Si derivamos esta ecuación respecto de x e y, se tiene que:

$$\frac{\partial f}{\partial x}+x\frac{\partial^2 f}{\partial x^2}+y\frac{\partial^2 f}{\partial x\partial y}=r\frac{\partial f}{\partial x}\ ,\ x\frac{\partial^2 f}{\partial x\partial y}+\frac{\partial f}{\partial y}+y\frac{\partial^2 f}{\partial y^2}=r\frac{\partial f}{\partial y}$$

y por tanto,

$$x\frac{\partial^2 f}{\partial x^2}+y\frac{\partial^2 f}{\partial x\partial y}=(r-1)\frac{\partial f}{\partial x}(x,y)\ ,\ x\frac{\partial^2 f}{\partial x\partial y}+y\frac{\partial^2 f}{\partial y^2}=(r-1)\frac{\partial f}{\partial y}(x,y)$$

b) Si multiplicamos la primera de las ecuaciones anteriores por x y la segunda por y, y sumamos las ecuaciones, se obtiene el resultado pedido.

c) Para comprobar la igualdad basta tener en cuenta el apartado b) y la definición de la matriz hessiana.

CAPÍTULO 9

1.

a) Convexo

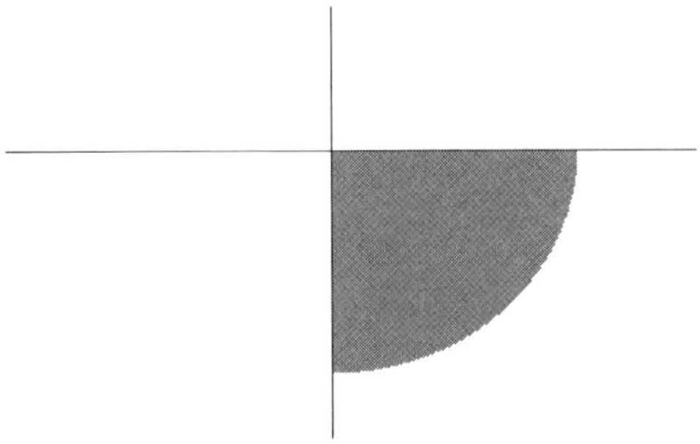

b) No convexo

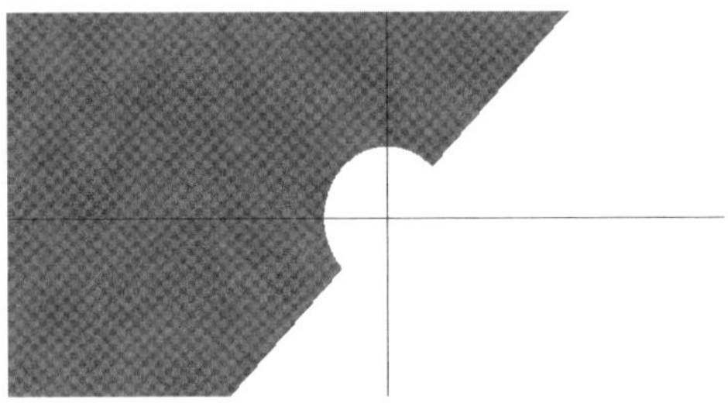

c) Convexo

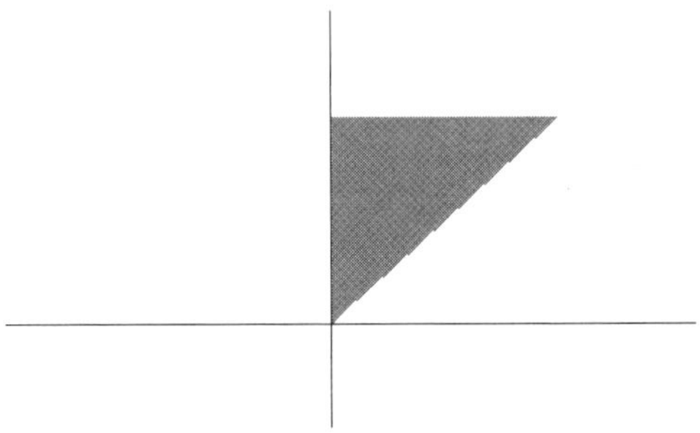

d) Convexo

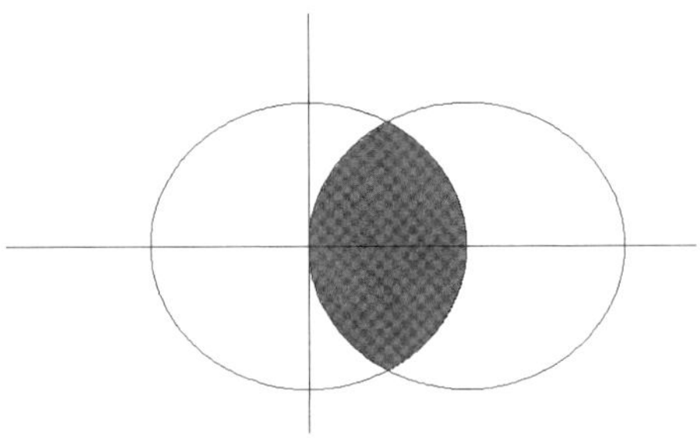

2. La demostración es similar a la realizada en el Ejercicio 1 de los problemas resueltos de este capítulo.

3. Sean $\vec{y}_1$ e $\vec{y}_2 \in B$, entonces existen $\vec{x}_1, \vec{x}_2 \in S$ tal que $A\vec{x}_1 = \vec{y}_1$ y $A\vec{x}_2 = \vec{y}_2$. Como $A(\alpha\vec{x}_1 + \beta\vec{x}_2) = \alpha A\vec{x}_1 + \beta A\vec{x}_2 = \alpha\vec{y}_1 + \beta\vec{y}_2$, $\forall \alpha, \beta \in \mathbb{R}$, entonces, el vector $\alpha\vec{y}_1 + \beta\vec{y}_2 \in B$ y B es un conjunto convexo.

4. Considere, por ejemplo, la unión de los círculos de radio 1 centrados en los puntos (0,0) y (0,1).

5. a) Estrictamente convexa en $\mathbb{R}^2$

b) Cóncava en $\mathbb{R}^2$

c) Estrictamente convexa en $\mathbb{R}^3$

d) Estrictamente convexa en $\mathbb{R}^2$

e) Cóncava en $\mathbb{R}^2$

6. La matriz hessiana de la función $U(x,y) = \ln(x\,y)$ está dada por $H(U)(x,y) = \begin{pmatrix} -1/x^2 & 0 \\ 0 & -1/y^2 \end{pmatrix}$ y es definida negativa en el dominio $D = \{(x,y) : x > 0, y > 0\}$, por tanto, $U(x,y)$ es estrictamente cóncava en D.

7. La matriz hessiana de la función $f(x,y) = -\dfrac{1}{x} - \dfrac{1}{y}$ está dada por $H(U)(x,y) = \begin{pmatrix} -2/x^3 & 0 \\ 0 & -2/y^3 \end{pmatrix}$ y es definida negativa en el dominio $D = \{(x,y) : x > 0, y > 0\}$, por tanto, $U(x,y)$ es estrictamente cóncava en D. Un razonamiento similar puede realizarse para demostrar que la función $f(x_1, x_2, \ldots, x_n) = -\dfrac{1}{x_1} - \dfrac{1}{x_2} - \ldots - \dfrac{1}{x_n}$, $x_i > 0$ es estrictamente cóncava.

8. La función de beneficio está dada por $B(x_1,x_2) = p\,f(x_1,x_2) - x_1p_1 - x_2p_2$. Como $\dfrac{\partial^2 B}{\partial x_i^2} = p\dfrac{\partial^2 f}{\partial x_i^2}$ y $\dfrac{\partial^2 B}{\partial x_1 \partial x_2} = p\dfrac{\partial^2 f}{\partial x_1 \partial x_2}$, entonces se cumple que $H(B) = pH(f),\ p > 0$, y las matrices hessianas de la función de beneficio y de la función de producción tienen el mismo carácter. Así, si la función de producción f es cóncava, la función de beneficio ha de ser también cóncava.

9. La matriz hessiana está dada por:

$$H(Q)(x,y) = \begin{pmatrix} A\alpha(\alpha-1)x^{\alpha-2}y^{\beta} & A\alpha\beta x^{\alpha-1}y^{\beta-1} \\ A\alpha\beta x^{\alpha-1}y^{\beta-1} & A\beta(\beta-1)x^{\alpha}y^{\beta-2} \end{pmatrix}$$

Como los menores principales son $\Delta_1 = A\alpha(\alpha-1)x^{\alpha-2}y^{\beta} < 0$ y $\Delta_2 = A^2\alpha\beta(1-\alpha-\beta)x^{2\alpha-2}y^{2\beta-2} > 0$, ya que $0 < \alpha+\beta < 1$, la función de producción $Q(x,y) = Ax^{\alpha}y^{\beta}$ es estrictamente cóncava.

10.

a) La función $f(x,y,z) = x^2 + y^2 + z^2$ es convexa en $\mathbb{R}^3$ y $F(u) = e^u$ es convexa y creciente, por tanto, la función compuesta $g(x,y,z) = e^{ax^2+by^2+cz^2}$, $a,b,c > 0$ es convexa en $\mathbb{R}^3$.

b) La función $f(x,y) = ax^2 + by^2$, $a,b > 0$ es convexa en $\mathbb{R}^2$ y $F(u) = u^3$ es convexa y creciente para $u > 0$, por tanto, la función compuesta $h(x,y) = \left(ax^2 + by^2\right)^3$, $a,b > 0$ es convexa en $\mathbb{R}^2$.

c) La función es suma de funciones convexas, por tanto, es una función convexa.

11. Para determinar la convexidad de los conjuntos señalados, basta comprobar la convexidad de las funciones que definen cada conjunto.

CAPÍTULO 10

1. a) $\left(\frac{\sqrt{3}}{2}, -\frac{1}{4}\right), \left(-\frac{\sqrt{3}}{2}, -\frac{1}{4}\right)$ Mínimos locales, $(0,0)$ Punto de silla.

b) $(0,0)$ Punto de silla, (3,3) Mínimo local.

c) $(0,0)$ Punto de silla.

d) (0,1), $(0,0)$, (1,0) Puntos de silla, $\left(\frac{1}{3}, \frac{1}{3}\right)$ Mínimo local.

e) $(0,0)$ Punto de silla, $(2,2)$ Máximo local.

2. a) $(3,3)$ Mínimo local.

b) $(3,3)$ Mínimo local.

c) $(0,0)$ Mínimo local

3.

a) Si $\vec{x}_0$ es un máximo global de la función f, entonces se cumple que $f(\vec{x}) \leq f(\vec{x}_0), \forall \vec{x} \in D$. Como la función exponencial es estrictamente creciente, resulta que $g(\vec{x}) = e^{f(\vec{x})} \leq g(\vec{x}_0) = e^{f(\vec{x}_0)}$, $\forall \vec{x} \in D$ y $\vec{x}_0$ es un máximo global de la función $g = e^f$.

b) Si $\vec{x}_0$ es un máximo global de la función f, entonces se cumple que $f(\vec{x}) \leq f(\vec{x}_0), \forall \vec{x} \in D$, y equivalentemente $-f(\vec{x}) \geq -f(\vec{x}_0), \forall \vec{x} \in D$, de donde $\vec{x}_0$ es un mínimo global de $-f$.

4.

a) $(0,0,0)$ Mínimo global.

b) (a,b,c) Mínimo global.

c) El único punto crítico de la función es $(-\frac{5}{2},-\frac{14}{3},\frac{5}{3})$, que es un punto de silla. No hay óptimos globales.

d) $(-4,-3,3)$ Mínimo global.

5. Como las derivadas parciales de la función son iguales a $\frac{\partial f}{\partial x_i} = 2(x_i + a_i) + 2b_i$, $i = 1,2,...,n$, entonces $\nabla f(\vec{x}) = \vec{0} \Leftrightarrow x_i = -(a_i + b_i)$. La matriz hessiana de la función dada por $H(f)(\vec{x}) = \begin{pmatrix} 2 & 0 & \dots & 0 \\ 0 & 2 & \dots & 0 \\ \vdots & \vdots & \ddots & \vdots \\ 0 & 0 & \dots & 2 \end{pmatrix}$ es definida positiva, la función es estrictamente convexa y el punto crítico $\vec{x}_0 = (-a_1 - b_1, -a_2 - b_2, ..., -a_n - b_n)$ es el mínimo global de la función.

6. El punto crítico de la función de costes es $\vec{x}_0 = (100,400)$. Como la matriz hessiana dada por $H(f)(x,y) = \begin{pmatrix} 1/5 & 0 \\ 0 & 1/100 \end{pmatrix}$ es definida positiva en el dominio de la función, la función es estrictamente convexa y el punto $\vec{x}_0 = (100,400)$ es el mínimo global de la función de costes.

7. El punto $(0,0)$ es un punto crítico de la función. Como $H(f)(x,y)=\begin{pmatrix}2 & 3\\ 3 & 2k\end{pmatrix}$, la matriz hessiana es definida positiva si y sólo si $k>\frac{9}{4}$. Para estos valores del parámetro k, el punto $(0,0)$ es un mínimo global de la función.

8. El punto $(1,1)$ ha de ser un punto crítico de la función, por tanto $\nabla f(1,1)=(2-a,2-a)=(0,0)$, de donde $a=2$. Por otra parte, como $f(1,1)=2-2a-2b=0$, entonces $b=1$. Por último es fácil comprobar usando la matriz hessiana que para los valores obtenidos de a y b el punto es un mínimo global de la función.

9. La función de beneficio $B(x,y)=(36-3x)x+(40-5y)y-(x^2+2xy+3y^2)$ tiene como único punto crítico el punto $(4,2)$. La matriz hessiana dada por $H(B)(x,y)=\begin{pmatrix}-8 & -2\\ -2 & -16\end{pmatrix}$ es definida negativa. Aplicando el Teorema Local-Global, la función de beneficio es estrictamente cóncava y el punto $(4,2)$ es un máximo global. El beneficio máximo es $B(4,2)=112$.

10. Los puntos críticos de la función de beneficio se obtienen como soluciones del sistema de ecuaciones $B_x=\frac{2500}{(x+5)^2}-1=0$ y $B_y=\frac{400}{(y+5)^2}-1=0$. En este caso, $x=45$ e $y=45$. Como la matriz hessiana:

$$H(x,y)=\begin{pmatrix}-\frac{5000}{(x+5)^3} & 0\\ 0 & -\frac{800}{(y+5)^3}\end{pmatrix}$$

es definida negativa en todo el dominio, la función es estrictamente cóncava y el punto crítico (45,15) es un máximo global.

11. La función de beneficio está dada por $B(x,y)=30x^{1/2}y^{1/3}-15x-10y$. La función es estrictamente cóncava en el dominio y el punto crítico $x=1, y=1$ es el máximo global de la función.

12. El único punto crítico de la función de beneficio $B(x,y,z)=20x+10y+6z-(6x^2+y^2+2xy+z^2+5)$ es el punto $(1,4,3)$**.** Como la matriz hessiana es definida negativa, la función es estrictamente cóncava y el punto $(1,4,3)$ es el máximo global.

13. $x=12, y=5, z=5$.

14. La función de beneficio es $B(x,y) = 2000x + 6000y - (2x^2 + 3y^2 + 10)$ y el único punto crítico $x = 500, y = 1000$. Como $H(B)(x,y) = \begin{pmatrix} -4 & 0 \\ 0 & -6 \end{pmatrix}$, la función es estrictamente cóncava y el punto crítico $x = 500, y = 1000$ es el máximo global de la función de beneficio.

15. Los puntos críticos de la función $S = \sum_{i=1}^{n} (y_i - ax_i - b)^2$ se obtienen como soluciones del sistema siguiente:

$$\frac{\partial S}{\partial a} = -2\sum_{i=1}^{n} (y_i - ax_i - b)x_i = 0$$

$$\frac{\partial S}{\partial b} = -2\sum_{i=1}^{n} (y_i - ax_i - b) = 0$$

Los coeficientes de la recta de regresión son:

$$a = \frac{n\sum_{i=1}^{n} x_i y_i - \sum_{i=1}^{n} x_i \sum_{i=1}^{n} y_i}{n\sum_{i=1}^{n} x_i^2 - \left(\sum_{i=1}^{n} x_i\right)^2}, \quad b = \frac{\sum_{i=1}^{n} x_i^2 \sum_{i=1}^{n} y_i - \sum_{i=1}^{n} x_i \sum_{i=1}^{n} x_i y_i}{n\sum_{i=1}^{n} x_i^2 - \left(\sum_{i=1}^{n} x_i\right)^2}$$

CAPÍTULO 11

1. a) Programa no lineal con restricciones de desigualdad. Programa convexo.

b) Programa lineal con restricciones de desigualdad. Programa convexo.

c) Programa no lineal con restricciones de desigualdad. Programa no convexo.

d) Programa no lineal con restricciones de igualdad. Programa no convexo.

e) Programa lineal con restricciones de desigualdad. Programa convexo.

2.

a) Es posible aplicar el Teorema de Weierstrass, ya que el conjunto factible es compacto y la función objetivo es continua.

b) No es posible aplicar el Teorema de Weierstrass, ya que el conjunto factible no es compacto al no ser acotado.

c) No es posible aplicar el Teorema de Weierstrass, ya que el conjunto factible no es compacto al no ser cerrado (los puntos de la forma $(0, y)$

pertenecen a la frontera del conjunto factible y no pertenecen al conjunto factible).

d) No es posible aplicar el Teorema de Weierstrass, ya que el conjunto factible no es compacto al no ser acotado.

3. a) $(\frac{2}{\sqrt{2}},\frac{2}{\sqrt{2}})$ Máximo local restringido.

b) $(-\frac{4}{5},-\frac{3}{5})$ Máximo local restringido, $(\frac{4}{5},\frac{3}{5})$ Mínimo local restringido.

c) $\left(\frac{b}{\sqrt{a^2+b^2}},\frac{a}{\sqrt{a^2+b^2}}\right)$ Máximo local restringido, $\left(\frac{-b}{\sqrt{a^2+b^2}},\frac{-a}{\sqrt{a^2+b^2}}\right)$ Mínimo local restringido.

d) $(\frac{1}{2},\frac{1}{2})$ Máximo local restringido.

e) $(\frac{1}{2},\frac{1}{2})$ Máximo local restringido.

4. En los cuatro casos, el programa de optimización es convexo. Resolviendo las condiciones de Lagrange y aplicando el Teorema Local-Global, se tiene que:

a) $(\frac{1}{3},\frac{1}{3},\frac{1}{3})$ Mínimo global restringido

b) $(0,1,1)$ Mínimo global restringido

c) $\left(\frac{1}{6},-\frac{1}{3},\frac{1}{6}\right)$ Mínimo global restringido

d) $\left(0,\frac{1}{2},\frac{1}{2}\right)$ Mínimo global restringido

5. Se trata de optimizar la función $f(x,y,z)=x^2+y^2+z^2$, bajo la restricción $x+y+z=3$. El único punto crítico del problema de optimización es $(1,1,1)$. Como la función objetivo es estrictamente convexa y el conjunto factible es convexo, el programa es convexo y, aplicando el Teorema Local-Global, el punto crítico es el mínimo global y, por tanto, la solución del problema de optimización.

6. a) La función de Lagrange está dada por $L(x,y,\lambda)=x^2+6y^2-3xy-\lambda(x+y-25)$ y el único punto crítico es $(\frac{75}{4},\frac{25}{4})$.

Como el programa de optimización es convexo (la función objetivo es estrictamente convexa y el conjunto factible es convexo), el punto crítico $(\frac{75}{4},\frac{25}{4})$ es el mínimo global del problema de optimización.

b) $C(\frac{75}{4},\frac{25}{4}) = 234,37$

c) $\lambda_0 = 18,75$

7. a) La función de Lagrange asociada al problema de optimización está dada por $L(x_1,x_2,\lambda) = 20\ln x_1 + 30\ln x_2 - \lambda(5x_1 + 6x_2 - 250)$ y el único punto crítico es $(20,25)$. Como el programa de optimización es convexo (la función objetivo es estrictamente cóncava y el conjunto factible es convexo), el punto crítico $(20,25)$ es el máximo global del problema de optimización. La utilidad máxima es $U(20,25) = 156,47$

b) $\lambda_0 = 0,2$

8. a) $x = 40,\ y = 80$ b) $\lambda = 31,75$

9. a) El punto de equilibrio del consumidor es $\left(\frac{r}{3p},\frac{2r}{3q}\right)$ y la utilidad máxima

$$U^* = U(\frac{r}{3p},\frac{2r}{3q}) = \ln\frac{r}{3p} + 2\ln\frac{2r}{3q} = \ln\frac{4r^3}{27pq^2}$$

b) $\Delta U^* \approx dU^* = \frac{dU^*}{dr}\cdot\Delta r = \lambda\cdot\Delta r = \frac{3}{r}\cdot 0,5 = \frac{1,5}{r}$

10. a) Como el programa es convexo, siendo estrictamente cóncava la función objetivo, el punto crítico $x = 25,\ y = \frac{50}{3}$ es el máximo global.

b) $U(25,\frac{50}{3}) = 6,03$

c) $\Delta U^* \approx dU^* = \frac{dU^*}{dr}\cdot\Delta r = \lambda\cdot\Delta r = 0,02\cdot 0,5 = 0,01$

d.1) Como $\frac{\partial U^*}{\partial p} = \frac{\partial L}{\partial p} = -\lambda x = -0,02\cdot 25 = -0,5$, entonces:

$$\Delta U^* \approx \frac{\partial U^*}{\partial p}\cdot\Delta p = -0,05(-1) = 0,05$$

d.2) Como $\dfrac{\partial U^*}{\partial q} = \dfrac{\partial L}{\partial q} = -\lambda y = -0,02 \cdot \dfrac{50}{3} = -0,3$, entonces:

$$\Delta U^* \approx \frac{\partial U^*}{\partial p} \cdot \Delta p = -0,3 \cdot 0,2 = -0,06$$

11. $x = A\left[\dfrac{p(1-a)}{qa}\right]^{a-1}, \quad y = A\left[\dfrac{p(1-a)}{qa}\right]^{a}$

12. a) Como el programa es convexo, siendo estrictamente cóncava la función objetivo, el punto crítico $x = 500, \ y = 2000$ es el máximo global.

b) $\lambda_0 = 8$

13. a) Como el programa es convexo, siendo estrictamente cóncava la función objetivo, el punto crítico $x = 12, \ y = 24$ es el máximo global.

b) $\Delta q^* \approx dq^* = \lambda \cdot 1,2 = 0,07 \cdot 1,2 = 0,084$

14. El conjunto factible es el segmento que une los puntos $(1,0)$ y $(0,1)$. Las curvas de nivel corresponden a circunferencias centradas en el origen. El programa de optimización es convexo, ya que la función objetivo es convexa y el conjunto factible es convexo. El Teorema Local-Global afirma en este caso que, si existe un mínimo local, ha de ser global. Por otra parte, la función objetivo es continua y el conjunto factible es compacto, por lo que, según el Teorema de Weierstrass, existen mínimo y máximo globales. El análisis gráfico del problema permite afirmar que los puntos $(1,0)$ y $(0,1)$ son máximos globales y el punto $\left(\dfrac{1}{2},\dfrac{1}{2}\right)$ es un mínimo global.

15. $\left(\dfrac{1}{\sqrt{2}},\dfrac{1}{\sqrt{2}}\right)$ Máximo global; $(1,0),(0,1)$ Mínimos globales.

16. En la siguiente figura se muestra el conjunto factible y las curvas de nivel de la función objetivo. Como la dirección en la que crecen las curvas de nivel está dada por el vector $\nabla f(x,y) = (-1,1)$, los puntos P y Q constituyen el máximo y mínimo global respectivamente del problema de optimización. En dichos puntos se cumple que $\nabla f = \lambda \nabla g$, siendo la función $g(x,y) = x^2 + y^2$ en el caso del punto P, y $g(x,y) = x^2 - y$ en el caso del punto Q. Realizando los cálculos correspondientes, se tiene que $P = \left(-\dfrac{1}{\sqrt{2}},\dfrac{1}{\sqrt{2}}\right)$ y $Q = \left(\dfrac{1}{2},-\dfrac{3}{4}\right)$

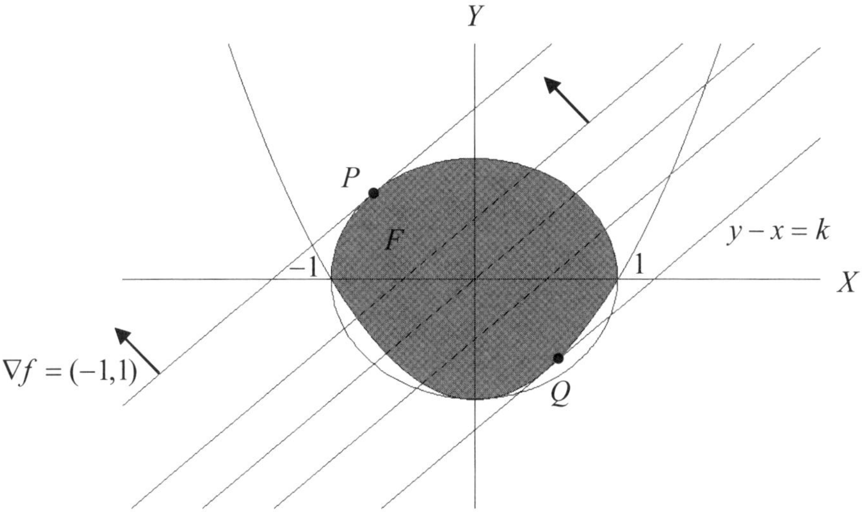

17. El programa de optimización es convexo, siendo la función objetivo convexa. El Teorema Local-Global nos dice que, si existe un mínimo local, ha de ser global. El conjunto factible no es compacto al no ser acotado, por lo que no es posible aplicar el Teorema de Weierstrass. El análisis gráfico del problema nos permite afirmar que el punto $(0,0)$ es el mínimo global.

18. El programa de optimización es convexo, ya que la función objetivo es lineal y el conjunto factible es convexo. El Teorema Local-Global afirma en este caso que, si existe un mínimo o máximo local, ha de ser global. Por otra parte, la función objetivo es continua y el conjunto factible es compacto, por lo que, según el Teorema de Weierstrass existen mínimo y máximo globales. El análisis gráfico del problema permite afirmar que $(0,0)$ es el mínimo global y que $(\frac{1}{\sqrt{2}},\frac{1}{\sqrt{2}})$ es el máximo global.

19. Los puntos $(0,2)$ y $(2,0)$ son mínimos globales y el punto $(\frac{3}{\sqrt{2}},\frac{3}{\sqrt{2}})$ es el máximo global.

CAPÍTULO 12

1. a) $F(x)=-\frac{1}{a}\cos(ax+b)$ b) $G(x)=\frac{a^x}{\ln a}+\frac{x^{b+1}}{b+1}$

2. a) $\frac{4x^5}{5}-\frac{3}{x}+\frac{7x^{13/7}}{13}+C$ b) $-\frac{2}{x^2}-\ln(1-x)+C$

c) $\ln\left|\operatorname{sen} x+\cos x\right|+C$ d) $\dfrac{1}{\ln a}\ln\left|a^{x}+b\right|+C$

e) $\dfrac{2}{3}x^{3/2}+\dfrac{6}{11}x^{11/6}+C$ f) $\dfrac{1}{n}\operatorname{arctg} x^{n}+C$

g) $\ln\left|\ln x+e^{x}\right|+C$ h) $-\cos e^{x}+C$

i) $\ln|x|-\dfrac{2}{\sqrt{x}}-\dfrac{1}{x}+C$ j) $\dfrac{1}{\ln 2}\operatorname{arcsen} 2^{x}+C$

k) $\dfrac{\left(\dfrac{a}{b}\right)^{x}}{\ln(\dfrac{a}{b})}+\dfrac{\left(\dfrac{b}{a}\right)^{x}}{\ln(\dfrac{b}{a})}+C$ l) $-\dfrac{1}{5(2+5x)}+C$

3. a) $\dfrac{(ax+b)^{1-n}}{a(1-n)}+C$ (Cambio $t=ax+b$)

b) $\dfrac{3(\operatorname{arctg} x)^{4/3}}{4}+C$ (Cambio $t=\operatorname{arctg} x$)

c) $\dfrac{\operatorname{sen}^{5} x}{5}+C$ (Cambio $t=\operatorname{sen} x$)

d) $\dfrac{1}{\ln\pi}\pi^{\ln(x+1)+\pi}+C$ (Cambio $t=\ln(x+1)$)

e) $\dfrac{3}{2}\sqrt[3]{(\ln x)^{2}}+C$ (Cambio $t=\ln x$)

f) $\dfrac{1}{2}\operatorname{arctg}(\dfrac{x-4}{2})+C$ (Cambio $x-a=bt$)

g) $\dfrac{\left(x^{2}-1\right)^{3/2}}{3}+C$ (Cambio $x^{2}-1=t$)

h) $\displaystyle\int\frac{2}{3+9x^{2}}dx=\frac{2\sqrt{3}}{9}\operatorname{arctg}\left(\sqrt{3}x\right)+C$ (Cambio $\sqrt{3}x=t$)

i) $\ln\left|1+\sqrt{2x+1}\right|+C$ (Cambio $t=\sqrt{1+2x}$)

j) $\dfrac{\left(x^{3}-5\right)^{3}}{9}+C$ (Cambio $t=5-x^{3}$)

4. a) $\left(3x^2+2x-7\right)\operatorname{sen}x+\left(6x+2\right)\cos x-6\operatorname{sen}x+C$

b) $\left(\frac{1}{2}\right)\left[x\operatorname{sen}(\ln x)-x\cos(\ln x)\right]+C$

c) $\operatorname{sen}x\cdot\ln(\cos x+1)-\operatorname{sen}x+x+C$

d) $\frac{e^{ax}}{a^2+b^2}(a\operatorname{sen}bx-b\cos bx)+C$

e) $\left(\frac{2}{5}\right)x\left(x+1\right)^{\frac{3}{2}}-\left(\frac{4}{15}\right)\left(x+1\right)^{\frac{5}{2}}+C$

f) $2\sqrt{x}\ln x-4\sqrt{x}+C$

g) $(1-x^2)\cos x+2x\operatorname{sen}x+C$

h) $\left(x^2-2\right)\operatorname{sen}x+2x\cos x+C$

5. a) $16\ln|x-2|-\ln|x-1|+\frac{x^3}{3}+\frac{3x^2}{2}+7x+C$

b) $\ln|x+1|-2\ln|x+2|+3\operatorname{arctg}x+C$

c) $\frac{1}{2}\ln\left(x^2-6x+13\right)+\frac{3}{2}\operatorname{arctg}\frac{x-3}{2}+C$

d) $\ln\frac{(x-3)^3}{(x-2)^2}+C$

6. a) $\frac{x}{2}-\frac{x^2}{4}+\frac{x^2-1}{2}\ln(x+1)+C$

b) $-\frac{3}{32}\sqrt[3]{(1-4x^2)^4}+C$

c) $2x-2x\ln x+x\ln^2 x+C$

d) $\ln x\left[\ln|\ln x|-1\right]+C$

e) $2(\cos\sqrt{x}+\sqrt{x}\operatorname{sen}\sqrt{x})+C$

f) $3^{\sqrt{x}+1}\left[\frac{2\sqrt{x}}{\ln 3}-\frac{2}{\ln^2 3}\right]+C$

g) $-2x+2\sqrt{1-x^2}\arcsen x+x(\arcsen x)^2+C$

h) $\frac{1}{3}\operatorname{arctg}x^3+C$

i) $\frac{x^2+1}{2}\left[\ln(x^2+1)-1\right]+C$

j) $\frac{3^{x^2}}{2\ln 3}+\frac{1}{2}\operatorname{sen}x^2+C$

k) $\dfrac{-1}{2(x+2)^2}+C$

l) $\dfrac{3}{10}\operatorname{arctg}\dfrac{x}{2}-\dfrac{1}{5}\ln(x^2+4)+\dfrac{2}{5}\ln(x-1)+C$

m) $\ln\left(\dfrac{x-1}{x+1}\right)+x+C$

n) $x+\ln(x^2-2x+26)-\dfrac{24}{5}\operatorname{arctg}\dfrac{x-1}{5}+C$

7. $\dfrac{-3+2\ln x}{x^3}$

8. $f(x)=e^x-\operatorname{sen}x-x^2$

9. $x=2$

10. $f(x)=\dfrac{x}{2}+K,\ f(x)=0$

11. $f(x)=x^3+3x^2-2x+6$.

12. $\dfrac{x^2}{2}\ln x-\dfrac{x^2}{4}+4-2\ln 2$.

13. $C(q)=0{,}25q^2+4q-25$

14. 10.128

15. $100x+\dfrac{8}{\sqrt{x+1}}-208$

CAPÍTULO 13

1. a) 2 b) $1-\sqrt{e}$ c) e d) $\dfrac{40}{3}$ e) $\dfrac{4}{3}$ f) $\ln 8$

2. a) $\ln 2$ b) $1-\cos 1$ c) $-\dfrac{1}{2}$ d) 15

e) $\dfrac{3\sqrt[3]{2}}{2}$ f) $\dfrac{3}{2}$ g) $2\ln\dfrac{3}{4}+2$ h) $\dfrac{1}{2}$

3. a) e^2+1 b) $\dfrac{e^2-1}{4}$ c) $\dfrac{32}{3}\ln 2-\dfrac{7}{4}$

4. a) 32/3 b) 131/4 c) 9 d) $\dfrac{1}{2\ln 2}$

e) $\frac{e^{\pi}+1}{2}$ f) 5/6 g) 9

5. a) $\frac{\pi}{2}-\frac{1}{3}$ b) $\frac{1}{2\ln 2}+e-2$ c) $\pi/4$

6. $V=\pi\int_a^b\left[f(x)\right]^2dx=\pi\int_0^h r^2dx=\pi\left[r^2x\right]_0^h=\pi r^2h$

$$A=2\pi\int_a^b f(x)\sqrt{1+\left[f'(x)\right]^2}dx=2\pi\int_0^h r\,dx=2\pi\left[rx\right]_0^h=2\pi rh$$

7. $c_1=\frac{3e^4+1}{4(e^2+1)}$, $c_2=\frac{e^2-1}{e^2+1}$

8. a) $A(x)=\operatorname{sen} x$

b) $A'(x)=f(x)$

c) Sí, debido al Teorema Fundamental del Cálculo.

9. $f'(t)=\frac{2^t}{\sqrt{t+1}}$

10. $G'(x)=e^{(2x^2+1)^2}4x-e^{x^4}2x$

11. Aplicando la fórmula de Leibniz, se tiene que:

$$G'(x)=x\,f(g(x))\,g'(x)+\int_0^{g(x)}\frac{\partial}{\partial x}\left[xf(t)\right]dt=$$
$$=x\,f(g(x))\,g'(x)+\int_0^{g(x)}f(t)\,dt$$

12. a) $R_1(x)=R_2(x)\Leftrightarrow 50+x^2=62+4x\Leftrightarrow x=-2,\,x=6$. El segundo plan será el más rentable durante los 6 primeros años.

b) $\int_0^6\left[62+4x-(50+x^2)\right]dx=72$ euros.

13. a) 10 años. b) 12473,9 euros.

14. $\int_0^4-1000e^{-0,2t}dt=-2753,3$

15. $\frac{1}{5-0}\int_0^5 2000e^{0.05t}\,dt=2272$

16. 27,92

17. $VF = \int_0^3 8000\, e^{0,08(3-t)}\, dt = 27124,9$

18. $VF = \int_0^T a\, e^{r(T-t)}\, dt = \dfrac{a\left(e^{rT}-1\right)}{r}$

19. La renta media de los individuos con renta comprendida en el intervalo $[b,2b]$ está dada por:

$$\frac{\int_b^{2b} r\, f(r)\, dr}{\int_b^{2b} f(r)\, dr} = \frac{\int_b^{2b} r\, Br^{-2} dr}{\int_b^{2b} Br^{-2}\, dr} = \frac{\int_b^{2b} r^{-1} dr}{\int_b^{2b} r^{-2}\, dr} = \frac{\ln 2b - \ln b}{\frac{1}{2b}} = 2b \ln 2$$

20. $G_1 = 0,259$ y $G_2 = 0,639$. La distribución de la renta es más equitativa en el primer país.

21. $G = 2\int_0^1 [x - L(x)]\, dx = 2\int_0^1 x\, dx - 2\int_0^1 L(x)\, dx = 1 - 2\int_0^1 L(x)\, dx$

22. a) $\sqrt{3}$ b) $\dfrac{1}{64}$ c) $+\infty$ d) $\dfrac{1}{2}$ e) 1 f) $+\infty$

23. a) $\int_0^{+\infty} \lambda e^{-\lambda x} dx = \lim\limits_{k\to+\infty} \int_0^k \lambda e^{-\lambda x} dx = \lim\limits_{k\to+\infty} \left[-e^{-\lambda t}\right]_0^k = \lim\limits_{k\to+\infty} \left(-e^{-k\lambda}+1\right) = 1$

b) Integrando por partes, se tiene que $\int \lambda x e^{-\lambda x} dx = \dfrac{1 - e^{-\lambda x}(\lambda x + 1)}{\lambda} + C$. Por tanto:

$$\int_0^{+\infty} x\lambda e^{-\lambda x} dx = \lim_{k\to+\infty} \int_0^k x\lambda e^{-\lambda x} dx = \lim_{k\to+\infty} \left[\frac{1 - e^{-\lambda x}(\lambda x+1)}{\lambda}\right]_0^k =$$

$$= \lim_{k\to+\infty} \frac{1 - e^{-\lambda k}(\lambda k+1)}{\lambda} = \frac{1}{\lambda} - \lim_{k\to+\infty} \frac{(\lambda k+1)}{\lambda e^{\lambda k}} \underset{L'Hôpital}{=} \frac{1}{\lambda} - \lim_{k\to+\infty} \frac{1}{\lambda e^{\lambda k}} = \frac{1}{\lambda}$$

24. a) $\dfrac{1}{3}$ (Convergente) b) $\dfrac{2e^3}{9}$ (Convergente)

25. $\int_1^{+\infty} \dfrac{1}{x^a} dx = \lim\limits_{k\to+\infty} \int_1^k \dfrac{1}{x^a}\, dx = \lim\limits_{k\to+\infty} \left[\dfrac{x^{-a+1}}{-a+1}\right]_0^k = \lim\limits_{k\to+\infty} \left[\dfrac{x^{-k+1}}{-k+1} - \dfrac{1}{-a+1}\right] = \dfrac{1}{a-1}$,

ya que $\lim\limits_{k\to+\infty} \left[\dfrac{x^{-k+1}}{-k+1}\right] = 0$,

26. $\alpha \le 0$ divergente, $\alpha > 0$ convergente.

27. a) $\frac{\sqrt{\pi}}{3}$ b) $\frac{5!}{3^6} = 0{,}164$ c) $\frac{15\sqrt{\pi}}{16}$

28. a) $\frac{1}{24}$ b) 2π c) $\frac{\pi}{8}$ d) $\frac{128}{35}$

CAPÍTULO 14

1. a) Ecuación ordinaria de 1er orden, lineal de coeficientes no constantes, no homogénea.

b) Ecuación ordinaria de 2º orden, lineal de coeficientes constantes, no homogénea.

c) Ecuación ordinaria de 2º orden, lineal de coeficientes no constantes, homogénea.

d) Ecuación ordinaria de 2º orden, no lineal.

e) Ecuación en derivadas parciales de 1er orden, lineal de coeficientes constantes.

f) Ecuación ordinaria de 3er orden, no lineal.

g) Ecuación ordinaria de 4º orden, no lineal.

2. Sustituya la función y sus derivadas en la correspondiente ecuación diferencial.

3. $m = 2, m = 3$

4. $y' = \frac{-x}{y}$

5. Si $y_1(x)$ e $y_2(x)$ son soluciones de la ecuación $y'' + P(x)y' = 0$, entonces $y_1'' + P(x)y_1' = 0$, $y_2'' + P(x)y_2' = 0$. Por tanto:

$$[c_1y_1 + c_2y_2]'' + P(x)[c_1y_1 + c_2y_2]' = c_1\left[y_1'' + P(x)y_1'\right] + c_2\left[y_2'' + P(x)y_2'\right] = 0$$

6. Sustituya la función y su derivada en la ecuación diferencial.

7. a) $y = x^3 - x^2 + x + c$

b) $V(t) = 2\ln(t+1) + c$

c) $A(t) = e^{t^2+3} + c$

d) $y^2 = x^2 + c$

e) $y = c(2+x)^3$

8. a) $y = \left(2e^x + 14\right)^{\frac{1}{2}}$

b) $y = \left(\frac{4}{3}x^{\frac{3}{2}} + \frac{44}{3}\right)^{\frac{1}{2}}$

c) $y = e^{\frac{-x^2}{2} - x}$

d) $y^2 = (\ln x)^2$

e) $y = \operatorname{tg}\left[\operatorname{arctg} x + \frac{\pi}{3}\right]$

f) $P(t) = P_0 e^{kt}$

9. a) $y = x + cx^{\frac{1}{2}}$

b) $kx\left[1 - \frac{y^2}{x^2}\right] = 1$

c) $y = x \ln\left[2\ln x + 1\right]$

d) $\ln\left(\frac{x}{e}\right) = -\left[\ln\left(\frac{y}{x}\right) + \frac{y}{x}\right]$

e) $(x^2 + 2y^2)^3 = Cx^2$

10. a) $x^2 y - x^3 - y^2 + 1 = 0$

b) $x\cos x + y^2 x = 0$.

c) $y\ln(x-1) + y^2 - 16 = 0$

d) $x^2 + y^2 = 16$.

e) $\frac{x^3}{3} + y^2 x - 12 = 0$

11. a) $y = cx^2 + x^2 \ln x$

b) $y = x^2 + 2x + \frac{c}{x}$

c) $y = \dfrac{e^x}{2} + \dfrac{c}{e^x}$

d) $y = ce^x + \dfrac{1}{2}(\operatorname{sen} x - \cos x)$

e) $y = ce^{3x} - \dfrac{1}{13}(2\cos 2x + 3\operatorname{sen} 2x)$

f) $y = \dfrac{1}{x-1}\left(\dfrac{x^3}{3} - x + c\right)$

g) $y = 1 + \dfrac{c}{e^{\cos x}}$

12. La solución general de la ecuación $x'(t) + a\,x(t) = b(t), a \in \mathbb{R}$ es igual a $x(t) = e^{-at}\left[\int e^{at}\, b(t)\, dt + c\right]$. En el caso particular de $b(t) = b$, la solución es $x(t) = c\,e^{-at} + \dfrac{b}{a}$.

13. a) $Ce^y = (xy)^2$ (Separable).

b) $\operatorname{arcsen}\left(\dfrac{y}{x}\right) = \ln(x) + C$ (Homogénea)

c) $\dfrac{1}{2}\operatorname{arctg}\left(\dfrac{y}{x}\right)^2 = \ln(x) + C$ (Homogénea)

d) $x\operatorname{sen} y + y\cos x = C$ (Exacta)

e) $y = e^{-x^2}\left[x^2 + c\right]$ (Lineal)

f) $y = (x+c)(x+1)^2$ (Lineal)

g) $\dfrac{x^4}{4} + \dfrac{x^2y^2}{2} + \dfrac{y^4}{4} = C$ (Exacta)

h) $3x^2y^2 + x^4 + y^3 = C$ (Exacta)

14. a) $\dfrac{dI}{dt} = 0{,}07I$

b) $C'(x) = 60$

c) $\dfrac{dP}{dt} = KP$

d) $\dfrac{dP}{dt} = 500$

e) $\dfrac{dR}{dt} = -KR$

f) $\dfrac{dN}{dt} = K(T-N)N$

g) $\dfrac{dE}{dt} = K[N-E]E$

h) $y'x - x^2 y = 0$

15. $I(t) = 1000e^{0,07t}$

16. $\dfrac{dN}{dt} = kN$, $N(t) = N(0)e^{kt}$.

17. Resolviendo la ecuación diferencial lineal $P'(t) = 0,01P(t) + 1000$, se obtiene que $P(t) = -100000 + c\,e^{0,01\,t}$. Como $P(0) = 300000$, se tiene que $c = 400000$ y el precio de la casa dentro de 5 años es $P(5) = 320508,4$.

18. a) $P(t) = -\dfrac{m}{r-s} + c\; e^{(r-s)t}$

b) $P(t) = -4 \cdot 10^6 + 34 \cdot 10^6\; e^{0,03\,t}$, $P(10) = 41.895.199$ personas.

19. a) $P(t) = 2 + 3e^{-kt}$, $k = 0,1831$ b) 2

20. a) $P(t) = 1,3 + 1,66e^{-4,5t}$

b) $P_e = 1,3$

21. $P(t) = P_0^{\beta^t}$.

22. a) $D(t) = \dfrac{aY_0}{b}(e^{bt} - 1) + D_0$, $Y(t) = Y_0 e^{bt}$ b) $\dfrac{a}{b}$

23. a) $K'(t) = \alpha\beta K(t) + H_0 e^{rt}$

b) $K(t) = \dfrac{H_0}{r - \alpha\beta} e^{rt} + \left(K_0 - \dfrac{H_0}{r - \alpha\beta} \right) e^{\alpha\beta t}$

24. a) $y = k\,x^{c}$

b) $y = e^{ax}\,x^{b}$

25. a) $y = c_1 e^{2x} + c_2 e^{-2x}$

b) $y = c_1 e^{-3x}\cos\left[\sqrt{3}x\right] + c_2 e^{-3x}\operatorname{sen}\left[\sqrt{3}x\right]$

c) $y = c_1 e^{-2x} + c_2 x e^{-2x}$

d) $y = \left(c_1 + c_2 x + c_3 x^2\right)e^{-x}$

e) $y = c_1\cos x + c_2\operatorname{sen} x + c_3 x\cos x + c_4 x\operatorname{sen} x$

26. a) $y = \left(c_1 + c_2 x + c_3 x^2\right)e^{-x} - 3 + x$

b) $y = \left(c_1 x^2 + c_2 x + c_3\right)e^{2x} - \dfrac{x}{4} - \dfrac{13}{8}$

c) $y = c_1 e^{-x} + c_2 + x^3 - \dfrac{7x^2}{2} + 7x$.

d) $y = c_1 e^{x} + c_2 e^{2x} + c_3 e^{3x} - \dfrac{1}{12}e^{-x}$.

e) $y = c_1 e^{x} + c_2 e^{2x} + c_3 e^{3x} + x e^{x}$.

f) $y = \left(c_1 x + c_2\right)e^{ax} + \dfrac{1}{(1-a)^2}e^{x}$

g) $y = c_1\operatorname{sen} x + c_2\cos x + x\operatorname{sen} x$

h) $y = e^{x}(c_1\cos x + c_2\operatorname{sen} x) - \dfrac{1}{2}x e^{x}\cos x$

CAPÍTULO 15

1. a) $y(x) = c_1 4^{x} + c_2 2^{x}$

b) $y(x) = 3^{x}(a_0 + a_1 x)$

c) $y(x) = 2^{x}\left[A\cos\dfrac{\pi}{2}x + B\operatorname{sen}\dfrac{\pi}{2}x\right]$

d) $y(x) = c_1 + c_2(-1)^x + 2^x(A\cos\frac{\pi}{2}x + B\,\text{sen}\frac{\pi}{2}x)$

e) $y(x) = c_1(-1)^x + c_2(-2)^x$

2. a) No b) Sí c) Sí

3. a) $y(x) = c_1 1^x + c_2(-1)^x + c_3(-2)^x + \frac{1}{12}2^x$

b) $y(x) = c_1(-1)^x + c_2(-2)^x + \frac{2}{3}$

c) $y(x) = 2^x\left[A\cos\frac{\pi}{2}x + B\,\text{sen}\frac{\pi}{2}x\right] + \frac{x}{5} - \frac{12}{25}$

d) $y(x) = c_1 4^x + c_2 2^x + 1$

e) $y(x) = (c_1 + c_2 2^x) + (3x+2)2^x$

f) $y(x) = c_1 3^x + c_2 2^x + (3-x)(-2)^x$

4. a) $y(x+3) - 3y(x+2) - 4y(x+1) = 0$

b) $y(x+2) - 2y(x+1) + y(x) = 0$

5. La ecuación en diferencias finitas es $C(t+1) - 1{,}15\,C(t) = -90000$, cuya solución es $C(t) = 400000\,(1{,}15)^t + 600000$, de donde $C(30) = 27.084.708{,}7$ euros.

6. a) $C(t) = -30000(1{,}03)^t + 50000$

b) $t_0 = 17{,}28$.

7. La ecuación en diferencias está dada por $C(t+1) = 1{,}05C(t) - 10^5\,(1{,}07)^t$, cuya solución particular es $C(t) = 10^6\left[6\cdot(1{,}05)^t - 5\cdot(1{,}07)^t\right]$. La cuenta se quedará sin saldo pasados $t = 9{,}66$ años.

8. $P(t) = 5\left(-\frac{1}{2}\right)^t + 2$

9. El valor de los precios según el valor del parámetro a está dado por:

$$a = 2,\quad P_t = 12 - 4t,\quad P_e = -\infty$$

$$a = 0,\quad P_t = 4,\qquad P_e = 4$$

$$a \neq 0,\ 2,\ P_t = \left(12 + \frac{8}{a-2}\right)\left(\frac{2}{a}\right)^t - \frac{8}{a-2} \qquad \begin{array}{l} \textbf{Si } |a| < 2 \Rightarrow P_e = \infty \\ \textbf{Si } |a| > 2 \Rightarrow P_e = \dfrac{8}{2-a} \end{array}$$

10. La trayectoria del gasto en función del tiempo es $y(t) = 600\,(1,03)^t$ y el gasto en el año 2005 será de 695,5 euros mensuales.

11. $y_t = 500 \cdot 3^t + 200 \cdot (-2)^t$

12. Basta observar que cada término de la sucesión de Fibonacci se obtiene sumando los dos anteriores. Por tanto, la ecuación en diferencias que determina la sucesión de Fibonacci es $y(x+2) = y(x+1) + y(x)$. La solución particular que cumple las condiciones $y(1) = y(2) = 1$ es:

$$y(x) = \frac{1}{\sqrt{5}}\left(\frac{1+\sqrt{5}}{2}\right)^x - \frac{1}{\sqrt{5}}\left(\frac{1-\sqrt{5}}{2}\right)^x$$

13. La ecuación en diferencias finitas del modelo macroeconómico está definida por $Y_t = 600 + 0,5Y_{t-1} + 1200$, cuya solución es $Y_t = 1400(0,5)^t + 3600$. A largo plazo, la renta converge hacia 3600.

BIBLIOGRAFÍA

BERMÚDEZ, L. y OTROS, *Domina sin dificultad: Álgebra lineal,* Barcelona: Ediciones Media, 1995.

BERMÚDEZ, L. y OTROS, *Domina sin dificultad: Cálculo diferencial*, Barcelona: Ediciones Media, 1995.

BERMÚDEZ, L. y OTROS, *Domina sin dificultad: Optimización*, Barcelona: Ediciones Media, 1995.

BERMÚDEZ, L. y OTROS, *Domina sin dificultad: Cálculo integral,* Barcelona: Ediciones Media, 1995.

BERMÚDEZ, L. y OTROS, *Domina sin dificultad: Ecuaciones diferenciales y ecuaciones en diferencias finitas,* Barcelona: Ediciones Media, 1995.

GUERRERO, F. M. y VAZQUEZ CUETO, M. J., *Manual de Cálculo Diferencial e Integral para la Economía y la Empresa*, Madrid: Pirámide, 1998.

HOFFMANN, L. y BRADLEY, G., *Cálculo Aplicado a Administración, Economía, Contaduría y Ciencias Sociales,* 6ª Edición, Colombia: McGraw-Hill, 1998.

LÓPEZ CACHERO, M. y VEGAS PÉREZ, A., *Curso básico de Matemáticas para la Economía y Dirección de Empresas I*, Madrid: Pirámide, 1994.

LÓPEZ CACHERO, M. y VEGAS PÉREZ, A., *Curso básico de Matemáticas para la Economía y Dirección de Empresas II*, Madrid: Pirámide, 1994.

PÉREZ-GRASA, I. y OTROS, *Matemáticas para la Economía: Programación Matemática y Sistemas Dinámicos*, Madrid: McGraw-Hill, 2001.

PRIETO, E., *Matemáticas 1. Economía y Empresa. 4.000 pruebas de evaluación, Vol. I y II*, Madrid: Centro de Estudios Ramón Areces, 1998.

SAN MILLÁN, M. A. y VIEJO F., *Introducción a la Economía Matemática,* Madrid: Pirámide, 1992.

SYDSAETER K. y HAMMOND P., *Matemáticas para el análisis económico,* Madrid: Prentice Hall, 2000.

VAZQUEZ, M. J. y OTROS, *Matemáticas Empresariales, ejercicios planteados y resueltos*, Madrid: Centro de Estudios Ramón Areces, 2002.